AN ENGLISH-CHINESE

DICTIONARY OF IMAGE ENGINEERING

(SECOND EDITION)

英汉图像工程辞典

(第2版)

章毓晋　编著

清华大学出版社

北京

内容简介

本书是对图像工程学科(包括图像处理、图像分析、图像理解及其技术应用)常用概念和术语进行定义、介绍、描述、注释和解读的辞典。

本书包括主题目录、辞典正文、汉英索引三部分。主题目录提供了图像工程的总体框架和体系,揭示了图像工程所涵盖知识点的内在联系和层次特点。辞典正文收录了图像工程中常用的5200多个基本词条。这些词条根据主题目录中的知识点而选取,每一词条均包括词目(英汉术语对照)和释文。释文中对每个词条给出了严谨概括的定义和精练的补充解释,对所涉及的技术方法均给出了其原理和步骤。汉英索引按正文收录词条的汉文术语拼音排列。

本书可供信息与通信工程、电子科学与技术、模式识别与智能系统、计算机视觉和机器视觉等学科的本科生和研究生及相关教师参考,也可作为电信行业、计算机应用技术、机器人自动化、生物医学工程、媒体传播、电子医疗设备、遥感、测绘、航天、公安和军事侦察等领域的科技工作者的工具书。

图书在版编目(CIP)数据

英汉图像工程辞典/章毓晋编著. --2版. --北京:清华大学出版社,2015(2016.3重印)

ISBN 978-7-302-37610-1

Ⅰ.①英… Ⅱ.①章… Ⅲ.①计算机应用-图象处理-词典-英、汉 Ⅳ.①TP391.41-61

中国版本图书馆CIP数据核字(2014)第186396号

责任编辑:薛 慧
封面设计:何凤霞
责任校对:赵丽敏
责任印制:刘海龙

出版发行:清华大学出版社
网 址:http://www.tup.com.cn,http://www.wqbook.com
地 址:北京清华大学学研大厦A座 **邮 编**:100084
社 总 机:010-62770175 **邮 购**:010-62786544
投稿与读者服务:010-62776969,c-service@tup.tsinghua.edu.cn
质量反馈:010-62772015,zhiliang@tup.tsinghua.edu.cn
印 装 者:虎彩印艺股份有限公司
经 销:全国新华书店
开 本:140mm×203mm **印张**:27.375 **彩插**:1 **字数**:953千字
版 次:2009年1月第1版 2015年1月第2版 **印次**:2016年3月第2次印刷
定 价:135.00元

产品编号:053149-01

作者简介

章毓晋 1989年获比利时列日大学应用科学博士学位。1989年至1993年先后为荷兰德尔夫特大学博士后及研究人员。1993年到清华大学任教。1997年被聘为教授,1998年被聘为博士生导师,2014年起为教学科研系列长聘教授。2003年学术休假期间曾同时被聘为新加坡南洋理工大学访问教授。

在清华大学,先后开出并讲授过10多门本科生和研究生课程。在南洋理工大学,开出并讲授过研究生课程"现代图像分析(英语)"。已编写出版了图像工程系列教材第1版、第2版和第3版,《图像处理和分析基础》、《图像处理和分析技术》(第2版和第3版)、《图像处理和分析教程》第1版和第2版、《计算机视觉教程》、《图像处理基础教程》和*Image Engineering: Processing, Analysis, and Understanding*,翻译出版了《彩色数字图像处理》、《图像处理基础》(第2版)和《MATLAB图像和视频处理》,研制出版了《"图像处理和分析"多媒体计算机辅助教学课件》和《图像处理和分析网络课程》。已在国内外发表了30多篇教学研究论文。

主要研究领域为图像工程(图像处理、图像分析、图像理解及其技术应用)和相关学科。从1996年起已连续二十一年对中国图像工程的研究及主要文献进行了系统的年度分类总结综述。已在国内外发表了近500篇图像工程研究论文,出版了专著《图象分割》、《基于内容的视觉信息检索》、《基于子空间的人脸识别》,编著了《英汉图像工程辞典》,主持编著了*Advances in Image and Video Segmentation*、*Semantic-Based Visual Information Retrieval*和*Advances in Face Image Analysis: Techniques and Technologies*。

现为中国图象图形学学会学术委员会主任;国际电气电子工程师协会(IEEE)高级会员;国际光学工程协会(SPIE)会士(因在图像工程方面的成就);《中国图象图形学报》副主编,多个国内外学术期刊编委。曾任第一届、第二届、第四届、第五届、第六届、第七届和第八届国际图像图形学学术会议(ICIG'2000, ICIG'2002, ICIG'2007, ICIG'2009, ICIG'2011, ICIG'2013, ICIG'2015)程序委员会主席,第十二届至第十七届全国图像图形学学术会议(NCIG'2005, NCIG'2006, NCIG'2008, NCIG'2010, NCIG'2012, NCIG'2014)程序委员会主席。现任第二十四届国际图像处理学术会议(ICIP'2017)程序委员会主席。

主页:http://oa.ee.tsinghua.edu.cn/~zhangyujin/

目 录

前言

图像工程是一门新的交叉学科，系统研究各种图像理论和方法，阐述图像加工原理，推广图像技术应用及总结图像行业生产经验。图像工程作为对各种图像技术综合研究和集成应用的整体框架和体系，近年来得到了广泛的重视和长足的发展。

随着近年图像工程研究的深入、领域的拓展和技术的进步，许多新的概念、名词、方法不断涌现。初学者如何迅速进入这个领域？教学者如何给出各术语的严格规范定义？科研工作者如何快速阅读相关文献并获得所需信息？凡此种种，都需要一本能将图像工程的常用概念、相关原理、实用技术和具体方法等的术语及其定义融为一体的辞典。既可供未学过的读者入门，又可供已学过的读者查阅，还可帮助正在学的读者总结复习。目前的第二版仍坚持第一版的编写目标与风格，除词汇量扩充一倍以上外，在取材和编排方面强化了以下特点：

1. 结构完整、组织得当。本书主要由三部分构成：主题目录，辞典正文，汉英索引。图像工程是一个将各种图像技术综合集成的新框架，其体系结构还在不断完善之中。主题目录根据学科的总体内容和近年来的进展，将图像工程学科分为5大部分共41个主题（第一版为33个主题），并依据学科分支和层次而组织和排列了知识点（点内的术语借助缩进编排表示它们之间并列或主次的关系），读者可据此建立起图像工程的完整概念和体系，以便学习和了解各分支的内容。辞典正文根据主题目录的知识点安排了5200多个基本词条（第一版只有2008条），并按英文字母进行排序。汉英索引包括了正文收录的所有汉文术语，且根据汉语拼音字母排序。由此，每个术语都可从三种检索渠道来查找。

2. 覆盖全面、释文精练。本书内容基本覆盖了图像工程学科的各个分支。书中对每条基本词目和术语均给出了汉英对照，对读者阅读英文文献会有所帮助。与一般的词典不同，本辞典对每个词平均有上百字的释文。对每个词目，都先给出严谨概括的定义，进而作补充解释和分析；对所涉及的技术方法，多给出其原理和步骤。

释文力求精练清晰，表达精确直观，配图300多幅、表格20多个和公式900多个。

3. 选词实用完备、定名力求规范。本书所收英文术语大部源于英文教材和专著，还从重要的综述和研究文章中遴选了关键词，所以基本都是实际使用的原文词。收词重点集中在图像工程领域，对与其他领域交叉的术语亦酌情收录；而对属于其他学科、读者自明的术语则基本不收。例如，收录了“distance transform(距离变换)”，而未收“distance(距离)”。再者，考虑到图像工程多借助计算机对离散数据进行加工这一特点，所以一些术语中诸如“数字”、“计算机”、“离散”之类的限定词均视为隐含而予以省略。例如，收录了“图像处理(image processing)”，而未收“数字图像处理(digital image processing)”或“计算机图像处理(computer image processing)”。另外，在很多情况下，术语或释文中虽没有出现“图像”二字，但讨论的通用概念都暗指在图像工程的语境。

4. 参引灵活、查阅便捷。本书挖掘了图像工程中许多概念之间的内在联系。为便于更简明扼要地解释术语，也便于读者更透彻详尽地理解术语，书中设置了两种参引方式，以借助相关术语或概念来定义或补充解释当前术语。一种方式利用词条释文中用黑体标出的汉文术语，对在较高层或覆盖面较大的概念常举例说明，而对在较低层或覆盖面较小的概念常指出其特定范围或领域；另一种方式利用释文末的“同”、“参阅”、“比较”这3个参引说明符之后加粗的英文术语，进一步加深理解当前术语的内涵。全书中大多数词目都有参引，所以也适宜于借助超链接来制作电子版或网络版。

感谢清华大学出版社各位编辑的认真审阅、精心修改和仔细校对。

最后，作者感谢妻子何芸、女儿章荷铭及其他家人在各方面的理解和支持。

章毓晋

2014年元旦于清华园

通　　信：北京清华大学电子工程系，100084

电　　话：(010) 62798540

传　　真：(010) 62770317

电子邮件：zhang-yj@tsinghua.edu.cn

个人主页：oa.ee.tsinghua.edu.cn/～zhangyujin/

使用说明

1. 总纲

全书主要包括主题目录、辞典正文、汉英索引三大部分(西文中有少量术语源自法语,以【法】标识;少量术语字头字母源自希腊语,以【希字头】标识;少量源自拉丁语的词与英文同排)。

- 主题目录根据图像工程总体内容分为5大类共41个主题,每个主题中均依据分支和层次组织知识点,点内的词借助缩进层次表示其间的并列或主次关系,便于根据概念含义进行查询。
- 辞典正文中的5200多个基本词条与主题目录中的术语(词)对应,每个词条均包括词目(英汉对应)和释文。可根据英文字母排序查询。
- 汉英索引包括正文收录的词条中的所有汉文术语。可根据汉语拼音顺序查询。

2. 主题目录

- 先给出5大类、41个主题的列表和树图,接下来依次给出各大类各主题的汉语词目。
- 汉语词目按概念大小(或学习递进关系)层次排列,最高层顶格排,其下各层术语依次前加点号“.”向右排,加一个点号表示向下一层。前面点号数相同的术语同层。含义相同的术语用逗号分开排在同一行(按拼音序排列),所对应的英语可以不同。一行排不下的,在下一行前面加空格后接排。

例: 图像表达

. 图像表达函数

. . 图像的矩阵表达

. . . (乘)幂法

. . . 矩阵对角化

. . . 克罗内克积

. . 图像的矢量表达

. . . 矢量外积

. . . . 欧氏空间

……

3. 辞典正文

- 词目左边为西文字母或数字起头的英文术语，右边为汉文术语，中间加符号“⇔”分开并表示之间的对应关系。汉文术语中以圆括号( )括起的字、词表示可以省去；斜杠“/”表示“或”，前后的对应字、词可选其一。
- 词目按西文字母术语排序。术语中的字符按以下优先级排序：数字、英文、其他文(法文、希腊文等)。数字按数的顺序排列。同一种文字按字母序排列。大小写、各种符号(括号“( )”、连字符“-”、斜杠“/”、小数点“.”、所有格符号“'”、空格“ ”等)均不参与排序(复合词分写、合写与加连字符“-”同样排序)。上下标均参与排序。缩写形式相同的，依全称的字母序排列。
- 英文术语的英美拼法不同时，取美式拼法。
- 西文词语可单可复时，使用单数。
- 复合词加连字符“-”与否依据权威性较高的词典。
- 词目的西文术语绝大多数为名词性词语，少量为动名词(读者自明，故书中未标注词性)；术语开头的冠词均省去，例如只选“RGB model”而不用“The RGB model”。
- 词目中的西文术语有缩略语(或缩略形式)时，缩略语放在全称后的方括号[ ]内但不参加排序。全称与缩略语按各自字母序分别排列，释文通常安排在全称形式的术语所在词条中。

  例：**FM mask ⇔调频模板，频率调制模板**

  frequency-modulation mask 的缩写。

  frequency-modulation [FM] mask ⇔调频模板，频率调制模板

  为实现**频率调制半调技术**而构造的运算模板。……
- 希腊字母如按英语发音表示时斜排，拉丁词语也斜排。

  例：***a priori*** **information ⇔先验信息**

  Gamma **ray ⇔伽马射线**
- 根据语境(或使用领域)的不同，一个西文术语可能有多个定义并对应一个或几个汉语术语。其中多个汉文术语意思相同的，用逗号隔开，释文中各定义用1.、2.等分别列出；多个汉文术语意思不同的，用分号隔开，释文中各定义除用1.、2.等分别列出外，还将对应的汉文术语分别加在对应序号之后(释文前加冒号)。

  例：**image ⇔图像；影像；像**

  1. 图像：一种直接间接作用于人眼并产生**视知觉**的实体(entity)，……

2. 影像:通过透镜或反射镜得到的物体的形象,……
3. 像:根据几何光学,……

• 词条中的外文人名尽量选用规范译法(释文中外文人名翻译后保留原文)。

4. 汉英索引

• 按汉文术语排序。汉文术语中的字符按以下优先级排序:数字、汉字、非汉字。汉字先按拼音序排列,拼音相同的再按音调排序;同音同调的再按笔画数排列;笔画数也相同的再按笔顺排列。
• 与汉文术语对应的英文术语给出全称和缩写(缩写跟在其全称后的方括号内)。正文中缩写词目对应的汉文术语不再单独列目。
• 同一个汉文术语对应的多个英文术语按英文字母序排列。

5. 参引

• 词条之间的参引帮助建立其间的相互联系和整体概念,也避免了重复解释。
• 释文(包括图和表)中出现的可参引汉文术语,用黑体表示。
• 采用下列参引说明符(其后的西文术语用黑体表示):
“同”:表示本术语与其后术语含义相同。
“参阅”:表示可从“参阅”后术语的释文当中获得解释本术语的更多信息。
“比较”:表示本术语与其后术语相关但内容对立或对应。

主题目录

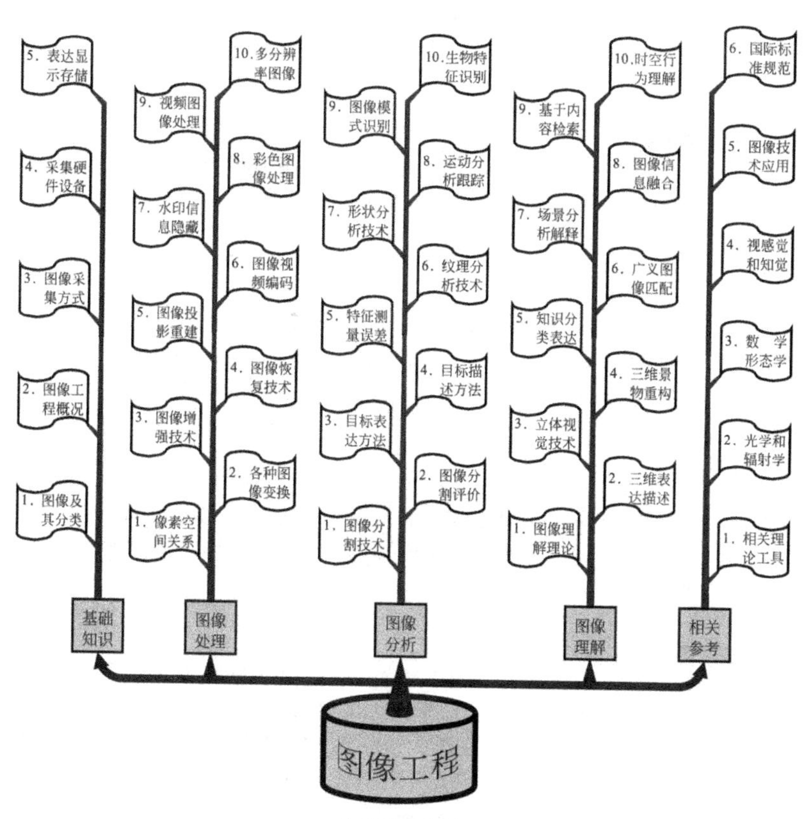
5. 表达显示存储
4. 采集硬件设备
3. 图像采集方式
2. 图像工程概况
1. 图像及其分类
10.多分辨率图像
9. 视频图像处理
8. 彩色图像处理
7. 水印信息隐藏
6. 图像视频编码
5. 图像投影重建
4. 图像恢复技术
3. 图像增强技术
2. 各种图像变换
1. 像素空间关系
10.生物特征识别
9. 图像模式识别
8. 运动分析跟踪
7. 形状分析技术
6. 纹理分析技术
5. 特征测量误差
4. 目标描述方法
3. 目标表达方法
2. 图像分割评价
1. 图像分割技术
10.时空行为理解
9. 基于内容检索
8. 图像信息融合
7. 场景分析解释
6. 广义图像匹配
5. 知识分类表达
4. 三维景物重构
3. 立体视觉技术
2. 三维表达描述
1. 图像理解理论
6. 国际标准规范
5. 图像技术应用
4. 视感觉和知觉
3. 数学形态学
2. 光学和辐射学
1. 相关理论工具
基础知识
图像处理
图像分析
图像理解
相关参考
图像工程

主题分类总图

主题分类总表

I 基础知识

I-1. 图像及其分类

Ⅰ-2. 图像工程概况

Ⅰ-3. 图像采集方式

Ⅰ-4. 采集硬件设备

Ⅰ-5. 表达显示存储

Ⅱ 图像处理

Ⅱ-1. 像素空间关系

Ⅱ-2. 各种图像变换

Ⅱ-3. 图像增强技术

Ⅱ-4. 图像恢复技术

Ⅱ-5. 图像投影重建

Ⅱ-6. 图像视频编码

Ⅱ-7. 水印信息隐藏

Ⅱ-8. 彩色图像处理

Ⅱ-9. 视频图像处理

Ⅱ-10. 多分辨率图像

Ⅲ 图像分析

Ⅲ-1. 图像分割技术

Ⅲ-2. 图像分割评价

Ⅲ-3. 目标表达方法

Ⅲ-4. 目标描述方法

Ⅲ-5. 特征测量误差

Ⅲ-6. 纹理分析技术

Ⅲ-7. 形状分析技术

Ⅲ-8. 运动分析跟踪

Ⅲ-9. 图像模式识别

Ⅲ-10. 生物特征识别

Ⅳ 图像理解

Ⅳ-1. 图像理解理论

Ⅳ-2. 三维表达描述

Ⅳ-3. 立体视觉技术

Ⅳ-4. 三维景物重构

Ⅳ-5. 知识分类表达

Ⅳ-6. 广义图像匹配

Ⅳ-7. 场景分析解释

Ⅳ-8. 图像信息融合

Ⅳ-9. 基于内容检索

Ⅳ-10. 时空行为理解

V 相关参考

V-1. 有关理论工具

Ⅴ-3. 数学形态学

Ⅴ-4. 视感觉和知觉

Ⅴ-5 图像技术应用

Ⅴ-6. 国际标准规范

数 字

12-neighborhood ⇔ **12-邻域**

六边形网格中的一种邻域。由与中心像素有公共顶点的像素(称为间接相邻像素)组成。例如在图1中,三角形中心像素 p 的三个顶点与12个近邻像素(用黑圆点表示)具有公共顶点,这12个像素组成了像素 p 的12-邻域,记为 $N_{12}(p)$。

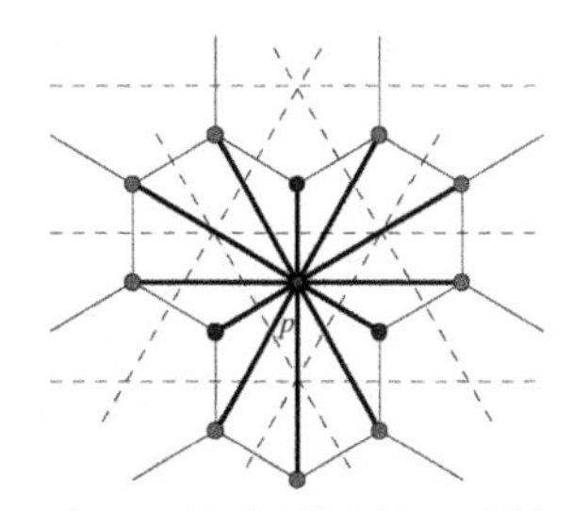

图1 六边形网格中的12-邻域

16-neighborhood ⇔ **16-邻域**

正方形网格中的一种邻域。由一个**像素**的**8-邻域**和**马步-邻域**联合组成。图2中,像素 p 的16-邻域包括标记为 r 的16个像素,记为 $N_{16}(p)$。

	r		r	
r	r	r	r	r
	r	p	r	
r	r	r	r	r
	r		r	

图2 正方形网格中的16-邻域

18-adjacent ⇔ **18-邻接的**

属于**3-D图像**中**体素**之间的一种**邻接**情况。两个18-邻接的体素具有共同的边。参阅**18-neighborhood**。比较**26-adjacent**。

18-connected ⇔ **18-连通的**

采用**18-连接**而**连通的**。

18-connected component ⇔ **18-连通组元**

采用18-**连接**的定义得到的**连通组元**。

18-connectivity ⇔ **18-连接**

属于**3-D图像**中**体素**之间的一种**连接**情况。两个体素 p 和 r 在 V(这里 V 表示定义连接的灰度值集合)中取值,且 r 在 p 的**18-邻域**中的连接。

18-neighborhood ⇔ **18-邻域**

3-D图像中由与中心**体素** p 有共同边(**18-邻接**)的18个体素构成的立体。将18-邻域标记为 $N_{18}(p)$,参考**3-D邻域**中的定义,有:

$$N_{18}(p)=V_1^2(p)\cap V_\infty^1(p)$$

图3给出 $N_{18}(p)$ 的示意图,其中黑点体素组成中心白点体素 p 的18-邻域。

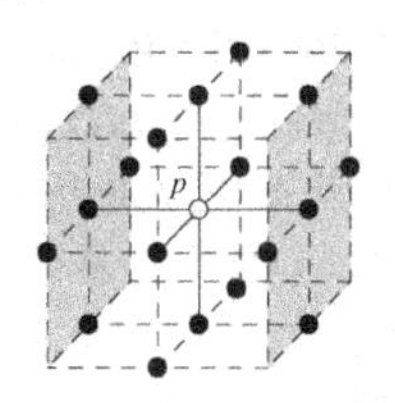

图3 3-D图像中的18-邻域

1-D RLC⇔1-D 游程编码(方法)

1-D run-length coding 的缩写。

1-D run-length coding[1-D RLC]⇔1-D 游程编码(方法)

对**位面图**的各行,将其中连续的 0 游程或 1 游程均用其游程长度来简化表达的位面编码方法。

1/*f* noise⇔1/*f* 噪声,频率反比噪声

具有反比于频率(1/*f*)的频谱的**噪声**。**闪烁噪声**是其一种特例。

24-bit color images ⇔ 24 比特彩色图像

采用同样尺寸的 3 个 2-D 数组来表达的彩色图像,一个数组对应一个基色通道:红(R)、绿(G)、蓝(B)。每个通道用 8 比特即[0,255]中的值来指示一个像素的红绿蓝数值。将 3 个 8 比特的值结合成 1 个 24 比特的数即有 2^{24}(16 777 216,常称为 1 千 6 百万或 16M)种彩色组合。

2.5-D sketch⇔2.5-D 表达,2.5-D 表达草图,2.5-D 图(像)

马尔视觉计算理论中视觉信息的三级内部表达之一。先根据一定的采样密度按**正交投影**原则把目标分解,物体可见表面分解成许多有一定大小和形状的面元,面元有自己的取向。然后用一根法线向量代表其所在面元的取向,所有法线向量合起来形成的针状图(将矢量用箭头图示)就构成 2.5-D 草图(也称针图)。

2.5-D 图是从单个视点扫描得到的**深度图像**,表示了物体表面面元的朝向,从而给出了表面形状的信息,所以是一种**本征图像**。其特点是既表达了一部分物体轮廓的信息(与**基素表达**类似),又表达了在**以观察者为中心**的坐标系中可观察到的物体表面的取向信息。这允许在单幅图像中表示全部数据,其中每个像素值记录了所观察场景的距离信息。之所以不将其称为 3-D 图像,是因为其中并没有将景物(看不到的)的背面信息显式表达出来。

这种草图是**马尔视觉计算理论**的中心结构。是对场景的中间层次表达,指出了可见表面及其相对观察者的排列分布情况。由三种元素构成:轮廓、纹理以及从基素表达、立体视觉和运动所获得的**阴影**信息。2.5-D 这个名称源于如下事实,即尽管深度的局部改变和不连续性已解决,但观察者与各个场景点的绝对距离仍可能不确定。

26-adjacent⇔26-邻接的

属于 **3-D 图像**中**体素**之间的一种**邻接**情况。两个 26-邻接的体素具有共同的顶点。参阅 **26-neighborhood**。比较 **18-adjacent**。

26-connected⇔26-连通的

采用 **26-连接**而**连通的**。

26-connected component⇔26-连通组元

采用 **26-连接**的定义得到的**连通组元**。

26-connectivity⇔26-连接

属于 **3-D 图像**中**体素**之间的一种**连接**情况。如果两个体素 p 和 r 在 V(这里 V 表示定义连接的灰度值集合)中取值且 r 在 p 的 **26-邻域**中的连接。

26-neighborhood ⇔ 26-邻域

3-D 图像中由与中心**体素** p 有相同顶点(**26-邻接**)的 26 个体素构成的立体。将 26-邻域标记为 $N_{26}(p)$，参考 **3-D 邻域**中的定义，有：

$$N_{26}(p) = V_{\infty}^{1}(p)$$

图 4 给出 $N_{26}(p)$ 的示意，其中黑点体素组成中心白点体素 p 的 26-邻域。

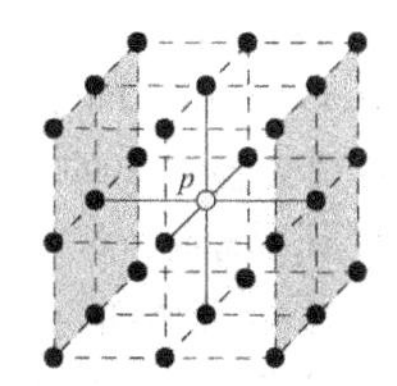

图 4　3-D 图像中的 26-邻域

2°CIE Standard observer ⇔ 2°CIE 标准观察者

对应视角为 2°时的标准色彩刺激。由所使用的单基色和色匹配来定义，其基色值的**波长**和相对**功率谱**如表 1 所示。

表 1　2°CIE 标准观察者的基色波长 λ 和对应的相对谱功率 S

基色	λ/nm	S
R	700.0	72.09
G	546.1	1.379
B	435.8	1.000

2-D histogram ⇔ 2-D 直方图

有两个自变量的**直方图**，其中的统计值是同时具有两个特性值的像素个数。典型的例子如**灰度值和梯度值散射图**。

2-D image ⇔ 2-D 图像

坐标空间为二维，用二元函数 $f(x, y)$ 来表示的**图像**。

2-D-log search method ⇔ 2-D 对数搜索方法

视频编码中，**运动补偿**里一种采用块匹配的快速搜索算法。因其搜索点数为搜索区域高或宽的对数而得名。参见图 5，图中数字 n 表示第 n 步搜索点，点线箭头表示各步搜索方向，而实线箭头指示最终搜索结果。从对应零位移的位置(0)开始并测试前后上下 4 个搜索点(1)，这 4 个点排列成宝石状。选择给出最小误差(常选 MAD 为质量因素)的点并以其为中心构建一个围绕它的新搜索区域。如果最优匹配点是中心的点，则仅偏移上次偏移量的一半并进入一个新搜索区域继续搜索，否则保持相同的偏移量。

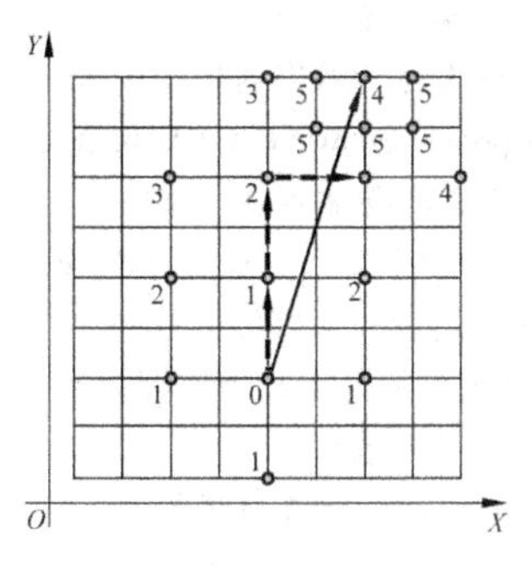

图 5　2-D 对数搜索方法示例

这个过程对逐渐缩小的范围持续进行，直到偏移量等于1。

2-D model ⇔ 2-D 模型

知识表达中表示图像特性的一种模型。其优点是可直接用于图像或图像特性的匹配，缺点是不易全面表达3-D空间中物体的几何特点及物体间的联系。

2-D operator ⇔ 2-D 算子

与2-D图像卷积一起，用来实现特定图像处理和分析功能（滤波、边缘检测等）的一组（可包括单个）2-D模板的总称。常用模板为正方形，边长为奇数（这样整个模板有一个中心像素），表示成3×3，5×5等。典型的2-D算子有**邻域平均**算子（包括单个模板）、**正交梯度算子**（包括两个模板）等。

2-DPCA ⇔ 2-D 主分量分析，2-D 主元分析

主分量分析的2-D推广。在对图像进行主分量分析操作时，需要先将图像拉直成矢量再进行操作。2-D主分量分析不需要这个过程，直接将图像作为操作对象。

2-D pose estimation ⇔ 2-D 位姿估计

3-D位姿估计的一种特殊情况。给定两组点$\{\boldsymbol{x}_j\}$和$\{\boldsymbol{y}_k\}$，要确定能联系两者的最好欧几里得变换$\{\boldsymbol{R}, t\}$（确定位姿）和匹配矩阵$\{\boldsymbol{M}_{jk}\}$（确定对应关系）。

2-D projection ⇔ 2-D 投影

将高维空间映射到2-D空间的变换。最简单的方法是将较高维的坐标去除，不过一般需要使用一个视点来进行实际投影。

2-D RLC ⇔ 2-D 游程编码（方法）

2-D run-length coding 的缩写。

2-D run-length coding [2-D RLC] ⇔ 2-D 游程编码（方法）

一种**位面编码**方法。常由**1-D游程编码**推广而来，可直接对2-D图像块进行编码。

2-D shape ⇔ 2-D 形状

由分布在2-D平面上的点组成的**目标**或该目标的**形状**。

2*N*-point periodicity ⇔ 2*N*-点周期性

离散余弦变换具有的一种性质。余弦函数是偶函数，对一个N点的离散余弦变换，其周期为$2N$。在**图像处理**中，离散余弦变换的$2N$-点周期性使变换结果在图像分块处不会间断，减小了出现**吉布斯现象**的可能性。

32-bit color image ⇔ 32 比特彩色图像

比**24比特彩色图像**还多一个通道的图像。多出的通道称为α通道，也称色层通道，也是8比特，在32位彩色图像文件中常是前8位数据，提供了对每个像素透明性的测度，广泛应用在图像编辑效果中。

另外，也可以是使用**CMYK模型**的图像。

3∶2 pull-down ⇔ 3∶2 下拉

一种用来将原始24帧每秒（fps）的（电影）材料转换为30 fps或60 fps的（播放）视频转换技术。对30 fps的隔行视频，这表示要将每4帧的电影转换为 10 场或 5 帧的视频。对 60 fps 的逐行视频,每 4 帧的电影要转换为 10 帧的视频。

3-D deformable model⇔3-D 可形变模型

一个在外界作用下可以改变其形状的模型。形变的结果是模型上任何点间的相对位置都可以发生变化。在对目标的跟踪和识别中,该模型可用来表示人体等非刚体。

3-D differential edge detector⇔3-D 差分边缘检测算子

用于检测 **3-D 图像**中边缘的差分算子。主要包括一阶差分算子和二阶差分算子,均可由对应的 **2-D 差分边缘检测算子**推广得到。3-D 中的一阶差分算子需要三个正交的 3-D 模板。由于 **3-D 邻域**的扩展,以一个**体素**为中心的 3×3×3 模板可以覆盖多种邻域体素个数,最常见的是 6 个、18 个或 26 个邻域体素。

3-D distance⇔3-D 距离

3-D 空间中两个**体素**间的距离。对两个体素 p 和 q,其间的**欧氏距离**、**城区距离**和**棋盘距离**分别为:

$$D_E(p,q)=\sqrt{(x_p-x_q)^2+(y_p-y_q)^2+(z_p-z_q)^2}$$
$$D_1(p,q)=|x_p-x_q|+|y_p-y_q|+|z_p-z_q|$$
$$D_\infty(p,q)=\max\left\{|x_p-x_q|,|y_p-y_q|,|z_p-z_q|\right\}$$

3-D edge model⇔3-D 边缘模型

描述 **3-D 图像**中边缘的模型。在 3-D 空间里,局部边缘可用无穷大阶跃边缘平面来模型化(见图 6)。这个平面的方程是:

$$x\cos\alpha+y\cos\beta+z\cos\gamma-\rho=0$$

其中,ρ 是从原点(O)到边缘面(P)的直线距离(偏移量);α,β,γ 分别是平面法线与 X,Y,Z 轴的方向夹角。注意上式中的 α,β,γ 并不是独立的,应满足下列条件:

$$\cos^2\alpha+\cos^2\beta+\cos^2\gamma=1$$

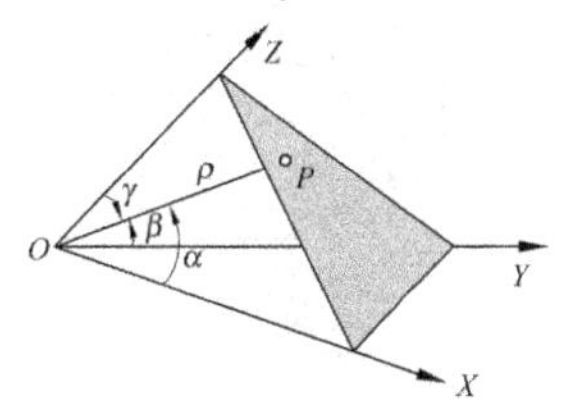

图 6 阶跃边缘平面示意图

3-D face recognition⇔3-D 人脸识别

基于 3-D 人脸模型的**人脸识别**。3-D 模型提供的人脸形状几何信息更多,可以克服 2-D 人脸识别中的问题和局限,且不受照明和位姿变化的影响。随着技术和工艺的进展,3-D 图像采集系统越来越便宜,3-D 数据获取过程越来越快。这些都使得 3-D 方法走出实验室应用于实际。

3-D facial features detection⇔3-D 面部特征检测

利用 3-D(网格或点云)面部数据确定和定位面部**特征点**的过程。

3-D image⇔3-D 图像

在 3-D 坐标空间,用三元函数 $f(x, y, z)$来表示的**图像**。**视频图像**也可看作 3-D 图像,用 $f(x, y, t)$来表示,其中 t 表示时间。

3-D information recover ⇔ 3-D 信息恢复

立体视觉中恢复场景中 3-D 信息的一个关键步骤。利用从对 2-D 图像的立体匹配得到的**视差图像**,计算出深度距离。

3-D model ⇔ 3-D 模型

知识表达中表示场景里 **3-D 目标**位置和形状的特性及其他联系情况的模型。

3-D morphable model ⇔ 3-D 形变模型

一种从单幅 **2-D 图像**获取 **3-D 目标**模型的技术。例如,给定一幅人脸照片,就可通过逼近其在空间的朝向和场景中的照明条件来估计该人脸 3-D 形状。从对尺寸、朝向和照明的粗略估计出发,还可以根据人脸形状和表面颜色来优化这些参数以最好地与输入图像匹配。从图像中得到的 3-D 模型可以在 3-D 空间中旋转和操纵。

3-D neighborhood ⇔ 3-D 邻域

3-D 图像中由一个**体素**的若干个邻接体素组成的立体区域。设 $\boldsymbol{p}=(x, y, z)$ 为图像中的一个体素,$\boldsymbol{q}=(x', y', z')$ 为图像中的另一个与 $\boldsymbol{p}$ 相邻的体素,$\boldsymbol{p}$ 的 3-D 邻域 $V_1{}^d(\boldsymbol{p})$ 可表达为

$$V_1^d(\boldsymbol{p}) = \{\boldsymbol{q} \mid D_1(\boldsymbol{p},\boldsymbol{q}) \leqslant d\}$$

其中,$D_1(\boldsymbol{p}, \boldsymbol{q})$ 代表**范数**指数为 1 的**距离函数**,d 为正整数。$\boldsymbol{p}$ 的邻域 $V_\infty{}^d(\boldsymbol{p})$ 可表达为

$$V_\infty^d(\boldsymbol{p}) = \{\boldsymbol{q} \mid D_\infty^d(\boldsymbol{p},\boldsymbol{q}) \leqslant d\}$$

其中,$D_\infty(\boldsymbol{p}, \boldsymbol{q})$ 代表范数指数为 ∞ 的距离函数。

3-D 图像中常用的邻域有三种:**6-邻域**,**18-邻域**,**26-邻域**。

3-D object ⇔ 3-D 目标

3-D 图像中感兴趣的立体对象。

3-D object description ⇔ 3-D 目标描述

目标描述的 3-D 推广。被描述的是 **3-D 目标**。

3-D object representation ⇔ 3-D 目标表达

目标表达的 3-D 推广。被表达的是 **3-D 目标**。

3-D operator ⇔ 3-D 算子

2-D 算子的扩展。即用来与图像卷积、实现特定图像处理和分析功能的一组(可以是单个)模板的总称。以**邻域平均**算子(包括单个模板)为例,2-D 算子使用一个 3×3 的模板;而 3-D 算子使用一个 3×3×3 的 3-D 模板。再以**正交梯度算子**为例,2-D 算子包括两个 2-D 模板。扩展到 3-D 时,需使用三个 3-D 模板;此时获得 3-D 模板最简单的方法就是给 2-D 模板加上 1-D 来考虑,例如将 2-D 中的 3×3 模板变成 3-D 中的 3×3×1 模板。图 7

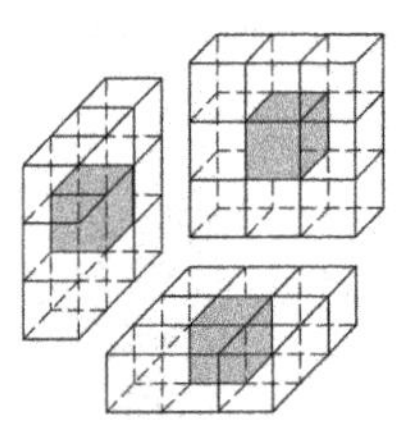

图 7 构成 3-D 算子的三个 3-D 模板

给出作用在 X,Y 和 Z 三个方向的三个 3-D 模板。

3-D parametric curve⇔3-D 参数曲线

对一种特殊的 **3-D 目标**,即 3-D 曲线的参数表达。3-D 物体剖面的外轮廓在成像后一般是 3-D 曲线,可用参数样条来表示,写成矩阵形式为

$$\boldsymbol{P}(t)=[x(t)\ \ y(t)\ \ z(t)],\quad 0\leqslant t\leqslant 1$$

其中 t 表示沿曲线从某点开始的规格化长度。即 3-D 曲线上的任一点都可由参数 t 的三个函数来描述,曲线从 $t=0$ 开始,在 $t=1$ 结束。为了表示通用的曲线,使参数样条的一阶和二阶导数连续,$\boldsymbol{P}(t)$的阶数至少为 3。三次多项式曲线可写为

$$\boldsymbol{P}(t)=\boldsymbol{a}t^3+\boldsymbol{b}t^2+\boldsymbol{c}t+\boldsymbol{d}$$

其中,$\boldsymbol{a}$,$\boldsymbol{b}$,$\boldsymbol{c}$,$\boldsymbol{d}$ 均为系数矢量。

3-D photography⇔3-D 摄影

利用从多幅(2-D)图像所构建的完整 3-D 模型来恢复景物表面形貌的技术和过程。其步骤主要包括:特征匹配,从运动恢复结构,稠密深度图估计,3-D 模型构建,纹理图像恢复等。

3-D pose estimation⇔3-D 姿态估计

确定一个目标在一个坐标系中相对于另一个坐标系的变换(平移和旋转)的过程。一般仅考虑刚体目标,其模型事先已知,所以能基于特征匹配来确定目标在图像中的位置和朝向。该问题可描述为:给定两组点$\{\boldsymbol{x}_j\}$和$\{\boldsymbol{y}_k\}$,要确定能最好地联系两者的欧氏变换$\{\boldsymbol{R},\ t\}$(确定位姿/姿态)和匹配矩阵$\{\boldsymbol{M}_{jk}\}$(确定对应关系)。假定两组点是对应的,在这种变换下则可将两者准确匹配。

3DPO system⇔3DPO 系统

利用深度图像识别和定位物体的一种典型系统。英语全称 three-dimensional part orientation system。

3-D reconstruction⇔3-D(景物)重构,3-D(景物)重建,立体重建

利用从场景中采集的图像来重建其中 3-D 景物及分布的技术。也称**场景恢复**。

3-D reconstruction using one camera⇔单目 3-D 重建,单目景物恢复

仅利用一个摄像机来实现 **3-D 景物重构**的技术。此时可将景物放在空间某一位置来采集单幅或多幅(对应不同时间或环境的)图像,并利用其中的各种 3-D 线索。因为景物形状是其**本征特性**中最基本和最重要的,所以各种单目景物恢复方法常称为**"从 X 得到形状"**,这里 X 可代表亮度、照度、明暗或纹理的变化以及轮廓形状、景物运动等。

3-D representation⇔3-D 表达

马尔视觉计算理论中视觉信息的三级内部表达之一。是以**景物为中心的**(即包括了物体不可见部分)表达形式,在以客观世界为中心的坐标系中全面描述 3-D 物体的形状及其空间组织。

3-D texture⇔3-D 纹理

3-D 表面成像所呈现出来的纹理及其特性。例如,在透视投影中,纹

理元的密度会随距离变化，可从中估计出 3-D 表面的一些性质，如形状、距离和朝向。

3-neighborhood ⇔ **3-邻域**

六边形网格中的一种邻域。由与中心像素具有公共边线的像素（称为直接相邻像素）组成。例如在图 8 中，与三角形中心像素 p 的三条边共边的 3 个近邻像素（用黑圆点表示），组成像素 p 的 3-邻域，记为 $N_3(p)$。

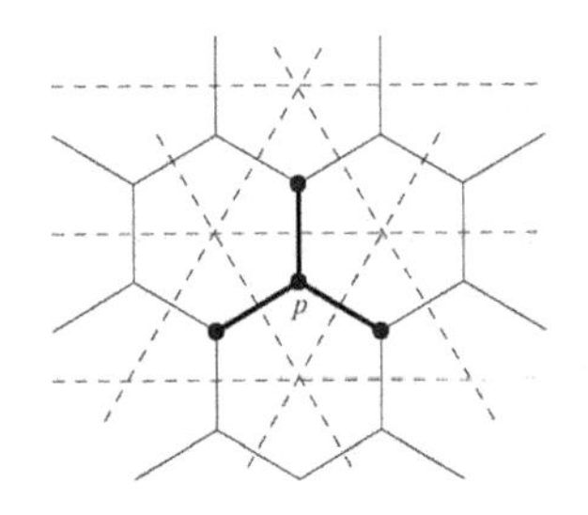

图 8　六边形网格中的 3-邻域

4-adjacent ⇔ **4-邻接的**

属于 **2-D 图像**中**像素**间的一种**邻接**情况。两个 4-邻接的像素有共同的边线。参阅 **4-neighborhood**。

4-connected ⇔ **4-连通的**

采用 **4-连接**而**连通**的。

4-connected boundary ⇔ **4-连通边界**

由**区域的边界像素**按 **4-连接**的方式得到的区域边界。此时**区域的内部像素**应是 **8-连通**的。

4-connected component ⇔ **4-连通组元**

采用 **4-连接**的定义得到的**连通组元**。

4-connected contour ⇔ **4-连通轮廓**

同 **4-connected boundary**。

4-connected distance ⇔ **4-连通距离**

由**像素**的 **4-连通的**性质所定义的距离。同 **city-block distance**。

4-connected Euler number ⇔ **4-连通欧拉数**

由 4-**连通组元**数减去 **8-连通**的孔数而得到的**欧拉数**。

4-connected region ⇔ **4-连通区域**

采用 **4-连接**的定义得到的**连通区域**。

4-connectivity ⇔ **4-连接**

属于**像素**间的一种**连接**情况。如果两个像素 p 和 r 在 V（这里 V 表示定义连接的灰度值集合）中取值且 r 在 p 的 **4-邻域**中的连接。

4-directional chain code ⇔ **4-方向链码**

采用 **4-连接**的**链码**。其方向定义和一个表达示例分别见图 9(a)和(b)。

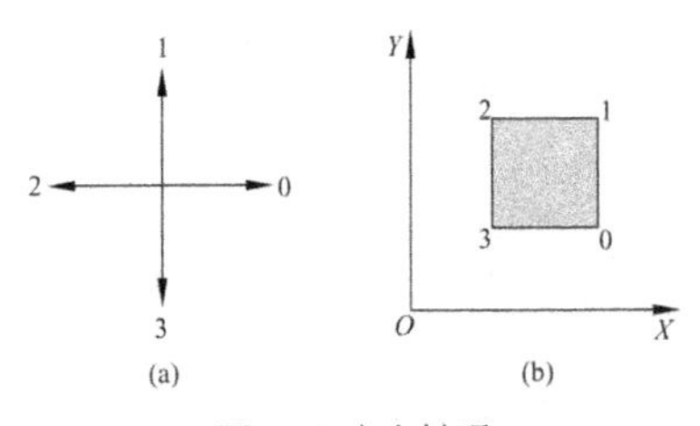

图 9　4-方向链码

4-neighborhood ⇔ **4-邻域**

3-D 图像中由一个**像素**的 4 个 **4-邻接**像素组成的区域。图 10 中，像素 p 的 4-邻域包括标记为 r 的 4 个像素，记为 $N_4(p)$。

4-path ⇔ **4-通路**

采用 **4-邻接**方式得到的**从一个像素到另一个像素的通路**。

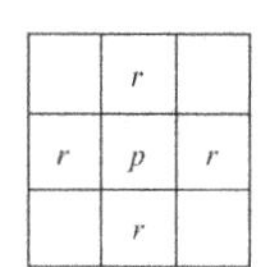

图 10 一个像素的 4-邻域

6-adjacent ⇔ 6-邻接的

属于 **3-D 图像**中**体素**之间的一种**邻接**情况。两个 6-邻接的体素具有共同的面。参阅 **6-neighborhood**。

6-coefficient affine model ⇔ 6-参数仿射模型

一种描述**仿射变换**的线性多项式参数模型。该模型的数学表达式为

$$\begin{cases} u = k_1 x + k_2 y + k_3 \\ v = k_4 x + k_5 y + k_6 \end{cases}$$

其中(x, y)为图像中一点的坐标，(u, v)为仿射变换后对应该点的图像坐标。k_1到k_6为 6 个模型参数。对照**欧氏变换**，k_1, k_2, k_4, k_5为旋转参数，k_3, k_6为平移参数。

6-connected ⇔ 6-连通的

采用 **6-连接**而**连通**的。

6-connected component ⇔ 6-连通组元

采用 6-**连接**的定义得到的**连通组元**。

6-connectivity ⇔ 6-连接

属于 **3-D 图像**中**体素**之间的一种**连接**情况。两个体素 p 和 r 在 V(这里 V 表示定义连接的灰度值集合)中取值且 r 在 p 的 **6-邻域**中的连接。

6-neighborhood ⇔ 6-邻域

3-D 图像中由与中心**体素** p 有相同面(**6-邻接**)的 6 个体素构成的立体。将 6-邻域标记为 $N_6(p)$，参考 **3-D 邻域**中的定义，有：

$$N_6(p) = V_1^1(p)$$

图 11 给出 $N_6(p)$的示意图，其中黑点体素组成中心白点体素 p 的 6-邻域。

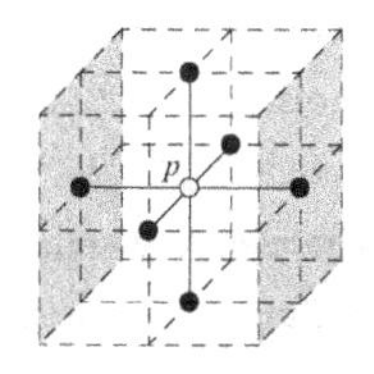

图 11 3-D 图像中的 6-邻域

8-adjacent ⇔ 8-邻接的

属于 **2-D 图像**中**像素**之间的一种**邻接**情况。两个 8-邻接的像素或者有共同的边线或者有共同的顶点。参阅 **8-neighborhood**。

8-coefficient bilinear model ⇔ 8-参数双线性模型

一种描述**仿射变换**的双线性多项式参数模型。也称为**双线性变换**。该模型的数学表达式为

$$\begin{cases} u = k_1 xy + k_2 x + k_3 y + k_4 \\ v = k_5 xy + k_6 x + k_7 y + k_8 \end{cases}$$

其中(x, y)为图像中一点的坐标，(u, v)为仿射变换后对应该点的图像坐标。k_1到k_8为 8 个模型参数。相比于 **6-参数仿射模型**，这里增加了二次交叉项。

8-connected ⇔ 8-连通的

采用 **8-连接**而**连通**的。

8-connected boundary ⇔ 8-连通边界

对**区域的边界像素**采用 **8-连接**而

得到的区域边界。此时**区域的内部像素**应是**4-连通**的。

8-connected component⇔8-连通组元

采用**8-连接**的定义得到的**连通组元**。

8-connected contour⇔8-连通轮廓

同 **8-connected boundary**。

8-connected distance⇔8-连通距离

由**像素**的**8-连通**的性质定义的距离。同 **chessboard distance**。

8-connected Euler number⇔8-连通欧拉数

由**8-连通组元**数减去**4-连通**的孔数得到的**欧拉数**。

8-connected region⇔8-连通区域

采用**8-连接**的定义得到的**连通区域**。

8-connectivity⇔8-连接

属于**2-D 图像**中**像素**之间的一种**连接**情况。如果两个像素 p 和 r 在 V(这里 V 表示定义连接的灰度值集合)中取值且 r 在 p 的**8-邻域**中的连接。

8-directional chain code⇔8-方向链码

采用**8-连接**的**链码**。其方向定义和表达示例分别见图 12(a)和(b)。

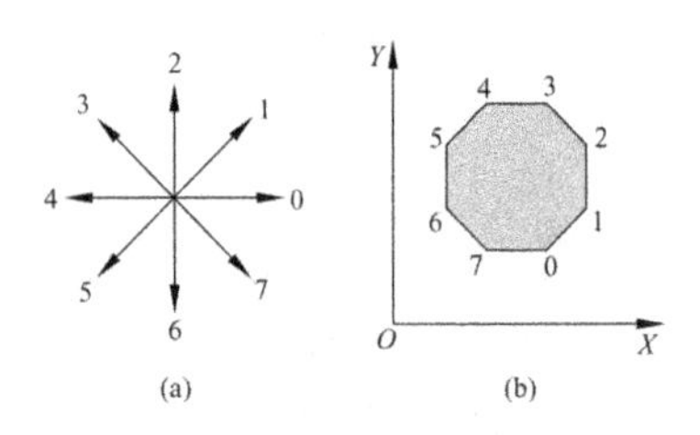

图 12 8-方向链码

8-neighborhood⇔8-邻域

由一个**像素**的 8 个**8-邻接**像素(包括 4 个**4-邻接**像素和 4 个**对角-邻接**像素)组成的区域。如图 13 所示,像素 p 的 8-邻域包括标记为 r(4-邻接)和 s(对角-邻接)的 8 个像素,记为 $N_8(p)$。

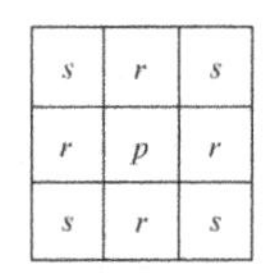

s	r	s
r	p	r
s	r	s

图 13 像素 p 的 8-邻域

8-path⇔8-通路

采用**8-邻接**方式得到的**从一个像素到另一个像素的通路**。

A

A^* ⇔ A 星(技术)

人工智能中的一种最优搜索技术，其中所用的评价函数结合了从起点至当前的实际代价和从当前到终点的估计代价。

A^* algorithm ⇔ A 星算法

参阅 **A^***。

AAM ⇔ 活跃外貌模型

active appearance model 的缩写。

Abbe constant ⇔ 阿贝常数

描述一个光学系统的折射与散射比率的常数。其表达式可写为

$$V_d = \frac{n_d - 1}{n_f - n_c}$$

其中 n 是折射指数，下标指示**波长**：d 表示氦线 D(587.6 nm)，f 和 c 分别表示氢线 F 和 C(486.1 nm 和 656.3 nm)。

aberration ⇔ 像差

因**镜头**或**镜头组**不理想而使成像模糊或像形扭曲(如**桶形失真**和**枕形失真**)，或出现与原物不同**颜色**的现象。对单色光而言，在镜头的近轴区内能形成**几何光学**中的理想像，即点物成点像，平面物成平面像，此时无像差。以近轴区的理想像为标准，考察远轴区的成像情况并与之比较。一种比较方法是光线追踪，找出近轴区和远轴区光线与光轴或垂直于光轴平面的交点，以其间隔作为像差的定量表示，分别称作**轴向像差**(纵像差)和**横向像差**(垂轴像差)，统称**光线像差**(其纵横正好与坐标的纵横互换)。而对不同颜色(**波长**)的光而言，即使是近轴区，其成像位置和大小也各不相同，其偏差称作**色差**。若以波动的观点研究像差，即是波前与球面的偏差，也称为波前像差。

aberration function ⇔ 像差函数

波像差表示为物点坐标及光线与高斯参考球上交点坐标或像高与孔径的函数。此函数与**光线像差**、**几何像差**之间的确切关系可用公式表示。

aberration order ⇔ 像差级

单色光在近轴区成像是无**像差**的，当孔径和视场扩大后，就不再算作近轴区而视其扩大的程度所用数学展开式的截尾处理定出的像差级次。于是就有第一级、第二级等的像差。这种名称同时又可按展开式中所考虑参量的幂次来称呼，如以孔径和视场为参变量，则与第一级近似范围所对应的幂次之和都是 3，故第一级(近似的)像差相应称为 3 阶像差；而第二级像差对应的幂次之和都是 5，故二级像差又称为 5 阶像差。

abnormality detection ⇔ 异常检测

一种典型的**自动活动分析**任务。

通过对特定**行为**的识别，检测和提取出非典型的举止和事件。

abrupt change ⇔ **切变，突变**

一类镜头之间的转换方式。切变对应在两帧图像间某种模式（由于场景亮度或颜色的改变，目标或背景的运动，边缘轮廓的变化等产生/造成）的突然变化，切变前的帧属于上一个镜头，切变后的帧属于下一个镜头。所以，切变对应镜头间的突然变化，一般认为切变本身是没有时间长度的（没有切变帧）。

absolute black body ⇔ **绝对黑体**

可吸收所有的辐射，且无反射本领的物质所构成的物体。是一种理想化的纯热辐射源，实际上并不存在。

absolute calibration ⇔ **绝对校准**

根据周知的标准确定传感器的输出与已知输入间联系的过程。要求对可接受的标准有可跟踪的能力，对整个测试的设置（包括需校准的设备）有可重复的准确性。在典型的情况下，对辐射度的校准在可见光条件下只能达到1%，而对红外光只能达到5%。

absolute index of refraction ⇔ **绝对折射率**

光从真空媒质射入另一种媒质时后者得到的折射率。**折射率**总是对两种相接触的媒质而言的，一般气体的折射率多相对于真空，而一般液体和固体的折射率则多相对于空气。

absolute orientation ⇔ **绝对方位，绝对定向**

解析摄影测量中，将一个或多个摄像机参考帧（**摄像机坐标系**）与一个世界参考帧（**世界坐标系**）建立对应（重合）所确定的方位和比例。这常需要进行旋转和/或平移变换，其计算基于3-D点间的对应性。

absolute pattern ⇔ **绝对模式**

动态模式匹配中所构建的带有绝对坐标的模式。不具备平移不变性。比较 **relative pattern**。

absolute threshold ⇔ **绝对阈值**

在**人类视觉系统**中，刺激系统所需物理**刺激**的最小强度。

absolute ultimate measurement accuracy [absolute UMA, AUMA] ⇔ **绝对最终测量精度**

一种用于计算**最终测量精度**的方法。如果用 R_f 代表从作为参考的图像中获得的原始特征量值，而 S_f 代表从分割后的图像中获得的实际特征量值，则两者的绝对差给出绝对最终测量精度：

$$AUMA_f = |R_f - S_f|$$

absoluteUMA [AUMA] ⇔ **绝对最终测量精度**

absolute ultimate measurement accuracy 的缩写。

absolute white body ⇔ **绝对白体**

对任何**波长**的光，漫反射系数均为1的物体。也称标准白。

absorptance ⇔ **吸收比**

物体所吸收的辐射或光通量与给

定条件下的入射光通量之比。吸收比不仅与材料的性质有关,还依赖于给定的设置。参阅 **absorption coefficient**。

absorption ⇔ 吸收

光与物质的相互作用方式之一。属于辐射(如光)被物质减弱的现象。分真吸收和表观吸收两种。真吸收是将能量转换为另一种形式,例如将热转化为化学能的光化吸收或转化为电能的光电吸收。表观吸收包括光的散射与光致发光,光依然存在,但其**波长**和方向均有所改变,特别是**磷光**,在时间上也有延迟。

absorption coefficient ⇔ 吸收系数

指示光学介质内部吸收率 α 的一种性质。同样的厚度吸收入射光通量的同样分数:$\mathrm{d}\Phi/\Phi=-\alpha(\lambda)\mathrm{d}x$。由此可得 Beer 的吸收指数率:$\Phi=\Phi_0\exp(-\alpha x)$。比较 **absorptance**。

absorption image ⇔ 吸收图像

根据辐射源之间的相互作用类型、目标性质和**图像传感器**的相对位置而划分的三类图像之一。吸收图像是穿透目标的辐射结果,提供了有关目标内部结构的信息。最常见的例子是 X 光图像。

absorption spectrophotometer ⇔ 吸收分光光度计

可给出各个**波长**的光被不同物质吸收后的出射光谱强度的设备。

absorption spectroscopy ⇔ 吸收光谱学

是光谱学中与发射光谱学并列的一大分支,利用物质原子或分子对辐射的不同**波长**有不同程度的吸收来推求物质的结构或辨识物质的种类。常用**吸收分光光度计**作为研究工具。

abstract attribute ⇔ 抽象属性

主观性很强,表达抽象概念的**属性**(常用于描述图像中体现出来的气氛、情感等)。

abstract attribute semantic ⇔ 抽象属性语义

行为层语义和**情感层语义**的统称。

abstraction ⇔ 抽象性,抽象化

命题表达的特点之一。命题要么为真要么为假,而与被表达情况在几何上和结构上均无相似性。

accommodation ⇔ 调视

调整眼睛使视网膜上成像清晰的过程。参阅 **accommodation convergence**。

accommodation convergence ⇔ 调视辐合

为看清楚较近物体而协同两眼的一系列动作:①两眼各自**调视**;②两视线**辐合**(会聚于物体);③视线稍稍向下;④**瞳孔**稍稍缩小。实际上,因调整视线观看近处物体自然会引起双眼视线辐合。一般认为调视与辐合成正比,即调视为 1 m^{-1} 时,辐合为 2 m^{-1}～6 m^{-1}。

accumulative difference image [ADI] ⇔ 累积差图像

差图像的一种扩展。设有一系列图像 $f(x, y, t_1), f(x, y, t_2), \cdots, f(x, y, t_n)$,并取第一幅图像 $f(x,$

y, t_1)作为参考图像。通过将参考图像与其后的每一幅图像比较就可得到累积差图像。这里设该图像中各个位置的值是在每次比较中发生变化的次数总和。

累积差图像有三个功能:

(1) 相邻像素数值间的梯度关系可用来估计目标移动的**速度矢量**;

(2) 像素的数值可帮助确定运动目标的尺寸和移动的距离;

(3) 包含了目标运动的全部历史资料,有助于检测慢速运动和尺寸较小目标的运动。

accuracy ⇔ **准确度;准确度;准确性,准确度**

1. 准确度:常用的**图像匹配**评价准则之一。指真实值(理想匹配结果)和估计值(实际匹配结果)之差。差值越小,匹配就越准确。在匹配对应性已确定的情况下,可借助合成或仿真图像来测量准确度。

2. 准确度:在**图像配准**中,参考图像点和配准图像点(重采样到参考图像空间后)之间距离的某种统计(如均值、中值、最大值或均方根值)。也可将基准标记放在场景中,并使用基准标记的位置来评价配准的准确度。单位可以是像素或体素,也可以是亚像素或亚体素。

3. 准确性/度:在图像测量中,实际测量值和作为(参考)真值的客观标准值的接近程度。也称**无偏性**。

accurate measurement ⇔ **准确测量**

根据**测量准确度**进行的测量。对应无偏估计。对一个参数 a 的无偏估计 $\bar{a}$(准确的测量)应满足 $E\{\bar{a}\}=a$,即估计的**期望值**应是真值。

achromat ⇔ **消色差透镜**

对色差造成的误差进行修正的**镜头组**。因为实际上并不是对所有**波长**都进行了修正,所以,色差造成的显著误差在这些镜头组中仍可出现。

achromatic color ⇔ **无彩色**

从白到黑的一系列中性灰色的颜色。在 **RGB 模型**的彩色立方体中对应从原点到最远顶点间的连线。比较 **chromatic color**。

achromatic lens ⇔ **消色差镜头**

由两个单元组成,对应于两个选择的**波长**,用于对彩色色差进行校正的**镜头组**。典型制作材料是冕牌火石玻璃。

acoustic image ⇔ **声学图像**

借助声学原理和声源获得的**图像**。反映了声源和媒介的特性。

acoustic imaging ⇔ **声成像(方法)**

一种利用声波照射物体以获得其可见图像的方法。与**光学成像**相比,其特点为:声波能在许多不透明光学材料中传播,并获得其内部结构图像;声成像与材料的声学性质有关。声学图像和**光学图像**反映的性质也不尽相同,如果能同时获得两者,结合使用会对材料的认识更为全面。

声成像依据的原理主要有三种:①利用声场的基本参量,如声压、质点位移、媒质密度变化，通过小型换能器的扫描或换能器阵、超声管及激光束衍射等获得声场分布图像；②利用声波在媒质中产生的声辐射压力，使自由液面出现与声强分布相应的隆起，或使在流体中悬浮的微粒按声压分布而定向排列；③利用强度足够的声波在液体里传播时产生的次级效应，如热效应、化学效应、声致发光，可采用热电偶、热塑膜、胶片或浸在碘溶液中的淀粉等来记录声像。声成像从技术角度可分为透射法和反射法。具体有切面扫描成像、超声**显微镜**、光声**显微镜**、声全息等。

acousto-optic tunable filter [AOTF]⇔声光可调滤光器

一种基于衍射，根据电磁波和声波的相互作用来工作的可调滤光器。主要模块是具有某些光声结合性质的光学透明晶体。当输入光照到晶体上时，一个无线电频率的声波也同时送到晶体上用来在晶体中产生一个折射标志波。入射光线在通过折射标志波时分解成分量波长。最后，选择单个**波长**的光来传输。恰当的设计可使这些波长之一非常突出，并作为滤光器的输出彩色。通过改变声波的频率可选出过滤光的波长。

ACRONYM system⇔ACRONYM 系统

由布鲁克斯(Brooks)等人研制，用于识别 3-D 图像的视觉系统。是一种与领域无关、基于模型、有代表性的 3-D 图像信息系统，其中使用了**广义圆柱体**的基元来表达存储的模型以及从场景中提取的目标。用户用图形法交互式地产生目标模型，系统自动地预测期望的**图像特征**，发现候选的特征并给以解释。可以对已有模型的物体进行识别和分类，并从单目图像中提取物体的形状、结构、3-D 位置和取向等 3-D 信息。

acquisition⇔采集

图像工程中获取**图像**的过程和手段。

acquisition device⇔采集器

图像工程中用于获取**图像**的任何一种装置。

action⇔动作

时空行为理解中的第二个层次。是由主体/发起者的一系列**动作基元**构成、有具体意义的集合体(有序组合)。一般动作常代表由一人进行的简单运动模式，通常仅持续秒的量级。人体动作的结果常导致位姿/姿态改变。

action modeling⇔动作建模(方法)

对动作构建模型以实现自动提取和识别的过程。主要方法可分为 3 类：**非参数建模**，**立体建模**，**参数时序建模**。

action primitives⇔动作基元

时空行为理解中的第一个层次。用来构建**动作**的基本原子单元，一般对应场景中短暂的运动信息。

action unit [AU]⇔动作单元

在**面部表情识别**研究中，用来描

述面部表情变化的基本单元。对每个动作单元，都从解剖学角度与某块或某几块面部肌肉相对应。面部肌肉动作可反映面部表情的变化。这种研究方法比较客观，在心理学研究中常用。例如有人将各种面部表情变化都归于 44 个动作单元的组合，建立了表情与动作单元的对应关系。不过 44 个动作单元可以有 7000 多种组合，数量庞大，另外从检测角度讲，有许多动作单元很难仅靠 2-D 面部图像来获得，所以从表情图像中分解出各个动作单元有一定难度。

active appearance model [AAM]⇔活跃外貌模型

一种用于获取面部表情原始混合特征的模型。先结合**人脸图像**中的形状和纹理信息建立对人脸的参数化描述，然后再用**主分量分析**降维。

active blob⇔主动团块

一种基于区域特征，采用主动形状模型来跟踪非刚体的方法。先将初始区域用**德劳奈三角剖分**进行分块，再沿帧序列逐帧跟踪各个可变形的片(patch)，片的集合构成团块。

active camera⇔主动摄像机

自身可控，用于进行扫视、倾斜和变焦的摄像机。与固定摄像机相对，能跟踪场景中景物的运动过程，通过计算光流来帮助进行运动分析。

active contour model⇔主动轮廓模型

一种**基于边界**、用于**图像分割**的**串行算法**。也称**主动形状模型**。通常需先确定一个近似的**目标轮廓**(初始轮廓)，然后利用可变形的模板逐步改变初始轮廓的形状以逼近图像中目标的精确轮廓。因为在对目标轮廓的逼近过程中，表示轮廓的封闭曲线像蛇爬行一样不断改变形状，所以主动轮廓模型也称**蛇模型**。

active contour tracking⇔主动轮廓跟踪(技术)

在**基于模型的计算机视觉**中，采用主动轮廓模型在**视频序列**中跟踪**目标轮廓的技术**。

active fusion⇔主动融合

借助**主动视觉**中主动的含义而提出的概念。强调融合过程在结合信息时要主动地选择需分析的信息源并控制对数据的处理。

active illumination⇔主动照明

亮度、朝向、模式等均可连续控制和改变的照明装置或方式。可用来产生结构光。

active imaging⇔主动成像(方法，系统)

基于用人工辐射，对场景照明并收集返回的反射能量来成像的系统或方法。例如雷达系统、LIDAR 系统以及结构光技术。

active learning⇔主动学习(方法)

通过交互来学习环境并获取信息的方式方法。例如，从新的视点来观察目标。

active net⇔主动网络

对三角片网加以参数化的**主动形状模型**。

active perception⇔**主动感知(技术)**

同 **active vision**。

active, qualitative, purposive vision⇔**主动-定性-有目的视觉**

主动视觉、**定性视觉**和**有目的视觉**的三结合框架。基本思路是让主动的观察者对场景采集多幅图像,以便将视觉中3-D重建的不适定问题转化为明确定义、容易解决的问题。

也可看作**主动视觉**的扩展,进一步强调视觉系统应完成**任务导引**和**目的导引**,同时也应具有**主动感知**的能力。这些概念背后的主要想法可归结为对问题的转化,具体包括进行以下三方面工作:

(1) 让一个主动的观察者对场景采集多幅图像;

(2) 将原始的"完全重建"要求放宽到定性程度,例如只需说明某一目标比另一目标更接近观察者;

(3) 对视觉系统不要求考虑通用的一般情况,而只考虑明确定义的较窄的目标,这样可以针对特定应用问题实现一种专用的解决方案。

active sensing⇔**主动感知(技术)**

1. 主动或有目的的感知环境的行为。例如在空间移动摄像机以获得一个目标的多个最优视场。

2. 对能量模式以隐式进行投影的感知技术。例如将激光光线投影到场景中。

active shape model [ASM]⇔**主动形状模型**

同 **active contour model**。

active stereo⇔**主动立体视觉**

传统**双目视觉**的一种变形。将其中一个摄像机用结构光投影仪替换,该投影仪将光投影到感兴趣的目标上。如果摄像机已校正,则对目标3-D坐标点的三角计算只需确定一条光线和光场中已知结构的交点即可。

active surface⇔**主动表面**

1. 使用深度传感器确定的表面。

2. 通过变形来拟合景物表面的主动形状模型。

active triangulation⇔**有源三角测量**

借助在已知位置的光源和观察场景照明效果的摄像机,用三角计算法来确定景物表面深度的方法。

active triangulation distance measurement⇔**主动三角测距法**

考虑**结构光**测距成像系统的特点后对**结构光成像**方法的另一种称呼。结构光测距成像系统主要由摄像机和结构光源两部分构成,它们与被观察物体排成一个三角形。光源产生一系列激光,照射到物体表面,由对光敏感的摄像机将照亮的部分记录下来,最后通过三角计算来获得深度信息。

active unit [AU]⇔**活动单元**

面部动作编码系统中描述动作的基本单位。每个单元从解剖学角度都与某块或某几块面部肌肉相对应,肌肉动作包括收缩或舒张。

active vision⇔**主动视觉**

摄像机以确定或不定的方式运

动，或人转动眼睛来跟踪环境中的目标物，从而感知世界的技术和方法。强调视觉是客观世界的主动参与者。这包括跟踪感兴趣的目标，并对视觉系统进行调整以优化方式完成某些工作。其基本思路是让主动的观察者对场景采集多幅图像，以便将不适定问题转化为明确定义和容易解决的问题。是**主动视觉框架**的核心，因此也称**主动感知**。其中融入了人类视觉的“注意”能力，通过改变摄像机参数或通过对摄像机获取数据的处理，来达到空间、时间、分辨率等方面的有选择性的感知。摄像机的运动为研究目标的形状、距离和运动提供了附加条件。借助这些条件可使某些不适定结构问题转化为良好结构，使某些不稳定问题变为稳定问题。主动视觉不涉及感知技术（可参见**主动成像**）而着重考虑观察策略。

active vision framework⇔**主动视觉框架**

根据人类视觉（或更一般的生物视觉）的主动性提出的一种**图像理解理论**框架。与**马尔视觉计算理论**不同的是考虑了人类视觉的两个特殊机制：**选择注意机制**和**注视控制**。

active vision imaging⇔**主动视觉成像（方法）**

保持光源固定而让采集器运动起来追踪场景的**立体成像方式**。比较 **self-motion active vision imaging**。

activity⇔**活动**

时空行为理解中的第三个层次。指为完成某个工作或达到某个目标而由主体/发起者执行的一系列**动作**的组合（主要强调逻辑组合）。活动是相对大尺度的运动，一般依赖于环境和交互人。活动常代表由多人进行的复杂的序列（可能交互的）动作，且常持续较长的时段。

activity analysis⇔**行为分析**

在**视频序列**中分析人或物的行为，以辨识即时发生的行动或长时间的动作序列的方法。

activity learning⇔**活动学习（方法）**

对 **POI/AP** 模型进行学习中的一项工作。通过比较（景物活动的）**轨迹**来进行，轨迹长度可能不同，关键是要保持对相似性的直观认识。

activity path [AP]⇔**活动路径**

场景建模中，主体/目标在**事件**发生的图像区域运动/游历的轨迹。

acuity⇔**视敏度，视锐度**

参阅 **visual acuity**。

acutance⇔**锐度**

对照片或图像中边缘清晰度的一种测度。对一个边缘，其定义为跨边缘灰度值变化的平均平方率除以边缘两边的总灰度差。

adaboost⇔**自适应自举（方法）**

一种最常用的以自适应方式进行**自举**的方法。adaptive boosting 的缩写。通过不断增加**弱分类器**的数量以达到降低训练误差的目标。在自适应自举中，对每个训练模式相对于每个**模式分类器**都确定一个权重。如果一个模式被正确分了类，那它被其后的分类器再次使用的概率就会缩小。如果一个模式没有被正确分类，那它被其后的分类器再次使用的概率就会增加。这样一来，难以分类的模式就会得到更多的关注，从而有可能得到较好的分类。

adaption⇔适应

学习 **POI/AP 模型**中的一项工作。要能在线地适应增加新活动和除去不再继续活动的要求，并能验证模型。

adaptive⇔自适应(的)

图像工程中，能根据图像自身的特性和变化自动选择加工技术或算法参数的特性。很多技术可借此特性提高适应性和性能。

adaptive coding⇔自适应编码(技术，方法)

根据一幅图像不同部分的特性而对该图像使用至少两种不同的编码技术；或对该图像使用同一技术的不同参数设置来编码的方法。

adaptive compression⇔自适应压缩(方法)

图像编码中，一类根据从输入流中新到达的数据来修改其运算和/或参数的压缩方法。**基于字典的编码**方法多采用这种压缩。

adaptive filter⇔自适应滤波器

可根据当前图像(像素)特性调整自身性态的**滤波器**。一般属于根据滤波器模板所覆盖像素集的统计特性进行滤波模板或滤波函数调整的滤波器。因为对图像中不同像素采用不同处理方式，所以有可能取得比固定滤波器更好的滤波效果，但滤波计算复杂度常有所增加。

adaptive filtering⇔自适应滤波(技术)

所用**滤波器**以某种方式依赖于一个像素及其邻域的特性的**滤波技术**。是一种非线性操作。传统上用于边缘保持平滑滤波：用一种选择方式对图像应用低通滤波器，从而将使用标准低通滤波器时会产生的边缘模糊效果最小化。

adaptive median filter⇔自适应中值滤波器

一种对标准**中值滤波器**加以扩展的特殊滤波器。其自适应体现在滤波器模板尺寸可根据图像特性(是否受脉冲噪声影响)进行调节，从而可达到三个目的：①滤除**脉冲噪声**，②平滑非脉冲噪声，③减少对目标边界过度细化或粗化产生的失真。滤除非脉冲噪声时，可以比标准中值滤波器更好地保留图像细节。

adaptive meshing⇔网格自适应(方法)

在有大量细节(对应表面朝向快速变化)的区域生成较小尺寸网格，而在有少量细节(对应表面朝向缓慢变化)的区域生成较大尺寸网格的网格生成方法。

adaptive smoothing⇔自适应平滑(方法)

一种避免对**边缘**进行平滑的迭代

平滑算法。给定图像 $f(x, y)$，自适应平滑的单次迭代步骤如下：

(1) 计算梯度幅度图像 $G(x, y) = |\nabla I(x,y)|$；

(2) 进一步获得增强梯度加权图像 $W(x, y) = \exp[-\lambda G(x, y)]$；

(3) 用下式平滑图像：

$$S(x,y) = \frac{\sum_{i=-1}^{1}\sum_{j=-1}^{1} A_{xyij}}{\sum_{i=-1}^{1}\sum_{j=-1}^{1} B_{xyij}}$$

其中 $A_{xyij} = I(x+i, y+j)W(x+i, y+j)$，$B_{xyij} = W(x+i, y+j)$。

adaptive weighted average [AWA]⇔自适应加权平均

视频处理中，沿时空运动轨迹计算图像值的一种加权平均方法。基于这种加权平均的滤波，特别适用于快速变焦或摄像机视角变化等造成同一图像区域包含不同场景内容的情况。

adaptivity⇔自适应性

图像工程中的设备或算法，根据图像特性和先前操作步骤和结果自动确定下一步操作流程和方式的性质。

additive color mixing⇔加色混合（方法），加性（彩色）混色

将两种或多种**颜色**叠加而得到新颜色的过程或技术。混合的颜色越多越接近白色。在**显示器**上显示**彩色图像**就采用了这种技术。

additive image offset⇔加性图像偏移

利用**图像加法**将一个常数值（标量）加到一幅图像上以增加图像总体亮度的过程。该值大于0时增加亮度，小于0时减少亮度。但有可能产生超出所用数据类型允许的最大像素值的溢出问题。解决方法有两种：**归一化**和**截断**。

additive noise⇔加性噪声

叠加在输入信号上，但与输入信号的强度、相位等无关的**噪声**。噪声场的随机数值是叠加到像素的真实值上的。

ADI⇔累积差图像

accumulative difference image 的缩写。

adjacency⇔邻接

1. **像素**之间的一种关系。邻接的像素在空间上有接触。在**2-D 图像**中，邻接可根据接触方式分成三类：**4-邻接**，**对角-邻接**，**8-邻接**。

2. **体素**之间的一种关系。邻接的体素在空间上有接触。在**3-D 图像**中，邻接可根据接触方式分成三类：**6-邻接**，**18-邻接**，**26-邻接**。

adjacency graph⇔邻接图

表示结构（如分割的图像区域或一些角点）间相邻关系的图。图中结点对应结构，弧指示由弧连接的两个结构间的邻接关系。

adjacency matrix⇔邻接矩阵

表达**区域邻接图**的二值矩阵。两个区域 R_1 和 R_2 邻接时矩阵中 R_1 和 R_2 相交处元素为1，否则为0。进一步，如果用 **A** 表示这个矩阵，则 a_{ij} 表示从顶点 i 到顶点 j 的边的条数。

adjacency relation⇔**邻接关系**

图中由无序或有序的顶点对构成的集合。分别是**无向图**和**有向图**的边集合。

adjacent⇔**邻接的，相邻的**

1. 相邻的：属于**图论**中两个顶点间或两条边间的一种联系形式的。如果两个顶点与同一条边**相关联**，则这两个顶点是相邻的。同样，如果两条边有共同的顶点，则这两条边是相邻的。

2. 邻接的：属于像素或体素间的一种联系的。对 **2-D 图像**，像素间的邻接主要有 **4-邻接的**，**8-邻接的**和**对角-邻接的**。对 **3-D 图像**，体素间的邻接主要有 **6-邻接的**，**18-邻接的**和 **26-邻接的**。

advancing color⇔**似近色**

看起来比实际距离显得更接近的颜色。源于**人类视觉系统**的一种主观特性。

advantages of digital video⇔**数字视频的优点**

视频的数字表达比其模拟表达的优点。包括：

(1) 对信号退化鲁棒。数字信号本质上比模拟信号对衰减、失真、噪声等退化因素要鲁棒。另外，还可以使用误差校正技术以使失真不能在一个**数字视频**系统的接续步骤中累积。

(2) 硬件实现尺寸小，可靠性高，价格便宜，设计容易。

(3) 有些处理，如信号延迟或视频特效，更容易在数字域完成。

(4) 在一个单独的可伸缩码流中具有封装多个不同空间和时间分辨率视频的可能。

(5) 从一种格式到另一种格式的软件转换相对容易。

aerial photography⇔**航空摄影术，航空摄影学，航空照相学，航空摄影**

一般包括航空侦察(或监视)及航空制图两类。航空侦察或监视要辨认地面某些目标，多用于军事目的。航空制图一般使用专用航测图仪，军民两用，如进行资源探测、探矿、城市规划。

aerophotography⇔**航空摄影术，航空摄影学，航空照相学，航空摄影**

同 **aerial photography**。

affective computing⇔**情感计算(技术)**

人工智能中，涉及处理、识别和解释**人类情感**的系统的设计及技术的领域。

affine camera⇔**仿射相机**

投影相机的一种特殊情况。可在实现**投影变换**的 3×4 相机参数矩阵 $\boldsymbol{T}$ 中，取 $T_{31}=T_{32}=T_{33}=0$ 而将相机参数矢量的自由度由 11 降到 8 来获得。

affine flow⇔**仿射流**

运动分析中，一种确定景物表面片(patch)运动情况的方法。为此，需估计**仿射变换**参数，以便将一个片从所在视场中的位置变换到另一视场中的位置。

affine fundamental matrix⇔仿射基本矩阵

在仿射观察条件下从一对相机获得的**基本矩阵**。是一个 3×3 的矩阵，其左上角 2×2 子矩阵的元素全部为 0。

affine moments⇔仿射矩

由目标的二阶矩和三阶矩所导出，可用于描述**目标形状**，在**仿射变换**下不变的四个矩测度。这四个矩是：

$$I_1 = \frac{\mu_{20}\mu_{02} - \mu_{11}^2}{\mu_{00}^4}$$

$$I_2 = (\mu_{30}^2\mu_{03}^2 - 6\mu_{30}\mu_{21}\mu_{12}\mu_{03} + 4\mu_{30}\mu_{12}^2 + 4\mu_{21}^2\mu_{03} - 3\mu_{12}^2\mu_{21}^2) / \mu_{00}^{10}$$

$$I_3 = [\mu_{20}(\mu_{21}\mu_{03} - \mu_{12}^2) - \mu_{11}(\mu_{30}\mu_{03} - \mu_{21}\mu_{12}) + \mu_{02}(\mu_{30}\mu_{12} - \mu_{21}^2)] / \mu_{00}^7$$

$$I_4 = \left[\begin{array}{l} \mu_{20}^3\mu_{03}^2 - 6\mu_{20}^3\mu_{11}\mu_{12}\mu_{03} - 6\mu_{20}^2\mu_{02}\mu_{21}\mu_{03} + 9\mu_{20}^2\mu_{02}\mu_{12}^2 + 12\mu_{20}\mu_{11}^2\mu_{21}\mu_{03} \\ + 6\mu_{20}\mu_{11}\mu_{02}\mu_{30}\mu_{03} - 18\mu_{20}\mu_{11}\mu_{02}\mu_{21}\mu_{12} - 8\mu_{11}^3\mu_{30}\mu_{03} - 6\mu_{20}\mu_{02}^2\mu_{30}\mu_{12} \\ + 9\mu_{20}\mu_{02}^2\mu_{21}^2 + 12\mu_{11}^2\mu_{02}\mu_{30}\mu_{12} - 6\mu_{11}\mu_{02}^2\mu_{30}\mu_{21} + \mu_{02}^3\mu_{30}^2 \end{array}\right] \Bigg/ \mu_{00}^7$$

其中 μ 是对应的中心矩。

affine motion model⇔仿射运动模型

借助**仿射变换**对运动进行表达的模型。这里将运动导致的变化看作对运动目标坐标的仿射变换。一般的仿射变换有 6 个参数，所以仿射运动模型也有 6 个参数。

affine stereo⇔仿射立体视觉

用从已知观察点获得的同一个场景的两个校正视场进行**立体重建**的方法。对立体视觉几何关系，是一种简单但很鲁棒的逼近，可用以估计位置、形状和表面朝向。仅观察四个点便可对其简便校正。对同一个平面的任意两个视场，可通过一个仿射变换来联系，该仿射变换能将一幅图像映射到另一幅。这包含一个平移和一个张量，该张量称为梯度差张量，表示图像形状的失真。如果一幅图像中的标准单位矢量 $\boldsymbol{X}$ 和 $\boldsymbol{Y}$ 是目标表面上某些矢量的投影，且图像间的线性映射可用 2×3 的矩阵 **A** 来表示，那么 **A** 的头两列将是另一幅图像的对应矢量。平面的重心将映射到两幅图像的重心，可用来确定表面的朝向。

affine transformation⇔仿射变换

一种特殊的**投影变换**。一个**非奇异线性变换**后接一个**平移变换**而构成的组合变换。在平面上，将一个点 $\boldsymbol{p}(=(p_x, p_y))$ 仿射变换到另一个点 $\boldsymbol{q}(=(q_x, q_y))$ 的矩阵可表示为

$$\begin{bmatrix} q_x \\ q_y \\ 1 \end{bmatrix} = \begin{bmatrix} a_{11} & a_{12} & t_x \\ a_{21} & a_{22} & t_y \\ 0 & 0 & 1 \end{bmatrix} \begin{bmatrix} p_x \\ p_y \\ 1 \end{bmatrix}$$

或用分块矩阵形式写为

$$\boldsymbol{q} = \begin{bmatrix} \boldsymbol{A} & \boldsymbol{t} \\ \boldsymbol{0}^{\mathrm{T}} & 1 \end{bmatrix} \boldsymbol{p}$$

其中，$\boldsymbol{A}$ 是一个 2×2 的非奇异矩阵，$\boldsymbol{t} = [t_x \quad t_y]^{\mathrm{T}}$ 是一个 1×2 平移矢量，$\boldsymbol{0}$ 是一个 2×1 矢量。变换矩阵共有 6 个**自由度**。

仿射变换是欧氏几何中的一组特殊变换。将直线变换成直线，三角

形变换成三角形，矩形变换成平行四边形。更一般地，可保持待变换构造的如下性质：

(1) 点的共线性：如果三个点在同一条直线上，经图像仿射变换后还在一条直线上，且中间的点还在另两点的中间；

(2) 平行线保持平行：共点线保持共点(相交线的图像仿射变换后仍相交)；

(3) 给定直线上的线段长度比保持为常数；

(4) 两个三角形的面积比保持为常数；

(5) 椭圆保持椭圆，双曲线保持双曲线，抛物线保持抛物线；

(6) 三角形(也包括其他几何体)的质心映射到对应的质心。

常见的**平移变换**、**放缩变换**、**旋转变换**和**剪切变换**都是仿射变换的特例。对应的仿射变换系数如表 A1 所示。

表 A1 各种特殊仿射变换系数的汇总

变换	a_{11}	a_{12}	a_{21}	a_{22}	t_x	t_y
用 Δ_x，Δ_y 平移	1	0	0	1	Δ_x	Δ_y
用[$\boldsymbol{S}_x$，$\boldsymbol{S}_y$]放缩	S_x	0	0	S_y	0	0
用角度 θ 逆时针旋转	$\cos\theta$	$\sin\theta$	$-\sin\theta$	$\cos\theta$	0	0
用[$\boldsymbol{J}_x$，$\boldsymbol{J}_y$]剪切	1	J_y	J_x	1	0	0

仿射变换可解析地表示成矩阵形式 $f(\boldsymbol{x})=\boldsymbol{A}\boldsymbol{x}+\boldsymbol{b}$，其中方阵 $\boldsymbol{A}$ 的行列式 $\det(\boldsymbol{A})\neq 0$。在 2-D 时，矩阵为 2×2；在 3-D 时，矩阵为 3×3。

图 A1 分别给出用

$$\boldsymbol{A}_1=\begin{bmatrix}1 & 1/2\\ 1/2 & 1\end{bmatrix}\text{和}\boldsymbol{t}_1=\begin{bmatrix}4\\ -2\end{bmatrix},$$

$$\boldsymbol{A}_2=\begin{bmatrix}1/2 & 1\\ 1 & 1\end{bmatrix}\text{和}\boldsymbol{t}_2=\begin{bmatrix}-2\\ 1\end{bmatrix},$$

$$\boldsymbol{A}_3=\begin{bmatrix}3/2 & 1/2\\ 1/2 & 1\end{bmatrix}\text{和}\boldsymbol{t}_3=\begin{bmatrix}0\\ 3\end{bmatrix}$$

所表达的仿射变换对最左的多边形目标变换得到的 3 种结果。

图 A1 对多边形目标进行仿射变换得到的结果

afterimage ⇔ **残留影像，留成像，余像**

在眼睛已适应了完全黑暗的环境后，突遇强光作用时，眼中还会出现的原先环境的像。通常持续几秒钟。余像在闭眼的情况下也会出现。余像时亮(**正余像**)时暗(**负余像**)，会经历若干次反复，但其清晰程度与强度往往不相同。余像与原物的衍射有出入时，称其衍射与原物相似者为正余像，互补者为负余像。余像与原物的颜色有出入时，则称其颜色与原物相似者为正余像，互补者为负余像。

agent of image understanding⇔图像理解代理

一种**知识表达**方法。基于将目标的表达引进到知识表达体系，很自然地引入图像理解代理。**图像理解**中，代理可对应目标模型或图像处理操作。

agglomerative clustering ⇔ 凝聚聚类(技术)

一组迭代聚类算法。由大数量的聚类开始，每次迭代合并两个或三个聚类，直到在一定数量的迭代后给出最终的聚类集合或只剩下一个聚类。算法的进程可用系统树的图来表示。

AI⇔人工智能

artificial intelligence 的缩写。

albedo⇔反射率，反照率

漫射物体表面受垂直光照射后，被漫射到各个方向的光与入射光之比。其值在 0 到 1 之间，或 0 到 100%之间。这里 0 对应表面为理想黑色，100%对应表面为理想白色。

algebraic distance⇔代数距离

计算机视觉的应用中常见的一种线性**距离测度**。形式简单，估计操作标准。如果一条曲线或一个表面的隐式表达为 $f(\boldsymbol{x}, \boldsymbol{a})=0$($\boldsymbol{x}\cdot\boldsymbol{a}=0$ 代表一个超平面)，那么其上一个点 $\boldsymbol{x}_j$ 到曲线或表面的代数距离为 $f(\boldsymbol{x}_j, \boldsymbol{a})$。

algebraic reconstruction technique [ART] ⇔代数重建技术

从投影重建图像时，**级数展开重建法**中一种典型方法。也称代数重建方法。包括**有限序列扩展重建方法**、**迭代算法**、**优化技术**等。

基本模型如图 A2 所示。将要重建的目标放在直角坐标网格中，发射源和接收器都是点状的，之间的连线对应一条射线(设共有 M 条射线)。将每个像素按扫描次序排为 1 到 N(N 为网格总数)。在第 j 个像素中，可认为射线吸收系数是常数 x_j，第 i 条射线与第 j 个像素相交的长度为 a_{ij}，a_{ij} 代表第 j 个像素沿第 i 条射线所做贡献的权值。

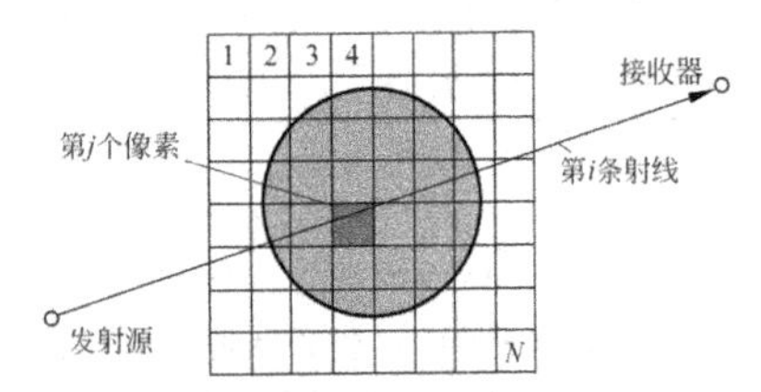

图 A2 代数重建方法示意图

如果用 y_i 表示沿射线方向的总吸收的测量值，则

$$y_i \approx \sum_{j=1}^{N} x_j a_{ij}, \quad i = 1,2,\cdots,M$$

写成矩阵形式

$$\boldsymbol{y} = \boldsymbol{A}\boldsymbol{x}$$

式中，$\boldsymbol{y}$ 是测量矢量，$\boldsymbol{x}$ 是图像矢量，$M\times N$ 矩阵 $\boldsymbol{A}$ 是投影矩阵。为获得高质量图像，M 和 N 都需在 10^5 量级，所以 $\boldsymbol{A}$ 是个非常大的矩阵。但

对每条射线来说，由于只与很少的像素相交，因此 **A** 是一个稀疏的，通常只有不到 1%的元素不为 0。

这里考虑重建的输入数据是沿每条射线的投影积分，在沿射线方向每个像素位置对线性衰减系数贡献的总值（可用实际路线的长度加权）就等于测量到的吸收数值，即投影结果。在投影已知的情况下，对每条射线的积分都能提供一个方程，合起来构成一组齐次方程。方程组中未知数个数就是图像平面中像素的个数，方程个数就是线积分（射线）的个数。这样，可将代数重建看作是求解一组齐次方程。

algorithm implementation⇔算法实现

马尔视觉计算理论中对视觉信息进行加工的三要素之一。这里一方面要选择加工的输入输出表达，另一方面要确定完成表达转换的算法。

aliasing⇔混叠（效应）

对连续信号进行等间隔采样而不能用满足**采样定理**的频率来采样而导致的信号频谱重叠失真。在不满足采样定理情况下，采样后高于采样频率一半的频率成分将被重建成低于采样频率一半的信号，导致出现混叠。所以，为避免混叠需使采样频率高于最高信号频率的两倍。视频中混叠可在一帧中呈现（**空间混叠**）或跨多个帧呈现（**时间混叠**）。

对连续点集数字化时，数字化模型的量化都是多对一映射，不同的连续点集有可能给出相同的离散点集，反之相同的连续点集有可能映射为不同的数字化集，也就是数字化集在连续点集的平移下会发生变化，这也称为混叠。

alignment⇔对齐

通过将几何模型与图像数据配准来进行几何模型匹配的方法。参阅 **image registration**。

all over reflecting surface⇔漫反射（表）面

同 **Lambertian surface**。

alphabet⇔字母表

图像编码中，信源所有可能符号的集合。一般是像素所能取的值（如 8 比特时是 256 个灰度值）。

***alpha*-radiation⇔阿尔法（α）辐射，射线**

一种由许多放射性元素产生的辐射。其中包括氦的核（带有两个中子和两个质子）。

***alpha*-trimmed mean filter⇔阿尔法（α）修削平均滤波器**

一种特殊的排序类统计滤波器。设一个像素 $f(x, y)$ 的邻域 $N(x, y)$ 中（由滤波器模板限定）共有 M 个像素，在对这些像素排序后，将其中 $\alpha/2$ 个最小的灰度值和 $\alpha/2$ 个最大的灰度值削掉，再对剩下的 $M-\alpha$ 个像素值（用 $g_r(s, t)$ 表示剩下的 $M-\alpha$ 个像素）求平均就可实现修削平均滤波。该滤波器的输出为

$$f_o(x,y) = \frac{1}{M-\alpha} \sum_{(s,t)\in N(x,y)} g_r(s,t)$$

式中 α 的值可在 0 到 $M-1$ 之间选取。选 $\alpha=0$ 时，没有修削只求

平均，滤波器简化为**算术平均滤波器**。选 $\alpha = M-1$ 时，把比中值大或小的值都修削掉，滤波器成为**中值滤波器**。如果选 α 取其他值，其效果介于上两种滤波器之间。剪切均值滤波器可用于消除同时有多种噪声（如椒盐和高斯噪声）的情况。

alternating figures⇔交替图形

有可能从中交替看出两种形象的图形。例如，图 A3 中的图形称为“鲁宾(Rubin)瓶”或“彼得-泡耳(Peter-Paul)杯”，一方面可看作是个广口杯，另一方面也可看成是面对面两人的侧面像。当看出某一种形象时，另一种则作为背景。

图 A3 交替图形示例

alychne⇔零发光线，亮度面

一种通过 CIE-RGB 色空间轴原点的平面。可沿与该平面正交的方向进行感知亮度测量。因为要感受到相等的亮度，对不同的彩色需要不同的强度，所以为感知总体亮度变化所沿的轴与 CIE-RGB 空间的主对角线不同。

AM⇔幅度调制，调幅

amplitude modulation 的缩写。

ambient light⇔环境光

不直接来自光源而来自周围景物漫射而照射到景物上的间接光。持久稳固地充满视觉系统周围。通常对图像的采集不利，所以要注意减小其影响。

ambiguity problem⇔二义性问题，歧义问题

具有不只一种解释或理解的问题。例如：立体匹配中周期性重复特征导致的**不确定性问题**，成像中的**孔径问题**。

American Newspaper Publishers Association [ANPA]⇔美国报业出版商联盟

美国报业界制订与桌面出版布局有关标准和规范的机构。ANPA 颜色规范已接纳为报纸印刷标准。ANPA 颜色也已集成到大多数“图像编辑”程序中。

AM-FM half-toning technique⇔调幅-调频半色调技术

同 **amplitude-frequency hybrid modulated half-toning techniques**。

AM half-toning technique⇔调幅半色调技术

amplitude modulated half-toning techniques 的简称。

***a*-move⇔水平移动/垂直移动**

斜面距离中沿水平或垂直方向两个 **4-邻域**点之间的最短**数字弧**的长度。

amplifier noise⇔放大器噪声

采样装置中的电子运动导致的叠

加到信号中的噪声。其标准模型属**高斯噪声**，且与信号独立。在彩色相机中，蓝色通道比绿色或红色通道需要更大的放大能力，产生的噪声也更强。在设计良好的放大器中，该类噪声常可忽略。

amplitude⇔幅度

信号变化的最大值和最小值之差。即信号变化范围。由于图像性质的最小取值为 0，所以图像信号的幅度就是其可取得的最大值。

amplitude-frequency hybrid modulated half-toning technique⇔调幅-调频混合半色调技术

一类结合调幅和调频的**半色调输出技术**。可同时调整输出黑点的尺寸和间隔，在打印灰度图像时能产生与调幅技术可比的高空间分辨率模式。

amplitude modulated[AM] half-toning technique⇔调幅半色调技术

一种常用的**半色调输出技术**。通过调整输出黑点的尺寸（黑点间距给定）来显示不同灰度。其中利用了人眼的集成特性，即在一定距离观察时，一群小黑点的集合可产生亮灰度的视觉效果，而一群大黑点的集合可产生暗灰度的视觉效果。所以，这里选取黑点的尺寸反比于对应位置像素的灰度，相当于对像素灰度进行了**调幅**。

amplitude modulation [AM]⇔调幅

参阅 **amplitude modulated half-toning technique**。

analog image⇔模拟图像

坐标空间 XY 或性质空间 F 中，一种未经离散化的**图像**。客观场景是连续的，直接投影得到的都是模拟图像，也称连续图像。用一个 2-D 数组 $f(x, y)$ 来表示该类图像时，其 f, x, y 的值均可以是任意实数。

analogical representation model⇔类比表达模型

一类**知识库**表达模型。类比表达具有如下特点：**相干性，连续性，类比性，仿真性**。

analog video raster⇔模拟视频光栅

根据网格模式将光学图像转换为电子信号得到的结果。可由两个参数（**帧率**和**行数**）来定义。帧率定义时间采样率，单位 fps（帧/秒）或 Hz；行数对应垂直采样率，单位行/帧或行/图像高度。

analog video signal⇔模拟视频信号

在垂直和时间维数上，通过对 $f(x, y, t)$ 采样得到的 1-D 电子信号 $f(t)$。比较 **digital video signal**。

analog video standards⇔模拟视频标准

20 世纪 40 年代为规范模拟视频的指标而制定的各项标准。在**机器视觉**中，表 A2 中的 4 项比较重要。前两项是黑白视频标准，后两项是彩色视频标准。

表 A2 四种典型的模拟视频标准

标准	帧率	行数	行周期/μs	每秒行数/s^{-1}	像素周期/ns	图像尺寸/像素
EIA-170	30.00	525	63.49	15 750	82.2	640×480
CCIR	25.00	625	64.00	15 625	67.7	768×576
NTSC	29.97	525	63.56	15 774	82.2	640×480
PAL	25.00	625	64.00	15 625	67.7	768×576

analogy ⇔ 类比；类似

1. 类比：**类比表达模型**的特点之一，即表达的结构反映或等同于被表达情况的关系结构。

2. 类似：**目标识别**的一类工作。目的是要发现不同目标变换后的相似之处。

analytical method ⇔ 分析法

一种用于**图像分割评价**的方法。仅作用于分割算法本身，并不直接涉及分割应用流程和分割图像。参阅 **general scheme for segmentation and its evaluation**。

analytic photogrammetry ⇔ 解析摄影测量

借助数学分析来建立 2-D 透视投影图像和 3-D 景物空间之间几何联系的方法。

analytic signal ⇔ 解析信号

以 1-D 信号为实部，以其**希尔伯特变换**为虚部构成的复信号。或者说，将信号 $f(x)$的希尔伯特变换记为 $f_H(x)$，解析信号就是 $f(x)+jf_H(x)$。如果已知一个解析信号的实部和虚部，就可以计算原始信号的局部能量和相位。

anamorphotic ratio ⇔ 垂变比

镜头组在垂直平面成像的线放大率较大，而在水平平面的线放大率较小时，大小两个线放大率之比。在电影摄影或电视录像中，为美观起见常用此将人像稍稍拉长。也称变形比。

anchor frame ⇔ 锚帧

2-D **运动估计**技术中作为参考的帧。比较 **target frame**。

anchor shot ⇔ 定位镜头

参阅 **announcer's shot**。

angiography ⇔ 血管造影(术)

使用对 X 射线不透明的染色剂的一种血管成像方法。也指对如此获得的图像的研究。

angle-scanning camera ⇔ 角度扫描摄像机

可以按角度旋转的摄像机。**立体镜成像**中特指两个绕垂直轴旋转的摄像机。采用**双目角度扫描模式**进行成像，以增加公共视场并采集全景图像。

angular field ⇔ 角视场

入射光瞳中心所见入射窗口的角度对应的视场。

angular frequency⇔角频率

确定用户对周期信号感知精度的一个测度。是信号的一个特性，同时考虑了**观察距离**和相关的观察角度，可用观察角度 θ 的每度周期(cpd)来表示，写成 f_θ，表达式如下：

$$\theta = 2\arctan\left(\frac{h}{2d}\right)$$

$$\approx \frac{h}{2d}(\text{弧度}) = \frac{180h}{\pi d}(\text{度})$$

$$f_\theta = \frac{f_s}{\theta} = \frac{\pi d}{180h} f_s(\text{cpd})$$

其中，h 为视场高度(或宽度)，d 为观察距离。

由上式可见，对相同的画面(如光栅模式)和固定的画面高度或宽度，角频率 f_θ 随观察距离增加而增加；反过来，对固定的观察距离，较大的显示尺寸导致较低的角频率。这与人的经验一致：相同的周期测试模式从更远处观看起来改变更频繁，而显示在较大屏幕上则改变更缓慢。

angular orientation feature⇔夹角朝向特征

由夹角型**傅里叶空间分块**得到的纹理空间方向性。可表达为

$$A(\theta_1, \theta_2) = \sum\sum |F|^2(u, v)$$

其中，$|F|^2$ 是**傅里叶功率谱**，u 和 v 都是傅里叶空间的变量(取值范围均为[0, $N-1$])，求和限为

$$\theta_1 \leqslant \tan^{-1}(v/u) < \theta_2,$$

$$0 \leqslant u,\ v \leqslant N-1$$

夹角朝向特征表达了能量谱对纹理方向的敏感度。如果纹理在给定的方向 θ 上包含许多线或边缘，$|F|^2$ 的值就会在频率空间中沿 $\theta+\pi/2$ 附近的方向聚集。

animation⇔动画

逐帧拍摄画面并连续播放而形成活动影像的技术和结果。也是一种艺术表现形式。动画制作的结果(动画片)从广义上也可看作活动**图像**或**视频**。

anisometry⇔非等距性

1. **图像**(特别 3-D 图像)在各个方向上与实际场景不成比例的情况，或分辨率不同的情况。

2. 椭圆长短半轴之比。如果借助惯量等效椭圆的概念，也可用作一个任意形状区域的**描述符**，描述了区域的细长程度，且不随区域缩放而变化。

anisotropic diffusion⇔各向异性扩散

一种在**平滑**处理图像时避免**模糊化**的方法。是一种推广的高斯滤波，可用来减小加性高斯噪声。因为能对局部图像梯度进行适应处理，所以图像中的边缘就可以保留下来。

anisotropic filtering⇔各向异性滤波(技术)

通过滤波器参数在图像中(随方向和位置)变化进行滤波的技术。

anisotropy⇔各向异性

图像在不同方向上表现不同的性质。例如，在许多 3-D 图像中，X 和 Y 方向上的分辨率一般是相同的，

但在 Z 方向上的分辨率与之不同，体素将不是正方体，而是长方体。类似情况也常出现在**视频图像**中，沿时间轴的分辨率与沿空间轴的分辨率常不相同，导致运动物体的变化在各个方向不一致。

ANN⇔人工神经网络

artificial neuron network 的缩写。

annihilation radiation⇔湮灭辐射

正电子与负电子相遇转化而产生的一种电磁辐射。当正负电子的相对动能都较小时，常出现如下情况：①若正电子是自由的，根据动量守恒定律将发出两个能量相同而方向相反的光子；②若正负电子处于束缚状态，则可产生 2 个或 3 个光子；③也可能正电子具有较高动能而在飞行中与电子湮灭，或者正电子进入原子核与电子湮灭而产生单个光子，不过这两种概率都较小。

announcer's shot⇔播音员镜头

新闻视频节目中播音员出现的镜头。是新闻故事单元的第一个镜头，有别于其他"说话人镜头"，诸如记者报道镜头、采访者镜头、演讲者镜头，对其的检测是**新闻视频结构化**特别是新闻条目分段的基础。也称**定位镜头**。

anomalous behavior detection⇔反常行为检测

对人的**运动**和**行为**进行监控分析的一种特殊情况。特指检测入侵者或有可能导致犯罪的行为。

anomal trichromat⇔异常三色觉者，异常三色视者

参阅 **trichromat**。包括**双色觉者**和**单色觉者**。

anonymity⇔隐秘术

信息隐藏中一种重要方法。也称匿名术。一般将(需保密的)信息隐藏在另一(可公开的)信息/数据中。主要考虑是保护所隐藏的信息不被检测到，从而保护所隐藏的信息，可用来隐藏信息的发送者、接收者或两者。在图像工程中，主要考虑**图像信息隐藏**。

ANPA⇔美国报业出版商联盟

American Newspaper Publishers Association 的缩写。

antecedent⇔前项

谓词演算中，用逻辑连词(logical conjuction)隐含"⇒"所表达的操作的左边部分。前项为空，隐含表达式"$\Rightarrow P$"可看作表示 P。

anterior chamber⇔前房

眼球中介于角膜与**虹膜**及眼珠之间的部分。其中充满了称为前房液的胶态液体，**折射率** 1.336。参阅 **cross section of human eye**。

anti-aliasing filter⇔抗混叠滤波器

具有**截止频率**低于奈奎斯特极限(即低于采样率的一半)的可选低通滤波器。主要功能是消除有可能导致混叠的信号频率分量。

anti-extensive⇔反外延性，非外延性

一种**数学形态学**运算的性质。以**二值图像数学形态学**为例，指算符对集合运算的结果包含在原集合中。设 MO 为数学形态学算符，A 为运算对象，如果 $MO(A) \subseteq A$，则称 MO 具有反外延性。**腐蚀**和**开启**均具有反外延性。

antimode ⇔ 反众数

两个最大值之间的最小值。对双峰直方图的图像，确定直方图的反众数(谷/凹点)是一种常用的取阈值分割方法。

antiparallel edges ⇔ 反向平行边缘

之间没有其他边缘且具有相反对比度的一对边缘。

antisymmetric component ⇔ 反对称分量

由反对称的(antisymmetric)**盖伯滤波器**作用于图像得到的结果。参阅 **Gabor spectrum**。比较 **symmetric component**。

AOTF ⇔ 声光可调滤光器

acousto-optic tunable filter 的缩写。

AP ⇔ 活动路径

activity path 的缩写。

aperture aberration ⇔ 孔径像差

即球(面像)差。光线从大孔径的面(通常为球面)上折射或反射时将不会聚于同一点的现象。边缘光线的焦点在近轴光线的焦点以内时，称为正球面像差，反之为负球面像差。与两个焦点对应的两点之间的距离为**球差**的一种衡量，称为**轴向像差**或**纵像差**。

aperture color ⇔ 光孔色

通过光孔观察物体得到的颜色。由于光孔孔径的限制，有可能感受不到发光物体原来的本体颜色，这时感受到的光颜色即光孔色。

aperture problem ⇔ 孔径问题

利用**光流方程**计算空间和时间上的灰度变化时，因所用局部算子尺寸有限而产生的一种不确定性问题。常在**图像序列**中检测运动时遇到。也可看作是源于在图像序列中一个局部区域没有关于**运动矢量**的信息或仅有关于运动矢量的不恰当信息的问题。

图 A4 给出一个解释孔径问题的示意图，其中左边竖实线表示在序列图像里第 1 幅图像中的某个位置，右边竖虚线表示第 2 幅图像中的某个位置。设一条边缘从实线位置移动到虚线位置，运动可用**移动矢量**(DV)来描述。图中运动有不同可能性，即 DV 可以从实线上的一个点指向虚线上的任一个点。如果将 DV 分解到与边缘垂直和与边缘平行的两个方向上，从观察孔径(用圆模板表示)中可以确定的只有 DV 的法线分量(与边缘垂直)，而与边缘平行的分量则无法确定。这是因为只能考虑边缘在圆模板内的部分，所以无法在序列图像中确定

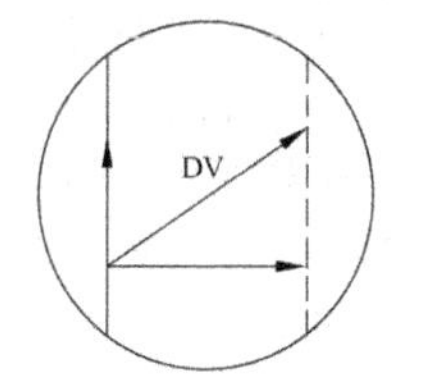

图 A4　孔径问题示意图

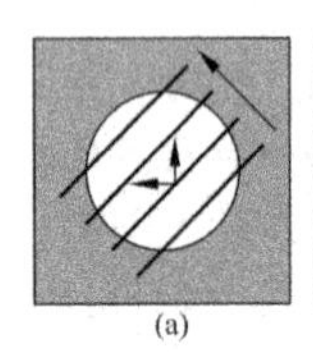

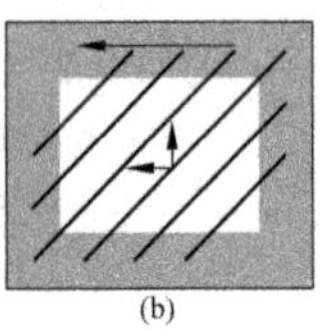

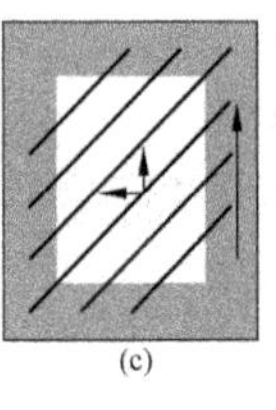

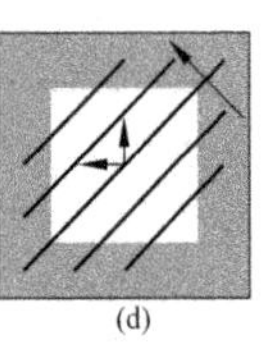

图 A5　不同小孔情况下的表观运动方向

前后边缘的对应点，或者说没有理由来区分开同一条边缘上的不同点。

孔径问题是运动检测中的一个重要问题。还可表述为：当通过一个圆形小孔观察某一目标（如线段组）的运动时，人眼感知到的运动方向都垂直于线段。原因是把小孔里线段的局部运动看成了整体运动。以图 A5(a)为例，无论线段朝左或朝上运动，通过小孔只能看到线段沿箭头所指的方向（朝左上）运动，这是一种主观上的表观运动。

上述现象也可依据**表观运动**的对应匹配法则得到解释。由图可知，每个线段均与小孔有两个交点。根据匹配法则，当前线段的两个交点，将分别与下一时刻最近的线段的两个交点相匹配。虽然看到的这些交点的运动方向都沿着圆周，但视觉系统总倾向于将每个线段视作一个整体，因而感知到的线段运动方向将是其两交点运动方向的合成方向，即垂直于线段的方向。由此推知，当小孔的形状发生改变时，线段的表观运动方向将分别变为向左，如图 A5(b)所示；向上，如图 A5(c)所示；沿对角线方向，如图 A5(d)所示。因此，孔径问题的严格表述应该是，感知到的线段运动方向是其两交点运动方向的合成方向。

aperture ratio⇔孔径比

焦距比的倒数。又称**相对孔径**，或光圈比，或 f 数。通常用于照相物镜，表征光轴上像点所受**照度**的强弱。是物镜入射光瞳直径 D 与焦距 f 之比，即 D/f。一般照相物镜在可变光圈位置读数轮上标注的是光圈数 f/D，而其最小数值（即孔径比的最大值）表示拍摄时的最短**曝光**时间。光圈数标注是以根号 2 为比值的几何级数。孔径比是个纯几何比值，其平方与照度成正比，称为曝光本领。如再以透射比与之相乘才得到真正照度的尺度，称为物理聚光本领，也称有效聚光本领。

aperture stop⇔孔径光阑

限制设备对光的聚集能力的装置。

***a posteriori* probability⇔后验概率**

当具有一些关于环境的信息时一个事件发生的概率。

apparent brightness⇔表观亮度

观察者主观觉得视场中某些部分

的光强一些或弱一些的感受。这种感觉首先取决于物体的光亮度，对应于视网膜上锥细胞对不同波长光的灵敏度。但视网膜上还有柱细胞，根据**浦尔金耶效应**，其感受灵敏度与锥细胞不同，因此光亮度又不能完全决定**主观亮度**，还与是否用到柱细胞有关。参阅 **subjective brightness**。

apparent contour ⇔ **表观轮廓**

对 3-D 空间中的表面 S，其表观轮廓是 S 在平面上投影的临界值集合。换句话说，指表面 S 的**侧影**。如果表面透明，表观轮廓即可分解成具有双重点和**尖点**的封闭曲线的集合。表观轮廓的凸包络也是其凸包的边界。

apparent luminance ⇔ **表观光亮度**

在瞳孔里铺满光流，且孔径效应也不存在的假定下，某一均匀漫射物体所聚集的光亮度。使用光学仪器时，眼的**瞳孔**可能铺满光流，且孔径效应也足以使光的效果降低，所以视场的**主观亮度**并不完全取决于物体的光亮度。表观光亮度正好产生眼睛(考虑了孔径效应的)所感受到的主观亮度(适应等其他条件均不变)。于是，表观光亮度与**视网膜照度**和孔径因数的乘积成正比，即与物体的光亮度、瞳孔大小及孔径因数三者成正比。

apparent magnification ⇔ **表观放大率**

即**主观放大率**。使用**望远镜**、**显微镜**、放大镜等观察时，眼的功能和仪器特性需要同时考虑的放大率。这样的放大率与纯粹在**镜头组**中定义的横向、纵向和角放大率不同，而是使用仪器以后在视网膜上的像尺寸与仅用眼睛直接观察到的像尺寸之比。对于望远镜，主观放大率等于物镜像方焦距与目镜像方焦距之比。对于显微镜和放大镜，主观放大率等于明视距离与仪器像方焦距之比，即 250 mm 与仪器像方焦距的毫米数之比。

apparent motion ⇔ **表观运动；视运动**

1. 表观运动：由图像运动场所指示的 3-D 运动，但并不一定对应原始场景中真实的 3-D 运动。原因是运动场有可能有歧义，即有可能由不同的 3-D 运动产生，但也可能由光源变动导致。从数学上讲，从图像运动场来重建 3-D 运动的问题有多个解。

2. 视运动：对天体真实运动的一种表观反映。如地球的周日运动反映地球绕其轴自转；太阳每年巡天一周的运动反映地球绕太阳公转。

apparent movement ⇔ **表观运动**

一定条件下客观景物并未运动但观察者却感知在运动变化的现象。典型例子是：观察者观察空间上两个相距较近的点，并在不同时间用两个闪光灯打亮。两个闪光间的时间差很小时，会同时被感知到。两个闪光间的时间差很大时，则会先后被感知到。当两个闪光间的时间差在 30～200 μs 时，则会感知到有一个光点从一个位置运动到另一位置。

apparent surface⇔**表观面**

对一个发光表面，观察者不从其正面(视轴与表面的法线方向相同)去看时，该表面投影在垂直于视轴方向的结果。若表面法线与视轴间夹角为ϕ，表面的面积为S，则表观面积$S_\phi = S\cos\phi$。若在这个方向测得的发光强度为I_ϕ，则这个方向的光亮度为$L_\phi = I_\phi(S\cos\phi)^{-1}$。当这个发光面对各方向具有相同的光亮度时，则$L_\phi S = I_0 =$常量，故$I_\phi = I_0\cos\phi$。其中$I_0$是在与表面垂直方向的发光强度，这就是**朗伯定律**。

appearance⇔**外观，外貌**

使用像素灰度性质的特征。例如，对**人脸图像**主要指脸面灰度等底层信息，特别是反映局部细微变化的信息。对外貌特征的提取主要利用图像的局部特性。

appearance-based approach⇔**基于外观的方法，基于外貌的方法**

一种用于**人脸检测定位**的方法。与**基于模板匹配的方法**类似，也使用**模板**和**模板匹配**，只是这里的模板(或**模型**)是通过**学习**或**训练**得到的。换句话说，基于外观的方法使用通过训练学习而得到的模板，并借助模板匹配方法来检测和定位人脸。

appearance-based recognition⇔**基于表观的识别**

采用目标模型来表示目标可能的外观而进行的**目标识别**。与采用几何模型来表示**目标形状**时的基于模型的目标识别相对。从原理上，当考虑遮挡时，不可能将所有外观都表示出来，但较少数目的外观点常足以进行识别，尤其在模型数目不很多时。有许多基于表观的识别方法，如使用主分量模型来表示一个压缩框架中的所有外观，使用颜色直方图来综合外观，或使用一组局部表观**描述符**(如在感兴趣点抽取的盖伯滤波器)。这些方法的共同点是从范例中学习模型。

appearance-based tracking⇔**基于表观的跟踪(技术)**

基于每帧图像中的像素值而不是导出的特征对目标对象进行实时识别的方法。常使用时间上滤波的方法，如**卡尔曼滤波**。

appearance singularity⇔**表观奇异点**

观察者位置发生微小变化就可能导致所观察场景的外观发生剧烈变化的图像位置。例如**图像特征**出现或消失的位置。与在**一般视点**发生的变化相对。例如，当从一定距离外观察一个立方体的顶点时，将观察点变动一点儿仍能看到顶点处的三个表面。但如果将视点移到包含立方体表面之一的无穷平面中(奇异点)，一个或多个平面将会消失。

***a priori* information**⇔**先验信息**

对图像所反映场景的一般性知识。也称**先验知识**。表示人在采集图像前对场景环境和事物的先期了解和历史经验。先验信息既与客观场景有关，也与观察者自身的主观因素有关。

例如，在**图像分割评价**中，可以用**所结合的先验信息**来衡量在设计分割算法时结合的所要分割图像自身的特性信息的种类和数量。可在一定程度上用来比较算法在稳定性、**可靠性**和效率等方面的优劣。

a priori information incorporated ⇔ 所结合的先验信息

一种用以平均和比较算法的**分析法**准则。在**图像分割**中，结合一些所要分割图像自身的特性信息和实际应用中的先验知识有可能提高分割的稳定性、**可靠性**和效率等。不同分割算法所结合的先验信息的种类和数量的不同，可以从一定程度去比较这些算法的优劣。

a priori knowledge ⇔ 先验知识

参阅 ***a priori* information**。

a priori knowledge about scene ⇔ 场景的先验知识

同 **scene knowledge**。

a priori probability ⇔ 先验概率

当没有任何关于特定环境的信息时一个事件发生的概率。

arbitrarily arranged tri-nocular stereo model ⇔ 任意排列的三目立体模式

一般形式的三目立体模式。在三目立体成像系统中，三个摄像机除排成直线或构成直角三角形外还可排列成其他任意形式。图 A6 给出任意排列三目立体成像系统的示意图，其中 C_1，C_2 和 C_3 分别为三个**像平面**的光心。根据**极几何**的关系可知，给定物点 W 与任两个光心点即可确定一个**极平面**，该平面与像平面的交线称为**极线**（用 L 加下标表示）。在三目立体成像系统中，每一像平面上都有两条极线，两条极线的交点也是物点 W 与像平面的交点。

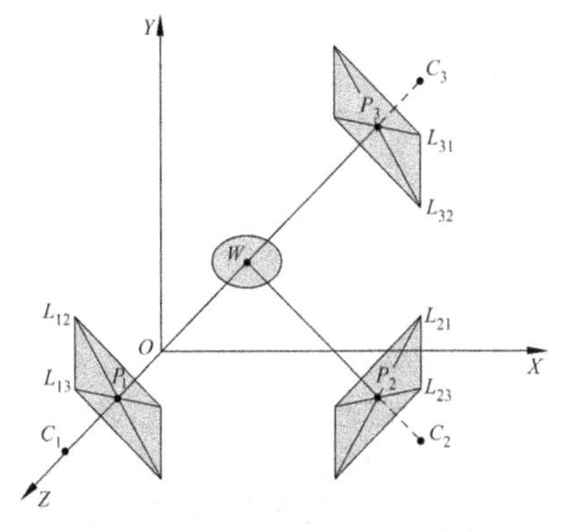

图 A6 任意排列的三目立体成像系统

archetype ⇔ 原始型

对同一形状模式的抽象外形表示。是原始的形体构型，其他各形体构型均由其演化而来。对许多物体，原始型中虽然没有颜色、纹理或深度和运动等线索，但仍可正确辨别出来。图 A7 给出三种原型示例。

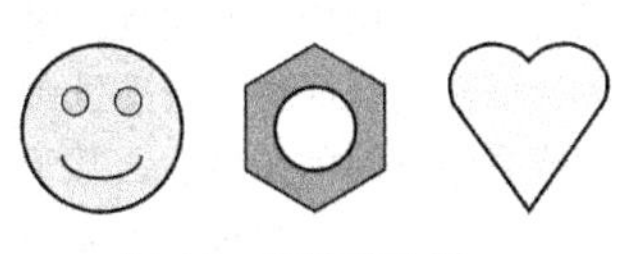

图 A7 原始型示例

arcsecond ⇔ 弧秒

对角度的一种一维测度。一度分成60弧分，一弧分分成60弧秒。所以一弧秒等于一度的1/3600或4.85 μrad。

AR database ⇔ AR数据库

一种包含76名男性和60名女性的人脸图像数据库。其中的118人含有全部两组共26幅768×576像素的正面彩色图像。这两组图像摄取时间间隔两周，每组中的图像根据摄取特征都分为13类：①正常表情+正常光照，②微笑+正常光照，③生气+正常光照，④震惊+正常光照，⑤正常表情+右侧强光，⑥正常表情+左侧强光，⑦正常表情+左右侧强光，⑧眼部遮挡+正常光照，⑨眼部遮挡+右侧强光，⑩眼部遮挡+左侧强光，⑪嘴部遮挡+正常光照，⑫嘴部遮挡+右侧强光，和⑬嘴部遮挡+左侧强光。AR两个字母源自该数据库的两位首次构建者姓氏的缩写。

area-based correspondence analysis ⇔ 基于区域的对应性分析(方法)

将同一窗口中若干**邻域像素**组合成一个块进行**对应性分析**的方法。这样可在两幅图像中有大量的具有相似亮度或彩色值的像素时，建立没有歧义的像素间对应性。像素间的相似性转换成块中所有像素的亮度或彩色值间的相似性。基于这种方法可进一步获得**稠密视差图**。参阅 **stereo matching based on region gray-level correlation**。

area-based stereo ⇔ 基于区域的立体视觉

在对**立体图像对应性分析**中采用的一种技术。借助将若干个在一个窗口(如5×5或7×7)中的**邻域像素**组合成一个块，对像素间相似性的检测变成了对块中所有像素的亮度或彩色值间相似性的检测。这样可以建立没有歧义的像素间对应性。

area of influence ⇔ 影响区域

一种由与一个点或一个目标的最大距离为给定值的点组成的集合。也称**空间覆盖区域**。设这个最大距离为 D，要计算一个目标的影响区域则需用直径为 D 的圆盘对目标进行**膨胀**。借助一个目标的影响区域可计算该目标的**分形维数**。为此，需要采用类似**盒计数方法**来分析影响区域如何随直径 D 增加而增加。对2-D目标，影响区域随直径 D 变化的双对数曲线的斜率与分形维数 d 的和等于2。参阅 **distance transform**。

area of region ⇔ 区域面积

一种可用作全局**区域描述符**的简单区域参数。给出**目标区域**的面积，反映了区域的大小尺寸。区域面积的最好计算方法是统计属于区域的像素个数。

area of spatial coverage ⇔ 空间覆盖区域

同 **area of influence**。

area-perimeter ratio⇔**面积周长比**

一种可用作**形状复杂性描述符**的区域参数。是目标的**区域面积**与**边界长度**之比。圆形目标的面积周长比最大。

area scan camera⇔**面阵摄像机**

由**面阵传感器**、光学**镜头**(可以是普通镜头或远心镜头)和图像采集卡(用来数字化)构成的摄像机。

area sensors⇔**面阵传感器**

由对光线敏感的**光电探测器**组成的 2-D 阵列。可以直接得到 2-D 图像。常用的有两种形式:**全帧传感器**和**隔行转移传感器**。

area Voronoi diagram⇔**领域沃罗诺伊图,区域沃罗诺伊图**

对**普通沃罗诺伊图**的推广。普通沃罗诺伊图仅考虑一个点的沃罗诺伊邻域,而区域沃罗诺伊图可考虑一个图像子集(可包含多个点)的沃罗诺伊邻域。

arithmetic coding⇔**算术编码(方法)**

一种从整个符号序列出发,采用递推形式连续编码的**无损编码**方法。算术编码中,每一**码字**都要赋给整个信源符号序列(即不是一次编一个符号),而码字本身确定 0 和 1 之间的一个实数区间。随着符号序列中的符号数增加,用来代表该符号序列的区间则减小,而用来表达区间所需的信息单位(如比特)数则变大。符号序列中的符号根据出现的概率来确定区间的长度,概率大的保留的区间大,概率小的保留的区间小。

arithmetic decoding⇔**算术解码(方法)**

对**算术编码**结果的解码。可借助编码过程来进行。解码器的输入是信源各符号的概率以及表示整个符号序列的一个实数(码字)。解码时先将各信源符号依出现概率排序,然后根据所给码字选择信源符号进行算术编码,直到全部编好(确定出码字所在区域),最后依次取编码所用的符号就得到解码序列。

需要注意,为确定解码结束,需在每个原始符号序列后面加一个特殊的结束符号(也称终结符号),解码到该符号出现即可停止。除这个方法外,如已知原始符号序列的长度,则可采用解码到获得等长的符号序列时停止;或可考虑对符号序列的编码结果的小数位数,当解码得到相同精度时停止解码。

arithmetic mean filter⇔**算术平均滤波器**

同 **box filter**。

arithmetic operation⇔**算术运算**

对两幅**灰度图像**对应**像素**进行的一类运算。两个像素 p 和 q 之间的算术运算包括:

(1) 加法,记为 $p+q$;

(2) 减法,记为 $p-q$;

(3) 乘法,记为 $p*q$(也可记为 pq 和 $p\times q$);

(4) 除法,记为 $p\div q$。

上面各运算的含义是将两个像素的灰度值通过运算得到一个新的灰度值,作为对应结果图像相同位置处像素的灰度值。

arrangement rule⇔**排列规则**

在**纹理分析**的**结构法**中，为组成**纹理**而对**纹理基元**进行排列时依据的规则。

ART⇔**代数重建技术**

algebraic reconstruction technique 的缩写。

articulated object⇔**铰接目标**

由一组(常为)刚性元件或子部件组成，用关节连接的目标。其中各部件可排列成不同的构型。人体是一个典型例子。

articulated object model⇔**铰接目标模型**

对**铰接目标**的一种表达方式。既包括目标的各个部件，也包括各部件之间的运动范围(典型的是关节角度)。

articulated object tracking⇔**铰接目标跟踪(方法)**

在**图像序列**中一种跟踪**铰接目标**的方法。包括确定目标的位姿和形状参数(如关节角度)。

artifact⇔**伪像，伪影**

由被摄景物或采集设备导致，原本不存在景物却在图像上显现出来的现象。进一步也指几何上各种失真现象或非理想情况。典型的例子有：**斑点**，**画面抖动**，**强度闪烁**，块效应，锯齿状直线，振铃现象等。

artificial intelligence[AI]⇔**人工智能**

用计算机模拟、执行或再生某些与人类智能有关功能的能力或技术。**人类智能**主要表示人类理解世界、判断事物、学习环境、规划行为、推理思维、解决问题等的能力。人的视觉就是人类智能的一种体现。

artificial neuron network [ANN]⇔**人工神经网络**

由非常大量的简单计算处理单元(神经元)构成的一种非线性系统。属于**软计算**模式/模型，能在不同程度和层次上模仿人脑神经系统的信息处理、存储和检索功能，具有学习、记忆、计算等各种能力。

ART with relaxation⇔**松弛 ART**

同 **relaxation algebraic reconstruction technique**。

ART without relaxation⇔**无松弛 ART**

同 **non-relaxation algebraic reconstruction technique**。

ASM⇔**主动形状模型**

active shape model 的缩写。

aspect ratio⇔**高宽比/宽高比，外观比**

一种可用作描述**目标形状紧凑度描述符**的区域参数。用来描述塑性形变后**目标**的细长程度，可表达为

$$R=\frac{L}{W}$$

其中 L 和 W 分别是目标**围盒**的长和宽。也有用目标**外接盒**的长和宽来定义的。对方形或圆形目标，R 的值取最小(为 1)。对细长目标，R 的值大于 1 并随细长程度而增加。

需要注意，目标的高宽比有可能随旋转变化，所以不能用来比较相

互旋转的目标，除非先进行某种归一化。例如在将目标的**最小二阶矩的轴**与水平方向对齐后再计算高宽比。

assimilation theory ⇔ **同化假说**

一个关于**几何图形视错觉**的论点。认为人在对景物进行判断时会将其本身或一部分同化在其所处的背景或参照系之中，因而产生了错误的判断。

association graph ⇔ **关联图**

一种将不同有关因素联结起来的**图**。也称关系图。借助逻辑关系，可以分析各因素之间的联系。

例如，有一种用于**结构匹配**（如几何模型与数据描述之间匹配）的图，图中各结点对应模型和数据特征之间的配对，弧表示两个相联结点两两兼容，可通过确定最大的团集（clique）来确定合适的匹配。图 A8 给出一组模型特征 A、B 和 C 与另一组模型特征 a、b、c 和 d 的对应。包含 A：a、B：b 和 C：c 的最大的团集是一种可能的匹配结果。

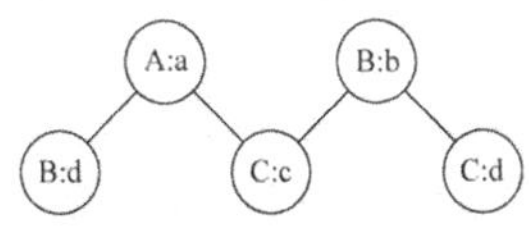

图 A8 关联图及匹配示例

association graph matching ⇔ **关联图匹配（技术）**

一种**图**匹配技术。将图定义为 $G=[V, P, R]$，其中 V 表示结点集，P 表示用于结点的单元谓词集，R 表示结点间二值关系集。这里谓词代表只取 TRUE 或 FALSE 两值之一的语句，二值关系描述一对结点所具有的属性。关联图匹配就是对两个图中结点和结点、二值关系和二值关系的匹配。

associativity ⇔ **结合性**

数学形态学性质之一。表示运算过程中各运算对象可按不同序列结合而不影响结果。

atmosphere optics ⇔ **大气光学**

主要研究大气中的光学现象和过程的光学分支。如光的吸收、**散射**、**折射**、**反射**、**衍射**、**偏振**、视程障碍、大气湍流和云雾影响。反映了日月星辰、雷电以及地面光在大气成分、温度、压力和运动形态变化时所受影响与相互作用。

atmosphere semantic ⇔ **气氛语义**

图像或视频画面中所体现或所营造的氛围，兼有主观和抽象特性的一种**情感层语义**。借助环境和目标的照明条件粗略定义的 5 种典型的气氛及其**照度**和**色调**特点见表 A3。

atmospheric window ⇔ **大气窗口**

电磁波可以通过地球大气层而只有很小衰减的**波长**范围。

ATR ⇔ **自动目标识别**

automatic target recognition 的缩写。

attached shadow ⇔ **依附阴影**

目标因自身遮挡而导致的影子。参见图 S7。

表 A3 5种气氛类型的照度和色调特点

编号	气氛类型	照度	色调
1	**有活力和强劲**	**照度**大,**对比度**大	鲜艳
2	**神秘或恐怖**	对比度大	黯淡或幽深
3	**兴奋和明亮**	对比度小	暖色调
4	**平静或凄惨**	对比度小	冷色调
5	**不协调和离析**	分布零乱	—

注:表中用黑体表示的术语在正文收录的词目中,可参阅。

attack to watermark ⇔ 对水印的攻击

对**图像水印**的恶意检测、删除、修改、替换等手段和操作。水印嵌入图像相当于使图像有了身份信息,对水印的攻击就是试图消除或改变这种身份信息,是未经授权的操作。攻击常分为3种类型:①**检测性攻击**;②**嵌入性攻击**;③**删除性攻击**。这3种类型的攻击手段也可能结合使用。如先删除产品中已有的水印再嵌入别的水印,这称为替代性攻击。

attribute ⇔ 属性

图像分割中刻画像素或目标的量和值。各像素一般并非(或不仅)由其灰度值所刻画,而由别的在该像素周围小邻域中灰度变化的量来刻画。这些刻画像素的量就是**特征**或属性。属于同一区域的像素具有相似或相等的属性值,所以会聚集一起。

attribute adjacency graph ⇔ 属性邻接图

描述图像中不同属性区域间联系的**图**。图中的结点集包括各区域,边线集包括各区域间的联系。对各区域用其属性来表达,每个结点对应一组属性(可看作一个特征),并用一个**特征矢量**来表示。类似地,代表不同联系的边也可用属性来描述。如将属性(包括结点属性和边线属性)都用特征来表示,就得到对应的**特征邻接图**。

attributed graph ⇔ 属性图

一种对单个3-D物体**属性**的表达方法。其中物体通过属性对的形式来表达。属性对是有序对,可记为(A_i, a_i),其中A_i是属性名,a_i是属性值。一个属性集可表示为$\{(A_1, a_1), (A_2, a_2), \cdots, (A_n, a_n)\}$。一个属性图可表示为$G=[V, A]$,其中$V$为结点集(如可表示图像区域的颜色或形状),$A$为弧集合(如可表示图像区域的相对纹理或亮度),对每个结点和弧都有一个属性集与之关联。

attributed hypergraph ⇔ 属性超图

一种对多个3-D景物**属性**的表达

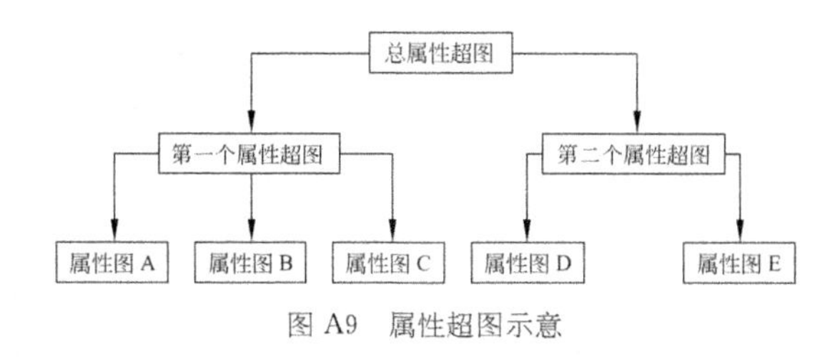

图 A9 属性超图示意

方法。是对**属性图**的扩展。包括超结点集和超弧集。图中每个超结点都对应一个基本属性图，每个超弧连接都对应两个超结点的两个基本属性图。对具有多个物体的场景，可先对每个物体构造出属性图，再将这些属性图作为更上一层超图的超结点，进一步构造属性超图。这样迭代下去，就可构造出复杂场景的属性超图。

图 A9 给出属性超图的一个示例。设有 5 个 3-D 景物 A，B，C，D 和 E。对每个景物构造一个属性图，即属性图 A，属性图 B，属性图 C，属性图 D，和属性图 E。其中在前三个属性图基础上构建了第一个属性超图，而在后两个属性图基础上构建了第二个属性超图。在这两个属性超图的基础上还可构建场景的总属性超图。

AU⇔动作单元

action unit 的缩写。

AU⇔活动单元

active unit 的缩写。

audio⇔音频

正常人耳可以听到的声波(声音)的频率。一般所说的视频都包括视频数据和音频数据。**数字视频**中，音频通常编码为可以与视频数据分开或交织的数据流。在**数字电视**中，音频视频交织。

audio presentation unit ⇔ 音频表达单元

在**图像国际标准 MPEG-1** 中，音频**数字化器**接收而未编码的音频采样。

Audio-Video Coding Standard Workgroup of China [AVS] ⇔ 中国音视频编码标准工作组/专家组

中国制定音视频标准的专家组。由原中国国家信息产业部组建，全称“数字音视频编解码技术标准工作组”。其任务是制定和修订数字音视频的压缩、解压缩、处理和表示等共性技术的标准。

augmenting path algorithm ⇔ 增强通路算法

在**图割**方法中，用来解最小 s-t 割问题和最大流问题的组合优化方法之一。通过选择各种替代(alternative)通路以提升从源 s 到汇 t 的流直至达到最大流，从而获得图中由饱和弧构成的最小 s-t 割。此算法具有多项式时间复杂度的解。

AUMA⇔绝对最终测量精度

absolute UMA 的缩写。

autocalibration⇔自校正

仅使用多幅没有校正图像中的点(或特征)的对应性和几何恒常性约束(如对一个序列中的所有图像的相机设置都一样),来获得相机校正结果的方法。

auto-contrast⇔自动对比度

同 **automatic contrast adjustment**。

autocorrelation⇔自相关

1. 相同的两个函数间的相关。

2. 一种基于统计方法的纹理描述特征。源于自然界许多纹理具有重复性的特点。自相关可描述原始图像矩阵 $f(x, y)$ 和将该图像平移后所得到的结果矩阵间的相关性。设平移用矢量 $\boldsymbol{d}=(\mathrm{d}x, \mathrm{d}y)$ 表示,则自相关可表示为

$$\rho(\boldsymbol{d}) = \frac{\sum_{x=0}^{w}\sum_{y=0}^{h} f(x,y)f(x+\mathrm{d}x, y+\mathrm{d}y)}{\sum_{x=0}^{w}\sum_{y=0}^{h} f^2(x,y)}$$

自相关是一种二阶统计,对噪声干扰较敏感。具有强规则性(重复性)的纹理在自相关中会有明显的峰和谷。

autocorrelation of a random field⇔随机场的自相关

对随机场 $f(\boldsymbol{r}:w_i)$ 对应不同 $\boldsymbol{r}$ 值的两个随机变量 $f(\boldsymbol{r}_1:w_i)$ 和 $f(\boldsymbol{r}_2:w_i)$ 乘积的均值 $E\{f(\boldsymbol{r}_1:w_i)f(\boldsymbol{r}_2:w_i)\}$。表达式为

$$\begin{aligned} R_{ff}(\boldsymbol{r}_1,\boldsymbol{r}_2) &= E\{f(\boldsymbol{r}_1:w_i)f(\boldsymbol{r}_2:w_i)\} \\ &= \int_{-\infty}^{+\infty}\int_{-\infty}^{+\infty} z_1 z_2 p_f(z_1,z_2;\boldsymbol{r}_1,\boldsymbol{r}_2)\mathrm{d}z_1\mathrm{d}z_2 \end{aligned}$$

之所以称为“**自**”**相关,是因为**这里两个变量来自同一个随机场。

autocovariance of random fields⇔随机场的自协方差

随机场 $f(\boldsymbol{r}:w_i)$ 对应不同 $\boldsymbol{r}$ 值的随机变量 $f(\boldsymbol{r}_1:w_i)$ 和 $f(\boldsymbol{r}_2:w_i)$ 的协方差。表达式为

$$C_{ff}(\boldsymbol{r}_1,\boldsymbol{r}_2) = E\{[f(\boldsymbol{r}_1:w_i)-\mu_f(\boldsymbol{r}_1)][f(\boldsymbol{r}_2:w_i)-\mu_f(\boldsymbol{r}_2)]\}$$

其中

$$\begin{aligned} \mu_f(\boldsymbol{r}) &= E\{f(\boldsymbol{r}:w_i)\} \\ &= \int_{-\infty}^{+\infty} z p_f(z;\boldsymbol{r})\mathrm{d}z \end{aligned}$$

是固定的 $\boldsymbol{r}$ 对应的随机变量的**期望**。之所以称为“**自**”协方差,**是因为**这里的两个变量来自同一个随机场。

autofocus⇔自聚焦

对光学或视觉系统自动确定并控制图像的锐度。控制系统有两种主要的类型:主动聚焦和被动聚焦。主动聚焦利用声呐或红外信号来确定目标距离。被动聚焦通过分析图像自身特性以优化**电荷耦合器件**阵中相邻像素间差别来进行。

auto focusing⇔自动对焦(方法),自动调焦(方法)

自动调节摄像机**焦距**以获得清晰

图像的操作。根据**图像采集模型**，焦距一定时，光学系统只能对一定距离范围内的目标清晰成像。为对不同距离的目标清晰成像，可根据到目标的距离调整镜头焦距。自动调焦的方法主要有两类：一类先测量镜头到目标的距离，根据测得距离调节摄像机的焦距；另一类先测量调焦屏幕上的成像清晰程度，根据测得的清晰程度调节摄像机的焦距。

automatic activity analysis⇔自动活动分析

根据所建模型对场景中目标**动作**和**活动**自动进行的分析。

automatic contrast adjustment ⇔ 自动对比度调整

一种特殊的对比度操纵。简称**自动对比度**。对8比特图像，将输入图像中最暗的像素映射为0而把最亮的像素映射为255，并将中间值线性地重新分布。

automatic target recognition [ATR]⇔自动目标识别

采用传感器和图像技术在场景中检测和判断敌对目标的过程。传感器可包括不同的类型，如红外、可见光、声呐和雷达。

automatic vision inspection ⇔ 自动视觉检查

同 **automatic visual inspection**。

automatic visual inspection⇔自动视觉检查

采用成像传感器、图像处理、模式识别或计算机视觉技术来测量和解释成像目标，确定其是否在允许公差范围中的监控过程。自动视觉检查系统常结合材料加工、照明、图像采集技术。在需要时也可包括特殊设计的计算机硬件。另外，系统中还需配有合适的图像分析算法。

automaton⇔自动机

结构模式识别中的识别器。

autonomous vehicle⇔自主车辆

由计算机控制的可移动机器人。人只需在非常高的层次进行操作，如指示工作的最终目标（一段旅程的终点）。所用自主导航系统需完成道路检测、自定位、地标点定位和障碍物检测等视觉任务，以及路线规划、发动机控制等机器人任务。

autoregressive model⇔自回归模型

1. 利用变量过去行为的统计特性来预测其将来行为的模型。如果在时刻 t 的信号 x_t 满足自回归模型，则有 $x_t = \sum_{n=1}^{p} a_n x_{t-n} + w_t$，其中 w_t 代表噪声。

2. 一种用于纹理描述的模型。常看作马尔可夫随机场模型的一个例子。类似于自相关，也利用像素间的线性依赖关系。用于纹理分析时此模型可写成

$$g(\boldsymbol{s}) = \mu + \sum_{\boldsymbol{d}\in\Omega}\theta(\boldsymbol{d})g(\boldsymbol{s}+\boldsymbol{d}) + \varepsilon(\boldsymbol{s})$$

其中 $g(\boldsymbol{s})$ 是在图像 I 中位置 $\boldsymbol{s}$ 处像素的灰度值，$\boldsymbol{d}$ 是位移矢量，θ 是一组模型参数，μ 是依赖于图像平均

灰度的偏置，$\varepsilon(s)$是模型误差项，取决于位置 s 处的**邻域像素**集合。常用的二阶邻域是像素的8-邻域。这些模型参数可看作纹理的特性，所以可用作**纹理特征**。

average absolute difference ⇔ 平均绝对差

一种用于客观衡量**图像水印**的**差失真测度**。如果用 $f(x,y)$代表原始图像，用 $g(x,y)$代表嵌入水印的图像，图像尺寸均为 $N\times N$，则平均绝对差表示为

$$D_{\mathrm{aad}}=\frac{1}{N^2}\sum_{x=0}^{N-1}\sum_{y=0}^{N-1}|g(x,y)-f(x,y)|$$

average gradient ⇔ 平均梯度

图像信息融合中，一种基于统计特性的**客观评价**指标。一幅图像的平均(灰度)梯度反映其反差情况。由于**梯度**计算常围绕局部进行，所以平均梯度更多地反映图像局部的微小细节变化和纹理特性。设 $g(x,y)$表示 $N\times N$ 的融合后图像，则平均梯度为

$$A=\frac{1}{N\times N}\sqrt{\sum_{x=0}^{N-1}\sum_{y=0}^{N-1}[G_X^2(x,y)+G_Y^2(x,y)]^{1/2}}$$

其中 $G_X(x,y)$和 $G_Y(x,y)$分别为 $g(x,y)$沿 X 和 Y 方向的差分(梯度)。平均梯度较小时，表示图像层次较少；平均梯度较大时，一般图像会比较清晰。

average length of code words ⇔ 平均码长

表达一组事件的所有**码字**的平均符号个数。

averaging filter ⇔ 平均滤波器

没有加权的**平滑滤波器**。借助**模板卷积**实现像素邻域平均，各模板系数相同。见 **box filter**。

AVS ⇔ 中国音视频编码标准工作组，中国音视频编码标准专家组

Audio-Video Coding Standard Workgroup of China 的缩写。

AVS standard ⇔ 音视频编码标准

由**中国音视频编码专家组**制定的音视频编码系列标准。

AWA ⇔ 自适应加权平均

adaptive weighted average 的缩写。

axial aberration ⇔ 轴向像差

沿**镜头组**轴向度量的**像差**。也称**纵像差**。包括**轴向色(像)差**、**轴向球(面像)差**等。

axial chromatic aberration ⇔ 轴向色(像)差

轴向像差的一种。也称**纵向色(像)差**，也是**色(像)差**的一种，可导致成像模糊。一般指氢光谱的C线(红，656.2808 nm)和F线(蓝，486.1342 nm)两种色的光焦点之间的距离色(像)差。

axial spherical aberration ⇔ 轴向球(面像)差

轴向像差的一种。指边缘光线与近轴光线的焦点间的距离。边缘光线的焦点在近轴光线焦点之左为正轴向球差，在其右为负轴向球差。包括正球面像差和负球面像差。不到边缘而仅到距光轴某一距离的带的球差称为带球差。

axis ⇔ **穿轴线**

广义圆柱体表达中的一类基元。可以是 3-D 空间的直线或曲线。

axis of least second moment ⇔ **最小二阶矩的轴**

图像中**目标**的最小惯量轴。即目标绕其旋转具有最小能量的直线。可提供目标相对于图像平面坐标的朝向信息。

实际中，将坐标系统的原点移到目标区域 $O(x, y)$ 的中心（$x \in [0, M-1]$，$y \in [0, N-1]$），并约定用角度 θ 代表垂直轴和最小二阶矩的轴之间逆时针测量的夹角，则

$$\tan(2\theta) = 2 \times \frac{\sum_{x=0}^{M-1}\sum_{y=0}^{N-1} xO(x,y)}{\sum_{x=0}^{M-1}\sum_{y=0}^{N-1} x^2 O(x,y) - \sum_{x=0}^{M-1}\sum_{y=0}^{N-1} y^2 O(x,y)}$$

axonometric projection ⇔ **轴测投影**

平行投影的一种。将物体的三个坐标面放在与投影线都不平行的位置，从而使物体的三个坐标面在同一个投影面上均能反映出来并具有立体感。物体上与任一坐标轴平行的长度，在轴测图中均可按比率来量度。三轴向的比率都相同时，称作等测投影，其中两轴向比率相同时，称作二测投影，三轴向比率均不同时，称作三测投影。

azimuth ⇔ **方位角**

平面上量度物体之间角度差的方法之一。又称地平经度（azimuth (angle)，Az）。是从某点的指北方向线起，依顺时针方向转到目标方向线之间的水平夹角。

B

B ⇔ **蓝**

blue 的缩写。

back-coupled perceptron ⇔ **后向耦合感知机**

非前向耦合的感知机。即在其第 n 层有处理器将输出反馈回来，作为第 n 层前若干层的处理器的输入。

back focal length [**BFL**] ⇔ **后焦距**

对厚度不能忽略的厚透镜，或由多片透镜或面镜组成的**镜头组**，从最后镜头的最后一个表面到第 2 个焦点(图像平面)的距离。

background ⇔ **背景**

图像工程中，场景中处于感兴趣目标后面的区域，或图像中源于场景中背景的像素集合。与前景相对。常在目标分割和识别工作的前后文中使用。

background estimation and elimination ⇔ **背景估计和消除**

利用**灰度图像数学形态学**运算提取目标并去除背景的方法。设 $f(x, y)$ 是输入图像；$b(x, y)$ 是结构元素(本身也是一幅**子图像**)。

利用**开启**操作可将比背景亮、比结构元素尺寸小的区域除去，所以通过选取合适的结构元素进行开启可使图像中仅剩下对背景的估计；如果再从原始图中减去对背景的估计就可将目标提取出来，如下两式所示：

$$背景估计 = f \circ b$$

$$背景消除 = f - (f \circ b)$$

其中 $\circ$ 代表开启的算子。

利用**闭合**操作可将比背景暗、比结构元素尺寸小的区域除去，所以通过选取合适的结构元素进行闭合同样可使图像中仅剩下对背景的估计；如果再将原始图从对背景的估计中减去，也可将目标提取出来，如下两式所示：

$$背景估计 = f \bullet b$$

$$背景消除 = (f \bullet b) - f$$

其中 $\bullet$ 代表闭合的算子。

background labeling ⇔ **背景标记(方法)**

将图像前景中的目标区分开，或将感兴趣部分与背景中的部分区分开的过程和方法。

background modeling ⇔ **背景建模(方法)**

1. 对场景中处于感兴趣目标后面的部分模型化为固定的或缓慢变化的背景，以进行分割或镜头检测的方法。每个像素均模型化为一个分布，用于确定所给的区域是否属于背景或遮挡目标。

2. 一种进行运动检测的框架。可以用不同技术来实现，所以也看作是一类运动检测方法的总称。为进行运动检测，需要发现场景中的运动信息。计算差图像是一种简单快速的运动信息检测方法，但受光照变化、摄像机晃动等影响较大。为此需要计算和保持一个动态（满足某种模型）的背景帧，通过将各拟检测帧与之比较来检测运动，这就是背景建模的基本框架。

background motion⇔背景运动

由拍摄中的摄像机自身运动所造成的**序列图像**内所有对应背景点的整体移动。又称**全局运动**或**摄像机运动**。

backlighting⇔背光（照明）

一种为成像而将光源安置在用来拍摄目标的相机的对立面的照明安排。即光源和相机在目标的两边。借此有可能获得带有成像目标和黑白侧影的图像。常用于**机器视觉系统**以获得精确的几何测量。比较 **frontlighting**。

back projection⇔反投影，逆投影

1. 一种以不正对观察者的侧光将**半透明**屏幕照亮的显示形式。

2. 从 **2-D 投影**计算其 3-D 原始量。例如，2-D 点 $\boldsymbol{x}$ 由 3-D 点 $\boldsymbol{X}$ 通过**透视投影矩阵** $\boldsymbol{P}$ 得到，$\boldsymbol{x}=\boldsymbol{P}\boldsymbol{X}$。对 2-D 齐次点 $\boldsymbol{x}$ 的反投影是 3-D 线 $(\mathrm{null}(\boldsymbol{P})+\lambda\mathbf{P}^{+}\boldsymbol{x})$，其中 $\boldsymbol{P}^{+}$ 是 $\boldsymbol{P}$ 的伪逆。

3. 有时与三角测量交替使用。

4. 从覆盖不同角度下切面的密度剖面计算衰减系数的技术。用于 CT 和 MRI，以便从本质上 2-D 的图像来恢复 3-D 信息。参阅 **image reconstruction from projection**。

5. 将对目标估计出的 3-D 位置投影回 2-D 图像，从而估计目标的位姿的过程。

back-projection filtering⇔反投影滤波（技术），逆投影滤波（技术）

参阅 **filter of the back-projections**。比较 **filtered back-projection**。

back-projection of the filtered projection⇔滤波投影的反投影，滤波投影的逆投影

同 **filtered back-projection**。

back-projection reconstruction⇔反投影重建，逆投影重建

从投影重建图像的多种方法之一。原理是将从各个方向对目标得到的投影逆向返回到该方向上目标的各个位置。如果对多个投影方向中的每个方向都进行这样的反投影，就可建立平面上的一个分布而获得重建的目标图像。

backprojection surface⇔反投影表面

相机中的成像面上，场景形成的一种上下颠倒的图像。

back-propagation⇔反传播，逆传播

有监督学习中研究最多的神经网络训练算法之一。因其中将在网络输出端的计算响应和期望响应之差传播回网络输入而得名。这种差只是网络加权重计算过程的输入之一。

backside reflection⇔背反射

光与物质的相互作用方式之一。

由入射光在两个透明介质的分界面上产生。会导致重影。

backward mapping⇔后向映射(技术)

在对图像进行**几何校正**时实现**灰度插值**的一种方案。也称目标到源的映射。把原始不失真图像中像素的灰度赋给实际采集的失真图像中的像素(即把灰度从原始的不失真图中映射到实际采集的失真图像中)。在这种映射中,失真图像中的坐标是不失真图像中坐标的函数。与**前向映射**相比,映射效率较高,所以用得更为广泛。

backward motion estimation⇔后向运动估计

运动估计中,锚帧时间上在目标帧之前的情况。

backward pass⇔反向扫描

在**距离变换**中,串行实现算法时,从图像右下角向左上角进行的第二次扫描。比较 **forward pass**。

backward zooming⇔缩小镜头

同 **zoom out**。

bag-of-features model⇔特征包模型

词袋模型引入**图像**领域后的名称。由类别特征(feature)归属于同类目标集而形成包(bag)得名。即原始模型的成分(词汇)改称为特征(视觉词汇)。通常采用**有向图**结构形式(**无向图**结点间是概率约束关系,有向图结点间是因果关系)。图像与视觉词汇间的条件独立性是该模型的理论基础,但其中没有目标成分的几何信息。

原始的词袋模型仅考虑词语对应的特征间的共生关系和主题逻辑关系,忽略了**空间关系**。但在**图像工程**中,**图像特征**本身与其空间分布都很重要。近年有许多特征**描述符**(如 **SIFT**)有较高的维数,可以较全面地显式表达图像中关键点及其周围小区域的特殊性质(与仅表达位置信息而将本身性质隐含表达的角点不同),并与其他关键点及其周围小区域有明显区别;而且这些特征描述符在图像空间可以互相重叠覆盖从而可以较好地保全相互关系性质。这些特征描述符的使用及结合提高了对图像特征空间分布的描述能力。

bag-of-words model⇔词袋模型

一种源于自然语言处理的模型。引入图像领域后也常称**特征包模型**。可以描述目标和场景的联系,常用于图像和视频分类。

balance measure⇔平衡测度

在**基于直方图凹凸性的阈值化**中,为判断取阈值分割方法里阈值选取的效果而提出的一种测度。当图像受噪声影响时,其直方图中会产生一些虚假凹点,几乎所有的直方图统计都在凹点的一边,而另一边几乎没有。假设对直方图所构建凸包的下限为 K 而上限为 L,对其间的每个灰度 i 计算:

$$E = \sum_{j=K}^{i-1} h(j) \sum_{j=i}^{L} h(j)$$

该量当 $i=K$ 或 $i=L$ 时为零,而当 i

是直方图的中值时取最大值,所以是对以 i 为中心的直方图的一个平衡测度。在虚假凹点处,E 值很小,这样就可将在虚假凹点处的**凸残差**极大值消除掉。

band ⇔ **带**

电磁频谱中一段**波长**的范围。在这个范围中,用来获取图像的传感器具有非零的敏感度。典型的彩色图像包含 3 个颜色带。

band-pass filter ⇔ **带通滤波器**

实现**带通滤波**的**频域滤波器**。带通滤波与**带阻滤波**互补,所以带通滤波器的**传递函数** $H_{bp}(u,v)$ 可由带阻滤波器的传递函数 $H_{br}(u,v)$ 按下式算出:

$$H_{bp}(u,v)=1-H_{br}(u,v)$$

band-pass filtering ⇔ **带通滤波(技术)**

一种允许图像中一定范围的频率分量通过而阻止其他范围的频率分量的**频域滤波技术**。如果这个频率范围的下限是 0 而上限不为∞,则成为**低通滤波**。如果这个频率范围的上限是∞而下限不为 0,则成为**高通滤波**。

band-pass notch filter ⇔ **带通陷波(滤波)器**

允许一定范围内的频率分量通过的**陷波滤波器**。

band-reject filter ⇔ **带阻滤波器**

实现**带阻滤波**的**频域滤波器**。滤波特性由其**传递/转移函数**确定。

band-reject filtering ⇔ **带阻滤波(技术)**

一种阻止图像中一定范围内的频率分量通过而允许其他范围的频率分量通过的**频域滤波技术**。如果这个频率范围的下限是 0 而上限不为∞,则成为**高通滤波**。如果这个频率范围的上限是∞而下限不为 0,则成为**低通滤波**。

band-reject notch filter ⇔ **带阻陷波滤波器**

阻止一定范围内的频率分量通过的**陷波滤波器**。

band-stop filter ⇔ **带阻滤波器**

同 **band-reject filter**。

band-stop filtering ⇔ **带阻滤波(技术)**

同 **band-reject filtering**。

barrel distortion ⇔ **桶形畸变,桶形失真**

光学系统中的一种几何镜头失真。有些光学系统为减少非期望的效果会放弃一些几何保真度。桶形失真导致目标的外轮廓曲线向外扩张,呈现桶状。对比 **pincushion distortion**。

baseline ⇔ **基线**

双目立体成像系统中两个**镜头**中心(光心)间的连线;或**多目立体成像**系统中任两个镜头中心间的连线。基线长度就是中心(光心)间的距离。

basic belief assignment [BBA] ⇔ **基本信念分配**

完全按概率函数定义那样把基本证据赋给所考虑问题每一命题的方法。

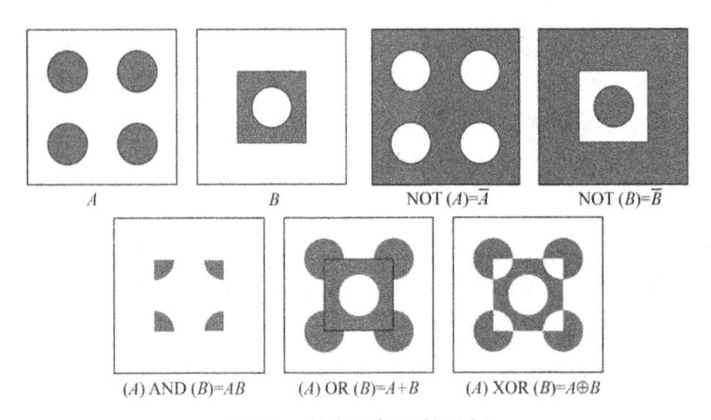

图 B1 基本逻辑运算示例

basic logic operation⇔基本逻辑操作，基本逻辑运算

按基本逻辑符进行的**逻辑运算**。两个像素 p 和 q 之间的基本逻辑运算包括：

(1) 补(COMPLEMENT)，记为 NOT q(也可记为 $\bar{q}$)；

(2) 与(AND)，记为 p AND q(也可记为 $p \cdot q$)；

(3) 或(OR)，记为 p OR q(也可记为 $p+q$)；

(4) 异或(XOR)，记为 p XOR q(也可记为 $p \oplus q$)。

图 B1 给出基本逻辑运算的示例。图中黑色代表 1，白色代表 0。

basic move⇔基本移动

给定**邻域**空间中从一个像素到其近邻像素的通用移动类型。在 N_4 空间中只有**水平移动**和**垂直移动**，在 N_8 空间中增加了**对角线移动**，在 N_{16} 空间中又增加了**马步移动**。

basic NMF [BNMF] model⇔基本非负矩阵分解模型

在**非负矩阵分解**中，仅对 $\boldsymbol{W}$ 和 $\boldsymbol{H}$ 施加非负性限制的模型(如非负矩阵分解定义的那样)。BNMF 算法构造的基本思想是：合理地构造目标函数，以此交替地优化 $\boldsymbol{W}$ 和 $\boldsymbol{H}$，从而得到 BNMF 的局部最优解。

basic probability number⇔基本可信数

证据推理法中，反映对事件本身可信度大小的一个参数。

basis⇔基

序列展开中**展开函数**的集合。

Bayer pattern⇔拜尔模式

一种典型的**滤色器阵**。图 B2 给出一个 8×8 阵的示例，其中每个像素的颜色只对应**三基色**之一，但结合成 2×2 的方块就可给出全彩色。

Bayes classifier⇔贝叶斯分类器

一种在平均意义上产生最小可能的分类误差的**最优统计分类器**。令 $p(s_i \mid \boldsymbol{x})$ 代表特定模式 $\boldsymbol{x}$ 源于类 s_i 的概率，则将 $\boldsymbol{x}$ 赋给 s_j 产生的平均风险损失可写成：

$$r_j(\boldsymbol{x}) = \sum_{k=1}^{M} L_{kj}\, p(\boldsymbol{x} \mid s_k) P(s_k)$$

	1	2	3	4	5	6	7	8
1	G	R	G	R	G	R	G	R
2	B	G	B	G	B	G	B	G
3	G	R	G	R	G	R	G	R
4	B	G	B	G	B	G	B	G
5	G	R	G	R	G	R	G	R
6	B	G	B	G	B	G	B	G
7	G	R	G	R	G	R	G	R
8	B	G	B	G	B	G	B	G

图 B2 一个 8×8 的拜尔模式

其中 L_{kj} 代表将属于类 s_k 的模式 $\boldsymbol{x}$ 赋给类 s_j 而犯的误检错误。**模式分类器**对任意给定的未知模式 $\boldsymbol{x}$ 都有 M 个可能的选择。如果对每个 $\boldsymbol{x}$ 都计算 $r_1(x), r_2(x), \cdots, r_M(x)$，并将 $\boldsymbol{x}$ 赋给产生最小损失的类，则相对于所有判决的总平均损失将会最小。这样的模式分类器就是贝叶斯分类器。对这种分类器，如果 $r_i(x) < r_j(x), j=1,2,\cdots,M$，且 $j \neq i$，则将 $\boldsymbol{x}$ 赋给 s_i。

设在识别中做出正确的判决时损失为零；而对任一个错误的判决，损失都是 1。对这种 0-1 损失函数，贝叶斯分类器相当于实现了如下的判决函数：

$$d(\boldsymbol{x}) = p(\boldsymbol{x} | s_j) P(s_j)$$

其中 $j=1,2,\cdots,M, j \neq i$。矢量 $\boldsymbol{x}$ 在 $d_i(\boldsymbol{x}) > d_j(\boldsymbol{x})$ 时（对所有 $j \neq i$）将赋给类 s_i。

贝叶斯分类器的基础是分类决策可基于每类的训练样本的概率分布做出，即未知目标要根据观察到的特征而赋予最有可能属于的类。

贝叶斯分类器进行的数学计算需 3 个概率分布：

(1) 每类 s_k 的先验概率，记为 $P(s_k)$。

(2) 表示测量模式 $\boldsymbol{x}$ 的**特征矢量**的无条件分布，记为 $p(\boldsymbol{x})$。

(3) 类条件分布，即给定类 s_k 的 $\boldsymbol{x}$ 概率，记为 $p(\boldsymbol{x} | s_k)$。

根据贝叶斯规则，将这 3 个分布用于计算模式 $\boldsymbol{x}$ 源于类 s_k 的后验概率，记为 $p(s_k | \boldsymbol{x})$：

$$p(s_k | \boldsymbol{x}) = \frac{p(\boldsymbol{x} | s_k) P(s_k)}{p(\boldsymbol{x})} = \frac{p(\boldsymbol{x} | s_k) P(s_k)}{\sum_{k=1}^{W} p(\boldsymbol{x} | s_k) P(s_k)}$$

对贝叶斯分类器的设计需要知道对每个类的**先验概率**（$P(s_k)$）和类条件分布（$p(\boldsymbol{x} | s_k)$）。先验概率很容易借助每个类的样本数和样本的总数来计算。估计类条件分布是困难得多的问题，这常通过将每个类的概率密度函数模型化为高斯（正态）分布来解决。

Bayes filtering ⇔ 贝叶斯滤波（技术）

1. 以**贝叶斯定理**为基础的滤波技术。根据观测对状态的先验和后验概率分布、状态估计值和预测值等进行递归计算。**卡尔曼滤波**就是线性贝叶斯滤波的一种特例。

2. 一种概率数据融合技术。使用概率公式来表示系统状态并用似然函数表示状态间的联系。在这种形式中，可使用贝叶斯规则并导出相关的概率。

Bayesian conditional probability ⇔ 贝叶斯条件概率

由**贝叶斯定理**给出的条件概率。

如果用 $P(A|B)$代表已知事件 B 发生后事件 A 的条件概率(A 的后验概率),用 $P(B|A)$代表已知事件 A 发生后事件 B 的条件概率(B 的后验概率),则两者由贝叶斯定理联系。这些条件概率是图像**特征级融合**及**决策级融合**中所用贝叶斯法的基础。

Bayesian filtering ⇔ 贝叶斯滤波(技术)

同 **Bayes filtering**。

Bayesian fusion ⇔ 贝叶斯融合

一种**特征层融合**方法。也可用于**决策层融合**。设样本空间 S 划分为 $A_1, A_2, \cdots, A_n$,且满足:① $A_i \cap A_j = \varnothing$;② $A_1 \cup A_2 \cup \cdots \cup A_n = S$;③ $P(A_i)>0, i=1,2,\cdots,n$,则对任一事件 B,$P(B)>0$,都有:

$$P(A_i|B) = \frac{P(A,B)}{P(B)} = \frac{P(B|A_i)P(A_i)}{\sum_{j=1}^{n} P(B|A_j)P(A_j)}$$

若把多传感器的决策问题看作对样本空间的一个划分,则可使用贝叶斯条件概率公式来解决这一问题。以有两个传感器的系统为例,设第 1 个传感器的观察结果为 B_1,第 2 个传感器的观察结果为 B_2,系统可能的决策为 $A_1, A_2, \cdots, A_n$。假设各决策与 B_1 和 B_2 互相独立,则利用对系统的先验知识和传感器的特性可将贝叶斯条件概率公式写为

$$P(A_i|B_1 \wedge B_2) = \frac{P(B_1 | A_i)P(B_2 | A_i)P(A_i)}{\sum_{j=1}^{n} P(B_1 | A_j)P(B_2 | A_j)P(A_j)}$$

最后可选取使系统具有**最大后验概率**的决策作为最终决策。

Bayesian model ⇔ 贝叶斯模型

一种基于下列两种输入模型的统计建模技术:

(1) 似然模型 $p(y|x,b)$,描述给定 x 和 b 来观察 y 的密度。可看作 b 的一个函数,对给定的 y 和 x,这个密度也称为 b 的似然度;

(2) 先验模型 $p(b|D_0)$,给定考虑新数据前记为 D_0 的已知信息,则指示了 b 的先验密度。**该模型**的目标是在给定预知数据和训练数据的条件下预测在测试情况 x 下输出 y 的密度。

Bayes' theorem ⇔ 贝叶斯定理

概率论中由贝叶斯所提出的一个定理。建立了事件 A 在事件 B 发生条件下的概率(可用 $P(A|B)$表示)与事件 B 在事件 A 发生条件下的概率(可用 $P(B|A)$表示)之间的联系。如果用 $P(A)$代表事件 A 发生的概率,用 $P(B)$代表事件 B 发生的概率,则有

$$P(A|B) = \frac{P(B|A)P(A)}{P(B)}$$

BBA ⇔ 基本信念分配

basic belief assignment 的缩写。

BE ⇔ 弯曲能

bending energy 的缩写。

behavior ⇔ **行为**

时空行为理解中的第五个层次。其主体/发起者主要指人或动物。强调主体/发起者受思想支配而在特定环境/上下境中改变**动作**，持续**活动**和描述**事件**等。

behavior analysis ⇔ **行为分析**

用于跟踪和辨识人的行为的**视觉过程**或技术模型。常用于威胁分析。

behavior layer semantic ⇔ **行为层语义**

语义层次中的一种语义。主要涉及人的动作、举止的语义，具有较多的主观特性和一定的抽象特性。

behavior learning ⇔ **行为学习(方法)**

将目标驱动的行为模型通过学习算法(如增强型学习)加以推广的方法。

belief networks ⇔ **信念网络**

活动建模和识别中的一组图形模型。贝叶斯网络就是一种简单的信念网络。

benchmarking ⇔ **基准测量(技术)**

对衡量的对象(算法、技术等的性能)给出参考值并以此进行分析的技术。在衡量水印性能时常用。一般来说，**水印的稳健性**与水印的可见性及**有效载荷**有关。为公平地评价不同的水印方法，可先确定一定的图像数据，在其中嵌入尽可能多但还不致导致非常影响视觉质量的水印。然后，对嵌入水印的数据进行处理或攻击，通过测量由此产生误差的比例来估计水印方法的性能。由此可见，衡量水印性能的基准方法与选用的有效载荷、视觉质量测度以及处理或攻击的方法有关。两种典型的基准测量方法是稳健性基准测量和**感知性**基准测量。

bending energy[BE] ⇔ **弯曲能**

一个**基于曲率统计值的形状描述符**。描述将给定曲线弯曲成所需形状需要的能量。其数值为沿曲线各点的曲率平方的和。设曲线长度为 L，其上一点 k 的曲率为 $k(t)$，则弯曲能 BE 为

$$\mathrm{BE} = \sum_{t=1}^{L} k^2(t)$$

Bessel-Fourier boundary function ⇔ **贝塞尔-傅里叶轮廓函数**

一种常用的**贝塞尔-傅里叶频谱**函数。形式为

$$G(R,\theta) = \sum_{m=0}^{\infty}\sum_{n=0}^{\infty}(A_{m,n}\cos m\theta + B_{m,n}\sin m\theta)J_m\left(Z_{m,n}\frac{R}{R_v}\right)$$

其中，$G(R,\theta)$ 是灰度函数(θ 为角度)；$A_{m,n}$，$B_{m,n}$ 是**贝塞尔-傅里叶系数**；J_m 是第一种第 m 阶**贝塞尔函数**；$Z_{m,n}$ 是贝塞尔函数的零根(zero root)；R_v 是视场半径。

Bessel-Fourier coefficient ⇔ **贝塞尔-傅里叶系数**

一种由**贝塞尔-傅里叶频谱**得到的**纹理描述符**。

Bessel-Fourierspectrum ⇔ **贝塞尔-傅里叶频谱**

对图像进行贝塞尔-傅里叶变换

和展开得到的频率分量集合。

Bessel function ⇔ **贝塞尔函数**

数学上以19世纪德国天文学家贝塞尔的姓氏命名的特殊函数之一。在利用柱坐标求解圆、球与圆柱内的势场等物理问题时提出。

Betacam ⇔ **Betacam 视频标准**

使用1/2″磁带记录仪记录专业质量**视频图像**的一项**SMPTE**视频标准。视频信号的亮度信号带宽4.1 MHz，色度信号带宽1.5 MHz。所以Betacam信号并没有包含3-片彩色电荷耦合器件相机所带有的全部彩色。英语中一般也用Betacam概指Betacam摄影机和Betacam录像机，都是广播级的。

***beta*-radiation** ⇔ **贝塔辐射**

由许多放射性元素产生的特殊辐射。包括电子。

BFL ⇔ **后焦距**

back focal length 的缩写。

B-frame ⇔ **B帧**

双向预测帧的简称。

Bhanu system ⇔ **巴努系统**

一个用于3-D物体形状匹配的3-D景物分析系统。

Bhattacharyya distance ⇔ **巴氏距离，巴塔恰里亚距离**

一种衡量概率分布之间(类别之间)分离程度的测度。可用于衡量两个概率分布是否相似。给定两个任意的分布 $p_i(x)_{i=1,2}$，之间的巴氏距离为

$$d^2 = -\log\int\sqrt{p_1(x)p_2(x)}dx$$

以**先验概率**相同的两类正态分布(均值矢量分别为 $\boldsymbol{\mu}_1$ 和 $\boldsymbol{\mu}_2$，均方差分别为 $\boldsymbol{\sigma}_1$ 和 $\boldsymbol{\sigma}_2$)为例，此时贝叶斯最小误差的上界为

$$P_{\mathrm{E}} = \sqrt{p(w_1)p(w_2)}\exp(-D_{\mathrm{B}})$$

其中 $p(\cdot)$ 代表概率密度分布函数，巴塔恰里亚距离 D_{B} 为

$$D_{\mathrm{B}} = \frac{(\boldsymbol{\mu}_1-\boldsymbol{\mu}_2)^{\mathrm{T}}(\boldsymbol{\mu}_1-\boldsymbol{\mu}_2)}{4(\boldsymbol{\sigma}_1+\boldsymbol{\sigma}_2)} + \frac{1}{2}\log\frac{|\boldsymbol{\sigma}_1+\boldsymbol{\sigma}_2|}{2\sqrt{|\boldsymbol{\sigma}_1|}\sqrt{|\boldsymbol{\sigma}_2|}}$$

此距离还可推广到多类和各种不同分布的情况。

biased noise ⇔ **有偏噪声**

至少对某些像素有 $\mu(i,j)\neq 0$ 的噪声。也称**固定模式噪声**。这种噪声很容易通过从像素的值中除去 $\mu(i,j)$ 而转化为**零均值噪声**。

bicubic ⇔ **双三次的**

在曲面的参数表达中，表面面元双变量多项式次数为3的。双三次面元可表示成

$$z = a_0 + a_1x + a_2y + a_3xy + a_4x^2 + a_5y^2 + a_6x^3 + a_7x^2y + a_8xy^2 + a_9y^3$$

其中 $a_0, a_1, \cdots, a_9$ 都是曲面参数。

bidirectional frame ⇔ **双向帧**

双向预测帧的简称。

bidirectional prediction ⇔ **双向预测**

在**视频编码**中，对当前帧图像内的一个像素值借助其前后各一帧的对应像素进行预测的方法。预测帧可表示成

$$f_{\mathrm{p}}(x,y,t) = a\times f(x+\mathrm{d}_ax, y+\mathrm{d}_ay, t-1) + b\times f(x-\mathrm{d}_bx, y-\mathrm{d}_by, t+1)$$

式中，$(d_a x, d_a y)$表示从时间 $t-1$ 到 t 的**运动矢量**(用于前向运动补偿)，$(d_b x, d_b y)$表示从时间 t 到 $t+1$ 的运动矢量(用于后向运动补偿)。用 $f(x,y,t-1)$来预测 $f(x,y,t)$称为前向预测，而用 $f(x,y,t+1)$来预测 $f(x,y,t)$称为后向预测。两种预测合起来即是双向预测。权重系数 a 和 b 满足 $a+b=1$。

例如，在国际标准 **MPEG-1** 中，把一定数量的连续帧构成一组，并分别采用 3 种不同的方式对组内如下 3 种类型的帧图像进行编码：

(1) I 帧：借助 DCT 算法仅用本身信息进行压缩，即仅进行**帧内编码**，不参照其他帧图像；每个输入的视频信号序列均包含至少两个 I 帧；

(2) P 帧：需参照前一幅 I 帧或 P 帧并借助**运动估计**进行**帧间编码**；P 帧的压缩率约为 60∶1；

(3) B 帧：也称**双向预测帧**，参照前后各一幅 I 帧或 P 帧进行双向运动补偿；B 帧的压缩率最大。

需要注意的是，使用双向时间预测时，对帧的编码顺序要与原来的**视频序列**不同。例如，先用**单向预测**借助独立帧来编码一些帧，然后再用双向预测编码其余帧，即先编 P 帧再编 B 帧。根据上面的编码方式，编(解)码序列的结构如图 B3 所示。

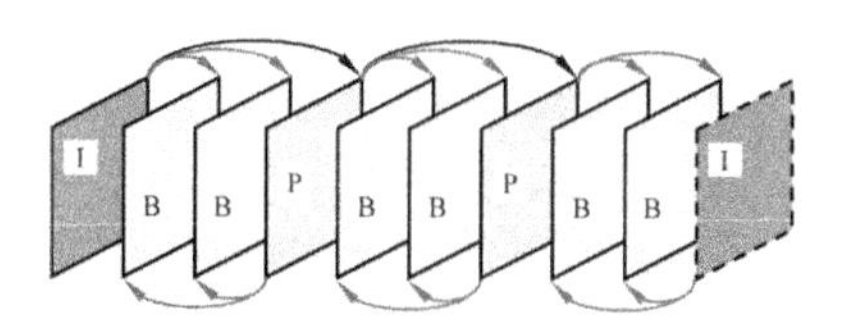

图 B3 双向时间预测序列示意图

bidirectional prediction frame ⇔ **双向预测帧，B 帧**

在**图像国际标准 MPEG** 系列中采用特定方式进行编码的三种**帧图像**之一。简称**双向帧**。简写成 B 帧。编码要同时参照前后各一幅的初始帧或预测帧进行**双向预测**。

bidirectional reflectance distribution function [BRDF] ⇔ **双向反射分布函数**

指示景物表面反射特性的函数。具体表示为光线沿方向(θ_i, ϕ_i)入射物体表面时，观察者在方向(θ_e, ϕ_e)观察到的表面明亮情况，可记为 $f(\theta_i, \phi_i; \theta_e, \phi_e)$，其中 θ 代表极角，ϕ 代表方位角。此函数的单位是立体角的倒数(sr^{-1})，取值从零到无穷大(此时任意小的入射都会导致观察到单位辐射)。注意 $f(\theta_i, \phi_i; \theta_e, \phi_e) = f(\theta_e, \phi_e; \theta_i, \phi_i)$，即关于入射和反射方向对称。设沿$(\theta_i, \phi_i)$方向入射到物体表面而使物体得到的照度为 $\delta E(\theta_i, \phi_i)$，由$(\theta_e, \phi_e)$方向观察到的反射(发射)亮度为 $\delta L(\theta_e, \phi_e)$，双向反射分布函数就是亮度和照度的比值，即

$$f(\theta_i, \phi_i; \theta_e, \phi_e) = \frac{\delta L(\theta_e, \phi_e)}{\delta E(\theta_i, \phi_i)}$$

bilateral telecentric lenses ⇔ **双远心镜头**

在一般物方**远心镜头**的孔径光圈

后面加上另一镜头(组)得到的**镜头组**。要使第一个镜头的像方焦点与第二个镜头的物方焦点重合。这种结构将出瞳(exit pupil)移到无穷远,因而得名。放大倍率为第 2 个镜头焦距与第 1 个镜头焦距之比,与被测物的位置和像平面的位置都无关。所采集的图像中没有透射畸变。

bi-level image⇔二值图像

一种像素灰度值只有两个值(0 和 1)的特殊的**灰度图像**。主要优点是尺寸小,适合于仅包含简单图形、文字或线图的图像。参阅 **bitplane**。

bilinear↔双线性的

曲面的参数表达中,表面面元双变量多项式的次数为 1 的。双线性面元可表示成:

$$z = a_0 + a_1 x + a_2 y$$

其中 a_0, a_1, a_2 为曲面参数。

bilinear interpolation⇔双线性插值(方法)

一种一阶的**灰度插值**方法。利用需插值点(x', y')的 4 个最近邻像素的灰度值来计算(x', y')点处的灰度值。能给出视觉上好于**最近邻插值**的效果,但所需计算时间多。假设在由 4 个最近邻像素组成的每一小正方形中,灰度都是未知坐标的简单函数:

$$f(x', y') = \alpha x' + \beta y' + \gamma x' y' + \delta$$

其中 $\alpha, \beta, \gamma, \delta$ 是参数。对 4 个角点像素使用这个公式获取 $\alpha, \beta, \gamma, \delta$ 的值,再用这些值计算在点(x', y')位置的 $f(x', y')$。

一种具体计算方法可参见图 B4,设(x', y')点的 4 个最近邻像素为 A、B、C、D,坐标分别为(i, j)、$(i+1, j)$、$(i, j+1)$、$(i+1, j+1)$,灰度值分别为 $g(A)$、$g(B)$、$g(C)$、$g(D)$。

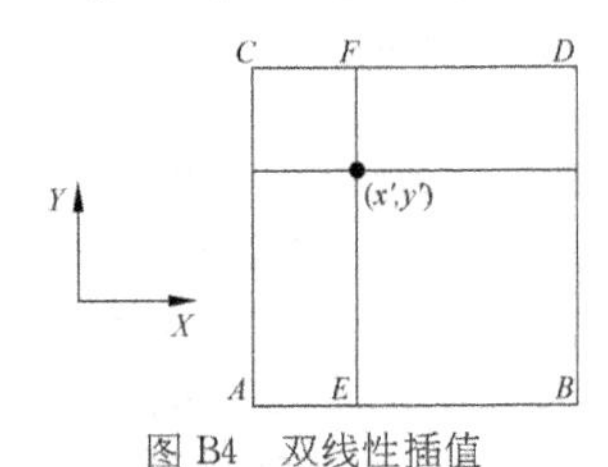

图 B4 双线性插值

首先算出 E 和 F 这 2 点的灰度值 $g(E)$和 $g(F)$:

$$g(E) = (x' - i)[g(B) - g(A)] + g(A)$$

$$g(F) = (x' - i)[g(D) - g(C)] + g(C)$$

(x', y')点的灰度值 $g(x', y')$即为

$$g(x', y') = (y' - j)[g(F) - g(E)] + g(E)$$

bilinear surface interpolation⇔双线性曲面插值

仅有离散样本 $f_{ij} = \{f(x_i, y_j)\}_{i=1}^{n}{}_{j=1}^{m}$时确定的函数 $f(x, y)$在任意位置(x, y)的值。这些样本排列成一个 2-D 网格,位置(x, y)的值由其周围四个网格点的值插值得到。如图 B5 所示,有:

$$f_{\text{bilinear}}(x, y) = \frac{A + B}{(d_1 + d'_1)(d_2 + d'_2)}$$

其中

$$A = d_1 d_2 f_{11} + d'_1 d_2 f_{21}$$

$$B = d_1 d'_2 f_{12} + d'_1 d'_2 f_{22}$$

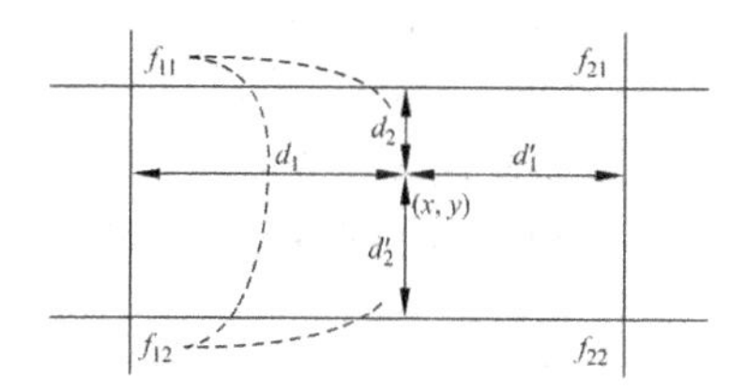

图 B5 双线性曲面插值示意图

图中虚线有助于记忆公式，每个函数值 f_{ij} 都与最近的两个 d 值相乘。

bilinear transform ⇔ **双线性变换**

参阅 **8-coefficient bilinear model**。

bin ⇔ **直方条**

直方图中对每个(灰度)值的统计。用来描述**直方图**中划分的等间隔数据序列之一。

binarization ⇔ **二值化**

将一幅**灰度图像**减少到仅有两个灰度级(黑和白)的过程。是图像**阈值化**的基本问题。

binary closing ⇔ **二值闭合**

二值图像数学形态学的一种基本运算。先使用同一结构元素 B 对**二值图像** A 进行**膨胀**(算子$\oplus$)，然后再**腐蚀**(算子$\ominus$)其结果。闭合算子为 $\bullet$。A 用 B 来闭合写作 $A \bullet B$，公式为

$$A \bullet B = (A \oplus B) \ominus B$$

二值闭合运算可以把二值图像中比结构元素小的缺口或孔填充上，也能搭接短的间断起到连通作用。

binary decomposition ⇔ **二值分解(方法)**

一种将一幅**灰度图像**分解成一系列**二值图像**的简单方法。设用多项式：

$$a_{m-1}2^{m-1} + a_{m-2}2^{m-2} + \cdots + a_1 2^1 + a_0 2^0$$

表示具有 m 比特灰度级的图像中像素的灰度值，二值分解就是把上述多项式的 m 个系数分别分到 m 个 1 比特的位面中去。该分解方法的固有缺点是像素点灰度值的微小变化有可能对位平面的复杂度产生较明显的影响。例如，当空间相邻的两个像素的灰度值分别为 $127(01111111_2)$和 $128(10000000_2)$时，图像的每个位面上在这个位置处都将有从 0 到 1(或从 1 到 0)的过渡。

binary dilation ⇔ **二值膨胀**

二值图像数学形态学中的一种基本运算。**膨胀**算子为$\oplus$。图像 A 用结构元素 B 来膨胀写作 $A \oplus B$，表达式为

$$A \oplus B = \{x \mid [(\hat{B})_x \cap A] \neq \varnothing\}$$

上式表明，用 B 膨胀 A 时，先对 B 做关于原点的映射($\hat{B}$)，再将其映像平移 $x((\hat{B})_x)$，这里 A 与 B 映像的交集不为空集。换句话说，用 B 来膨胀 A 得到的集合是$\hat{B}$的位移与 A 中至少一个非零元素相交时 B 的原点位置的集合。根据这个解释，上式也可写成

$$A \oplus B = \{x \mid [(\hat{B})_x \cap A] \subseteq A\}$$

此式有助于用**卷积**概念来理解膨胀操作。如果将 B 看作一个**卷积模**

板，膨胀就是先对 B 做关于原点的映射，再将映像连续地在 A 上移动来实现。

binary erosion ⇔ **二值腐蚀**

二值图像数学形态学的一种基本运算。**腐蚀**算子为$\ominus$。图像 A 用**结构元素** B 来腐蚀写作 $A \ominus B$，表达式为

$$A \ominus B = \{x \mid (B)_x \subseteq A\}$$

上式表明，A 用 B 腐蚀的结果是所有 x 的集合，其中 B 平移 x 后（$(B)_x$）仍在 A 中。换句话说，用 B 来腐蚀 A 得到的集合是 B 完全包括在 A 中时 B 的原点位置的集合。上式也有助于用**相关**的概念来理解腐蚀操作，其效果是“收缩”或“细化”一幅二值图像中的目标。细化的范围和方向由结构元素的尺寸和形状来控制。

binary object feature ⇔ **二值目标特征**

描述一幅**二值图像** $f(x,y)$ 中连接区域特性的特征。包括各种**边界描述符**和**区域描述符**。

binary opening ⇔ **二值开启**

二值图像数学形态学的一种基本运算。即使用同一个**结构元素** B 先对图像 A 进行**腐蚀**（算子$\ominus$）然后**膨胀**（算子$\oplus$）其结果。开启的算子为$\circ$。A 用 B 来开启写作 $A \circ B$，表达式为

$$A \circ B = (A \ominus B) \oplus B$$

二值开启运算可以把二值图像中比结构元素小的突刺滤除掉，也能切断细长的搭接而起到分离作用。

binary order of Walsh functions ⇔ **沃尔什函数的二值序**

同 **dyadic order of Walsh functions**。

binary space-time volume ⇔ **二值时空体**

对 3-D 运动目标建模时的一种表示**动作**的方法。通过将消除了背景的块/**团点**叠加，可获得目标的运动和形状信息。

binary tree ⇔ **二叉树**

任何一个非叶结点最多有两个孩子的有根平面树。也是一种数据结构。将每个结点的两个孩子分别记为左孩子和右孩子，以根的孩子为结点的两棵子树分别称为左子树和右子树。借助二叉树，可将图像划分为不重叠的部分。具体步骤是先把图像（水平）分成两半，再把每一半再（垂直）分成更小的两半，该过程递归进行（水平与垂直交替）。图像中的均匀部分都成为叶子。

binning ⇔ **像素合并**

对像素的一种局部加法。目的是减少分辨率但增加敏感度。

binocular ⇔ **双目的**

光学仪器必须用双眼同时去观察的。也称双筒的。注意“双目的”并不一定就有体视效应，有的仅使眼舒服而无体视感。有体视效应的，如双目深度感就是**体视锐度**；双目视场是两眼各自视场中的相互重叠部分，而只有此重叠部分才有体视效应。此共同视场在水平方向上约为 120°，上下方向上约为 140°。

binocular angular scanning model ⇔ **双目角度扫描模式**

一种**双目立体成像**模式。通过让双目系统旋转来采集不同视场的全景图像，故也称**角度扫描摄像机立体镜成像**。图 B6 给出示意图，当用角度扫描摄像机旋转采集图像时，像素按镜头的**方位角**和**仰角**均匀分布，但在成像平面上并不均匀分布。换句话说，像素的坐标由像素锥中心线的方位角和仰角给出。在图 B5 中，方位角对应 YZ 平面与包含像素的锥体轴的竖平面的夹角（分别是 θ_1 和 θ_2），仰角对应 XZ 平面与包含像素的锥体轴及 X 轴的夹角。

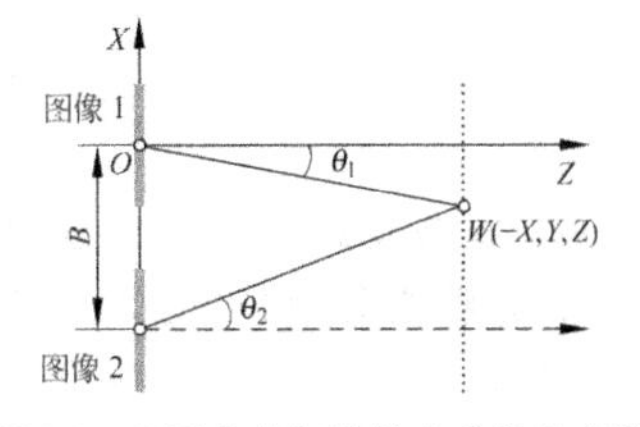

图 B6　双目角度扫描模式成像示意图

一般可借助镜头的方位角来表示物像的空间距离。利用图 B5 的坐标系，有：

$$\tan\theta_1 = \frac{X}{Z}$$

$$\tan\theta_2 = \frac{B+X}{Z}$$

联立消去 X，得 W 点的 Z 坐标：

$$Z = \frac{B}{\tan\theta_1 - \tan\theta_2}$$

进一步设仰角为 ϕ（W 点向 X 轴所做垂线与 XZ 平面间的夹角，对两个摄像机是相同的），则空间点 W 的 X 和 Y 坐标分别为：

$$X = Z\tan\theta_1$$

$$Y = Z\tan\phi$$

binocularaxis model ⇔ **双目纵向模式，双目轴向模式**

一种**双目立体成像**模式。图 B7 给出示意图（仅画出了 XZ 平面，Y 轴由纸内向外），其中两个摄像机（常具有相同焦距）的光轴重合并沿光轴依次排列。对应第 1 幅图像和第 2 幅图像的两个摄像机的坐标系只在 Z 方向上差 ΔZ。景物深度 Z 可表示为：

$$Z=\lambda+\frac{\Delta Z x_2}{x_2-x_1}$$

其中 x_1，x_2 分别为第 1 与第 2 个摄像机的成像高度，λ 是摄像机的焦距。

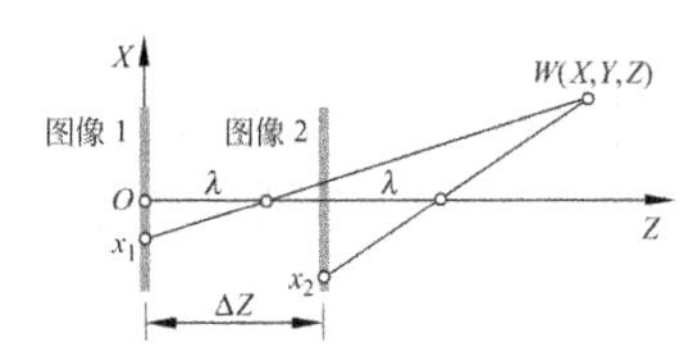

图 B7　双目轴向模式成像示意图

binocular diplopia ⇔ **双目双像，双眼复视**

物体的像在两眼视网膜上的位置不对应，各看到一个像的现象。

binocular focused horizontal model ⇔ **双目会聚横向模式，双目聚焦横向模式**

将两个摄像机并排放置但让两光轴会聚来采集图像的**双目立体成像**

模式。可看作是**双目平行横向模式**的变型或推广，此时双目间的**聚散度**不为零，可获得更大的**视场**重合。

图 B8 给出示意（仅考虑了一种特殊景物深度的情况），其中两个水平放置的摄像机具有相同焦距，光轴会聚在前方。两镜头中心连线所在的平面为 XZ 平面。两镜头中心间的连线（即**基线**）的长度是 B。两光轴在 XZ 平面相交于 $(0,0,Z)$ 点，交角为 2θ（可通过标定求得）。如果将**视差**绝对值用 d 表示，则景物深度 Z 可表示为（对其他景物可参照推导）：

$$Z=\frac{B}{2}\frac{\cos\theta}{\sin\theta}+\frac{2x_1x_2\sin\theta}{d}$$

其中 x_1 和 x_2 分别为两个摄像机的成像高度。

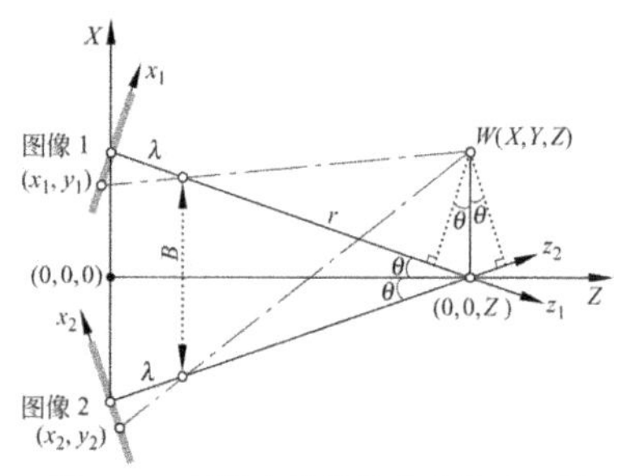

图 B8 双目横向聚焦模式成像示意图

进一步，由图 B8 可得

$$r=\frac{B}{2\sin\theta}$$

最后可得到点 W 的 X 坐标

$$|X|=\frac{B}{2\sin\theta}\frac{|x_1|}{\lambda\cos\theta+|x_1|\sin\theta}=\frac{B}{2\sin\theta}\frac{|x_2|}{\lambda\cos\theta-|x_2|\sin\theta}$$

binocular horizontal model⇔双目横向模式

采用两个摄像机并排水平放置以获得场景图像的立体成像模式。主要包括**双目平行横向模式**和**双目聚焦横向模式**两种。

binocular image⇔双目图像

借助单个摄像机在两个位置或两个摄像机各在一个位置获得的一对（相关）**图像**。参阅 **stereo vision** 和 **binocular imaging**。

binocular imaging⇔双目成像（方法）

两个采集器各在一个位置对同一场景成像，或一个采集器在两个位置先后对同一场景成像，或一个采集器借助**光学成像**系统同时获得两个像的立体成像方式。也称**双目立体成像**。有多种实现模式，如：①**双目平行横向模式**；②**双目聚焦横向模式**；③**双目轴向模式**；④**双目角度扫描模式**。

binocular imaging model⇔双目成像模型

采用两个摄像机（如利用**双目横向模式**）获得场景图像的模型。可看作由两个单目成像模型组合而成，能获得同一场景的两幅视点不同的图像（类似人眼）。实际成像时，既可用两个单目系统同时采集来实现，也可用一个单目系统先后在两个位姿分别采集来实现（这时一般设被摄物和光源没有移动变化），还可用一个单目系统借助光学器件（如反射镜）同时采集两个像来实现。

binocular parallel horizontal model ⇔ 双目平行横向模式

一种基本的**双目立体成像**模式。图 B9 给出示意图，其中并排水平放置的两个摄像机焦距相同，且光轴平行；两个镜头的焦距均为 λ，其中心间的连线称为系统的**基线**（长度为 B）。世界坐标为 (X,Y,Z) 的点 W 在像平面 1 上成像于摄像机坐标 (x_1,y_1)，在像平面 2 上成像于摄像机坐标 (x_2,y_2)。**摄像机坐标系**和**世界坐标系**重合后，像平面与世界坐标系的 XY 平面平行。在以上条件下，W 点的 Z 坐标对两个摄像机坐标系相同。如果**视差**的绝对值用 d 表示，景物深度 Z 即可表示为

$$Z=\lambda\left(1-\frac{B}{d}\right)$$

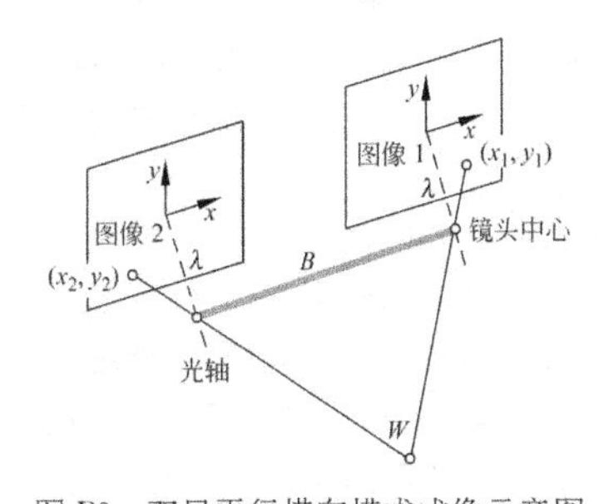

图 B9 双目平行横向模式成像示意图

binoculars ⇔ 双筒（望远）镜

具有两个光学成像系统同时观察（远处）相同场景的装置。一般两个系统从相似的观察点进行观察。

binocular single vision ⇔ 双目单视，双眼单视

两眼很好地配合，各自的成像均落在对应视网膜上的视觉。

binocular stereo ⇔ 双目立体

从一对已校正好，相距一定距离，指向接近相同方向的相机中获取深度信息的方法。深度信息来源于两图像间的视差，其基础是要在两图像中获得相同的特征。

binocular stereo imaging ⇔ 双目立体成像（方法）

同 **binocular imaging**。

binocular stereo vision ⇔ 双目立体视觉

同 **binocular vision**。

binocular vision ⇔ 双目视觉

人同时使用双目观察世界的视觉。也指采用**双目成像模型**的**计算机视觉**。

双目的作用主要是体视效应。一些光学仪器如**双目望远镜**可以增强这种效应；但有些光学仪器则不一定起体视作用，如一般的双目**显微镜**往往只是允许两眼同时去观察。

binocular vision indices of depth ⇔ 双目深度线索

借助**双目成像**得到不同的两个独立视像而获得的**深度线索**。两眼视像的不同导致双眼视差，该视差与深度（即眼或摄像机到物体的距离）成比例关系。这是**立体视觉**的基础。

binomial distribution ⇔ 二项分布

一种与正态分布离散对应的概率分布函数。其系数可通过将[1/2 1/2]模板与自身级联卷积得到。

binomial filter ⇔ **二项式滤波器**

实现模板中的各值基于二项分布系数的一种可分离**平滑滤波器**。随着滤波器模板尺寸的增加，将很快地收敛于**高斯滤波器**。

binormal ⇔ **副法线**

空间曲线局部几何坐标系中，**法平面**和**校正平面**的交线。多用矢量 b 表示，参见图 L12。

bin-picking ⇔ **捡工件**

在装配线上，让配备有视觉传感器的机器人操纵器拿起指定工件（如螺钉和螺母）的动作。

biological optics ⇔ **生物光学**

研究生物机体自身发光及可见光、紫外光、红外光等低辐射对生物机体作用的学科。也称光生物物理学。

biological spectroscopy ⇔ **生物光谱学**

研究有机分子在紫外（200～360 nm）及可见光（360～780 nm）区的电子吸收光谱、红外区（780 nm～25 μm）的振动光谱及某些金属原子在紫外与可见区的发射光谱的学科。医学光谱学是其一部分。

biomedophotonics ⇔ **生物医学光子学**

检测生物系统以光子形式释放能量的有关效应的学科。据此可以了解光子所反映的生物系统结构与功能和性能信息，尝试以光子作用于生物系统，使其特性、结构与萃取物朝满足人们某些需要的方向发展。

biometric recognition ⇔ **生物特征识别，生物测定识别**

借助**生物特征**对生物的身份进行验证和辨识的技术和过程。随所使用的生物特征的不同而不同。目前主要根据人体的解剖、生理和行为特征来辨识人的身份。

biometrics ⇔ **生物测定，生物特征**

生物特有，反映个体特性的解剖和生理特征、举止或行为。现已得到较多研究，或得到较广泛使用，借助**图像技术**的**人体生物特征**主要有：人脸，指纹，掌纹，手背纹，手形，静脉，**虹膜**，**视网膜**，表情，步态，步频，足迹，笔迹和签名。

biometric systems ⇔ **生物测定系统，生物识别系统**

识别个体的身体或行为等**生物特征**（人脸、表情、签名等）的系统。有两种工作或操作模式：验证和识别。验证进行一对一的比较，判定其是否是所声称的人。识别进行一到多的比较，以找出和确定此人是谁。

biooptics ⇔ **生物光学**

同 **biological optics**。

bipartite graph ⇔ **二部图，二分图**

图论中的一种特殊图模型。也称偶图。其顶点集合可分成两个互不相交的子集，且边线集合中各边两端的顶点分属于这两个子集。可用来描述金字塔式垂直结构，也可用于**二部匹配**。

bipartite matching ⇔ **二部匹配（方法，技术），二分匹配（方法，技术）**

基于模型的计算机视觉中常用的图匹配技术。用来匹配基于模型或立体视觉的观察以解决对应性问题。假定将一个结点集合 V 分为两个不相交的子集 V_1 和 V_2，即 $V=V_1 \cup V_2$ 且 $V_1 \cap V_2=0$。两个子集间的弧集为 $E, E \subset \{V_1 \times V_2\} \cup \{V_1 \times V_2\}$。这就是**二部图**。二部匹配是要在二部图中找到最大匹配，即在一个弧连接的两个子集合中的最大结点集。图 B10 给出示例，其中 $V_1=\{A, B, C\}$，$V_2=\{X, Y\}$。图中选定的弧用实线表示，其他弧用虚线表示。

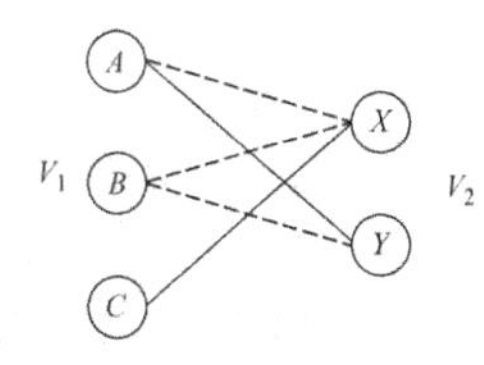

图 B10　二部匹配示例

bipolar impulse noise ⇔ 双极性脉冲噪声，双极性冲激噪声

同 **salt-and-pepper noise**。

biquadratic ⇔ 双二次(的)

曲面的参数表达中，表面面元双变量多项式表达的次数为 2 的。双二次面元可表示成：

$$z=a_0+a_1 x+a_2 y+a_3 xy+a_4 x^2+a_5 y^2$$

其中 $a_0, a_1, \cdots, a_5$ 为曲面参数。

birefringence ⇔ 双折射

自然光束在射入单光轴各向异性晶体媒质时，在电矢量振动方向分裂为互相垂直的两束平面**偏振光**(即线振双折射)的现象。分裂后的两束传播速度不同，一束为寻常光波，遵守普通的折射定律，**折射率**与方向无关；另一束为非常光波，不遵守普通的折射定律，折射率不同程度地随方向而变。两者的折射率差称为双折射率。

B-ISDN ⇔ 宽带综合业务数字网

broadband integrated services digital network 的缩写。

bi-spectrum technique ⇔ 双(频)谱技术

一种用于保留信号的幅度和相位信息并消除加性**高斯噪声**的技术。以 1-D 信号为例，时间序列 $f(t)$ 的双频谱 $B(w_1, w_2)$ 为

$$B(w_1, w_2)=\sum_{m=-\infty}^{\infty} \sum_{n=-\infty}^{\infty} R_f(m, n) \exp[-\mathrm{j}(mw_1+nw_2)]$$

其中 $R_f(m, n)$ 是 $f(t)$ 的三阶矩：

$$R_f(m, n)=\sum_{i=-\infty}^{\infty} f(i) f(i+m) f(i+n)$$

由上两式根据**傅里叶卷积定理**可得

$$B_f(w_1, w_2)=F(w_1) F(w_2) F*(w_1+w_2)$$

当时间序列 $f(t)$ 的退化时间序列 $g(t)$ 包含加性高斯噪声时，$f(t)$ 的双频谱可由下式来估计：

$$\hat{B}_f(w_1, w_2)=\frac{1}{N} \sum_{k=1}^{N} G_k(w_1) G_k(w_2) G_k^*(w_1+w_2)$$

其中，$G_k(w)$ 是第 k 帧图的**傅里叶变换**，N 是噪声帧的数目。

bit allocation ⇔ 比特分配

变换编码中对**子图像**进行系数截

断、量化和编码的全过程。

bit depth⇔位深

一幅图像的表达中包含的二进制位数(即**位面**个数)。也称**位分辨率**。例如:1 位深只能表示黑白,8 位深可表示 256 个灰度或彩色组合,24 位深可表示真彩色。

bitmap⇔位图

同 **bitplane**。

bitmap format⇔位图格式

同 **BMP format**。

bitplane⇔位面(图),位面图像,位平面

在多比特表示灰度值的**图像**中,各比特所对应的二值平面。位图都是**二值图像**。

bitplane coding⇔位面编码(方法)

借助**位平面**表达进行图像压缩的技术。先将**灰度图像**进行**分解**得到一系列位平面,然后对每幅位平面用二元压缩方法进行**压缩**。在对位平面编码时常借用对位平面的统计知识。位平面编码能消除或减少**编码冗余**以及**像素间冗余**。

bitplane decomposition⇔位平面分解

将**灰度图像**分解成多个**位平面**的过程。对用多个比特表示其灰度值的图像来说,每个比特都可看作表示了一个二值平面,所以可用多项式

$$a_{m-1}2^{m-1}+a_{m-2}2^{m-2}+\cdots+a_1 2^1+a_0 2^0$$

来表示具有 m 个比特灰度级的图像中像素的灰度值。根据这一表示,把一幅灰度图分解成一系列二值图集的简单方法,就是把上述多项式的 m 个系数分别分配到 m 个 1 比特的位平面中去。

bit rate⇔码率,比特率

为表示一定个数图像单元所需数据数。常用于视频传输和压缩,所以也称**视频**比特率,以 **bps** 为单位。码率为 1 Mbps 时,对编码器是将 1 s的视频转换成 1 Mb 的压缩数据;而对解码器,是将 1 Mb 的压缩数据转换成 1 s 的视频。

bit resolution⇔位分辨率

同 **bit-depth**。

bit reversal⇔比特反向

将比特次序对调的操作。最显著比特变成最不显著比特,或反过来。一般用于**视频处理**,相当于**图像处理**中的**图像求反**。

blackboard⇔黑板(系统)

人工智能中,代表在整体上可访问的数据库的一种**知识表达**方法。是表达信息处理状态的数据结构,也适用于**无分层控制**。其知识来源可以是**特征提取**、**图像分割**、区域分类或**目标识别**等。

blackbody⇔黑体

理论上能全部吸收外来电磁辐射而无反射或透射的物体。这样绝对的黑体并不存在。实际黑体的**光谱辐射**遵从普朗克(Planck)公式,即黑体光谱中的辐(射)出(射)度 M 与温度 T、**波长** λ 的关系为:

$$M(\lambda,T)=\frac{c_1}{\lambda^{-5}}\exp\frac{c_2}{\lambda T}\Delta\lambda$$

式中 $c_1 = 2\pi hc^2 = 3.741\ 774\ 9 \times 10^{-16}$ W·m^2，$c_2 = hc/k = 1.438\ 769 \times 10^{-2}$ m·K，$\Delta\lambda$ 是所考虑的狭窄波段，$h = 6.626\ 069\ 3 \times 10^{-34}$ J·s 是普朗克常量，$c = 2.997\ 924\ 58 \times 10^8$ m/s 是光速，$k = 1.380\ 650\ 5 \times 10^{-23}$ J/K^{-1} 是玻尔兹曼(Boltzmann)常量。

black level⇔**黑电平，暗电平**

图像采集中，采用模数转换器转换暗电流得到的灰度水平。暗电流在没有光入射时生成，所以独立于光圈。暗电平的值可由把物镜盖盖上进行图像采集来确定。

blade⇔**刃边**

轮廓标记技术中，3-D 景物中一个连续表面(称为遮挡表面)遮挡住另一表面(称为被遮挡表面)的一部分，沿前一表面的轮廓前进时，表面法线方向形成的光滑连续轮廓线。是 3-D 景物的真正边缘。

blanking interval⇔**消隐区间**

视频中每行(水平回扫)或每场(垂直回扫)结束处的时间区间。在此期间，需要隐去视频信号直到对一个新行或新场扫描。

bleeding⇔**渗色**

当脉冲噪声点只出现在**彩色图像**中一个彩色分量里且接近边缘位置时，使用**中值滤波器**对**图像滤波**会将边缘向噪声点移动，滤波结果中出现在边缘处，原来没有，带有脉冲噪声点干扰的新颜色的现象。

blending image⇔**混合图像**

图像隐藏中，**载体图像**和拟**隐藏图像**的线性组合结果。设载体图像为 $f(x,y)$，拟隐藏图像为 $s(x,y)$，则图像

$$b(x,y) = \alpha f(x,y) + (1-\alpha)s(x,y)$$

就是 $f(x,y)$ 和 $s(x,y)$ 的参数 α 混合图像，其中 α 为满足 $0 \leqslant \alpha \leqslant 1$ 的任一实数，当 α 为 0 或 1 时称为平凡混合。

blending operator⇔**混合操作符**

通过将两幅图像 A 和 B 加权组合获得第三幅图像 C 的**图像处理**操作符。设 α 和 β 为两个标量权重(一般 $\alpha+\beta=1$)，则 $C(i,j) = \alpha A(i,j) + \beta B(i,j)$。

blind deconvolution⇔**盲解卷积**

图像恢复中，不依赖于**退化函数估计**而进行恢复的方法和过程。

blind source separation⇔**盲源分离**

图像工程中一种特殊的**图像处理**操作。指在图像的理论模型和原始图像无法精确获知的情况下，将混迭的观测图像中各原始图像分量估计或分离出来的手段和过程。其中常用**独立分量分析**方法。

blind spot⇔**盲点**

眼睛中**视网膜**上不能感光的部位。接近**中央凹**处。是光神经进入视网膜的点，此处无视神经细胞，不能感受光刺激。这是一种结构性限制，在该点眼睛不能检测出辐射，所以外界物体的形象落在此处时不能引起光感觉。参阅 **cross section of human eye**。

blob⇔**斑点，斑块，团点，团块**

图像中一组有关联像素的任何一

种集合。看起来像一个有一定尺度、本身相对均匀但性质不同于周围环境的区域。**图像工程**中，常泛指灰度或颜色与背景不同，但对尺寸和形状并没有限定的区域。一般可借助**拉普拉斯**值的符号来区分暗背景中的亮团点与亮背景中的暗团点。与**模板**相比，团点可表示不太规则的区域。与**连通组元**相比，团点对其中像素的连通性并没有严格要求。

blob analysis⇔团点分析

对**医学图像**进行分析的一组算法。分为四步工作：①获得能将目标从背景中分割出来的优化的前景/背景阈值；②利用该阈值将图像**二值化**；③对感兴趣目标进行**区域生长**并对每个由相连通像素构成的**团点**（离散对象）赋一个标号；④对团点进行物理测量获得测量值。

block⇔块

对图像进行划分得到，看作一个整体进行加工的像素集合。常为正方形，但也可以是任意尺寸和形状。

block-circulant matrix⇔块轮换矩阵

每个元素（块）都是**轮换矩阵**的一种特殊矩阵。**图像退化模型**中的2-D退化系统函数就构成一个块轮换矩阵。

block coding⇔块编码（方法）

先将输入图像分解成固定尺寸的块，再将每块变换成尺寸更小的块（用于压缩）或更大的块（用于纠错），然后加以传输的图像编码技术。

block distance⇔街区距离

同 **city-block distance**。

block matching⇔块匹配（技术）

基于区域的立体视觉中的一种技术。这里假设在一个图像块中的所有像素具有相同的视差值，这样，对每个块只需要确定一个视差。

block-matching algorithm［BMA］⇔块匹配算法

常用于**运动估计**中的一种图像区域匹配算法。假设将一幅帧图像划分为 M 个不重叠的块，各块合起来覆盖整个帧。另外，假设在每个块中的运动是个常数，即假设整个块经历相同的移动，该移动可记录到相关联的**运动矢量**中。此时通过寻找每个块最优的运动矢量，就可实现运动估计。

blocks world⇔积木世界

早期**人工智能**和**计算机视觉**研究的一种简化领域。即对客观世界的简约表达，其中认为场景中仅包含表面为平面的实体（景物），常用于解决图像分析问题的实验环境。基本特性是将分析限制在简化的几何目标（如多面体）上并假设可以方便地从图像中获得对目标的几何描述（如图像边缘）。

block truncation coding［BTC］⇔块截断编码（方法）

一种**有损压缩**编码方法。先将图像分解为**子图像**（块），然后在每块中减少灰度值的数量（量化）。这里使用的量化器要适应局部图像统计，其水平要选得能最小化特定的误差准则，使每块中的像素值能映射到量化水平。通过使用不同的量化手段和不同的误差准则，可以得到不同的块截断编码算法。

blooming⇔（图像）浮散

1. 一种在传感器阵列中由于信号过强而导致的信号从一个传感器单元溢出而串入邻近单元的现象。在时间域和空间域都可以发生。电荷耦合器件中当像素过于饱和时，或电子快门使用过短的照明时都可能产生溢出而导致图像浮散。

2. 彩色图像处理中，由于信号强度在模拟处理或模数转换阶段超出处理单元的动态范围（dynamic range）而导致的问题。此时，由于在传感器元件处测得的光亮度大于可接受的水平，并使电荷耦合器件元素饱和，电荷耦合器件单元就不再能在时间单位中存储更多的电荷。这样，增加的电荷就会溢出并进入周围的元素，即扩散到邻近的电荷耦合器件单元，并产生浮散的效果。浮散在对彩色图像的高光分析中特别明显，会使得图像中出现水平或垂直（依赖于电荷耦合器件的朝向）的条纹。

blotches⇔污点，斑点

数字**视频序列**中有可能出现的**伪像**类型之一。在老影片中，指由于处理不当或老化而出现在胶片材料中的较大、不相关的亮点或暗点。

blue [*B*]⇔蓝

按 **CIE** 规定，**波长**为 435.8 nm 的三基色之一。

blue noise⇔蓝（色）噪声

电磁谱蓝光的高频比其他频率的功率更大的一种**有色噪声**。

blue-noise dithering⇔蓝噪声抖动（技术）

一种用于描述**调频半色调技术**的空间和频谱特性的统计模型。比较 **green-noise dithering**。

blue-noise halftone pattern⇔蓝噪声半调模式

调频半调技术中借助**蓝噪声抖动**获得的一种半调模式。非周期性，具有不相关结构且不包含低频分量。

blur⇔模糊

对图像锐化程度的测度；或图像锐化程度降低的结果。可源于多种因素，如图像采集中相机发生了运动，对快速运动的物体没有用足够快的快门或镜头没有聚焦。传感器的散焦、环境或图像采集过程的噪声、目标或传感器的运动以及一些图像处理操作的副作用也都可导致图像**模糊**。

blur circle⇔模糊圆环

点源目标在**镜头组**的聚焦表面形成的图像。模糊圆环的尺寸与镜头的精确度以及聚焦的状态有关。模糊可以由像差、散焦或制造缺陷引起。

blurring⇔模糊化

一种常见的**图像退化**过程。常在**图像采集**过程中产生，对频谱宽度有限制作用。例如，摄像机聚焦不准(散焦)，就会造成图像模糊(一个点源成像为一个斑点或圆环)。用频率分析的语言来说，模糊就是高频分量得到抑制或消除的过程。模糊一般是确定的过程，在多数情况下，人们有足够准确的数学模型加以描述。

_b_-move ⇔ **对角移动**

斜面距离中沿两个**8-邻域**对角点之间的最短**数字弧**的长度。

BMP format ⇔ **BMP 格式**

一种常用的**图像文件格式**。是 Windows 环境中的一种标准，全称是**设备独立位图**。BMP 图像文件也称**位图**文件，包括 3 部分：①位图文件头(也称表头)；②位图信息(常称调色板)；③位图阵列(即图像数据)。一个位图文件只能存放一幅图像。

BNMF model ⇔ **基本非负矩阵分解模型**

basic NMF model 的缩写。

body color ⇔ **体色**

不发光物体(即仅在照明条件下可见的物体)的自身彩色。依附于物体的颜色，有别于**表面色**。光深入物体则呈现体色，因而透射光和反射光具有相同的颜色。为对体色进行彩色测量，CIE 在 1931 年制订了**标准施照体**。照明的光谱分布直接影响感知或从被照亮物体测量到的体色。因此，体色的彩色值只在相对照明的光谱功率分布时定义。CIE 建议最好使用"**物体色**"一词。

booming ⇔ **升降(操作)**

摄像机沿 Y 轴即垂直(纵向)移动的**摄像机运动类型**。也是一种典型的**摄像机操作**形式。参阅 **types of camera motion**。

boosting ⇔ **自举**

一种通过训练多个简单**模式分类器**并把结果结合起来，以达到训练一个复杂分类器效果的策略。常使用容易进行训练但效果较差的分类器(常称为**弱分类器**)。先根据**训练集**训练一个简单分类器，找出该分类器在训练集上的错分样本(即被分错的样本)；接着增加这些样本的错分类权重或在训练集中复制这些样本以增强这些样本的影响；然后再训练一个简单分类器并找出该分类器在训练集上的错分样本。重复上述步骤直至训练出多个分类器。最后取所有分类器输出结果的加权组合作为最终分类结果。据此实现的自举可将多个**弱分类器**结合成一个比其中每个弱分类器都好的新的强分类器。

border ⇔ **边界，边框**

图像中区域与背景相邻接的像素集；或将一个区域与其他区域分开的像素集。参阅 **boundary point**。

border tracing ⇔ **边界追踪(技术)，边框追踪(技术)**

给定一个标记或分割的图像，对每个区域内圈处相连的像素集(边框)借助在简单的 3×3 邻域中用 **4-**

连接或 **8-连接**步进程序进行的追踪。

bottom-hat transformation ⇔ **低帽变换**

结合了**灰度图像数学形态学**的开启、闭合和图像减法运算的操作。使用下部平坦的柱体或平行六面体(类似将一顶高帽的帽顶冲下放置)作为结构元素。一幅图像的低帽变换是从用**结构元素** b 对图像 f 的闭合中减去 f，可记为 T_b：

$$T_b=(f\bullet b)-f$$

其中 • 代表**闭合**算子。这种变换适用于图像中有暗目标在亮背景上的情况，能加强图像中暗区的细节。比较 **top-hat transformation**。

bottom-up ⇔ **自底向上的**

解决数据驱动问题采用如下控制策略的：早期阶段不使用目标模型，而仅使用关于世界的一般知识，然后将从观察到的图像数据中提取的特征进行收集和解释，以产生足够高层次的场景描述。

bottom-up cybernetics ⇔ **自底向上控制机制**

控制框架和过程属于**分层控制的**。特点是整个过程基本上完全依赖于输入图像数据(所以也称数据驱动控制的)。图 B11 给出其流程，其中原始数据经过一系列处理过程逐步转化为更有组织和用途的信息，但数据量则随着过程的进行而逐步压缩。这种控制机制中有关目标的知识只在匹配场景的描述时使用，其优点是只要改变目标的模型就可以处理不同的目标。但因为低层处理与应用领域无关，所以低层处理方法对特定的场景并不一定非常适合，因而也不一定非常有效。此外，如果在某个处理步骤出现了不希望的结果，系统并不一定能发现，下一个处理步骤会继承错误，从而使得最终结果出现许多错误。

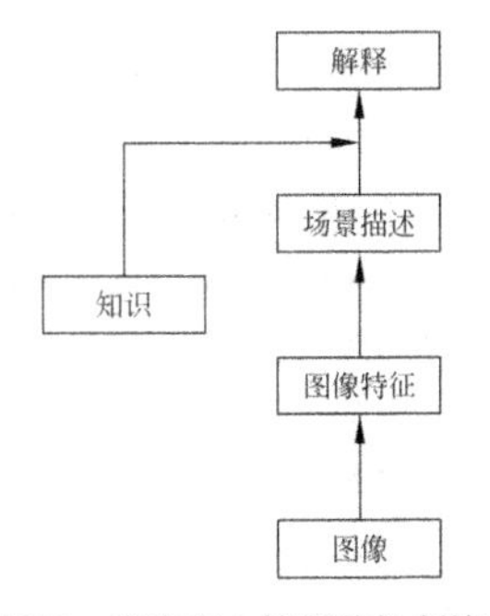

图 B11　自底向上控制的机制流程

boundary ⇔ **边界**

形状知觉中，把所指物体与视野中的其他部分区分开来的界限。人在知觉一个形状以前一定先看到该形状的边界。事实上当人们看出一个物体的形状时，其实就是因为先看出了它的边界。直观地说，对形状的知觉要求在亮度等不同的可见区域之间有一个线条分明的边界。

边界的构成如果用数学语言来说就是边界对应亮度的二阶导数。换句话说，仅仅有亮度的(线性)变化并不产生边界，必须有亮度的加速变化才有可能产生边界。另外，当亮度变化的加速度低于知觉边界的阈值时，虽然眼睛注视物体，但并不能看出它的形状。

boundary accuracy⇔边界准确性

纹理图像分割得到的边界与原始图像纹理边界的吻合程度。反映了对区域边缘部分分割结果的准确性。

boundary-based method⇔基于边界的方法

图像分割中利用**灰度不连续性**，从检测目标边界入手进行分割的方法。比较 **region-based methods**。

boundary-based parallel algorithm⇔基于边界的并行算法

基于图像区域间像素的**灰度不连续性**来检测区域边界上像素的**图像分割**算法。对不同像素的判断和决定是独立和并行做出的。

boundary-based representation⇔基于边界的表达(方法)

用沿目标边界的一系列像素点来对边界进行表达的**目标表达**方法。也称**基于轮廓的表达**。目前，该方法可分成三组：

(1) 边界点集合。将目标的边界线表示为边界点的集合，各点间可以没有顺序，典型的例子如**地标点**集合；

(2) 参数边界。将目标的边界线表示为参数曲线，其上的点有一定的顺序，典型的例子包括**边界段**、**多边形逼近**、**边界标志**；

(3) 曲线逼近。利用一些几何基元(如直线段或样条)去逼近目标的边界线，常用的几何基元是**多边形**。

boundary-based sequential algorithm⇔基于边界的串行算法

对不同像素顺序处理的**图像分割**算法。基于图像区域间像素的**灰度不连续性**检测区域边界上的像素，像素早期处理结果可被其后的处理过程所利用。

boundary closing⇔边界闭合

将处于目标边界上的像素连接起来构成封闭轮廓的过程或技术。使用梯度检测边缘时，利用像素梯度的幅度和方向进行边界闭合的方法如下：**正交梯度算子**计算的结果包括像素梯度的幅度和方向的信息；如果像素(s,t)在像素(x,y)的邻域且两者的梯度幅度(∇)和梯度方向(φ)分别满足以下两个条件

$$|\nabla f(x,y)-\nabla f(s,t)|\leqslant T$$

$$|\varphi(x,y)-\varphi(s,t)|\leqslant A$$

其中 T 是幅度阈值，A 是角度阈值，那么就可将在(s,t)的像素与在(x,y)的像素连接起来。如对所有**边缘像素**都进行这样的判断和连接就有希望得到闭合的边界。

boundary detection⇔边界检测

参阅 **edge detection**。

boundary diameter⇔边界直径

区域边界上相隔最远的两点之间的距离。即连接这两点的直线的长度。有时这条直线也称为边界的主轴或长轴(与此垂直且最长的与边界的两个交点间的线段也叫边界的短轴)。是一种简单的边界参数，可

用作**边界描述符**。

boundary extraction algorithm⇔边界提取算法

一种利用**二值图像数学形态学**运算获取给定区域轮廓的方法。设有一个集合 A，其边界记为 $\beta(A)$；先用一个**结构元素** B **腐蚀**（算子⊖）A，再求腐蚀结果和 A 的差集就可得到 $\beta(A)$：

$$\beta(A) = A - (A \ominus B)$$

boundary following⇔边界跟踪（技术）

以串行方式将区域边界上已检测出的**边缘像素**连接起来的过程。

boundary invariant moment⇔边界不变矩

对**边界矩**进行尺度归一化得到的结果。与对**区域不变矩**的计算过程不同，计算归一化的中心矩时要利用 $\gamma = p + q + 1$。

boundary moment⇔边界矩

将目标的边界看作由一系列曲线段组成，然后取遍曲线段上所有的点，计算均值并进而计算出的对均值的各阶矩。可作为一种典型的**边界描述符**。

boundary pixel of a region⇔区域的边界像素

一种特殊的区域像素。对一个区域 R，其每一边界像素 p 都应满足两个条件：① p 本身属于区域 R；② p 的**邻域**中有像素不属于区域 R。比较 **internal pixel of a region**。

boundary point⇔边界点

图像中区域与背景（或其他区域）相邻接的像素。即处在区域边界上的点。比较 **interior point**。

boundary point set⇔边界点集（合）

一个区域的边界上所有点的集合。也指一种**边界表达**技术，其中将目标的边界线看作所有边界点的集合，各点间可以没有顺序。

boundary-region fusion⇔边界-区域融合

两个相邻的区域的特性很接近并能通过某些相似性测试时，将两者合并起来的基于**区域生长**的**图像分割**方法。处在两个区域共同边界上的像素集，可用作测试其相似性的候选邻域。

boundary representation⇔边界表达，边界表示

借助边界点/轮廓点对目标进行表达的**目标表达**方式。

boundary segment⇔边界段

处在区域边界上的线段。进一步指一种**基于边界的表达**方法，其中把整个边界分解成若干段（可借助区域**凸包**来进行）分别表示。

boundary signature⇔边界标记，边界标志

一种把 2-D 边界用 1-D 函数的形式表达出来的**基于边界的表达**。也称**轮廓标记**。

从更广泛的意义上说，标记可由广义的投影产生。投影可以是水平的、垂直的、对角线的甚至是放射的、旋转的。要注意的一点是，投影并不是一种能保持信息的变换，将

2-D 平面上的区域边界变换为 1-D 的曲线有可能丢失信息。

产生**边界标记**的方法很多，但不管用何种方法产生标志，基本思想都是把 2-D 的边界用 1-D 的较易描述的函数形式来表达。比较 **region signature**。

boundary temperature⇔轮廓温度

一个描述目标**形状复杂性**的简单**描述符**。是根据热力学原理得到的一个描述符，表示为轮廓温度 $T=\log_2[(2B)/(B-H)]$，其中 B 为目标的周长，H 为目标凸包的周长。

boundary thining⇔边界细化（技术）

将检测到的较粗目标边界进行消减（一般达到单像素宽）的过程或技术。有一种细化的基本思路是考虑沿**梯度**方向通过一个像素的直线。如果这个像素处在一个边缘上，那么该像素处的梯度值一定是沿该直线的局部极大值。所以，如果该梯度值不是最大值，则可将对应的像素除去；如果该梯度值是最大值，则保留该像素。两种常用的消除非最大梯度像素的方法是**用模板进行非最大消除**和**用插值进行非最大消除**。

bounding region⇔围绕区域

将目标区域用近似的几何基元（常为多边形）来表达的**基于区域的表达**。也指实现该表达的技术。常用的几何基元包括：①**外接盒**；②**围盒**；③**凸包**。

图 B12 依次给出上面所提三种表达的各一个示例。可见凸包对区域的表达有可能比围盒（最小包围长方形）对区域的表达更精确，而围盒对区域的表达有可能比外接盒对区域的表达更精确。

图 B12 对同一个目标的三种围绕区域表达

box-counting approach⇔盒计数方法

一种将对某种测度（如长度、面积）的测量值与进行这种测量的单位基元的数值（如单位长度、单位面积等）联系起来的估计**分形维数**的常用方法。令 S 是 2-D 空间的一个集合，$N(r)$ 是为覆盖 S 所需的半径为 r 的开圆（不包含圆周的圆盘）的个数。中心在 (x_0, y_0) 的开圆可以表示为集合 $\{(x,y)\in \mathbf{R}^2 \mid [(x-x_0)^2+(y-y_0)^2]^{1/2}<r\}$，其中 $\mathbf{R}$ 为实数集合。盒计数方法就是要统计覆盖 S 所需开圆的个数，如此得到的分形维数 d 的表达式为

$$N(r)\sim r^{-d}$$

其中的"～"表示成比例，如果再引入一个比例系数，就可写成等号。

box filter⇔盒滤波器

一种线性空域**平滑滤波器**。是一种在**空域**中平滑灰度图像的线性操作算子，也是一种最简单的空域**平均滤波器**。也称**算术平均滤波器**。其矩形**模板**的所有系数均为 1，即

对图像中的每个像素都给予相同的权重。其效果是用一个像素的**邻域均值**来替换该像素的值。其名称源于算子的形状就像一个盒子，对图像通过一个理想的列进行扫描处理。为保证输出图的值仍在原来的灰度值范围内，需要将滤波结果除以模板上系数的总个数。

box function ⇔ **盒函数**

一种除在有限的范围(盒)内为1外其余都为0的不连续函数。

bps ⇔ **比特每秒**

码率的基本单位。

brain ⇔ **大脑，脑**

人类视觉系统中处理信息的功能单元。脑使用**视网膜**上传感器获得的信号，并经过视神经传到脑的神经信号产生神经功能模式，这些模式感知为图像。参阅 **eye**。

branching ⇔ **分叉，分支**

3-D目标的轮廓从一个平面到相邻平面分成至少两个时出现的**轮廓内插和拼接**的情况。一般情况下，分支发生时的轮廓对应关系并不能仅由分支处的局部信息来确定，常需利用轮廓整体的几何信息和拓扑关系。

BRDF ⇔ **双向反射分布函数**

bidirectional reflectance distribution function 的缩写。

breadth-first search ⇔ **广度优先搜索，宽度优先搜索**

图中按照与根的距离对结点排序，并根据排序结果选择结点的搜索策略。

bright-field illumination ⇔ **明场照明**

光源与被照射物体按一定角度安置，使绝大部分光都反射到**摄像机**的照明方式。

brightness ⇔ **辉度，亮度，明度**

眼睛对光源和物体表面明暗程度的主观感觉。是从图像本身感受到的光强度，而不是所描绘场景的特性。与景物出射光线的多少有一定对应性。在观察光源时，亮度取决定于光源的强度，但与客观的**亮度**有可能不同。在观察物体表面时，亮度取决定于光源的强度和物体表面的反射系数，但与客观的**照度**有可能不同。

亮度代表景物明亮程度的状态或性质，是视感觉的属性。从视觉的角度看表示从很昏暗(黑)到很明亮(耀眼)的无色彩的一系列颜色。

亮度也可以简单理解为颜色的**亮度**，不同颜色可以具有不同亮度，一般认为黄色比蓝色亮度高。

brightness adaptation ⇔ **亮度适应**

1. **人类视觉系统**对**亮度**感知的适应情况。人类视觉系统所适应的总体亮度范围很大，从暗视觉门限到炫目极限之间的范围达10^{10}量级。但需注意人类视觉系统并不能同时在这么大范围内工作，而是靠改变其具体敏感度范围来实现亮度适应。人类视觉系统在同一时刻所能区分的亮度的范围，仅是以**亮度适应级**为中心的一个小范围，比总的适应范围要小得多。参见图B13。

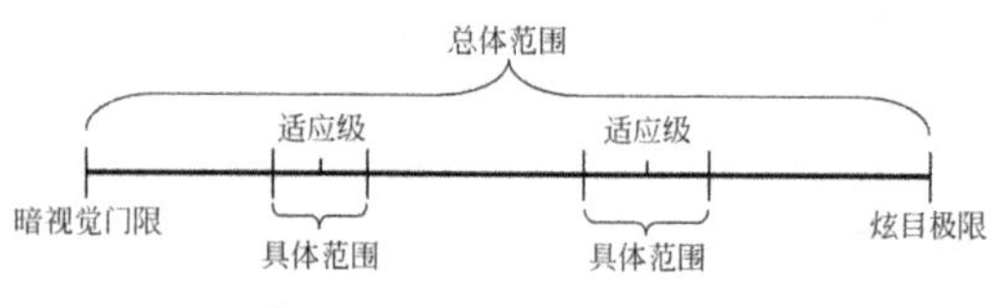

图 B13 视觉系统的亮度范围

2. 同 **dark adaptation**。

brightness adaptation level ⇔ 亮度适应级

亮度适应中视觉系统当前的敏感度。参见图 B8,人眼在某一时刻所感受到的范围是以此适应级为中心的一个小范围。

brightness image forming model⇔图像亮度成像模型

反映所成像亮度的图像模型;或反映所获得图像亮度与成像因素联系的模型。在简单的情况下,图像亮度主要与入射到用于成像的可见场景上的光通量以及场景中物体对该入射光反射的比率有关(均成正比)。

brightness perception ⇔ 亮度感知,亮度知觉

人类视觉系统对**亮度**的**视觉感知**。是人类视觉主观感受的属性,从中判断一个区域看起来辐射出更多或更少的光。人感受到的**主观亮度**正比于入射到眼睛中的发光强度的对数。

brilliance⇔耀度

用来表示**主观亮度**。另外还表示辉度、明度、逼真度等。

broadband integrated services digital network [B-ISDN]⇔宽带综合业务数字网

传输速率在 2 Mbps 以上的综合业务数字网。比较 **narrowband integrated services digital network**。

Brodatz's album⇔布罗达茨影集

一本名为《纹理》的相册。1966 年由 Brodatz 收集 112 幅纹理图片出版。本意是为艺术和设计使用,但后来在**纹理分析**中常取这些图片作为**标准图像**。

BTC⇔块截断编码(方法)

block truncation coding 的缩写。

bundle adjustment⇔聚束调整

一种用来从 2-D 图像测量中优化相机和点集位置的 3-D 坐标的算法。能将模型拟合误差和相机变化的**代价函数**等最小化。聚束指检测到的 3-D 特征和各相机中心之间的光束。这些光束需要迭代地(相对于相机中心和特征位置)进行调整。

busyness measure⇔繁忙性测度

在**图像分割评价**优度试验法中的一种优度评价准则。所衡量的是区域内部灰度值分布的均匀性。假设图像由目标和背景组成,形状都比较紧凑,且区域纹理性不强。在这些条件下，分割后的图像应比较光滑而不繁忙（即起伏频率不高）。繁忙性可借助图像的**共生矩阵**来计算。只需对共生矩阵中代表目标和背景相邻的元素求和就可得到。繁忙性越小分割效果就越好。

butterfly filter⇔蝶形滤波器

一种用来响应图像中的“蝶形”模式的线性滤波器。小的蝶形滤波器卷积核是：

$$\begin{bmatrix} 0 & -2 & 0 \\ 1 & 2 & 1 \\ 0 & -2 & 0 \end{bmatrix}$$

常将其与**哈夫变换**结合使用，特别是在检测线时用以确定哈夫特征空间中的峰。线参数值(p,θ)常给出峰在接近正确值处的蝶形形状。

Butterworth bandpass filter⇔巴特沃斯带通滤波器

物理上可以实现，完成**带通滤波**功能的**频域滤波器**。n阶巴特沃斯带通滤波器的**传递函数**$H(u,v)$为

$$H(u,v)=\frac{\left[\frac{D(u,v)W}{D^2(u,v)-D_0^2}\right]^{2n}}{1+\left[\frac{D(u,v)W}{D^2(u,v)-D_0^2}\right]^{2n}}$$

其中，$D(u,v)$是从点(u,v)到频率平面原点的距离，W是带的宽度，D_0是环形带的半径。滤波器频率响应的形状，特别是通带和阻带间的陡度由n的值所控制：大的n值对应较陡的过渡，更接近**理想带通滤波器**的性态。

Butterworth high-pass filter⇔巴特沃斯高通滤波器

物理上可以实现，完成**高通滤波**功能的**频域滤波器**。**截止频率**为D_0的n阶巴特沃斯高通滤波器的**传递函数**$H(u,v)$为

$$H(u,v)=\frac{1}{1+[D_0/D(u,v)]^{2n}}$$

其中$D(u,v)$是从点(u,v)到频率平面原点的距离。滤波器频率响应的形状，特别是通带和阻带间的陡度，由n的值控制：大的n值对应较陡的过渡，更接近**理想高通滤波器**的性态。

Butterworth low-pass filter⇔巴特沃斯低通滤波器

物理上可以实现，完成**低通滤波**功能的**频域滤波器**。**截止频率**为D_0的n阶巴特沃斯低通滤波器的**传递函数**$H(u,v)$为

$$H(u,v)=\frac{1}{1+[D(u,v)/D_0]^{2n}}$$

其中$D(u,v)$是从点(u,v)到频率平面原点的距离。滤波器频率响应的形状，特别是通带和阻带间的陡度，由n的值控制：大的n值对应较陡的过渡，更接近**理想低通滤波器**的性态。

C

C ⇔ 蓝绿

cyan 的缩写。

CABAC ⇔ 上下文适应二值算术编码（方法）

context-adaptive binary arithmetic coding 的缩写。

CAC ⇔ 常数区编码（方法），常数块编码（方法）

constant area coding 的缩写。

CAD ⇔ 计算机辅助设计

computer-aided design 的缩写。

calibrator ⇔ 调校器

一种用来测量打印机、显示器等的颜色和光线参数的器件。可将得到的信息回传给计算机，以便作出相应的纠正和调节。实际应用中的调校器多为**密度仪**，用来测量光源的**波长**、强度等。

CALIC ⇔ 基于上下文的自适应无损图像编码（方法）

context-based adaptive lossless image coding 的缩写。

Caltech-101 dataset ⇔ Caltech-101 数据库

一个用于研究常见物体图像分类的数据库。共包含 102 类物体，除背景类外，剩余的 101 类共包含 8677 幅图片，各类图片的数量从 31 幅到 800 幅不等，分辨率多在 300×200 像素左右。其中物体大多经过变换归一化，位于中心，且为正面图像，背景相对简单。

Caltech-256 dataset ⇔ Caltech-256 数据库

一个用于研究常见景物图像分类的数据库。可看作对 **Caltech-101 数据库**的扩展，共包含 257 类物体。除背景类外，剩余的 256 类共包含 29 780 幅图片。各类图片的数量至少 80 幅，分辨率多在 300×200 像素左右。相比 Caltech-101 数据库，物体不一定位于中心，且有较复杂的背景，各类图像内部的变化更大（类内差异更大）。

camera ⇔ （照）相机，摄像机

图像采集的装置。一般相机每次仅采集一幅图像，而摄像机每次可采集一系列图像，但现在技术和工艺的进展已使相机和摄像机的区别不大。

camera calibration ⇔ 摄像机标定，摄像机定标，摄像机校正，摄像机校准

一种将**摄像机**作为测量装置来确定自身各种参数的过程。这里的参数既包括摄像机本身的（称为**内部参数**），也包括摄像机姿态的（称为**外部参数**）。计算参数需要先知道一组**基准点**（在对应坐标系中的坐标已知），借以计算摄像机参数。

为确定场景中摄像机和深度传感

器的位置和朝向并与场景坐标联系起来，需考虑四个主要问题：

(1) 内部朝向：确定相机内部几何，包括其**主点**、**焦距**和镜头失真；

(2) 外部朝向：确定相机相对于某些绝对坐标系的朝向和位置；

(3) 绝对朝向：确定两个坐标系间的变换，从基准点确定摄像器在绝对坐标系(常为**世界坐标系**)中的位置和朝向；

(4) 相对朝向：从场景中校准点的投影确定两个摄像机间的相对位置和朝向。

camera calibration target ⇔ 摄像机标定板

一种用于**摄像机标定**(确定世界坐标系中已知点与它们在图像中投影点的对应关系)，模式尺寸经过精确测量的可移动装置。在摄像机固定的情况下多用于摄像机标定，确定其外部参数。

camera constant ⇔ 相机常数

同 **principal distance**。

camera coordinate system ⇔ 摄像机坐标系统

以**摄像机**为中心制定的坐标系。记为 xyz。一般取**摄像机轴线**为 z 轴，成像平面为 xy 平面。

camera line of sight ⇔ 摄像机轴线

摄像机通过镜头中心的光学轴线。参阅 **model of image capturing**。

Camera Link ⇔ 标准相机接口，相机链接

用来规范数字摄像机与图像采集卡或帧采集卡之间物理接口的标准。2000 年 10 月第一次推出，有 3 种配置(基本、中间和完整，分别需要 24、48 和 64 比特，分别使用了 4 个、8 个和 12 个通道)。基本配置的数据传输率可达 255 MB/s，更高配置的传输率可达 510 MB/s 和 680 MB/s。

Camera Link specification ⇔ 标准相机接口规范

参阅 **Camera Link**。

camera model ⇔ 相机模型

一种将 3-D 世界映射到 2-D 图像的数学模型。当使用齐次坐标来描述映射时，相机模型可用一个 4×3 的矩阵描述。

camera motion ⇔ 摄像机运动

在**运动分析**中，同 **background motion**。

camera roll ⇔ 摄像机旋转

摄像机绕坐标轴的运动形式。绕 X 轴的旋转称为**倾斜**，绕 Y 轴的旋转称为**扫视**，绕 Z 轴的旋转称为(绕光轴)**旋转**。

candela [cd] ⇔ 坎(德拉)

发光强度的国际单位制基本单位。1 坎(德拉)表示在单位立体角内辐射出 1 流明的光通量，是一特定光源在给定方向的发光强度，该光源发出频率为 540.0154×10^{12} Hz 的单色辐射，且在此方向的辐射强度为(1/683) W/sr。

Canny edge detector ⇔ 坎尼边缘检测器

一种考虑了边缘检测的敏感度和

边缘定位的准确性之间的平衡的现代边缘检测器。其工作包括四步：①高斯平滑图像以减少噪声和消除小的细节。②计算各点的梯度强度和方向。③用**非最大消除**方法消除小的梯度以聚焦到边缘定位。④对梯度取阈值并连接边缘点，这里使用滞后阈值化：先连接强的边缘点，接着考虑跟踪弱边缘。

Canny filter ⇔ **坎尼滤波器**

同 **Canny edge detector**。

Canny operator ⇔ **Canny 算子，坎尼算子**

一种优化的**边缘检测**算子。把边缘检测问题转换为检测单位函数极大值问题来考虑。优化的指标为：①低失误概率：即既要少将真正的边缘丢失又要少将非边缘判为边缘；②高位置精度，即检测出的边缘应在真正的边界上；③对每个边缘有唯一的响应，即得到的边界为单像素宽。

坎尼算子的思路是先确定光滑图像函数在 x 和 y 方向上的一阶偏导数，据此再搜索"最好的"边缘的幅度和方向。可将这种思路推广到彩色图像。

对 RGB 空间的彩色像素和(或)彩色矢量 $\boldsymbol{C}(x,y)=(R,G,B)$，图像函数在位置 (x,y) 的变化可用 $\Delta C=\boldsymbol{J}\Delta(x,y)$ 来表示。$\boldsymbol{J}$ 代表**雅可比矩阵**，其中包括彩色矢量中各分量的一阶偏导数。在 RGB 空间，$\boldsymbol{J}$ 由下式给出

$$\boldsymbol{J}=\begin{bmatrix}R_x & R_y\\ G_x & G_y\\ B_x & B_y\end{bmatrix}=(\boldsymbol{C}_x,\boldsymbol{C}_y)$$

其中下标 x 和 y 分别代表函数的偏导数，如：

$$R_x=\frac{\partial R}{\partial x}\quad 和\quad R_y=\frac{\partial R}{\partial y}$$

图像中变化最大的方向和/或色度图像函数中不连续性最大的方向用对应最大本征值的 $\boldsymbol{J}^{\mathrm{T}}\boldsymbol{J}$ 的本征矢量来表示。

用这种方法所定义的**彩色边缘**的方向 θ 可由下式确定(所用范数可任意)：

$$\tan(2\theta)=\frac{2\,\boldsymbol{C}_x\,\boldsymbol{C}_y}{\|\boldsymbol{C}_x\|^2-\|\boldsymbol{C}_y\|^2}$$

其中 C_x 和 C_y 是彩色分量的偏微分，例如，在 RGB 空间有

$$\boldsymbol{C}_x=(R_x,G_x,B_x)$$

边缘的幅度 m 可由下式算得

$$m^2=\|\boldsymbol{C}_x\|^2\cos^2(\theta)+2\,\boldsymbol{C}_x\boldsymbol{C}_x\sin(\theta)\cos(\theta)+\|\boldsymbol{C}_y\|^2\sin^2(\theta)$$

最后，在对每个边缘都确定了其方向和幅度后，可使用基于阈值的**非最大消除**以细化"宽的"边缘。

Canny's criteria ⇔ **坎尼准则**

坎尼算子中的优化指标。

capacity ⇔ **容量**

图论中对网络流量的限制：可分两种情况：

(1) 通过网络中一条边的流量；

(2) 通过网络中一个割的流量。

cardiac image analysis ⇔ **心脏图像分析**

MRI 图像和回声心电图中跟踪

心脏运动的 3-D 视觉算法中涉及的技术。

carrier image⇔**载体图像**

图像隐藏中,承载拟**隐藏图像**的图像。一般是常见图像,可公开传递而不受到怀疑。

cascaded Hough transform⇔**级联哈夫变换**

接续使用若干个**哈夫变换**时,前一个输出作为下一输入的方式。

cascade of coordinate transformations⇔**坐标变换的级联**

将多个**坐标变换**串起来连续进行的方式。例如在图像坐标变换中,可以对一个像素点依次进行平移、放缩、绕原点旋转等变换,从而得到需要的坐标变换效果。

参阅 **cascade of transformations**。

cascade of transformations⇔**变换级联**

将多个不同变换接续起来进行的方式。对线性变换,每个变换可用一个变换矩阵来实现;而连续的多个变换也可借助矩阵相乘用一个单独的变换矩阵来表示,即级联矩阵可借助矩阵的相乘而得到,但需要注意参与变换的各个变换矩阵的运算次序一般不可互换。

参阅 **cascade of coordinate transformations**。

cascading Gaussians⇔**级联化高斯**

将高斯滤波器与自身作卷积时,结果仍是高斯滤波器的情况。

CAS-PEAL database⇔**CAS-PEAL 数据库**

一个包含 1045 人的 99 594 幅 360×480 像素彩色图像的人脸图像数据库。这 1045 人包括 595 名中国男性和 445 名中国女性。这些图像包含位姿、表情、附件、光照等变化。位姿变化分 3 类:①头部无上下运动;②头向上抬;③头向下倾。每类中还包含头从向左到向右的 9 种位姿。表情变化图中含有微笑、皱眉、惊讶、闭眼和张嘴等 5 种。附件变化中包含带 3 种眼镜和 3 种帽子共 6 种。光照变化包含 15 种光照,由放置在与人脸呈 −45°、0°和 45°仰角的 3 个平台上以及与人脸呈 −90°、−45°、0°、45°和 90°的方位角的荧光灯源形成。

cast-shadow⇔**投影阴影**

由于场景中不同景物互相遮挡而造成的**阴影**。也指一个目标投射到另一目标上导致的阴影,参见图 S7。

categorization⇔**分类,归类**

将元素集合根据指定的特性归成明确的组或类的过程或结果。也指将一个元素赋给一个类别或识别其所属的类别的过程或结果。

categorization of image processing operations⇔**图像处理操作归类**

对**图像处理**中的操作进行划分、归组的方式。有一种归类法根据输出对输入像素的数目和位置的依赖情况将操作命名为三类:**0 类操作**、**1 类操作**、**2 类操作**。

categorization of texture features⇔**纹理特征归类**

对图像中**纹理特征**的归类。有一

种方法将纹理特征归成四类：**统计纹理特征，结构纹理特征，基于信号处理的纹理特征，基于模型的纹理特征**。

category identification sequence ⇔ **类别标识序列**

从某些观察单位序列中获得的一系列类别标识。也称**真值标准**。如果记 $S_c=\langle c_1,c_2,\cdots,c_n\rangle$，则表示 c_1，c_2，…，c_n 是第 1 个，第 2 个，…，第 n 个观察单位的类别标识。

cathode-ray oscillograph ⇔ **阴极射线示波管**

简称示波器。可以显示电压波形变化的电子仪器。

cathode-ray tube [CRT] ⇔ **阴极射线管**

一类将电信号转变为光学图像的电子束管。可记录迅速变化的电流和电压。典型例子是用于电视机的显像管，主要由电子枪、偏转系统、管壳和荧光屏构成。也包括传统的计算机显示器，其中电子束的水平、垂直位置可由计算机控制。在每个偏转位置，电子束的强度用电压来调制。每个点的电压都与该点所对应的灰度值成正比，这样灰度图就转化为光亮度的变化模式，并记录在阴极射线管的屏幕上。输入显示器的图像可通过硬拷贝转换到幻灯片、照片或透明胶片上。

cavity ⇔ **孔数，腔**

计算 3-D 目标**欧拉数**时使用的一个概念。表示完全被背景包围的连通区域(2-D 目标)或连接体(3-D 目标)的个数。见 **non-separating cut**。

CAVLC ⇔ **上下文适应变长编码(方法)**

context-adaptive variable-length coding 的缩写。

CBIR ⇔ **基于内容的图像检索**

content-based image retrieval 的缩写。

CBS ⇔ **康普顿背散射**

Compton backscattering 的缩写。

CBVR ⇔ **基于内容的视频检索**

content-based video retrieval 的缩写。

CCD ⇔ **电荷耦合器件**

charge-coupled device 的缩写。

CCD camera ⇔ **电荷耦合器件相机**

基于**电荷耦合器件传感器**的相机。常包括一个称为帧缓存的计算机板，并通过快速标准化的界面，如**火线**(IEEE 1394)、**Camera Link** 或快速以太网等与计算机交互。

CCD sensor ⇔ **电荷耦合器件传感器**

用电荷耦合器件制成的传感装置。相机或摄像机中常用 2-D(区域)**电荷耦合器件**传感器，而扫描仪使用 1-D(线)电荷耦合器件传感器对移过图像逐行扫描。

电荷耦合器件传感器由一组光敏单元(称为感光单元)构成，用硅制造，能产生正比于落在其上光密度的电压。感光单元具有约 10^6 能量载体的有限能力，这限制了被成像物体的明度上限。饱和的感光单元会溢出，从而影响其相邻单元并导致称为**渗色**的缺陷。

电荷耦合器件传感器的标称分辨率是在图像平面上被成像为一个像素的场景单元的尺寸。例如，如果一张 20 cm×20 cm 的方纸被成像为一幅 500×500 像素的数字图像，那么传感器的标称分辨率是 0.04 cm。

CCITT⇔国际电话电报咨询委员会

Consultative Committee for International Telephone and Telegraph 的缩写。CCITT 原是法语 Comité Consultatif International de Téléphonique et Télégraphique 的缩写。

cd⇔坎(德拉)

candela 的缩写。

CDF⇔累积分布函数

cumulative distribution function 的缩写。

ceiling function⇔(取)顶值函数

同 **up-rounding function**。

cellcoding⇔单元编码(方法)

一种先把整个位图划分为规则的单元(如 8×8 的块)，然后逐单元扫描的**图像编码**方法。把第一个单元存在一个表的第 0 项并编码(即写进压缩文件)为指针 0，然后在表中搜索相继的单元，如果找到了，就将其在表中的索引作为它的码字写进压缩文件；否则就将其添加到表中。

cell decomposition⇔单元分解

一种可看作 2-D 中**区域分解**的一般形式的**立体表达**技术。其基本思路是将物体逐步分解，直至分解到可统一表达的单元。**空间占有数组**和**八叉树**都可看作是单元分解的特例。

central eye⇔中(央)眼

在两眼中间的假想眼。设想其视网膜由两眼的相应点叠合而成，相应点指两眼对同一点物所成的像。中眼获得的视觉内容与两眼的相同，但两眼的视线却合并成一条单一的视线，与实际视觉相符。参阅 **cyclopean eye**。

central limit theorem⇔中心极限定理

作为概率论中、数理统计和误差分析的理论基础的一组定理之一。据此定理，如果一个随机变量是 n 个独立随机变量的和，则其概率密度函数在 n 趋向于无穷时会趋向于高斯，而与独立变量的概率密度函数无关。换句话说，大量相互独立的随机变量的均值分布以正态分布为极限。图像工程中对许多现象和规律的描述均基于高斯分布，概源于此。

central moment⇔中心矩

相对于**区域重心**的**区域矩**。如将图像 $f(x,y)$ 的 $p+q$ 阶矩记为

$$m_{pq} = \sum_x \sum_y x^p y^q f(x,y)$$

则 $f(x,y)$ 的 $p+q$ 阶中心矩可表示为

$$M_{pq} = \sum_x \sum_y (x-\bar{x})^p (y-\bar{y})^q f(x,y)$$

其中，$\bar{x} = m_{10}/m_{00}$，$\bar{y} = m_{01}/m_{00}$ 为 $f(x,y)$ 的**区域重心**坐标。

central moment method⇔中心矩法

一种**基于直方图的相似计算**方

法。可用于图像查询和检索。设用 M^i_{QR}，M^i_{QG}，M^i_{QB} 分别表示查询图像 Q 的 R，G，B 三个分量直方图的 $i(i \leqslant 3)$ 阶中心矩；用 M^i_{DR}，M^i_{DG}，M^i_{DB} 分别表示数据库图像 D 的 R，G，B 三个分量直方图的 $i(i \leqslant 3)$ 阶中心矩。则 Q 和 D 之间的相似值 $P(Q,D)$ 为

$$P(Q,D) = \sqrt{W_R \sum_{i=1}^{3} (M^i_{QR} - M^i_{DR})^2 + W_G \sum_{i=1}^{3} (M^i_{QG} - M^i_{DG})^2 + W_B \sum_{i=1}^{3} (M^i_{QB} - M^i_{DB})^2}$$

其中 W_R，W_G，W_B 为加权系数。

central-slice theorem ⇔ 中心层定理

建立**傅里叶变换**与**拉东变换**间联系的定理。指出：对一幅图像 $f(x,y)$ 进行 2-D 傅里叶变换得到的结果，与先对 $f(x,y)$ 进行拉东变换再进行 1-D 傅里叶变换得到的结果相等，即：

$$\begin{aligned}\mathcal{F}_{(1)}\{\mathcal{R}[f(x,y)]\} &= \mathcal{F}_{(1)}\{R_f(p,\theta)\} \\ &= \mathcal{F}_{(2)}[f(x,y)] \\ &= F(u,v)\end{aligned}$$

其中，$\mathcal{F}$ 代表傅里叶变换操作符，$\mathcal{R}$ 代表拉东变换操作符，下标括号内的数字用以区分变换的维数。中心层定理也可解释为：对 $f(x,y)$ 沿一个固定角度投影，所得结果的 1-D 傅里叶变换对应 $f(x,y)$ 沿相同角度的 2-D 傅里叶变换的一个剖面(层)，示意图见图 C1。

central vision ⇔ 中央视觉

由**视网膜**中心部位(中央凹周围，但中央凹本身除外)的**锥细胞**起作用的视觉。

centroid of region ⇔ 区域重心

一个简单的，可用作全局**区域描述符**的区域参数。可给出目标区域的重心位置，简称重心。区域 R 的重心坐标根据所有属于该区域的点 x 算出：

$$\bar{x} = \frac{1}{A} \sum_{(x,y)\in R} x$$

$$\bar{y} = \frac{1}{A} \sum_{(x,y)\in R} y$$

其中 A 为目标区域的面积。可见，重心从像素精度数据计算出来，但常可算出亚像素精度，所以是亚像素的一个特征。此概念和计算方法很容易推广到 3-D 空间以表达立体的重心。

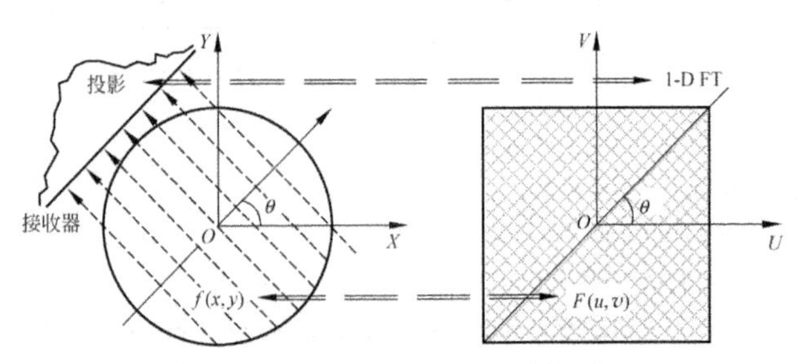

图 C1　中心层定理示意图

CFA⇔彩色滤波器阵

color filter array 的缩写。

CFG⇔上下文自由文法，上下文无关文法，上下文自由语法，上下文无关语法

context-free grammar 的缩写。

CFS⇔聚类快速分割

cluster fast segmentation 的缩写。

CG⇔计算机图形学

computer graphics 的缩写。

CGM⇔计算机图形元文件

computer graphics metafile 的缩写。

chain code⇔链码

一种对区域**基于边界的表达方式**。是对边界点的编码表示，其特点是利用具有特定长度和方向的一系列相连直线段来表示目标边界。因为每个线段的长度固定而方向数目有限，所以只需对边界的起点用（绝对）坐标表示，其余点都可用接续方向来代表偏移量。由于表示一个方向数比表示一个坐标值所需比特数少，而且对一点又只需一个方向数就可以代替两个坐标值，所以用链码表达可大大减少边界表示所需的数据量。

chain code normalization⇔链码归一化，链码规格化

对图像中目标边界的**链码**表达，为使其不因目标在图像中位置和/或朝向改变导致变化而进行的规格化。常用的有**链码起点规格化**和**链码旋转规格化**。

chain code normalization for rotation⇔链码旋转归一化，链码旋转规格化

对**链码**表达进行规格化以使其表示的目标在空间有不同朝向时仍有同样表述的方法。一种具体做法是利用链码的一阶差分来重新构造一个表示原链码各段间方向变化的新序列。这个差分可用相邻两个方向数（按反方向）相减得到。参见图 C2，上面一行为原链码（括号中为最右一个方向数循环到左边），下面一行为两两相减得到的差分码。左边的目标在逆时针旋转 90°后成为右边的形状，原链码发生了变化，但差分码并没有变化。

chain code normalization with respect to starting point⇔链码起点归一化，链码起点规格化

对链码表达进行规格化使其所表示的边界以不同点为链码起点时仍得到同样的链码。一种具体的做法是对一个给定的从任意点开始而产生的链码，将它看作一个由链码各方向数构成的自然数。将这些方向数依一个方向循环以使所构成的自然数的值最小。然后将这样转换后对应的链码起点作为这个边界的规格化链码的起点，参见图 C3。

chamfer distance⇔斜面距离

一种对**欧氏距离**的整数近似。给定一个邻域和对应的从一个像素到另一个像素的移动长度，两个**像素** p 和 q 之间相对于这个邻域的斜面距离

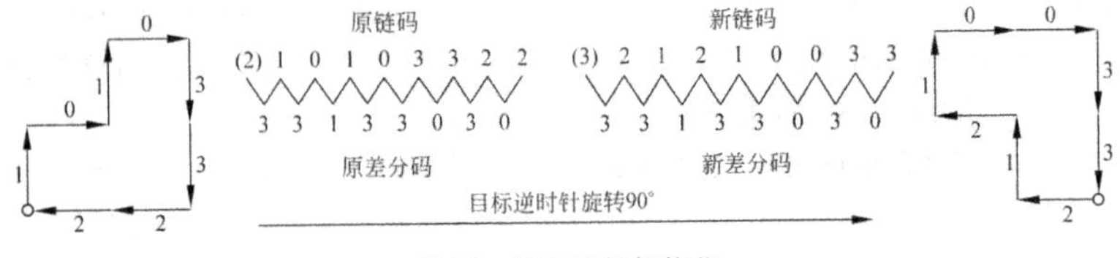

图 C2 链码旋转规格化

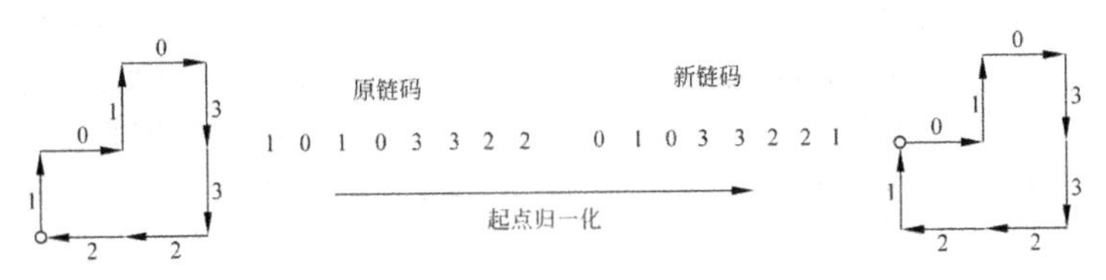

图 C3 链码起点规格化

就是从 p 到 q 的最短**数字弧**的长度(即从 p 到 q 逐次移动的长度之和)。在 **4-邻域**中，只有水平移动(a-move)和垂直移动，其中 $a=1$。在 **8-邻域**中，还有对角移动(b-move)。此时斜面距离记为 $d_{a,b}$，最常用的一组值是 $a=3$ 和 $b=4$，即一次 a-move 的距离为 3，而一次 b-move 的距离为 4。在 **16-邻域**的情况下，又加了马步移动(c-move)。在 16-邻域中的斜面距离记为 $d_{a,b,c}$，最常用的一组值是 $a=5$，$b=7$和 $c=11$。

chamfer matching ⇔ 斜面匹配(技术)

基于对轮廓的比较，且基于斜面距离来确定两个点集相似性的匹配技术。这可用于借助**距离变换**来匹配边缘图像。参阅 **Hausdorff distance**。

change detection ⇔ 变化检测

一种将两幅匹配图像的对应像素进行比较以发现图像之间差别的技术。如果与输入图像的对应像素有明显差别，则对输出结果赋二进制的 1，否则赋 0。

channel ⇔ 通道

一种用来分离、合并并组织图像数据的手段或概念。一般认为彩色图像包含三个通道。

chaos theory ⇔ 混沌理论

一种兼具定性思考与定量分析的**软计算**模式/模型。当动态系统无法用单一的数据关系，而必须用整体、连续的数据关系才能解释及预测时，可用来对其行为进行探讨。

characteristics of human vision ⇔ 人类视觉特性

对人类视觉系统特点、性能、属性等的描述。涉及有关感知场景性质的基本事实，如亮度、对比度、锐度(微小细节)、彩色、运动以及闪烁。还包括**视觉掩盖效应**、**颜色恒常性**、

对比感受性、**运动恒定**、**感觉恒定**等。

characteristic view ⇔ 特征视

一种将目标用多个视图来表达的方法。对视图的选择要使视点的微小变化不会导致外观的大变化(如奇异事件)。实际目标可以有大量奇点,所以产生特征视图的实用方法需用到近似技术,如仅用镶嵌视球上的视图或只表达视球上大范围内基本稳定的视图。

character segmentation ⇔ 字符分割

光学字符识别中,将图像文本分割成为单个字符,使一个字符对应一个区域的步骤。这里,各种图像分割算法都可使用,有时需要对字符确定单独的兴趣区域以使分割更鲁棒和准确。另外,还常需采用数学形态学方法进行后处理,将同一字符的分离部分连接起来。

charge-coupled device [CCD] ⇔ 电荷耦合器件

一种以电荷存储传送和读出方式工作的摄像器件。基于电荷耦合器件传感器的摄像机是应用最广泛的图像采集设备之一,其优点包括:①精确和稳定的几何结构;②尺寸小,强度高,抗振性强;③灵敏度高(尤其是将其冷却到较低温度时);④可满足各种分辨率和帧率要求;⑤能对不可见辐射成像。

charge-injection device [CID] ⇔ 电荷注入器件

一类具有光敏感单元矩阵的固体半导体成像器件。其中采用制造固态**图像传感器**的特定方法,对光子产生的电荷用将其从传感器注入感光底层的方法来感知。另有一个和图像矩阵对应的电极矩阵,在每一像素位置都有两个相互隔离、能产生电位阱的电极。其中一个电极与同一行的所有像素的对应电极连通,另一电极则与同一列的所有像素的对应电极连通。换句话说,要想访问一个像素,需通过选择其行和列来实现。CID对光的敏感度比**电荷耦合器件**传感器低很多,但在CID矩阵中的像素可通过行和列的电极借助电子索引独立访问,即具有可以随机访问、不会产生图像开花等优点。另外,与电荷耦合器件还有一点不同,因为是从像素读出时传递所收集的电荷,从而擦除了图像。

charge transfer efficiency ⇔ 电荷转移效率

从一个电荷耦合器件的移动寄存器单元向邻接的寄存器转移的电荷的百分比。

chart ⇔ 图表

可直观展示各种统计信息的简图。提供了对统计数据的可视化手段。图表广义上也可看作**图像**。

chart-less radiometric calibration ⇔ 无图表辐射标定,无图表辐射校准

不使用标定板的辐射标定方法。基于在不同**曝光**条件下对同一个场景所拍摄的一系列图像来进行。不同的曝光既可通过改变镜头光圈也可通过改变快门速度来实现，改变曝光时间长短比改变光圈大小要精确，所以一般首选控制快门速度来获取一系列图像。

Chebyshev norm ⇔ **切比雪夫范数**

指数为∞的**范数**。

checkboard effect ⇔ **棋盘效应**

图像中空间分辨率偏小(或像素个数偏少)时出现均匀灰度方块(类似棋盘格)的现象。

chemical procedure ⇔ **化学过程**

视觉过程的第二步。借助视网膜表面分布的光接受细胞(光感光单元)来接受光能并形成视觉图案。光接受细胞有两类：**锥细胞**和**柱细胞**。锥细胞可在较强光线下工作，并感受颜色；锥细胞的视觉称为**适亮视觉**。柱细胞仅在非常暗的光线下工作，不感受颜色，仅提供视野的整体视像；柱细胞的视觉称为**适暗视觉**。化学过程基本确定了成像的亮度和/或颜色。

chessboarddistance ⇔ **棋盘距离**

范数的指数为∞的**闵可夫斯基距离**。像素点 $p(x,y)$ 和 $q(s,t)$ 之间的棋盘距离可表示为

$$D_{\infty}(p,q)=\max[|x-s|,|y-t|]$$

chord distribution ⇔ **弦分布**

一种基于目标上所有弦(轮廓上任两点间的线段)的 2-D 形状描述技术。通过分别计算弦的长度直方图和朝向直方图来描述目标。长度直方图中的值不随旋转变化但随尺度线性变化。在朝向直方图中的值不随平移和尺度变化。

chroma ⇔ **彩度，色纯度**

HCV 模型的一个分量。

chroma subsampling ⇔ **色度亚采样(技术)**

减少表示色度分量所需的数据量而不会明显影响所得视觉质量的过程或技术。这基于人类视觉系统对彩色变化敏感度低于对亮度的敏感度。参阅 **spatial sampling rate**。

chromatic aberration ⇔ **色(像)差**

在白光照明下，因媒质有色散而使得像模糊并带色的现象。色散即其**折射率**与**波长**有关，故透镜焦距亦随入射波长(颜色)而异。对于红色的焦点，其边缘有紫色，而对于紫色的焦点，其边缘有红色。在红紫焦点间距中部，有一个白色的光圈，称为最小模糊圆。

色(像)差就是同一个镜头对不同彩色有不同的最佳聚焦的焦距，从而导致通过镜头的光与原始入射光在色度上的差别。还可进一步分为**轴向色(像)差**和**横向色(像)差**。

chromatic adaptation ⇔ **(颜)色适应性**

人眼在有色光刺激下色感觉发生变化的现象。

chromatic coefficient ⇔ **色系数**

表示组成某种彩色的**三原色**的比例系数。考虑到人类视觉和显示设备对不同彩色的敏感度不同，在匹配时各比例系数的取值就不同，其中绿系数最大，红系数居中，蓝系数最小。

chromatic color ⇔ **(有)彩色**

除**无彩色**以外的各种颜色。**RGB 模型**的彩色立方体中对应除从原点到最远顶点间的连线外各点。比较 **achromatic color**。

chromatic light source ⇔ **彩色光源**

其光线射入人眼后能引起色感知的光源。能射出**波长**约在 400 nm 到 700 nm 之间。

chromaticity ⇔ **色度，色品**

色调和**饱和度**(没有亮度)的合称。是对应颜色中通过消除亮度信息而保留下来的彩色信息。

chromaticity coordinates ⇔ **色度坐标**

色度图中彩色点的 2-D 坐标。也可指表达彩色特性的 2-D 坐标系。

chromaticity diagram ⇔ **色度图**

一种利用 2-D 图形表达来表示 3-D 色空间的一个截面的图。即在 2-D 平面表示各种**色度**的图。与位置矢量线性相关的彩色值只在亮度方面有区别，交面上只是丢失了亮度信息，而保留了所有色度信息。一般指 1931 年由 **CIE** 制定的色度图，示意见图 C4，形状像一个舌形(也有人称鲨鱼翅形状)，色度仅在其内部有定义。

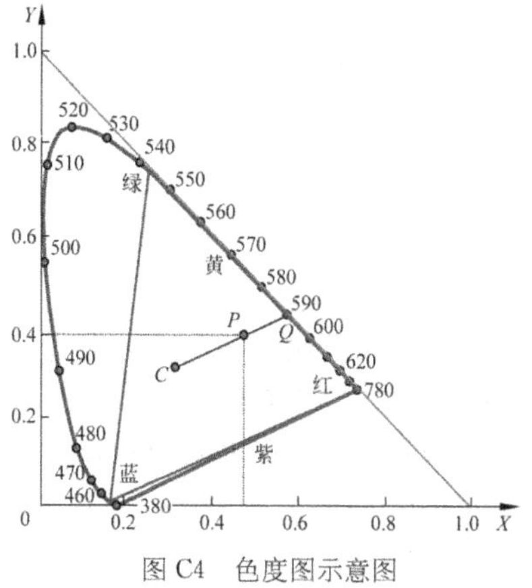

图 C4 色度图示意图

借助色度图，可方便地用组成某种彩色的**三原色**的比例来规定这种彩色。图 C4 中横轴对应红色的色系数，纵轴对应绿色的色系数，而蓝色的色系数对应由纸里出来的方向，可由 $z=1-(x+y)$ 求得。图中舌形轮廓上各点给出光谱中各颜色的色度坐标(**波长**单位是 nm)，对应蓝紫色的在图的左下部，绿色的在图的左上部，红色的在图的右下部。舌形轮廓可以考虑成一个仅在单个波长上包含能量的窄带光谱穿过 380～780 nm 的范围而留下的轨迹。

需要指出的是，连接 380nm 和 780nm 的直线是光谱上所没有的由蓝到红的紫色系列。从人类视觉的角度说，对紫色的感觉不能由某个单独的波长产生，这需要将一个较短波长的光和一个较长波长的光进行混合。所以在色度图上，对应紫色的线将极限的蓝色(仅包含短波长的能量)和极限的红色(仅包含长波长的能量)连起来了。

chromatopsy ⇔ **色觉**

同 **color vision**。

chrominance ⇔ **色度**

色刺激中的彩色内容。亮度和色

度合起来组成完整的彩色信号。

chromosome analysis⇔染色体分析

借助**显微镜**图像来诊断遗传问题(如紊乱)的视觉技术。一般要将人的染色体排成23对,并按标准图形式显示出来。

CID⇔电荷注入器件

charge-injection device 的缩写。

CIE⇔国际照明委员会

参阅 **International Committee on Illumination**。

CIE 1931 standard colormetric observer ⇔CIE 1931 标准色度观察者

CIE 1931 标准色度系统按视场**观察角**为1°~4°而定义的对色度的假想观察者。对光谱**三刺激值** $\bar{X}(\lambda)$, $\bar{Y}(\lambda)$, $\bar{Z}(\lambda)$ 的选择以光谱即光视效率 $V(\lambda)$ 的值作为 $\bar{Y}(\lambda)$ 值而作为基准。

CIE 1931 standard colormetric system ⇔CIE 1931 标准色度系统

CIE 于1931年制定的标准色度系统。也称XYZ色度系统。参阅 **CIE colormetric system**。

CIE 1946 standard colormetric observer ⇔CIE 1946 标准色度观察者

CIE 1931标准色度系统将视场扩大到4°以上的扩展。光谱**三刺激值**的符号为 $\bar{X}_{10}(\lambda)$, $\bar{Y}_{10}(\lambda)$, $\bar{Z}_{10}(\lambda)$,坐标系与CIE 1931标准色度系统相似,下标10表示10°级的大视场。

CIE 1976 L^* a^* b^* color space [CIELAB] ⇔CIE 1976 L^* a^* b^* 色空间

一种**均匀彩空间**。是为了获得方便计算对应孟塞尔彩色排序系统的彩色测量而由 **CIE** 于1976年提出。

CIE 1976 L^* u^* v^* color space [CIELUV] ⇔CIE 1976 L^* u^* v^* 色空间

一种**均匀彩空间**。其中直线仍映射为直线(与在 **CIE 1976 L^* a^* b^* 色空间**中不同),很适合加性混合运算。其色度图记为 **CIE 1976 均匀色度图**。

CIE 1976 uniform chromaticity scale diagram⇔CIE 1976 均匀色度图

参阅 **CIE 1976 L^* u^* v^* color space**。

CIE chromaticity diagram ⇔ CIE 色度图

同 **chromaticity diagram**。

CIE colormetric functions⇔CIE 色度函数

由一组参考刺激(原色)X, Y, Z 得来的色度函数。也称CIE光谱三**刺激值**,分别用 $\bar{x}(\lambda)$, $\bar{y}(\lambda)$, $\bar{z}(\lambda)$ 表示,是等能量单色光刺激在CIE 1931标准色度系统(XYZ)中的三色分量。

CIE colormetric system⇔CIE 色度系统

标准CIE色度系统或标准XYZ系统。根据三原色理论建立,用三**刺激值**表示一种颜色的国际系统。早期在求三刺激值时所用的是RGB(红绿蓝)系统,对应参考刺激(原色)的选择则漫无标准,且对**纯光谱**色经常有一负刺激值出现,运算不便。为避免此缺点,标准刺激系统中所选参考刺激都是虚刺激

(实际上并不存在的色，但在色度图上有明确的位置)。

CIELAB ⇔ CIE 1976 $L^* a^* b^*$ 色空间

CIE 1976 $L^* a^* b^*$ color space 的缩写。

CIELUV ⇔ CIE 1976 $L^* u^* v^*$ 色空间

CIE 1976 $L^* u^* v^*$ color space 的缩写。

CIE standard photometric observer ⇔ CIE 标准光度观察者

为统一计量和计算光度量，国际照明委员会根据许多研究的测试结果规定的人的视觉相对光谱**三刺激值**函数。即相对光谱灵敏度(**光谱光效率函数**)。

CIE standard sources ⇔ CIE 标准光源

为实现 CIE 标准照明体由国际照明委员会规定的人工光源 A、B、C、D。

CIE XYZ chromaticity diagram ⇔ CIE XYZ 色度图

同 **chromaticity diagram**。

CIF ⇔ 通用中间格式

common intermediate format 的缩写。

circulant matrix ⇔ 轮换矩阵

每行最后一项等于下一行最前一项，最下一行最后一项等于第一行最前一项的特殊矩阵。或者说，后一列可从把前一列所有元素向下移一位得到；在底端移出去的元素可放到顶端的空位。根据**图像退化模型**，1-D 退化系统函数就构成一个轮换矩阵。具有如下结构：

$$L=\begin{bmatrix} l(0) & l(M-1) & l(M-2) & \cdots & l(1) \\ l(1) & l(0) & l(M-1) & \cdots & l(2) \\ l(2) & l(1) & l(0) & \cdots & l(3) \\ \vdots & \vdots & \vdots & & \vdots \\ l(M-1) & l(M-2) & l(M-3) & \cdots & l(0) \end{bmatrix}$$

circularity ⇔ 圆(形)度

一个区域参数，可用作对**目标形状**的**紧凑度描述符**。是用目标区域 R 的所有边界点表示的特征量：

$$C=\frac{\mu_R}{\sigma_R}$$

其中，μ_R 为从**区域重心**到边界点的平均距离，σ_R 为从区域重心到边界点的距离的均方差：

$$\mu_R=\frac{1}{K}\sum_{k=0}^{K-1}\|(x_k,y_k)-(\bar{x},\bar{y})\|$$

$$\sigma_R^2=\frac{1}{K}\sum_{k=0}^{K-1}[\|(x_k,y_k)-(\bar{x},\bar{y})\|-\mu_R]^2$$

其中 K 为边界点的个数。

city-blockdistance ⇔ 城区距离，街区距离

范数的指数为 1 的**闵可夫斯基距离**。像素点 $p(x,y)$ 和 $q(s,t)$ 之间的城区距离可表示为

$$D_1(p,q)=|x-s|+|y-t|$$

city-block metric ⇔ 城区度量

参阅 **city-block distance**。

classical optics ⇔ 经典光学

几何光学和**波动光学**的合称。

classification ⇔ 分类

1. **模式分类**的简称。

2. **目标识别**的一类工作。将目标分到一组类似特性或属性的目标中去。

classification error ⇔ 分类误差

图像分割评价或目标分类中,基于**像素数量误差**的一个定量测度。设图像中有 N 类像素,可构建一个 N 维矩阵 $\boldsymbol{C}$,其中的元素 C_{ij} 代表被分为 i 类的 j 类像素数。由此可得两个分类误差表达式:

$$M_{\mathrm{I}}^{(k)} = 100 \times \frac{\left(\sum_{i=1}^{N} C_{ik}\right) - C_{kk}}{\sum_{i=1}^{N} C_{ik}}$$

$$M_{\mathrm{II}}^{(k)} = 100 \times \frac{\left(\sum_{i=1}^{N} C_{ki}\right) - C_{kk}}{\left(\sum_{i=1}^{N}\sum_{j=1}^{N} C_{ij}\right) - \sum_{i=1}^{N} C_{ik}}$$

其中 $M_{\mathrm{I}}{}^{(k)}$ 给出 k 类像素没有被分类为 k 类的比率,$M_{\mathrm{II}}{}^{(k)}$ 给出把其他类像素分类为 k 类的比率。

classification of image segmentation techniques ⇔ 图像分割技术分类

对各类**图像分割**技术的分类方案。一种典型的方案见表 C1,其中采用了两个分类准则:

(1) 分割所用的像素灰度值性质:**灰度不连续性**和**灰度相似性**;

(2) 分割过程中的策略:**并行技术**和**串行技术**。

表 C1 图像分割技术分类表

分类	灰度不连续性	灰度相似性
并行技术	**基于边界的并行算法**	**基于区域的并行算法**
串行技术	**基于边界的串行算法**	**基于区域的串行算法**

注:表中用黑体表示的术语在正文中收录为词目,可参阅。

classification of knowledge ⇔ 知识分类

为便于研究和应用而对**知识**进行的类别划分。常见知识分类有多种。例如,有一种是将知识分成三类:①场景知识,包括景物的几何模型及它们之间的**空间关系**等;②**图像知识**,包括图像中特征的类型和关系,如线、轮廓、区域;③场景和图像间的映射知识,包括成像系统的属性,如焦距、投影方向、光谱特性。还有一种方法也将知识分成三类:①程序知识;②视觉知识;③世界知识。

在图像理解的研究中,知识可分成两类:①**场景知识**,即有关场景,特别是场景中目标的知识,主要是有关研究对象的一些客观事实;②**过程知识**,即关于什么知识在什么场合可以运用、需要运用和如何运用的知识,也就是运用知识的知识。

对知识也可根据内容分类:①目标知识;②事件知识;③执行知识;④元知识。

classification of planar shapes ⇔ 平面形状的分类

对平面上 2-D 目标的**形状**所作的分类。一种分类方法见图 C5。

classification of spatial filters ⇔ 空域滤波器分类

对**空域滤波器**根据其特性进行的分类。**空域滤波技术**根据其功能可分成**平滑滤波**和**锐化滤波**两类,根据其运算特性可分成**线性滤波**和**非线性滤波**两类。结合上述两种分

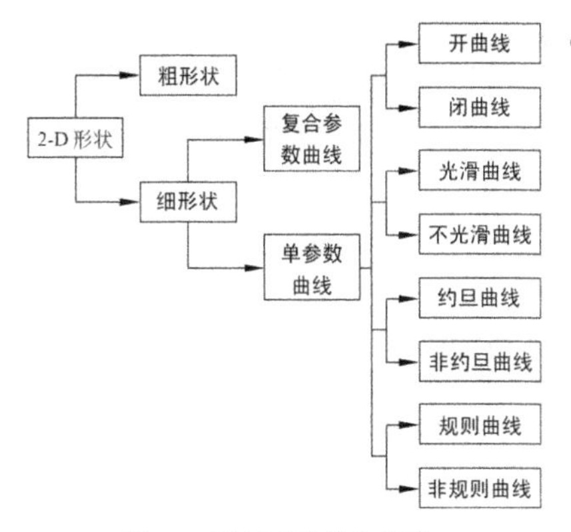

图 C5　平面形状的分类图

注：图中用黑体表示的术语在正文中收录为词目，可查阅参引。

类，可将空域滤波器细分成四类。见表 C2。

表 C2　空域滤波器分类

	线性运算	非线性运算
平滑功能	**线性平滑滤波器**	**非线性平滑滤波器**
锐化功能	**线性锐化滤波器**	**非线性锐化滤波器**

注：表中用黑体表示的术语表明其在正文收录的词目中，可参阅。

classification of thresholding techniques ⇔ 阈值化技术分类

对**阈值化**图像分割技术根据其特点进行的分类。阈值化中，确定阈值是关键。根据阈值选取的基础不同，阈值可分为**依赖像素的阈值**、**依赖区域的阈值**和**依赖坐标的阈值**。基于此，阈值化技术可分为获得和采用这 3 类阈值的 3 类技术。

classification scheme of literatures for image engineering ⇔ 图像工程（学）文献分类方案

根据内容对**图像工程**有关文献制定的分类方案。这类方案既能全面覆盖相关文献的理论背景和技术内容，也能反映当前研究应用的热点和焦点。表 C3 给出中国图像工程综述系列中目前对图像工程文献分类采用的一种方案，其中小类 A5、B5、C4 为系列对 2000 年开始的文献分类时所增，小类 A6、C5 为系列对 2005 年开始的文献分类时所增，其余源自系列在 1995 年对文献的初始分类。

classified image ⇔ 分类的图像

参阅 **label**。

classifier ⇔ 分类器

模式分类器的简称。

class of a pixel ⇔ 像素类

图像中各像素所属的**类别**。

clausal form syntax ⇔ 子句形式句法

逻辑表达式所遵循的一种句法。可用于**图像理解**的**推理**和**学习**。逻辑表达式可写成$(\forall x_1\ x_2 \cdots x_k)[A_1 \wedge A_2 \wedge \cdots \wedge A_n \Rightarrow B_1 \vee B_2 \vee \cdots \vee B_m]$的形式，其中各个 A 和 B 都是原子。子句左部和右部分别称为子句的条件(condition)和结论(conclusion)。

clip operation ⇔ 裁剪操作

1. 将(一部分)图像区域切去的操作。

2. 利用**裁剪变换**对图像灰度进行的操作。

表 C3 1995 年至 2004 年的图像工程文献分类表

	大类及名称	小类及名称
图像工程	A:**图像处理**	A1:**图像获取**(包括各种成像方式方法、**图像采集**及存储、**摄像机校准**等) A2:**图像重建**(从投影等重建图像,间接成像等) A3:**图像增强**和**图像恢复**等(包括变换、滤波、复原、修补、置换、校正等) A4:**图像编码**和**视频编码**(包括算法研究、**图像国际标准**实现等) A5:**图像数字水印**和**图像信息隐藏** A6:图像**多分辨率**处理(**超分辨率重建**、图像分解和**插值**、分辨率转换等)
	B:**图像分析**	B1:**图像分割**、边缘及角点(感兴趣点/控制点)等基元的检测 B2:**目标表达**、**目标描述**、目标测量(包括二值图处理分析等) B3:目标特性(**颜色**、**纹理**、**形状**、空间、结构、**运动**、**显著性**等)的提取分析 B4:**目标检测**和**目标识别**(目标 2-D 定位、追踪、提取、鉴别和分类等) B5:**人体生物特征**提取和验证(包括人体、人脸和器官的检测、定位与识别)
	C:**图像理解**	C1:**图像匹配**和**图像融合**等(包括序列、立体图的配准、镶嵌等) C2:**场景恢复**(3-D 表达、建模、重构或重建等) C3:图像感知和**图像解释**(包括语义描述、信息模型、机器学习、认知推理等) C4:**基于内容的图像检索**和**基于内容的视频检索** C5:时空技术(高维运动分析、3-D 位姿检测、跟踪,举止判断和**时空行为理解**)
	D:技术应用	D1:硬件、系统和快速/并行算法 D2:通信、视频传输(包括电视、网络、广播等) D3:文档、文本(包括文字、数字、符号等) D4:生物、医学 D5:遥感、雷达、测绘 D6:其他(不明确包含在以上各类的技术应用)
	E:综述评论	E1:跨大类综述(概括图像处理/分析/理解,或综合新技术)

注:表中用黑体表示的术语表明其在正文中收录为词目,可参阅。

clip transform⇔**裁剪变换**

一种对图像(中像素)灰度进行的操作。一般将被剪图像部分的灰度值置最小值或最大值。在**基于过渡区的阈值**选取中,为减少各种干扰的影响,定义了一种特殊的裁剪变换，与一般裁剪操作的不同之处，是把被裁剪的部分设成裁剪处的灰度值，避免了一般裁剪操作在裁剪边缘造成反差过大的不良影响。

clique⇔**团集**

一个**图**中所有结点都与所有其他结点相连的子集合；或两两之间都有边的顶点的集合。参阅 **complement graph**。比较 **independent set**。

close parametric curve⇔**闭参数曲线**

封闭的**参数曲线**。比较 **open parametric curves**。

close-set evaluation⇔**闭集评估**

在人脸识别中，同 **human face verification**。

close-set object⇔**闭集目标**

将**目标区域**的边界点算做目标点时得到的目标区域。其中不仅考虑了**区域的内部像素**，也考虑了**区域的边界像素**。比较 **open-set objects**。

closing⇔**闭合**

一种对图像的**数学形态学**基本运算。根据图像的不同，如**二值图像**、**灰度图像**和**彩色图像**，可分为**二值闭合**、**灰度闭合**和彩色闭合。

closing characterization theorem⇔**闭合特性定理**

表达**二值闭合**运算从图像中提取与所用**结构元素**相匹配形状能力的定理。如果用 • 代表**闭合**算子，A 代表图像，B 代表结构元素，$(\hat{B})_t$ 代表先对 B 做关于原点的映射 $(\hat{B})$，再将其映像平移 t，则闭合特性定理可表示为

$$A \bullet B = \{x \mid x \in (\hat{B})_t \Rightarrow (\hat{B})_t \cap A \neq \varnothing\}$$

上式表明，B 对 A 闭合的结果包括所有满足如下条件的点，即该点被 $(\hat{B})_t$ 覆盖时，A 与 $(\hat{B})_t$ 的交集不为零。

CLSM⇔**共聚焦激光扫描显微镜**

confocal laser scanning microscope 的缩写。

cluster⇔**聚类**

特征空间中，与其他点互相接近的点的集合。与其他点集合又有区别。聚类是目标类的自然候选者。

cluster analysis⇔**聚类分析**

在特征空间中对聚类所作的检测和描述。

cluster assignment function⇔**聚类分配函数**

将各个**观察单元**(原始数据)根据在数据序列中的测量模式或对应特征而分配给一个聚类的函数。有时将各个观察单元独立处理。在这种情况下，聚类分配函数可考虑成一个从测量空间到聚类集合的变换。

cluster distribution⇔**聚类分布**

一种目标点在空间分布不均匀，绝大多数点都有至少一个相当接近的邻点的分布形式。所以，相比于随机的**泊松分布**，最近邻点间的平均距离将大大减少。在多数情况下，作为聚类点间距离均匀性测度的方差也较小。

cluster fast segmentation [CFS]⇔**聚类快速分割**

将**条件膨胀**和**最终腐蚀**结合进行

的图像分割。对含有凸边界的目标图像,聚类快速分割包括3步:①**迭代腐蚀**;②确定最终腐蚀集合;③确定目标边界。

clustering⇔聚类(化)

一种解决分类问题的统计方法。以相似性为基础,将属于同一类的样本联系在一起。也称**无监督分类**。也指获得聚类(cluster)的操作过程。

CLUT⇔彩色查找表

color look-up table 的缩写。

clutter⇔杂波

图像中不感兴趣或没有建模元素的成分。例如,人脸检测时一般有个人脸模型,但对其他物体没有建模,即将它们都看作杂波。一幅图像的背景常认为包含"杂波"。一般认为杂波包含一些不需要的结构,比噪声更结构化一些。

CMOS⇔互补型金属氧化物半导体

complementary metal-oxide-semiconductor 的缩写。

CMOS sensor⇔互补金属氧化物半导体传感器

用**互补型金属氧化物半导体**制成的传感装置。消耗功率较少,但对噪声较敏感。有些互补金属氧化物半导体传感器在网格的每个位置都有对所有三种基色都敏感的分层光电传感器,这里利用了不同**波长**的光会穿透不同深度的硅的物理性质。

***c*-move⇔马步移动**

斜面距离中两个**16-邻域**点之间的最短**数字弧**的长度。

CMU hyperspectral face database⇔CMU高光谱人脸数据库

一种由人脸图像组成的数据库。收集了54人在0.45～1.1 μm(以10 nm为间隔)**波长**下拍摄的分辨率为640×480像素的彩色图像。人脸图像在6周内用每种波长拍摄了1～5次,此外,每人每种波长下的图像均包含4种光照变化,分别由单开左侧与被拍摄人成45°角的灯、单开正面灯、单开右侧与被拍摄人成45°角的灯和把这3盏灯均打开组成。

CMYK⇔蓝绿品红黄黑

彩色打印机中使用的彩色空间。由减性基色**蓝绿**色、**品红**色和**黄**色以及一个可能的附加黑色组成。

CMYK model⇔CMYK模型

一种在实际印刷中使用的**色模型**。由CMY**模型**加上第4个变量(即代表黑色的K)构成。印刷中使用**三补色**之外的黑色墨水主要有三个原因:①一个在另一个之上地打印**蓝绿**、**品红**和**黄**三种彩色,会导致较多的流体输出因而需要较长的干燥时间;②由于机械公差,三种彩色墨水不会打印在完全一致的位置,因而黑色的边界上会出现彩色的边缘;③黑色墨水比彩色墨水便宜。

CMY model⇔CMY模型

一种面向硬设备的**颜色模型**。其中三个变量C,M,Y分别代表利用**三基色**光叠加产生的光的**三补色**:**蓝绿**(C),**品红**(M),**黄**(Y)。三种补色可分别由从白光中减去相应三

种基色得到。一种从 CMY 到 RGB 的简单而近似的转换为

$$R=1-C$$
$$G=1-M$$
$$B=1-Y$$

coarse/fine ⇔ 粗/细

一种先对图像的"粗"版本进行计算，其后在越来越细的版本上计算通用图像加工策略。先前的计算常对后来的计算有约束和引导作用。参阅 **multi-resolution theory**。

coarseness ⇔ 粗细度

结构法纹理分析中，一种与视觉感受相关的**纹理特征**。主要与纹理基元的密度值相关。

coaxial diffuse lights ⇔ 同轴漫射光

一种实现**正面明场漫射照明**的方法。如图 C6 所示，利用半透半反射镜将光同时反射到被观察物体上和摄像机中。由于摄像机不通过观测孔来采集图像，所以照明较均匀。但缺点是半透半反射镜有可能产生鬼影。

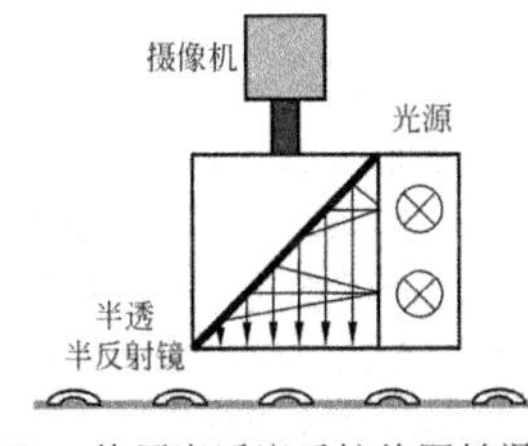

图 C6 使用半透半反镜的同轴漫射光

coaxial illumination ⇔ 同轴照明

通道沿成像光轴的前视照明。见图 C7。技术优点是没有可见的**阴影**或从相机视点看到的直接高光点。

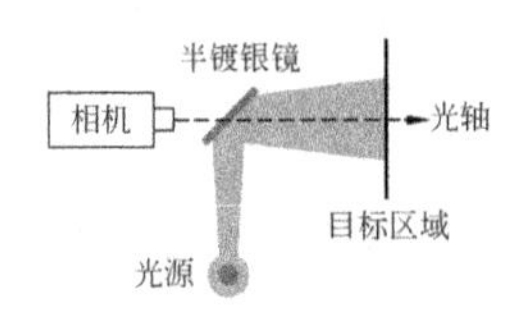

图 C7 同轴照明示意

coaxial telecentric light ⇔ 同轴平行光

一种实现**直接明场正面照明**的方法。如图 C8 所示，使用了半透半反射镜。原理是平行于像平面的物体表面会将光反射到摄像机而其他表面则会将光反射到远离摄像机的其他方向，此时需要使用远光镜头。常用于采集有可能产生**镜面反射**的物体的图像。

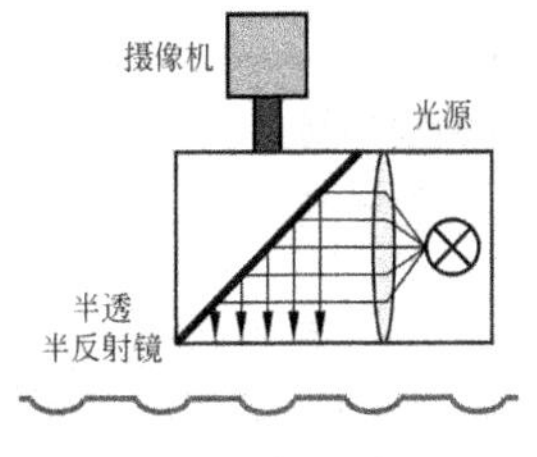

图 C8 同轴平行光照明

cocktail party problem ⇔ 鸡尾酒会问题

信号处理中，多个信号混合后被多个接收器获得时，要从中分辨原始信号的问题。例如在一个房间中，有几个人在交谈。想象有几个话筒在记录对话。在任何时刻对同样说话信号都有若干个混合录音。如果考虑有两个人在交谈，产生信号 $s_1(t)$和 $s_2(t)$；有两个话筒进行记录，所记录的信号 $x_1(t)$和 $x_2(t)$是

$$x_1(t)=a_{11}s_1(t)+a_{12}s_2(t)$$
$$x_2(t)=a_{21}s_1(t)+a_{22}s_2(t)$$

其中 a_{11}，a_{12}，a_{21} 和 a_{22} 是未知的混合系数。这里只有一个包含两个线性方程的方程组，但有 6 个未知数（4 个混合系数和两个原始信号），这就是一个鸡尾酒会问题。很明显，不可能以确定的方式来解方程组以恢复未知的信号。需要通过考虑刻画独立信号的统计特性并利用**中心极限定理**来解。

code book ⇔ 码本

用来表达一定数量的信息或一组事件的一系列符号（如字母、数字）。对**图像**进行**编码**就需要建立码本以表达图像数据。参阅 **code word**，**length of code word**。

codec ⇔ 编解码器

图像编码器和**图像解码器**的合称。

code word ⇔ 码字

码本中对每一特定信息或事件所赋予的码符号序列。

coding-decoding flowchart ofvector quantization ⇔ 矢量量化编解码流程图

对图像用矢量量化方法进行编解码的流程。如图 C9 所示。在编码端，编码器先将原始图像划分成小块（例如划分成 $K=n\times n$ 的小块，这与正交变换编码所用方法类似），用矢量表示这些小块并进行量化。接着，构建一个码本（即一个矢量列表，可用作查找表），将前面量化得到的图像块矢量通过搜索用码本中唯一的码字来编码。编好码后，将矢量码字的标号（与码本同时）进行传输或存储。在解码端，解码器根据矢量码字的标号借助码本获得码矢量，利用码矢量重建出图像块并进而组成解码图像。

coding of audio-visual object ⇔ 音视频目标编码国际标准

同 **MPEG-4**。

coding of moving pictures and associated audio for digital storage media at up to about 1.5 Mbps ⇔ 1.5 Mbps 以下视频音频编码国际标准

同 **MPEG-1**。

coding redundancy ⇔ 编码冗余

图像**数据**中的一种基本**冗余**。为表示一幅图像中一个像素所需平均比特数是一个灰度的像素数与用来表示这些灰度值所需比特数的乘积的总和再除以总像素数，一幅图像的编码，达不到这个和的最小值就表明存在编码冗余。如果用较少的比特数来表示出现概率较大的灰度级，而用较多的比特数来表示出现

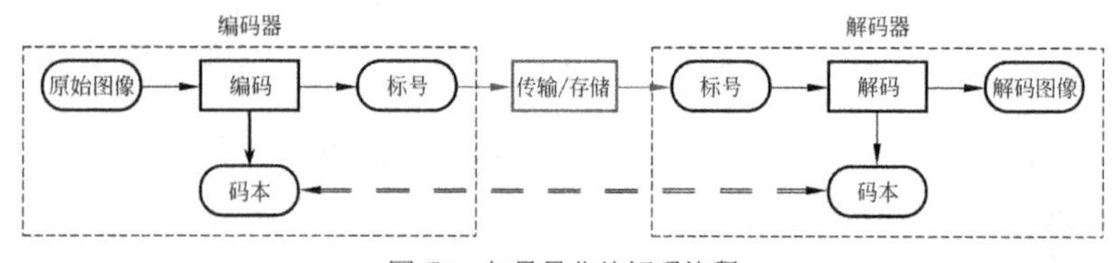

图 C9 矢量量化编解码流程

概率较小的灰度级，就能减少编码冗余，用来表达同样信息所需比特数就少于原始的比特数。这种类型的编码方法总是可逆转的。

cognitive level ⇔ **认知水平**

认识和描述客观事物的层。在**图像工程**中，主要对应目标层和场景层。在这些较高层上，认知对理解**图像内容**起重要作用。

cognitive level semantic ⇔ **认知水平语义**

目标层语义和**场景层语义**的合称。

cognitive vision ⇔ **认知视觉**

计算机视觉中，集中于对目标、结构和事件的识别和分类，对知识进行表达以便学习和推理，以及考虑控制和视觉关注方面的分支。

coherence ⇔ **相干性**

类比表达模型的特性之一。即一个被表达情况的各个元素只出现一次，每个元素与其他元素的联系都可以访问。

coherent motion ⇔ **相干运动，相关运动**

至少两个密切相关联对象的相似运动。如两个人并排行走。

collineation ⇔ **共线性**

在**投影成像模型**中，同 **homography**。

color ⇔ **彩色，颜色**

人的视觉系统对不同频率的电磁波有不同感知的结果。颜色和彩色严格来说并不等同。颜色可分为非彩色和有彩色两大类。非彩色指黑白系列（包括黑色、白色以及介于两者之间的深浅不一的灰色）。彩色则指除去上述黑白系列以外的各种颜色。不过人们通常所说的颜色一般指彩色，对 color 的翻译中彩色和颜色往往混用。

color appearance ⇔ **色貌**

人集中注意力观察物体时主观上形成的色感受。按色视觉理论，所观察的物体为非发光体时，感受到的是一种**物体色**，此时的感受与物体周围的其他景象有关。观察的是发光体时，周围显得黑暗。在 3-D 彩色空间中这两种模式给人的主观感受不完全一致。色貌不论以何种模式出现，都取决于四个因素：①光源的光谱分布；②注意力集中的对象及周围物体的透射或反射性能；③物体在视场中的大小和形状；④观察者的视觉对光谱的反应。

color balance ⇔ **色平衡**

用两个或两个以上的**彩色**通过加色法或减色法达到无彩效果的过程或结果。

color-based image retrieval ⇔ **基于颜色的图像检索**

基于特征的图像检索的分支之一。颜色是描述**图像内容**的一个重要特征，最早在**基于内容的图像检索**中得到应用。颜色特征定义比较明确，抽取也相对容易（可对单个像素进行）。利用颜色特征检索图像需要确定以下两点：①此类特征能表达图像彩色信息的特性，这些特性与所选取的**彩色模型**或彩色空间有关；②此类特征能用于计算两个图像间的**相似度**。

color blindness⇔色盲

缺少红色或绿色光感受器（锥细胞）的人（在极少的情况下也有缺少蓝色光感受器的人）。所能感知的彩色值远比正常的**三色觉者**少，或者说区分微小彩色差别的能力小。最差的是**单色觉者**，完全不能感受到色彩或不能区别彩色。

color casts⇔偏色，色偏

计算机显示器或半色调打印中出现的不希望有的**失真**的**色调**。看上去整个画面笼罩着一层很浅的红、绿等颜色。

color chart⇔色卡图

由各种色卡按某种顺序排列在一张图上构成的图案。图C10给出示意图。

图C10　色卡图示意图（见彩插）

color circle⇔色环

由各种色卡环状排列组成的表示**色调**（色相）变化的图案。图C11给出示意图。

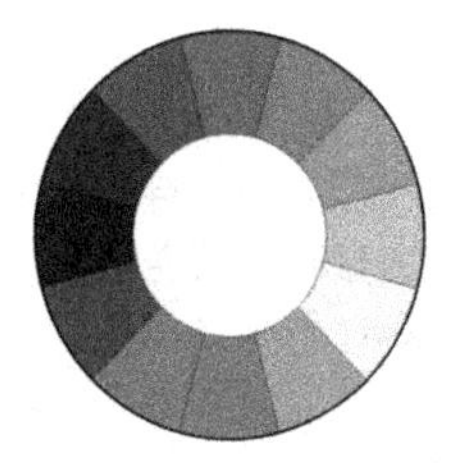

图C11　色环示意图（见彩插）

color complement⇔彩色补集，补色

将各个**色调**用其补（有时称为对立彩色）来替换而得到的结果。类似于灰度求反（负值变换），获得彩色补集的操作可通过对单独的彩色通道用一个平凡的**传递函数**来进行。如果输入图像使用HSV色模型来表示，则需要对V使用一个平凡的传递函数，对H使用一个不平凡的传递函数（考虑H在0°附近的不连续性），对S不作改变。

color constancy⇔颜色恒常性

人类视觉系统的一个特性。可帮助在不同季节（如夏天或冬天）和时段（如黎明或黄昏）都能正确地识别景物的彩色。本质上是在照明和观察条件发生变化时，对物体彩色的知觉和分类仍保持相对稳定的特性。在不涉及色纯度问题时，指色觉不随照度而改变的特性。如白色，只要照明光源的光谱分布不变，则各种照明下皆为白色。再如一个红色的物体在白天光照条件下（不管是清晨还是正午）总被看作红色。不过视网膜的中部和边缘的色觉有差异。如果照明光源的光谱分布有差异，即使照度相同，色觉必然有差异。所以可认为，颜色恒定并非严格的概念。从心理学实验知道，颜色视觉的恒常性会受到空间深度信息和场景复杂性的影响。

color contrast ⇔ 色衬比(度)

以不同**波长**的光来刺激**视网膜**时，未受刺激的部分(周场)与受刺激部分(内场)呈现出对立色的色感。例如，周场有光刺激时，**色调**与内场相差越大，内场越显得光艳夺目。这是一种交互作用，受刺激处在周围诱发次级互补刺激的影响。不过，无色的刺激只能由内场的白光诱发黑色的周场；反之则不能。这表明黑色的周场也有使内场产生次级的白感觉的作用。

color descriptor ⇔ 颜色描述符

用于对颜色性质进行描述的**描述符**。

color difference ⇔ 色差

两种颜色之间在知觉上的差异。

color difference formula ⇔ 色差公式

计算两个色刺激之间差异的公式。

color-difference signal ⇔ 色差信号

将3个彩色信号结合得到的结果。例如将 R'、G'和 B'信号结合为色差信号$(B'-Y')$和$(R'-Y')$，这个过程也称为矩阵化。

color difference threshold ⇔ 色差阈值

对于一种给定的衍射，让光亮度不变而颜色改变时，眼睛所能辨别的最小颜色微变量。也称感色灵敏度。颜色的改变可用不同的参量表示，若按**主波长**表示，则是从 l 到 $l+\Delta l$；若按纯度表示，则是从 p 到 $p+\Delta p$；若按**色品**坐标表示，则是从 x,y 到 $x+\mathrm{D}x,y+\Delta y$。

色差阈值有不同的表示方法。包括：

(1) 用光谱色(纯度为1)表示，最小值在490 nm与590 nm两处，约1 nm。在可见光谱的紫端和红端上升迅速，光度加强时色差阈值下降，即能分辨的颜色增多，灵敏度提高，但光过强或过弱反而会使色差阈值上升。纯度不够时也会上升，即能分辨的颜色减少。光亮度大约在15 cd/m^{2}到10 000 cd/m^{2}之间为最灵敏区，此时约可分辨出100种**纯光谱**的**色调**和30种**紺色**。在可见光谱区，色调阈值在440 nm，490 nm，590 nm波长处有极小值，而在430 nm，455 nm，540 nm，650 nm处有极大值。

(2) 色纯度阈值表示，令光亮度和主波长均不变，而仅改变两相比较之光的纯度差时所能辨别的最小纯度差值。在纯度很低的白光附近，变化较大，光谱两端的阈值小，而中间的阈值大。在纯度高的光谱色附近，随波长变化不大。

(3) 色品图上的阈值表示，能同时反映主波长和色纯度的影响，但所确定的色差阈值不准确，与天然色(像)差别不符合。从无色的视觉到开始刚能辨色的光亮度称为无色光阈值。

color differential invariant ⇔ 彩色微分不变量

一类基于彩色信息的微分不变量。对平移、旋转和均匀照明的变化不敏

感。例如$\nabla R \nabla G/(\|\nabla R\|\|\nabla G\|)$。

coloredge ⇔ **彩色边缘**

彩色图像中的边缘。对彩色边缘有若干种不同的定义，如：

(1) 最简单的定义以对应彩色图像的亮度图像的边缘作为彩色图像的边缘。该定义忽略了**色调**或**饱和度**的不连续性。例如，两个亮度相同但颜色不同的目标并排放在一起时，这两个目标之间的几何边界就不能用这种方法确定。因为彩色图像比灰度图像包含更多的信息，从彩色边缘检测中人们希望获得更多的彩色信息。然而，这种定义并不能提供相对于灰度边缘检测更多的新信息。

(2) 如果至少有一个彩色分量存在**边缘**，那么彩色图像就存在边缘。根据这个基于单色的定义，在检测彩色图像的边缘时并不需要新的边缘检测方法。这个定义会导致在单个彩色通道确定边缘带来的准确性问题。如果在彩色通道中检测出的边缘移动了一个像素，那么将三个通道结合起来就有可能产生很宽的边缘。在这种情况下，很难确定哪个边缘位置是准确的。

(3) 将**边缘检测算子**分别用于单个彩色通道且结果之和大于一个阈值时，就认为有一个边缘存在。这个定义在不强调准确性时比较方便、直接且常用。例如，可借助对三个彩色分量的梯度绝对值的和来计算色边缘。如果梯度绝对值的和大于某个阈值，就判断存在彩色边缘。这种定义非常依赖于所用的基本色空间。在一个色空间中确定为边缘点的像素并不保证能在另一个色空间中也确定为边缘点(反过来也如此)。

(4) 考虑矢量中各分量间的联系，并借助三通道彩色图像的微分来定义边缘。因为一幅彩色图像表示了一个矢量值的函数，彩色信息的不连续性可以也必须用矢量值的方法来定义。对一个彩色像素或彩色矢量$\boldsymbol{C}(x,y)=[u_1,u_2,\cdots,u_n]^{\mathrm{T}}$，如果彩色图像函数在位置$(x,y)$的变化用等式$\Delta\boldsymbol{C}(x,y)=\boldsymbol{J}\Delta(x,y)$来描述，则彩色图像中具有最大变化或不连续性的方向用对应本征值的本征矢量$\boldsymbol{J}^{\mathrm{T}}\boldsymbol{J}$来表示。如果变化超过一定的值，这就表明存在对应**彩色边缘**的**像素**。

coloredgraph ⇔ **有色图**

对**图**的表示方式的推广。放宽了原来图定义中顶点相同和边相同的要求，允许顶点可以不同，边也可以不同。将图中不同的元素用不同的颜色表示，称为顶点的色性(指顶点用不同的颜色标注)和边的色性(指边用不同的颜色标注)。所以一个推广的有色图G可表示为

$$G=[(V,C),(E,S)]$$

其中V为顶点集，C为顶点色性集；E为边集，S为边色性集。可分别表示为

$$V=\{V_1,V_2,\cdots,V_N\}$$

$$C = \{C_{V_1}, C_{V_2}, \cdots, C_{V_N}\}$$
$$E = \{e_{V_iV_j} \mid V_i, V_j \in V\}$$
$$S = \{s_{V_iV_j} \mid V_i, V_{,j} \in V\}$$

其中不同的顶点可有不同的色，不同的边也可有不同的色。

colored noise ⇔ 彩色化的噪声，有色噪声

具有非白色频谱(噪声谱不平坦，在某些特定频率有较多功率)的宽带**噪声**。可以是**白噪声**通过信道后被“染色”的结果。相对白噪声来说，有色噪声中低频分量一般占较大比重。

color encoding ⇔ 彩色编码(方法)

对彩色的编码表达形式。彩色可使用 3 个数值分量和恰当的谱加权函数来编码表示。

color enhancement ⇔ 彩色增强

彩色图像增强的简称。

color filter array [CFA] ⇔ 彩色滤波器阵

为节约空间和费用而对**彩色图像**进行亚采样的器件。在使用滤色阵列获得的原始图像中，每个像素的颜色只包含**三基色**之一，即每个像素都是单色的。要构建滤色阵列，可在摄像机的电子传感器阵表面涂一层可起到**带通滤波**作用的光学材料，仅让对应某一种彩色分量的光穿过。

color filtering for enhancement ⇔ 彩色滤波增强

在**图像域**中采用**模板操作**的彩色**图像增强**。为保证结果不偏色，需对各个分量用相同方法进行处理再将结果结合起来。

color fusion ⇔ 彩色融合，色融合

不同彩色的结合或组合。原来各种彩色的本来色感特征消失，会出现一种与任何参与融合的色感不同的新彩色。

color gamut ⇔ 色阶，色域

颜色的范围或颜色的级数。不同设备的色域或色阶不同。例如，彩色打印机的彩色色阶相对少于彩色显示器的彩色色阶，所以在显示器上看到的彩色并不能都打印到纸上。要把屏幕上的彩色图像真实地打印出来，需要对显示器使用一个缩减的色阶。

color Harris operator ⇔ 颜色哈里斯算子，彩色哈里斯算子

将**哈里斯算子**推广到**彩色图像**的结果。在对彩色图像的角点位置进行检测时需要将用哈里斯算子对灰度图像角点位置的检测中的步骤(1)扩展为下面的步骤(1′)，以实现对彩色图像自相关矩阵的计算(其他计算步骤仍保留)：

(1′) 对彩色图像 $\boldsymbol{C}(x,y)$中的每个像素位置，计算自相关矩阵 $\boldsymbol{M}'$

$$\boldsymbol{M}' = \begin{bmatrix} M'_{11} & M'_{12} \\ M'_{21} & M'_{22} \end{bmatrix}$$

其中

$M'_{11} = S_\sigma(R_x^2 + G_x^2 + B_x^2)$，

$M_{22} = S_\sigma(R_y^2 + G_y^2 + B_y^2)$ 和

$M'_{12} = M'_{21} = S_\sigma(R_xR_y + G_xG_y + B_xB_y)$

其中 $S_\sigma(\cdot)$代表可以通过与高斯

窗口(如标准方差 $\sigma=0.7$,窗口的半径一般是 σ 的三倍)卷积而实现的高斯平滑。

color histogram ⇔ 彩色直方图,颜色直方图

一种在 RGB 立方体中表示图像里某种彩色有无的表达方式。其各项是二值的,在图像中有某种彩色时,颜色直方图中对应该彩色的位置取值 1,而其他位置均取值 0。彩色图像具有 3 个带,对应一个 3-D 空间,在该空间中沿每个轴测量像素在其中的值,就可获得颜色直方图。

color image ⇔ 彩色图像

用三个性质空间(如 R,G,B)的数值来表示,包含 3 个带,给人以彩色感的**图像**。

color imageedge detection ⇔ 彩色图像边缘检测

根据对**彩色边缘**的定义,采用相应方法对彩色图像中的边缘进行的检测。典型方法是将在单色图像中基于梯度检测边缘的方法向彩色图像推广,仅简单地计算每幅图像的梯度并组合结果(例如使用一个逻辑或操作符)。这种方法得到的结果有一定的误差但对大多数情况还可接受。

color image enhnacement ⇔ 彩色图像增强

对**彩色图像**进行**增强处理**的**图像处理**技术。其输入和/或输出是彩色图像。

color image processing ⇔ 彩色图像处理

输入和/或输出是彩色图像的**图像处理**技术和过程。

color image segmentation ⇔ 彩色图像分割

对**彩色图像**进行的**图像分割**。描述从图像中提取一个或多个相连的、满足均匀性(同质)准则区域的过程,这里均匀性准则基于从图像光谱成分中提取的特征。这些成分定义在给定的彩色空间中。分割过程可借助有关场景中目标的知识,如几何和光学的特性。

要分割一幅彩色图像,首先要选好合适的**彩色空间**或**彩色模型**;其次要采用适合于此空间的分割策略和方法。当对彩色图像的分割在 **HSI 空间**进行时,由于 H、S、I 三个分量相互独立,所以有可能将这个 3-D 分割问题转化为三个 1-D 分割。

color image thresholding ⇔ 彩色图像阈值化(见彩插)

对**彩色图像**借助阈值化技术进行的分割。可将单色图像中的阈值化思路推广到彩色图像中。基本方法仍是使用恰当选择的阈值将彩色空间分解成若干个区域,希望对应于有意义的目标和图像中的区域。

一个简单的方法是对各个彩色分量(如,R、G 和 B)定义一个(或多个)阈值,以得到一个对 RGB 立方体分解的结果,根据这个结果可将感兴趣的彩色范围(一个较小的立方体)孤立起来,如图 C12 所示。

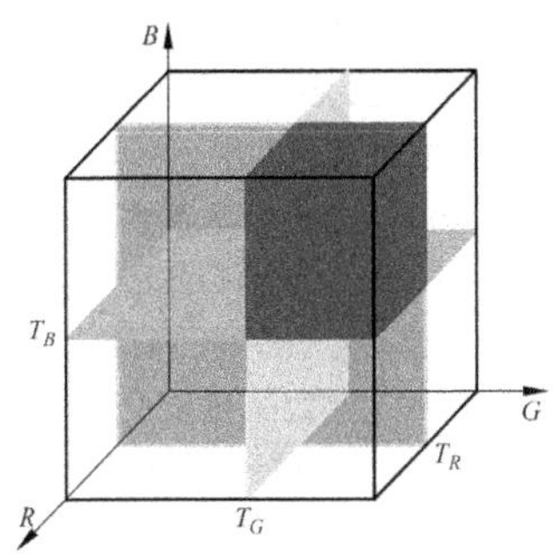

图 C12 彩色图像阈值化(见彩插)

对阈值的选取也可由将灰度阈值的选取方法推广而来。阈值仍可分为**依赖像素的阈值**、**依赖区域的阈值**和**依赖坐标的阈值**。

color imbalance ⇔ 彩色失衡

由于采集装置不完善而导致的色彩错误。例如对场景中的白色部分获得不同的红色、绿色和蓝色像素值,从而使所采集的彩色图像产生色彩错误。

colorimetric model ⇔ 色度模型

基于对光谱反射物理测量的**彩色模型**。

colorimetric system ⇔ 色度系统

任何颜色均可由三原色混合而组成的系统,三原色及其单位的选择可以互不相同,每一种选择都对应一种色度系统,例如红绿蓝系统、国际 XYZ 系统、标准 CIE 系统。参阅 **color model**。

colorimetry ⇔ 色度学

涉及对色感知定量研究的科学。采用 3 个刺激值的**表达**方式,从中可推出对彩色的感知。在相机和显示器中彩色最简单的编码方式是使用每个像素的红(R)、绿(G)、蓝(B)值。

color layout descriptor ⇔ 颜色布局描述符

国际标准 **MPEG-7** 中推荐的一种**颜色描述符**。表达了颜色的空间分布信息。获得颜色布局描述符的主要步骤如下:

(1) 将图像从 RGB 空间映射到 YC_rC_b 空间,映射公式为

$$Y = 0.299 \times R + 0.587 \times G + 0.114 \times B$$
$$C_r = 0.500 \times R - 0.419 \times G - 0.081 \times B$$
$$C_b = -0.169 \times R - 0.331 \times G + 0.500 \times B$$

(2) 将整幅图像分成 64 块(每块尺寸为$(W/8) \times (H/8)$,其中 W 为整幅图像的宽度,H 为整幅图像的高度),计算每一块中所有像素各颜色分量的平均值,并以此作为该块的代表颜色(主颜色);

(3) 将各块的平均值数据进行**离散余弦变换**(DCT);

(4) 通过对块的之字形扫描和量化,取 3 组颜色离散余弦变换后的低频分量,共同构成该图像的颜色布局描述符。

color look-up table [CLUT] ⇔ 彩色查找表

一种特殊的彩色索引表格。多用于把 **24 比特彩色图像**转换成用较少数量彩色来表示的图像。

color management ⇔ 彩色管理

在不同的设备之间(如 RGB 摄像

机、RGB 显示器和 RGB 打印机)调节彩色值的过程。不同设备有不同的特性,直接将一个设备的彩色值传给另一个设备,呈现的彩色会发生变化,所以需要进行相应的变换。

color mapping⇔**彩色映射**

伪彩色化中从灰度到彩色的变换。

color matching⇔**(颜)色匹配(技术)**

1. 借助**三基色**的组合以产生所需彩色的过程或技术。具体方法是在红、绿、蓝三色光混合时,通过改变三者的强度比例使得到的颜色 C 可表示为

$$C \equiv rR + gG + bB$$

式中,≡表示匹配(即两边的色感受一致);r、g、b 分别表示 R、G、B 的比例系数,且有 $r+g+b=1$。

2. 调配一种颜色使其与另一种给定颜色达到同样颜色知觉的过程或技术。

color-matching experiments⇔**彩色匹配实验,颜色匹配实验**

确定**三刺激值**的一种实验方法。把一个白色屏幕一分为二。将一个单位辐射功率的单色(=单波长)光投影到其中一半上(称为单色参考刺激)。将 3 个基色光同时投影到另外一半上。一个观察者调整 3 个光的强度直到其在屏幕两半所观察到的彩色不能区别为止。这 3 个(用来进行匹配的)强度就是对应单色参考刺激的特定**波长**的三刺激值。

color mixing⇔**混色,色混合(技术)**

将某些色刺激混合(相加或相减)起来所产生的另一种色觉。有**加色混色**和**减色混色**两种。

color mixture⇔**混色,色混合**

将不同颜色的光线或颜料混合后给出新的颜色的过程和现象。对光线的混合会导致颜色变亮(最后得到白色),而对颜料的混合会导致颜色变暗(最后得到黑色)。典型的方法有**加色混合**和**减色混合**。

color model⇔**彩色模型,颜色模型**

对不同颜色进行规范表示的空间坐标系。其中每种颜色都对应一个特定位置。也是根据**三基色理论**,能产生任何所需彩色感觉的 3 个光源的光谱所构成的系统。例如,将 3 个具有特定光谱的不同光束投影到相同的空间点,通过改变这 3 个光束的相对强度,就可以使观察者看到任何想看到的彩色,即在**大脑**中产生任何希望的彩色感觉。为了不同的目的,已建议和提出了许多不同的彩色模型,包括 **RGB**,**CMY**,**CMYK**,**HSI**,**HSV**,**HSB** 等。

color model for TV⇔**电视彩色模型**

基于**三基色**(R,G,B)的不同组合,用于彩色电视系统的**颜色模型**。在 **PAL 制**系统中使用的是 **YUV 模型**,在 NTSC 制系统中使用的是 **YIQ 模型**。

color noise reduction⇔**彩色噪声抑制,彩色降噪**

对**彩色图像**中噪声的消减。注

意，噪声对彩色图像的影响大小依赖于所用的色模型。在 R、G 和 B 通道中仅有一个受噪声影响的情况下，将其转换到另一个彩色模型如 HSI 或 YIQ 中都会把噪声扩展到所有分量。线性降噪技术（如**均值滤波器**）可分别用于各个 R、G 和 B 分量而取得好的效果。

color palette⇔彩色调色板

入口地址是一个索引值，据此地址可查出对应 R、G、B 的强度值的查色表。

color perception⇔彩色感知，彩色知觉，颜色知觉

人类视觉系统对颜色的**视觉感知**。其生理基础与**视觉感知**的**化学过程**有关，并与**大脑**中神经系统的**神经处理过程**有关。彩色仅存在于人的眼睛和大脑中。色觉是人脑解释的结果。

色知觉是一个**心理物理学**现象，结合了两个主要组件：

(1) 光源（一般用其**谱功率分布**(SPD)来描述）和观察表面的物理性质（如吸收和反射的能力）。

(2) 人类视觉系统(HVS)的生理学和心理物理学特性。

color printing⇔彩色印刷（技术）

用三原色原理的减色混合法来复制景物色彩的技术。故又称三色印刷。例如在白背景（纸、塑料、金属等）上印上色彩来吸收掉某些波段的色彩。具体过程是用一组减原色滤光片（**品红**、**黄**、**蓝绿**）对景物照相，获得三张底片，分别制版，并用与**滤光片**颜色成互补色的颜料叠合印出。

color psychophysics⇔彩色心理物理学，色彩心理物理学

解释**彩色感知**的心理物理学分支。对彩色的感知从一个能射出**波长**约为 400 到 700nm 的电磁辐射的**彩色光源**开始。部分辐射在场景中物体的表面反射，得到的反射光到达人眼；还有部分辐射穿透场景中的物体，得到的透射光到达人眼。这些光借助**视网膜**和**大脑**给出彩色的感觉。

color purity⇔色纯度

与光谱的谱宽度相对应的主观感受。用基于实验的孟塞尔色系方法可计算或图示某种色的纯度。在**色度学**中简称**纯度**。若某一色光中**主波长** λ 的光亮度为 L_λ，而总光亮度为 L，则色纯度 $p_c = L_\lambda / L$（欧洲常用）。单色光纯度为 1，白光的纯度为 0（其中无主波长的光）。不过，按此定义的色纯度并不能从色度图中直接读出。另一种色纯度可以从色度图中读出，其定义为：以 O 表示色度图中选定的白光位置，M 为所考虑色的位置，两者连线延长后与**光谱轨迹**相交于 S，S 所在的光谱色即为主波长，故色度纯度 $p_e = OM/OS$，又称**兴奋纯度**（美国常用）。两种色纯度的联系为 $p_c = (y_\lambda / y) p_e$，其中 y_λ 为主波长的色度坐标，y 为所考虑颜色在标准 CIE

色度系统中的色度坐标。

color representation⇔**彩色表达**

用多个(常为 3 个)值对彩色进行的表达。各值的含义依赖于采用的色模型。**色度学**中研究色表达,用了 3 个刺激值,可据此推出对彩色的感知。

color saturation⇔**色饱和度**

色度学中用纯度表示一种颜色所含白色的多少。一切光谱色的纯度均为 1(严格说是接近于 1)。心理学研究者着重于主观方面的感觉,光谱色中白色的多少指示着饱和度的大小。从感觉上讲,不是一切光谱色都有相等的饱和度,紫色的饱和度最大,黄色很小,接近于白色,红色的饱和度介于紫、黄之间。

color science⇔**色彩学**

电磁波的各种**波长**或波段被**视网膜**感受后的反应及脑神经对此反应的判断。构成生物光学的一部分,内容涉及物理学、生理学和心理学。

color slicing⇔**彩色切割(技术)**

将超出感兴趣范围的所有彩色都映射为一个"中性"色(如灰色),而对所有感兴趣彩色都保色的映射。感兴趣彩色范围可用以典型参考彩色为中心的立方体或球体来限定。参阅 **color slicing for enhancement**。

color slicing for enhancement⇔**彩色切割增强**

一种**真彩色增强**技术。具体是将图像所在的色空间划分成块或对物体的彩色进行**聚类**,对不同的块和聚类以不同的方式改变颜色,以获得不同的增强效果。

以采用 RGB 彩色空间为例(如采用其他彩色空间方法也类似)。设与一个图像区域 W 对应的 3 个彩色分量分别为 $R_W(x,y)$、$G_W(x,y)$、$B_W(x,y)$。首先计算它们各自的平均值(即彩色空间的聚类中心坐标):

$$m_R = \frac{1}{\# W} \sum_{(x,y) \in W} R_W(x,y)$$

$$m_G = \frac{1}{\# W} \sum_{(x,y) \in W} G_W(x,y)$$

$$m_B = \frac{1}{\# W} \sum_{(x,y) \in W} B_W(x,y)$$

上面 3 式中 $\# W$ 代表区域 W 中的像素个数。算得平均值后可确定各彩色分量的分布宽度 d_R、d_G、d_B。根据平均值和分布宽度可确定对应区域 W 的彩色空间中的彩色包围矩形 $\{m_R - d_R/2 : m_R + d_R/2; m_G - d_G/2 : m_G + d_G/2; m_B - d_B/2 : m_B + d_B/2\}$。实际中,平均值和分布宽度常需借助交互来获得。

color space⇔**彩色空间,颜色空间**

彩色模型的基础彩色所构成的空间。由于一种彩色可用 3 个基本量来描述,所以彩色空间总是一个 3-D 的坐标空间,其中 3 个轴对应 3 个基本量而其中每个点都代表某一种特定的颜色。

color space conversion⇔**彩色空间转换**

将输入彩色空间变换为输出彩色

空间的过程。彩色空间转换可通过对**伽马校正**过的分量使用一个线性变换来进行，这会产生对大多数应用还可以接受的结果。高端的格式转换器在线性变换步骤前执行额外的逆伽马校正，并在彩色被线性地映射到期望的彩色空间后恢复伽马校正，这个过程显然更复杂，实现更昂贵。

color stimulus function ⇔ 彩色刺激函数

指示眼睛中引起彩色刺激的辐射的函数 $\varphi(\lambda)$。对发光物体，彩色刺激函数与光谱功率 $S(\lambda)$ 相等。在**物体色**中，彩色刺激函数是光谱功率 $S(\lambda)$ 与谱反射因子 $R(\lambda)$ 的乘积。观察荧光样本，荧光函数 $S_F(\lambda)$ 要加到体色的彩色刺激函数中。综合这 3 种情况，彩色刺激函数可表示为

$$\varphi(\lambda)=\begin{cases} S(\lambda) & \text{发光物体} \\ S(\lambda)R(\lambda) & \text{物体色} \\ S(\lambda)R(\lambda)+S_F(\lambda) & \text{荧光样本} \end{cases}$$

color structure descriptor ⇔ 颜色结构描述符

国际标准 **MPEG-7** 中推荐的一种**颜色描述符**。是一种将**颜色**与**空间关系**相结合的特征描述符。通过将图像分成一组 8×8 的块（称为结构元素）来统计颜色，这样就可以区别全图有相同的颜色分量但颜色分量的分布不同的两幅图像。换句话说，颜色结构描述符借助结构元素既描述颜色内容本身也描述颜色内容的结构。

color system ⇔ 彩色系统，颜色系统；色系（统）

1. 彩色系统，颜色系统：同 **color model**。

2. 色系，色系统：将所有**物体色**按一定规则选择排列，区别于某种单纯为实际用途而任意选择的颜色组。

color temperature ⇔ 色温

光源所发射光的颜色与黑体在某一温度下所辐射的颜色相同时黑体的这一温度。简称色温。

color tolerance ⇔ 色宽容度

将试验色向规定色匹配时，两者之间容许的差别范围。

color transformations ⇔ 彩色变换

对彩色图像的变换处理。设 $\boldsymbol{f}(x,y)$ 和 $\boldsymbol{g}(x,y)$ 分别为彩色输入和输出图像，其中单个像素值是一个 3 元值（即对应于该像素的 R、G 和 B 值），T 代表变换函数，则彩色变换可以写成

$$\boldsymbol{g}(x,y)=T[\boldsymbol{f}(x,y)]$$

color TV format ⇔ 彩色电视制式

彩色电视播放的特定制度和技术标准。常用制式包括 **NTSC** 制（由美国开发，用于美国和日本等国）、**PAL** 制（由德国开发，用于德国和中国等国）和 **SECAM** 制（由法国开发，用于法国和俄罗斯等国）。

color video ⇔ 彩色视频

具有**彩色**的视频。是**彩色图像**沿时间轴的扩展。因为在视频发展初

期彩色图像已广泛使用，所以视频从一开始就是彩色的，一般所说的视频都指彩色视频。

color vision ⇔ **彩色视觉**

对**彩色**的感觉和知觉。是人类视觉系统的一种固有能力。人的视觉不仅能感知光的刺激，还能将不同频率的电磁波感知为不同的颜色。

coma ⇔ **彗差**

与光轴成一定角度的(平行)光线通过镜头后不能会聚于一点，且所成像不是圆形而是类似彗星的形状的现象。**像差**的一种。如图 C13 所示，彗差是非对称的，所以有可能会使边缘提取之类的特征提取算法产生位置错误。应用中可通过使用较大的 f 数来减少**球差**。

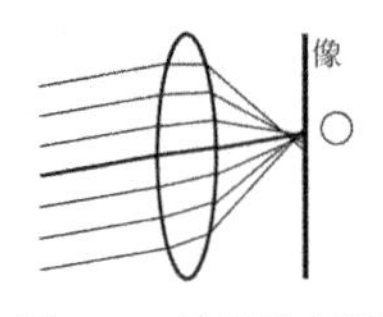

图 C13　彗差示意图

combinational problem ⇔ **组合问题**

在图割方法中，最小 s-t 割问题和最大流问题结合而成的传统问题。可用多项式时间算法求解。

combined feature retrieval ⇔ **综合特征检索**

将不同**视觉特征**(颜色、纹理、形状等)结合起来进行的检索。不同的视觉特征从不同角度反映图像的属性，在对**图像内容**的描述方面各有特点。为全面描述图像内容，有效提高检索性能，常将不同类视觉特征结合使用或构建综合特征以进行检索。

combined fusion method ⇔ **组合融合方法**

像素层融合方法中，为克服各融合方法单独使用所产生的问题而将不同方法结合起来的方法。常见的有 **HSI 变换融合**与**小波变换融合**相结合的融合方法，**主分量变换融合**与**小波变换融合**相结合的融合方法等。

combined operation ⇔ **组合运算**

结合**数学形态学**的基本运算而成的形态分析运算。

combined reconstruction method ⇔ **综合重建方法**

结合**傅里叶逆变换重建法**、**反投影重建法**和**级数展开重建法**中不同技术的重建方法。

common intermediate format [CIF] ⇔ **通用中间格式**

国际标准 H. 261/H. 263 中规定的**视频格式**。分辨率 352×288 像素(Y 分量尺寸为 352×288 像素)，码率 128～384 Kbps，采样格式 4∶2∶0，帧率 30 P，原始码率 37 Mbps。采用非隔行扫描，对**亮度**和两个**色差**信号分量分别编码。

commutivity ⇔ **交换性**

数学形态学中的性质之一。表示在运算过程中改变运算数的前后次序对结果没有影响。

compactness ⇔ **紧凑度，紧凑性**

描述**目标形状**特性时，与形状**伸**

长度密切联系的程度。目标区域的紧凑度既可直接计算，也可通过将该区域与典型/理想形状的区域(如圆和矩形)进行比较来间接地描述。常用的形状紧凑度描述符包括：**外观比**，**形状因子**，**球度**，**圆度**，**偏心率**等。

compactness descriptor ⇔ 紧凑度描述符

表示目标**形状紧凑度**的**描述符**。

compactness hypothesis ⇔ 紧凑(度)假设

图像分类中，对给定类的模式测量与该类中其他模式测量较接近，而与其他类的模式测量差别大的假设。

comparison of shape number ⇔ 形状数比较

确定**目标形状**相似性的一种方法。用来对目标形状进行比较。给定一个目标的轮廓，对应的各阶的形状数都是唯一的。设两个**目标轮廓** A 和 B 都封闭，并都用同样的方向**链码**表示，如果 $S_4(A)=S_4(B)$，$S_6(A)=S_6(B)$，…，$S_k(A)=S_k(B)$，$S_{k+2}(A)\neq S_{k+2}(B)$，…，其中 $S(\cdot)$ 代表形状数，下标表示阶数，则 A 和 B 的**相似度**就是 k(两个形状数之间的最大公共形状数)。两个形状间**相似度**的倒数定义为两者之间的距离：

$$D(A,B)=1/k$$

compass edge detector ⇔ 罗盘边缘检测器

将在若干方向上分离的各边缘检测器组合后得到的边缘检测器。在一个像素的边缘响应一般是各个方向响应的最大值。

compass gradient operator ⇔ 罗盘梯度算子

一种利用各模板最大响应方向的**方向差分算子**。所用的 8 个模板见图 C14，各模板最大响应的方向如图中双虚线箭头所示(箭头也将正负模板系数分开)。

complementary colors ⇔ (互)补色

在**色环**上彼此正好相对的颜色。

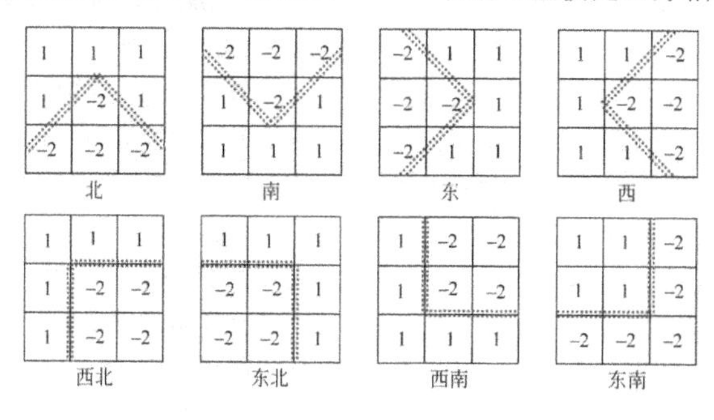

图 C14 罗盘梯度算子

比如红与绿，黄与蓝，当两者以一定比例混合时，可产生不同明度的灰色。

complementary-color wavelength ⇔ 补色波长

一种对应以适当比例按加色混合规律与规定的无彩度**色调**匹配的单色波长。色度图中，处在白点和紫色边界上一点之间的彩色的波长。或者说，从白点向紫色边界上任一点引一条直线，该直线上的彩色就是一种补色。每种颜色一般都有其**主波长**或其补色波长。但有些彩色既有补色波长，也有主波长。

complementary metal-oxide-semiconductor [CMOS] ⇔ 互补金属氧化物半导体

一种得到越来越多应用的固体摄像器件。主要包括传感器核心、模数转换器、输出寄存器、控制寄存器、增益放大器等。基于这种半导体的摄像器件可把整个系统集成在一块芯片上，降低了功耗，减少了空间，总体成本也更低。

complementary wavelength ⇔ 补色主波长

把试验色刺激和某单色光刺激以适当的比例**混色**后，能与特定白光刺激达到颜色匹配时的单色光刺激波长。主要用在紫红色区。

complement graph ⇔ 补图

与原**简单图**的顶点集相同，而边集由不属于原图的所有边组成的简单图。图 C15 给出一个图 G(左图)及其补图 G'(右图)。其中$\{u,x,y\}$是一个大小为 3 的团，$\{v,w\}$是一个大小为 2 的**独立集**，分别是**最大团**和最大独立集。因为在补图定义下团变成了独立集，独立集变成了团，所以这两个值在补图 G'中正好对换。

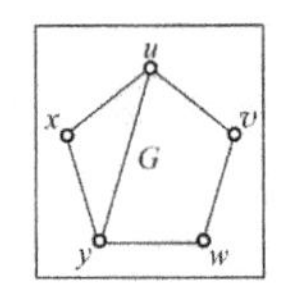

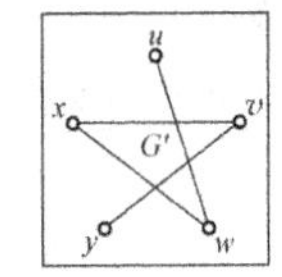

图 C15 图和补图

completeness checking ⇔ 完整性检测(技术)

机器视觉系统的功能之一。常在产品装配到一定阶段时进行，以保证部件安放到位装配正确。

complete set ⇔ 完备集

对一个函数集合，不能找到任意不属于该集合的其他函数与该集合正交的情形。

complete tree-structured wavelet decomposition ⇔ 完全树结构小波分解

参阅 **wavelet decomposition**。

completion ⇔ 补全

图像修补的一种形式。也常称**区域填充**。主要强调恢复图像中信息缺失的部分(一般还是图像中尺度较大的区域)。进行补全常需考虑整幅图像并借助纹理信息，主要包括**基于样本的图像补全**方法和结合**稀疏表达**的方法。

complexity ⇔ 复杂度，复杂性

目标形状、性质和结构的复杂程

度。形状的复杂性有时很难直接定义，所以常需把其与形状的其他性质（特别是几何性质）相联系来描述。常用**目标形状**的各种测度来描述复杂性，例如**细度，矩形度，与边界的平均距离，面积周长比，轮廓温度，饱和度**。

complexity of evaluation ⇔ 评价的复杂性

图像分割评价中，适用于**系统比较和刻画**的准则。一种评价方法是否实用，与它本身实现的复杂性，或者说与为了进行评价所需的处理手段和工作量有很大关系。这也可用于对其他图像技术的评价。

complexity of watermark ⇔ 水印复杂性，水印复杂度

一种重要的**水印特性**。主要表示**数字水印**嵌入和提取的计算复杂度。

component video ⇔ 分量视频

将**彩色视频**表示为 3 个独立的互不干扰的函数的格式。每个函数描述一个彩色分量。这种格式的视频质量较高，但数据量较大，只在专业视频设备中使用。考虑到向下兼容问题，并不适用于彩色电视播放系统。比较 **composite video**。

composed parametric curve ⇔ 复合参数曲线

由多条**参数曲线**组合而成的曲线。比较 **single parametric curves**。

composite and difference values ⇔ 混合值与差值

一种利用**二叉树**把图像分层表达的渐进方法。前几层由低分辨率的大图像块组成，后几层由高分辨率的小图像块组成。主要原理是把一对像素值变换成两个值：一个混合值（两者的和），一个差值（两者的和）。

composite filter ⇔ 复合滤波器

将若干种**图像处理**方法（**噪声消除**、**特征提取**、算子组合等）结合起来的软件或硬件。

composite Laplacian mask ⇔ 复合拉普拉斯算子模板

将原始图像 $f(x,y)$ 与拉普拉斯算子 $\nabla^2(x,y)$ 结合得到的一种锐化滤波器。表达式为

$$g(x,y)=f(x,y)+c\left[\nabla^2(x,y)\right]$$

其中 c 是一个用来满足对拉普拉斯算子模板实现中符号约定的参数：如果中心系数为正则 $c=1$，如果中心系数为负则 $c=-1$。

将原始图像加到拉普拉斯算子运算结果上的目的是恢复在拉普拉斯算子计算中丢失的灰度级色调，因为仅拉普拉斯算子模板会趋向于产生围绕零值的结果。

composite logic operation ⇔ 组合逻辑操作，组合逻辑运算

由**基本逻辑运算**组合得到的逻辑运算。可完成一些较复杂的操作。其中可考虑利用一些逻辑运算定理。

利用图 B1 中的集合 A 和 B，将基本逻辑运算进行不同组合得到的一些结果见图 C16。其中第 1 行依次

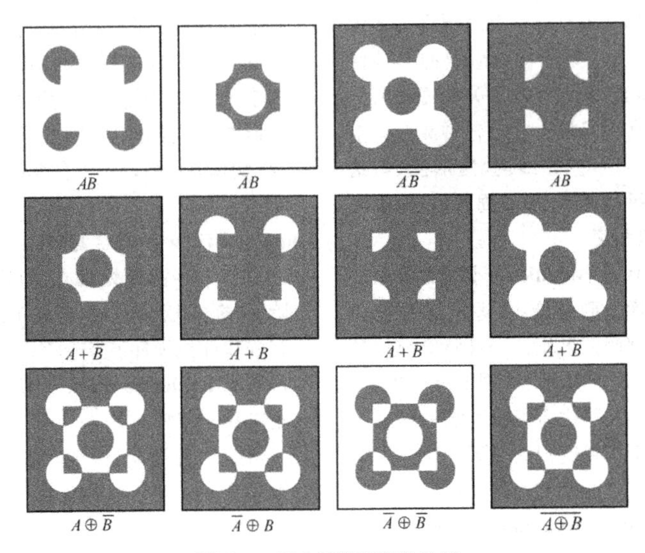

图 C16 组合逻辑运算的示例

为：(*A*) AND (NOT (*B*))，(NOT (*A*)) AND (*B*)，(NOT(*A*)) AND (NOT(*B*))，NOT((*A*) AND(*B*))；第 2 行依次为：(*A*) OR (NOT (*B*))，(NOT(*A*)) OR (*B*)，(NOT (*A*)) OR (NOT(*B*))，NOT((*A*) OR (*B*))；第 3 行依次为：(*A*) XOR (NOT (*B*))，(NOT(*A*)) XOR (*B*)，(NOT(*A*)) XOR (NOT(*B*))，NOT ((*A*) XOR(*B*))。

composite maximum⇔最大结合

模糊推理中的一种**去模糊化**方法。要在模糊解的隶属度函数中确定具有最大隶属度值的域点，如果最大值在一个平台上，则平台中心给出一个清晰解 *d*，如图 C17 所示。结果取决于具有最高预测真值的单个规则(不受其他解的影响)，常在识别中应用。

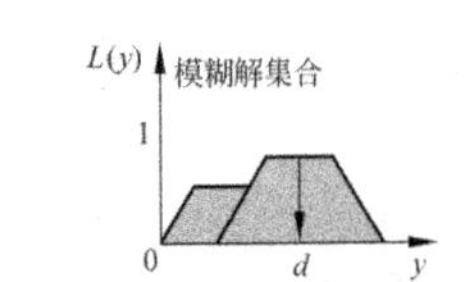

图 C17 最大结合方法去模糊化

composite moments⇔结合矩

模糊推理中的一种**去模糊化**方法。要先确定模糊解的隶属度函数的重心 *c*，并将模糊解转化为一个清晰解变量 *c*，如图 C18 所示。结

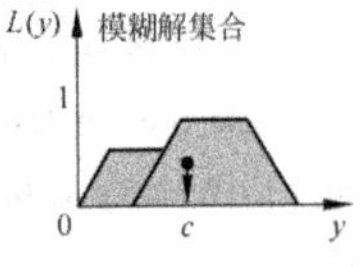

图 C18 结合矩方法去模糊化

合矩法的结果对所有规则都敏感（受所有解的影响），常在控制中应用。

composite operation⇔复合运算

关系匹配中的一种运算，运算符记为⊕。假定 p 为 S 对 T 的对应变换（映射），p^{-1} 为 T 对 S 的对应变换（反映射），并用 R_l 和 R_r 分别代表相应的关系表达：$R_l \subseteq S^M = S(1) \times S(2) \times \cdots \times S(M)$，$R_r \subseteq T^N = T(1) \times T(2) \times \cdots \times T(N)$，则 $R_l \oplus p$ 表示用变换 p 去变换 R_l，即把 S^M 映射成 T^N，$R_r \oplus p^{-1}$ 表示用逆变换 p^{-1} 去变换 R_r，即把 T^N 映射成 S^M：

$$R_l \oplus p = f[T(1), T(2), \cdots, T(N)] \in T^N$$

$$R_r \oplus p^{-1} = g[S(1), S(2), \cdots, S(M)] \in S^M$$

这里 f 和 g 分别代表某种关系表达的组合。

composite video⇔复合视频

彩色视频的一种表示格式。将彩色视频的 3 个彩色信号复用成一个单独的信号（实际中还包含同步信号）以减小数据量，但代价是引入了一定的相互干扰。构造复合信号时考虑到色度信号具有比亮度分量小得多的带宽。通过将每个色度分量调制到一个位于亮度分量高端的频率上，并把已调色度分量加到原始亮度信号中，就可产生一个包含亮度和色度信息的复合视频。比较 **component video**。

compound decision rule ⇔ 复合决策规则

图像分类中，根据数据序列里某些普通测量模式的子序列或特征模式的对应序列而将观察单位赋予一个类别的决策规则。

compound transforms⇔复合变换

顺序地作用于一幅图像的一系列（两个或多个）变换。即变换的变换，变换的变换的变换，……。

compressed domain⇔压缩域

图像工程中**图像压缩**后图像所在的空间。

compressed domain retrieval⇔压缩域检索

直接在压缩数据上进行，不需要或不完全需要解压缩环节的**视觉信息检索**。即对压缩的图像或视频在解压缩或完全解压缩前就进行的检索。这样做的优点包括：

（1）**压缩域**上的数据量比原始域或解压域上的数据量少，有利于提高整个系统的效率，尤其是在检索系统要求实时响应的场合；

（2）可（部分）省略解压缩的附加操作环节，既可减少处理时间，也可减少设备开销；

（3）许多图像或视频压缩算法在压缩过程中已对图像或视频进行了大量的处理和分析，如果在检索中能利用这些处理和分析的结果，就可减少重复工作，提高检索效率；

（4）**基于特征的图像检索**中，在存储图像（建库）时除了存储图像外还要存储相应的**特征矢量**；

（5）而在压缩域上，某些特征矢量的信息就包含在压缩系数中，额外的存储量可以省去。

compressed sampling [CS]⇔压缩采样

同 **compressive sensing**。

compression factor⇔压缩因子

图像压缩或**视频压缩**中，**压缩率**的倒数。可写成：压缩因子＝输入数据的大小/输出数据的大小。该值大于1表示得到了数据压缩，而小于1则意味着数据扩展。

compression gain⇔压缩增益

一种用来衡量压缩方法相对性能的指标。可写成：压缩增益＝100 ln(参考大小/压缩后的大小)。这里参考大小不是指输入数据量的大小而是指某个用作参考的标准无损压缩方法所产生的压缩数据量的大小。

compression ratio⇔压缩率

图像压缩或**视频压缩**中，一种常用的表示压缩方法效率的度量。是压缩因子的倒数，可写成：压缩率＝输出数据的大小/输入数据的大小。该值小于1表示输入数据得到了压缩，而大于1则意味着负压缩(数据扩展)。参阅 **relative data redundancy**。

compressive sensing [CS]⇔压缩传感，压缩感知

一种信号采样新理论。也称**压缩采样**。借助对信号的稀疏表达方式，实现以远小于奈奎斯特(Nyquist)的采样率来随机采样，获取信号的离散样本，然后通过非线性重建算法来完美地重建原始信号。

Compton back-scattering [CBS]⇔康普顿背散射

一种获得被试目标截面图像的无损检测技术。在原子物理学中，康普顿散射(也称康普顿效应)指当X射线或γ射线的光子与物质作用时，会失去能量而导致**波长**变长的现象。在一定方向上的散射γ光子的能量是确定的，散射γ光子的强度与被试目标中有效作用体积内的电子数成正比。因此，通过用γ光子对目标进行扫描，即可得到被测目标的物质信息。康普顿背散射成像借助目标对射线的背散射重建图像，对低原子序数但高物质密度的有机物(如毒品、炸药)很灵敏。

computational complexity⇔计算复杂度

一个算法或要完成一项计算工作所需的计算量。是常用的**图像匹配**评价准则之一。图像匹配中要决定了匹配算法的速度，指示其在具体应用中的实效性。计算复杂度可以用图像尺寸的函数来表示(考虑每个单元所需的加法或乘法数量)，匹配算法的计算复杂度希望是图像尺寸的线性函数。

computational vision theory⇔计算视觉理论

同 **Marr's visual computation theory**。

computation cost⇔计算费用

一种**分析法**准则。例如，每个**图像分割**算法都由一系列的运算操作来实现。为完成这些操作所需的计算费用与操作复杂性、算法效率(以及计算速度)有关。计算费用也是衡量算法性能的一项**定量准则**。

computation theory⇔**计算理论**

马尔视觉计算理论中对视觉信息加工的三要素之一。在用计算机解决特定问题时,如果存在一个程序对给定的输入能在有限步骤内给出输出,则根据计算理论,这个问题就是可计算的。可计算理论的研究对象包括判定问题、可计算函数及计算复杂性。

computed tomography [**CT**]⇔**计算机层析成像**

一种利用**投影重建图像**原理获得物体内部图像的方法。也称计算机断层扫描。希腊语词根 tomos 是薄片的意思,生物学家用 micro-tome 代表一种用于**显微镜**检查的组织薄片,所以人们用 tomography 表示对一片固体(一薄层物体)的研究,在放射科学中常用以描述一种 X 射线技术。

计算机层析成像有不同方式和形式,常见的有**透射计算机层析成像**、**发射计算机层析成像**和**反射计算机层析成像**。

computer-aided design [**CAD**]⇔**计算机辅助设计**

人与计算机相结合,对产品或工程进行设计、绘图、造型、分析和编写技术文档等设计活动的总称。具体包括用计算机担负计算、信息存储和制图等工作;将结果存放在计算机的内存或外存,实现快速检索,或将结果以图形形式显示出来,使设计人员可以及时做出判断和修改;利用计算机进行图形的编辑、放大、缩小、平移和旋转等数据加工。

computer-generated map⇔**计算机生成图**

根据设计由计算机程序生成的图像。

computer graphics [**CG**]⇔**计算机图形学**

利用计算机产生**图形**、**图表**、**绘图**、**动画**等表达形式的数据信息的科学。计算机图形学试图从非图像形式的数据描述来生成(逼真的)图像以直观地显示数据,其处理对象和输出结果与**图像分析**的正好对调。

computer graphics metafile [**CGM**]⇔**计算机图形元文件**

一种与设备和操作系统独立的文件格式。用于有很多图形基元的图片信息。是 ANSI 的标准,主要用于**计算机辅助设计**领域。

computerized tomography [**CT**]⇔**计算机层析成像**

同 **computed tomography**。

computer vision [**CV**]⇔**计算机视觉**

利用计算机来实现**人类视觉系统**功能的一门学科。其中用到**图像工程** 3 个层级的许多技术,目前研究内容主要与**图像理解**相对应。

concave residue⇔**凹残差,凹剩余**

一个目标的形状和它的凸包集合

之间的差集。对凸体，凹剩余为空集。也有称**凸剩余**的。

concavity measure ⇔ 凹性测度

衡量**凹剩余**的一种指标。参阅 **thresholding based on concavity-convexity of histogram**。

concavo-convex ⇔ 凹凸度

一个**形状复杂性描述符**。表示为 A/A_{CH}，其中，A 代表目标的**区域面积**，A_{CH} 代表目标**凸包**的面积。当目标是凸体时，目标面积和目标凸包的面积相等，凹凸度的值为 1。

concurrency ⇔ 并发

时空行为理解中的一种行为方式。多个动作人在一个时间段中都在进行活动，但任何时刻只有一人有(需关注的)动作。如在台球比赛中，两名运动员依次上场击球。

condensation (CONditional DENSity propagATION) algorithm ⇔ 条件密度扩散算法

参阅 **particle filtering**。

condensation tracking ⇔ 条件密度扩散跟踪(技术)

用以进行边缘跟踪的**粒子滤波**技术。也指同时使用多个假设进行**目标跟踪**的框架，其中根据一个离散转移矩阵在多个连续自回归运动模型间切换。利用**重要性采样**步骤，有可能仅保留 N 个最强的假设。

condition-action ⇔ 条件-动作对

产生式系统中的规则形式。也常简称产生式。指形如 $\alpha \to \beta$ 或 IF α THEN β 的形式规则，其中 α 称为产生式的左部或前项，β 称为产生式的右部或后项。

conditional density propagation ⇔ 条件密度传播，条件密度扩散

参阅 **particle filter**。

conditional dilation ⇔ 条件膨胀

数学形态学中标准**膨胀**的一种扩展。条件膨胀指在特定条件限制下的膨胀。例如，在条件 X 的(X 可看作是一个限定集合)情况下用结构元素 b 膨胀图像 f 记为 $f \oplus b; X$，表示为

$$f \oplus b; X = (f \oplus b) \cap X$$

conditional ordering ⇔ 条件排序(方法)

一种对矢量数据进行排序的方法。可在对**彩色图像**进行**中值滤波**时将矢量像素值排序。

在条件排序中，选取其中一个分量进行标量排序(该分量的值相同时还可考虑第二个分量)，像素值(包括其他分量的值)根据该顺序排序。举例来说，给定一组 5 个彩色像素：$\boldsymbol{f}_1 = [5,4,1]^T$，$\boldsymbol{f}_2 = [4,2,3]^T$，$\boldsymbol{f}_3 = [2,4,2]^T$，$\boldsymbol{f}_4 = [4,2,5]^T$，$\boldsymbol{f}_5 = [5,3,4]^T$。根据条件排序，如果选第三个分量用于排序(接下来选第二个分量)，所得到的排序矢量为：$\boldsymbol{f}_1 = [5,4,1]^T$，$\boldsymbol{f}_2 = [2,4,2]^T$，$\boldsymbol{f}_3 = [4,2,3]^T$，$\boldsymbol{f}_4 = [5,3,4]^T$，$\boldsymbol{f}_5 = [4,2,5]^T$。这样中值矢量为$[4,2,3]^T$，是一个原始矢量。因而有

$$\{5,4,2,4,5\} \Rightarrow \{2,4,4,5,5\}$$
$$\{4,2,4,2,3\} \Rightarrow \{2,2,3,4,4\}$$
$$\{1,3,2,5,4\} \Rightarrow \{1,2,3,4,5\}$$

条件排序对各个分量没有同等看待(仅考虑了三个分量中的一个分量,或优先考虑了三个分量中的一个分量),所以会带来偏置的问题。

conditional probability⇔条件概率

一个事件发生取决于另一个事件先发生(条件)的概率。图像技术中,当几个事件或数据互相关联时,就要考虑其间的条件概率。

conditional random field [CRF]⇔条件随机场

一种具有判别式概率模型的随机场。使用无向的**图**模型,图中的顶点代表随机变量,顶点间的连线代表随机变量间的依赖关系。其中随机变量的分布为条件概率分布。条件随机场结合了最大熵模型和**隐马尔可夫模型**的特点,具有表达长距离依赖性和交叠性特征的能力,能够较好地解决标注(分类)偏置等问题,而且所有特征均可进行全局归一化,并能求得全局的最优解。对其的改进包括**条件随机场泛化**、**分解条件随机场**等。

cone⇔锥细胞

cone cell 的缩写。

cone-beam projection⇔锥射束投影

一种 3-D **计算机层析成像**中为缩短投影时间而采用的一种投影方式。是 2-D **计算机层析成像**中**扇形射线投影**的扩展。

cone cell⇔(视)锥细胞

人眼视网膜内负责感受光辐射的细胞。是视网膜感光神经元的一类。因树突为锥体形得名。人眼视网膜表面约有 6 000 000~7 000 000 个锥细胞,**中央凹**处较密集,周围逐渐减少,对颜色很敏感。锥细胞又可分为 3 种,对入射的辐射有不同的频谱响应曲线,3 种视锥细胞响应的结合可产生色觉,对形成**色视觉**起决定作用。锥细胞在**明视觉**条件下对视敏度也起决定作用。人类能借助这些细胞区分细节,主要是因为每个细胞都连到各自的神经末梢。比较 **rod cell**。

configural-processing hypothesis ⇔ 结构处理假说

在**人类视觉系统**中,反转人脸将会破坏结构信息(面部特征间的空间联系),而保留相对完好的特征信息(眼、鼻、嘴)的观点。

confocal laser scanning microscope [CLSM]⇔共聚焦激光扫描显微镜

一种可直接采集 **3-D 图像**的装置。基本原理是每次仅照亮**显微镜**的聚焦平面从而仅获得聚焦平面处的图像。为实现这一点,可用一个激光束对显微镜的光学聚焦平面进行扫描,且在聚焦平面上每次仅照明一个点。

共聚焦激光扫描显微镜的成像示意图见图 C19。激光源发出的光线通过二分镜的反射到达样本,样本上的反射光又经二分镜透射指向检测器。其中聚焦正确的反射光(实线)从焦平面反射后可通过检测针孔被检测器检测到,而未落在焦平

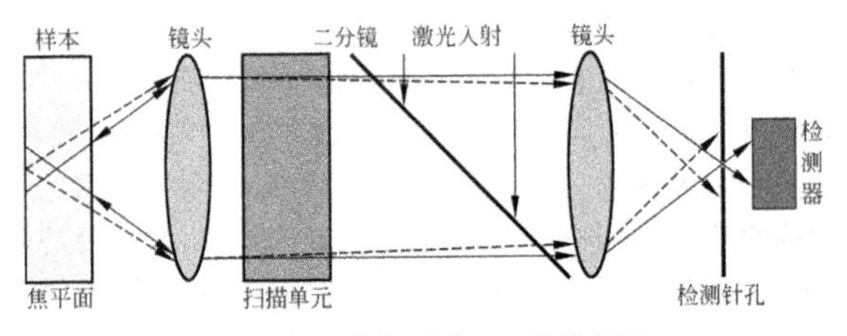

图 C19　共聚焦显微镜成像示意图

面的散焦光线(虚线)则以与焦平面距离的平方成比例地扩散,且多不能通过检测针孔,导致检测器对散焦光线的检测量很小。这样由**点扩展函数**所确定的加权的 3-D 图像成为有限的。换句话说,仅有很接近焦平面的一个薄层能接收到很强的照明。在这个薄层之外,样本的照度将随与焦平面距离的平方而衰减。这样,来自焦平面之外的反射量就会大大减少,而非聚焦物体造成的失真也得到很强的抑制。

由上可见,由于同样的**光学镜头**既用于成像也用于照明,共聚焦显微镜的总点扩展函数是照明分布和(成像)检测分布的乘积。在理想(针孔无限小)的共聚焦情况下,照明分布和检测分布相同,共聚焦显微镜的总点扩展函数就是普通显微镜的**点扩展函数**的平方。在傅里叶域,这对应**光学传递函数**与其自身的卷积。

confusion matrix⇔混淆矩阵

在**图像分类**中常使用的一种矩阵。实际上是一个大小为 $K\times K$(其中 K 是类别的总数)的 2-D 数组,用来报告分类实验的原始结果。在 i 行 j 列的值指示一个真实类别 i 但被标记为属于类 j 的次数。混淆矩阵的主对角线指示分类器成功的次数;一个完美的分类器应该使所有的非对角线元素为零。

confusion theory⇔错误比较假说,混淆假说

一种解释**几何图形视错觉**的理论。认为观察者在确定一个目标或间隔的尺寸而进行比较时没有正确地选择应比较的对象;或者说,将需比较的图形与其他图形混淆了。如图 C20 所示,圆 A 右侧到圆 B 左侧的距离与圆 B 左侧到圆 C 右侧距离相等,但前者看起来明显要长。原因是把要比较的距离与圆之间的距离混淆了。

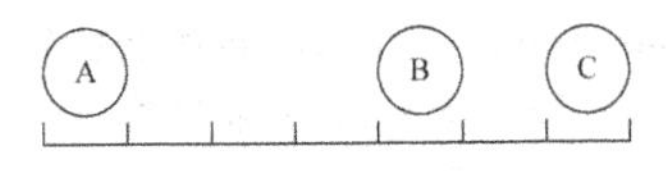

图 C20　错误比较示例

congruencing⇔叠合化

一种几何扭曲变形操作。可将具有不同几何形状但有相同目标集合的两幅图像进行空间变换,使得一幅图像中各个目标的尺寸、形状、位置和朝向都和另一幅图像中相应目标的尺寸、形状、位置和朝向可以对上。

conjugate symmetry of Fourier transform ⇔ 傅里叶变换的共轭对称性

实的图像 $f(x,y)$ 的**傅里叶变换** $F(u,v)$ 对原点共轭对称的特性。即：

$$F(u,v)=F^*(-u,-v)$$

其中 $F^*(u,v)$ 是 $F(u,v)$ 的共轭；即如果 $F(u,v)=R(u,v)+jI(u,v)$，那么 $F^*(u,v)=R(u,v)-jI(u,v)$。进一步还可得到：

$$|F(u,v)|=|F(-u,-v)|$$

conjugate transpose ⇔ 共轭转置

对矩阵的一种操作。一个矩阵 $\boldsymbol{U}$ 被称为酉矩阵如果其逆是其转置的复共轭，即

$$\boldsymbol{U}\boldsymbol{U}^{T*}=\boldsymbol{I}$$

其中 $\boldsymbol{I}$ 是单位矩阵。有时用上标"H"代替"T*"，并称 $\boldsymbol{U}^{T*}\equiv\boldsymbol{U}^{H}$ 为矩阵 $\boldsymbol{U}$ 的**埃尔米特转置**或共轭转置。

conjunction ⇔ 合取

一种特殊的逻辑表达式。通过用∧连接其他表达式而得到。例如，若用谓词"DIGITAL(I)"表示语句"图像 I 是数字图像"，用谓词"SCAN(I)"表示语句"图像 I 是扫描图像"，则子句"DIGITAL(I)∧SCAN(I)"表示语句"图像 I 是数字图像和扫描图像"。

connected ⇔ 连通的

子图像 S 中的两个像素 p 和 q 之间，存在一条完全在 S 中的像素组成的从 p 到 q 的通路的。两个连通的像素属于同一个**连通组元**。根据所采用的**连接**定义的不同，还可区分 **4-连通的**、**8-连通的**和 **m-连通的**。

connected component ⇔ 连通组元

一种根据**从像素间**的**通路**来定义的**子图像**。一般是一组互相连接的像素。设 p 是子图像 S 中的一个像素，所有与 p 相**连通**且又在 S 中的像素集(包括 p)合称 S 中的一个连通组元。换句话说，连通组元中的任两个像素之间都有一条完全在连通组元中的通路，任两个邻接像素之间都是连接着的。根据所采用的**连接**定义，在 2-D 图像可区分为 **4-连通组元**、**8-连通组元**和 **m-连通组元**；在 3-D 图像可区分为 **6-连通组元**、**18-连通组元**和 **26-连通组元**。

connected polyhedral object ⇔ 连通多面体

内部元素互相连通的**多面体**。可看作**连通区域**的 3-D 推广。也分为两种：**简单连通多面体**和**非简单连通多面体**。

connected region ⇔ 连通区域

对一类 2-D **子图像**的统称。可分为两种：**简单连通区域**，**非简单连通区域**。

connectivity ⇔ 连接

像素之间的一种关系。**灰度图像**中两个像素之间的连接满足两个条件：①两者在空间上**邻接**；②两者的

灰度值在同一个灰度集合中，并满足某个特定的相似准则。

connectivity analysis of run⇔游程连通性分析

以游程为单位对图像分割后的目标进行标记的方法。相连通的游程应属于同一个目标并得到同一个标记。

connectivity number⇔连接数

区域的一种**拓扑描述符**。反映了区域的结构信息。考虑一个像素 p 的 **8-邻域**像素 $q_i(i=0,1,\cdots,7)$，将它们从任何一个 **4-邻域**像素的位置开始，以绕 p 的顺时针方向排列。像素 q_i 为白或黑赋予 q_i 为 0 或 q_i 为 1 时，连接数 $C_8(p)$ 即表示 p 的 8-邻域中 **8-连通组元**的数目，可写为

$$C_8(p)=q_0q_2q_4q_6+\sum_{i=0}^{3}(\bar{q}_{2i}-\bar{q}_{2i}\bar{q}_{2i+1}\bar{q}_{2i+2})$$

其中，$\bar{q}_i=1-q_i$。

connectivity of run⇔游程连通性

从图像上连续扫描线(1-D)得到的游程之间的连通性。对游程连通性的分析可帮助进行对 2-D 目标的标记。

connectivity paradox⇔连接性悖论，连通性悖论

由于正方形采样网格中同时存在 **4-邻域**和 **8-邻域**这两种邻域而产生的**连接**歧义性问题。会导致对目标边界点和内部点的混淆，从而对目标的几何测量精度产生影响。为解决这个问题，在对目标进行表达和测量时，对目标**区域的内部像素**和**区域的边界像素**要分别采用 **4-连通性**和 **8-连通性**两种定义。

consequent⇔后项，结果

谓词演算里，用逻辑连词隐含"⇒"所表达的操作的右边部分。如果结果为空，隐含表达式"$P\Rightarrow$"代表 P 的非，即"$\sim P$"。

conservative smoothing⇔保守平滑(技术)

一种噪声滤除技术。使用了快速的滤波算法，通过牺牲消噪能力来保持图像细节。一种简单形式是将一个大于(小于)8-邻域中所有像素的像素值用这些邻域中像素的最大值(最小值)来替换。这种方法适合消除脉冲噪声，但对高斯噪声不那么有效。

consistent estimate⇔一致估计

精确测量中使用的一种估计。对参数 a 的一致估计 $\hat{a}$ 基于 N 个样本，当 $N\to\infty$ 时 $\hat{a}$ 就会收敛于 a(条件是估计本身无偏)。

consistent gradient operator⇔一致性梯度算子

使用小模板(如 3×3)算子时一种可以最小化失真的边缘检测算子。其中将索贝尔检测算子模板中的 2 用 2.435 101 代替，所以需要**浮点运算**。

constancy phenomenon⇔恒定现象

景物有些特性发生了变化，但主观上对其感觉(大小、形状、颜色、亮度等)仍保持不变的现象。这是**大**

脑中枢的校正过程所致。也称恒定感觉。常见的有：

(1) 大小恒定：物体尺寸在不同距离却看成不变。这只适合一定的距离范围。

(2) 色恒定：照度虽在改变，物体颜色却保持不变。例如，白天的照度最高可有 500 倍左右的变化，但人不觉得某些景物的颜色有多少变化。

(3) 形状恒定：原来正面看一平面物体是某个形状，然后将其转动，仍感觉是原先的形状。

(4) 运动恒定：某些运动着的物体虽然在**视网膜**上的移动速度在改变，但认为在作等速运动。

(5) 位置恒定：眼珠转动时物体在视网膜上的位置有所改变，但感觉认为物体并没有动。

(6) 方向恒定：人体自身倾斜时，对外界的主要方向感觉不变。

(7) 亮度恒定：**照度**改变时**主观亮度**不变。

constant area coding[CAC]⇔常数块编码(方法)，常数区编码(方法)

一种**位面编码**方法。将**位面图**分解成全黑、全白或混合的 3 类 $m \times n$ 大小的块。出现频率最高的类赋予 1 比特码字 0，其他两类分别赋予 2 比特码字 10 和 11。由于原来需用 mn 比特表示的常数块现在只用 1 比特或 2 比特码字表示，所以就达到了压缩的目的。

constellation⇔星座，丛

多个相同或类似的目标以特定的结构排列或分布而给出的形式。如舞蹈表演中多个演员的结合。在基于部件的**立体建模**方法中，将视频看作一系列的集合，每个集合均包括在一个小时间滑动窗口中的部件。不同的动作可以包含相似的时空部件但可以有不同几何关系。将全局几何结合进基于部件的视频表达，就构成一个**从**的部件。

constrained least squares restoration⇔有约束最小二乘恢复

图像恢复中一种**有约束恢复**方法。只需有关噪声均值和方差的知识，就可对每个给定图像得到最优的图像恢复结果。如果用 $H(u,v)$ 代表降级系统 $h(x,y)$ 的**傅里叶变换**，用 $G(u,v)$ 代表**降级图像** $g(x,y)$ 的傅里叶变换，用 $P(u,v)$ 代表二阶微分算子的 2-D 傅里叶变换，则有约束最小二乘恢复的结果，即对输入图像 $f(x,y)$ 的估计的傅里叶变换

$$\hat{F}(u,v) = \left[\frac{H^*(u,v)}{|H(u,v)|^2 + s\,|P(u,v)|^2}\right]G(u,v)$$

其中 $H^*(u,v)$ 是 $H(u,v)$ 的共轭，s 为拉格朗日乘数。

constrained restoration⇔有约束恢复

一类**图像恢复**技术的总称。根据**图像退化模型**，输入图像 $f(x,y)$、**退化图像** $g(x,y)$、退化系统 $H(x,y)$ 和**加性噪声**图像 $n(x,y)$ 间的关系可用矢量和矩阵形式写为(将图像均

用矢量表示，退化系统用矩阵表示）

$$\boldsymbol{n}=\boldsymbol{g}-\boldsymbol{H}\boldsymbol{f}$$

所谓恢复就是在满足上式的条件下选取对 f 的估计 $\hat{f}$ 的一个线性操作符 $\boldsymbol{Q}$（变换矩阵），使得 $\|\boldsymbol{Q}\hat{f}\|^2$ 最小。这个问题可用拉格朗日乘数法解决。设 l 为拉格朗日乘数，首先需要找到能最小化下列准则函数的 $\hat{f}$

$$L(\hat{f})=\|\boldsymbol{Q}\hat{f}\|^2+l(\|\boldsymbol{g}-\boldsymbol{H}\hat{f}\|^2-\|\boldsymbol{n}\|^2)$$

这里只需要将 L 对 $\hat{f}$ 求微分并将结果设为 0，再设 $\boldsymbol{H}^{-1}$ 存在，就可得到有约束恢复公式（令 $s=1/l$）：

$$\hat{f}=[\boldsymbol{H}^{\mathrm{T}}\boldsymbol{H}+s\boldsymbol{Q}^{\mathrm{T}}\boldsymbol{Q}]^{-1}\boldsymbol{H}^{\mathrm{T}}\boldsymbol{g}$$

constraint propagation ⇔ **约束传播**

解决场景中**目标标记**问题的一种技术。先用局部约束获得局部一致性（局部最优），再用迭代方法将局部一致性调整为整幅图像的全局一致性（全局最优）。这里将约束从局部传播到全局，通过比较图像中所有目标之间的直接联系来解决标记的方法可节省计算量。

constructive solid geometry [CSG] ⇔ **构造实体几何，结构刚体几何**

一种用数学上可定义的基本形状集合来定义和表示 3-D 形状的**几何模型**。在结构刚体几何表达系统中，较复杂形状的刚体通过一组集合操作（如布氏集合论中的交、与和差运算）表示成另外一些简单刚体的组合。

Consultative Committee for International Telephone and Telegraph [CCITT] ⇔ **国际电话电报咨询委员会**

国际电信联盟的前身。

content-based image retrieval [CBIR] ⇔ **基于内容的图像检索**

根据内容相似性从数据库中快速搜索提取所需图像的操作。关键是要有效地确定并获取图像的内容。涉及对图像的分析、查询、匹配、索引、搜索、验证等技术。

content-based retrieval ⇔ **基于内容的检索**

根据信息的内容（而不是根据其数据载体、结构或形成时间等）来进行的检索。图像工程中，主要研究**视觉信息检索**。基于内容对视觉信息检索的系统基本框架见图 C21，主要由五个模块组成（见图中虚线矩形框内）。用户发出查询要求，系统将查询要求转化为计算机内部描述，借助这些描述与库中信息进行

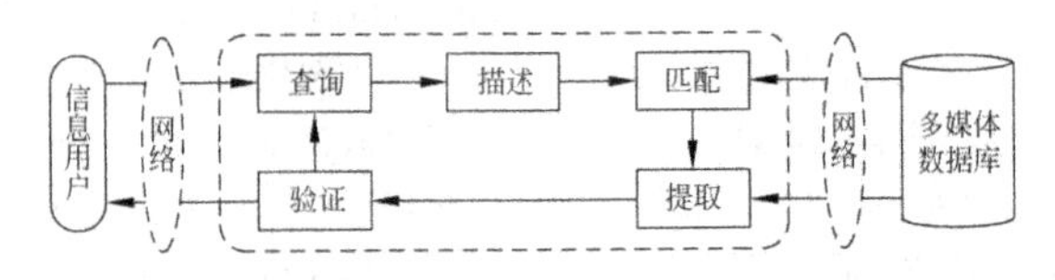

图 C21 基于内容的视觉信息检索系统基本框图

匹配，提取出需要的信息数据，用户对此验证后可直接使用或借以改进查询条件并开始新一轮检索。

content-based video retrieval [CBVR] ⇔ 基于内容的视频检索

根据内容相似性从数据库中快速查询提取所需**视频片段**的操作。关键是要有效地确定并获取视频的内容。涉及对视频的分析、查询、组织、匹配、索引、搜索等技术。

context-adaptive binary arithmetic coding [CABAC] ⇔ 上下文适应二值算术编码(方法)

国际标准 H.264 中一种可选的**熵编码**方法。编码性能比**上下文适应变长编码**好，但计算复杂度也高。

context-adaptive variable-length coding [CAVLC] ⇔ 上下文适应变长编码(方法)

国际标准 H.264 中使用的一种**熵编码**方法。主要用于对亮度和色度**残差**变换、量化后的系数进行编码。

context-based adaptive lossless image coding [CALIC] ⇔ 基于上下文的自适应无损图像编码(方法)

一种典型的**无损/准无损压缩**方法，也称基于上下文分类的自适应预测**熵编码**。基本算法流程框图如图 C22 所示。图像中的各像素按**光栅扫描**的顺序依次处理；处理当前像素 $I(x,y)$时，根据先前已处理并存储下来的像素来获取先验知识即各种上下文。再根据功能将这些上下文分为：预测上下文(水平方向的 d_h和垂直方向的 d_v)；误差修正上下文 w；熵编码上下文 s。根据预测上下文确定对当前像素的预测算法，获得初步预测值 $\dot{I}(x,y)$；然后通过误差修正上下文获得修正值 $c(\hat{e}|w)$，并对初次预测误差 $\dot{I}(x,y)$进行修正，得到新的预测值 $\hat{I}(x,y)=\dot{I}(x,y)+c(\hat{e}|w)$；将**残差** $e=I(x,y)-\hat{I}(x,y)$经量化器量化，并由熵编码上下文 s 驱动，分配到相应的熵编码器编码输出。同时，根据量化后的残差 $\hat{e}$ 和像素重建值 $\tilde{I}(x,y)=\hat{I}(x,y)+\hat{e}$ 反馈更新各类上下文。由于解码器可以同样获得预测值 $\hat{I}$，重建误差完全由量化误差决定，即 $I-\tilde{I}=e-\hat{e}$。因此对于给定的像素最大绝对误差 δ，设计量化器满足 $\|e-\hat{e}\|_\infty\leqslant\delta$ 即可保证 $\|I-\tilde{I}\|_\infty\leqslant\delta$。

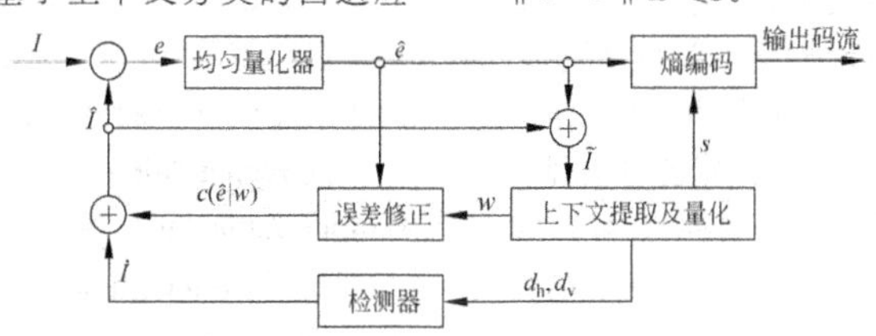

图 C22　CALIC 基本算法流程框图

context-free grammar [CFG] ⇔ **上下文自由文法,上下文无关文法,上下文无关语法,上下文自由语法**

1. **结构模式识别**中常用的一种字符串文法。如果令非终结符号 A 在非终结符号集 N 中,则将只包含形式为 $A \to \alpha$ 的**产生式规则**,α 在集 $(N \cup T)^* - \lambda$ 中。换句话说,α 可以是除空集以外由终结符号和非终结符号组成的任何字符串。比较 **regular grammar**。

2. 在基于合成的活动建模和识别中,一种对视觉活动进行识别的语法。其中使用了一个分层的流程,在低层是**隐马尔可夫模型**和信念网络的结合,在高层的交互用上下文自由语法建模。因为具有很强的理论基础对结构化的过程建模,所以常用来对人体运动和多人交互进行建模和识别。

contextual entity ⇔ **上下文实体**

活动建模中,与活动中的动作人相关的其他动作人或环境事物。

continuity ⇔ **连续性**

类比表达模型的特点之一,即与物理世界的运动和时间连续性类似,类比表达允许连续的变化。

continuous-tonecolor ⇔ **连续色调彩色**

指在一系列彩色中,从一种彩色逐渐变化到另一种彩色时出现的一个非常光滑连续的自然过渡过程。这中间应感觉不到从一种彩色到另一种彩色的突变,也不出现任何明显的色带。

continuous-tone image ⇔ **连续色调图像**

一般指灰度达到几十个或以上的**灰度图像**。各灰度之间没有明显跳变。

contour ⇔ **轮廓**

一个**区域**的**边界**。一般来说,轮廓更着重其封闭性,而边界更强调处在两个区域之间。比较 **boundary**。

contour-based representation ⇔ **基于轮廓的表达**

同 **boundary-based representation**。

contour-based shape descriptor ⇔ **基于轮廓的形状描述符**

国际标准 **MPEG-7** 推荐的一个**形状描述符**:利用曲线**曲率**的**尺度空间图像**来表达在多分辨率下的轮廓。每个曲率**尺度空间**的轮廓表达了原始轮廓的**凸性**或凹性。每个目标用曲率尺度空间图像中极值的位置来表达,而对曲率尺度空间图像的匹配是通过移动曲率尺度空间中的轮廓使之与要匹配的轮廓尽可能地重合来实现的。这种描述很紧凑,平均不到 14 个字节就可以描述一个轮廓,不过只能用于描述单个**连通区域**。

contour filling ⇔ **轮廓填充(技术)**

同 **region filling**。

contour following ⇔ **轮廓追踪(技术)**

参阅 **contour linking**。

contour grouping ⇔ **轮廓结合(技术)**

参阅 **contour linking**。

contour interpolation and tiling⇔**轮廓内插和拼接(技术)**

参阅 **surface tiling from parallel planar contour**。

contour linking⇔**轮廓连接(技术)**

辨识区域轮廓上像素的**边缘检测**或轮廓检测的过程。目的是将这些轮廓上的像素连接起来构成一条封闭曲线。

contour of constant value⇔**等值线**

图像工程中,由具有特定数值的点所组成的曲线。由具有某个**图像特征**值(如边缘响应值)的像素组成。

contour signature⇔**轮廓标记**

同 **boundary signature**。

contour tracing⇔**轮廓追踪(技术)**

参阅 **contour linking**。

contour tracking⇔**轮廓跟踪(技术)**

同 **boundary following**。

contractive color⇔**似缩色**

看起来能使实际物体显得更小的颜色。源于**人类视觉系统**的一种主观特性。

contra-harmonic mean filter⇔**逆调和平均滤波器**

同 **inverse-harmonic mean filter**。

contrast⇔**对比度,反差**

相邻**像素**或像素集之间的灰度差.对图像的清晰度以及是否能区别不同像素或像素区域起着重要作用。有许多相关的定义和类型,例如:如**相对亮度对比度**,**同时亮度对比度**,**相对饱和度对比度**,**同时彩色对比度**,**连续(彩色)对比度**。

contrast across region⇔**区域对比度,区域反差**

同 **inter-region contrast**。

contrast enhancement⇔**反差增强,对比度增强,增强对比度**

一种典型的**图像增强**技术。借助了**人类视觉系统**的特性,通过增加图像中各部分间的反差来达到改善图像视觉质量的效果。一种常用方法是借助图像灰度映射来增加图像中某段灰度值间的动态范围,从而拉伸空间相邻区域间的**灰度对比度**。

contrast manipulation⇔**对比度操纵**

图像增强中最常用的一种**点变换**操作。也称对比度调整、幅度放缩。其变换函数常具有类似S型函数的曲线(图C23(a)):小于 m 的像素值在输出图像中向较暗值方向压缩,大于 m 的像素值在输出图像中映射为较亮的像素值。曲线的斜率指示对比度变化的剧烈程度。在最极端的情况下,对比度操纵函数退化成二值的**阈值化**函数(图C23(b)),其中输入图像中取值小于 m 的像

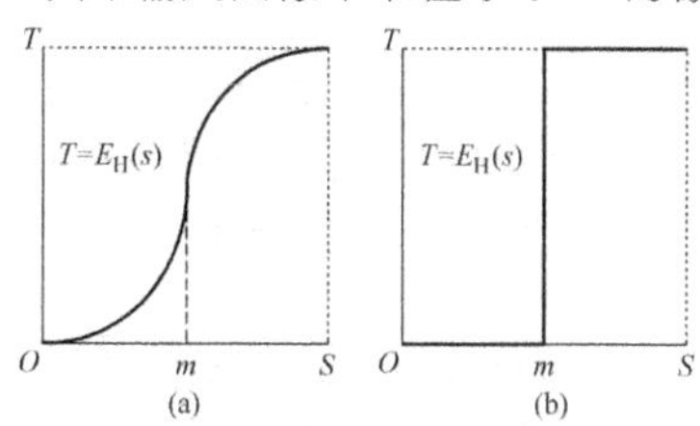

图C23 对比度操纵函数示意图

素变成黑色而取值大于 m 的像素变成白色。

contrast ratio⇔对比率

对某一个场景(给定设备和环境)而言,最亮的白色和最暗的黑色之间的亮度比。比值越大,从黑到白的渐变层次就越多,从而色彩表现越丰富。对比度对视觉效果的影响非常关键,一般来说对比度越大,图像越醒目,细节越清晰,色彩也越鲜明艳丽;而对比度小,则会让整个画面都灰蒙蒙的。高对比度对于图像的清晰度、细节表现、灰度层次表现等都有很大帮助。

contrast sensitivity⇔对比感受度,对比敏感度

人类视觉系统反映区分亮度差别的程度。也与观察目标的大小和呈现时间长短有关。如果用由粗细不同和对比度不同的线条组成的栅格进行测试,眼睛所觉察到的栅格亮暗线间的对比度与原测试栅格亮暗线间的对比度越接近,就认为对比敏感度越大。在理想条件下,视力好的人能够分辨 0.01 的亮度对比,也就是对比感受度最大可达到 100。

另一方面,也可指人眼在观察到的对比度发生变化时的敏感程度,定义为能被一个观察者检测到的最小亮度差。这可用由两个相邻块结合成的测试模式的亮度比率来测量,如图 C24。观察者的视场大部分被环境亮度(Y_0)所填满。在中心区域,左半圆部分有一个测试亮度值(Y)而右半圆部分有一个稍微增加的亮度值($Y+\Delta Y$)。逐步调整 ΔY 值,被试者要指出何时两个半圆之间的差变得可观察到了,此时记录对应的 Y 和 ΔY 值。这个过程要对相当宽范围的亮度值重复进行。

图 C24 对比敏感度测试模式

contrast sensitivity threshold⇔对比敏感度门限

人类视觉系统的一种特性描述指标。如果一幅图像的背景亮度越高,则人类视觉系统的**对比敏感度**就越大,门限就越高,此时人眼对图像区域所附加噪声的敏感度就越小(就越不容易观察到噪声)。利用这个特性,可知如果在图像中的高亮度区域进行水印嵌入,则所能嵌入的附加信息就可以越多。

contrast stretching⇔对比度扩展(技术),对比度拉伸(技术)

一种**直接灰度映射**增强技术。**对比度操纵**的一种特例。也称灰度拉伸。使用单增的**点操作**来扩展图像中的某个灰度范围到更大的灰度范围,以增加或增强某个小范围中的图像细节的可见度。其效果是增强图像**对比度**，即图像各部分间的**反差**。实际中往往通过增加增强前图像里某两个灰度值间的动态范围来实现。

contrast theory ⇔ **对比假说**

几何图形视错觉理论中，认为在对景物进行判断时由于对比了不同的参考物而使判断向对立面转化的观点。例如大小相同的两个圆周，由于位于一圈小圆或一圈大圆的不同包围之中而显得大小不同（大圆包围的圆周比小圆包围的圆周小），如图 C25 所示。

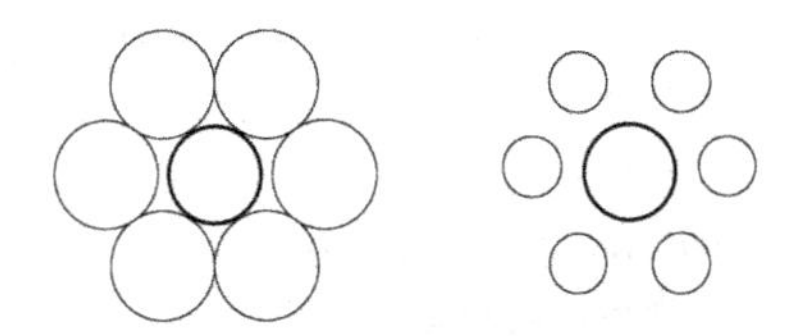

图 C25　可用对比假说解释的一种几何图形视错觉

control point ⇔ **控制点**

1. **几何失真校正**中的对应点。借此可计算坐标变换参数实现空间变换。

2. **图像配准**中，基于特征的配准中常用的一种典型特征。借此可利用最小二乘等方法计算出配准参数，从而对图像进行配准。

convergence ⇔ **辐合，会聚**

在观看一个物体时，两只眼睛相互往对方转动的现象。物体越近，会聚作用越大。会聚作用是深度视觉的一种线索，约在 15～18 m 之外就失去作用。参阅 **non-visual indices of depth**。

convex deficiency ⇔ **凸残差，凸亏量**

一个目标**区域**与其**凸包**的差。目标及其凸包都可看作集合，所以凸亏量也是一个集合。目标为凸体的，其凸亏量为空集。

convex hull ⇔ **凸包**

围绕区域表达技术中，包含**目标区域**的最小凸形的一种几何基元。

convex-hull construction ⇔ **凸包构造**

利用**二值图像数学形态学**运算获得区域**凸包**的一种方法。给定一个集合 A，令 $B_i(i=1,2,3,4)$ 代表 4 个**结构元素**，先构造

$$X_i^k=(X_i^{k-1}\Uparrow B_i)\cup A$$

其中，$i=1,2,3,4$；$k=1,2,3,4$；$\Uparrow$表示**击中-击不中变换**；$X_i^0=A$。令 $D_i=X_i^{\text{conv}}$，其中上标"conv"表示 X 在 $X_i^k=X_i^{k-1}$ 意义下收敛，则 A 的凸包可表示为

$$C(A)=\bigcup_{i=1}^{4}D_i$$

换句话说，构造凸包的过程是：先用 B_1 对 A 迭代地进行**击中-击不中变换**，当没有进一步变化时将得到的结果和 A 求并集，并将结果记为 D_1；再用 B_2 对 A 重复进行迭代和求并集并将结果记为 D_2；接着再用 B_3 和 B_4 分别重复进行，得到 D_3 和 D_4；最后将四个结果 D_1,D_2,D_3,D_4 求并集就得到 A 的凸包。

convexity ⇔ **凸性**

同 **convexity ratio**。

convexity ratio⇔凸(状)率

刻画一个目标与其相对应凸形状体差别的测度。也称为**稳健性**或**凸性**。目标 X 的凸率表示为 $\text{area}(X)/\text{area}(C_X)$,其中 C_X 代表目标 X 的凸包。对凸体目标,其凸率为 1,而对其他形状目标,凸率小于 1(总大于 0)。

convex region⇔凸区域

一种由特定像素集合构成的区域。对该区域中的每对像素,区域都包含了将该对像素连接起来的数字直线段。

convolution⇔卷积

对线性系统的一种基本数学运算。两个函数 $f(x,y)$ 和 $g(x,y)$ 的卷积可表示为

$$f(x,y)\otimes g(x,y)$$
$$=\int_{-\infty}^{\infty}\int_{-\infty}^{\infty} f(x-u,y-v)g(x,y)\mathrm{d}x\mathrm{d}y$$
$$=\int_{-\infty}^{\infty}\int_{-\infty}^{\infty} f(x,y)g(x-u,y-v)\mathrm{d}x\mathrm{d}y$$

卷积具有乘法运算的基本性质,即对三个函数 $f(x,y)$、$g(x,y)$ 和 $h(x,y)$,有

$$f(x,y)\otimes g(x,y)=g(x,y)\otimes f(x,y)$$
$$[af(x,y)+bg(x,y)]\otimes h(x,y)=af(x,y)\otimes h(x,y)+bg(x,y)\otimes h(x,y)\quad a,b\in\mathbf{R}$$
$$[f(x,y)\otimes g(x,y)]\otimes h(x,y)=f(x,y)\otimes[g(x,y)\otimes h(x,y)]$$

卷积在**图像工程**中用很广泛,在处理图像时可对每个像素计算该像素值和其相邻像素值的一个加权和。依赖于对权重的选择,可以实现很多不同的**空域**图像处理操作。

convolution backprojection⇔卷积反投影,卷积逆投影

一种**反投影重建法**。可根据**傅里叶变换**的**投影定理**推出。重建流程图如图 C26,其中 $\mathcal{R}$ 代表拉东变换。先对投影数据(拉东变换结果)用卷积函数进行卷积,然后将卷积结果反投影回图像空间得到重建图像。

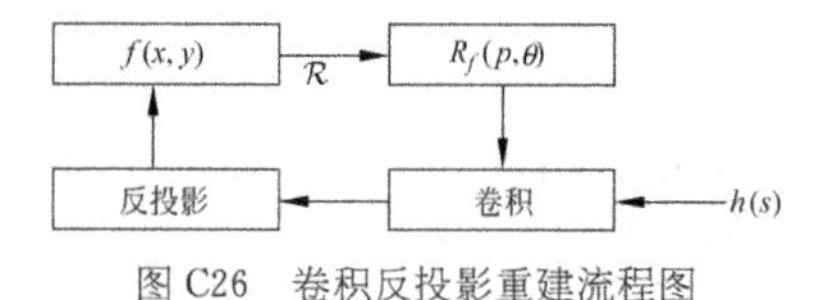

图 C26 卷积反投影重建流程图

convolution mask⇔卷积模板

实现**空域滤波技术**的局部算子或**子图像**。常用的**卷积模板**尺寸一般为奇数,如 3×3,5×5,7×7,9×9。

convolution theorem⇔卷积定理

傅里叶卷积定理的简称。

co-occurrence matrix⇔共生矩阵

一种广为人知和广泛使用的**纹理特征**表达形式。考虑 $W\times H$ 的一幅图像 $f(x,y)$,将其二阶统计累计入一组 2-D 矩阵 $\boldsymbol{P}(r,s|\boldsymbol{d})$,每一个都记录在给定位移矢量 $\boldsymbol{d}=(d,\theta)=(\mathrm{d}x,\mathrm{d}y)$ 情况下,所测量到的两个灰度值 r 和 s 具有空间依赖性(所以也称**灰度共生矩阵**)。以距离 $\boldsymbol{d}$ 分开的 r 和 s 的出现次数(频率),成为共生矩阵 $\boldsymbol{P}(r,s|\boldsymbol{d})$ 的 (r,s) 项的值。共生矩阵可写成

$$\boldsymbol{P}(r,s|\boldsymbol{d})=\|\{((x_1,y_1),(x_2,y_2)):f(x_1,y_1)=r,f(x_2,y_2)=s\}\|$$

其中 $(x_1,y_1),(x_2,y_2)\in W\times H$,$(x_2,y_2)=(x_1\pm\mathrm{d}x,y_1\pm\mathrm{d}y)$,$\|\cdot\|$ 是

集合的基数。从共生矩阵可以推出如能量、熵、反差、均匀度和相关等纹理特征。但基于共生矩阵的纹理特征也有一些缺点。目前还没有优化 $\boldsymbol{d}$ 的统一方法。需要减小共生矩阵的维数以使其可管理。需要保证各个共生矩阵的项数统计上可靠。对给定的位移矢量,可计算出大量的特征,这表明需要有精细的**特征选择**过程。

cool color ⇔ 冷色

人观察后能给予凉爽感觉的颜色。如青、蓝、绿色。比较 **warm color**。

cooling schedule for simulated annealing ⇔ 用于模拟退火的冷却进度表

在**模拟退火**中用于减少温度的公式。已经证明,如果使用

$$T(k)=\frac{C}{\ln(1+k)},\quad k=1,2,\cdots$$

其中 k 是迭代次数,C 是一个正的常数,模拟退火算法将可以收敛到**代价函数**的全局最小。但是,这个冷却进度非常慢。所以,常使用替代的亚最优冷却进度

$$T(k)=aT(k-1),\quad k=1,2,\cdots$$

这里选择 a 为一个接近 1 但小于 1 的数。典型的值是 0.99 或 0.999。起始值 $T(0)$ 要选的足够高以使得所有的组态基本上有相同的可能性。实际中,需要考虑代价函数的典型值以选择一个合适的 $T(0)$ 值,典型的值在 10 的量级。

coordinate-dependent threshold ⇔ 依赖坐标的阈值

一种用于**阈值化**的**阈值**。在选取时不仅考虑各个像素本身的性质和各个像素局部区域(**邻域**)的性质,而且考虑各个像素在图像中的坐标位置。也称**动态阈值**,因为对一幅图像是逐点变化的,即依赖于像素坐标。比较 **pixel-dependent threshold** 和 **region-dependent threshold**。

coordinates of centroid ⇔ 重心坐标

区域重心点的坐标。等于区域沿坐标轴坐标的一阶矩。

coordinate transformation ⇔ 坐标变换

空间坐标变换的简称。

coplanarity invariant ⇔ 共面不变量

一种用来确定在至少两个视图中的 5 个对应点是否在 3-D 空间中共面的投影不变量。这 5 个点允许构建一组 4 个共线点,并可以计算**交叉比**的值。如果这 5 个点共面,那么交叉比的值在两个视图中一定相同。图 C27 中,点 A 以及线 AB、AC、AD 和 AE 用来定义任何与之相交的直线 L 的不变的交叉比。

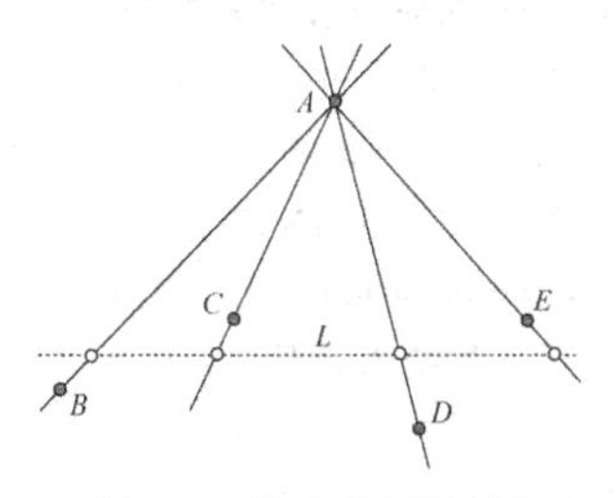

图 C27　共面不变量示例

C-optotype ⇔ C 型视标

一种用来确定**视敏度**的国际通用眼图中的视标。如图 C28 所示,横向和纵向均由 5 个细节单位组成,

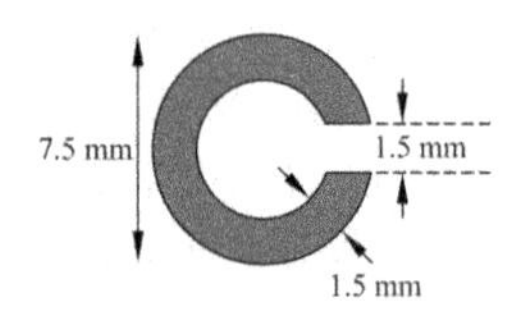

图 C28 标准 C 型视标

黑线条宽度为直径的 1/5，环的开口也是直径的 1/5。当视标的直径为 7.5 m 时，环的开口为 1.5 mm。进行视力检查时，将视标放在距受试者 5 m 处(照明光线接近 150 lx(勒克斯))，让受试者指出缺口的方向(此时缺口在视网膜上形成的映像大小为 0.005 mm)，如果能正确指出者，便认为视力正常，定为 1.0。

corner point ⇔ **角点**

1. **目标检测**中，两条垂直相交的边缘的交点。

2. **链码**表达中，链码方向发生变化的点。

corner detector ⇔ **角点检测器**

检测**角点**的算子，可以是微分算子(如各种**梯度算子**)，也可以是积分算子(如 **SUSAN 算子**)。

correction equation ⇔ **校正方程**

用**卡尔曼滤波器**进行目标跟踪的两个步骤之一所用的方程。给出了被跟踪目标点在观测后对应位置和噪声方差变量的最优估计值(速度为常数且噪声为高斯噪声时)。

correlated color temperature ⇔ **相关色温**

光源发射的光与**黑体**在某一温度辐射光的颜色最接近(即在 CIE 1960 UCS 图上色距离最近)时的黑体温度。

correlated color temperature ⇔ **相关彩色/颜色温度**

对某一**光源**，由黑色辐射体的温度所定义的颜色温度。在这个温度下，黑色辐射体所产生的彩色在感知上与光源所产生的彩色在相同的亮度和相同的观察条件下最为接近。以最常用的光源 D_{65} 为例，其相关彩色温度为 6504 K。

correlation ⇔ **相关**

1. 一种数学运算。两个函数 $f(x,y)$和 $g(x,y)$的相关可表示为

$$f(x,y) \oplus g(x,y)$$
$$= \int_{-\infty}^{\infty}\int_{-\infty}^{\infty} f(x+u,y+v)g(x,y)\mathrm{d}x\mathrm{d}y$$
$$= \int_{-\infty}^{\infty}\int_{-\infty}^{\infty} f(x,y)g(x+u,y+v)\mathrm{d}x\mathrm{d}y$$

$f(x,y)$和 $g(x,y)$是同一个函数时称为**自相关**；不是同一个函数时称为**互相关**。

2. 两个或更多个量之间的线性关联或依赖程度。

correlation-based stereo ⇔ **基于相关的立体视觉**

借助在两幅图像中计算局部邻域互相关以发现对应点，再用立体三角算出深度来进行的稠密(即对每个像素)**立体重建**。

correlation coefficient ⇔ **相关系数**

模板匹配中的一种相似度量函数。设需要匹配的是一个尺寸为

$J\times K$的模板图像 $w(x,y)$与一个尺寸为 $M\times N$ 的大图像 $f(x,y)$，$J\leqslant M$，$K\leqslant N$。$f(x,y)$和 $w(x,y)$之间的相关系数可写为

$$C(s,t)=\frac{\sum_x\sum_y[f(x,y)-\bar{f}(x,y)][w(x-s,y-t)-\bar{w}]}{\left\{\sum_x\sum_y[f(x,y)-\bar{f}(x,y)]^2\sum_x\sum_y[w(x-s,y-t)-\bar{w}]^2\right\}^{1/2}}$$

其中，(s,t)是匹配位置；$s=0,1,2,\cdots,M-1$；$t=0,1,2,\cdots,N-1$；$\bar{w}$是 w 的均值(只需算一次)；$\bar{f}(x,y)$是 $f(x,y)$中与 w 当前位置相对应区域的均值。

相关系数对**相关函数**进行了归一化，所以对 $f(x,y)$和 $w(x,y)$幅度值的变化不太敏感。

correlation distortion metric⇔相关失真度量

根据原始图像和**水印图像**的差值来评定**水印**失真的一种客观指标。典型的度量包括**归一化互相关**和**相关品质**。

correlation function⇔相关函数

模板匹配的一种相似度量函数。设需要匹配的是一个尺寸为 $J\times K$ 的模板图像 $w(x,y)$与一个尺寸为 $M\times N$ 的大图像 $f(x,y)$，$J\leqslant M$，$K\leqslant N$。$f(x,y)$和 $w(x,y)$之间的相关函数可写为

$$c(s,t)=\sum_x\sum_y f(x,y)w(x-s,y-t)$$

其中，(s,t)是匹配位置；$s=0,1,2,\cdots,M-1$；$t=0,1,2,\cdots,N-1$。比较 **correlation coefficient**。

correlation minimum⇔最小相关

模糊推理中一种**模糊结合**方法。对原始的结果通过模糊隶属度函数进行截断来限定模糊结果的隶属度函数，其特点是计算简单、去模糊化简单。比较 **correlation product**。

correlation model⇔相关模型

传感器分量模型中，借助各传感器间的相关程度来描述其他传感器对当前传感器的影响的一个分量。

correlation noise⇔相关噪声

对信号的影响随信号变化的**噪声**。比较 **additive noise**。

correlation product⇔相关积

模糊推理中，对原始结果通过模糊隶属度函数进行放缩而不是截去的一种**模糊结合**方法。这样可以保持原始模糊集的形状。比较 **correlation minimum**。

correlation quality⇔相关品质

一种典型的**相关失真测度**。如果用 $f(x,y)$代表原始图像，用 $g(x,y)$代表嵌入水印的图像，图像尺寸均为 $N\times N$，则相关品质可表示为

$$C_{cq}=\frac{\sum_{x=0}^{N-1}\sum_{y=0}^{N-1}g(x,y)f(x,y)}{\sum_{x=0}^{N-1}\sum_{y=0}^{N-1}f(x,y)}$$

correlation theorem⇔相关定理

傅里叶相关定理的简称。

correlogram⇔相关图

对反映两个变量之间联系函数的

图解结果。英语词源自 correlation diagram。

correspondence⇔对应

1. **图像配准**中,不同图像对应点之间的联系。

2. **立体视觉**一对图像中,由相同景物点成像得到的对应点之间的联系。

correspondence analysis⇔对应性分析

在两幅图像间自动确定对应元素的过程。参阅 **stereo matching**。主要方法可分为**基于区域的对应性分析**和**基于特征的对应性分析**。

correspondence matching⇔对应匹配(技术)

在本应相关的事物和表达间建立联系的过程或技术。典型的有:**对应点**匹配,**动态模式匹配**,**模板匹配**,**惯量等效椭圆匹配**,**目标匹配**,**关系匹配**,**字符串匹配**,**结构匹配**等。

corresponding⇔对应化

轮廓内插和拼接中的一个问题或步骤。包括两个层次。首先,如果在两个平面中都只有一个轮廓,那么对应问题仅涉及在相邻的平面轮廓中确定对应关系和对应点。其次,如果在这两个平面中都有不只一个轮廓,问题将更复杂。要确定不同平面中的对应轮廓,不仅要考虑轮廓的局部特征,还需要考虑轮廓的全局特征。

corresponding points⇔对应点

在**双目视觉**中,两幅视网膜图像中对应同一个被观察物体的两个点。可看作两个成像系统对同一物体的成像。如果一幅图像中的一个点 p 和另一幅图像中的一个点 q 是同一个 3-D 点的不同投影,则构成一个对应点对 (p,q)。视觉对应问题就是要匹配从同一个场景获得的两幅图像中的所有的对应点。

$\cos^2$ fringe⇔余弦平方条纹

光强分布与余弦平方成正比的条纹。此时,余弦的变量与**波长** λ 成反比,与条纹发生处的距离 x 成正比,即 $I=A\cos^2(Cx/\lambda)$,式中 A、C 均为实验中的常量。可见这种条纹的明暗分布是等宽的。

$\cos^4$ law of illuminance⇔照度余弦四次方定律

镜头组在某点成像的照度 E 随指向该点的主光线与光轴所成的角 w 的余弦四次方成正比。可表示为 $E=E_0\cos^4 w$,其中 E_0 为光轴上像点的照度。指明广角物镜所成像的边缘部分的光度会下降很快。在焦面上轴外像对于轴上像的照度之比称为相对照度。

cosine-cubed law⇔余弦立方律

照明技术中的一条定律。当一均匀点光源(发光强度 I 不随方向变化)对相距 d 的平面照射时,在平面上任意点 P 的照度为 $Id^{-2}\cos^3\theta$。式中 θ 为光源到 P 点连线与法线的夹角(入射角)。

cosmic radiation⇔宇宙辐射

初级辐射、次级辐射、电磁级联辐

射以及这三者导致的大气簇射的合称。其中包括多种不稳定的短寿命(10^{-8}～10^{-6} s)的介子。次级辐射中还有能量超过 10^{15} eV 的单个强粒子产生的广延簇射，面积达 1000m^2。

cosmic ray⇔宇宙(射)线

来自宇宙空间的高能粒子流。来源至今尚未完全搞清楚。地球大气层外的宇宙射线称为初级或原始宇宙射线，主要成分是质子，其次是 α 粒子和少量轻原子核，能量极高，达 10^{20} eV 以上。进入大气层后，与大气层分子、原子、离子碰撞并受地磁作用后使其蜕变，蜕变物质中有属亚原子粒子的 π 介子，π 介子又产生 μ 子，形成次级宇宙射线(成分中一半以上是 μ 子)，这部分射线穿透能力很大，能透入深水和地下，称为硬性部分。另一部分主要是电子和光子，穿透能力较小，称为软性部分。各种宇宙射线都可通过成像进行观察和研究。

cost function⇔代价函数

1. 用**图结构**表示图像的**图像分割**中，对图中结点间的各弧所定义的函数。例如，在图搜索分割方法中，可对每对相邻像素和确定的边缘元素定义代价函数，函数值常与两个像素的灰度值差成反比；在图割分割方法中，对连接一对相邻像素的弧以及将像素和终端结点连接起来的弧都需要定义代价函数，函数值既与弧两个端结点对应像素的灰度值自身有关，也与两个端结点对应像素间的灰度差有关。

2. 见 **partition function**。

covariance of random variables⇔随机变量的协方差

两个**随机变量与各自均值之差**的乘积的均值。表达式为

$$c_{ij} \equiv E\{(f_i - \mu_{f_i})(f_j - \mu_{f_j})\}$$

covert channel⇔隐蔽信道

秘密通信时常采用的信道。其中嵌入的信息(接收方需要的)与载体(不是接收方需要的)无关，载体只用来帮助传输嵌入信息。

crack code⇔缝隙码

一种不是对像素本身编码，而是对像素之间的缝隙编码的轮廓表达方法。可看作是 4-方向链码，而不是 8-方向链码。比较 **chain code**。

crack edge⇔缝隙边缘

在线标记研究中，表达两个对齐的块相接触位置的边缘。既不是阶跃边缘也不是**折叠边缘**。

crease⇔折痕

3-D 可视表面的朝向突然变化或两个 3-D 表面成一定角度交接时形成的**轮廓标记**。在折痕两边，3-D 表面上的点是连续的，但表面的法线方向不连续。

CRF⇔条件随机场

conditional random field 的缩写。

Crimmins smoothing operator⇔克里明斯平滑算子

一种用以减少**椒盐噪声**的迭代算法。采用了一种非线性噪声消减技

术，比较每个像素的灰度与其周围8个**邻域像素**的灰度，然后增加或减少该像素的灰度以使其对周围环境更有代表性。如果该像素的灰度值比周围像素低则增加灰度，比周围像素高则减少灰度。迭代的次数越多，噪声减少得越多，但细节也越模糊。

crisp set theory ⇔ 明确集理论

与**模糊集理论**相对的传统的集合理论。其中一个元素或者完全属于某一集合或者完全不属于该集合。

criteria for analytical method ⇔ 分析法准则

图像分割评价中，适合于分析分割算法本身的评价准则。可以是定性的也可以是定量的。典型的有：**所结合的先验信息**，**处理策略**，**计算费用**，**检测概率比**，**分辨率**等。

critical flicker frequency ⇔ 临界闪烁频率

在较短周期内让不同的光在一定视场上交替出现时，能感觉到的恒定刺激的最小闪烁频率。

critical motion ⇔ 临界运动

移动摄像机的**自校准**中，校准算法对有些运动不能给出唯一解的情形。自校准不能实现的序列称为临界运动序列。

cross-correlation ⇔ 互相关，交叉相关

两个不同函数之间的相关。两个信号交叉相关可通过表达信号的矢量或矩阵的点积来计算。

cross-correlation of random fields ⇔ 随机场的互相关

两个**随机场**(即由两个不同随机试验生成的两个系列图像) f 和 g 之间的互相关。可表示为

$$R_{fg}(\boldsymbol{r}_1, \boldsymbol{r}_2) = E\{f(\boldsymbol{r}_1 : w_i) g(\boldsymbol{r}_2 : w_j)\}$$

cross-covariance of random fields ⇔ 随机场的互协方差

两个**随机场**(即由两个不同随机试验生成的两个系列图像) f 和 g 的互协方差。可表示为

$$\begin{aligned} C_{fg}(\boldsymbol{r}_1, \boldsymbol{r}_2) &= E\{[f(\boldsymbol{r}_1 : w_i) - \mu_f(\boldsymbol{r}_1)][g(\boldsymbol{r}_2 : w_j) - \mu_g(\boldsymbol{r}_2)]\} \\ &= R_{fg}(\boldsymbol{r}_1, \boldsymbol{r}_2) - \mu_f(\boldsymbol{r}_1)\mu_g(\boldsymbol{r}_2) \end{aligned}$$

cross entropy ⇔ 交叉熵

图像信息融合中一种基于信息量的**客观评价**指标。也称**有向散度**。**融合图像**与原始图像之间的交叉熵直接反映了两幅图像所含信息量的相对差异。参阅 **symmetric cross entropy**。

crossing number ⇔ 交叉数

反映区域的结构信息的一种**拓扑描述符**。考虑一个像素 p 的 **8-邻域**像素 q_i ($i=0,1,\cdots,7$)，从任何一个 **4-邻域**像素的位置开始，以绕 p 的顺时针方向编号。根据像素 q_i 为白或黑赋值0或1，交叉数 $S_4(p)$ 即表示在 p 的8-邻域中 **4-连通组元**的数目，可写为

$$S_4(p) = \prod_{i=0}^{7} q_i + \frac{1}{2}\sum_{i=0}^{7} |q_{i+1} - q_i|$$

crossover ⇔ 交叉

遗传算法的基本运算之一。是将

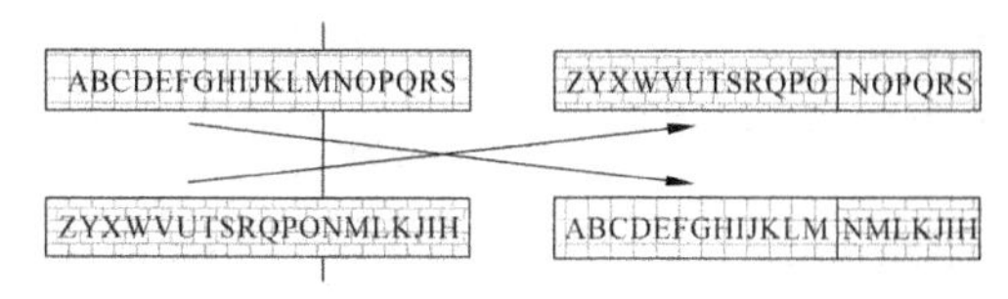

图 C29　码串交叉示意图

新产生的码串随机配对，对每对码串随机确定一个边界位置，通过对换码串对的头和边界位置来产生新的码串，如图 C29 所示。

并不是所有新产生的码串都要进行交叉。一般用一个概率参数控制需要交叉的码串数。还有一种方法是让最好的复制码串保持其原来的形式。

cross ratio⇔交叉比

根据任何一个 1-D 投影空间的 4 个点生成一个标量的最简单的投影不变量。图 C30 中 4 个点 ABCD 的交比为

$$\frac{(r+s)(s+t)}{s(r+s+t)}$$

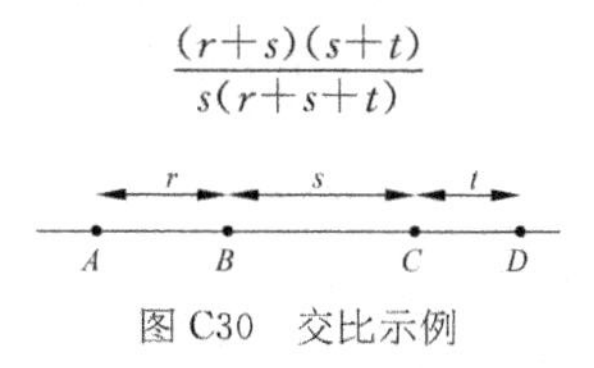

图 C30　交比示例

cross section⇔横断面，横截面，横剖面，横切面；移动截面

1. 横断面，横截面，横剖面，横切面：对辐射的吸收或散射的测量面。可看作是完全吸收或散射辐射的散射媒介的有效面积。

2. 移动截面：**广义圆柱体表达**中的一类基元。边界可以是直线或曲线，可以是旋转及反射对称或不对称的，也可以是仅旋转或仅反射对称的，在移动时形状可以变化或不变化。面积也可以变化。

cross section of human eye⇔人眼横截面

从人体侧面观察人眼的断面。图 C31给出一个简化的人眼横截面，借此可了解与成像有关的人眼解剖结构和特性原理。

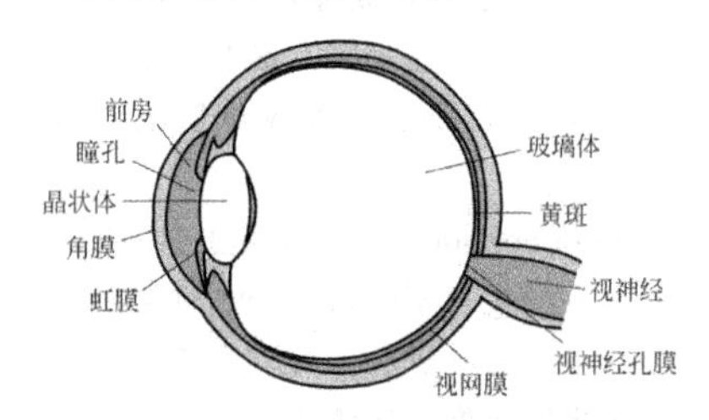

图 C31　人眼横截面示意图

CRT⇔阴极射线管

cathode-ray tube 的缩写。

cryptography⇔密码学

研究编制密码和破译密码的技术科学。其中，研究密码变化的客观规律，应用于编制密码以保守通信秘密的，称为编码学；而应用于破译密码以获取通信情报的，称为破译学。

在图像工程中的图像水印技术与密码学有一些相通之处，它们都强

调保护信息内容本身。密码技术本身可用来隐藏信息，所以也可作为一种著作权保护技术。

CS⇔压缩采样；压缩感知

1. **compressive sampling** 的缩写。

2. **compressive sensing** 的缩写。

CSG⇔构造实体几何，结构刚体几何

constructive solid geometry 的缩写。

CT⇔计算机层析成像

computed tomography **或 computerized tomography** 的缩写。

CT image⇔CT 图像

计算机层析成像中借助**投影重建**技术获得的图像。主要采集方式包括：①**透射断层成像**；②**发射断层成像**，又可分为两种：①**正电子发射层析成像**；②**单光子发射计算机层析成像**。

Cumani operator⇔库马尼算子

一种基于图像函数的二阶偏微分或二阶方向导数来检测**彩色图像**或**多光谱图像**中**边缘**的方法。

cumulative distribution function [CDF] ⇔累积分布函数

对分布函数进行累积计算的一种单值不减函数。例如，对图像的灰度统计直方图（一种典型的灰度分布函数）进行累积就得到该图像的累积灰度统计直方图。设一幅有 K 个灰度的图像中有 N 个像素，则该图像的灰度统计直方图可表示为

$$H(k) = n_k / N, \quad k = 1, 2, \cdots, K$$

其中 n_k 为图像中具有第 k 级灰度值的像素数。而该图像的累积灰度统计直方图可表示为

$$A(k) = \sum_{i=1}^{k} \frac{n_i}{N}, \quad k = 1, 2, \cdots, K$$

cumulative effect of space on vision⇔视觉的空间累积效应

视觉的一种**空间特性**。观察物体时，如果每个光量子都被一个柱细胞所吸收，则以 50% 的概率觉察到刺激的临界光能量 E_c 与物体可见面积 A 和表面亮度 L 成正比，即

$$E_c = kAL$$

其中 k 为一个常数，与 E_c，A，L 所用的单位有关。注意，能使上述关系满足的面积有一个临界值 A_c（对应 0.3 **球面度**的圆立体角），当 $A < A_c$ 时，上述定律成立，否则不成立。

cumulative effect of time on vision⇔视觉的时间累积效应

视觉的一种**时间特性**。观察只有一般亮度的物体时，眼睛受刺激的程度和刺激的时距（观察时间长度）在时距小于给定值时成正比。如果令 E_c 为以 50% 的概率觉察到刺激的临界光能量，则它与物体可见面积 A、表面亮度 L 和时距 T 成正比，即

$$E_c = ALT$$

上式成立的条件是 $T < T_c$，T_c 为临界时距。

cumulative histogram⇔累积直方图，累计直方图，累加直方图

对图像统计的一种表达形式。对一幅**灰度图像**，其灰度统计累积直方图是一个 1-D 的离散函数。根据

对**直方图**的定义，累积直方图可写成

$$H(k)=\sum_{i=0}^{k}n_i,\quad k=0,1,\cdots,L-1$$

其中 n_i 为原始直方图中第 i 列中像素的个数。

累积直方图中列（直方条）k 的高度给出图像里灰度值小于等于 k 的像素的总数。例如，对于图 C32(a) 的一幅图像，其灰度统计累积直方图可表示为图 C32(b)。

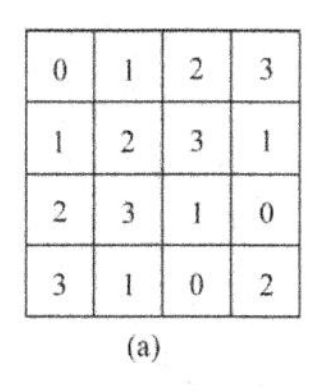

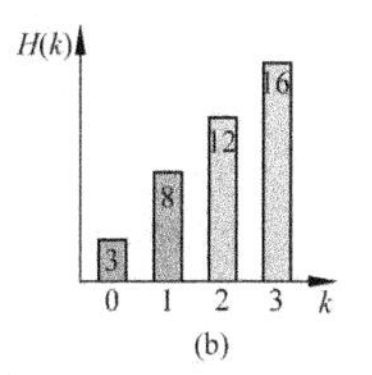

图 C32 灰度图像和其累积直方图示例

curvature⇔曲率

描述某个对象（曲线、曲面等）相对于某个认为是平坦的对象（直线、平面等）在其性质方面的偏离程度。适用于数、矢量、张量等各种量。从数学上说，曲率是斜率（slope）的改变率。**目标轮廓**或目标表面各点的曲率描述了轮廓或表面的局部几何性质。

curvature-driven diffusion⇔曲率驱动扩散

一种**图像修复**模型。是为了克服图像修复的**全变分模型**会破坏连通性的问题而提出来的。其中在沿照度线的扩散中将曲率考虑进去，以便把所产生的间断连接上。

curvature of boundary⇔边界曲率

一种可用作**边界描述符**的简单边界参数。在描述**目标轮廓**时给出了轮廓上各点沿轮廓前进时的方向变化情况。实际应用中，**曲率**的符号给出了轮廓各点的凹凸性。如果曲率大于零，则曲线凹向朝着该点法线的正向。如果曲率小于零，则曲线凹向朝着该点法线的负方向。如果沿顺时针方向跟踪边界，则一个点的曲率大于零说明该点属于凸段的一部分，否则为凹段的一部分。

curve approximation⇔曲线逼近

一类基于边界的**目标表达**技术。利用一些几何基元（直线段、样条等）去逼近并表达目标的轮廓线，以简化表达的复杂度并节省数据量。

curve invariant point⇔曲线不变点

随投影变换改变时几何特性不变的曲线上的点。可辨识出来并用于建立同一个场景多视场间的对应性。两种典型的不变点是拐点和双切点，如图 C33 所示。

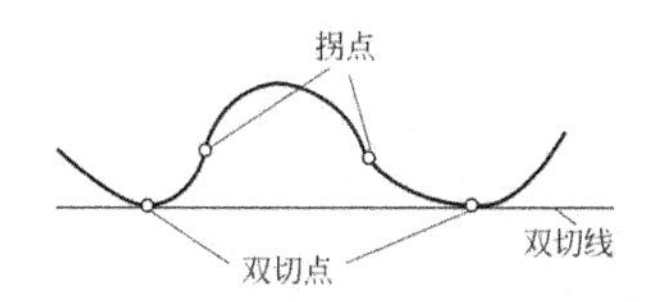

图 C33 曲线不变点示例

curve pyramid⇔曲线金字塔

在多尺度上表示曲线的符号图像序列。主要操作自底向上，将曲线的局部短片段构建成长片段。如果片段借助正方形单元的标记边用二

值的“曲线联系”来描述，则短片段的级联可通过选取曲线联系的传递闭包来严格实现。如果要使所获得的金字塔具有“长度缩减性质”（在高层，具有许多片段的长曲线保留下来，而短片段在若干个缩减步骤后被消除），就需要重叠的金字塔。

cusp point ⇔ **尖点**

曲线**奇异点**的一种。还可分为第一类尖点和第二类尖点，分别对应图 R6(d)和(a)。

cut edge ⇔ **割边**

在**图**中，将其删除会增加连通单元数的边。可以证明，当且仅当一条边不属于任何一个（封闭）**圆环**时，就是一条割边。对图 G，可用 $G-e$和 $G-E$ 分别表示从 G 中删除一条边 e 和一个边集 E 所得到的子图。图 C34 中，边 ux、uw、xw 均属于圆环，不可能是割边，只有边 uv 是割边（删除后，顶点 v 仍保留）。比较 **cut vertex**。

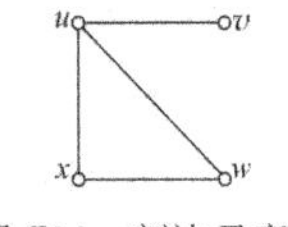

图 C34 割边示意图

cutoff frequency ⇔ **截断频率，截止频率**

1. **频域滤波器**中通过频率和阻止频率的分界频率。为一个非负整数。对**理想滤波器**，截止频率两边的分量，一边可以完全不受影响地通过滤波器而另一边则完全通不过滤波器。对非理想滤波器，可取使滤波器输出幅度降到最大值的某个百分比的频率为截止频率。常用的百分比为 50%或 70.7%。

2. **人类视觉系统**可感知的最高空间频率和**时间频率**。也称视觉上的截止频率，应该是确定视频采样率的驱动因素（并不需要考虑超出那些频率因而感受不到的分量）。

cut vertex ⇔ **割点**

在**图**中将其删除会增加连通单元数的顶点。对图 G，可用 $G-v$ 和 $G-V$分别表示从 G 中删除一个顶点 v 和一个顶点集 V 所得到的子图。图 C35 中，顶点 u 是割点（删除后，边 uv、uw、ux 均不存在了，但顶点 v 仍保留）。比较 **cut edge**。

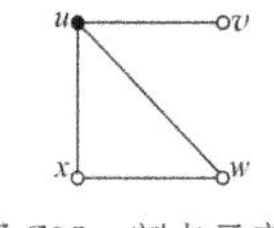

图 C35 割点示意图

CV ⇔ **计算机视觉**

computer vision 的缩写。

cyan [C] ⇔ **蓝绿**

颜料的**三基色**之一。也是光的**三补色**之一，即光的**二次色**之一。是绿光加蓝光的结果。

cybernetics ⇔ **控制机制**

运用**过程知识**进行决策的行为和过程。依赖于视觉处理的目的和已掌握的有关场景知识。根据控制顺序和控制程度的不同，可将常用控制机制和过程分成许多类，见图 C36。

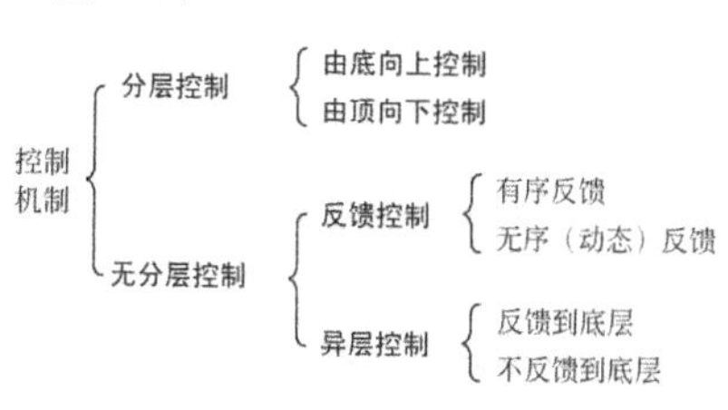

图 C36　控制机制分类

cycle ⇔ 圈

顶点数和边数相等的**图**。可将其顶点放置在一个圆周上(边线连成一个圈)，当且仅当两个顶点在圆周上相继出现时这两个顶点是相邻的。图 C37 画出由顶点 u,v,w,x,y 构成的圈，如果从圈中删去任一条边，则变成一条**通路**。

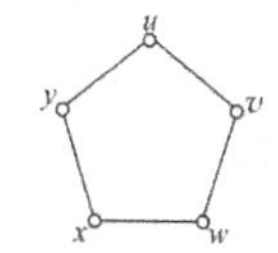

图 C37　圈示意图

cyclic action ⇔ 循环动作

周期或循环进行的**动作**和**活动**(如人行走或跑步)。可借助分析自相似矩阵来进行时域分割。进一步可给运动者加上标记，通过跟踪标记并使用仿射**距离函数**来构建自相似矩阵。如果对自相似矩阵进行频率变换，则频谱中的峰对应运动的频率(如要区别行走的人或跑步的人，可计算步态的周期)。对矩阵结构进行分析就可确定动作的种类。

cyclopean eye ⇔ 中央眼

成像与**双目成像**等效的单个假想视觉器官。当观察者将双眼的视力聚焦到一个较近的目标上时，两眼视线轴间有一定的角度，且均不垂直向前。但双眼在看物体时通过视轴的幅合(将两个视轴重合起来)而朝向一个共同的视线方向，并且得到的映像是单一的，好像是被一只眼所看到的。如果从主观感觉的角度来看，两只眼睛可以看作是一个单一的器官，并可用一个理论上假想的处于两眼正中的单一眼睛来代表这个器官。参阅 **central eye**。

cyclopean view ⇔ 中央视

立体图像分析中，位于两个相机间的基线中点，相当于用**中央眼的**观察点。当基于两个相机进行场景的**立体重建**时，需要考虑使用哪个坐标系来安排重建的 3-D 坐标，或者使用哪个视点来表达重建结果。

D

dark adaptation ⇔ **暗适应**

视网膜敏感度在入射光减少时相应增加响应的过程。也称为**亮度适应**。人由亮的环境转入暗的环境时，视觉感受性会逐步提高以适应暗环境。这里暗指在 0.03 sd/m^2（坎德拉每平方米）以下的亮度，此时主要由视网膜的**柱细胞**起作用。比较 **light adaptation**。

dark-field illumination ⇔ **暗场照明**

光源与被照射物体安置为一定的角度，仅将照射到被照射物体的特定部分的光反射到摄像机的照明情况。绝大部分光并未反射到**摄像机**。

database of image functions ⇔ **图像函数库**

一种将需表达的**知识**嵌入图像函数并组成库的**知识表达**方法。库中提供的功能可包括：输入输出操作（如读取、存储、数字化），基于单像素的操作（如**直方图**），基于邻域的操作（如**卷积**），**图像运算**（如算术和逻辑），变换（如**傅里叶变换**、**哈夫变换**），**纹理分析**，**图像分割**，**特征提取**，**目标表达**，**目标描述**，**模式识别**，**模式分类**，以及绘图，显示等辅助操作。

data mining ⇔ **数据挖掘（技术）**

通过数据中嵌入的**模式**和**知识**从非常大的数据集合中提取有用信息的信息获取技术。

data redundancy ⇔ **数据冗余**

图像压缩中，使用过多数据来表示信息而使一些数据代表了无用信息，或用一些数据重复地表示其他数据已表示的信息的现象。

图像压缩中有三种基本的数据冗余：①**编码冗余**；②**像素间冗余**；③**心理视觉冗余**。如果能减少或消除其中的一种或几种冗余，就能取得压缩的效果。

daylight vision ⇔ **（白）昼视觉**

在较强的光（约 1 cd/mr^2 以上）照射下的视觉。属于**亮视觉**。也称锥体视觉。

DBN ⇔ **动态信念网（络）**

dynamic belief network 的缩写。

DCT ⇔ **离散余弦变换**

discrete cosine transform 的缩写。

deblurring ⇔ **去模糊化**

对已**模糊**的图像进行处理以改善**图像质量**的操作。所用技术包括**逆滤波**等。

decimation ⇔ **抽样**

同 **down-sampling**。

decision function ⇔ **决策函数**

模式识别中，为对**模式**进行分类而用来判断类别的数值函数。

decision layer fusion⇔**决策层融合，决策级融合**

图像融合的三层之一。在最高层上进行，能根据一定准则以及每次决策的可信度直接做出最优决策。在决策层融合之前，对每种传感器获得的数据已经完成了目标分类或识别的工作。决策层融合常借助各种符号运算进行，优点是具有很强的容错性、很好的开放性和实时性，缺点是在融合时原始信息可能已有较大损失，所以空间和时间上的精度常较低。

decision rule⇔**决策规则**

模式分类中，目的是基于从图像中提取的特征将一个像素或目标赋给相应**模式类**的规则或算法。一条决策规则一般根据数据序列中的测量模式或对应的特征模式来给每个观察单位赋予且仅赋予一个（类别）标号。

declarative model⇔**说明性模型，声明式模型**

活动建模和识别中，基于逻辑方法，用场景结构、事件等描述所有期望的活动的模型。活动模型包括场景中目标间的交互。

declarative representation⇔**说明性表达**

知识表达中，将**知识**表示成稳定的状态事实集合并控制这些事实的通用过程（模型知识）。说明性表达型知识描述的是有关目标及其间联系的固定知识，如果要利用这些表达进行模式识别则需要进行匹配。该方法的优点之一是可用于不同的目的，每个事实只需储存一次，而且储存次数与用不同方法应用这些事实的次数无关；另一优点是比**过程表达型**的模块性强，更易更新，即很容易将新的事实加入现有集合，既不会改变其他事实，也不会改变表达过程。

decoding⇔**解码（方法）**

1. 对**图像编码**结果进行的与编码相反的操作过程。将图像的编码结果恢复成原始图像。图像编码的结果不一定是图像形式，应用中常需将编码结果恢复为图像形式。

2. **隐马尔可夫模型**的3个重点问题之一。

deconvolution⇔**解卷积**

消除**卷积**操作效果的操作。属于一种重要的重建工作。因为光学系统所导致的**模糊**可用卷积来描述，所以解卷积需要使用解卷积操作算子，该算子只在其**传递函数**没有零点时才存在。

DED⇔**差分边缘检测算子**

differential edge detector 的缩写。

deep learning⇔**深度学习（方法）**

机器学习中，属于无监督学习类型的一个分支。试图模仿**人脑**的工作机制，建立进行学习的神经网络来分析、识别和解释**图像**等数据。通过组合低层特征形成更抽象的高层表示属性类别或特征，以发现数据的分布式特征表示。这与人类在学习中先掌握简单概念，再用其去表示更抽象的语义类似。

deformable template⇔**可形变模板**

一种典型的**眼睛几何模型**。用一个圆和两条抛物线分别表示**虹膜**的轮廓和上、下眼帘的轮廓。一种改进的可形变模板见图 D1。可用一个 7 元组(O,Q,a,b,c,r,θ)来表示，其中 O 为眼睛的中心(放在坐标原点)，Q 为虹膜的中心，a 和 c 分别为上、下抛物线的高度，b 为抛物线的长度，r 为虹膜半径，θ 表示抛物线长轴与 X 轴间的夹角。在这个模型中，上、下抛物线的交点是两个角点(P_1 和 P_2)。另外，虹膜圆分别和上、下抛物线各有两个交点，构成另外四个角点(P_3 和 P_4，P_5 和 P_6)。

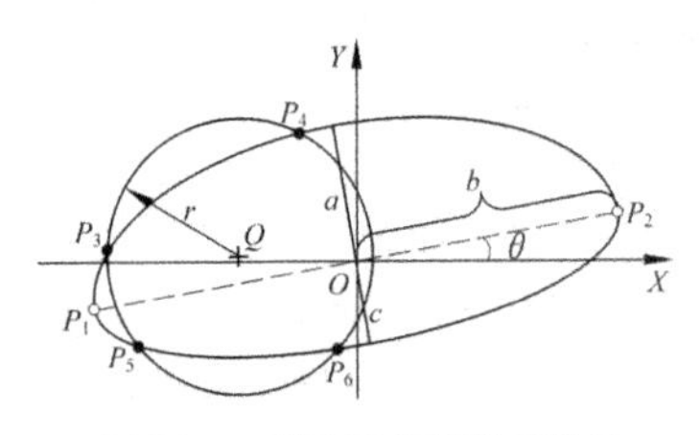

图 D1 一种改进的可形变模板

de-fuzzification⇔**去模糊化**

模糊推理的主要步骤之一。参见图 F12。在模糊结合的基础上，进一步确定一个能最好地表达模糊解集合中信息的、包含多个标量(每个标量对应一个解变量)的矢量，从而确定进行决策的精确解的技术和过程。这个过程要对每个解变量独立进行。两种常用的去模糊化方法是**结合矩**法和**最大结合**法。

degradated image⇔**退化图像**

原始图像受到**退化**后的结果。

degradation⇔**退化**

图像工程中，**图像质量**变差的过程。**图像退化**的简称。原指生物体的一部分器官机能减退，逐步变小，甚至完全消失。

degradation system⇔**退化系统**

导致**图像退化**的模块。例如，在**通用图像退化模型**中，图像退化过程被模型化为一个作用在输入图像上的线性系统。

degree⇔**度**

在(无环)**图**中，一个顶点 x 的关联边的数目 $d(x)$。如果是**有向图**，还可区分“入”和“出”，这里关联边指以 x 为端点的边。

degree of a graph node⇔**图结点的度**

图中两个相连接结点之间的权重。

degree of freedom[DoF]⇔**自由度**

用以描述物理量在坐标系中独立的变化数或变量数的一种参数。即能够自由取值的变量个数。如**像素**的位置在 **2-D 图像**中有 2 个自由度，而**体素**的位置在 **3-D 图像**中有 3 个自由度。在**色空间**中，一个彩色的自由度为 3；而在色度图上，一个彩色的自由度为 2。

deinterlacing⇔**去隔行化**

视频序列各个场中，填充跳过的行以实现采样率的上转换。主要方法基于时空域滤波，如行平均、**场合并**、行和场平均。

Delaunay triangulation ⇔ **Delaunay 三角化，德劳奈三角化，德劳奈三角剖分**

平面三角剖分（把平面分解为三角形集合）中，可使得到的所有三角形的最小内角之和为最大的方法。换句话说，可使所得到的每个三角形尽可能接近等边三角形。剖分结果和**沃罗诺伊多边形**对偶。

delete attack ⇔ **删除性攻击**

水印产品的使用者删除了本应由其所有者才有权删除的**对水印的攻击**类型。使受攻击的水印不复存在。还可进一步分为**消除攻击**和**掩蔽攻击**。

***Delta* modulation [DM]** ⇔ **Δ 调制，德尔塔调制，增量调制**

一种简单的**有损预测编码**方法。假设 $\dot{f}_n (n=1,2,\cdots)$ 表示输入图像的像素序列，$\hat{f}_n$ 表示预测序列，e_n 表示预测误差序列，$\dot{e}_n$ 表示量化后的预测误差序列，则增量调制的**预测器**和**量化器**分别表示为

$$\hat{f}_n = a\dot{f}_{n-1}$$

$$\dot{e}_n = \begin{cases} +c, & \text{对 } e_n > 0 \\ -c, & \text{其他} \end{cases}$$

其中，a 是预测系数（一般小于等于1），c 是一个正的常数。因为量化器的输出可用单个位符表示（输出只有两个值），所以编码器中的符号编码器可只用长度固定为 1 比特的码。由增量调制方法得到的**码率**是 1 比特/像素。

demon ⇔ **守护程序**

知识表达中，一种特殊的后台运行的程序。适用于**无分层控制**，特点是并不在名字被调用时启动，而是当某一关键情况发生时启动。提供了一种模块化的知识表达，既可表达**场景知识**，也可表达**控制知识**。总注视着视觉处理的进程，当一定的条件满足时就自发地运行。常见的例子是为检验或保证一个复杂系统的模块正常运行的程序。

Dempster-Shafer theory ⇔ **D-S 理论，登普斯特-谢弗理论**

一种可用于**特征级融合**和**决策级融合**的理论。也称**证据推理**。对概率采用了一种称为半可加性的原则，适合于两个相反命题的可信度都很小（根据目前证据都无法判断）的情况。

dense disparity map ⇔ **稠密视差图**

立体图像中表示所有像素位置视差值的图。参阅 **area-based correspondence analysis**。

dense optical-flow computation ⇔ **稠密光流计算法**

一种基于**光流方程求解**，计算序列图像中相邻**帧图像**之间各像素的**运动矢量**的算法。也称**霍恩-舒克算法**、**基于亮度梯度的稠密光流算法**。通过引入光流误差和速度场梯度误差这样的额外约束条件，将光流方程求解问题转化成一个最优化问题。首先，定义光流误差 e_{of} 为运动矢量场中不符合光流方程的部

分，即

$$e_{of}=f_xu+f_yv+f_t$$

其中，u 和 v 分别为图像点沿 X 和 Y 方向的运动速度，f_x 和 f_y 分别为图像点沿 X 和 Y 方向的灰度变化率，f_t 为图像点随时间的灰度变化率。求取运动矢量场就是要使 e_{of} 在整个帧图像内的平方和达到最小，即要使计算出的运动矢量尽可能符合光流方程的约束。另外，定义速度场梯度误差 e_s^2 为

$$e_s^2=\left(\frac{\partial u}{\partial x}\right)^2+\left(\frac{\partial u}{\partial y}\right)^2+\left(\frac{\partial v}{\partial x}\right)^2+\left(\frac{\partial v}{\partial y}\right)^2$$

速度场梯度误差 e_s^2 描述了光流场的平滑性，e_s^2 越小，说明光流场越趋近于平滑，所以最小化 e_s^2 的含义是使整个运动矢量场尽可能趋于平滑。稠密光流计算法同时考虑两种约束，希望求得使两种误差在整个帧图像内的加权和为最小的光流场 (u,v)，即要计算

$$\min_{u,v(x,y)}\int_A\left[e_{of}^2(u,v)+\alpha^2e_s^2(u,v)\right]\mathrm{d}x\mathrm{d}y$$

其中，A 代表图像区域；α 是光流误差和平滑误差的相对权重，用来在计算中加强或减弱平滑性约束的影响。

densitometer ⇔ **（感光）密度计/仪**

一种对计算机显示器、照相负片、透明胶片、图像等的密度（**色调**质量或明暗度）进行量度的硬件设备。是精确**颜色管理**的一种重要工具。

density of a region ⇔ **区域密度**

反映**区域**对应景物的反射特性的物理量。基于区域密度的常用**描述符**包括：①**透射率**；②**光密度**；③**积分光密度**。

depth from defocus ⇔ **由散焦恢复深度，自散焦恢复深度**

使用景物深度、相机参数和图像模糊程度之间的联系来从可直接测量的参数获得深度的方法。

depth from focus ⇔ **由焦距确定深度，自焦距确定深度，由聚焦恢复深度，自聚焦恢复深度**

利用摄像机镜头聚焦不同距离景物时的**焦距**变化与景物深度的联系，从焦距来确定景物距离的**单目景物恢复**方法。可通过采集聚焦越来越好的一系列图像来确定摄像机与一个空间点的距离。也称自动聚焦、软件聚焦。

depth map ⇔ **深度图（像）**

一种反映场景中景物与摄像机间距离信息的**图像**。虽然可以按**灰度图像**来显示，但其含义与常见的表达场景中景物辐射强度的灰度图像不同。有两个不同点（见图 D2）：

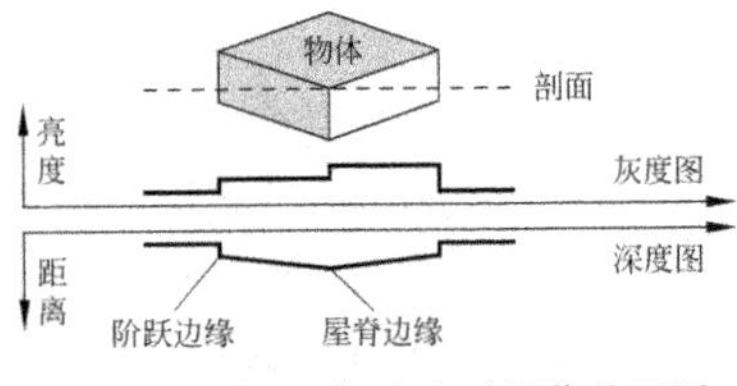

图 D2 深度图（像）与灰度图像的区别

（1）深度图像中属于物体上同一平面的像素值按一定的变化率变化

(指该平面相对于图像平面倾斜)，这个值随物体形状和朝向变化，但与外部光照条件无关；而灰度图像中属于物体上同一平面的像素值可能是常数。

(2) 深度图像中的边界线有两种：一种是物体和背景间的阶跃边缘，另一种是物体内部各区域相交处的屋脊状边缘(除非相交处本身有阶跃)；而灰度图像中的边界线都对应灰度阶跃边缘。

depth map interpolation⇔深度图插值

为恢复景物可视表面完整信息而进行的**立体视觉后处理**。在**基于特征的立体匹配**算法中，由于特征常是离散的，所以匹配的结果只是一些**稀疏匹配点**，只能直接恢复出这些点处的**视差**值。为获得表面完整的深度图，需要追加一个对前面恢复的视差值进行内插重建的步骤，即对离散数据进行插值以得到不在**特征点**处的视差值。**插值**的方法很多，如**最近邻插值**、**双线性插值**、**三线性插值**。

depth of field⇔景深

光学成像系统聚焦清晰的范围。成像系统聚焦在某个位置时，能对景物成像并使清晰程度满足要求的距离范围，即系统与景物最大距离和系统与景物最小距离的差。可用与给定的最大模糊圆盘所限定的聚焦清晰的目标前后间的距离来度量。对一个光学镜头，在给定光圈时，其景深与其焦距的平方成反比。减小光圈可增大景深。但需要注意并不能任意地加大景深，因为由于光的波动性，当镜头孔径很小时，将会在光圈处发生衍射而使得焦平面上的物点在像平面上成为条纹圆环斑，也称艾里(Airy)衍射圆斑，从而影响图像的清晰度。

depth of focus⇔焦深

从给定的最大模糊圆盘所限定的镜头到图像平面间聚焦清晰时的距离范围。

Deriche filter⇔Deriche 滤波器

Deriche 借助坎尼算子导出，可按递归方式实现的理想**滤波器**。其中两个边缘滤波器为

$$D'_1(x) = -\alpha^2 x \mathrm{e}^{-\alpha|x|}$$

$$D'_2(x) = -2\alpha\sin(\alpha x)\mathrm{e}^{-\alpha|x|}$$

对应的**平滑滤波器**为

$$D_1(x) = \frac{1}{4}\alpha(\alpha|x|+1)\mathrm{e}^{-\alpha|x|}$$

$$D_2(x) = \frac{1}{2}\alpha[\sin(\alpha|x|) + \cos(\alpha|x|)]\mathrm{e}^{-\alpha|x|}$$

Deriche 滤波器中 α 的值越小，对应平滑程度越大，这与高斯滤波器相反。当 $s=\sqrt{\pi}/\alpha$ 时，高斯滤波器与第一个 Deriche 滤波器的效果类似。当 $s=\sqrt{\pi}/(2\alpha)$ 时，高斯滤波器与第二个 Deriche 滤波器的效果类似。Deriche 滤波器与**坎尼滤波器**有明显不同，并比坎尼滤波器更精确。

derivative of a color image⇔彩色图像的导数

彩色图像中每个像素位置的矢量

导数。考虑彩色图像 $\boldsymbol{C}(x,y)$，其微分可由**雅可比矩阵**（Jocobian matrix）$\boldsymbol{J}$ 给出，$\boldsymbol{J}$ 包括对各个矢量分量的一阶偏微分。对 $\boldsymbol{C}(x,y)=[u_1,u_2,u_3]^{\mathrm{T}}$，其在位置 (x,y) 的导数由等式 $\Delta\boldsymbol{C}(x,y)=\boldsymbol{J}\Delta(x,y)$ 给出。可写成

$$\boldsymbol{J}=\begin{bmatrix}\frac{\partial u_1}{\partial x} & \frac{\partial u_1}{\partial y}\\ \frac{\partial u_2}{\partial x} & \frac{\partial u_2}{\partial y}\\ \frac{\partial u_3}{\partial x} & \frac{\partial u_3}{\partial y}\end{bmatrix}=\begin{bmatrix}\mathrm{grad}(u_1)\\ \mathrm{grad}(u_2)\\ \mathrm{grad}(u_3)\end{bmatrix}$$

$$=\begin{bmatrix}u_{1x} & u_{1y}\\ u_{2x} & u_{2y}\\ u_{3x} & u_{3y}\end{bmatrix}=(\boldsymbol{C}_x,\boldsymbol{C}_y)$$

其中

$$\boldsymbol{C}_x=[u_{1x},u_{2x},u_{3x}]^{\mathrm{T}} \text{ 和 } \boldsymbol{C}_y=[u_{1y},u_{2y},u_{3y}]^{\mathrm{T}}$$

derivative of Gaussian filter ⇔ 高斯滤波器的导数

沿特定方向增强**纹理**时使用的一个概念。边缘朝向或纹理方向性是理解纹理的最重要线索之一。导数滤波器，特别是**高斯滤波器**的导数常用于在不同方向上增强**纹理特征**。通过变化**高斯核**的宽度，这些滤波器可以在不同的尺度上有选择地增强不同的纹理特征。给定高斯函数 $G_\sigma(x,y)$，在 x 和 y 方向的一阶导数是

$$D_x(x,y)=-\frac{x}{\sigma^2}G_\sigma(x,y),$$

$$D_y(x,y)=-\frac{y}{\sigma^2}G_\sigma(x,y)$$

将一幅图像和高斯导数核卷积等价于先用高斯核来平滑图像然后计算导数。这些沿一定朝向滤波器已广泛用于**纹理分析**。

derived measurement ⇔ 导出测量

同 **derived metric**。

derived metric ⇔ 导出度量

借助已获得或已测出的其他度量经计算或组合得出的新度量。还可进一步分为**场度量**和**特定目标的度量**两类。此时**特征测量**结果靠间接测量得到，数量没有限制。

description-based on boundary ⇔ 基于边界的描述

通过对目标边界的描述来描述目标的方法。也称**基于轮廓的描述**。

description-based on contour ⇔ 基于轮廓的描述

同 **descriptions-based on boundary**。

description-based on region ⇔ 基于区域的描述

目标描述时使用所有的区域像素（包括**区域的内部像素**和**边界像素**）的方法。

descriptions of object relationship ⇔ 对目标关系的描述

对图像中多个目标之间的各种相对**空间关系**（包括边界和边界、区域和区域或者边界和区域之间的关系）进行描述的**目标描述**方法。

descriptor ⇔ 描述符

对目标特性进行描述的算子、特征、测度或参数。好的描述符应在尽可能区别不同目标，对目标的尺度、平移、旋转等也不敏感。

descriptor for boundary ⇔ **边界描述符**

用于描述目标边界特性的**描述符**。也称**轮廓描述符**。

descriptor for contour ⇔ **轮廓描述符**

同 **description for boundary**。

descriptor for region ⇔ **区域描述符**

用于描述区域特性的**描述符**。

descriptor of motion trajectory ⇔ **运动轨迹描述符**

通过描述目标的运动轨迹来描述目标的运动特性的**描述符**。国际标准 **MPEG-7** 推荐的运动轨迹描述符由一系列关键点和一组在这些关键点间**插值**的函数构成。根据需要,关键点用 2-D 或 3-D 坐标空间中的坐标值表达,而插值函数则分别对应各坐标轴,$x(t)$、$y(t)$与$z(t)$分别对应水平、垂直与深度方向的轨迹。

design of visual pattern classifier ⇔ **视觉模式分类器设计**

对统计视觉模式分类器的设计。步骤如下:

(1) 定义问题并确定包含的类别数;

(2) 提取最适合描述图像的特征并允许分类器据此对图像进行标号;

(3) 选择分类方法或算法;

(4) 选择数据集;

(5) 选择一个子集合的图像并用于训练分类器;

(6) 测试分类器;

(7) 细化和改进解。

destriping ⇔ **去条纹化**

消除**条纹噪声**的过程或手段。

destriping correction ⇔ **去条纹校正**

一种对**辐射失真**的校正方法。当某个波段的一组检测器没有调整好时,图像中的一些线模式有可能重复出现灰度过高过低现象,使图像中产生条纹。去条纹校正借助**图像增强**技术(如**平滑滤波**)来改善此时的图像视觉质量。

detail component ⇔ **细节分量**

人脸识别中,代表**人脸图像**细部的信息。是高频分量,源于面部表情的局部失真等。

detection attack ⇔ **检测性攻击**

一种**对水印的攻击**类型。例如,水印产品的使用者检测了本应由所有者才能检测的水印。也称**被动攻击**。

detection of pepper-and-salt noise ⇔ **椒盐噪声检测**

对受**椒盐噪声**影响像素的检测。椒盐噪声独立地作用在单个像素上,且受影响像素的灰度值会取到图像灰度范围的两个极端值。所以可根据下面两个准则判断和检测受椒盐噪声影响的像素:①灰度范围准则:设图像灰度范围为$[L_{min}, L_{max}]$,一个像素的灰度值不在$[L_{min}+T_g, L_{max}-T_g]$范围时,很可能就是受椒盐噪声影响的像素,其中$T_g$是检测椒盐噪声的灰度阈值。②局部差别准则:考虑一个像素的 8-邻域,其中有较多的**邻域像素**与该像素的灰度值有较大差别时,该像素为受椒盐噪声影响的像素的可能性就较大。

detection probability ratio ⇔ 检测概率比

图像分割评价中一种**分析法**准则,正确检测概率与错误检测概率之比。最初用来比较和研究各种**边缘检测算子**。给定一个边缘模式,一个算子在检测这类边缘时的正确检测概率 P_c 与错误检测概率 P_f 可以分别由下两式算出:

$$P_c = \int_T^{\infty} P(t \mid \text{edge})\mathrm{d}t$$

$$P_f = \int_T^{\infty} P(t \mid \text{no-edge})\mathrm{d}t$$

其中,T 为一给定的阈值,$P(t \mid \text{edge})$ 代表检测到边缘也判断为边缘的概率;$P(t \mid \text{no-edge})$ 代表没有检测到边缘也判断为边缘的概率。对简单的边缘检测算子一般可以通过分析得到其 P_c 和 P_f 的比值。这个值越大表明算子在检测对应边缘时可靠性越高。由于许多分割技术利用边缘检测算子来帮助分割图像,所以这种准则可用作对这些技术性能进行评价的**定量准则**。

device-independent bitmap [DIB] ⇔ 设备独立位图,设备无关位图

一种可保证以某个应用程序创建的位图可由其他应用程序装载或显示的**图像文件格式**。**BMP 格式**的全称。设备无关性主要体现在两方面:①DIB 的颜色模式与设备无关。②DIB 拥有自己的颜色表,像素的颜色独立于系统调色板。由于 DIB 不依赖于具体设备,因此可以用来永久性地保存图像。DIB 一般是以 *.BMP 文件的形式保存在磁盘中的,有时也会保存在 *.DIB 文件中。运行在不同输出设备下的应用程序可以通过 DIB 来交换图像。

DFT ⇔ 离散傅里叶变换

discrete Fourier transform 的缩写。

diagonal-adjacent ⇔ 对角-邻接的

属于**像素**间的一种**邻接**方式的。两个对角-邻接的像素有共同的顶点。参阅 **diagonal-neighborhood**。

diagonalization ⇔ 对角化

一种通过计算**轮换矩阵**或**块轮换矩阵**的本征矢量和本征值来快速恢复图像的方法。

diagonalization of matrix ⇔ 矩阵对角化

对一个矩阵 $\boldsymbol{A}$,求出两个矩阵 $\boldsymbol{A}_u$ 和 $\boldsymbol{A}_v$ 使 $\boldsymbol{A}_u\boldsymbol{A}\boldsymbol{A}_v \equiv \boldsymbol{J}$(即成为对角阵)的过程。

diagonal-neighborhood ⇔ 对角邻域

由一个**像素**的 4 个**对角-邻接的**像素组成的区域。图 D3 中,像素 p 的对角-邻域包括标记为 s 的 4 个像素,记为 $N_D(p)$。

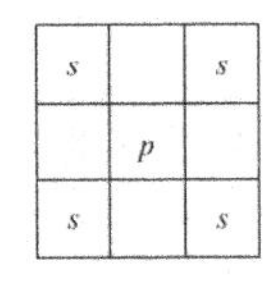

图 D3 一个像素的对角-邻域

diameter of boundary ⇔ 边界直径

给出了边界上相隔最远的两点之间的距离的简单边界参数。可用作**边界描述符**。如将一个区域的边界

记为 B,其直径 $\mathrm{Dia}_d(B)$即可由下式计算

$$\mathrm{Dia}_d(B) = \max_{i,j}[D_d(b_i, b_j)], \quad b_i \in B, b_j \in B$$

其中 $D_d(\cdot)$可以是任一种距离量度。常用的距离量度主要有三种:**欧氏距离** $D_E(\cdot)$,**城区距离** $D_4(\cdot)$和**棋盘距离** $D_8(\cdot)$。如果 $D_d(\cdot)$用不同距离量度,得到的 $\mathrm{Dia}_d(B)$会有所不同。

diameter of contour ⇔ 轮廓直径

同 **diameter of boundary**。

diaphragm ⇔ 光阑,光圈

带有受限孔径的有边缘或平坦的环。在光学系统中可处于若干位置,作用是截除对成像非本质的边缘光线。可用作**视场光阑**或**孔径光阑**,以消除源于边缘的反射和视场中产生炫目的光。

相机中的可变光阑为圆形或多边形,通常由瓣状金属薄片组成,装在摄影镜头内部,能开大收小,用以改变**镜头**的有效孔径,调整进入镜头的光束,配合快门速度来控制**曝光**时间。除控制曝光量外,还有调整**景深**和校正**像差**的作用。

DIB ⇔ 设备独立位图,设备无关位图

device-independent bitmap 的缩写。

dichromat ⇔ 双色觉者,双色视者

从出生起其眼睛中的视网膜里就仅有两种**锥细胞**的个人。据对欧洲和北美洲的统计,约占人口的 2%。对双色觉者,所有的彩色 $\boldsymbol{C}$ 均用两种彩色组合而成:

$$\delta \boldsymbol{C} \cong \alpha \boldsymbol{C}_1 + \beta \boldsymbol{C}_2$$

其中 $\boldsymbol{C}_1$ 和 $\boldsymbol{C}_2$ 为三基色中的两种,α,β 和 δ 都是系数。

双色觉者所能感知的彩色值远比**三色觉者**的区别小。前者大多缺少红色锥细胞或绿色锥细胞,表现出来就是红绿色盲。

dichromatic reflection model [DRM] ⇔ 双色反射模型

描述在光学性质不均匀的绝缘物质(如塑料或颜料)上光线反射性质的模型。一般指没有特别对高光反射分量建模的混合反射。这些物质的表面由一个界面和一个光学上中性的含彩色色素的介质构成。

DICOM ⇔ 医学数字成像和通信

digital imaging and communications in medicine 的缩写。

DICOM data element ⇔ DICOM 数据元素

组成 **DICOM 数据集合**的元素。包括 4 部分:标签(tag),值表示(value representation, VR),值长度(value length, VL)和实际值(value)。

DICOM data set ⇔ DICOM 数据集

DICOM 格式的组成部分之一。

DICOM file meta information ⇔ DICOM 文件头

DICOM 格式中包含了标识数据集信息的部分。

DICOM format ⇔ DICOM 格式

按照 **DICOM** 标准存储(图像)文件的格式。包括 **DICOM 文件头**和 **DICOM 数据集合**。DICOM 数据集

由 **DICOM 数据元素**按一定顺序排列构成。

dictionary-based coding⇔基于字典的编码(方法)

一类把图像数据保存在“字典”数据结构中的**无损编码**技术。**LZW 编码**就是其中一种典型方法。

dictionary-based compression⇔基于字典的压缩

同 **dictionary-based coding**。

difference distortion metric⇔差失真度量

一类根据原始图像和**水印图像**的差值来评定**水印**失真的客观指标。假设用 $f(x,y)$ 代表原始图像，用 $g(x,y)$ 代表嵌入水印的图像，图像尺寸均为 $N \times N$。典型的差失真测度包括**平均绝对差**、**均方根误差**(其平方为**均方误差**)、L^p **范数**和**拉普拉斯均方误差**。另外，**信噪比**和**峰值信噪比**也可用作差失真测度。

difference image⇔差(值)图像

通过逐像素比较**序列图像**中前后两幅**帧图像**之间的差别而得到的图像。假设照明条件在采集多帧图像期间基本不变化，那么差图像的不为零处表明该处的像素发生了移动(需要注意，差图像为零处的像素也可能发生了移动)。换句话说，对时间上相邻的两幅图像求差就可以将图像中运动目标的位置和形状变化凸显出来。

difference of Gaussian [DoG]⇔高斯差

高斯函数的差值。将两幅图像用不同方差参数的**高斯滤波器**进行滤波，再将结果相减，就得到高斯差。

difference of Gaussian [DoG] filter⇔高斯滤波器的差

提取**纹理特征**最常用滤波器的输出。利用不同**高斯核**来平滑图像，然后计算其间的差以增强**图像特征**，如不同尺度的边缘。高斯平滑是低通滤波，高斯滤波器的差对应有效的带通滤波。这里的**高斯差**可表示为

$$\mathrm{DoG} = G_{\sigma_1} - G_{\sigma_2}$$

其中 G_{σ_1} 和 G_{σ_2} 是两个不同的高斯核。高斯滤波器的差常用作**高斯-拉普拉斯滤波器**的近似。通过调整 σ_1 和 σ_2，就可在特定的空间频率提取纹理特征。注意这种滤波器不能选择方向。示例应用包括尺度空间的**基素表达**和 **SIFT** 特征选择。

difference of Gaussian [DoG] operator⇔高斯差算子

基于**高斯差**对灰度图像进行增强和**角点检测**的一种线性卷积算子。

difference of offset Gaussian [DooG] filter⇔偏移高斯滤波器的差

一种能提供有用**纹理特征**(如边缘朝向和边缘强度)的简单滤波技术。类似于**高斯滤波器的差**，滤波器核通过将两个高斯函数相减得到。但是，这两个高斯函数的中心间有一个偏移矢量 $\boldsymbol{d}=(\mathrm{d}x,\mathrm{d}y)$：

$$\mathrm{DooG}_\sigma(x,y) = G_\sigma(x,y) - G_\sigma(x+\mathrm{d}x, y+\mathrm{d}y)$$

differential edge detector [DED] ⇔ 差分边缘检测算子

一种利用差分计算进行**边缘检测**的**边缘检测算子**。典型的算子包括各种**正交梯度算子**(一阶差分)和**拉普拉斯检测算子**(二阶差分)。

differential image compression ⇔ 差分图像压缩

一种对图像进行**无损压缩**的方法。先把每个像素与其近邻之一的一个参考像素进行比较,然后按两部分编码:一是前缀,是编码像素与参考像素最高有效位相同的位数;二是后缀,是编码像素最低有效位数。

differential pulse-code modulation [DPCM] ⇔ 差值脉冲码调制法

一种常用的**有损预测编码**方法。采用最小化均方预测误差的最优准则。假设 $f_n(n=1,2,\cdots)$ 表示输入图像的像素序列,$\hat{f}_n$ 表示预测序列,e_n 表示预测误差序列,$\dot{e}_n$ 表示量化后的预测误差序列。在某个时刻 n,设量化误差可以忽略($\dot{e}_n \approx e_n$),并用 m 个先前像素的线性组合进行预测时,**最优预测器**的设计问题就简化为较直观地选择 m 个预测系数,以便最小化下式:

$$E\{e_n^2\} = E\left\{\left[f_n - \sum_{i=1}^{m} a_i f_{n-i}\right]^2\right\}$$

式中的系数之和一般取小于等于1,即

$$\sum_{i=1}^{m} a_i \leqslant 1$$

这个限制是为了使**预测器**的输出落入允许的灰度值范围并减少传输噪声的影响。

differential threshold ⇔ 差别阈值

计算**发光强度**时,能觉察到的两个**刺激**的强度之间的最小差。

diffraction ⇔ 衍射

波在传播过程中经过障碍物边缘或孔隙时传播方向出现弯曲的现象。孔隙越小,**波长**越大,这种现象就越显著。也指波遇到障碍物或小孔后通过散射继续传播的现象。也称绕射。此时一级波前会产生较弱的二级波前,两者互相干涉并自我干涉,形成各种衍射图案。

diffraction-limited ⇔ 衍射限制的

对光学系统,自身像差已予校正,只限制衍射效果分辨率的。

diffuse bright-field back-light illumination ⇔ 明场漫射背光照明

将光源与摄像机安置在物体两边,并使光在各个方向具有相同强度且大部分光反射到摄像机上的照明方式。光源常采用发光二极管平板或荧光灯。如图 D4 所示,光源安置在物体的背面。对应不透明物体,背光照明方式只显示其轮廓,可用于所需物体信息能从其轮廓获得

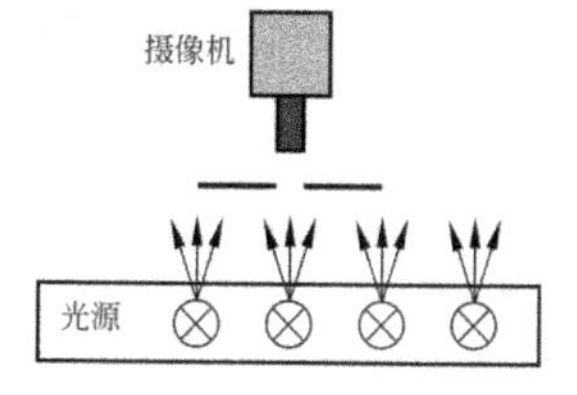

图 D4 明场漫射背光照明示意图

的场合。对于透明物体，背光照明方式可检测物体内部的部件，并避免使用正面照明方式所产生的反射。一般用于厚度不太大的物体。

diffuse bright-field front light illumination ⇔ 正面明场漫射照明

将光源与摄像机安置在物体同一边，并使光在各个方向具有相同强度且大部分光反射到摄像机上的照明方式。可减少甚至防止产生**阴影**和**镜面反射**，也可用于透过物体的透明包装。实现正面明场漫射照明的方法有多种，典型的包括：**在发光二极管平板或环形灯前加漫射板**，**同轴漫射光**，半球光（又分为**半球形光源前加漫射板**和**漫反射半球中安发光二极管环形灯**两种）。

diffuse reflection ⇔ 漫反射

光与物质的相互作用方式之一。入射光在各个方向上基本均匀地散射的反射。漫射反射的表面在电磁辐射的**波长**尺度上是粗糙的。

digital arc ⇔ 数字弧

从一个像素到另一个像素的通路的**数字曲线**上介于两点间的部分。给定一组离散点及其间的相邻关系，从点 p 到点 q 的数字弧 $P_{pq}=\{p_i, i=0,1,\cdots,n\}$满足下列条件：

（1）$p_0=p, p_n=q$；

（2）$\forall i=1,\cdots,n-1$，点 p_i 在弧 P_{pq} 中正好有两个相邻点，即 p_{i-1} 和 p_{i+1}；

（3）端点 p_0（或 p_n）在弧 P_{pq} 中各有一个相邻点，即 p_1（或 p_{n-1}）。

digital chord ⇔ 数字弦

数字曲线的一段（弦是连接圆锥曲线上任意两点间的直线段）。

可以证明，当且仅当对一条 **8-数字弧** $P_{pq}=\{p_i, i=0,1,\cdots,n\}$中的任意两个离散点 p_i 和 p_j 以及任意连续线段$[p_i, p_j]$中的实点 ρ，存在一个点 $p_k \in P_{pq}$ 使得 $d_8(\rho, p_k)<1$，则 P_{pq} 满足弦的性质。

弦的性质基于以下原理：给定一条从 $p=p_0$ 到 $q=p_n$ 的数字弧 $P_{pq}=\{p_i, i=0,1,\cdots,n\}$，连续线段$[p_i, p_j]$和各段之和$\bigcup_i[p_i, p_{i+1}]$间的距离可用离散**距离函数**来测量，且不应超过一定的阈值。图 D5 中有阴影的区域表示 P_{pq} 和连续线段$[p_i, p_j]$间的距离，其中左图弦性质得到满足而右图弦性质没有得到满足。

digital curve ⇔ 数字曲线

除两个端点像素外每个像素都恰好有两个近邻像素，而两个端点像素各只有一个近邻像素的一条离散曲线。

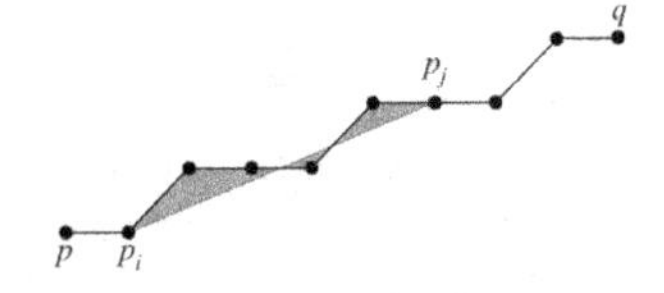

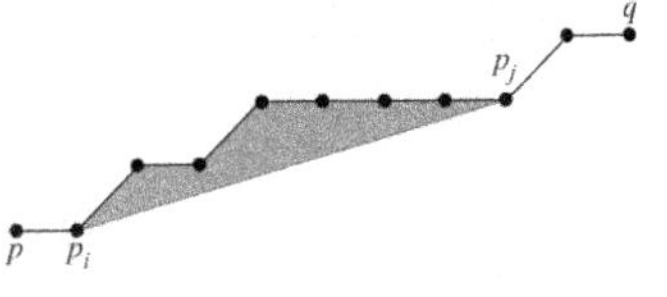

图 D5 弦性质示例

digital filter ⇔ **数字滤波器**

由数字乘法器、加法器和延时单元等组成的一种完成**滤波**功能的装置。随着电子技术、计算机技术和大规模集成电路的发展,数字滤波器已可由计算机软件实现,也可由大规模集成数字硬件实时实现。

digital holography ⇔ **数字全息成像,数字全息术**

通过计算机模拟激光干涉过程,同时采集光波等的幅度和相位信息获得 3-D 图像的技术。利用该技术可获得**全息图**。

digital image ⇔ **数字图像**

把(2-D、3-D 或更高维)**模拟图像**的坐标空间 XY 和性质空间 F 都离散化所得到的**图像**。例如,当用一个 2-D 数组 $f(x,y)$ 来表示 2-D 数字图像时,其 f, x, y 值都是整数。**图像工程**中主要涉及数字图像。也称离散图像,简称图像。

digital image processing ⇔ **数字图像处理**

通过用数字计算机来加工数字图像的过程。一般自动进行,并依赖于仔细设计的算法。这和手工对图像的处理(也称**图像操纵**),如在照片编辑软件中使用笔刷来加工照片,有明显区别。

digital imaging and communications in medicine [DICOM] ⇔ **医学数字成像和通信**

一种统一各种数字化医学影像设备的图像数据格式和数据传输标准。

digital photogrammetry ⇔ **数字摄影测量**

运用**图像工程**技术处理 2-D 透视投影图像,以便对图像和场景内容自动进行解释的**解析摄影测量**方法。

digital straight-line segment ⇔ **数字直线段**

数字图像中满足一定条件的直线段。给定图像中两个像素,其间的数字直线段是一个像素集,其中该直线段的一部分与这些像素的领域的交集不为空。

digital television [DTV] ⇔ **数字电视**

一种可将活动图像、声音和数据的压缩、编码、传输、存储广播完全数字化的显示技术。用于供观众接收/播放的视听系统。与传统的模拟电视相比,数字电视具有高清晰画面、高保真立体声伴音、信号可存储、频率资源利用充分、可与计算机合成多媒体系统等优点。信号传播速率 19.39 MByte/sec。

数字电视**清晰度**还可进一步分为**低清晰度**、**标准清晰度**、**高清晰度**和**特高清晰度**。

digital terrain model [DTM] ⇔ **数字地形模型**

表达地形高度,取值是地理或空间位置的函数的数字矩阵。

digital topology ⇔ **数字拓扑**

研究**离散目标**内部各点之间局部关系和性质的数学分支。

digital video⇔数字视频

同 **digital video image**。

digital video formats⇔数字视频格式

表达特定类型视频，由一些参数所规定的格式。一些典型的数字视频格式见表 D1。

表 D1 一些典型的数字视频格式

格式(应用)	Y'尺寸($H\times V$)	彩色采样	帧率	原始数据(Mbps)
QCIF(视频电话)	176×144	4∶2∶0	30p	9.1
CIF(视频会议)	352×288	4∶2∶0	30p	37
SIF(VCD,MPEG-1)	352×240 (288)	4∶2∶0	30p/25p	30
Rec. 601(SDTV 分发)	720×480 (576)	4∶2∶0	60i/50i	124
Rec. 601(视频生产)	720×480 (576)	4∶2∶2	60i/50i	166
SMPTE 296M(HDTV 分发)	1280×720	4∶2∶0	24p/30p/60p	265/332/664
SMPTE 274M(视频生产)	1920×1080	4∶2∶0	24p/30p/60i	597/746/746

digital video image⇔数字视频图像

图像工程中的数字式**视频图像**。

digital video processing⇔数字视频处理

参阅 **video processing**。

digital video signal⇔数字视频信号

通过在垂直轴和水平轴以及时间维上的采样 $f(x,y,t)$得到的一维电子信号 $f(t)$。比较 **analog video signal**。

digital video standards⇔数字视频标准

参阅 **video standards**。

digital watermarking⇔数字水印(技术)

见 **image watermarking**。

digitization box⇔数字化盒

一种等价于中心在像素位置的分割多边形，实现**数字化方案**的单元。给定一个数字化盒 B_i 及**预图像** S 后，一个像素 p_i 当且仅当 $B_i \cap S \neq \varnothing$时才处在预图像 S 的数字化集合 P 中。

digitization model⇔数字化模型

在**图像采集**中，一种用于将空间上连续的场景转化为离散的**数字图像**的量化模型。也称数字化方案。常用的模型有**方盒量化**模型、**网格相交量化**模型和**目标轮廓量化**模型。

digitization scheme⇔数字化方案

把连续的**模拟图像**在空间数字化，以得到**数字图像**的方法。也指把连续的**模拟视频**在空间数字化以得到**数字视频**的方法。

digitizer⇔数字化器

将**传感器**获得的(模拟)电信号转化为数字(离散)形式的器件。

dilation ⇔ **膨胀**

一种**数学形态学**基本运算。根据图像的不同，如**二值图像**、**灰度图像**和**彩色图像**，可分为**二值膨胀**、**灰度膨胀**和彩色膨胀。

dimensionality reduction ⇔ **降维**

参阅 **feature dimension reduction**。

dimensional reduction technique ⇔ **降维技术**

实现**特征降维**的技术。典型的有**主分量分析**方法、**非负矩阵分解**方法等。

dimensionlessness ⇔ **无量纲**

用来描述目标微结构的形状参数应具有的共性之一。如果形状参数没有量纲，则其数值不会随目标的尺寸而变化。这也说明无法用绝对方法来描述形状，需要用相对方法来描述形状。

direct component ⇔ **直流分量**

一幅图像的**傅里叶变换**在频率(0,0)处的值。也是图像的灰度均值。

directed bright-field back-light illumination ⇔ **直接明场背光照明**

将**光源**与**摄像机**分置在物体两边，使光源发出的光集中在很窄的空间范围内且大部分光反射到摄像机上的照明方式。如图 D6 所示为平行照明。对于透视镜头，由于照明光源是平行光，光线在图像中是一个小点。因此，平行背光照明需要与远心镜头配合使用。这种照明可使物体轮廓很锐利。另外，由于使用远心镜头，图像没有透射变形，常用于测量。

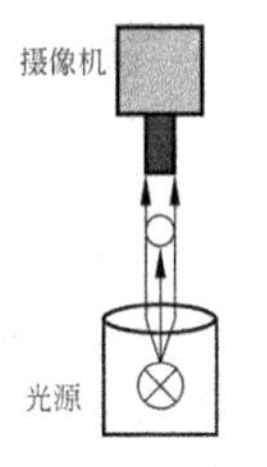

图 D6　直接明场背光照明

directed bright-field front-light illumination ⇔ **直接明场正面照明**

将光源与摄像机安置在物体同一边，使光源发出的光集中在很窄的空间范围内且大部分光反射到摄像机上的照明方式。实现方法主要有两种：**聚焦且倾斜的环形光**，**同轴平行光**。

directed dark-field front-light illumination ⇔ **直接暗场正面照明**

将光源与摄像机安置在物体同一边，使光源发出的光集中在很窄的空间范围内但仅将照射到物体特定部分的光反射到摄像机上的照明方式。常使用发光二极管环形光照明，如图 D7 所示，其中环形光线与物体表面间的夹角很小，这样可凸显物体上的缺口及凸起，使得划痕、纹理或雕刻文字等得到增强。

directed graph ⇔ **有向图**

由一个顶点集 $V(G)$、一个边集 $E(G)$及一个为每条边分配一个有序顶点对的函数组成的三元组 G。有序对的第一个顶点是边的尾部，第二个顶点是边的头部；它们统称

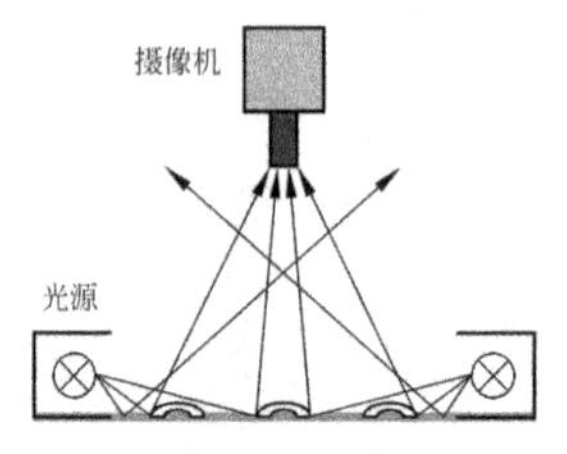

图 D7 在发光二极管平板或环形灯前加漫射板

为边的端点。此时一条边指从其尾部到其头部的边。

direct filtering⇔直接滤波(技术)

一种将运动适应性隐含在**滤波器**设计中,借助静止**图像滤波**技术的扩展来对**视频**进行滤波的技术。

direct gray-level mapping⇔直接灰度映射(技术)

同 **image gray-level mapping**。

direct imaging⇔直接成像(方法)

成像系统在一定表面(不必是平面)上直接获得的图像。所有的传统光学系统(相机、摄像机等)都是直接成像设备。比较 **indirect imaging**。

directional difference filter⇔方向差分滤波器

一种强调在特定方向检测边缘(方向差分)的高通滤波器。也常称**浮雕滤波器**。为实现浮雕效果有 4 个有代表性的模板(分别对应 4 个方向),可以使用

$$\begin{bmatrix} 0 & 1 & 0 \\ 0 & 0 & 0 \\ 0 & -1 & 0 \end{bmatrix} \quad \begin{bmatrix} 1 & 0 & 0 \\ 0 & 0 & 0 \\ 0 & 0 & -1 \end{bmatrix}$$

$$\begin{bmatrix} 0 & 0 & 0 \\ 1 & 0 & -1 \\ 0 & 0 & 0 \end{bmatrix} \quad \begin{bmatrix} 0 & 0 & -1 \\ 0 & 0 & 0 \\ 1 & 0 & 0 \end{bmatrix}$$

directional differential operator⇔方向差分算子

基于特定方向上的差分来检测边缘的算子。先辨认像素为可能的边缘元素,再赋予预先定义的若干个方向之一。在**空域**中,方向差分算子利用一组模板(**边缘模板**)与图像进行卷积来分别计算不同方向上的差分值,取其中最大的值作为边缘强度,而将与之对应的方向作为边缘方向。实际上每个模板会对应两个相反的方向,所以最后还需根据卷积值的符号来确定其中之一的方向。**罗盘梯度算子**就是一种典型的方向差分算子。

directional divergence⇔有向散度

同 **cross entropy**。

directional filter⇔方向滤波器

能增强图像中所选方向特征的空间**滤波器**。

directional response⇔方向响应

梯度算子的两类响应之一。指梯度算子响应的最大方向值,也可分解到相对于各坐标轴的方向。在 3-D 情况下,相对于 X,Y,Z 轴的方向响应分别为

$$\hat{\alpha} = \arccos \frac{I_x}{\sqrt{I_x^2 + I_y^2 + I_z^2}}$$

$$\hat{\beta} = \arccos \frac{I_y}{\sqrt{I_x^2 + I_y^2 + I_z^2}}$$

$$\hat{\gamma} = \arccos \frac{I_z}{\sqrt{I_x^2 + I_y^2 + I_z^2}}$$

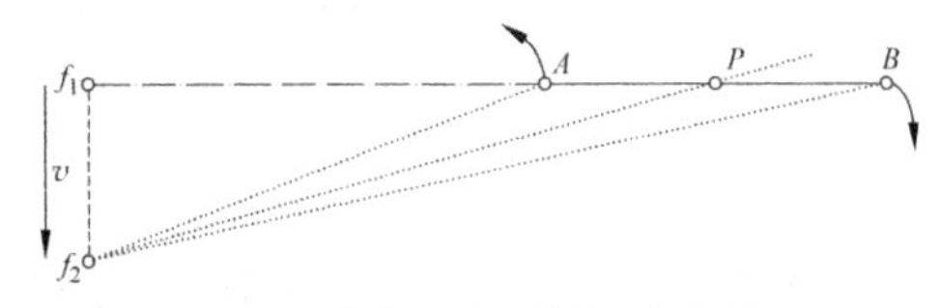

图 D8 方向运动视差的几何解释

其中 I_x, I_y, I_z 分别为算子中用于 X, Y, Z 方向的三个模板的响应。

directionality ⇔ 方向性

从心理学的观点所观察到的一种**纹理特征**。主要反映图像中明显结构的朝向性。

direction-caused motion parallax ⇔ 方向运动视差

一种由方向变化产生的运动视差。如图 D8 所示，当观察者以速度 v 由上向下运动时，感觉到的运动是绕注视点转动。如果注视点为 P，则可观察到较近的点 A 与观察者反向运动，较远的点 B 与观察者同向运动。这是借助**大脑**皮层感知而导致的**深度线索**。

direction detection error ⇔ 方向检测误差

在使用**梯度算子**的 3-D **边缘检测**中，表示真实的边缘面方向和算子梯度方向之间的角度差。其值 ε 与梯度算子对应各坐标轴的**方向响应** $\hat{\alpha}, \hat{\beta}, \hat{\gamma}$ 有如下关系：

$$\cos\varepsilon = \cos\alpha\cos\hat{\alpha} + \cos\beta\cos\hat{\beta} + \cos\gamma\cos\hat{\gamma}$$

direct metric ⇔ 直接度量

直接对特征进行测量得到的结果。可分为**场度量**和**特定目标的度量**两类。

discrepancy criteria ⇔ 差异准则

在**图像分割评价**的**差异试验法**中，用来比较已分割图与参考图之间的差异的评价准则。能定量地衡量分割结果，且这种量度是客观的。常见的准则包括：**像素距离误差**，**像素数量误差**，**目标计数一致性**，**最终测量精度**等。

discrete cosine transform [DCT] ⇔ 离散余弦变换

可分离变换、**正交变换**和**对称变换**的合称。2-D 离散余弦变换及其逆变换由以下两式表示（N 为变换周期）：

$$C(u,v) = a(u)a(v)\sum_{x=0}^{N-1}\sum_{y=0}^{N-1} f(x,y)\cos\left[\frac{(2x+1)u\pi}{2N}\right]\cos\left[\frac{(2y+1)v\pi}{2N}\right],$$

$$u,v = 0,1,\cdots,N-1$$

$$f(x,y) = \sum_{u=0}^{N-1}\sum_{v=0}^{N-1} a(u)a(v)C(u,v)\cos\left[\frac{(2x+1)u\pi}{2N}\right]\cos\left[\frac{(2y+1)v\pi}{2N}\right],$$

$$x,y = 0,1,\cdots,N-1$$

其中 $a(u)$ 为规格化加权离散余弦变换系数，由下式表示：

$$a(u)=\begin{cases}\sqrt{1/N}, & u=0\\ \sqrt{2/N}, & u=1,2,\cdots,N-1\end{cases}$$

discrete curvature⇔离散曲率

离散空间中从**离散目标**的离散轮廓点序列算出的**曲率**。反映了各离散轮廓点处轮廓的局部方向变化。参阅 **curvature of boundary**。

discrete disc⇔离散圆盘

一种由距离确定的图像中的点的集合。中心像素为 p，半径为 $d(d \geqslant 0)$ 的圆盘 $\Delta_D(p,d)=\{q \mid d_D(p,q) \leqslant d\}$，这里 q 为 p 的**邻域像素**，d_D 为一个给定的**离散距离**函数（可为**欧氏距离**、**城区距离**、**棋盘距离**、**马步距离**、**斜面距离**等）。不考虑中心像素 p 的位置时，半径为 d 的圆盘也可简记为 $\Delta_D(d)$。

discrete distance⇔离散距离

离散空间中的距离。用于在**数字图像**中描述离散像素之间的**空间关系**。种类较多，在图像工程中除使用连续空间（离散化后）的**欧氏距离**外，常用的还有：**城区距离**，**棋盘距离**，**斜面距离**，**马步距离**等。

discrete Fourier transform [DFT]⇔离散傅里叶变换

傅里叶变换的离散形式。

discrete geometry⇔离散几何(学)

数学中描述**离散目标**的整体（全局）几何性质的分支。

discrete KL transform⇔离散KL变换，离散卡洛变换

同 **Hotelling transform**。

discreteness⇔离散性

命题表达的特点之一。命题通常不表达连续的变化，但可以让命题以任意精度接近连续值。

discrete object⇔离散目标

数字图像中具有一定联系的离散点的集合。

discrete straightness⇔离散直线性

离散空间中点集合可组成直线的性质。例如，有关直线性的定理和性质可以用来判断一个**数字弧**是否是一条数字直线段（弦）。

discrete wavelet transform [DWT]⇔离散小波变换

将一系列离散数据转换或映射为一系列（两组）展开系数的**小波变换**。以1-D为例，如果用 $f(x)$ 代表一个离散序列，则对 $f(x)$ 展开得到的系数就是 $f(x)$ 的离散小波变换。设变换的起始尺度 j 为0，两组展开系数分别用 W_u 和 W_v 表示，则离散小波变换可表示为

$$f(x)=\frac{1}{\sqrt{M}}\sum_k W_u(0,k)u_{0,k}(x)+\frac{1}{\sqrt{M}}\sum_{j=0}^{\infty}\sum_k W_v(j,k)v_{j,k}(x)$$

$$W_u(0,k)=\frac{1}{\sqrt{M}}\sum_x f(x)u_{0,k}(x)$$

$$W_v(j,k)=\frac{1}{\sqrt{M}}\sum_x f(x)v_{j,k}(x)$$

其中，$u(x)$ 代表缩放函数，$v(x)$ 代表小波函数。一般选 M 为2的整数次幂，所以上述求和分别对 x(=

$0,1,2,\cdots,M-1)$，$j(=0,1,2,\cdots,J-1)$，$k(=0,1,2,\cdots,2^j-1)$进行。系数 $W_u(0,k)$和 $W_v(j,k)$分别对应**小波序列展开**中的 $a_0(k)$和 $d_j(k)$，且分别称为近似系数和细节系数。注意，如果展开函数仅构成缩放函数空间 U 和小波函数空间 V 的双正交基，则 $u(x)$和 $v(x)$要用相应的对偶函数 $u'(x)$和 $v'(x)$来替换。

discriminant function ⇔ 鉴别函数

模式分类中，定义域是测量空间、(值)范围是实数的函数。写为 $f_i(d)$。当 $f_i(d) \geqslant f_k(d)$，$k=1,2,\cdots,K$，则决策规则将第 i 个类别赋给导致模式 d 的观察单位。

discrimination power ⇔ 鉴别力

分类器在特征空间中区别类间散布的能力。能力强时，分类器的正确识别率会随着相等误差率的最小值下降而提高。

disjunction ⇔ 析取

一种特殊的逻辑表达式。通过用 ∨ 连接其他表达式得到。例如，用谓词“DIGITAL(I)”表示语句“图像 I 是数字图像”，用谓词“ANALOGUE(I)”表示语句“图像 I 是模拟图像”，则子句“DIGITAL(I) ∨ ANALOGUE(I)”表示语句“图像 I 是数字图像或模拟图像”。

disordered texture ⇔ 无序纹理

一种既无重复性也无方向性的基本**纹理类型**。这种纹理适用于基于其不平整度来描述，用**统计法**分析。

disparity ⇔ 视差

立体视觉中，观察同一景物的两个摄像机(双目)所采集图像间的差别。换句话说，是同一个 3-D 空间点投影到两幅 2-D 图像上时，两个像点在图像上的位置差，即一对**立体图像**中两幅图像上对应点间的相对位移。视差的大小与被观察景物的深度(景物与摄像机的距离)成反比，所以视差中包含了 3-D 物体的深度信息，是空间计算的基础。

disparity error detection and correction ⇔ 视差检错与纠错

一种直接对**视差图**进行处理以检测和校正其中的匹配错误的算法。借助**顺序约束**来检测误匹配位置和数量并用迭代方法消除误匹配。

disparity map ⇔ 视差图(像)

各像素值代表各该处**视差**的**图像**。

dispersion ⇔ 分散性；色散

1. 分散性：命题表达的特点之一。一个被命题表达的元素可能在多个命题中出现，这些命题可以用**语义网络**以相容的方式表达。

2. 色散：将白光分解成各种颜色的现象。精确地讲，对应一种媒质的**折射率** n 随**波长** λ 而变化的定量关系。

displacement vector [DV] ⇔ 位移矢量

描述**孔径问题**时，用来指示目标运动的矢量。

dissolve ⇔ 叠化

视频镜头间最典型的**渐变**方式之一。可通过光学处理来获得，或者说通过改变像素的灰度或颜色来获得。也可看作是**淡入**镜头和**淡出**镜头的叠加组合。此时前后两个镜头间的边界会跨越若干个帧，或者说构成了一个包括起始帧和终结帧的相应过渡序列。常见的效果是前一镜头的结尾几帧逐渐变暗消失而同时后一镜头的起始几帧逐渐显现出来。在过渡期间，两个镜头的帧都有显现。参阅 **fade in** 和 **fade out**。

dissymmetric closing ⇔ 非对称闭合

一种**数学形态学运算**。包括用一个结构元素对图像进行膨胀后再用另一个结构元素对图像进行腐蚀，让膨胀和腐蚀互补。比较 **closing**。

distance-based approach ⇔ 基于距离的方法

在**人脸识别**中，将测试图像投影到一个较低维的空间并计算与各原型图像距离的方法。将距离最近的图像作为匹配结果。

distance-caused motion parallax ⇔ 距离运动视差

一种由距离变化产生的运动视差。如图 D9 所示，当观察者以速度 v 由左向右运动并观察物体 A 和 B 时，在 f_1 处得到的视像分别是 A_1 和 B_1，在 f_2 处得到的视像分别是 A_2 和 B_2。观察者感觉到物体 A 的视像尺寸比物体 B 的视像尺寸变化得更快，(静止)物体 A 和 B 彼此间显得逐渐远离(好像运动着一般)。

distance function ⇔ 距离函数

用来测量**图像**单元在空间的接近程度的函数。以 2-D 图像为例，给定 3 个**像素** p,q,r，坐标分别为 $(x,y),(s,t),(u,v)$，下列条件同时得到满足时，函数 D 就是一个距离函数：

(1) $D(p,q) \geqslant 0$ ($D(p,q)=0$ 当且仅当 $p=q$)；

(2) $D(p,q)=D(q,p)$；

(3) $D(p,r) \leqslant D(p,q)+D(q,r)$。

上述 3 个条件中，第 1 个条件表明两个像素之间的距离总是正的(两个像素空间位置相同时，其间的距离为零)；第 2 个条件表明两个像素之间的距离与起、终点的选择无关，或者说距离是相对的；第 3 个条件表明两个像素之间的最短距离是沿直线的。

distance map ⇔ 距离图

对图像进行**距离变换**得到的结果。与原始图像有相同尺寸，其中在每个点 $p(\in P)$处的值为对应距

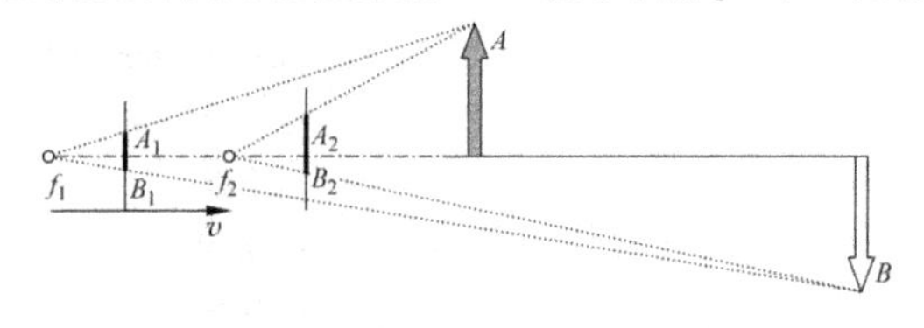

图 D9 距离运动视差的几何解释

离变换 DT(p)的值，也称为点集合 P 的距离图。

distance measurement based on chain code⇔基于链码的距离测量

数字图像中典型的距离测量方法。设图像中的两点间有一条数字直线，并已用**8-方向链码**来表示。设 N_e 为**偶数链码**数，N_o 为**奇数链码**数，N_c 为**角点**数，链码总数为 N ($N=N_e+N_o$)，则整个链码的长度 L 可由下列通式计算：

$$L=A\times N_e+B\times N_o+C\times N_c$$

其中 A,B,C 是加权系数。加权系数的一些取值及由此得到的长度计算公式的特点见表 D2(E 代表期望误差)。

表 D2　多种基于链码的距离测量计算公式

L	A	B	C	E	备　注
L_1	1	1	0	16%	有偏估计，总偏短
L_2	1.1107	1.1107	0	11%	无偏估计
L_3	1	1.414	0	6.6%	有偏估计，总偏长
L_4	0.948	1.343	0	2.6%	线段越长误差越小
L_5	0.980	1.406	−0.091	0.8%	$N=1000$ 时成为无偏估计

distance measurement based on local mask⇔基于局部模板的距离测量

借助局部距离**模板**对**图像**中直线长度的测量。一条长直线的长度可以逐步(局部地)借助模板来计算。令 a 为沿水平或垂直方向的局部距离，b 为沿对角方向的局部距离。这些值构成一个局部距离图，如图 D10 所示：

b	a	b
a	0	a
b	a	b

图 D10　局部距离图

要使两个点(x_1,y_1)和(x_2,y_2)之间用公式 $D=am_a+bm_b$(其中 m_a 表示沿水平或垂直方向的移动步数，m_b 表示沿对角方向的移动步数)来测量的通路长度最接近用**欧氏距离**得到的"真值"，需要选择 $a=0.955\ 09$，$b=1.369\ 30$。已证明，这样得到的测量数值和用欧氏距离得到的数值的最大差别小于 $0.044\ 91\ M$，其中 $M=\max\{|x_1-x_2|,|y_1-y_2|\}$。

distance measure⇔距离测度

对图像中**像素**间距离的测量。常用**欧氏距离**、D_4(也称曼哈顿或城区)距离和 D_8(也称棋盘)距离等来进行。

distance measuring function⇔距离量度函数

同 **distance function**。

distance metric⇔距离度量

参阅 **distance function**。

distance transform [DT]⇔距离变换

一种把**二值图像**转换为**灰度图像**

的特殊变换。给定一个像素点集 P，一个子集 B(P 的边界)以及一个**距离函数** $D(\cdot,\cdot)$，对 P 的距离变换中赋予点 $p(\in P)$的值为

$$\mathrm{DT}(p)=\min_{q\in B}\{D(p,q)\}$$

即对一个点的距离变换结果是该点到其所在区域最近边界点的距离。

distortion⇔畸变，失真

1. **图像采集**中场景与图像不一致的现象。例如在透视投影成像中，景物离观察点或采集器越远，所成的像越小，反之则越大，这可看作一种尺寸上的畸变。像的畸变包含了3-D景物的空间和结构信息。再如，在对具有纹理特性的表面成像，而光轴与表面不垂直时，表面上的纹理基元在图像中的形状会发生变化，变化程度指示了光轴与表面间的夹角。

2. **有损图像压缩**导致的原始图像(需压缩图像)与解压缩图像的像素灰度不一致的现象。

3. 图像嵌入**水印**导致的原始图像(需嵌入图像)与嵌入后图像的像素灰度不一致的现象。

distortion metric⇔失真度量

用来客观衡量图像**失真**情况的测度。例如，在评判**图像水印**的不可见性时，为避免受到观测者的经验和状态、实验环境和条件等因素的影响，常用失真度量指标来衡量。常用的失真度量有**差失真度量**和**相关失真度量**两种。前者又分为基于 **L^p 范数**的度量和基于**拉普拉斯均方误差**的度量；后者又分为**规格化互相关度量**和**相关品质度量**。

distortion metric for watermarks⇔水印失真度量

用来衡量**水印图像**相对于原始图像发生变化的指标。可以分为主观指标和客观指标。图像水印的**显著性**是一个主观指标的例子。典型的客观指标包括**差失真度量**和**相关失真度量**两类。

distribution-free decision rule⇔自由分布决策规则

对给定类别模式的条件概率分布函数形式没有假设要求(不作假设)的决策规则。

distribution function⇔分布函数

描述一个**事件**发生概率的**随机变量**的函数。事件是一个随机试验的结果。

随机变量 f 的分布函数表示为 f 小于函数变量概率的函数

$$\underbrace{P_f(z)}_{f\text{的分布函数}}=\underbrace{P}_{\text{概率}}\{\underbrace{f}_{\text{随机变量}}<\underbrace{z}_{\text{一个数}}\}$$

很明显，$P_f(-\infty)=0$，$P_f(+\infty)=1$。

distribution of point objects⇔点目标的分布

描述**点目标**集合分布情况的模型。常用的有随机分布(泊松分布)、聚类分布和规则分布(均匀分布)。常将图像区域分成一些子区域(如正方形)进行统计，令 μ 为子区域内目标个数的均值，σ^2 为对应的方差，则：

(1) 如果 $\sigma^2=\mu$，则点目标呈**泊松**

分布；

(2) 如果 $\sigma^2>\mu$，则点目标呈**聚类分布**；

(3) 如果 $\sigma^2<\mu$，则点目标呈**均匀分布**。

distributivity of Fourier transform⇔傅里叶变换的分配性

傅里叶变换的一个特性。设用 $\mathcal{F}$ 代表傅里叶变换算子，则傅里叶变换对加法有分配性，但一般对乘法没有分配性。即

$$\mathcal{F}\{f_1(x,y)+f_2(x,y)\} = \mathcal{F}\{f_1(x,y)\}+\mathcal{F}\{f_2(x,y)\},$$

$$\mathcal{F}\{f_1(x,y)\cdot f_2(x,y)\} \neq \mathcal{F}\{f_1(x,y)\}\cdot \mathcal{F}\{f_2(x,y)\}$$

dithering⇔抖动

dithering technique 的简称。

dithering technique⇔抖动输出技术

一种通过调节或改变**图像**的幅度值来改善量化过粗图像的显示质量的技术。量化过粗图像在显示时易出现**虚假轮廓现象**。典型的抖动技术通过对原始图像 $f(x,y)$ 加一个随机的小噪声 $d(x,y)$ 来实现。由于 $d(x,y)$ 的值与 $f(x,y)$ 没有任何有规律的联系，叠加后不会产生可见的规则模式，所以可帮助消除量化不足而导致的图像中出现虚假轮廓的现象。

DjVu⇔曾见过

déjà vu 的缩写。

DLA⇔动态链接(体系)结构

dynamic link architecture 的缩写。

DM⇔Δ调制，德尔塔调制，增量调制

***Delta* modulation** 的缩写。

DoF⇔自由度

degree of freedom 的缩写。

DoG⇔高斯差

difference of Gaussian 的缩写。

DoG filter⇔高斯滤波器的差

difference of Gaussian filter 的缩写。

DoG operator⇔高斯差算子

difference of Gaussian operator 的缩写。

dollying⇔进退(操作)，推拉(操作)

摄像机运动类型之一。对应摄像机(轴线在 Z 轴方向)沿 Z 轴的平移运动，即前后(水平)移动。也是一种典型的**摄像机操作**形式。参阅 **types of camera motion**。

domain⇔域

数字化模型中，对一个离散点集所有可能的**预图像**的并集。因为研究数字图像是为了获得原始模拟世界的信息，而尺寸或形状不同的目标成像可能会给出相同的离散化结果，所以需考虑全部有可能产生一幅数字图像的连续集合。

dome-shaped light panel with a diffuser in front of the lights⇔半球形光源前加漫射板

一种实现**正面明场漫射照明**的方法。如图 D11 所示，半球形照明可以做到比较均匀，但在摄像机轴向没有直接光照。

dominant color descriptor⇔主颜色描述符

国际标准 **MPEG-7** 中推荐的一种

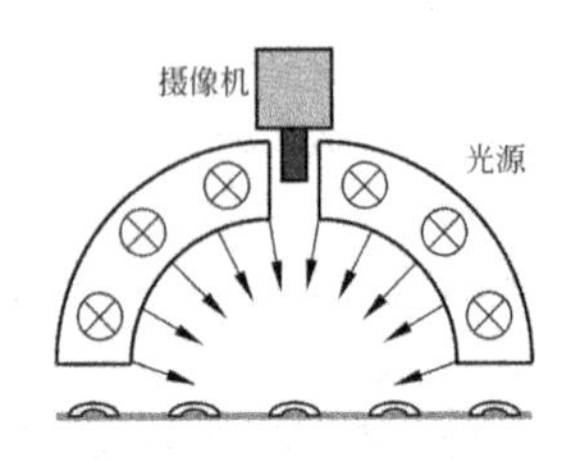

图 D11 半球形光源前加漫射板

颜色描述符。使用形状特征描述图像中的目标区域时，常需将区域提取出来，在此基础上可使用主颜色描述符，即用一组主要颜色描述这个区域，来获得对该区域的形状描述和颜色描述。

dominant wavelength ⇔ 主波长

以适当比例按加色混合规律与规定的光彩色**色调**混合时，可产生与目标色调匹配色的单色波长。是决定颜色性质的重要数据之一，与纯度及光亮度共同组成某一颜色的完整数据。主波长是与主观感觉色调对应的客观量，但须明确给出一个客观的"白"色的定义。

把单色光刺激和特定白色刺激以适当的比例相加时，能达到与试验色刺激相匹配时，单色光刺激波长即为试验色的主波长。

主波长是与感知到的**色调**相对应的彩色波长。纯色光的波长就是该彩色光的主波长。

DooG filter ⇔ 偏移高斯滤波器的差

difference of offset Gaussian filter 的缩写。

double-subgraph isomorphism ⇔ 双子图同构

一个**图**的各**子图**与另一个图的各子图之间的所有**图同构**。

down-conversion ⇔ 下转换

采样率转换中，对原始序列进行采样以得到采样率降低的**视频序列**。这里要对信号使用预滤波器来限制带宽，避免混叠。

down-rounding function ⇔ 下取整函数

一种给出一个数的整数部分的**取整函数**。也称**底函数**。可记为$\lfloor \cdot \rfloor$。如果 x 是个实数，则$\lfloor x \rfloor$是整数且 $x-1<\lfloor x \rfloor \leqslant x$。

down-sampling ⇔ 亚抽样

对原始图像在每一或某一方向(等间隔地)抽取的部分样本。亚抽样图像是原图像的子集。

DPCM ⇔ 差值脉冲码调制法

differential pulse-code modulation 的缩写。

drawing ⇔ 绘图

绘制图片、图纸的操作及其结果。绘图结果广义上也可看作**图像**。

drawing exchange file [DXF] ⇔ 绘图交换文件

2-D 和 3-D 几何数据中使用最广泛的交换格式。源于 Autodesk 公司，得到几乎所有**计算机辅助设计**程序的支持。

drawing sketch ⇔ 画草图

参阅 **query by example**。

DRM ⇔ 双色反射模型

dichromatic reflection model 的缩写。

DT ⇔ 距离变换

distance transform 的缩写。

DTM ⇔ **数字地形模型**

digital terrain model 的缩写。

DTV ⇔ **数字电视**

digital television 的缩写。

dual graph ⇔ **对偶图**

对一个**图** G，每个顶点都对应 G 中一个区域的图 G^*。如果 G 中的区域在 G 中有公共边，则仅在这种情况下 G^* 中的顶点相邻。

duality ⇔ **对偶性**

既联系又对立的两个事物间的一种性质。图像工程中有很多实例，例如：**哈夫变换**中的点-线对偶性，点-直线对偶性，点-正弦曲线对偶性；**数学形态学**中的**二值膨胀腐蚀的对偶性**，**二值开启闭合的对偶性**，**灰度膨胀和腐蚀的对偶性**，**灰度开启和闭合的对偶性**等。

duality of binary dilation and erosion ⇔ **二值膨胀和腐蚀的对偶性**

二值膨胀和**二值腐蚀**两种运算中，一个运算对图像目标的操作相当于另一个运算对图像背景的操作。令 $A \oplus B$ 表示用 B 来膨胀 A，$A \ominus B$ 表示用 B 来腐蚀 A，则膨胀和腐蚀运算的对偶性可分别表示为

$$(A \oplus B)^c = A^c \ominus \hat{B}$$

$$(A \ominus B)^c = A^c \oplus \hat{B}$$

其中，$\hat{B}$代表对 B 做关于原点的映射，A^c代表 A 的补集。

duality of binary opening and closing ⇔ **二值开启和闭合的对偶性**

二值开启和**二值闭合**两种运算中，一个运算对图像目标的操作相当于另一个运算对图像背景的操作。令 $A \circ B$ 表示用 B 来开启 A，$A \bullet B$ 表示用 B 来闭合 A，则开启和闭合运算的对偶性可分别表示为

$$(A \circ B)^c = A^c \bullet \hat{B}$$

$$(A \bullet B)^c = A^c \circ \hat{B}$$

其中，$\hat{B}$代表对 B 做关于原点的映射，A^c代表 A 的补集。

duality of gray-level dilation and erosion ⇔ **灰度膨胀和腐蚀的对偶性**

灰度膨胀和**灰度腐蚀**两种运算中，一个运算对图像目标的操作相当于另一个运算对图像背景的操作。令 $f \oplus b$ 表示用 b 灰度膨胀 f，$f \ominus b$ 表示用 b 灰度腐蚀 f，则膨胀和腐蚀运算的对偶性可分别表示为

$$(f \oplus b)^c = f^c \ominus \hat{b}$$

$$(f \ominus b)^c = f^c \oplus \hat{b}$$

其中，f^c代表对函数 f 的补，$f^c(x,y) = -f(x,y)$；而$\hat{b}$代表对函数 b 的映射，$\hat{b}(x,y) = b(-x,-y)$。

duality of gray-level opening and closing ⇔ **灰度开启和闭合的对偶性**

灰度开启和**灰度闭合**两种运算中，一个运算对图像目标的操作相当于另一个运算对图像背景的操作。令 $f \circ b$ 表示用 b 灰度开启 f，$f \bullet b$表示用 b 灰度闭合 f，则开启和闭合运算的对偶性可分别表

示为：

$$(f \circ b)^c = f^c \bullet \hat{b}$$

$$(f \bullet b)^c = f^c \circ \hat{b}$$

其中，f^c代表对函数 f 的补，$f^c(x,y)=-f(x,y)$；而$\hat{b}$代表对函数b 的映射，$\hat{b}(x,y)=b(-x,-y)$。上两式也可分别写成：

$$-(f \circ b) = -f \bullet \hat{b}$$

$$-(f \bullet b) = -f \circ \hat{b}$$

dual problem⇔对偶问题

具有等价解的两个问题。例如，对于问题 $\max \boldsymbol{c}^{\mathrm{T}}\boldsymbol{x}, \boldsymbol{A}\boldsymbol{x} \leqslant \boldsymbol{b}, \boldsymbol{x} \geqslant \boldsymbol{0}$，其对偶问题为 $\min \boldsymbol{y}^{\mathrm{T}}\boldsymbol{b}, \boldsymbol{y}\mathbf{A} \geqslant \boldsymbol{c}, \boldsymbol{y} \geqslant \boldsymbol{0}$。

duplication correction⇔复制校正

对**辐射失真**的一种校正方法。图像的某一行像素的灰度值有可能不正确时，可将这行像素的前一行或后一行复制过来，或将前一行和后一行的对应像素的灰度平均值作为这行像素的灰度值。

duplicity theory of vision⇔视觉双重说

一种解释**视感觉**的理论。该理论认为，视网膜由锥细胞与柱细胞分别与神经末梢相连的两种细胞组成，锥细胞负责强光和颜色，主要分布在中央凹，越到视网膜边缘越少。柱细胞在中央凹全无，越到视网膜边缘则越多，能负责微弱光的视觉，但不能感受颜色。

DV⇔位移矢量

displacement vector 的缩写。

DWT⇔离散小波变换

discrete wavelet transform 的缩写。

DXF⇔绘图交换文件

drawing exchange file 的缩写。

dyadic order of Walsh functions⇔沃尔什函数的二进序

一种使用**拉德马赫函数**定义的**沃尔什函数**的序。

dye-sublimation printer⇔热升华打印机

一种特殊的**彩色图像**输出设备。也称气体扩散打印机或热扩散打印机。对**蓝绿**、**品红**、**黄**、黑等原色颜料加热，直到变成气体，然后将气体喷射到经过特殊镀膜的光滑纸面上。用这种打印机，各种颜色真正地混合在一起，所以可给出真正相片级的**连续色调图像**。比较 **near-photoquality printer**。

dynamic belief network [DBN]⇔动态信念网(络)

对简单贝叶斯网络，通过结合随机变量间的时间依赖性而得到的一种推广。也称动态贝叶斯网络。相比只能编码一个隐变量的传统**隐马尔可夫模型**(HMM)，动态信念网可以对若干随机变量间的复杂条件依赖关系进行编码，适合于对完整活动的建模和识别。

dynamic geometry of surface form and appearance⇔表观动态几何学

一种有别于**马尔视觉计算理论**的理论。认为感知到的表面形状是分布在多个空间尺度上多种处理动作的总合结果，而实际 **2.5-D 表达**并不存在。

dynamic imagery ⇔ **动态图像**

同 **multitemporal image**。

dynamic index of depth ⇔ **动态深度线索**

视网膜有运动时提供的**深度线索**。典型的例子如**运动视差**，这是当人向两边横向运动时图像与视网膜相对运动所产生的信息。另一个例子是动态透视，如人在车中随车前进时，视场的连续变化会在视网膜上产生一种流动(flux)。流动的速度与距离成反比，所以提供了距离的信息。

dynamic link architecture [DLA] ⇔ **动态链接结构**

一种描述**人脑**意识活动的结构。其中链接的强度是变化的，因而称为动态链接。常用于**弹性图匹配**中。

dynamic pattern matching ⇔ **动态模式匹配(技术)**

一种通常用于**目标匹配**的**广义图像匹配**。先在匹配过程中动态建立需匹配目标的表达模式，进而实现目标匹配。在由序列医学切片图像重建 3-D 细胞的过程中，判定同一细胞在相邻切片中各剖面对应性的动态模式匹配方法主要有 6 步：

(1) 从已匹配片(或初始参考片)上选取一个已匹配剖面；

(2) 构造所选已匹配剖面的模式表达；

(3) 在待匹配片上确定候选区(可借助先验知识，以减少计算量和歧义性)；

(4) 在候选区内选出待匹配剖面；

(5) 构造所选待匹配各剖面的模式表达；

(6) 利用剖面模式间相似性进行检验，以确定剖面间的对应性。

dynamic programming ⇔ **动态规划(法)**

串行边缘检测方法中使用的一种搜索策略。串行边缘检测中，从一个边缘点出发搜索轮廓时有许多点需要检查，计算量有可能很大。动态规划借助相关问题的启发性知识来减少搜索量，一般借助**人工智能**中的 **A^* 算法**来进行**图搜索**。

dynamic range compression ⇔ **动态范围压缩**

一种**直接灰度映射**增强技术。其特点是增强前图像的灰度值范围要大于增强后图像的灰度值范围。若采用对数形式的映射函数，设 s 为增强前图像的灰度值，t 为增强后图像的灰度值，则

$$t = C\log(1 + |s|)$$

其中 C 为尺度比例常数。

dynamic recognition ⇔ **动态识别**

视频中基于与时间相关的特征来识别目标和活动的方法。

dynamic scene analysis ⇔ **动态场景分析**

借助对随时间变化的图像的分析

来跟踪场景中运动目标、确定目标运动情况以及识别运动目标的方法。近年来，许多动态场景分析借助了对场景的描述知识。

dynamic texture analysis ⇔ 动态纹理分析

对3-D空间中纹理动态变化的分析。既包括运动变化也包括外观变化。这需将原始2-D的**局部二值模式**(LBP)算子扩展到3-D的**体局部二值模式**(VLBP)算子。

dynamic threshold ⇔ 动态阈值

参阅**coordinate-dependent threshold**。

dynamic time warping ⇔ 动态时间变形(技术)

对一系列(一般按时间段采样)观察数据和一个特征模型序列进行匹配的技术。目的是获得观察和特征间的一对一匹配。获得观察的速率有可能变化，有些特征可能被跳过或与同一个观察相匹配。一般希望减少被跳过的数量或减少多个匹配一个的样本(时间变形)。解决这个问题的有效算法常基于对序列的线性排序。

dynamic training ⇔ 动态训练(方法)

根据测试数据的特性动态地改变参数的训练。

E

EAG⇔**有效平均梯度**

effective average gradient 的缩写。

early vision⇔**初级视觉**

人类视觉系统处理中的第一个阶段。**光学成像**问题的逆问题。包括一系列从 2-D 光强度阵列恢复 3-D 可见表面物理性质的处理过程，如**边缘检测**、**立体匹配**。由于在把 3-D 世界投影成 2-D 图像的过程中 3-D 信息有很多损失，导致初级视觉是一个**不适定问题**。参阅 **low-level vision**。

earth mover's distance [EMD]⇔**推土机距离**

通过计算将一个分布转换为另一分布的代价来比较两个分布相似性的一种测度。本质是求解加权点集转换过程中的最小代价，属于约束最优化问题。可形象描述如下：假设空间里分布着 M 个土堆和 N 个土坑，第 $m(m=1,2,\cdots,M)$ 个土堆的质量为 x_m，第 $n(n=1,2,\cdots,N)$ 个土坑的容量为 y_n，将单位质量的土从土堆 m 运到土坑 n 中所需做的功为 C_{mn}，在数值等于土堆 m 与土坑 n 之间的距离。再令从土堆 m 运到土坑 n 中土的质量为 Q_{mn}。将 M 个土堆运到 N 个土坑中所需做的总功为 W，则该约束最优化问题是要求解做功最小值，可表示为

$$\min W = \min \sum_{n=1}^{N}\sum_{m=1}^{M} C_{mn}Q_{mn}$$

这里的约束条件为

$$\sum_{m=1}^{M} Q_{mn} = y_n,$$

$$\sum_{n=1}^{N} Q_{mn} \leqslant x_m,$$

$$\sum_{m=1}^{M} x_m \geqslant \sum_{n=1}^{N} y_n$$

此时有

$$\text{EMD} = \frac{\min \sum_{n=1}^{N}\sum_{m=1}^{M} C_{mn}Q_{mn}}{\sum_{n=1}^{N}\sum_{m=1}^{M} Q_{mn}} = \frac{\min \sum_{n=1}^{N}\sum_{m=1}^{M} C_{mn}Q_{mn}}{\sum_{n=1}^{N} y_n}$$

由上可见，堆土距离形象、直观，还可以处理数据和特征长度可变的情况。是一种基于分布的距离度量方法，具有抗噪性好，对概率分布间的微小偏移不敏感等优良特性，可作为度量概率数据相似性的标准，在基于内容的图像检索中得到广泛应用。

EBMA⇔**穷举搜索块匹配算法**

exhaustive search block-matching algorithm 的缩写。

eccentricity⇔**偏心率**

一种**紧凑度描述符**。借助**惯量等**

效椭圆得到的目标偏心率计算公式为

$$E=\frac{(A+B)+\sqrt{(A-B)^2+4H^2}}{(A+B)-\sqrt{(A-B)^2+4H^2}}$$

其中,A,B 分别是目标绕 X,Y 坐标轴的转动惯量,H 为惯性积。

ECT⇔发射计算机层析成像

emission CT 的缩写。

EDCT⇔偶对称离散余弦变换

even-symmetric discrete cosine transform 的缩写。

edge⇔边缘

根据某种特征(如灰度、彩色或纹理)各自存在显著特点的两个图像区域之间的边界或边界的一部分。边界上特征值不连续(且有加速变化)。例如,通过考虑区域间的不相似性来分割图像时,需检查互相邻接像素之间的差别,并认为具有不同属性值的像素属于不同区域,同时假定有一个边界将两者分开。这样的边界或边界段就是边缘。

edge adaptive smoothing⇔边缘自适应平滑(技术)

平滑处理图像时的一种避免图像**模糊化**的方法。平滑一幅图像时,需要围绕一个像素放置一个窗口,计算窗口中的平均值并将其赋给中心像素。如果放置的窗口正好跨越两个区域,那么两个区域间的边界会被模糊。在边缘自适应平滑中,围绕一个像素放置几个窗口,使得该像素有各种与窗口中心可能的相对位置。在每个窗口中计算像素值的方差。选择具有最小方差的窗口(使其对边缘的模糊最小)。再计算窗口中(加权或不加权)的平均值并将结果赋给所考虑的像素。

edge description parameter⇔边缘描述参数

用于描述边缘特性的参数。考虑到真实图像中的(灰度)边缘有坡度,所以一般需要用下列五个参数来描述:

(1) 位置:边缘(等效的)最大灰度不连续处;

(2) 朝向:跨越灰度最大不连续走向的方向;

(3) 幅度:灰度不连续方向的灰度差;

(4) 均值:属于边缘两边的像素的灰度均值;

(5) 斜率:边缘在其朝向上的倾斜程度。

除朝向在 XY 平面中外,其余四个参数均可借助图 E1 来解释,其中仅给出了沿 X 轴的 F 剖面。图 E1中的粗曲线代表一个阶梯状的边缘,由于成像、噪声等原因,边缘有些倾斜,不光滑。

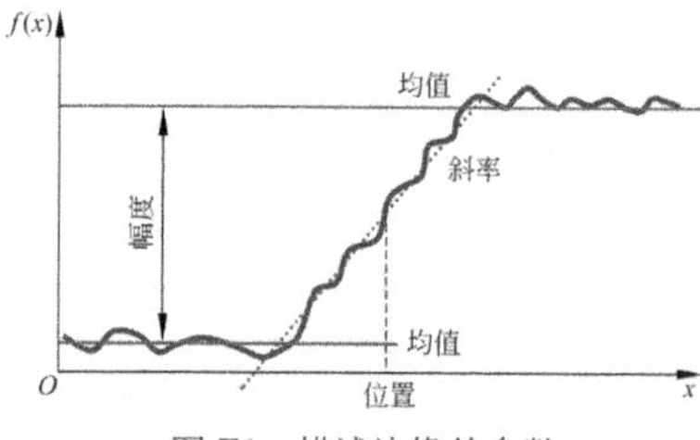

图 E1 描述边缘的参数

edge detection⇔边缘检测

图像分割中,**基于边界的并行算法**中的一个关键步骤。边缘是灰度值不连续(且有加速变化)的结果,一般可用一阶和二阶差分来检测边缘元素,再根据一定的准则将边缘元素组合或连接起来以构成封闭的**目标轮廓**。

虽然理论上一阶差分的最大值和二阶差分的过零点都对应边缘点,但在 2-D 图像中,2-D 边缘一般是一条曲线,由于 2-D 中有三种二阶导数,所以二阶差分与一阶差分给出的结果在一般曲线边缘情况下并不同。图 E2 给出当边缘曲线是一个理想化直角相交时分别用一阶差分的最大值和二阶差分的过零点检测到的边缘位置。借助一阶差分最大值得到的结果在理想化拐角内,而借助二阶差分过零点得到的结果在理想化拐角外。注意,前者并不经过拐角点,但后者总过拐角点,所以可用二阶差分过零点来准确地检测带有锐利棱角的目标边缘。但对本身不太光滑的边缘,用二阶差分的过零点得到的边缘将比用一阶差分的最大值得到的边缘更曲折。

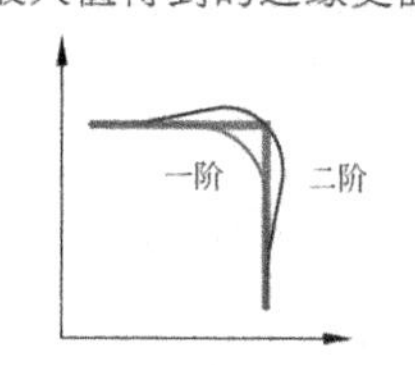

图 E2 边缘检测中一阶和二阶差分的不同结果

edge detection operator ⇔ 边缘检测算子

使用局部模板进行**边缘检测**的算子(检测器)。

edge detection steps⇔边缘检测步骤

边缘检测的过程主要包括 3 步:

(1) 噪声消减:由于一阶导数和二阶导数对噪声很敏感,在使用边缘检测算子前常先使用图像平滑技术以消减噪声;

(2) 检测边缘点:使用对边缘有很强响应而对其他地方响应很弱的局部算子,以获得一幅其亮像素是**边缘像素**候选者的输出图像;

(3) 边缘定位结合:对边缘检测结果进行后处理,移除寄生的像素,并将间断的边缘连成有意义的线和边界。

edge eigen-vector weighted Hausdorff distance⇔边缘本征矢量加权的豪斯多夫距离

一种用基于人脸边缘图像的第一张**特征脸**算出的权值函数进行加权的**豪斯多夫距离**。可用于将测试的图像/候选图像区域与预先定义的人脸边缘模板进行匹配,以度量其间的**相似度**。这在人脸识别中很有用,因为需要找到测试人脸和其他人脸之间的区别,所以,采用第一张特征脸的幅值作为权值函数比较合适。

edge element⇔边缘元素

表达图像中基本边缘单元的三元组。第 1 部分给出一个像素的位置

(行和列),第 2 个部分给出通过该像素的边缘的位置和朝向,第 3 部分给出边缘的强度(或幅度)。

edge element combination ⇔ 边缘元素组合

用**边缘检测**进行**图像分割**的第二步。处理有噪图像时,边缘元素提取的结果常不是单像素宽,且得到的边缘元素常是孤立的或分小段连续的。为了组成区域的封闭边界而将不同区域分开,需要将**边缘像素**连接起来,因而这个过程也称**边缘连接**或**边缘链接**。

edge element extraction ⇔ 边缘元素提取

用**边缘检测**进行**图像分割**的第一步。这里首先需要将**目标轮廓**上的各个边缘元素逐一提取出来,这些边缘元素是构成目标轮廓的基础。

edge enhancement ⇔ 边缘增强

通过锐化图像来增强边缘的过程或方法。通过加强图像中的高频分量或消减图像中的低频分量而使图像中的边缘得到锐化,可更容易地观察到图像中灰度改变的位置或目标的轮廓。

edge extraction ⇔ 边缘提取

将一幅图像的**边缘像素**确定和提取出来的过程。常是区分目标确定其内容前的一个基本**预处理**步骤。

edge frequency weighted Hausdorff distance ⇔ 边缘频率加权的豪斯多夫距离

一种通过统计图像中的边缘信息来确定匹配时的权值函数的**豪斯多夫距离**。可用于更直接有效地反映人脸的结构信息。权值函数可表示成表达边缘点出现频率的灰度图,对这幅灰度图**二值化**就得到人脸边缘模型的二值图。

edge histogram descriptor [EHD] ⇔ 边缘直方图描述符

国际标准 **MPEG-7** 中推荐的一种**纹理描述符**。表达了 5 种类型的边缘子图像(分别对应 0°,45°,90°,135°边缘和无方向边缘,如图 E3 所示)的空间分布情况,所以边缘直方图改称边缘类型直方图更恰当。考虑到图像中的边缘多对应目标的边界或轮廓,边缘直方图描述符在一定程度上还反映了图像中目标的形状信息。在一定意义上可看作**边缘方向直方图**的特例和简化。

计算边缘直方图描述符的主要步骤如下:

(1) 将图像划分为 4×4 共 16 个**子图像**,每个子图像又分解成一系列图像块,每个图像块包含 4 个子块,参见图 E4;

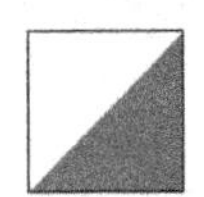

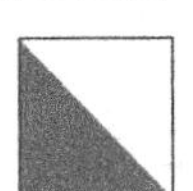

图 E3 5 种类型的边缘

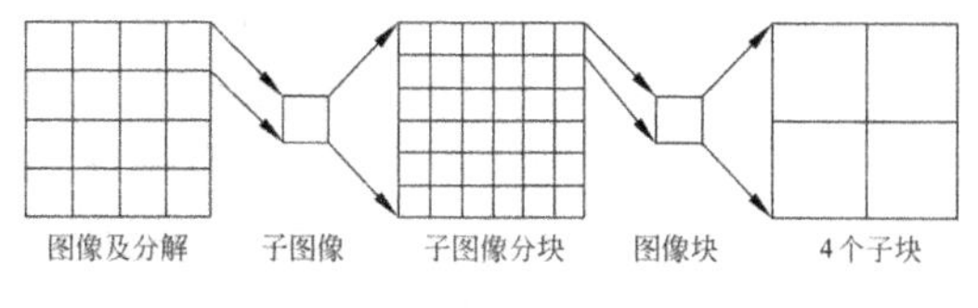

图 E4 图像的分解

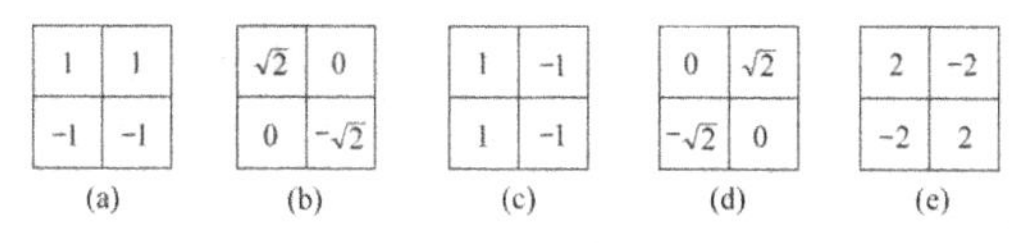

图 E5 5 种边缘检测算子

(2) 对每个子图像分别用图 E5 表示的(MPEG-7 建议的)5 种边缘检测算子检测是否有上述 5 种对应边缘类型。5 种边缘检测算子依次分别检测 0°,45°,90°,135°边缘和无方向边缘;

(3) 分别统计各子图像的边缘直方图,该直方图包括 5 个直方条;

(4) 将 16 个子图像的直方条综合起来,得到包括 80 个直方条的整幅图像的边缘直方图。

edge-induced subgraph⇔**边诱导子图,边导出子图**

一种特殊的**子图**。对**图** G 的非空边子集 $E'(G)\subseteq E(G)$,如果有一个图 G 的子图以 $E'(G)$ 为边集,以图 G 里所有边的端点为顶点集,则该子图即是图 G 的**边导出子图**,记为 $G[E'(G)]$或 $G[E']$。

edgel⇔**边缘基元**

1. **edge element** 的简写。包括三个分量,第一个是边缘所经过像素的行和列位置;第二个是边缘在该像素位置的朝向;第三个是边缘在该像素位置的强度。

2. 用仅包括两个邻接像素的最小可选窗口算出的边缘点。最小可选窗口可以是水平的或垂直的。在无噪情况下,这个方法能很好地提取出图像亮度的不连续处。

edge linking⇔**边缘连接(技术),边缘链接(技术)**

将**边缘检测**算法所能输出的边缘片段转换为有用的线段和目标边界的技术或过程。参阅 **edge element combination**。

edge map⇔**边缘图**

对图像进行**边缘检测**后获得的结果图。一般还作进一步处理,仅保留边缘强度值大于阈值的像素。

edge per unit area⇔**单位面积中的边缘**

一种需通过对图像中每个像素逐个进行计算来描述**基元空间关系**的**特征**。具体是先计算一个像素周围邻域中各像素边缘梯度的幅度,再取整个邻域中的梯度均值，并保留均值大于阈值的像素。

edge pixel⇔边缘像素

同 **edgel**。

edge-point histogram ⇔ 边缘点数直方图

一种基于对边缘点数进行统计的**纹理描述符**。具体统计步骤如下：

(1) 分别提取图像中沿 0°，45°，90°和 135°方向上的边缘，并借助阈值将得到的边缘图像**二值化**；

(2) 将图像划分为若干个(如 32×32 的)**子图像**，分别统计各子图像中边缘点的数目；

(3) 将对子图像的统计结果综合起来得到全图的边缘点数**直方图**，其中对每个子图像按(1)中 4 个方向分别统计。

edge set⇔边(线)集合

线条图中由有限条边构成的**集合**。也是组成**图**的两个集合之一。一个图 G 由有限非空**顶点集合** $V(G)$及有限边线集合 $E(G)$组成。$E(G)$中的每个元素就是 G 的边。每条边对应 $V(G)$中一个顶点无序对。

edge sharpening⇔边缘锐化(技术)

一种凸显了图像中细节的**图像增强**操作。加强了图像中的高频部分。目的是使图像中各区域的边缘在视觉上更分明。实现的算法很多，如**选择性梯度替换灰度**、**统计微分法**。

edge template⇔边缘模板

方向差分算子中用以计算不同方向上差分值的**模板**。

edge tracking⇔边缘跟踪(技术)

1. 将图像中(分散的)边缘点结合成有意义的边缘链(片段)的过程。是**图像分割**中**基于边界的并行算法**的第二步。也称边缘组合/**连接**。

2. 在**视频序列**中跟踪边缘的移动。

EDST⇔偶反对称离散正弦变换

even-antisymmetric discrete sine transform 的缩写。

effective average gradient[EAG]⇔有效平均梯度

只对图像中具有非零梯度的像素算出梯度平均值的特殊**梯度**表达。令 $f(x,y)$代表原始图像，$g(x,y)$代表 $f(x,y)$的梯度图，则 EAG 可表示为

$$\mathrm{EAG}=\frac{\mathrm{TG}}{\mathrm{TP}}$$

其中

$$\mathrm{TG}=\sum g(x,y)$$

为梯度图的总梯度值，而

$$\mathrm{TP}=\sum p(x,y)$$

为非零梯度像素的总数。这里 $p(x,y)$的表达式为

$$p(x,y)=\begin{cases}1, & g(x,y)>0\\0, & g(x,y)=0\end{cases}$$

由于在计算 EAG 时只用到具有非零梯度值的像素，除去了零梯度像

素的影响，因此称为“有效”梯度。EAG是图像中非零梯度像素的平均梯度，代表了图像中一个有选择的统计量，是计算**过渡区**的基础。

effective focal length [EFL] ⇔ 有效焦距

对厚度不能忽略的厚透镜或对由多片透镜/面镜组成的**镜头组**，从**主点**到焦点的距离。

efficiency ⇔ 效率；有效性

1. 效率：测量过程能重复进行并得到相同测量结果的能力。可有两种情况：有效能和无效能。在**图像测量**中也称**精确性**。

2. 有效性：测量估计值能很快收敛到一个稳定的值，且有较小标准方差的估计器的性质。比较 **inefficiency**。

efficiency of an algorithm ⇔ 算法效率

实现一个算法所需计算负荷的程度。可用于给定计算设备（常为计算机）在不同计算尺度上实现算法的时间复杂度或计算时间来刻画。

efficiency of retrieval ⇔ 检索效率

一种**检索性能评价指标**。对一幅给定的查询图像，设 N 是图像库中相似图像的总数，n 是提取出的相似图像数，T 是系统提取出的总图像数，则检索效率表达式为

$$\eta_T = \begin{cases} n/N, & N \leqslant T \\ n/T, & N > T \end{cases}$$

EFL ⇔ 有效焦距

effective focal length 的缩写。

EGI ⇔ 扩展高斯图(像)

extended Gaussian image 的缩写。

egomotion ⇔ 自运动

观察者自身相对于被观察场景（从而相对于**世界坐标系**）的运动。

EHD ⇔ 边缘直方图描述符

edge histogram descriptor 的缩写。

eigenface ⇔ 本征脸，特征脸

利用**主分量分析**将一组原始**人脸图像**的主成分/分量结合而成的图像。**人脸识别**中的本征脸表达方法的基本思路是将人脸图像分解成一组本征脸。这些本征脸构成**脸空间**中的正交基矢量。给定一幅待识别的人脸图像，可将其投影到脸空间中并比较其在脸空间与其他已知人脸在脸空间的位置从而判断两者的相似性。

eigenfilter ⇔ 本征滤波器

一类自适应的**滤波器**。大多数用于**纹理分析**的滤波器都是非自适应的，即滤波器是事先定义的且不直接与纹理相关联。不过，本征滤波器例外，因为本征滤波器依赖于数据，且能增强纹理占优势的特征，所以看作自适应的。这种滤波器常借助**卡洛变换**来设计，也可从自相关函数中提取出来。令 $f(x,y)$ 为没有位移的原始图像，$f(x+n,y)$ 为沿 x 方向位移 n 个像素后的图像。如果取 n 的最大值为 2，本征矢量和本征值可从自相关矩阵计算获得：

$$\begin{bmatrix} E[f(x,y)f(x,y)] & \cdots & E[f(x,y+2)f(x,y)] & \cdots & E[f(x+2,y+2)f(x,y)] \\ \vdots & & \vdots & & \vdots \\ E[f(x,y+2)f(x,y)] & \cdots & E[f(x,y+2)f(x,y+2)] & \cdots & E[f(x,y+2)f(x+2,y+2)] \\ \vdots & & \vdots & & \vdots \\ E[f(x+2,y+2)f(x,y)] & \cdots & E[f(x+2,y+2)f(x,y+2)] & \cdots & E[f(x+2,y+2)f(x+2,y+2)] \end{bmatrix}$$

其中 $E[\cdot]$代表期望。一个 9×1 本征矢量在空间排列成一个 3×3 的本征滤波器。所选本征滤波器的数量由通过对本征值的和取阈值来确定。滤波后的图像常称为基图像，可用来重建原始图像。由于具有正交性，所以看作是对图像的一种最优表达。

eigenimage ⇔ 本征图像

对一幅图像进行**奇异值分解**时所用的基图像。图像 $\boldsymbol{f}$ 的奇异值分解是将其矢量外积展开，可写成

$$\boldsymbol{f} = \sum_{i=1}^{N} \sum_{j=1}^{N} g_{ij} \, \boldsymbol{u}_i \boldsymbol{v}_j^{\mathrm{T}}$$

外积 $\boldsymbol{u}_i \boldsymbol{v}_j^{\mathrm{T}}$ 可解释成一幅“图像”，所以用 g_{ij} 系数加权的、对所有外积组合的和代表原始图像。基图像 $\boldsymbol{u}_i \boldsymbol{v}_i^{\mathrm{T}}$ 即是图像 $\boldsymbol{f}$ 的本征图像。

eigenregion ⇔ 本征区域

具有本征几何特征的区域。几何特征包括区域的面积、位置、形状特性等，一般基于还没有进行分割和主分量分析的图像。如果将图像分割，然后将其中的区域亚采样成许多 5×5 的小片，从这些简化的图像区域可获得其主分量并用于**图像分类**。

eigenvalue transform ⇔ 特征值变换

同 **Hotelling transform**。

EIT ⇔ 电阻抗层析成像

electrical impedance tomography 的缩写。

elastic graph matching ⇔ 弹性图匹配（技术）

一种基于**动态链接结构**的匹配方法。在**人脸识别**中，可将人脸用网格状的稀疏图来表示，其中结点表示特征向量，边表示结点间的距离向量。匹配中对图进行变形，以使结点逼近模型图的对应点。弹性图匹配方法能够容忍一定位姿、表情和光照的变化。

electrical impedance tomography [EIT] ⇔ 电阻抗层析成像

一种**计算机层析成像**方式。采用交流电场对物体进行激励检测。这种方法对电导或电抗的改变比较敏感，先使用低频率的电流注入物体内部并测量在物体外表处的电势场（根据电导率分布，利用有限元计算场域边界电压），接着采用**图像重建**算法就可以重建出有关物体内部区域的电导和电抗分布或变化的图像（基于边界测量值估计场域电导率分布）。

electromagnetic optical imaging ⇔ 电磁光学成像（方法）

X-光成像、**光学成像**、微波成像、无线电波成像等的统称。都借助电磁波来成像，但从技术角度，常把各种成像区分开，以有利于各自的研究开发、协同使用或互相补充。

electromagnetic radiation [EM] ⇔ 电磁辐射

电场和磁场的传播。即电场和磁场交互变化所产生的电磁波向空中发射或泄漏的现象。可以用振荡频率 v、波长 l 和传播速度 s 来刻画。在真空中，电磁辐射与光的传播速度相等，$s=c \approx 3\times10^8$ m/s。电磁辐射的**波长**覆盖 10 的 24 次方。**光**是人眼可感觉到的特殊电磁辐射。

electromagnetic spectrum ⇔ 电磁频谱

电磁辐射的波长范围。从一端的无线电波(**波长** 1 m 或更长)到另一端的 γ 射线(波长 0.01 nm 或更短)。

electronically tunable filter [ETF] ⇔ 电子可调滤光器

可与单色相机结合使用以产生一系列**波长**的**多光谱图像**的滤光器。有 3 种主要类型：①基于衍射的声-光装置；②**干涉仪型滤光器**；③基于双折射的**液晶可调滤光器**。

另一类电子可调滤光器利用光干涉(optic interference)原理。基本构成单元是一个 Fabry-Perot 腔，包括两个平行平面，内部面涂有高反射率的**半透明**胶片，包住了矩形容积的空气或某种绝缘物质。光通过半透明的镜子之一进入，在腔内被多次反射。多次传输的光线互相作用，产生出光干涉的效果，导致只有一种特定波长及其谐波可穿透对面的半透明镜子。

electronic image ⇔ 电子像

正比于电能量的**图像**。例如有一种电视摄像管叫做**储像管**，在一个薄云母片上做出许多互相绝缘的微元阴极(整体称为镶嵌阴极)，云母背面做成与微元阴极相对应的互相绝缘的镶嵌阳极。在镶嵌阴极前面有辅助阳极以吸引镶嵌阴极受光照射后所发出的电子。镶嵌阳极上电量的多寡与从物体来的光量的多寡成正比。这样，光学像就变成储藏的电像。

electronic shutter ⇔ 电子快门

通过限制电荷累积的时间和用大部分的帧时间进行泄流来减少电荷耦合器件成像的**曝光**时间的装置。其曝光时间一般在 1/15 000 s 到 1/60 s 之间。

electron microscope ⇔ 电子显微镜

同 **electron microscopy**。

electron microscopy ⇔ 电子显微镜

一种以高速运动的电子束代替光波，具有很高放大能力的**显微镜**。也可看作一种使用聚焦的电子波束来产生图像的**图像采集设备**。电子波束被正电位加速而射向物体，磁场将其聚焦到物体上，物体内部的交互作用影响电子波束，交互作用的结果被检测到并被转化为**图像**。

电子显微镜的**透镜**取决于电场和磁场的性质。光学显微镜能分辨的微细结构的线度为光波长的量级。因电子波的**波长**仅为可见光波长的十万分之一，约 0.005 nm，故电子显微镜的分辨率大大高于光学显微镜。电子显微镜的放大率也可以比光学显微镜大很多，因为微粒的辐射波长要低很多。通用式电子显微镜的基本原理是在一个高真空系统中，由电子枪发射电子束，穿过试样物体后，经静电和电磁电子透镜聚焦放大，在荧光屏上显示放大的像。通用电子显微镜的直接放大倍数可达 80 万倍左右，分辨率为 0.2 nm。扫描式电子显微镜则用电子束在试样物体上逐点扫描，然后利用电视原理放大成像并显示在电视显像管上。

electron-pair annihilation ⇔ 电子对湮没

电子与正电子碰撞后转化为其他粒子的过程。正负电子对湮没后可转化为一对光子，能量足够高时也可通过一个虚光子转化为正负 μ 子对或正负轻子对。

elevation ⇔ 仰角

视线在水平线以上时，在所处垂直平面内与水平线的夹角。

elimination attack ⇔ 消除性攻击

一种靠删除本应由水印所有者才有权删除的水印来对嵌入的水印进行的攻击。

ellipse of inertia ⇔ 惯量椭圆

根据**目标**区域的惯量算出的椭圆。该椭圆的长短轴由两个正交方向上的惯量决定。参阅 **equivalent ellipse of inertia**。

elongation ⇔ 伸长度，伸长率

一种用于描述**目标形状**的特性。见 **shape elongation**。

EM ⇔ 电磁辐射；期望最大化

1. 电磁辐射：**electromagnetic radiation** 的缩写。

2. 期望最大化：**expectation-maximization** 的缩写。

embedded coding ⇔ 嵌入式编码（方法）

一种特殊的**图像编码**方式。设有一个编码器对同一幅图像使用了两次，每次的失真不同，则可得到两个压缩文件。设大的为 M 位，小的为 m 位。如果该编码器使用嵌入编码方式，则较小的文件就等于较大文件的前 m 位。举例来说，设有 3 个用户需要接收一幅压缩图像，但所需质量各不相同。所需的图像质量分别要用 10 Kb、20 Kb 和 50 Kb 的文件来提供。如果使用一般方式的**有损压缩**方法，需把一幅图像用不同的质量分别压缩 3 遍，以生成 3 个所需尺寸的文件。而如果使用嵌入式编码，只需先生成一个文件，然后把从同一个点起始的长度分别为 10 Kb、20 Kb 和 50 Kb 的 3 个块发送给对应的 3 个用户即可。

embedding attack ⇔ 嵌入性攻击

水印产品的使用者对产品嵌入了一个本应由所有者才能嵌入的水印这样一种**对水印的攻击**类型。也称**伪造性攻击**。

emboss filter ⇔ 浮雕滤波器

参阅 **directional difference filter**。

EMD ⇔ 推土机距离

earth mover's distance 的缩写。

EMD ⇔ 经验模式分解

empirical mode decomposition 的缩写。

emissionCT [ECT]⇔发射计算机层析成像

发射源在物体内部(可将被检测的物体本身看作信号源)的**计算机层析成像**方式。一般是将具有放射性的离子注入物体内部,从物体外检测由其放射出来的量。通过这种方法可以了解离子在物体内部的运动情况和分布情况。如果研究对象是人体,则可检测到与生理有关的状况。常用的发射层析成像主要有两种:①**正电子发射层析成像**;②**单光子发射计算机层析成像**。

emission image⇔发射图像

根据辐射源之间的相互作用类型、目标性质和**图像传感器**的相对位置而划分的三类图像之一。发射图像是对自发光目标成像的结果,如在可见光范围的恒星和灯泡图像,以及超出可见光范围的热和红外图像。比较 **absorption image** 和 **reflection image**。

emission tomography⇔发射断层成像

发射计算机层析成像的别称。

emissivity⇔发射率

一个表面适合发射或辐射电磁波的测度。表示为在相同温度下表面热激励与黑体热激励的比率。黑体的发射率是1,自然材料的发射率在0和1之间。

emotional-layer semantic ⇔ 情感层语义

一种有关人的感情、情绪的语义层**含义**。具有较强的主观抽象特性。

empirical discrepancy method ⇔ 差异试验法

将通过输入图像或待分割图像得到的参考图像与已分割图像或输出图像进行对比来评价质量的图像**分割算法**。既要考虑分割流程的输入,也要考虑分割流程的输出。参阅 **general scheme for segmentation and its evaluation**。

empirical goodness method ⇔ 优度试验法

仅通过检测已分割图像或输出图像的质量来评价的**图像分割评价**方法。不必考虑分割流程的输入。参阅 **general scheme for segmentation and its evaluation**。

empirical method⇔试验法

图像分割评价中,根据已分割图像的质量间接评判分割算法性能的方法。具体就是用待评价的算法去分割图像,然后借助一定的质量测度来判断分割结果的优劣,据此得出所用分割算法的性能。可进一步分为两组:一组为**优度试验法**和**差异试验法**。

empirical mode decomposition [EMD] ⇔经验模式分解

一种将非线性非平稳信号分解为**本征模态函数的**无参数的数据驱动分析工具。在**图像融合**中,把来自不同成像方式的图像分解为其本征模态函数。而将融合的本征模态函数重建以组成融合的图像。

Encapsulated PostScript format ⇔ EPS 格式，封装张贴脚本格式

张贴脚本(PS)格式的一种打包形式。文件后缀是.eps。

end member ⇔ 端元

遥感图像中只含一种地物信息的基元。一般遥感图像的分辨率较低，其中一个像元里包含的地物比较多，以混合光谱的形式存在并显示在一个像元里。要分析遥感图像，需将每个像元中的各个端元都分离开来定量描述，计算出不同端元在一个像元中的面积百分比。

energy function ⇔ 能量函数

1. **主动轮廓模型**的**分割算法**中，用于控制轮廓曲线改变的动力学函数。一般可分为**内部能量函数**和**外部能量函数**。图像梯度和灰度最常用来构建能量函数，有时目标的尺寸和形状也用来构建能量函数。

2. 在**图像恢复**中，同 **cost function**。

engineering optics ⇔ 工程光学

对工程上应用的**几何光学**和**物理光学**的合称。其中应用几何光学涉及对如长度和角度的测量、机械零件检测、平行度和光洁度检查、远物精确量测、光轴校列等内容。

entropy ⇔ 熵

信息熵的简称。

entropy coding ⇔ 熵编码(方法)

使压缩数据的**平均码长**趋于输入数据的**熵**，以减少**编码冗余**的**无损编码**方法。

entropy of image ⇔ 图像熵

对图像中信息量的一种测度。考虑一幅图像是一个符号(如像素值)的集合。每个像素都提供场景的某些信息。为量化图像的信息，可使用其符号的信息内容的**期望值**，即 $\log(1/p)$ 的平均值，其中 p 是一个特定灰度值在图像中出现的概率

$$H \equiv E\left\{p\log\frac{1}{p}\right\} = -\sum_{k=1}^{G} p_k \log p_k$$

这里 G 是像素可取的不同值的个数(图像中灰度值的个数)，p_k 是图像中一个特定灰度值的频率(图像归一化直方图的第 k 个直方条的值，图像归一化直方图由 G 个直方条构成)。信息测度 H 即是图像熵。其值越大，图像包含的信息越多，或者说信息量越大。

entropy of random variables ⇔ 随机变量的熵

离散随机变量 y 取值 α_i 的概率记为 $P(y=\alpha_i)$ 时，由如下表达式给出的值：

$$H(y) \equiv -\sum_i P(y=\alpha_i)\ln P(y=\alpha_i)$$

EPI ⇔ 极平面图像

epipolar plane image 的缩写。

epipolar constraint ⇔ 极约束

减少立体视觉对应问题维数的几何约束。对立体图像对中一幅上的任何一点，另一幅图像中可能的匹配点被约束在称为**极线**的直线上。这个约束可利用**基本矩阵**进行描述。参阅 **epipolar geometry**。

epipolar geometry ⇔ 对极几何，极几何，外极几何

双目**立体匹配**中两个透视相机间的一种特殊几何关系。可借助图 E6 解释，其中 Z 轴指向观察方向，左右两个像平面的光轴都在 XZ 平面内，交角为 θ。C' 和 C'' 分别为左右像平面的光心，其间的连线是系统**基线**（其长度为 B），也称光心线，光心线与左右像平面有交点 E' 和 E''。

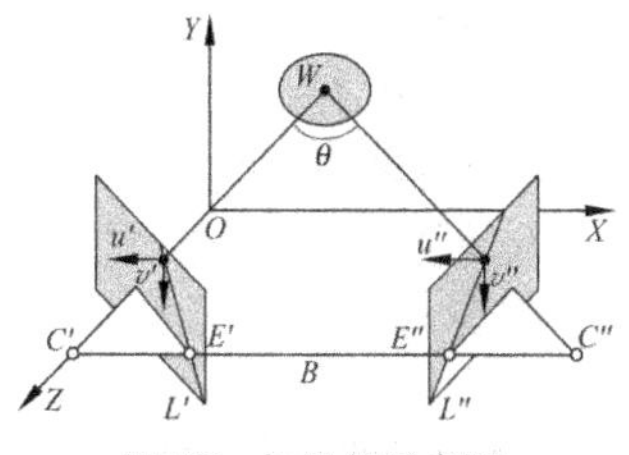

图 E6　极几何示意图

epipolar line ⇔ 对极线，极线，外极线

极几何中连接光心线与像平面的交点和像平面原点的特殊连线，即**极平面**和图像平面的交线。

epipolar line constraint ⇔ 对极线约束，极线约束，外极线约束

极几何中，两个像平面上投影点间的约束关系。即与物点 W 在左像平面上投影点所对应的右像平面投影点必在右像平面上极点与原点间的连线上；反之，与物点 W 在右像平面上投影点所对应的左像平面投影点必在左像平面上极点与原点间的连线上。

epipolar plane ⇔ 对极平面，极平面，外极平面

极几何中光心线与物点所在的**平面**。也是由任意真实世界场景点和两个相机光学中心点定义的平面。

epipolar plane image [EPI] ⇔ 极平面图像

在双目**立体视觉**中，显示来自一个相机的一条特定直线随相机位置改变而改变但图像中的线保持在同一个**极平面**中的图像。EPI 中的每条线都对应不同时刻相机的相关直线。远离相机的特征将保持在各条线中的相同位置，而接近相机的特征将从一条线移到另一条线（越近的特征移得越远）。

epipolar plane image analysis ⇔ 极平面图像分析

通过分析**极平面图像**的自运动重建的方法。极平面图像中直线的斜率正比于目标与相机的距离，垂直线对应无穷远处的特征。

epipolar standard geometry ⇔ 标准极线几何结构

立体视觉中一种可以简化极线计算的特殊立体几何结构。如图 E7 所示，其中两个成像平面在同一个平面上且已垂直对齐。设没有镜头**畸变**，即两个镜头的主距相等。两幅图像上**主点**的行坐标相等，两幅图像旋转到与基线平行，两个摄像机之间的相对位姿只有沿 X 轴的不同。由于成像平面相互平行，极点与基线之间的距离为无穷远，所以某点的极线就是与该点的行坐标相同的直线。

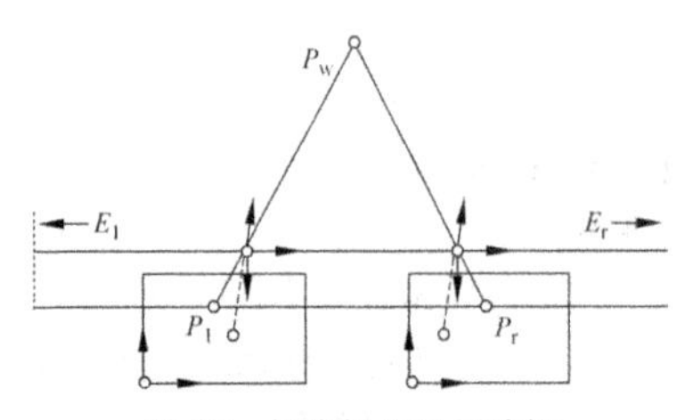

图 E7 标准极线几何结构

epipole ⇔ 对极点，极点，外极点

极几何中光心线与像平面的交点。

episode ⇔ 情节

视频组织中，代表**视频**内容的一种语义单元。包括(时序上不一定相连或相邻的)一组内容相关的**镜头**。一般描述内容相关的一段故事或活动。

epitome model ⇔ 缩影模型

对一幅给定图像，将其中基本形状和纹理单元浓缩的小缩影表达。从缩影到其原始像素的映射是隐含的，借助对隐含映射的变化，多幅图像可以分享相同的缩影。在缩影模型中，原始像素值用来刻画纹理和彩色特性(代替了滤波响应)。缩影可借助**产生式模型**来推出。假设原始图像可从缩影中借助复制像素值并加上高斯噪声来产生。这样，作为一个学习过程，通过检查最好的匹配，可把从图像中得到的不同尺寸的片加入到缩影(一个非常小的用来检查最好可能匹配的图像)中。然后，根据新采样的图像片对缩影进行更新。这个过程迭代进行，直到缩影稳定下来。图 E8 给出一幅示例图像和两个不同尺寸的缩影。可见缩影是图像的相对紧凑的表达。

equal-distance disk ⇔ 等距离圆盘

由与一个像素的距离小于等于特定值的像素所构成的圆形区域。在离散域，不同的距离度量会产生不同形状的等距离**离散圆盘**。

设用 $\Delta_i(R)$，$i=4,8$ 表示与中心

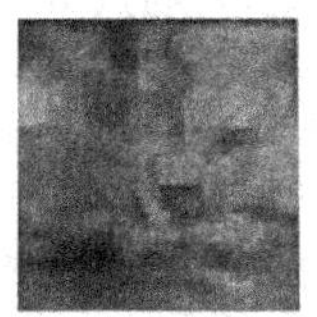

图 E8 左：原始彩色图像；中：其 32×32 的缩影；右：其 16×16 的缩影(见彩插)

像素的 d_i 距离小于或等于 R 的等距离圆盘，用 $\#[\Delta_i(R)]$ 表示除中心像素外 $\Delta_i(R)$ 所包含的像素个数，则像素个数随距离成比例增加。对城区距离圆盘有

$$\begin{aligned}\#[\Delta_4(R)] &= 4\sum_{j=1}^{R} j \\ &= 4(1+2+3+\cdots+R) \\ &= 2R(R+1)\end{aligned}$$

类似地，对棋盘距离圆盘有

$$\begin{aligned}\#[\Delta_8(R)] &= 8\sum_{j=1}^{R} j \\ &= 8(1+2+3+\cdots+R) \\ &= 4R(R+1)\end{aligned}$$

equal-energy spectrum ⇔ 等能光谱

单位**波长**亮度对应的能密度在一定的波长范围内恒定时的光谱。

equal energy spectrum on the wavelength basis ⇔ 波长基上等能量光谱

同 **ideal white**。

equal-interval quantizing ⇔ 等间隔量化

一种常用的**量化**策略或技术。先将图像中需量化的范围从最大值到最小值划分为连续且相同长度的间隔，再将每个图像值赋给对应其所在间隔所的量化值。

equal-probability quantizing ⇔ 等概率量化

一种常用的**量化**策略或技术。将图像中需量化的范围从最大值到最小值划分为若干个连续的间隔，使得赋给各个量化值的图像值有相同的概率。这在本质上与**直方图均衡化**一致。

equidensity ⇔ 等光密度线

光密度分布图中光密度值相等的曲线。光密度分布是图像（显微照相、干涉仪、**望远镜**与纤维镜中成像）鉴定的基础。正如等高线可表示出地形一样，等光密度线可显示出图像的光度分布及像质好坏，并提供成像过程的一些细节。

equidifference weft multicone projection ⇔ 等差分纬线多圆锥投影

纬线为同轴圆弧，圆心位于中央经线上，中央经线为直线，其余经线为对称于中央经线的曲线的多圆锥投影。同一纬线上的经线间隔随远离中央经线而等差递减。经纬网采用图解解析法构成，根据投影参量不同，经纬线形状也有差异。

equidistance projection ⇔ 等距投影

经纬线（或垂直圈、等高圈）正交且沿经线（或垂直圈）的长度等于 1 的投影。这种投影的变形大小介于等角投影与等积投影之间，可用于普通地图与交通图等。

equivalence relation ⇔ 等价关系

集合 S 上不同元素 x, y, z 之间满足下列 3 特性的关系 R：

(1) 自反性：$(x,x)\in R$；

(2) 对称性：$(x,y)\in R$ 蕴涵 $(y,x)\in R$；

(3) 传递性：$(x,y)\in R$ 和 $(y,z)\in R$ 蕴涵 $(x,z)\in R$。

equivalent ellipse of inertia ⇔ 等效惯量椭圆

与一个目标区域的惯量相等且用

区域面积归一化的椭圆。也称**惯量等效椭圆**，简称等效椭圆。根据目标转动惯量计算，由其惯量椭圆的两个主轴的方向和长度完全确定。两个主轴的斜率分别是 k 和 l：

$$k = \frac{1}{2H}\left[(A-B)-\sqrt{(A-B)^2+4H^2}\right]$$

$$l = \frac{1}{2H}\left[(A-B)+\sqrt{(A-B)^2+4H^2}\right]$$

两个半主轴长（p 和 q）分别为：

$$p = \sqrt{2/\left[(A+B)-\sqrt{(A-B)^2+4H^2}\right]}$$

$$q = \sqrt{2/\left[(A+B)+\sqrt{(A-B)^2+4H^2}\right]}$$

其中，A,B 分别是目标绕 X,Y 坐标轴的转动惯量，H 为惯性积。

一幅 2-D 图像中的目标可看作一个面状均匀刚体，对它建立的等效惯量椭圆反映了目标上各点的分布情况。借助惯量等效椭圆，可对两个不规则区域进行配准。

equivalent *f*-number⇔等效 *f* 数

用成像放大率对焦距校正后的一个量。等于 $f(1+m)$，其中 f 为焦距，m 为成像放大率。若透镜满足正弦条件，则等效 f 数等于 $[2(n\sin\phi+n'\sin\phi')]^{-1}$，$\phi$ 和 ϕ' 分别为入射、出射光瞳半径在轴上物、像点处的张角。

ergodicity⇔遍历性

随机过程可以从过程的一个样本函数中获得各种统计特性的性质。在讨论统计结果时，遍历性指示时空上的统一性，表现为时间均值等于空间均值。如果一组系综图像是遍历的，那么可通过简单地计算该组系综图像中任意一幅图像的空间平均来计算整个系综图像的均值和子相关函数。

ergodic random field⇔遍历随机场

相对于均值遍历或相对于自相关函数遍历的随机场。

如果一个随机场相对于均值均匀，且其空间平均独立于 f 所依赖的输出，即不论对任何一个所计算的随机场版本都相同且等于其系综平均，则是相对于均值遍历的：

$$E\{f(\boldsymbol{r};w_i)\} = \lim_{S\to+\infty}\frac{1}{S}\int_S f(\boldsymbol{r};w_i)\,\mathrm{d}x\mathrm{d}y = \mu = 常数$$

如果一个随机场相对于自相关函数均匀（平稳），且它的空间自相关函数独立于 f 所依赖的输出，即仅依赖于偏移量 $\boldsymbol{r}_0$ 且等于其系综自相关函数，则是相对于自相关函数遍历的：

$$\underbrace{E\{f(\boldsymbol{r};w_i)f(\boldsymbol{r}+\boldsymbol{r}_0;w_i)\}}_{集合自相关函数} = \underbrace{\lim_{S\to+\infty}\frac{1}{S}\int_S f(\boldsymbol{r};w_i)f(\boldsymbol{r}+\boldsymbol{r}_0;w_i)\,\mathrm{d}x\mathrm{d}y}_{空间自相关函数} = \underbrace{R(\boldsymbol{r}_0)}_{独立于 w_i}$$

Erlang noise⇔厄朗噪声

同 ***gamma* noise**。

erosion⇔腐蚀

一种对图像的**数学形态学**基本运

算。根据图像的不同，如**二值图像**、**灰度图像**和**彩色图像**，可分为**二值腐蚀**、**灰度腐蚀**和彩色腐蚀。

error ⇔ 误差

图像工程中，景物的真实值与从图像测量所得到的测量值之间的差异。误差与错误不同，错误是应该而且可以避免的，而误差不可能绝对避免。误差可分为**系统误差**和**随机误差**。

error analysis ⇔ 误差分析

特征测量中，考虑误差的成因、类别、数值等各种因素，并研究如何减小这些因素的影响的工作。

error-correcting code ⇔ 纠错码

目的与数据压缩相反的编码。通过在数据中生成一些冗余以方便发现和纠正数据中有可能由于传输等产生的误差。有些利用奇偶校验位，有时还利用生成多项式来设计。

error correction ⇔ 误差校正

对由**立体匹配**获得的**视差图**中的计算误差进行的校正。立体匹配是在受到几何畸变和噪声干扰等影响的图像之间进行的，另外由于周期性模式、光滑区域的存在，以及遮挡效应、约束原则的不严格性等原因都会导致在视差图中产生误差，所以对误差的检测和校正也是重要的**立体视觉后处理**内容。

error-correction training procedure ⇔ 误差校正训练过程

校正误差的迭代的**训练**序列。在每个迭代步，决策规则都根据对训练数据的每一误分类进行调整。

essential matrix ⇔ 本质矩阵

立体视觉中，描述客观空间中同一个物点在两幅图像上的投影点坐标之间的联系的矩阵。可分解为一个正交的旋转矩阵后接一个平移矩阵。

在双目**立体视觉**中，本质矩阵 $\boldsymbol{E}$ 描述了对应的图像点 $\boldsymbol{p}$ 和 $\boldsymbol{p}'$ 间在相机坐标中的双线性约束：$\boldsymbol{p}'\boldsymbol{E}\boldsymbol{p}=0$。这个约束是一些重建算法的基础，$\boldsymbol{E}$ 是相机在世界坐标系参考帧中平移和旋转的函数。参阅 **fundamental matrix**。

estimating the degradation function ⇔ 退化函数估计

图像恢复中的一种**预处理**。有三种主要估计方法：①观察；②试验；③数学建模。但真正的退化函数很难完全估计出来，所以常采用**盲解卷积**方法。

ETF ⇔ 电子可调滤光器

electronically tunable filter 的缩写。

Euclidean distance ⇔ 欧氏距离

范数的指数为 2 的**闵可夫斯基距离**。像素点 $p(x,y)$ 和 $q(s,t)$ 之间的欧氏距离表达式为

$$D_{\mathrm{E}}(p,q)=[(x-s)^2+(y-t)^2]^{1/2}$$

Euclidean space ⇔ 欧氏空间

其中矢量可进行内积运算的实空间。

Euclidean transformation ⇔ 欧氏变换

一种可表达刚体先旋转后平移运动的**等距变换**。将一个点 $\boldsymbol{p}$(=

(p_x, p_y))欧氏变换到另一个点 $\boldsymbol{q}$(=(q_x,q_y))的矩阵 $\boldsymbol{H}_\mathrm{I}$ 可用分块矩阵形式表示为

$$\boldsymbol{q} = \boldsymbol{H}_\mathrm{I}\boldsymbol{p} = \begin{bmatrix} \boldsymbol{R} & \boldsymbol{t} \\ \boldsymbol{0}^\mathrm{T} & 1 \end{bmatrix}\boldsymbol{p}$$

其中,$\boldsymbol{R}$ 是一个特殊的**正交矩阵**,det($\boldsymbol{R}$)=1。欧氏变换可看作**刚体变换**的一个特例。

图 E9 分别给出用 $\theta=-90°$ 和 $\boldsymbol{t}=[2,0]^\mathrm{T}$;$\theta=90°$ 和 $\boldsymbol{t}=[2,4]^\mathrm{T}$;$\theta=0°$ 和 $\boldsymbol{t}=[4,6]^\mathrm{T}$ 时对最左的多边形目标进行欧氏变换得到的结果。

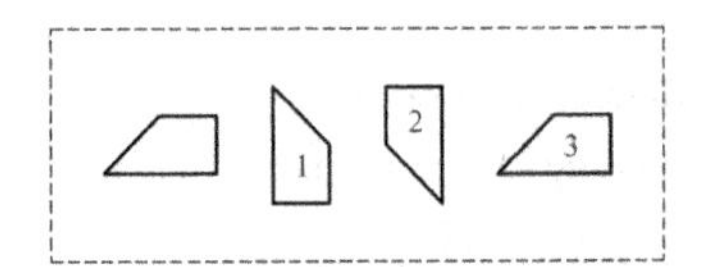

图 E9 对多边形目标进行欧氏变换得到的结果

Euler number ⇔ 欧拉数

图像工程中一种定量**拓扑描述符**。常用的有**区域欧拉数**、**多边形网**的欧拉数、**3-D 目标欧拉数**。

Euler number of 3-D object ⇔ 3-D 目标欧拉数

描述了 3-D 目标连通性的一种**拓扑描述符**。是一个全局特征参数。3-D 目标欧拉数 E 可由连接体数 C、**孔数** A 和**类数** G 表示为

$$E = C + A - G$$

Euler number of region ⇔ 区域欧拉数

一种描述区域连通性的**拓扑描述符**。是一个全局特征参数。对一个**平面**区域,其欧拉数 E 可由区域内的**连通组元**个数 C 和区域内的**孔数** H 来表示(这称为**欧拉公式**)

$$E = C - H$$

考虑计算时所用到的连通性,可以区分两种区域欧拉数:**4-连通欧拉数**和 **8-连通欧拉数**。

Euler's formula ⇔ 欧拉公式

参阅 **Euler number of region**。

Euler theorem for polyhedral object ⇔ 多面体欧拉定理

描述**多面体**上顶点数 V、边数 B 和面数 F 间关系的定理。表达式为

$$V - B + F = 2$$

进一步考虑**非简单连通多面体**的情况,上述关系可写为

$$V - B + F = 2(C - H)$$

其中,C 为连接体个数,H 为(连接体上的)孔数。

Euler vector ⇔ 欧拉矢量

对**区域欧拉数**的一种推广。区域欧拉数一般是借助**二值图像**计算的。将二值图像看作**位图**,把**灰度图像**进行**位面分解**得到多个位图,由多个位图得到的多个区域欧拉数组成矢量就是欧拉矢量。欧拉矢量可以描述灰度图像或其中的区域。如果在位面分解时使用**灰度码**,则得到的欧拉矢量对噪声比在不使用灰度码时更不敏感。

evaluation criteria ⇔ 评价指标,评价准则

图像分割评价中,用来评判算法性能的原则和标准。常用的有:对称散度,繁忙性测度,概率加权的质

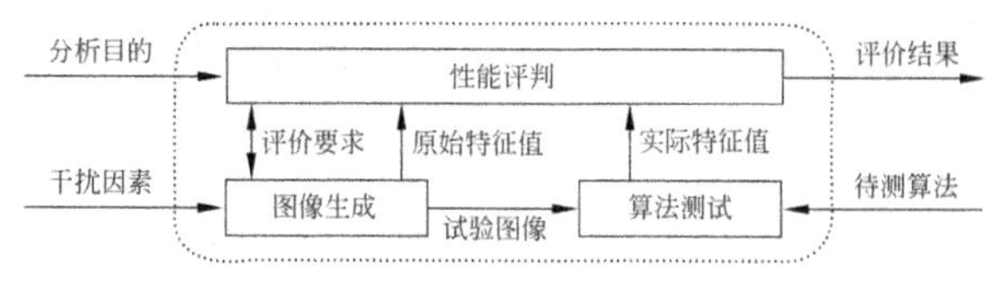

图 E10　分割算法评价框架

量因数，高阶局部熵，归一化平方误差，检测概率比，面积错分率，图像分块数，像素分类误差，像素空间分布，形状测度，修正的质量因数或改进的质量因数，噪声信号比，正确分割的百分数，最终测量精度等。

evaluation framework ⇔ 评价框架

对**图像分割**算法进行评价的框架。如图 E10 所示，其中主要包括三个模块：① **图像生成**；② **算法测试**；③ **性能评判**。一方面，有关分析目的、评价要求、图像获取及处理的条件和因素可以被有选择地结合进这个框架里，因此可以适用于各种应用领域。另一方面，因为在研究分割算法时只需要用到图像分割的结果而不需要被研究算法的内部结构特性，所以可适用于所有的分割算法。

evaluation measure ⇔ 评价测度

同 **evaluation criteria**。

evaluation metric ⇔ 评价度量

同 **evaluation criteria**。

evaluation of image fusion result ⇔ 图像融合结果评价

根据**图像信息融合**的目的对图像融合效果进行的评价。是**图像融合**中要研究的重要内容。对不同层次的融合效果评价常采用不同的方法和指标。其中，**融合图像**信息量的丰富性和**图像质量**的改善始终是图像融合的根本目的（后者对底层融合尤为重要），同时也是衡量各种融合方法效果的基本准则。

even-antisymmetric discrete sine transform [EDST] ⇔ 偶反对称离散正弦变换

一种特殊的正弦变换。假设有一幅 $M \times N$ 的图像 f，将其最左列和最上行翻转以得到一幅 $2M \times 2N$ 的图像，这幅图像的离散傅里叶变换（**DFT**）是实的，且有

$$F_{es}(m,n) \equiv -\frac{1}{MN}\sum_{k=0}^{M-1}\sum_{l=0}^{N-1} f(k,l)\sin\frac{\pi m(2k+1)}{2M}\sin\frac{\pi n(2l+1)}{2N}$$

这就是原始图像的偶反对称离散正弦变换。比较 even symmetric discrete cosine transform。

even-chain code ⇔ 偶数链码

4-方向链码中水平方向的**链码**和**8-方向链码**中水平及垂直方向上的链码。

even-symmetric discrete cosine transform [EDCT] ⇔ 偶对称离散余弦变换

一种特殊的余弦变换。假设有一

幅 $M\times N$ 的图像 f，将其最左列和最上行翻转可得到一幅 $2M\times 2N$ 的图像。这幅图像的离散傅里叶变换(**DFT**)是实的，且有

$$F_{ec}(m,n)\equiv\frac{1}{MN}\sum_{k=0}^{M-1}\sum_{l=0}^{N-1}f(k,l)\cos\left[\frac{\pi m}{M}\left(k+\frac{1}{2}\right)\right]\cos\left[\frac{\pi n}{N}\left(l+\frac{1}{2}\right)\right]$$

这就是原始图像的偶对称离散余弦变换。比较 even antisymmetric discrete sine transform。

event ⇔ **事件**

1. **体视学**中当一个**探针**与一个景物相交时的记录。是对几何单元定量估计的基础。

2. **时空行为理解**中的第四层。指在特定时空发生的某种活动和结果。其中的动作常由多个主体/发起者执行(群体活动)。对特定事件的检测常与异常活动有关。

3. 对图像进行统计描述时，一个随机试验输出的集合。用一个事件产生的概率可以定义随机变量的分布函数。

event knowledge ⇔ **事件知识**

知识分类中，反映客观世界中主体不同动作的知识。

event video ⇔ **事件视频**

参阅 **ranking sport match video**。

evidence reasoning fusion ⇔ **证据推理融合**

一种**特征层融合**方法。也可用于**决策层融合**。证据推理常用提出者的姓氏登普斯特-谢弗(Dempster-Shafer)命名而称为 **D-S 理论**。其中舍弃了**贝叶斯融合**中概率可加性原则，而用一种称为半可加性的原则来代替。

evidential reasoning method ⇔ **证据推理法**

参阅 **evidence reasoning fusion**。

example-based super-resolution ⇔ **基于示例的超分辨率**

一种典型的**基于学习的超分辨率**方法。先通过对示例的学习来掌握低分辨率图像与高分辨率图像之间的关系，然后利用这种关系来指导对低分辨率图像进行**超分辨率重建**。

excess kurtosis ⇔ **剩余峰度**

恰当峰度减 3 **得到**的差。表达式为

$$\gamma_2\equiv\frac{\mu_4}{\mu_2^2}-3$$

excitation purity ⇔ **激发纯度**

色度图上两个长度之比。第一个长度是规定的无彩色色度与所研究色的色度点间的距离，第二个长度是沿着同一方向在同样意义下，从上一个点到色度图上真实色度图边界间的距离。若一种颜色在色度图中的位置 M 和白色点的位置 O 的连线之延长线与色度图交于点 S，则点 S 是 M 处颜色的互补色，且激发纯度 $p_e=OM/OS$，这是美国常用的定义。也称刺激纯度。

exhaustive search block-matching algorithm [EBMA] ⇔ **穷举搜索块匹配算法**

采用穷举搜索的策略进行块匹配

的算法。将要匹配的块与所有候选块进行比较，以确定并选取具有最小误差的块。其最终估计准确度由块移动的步长确定。

existential quantifier ⇔ 存在量词

谓词演算中一种表示存在某一数量的量词。可用“∃”表示，$\exists x$ 即代表存在一个 x。

exitance ⇔ 出射度

离开一个表面的**辐射通量密度**。

expansion coefficient ⇔ 展开系数

序列展开中展开函数的加权系数。

expansion function ⇔ 展开函数

序列展开中用来表示展开项的函数。

expansive color ⇔ 似胀色

看起来能使实际物体显得更大的颜色。源于**人类视觉系统**的一种主观特性。

expectation-maximization [EM] ⇔ 期望最大化

一种基于采样数据对隐变量模型计算最大似然估计的算法。包含两个步骤，其中 E 步骤是期望步骤，在对已知参数估计的基础上计算隐变量的后验概率；M 步骤是最大化步骤，对从 E 步骤获得的后验概率中的完全期望数据的似然进行最大化。该方法甚至在有些值丢失时也可很好地工作。

expectation of first-order derivative ⇔ 一阶导数期望

亚像素边缘检测的一种准则和方法。根据一阶导数期望值检测亚像素边缘主要有如下步骤(图 E11 中以 1-D 情况为例)：

(1) 对图像函数 $f(x)$，计算一阶导数(在离散图像中，可用差分来近似)$g(x)=|f'(x)|$。图 E11 中的圆点代表 $g(x)$的值。

(2) 根据 $g(x)$的值确定包含边缘的区间，也就是对一个给定的阈值 T(如图 E11 中点划线所示)确定满足 $g(x)>T$ 的 x 取值区间$[x_i, x_j]$，$1\leqslant i,j\leqslant n$。

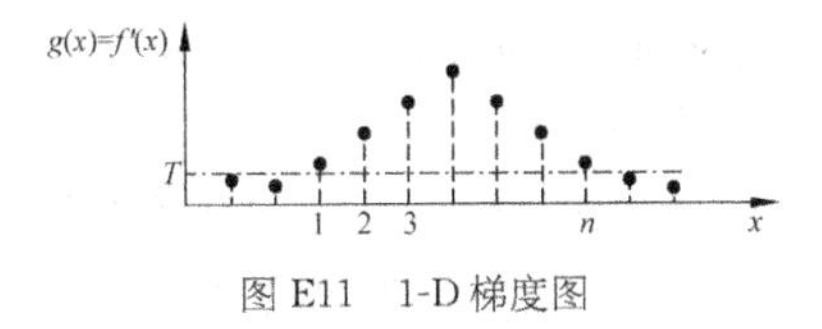

图 E11　1-D 梯度图

(3) 计算 $g(x)$的概率密度函数 $p(x)$，这在离散图像中可写成

$$p_k = g_k \Big/ \sum_{i=1}^{n} g_i, \quad k=1,2,\cdots,n$$

(4) 计算 $p(x)$的期望值 E，并将边缘定在 E 处。在离散图像中，E 的计算公式如下：

$$E = \sum_{k=1}^{n} k p_k = \sum_{k=1}^{n}\left(k g_k \Big/ \sum_{i=1}^{n} g_i\right)$$

这种方法由于使用了基于统计特性的期望值，所以可较好地消除由于图像中噪声而造成的多响应问题(即误检测出多个边缘)。

expected value ⇔ 期望值

一个随机变量的**均值**。

expert system for segmentation ⇔ 分割用专家系统

结合**人工智能**技术，利用评价结

果进行归纳推理以实现算法优选，把分割和评价联系起来进行图像分割的专家系统。可以有效地利用评价结果进行归纳推理，从而把对图像的分割由目前比较盲目地试验改进层次上升到系统地选择实现层次。

explicit registration ⇔ **显式配准，显式注册**

人脸识别中，借助**最大后验概率**显式确定面部关键点位置的技术。

exponential high-pass filter ⇔ **指数高通滤波器**

物理上可以实现的，完成**高通滤波**功能的一种**频域滤波器**。一个阶为 n，**截止频率**为 D_0 的指数高通滤波器的**传递函数**为

$$H(u,v)=1-\exp\{-[D(u,v)/D_0]^n\}$$

其中 D_0 是一个非负整数，称为**截止频率**；$D(u,v)$ 是从点 (u,v) 到频率平面原点的距离，$D(u,v)=(u^2+v^2)^{1/2}$，n 为滤波器的阶数（n 为 2 时成为**高斯高通滤波器**）。

阶为 1 的指数高通滤波器的传递函数如图 E12 所示，在高、低频率之间有比较光滑的过渡，所以产生的振铃现象较弱（对高斯高通滤波器没有振铃现象）。相比**巴特沃斯高通滤波器**的传递函数，指数高通滤波器的传递函数随频率增加在开始阶段增加得比较快，这能使一些低频分量也可以通过，对保护图像的灰度层次较有利。

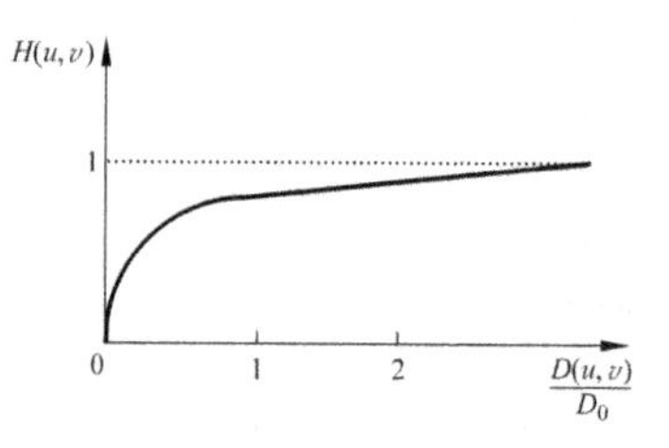

图 E12 指数高通滤波器传递函数的剖面示意图

exponential hull ⇔ **指数凸包**

先将直方图函数取对数，然后对直方图计算凸包得到的结果。借助这样得到的凸包也可以通过**基于直方图凹凸性的阈值化**对直方图凹凸性进行分析，并从这样的直方图中确定一个合适的阈值来分割图像。

exponential low-pass filter ⇔ **指数低通滤波器**

物理上可以实现，传递函数为指数函数，完成**低通滤波**功能的**频域滤波器**。一个阶为 n，**截止频率**为 D_0 的指数低通滤波器的**传递函数**为

$$H(u,v)=\exp\{-[D(u,v)/D_0]^n\}$$

其中，D_0 是一个非负整数，称为截止频率；$D(u,v)$ 是从点 (u,v) 到频率平面原点的距离，$D(u,v)=(u^2+v^2)^{1/2}$，n 为滤波器的阶数（n 为 2 时成为**高斯低通滤波器**）。

阶为 1 的指数低通滤波器的传递函数如图 E13 所示，在高、低频率间有比较光滑的过渡，所以产生的振铃现象较弱（对高斯低通滤波器没有振铃现象）。相比**巴特沃斯低通滤波器**的传递函数，指数低通滤

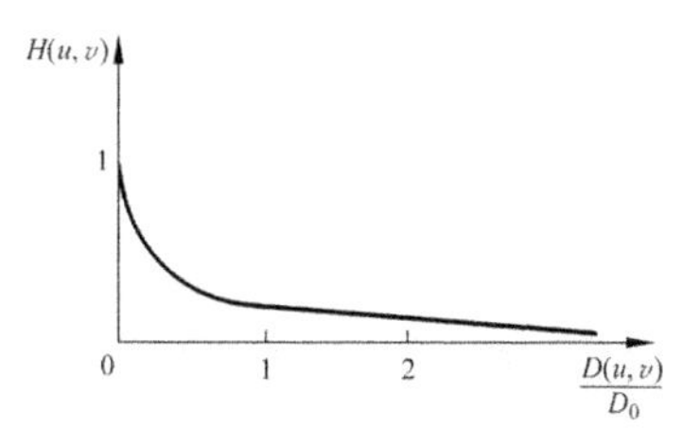

图 E13 指数低通滤波器传递函数的剖面示意图

波器的传递函数随频率增加在开始阶段一般衰减得比较快，对高频分量的滤除能力较强，对图像造成的模糊较大，但一般产生的振铃现象比巴特沃斯低通滤波器的传递函数所产生的振铃现象要不明显。另外，它的尾部拖得较长，所以此滤波器对噪声的衰减能力大于巴特沃斯低通滤波器，但平滑效果一般不如巴特沃斯低通滤波器。

exponential noise ⇔ 指数噪声

空间幅度符合指数分布的**噪声**。其**概率密度函数**可写为

$$p(z) = \begin{cases} a\exp[-az], & z \geqslant 0 \\ 0, & z < 0 \end{cases}$$

其中，z 代表幅度，a 为正的常数。其均值和方差分别是

$$\mu = 1/a$$
$$\sigma^2 = 1/a^2$$

exponential transformation ⇔ 指数变换

通过对图像像素灰度值借助指数变换类型的灰度映射来达到改善图像视觉质量的一种典型的**图像增强**技术。一般形式可表示为

$$t = C \cdot s^{\gamma}$$

式中，s 为输入灰度，t 为输出灰度，C 为常数；γ 是实数。主要控制变换的效果。当 $\gamma>1$（如**伽马校正**）时，变换的结果是输入中较宽的低灰度范围被映射到输出中较窄的灰度范围；而当 $\gamma<1$ 时，变换的结果是输入中较窄的低灰度范围被映射到输出中较宽的灰度范围，而同时输入的中较宽高灰度范围被映射到输出中较窄的灰度范围。

exposure ⇔ 曝光

照相术中，让光线照射到感光底片上从而捕捉场景图像的过程。曝光的程度受到快门速度、镜头焦距等的影响。**图像采集**中，如果曝光过度，则图像会偏亮并丢失场景中亮处的细节；如果曝光不足，则场景中暗处的细节在图像中很难分辨出来。曝光的影响在一定程度上可借助图像处理技术得到某些补偿。

expression ⇔ 表情

由面部器官的动作、位姿和变化所呈现的神色。常指人的面部表情，情感的外在表现，也是人类用来表达情绪的一种基本方式，是非语言交流中的一种有效手段。人们可通过表情准确、充分而微妙地表达自己的思想感情，也可通过表情辨认对方的态度和内心世界。对表情的分类和识别是**人脸图像分析**的重要工作。

expression feature vector ⇔ 表情特征矢量

反映表情特征的矢量数据。与所

采用的表达和描述表情特征的方法和技术有关。

expression tensor ⇔ **表情张量**

用来表示面部表情特征和结构的3-D张量。可用张量 $\boldsymbol{A} \in \boldsymbol{R}^{I \times J \times K}$ 来表示，其中 I 表示个体或人(p)的数目，J 表示表情(e)类别的数目，K 为原始面部表情特征(f)矢量的维数。

对表情张量 $\boldsymbol{A}$ 的图示见图E14。图中两个轴分别对应人数和表情类数，每个方块表示(对应某个人某个表情的)一个**表情特征矢量**，这样3-D张量就显示在一个平面上。各个表情特征矢量可按行或列组合起来，所有第 i 列的方块表示与第 i 个人相关的表情特征矢量，而所有第 j 行的方块表示与第 j 种表情相关的表情特征矢量。

extended Gaussian image [EGI] ⇔ **扩展高斯图(像)**

一种表示3-D目标表面朝向的模型或工具。是对2-D曲线**高斯图**的3-D扩展。利用**高斯球**获取表面法线的直方图。每个表面法线被看作源自球的中心，与表面片相关的数值随相交法线的数量而增加。一个目标的扩展高斯图给出目标表面法线的分布，从而给出表面各点的朝向。如果目标是凸多锥体，则目标和其扩展高斯图是一对一的，但一个扩展高斯图可对应于无穷多个凹形目标。扩展高斯图可借助高斯球计算。

extended Kalman filtering ⇔ **扩展卡尔曼滤波(技术)**

需要估计的状态的概率分布函数为非线性时对**卡尔曼滤波**的一种扩展。

extended source ⇔ **扩展光源**

有一定发光面积的**光源**。实际光源都是扩展光源。比较 **point source**。

extending binary morphology to gray-level morphology ⇔ **二值形态学到灰度形态学的扩展**

二值图像数学形态学推广到**灰度图像数学形态学**的一种方法。先引入集合的顶面(简写为 T)和集合的**表面本影**(简写为 U)两个概念。这两个概念都定义在3-D空间，为易

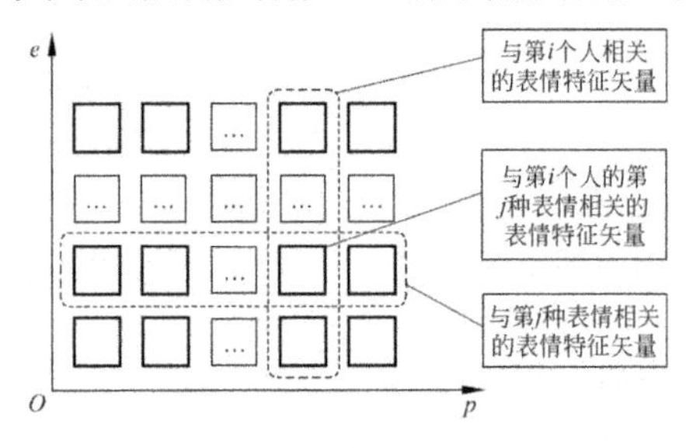

图E14 表情张量的图示

于表达，先考虑空间平面 XY 上的一个区域 A，如图 E15 所示。

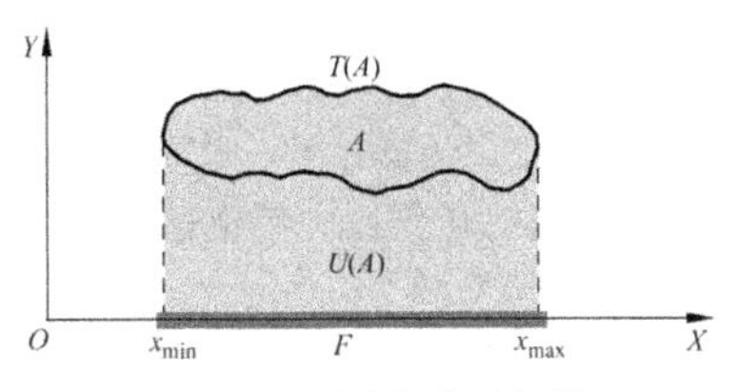

图 E15 顶线和表面本影

把 A 向 X 轴投影，可得 x_{min} 和 x_{max}。对属于 A 的每个点 (x,y) 来说，$y=f(x)$ 都成立。对 A 来说，平面 XY 上有一条顶线 $T(A)$，也就是 A 的上边缘 $T(A)$，可表示为

$$T(A)=\{(x_t,y_t)\mid x_{min}\leqslant x_t\leqslant x_{max},\ y_t=\max_{(x_t,y_t)\in A} f(x_t)\}$$

把 $T(A)$ 向 X 轴投影得到 F。$T(A)$ 与 F 之间就是表面本影 $U(A)$，表面本影 $U(A)$ 也包括区域 A。以上讨论可以方便地推广到空间 XYZ 中去。一个 2-D 灰度图对应在 XYZ 上的一个立体 V，有一个顶面 $T(V)$，也就是 V 的上曲面。类似于上式，这个顶面可写为

$$T(V)=\{(x_t,y_t,z_t)\mid x_{min}\leqslant x_t\leqslant x_{max},y_{min}\leqslant y_t\leqslant y_{max},z_t=\max_{(x_t,y_t,z_t)\in V} f(x_t,y_t)\}$$

根据灰度图的顶面和表面本影的定义，如果把 $U(V)$ 以内当作"黑"区，$U(V)$ 以外当作"白"区，就可以把**二值图像数学形态学**中的几个形态学算子加以引申用到灰度图中。

如用 f 表示灰度图，用 b 表示灰度结构元素，则用 b 对 f 的膨胀和腐蚀分别表示为

$$f\oplus b=T\{U(f)\oplus U(b)\}$$

$$f\ominus b=T\{U(f)\ominus U(b)\}$$

最后所引进的两个新算子 T 和 U 满足(见图 E15)

$$T\{U(f)\}=f$$

即顶面运算是表面本影运算的逆运算。

extensive ⇔ 外延性的

数学形态学中的算子对集合运算的结果包含了原集合(的)。设 MO 为数学形态学算子，给定集合 A，有 $\mathrm{MO}(A)\supseteq A$ 时，MO 就是外延的。

exterior border point ⇔ 外部边界点

对一个区域，不属于该区域同但与该区域内一个像素邻接的点。比较 **interior border point**。

exterior camera parameter ⇔ 摄像机外部参数

简称摄像机外参。同 **external coefficient**。

exterior orientation ⇔ 外朝向，外方位

一个摄像机参考帧相对于一个世界参考帧的相对位置和朝向。可基于 2-D 透视投影和 3-D 空间之间的对应性来计算。

external coefficient ⇔ 外部参数

表示**摄像机**安置位姿的参数(非由摄像机自身确定)。典型的如摄像机的位置和朝向，表示摄像机运动的平移量、**扫视角**和**倾斜角**等。

external energy function ⇔ 外部能量函数

主动轮廓模型的**分割算法**中，

种用于控制轮廓曲线改变的动力学函数。将主动轮廓模型中的可变形模板向图像中目标的边缘等感兴趣的特征处吸引。

external Gaussian normalization ⇔ 高斯外部归一化

计算的物理意义和取值范围不同的**特征向量**之间的相似距离时采用的一种**归一化**方法。不同类型的各特征向量，在相似距离计算中的地位相同。

设一个 M 维的特征向量为 $\boldsymbol{F}=[f_1 \ \ f_2 \ \ \cdots \ \ f_M]^{\mathrm{T}}$。如用 $I_1, I_2, \cdots, I_K$ 代表图像库中的图像，则对其中任一幅图像 I_i，其相应的特征向量为 $\boldsymbol{F}_i=[f_{i,1} \ \ f_{i,2} \ \ \cdots \ \ f_{i,M}]^{\mathrm{T}}$。归一化的主要步骤如下：

(1) 计算图像库中每两幅图像 I，J 所对应的特征向量 $\boldsymbol{F}_I$，$\boldsymbol{F}_J$ 间的相似距离

$$D_{IJ} = \mathrm{distance}(\boldsymbol{F}_I, \boldsymbol{F}_J), \quad I,J = 1,2,\cdots,K \text{ 且 } I \neq J$$

(2) 计算由上式得到的 $K(K-1)/2$ 个距离值的均值 m_D 和标准差 σ_D；

(3) 对查询图像 Q，计算其与图像库中每个图像的相似距离，记为 $D_{1Q}, D_{2Q}, \cdots, D_{KQ}$；

(4) 对 $D_{1Q}, D_{2Q}, \cdots, D_{KQ}$ 先按下式进行高斯归一化(其中上标(N)指示归一化结果)

$$D_{i,j}^{(\mathrm{N})} = \frac{f_{i,j} - m_j}{\sigma_j}$$

将归一化结果转换到[−1,1]区间，再作如下线性变换

$$D_{IQ}^{(\mathrm{N})} = \left(\frac{D_{IQ} - m_Q}{3\sigma_Q} + 1\right) \Big/ 2$$

容易得知，这样得到的 $D_{IQ}^{(\mathrm{N})}$ 的值有99%落在[0,1]区间。

实际相似距离并不一定符合高斯分布，这时可借助一个更通用的关系式

$$P\left[-1 \leqslant \frac{D_{IQ} - m}{L\sigma} \leqslant 1\right] \geqslant 1 - \frac{1}{L^2}$$

如果 L 取 3，则相似距离落到[−1,1]区间的概率是89%；如果 L 取 4，则相似距离落到[−1,1]区间的概率是94%。

external pixels of region ⇔ 区域的外部像素

图像中除**区域的内部像素**和**边界像素**外的像素。即不属于区域的像素。

external representation ⇔ 外部表达

一种使用组成**目标区域**边界的像素集合的**目标表达**策略。可反映目标区域的形状等。

extinction coefficient ⇔ 消光系数

一种依赖于**波长** λ 的材料性质，描述**电磁辐射**由于吸收和散射而导致的消减情况的测度。消光系数 k 等于**辐射通量** Φ 在单位长度上的相对减少量：$\mathrm{d}\Phi/\Phi = -k(\lambda)\mathrm{d}x$。

extraction of connected component ⇔ 连通组元提取

一种利用**二值图像数学形态学**运算获取一个给定**连通组元**的全部元素的方法。设 Y 为集合 A 中的一个连通组元，并设已知 Y 中的一个

点，那么下列迭代公式给出 Y 的全部元素：

$$X_k = (X_{k-1} \oplus B) \cap A, \quad k = 1,2,3,\cdots$$

其中 $\oplus$ 代表**膨胀**算子。当 $X_k = X_{k-1}$ 时停止迭代，这时可取 $Y = X_k$。

extraction of skeleton⇔骨架提取

对图像中的一个目标区域计算其**骨架的过程**。利用**二值图像数学形态学**运算获取区域骨架的方法如下：设 $S(A)$ 代表**连通组元** A 的骨架，可表示成

$$S(A) = \bigcup_{k=0}^{K} S_k(A) \tag{1}$$

上式中的 $S_k(A)$ 一般称为骨架子集，可写成

$$S_k(A) = (A \ominus kB) - [(A \ominus kB) \circ B]$$

其中，B 是**结构元素**，$\ominus$ 代表**腐蚀**算子，$\circ$ 代表**开启**算子；$(A \ominus kB)$ 代表连续 k 次用 B 对 A 腐蚀，即

$$(A \ominus kB) = ((\cdots(A \ominus B) \ominus B) \ominus \cdots) \ominus B$$

式(1)中的 K 代表将 A 腐蚀成空集前的最后一次迭代次数，即

$$K = \max\{k \mid (A \ominus kB) \neq \varnothing\}$$

式(1)表明 A 的骨架可由骨架子集 $S_k(A)$ 的并集得到。A 也可用 $S_k(A)$ 重构：

$$A = \bigcup_{k=0}^{K} (S_k(A) \oplus kB)$$

其中，$\oplus$ 代表**膨胀**算子；$(S_k(A) \oplus kB)$ 代表连续 k 次用 B 对 $S_k(A)$ 膨胀，即

$$(S_k(A) \oplus kB) = ((\cdots(S_k(A) \oplus B) \oplus B) \oplus \cdots) \oplus B$$

extrastriate cortex⇔纹外皮层

视觉皮层的高级视皮层。从**纹状皮层**获得输入信息，有些部分参与处理物体的空间位置信息以及相关的运动控制，有些部分参与物体识别和内容记忆。

extremal pixel⇔极值像素

对一个区域 R，在属于 R 的像素中具有下列特性之一的像素：

(1) 对 $(x,y) \in R$，水平坐标值 x 是一个极端值，且它的垂直坐标值是所有列位置 y 的极端值；

(2) 对 $(x,y) \in R$，垂直坐标值 y 是一个极端值，且它的水平坐标值是所有行位置 x 的极端值。

一个区域最多可有 8 个不同的极值像素，每个都落在区域的**外接盒**上。极值像素可用来表示一个区域的展布范围，也可用来推断一个区域的轴长和朝向。

eye⇔人眼，眼(球)

人类视觉系统的两个主要部分之一。人眼是其输入传感器。参阅 **brain**。

eye-camera analogy⇔眼睛-相机比拟

眼睛中**晶状体**、**瞳孔**和**视网膜**与相机中**镜头**、**光圈**和成像表面的对应性。

eye movement⇔眼球运动

将注视点所在的物体看成单一像的两眼协同动作。由六条眼外肌执行。可分为有意和无意运动两种。

无意运动，如眼球不定，眼球余光漫无目的地看到物体侧面。无意运动是并非在意的视觉追踪，或者是看运动物体，或者是移动中看静物，或者是闭眼时眼球生理上的反射。有意运动（如瞄准或侦察）时，眼球运动总是跳跃式的。

eye-moving theory⇔**眼球运动假说**

关于**几何图形视错觉**的一种观点。认为对物体长度的判断以眼睛对该物体从一端到另一端进行扫描为基础。由于眼球作垂直运动比作横向运动费力，所以会产生垂直距离比相同的水平距离长的错觉和印象。

eye tracking⇔**眼帘跟踪（技术）**

对人眼上、下眼帘轮廓检测和跟踪的过程或技术。这可在对**虹膜**跟踪的基础上进行。根据**眼睛几何模型**，将眼帘轮廓用抛物线表示后，通过对眼角点位置的检测可确定抛物线的参数。不过，当眼睛在眨眼过程中闭合时，上、下眼帘会重合，此时表示眼帘轮廓的抛物线会变成直线。接下来当眼睛重新睁开后，由于上、下眼帘的运动方向不同，常会导致眼帘的跟踪出现问题，并会将误差传播到后续帧图像中。为解决这个问题，可考虑借助预测模式，即用眼睛闭合前眼帘的状态模式来预测眼睛重新睁开后眼帘的状态模式。如果在一个**图像序列**中用 k 表示所检测到的眼睛闭合的首帧标号，l 表示眼睛闭合的帧数目，p 表示用来预测的帧数目（$p<k$），则眼睛重新睁开后眼帘的状态模式 M_{k+l+1} 为

$$M_{k+l+1} = \sum_{i=1}^{p} w_i M_{k-i}$$

其中 w_i 为预测权值。

F

face authentication ⇔ 人脸鉴别

确认一个人脸的图像对应于一个特定人的技术。与人脸识别不同，因为这里只考虑了单个人的模型。

face detection ⇔ 人脸检测

在一幅图像或一个序列的视频中辨识并定位(如用**外接盒**)人脸的过程。

face detection and localization ⇔ 人脸检测定位

人脸图像分析的关键步骤之一。从输入图像中搜索提取人脸，并确定人脸的位置和尺寸等信息。

face feature detection ⇔ 人脸特征检测

从人脸中定位**眼**、**鼻**、**嘴**等特征的过程。一般在**人脸检测**后进行，尽管也可用作人脸检测的一部分。

face identification ⇔ 人脸辨识

同 **human face identification**。

face image ⇔ 人脸图像

对人脸成像的结果；或包含人脸的图像。研究中常使用归一化的结果。

face-image analysis ⇔ 人脸图像分析

使用**图像分析**技术对**人脸图像**进行的研究。典型的研究包括：**人脸识别**，**面部表情分类**，确定人的性别、年龄、健康状况，甚至职业、情感、心理状态、脾气等。分析过程(从输入图像到输出结果)包括若干步，如图 F1 中的各个模块所示。

face-inversion effect ⇔ 人脸反转效应

对人脸在其人处于直立位置(头发在上，下巴在下)时比在上下反转位置(头发在下，下巴在上)时的感知和识别要好的客观现象。这种关系的效果对人脸要比其他景物要更强(明显)。

face knowledge based approach ⇔ 基于人脸知识的方法

一种用于**人脸检测定位的**方法。根据对人脸先验知识的了解来建立人脸器官特征之间联系的规则，再根据这些规则来判断检测和定位的结果。

face perception ⇔ 人脸感知

人类视觉系统中，描述和解释人类如何知道面前有人脸并看到人脸的方法。

face recognition ⇔ 人脸识别

得到广泛研究和应用的一种**生物特征识别**技术。涉及的关键步骤包括：①**人脸检测定位**；②**面部器官提取**；③**面部器官跟踪**；④**特征降维和**

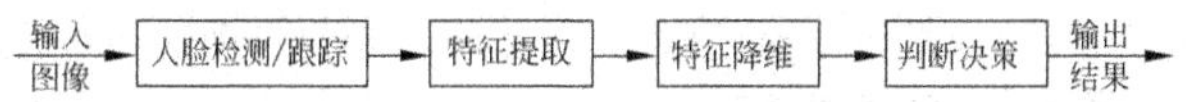

图 F1　人脸图像分析流程

抽取；⑤**人脸辨识**或**人脸验证**。一般情况下，需要考虑照明、位姿、遮挡等不同情况，还要考虑表情变化和时间流逝等问题。

Face-Recognition Technology [FERET] Program ⇔ **人脸识别技术计划**

一项1993年启动，为期3年的研究计划。目标是探讨**人脸识别**算法的可行性并构建用来检测进展的基线。另外还规定了一项适用于测试和比较人脸识别算法的实验协议。

face registration ⇔ **人脸配准**

在图像中，定位眼角、鼻子和嘴巴等面部关键点，并将其变换到归一化位置的方法。

face space ⇔ **人脸空间**

将**本征脸**表示为正交基矢量所构成的线性**子空间**。

facet model ⇔ **小面模型**

图像处理中，将数字图像的像素值看作相关但未知的灰度(强度)表面离散化的噪声采样来观察一种模型。作用于图像上的操作都用这个表面来定义。所以，为执行任何操作，都需要估计相关的灰度表面。这首先需要一个通用的模型来描述任何图像邻域上表面的形状(不考虑噪声)。为从围绕一个像素的邻域来估计表面，就需要估计一般形状的自由参数。可以借助小面模型进行的图像运算包括：梯度**边缘检测**，**零交叉点**检测，**图像分割**，直线检测，**角点检测**，**自影调重建形状**，光流计算等。

face tracker ⇔ **人脸追踪器**

对人面部的姿势、外观和表情**视频序列**的每一帧都进行参数估计的装置。

face verification ⇔ **人脸验证**

同 **human-face verification**。

facial action ⇔ **面部动作**

确定给定面部变形强度的几何不变参数的技术。

facial-action coding system [FACS] ⇔ **面部动作编码系统**

在解剖学基础上提出，可以对所有可能的人脸显示手工编码的系统。其中将面部形变与面部肌肉运动对应起来，借助44个基本"**动作单元**"能得到超过7000种组合。而特定的活动单元组合可以表示具有特定情感的表情，包括高兴、悲伤、生气、厌恶、害怕和惊讶6类。

FACS是一个广为接受的面部表情评价系统，但也存在着一些缺点：人工进行FACS编码费时费力。经过特殊的训练，人类观察者能达到编码人脸显示的能力，但这个训练需要花费编码者大概100小时的时间。同时，基于人工进行编码效率低下，且编码的准则时常变化。为了避免人工进行面部表情编码的繁重工作，心理学家和计算机视觉研究者利用计算机进行自动**面部表情识别**。但是要将这些客观的面部表情用计算机自动识别时又遇到了问题。例如，在用计算机进行自动面部表情识别时，由于FACS和6种基本的情感类别都是描述性的，一些用来描述这些语言表达式(如“上眼睑拉紧，嘴唇颤抖，拉紧或收缩嘴巴”等)很难计算和模型化。这些描述对人类来说是相当本能的，但要转化到计算机程序上却是相当困难的。

facial-action keyframe ⇔ **面部动作关键帧**

在借助**动态识别**技术的**面部表情识别**中，与面部动作或变形强度突然改变相对应的视频帧。一般对应从中性点到顶点(neutral-to-apex)的过渡。

facial definition parameters [FDP] ⇔ **面部定义参数**

国际标准 **MPEG-4** 中，描述面部所能感受到的最小动作的标记的集合。

facial expression ⇔ **人脸表情，面部表情**

情感在面部的外在表现。物理上源自面部肌肉的收缩，从而导致如眼睛、眉毛、嘴唇和皮肤纹理等面部特征的短时变形，并常由皱纹表现出来。有关图像技术可见**面部表情分类**和**面部表情识别**。

facial expression classification ⇔ **人脸表情分类，面部表情分类**

根据从人脸上提取的**表情**特征将**面部表情**划分到预先定义类别的结果。有一种分类定义将表情分为 6 种基本类别：高兴；悲伤；愤怒；惊奇/惊讶；厌恶/沮丧；恐惧/害怕。还有一种分类定义将中性无表情也看作一种基本表情，这样共有 7 种基本类别。社会学家将表情分为 18 种单一的类别：大笑；微笑；嘲笑；失望；发愁；忧虑；暴怒；惊愕；厌恶；嫌恶；仓皇；恐怖；惧怕；怀疑；焦急；鄙夷；藐视；恳求。

facial expression feature extraction ⇔ **人脸表情特征提取，面部表情特征提取**

对脸上与**表情**表达有关的特征的检测。与**面部器官提取**有密切的联系。需要完成三项任务：①**获取原始特征**；②**特征降维和抽取**；③**特征分解**。

facial expression feature tracking ⇔ **人脸表情特征跟踪(技术)，面部表情特征跟踪(技术)**

对脸上与**表情**表达有关的特征的位置、形状和运动等的变化的连续检测。与**面部器官跟踪**有密切的联系。

facial expression recognition ⇔ **人脸表情识别，面部表情识别**

得到广泛重视和研究的一种**生物特征识别**技术。对面部表情的识别常分三步进行：①**人脸检测定位**；②**表情特征提取**；③**面部表情分类**。

facial feature ⇔ **面部特征**

可以观察到或提取出来的面部特性。是**人脸识别**或**表情识别**的基础。

facial features detection ⇔ **面部特征检测**

确定和定位人脸上的**特征点**或感

兴趣区域(如眼睛或眼中心)的过程。

facial organ⇔**面部器官**

人脸上的器官。在**人脸识别**中,面部器官是区别不同人脸的主要线索。在**面部表情分类**和**面部表情识别**中,不仅要确定面部器官本身,这些器官上特征的变化也对判断表情提供了重要的线索。面部器官较多,目前主要关注的是眼睛和嘴巴,其他还有鼻子、耳朵、眉毛等。

facial organ extraction⇔**面部器官提取**

人脸识别中的关键一步。包括对脸上器官的检测和对其相对位置的判断等。对人脸识别,脸上器官是区别不同人脸的主要线索;而对**面部表情分类**,这些器官上特征的变化也对判断表情类别提供了重要的线索。

对人脸识别和面部表情分类起比较重要作用的器官主要是眼睛和嘴巴,而鼻子、耳朵、眉毛等的作用相对要小些。

facialorgan tracking⇔**面部器官跟踪**

人脸识别中的关键一步。在**序列图像**中,对脸上器官的位置、形状和运动等所发生的变化进行连续检测。

FACS⇔**面部动作编码系统**

facial-action coding system 的缩写。

facsimile telegraphy⇔**传真电报**

将静止的图像(照片、地图、图画、图表、图纸等)或文字经过扫描和光电转换,变成有序的光信号或电信号,通过传输线或无线电波传到远方复制出来的技术。发送设备由扫描器、光电转换、直流放大、整形、调频器、载波放大、低通滤波器和输出激光器或输出电路组成。接收设备由光电转换器或输入电路、高通滤波器、限幅放大器、低通滤波器、鉴频器、前置放大器、记录功率放大和扫描记录器等部分组成。

factored-state hierarchical hidden Markov model [FS-HHMM]⇔**状态分解的层次隐马尔可夫模型**

一种对**隐马尔可夫模型**的改型。在**时空行为理解**中,可以对每类动作的图像观测情况和身体动力学联合建模。

factored-state hierarchical HMM⇔**状态分解的层次隐马尔可夫模型**

factored-state hierarchical hidden Markov model 的缩写。

factorial conditional random field [FCRF]⇔**分解条件随机场**

条件随机场的一种变型和扩展。其中允许结构和参数在描述分布状态表达的状态矢量序列中重复。这就可以对大范围中复杂的交互进行建模,而且用近似推理代替了条件随机场中的准确推理。

factorial CRF⇔**分解条件随机场**

factorial conditional random field 的缩写。

factors influencing measurement errors⇔**影响测量误差的因素**

从场景提取数据的过程中影响**测**

量准确度的因素。测量数据存在差异的常见原因有：

(1) 客观物体本身参数或特征的自然变化；

(2) **图像采集**过程中各种参数和因素(**空间采样**、**幅度量化**以及**光学镜头分辨率**等)的影响；

(3) 不同的**图像处理**和**图像分析**手段(图像压缩、目标分割等)对图像的改变；

(4) 使用了不同的计算方法和公式；

(5) 图像处理和分析过程中噪声等干扰的影响。

图 F2 中的虚线框内示出了从场景到数据转换过程中的关键 3 步，即**图像采集**、**目标分割**和**特征测量**。上述 5 个原因的作用点也分别标在了图中。

fade in⇔**淡入**

视频镜头间最典型的**渐变**方式之一。将一个镜头不断变亮，直至最后一帧变得完全白色(实际中到达正常显示就停止了)。可通过光学处理来获得，或通过改变像素的灰度或颜色来获得。此时前后两个镜头间的边界会跨越若干帧，或者说构成了一个包括起始帧和终结帧的相应的过渡序列。一种常见的效果是后一镜头的起首几帧缓慢均匀地从全黑屏幕中逐渐显现。比较 **fade out**。

fade out⇔**淡出**

视频镜头间最典型的**渐变**方式之一。淡出对应将一个镜头(从正常显示开始)不断变暗，直至最后一帧变得完全黑色的光学过程。可通过光学处理来获得，或通过改变像素的灰度或颜色来获得。此时前后两个镜头间的边界会跨越若干个帧，或者说构成了一个包括起始帧和终结帧的相应的过渡序列。一种常见的效果是前一镜头的结尾几帧缓慢均匀地变暗直至变为全黑屏幕。比较 **fade in**。

false alarm⇔**虚警**

模式分类中，将一个模式赋给其真实类以外的类。比较 **mis-identification**。

false alarm rate⇔**虚警率**

在检测中或判断时，得到或作出“错误肯定”(**虚警**)的比率。

false color⇔**假(彩)色**

由矿物的**物理光学**效应引起的颜

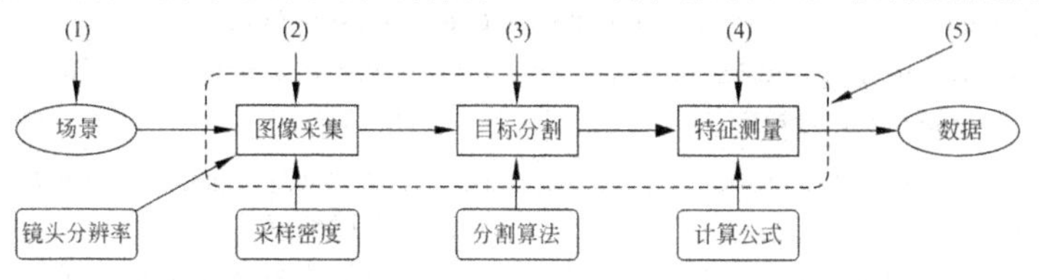

图 F2　若干影响测量准确度的因素

色。主要包括锖色、晕色、变彩等。

false-color enhancement⇔假彩色增强

一类特殊的**全彩色增强**方法。其输入和输出均为彩色图像。利用了人眼对不同**波长**的光有不同敏感度的特性。在假彩色增强中,原始彩色图像中每个像素的彩色值都被线性或非线性地逐个映射到色空间里不同位置。根据需要,可以使原始彩色图像中一些感兴趣的部分呈现与原来完全不同的、且与人们的预期也很不相同的(非自然)假颜色,从而可以使其更明显且容易得到关注。例如,将红褐色的墙砖转换为绿色(人眼对绿光的敏感度最高),则能使对其细节的辨识力得到提高。

false-color image⇔假彩色图像

将可见光以外的光谱(不可见电磁辐射)也转换为色矢量的红、绿、蓝分量得到的彩色图像。产生的彩色与一般的视觉经验常不一致。例如,红外图像的信息内容并不是来自可见光。为了表达和显示,可将处在红外光谱的信息转换到可见光的范围内。最常见的一种假彩色图像将近红外显示成红色,红色显示成绿色,而绿色显示成蓝色。比较 **pseudo-color image** 和 **true-color image**。

false contour⇔虚假轮廓

参阅 **false contouring**。

false contouring⇔虚假轮廓现象

一种由赋予图像的灰度级数偏少所产生的现象。多出现在仅用 16 级或不到 16 级的均匀灰度值的图像中。这种现象最容易在图像中的灰度缓慢变化区域中产生,通常表现为较细的山脊状结构。另一方面,一幅图像细节越多,增加灰度级数对它的改善越小。所以,对有很多细节的图像,如人群的图像,使用多少个灰度级并不重要,即便出现虚假轮廓对图像的观看也影响不大。

false identification⇔虚警

同 **false alarm**。

fan-beam projection⇔扇(形波)束投影

计算机层析成像中为缩短投影时间而采用的一种投影方式。使用一个发射器和一组接收器以便同时获得多条投影线。主要有两种测量几何类型,见图 F3。图(a)对应发射器和接收器一起绕被检测物体旋转的扇束系统,其中发射器和接收器装在同一个运动架上绕物体旋转。图(b)对应发射器绕被检测物体旋转而接收器固定的扇束系统,其中接收器为一个完整的固定环,运动的只有发射器(在电子射线系统中,运动的是聚焦点)。

Fan system⇔Fan 系统

一个利用**深度图像**作为输入的物体识别系统。

fast algorithm for block matching⇔快速块匹配算法

为克服**穷举搜索块匹配算法**计算量很大的问题而提出的快速搜索算

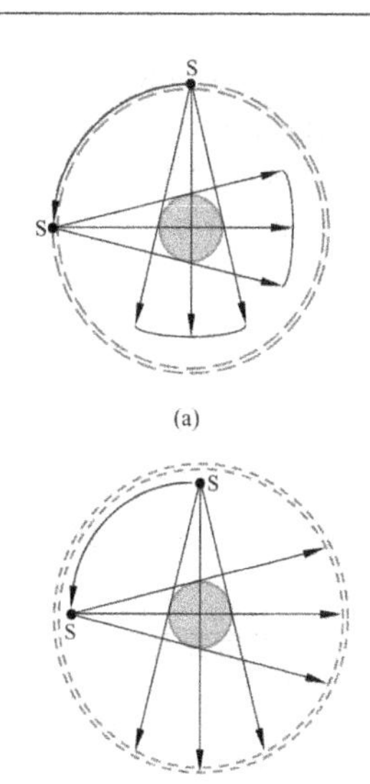

图 F3 扇形波束投影

法。典型的有**2-D 对数搜索方法**和**三步搜索方法**。

fast and efficient lossless image compression system [FELICS] ⇔ 快速高效无损图像压缩系统

一种基于**熵编码**的快速高效的无损**图像压缩**算法。设计用于灰度图像，对每个像素都根据它已出现的两个相邻像素的值（去相关）进行**变长编码**，其中使用了二进制码和**哥伦布码**。这种算法在无损工作模式下比国际标准 **JPEG** 要快 5 倍，同时可达到相同的**压缩率**。

fast Fourier transform [FFT] ⇔ 快速傅里叶变换

通过对**傅里叶变换**的计算过程进行分解而得到的快速计算方式。可将 N 个点的 1-D 傅里叶变换的复数乘法次数由 N^2 减少到 $(N\log_2 N)/2$，而复数加法次数由 N^2 减少到 $N\log_2 N$。

Fast NMF ⇔ 快速 NMF，快速非负矩阵分解

一种快速、易用的单调快速定点**非负矩阵分解**方法。很高效，无用户定义的优化参数，无用户定义的算法参数（源于目标函数中无参数），对迭代初值无特殊限制，不以其他算法为构造基础，单调下降从而停步条件容易设定。

fast wavelet transform [FWT] ⇔ 快速小波变换

借助 Mallat **小波分解**和多分辨率细化方程对**小波变换**进行快速计算的方法。从高尺度向低尺度迭代进行。

fax ⇔ 传真

将纸张上的图片（文字、绘图）通过扫描进入传真机或计算机转换成特殊格式，再利用电话线或网络传输到另一台计算机或传真机的通信方式。接收计算机常不能直接编辑其中的内容，只能作为图片整体观看和打印。

FBIR ⇔ 基于特征的图像检索

feature-based image retrieval 的缩写。

FCRF ⇔ 分解条件随机场

factorial CRF 的缩写。

FDP ⇔ 面部定义参数

facial definition parameter 的缩写。

feature ⇔ **特征**

图像工程中，有几种相关但不全同的定义：

1. 由一组**像素**携带的帮助辨识**图像**或其中**目标**的关键信息。

2. 图像中具有特定性质的部分。典型的有图像中的边缘、目标的轮廓、**纹理**的区域等。

3. 可以表达图像中**目标**频谱特性的量。

4. 可以帮助进行目标**分类**的对图像中目标的测量结果。

5. 见 **attribute**。

feature adjacency graph ⇔ **特征邻接图**

对**属性邻接图**的表示形式。常用于关系匹配或**结构匹配**，其中不仅考虑了目标灰度和空间的相似性，还考虑了特征间拓扑关系的相似性。

feature-based approach ⇔ **基于特征的方法**

同 **feature-based method**。

feature-based correspondence analysis ⇔ **基于特征的对应性分析**

在选出的各图像**特征**之间进行**对应性分析**的方法。这里特征可以是图像中特别明显的部分，如边缘或沿边缘的像素。分析可根据特征的特性（如边缘的朝向或长度）来进行。注意，在这种情况下，常不能进一步获得**稠密视差图**。参阅 **stereo matching based on features**。

feature-based fusion ⇔ **基于特征的融合**

参阅 **feature layer fusion**。

feature-based image retrieval［**FBIR**］⇔ **基于特征的图像检索**

基于内容的图像检索的初级阶段。这里特征主要为**视觉特征**，如**颜色**、**纹理**、**形状**、结构、**空间关系**。

feature-based method ⇔ **基于特征的方法**

1. 一种**人脸检测定位**方法。通过在图像中搜索特定的**角点**、边缘点、肤色区域和**纹理**区域等来定位人脸。

2. 一种**形状描述**方法。用从**目标**中提取出的特征来描述其形状特性。

feature-based stereo ⇔ **基于特征的立体视觉**

立体视觉中对应问题的一种解决方法。需要对来自两幅图像的**特征**进行比较。与**基于相关的立体视觉**相对。

feature clustering ⇔ **特征聚类（技术）**

对在某种意义上相似的特征赋给同一**聚类**的**聚类分析**。

feature contrast ⇔ **特征差异**

两个特征间的差别。可在许多域（亮度、**颜色**、朝向等）中测量。

feature decomposition ⇔ **特征分解**

表情特征提取的三项任务之一。在**特征降维和抽取**的基础上进一步去除对表情分类有干扰的因素，得到对分类更为有利的特征数据集。

feature dimension reduction ⇔ **特征降维**

降低特征表达的维数或减少随机

变量的数目的结果。在**图像分析**中,常需对**目标**提取**特征**,有时特征维数很高,导致大数据量和冗余并给进一步的分析带来计算量和复杂度方面的问题。事实上,并不是所有要测量的变量都对理解所考虑的现象是同等重要的。在很多应用中,需要在对数据建模前减少原始数据的维数。特征降维不仅可以使特征的维数明显降低,而且可以使这些低维空间特征的有效性得到提高。参阅 **reducing feature dimension and extracting features**。

feature extraction ⇔ 特征提取

对**图像**或图像中目标**特征**的检测和分离。将图像中某些可用来辨识**图像内容**的特性显现出来。是对一幅图像中的某些感兴趣特征进行检测和表达以为进一步处理之用的过程。标记着从图像数据表达到非图像数据(字母或数字,常定量)表达的过渡。

feature image ⇔ 特征图像

包含用低层图像算子计算得到的特征的图像。可进一步用于识别和分类图像中的目标。

feature layer fusion ⇔ 特征层融合,特征级融合

图像融合的三层之一。是在中间层进行的融合。需要对原始图像提取特征,获得一些景物信息(如目标的边缘、轮廓、形状、表面朝向和相互间距离)并进行综合,以得到置信度更高的判断结果。既保留了原始图像中的重要信息,又可对数据量进行压缩,比较适用于由异类或有很大差别的传感器所获取的数据。优点是涉及的数据量比**像素层融合**要少,有利于实时处理,并且所提供的特征直接与决策分析相关;缺点是比像素层融合的精度要差一些。

feature layer semantic ⇔ 特征层语义

各种**视觉特征**中所含的语义。具有较多的全局特性。虽然广义上可将特征层看作**语义层次**中的一层,但讲到语义层次的研究时多指更高层的研究。

feature measurement ⇔ 特征测量

获取**目标描述**定量数据的过程或技术。从根本上来说是要从数字化的图像数据中精确地估计出产生这些数据的描述景物的模拟量的性质。可直接进行,也可间接进行。前者给出**直接测度**,后者给出**导出测度**。

feature point ⇔ 特征点

1. 图像中具有唯一的或特殊的性质的点。常可用作**图像匹配**中的**地标点**或**控制点**,如**角点**、拐点。

2. 图像中用特殊的局部算子(SIFT、SURF 等)确定的点。也称**显著点**。可用作图像匹配中的**地标点**、控制点。

feature selection ⇔ 特征选择

1. 一般意义下对众多特征根据需求进行的选择。即从描述一幅图像或目标的大特征集合中选取最重要的一小组相关变量或参数,以构建鲁棒的学习模型。

2. **POI/AP 模型**学习中的一项工作。确定对特定任务正确的动力学表达层。例如，仅使用空间信息就可确定汽车走哪条道，但要检测事故还常需要速度信息。

feature selection method⇔特征选择方法

实现**特征选择**的算法；或选择特征的方法。

feature vector⇔特征矢量

一种记录一幅图像或一个目标的 n 个特征（或测量值）的 $n\times1$ 数组。数组内容可以是符号（如包含图像中主要彩色名称的字符串）或数字（如描述目标面积的整数），也可以是两者的组合。

feedback cybernetics⇔反馈控制（论）

一种将部分分析结果从较高层反馈到较低层的处理阶段以增进其性能的**控制**框架和理论。属于**无分层控制**。图 F4 给出了一个将特征提取的结果反馈到特征提取步骤的例子。在这里有关**特征**的先验知识是必要的，因为所提取的特征要用这些**知识**来检验，而且特征提取的过程也靠这些知识来改进。其他分析结果也可以反馈，如对场景描述的结果可以反馈到特征提取过程中；对场景解释的结果也可以反馈回到解释过程。这里要注意，只有在反馈结果中含有能导引后续处理的重要信息时，反馈控制框架才能有效地工作，否则可能造成浪费。

反馈控制根据是否有固定的反馈次序可分为有序反馈（预先确定反馈次序）和无序反馈（动态确定反馈次序）。

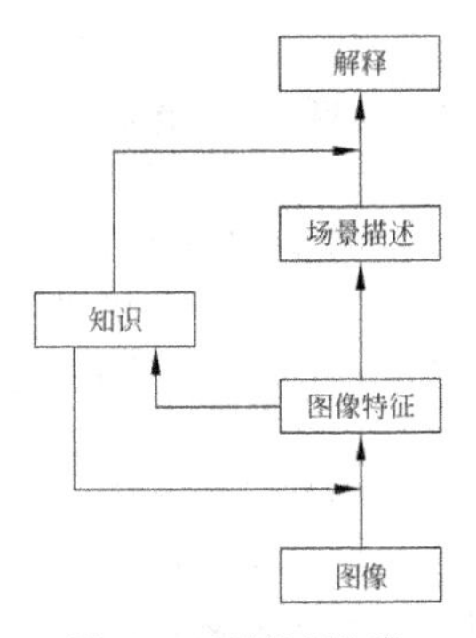

图 F4 反馈控制流程

FELICS⇔快速高效无损图像压缩系统

fast and efficient lossless image compression system 的缩写。

Feret box⇔外接盒

区域表达技术中使用的一种几何基元。给出包含**目标区域**的最小长方形（朝向特定的参考方向）。比较 **minimum enclosing rectangle**。

FERET database⇔FERET 数据库

一个包含 1199 人的 14051 幅 256×384 像素的灰度图像的人脸数据库。这些图像中有 2 种表情变化、2 种光照变化、15 种位姿变化和 2 种拍摄时间变化。其中，2 种表情变化是正常表情图和微笑图；2 种光照变化包括摄像机和光照条件的不同。15 种位姿变化图分为两组：一组是头部在 $-60°$ 到 $60°$ 之间左右旋转，包括 $-60°$、$-40°$、$-25°$、$-15°$、

0°、15°、25°、40°和 60°共 9 种变化；另一组是头在 −90°～90°之间左右旋转，包括 −90°、−67.5°、−22.5°、22.5°、67.5°和 90°共 6 种变化。最后，2 种拍摄时间变化指拍摄时间间隔为 0～1031 天（平均 251 天）。此外，FERET 数据库规定了 training、gallery 和 probe 共 3 个数据集，提供了标准化的测试协议，这为不同算法的比较提供了极大的便利（只需和以前报告的结果直接比较，而不用重复前人的实验）。

FERET program ⇔ 人脸识别技术计划

Face-recognition technology program 的缩写。

Feret's diameter ⇔ Feret 直径，费雷特直径

与**目标**区域的末端**边界**相切的两条平行线之间的距离。常使用 Feret 直径的最大值、最小值和均值等来描述多个区域的尺寸等统计特性。

***f*-factor ⇔ *f* 因数，*F* 因数**

光学镜头焦距 λ 与光圈直径 D 之比。是**镜头**的一种**内部参数**。

FFL ⇔ 前焦距

front focal length 的缩写。

FFT ⇔ 快速傅里叶变换

fast Fourier transform 的缩写。

FI ⇔ 图像分块数

fragmentation of image 的缩写。

fidelity factor ⇔ 保真度因子

一种衡量**滤波器**特性的指标。表示为滤波器本身的带宽除以其中心频率，即相对带宽的倒数。例如，小波变换滤波器的相对带宽 Q 是个常数，因为

$$\frac{1}{Q} = \frac{(\Delta w)_s}{1/s} = (\Delta w)$$

与尺度 s 是独立的，其中$(\Delta w)_s$为在尺度 s 的小波变换滤波器的带宽。换句话说，频率带宽 Δw 随小波变换滤波器中心频率 $1/s$ 而变化，乘积仍满足不确定性原理。

由上可见，**小波变换**可看作是一种常数 Q 的分析。在对应大尺度因子的低频率时，小波变换滤波器具有小的带宽。在对应小尺度因子的高频率时，小波变换滤波器具有大的带宽。

fiducial point ⇔ 基准点

对给定算法的一种参考点。例如，对校准算法，其基准点可以是已知固定的、易于检测的特定模式。

field angle ⇔ 视场角

光学仪器中所见物体的角度大小。即由入射光瞳中心所见的入射窗口的角度。提供了对实际视场的度量。也称**角视场**。

field averaging ⇔ 场平均（技术）

在**视频**的相邻场中通过时间**插值**实现**去隔行**的方法。是对**场合并**的改进，取与缺少的行对应的前一场和后一场的相同行的平均值，其结果是一个沿垂直轴有较好（对称）频率响应的滤波器。这种技术的主要缺点是为了对任何场插值都需要用到 3 个场，这增加了存储和延时要求。

field depth⇔**景深**

与像空间焦深对应的物空间中(即物体沿光轴方向前后移动的距离)可使成像的模糊程度不超过焦深限定的范围。焦深是在物镜面对的景物(一般是立体的)时，在**镜头组**最佳聚焦位置前后、成像相对清楚的范围，即点物模糊圈所允许的程度。

field merging⇔**场合并(技术)**

在**视频**的相邻场中通过时间**插值**实现**去隔行化**的方法。通过结合(合并)前后两场的行获得逐行帧。等价的滤波器频率响应相当于沿垂直轴全通而沿时间轴低通。

field metric⇔**场度量**

对给定**视场**的总体测度。属于**直接测度**。常用的基本场测度包括：场数目、场面积、目标数量、未考虑的目标(如与场边界相切的目标)数量和目标的位置等。

field of view⇔**视场**

1. 观察者单眼注视特定方向的场景时所能观测到的整个区域或全部范围(包括成像不太清楚的地方)。此范围受鼻、颊、眶、眼角等的限制。常用对应最大高度和宽度的角度来表示，大约向上是60°，向下75°，向内60°，向外100°。

2. 仪器中所见物体的角度大小。即由入射光瞳中心所见的入射窗口的角度小，这是实在视场(视野)的度量，称为**视场角**或**角视场**。眼从目镜看到的视场是实在的视场乘以放大率，称为表观视场。有时用视场角的一半来表明视场的大小，称为视场半角或半视场角。

field stop⇔**视场光阑**

将**视场**限制在仅对应完全照明区域的装置。

figure of merit [FOM]⇔**品质因数，质量因数；优度系数，优值函数**

1. 品质因数：基于**像素距离误差**准则的一个**距离测度**。设 N 代表被错误划分像素的个数，$d^2(i)$代表第 i 个被错误划分像素与其正确位置的距离，则质量因数可表示为

$$\mathrm{FOM}=\frac{1}{N}\sum_{i=1}^{N}\frac{1}{1+p\times d^2(i)}$$

其中 p 是一个比例系数。更一般地，质量因数也常指任何用来刻画算法性能的标量。

2. 优度系数：基于优度参数的任何函数或系数。在**图像分割**中，指将**平衡测度**和**繁忙性测度**与**凹性测度**相结合来定义的一种用于选择分割阈值的函数，该函数的值与平衡测度和凹性测度成正比而与繁忙性测度成反比。

filter⇔**滤波器；滤光片**

1. 滤波器：对某些特定频率进行有效滤除的电路或装置。其功能是选取(允许通过)一个特定频率范围或消除一个不期望的特定频率范围，以达到改变图像频谱从而改变图像表观的目的。现在的滤波器多指**数字滤波器**。

2. 滤波器：根据某些量化的准则

检测输入图像并据此进行处理的进程。

3. 滤光片:对光的不同波段有选择性吸收的光学元件。也称滤光器、滤光镜。用于控制穿透光的颜色时,称为滤色片/器/镜。

filtered backprojection ⇔ 滤波反投影,滤波逆投影

一种**反投影重建**方法。也称**滤波投影的反投影**。基本思路是:每个投影中的衰减量(由目标吸收造成)与沿每条投影线的目标结构有关,仅从一个投影无法获得沿该方向各个位置的吸收值,但可把对吸收值的测量结果平均分配到该方向上。要是能对多个方向的每个方向都进行这样的分配,则将吸收值叠加起来就可得到反映目标结构的特征值。这种重建方法与收集足够多的投影并进行傅里叶空间重建是等价的,但计算量要少得多。

该方法在**空域**和**频域**的实现流程分别如图 F5 的左右部分所示,其中$\mathcal{R}$代表**拉东变换**,$\mathcal{F}$代表**傅里叶变换**,$\mathcal{B}$代表**反投影**。在空域中,先对投影数据(拉东变换结果)进行滤波,然后将滤波结果反投影回图像空间得到重建图像。在频域中,先对投影数据(拉东变换结果)进行傅里叶变换,接着将变换结果与傅里叶空间的径向变量相乘以后再进行傅里叶逆变换,最后将逆变换结果反投影回图像空间得到重建图像。

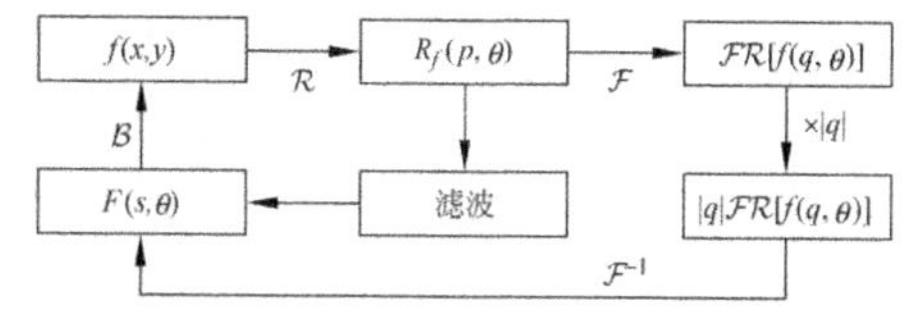

图 F5 滤波投影的反投影重建流程图

filter factor ⇔ 滤光片因数

照相实践中,通过加与不加滤光片各**曝光**一次,让乳胶产生相同的光密度时,两次曝光时间之比。因滤光片对光有反射和吸收,光学系统上加了滤光片后必然会减弱光通量。

filtering ⇔ 滤波(技术)

一种**图像增强**概念或技术。既可用来解释基于**空域**的一些图像增强方法,也可用来解释基于**变换域**的一些图像增强方法。实际使用的变换域主要是**频域**,所以滤波技术主要分为**空域滤波技术**和**频域滤波技术**。

filtering along motion trajectory ⇔ 沿运动轨迹的滤波(技术)

视频中,对每一帧上沿目标运动轨迹的每个点进行的滤波。

filtering the image ⇔ 过滤图像

消除图像中某些不需要的成分或改变图像中不同成分间比例的过程。常在频域中完成。例如,可通过将图像的**傅里叶变换**与某些可以“消除”或改变某些频率分量的函数相乘，然后再取反傅里叶变换来实现。上述过程就是过滤图像。

filter method⇔**滤波方法；滤光法**

1. 滤波方法：**特征选择**中一种简单的方法。将对特征的选择作为逐特征计算单变量统计的学习方法的**预处理**步骤。这类方法计算简单，但由于没有考虑变量之间的联系或没有考虑基于特征训练的学习方法的性质，有可能仅获得不很准确的亚优结果。

2. 滤光法：**光度学**和**色度学**中的一种量测方法。应用**滤光片**使得两相比较的光源在光度或色度上相同。此时的滤光片性能应精确表示，以使试验数据准确无误。这种滤光片称为补偿滤光片。

filter of the backprojection⇔**反投影滤波器，逆投影滤波器**

反投影重建方法中使用的一种**滤波器**。使用这种滤波器的重建方法先进行**反投影**，然后进行**滤波**或**卷积**。实现该方法在**空域**和在**频域**的流程分别如图 F6 的左右部分所示，其中 $\mathcal{R}$代表**拉东变换**，$\mathcal{F}$代表**傅里叶变换**，$\mathcal{B}$代表反投影。在空域中，先对投影数据(拉东变换结果)进行反投影，接着对反投影结果进行滤波就得到重建图像。在频域中，将对投影数据(拉东变换结果)进行反投影的结果进行傅里叶变换，将变换结果与傅里叶空间的径向变量相乘，最后将乘积进行傅里叶逆变换回图像空间得到重建图像。

filter selection⇔**滤波器选择**

选择性滤波器中，为有效消除不同类别的噪声而采用的功能模块之一。作用是在检测和区分不同噪声的基础上，选择出相应的滤波器以进行噪声消除。例如，在消除图像中同时存在的**椒盐噪声**和**高斯噪声**时，对仅受高斯噪声影响的像素选择**平滑滤波器**或自适应**维纳滤波器**来消噪，而对受椒盐噪声影响的像素选择**中值滤波器**或通过**灰度插值**来消噪。

fingerprint recognition⇔**指纹识别**

得到广泛研究和应用的一种**生物特征识别**技术。指纹是手指末端皮肤正表面的纹路，其图案模式，包括交叉点和断点的数目、位置、相互关系，均与个体密切相关，将其作为特征可以唯一地验证人的身份。指纹识别主要步骤包括：①用指纹器采

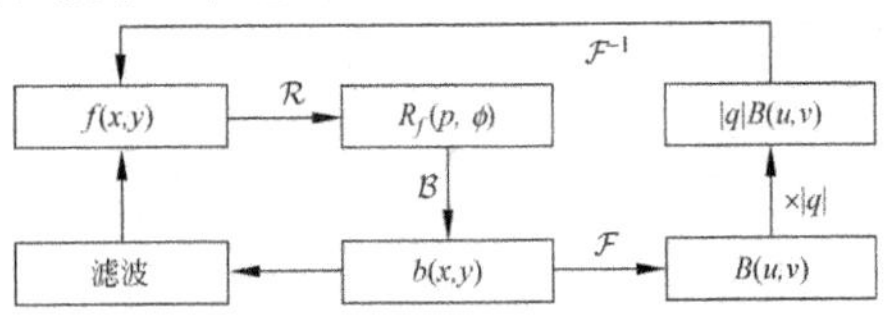

图 F6 反投影滤波重建流程图

集指纹；②指纹图像预处理；③指纹特征提取；④与数据库中指纹进行特征比对；⑤身份验证。

finite automaton⇔有限自动机

由**规则文法**产生的语言识别器。可表示为一个五元组

$$A_f = (Q, T, \delta, q_0, F)$$

其中，Q 为一个有限的非空状态集；T 为一个有限的输入字符集；δ 为一个从 $Q \times T$（即由 Q 和 T 的元素组成的排序对集合）到所有 Q 子集的映射；q_0 为初始状态；F（Q 的一个子集）为一个最终或可接收状态的集合。

finite impulse response [FIR]⇔有限脉冲响应，有限冲激响应

对一个脉冲信号在时空上只有有限个响应的现象。**有限脉冲响应滤波器**比**无限脉冲响应**滤波器在设计和实现上都复杂。

finite impulse response [FIR] filter⇔有限脉冲响应滤波器，有限冲激响应滤波器

基于当前和过去输入值 x_i 产生输出值 y_o 的滤波器。$y_o = \sum_{i=0}^{n} a_i x_{o-i}$，其中 a_i 是权重。对一个脉冲信号在时间或空间上只有有限个响应。

finite series-expansion reconstruction method⇔有限序列扩展重建方法

同 **algebraic reconstruction technique**。

FIR⇔有限脉冲响应，有限冲激响应

finite impulse response 的缩写。

Fire Wire⇔火线

赋予一种特定数据传输技术的最初名称。现指高性能串行总线（高速接口）的国际工业标准（**IEEE 1394**）。数据率可达 400 Mb/s 和 800 Mb/s，可与最多 63 个外围设备连接，也可用于连接数字相机和个人计算机。

first-order derivative edge detection⇔一阶导数边缘检测

借助对像素灰度的**梯度**（可用一阶导数的数字等价来近似）对**边缘**进行的检测。常见的**蒲瑞维特算子**和**索贝尔算子**都是典型的一阶导数边缘检测算子。

Fisher criterion function⇔费歇尔准则函数

参阅 **Fisher linear discriminant analysis**。

Fisher discriminant function⇔费歇尔鉴别函数

参阅 **Fisher linear discriminant analysis**。

Fisherface⇔费歇尔脸

一种结合了**本征脸**的线性投影和弹性图匹配的技术。使用**费歇尔线性鉴别分析**来获得鲁棒的**分类器**以增强对**人脸识别**的分类精度。

Fisher LDA⇔费歇尔线性鉴别分析

Fisher linear discriminant analysis 的缩写。

Fisher linear discriminant [FLD]⇔费歇尔线性鉴别

一种将**高维数据**映射到单维，将类别区分能力最大化的分类方法。

Fisher linear discriminant analysis [Fisher LDA, FLDA] ⇔ 费歇尔线性鉴别分析

一种最原始的特殊**线性鉴别分析**。主要针对两类分类问题，目标是通过选择适当的投影直线找到可能最大限度地区分两类数据点的投影方向。在**人脸识别**中，费歇尔目标函数(也称费歇尔**准则函数**或费歇尔**鉴别函数**)是要最大化属于不同人的**人脸图像**之间的距离，同时要最小化属于同一人的人脸图像之间的距离。

fish eye lens ⇔ 鱼眼镜头

视角超过 140°(最高已达 200°)的广角镜头。视场的**畸变**很大却无像散(共点成像)，也称天空透镜。**折射率**从球心向边缘递减，折射率分布为点对称型(或球对称型)，$n_r = n_0[1+(r/a)^2]^{-1}$，$n_0$ 为中心折射率，a 为半径。会产生桶形失真。

fitness ⇔ 适应度，适合度

遗传算法中进化函数的值。遗传算法直接使用目标函数而不是其导出的知识或对其辅助的知识。在遗传算法中，对更好的新解的搜索只依赖于进化函数本身。

FITS ⇔ 灵活图像传输系统，柔性图像传输系统

flexible image transport service 的缩写。

fitting ⇔ 拟合(技术)

一种特殊的**广义图像匹配**。在要匹配的两种表达——图像结构与关系结构——之间进行扩展匹配。

fitting circles ⇔ 圆拟合

将**边缘检测**的结果用圆周近似表达的过程。一般先写出圆周方程，然后对所有边缘点，计算它们与圆周距离的最小二乘和来确定圆周参数。如果要将边缘点拟合成一段圆弧，则圆弧的角度越小所得到的圆周参数的准确度越差。

fitting ellipses ⇔ 椭圆拟合

将**边缘检测**的结果用椭圆来近似表达的过程。将边缘点到椭圆的距离最小化，即在椭圆上确定与边缘点最接近的点。但这需要计算四次多项式的根，比较复杂耗时。应用中常将椭圆用下式表示：

$$ax^2 + bxy + cy^2 + dx + ey + f = 0$$

再令

$$b^2 - 4ac = -1$$

以区分椭圆与双曲线和抛物线，并消除椭圆表达式中的比例因子。这时计算的距离称为**代数距离**，可通过线性方法获得，不过得到的结果有一定误差，准确度不如完全根据几何误差计算得到的高。

fitting lines ⇔ 直线拟合

将**边缘检测**的结果用直线近似表达的技术和过程。一般先确定直线的表示方法，即写出直线方程，然后对所有边缘点计算与总体最接近的直线。这里常用**最小二乘直线拟合法**。

fixed-inspection system ⇔ 固定检验系统

将要测量的工件固定在精确的测试位置并使用至少一个摄像机进行

所需测量的**视觉计量**系统。比较 **flexible-inspection system**。

fixed pattern noise ⇔ 固定模式噪声

同 **biased noise**。

fixed temperature simulated annealing ⇔ 固定温度模拟退火(技术)

具有吉伯斯采样器的**模拟退火**中,**温度参数** T 为固定值时的退火过程和情况。

flange focal distance ⇔ 基面焦距

图像采集设备中,从安装镜头的表面到图像平面之间的距离。

flash memory ⇔ 闪存,闪速存储器

一种用于记录各种信号,寿命长且断电情况下仍能保持所存信息的**图像存储器**。与传统硬盘相比,闪存的读写速度高,功耗较低,重量轻,抗震性强。

flat ⇔ 平面

通过**曲面分类**得到的一种表面类型。对应**高斯曲率**和**平均曲率**均等于 0 的情况。见图 F7。

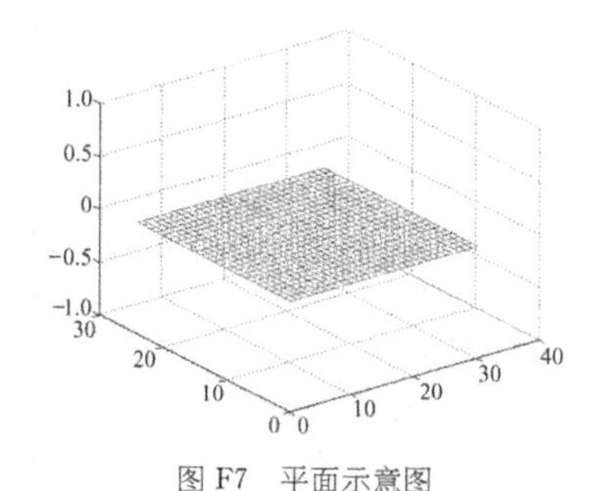

图 F7 平面示意图

flatfielding ⇔ 平场校正

对受到照明变化影响的图像进行校正,以使图像看起来如同在整个图像范围受到均匀密度的照明那样,从而保证可从图像中获得精确测量的方法。需要平场校正的情况常出现在可控条件下的**图像采集**中,比如在工业视觉检测系统中或在**光度立体视觉**中。在这些情况下,有可能通过成像同时获得参考图像,如一张均匀颜色的纸且与感兴趣图像 $f(x,y)$ 有相同的成像条件。接下来,由于在该参考图像上的任何灰度值变化必然源于照明的变化和噪声,所以最简单的方法就是将参考图像 $g(x,y)$ 看作一个函数,并用一个低阶的 x 和 y 的多项式来拟合该函数。用这种方式,高频噪声得到了平滑而低阶多项式表达了在整个相机视场中的照明变化。接下来,感兴趣图像需要逐点用这个低阶多项式函数(该函数对照明场进行了建模)相除以消除照明变化带来的影响。也可以用参考图像的原始值逐点去除感兴趣图像,但这种方法有可能放大噪声。

flat filter ⇔ 平坦滤波器

使用**平坦结构元素**的**形态滤波器**。

flat structuring element ⇔ 平坦结构元素

在**结构元素**的**支撑区**内数值为零的元素。构成图像平面集合的一个子集。

flat structuring system ⇔ 平坦结构系统

平坦结构元素的推广。表示为

$[B, C, r]$，其中 B 和 C 为有限平面集合，$C \subset B$，r 为满足 $1 \leqslant r \leqslant |B|$ 的自然数。集合 B 称为结构集合，C 是 B 的(硬)中心，$B-C$ 给出 B 的(软)轮廓，而 r 是 B 的中心的阶数。

FLD⇔**费歇尔线性鉴别**

Fisher linear discriminant 的缩写。

FLDA⇔**费歇尔线性鉴别分析**

Fisher linear discriminant analysis 的缩写。

flexible image transport system [**FITS**]⇔**灵活图像传输系统，灵活图像传送系统，柔性图像传输系统，柔性图像传送系统**

国际天文联盟于 1982 年制订的 N 维图像数据格式，1990 年被 NASA 用于传输天文图像。其中将像素编码成 8 比特、16 比特或 32 比特的整数，或 32 比特或 64 比特的浮点数。

flexible-inspection system⇔**柔性检验系统**

一种使用围绕工件运动的传感器的**视觉计量**系统。该运动沿事先规划好的路径进行。比较 **fixed-inspection system**。

flicker noise⇔**闪烁噪声**

一种由电流运动导致的**噪声**。电子或电荷的流动并不是连续的完美过程，其随机性会产生一个很难量化和测量的交流成分(随机 AC)，由此而导致噪声。这种噪声一般具有反比于频率($1/f$)的频谱，所以也称 **$1/f$ 噪声**。一般在 1000 Hz 以下的低频时比较明显。也有人称其为**粉红噪声**，在对数频率间隔内有相同的能量。

flip⇔**翻转**

视频镜头间，前一镜头的尾帧逐渐翻转，从另一面显露出后一镜头的首帧的典型**渐变**方式。

floating-point operation [**FLOPS**]⇔**浮点运算**

计算机中对实数进行的近似运算。相对于整数运算，浮点运算较慢且可能有误差，但精度较高。

floor function⇔**下取整函数，底函数**

同 **down-rounding function**。

floor operator⇔**下取整操作符**

参阅 **down-rounding function**。

FLOPS⇔**浮点运算**

floating-point operation 的缩写。

flow histogram⇔**光流直方图**

图像序列中从光流统计出来的**直方图**。是对图像序列中运动情况的全局描述。

fluorescence⇔**荧光**

一种物质吸收了较短**波长**辐射后发出的较长波长的**电磁辐射**。仅在吸收后很短的时间内发射。作为一种发光方式，不因温度升高而发光，而是受外来光线、电子、高能粒子等照射而发光。照射停止后，余辉维持时间在 10^{-8} s 以下。通常激发光波长比受激发光波长要短(即前者能量大些)，但也有例外。比较 **phosphorescence**。

fluorescent lamp⇔**荧光灯**

一种气体放电照明光源。通过电

流激发惰性气体(氩、氖等)环境中的水银蒸汽来产生紫外辐射。这些紫外辐射可使封装惰性气体的玻璃管壁上的磷盐涂层发出荧光,可产生色温 3000～6000 K 的可见光。荧光灯由交流电供电,会产生与供电相同频率的闪烁。在**机器视觉**应用中为避免闪烁导致图像明暗的变化,供电频率要大于 22 kHz。不能用作闪光灯。

fluorescent screen⇔荧光屏

利用阴极射线发光器件、**X 射线**或 **γ 射线**制成的屏幕。作用是将电子(X 射线或 γ 射线)图像转化为**可见光图像**。

FM⇔频率调制,调频

frequency modulation 的缩写。

FM half-toning technique⇔频率调制半调技术,调频半调技术

frequency modulated half-toning techniques 的缩写。

FM interference measurement⇔频率调制相干测量法,调频相干测量法

frequency modulated interference measurement 的缩写。

FM mask⇔频率调制模板,调频模板

frequency modulation mask 的缩写。

fMRI⇔功能磁共振成像

functional magnetic resonance imaging 的缩写。

f-number⇔光圈号数,f 数,F 数

物体位于无穷远时的焦距与入射光瞳直径之比。即**孔径比**的倒数。主要用于照相物镜。也称**焦距比**或 **f 因数**。若物体不在无穷远,则用有效 f 数或**等效 f 数**表示。有效 f 数=$(2n'\sin\phi')$,n'是像空间的**折射率**(一般取为 1),ϕ'是出射光瞳半径在轴上像点处的张角。但有效 f 数也可包括物体在无穷远的情况。等效 f 数则表示有效 f 数除以$(1+m)$所得的商,m 为成像放大率。

照相镜头上的 f 数以 $2^{-1/2}$ 的幂来标注,如 $f/1$、$f/1.4$、$f/2$、$f/2.8$、$f/4$、$f/5.6$、$f/8$、$f/11$、$f/16$、$f/22$ 等。之所以用 $2^{-1/2}$ 的幂来标注是由于接收到的辐射能量与时间 t 和入射光瞳面积 A 成正比,也就是与 f 数的平方成反比,这样增大一级 f 数,图像的亮度正好减半。

FOA⇔关注焦点

focus of attention 的缩写。

FOC⇔收缩焦点

focus of contraction 的缩写。

focal depth⇔焦深

镜头组最佳聚焦位置两侧,成像仍够清晰的范围。从纯理论角度考虑,理想**镜头组**像空间的一个平面只与物空间的一个共轭平面相对应。但在许多实际问题中,特别是照相机中,却要求能或多或少地在一张胶片上摄取一段空间的像。镜头组最佳聚焦位置的两侧,事实上恰有一个成像仍够清晰的范围,即有满足点物的模糊圈允许的小空间。按斯垂耳(Strehl)判据,若在焦平面处其值为 1,则在其两侧为 0.8 值之间可认为就是焦深范围,这相当于从波动光学中瑞利(Rayleigh)判据得出的焦深$\delta f' = \pm\lambda[8n'\sin^2(\phi'/2)]^{-1}$,$\lambda$为光波长,$n'$为像空间的**折射率**,$\phi'$为像空间的孔径角,±是指在焦点两侧,整个焦深为上式的两倍。

focal plane ⇔ 焦(平)面

光学系统中,通过**焦点**并与镜头主轴正交的平面。

focal point ⇔ 焦点

平行光线入射光学系统后的会聚点。

focal ratio ⇔ 焦(距)比

同 ***f*-number**。

focused and tilted ring light ⇔ 聚焦且倾斜的环形光

一种实现**直接明场正面照明**的方法。如图 F8 所示,使用了倾斜的环形光。常用于使孔洞或感兴趣区域产生**阴影**,但其光线分布并不均匀。

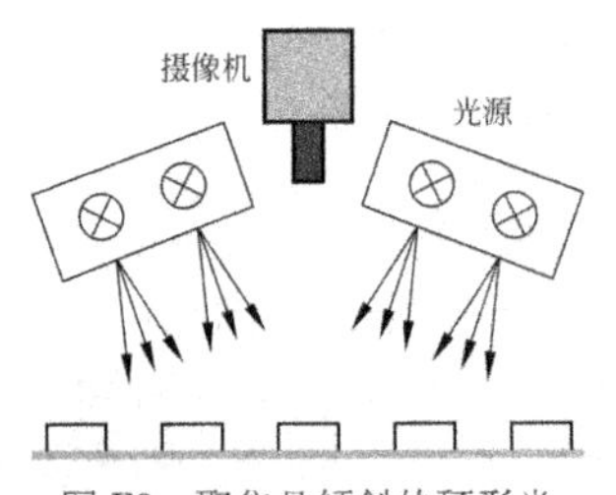

图 F8 聚焦且倾斜的环形光

focus following ⇔ 聚焦追踪(技术)

图像采集中感兴趣目标移动时,缓慢改变相机焦点以保持对目标聚焦的技术。

focus invariant imaging ⇔ 焦点不变成像(方法)

不改变焦点而进行图像采集或考虑焦点不变化而设计的成像系统。一般具有较大景深,可对一定空间范围清晰成像。

focus length ⇔ 焦距

无穷远平行光通过光学镜头后聚焦位置与镜头中心间的距离。**光学镜头**的一个**内部参数**。也称**镜头焦距**、**摄像机焦距**(将镜头用于摄像机中时)。对厚度不能忽略的厚透镜,或由多片透镜或面镜组成的**镜头组**,还可区分**有效焦距**、**前焦距**和**后焦距**。

focus length of camera ⇔ 摄像机焦距

参阅 **focus length**。

focus length of lens ⇔ 镜头焦距

同 **focus length**。

focus of attention [FOA] ⇔ 关注焦点

人类视觉系统在观察时所关注的特征、目标或区域。

focus of contraction [FOC] ⇔ 收缩焦点

摄像机在深度方向沿视线运动并逐渐远离目标时,从目标上获得的光流向内(向中心)会聚的焦点。此时沿光轴的平移分量一定是0。当摄像机离开一个固定场景时,所采集的图像中投影运动场为零的点,其相邻点的运动场都指向该点。比较 **focus of expansion**。

focus of expansion [FOE] ⇔ 扩张焦点

摄像机在深度方向沿视线运动并逐渐接近目标时,从目标上获得的光流向外(离开中心)发散的焦点。也是当观察者运动时,所有光流矢量在静止场景中的出发点。例如，摄像机系统直接向前方运动时，所有的光流矢量都将从**主点**（一般在图像中心）发出。当摄像机靠近一个固定场景时，所采集的图像中投影运动场为零的点，其相邻点的运动场都离开该点。比较 **focus of contraction**。

focus series ⇔ **焦点序列**

使用微定位装置逐步改变聚焦平面获得的一系列**显微镜图像**。因为高分辨率显微镜具有较小的景深，所以借助焦点序列可获得 3-D 图像。对传统的显微镜，深度分辨率是有限的，且焦点序列会由于在其他深度的模糊结构而明显受影响。**共聚焦激光扫描显微镜**可避免这些问题。

FOE ⇔ **扩展焦点**

focus of expansion 的缩写。

fogging ⇔ **雾化（技术）**

图像处理中，让图像产生烟雾效果的技术。一种常用的方法是将某种颜色与场景中的背景部分混合起来，以便将背景消弱或隐藏起来。

fold edge ⇔ **折叠边缘**

景物表面朝向的不连续处。由两个局部平面相交产生，成像后也表现为**边缘**。

FOM ⇔ **品质因数，质量因数；优度系数，优值函数**

figure of merit 的缩写。

foreground ⇔ **前景**

图像工程中所关心、感兴趣的目标。与**背景**对立。

foreground-background ⇔ **前景-背景**

对景物的一种划分方式。人们观察场景时，常将希望观察或所关注的物体称为前景（也称**目标**），而把其他部分划归到背景里。区分前景和背景是理解**形状知觉**的基础。前景和背景的区别和联系包括：

（1）前景有一定的形状，背景相对来说没有形状；前景有物体的特征，背景则好像是未成形的原料；前景看起来有轮廓，背景没有；

（2）前景和背景虽在同一物理平面上，但前景看起来更接近观察者；

（3）前景虽一般占据比背景小的区域面积，但前景与背景相比常更动人，更吸引人，更倾向于具有一定语义/意义；

（4）前景和背景不能同时看到，但可顺序看到。

foreground motion ⇔ **前景运动**

目标在场景中的自身运动。也称**局部运动**。

foreshortening ⇔ **透视收缩（技术），透视缩短（技术）**

对同一物体，从与物体轴成锐角的方向观察，比从与物体轴成直角的方向观察所得到的视网膜上的视像小的现象。是一种典型的透视效果，较远的物体显得比较近的物体小。

forgery attack ⇔ **伪造性攻击**

水印产品的使用者对产品嵌入了一个本应由所有者才能嵌入的水

印，导致版权信息变化的**水印攻击**类型。

form⇔**形状**

同 **shape**。

form factor⇔**形状因子**

对**目标**的一种**紧凑度描述符**。可根据目标的**边界长度** B 和**区域面积** A 算出：

$$F=\frac{\|B\|^2}{4\pi A}$$

由上式可见，连续区域为圆形时 F 为 1(离散区域不一定)，区域为其他形状时 F 大于 1(即 F 的值当区域为圆)时达到最小。有时也用作非规则性的测度。

formal definition of image segmentation⇔**图像分割的形式化定义**

一种利用集合的概念得到的**图像分割**定义。令集合 R 代表整个图像区域，对 R 的分割可看作将 R 分成若干个满足下列 5 个条件的非空子集(子区域)$\{R_i, i=1,2,\cdots,n\}$：

(1) $\bigcup_{i=1}^{n} R_i=R$；

(2) 对所有的 i 和 j，$i\neq j$，有 $R_i\cap R_j=\varnothing$；

(3) 对 $i=1,2,\cdots,n$，有 $P(R_i)=\text{TRUE}$；

(4) 对 $i\neq j$，有 $P(R_i\cup R_j)=\text{FALSE}$；

(5) 对 $i=1,2,\cdots,n$，R_i 是**连通**的区域。

其中，$P(R_i)$是对集合 R_i 中的所有元素的**一致谓词**，$\varnothing$是代表空集。

formal grammar⇔**形式语法**

一组重写字符串的**产生式规则**。描述如何利用**形式语言**的字符集从一个起始符号开始构建满足语言句法的字符串。

formal language⇔**形式语言**

图像工程中，受**形式语法**规则限定的字符串的集合。

formal language theory⇔**形式语言理论**

研究**形式语言**句法(内部结构模式)的理论。参阅 **structural pattern recognition**。

forward-coupled perceptron⇔**前向耦合感知机**

处理单元分层的**感知机**。对第 n 层处理单元的输入来自在第 n 层之前处理单元的输出。单层感知机可以生成线性决策表面。双层感知机可以生成凸决策表面。三层感知机可以生成几乎任意形状的决策区域。

forward Hadamard transform⇔**哈达玛正变换**

同 **Hadamard transform**。

forward Hadamard transform kernel⇔**哈达玛正变换核**

同 **Hadamard transform kernel**。

forward image transform⇔**图像正变换**

同 **image transform**。

forward mapping⇔**前向映射(技术)**

实现**灰度插值**的一种方案。也称源到目标的映射。把实际采集的失真图像的像素灰度赋给原始的不失真图像的像素。但有若干个缺点：

(1) 很多算出的坐标不是整数，需要舍入到最接近的整数以指示在输出图像中的一个像素；

(2) 很多算出的坐标可能落在输出图像的界外(例如负的值)；

(3) 很多输出像素的坐标在计算中赋值多次(很浪费)而有些根本就没有赋值过(这导致在输出图像中出现“孔”，即对这些坐标没有计算像素值)。

forward motion estimation ⇔ 前向运动估计

运动估计中，对应**锚帧**时间上在**目标帧**之后的情况。

forward pass ⇔ 前向扫描

距离变换串行实现算法中，从图像左上角向右下角进行的第1次扫描。比较 **backward pass**。

forward transform ⇔ 正(向)变换

图像工程中，从图像空间到其他空间的变换。

forward transformation kernel ⇔ 正(向)变换核

与**正向变换**对应的变换核。

forward Walsh transform ⇔ 沃尔什正(向)变换

同 **Walsh transform**。

forward Walsh transform kernel ⇔ 沃尔什正变换核

同 **Walsh transform kernel**。

forward zooming ⇔ 放大镜头

同 **zoom in**。

four-color printing ⇔ 四色打印(技术)，四色印刷(技术)

采用 **CMYK** 模型的彩色印刷。是对常用 **CMY 模型**的补充改进。理论上说，CMY 是 RGB 的补色，叠加应可输出黑色。但实际叠加只输出浑浊的深色。所以，出版界总单独加一个黑色，构成所谓的 **CMYK 模型**，以进行彩色印刷。

four-color theory ⇔ 四色理论

同 **opponent color theory**。

Fourier affine theorem ⇔ 傅里叶仿射定理

傅里叶变换的一种通用关系式。可认为是**傅里叶平移定理**、**傅里叶旋转定理**和**傅里叶尺度定理**的普遍情况。设 $f(x,y)$ 和 $F(u,v)$ 构成一对变换，记为 $f(x,y) \leftrightarrow F(u,v)$。傅里叶仿射定理可写成

$$f(ax+by+c, dx+ey+f) \leftrightarrow \frac{1}{|ae-bd|}\exp\left\{\frac{j2\pi}{ae-bd}[(ec-bf)u+(af-cd)v]\right\}F\left(\frac{eu-dv}{ae-bd}, \frac{-bu+av}{ae-bd}\right)$$

其中 a,b,c,d,e,f 均为标量。

Fourier boundary descriptor ⇔ 傅里叶边界描述符，傅里叶轮廓描述符

基于对**目标轮廓**的**傅里叶变换**系数而构成的目标**形状描述符**。参阅 **Fourier transform representation**。

Fourier convolution theorem ⇔ 傅里叶卷积定理

反映两个函数的**卷积**与两者的**傅里叶变换**之间关系的定理。简称**卷**

积定理。两个函数 $f(x,y)$和 $g(x,y)$在空间的卷积与其傅里叶变换 $F(u,v)$和 $G(u,v)$在频域的乘积构成一对变换，而两个函数在空间的乘积与其傅里叶变换在频域的卷积构成一对变换。设 $f(x,y)$和 $F(u,v)$构成一对变换，记为 $f(x,y)\leftrightarrow F(u,v)$。傅里叶卷积定理可写成

$$f(x,y)\otimes g(x,y)\leftrightarrow F(u,v)G(u,v)$$

$$f(x,y)g(x,y)\leftrightarrow F(u,v)\otimes G(u,v)$$

Fourier correlation theorem ⇔ **傅里叶相关定理**

反映两个函数的**相关**与两者的**傅里叶变换**之间关系的定理。简称**相关定理**。两个函数 $f(x,y)$和 $g(x,y)$在空间的相关与其傅里叶变换 $F(u,v)$和 $G(u,v)$（其中一个为其复共轭，即 $F^*(u,v)$和 $G(u,v)$或 $F(u,v)$和 $G^*(u,v)$）在频域的乘积构成一对变换，而两个函数 $f(x,y)$和 $g(x,y)$（其中一个为其复共轭，即 $f^*(x,y)$和 $g(x,y)$或 $f(x,y)$和 $g^*(x,y)$）在空间的乘积与其傅里叶变换在频域的相关构成一对变换。设 $f(x,y)$和 $F(u,v)$构成一对变换，记为 $f(x,y)\leftrightarrow F(u,v)$。傅里叶相关定理可写成

$$f(x,y)\circ g(x,y)\leftrightarrow F^*(u,v)G(u,v)$$

$$f^*(x,y)g(x,y)\leftrightarrow F(u,v)\oplus G(u,v)$$

Fourier power spectrum ⇔ **傅里叶功率谱**

由**傅里叶变换**得到的**频谱**的平方。如果图像 $f(x,y)$的傅里叶变换为 $F(u,v)$，令 $R(u,v)$和 $I(u,v)$分别为 $F(u,v)$的实部和虚部，则 $F(u,v)$的**功率谱**为

$$P(u,v)=|F(u,v)|^2=R^2(u,v)+I^2(u,v)$$

Fourier rotation theorem ⇔ **傅里叶旋转定理**

傅里叶变换的一个常用关系式。设 $f(x,y)$和 $F(u,v)$构成一对变换，记为 $f(x,y)\leftrightarrow F(u,v)$。借助极坐标变换 $x=r\cos\theta, y=r\sin\theta, u=w\cos\phi, v=w\sin\phi$，将 $f(x,y)$和 $F(u,v)$分别转换为 $f(r,\theta)$和 $F(w,\phi)$。傅里叶旋转定理可写成

$$f(r,\theta+\theta_0)\leftrightarrow F(w,\varphi+\theta_0)$$

其中 θ_0为旋转角度。上式表明，对 $f(x,y)$旋转 θ_0对应于将其傅里叶变换 $F(u,v)$也旋转 θ_0。类似地，对 $F(u,v)$旋转 θ_0对应于将其傅里叶逆变换 $f(x,y)$也旋转 θ_0。

图 F9 给出示例。其中，图(a)是

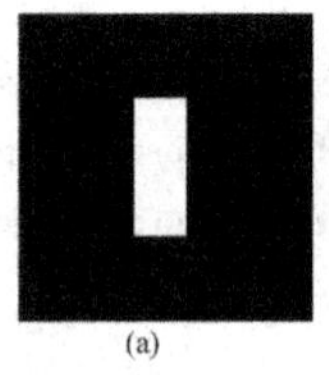
(a)

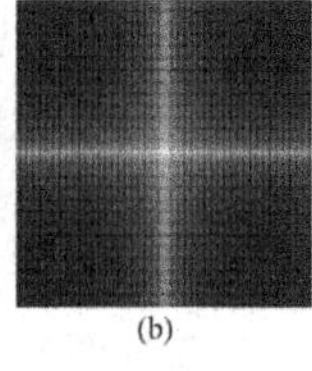
(b)

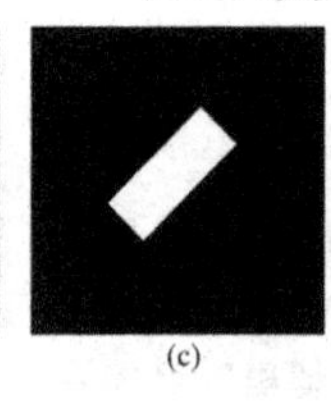
(c)

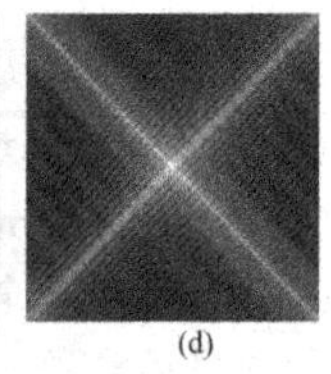
(d)

图 F9 傅里叶变换旋转定理示例

一幅 2-D 图像，其傅里叶频谱幅度的灰度图见图(b)。图(c)给出将图(a)的图像旋转 45°的结果，傅里叶频谱幅度的灰度图见图(d)。由这些图可见，将图像在图像空间旋转一定的角度，其傅里叶变换则在频谱空间旋转相应的度数。

Fourier scaling theorem ⇔ **傅里叶尺度定理，傅里叶放缩定理**

傅里叶变换的一个常用关系式。也称**傅里叶相似定理**。设 $f(x,y)$ 和 $F(u,v)$ 构成一对变换，记为 $f(x,y) \leftrightarrow F(u,v)$。傅里叶尺度定理可写成

$$af(x,y) \leftrightarrow aF(u,v)$$

$$f(ax,by) \leftrightarrow \frac{1}{|ab|}F\left(\frac{u}{a},\frac{v}{b}\right)$$

其中 a 和 b 均为标量。上两式表明，对 $f(x,y)$ 在幅度方面的尺度变化导致其傅里叶变换 $F(u,v)$ 在幅度方面的对应尺度变化，而对 $f(x,y)$ 在空间尺度方面的放缩则导致其傅里叶变换 $F(u,v)$ 在频域尺度方面的相反缩放。第二式还表明，对 $f(x,y)$ 的收缩(对应 $a>1, b>1$)不仅导致 $F(u,v)$ 的膨胀，而且还会使 $F(u,v)$ 的幅度减小。

图 F10 给出示例。其中图(a)和图(b)分别给出一幅 2-D 图像和它的傅里叶频谱幅度图。图(c)比图(a)把中心亮正方形进行了缩小，图(d)则是图(c)的傅里叶频谱幅度图。通过对比图(b)和图(d)可见，对图像中正方形的收缩导致了其傅里叶频谱网格在频谱空间的增大，同时傅里叶频谱的幅度也减小。

Fourier shearing theorem ⇔ **傅里叶剪切定理**

同 **shearing theorem**。

Fourier shift theorem ⇔ **傅里叶平移定理**

傅里叶变换的一个常用关系式。设 $f(x,y)$ 和 $F(u,v)$ 构成一对变换，记为 $f(x,y) \leftrightarrow F(u,v)$。傅里叶平移定理可写成

$$f(x-a,y-b) \leftrightarrow \exp[-j2\pi(au+bv)]F(u,v)$$

$$F(u-c,v-d) \leftrightarrow \exp[j2\pi(cx+dy)]f(x,y)$$

其中 a,b,c 和 d 均为标量。第一式表明将 $f(x,y)$ 在空间平移相当于把其傅里叶变换 $F(u,v)$ 在频域与一个指数项相乘，第二式表明将 $f(x,y)$ 在空间与一个指数项相乘

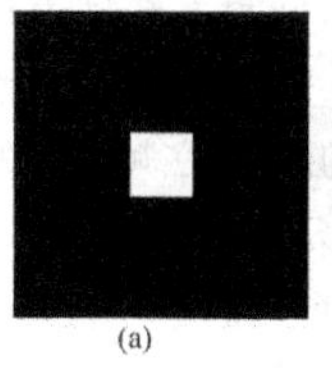
(a)
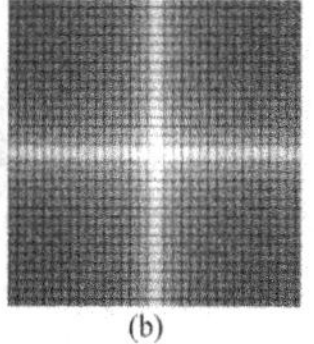
(b)
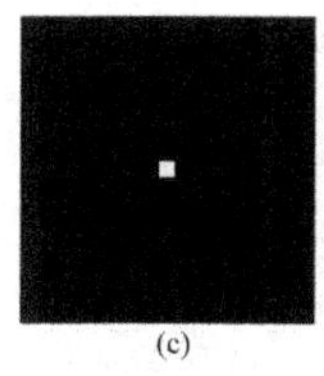
(c)
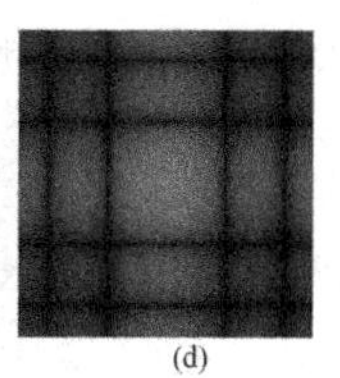
(d)

图 F10 傅里叶变换尺度定理示例

相当于把其傅里叶变换 $F(u,v)$ 在频域平移。

Fourier similarity theorem ⇔ 傅里叶相似定理

同 **Fourier scaling theorem**。

Fourier slice theorem ⇔ 傅里叶层定理

断层成像中使用的一个定理。即对一个目标的各个平行投影给出该目标在平面上的**傅里叶变换**的一个片，这个平面通过傅里叶空间的原点且平行于投影平面。

包含一条亮直线的未退化图像可表示成

$$f(x,y) = \delta(y)$$

其中假设直线与 x 轴重合。该直线的图像应该是

$$h_l(x,y)$$
$$= \int_{-\infty}^{+\infty}\int_{-\infty}^{+\infty} h(x-x',y-y')\delta(y')\mathrm{d}y'\mathrm{d}x'$$
$$= \int_{-\infty}^{+\infty} h(x-x',y)\mathrm{d}x'$$

替换变量 $\tilde{x} \equiv x - x' \Rightarrow \mathrm{d}x' = -\mathrm{d}\tilde{x}$。$\tilde{x}$ 的积分限是从 $+\infty$ 到 $-\infty$。所以得到

$$h_l(x,y) = -\int_{+\infty}^{-\infty} h(\tilde{x},y)\mathrm{d}\tilde{x}$$
$$= \int_{-\infty}^{+\infty} h(\tilde{x},y)\mathrm{d}\tilde{x}$$

上式的右边并不依赖于 x，所以左边也不会依赖 x。这表明直线的图像将平行于 x 轴（甚至与其重合），且它的剖面沿 x 轴将是常数：

$$h_l(x,y) = h_l(y) = \int_{-\infty}^{+\infty} h_l(\tilde{x},y)\mathrm{d}\tilde{x}$$

计算 $h_l(y)$ 的傅里叶变换：

$$H_l(v) \equiv \int_{-\infty}^{+\infty} h_l(y)\mathrm{e}^{-2\pi \mathrm{j} vy}\mathrm{d}y$$

点扩展函数的傅里叶变换是**频率响应函数**，由下式给出：

$$H(u,v)$$
$$= \int_{-\infty}^{+\infty}\int_{-\infty}^{+\infty} h(x,y)\mathrm{e}^{-2\pi \mathrm{j}(ux+vy)}\mathrm{d}x\mathrm{d}y$$

在这个表达中取 $u=0$，得到：

$$H(0,v)$$
$$= \int_{-\infty}^{+\infty}\left[\int_{-\infty}^{+\infty} h(x,y)\mathrm{d}x\right]\mathrm{e}^{-2\pi \mathrm{j} vy}\mathrm{d}y$$

经过比较可得到

$$H(0,v) = H_l(v)$$

这个方程就是傅里叶层定理。该定理指出，取一个函数 $h(x,y)$ 的傅里叶变换的一层（即令 $H(u,v)$ 中的 $u=0$），可获得该函数沿对应方向（这里是 y 轴）投影的傅里叶变换（即 $H_l(u)$）。接下来进行反傅里叶变换，可得到函数（即 $h_l(y)$）沿那个方向的投影。

上面的推导表明，理想直线的图像提供了**点扩散函数**沿单个方向（即与直线正交的方向）的剖面。这很容易理解，因为与一条线的长度正交的截面与一个点的截面没有区别。根据定义，一个点图像的截面就是模糊过程的点扩散函数。如果在图像中有很多不同方向的理想直线，那么就可获得在频域中与这些线正交方向上频率响应函数的信息。通过**插值**可以在频域上的任何点计算 $H(u,v)$。

Fourier spectrum ⇔ 傅里叶频谱

由**傅里叶变换**得到的各个频率分量的集合（近年也有用频谱表示其

他变换结果的)。实际中傅里叶频谱也常代表傅里叶变换的**幅度函数**。如果图像 $f(x,y)$ 的傅里叶变换为 $F(u,v)$,令 $R(u,v)$ 和 $I(u,v)$ 分别为 $F(u,v)$ 的实部和虚部,则 $F(u,v)$ 的频谱为

$$|F(u,v)| = [R^2(u,v) + I^2(u,v)]^{1/2}$$

Fourier transform [FT] ⇔ 傅里叶变换

一种得到广泛应用的**可分离变换**和**正交变换**。将图像从图像域变换到**频率域**。令 x 和 y 为图像中的位置变量,u 和 v 为变换后的频率变量,则 2-D 图像的傅里叶**正变换**和**逆变换**可分别表示为

$$F(u,v) = \frac{1}{N}\sum_{x=0}^{N-1}\sum_{y=0}^{N-1} f(x,y)\exp[-\mathrm{j}2\pi(ux+vy)/N], \quad u,v = 0,1,\cdots,N-1$$

$$f(x,y) = \frac{1}{N}\sum_{u=0}^{N-1}\sum_{v=0}^{N-1} F(u,v)\exp[\mathrm{j}2\pi(ux+vy)/N], \quad x,y = 0,1,\cdots,N-1$$

上两式构成**傅里叶变换对**。

Fourier transform pair ⇔ 傅里叶变换对

由**傅里叶变换**和**傅里叶反变换**构成的**变换对**。

Fourier transform representation ⇔ 傅里叶变换表达

一种将边界点序列进行**傅里叶变换**,然后用傅里叶变换系数来表达边界的**基于变换的表达**方法。将图像 XY 平面看作复平面,可将 XY 平面中的曲线段转化为复平面上的序列。这样给定边界上的每个点 (x,y) 可用复数 $u+\mathrm{j}v$ 的形式来表示,从而获得傅里叶变换表达,见图 F11。

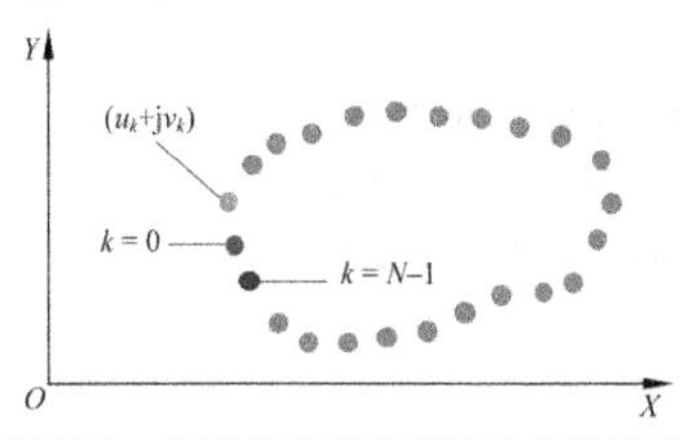

图 F11 边界点序列的傅里叶变换表达

对由 N 点组成的封闭边界,从任一点开始绕边界一周就得到复数序列

$$s(k) = u(k) + \mathrm{j}v(k), \quad k = 0,1,\cdots,N-1$$

$s(k)$ 的**离散傅里叶变换**是

$$S(w) = \frac{1}{N}\sum_{k=0}^{N-1} s(k)\exp[-\mathrm{j}2\pi wk/N], \quad w = 0,1,\cdots,N-1$$

$S(w)$ 就是边界的傅里叶变换系数序列。用部分或全部 $S(w)$ 可构成**傅里叶轮廓描述符**。

four-nocular stereo matching ⇔ 四目立体匹配(技术)

一种特殊的多目**立体匹配**。如图 F12 所示。图(a)是对景物点 W 的投影成像示意,在 4 幅图像上的成像点分别为 p_1,p_2,p_3,p_4。分别是 4 条射线 R_1,R_2,R_3,R_4 与 4 个像平面的交点。图(b)则是对过景物点 W 的直线 L 的投影成像示意,该直线在 4 幅图像上的成像结果分别是 4 条直线 l_1,l_2,l_3,l_4,分别位于 4

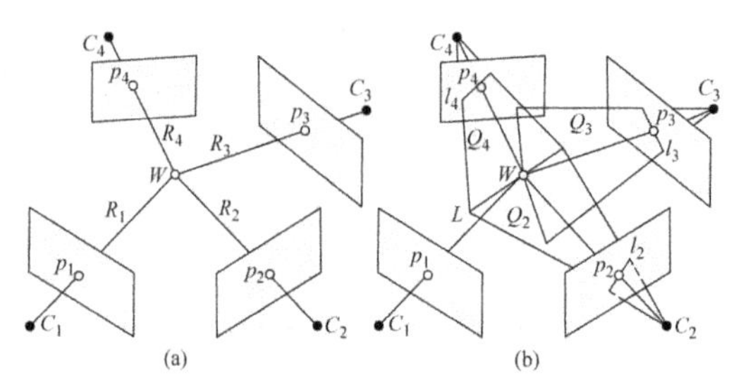

图 F12 四目立体匹配示意

个平面 Q_1，Q_2，Q_3，Q_4 上。从几何上讲，通过 C_1 和 p_1 的射线一定也穿过平面 Q_2，Q_3，Q_4 的交点。从代数上讲，给出**四焦张量**和任意 3 条通过 3 个像点的直线，就可以推出第 4 个像点的位置。

four-point gradient ⇔ 四点梯度

利用四个图像点算出的**梯度**。可用**罗伯特交叉检测算子**的两个 2-D **模板**的**模板卷积**来实现计算。

four-point mapping ⇔ 四点映射（技术）

同 **projective transformation**。

fourth-order cumulant ⇔ 四阶累积

同 **excess kurtosis**。

fovea ⇔ 中央凹

视网膜中部凹陷的小坑。所占视场约 1°～2°，其中心称为凹心，直径 0.2～0.3 mm，该处视觉最敏锐，分辨率最高。也称黄斑。参阅 **blind spot**。

fractal ⇔ 分形（体）

任意分辨率下都有统计意义下的自相似性的对象。

fractal coding ⇔ 分形编码（方法）

借助**分形**对图像进行编码的方法。其基本思路是将图像分成子集（分形）并判断其自相似性。

分形编码是一种**有损编码**方法，常能提供很高的压缩率并能高质量地重建图像。因为分形可以无穷放大，所以分形编码独立于**分辨率**，单个压缩的图像可在任何分辨率的显示设备上显示（甚至可在比原始分辨率高的设备上显示）。分形编码在对图像压缩时需要很大的计算量，但解压缩简单快速。所以是一种典型的压缩-解压缩不对称方法。

fractal dimension ⇔ 分形维数

同 **Hausdorff dimension**。

fractal image compression ⇔ 分形图像压缩

一种在不同尺度利用自相似性进行**图像压缩**的方法和过程。

fractal measure ⇔ 分形测度

同 **fractal dimension**。

fractal model ⇔ 分形模型

有关自然中具有自相似性和非规则性的几何基元（**分形**）的模型。一个分形目标的片段是整个目标的准确或统计复制，且可以通过伸展和移动来与整体匹配。**分形维数**作为对复杂性或非规则性的一种测度是分形模型中最重要的特征之一。可用**傅里叶功率谱**的密度来估计，也可用**盒计数方法**来计算，还可借助**盖伯滤波器**在**纹理图像**中进行估计。缺项(lacunarity)是另一个对分形模型的重要测量，用于测量结构的变化或非均匀性，可借助滑动盒算法来计算。

fractal model for texture ⇔ 纹理的分形模型

一种基于对自相似的观察的**纹理描述**模型。在对自然纹理建模中很有用。然而，一般认为该模型对表达局部图像结构并不合适。

fractals ⇔ 分形学

研究**分形(体)**的几何特征、数量表征及其普适性的一门学科。是非线性科学中的一个数学分支。在**纹理分析**和**形状分析**中都得到了应用。

fractal set ⇔ 分形集合

豪斯道夫维数大于**拓扑维数**的集合。在欧氏空间中，一个集合的豪斯道夫维数总会大于等于该集合的拓扑维数。

fraction of correctly segmented pixels ⇔ 正确分割的百分数

图像分割评价中，一种属于**像素数量误差**类的评价准则。是对正确分割目标像素的百分比的最大似然估计，即实际分割正确的目标像素数与真实目标像素数之比。

fragile watermark ⇔ 脆弱水印，易损水印

稳健性非常有限的**水印**。对外界干扰反应敏感，能尽量保证媒体信息的完整性，可用于检测是否对有水印保护的数据进行了改变。

fragmentation of image[FI] ⇔ 图像(的)分块数

图像分割评价差异试验法中使用的一种差异评价准则。设 S_n 为对一幅图像进行分割所得到的**目标**数，T_n 为图中实际存在的目标数，则图像分块数可表示为

$$\mathrm{FI} = \frac{1}{1 + p \mid T_n - S_n \mid^q}$$

其中 p 和 q 均是尺度参数。衡量的是待分割图像中实际存在的目标数与由于分割结果不完善而得到的目标数之间的差异。

frame ⇔ 框架；帧

1. 框架：一种**知识表达**方法。可看作是一种复杂结构的**语义网络**。

2. 帧：**帧图像**的简称。

frame average ⇔ 帧平均

一种将不同帧中同一位置的多个样本进行平均，可在不影响**帧图像**的**空间分辨率**的情况下消除**噪声**的**直接滤波**技术。对场景中的固定部分比较有效。

frame grabber ⇔ 帧捕捉器，帧抓取器

一种可自动截获并保存**视频**中的一幅**静止图像**的计算机扩展卡或装置。借助模数转换可将图像存储到

计算机文件中。

frame rate ⇔ **帧率**

视频采集和显示的时间采样率。

frame store ⇔ **帧存储**

成像系统中记录一帧图像的电子装置。典型应用是作为电荷耦合器件相机和计算机间的接口。

frame transfer sensor ⇔ **帧传输传感器,帧传送传感器**

按帧对光敏感的传感器元件。其中电荷耦合器件寄存器虚拟地互相邻接地放置。可以区分上部的光敏传感器区域和下部同尺寸的存储区域(防止光照)。在一个读出周期中,整个电荷被从图像区域和存储区域移走。与**隔行传送传感器**相反,帧传送传感器只需要完整的电视图像所需一半数量的光传感器元件。因为这个原因,帧传送传感器只需要半幅图像所包含的线数目。图像积分的结果可以快到两倍于其他读出装置,即相当于半图像的频率。

free color ⇔ **自由色**

消除已知物体对观察颜色干扰后得到的感知色。在**彩色视觉**中有许多心理因素影响人们对颜色的判断,其中很主要的一种是呈现所需判断颜色的物体及其背景。要避免这种影响,一般有两种方法来使依附于物体的色成为自由色。一种方法是从小孔中去观察,如此则观察者不能知道所见到的颜色属于什么物体(避免心理暗示),这称为**光孔色**。另一种方法是在许多光度试验或仪器中常用的麦克斯韦观察法,即对物体实行点照明,并用单透镜将该点成像于**瞳孔**上(同样只看到单个点)。

free landmark ⇔ **自由地标点**

地标点的排列或组合表达方式之一。不考虑地标点的次序。对有 n 个坐标点的目标 S,其自由地标点用一个 $2n$-集合

$$\boldsymbol{S}_{\mathrm{f}} = \{S_{x,1}, S_{y,1}, S_{x,2}, S_{y,2}, \cdots, S_{x,n}, S_{y,n}\}$$

来表示。比较 **ordered landmark**。

Freeman code ⇔ **弗里曼码**

一种表达**目标轮廓**的链码。将轮廓用其第一个点的坐标后接一系列方向码(典型值是 0 到 7)来表示,每个方向码沿轮廓从一个点指向下一个点。

freeze-frame video ⇔ **凝固帧视频**

将**视频**的播放速度放慢,由每秒 25 帧或 30 帧减到每秒一帧或每秒半帧而得到的效果。

Frei-Chen orthogonal basis ⇔ **菲雷-陈正交基**

同 **integrated orthogonal operators**。

Frenet frame ⇔ **弗莱纳框架**

由三个相互正交的单位矢量(法线、切线和二法线/二切线)组成,用于描述空间曲线上一个点的局部性质的三元组。

frequency convolution theorem ⇔ **频率卷积定理**

反映两个频域函数的**卷积**与两者的**傅里叶逆变换**之间关系的定理。

卷积定理的对偶。两个频域函数$F(u,v)$和$G(u,v)$在频域的卷积与两者的傅里叶逆变换$f(x,y)$和$g(x,y)$在空间的乘积构成一对变换，而两个频域函数在频域的乘积与两者的傅里叶逆变换在空间的卷积构成一对变换。设$f(x,y)$和$F(u,v)$构成一对变换，记为$f(x,y) \leftrightarrow F(u,v)$。频率卷积定理可写成

$$F(u,v) \otimes G(u,v) \leftrightarrow f(x,y)g(x,y)$$
$$F(u,v)G(u,v) \leftrightarrow f(x,y) \otimes g(x,y)$$

frequency domain ⇔ 频域，频率域

通过**傅里叶变换**得到的**变换域**。即频率空间。

frequency-domain filter ⇔ 频域滤波器

同 **frequency filter**。

frequency-domain filtering ⇔ 频域滤波（技术）

在频率空间对图像进行的一种加工操作。主要有3步：

(1) 将输入图像变换到使用 **2-D 傅里叶变换**(FT)表达的2-D频域；

(2) 指定一个特定种类（如理想、巴特沃斯、高斯）和特性（如低通、高通）的滤波器，并应用于图像在频域中的表达；

(3) 通过使用 **2-D 傅里叶逆变换**将得到的结果值逆变换回2-D**空域**，从而给出一幅输出（滤波的）图像。

frequency-domain filtering technique ⇔ 频域滤波技术

在频率空间借助**频域滤波器**进行的**图像增强**技术。也是消除**周期性噪声**常用的技术。

frequency-domain motion detection ⇔ 频域运动检测

借助**傅里叶变换**将图像表达空间转到**频率域**来对运动进行的检测工作。好处是可以分别处理平移、旋转和尺度的变化。

frequency-domain sampling theorem ⇔ 频域采样定理

在**频域**中对**采样定理**的描述。如果时间上有限的连续信号$f(t)$的频谱为$F(w)$，则可用在频域中间隔$w \leqslant \pi/T_M$的一系列离散采样点的值来确定原始信号。

frequency filter ⇔ 频域滤波器

实现**频域滤波技术**的滤波函数及其运算规则。

frequency filtering technique ⇔ 频率滤波技术

同 **frequency domain filtering techniques**。

frequency-modulated half-toning technique ⇔ 频率调制半调技术，调频半调技术

一种常用的**半调输出技术**。通过调整输出黑点在空间的分布（黑点尺寸固定）来显示不同的灰度。这里黑点的分布稠密程度反比于对应位置像素的灰度（分布较密对应较暗的灰度，分布较稀对应较亮的灰度），这相当于对输出黑点的出现频率进行了调制。

frequency-modulated interference measurement ⇔ 频率调制相干测量，调频相干测量

一种利用**飞行时间法**的原理获得

深度图像的方法。其中通过调频发射光并测量发射和接收光的相干性来测量时间差。参阅 **magnitude modulated phase measurement**。

frequency modulation [FM]⇔频率调制,调频

一种以载波的瞬时频率变化来表示信息的调制方式。利用载波的不同频率来表达不同的信息。在**图像工程**中,常用的有**调频半调技术**。

frequency-modulation [FM] mask⇔频率调制模板,调频模板

为实现**调频半调技术**而构造的运算模板。每个模板对应一个输出单元。将每个模板划分成规则网格,每个格对应一个基本二值点。通过调整各个基本二值点为黑或白,可让每个模板输出不同的灰度,达到输出灰度图像的目的。根据调频半调技术的原理,要输出一个较暗的灰度需要用到许多黑点;而要输出一个较亮的灰度只需用较少黑点。

图 F13 所示为将一个模板分成 2×2 网格,从而可以输出 5 种不同灰度的例子。

frequency response function⇔频率响应函数

2-D **滤波器**的**傅里叶变换**。

frequency space correlation⇔频域相关法

在**频域**通过相关计算来进行**图像匹配**或**图像配准**的方法。这里先将图像进行(快速)**傅里叶变换**转换到频域,然后在频域中进行相关计算以建立对应关系。

frequency spectrum⇔频谱

同 **Fourier spectrum**。

frequency window⇔频率窗

频率域中定义**窗函数**的窗口。

Fresnel reflection⇔菲涅耳反射

光学上不均匀绝缘物质表面上的一种反射。这些物质的表面由一个界面和一个光学上中性的含彩色色素的介质构成。界面将表面与围绕的介质(一般是空气)分开。对表面照射时,照到表面上的一部分辐射并不能穿透进入物质,而是在界面上反射。这就是菲涅耳反射,具有接近入射光源的频谱分布。

from optical flow to surface orientation⇔从光流到表面取向

从运动求取结构中的关键步骤。**光流**包含了景物结构的信息,所以可从物体表面运动的光流解得表面的取向,而由各表面的取向就可以确定景物的结构,并确定景物间的相互关系。

front focal length [FFL]⇔前焦距

对厚度不能忽略的厚透镜,或由多片透镜或面镜组成的**镜头组**,从

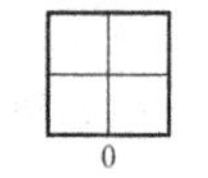

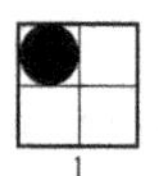

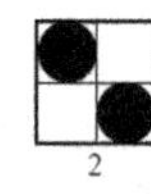

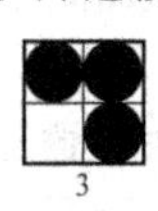

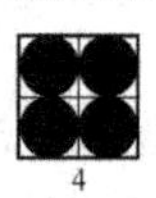

图 F13 将一个模板分成 2×2 网格以输出 5 种灰度

第一个镜头表面到第一个焦点的距离。

frontlighting⇔**前光,前照明**

一种为成像而将光源和相机安置在拟拍摄目标的同一面的照明安排。比较 **backlighting**。

FS-HHMM⇔**状态分解层次隐马尔可夫模型**

factored-state hierarchical hidden Markov model 的缩写。

FS method⇔**全搜索方法**

full-search method 的缩写。

f*-stop**⇔f* 数,*F* 数**

同 ***f*-number**。

FT⇔**傅里叶变换**

Fourier transform 的缩写。

full-color enhancement⇔**全彩色增强,真彩色增强**

对原来就是**彩色**的**图像**进行的**彩色增强**。从**图像处理**的角度看,输入是彩色图像,输出也是彩色图像。

full-frame sensors⇔**全帧传感器**

一种直接由**线阵传感器**扩展而来(由 1-D 到 2-D)的**面阵传感器**。也称**帧转移传感器**。主要优点是填充因子可达 100%,所以灵敏度高且失真小。主要缺点是会发生拖影现象。比较 **interline transfer sensor**。

full-frame transfer sensor⇔**全帧传输传感器,全帧传送传感器**

整个传感器范围都对光敏感的传感器元件。其中没有存储部分,与**帧传送传感器**和**隔行传送传感器**都不同。总需要与带有快门的相机同时使用。外在的快门确定积分时间。全帧传送传感器几乎总用在时间关键的应用中,且用在高分辨率相机。

full perspective projection⇔**完全透视投影**

没有简化的完全的投影坐标变换。从一个点到另一个点的完全透视投影可用一个 3×3 的变换矩阵来表示,这个矩阵有 8 个**自由度**(因为只有 9 个元素的比例有意义)。与之相对的不完全变换包括了各种简化情况:**仿射变换**、**相似变换**和**等距变换**(包括**刚体变换**和**欧氏变换**)。

full prime sketch⇔**完整基素表达**

马尔视觉计算理论中,一种由原始的基素单元加组合信息构成的表达。包含了对应场景结构的图像结构(如对应场景表面的图像区域)。

full-search [FS] method⇔**全搜索方法**

同 **exhaustive search block matching algorithm**。

fully autonomous humanoid robot soccer⇔**类人足球机器人,完全自主的人形足球机器人**

在 2003 年世界机器人足球杯比赛期间提出的一个大胆计划中,拟组建的自主类人机器人队伍。希望这支足球队能在 2050 年按照世界足球联盟(FIFA)比赛规则战胜那时的(人类)世界杯冠军队。

fully connected graph⇔**全连通图**

每个结点都与其他所有结点相连接的**图**。

functional combination ⇔ 功能组合

纹理组合中，一种将不同纹理结合在一起的方法。基本想法是将一类纹理的特征嵌入另一类纹理的框架。

functional magnetic resonance imaging [fMRI] ⇔ 功能磁共振成像(方法)

一种鉴别**大脑**中不同部位由不同的物理刺激所激活的技术。利用磁共振成像扫描仪可记录在脑中激活区域里增强的血流。

functional matrix ⇔ 泛函矩阵

同 **Jacobian matrix**。

function of contingence-angle-versus-arc-length ⇔ 切线角对弧长的函数

同 **ψ-s curve**。

function of distance-versus-angle ⇔ 距离对角度的函数

一种先对给定的目标求出重心，然后以边界点与重心的距离作为该边界点与原点连线和 X 轴间夹角的函数的**边界标记**。不受目标平移影响，但会随着目标旋转或放缩而变化。

function of distance-versus-arc-length ⇔ 距离对弧长的函数

一种先对给定的目标求出重心，然后以边界点与重心的距离作为边界点序列长度的函数的**边界标记**。

fundamental matrix ⇔ 基本矩阵，基础矩阵

立体视觉中，将两幅没有校正过的图像中两个对应像素联系起来的矩阵。其中包含了所有用于**摄像机校正**的信息。表达了在双目**立体视觉**图像中对应点 $\boldsymbol{p}$ 和 $\boldsymbol{p}'$ 之间的双线性联系。基本矩阵 $\boldsymbol{F}$ 结合了两组相机参数 $\boldsymbol{K}$ 和 $\boldsymbol{K}'$ 以及相机的相对位置 $\boldsymbol{t}$ 和朝向 $\boldsymbol{R}$。一幅图像中的 $\boldsymbol{p}$ 与另一幅图像中的 $\boldsymbol{p}'$ 的匹配满足 $\boldsymbol{p}^{\mathrm{T}}\boldsymbol{F}\boldsymbol{p}'=0$，其中 $\boldsymbol{F}=(\boldsymbol{K}^{-1})^{\mathrm{T}}\boldsymbol{S}(\boldsymbol{t})\boldsymbol{R}^{-1}(\boldsymbol{K}')^{-1}$，而 $\boldsymbol{S}(\boldsymbol{t})$ 是 $\boldsymbol{t}$ 的斜对称矩阵（skew-symmetric matrix）。有 7 个自由度，比**本质矩阵**多两个自由参数，但这两种矩阵的作用或功能类似。

fused image ⇔ 融合图像

图像信息融合的直接结果。

fusion ⇔ 融合

确定两个事物对应配合并结合为一的过程。

fusion based on rough set theory ⇔ 粗糙集理论融合

一种**决策层融合**方法。设 $U(U\neq\varnothing)$ 是由感兴趣的对象组成的非空有限集合，称为论域。对 U 中任意子集 X 称 U 中的一个概念。U 中概念的集合称为关于 U 的知识(常表示成属性的形式)。设 R 为 U 上的一个等价关系(可代表事物的属性)，则一个知识库就是一个关系系统 $K=\{U,\boldsymbol{R}\}$，其中 $\boldsymbol{R}$ 是 U 上的等价关系集合。

对 U 中不可用 R 定义的子集 X，可用两个精确集(**上近似集**和**下近似集**)来(近似)描述。X 的 R 边界定义为 X 的 R 上近似集与 R 下近似集的差集，即

$$B_R(X) = R^*(X) - R_*(X)$$

令 S 和 T 为 U 中的等价关系，T 的 S 正域(U 中可以准确划分到 T 中的等价类的集合)为

$$P_S(T) = \bigcup_{X \in T} S_*(X)$$

S 和 T 的依赖关系为

$$Q_S(T) = \frac{\text{card}[P_S(T)]}{\text{card}(U)}$$

其中 card(·)表示集合的基数。由上可见,$0 \leqslant Q_S(T) \leqslant 1$。利用 S 和 T 的依赖关系 $Q_S(T)$ 可以判定 S 和 T 两等价类的兼容性。$Q_S(T)=1$ 时,表示 S 和 T 兼容;而 $Q_S(T) \neq 1$ 时,表示 S 和 T 不兼容。在将粗糙集理论用于**多传感器信息融合**时,就要利用 S 和 T 的依赖关系 $Q_S(T)$。通过对大量数据进行分析,找出其中内在的本质关系,剔除兼容信息,从而确定出大量数据中的**最小不变核**,并根据最有用的决策信息,得到最快的融合方法。

fuzzy composition ⇔ 模糊组合

模糊推理的主要步骤之一。参见图 F14。将不同的模糊规则结合起来以帮助制订决策。有不同的结合机制可用于组合规则,包括**最小-最大规则**和**相关积**。

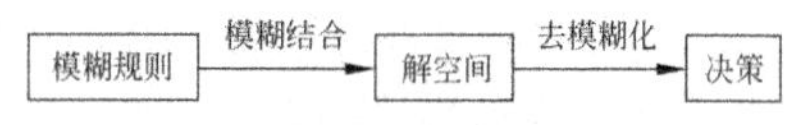

图 F14 模糊推理的模型和步骤

fuzzy logic ⇔ 模糊逻辑

一种**软计算**模式/模型。其中模仿**人脑**对不确定性概念的判断及推理思维方式,对于模型未知或不能确定的描述系统,应用模糊集合和模糊规则进行推理,实行模糊综合判断,所以善于表达界限不清晰的定性知识与经验。因为借助了**隶属度函数**的概念,所以可以处理非精确数据和有不止一个解的问题。

fuzzy pattern recognition ⇔ 模糊模式识别

模式识别中以模糊数学理论为基础的三个主要分支之一。

fuzzy reasoning ⇔ 模糊推理

对模糊集借助**模糊规则**进行的推理。需要将各模糊集中的信息以一定的规则结合起来作出决策。基本模型和主要步骤如图 F14 所示。由模糊规则出发,确定相关隶属度函数中的隶属度的基本关系称为结合,采用**模糊结合**得到的结果是一个**模糊解空间**。基于解空间做出一个决策,要有一个**去模糊化**的过程。

fuzzy rule ⇔ 模糊规则

模糊推理中,一系列无条件的和有条件的命题。无条件模糊命题的形式为 x is A,有条件模糊命题的形式为 if x is A then y is B,其中,A 和 B 是两个模糊集,x 和 y 代表两者对应域中的标量。

fuzzy set theory ⇔ 模糊集理论

一种处理不精确或模糊事件的理论。其中一个元素隶属于集合的程度用取值在 0 和 1 之间的**隶属度函数**来表示。比较 **crisp set theory**。

fuzzy solution space ⇔ 模糊解空间

模糊推理中,将**模糊规则**进行**模糊组合**得到的结果。

FWT ⇔ 快速小波变换

fast wavelet transform 的缩写。

G

G⇔绿

green 的缩写。

G3 format⇔G3 格式

适用于传真机**图像**的一种**图像国际标准**格式。由 **CCITT** 的专门小组(Group 3)负责制定并因此得名,也称传真组 3。其中采用了非自适应、**1-D 游程编码**技术。当前所有的用于公用交换电话网(PSTN)上的传真机都采用 G3 格式。

G4 format⇔G4 格式

适用于传真机**图像**的一种**图像国际标准**格式。由 **CCITT** 的专门小组(Group 4)负责制定并因此得名,也称传真组 4。可支持 **2-D 游程编码**。可用于数字网络(如 ISBN)上的传真机。

GA⇔遗传算法

genetic algorithm 的缩写。

Gaborfilter⇔盖伯滤波器

利用**盖伯变换**对图像进行频域滤波的线性**滤波器**。由一个椭圆高斯分布(通过两个标准方差和一个朝向来指示)乘以一个复数振荡构成。这样产生的滤波器是局部的,对方向有选择性,具有不同的尺度,且根据复数振荡的频率与亮度模式(例如能触发哺乳动物**视觉皮层**中的简单细胞产生响应的边缘、条和其他模式)协调。盖伯滤波器可用来模型化视觉皮层中简单细胞的空间组合性质,因为可将图像转换为**盖伯频谱**,所以是**纹理分析**的有力工具。常用一对实盖伯滤波器,分别对某个特定频率和方向有强响应。这两个中一个是对称的(symmetric)

$$G_s(x,y) = \cos(k_x x + k_y y)\exp\left(-\frac{x^2+y^2}{2\sigma^2}\right)$$

另一个是反对称的(antisymmetric)

$$G_a(x,y) = \sin(k_x x + k_y y)\exp\left(-\frac{x^2+y^2}{2\sigma^2}\right)$$

其中(k_x, k_y)给出滤波器响应最强烈的频率。

盖伯滤波器也可分解为两个分量:一个实部是对称的,一个虚部是非对称的。2-D 盖伯函数数学表达式为

$$G(x,y) = \frac{1}{2\pi\sigma_x\sigma_y}\exp\left[-\frac{1}{2}\left(\frac{x^2}{\sigma_x^2}+\frac{y^2}{\sigma_y^2}\right)\right]\exp[2\pi j u_0 x]$$

其中σ_x和σ_y分别确定沿 x 和 y 方向的高斯包络,u_0代表盖伯函数沿轴向的频率。图 G1 给出双值盖伯滤波器组的频率响应,该滤波器组的中心频率分别为$\{2^{-11/2}, 2^{-9/2}, 2^{-7/2}, 2^{-5/2}, 2^{-3/2}\}$,而朝向分别为$\{0°, 45°, 90°, 135°\}$。盖伯滤波器是在不同朝向和尺度提取有用**纹理特**

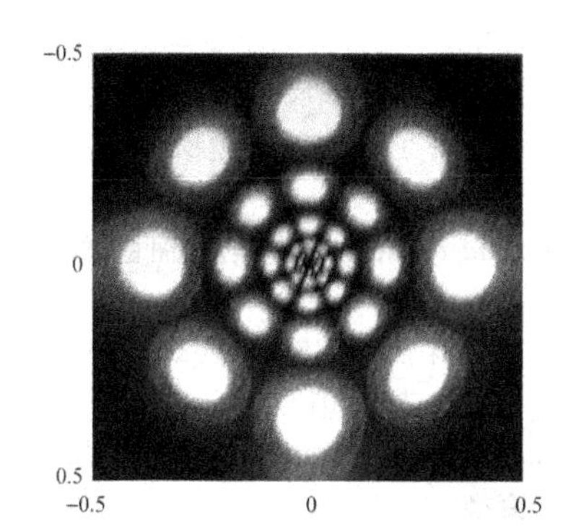

图 G1　双值盖伯滤波器组的最大频率响应。每个滤波器用一个中心对称的瓣对来表示。轴是归一化的空间频率。

征的最有效的滤波技术之一。

Gabor spectrum⇔盖伯频谱

对图像进行**盖伯变换**得到的频率分量的集合。一般使用一组 2-D 的**盖伯滤波器**（尺度和朝向不同）将图像分解为一系列频带。

Gabor transform⇔盖伯变换

用高斯函数作为**窗口函数**得到的**短时傅里叶变换**。可将 1-D 信号和 2-D 图像都表示成盖伯函数的加权和。典型的高斯窗口函数为

$$g(t)=\frac{1}{2\pi a}\mathrm{e}^{-t^2/4a},\quad a>0$$

上式的傅里叶变换是

$$G(w)=\mathrm{e}^{-aw^2},\quad a>0$$

可见时间域和**频率域**的窗函数均为高斯函数。

Gabor wavelet⇔盖伯小波

一种由具有高斯包络函数的正弦函数构成的**小波**。

gait classification⇔步态分类

对不同类别的行人运动（行走、跑步等）所作的分类。现扩展到基于各种步态参数对人的生物辨识。

gallery set⇔原型集

人脸识别中，提供算法为待识别人员建立识别原型的原始图像子集。常可据此或其一部分构建**训练集**。原型集中图像的尺寸可能不同。

***gamma* correction⇔伽马校正**

一种典型的基于**点操作**的**图像灰度映射技术**。借助**指数变换**，可用于校正图像获取、显示、打印设备的输出响应以使其与输入激励满足线性关系。校正函数可写成

$$t=c\cdot s^{\gamma}$$

其中 c 是放缩常数。几个不同 γ 值的函数曲线见图 G2。

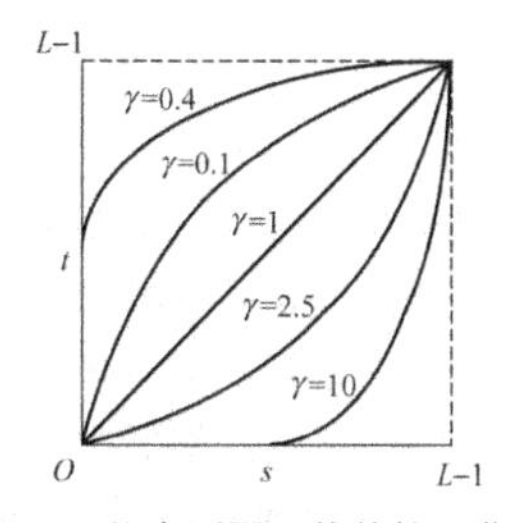

图 G2　几个不同 γ 值的校正曲线

摄像机输入处接受的或在显示输出端产生的光线强度是电压水平的非线性函数。补偿这个非线性特性的过程就是伽马校正。为此，需要写出相应的函数联系。

对摄像机，这个联系常描述成

$$v_c = B_c^{-\gamma_c}$$

其中 B_c 表示实际的亮度(光强度),v_c 是在摄像机输出端得到的电压,γ_c 一般是一个在 1.0 和 1.9 间的值。

类似地,对显示设备 v_d,这个输入电压和显示的彩色强度 B_d 间的联系可描述成

$$B_d = v_d^{\gamma_d}$$

其中 γ_d 一般是一个在 2.2 和 3.0 间的值。

gamma noise⇔Γ噪声,伽马噪声

幅度服从伽马(Γ)分布的**噪声**。其**概率密度函数**可写为

$$p(z) = \begin{cases} \dfrac{a^b z^{b-1}}{(b-1)!}\exp(-az), & z \geqslant 0 \\ 0, & z < 0 \end{cases}$$

其中,z 代表幅度,a 为正常数,b 为正整数。Γ噪声的均值和方差分别是

$$\mu = b/a$$
$$\sigma^2 = b/a^2$$

gamma ray⇔γ射线,伽马射线

某些放射性物质发出的特殊电磁波。产生 γ 射线的机制有多种,包括:核内能级跃迁,带电粒子的辐射中正反粒子相遇而湮没,原子核衰变过程等。与其伴随发出的 β 射线的区别是其穿透能力极强,并在电场与磁场中不偏向。核内能级的间距大,故发射的 γ 光子能量大,一般大于 10^{-3} MeV,甚至超过 10^4 MeV。在核反应或其他粒子反应中,也会发射 γ 光子,此时 γ 光子的能量往往更大。γ 射线的**波长**是发射物质的特性之一。在电子加速技术出现之前,γ 射线在电磁波谱中的波长最短。

gamma-ray image⇔γ射线图像,伽马射线图像

利用 γ 射线获得的**图像**。γ 射线的**波长**在 0.001~1 nm 之间。

gamma transformation⇔γ变换,伽马变换

γ **校正**中所使用的变换函数。是一种**指数变换**。

Gaussian averaging⇔高斯平均(技术)

一种对图像进行局部平均的方式。根据高斯分布来确定平均模板的系数,即使用中心值大而周围值小的模板与图像进行卷积。

Gaussian bandpass filter⇔高斯带通滤波器

物理上可以实现的一种完成**带通滤波**功能的**频域滤波器**。一个阶为 n 的高斯带通滤波器的**传递函数** $H(u,v)$ 为

$$H(u,v) = \exp\left\{-\frac{1}{2}\left[\frac{D^2(u,v) - D_0^2}{D(u,v)W}\right]^2\right\}$$

其中,$D(u,v)$ 是从点 (u,v) 到频率平面原点的距离,W 是带的宽度,D_0 是环形带的半径。

Gaussian blur filter⇔高斯模糊滤波器

一种用非同质核实现的**低通滤波器**。模板系数是从 2-D 高斯函数采样得到的

$$h(x,y) = \exp\left[\frac{-(x^2+y^2)}{2\sigma^2}\right]$$

参数σ控制曲线总的形状：σ的值越大，得到的曲线越平坦。高斯模糊滤波器产生的模糊效果比**平均滤波器**要自然。另外，高斯模糊滤波器增加模板尺寸造成的影响没有平均滤波器那么突出。

高斯模糊滤波器还有一些明显的特性：①核对旋转是对称的，所以在结果中没有方向性的偏置；②核是可分离的，由此可实现快速计算；③核的系数在核的边缘可降到（几乎为）零；④两个高斯的卷积是另一个高斯。

Gaussian curvature ⇔ 高斯曲率

3-D曲面上两个**主方向**上的曲率幅度的乘积。参阅 **surfaces curvatures**。

Gaussian focal length ⇔ 高斯焦距

同 **principal distance**。

Gaussian high-pass filter ⇔ 高斯高通滤波器

一种特殊的**指数高通滤波器**。其**传递函数**可表示为

$$H(u,v) = \exp[-D_0/D(u,v)]^2$$

也可表示成

$$H(u,v) = 1 - \exp[-D(u,v)/D_0]^2$$

其中，$D(u,v)$是从频率平面原点到点(u,v)的距离，D_0为**截止频率**。因为高斯函数的傅里叶逆变换也是高斯函数，所以高斯高通滤波器不会产生振铃现象。

Gaussian image pyramid ⇔ 高斯图像金字塔

由一系列高斯**低通滤波**的**图像**组成的多层结构。为构建高斯图像金字塔，需对原始图像进行一系列低通滤波。相邻两层图像的采样率在数值上一般相差一倍，即频带逐次减半。

Gaussian kernel ⇔ 高斯核

具有高斯分布概率密度的**变换核**。

Gaussian low-pass filter ⇔ 高斯低通滤波器

一种特殊的**指数低通滤波器**。其**传递函数**的形式为

$$H(u,v) = \exp[-D(u,v)/D_0]^2$$

其中，$D(u,v)$是从点(u,v)到频率平面原点的距离，D_0为**截止频率**。D_0与高斯函数的方差成比例，可以控制钟状曲线的宽度，较小的D_0值对应更严格的滤波，导致更模糊的结果。因为高斯函数的傅里叶逆变换也是高斯函数，所以高斯低通滤波器不会产生振铃现象。

Gaussian Markov random field [GMRF] ⇔ 高斯马尔可夫随机场

参阅 **Random field models**。

Gaussian mixture model [GMM] ⇔ 高斯混合模型

一种对各个像素分别用混合的高斯分布来建模的**背景建模**方法。常对背景的多个状态分别建模，根据数据属于哪个状态来更新该状态的模型参数，以解决运动背景下的背景建模问题。根据局部性质，有些高斯分布代表背景而有些高斯分布代表前景。在**训练序列**中背景也有运动的情况下，比单高斯模型更鲁棒有效。

Gaussian noise⇔高斯噪声

像素位置的幅度值符合高斯分布的**噪声**。也称**白噪声**,因其频率能覆盖整个频谱范围。高斯噪声影响像素真实值的随机噪声值源于一个高斯**概率密度函数**,可写为

$$p(z)=\frac{1}{\sqrt{2\pi}\sigma}\exp\left[-\frac{(z-\mu)^2}{2\sigma^2}\right]$$

其中,z 代表幅度,μ 是 z 的均值,σ 是 z 的标准差。

与仅影响图像中部分像素的**脉冲噪声**不同,高斯噪声可以影响所有像素,只是影响程度不同。

Gaussian optics⇔高斯光学

一种理想化的光学系统。是在入射角很小时在折射定律中用入射角代替入射角的正弦得到的近轴近似(可表示为线性的折射定律)。在高斯光学中,同心光束通过球面透镜后仍能会聚到一点。高斯光学中的偏离称为**像差**。比较 **pinhole camera model**。

Gaussian pyramid⇔高斯金字塔

图像工程中,**高斯图像金字塔**的简称。

Gaussian pyramid feature⇔高斯金字塔特征

高斯金字塔中最简单的**多尺度变换**之一。如果用 $\boldsymbol{I}(n)$ 表示金字塔的第 n 层,L 代表层的总数,$S\downarrow$ 代表下采样算子,则

$$\boldsymbol{I}(n+1)=S\downarrow G_\sigma[\boldsymbol{I}(n)],\ \forall n,\quad n=1,2,\cdots,L-1$$

其中 G_σ 代表高斯卷积。最细的尺度层是原始图像,$\boldsymbol{I}(1)=\boldsymbol{I}$。因为每层都是前一层的低通滤波结果,所以低频信息在高斯金字塔中是重复表达的。

Gaussian sphere⇔高斯球

用于计算**扩展高斯图**的单位球。给定 3-D 目标(见图 G3(a))表面的任一点,将该点对应到球面上具有相同表面法线的点就可得到高斯球,见图 G3(b)。换句话说,将目标表面点的朝向矢量的尾端放在球中心,矢量的顶端与球面在一个特定点相交,这个相交点可用来标记原目标表面点的朝向。球面上相交点在球上的位置可用两个变量(有两个**自由度**)表示,如极角和方位角或

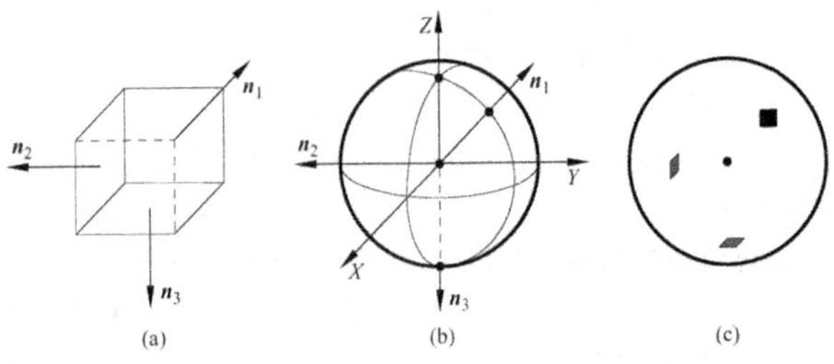

图 G3 高斯球和扩展高斯图

经度和纬度。如果在高斯球上各点都放置与所对应表面面积在数值上相等的质量，就可得到扩展高斯图（图 G3(c)）。

Gauss map ⇔ **高斯图**

一种表示 2-D 曲线方向变化的模型或工具。如图 G4 所示，设有一条曲线 C，给曲线 C 选一个方向，让点 P 沿该方向遍历曲线 C，并且依次将曲线 C 上的各个点 P 与单位圆周上的各个点 Q 对应起来。这里要使通过各个点 P 的单位法线矢量与从单位圆心出发的终点为各个 Q 的矢量对应。这个从曲线 C 到单位圆的映射结果就是与曲线 C 对应的高斯图。

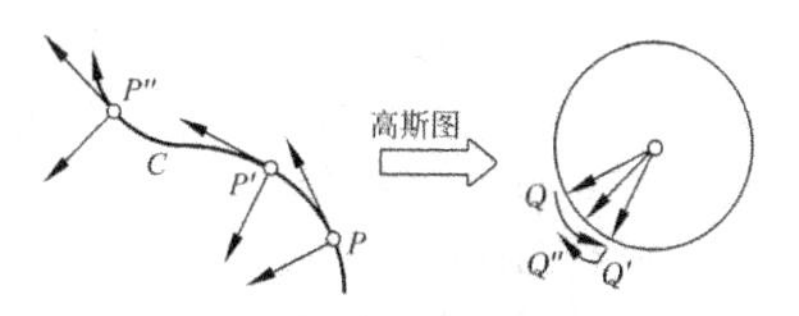

图 G4　2-D 曲线的高斯图

gaze change ⇔ **注视转移**

一种**注视控制**手段。对应眼球的转动，目的是根据特定任务的需要控制下一步的注视点，类似对目标的跟踪过程。

gaze control ⇔ **注视控制**

人类视觉中，**主动视觉框架**所考虑的一种特殊机制。研究表明，人能调节眼球，根据需要在不同时刻"注视"环境中的不同位置，有效地获取有用信息。根据这个特点，可通过调节摄像机参数使其始终能够获取适用于特定任务的**视觉信息**。注视控制包括**注视锁定**和**注视转移**。

gaze stabilization ⇔ **注视锁定**

视觉中对应定位过程的一种**注视控制**手段。类似对目标的检测过程。

GC ⇔ **灰度对比度**

gray-level contrast 的缩写。

GCRF ⇔ **条件随机场泛化**

generalization of CRF 的缩写。

general camera model ⇔ **通用摄像机模型**

考虑了所有因素的最普遍的成像模型。包括了**世界坐标系** XYZ 先经**摄像机坐标系** xyz 再经**像平面坐标系** $x'y'$ 到**计算机图像坐标系** MN 的变换，也包括摄像机镜头所产生的失真。图 G5 给出将这些变换都考虑时的通用摄像机成像模型示意图。

由图 G5 可见，成像过程涉及四种坐标变换：

(1) 从世界坐标点 (X,Y,Z) 到摄像机 3-D 坐标点 (x,y,z) 的变换；

(2) 从摄像机 3-D 坐标点 (x,y,z) 到无失真像平面坐标点 (x',y') 的变换；

(3) 从无失真像平面坐标点 (x',y') 到受镜头径向失真（**畸变**）影响而偏移的实际像平面坐标点 (x^*,y^*) 的变换；

(4) 从实际像平面坐标点 (x^*,y^*) 到计算机图像坐标点 (M,N) 的变换。

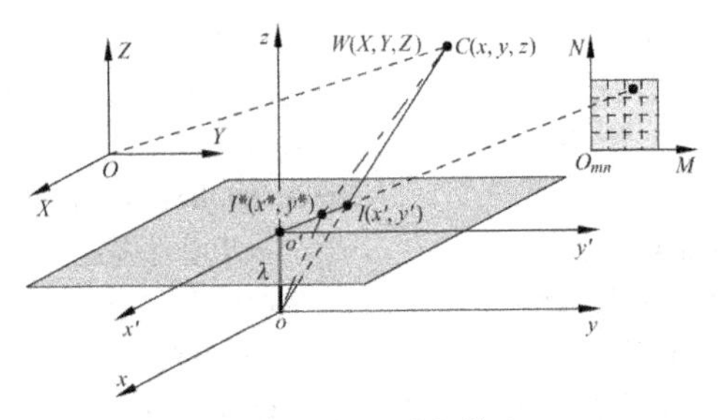

图 G5 通用摄像机模型

general evaluation framework ⇔ **通用评价框架**

参阅 **evaluation framework**。

general image degradation model ⇔ **通用图像退化模型**

同 **image degradation model**。

general image matching ⇔ **广义图像匹配(技术)**

图像匹配在概念、含义、方法和技术上的扩展。广义的匹配不仅可考虑图像的几何性质和灰度性质，还可考虑图像的其他抽象性质和属性。通过把未知与已知联系起来进行认知，或用储存在计算机中的模型去识别输入的未知视觉模式，以便最终建立对输入的解释。

general image representation function ⇔ **通用图像表达函数**

表示一般情况下**图像**所反映的辐射能量在空间分布情况的函数。是一个有 5 个变量的函数，可写成 $T(x,y,z,t,\lambda)$，其中 x,y,z 是空间变量，t 是时间变量，λ 是辐射的**波长**(对应**频谱**变量)。由于实际图像在时空上都是有限的，所以 $T(x,y,z,t,\lambda)$ 是一个 5-D 有限函数。

generality of evaluation ⇔ **评价的通用性**

图像分割评价中适用于进行**系统比较和刻画**的性质。考虑到分割算法的种类有很多，所以用来评价的方法和准则应具有通用性，即分割评价的方法应可适用于研究各种不同原理和型的分割算法。

generalization ⇔ **泛化，推广**

目标识别中，一项强调尽管一个目标由于某些变换已使其外观等发生了变化，仍要识别该目标的工作。这里需要发现不同目标变换后的相似之处。

generalization of CRF [GCRF] ⇔ **条件随机场泛化**

对**条件随机场**的各种推广的总称。典型例子包括关系马尔可夫网(relational Markov network，RMN)等。

generalization sequence ⇔ **泛化序列**

同 **test sequence**。

generalized co-occurrence matrix ⇔ **广义共生矩阵**

对**灰度共生矩阵**推广得到的矩

阵。这里的推广既考虑**纹理基元**的类型也考虑纹理基元的性质。设 U 是图像中纹理基元(像素对是一种特例)的集合,这些基元的性质(灰度是一种特例)构成集合 V。令 f 是将 V 中的性质赋给 U 中元素的函数,$S \subseteq U \times U$ 为特定**空间关系**的集合,# 代表集合中元素个数,则广义共生矩阵 $\boldsymbol{Q}$ 中的各元素可表示为

$$q(v_1, v_2) = \frac{\#\{(u_1, u_2) \in S \mid f(u_1) = v_1 \& f(u_2) = v_2\}}{\# S}$$

generalized cylinder ⇔ 广义圆柱体

用于**广义圆柱体表达**的圆柱体表达推广形式。

generalized cylinder representation ⇔ 广义圆柱体表达

一种用带有一定轴线(**穿轴线**)和一定截面(**移动截面**)的广义圆柱体组合来表达 3-D 物体的通用**立体表达**技术。结合穿轴线和移动截面的各种变化可得到**广义圆柱体**的各种变型,见图 G6。

generalized finite automaton [GFA] ⇔ 广义有限自动机,泛化有限自动机

最初为**二值图像**而开发的一种压缩方法,也可用于**灰度图像**和**彩色图像**。其中利用了自然图像都具有一定自相似性(图像的一部分与其他部分或整体可能在尺寸、方向、亮度等方面相似)的特点。借助**四叉树**把整幅图像划分为小正方形,并用**图**结构来表示图像里各部分之间的关系。这里的图类似于描述有限个状态的**有限自动机**的图,该方法的名称由此而来。该方法对视频图像压缩时可提供常数输出比特率。该方法是有损的,因为一幅实际图像的一些部分可能与其他部分很相似但并不同。

generalized Hough transform [GHT] ⇔ 广义哈夫变换,通用哈夫变换

一种对**哈夫变换**的推广。基本的哈夫变换在检测曲线或**目标轮廓**

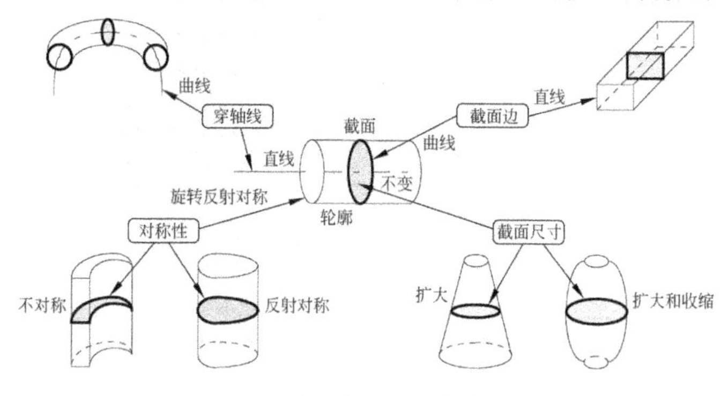

图 G6 广义圆柱体的各种变型

时，需要有曲线或目标轮廓的解析表达式。广义哈夫变换利用表格来建立曲线或轮廓点与参考点之间的关系，在没有曲线或目标轮廓的解析表达式时也可继续利用哈夫变换原理进行检测。

generalized linear classifier ⇔ 广义线性分类器

将用于分类的**特征向量**变换到更高维的空间，从而使特征向量在这个更高维的空间中可线性分离，从而在更高维的特征空间中使用**线性分类器**进行分类的分类器。多项式分类器就是一个典型例子。其缺点是有可能产生维数灾难：特征空间的维数会随多项式次数指数增长。相应的解决方法是使用**支持向量机**。

general scheme for segmentation and its evaluation ⇔ 分割及其评价的通用方案

一种描述**图像分割**及**图像分割评价**的框架模型。见图 G7。

图 G7 中点划线框内给出一个狭义的图像分割基本流程图，这里将图像分割看作是用分割算法去分割待分割图像从而得到已分割图像的过程。图 G7 中虚线框内给出一个广义的图像分割基本流程图，这里将图像分割看作是由三步串联而成：①**预处理**；②狭义的图像分割；③后处理。在广义的分割流程图中，待分割图像是通过对一般的输入图像进行一定的预处理后得到的，而已分割图像也还要经过一定的后处理才能成为最终的输出图像。

图 G7 中虚线框外还给出了三类**图像分割评价**方法的不同作用点和工作方式。

generative model ⇔ 产生式模型，生成模型

动作分类中用于学习在观察和动作之间的联合分布的时间状态模

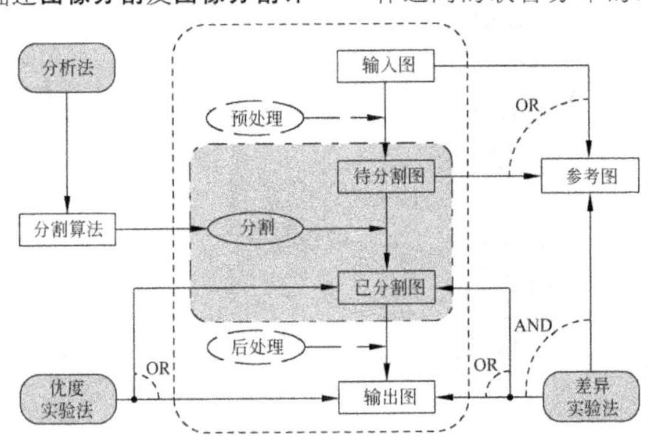

图 G7　图像分割及其评价的通用方案

型，对每个动作分别建立的模型。最典型的是**隐马尔可夫模型**(HMM)，其中的隐状态对应各动作步骤。

generative model for texture⇔纹理的生成模型

一种基于局部邻域的**纹理描述**模型，也称为缩影(原始图像的一个缩小版本)。

Generic Coding of Moving Pictures and Audio⇔通用视频音频编码(国际标准)

同 **MPEG-2**。

generic viewpoint⇔通用视点

能使被观察对象的小运动仅导致特征尺寸或相对位置较小变化，而不会完全出现或消失的视点。对比 **privileged viewpoint**。

genetic algorithm[GA]⇔遗传算法

一种以自然选择和遗传理论为基础，将生物进化过程中适者生存规则与群体内部染色体的随机信息交换机制相结合的搜索算法。属于一种**软计算**模式/模型。

genlock⇔同步锁相

使两个分离视频信号同步的能力。是混合两个视频的要点。

genus⇔类(数)

对目标进行切割时，连通区域(2-D)或连接体(3-D)**不能分离的切割**的最大个数。

geodesic distance⇔测地距离，测绘距离，测地学距离

一种**距离测度**。记 A 为一个像素集，$\boldsymbol{a}$ 和 $\boldsymbol{b}$ 是 A 中的两个像素。在像素 $\boldsymbol{a}$ 和 $\boldsymbol{b}$ 之间的测地距离 $d_A(\boldsymbol{a},\boldsymbol{b})$ 可表示为在 A 中从 $\boldsymbol{a}$ 到 $\boldsymbol{b}$ 的所有通路长度的下确界。将 $B \subseteq A$ 分成 k 个连通组元 B_i，有

$$B = \bigcup_{i=1}^{k} B_i$$

测地距离是沿着(弯曲)表面上两点间的最短通路的尺度。这与不考虑是否在表面上的**欧氏距离**不同。

geodesic operator⇔测地算子，测绘算子

数学形态学中，一种使用两幅输入图像的算子。先将一个形态学算子(基本的膨胀和腐蚀算子)作用于第一幅图像，再要求结果保持大于或等于第二幅图像。

geodesic transform⇔测地变换，测绘变换

将相对某个或某组特征的**测地距离**赋给图像中的每个点的运算。

geographic information system [GIS] ⇔地理信息系统

一种对在 2-D 空间分布的地理数据进行管理和分析的系统。数据可以是地图导向的，其中有记录区域的点、线、面的矢量形式的定性属性；也可以是图像导向的，其中有指示矩形网格单元的栅格形式的定量属性。

geometrical aberration⇔几何像差

用光线追踪法算出近远轴光线与光轴或光轴垂面的交点的点距。也称**几何光学**像差。一个**镜头组**所成

像的形状和颜色与原物总有不同，为研究方便，一般以近轴和轴上像为理想像，与远轴的像进行比较。为便于计算和讨论，将几何光学像差分为多类，包括**球差**、**彗差**、像散、像场弯曲、**畸变**和**色差**。参阅**optical lens**。

geometrical image modification ⇔ 几何图像修正

对**图像**进行**几何校正**的技术和过程。典型的有**图像放大**、**图像缩小**、**仿射变换**和**非线性变换**等。

geometrical light-gathering power ⇔ 几何聚光本领

1. 对**望远镜**而言，入射光瞳直径平方除以放大率平方所得的商。即出射光瞳面积。

2. 对**摄像机**而言，**孔径比**的平方。即 D^2/f^2，其中 D 为物镜入射光瞳直径(一般为物镜直径)，f 为焦距。

geometrical optics ⇔ 几何光学

光学的一个分支。将电磁辐射看作由从源出发向各个方向发散的**线束**来近似地描述其传播。是电磁理论波动光学在**波长**趋于零时的近似。也称光线光学或射线光学。应用光线的概念研究光的反射和折射，是**镜头**设计的主要依据。其中光线传播遵从直线传播定律、独立传播定律和反射与折射定律。几何光学的基础是光沿直线传播，只能突然被折射所弯曲或被反射返回，忽略衍射。

geometrical theory of diffraction ⇔ 衍射的几何理论

应用射线的概念分析电磁波衍射特性的渐近理论。实际就是几何波动光学。

geometric correction ⇔ 几何校正

1. 一种通过对图像进行**几何变换**来进行**几何失真校正**的**图像恢复**技术。

2. 一种对**辐射失真**的校正方法。对地面**遥感**成像时，地面的曲率会导致卫星图像出现几何失真，且平台的运动和扫描运动的非线性也可能导致几何失真，从而导致辐射失真。需要使用几何校正技术(如几何变换)来补偿这些几何失真，最终校正辐射失真。

geometric distortion correction ⇔ 几何失真校正

一种基本的**图像恢复**技术。几何失真是像素位置相对于原始场景发生改变的结果，表现为原始场景中各部分之间的空间关系与图像中各对应像素间的空间关系不一致。这时需要通过对坐标的**几何变换**来校正失真图像中的各像素位置以重新得到像素间原来应有的空间关系，同时还需考虑失真图像中的像素灰度。因此，几何失真校正技术包括重新排列像素以恢复原始空间关系和对灰度进行映射赋值以恢复原始位置的灰度值

geometric hashing ⇔ 几何哈希法，几何散列法

一种实现几何基元**模板匹配**(假

设图像中有一个几何基元的子集与模板的几何基元完全一致)的高效方法。该方法最初用点作为基元，但也可使用线段。基本方法中使用**仿射变换**来确定允许的变换空间，经过对方法的改进也可使用其他类型的变换。基于用三个不共线的点(称为基点)就可确定2-D平面的仿射基这一事实。如设这三个点是p_0，p_1，p_2，则可用三者的线性组合表示所有其他点：

$$q = p_0 + s(p_1 - p_0) + t(p_2 - p_0)$$

上述表达式的一个特性是仿射变换不会使等式发生变化，即(s,t)的值只取决于三个基点而与仿射变换无关。这样(s,t)的值可看作点q的仿射坐标。这个特性对线段同样适用：三个不平行的线段可用来定义一个仿射基。如果限制变换为**相似变换**，那么两个点就可以确定一个基。但如果用两条线段，只可以确定一个**刚体变换**。

几何散列法要创建一个散列表以快速确定模板的潜在位置，从而减少模板匹配的工作量。设模板中有M个点，图像中有N个点。散列表如下创建：对应模板上每三个不共线的点，计算模板中其他$M-3$个点的仿射坐标(s,t)，并将其作为散列表的索引。对每个点，散列表中都会保存当前的三个基点。为在图像中搜索模板，随机选三个图像点并构建其他$N-3$个点的仿射坐标(s,t)。使用(s,t)作为散列表的索引，可得到三个基点的序号，这样就得到图像中这三个基点出现的一个投票。如果对随机选择的点，计算结果没有三个基点与之对应，则该投票不被接受。如果对随机选择的点，能够找到三个基点与之对应，投票将被接受并将指出基点的序号。所以，如果有足够的投票被接受，那将有足够的证据表明图像中存在模板，并可进一步检查模板是否真正存在。事实上为找到模板只需找到一个正确的。因此，如果M个模板点中有K个在图像中出现，那么在L次试验中至少找到一个正确基点的概率为

$$P = 1 - \left[1 - \left(\frac{K}{N}\right)^3\right]^L$$

如果使用相似变换，括号里面的指数将从3变为2。例如，如果$K/N=0.2$，希望找到模板的概率是99%，则用仿射变换需做574次试验，而用相似变换只需做113次试验。作为对比，模板中M个基元和图像中N个基元之间潜在的对应关系个数为$\binom{N}{M}$，即$O(N^M)$个。

geometric illusion ⇔ 几何错觉

同 **illusion of geometric figure**。

geometric mean ⇔ 几何平均

参阅 **geometric mean filter**。

geometric mean filter ⇔ 几何平均滤波器

一种用于**图像恢复**的**空域滤波器**。设滤波器使用一个$m \times n$的**模

板(窗口 W),对**退化图像** $g(x,y)$滤波后得到的恢复图像$\hat{f}(x,y)$为

$$\hat{f}(x,y)=\left[\prod_{(p,q)\in W}g(p,q)\right]^{\frac{1}{mn}}$$

几何均值滤波器可看做**算术平均滤波器**的一种变型并主要用于有**高斯噪声**的图像。这个滤波器相比算术平均滤波器能较好地保留图像细节。

geometric model⇔几何模型

一种适合表达**刚体**的**立体表达**技术。也称**刚体模型**。**结构刚体几何**是一种典型的几何模型。

geometric model of eyes⇔眼睛几何模型

用几何图形对**眼睛**建立的结构描述模型。一般指为表示眼睛的上、下眼帘和**虹膜**信息(包括虹膜的位置和半径、眼角点的位置和眼睛睁开的程度等)而构建的几何模型。有一种典型的眼睛几何模型是用一个圆和两条抛物线分别表示虹膜的轮廓和上、下眼帘的轮廓,也称为可变形模型或模板。一种改进模型可参见图 G8。这个模型可用一个 7 元组(O,Q,a,b,c,r,θ)来表示,其中 O 为眼睛的中心(放在坐标原点),Q 为虹膜的中心,a 和 c 分别为上下抛物线的高度,b 为抛物线的长度,r 为虹膜半径,θ 表示两抛物线交点连线与 X 轴间的夹角。在这个模型中,两抛物线的交点是两个角点(P_1 和 P_2),另外虹膜圆分别与上下抛物线各有两个交点,构成另外四个角点(P_3 和 P_4,P_5 和 P_6)。利用 P_1 和 P_2 的信息可以帮助调整眼睛的宽度,利用 P_3 到 P_6 的信息可以帮助确定眼帘的高度以及帮助精确和鲁棒地计算眼睛参数。

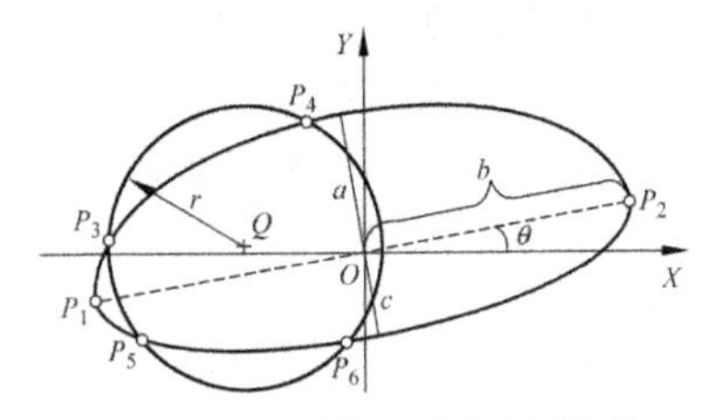

图 G8 一种改进的眼睛几何模型

geometric operations⇔几何操作,几何运算

以一种约束重新排列像素,改变一幅图像几何布局的运算。即要改变图像中感兴趣目标或代表特征的像素组之间的相对位置关系。

几何运算可用来达到不同的目的,包括:

(1) 校正在图像采集过程中引入的**几何失真**(如由于使用了**鱼眼镜头**);

(2) 对已有图像增加特殊的效果,如**图像捻转**、隆起或挤压一幅**人脸图像**;

(3) 作为**图像配准**(匹配同一场景从不同视角或使用不同设备采集的两幅或更幅图像的共同特征)的一部分。

geometric optics⇔几何光学

同 **geometrical optics**。

geometric properties of structures ⇔ 结构的几何性质

体视学结构元素的几何性质。常可分成两类：**测度性质**和**拓扑性质**。

geometric realization ⇔ 几何实现

同 **geometric representation**。

geometric realization of graph ⇔ 图的几何实现

同 **geometric representation of graph**。

geometric representation ⇔ 几何表达

同 **geometric representation of graph**。

geometric representation of graph ⇔ 图的几何表达

将**图**的顶点用圆点表示，并将边线用连接顶点的直线或曲线表示的一种对**图**的表现方式。边数大于等于1的图都可以有无穷多种几何表达。

geometric restoration ⇔ 几何恢复

解决一幅图像因像素从正确位置移开而失真的问题的技术或过程。属于一种**图像恢复**。

geometric transformation ⇔ 几何变换

为消除成像过程中产生的几何失真而进行的校正。是一种特殊的**图像恢复**技术。分两步：

(1) **空间变换**。对图像平面上的像素进行重新排列以恢复原**空间关系**；

(2) **灰度插值**。对空间变换后的像素赋予相应的灰度值以恢复原位置的灰度值。

geometry optics ⇔ 几何光学

同 **geometrical optics**。

Gestalt theory ⇔ 格式塔理论

20世纪初德国的一个心理学和认知学学派所创立的理论。其中包括关于人类对视觉元素进行组织和聚合而构成目标（形状）的法则（law），常用法则包括：

(1) 接近法则：空间相接近的元素比相分离的元素更容易被感知为属于共同的形状；

(2) 相似法则：具有相类似形状或尺寸的元素更容易被感知为属于相似的集合形状；

(3) 连续法则：一个形状不完整时，有一种将该形状延续下去看作完整的自然趋势；

(4) 封闭法则：移动一个形状时，将同时移动的元素看作属于同一个整体形状。

格式塔理论认为一个目标被观察到的方式由整个环境或由该目标本身存在的场所来决定。换句话说，在人的视场中的视觉元素或者互相吸引(结合)或者互相排斥(不结合)。接近、相似、连续和封闭的格式塔规则描述的就是在场中结合的方式。

GFA ⇔ 广义有限自动机，泛化有限自动机

generalized finite automaton 的缩写。

GHT ⇔ 广义哈夫变换，通用哈夫变换

generalized Hough transform 的缩写。

Gibbs phenomenon ⇔ 吉布斯效应，吉布斯现象

用傅里叶级数先将函数展开然后

再合成时的一种现象。例如，对一个具有不连续点的周期函数进行傅里叶级数展开，选取有限项再进行合成。随着选取项数的增加，合成波形中出现的峰值点越来越靠近原信号的不连续点，且峰值趋于一个常数，这就是吉布斯现象。

Gibbs random field ⇔ 吉布斯随机场

参阅 **random field models**。

GIF ⇔ GIF 格式，图形交换格式

graphics interchange format 的缩写。

GIQ ⇔ 网格相交量化

grid-intersection quantization 的缩写。

GIS ⇔ 地理信息系统

geographic information system 的缩写。

GLD ⇔ 灰度分布模式

gray-level distribution 的缩写。

global component ⇔ 全局分量

人脸识别中，代表**人脸图像**整体的形状信息。是低频分量。

globally ordered texture ⇔ 全局有序纹理

一种包含对某些**纹理基元**的特定排列，或由同一类基元的特定分布构成的基本**纹理类型**。也称**强纹理**。常可用**结构法**来分析。

global motion ⇔ 全局运动

同 **background motion**。

global-motion vector ⇔ 全局运动矢量

描述图像中**全局运动**的**特征矢量**。比较 **local motion vector**。

global operation ⇔ 全局操作

同 **type 2 operations**。

global threshold ⇔ 全局阈值

参阅 **pixel-dependent threshold**。

gloss ⇔ 光泽

由于反射光的空间分布而产生的对物体表面的知觉特性。可根据规则反射光的分量来决定光泽的性态。

glue ⇔ 粘接

对目标分解后的 3-D 实体单元可进行的唯一组合操作。因为不同的单元不共享体积，所以可组合成更大的实体。

GML ⇔ 组映射律，组映射规则

group-mapping law 的缩写。

GMM ⇔ 高斯混合模型

Gaussian mixture model 的缩写。

GMRF ⇔ 高斯马尔可夫随机场

Gaussian Markov random field 的缩写。

GoF/GoP color descriptor ⇔ 图组/帧组颜色描述符

国际标准 **MPEG-7** 中推荐的一种**颜色描述符**。对**可伸缩颜色描述符**进行了扩展，使之适用于**视频片段**或一组静止图像。通过将相对于可伸缩颜色描述符所增加的两个比特，用来指示对颜色直方图的计算，包括：

(1) 平均：平均直方图相当于将各帧图像的直方图集合在一起再归一化；

(2) 中值：中值直方图相当于将

各帧图像直方图的所有直方条的中值结合起来，比平均直方图对误差和噪声更不敏感；

(3) 相交：相交直方图对各帧图像计算对应直方条的最小值，以发现最少共同出现(least common)的颜色。与**直方图相交**不同，因为直方图相交只是一个标量测度，而相交直方图提供一个矢量测度。用于比较可伸缩颜色描述符的相似测度也可用于比较帧组颜色描述符或图组颜色描述符。

Golomb code⇔哥伦布码

一种简单的**变长编码**方法。考虑到像素间的相关性，相邻像素灰度值的差将会呈现小值出现多、大值出现少的特点，这种情况比较适合使用哥伦布编码方法。如果非负整数输入中各符号的概率分布是指数递减的，则根据**无失真编码定理**，用哥伦布编码方法可达到优化编码。

设$\lceil x \rceil$代表大于等于x的最小整数，$\lfloor x \rfloor$代表小于等于x的最大整数。给定一个非负整数n和一个正整数除数m，将n相对于m的哥伦布码记为$G_m(n)$，它是对商$\lfloor n/m \rfloor$的一元码和对余数$n \bmod m$的二值表达的组合。$G_m(n)$可根据以下3步算出：

(1) 构建商$\lfloor n/m \rfloor$的一元码(整数I的一元码表示为I个1后面跟个0)；

(2) 令$k=\lceil \log_2 m \rceil$，$c=2^k-m$，$r=n \bmod m$，计算截断的r'：

$$r' = \begin{cases} r\text{截断到}(k-1)\text{比特} & 0 \leqslant r < c \\ (r+c)\text{截断到}k\text{比特} & \text{其他} \end{cases}$$

(3) 将上两步的结果拼接起来得到$G_m(n)$。

表G1所示为前10个非负整数的G_1，G_2和G_4。

表G1 若干哥伦布码示例

n	$G_1(n)$	$G_2(n)$	$G_4(n)$
0	0	00	000
1	10	01	001
2	110	100	010
3	1110	101	011
4	11110	1100	1000
5	111110	1101	1001
6	1111110	11100	1010
7	11111110	11101	1011
8	111111110	111100	11000
9	1111111110	111101	11001

goodness⇔优度

实际观测值与(常根据人的直觉建立的)理论**期望值**拟合程度的一种度量。**图像分割评价**中，常用一些优度参数描述已分割图像的特征，并根据优度数值来判定进行分割的算法的性能。

goodness criteria⇔优度准则

采用**优度试验法**评价**图像分割**效果时所用的判断准则。常代表主观上对理想分割结果所期望的一些度量。典型的有：**区域间对比度**，**区域内部均匀性**，**形状测度**。

GPU⇔图形处理器

graphic processing unit 的缩写。

gradient ⇔ 梯度

图像工程中，像素灰度的变化率和变化方向。可用**梯度矢量**表示。例如，图像函数 $f(x,y)$ 的梯度标记和表达式为

$$\mathrm{grad}[f(x,y)] \equiv \nabla f(x,y) \equiv \left[\frac{\partial f(x,y)}{\partial x}, \frac{\partial f(x,y)}{\partial y}\right]^{\mathrm{T}}$$

函数的梯度矢量指示函数最大变化的方向。

gradient classification ⇔ 梯度分类

基于**正交三目立体成像**的正交**立体匹配**中，一种实现匹配方向选择的快速方法。为减小匹配误差，在正交立体匹配时需合理选择匹配方向。基于梯度分类的基本思想是先比较需要匹配图像中各区域沿水平和垂直两个方向的平滑程度，在水平方向更为光滑的区域采用垂直图像对进行匹配，而在垂直方向更为光滑的区域采用水平图像对进行匹配。水平方向和垂直方向的平滑程度的比较可借助计算该区域的梯度方向来进行。

gradient consistency heuristics ⇔ 梯度一致性试探法

解决**行进立方体**布局歧义问题的一种方法。由歧义面的 4 个角点的梯度平均来估算歧义面中心点的梯度，由该梯度的方向确定歧义面的拓扑流型并对应到可能的布局。

gradient mask ⇔ 梯度模板

梯度分类中用以计算梯度的**模板**。

gradient operator ⇔ 梯度算子

通过卷积计算**空域**差分(对应一阶导数)的算子。对 2-D 图像，由两个正交的模板组成。对 3-D 图像，由三个正交的模板组成。常用的梯度算子包括(2-D)**罗伯特交叉算子**、**蒲瑞维特算子**和**索贝尔算子**，三者都很容易推广到 3-D。

gradient space ⇔ 梯度空间

一种与图像空间 XY 对应，由其间各点梯度值组成的 2-D 空间 PQ。其轴表示如 $z=f(x,y)$ 的表面的一阶偏微分。在 3-D 表面表达中，梯度空间中的每一点 (p,q) 都对应一个特定的表面法线的朝向。处在原点的点代表所有垂直于观察方向的平面。

gradient space representation ⇔ 梯度空间表达

从影调恢复形状中使用的一种表面朝向表达。图 G9 给出示意，将一个 3-D 表面表示为 $z=f(x,y)$，则表面上的面元的法线可表示为 $\boldsymbol{N}=[p \quad q \quad -1]^{\mathrm{T}}$，其中 (p,q) 为 2-D **梯度空间**中一个点 G 的坐标。

借助梯度空间表达可以理解由平面相交形成的结构关系。

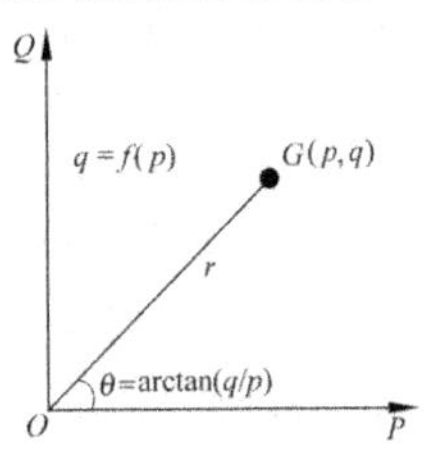

图 G9 梯度空间示意图

gradient vector⇔梯度矢量

表达图像中某点灰度变化率和变化方向(梯度幅值和朝向)信息的矢量。其分量个数与图像维数相当,各分量都是相对应方向的一阶偏导数。

gradual change⇔渐变

视频镜头之间从一个镜头缓慢地变化到另一个镜头的转换方式。常延续十几或几十帧。也称**光学切割**。是视频编辑中常用的手段(也是电影中的剪辑手段),最典型的方式包括**叠化**、**淡入**和**淡出**,其他还有**滑动**、**上拉**、**下拉**、**擦除**、**翻页**、**翻转**、**旋转**、**弹进**、**弹出**、**糙化**等。

grammar⇔文法,语法

结构模式识别中描述模式基元相互作用的规则。也确定了识别器的结构。

granularity⇔粒度

人类根据心理学的观点所观察到的一种**纹理特征**。主要与纹理基元的尺度有关。

granular noise⇔颗粒噪声

德尔塔调制中一种由于量化值远大于输入中的最小变化而产生的失真。

granulometry⇔粒度测量术

对集合尺寸特征(如一个区域集合的尺寸)的研究。常借助**数学形态学**的一系列**开启**操作(使用尺寸不断增加的结构元素)并分析结果尺寸的分布来进行。

graph⇔图

一种对关系的数学图示。也代表一种关系数据结构。一个图 G 由**顶点集合** $V(G)$ 及**边集合** $E(G)$ 组成,记为

$$G=[V(G),E(G)]=[V,E]$$

其中 $E(G)$ 中的每个元素对应 $V(G)$ 中两个顶点(图中的结点)的无序对,称为 G 的边(线)。

一个图 G 也可看作一个三元组,包括一个顶点集 $V(G)$,一个边集 $E(G)$,以及一个关系,该关系使得每一条边与两个顶点(不一定要不同)相关联,并将这两个顶点称为这条边的端点。

graph cut⇔图割

基于**图论**的一种**图像分割**技术。本质上采用了基于边缘的串行分割思路。将**有向图** V 的顶点分割成两个不重叠的集合 S 和 T。割的代价就是从 S 中的任一个顶点到 T 中的任一个顶点的通路上所有边的代价和。主要步骤为:

(1) 将待分割图像映射为一个对弧(边)加权的有向图,该有向图在尺寸上和维数上都与待分割图像对应;

(2) 确定目标和背景的种子,并针对它们构建两个特殊的图结点,即源结点和汇结点;然后将所有种子根据它们的目标标号或背景标号分别与源结点或汇结点相连接;

(3) 计算弧**代价函数**,并对图 G 中的各个弧赋予一定的弧代价;

(4) 使用最大流图优化算法来确

定对图 G 的图割，从而区分对应目标和背景像素的结点。

graphic processing unit [GPU] ⇔ **图形处理器**

用于对图形进行加工的器件。由于其强大的并行处理能力，近年也广泛用于**图像处理**。

graphics ⇔ **图形**

借助线条构成的表达形式。可表示成**矢量图**。尽管图形由人设计且多由计算机绘制，在广义上也可看作**图像**。

graphics interchange format [GIF] ⇔ **GIF 格式，图形交换格式**

一种常用的**图像文件格式**。是一种 8 位文件格式（一个像素一个字节），最多 256 色。图像数据均经压缩。一个 GIF 文件中可存放多幅图像，这有利于实现网页上的动画。

graphic technique ⇔ **图形技术**

广义上与**图形**有关技术的总称。属于**计算机图形学**研究的内容。

graphic user interface [GUI] ⇔ **图形用户界面**

一种典型的、目前得到广泛使用的**用户界面**。其中不同目的的动作控制单元均用窗口、图标、按钮等图形表示，用户通过鼠标等指针设备进行选项。

graph isomorphism ⇔ **（全）图同构**

两个**图**的顶点和边线之间有一一对应关系的情况。图 G 和 H 同构可记为 $G \cong H$，其充要条件为在 $V(G)$ 和 $V(H)$、$E(G)$ 和 $E(H)$ 之间各有如下映射存在：

$$P: \quad V(G) \rightarrow V(H)$$

$$Q: \quad E(G) \rightarrow E(H)$$

其中映射 P 和 Q 保持**相关联**的关系。

graph model ⇔ **图模型**

说明型表达（**说明表达型，说明性表达**）的两种模型之一。表示 2-D 图像或 3-D 场景中目标比较抽象的性质。2-D 图像的图模型中的结点代表图像中的基本元素，连线代表结点之间的联系。3-D 场景的图模型中的结点代表场景中的立体，连线仍代表结点之间的联系。比较 **iconic model**。

graph representation ⇔ **图表达**

用**图**结构表达图像中目标间联系的结果。在**图搜索**和**图割**方法中，用图结构表示相邻像素灰度值间的联系；而在拓扑结构描述中，用图结构表示连通组元间的联系。

graph search ⇔ **图搜索**

一种**最优路径搜索**方法。**基于边界的串行算法**中，将边界点和**边界段**用**图**结构表示，通过在图中检测对应最小代价的通路来搜索并连接**边缘像素**以找到闭合的边界。具体就是将边界点用图中的结点表示，对闭合边界的检测借助对结点的展开进行，直到建立对应起、终点的图中通路。

graph-theory ⇔ **图论**

一门研究**图**的理论的数学分支。在**图像工程**中得到了广泛应用。

gray body⇔**灰(色)体**

凭高温进行辐射，发射率(在可见光波段内为常数)小于1时的物体。辐射连续波，各**波长**的辐射能较同温度下的黑体小，二者的比值称为灰体的黑度。严格说只有黑体，即遵从普朗克(Planck)定律辐射的物体才发白光，其他物体均是灰体。如果一物体并不对所有波长均同比例地降低其发射率，则该物体不是灰体，而带有某种衍射。

Gray code⇔**格雷码**

1. 一种**位面分解**方法的结果，也是整数的二进制码字。**灰度码分解**结果中相连的码字(相继的整数)之间最多只有1个比特位有区别。

2. 确定不同序的对应函数时所采用的一种方法。例如，令 n 为**沃尔什函数** W 的序数序，将 n 写成二值码并取它的格雷码，就可确定沃尔什函数的自然序 $\tilde{n}$。这里，一个二值码的格雷码可通过将每个比特 i 用模为2的加法与比特 $i+1$ 加起来得到。

Gray-code decomposition⇔**格雷码分解**

一种将一幅**灰度图像**分解成一系列**二值图像**集合的方法。设用多项式

$$a_{m-1}2^{m-1}+a_{m-2}2^{m-2}+\cdots+a_1 2^1+a_0 2^0$$

来表示具有 m 比特灰度级的图像中像素的灰度值。灰度码分解先用一个 m 比特的灰度码表示图像。对应上式中多项式的 m 比特的灰度码可由下式计算：

$$g_i=\begin{cases}a_i \oplus a_{i+1} & 0\leqslant i\leqslant m-2\\ a_i & i=m-1\end{cases}$$

其中，m 表示连通总数，$\oplus$代表异或操作。接下来按上述方式分解而得到的结果仍是二值的位面。但这种码的独特性质是相连的码字只有1个比特的区别，这样，像素点灰度值的小变化就不易影响所有位面。

gray level⇔**灰度**

数字图像中数字化后的亮度值。

gray-level closing⇔**灰度闭合**

二值图像数学形态学的基本运算之一。使用同一个结构元素先对图像进行**膨胀**(算子为$\oplus$)然后**腐蚀**(算子为$\ominus$)其结果。用**结构元素** b 灰度闭合**图像** f 记为 $f\bullet b$，表达式为

$$f\bullet b=(f\oplus b)\ominus b$$

gray-level contrast[GC]⇔**灰度对比度**

参阅 **inter-region contrast**。

gray-level co-occurrence matrix⇔**灰度共生矩阵**

一种表示图像中具有特定空间联系的像素对数目的统计信息的矩阵。也称**灰度相关矩阵**或**灰度相依矩阵**。设 S 为像素对的集合，则灰度共生矩阵 $\boldsymbol{P}$ 中各元素可表示为

$$p(g_1,g_2)=\frac{\#\{[(x_1,y_1),(x_2,y_2)]\in S \mid f(x_1,y_1)=g_1 \,\&\, f(x_2,y_2)=g_2\}}{\# S}$$

其中，等号右边分子式的分子是具有某种**空间关系**、灰度值分别为 g_1 和 g_2 的像素对的个数；分母为像素对的总个数(#代表数目)。这样得

到的 $\boldsymbol{P}$ 是规格化的。

gray-level dependence matrix ⇔ 灰度相依矩阵

同 **gray-level co-occurrence matrix**。

gray-level-difference histogram ⇔ 灰度差直方图

纹理描述中，一种考虑了**观察距离**的统计图。设对一幅图像 I 在距离 d 处观察，则灰度差直方图的值可表示成 $|I(x,y)-I(s,t)|:(x-s)^2+(y-t)^2=d^2$，其中 $I(x,y)$ 和 $I(s,t)$ 为图像中的两个像素。

gray-level-difference matrix ⇔ 灰度差矩阵

将灰度差统计看作**共生矩阵时**的子集。基于以 $\boldsymbol{d}=(dx,dy)$ 分开且灰度差为 k 的像素对的分布，可表示为

$$\boldsymbol{P}(k\,|\,\boldsymbol{d}) = \|\{[(x_1,y_1),(x_2,y_2)]:[f(x_1,y_1)-f(x_2,y_2)]=k\}\|$$

其中 $(x_2,y_2)=(x_1\pm dx, y_1\pm dy)$。有许多特征可从该矩阵中提取出来以进行**纹理分析**，如二阶角矩、反差、均值。

gray-level dilation ⇔ 灰度膨胀

灰度图像数学形态学的基本运算之一。用结构元素 b 对输入图像 f 进行灰度膨胀记为 $f\oplus b$，表达式为

$$(f\oplus b)(s,t)=\max\{f(s-x,t-y)+b(x,y)\mid(s-x),(t-y)\in D_f \text{ 和 } (x,y)\in D_b\}$$

其中 D_f 和 D_b 分别是 f 和 b 的定义域。对灰度图像膨胀的结果是，比背景亮的部分得到扩张，而比背景暗的部分受到收缩。

gray-level discontinuity ⇔ 灰度不连续性，灰度间断

图像分割中尤其是**基于边界的方法**中，将图像分成不同的区域时，区域之间边界上的像素灰度有跳跃的现象。

gray-level disparity ⇔ 灰度差异

图像信息融合中，一种基于统计特性的**客观评价**指标。**融合图像**与原始图像间的灰度偏差(光谱扭曲)反映了两者在光谱信息上的差异情况。设 $f(x,y)$ 表示原始图像，$g(x,y)$ 表示融合后的图像，尺寸均为 $N\times N$，则灰度差异为

$$D=\frac{1}{N\times N}\sum_{x=0}^{N-1}\sum_{y=0}^{N-1}\frac{|g(x,y)-f(x,y)|}{f(x,y)}$$

差异较小时，表明融合后的图像较好地保留了原始图像的灰度信息。

gray-level distribution [GLD] ⇔ 灰度分布

对**纹理**的一种可操作定义。通过把纹理看作视场范围内的某种属性分布模式，从而可针对性地确定分析表面纹理需做的工作和应采用的方法。

gray-level erosion ⇔ 灰度腐蚀

灰度图像数学形态学的基本运算之一。用结构元素 b 对输入图像 f 进行灰度腐蚀记为 $f\ominus b$，表达式为

$$(f\ominus b)(s,t)=\min\{f(s+x,t+y)-b(x,y)\mid(s+x),(t+y)\in D_f \text{ 和 } (x,y)\in D_b\}$$

其中 D_f 和 D_b 分别是 f 和 b 的定义域。对灰度图像腐蚀的结果是，比背景暗的部分扩张，而比背景亮的部分收缩。

gray-level-gradient value scatter ⇔ 灰度-梯度值散射图

两个轴分别代表灰度值和梯度值的散射图。也称 **2-D 直方图**。

gray-level histogram ⇔ 灰度直方图

对**灰度图像**进行统计得到的**直方图**。

gray-level histogram moment ⇔ 灰度直方图矩

同 **moment of the gray-level distribution**。

gray-level image ⇔ 灰度图(像)

用多于两个(常为 256 个)灰度来表示图像性质空间 F 的数值的**图像**。与**彩色图像**相对。也称单色图像。

gray-level interpolation ⇔ 灰度插值

图像恢复的**几何变换**中,为恢复原像素灰度值而进行的计算。图像发生几何失真后,原始图像中整数位置像素的值对应到了失真图中的非整数位置处。为恢复原始图像中坐标为整数处的像素值,需要计算失真图中对应的非整数位置处的像素值并赋回原图,这就是灰度插值。图 G10 给出示意。图中左部是原始不失真图 $f(x,y)$,右部是失真图 $g(x',y')$。由于几何失真,原图中整数坐标点(x,y)映射到失真图中的非整数坐标点(x',y')。灰度插值就是要估计出(x',y')点的灰度值 g 以赋给原图(x,y)处的像素。

gray-level mapping ⇔ 灰度映射(技术)

参阅 **image gray-level mapping**。

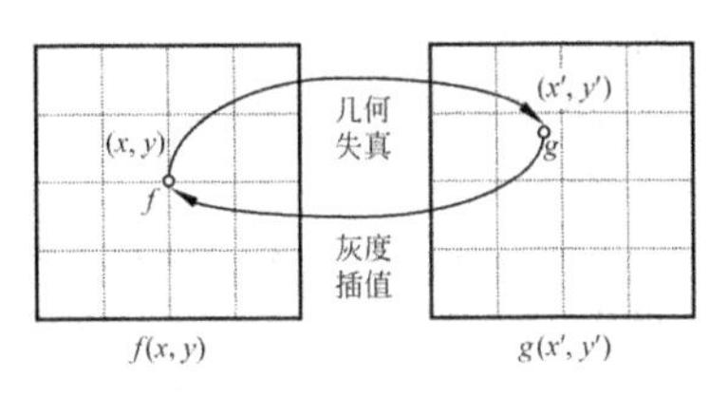

图 G10 灰度插值示意图

gray-level opening ⇔ 灰度开启

灰度图像数学形态学的基本运算之一。使用同一个**结构元素**先对**图像**进行**腐蚀**(算子为⊖),然后**膨胀**(算子为⊕)其结果。用**结构元素** b 灰度开启**图像** f 记为 $f \circ b$,表达式为

$$f \circ b = (f \ominus b) \oplus b$$

gray-level range ⇔ 灰度范围

图像灰度的取值区间。对**灰度图像** $f(x,y)$,其灰度在如下范围内取值:

$$F_{\min} \leqslant f \leqslant F_{\max}$$

即灰度范围为$[F_{\min}, F_{\max}]$。理论上对 $F_{\min}$的唯一限制是不能为负(一般取为 0),而对 $F_{\max}$的唯一限制是应为有限值。

gray-level resolution ⇔ 灰度分辨率

人类视觉系统能辨别的亮度级的最小变化。讨论图像灰度分辨率时,指**灰度图像**的灰度级数。对灰度图像,一般使用每像素 8 比特是在主观质量和实际实现(每个像素值与一个字节对应)中较好的平衡。

gray-level run-length ⇔ 灰度游程

描述**基元空间关系**的一种**特征**。图像中最大的共线、同灰度且相**连**

接的像素集合作为一个游程，这个游程的长度或朝向可作为特征来描述该游程。

gray-level run-length coding ⇔ 灰度游程编码（方法）

将适用于二值图像的**游程编码**向**灰度图像**推广而得到的编码方法。先减少灰度的级数，再使用传统的游程编码技术。可用于**有损图像压缩**。

gray-level similarity ⇔ 灰度相似性

图像分割中尤其是**基于区域的方法**中，将图像分成不同的区域时，各个区域内部的像素从灰度上看具有的相似性。

gray-level slicing ⇔ 灰度切割（技术）

一种**直接灰度映射**增强技术。目的是将某个灰度值范围变得比较突出以增强对应的图像区域。是一种**分段线性变换**的特例，其中特定的亮度值范围在输出图像中被突出了，而其他值保持不变或都映射到固定的（一般较低的）灰度。

gray-level-to-color transformation ⇔ 灰度到彩色变换

一种**伪彩色化**方法。对输入图像的每个像素使用 3 个独立的变换函数来表示，并将各个函数的结果各输入一个彩色通道，如图 G11。这实际上构建了一个组合彩色图像，该图像的内容可用各个单独的变换函数来调制。这些变换函数都是**点变换**函数，即对每个像素得到的结果值不依赖于它的空间位置或它近邻像素的灰度。亮度切割方法是灰度到彩色变换的一个特例，其中所有变换函数都相同并且形状像阶梯那样单增。

gray-level transformations ⇔ 灰度变换

参阅 **point transformations**。

gray-scale image ⇔ 灰度图（像）

同 **gray-level image**。

gray value moment ⇔ 灰度值矩

对**区域矩**考虑像素灰度值的扩展。也可看作用像素灰度值对像素坐标加权而得到的区域矩。例如，一个区域的灰度值面积（面积为零阶矩）是灰度值函数在区域内的“体积”。在**阈值化**图像分割中，借助灰度值矩可实现“模糊”分割，使尺寸较小的目标能获得精度比用区域矩更高的特征测量值。

greedy algorithm ⇔ 贪心算法，贪婪算法

通过不断地进行启发式优化选择来获得一个较好的可行解的算法。

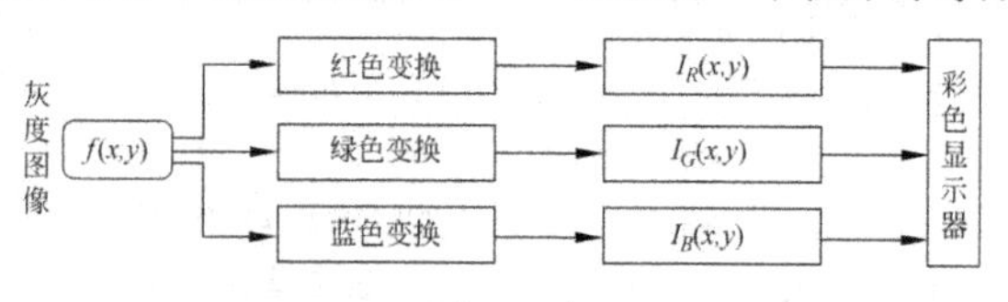

图 G11 灰度到彩色变换流程

使用的局部优化策略一般不太复杂,但贪心算法得到的解通常不是最优的。

green [*G*]⇔绿

光的**三基色**之一。**CIE** 所规定的绿色**波长**为 546.1 nm。

green-noise dithering⇔绿噪声抖动

一种用于描述**调频半调技术**的空间和频谱特性的统计模型。根据这种模型可获得**绿噪声半调模式**。

green-noise halftone pattern⇔绿噪声半调模式

由**幅度-频率混合调制半调技术**所能产生的最好的**半调**模式。是一种二值的非周期性抖动模式,具有不相关结构且不包含低频分量,完全由中频分量产生。与**蓝噪声半调模式**不同的是其中不包含高频的成分。

grid-intersection quantization [GIQ]⇔网格相交量化

一种**数字化方案**。给定一个由连续点构成的细目标 C,与网格线的交点是一个实点 t,$t=(x_t, y_t)$,该点根据 C 与垂直网格线相交或与水平网格线相交分别满足 $x_t \in \boldsymbol{I}$ 或 $y_t \in \boldsymbol{I}$(这里 $\boldsymbol{I}$ 代表 1-D 整数集合)。这个点 $t \in C$ 将被映射到一个网格点 p_i,$p_i=(x_i, y_i)$,这里 $t \in (x_i - 1/2, x_i + 1/2) \times (y_i - 1/2, y_i + 1/2)$。在特殊情况下(如 $x_t = x_i + 1/2$ 或 $y_t = y_i + 1/2$),落在点 t 左边或上边的点 p_i 属于离散集合 P。

grid polygon⇔网格多边形

顶点为处在采样网格上的离散点的多边形。其面积可用**网格定理**计算。

grid theorem⇔网格定理

计算**网格多边形**面积的定理。令 R 为多边形 Q 中所包含点的集合。如果 N_B 是正好处在 Q 的轮廓上点的个数,N_I 是 Q 的内部点的个数,那么 $|R| = N_B + N_I$,即 R 中点的个数是 N_B 和 N_I 之和。网格定理指出,Q 的面积 $A(Q)$ 就是包含在 Q 中单元的个数:

$$A(Q) = N_I + \frac{N_B}{2} - 1$$

ground truth⇔参考标准,真值标准

源自测绘学,用以帮助在遥感影像分类中进行判读的地物特征信息。图像分类中,指用于有监督训练的**训练集**的标准分类,可帮助检验分类结果。更一般地,指实际的或理想的参考值或量,用以对图像加工的效果进行比较判断。

group-mapping law [GML]⇔组映射律,组映射规则

直方图规定化中,将原始直方图对应映射到规定直方图的规律。设 $p_s(s_i)$ 代表原始直方图的任一直方条(共有 M 条),$p_u(u_j)$ 代表规定直方图的任一直方条(也有 M 条),并设有一个整数函数 $I(l)$ $(l=0,1,\cdots,N-1)$,满足 $0 \leqslant I(0) \leqslant \cdots \leqslant I(l) \leqslant \cdots \leqslant I(N-1) \leqslant M-1$。组映射律要确定能使如下表达式取得最小值的 $I(l)$:

$$\left|\sum_{i=0}^{I(l)} p_s(s_i) - \sum_{j=0}^{l} p_u(u_j)\right|,$$

$$l = 0,1,\cdots,N-1$$

如果 $l=0$，则将其 i 从 0 到 $I(0)$ 的 $p_s(s_i)$ 对应到 $p_u(u_0)$；如果 $l \geq 1$，则将其 i 从 $I(l-1)+1$ 到 $I(l)$ 的 $p_s(s_i)$ 都对应到 $p_u(u_j)$。比较 **single-mapping law**。

growing criteria⇔生长准则

图像分割中，**区域生长**方法控制生长过程的相似性准则。生长过程将**种子像素**周围邻域中与种子像素有相同或相似性质的像素合并到种子像素所在区域。判断是否相似要根据某种相似准则。准则可事先确定也可在生长过程中逐步调整。

growth geometry coding⇔生长几何编码(方法)

一种用于**二值图像**的渐进**无损压缩**方法。通过选择一些**种子像素**，运用几何规则使每个种子像素生长为一个像素图案。

GUI⇔图形用户界面

graphic user interface 的缩写。

H

H **⇔ 色彩；色调**

hue 的缩写。

H. 261 ⇔ H. 261 国际标准，电视电话与电视会议的视频编码国际标准

CCITT 于 1990 年制定的一项运动（灰度或彩色）**图像压缩**国际标准。主要适用于电视会议和可视电话等应用。也称 $P \times 64$ 标准（$P=1,2,\cdots,30$），因为其码流可为 64，128，…，1920 Kbps。可允许通过 T1 线路（带宽为 1.544 Mbps）以小于 150 ms 的延迟传输运动视频。

H. 261 采用了混合编解码方式，对其后的一些序列图像压缩国际标准都产生了很大影响。

H. 263 ⇔ H. 263 国际标准，低速率通信的视频编码国际标准

ITU-T 于 1995 年制定的一项运动（灰度或彩色）**图像压缩**国际标准。1998 年和 2000 年 ITU-T 分别推出了 H. 263＋和 H. 263＋＋，它们进一步降低了**码率**和提高了编码质量，还扩展了功能。适用于 PSTN 和移动通信网，在 IP 视频通信中也得到广泛应用。

H. 264/AVC ⇔ H. 264/AVC 国际标准，先进视频编码国际标准

联合视频组于 2003 年制定的一项运动（灰度或彩色）**图像压缩**国际标准。编号 ISO/IEC 14496-AVC 和 ITU-T H. 264。目标是在提高压缩效率的同时，提供网络友好的视频表达方式，既支持“会话式”（如可视电话）也支持“非会话式”（如广播或流媒体）视频应用。

H. 265/HEVC ⇔ H. 265/HEVC 国际标准，高效视频编码国际标准

联合视频组于 2013 年制定的一项运动（灰度或彩色）**图像压缩**国际标准。编号 ISO/IEC 23008-2 HEVC 和 ITU-T H. 265。压缩效率比 **H. 264/AVC** 约高一倍。

H. 320 ⇔ H. 320 国际标准，N-ISDN 多媒体通信标准

ITU-T 制定的一项通信标准。主要用于在**窄带综合业务数字网**（N-ISDN）上进行视频电话及多媒体会议。

H. 321 ⇔ H. 321 国际标准，B-ISDN 多媒体通信标准

ITU-T 制定的一项通信标准。主要用于在**宽带综合业务数字网**（B-ISDN）上（如 ATM 网）进行视频电话及多媒体会议。

H. 322 ⇔ H. 322 国际标准，以太网多媒体通信标准

ITU-T 原拟制定的一项通信标准。目的是用于在有服务质量（quality of service，QoS）保证的局域网上进行视频电话及多媒体会议。基本上基于 H.320，因被其后制定的 H.323 所包容，所以在还没有制定完成前就失去了意义。

H.323⇔H.323 国际标准，分组网络多媒体通信标准

ITU-T 制定的一项通信标准。主要用于在无服务质量（quality of service，QoS）保证的分组网络（packet-based networks，PBN）上进行视频电话及多媒体会议。分组网络包括以太网、信令网等。H.323 第 1 至 4 版分别于 1996 年、1998 年、1999 年与 2000 年发布。

H.324⇔H.324 国际标准，低速率多媒体通信标准

由 **ITU-T** 制定的一项低速率多媒体通信终端标准。**H.263** 是其下的一项标准。

H.32x⇔H.32x 国际标准，多媒体通信系列标准

主要用于视频电话及多媒体会议的 **ITU-T** 传输协议的总称。

Haar function⇔哈尔函数

一组特殊的整数函数。可用于定义**哈尔矩阵**。可将其写为 $h_k(z)$，其中 $k=0,1,2,\cdots,N-1$，$N=2^n$。一个整数 k 可唯一地分解成

$$k = 2^p + q - 1$$

其中 $0\leqslant p\leqslant n-1$。当 $p=0$ 时，$q=0$ 或 $q=1$；而当 $p\neq 0$ 时，$1\leqslant q\leqslant 2^p$。

借助上式可将哈尔函数用下列两式表达：

$$h_0(z) = h_{00}(z) = 1/\sqrt{N}, \quad z \in [0,1]$$

$$h_k(z) = h_{pq}(z) = \frac{1}{\sqrt{N}}\begin{cases} 2^{p/2} & \frac{q-1}{2^p} \leqslant z < \frac{q-1/2}{2^p} \\ -2^{p/2} & \frac{q-1/2}{2^p} \leqslant z < \frac{q}{2^p} \\ 0 & \text{其他} \end{cases}$$

Haar matrix⇔哈尔矩阵

实现**哈尔变换**的矩阵。对一个 $N\times N$ 矩阵，其第 k 行由 $z=0/N, 1/N,\cdots,(N-1)/N$ 的**哈尔函数** $h_k(z)$ 的元素构成。

Haar transform⇔哈尔变换

一种**可分离变换**和**对称变换**。可基于矩阵运算来实现，所用的**变换矩阵**即**哈尔矩阵**。哈尔矩阵基于定义在连续闭区间[0,1]上的**哈尔函数**。

Haar wavelet⇔哈尔小波

哈尔函数的所有放缩和平移版本。对一幅 8×8 图像，它包括如图 H1所示的各个基图像（这里仅示意了位置）。粗线将它们分隔为相同分辨率的基本图像集合。其中字母 L 和 H 分别指示低分辨率和高分辨率，H 右边的数字指示高分辨率的层，字母对用于指示沿垂直和水平轴的分辨率。

图 H1 中，左上角为平均图像，也称**尺度函数**；右下角 16 个基图像对应最细分辨率尺度；其他的对应中间的尺度。它们一起构建出一个完整的基，借助它们可拓展任意的 8×8 图像。

Hadamard transform⇔哈达玛变换

一种**变换核**的值为+1 或−1（归一化后）的**可分离变换**和**正交变换**。

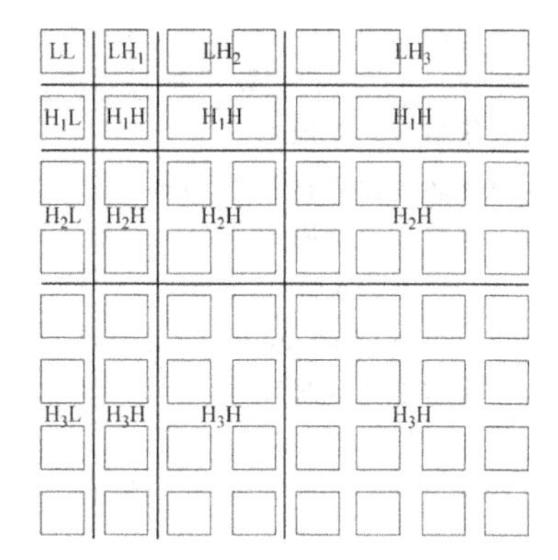

图 H1　一幅 8×8 图像的哈尔小波示意

也称**哈达玛正变换**。在 2-D 时，哈达玛变换是**对称变换**。尺寸为 $N \times N$ 的 $f(x,y)$ 的哈达玛变换 $H(u,v)$ 可表示为

$$H(u,v) = \frac{1}{N}\sum_{x=0}^{N-1}\sum_{y=0}^{N-1} f(x,y)\ (-1)^{\sum_{i=0}^{n-1}[b_i(x)b_i(u)+b_i(y)b_i(v)]}$$

Hadamard transform kernel ⇔ 哈达玛变换核

实现**哈达玛变换**的变换核。是对称的，可表示为

$$h(x,y,u,v) = \frac{1}{N}(-1)^{\sum_{i=0}^{n-1}[b_i(x)b_i(u)+b_i(y)b_i(v)]}$$

其中，指数上的求和是以 2 为模的，$b_k(z)$ 是 z 的二进制表达中的第 k 位。与**哈达玛反变换核**完全相同。

half tone ⇔ 点染

印刷业中常用的一种表示光度强弱的方法。用同一数量的白点或黑点表现出相同面积的像，其明暗则由点的黑白(或疏密)来表现。点本身应足够小，肉眼看不到，仿佛是个连续的光度范围。一般报纸的图片约每厘米 20～30 点，精致的彩色照片或美术图像可达每厘米 80～100 点。制备过程是将相应网孔的网格板放在物镜和胶片之间，其位置要使物镜光阑以网格为针孔而成像在胶片上，所用乳胶为强衬比的，于是弱光形成小点，而强光形成一片白点，将这样的像转移到印刷版上并予以侵蚀，称为网版。

half-tone pattern ⇔ 半调模式

由**半调技术**产生的二值点空间分布的模式。

half-toning technique ⇔ 半调(输出)技术

一种将**灰度图像**转化为**二值图像**输出的技术。将拟输出图像中的各种灰度转化为二值点的模式，从而可以由仅能直接输出二值点的打印设备进行输出。由于同时利用了人眼的集成特性，这样通过控制所输出二值点模式的形式(包括数量、尺寸、形状等)就可让人获得视觉上多个灰度的感觉。换句话说，半调技术输出的图像在很细的尺度上看是二值图像，但由于眼睛的空间局部平均效应，在较粗的尺度上感知到的则是灰度图像。例如，一幅二值图像，尽管每个**像素**仅仅取白或黑的值，但从一定距离外看时，由于人眼所感知的单元由多个像素组成，所以人眼所感知到的灰度是这个单

元的平均灰度(正比于其中的黑像素个数)。

半调技术主要分为**调幅半调技术**和**调频色调技术**两类。

Hamiltonian ⇔ **哈密尔顿量**

同 **cost function**。

Hamming code ⇔ **汉明码**

一种用于1位差错的**纠错码**。可方便生成需要的奇偶图案。

Hamming distance ⇔ **汉明距离**

一种衡量离散对象之间差别的**测度**。以**字符串**为例,设有两个相同长度的字符串 $A=\{a_1 a_2 \cdots a_n\}$ 和 $B=\{b_1 b_2 \cdots b_n\}$,其间的汉明距离可用下式计算:

$$D_H(A,B) = \#\{i \mid a_i \neq b_i\}$$

hand-geometry recognition ⇔ **手形识别**

一种**生物特征识别**技术。手形指手的几何特征,如手指的长度、宽度,手掌的尺寸,不同手指尺寸间的比例等。这些特征中有些因人而易,提供了一定的身份信息;有些则随时间变化,从而使得个体之间的区分度不够强。所以,如果仅使用手形特征进行身份识别,则只有在样本有限时才有可能取得较好的效果。

handle ⇔ **柄**

计算3-D目标**欧拉数**时使用的一个概念。常与在目标表面有两个出口的洞(即通道)相关,其数目也称为通道的数目。

handwriting recognition ⇔ **手写体识别**

光学字符识别的一个重要分支。识别对象是手写字符,变化较多。考虑到实时性和书写过程信息的利用,可进一步分为**联机手写体识别**和**脱机手写体识别**。

hard segmentation ⇔ **硬分割**

严格满足对**图像分割**结果要求的分割。比较 **soft segmentation**。

hardware implementation ⇔ **硬件实现**

马尔视觉计算理论中关于对视觉信息进行加工的三要素之一。关注物理上如何实现视觉信息的表达和加工算法。

hardware-oriented model ⇔ **面向硬件的模型**

适用于**图像采集设备**和**图像显示设备**的**彩色模型**。典型的模型包括:**RGB 模型**,**CMY 模型**,**I_1-I_2-I_3 模型**,**用于电视的色模型**等。

harmonic mean ⇔ **调和平均**

一系列变量值的倒数的算术平均数的倒数。又称倒数平均。是一种特殊均值表现形式。倒数平均数与算术平均数都自成体系。调和平均恒小于等于算术平均。

harmonic mean filter ⇔ **调和平均滤波器**

一种用于**图像恢复**的**空域滤波器**。设滤波器使用一个 $m \times n$ 的**模板**(窗口 W),则对**退化图像** $g(x,y)$ 滤波后得到的**恢复图像** $\hat{f}(x,y)$ 可表示为

$$\hat{f}(x,y) = \frac{mn}{\sum_{(p,q) \in W} \frac{1}{g(p,q)}}$$

调和平均滤波器可看做**算术平均**

滤波器的一种变型并对有**高斯噪声**或**盐噪声**的图像很有用，但黑色像素(**椒噪声**)不受影响。

Harris corner detector ⇔ **哈里斯角点检测器**

一种典型的**角点检测器**。也称**普莱塞角点检测器**。对图像 $f(i,j)$，考虑点(i,j)处的矩阵 $\boldsymbol{M}$：

$$\boldsymbol{M}=\begin{bmatrix}\frac{\partial f}{\partial i}\frac{\partial f}{\partial i} & \frac{\partial f}{\partial i}\frac{\partial f}{\partial j}\\ \frac{\partial f}{\partial j}\frac{\partial f}{\partial i} & \frac{\partial f}{\partial j}\frac{\partial f}{\partial j}\end{bmatrix}$$

如果 $\boldsymbol{M}$ 的本征值很大且是局部极值，则点(i,j)为一个角点。为避免直接计算本征值，可使用 $\det(\boldsymbol{M})-0.04\,\mathrm{trace}(\boldsymbol{M})$的局部极值。

Harris detector ⇔ **哈里斯检测器**

同 **Harris operator**。

Harris operator ⇔ **哈里斯算子**

灰度图像中检测**角点**的一种算子(可推广为**颜色哈里斯算子**)。如果作用在灰度图像 $f(x,y)$上，可检测出其中的角点位置。具体步骤如下：

(1) 在各个像素位置计算自相关矩阵 $\boldsymbol{M}$：

$$\boldsymbol{M}=\begin{bmatrix}M_{11} & M_{12}\\ M_{21} & M_{22}\end{bmatrix}$$

其中

$$M_{11}=S_\sigma(f_x^2),$$
$$M_{22}=S_\sigma(f_y^2),$$
$$M_{12}=M_{21}=S_\sigma(f_xf_y)$$

式中 $S_\sigma(\cdot)$代表可以通过与高斯窗口(如标准方差 $\sigma=0.7$，窗口的半径一般是 σ 的三倍)卷积而实现的高斯平滑；

(2) 对每个像素位置(x,y)计算角点性测度并构建"角点性图"$\boldsymbol{C}_M(x,y)$：

$$\boldsymbol{C}_M(x,y)=\mathrm{Det}(\boldsymbol{M})-k\,[\mathrm{Trace}(\boldsymbol{M})]^2$$

其中 $\mathrm{Det}(\boldsymbol{M})=M_{11}M_{22}-M_{21}M_{12}$，$\mathrm{Trace}(\boldsymbol{M})=M_{11}+M_{22}$，$k=$常数(如 $k=0.04$)；

(3) 对感兴趣图取阈值，并置小于阈值 T 的所有 $\boldsymbol{C}_M(x,y)$为零；

(4) 执行**非最大消除**以发现局部极大值；

(5) 在角点性图中保留下来的非零点就是角点。

Hartley transform ⇔ **哈特莱变换**

类似于**傅里叶变换**的一种变换。不过所用的系数全是实数，而不是傅里叶变换中的复系数。

Hausdorff dimension ⇔ **豪斯道夫维数**

用来定义分形集合的维数。全称豪斯道夫-贝塞克维奇(Besicovitch)维数。也称**分形维数**。豪斯道夫维数是实数，实际中常用**盒计数方法**来解释和计算。豪斯道夫维数的值是将目标各种细节信息集中起来的单个数值，可以描述**局部粗糙性**，从而描述表面纹理。可用作描述形状粗糙程度的一个测度。考虑对一条曲线在两个尺度(S_1 和 S_2)测得两个长度值(L_1 和 L_2)。如果曲线粗糙，则长度值会随尺度的增加(尺度变细)而增加。分形维数 $D=\log(L_1-L_2)/\log(S_1-S_2)$。

Hausdorff distance⇔**豪斯道夫距离**

一种用于衡量两个点集合之间距离的**距离函数**。给定两个有限点集合 $A=\{a_1,a_2,\cdots,a_m\}$ 和 $B=\{b_1,b_2,\cdots,b_n\}$，之间的豪斯道夫距离表达式为

$$H(A,B)=\max[h(A,B),h(B,A)]$$

其中

$$h(A,B)=\max_{a\in A}\min_{b\in B}\|a-b\|$$

$$h(B,A)=\max_{b\in B}\min_{a\in A}\|b-a\|$$

上两式中**范数** $\|\cdot\|$ 可取不同指数。函数 $h(A,B)$ 称为从集合 A 到 B 的有向豪斯道夫距离，描述了点 $a\in A$ 到点集 B 中任意点的最长距离；同样，函数 $h(B,A)$ 称为从集合 B 到 A 的有向豪斯道夫距离，描述了点 $b\in B$ 到点集 A 中任意点的最长距离。由于 $h(A,B)$ 与 $h(B,A)$ 不对称，所以一般取两者之间最大值作为两个点集合间的豪斯道夫距离。豪斯道夫距离的几何意义可这样来解释：如果点集合 A 和 B 之间的豪斯道夫距离为 d，那么一个点集合中的所有点将都落在以另外一个点集合中任意一点为中心、以 d 为半径的圆中。如果两个点集合的豪斯道夫距离为 0，就说明这两个点集合是完全重合的。

HBMA⇔**层次块匹配算法**

hierarchical block-matching algorithm 的缩写。

HCI⇔**人机交互**

human-computer interaction 的缩写。

HCV model⇔**HCV 模型，色调、色纯度、亮度值模型**

hue, chroma, value model 的缩写。

HDF⇔**层次数据格式**

hierarchical data format 的缩写。

HDTV⇔**高清晰度电视，高清电视**

high-definition television 的缩写。

heat noise⇔**热噪声**

一种由于物体的绝对温度不为零而产生的**噪声**。典型的是导电载流子因热扰动（任何物质中的分子都永远处于温度所驱动的运动中）产生的噪声。这种热致噪声在从零频率直到很高频率的分布都一致，所以是一种**白噪声**。

Helmholtz reciprocity⇔**亥姆霍兹互易性**

由亥姆霍兹观察到的一种现象。令 $\boldsymbol{i}$ 和 $\boldsymbol{e}$ 分别代表在一个局部表面片处的入射和出射光线，观测指出，双向反射分布函数 $f_r(\boldsymbol{i},\boldsymbol{e})$ 关于入射和出射方向是对称的，即 $f_r(\boldsymbol{i},\boldsymbol{e})=f_r(\boldsymbol{e},\boldsymbol{i})$，此即亥姆霍兹互易性。

用于亥姆霍兹**立体成像**方式时，光源和采集器可以互换位置以获得两幅图像的特性。

Helmholtz stereo imaging⇔**亥姆霍兹立体成像（方法）**

通过互换光源和采集器的位置来获得一对图像的**立体成像方式**。如图 H2 所示。其中用 (θ_i,ϕ_i) 表示光源入射的方向，(θ_e,ϕ_e) 表示反射到采集器的方向。借助亥姆霍兹互易性，当联立两幅图像中表示光源照

度和图像灰度间关系的方程时,其中的**双向反射分布函数**可以被消除,这样当被成像物体表面很光滑而产生高光时也可恢复表面朝向。

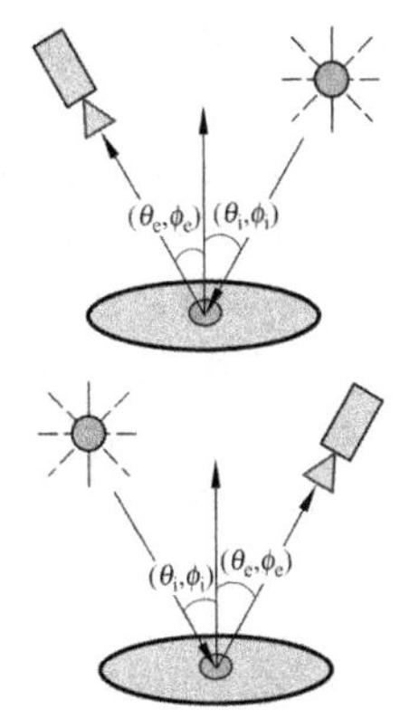

图 H2 亥姆霍兹立体成像

Hermitian transpose ⇔ 埃尔米特转置

同 **conjugate transpose**。

Hessian matrix ⇔ 海森矩阵

一个由多值标量函数(如图像函数)的二阶导数构成的矩阵。可用来设计依赖于朝向的二阶导数**边缘检测器**。表达式为

$$
\boldsymbol{H}=\begin{bmatrix}\dfrac{\partial^2 f(i,j)}{\partial i^2} & \dfrac{\partial^2 f(i,j)}{\partial i\partial j}\\[2ex] \dfrac{\partial^2 f(i,j)}{\partial j\partial i} & \dfrac{\partial^2 f(i,j)}{\partial j\partial j}\end{bmatrix}
$$

heterarchical cybernetics ⇔ 协同控制机制,异层控制机制

一种**控制**框架或过程。属于**无分层控制机制**。特点是处理过程并没有事先确定的次序。如图 H3 所示,每个阶段的部分处理结果都将反映在其后的处理过程中。从这点来说,本质上是**反馈控制机制**,在任何时刻都选择最有效的处理手段来进行处理。

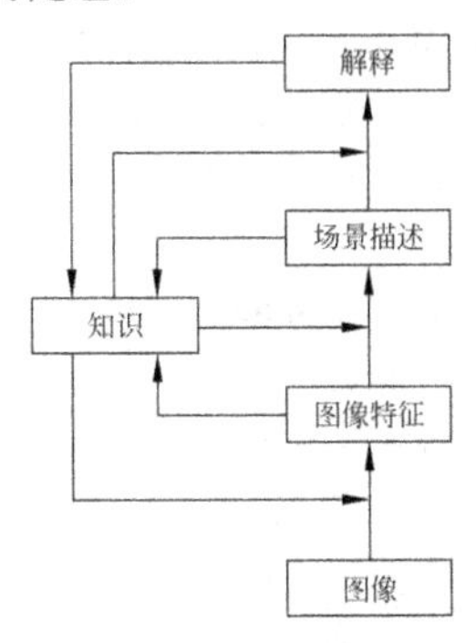

图 H3 异层控制机制流程

根据**知识**是否反馈到最底层的处理阶段,异层控制机制又可分为两类。一类是将知识直接反馈到最底层。一般来说,原始数据的处理需要大量的计算,如果能利用反馈信息减少计算量,反馈就有意义。但是,如果过早地开始高层处理,结果并不会很好,这是因为如果反馈知识本身不充分就不会对低层的处理有多大帮助。另一类不是将知识直接反馈到最底层(反馈到较高层),即先对一幅输入图像在没有利用场景知识的情况下先处理到一定程度,在此基础上再开始利用知识。

hexagonal image representation ⇔ 六边形图像表达

一种具有六边形(而不是正方形)像素的图像表示方式。使用这种表达的原因包括:①与人的**视网膜**结构类似;②从一个像素到所有相邻

像素的距离都相等(使用正方形像素时到对角像素的距离会比到边邻接像素的距离大)。

hexagonal lattices ⇔ 六边形网格(点)

一种特殊的**图像网格**。其中对一个像素 p 的邻域有两种:**3-邻域**和**12-邻域**。

hidden Markov model [HMM] ⇔ 隐马尔可夫模型

一种统计分析模型。也是一种典型的状态空间模型。可以用如下五个元素来描述:①模型的隐状态数目;②每个状态的观测值数目;③描述各个状态之间转移概率的矩阵;④表示特定时刻和状态下观察符号概率的矩阵;⑤初始状态概率矩阵。用来描述一个含有隐含未知参数的马尔可夫链过程。因为对时间序列数据的建模很有效,所以有很好的推广性和鉴别性,适用于需要递推概率估计的工作。在构建离散隐马尔可夫模型的过程中,将状态空间看作一些离散点的有限集合,随时间的演化模型化为一系列从一个状态转换到另一个状态的概率步骤。实际中需要从可观察的参数中确定该过程的隐含参数,然后就可利用这些参数完成进一步的模式分析。例如在对表情的空时分析方法中就主要采用了隐马尔可夫模型。

hidden semi-Markov model ⇔ 隐半马尔可夫模型

同 **semi hidden Markov model**。

hiding image ⇔ 隐藏图像

需要借助**图像隐藏**来保护的图像。常用的方法是将拟隐藏的图像嵌入到**载体图像**(一般是常见的图像,可以公开传递而不受到怀疑)中传递。

hierarchical block matching algorithm [HBMA] ⇔ 层次块匹配算法

一个多分辨率**运动估计**算法。首先对粗分辨率用一个低通滤波、下采样的帧对来估计**运动矢量**。接下来使用细分辨率和成比例减小的搜索范围修改和细化初始的解。最流行的方法使用一个金字塔结构,其中分辨率在接续层间的两个方向上都减半。HBMA 算法在执行时间和结果质量间取得一个平衡:比**穷举搜索块匹配算法**有较低的计算代价,且能比 **2-D 对数搜索方法**和**三步搜索方法**给出更好质量的运动矢量。

hierarchical coding ⇔ 层次编码(方法)

一种**图像编码**框架。其基本思路是将对图像的编码分成多层进行,在不同层次允许采用不同的信源模型及对场景不同层次的理解来进行编码以获得最好的性能。

典型的框图如图 H4 所示。第 1 层仅传输统计上依赖于像素的彩色参数,第 2 层还允许传输具有固定尺寸和位置的块运动参数。这样,第 1 层对应图像编码器或混合编码器的 I 帧编码器,第 2 层对应混合编码器的 P 帧编码器。第 3 层是分析合成编码器,允许传输**目标形状**

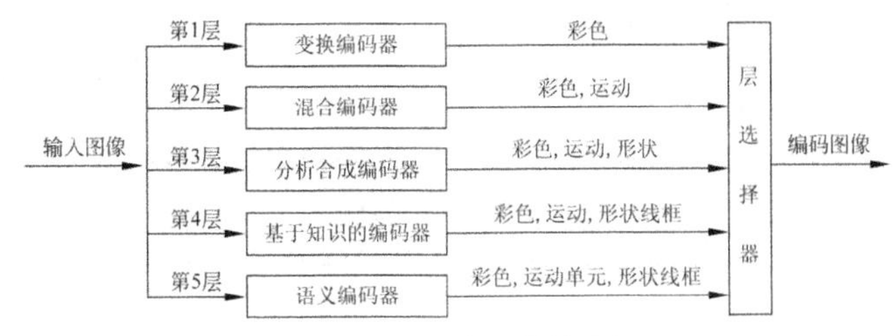

图 H4 层次编码系统框图

参数。第 4 层传输目标模型和场景内容的知识。第 5 层传输描述目标行为的抽象高层符号。

hierarchical data format [HDF] ⇔ 层次数据格式

一种通用的多目标图形和科学数据文件格式。主要用于遥感和医学领域。

hierarchical decision rule ⇔ 层次决策规则

适用于树结构的**决策规则**。二值树中，每个非叶结点包含一个**简单决策规则**，将模式分为属于左边子结点或属于右边子结点；而每个叶结点包含对观察单位所赋予的类别。

hierarchical progressive image compression ⇔ 层次渐进图像编码，分级渐进图像编码

图像压缩中，编码器按分辨率渐进地分层进行图像压缩的**编码**方案。解码时，先解分辨率最低的层，得到粗糙的图像，然后继续解分辨率较高的层，逐步进行到分辨率最高的层。这样得到的压缩流中，每一层都用到前面层中的数据。

hierarchical variable transition HMM [HVT-HMM] ⇔ 层次可变过渡隐马尔可夫模型

一种对**隐马尔可夫模型**的改型。包括三层，分别对组合动作，基本动作和位姿进行建模。由于具有尺寸变化的窗口，所以能很快地识别出动作来。

hierarchy of transformations ⇔ 变换（层次）体系

由**投影变换**、**仿射变换**、**相似变换**和**等距变换**（包括**刚体变换**和**欧氏变换**）构成的层次体系。投影变换是最一般的变换，其他三种变换依次是其前一变换的一个特例。

high-boost filter ⇔ 高频提升滤波器

一种对完成**高通滤波**功能的**频域滤波器**的改进结果。参阅 **high frequency emphasis filter**。

high-boost filtering ⇔ 高频提升滤波（技术）

一种可生成一个锐化图像并将其加到原始图像上的图像锐化技术。通过把原始图像的**傅里叶变换**结果

乘以放大系数 A 再减去**低通滤波**后原始图像的傅里叶变换来实现。设原始图像的傅里叶变换为 $F(u,v)$，原始图像低通滤波后的傅里叶变换为 $F_L(u,v)$，原始图像高通滤波后的傅里叶变换为 $F_H(u,v)$，则高频提升滤波结果 $G_{HB}(u,v)$ 为

$$G_{HB}(u,v) = A \times F(u,v) - F_L(u,v) = (A-1)F(u,v) + F_H(u,v)$$

上式中当 $A=1$ 时，就是普通的**高通滤波器**。当 $A>1$ 时，原始图像的一部分与高通滤波图相加，恢复了部分高通滤波时丢失的低频分量，使得最终结果与原图更接近。

high-definition television [HDTV] ⇔ 高清晰度电视，高清电视

产生、播放和显示高质量电视图像的系统。在**数字电视**的基础上发展起来。图像水平清晰度 720 线(逐行)或 1080 线(隔行)以上，分辨率最高可达 1920×1080 像素，帧率最高达 60 fps，屏幕宽高比 16∶9，亮度带宽 60 MHz。根据国际电联规定，一个正常视力的观众在距高清晰度电视系统显示屏高度的三倍距离上所看到的图像质量，应具有观看原始景物或表演时所得到的印象。

high-dimensional data ⇔ 高维数据

机器学习中，用很大数量的特征在一个数据库 $D=[d_1,\cdots,d_n]$ 中去描述信号的一种特殊框架。特征的数量与样本 n 的数目相当。

higher-order interpolation ⇔ 高阶插值

高于一阶的插值。一般比低阶插值方法更复杂，且计算代价更大。典型的 3 阶插值方案也称**三线性/双立方插值**。

higher-order local entropy ⇔ 高阶局部熵

图像分割评价的**优度试验法**中，一种优度评价准则。衡量的是区域内部灰度值分布的均匀性。例如，对假定的阈值 T，要最大化目标和背景区域的二阶局部熵 H^2，则可由下式算出：

$$H^2(T) = -\sum_{i=0}^{T}\sum_{j=0}^{T} p_{ij}\ln p_{ij}$$

其中 p_{ij} 是在目标/背景区域中像素 i 和 j 的共生概率。

higher-order singular value decomposition [HOSVD] ⇔ 高阶奇异值分解

一种**特征分解**方法。例如对面部表情分解时，将不同人脸、不同表情的图像用一个 3 阶的张量来表示，然后对张量用高阶奇异值分解方法进行分解，分别得到个体子空间、表情子空间和特征子空间。

high-frequency emphasis ⇔ 高频增强

一种保留输入图像中低频内容(且增强其光谱分量)，用一个常数与高通滤波器函数相乘并对结果加一个偏移来实现的技术。可表示为

$$H_{hfe}(u,v) = a + bH(u,v)$$

其中 $H(u,v)$ 是 **HPF** 的**传递函数**，$a \geqslant 0$ 且 $b > a$。

high-frequency emphasis filter ⇔ 高频增强滤波器

一种对完成**高通滤波**功能的**频域**

滤波器的改进结果。其**传递函数**为**高通滤波器**的传递函数加一个常数 c。设高通滤波所用传递函数为 $H(u,v)$，则高频增强传递函数为

$$H_e(u,v) = H(u,v) + c$$

其中 c 为[0,1]间常数。这样获得的高频增强输出图在高通滤波的基础上保留了一定的低频分量，等效于在原始图的基础上叠加了一些高频成分，从而获得了既保持光滑区域灰度又改善边缘区域**对比度**的效果。高频增强滤波器在 $c=(A-1)$ 时转化为**高频提升滤波器**，其中 A 为放大系数。

high-key graph ⇔ **高调照片**

同 **high-key photo**。

high-key photo ⇔ **高调照片**

清淡**色调**的照片。大部分画面均是从灰到白的少数等级构成的影调，给人以明朗、纯洁、清秀之感，适合以白色为基调的题材。

high-level vision ⇔ **高层视觉**

视觉处理的第三个阶段。利用先前从图像中提取的特征来获得一个对场景的描述和解释。

highlight ⇔ **加亮，高光**

光源从光滑表面反射到相机得到的图像上的亮光。并不固定在目标表面，而是围绕着目标表面满足反射条件的点游走。对计算目标特征有很大的妨碍，并使**目标识别**很困难。

highlight shot ⇔ **精彩镜头**

与**体育比赛视频**中的特殊事件对应的**镜头**。参阅 **ranking sport match video**。

high-pass filter [HPF] ⇔ **高通滤波器**

实现**高通滤波**的**频域滤波器**。滤波特性由其**传递函数**确定。如果作用在一幅图像上能保留或增强高频分量(如微小细节、点、线和边缘)，即能凸显图像中的亮度过渡或突变部分。

high-pass filtering ⇔ **高通滤波(技术)**

一种保留图像中的高频分量而除去或减弱低频分量的**频域滤波技术**。因为低频分量对应图像中灰度值缓慢变化的区域，因而与图像的整体特性(如整体**对比度**、平均灰度值等)有关。将这些分量滤去可使图像反差增加，边缘明显。

high-speed camera ⇔ **高速摄影机**

可以快速拍摄的摄影机。一般对静止景物的**曝光**时间小于 1/2000 s 即属于高速摄影。电影画幅高于 128 f/s 者即为高速电影，而高于 10^4 f/s 为超高速电影。

high-speed cinematography/motion picture ⇔ **高速电/摄影术**

实现快速拍摄电影的摄影技术。包括对高速电影的研究、设备制造、拍摄、影片处理等。

Hilbert transform ⇔ **希尔伯特变换**

一种特殊的变换。是线性不变系统(系统的脉冲响应为 $1/(\pi t)$)输入为 $s(t)$ 时的卷积结果 $s'(t)$。可写成

$$s'(t) = -\frac{1}{2\pi}\int_{-\infty}^{+\infty} \frac{s(x)}{t-x} \mathrm{d}x$$

这样将信号中所有可分解出来的正弦分量的相位都平移 90°，但不改变幅度。计算一个信号的相位和局部频率时很有用。

histogram ⇔ **直方图**

一种对**图像**进行统计并图示出来的表达方式。对**灰度图像**，灰度统计直方图反映了该图像中不同灰度级出现频率的统计情况，即给出了图像所有灰度值的整体描述。例如，对于图 H5(a)中对应的一幅图像，灰度统计直方图可表示为图 H5(b)，其中横轴表示不同的灰度级，纵轴表示了图像中各个灰度级**像素**的个数。

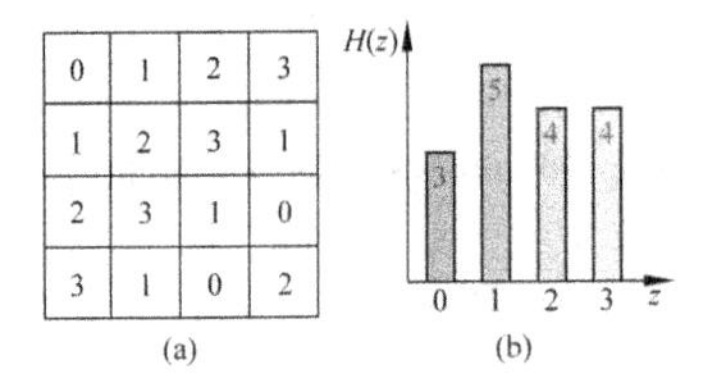

图 H5　灰度图像和其直方图示例

严格地说，图像 $f(x,y)$ 的灰度统计直方图是一个 1-D 的离散函数，可写成

$$h(k) = n_k, \quad k = 0,1,\cdots,L-1$$

其中 n_k 是 $f(x,y)$ 中具有灰度值 k 的像素的个数。图 H5 中，直方图的每列或每条的高度对应 n_k。

histogram bin ⇔ **直方条**

直方图中将对应各自变量用竖条表示的函数值(参见图 H5)。另一种说法是：直方图常用一个条形图来表示，其中每个灰度一个条，条的高度正比于对应该灰度值的像素数目(或百分比)。直方条常简写为 bin。

histogram distance ⇔ **直方图距离**

两个**直方图**之间的差距。可根据不同的测度计算。参阅 **method of histogram distance**。

histogram equalization ⇔ **直方图均衡化**

一种利用**直方图变换**进行**图像增强**的方法。把原始图的直方图变换为均匀分布的形式，通过增加像素灰度值的动态范围，达到增强图像整体**对比度**的效果。借助**累积直方图**进行。累积直方图在这里起变换函数的作用。也可借助**排序变换**来实现。

histogram equalization with random additions ⇔ **结合随机加法的直方图均衡化**

一种可获得具有完全平坦直方图的**直方图变换**方法。这里要放弃对像素依灰度值排序必须严格遵守的一个约束，即对应每直方条的像素在直方图变换后仍聚集在同一直方条中。就是允许将部分像素移到直方图中相邻的直方条中，以使所有直方条具有完全相同数量的像素。令均衡后的 $N \times M$ 图像直方图用 1-D 数组 $H(g)$ 来表示，其中 $g \in [0, G-1]$，则用随机加法进行直方图均衡的算法为：

(1) 对各个像素的灰度值，加一个从均匀分布[−0.5,0.5]中抽取的随机数；

(2) 对灰度值排序，并记住灰度值对应的像素；

(3) 改变第 1 组$\lfloor NM/G \rfloor$个像素

的灰度值为 0,改变下 1 组$\lfloor NM/G \rfloor$个像素的灰度值为 1,以此类推,直到将最后$\lfloor NM/G \rfloor$个像素的灰度值改变为 $G-1$。

histogram feature⇔直方图特征

可直接从直方图中提取出来的**图像特征**。**纹理分析**中,常用的直方图特征包括:范围,均值,几何平均,调和平均,标准差,方差和中值。尽管很简单,直方图特征却具有低成本、低层次的特点。对旋转和平移不变,而且对彩色像素的准确空间分布不敏感。可借助直方图特征对直方图的相似性进行衡量和判断。表 H1 给出一些对两个分布差异的简单测度,其中 r_i 和 s_i 分别是第一和第二个数据集在直方条 i 的事件数,$\bar{r}$ 和 $\bar{s}$ 是均值,n 是直方条的总数,$r_{(i)}$ 和 $s_{(i)}$ 代表排序(升序)指标。注意 EMD 是**推土机距离**。

表 H1 一些直方图相似测度

测度	公式
L_1范数	$L_1 = \sum_{i=1}^{n} \lvert r_i - s_i \rvert$
L_2范数	$L_2 = \sqrt{\sum_{i=1}^{n} (r_i - s_i)^2}$
马洛斯(Mallows)或 EMD 距离	$M_p = \left[\frac{1}{n}\sum_{i=1}^{n} \lvert r_{(i)} - s_{(i)} \rvert^p\right]^{1/p}$
巴特查里亚距离	$B = -\ln\sum_{i=1}^{n} \sqrt{r_i s_i}$
Matusita 距离	$M = \sqrt{\sum_{i=1}^{n} (\sqrt{r_i} - \sqrt{s_i})^2}$
散度	$D = \sum_{i=1}^{n} (r_i - s_i)\ln(r_i/s_i)$
直方图相交	$H = \frac{\sum_{i=1}^{n} \min(r_i - s_i)}{\sum_{i=1}^{n} r_i}$
Chi-平方	$\chi^2 = \sum_{i=1}^{n} \frac{(r_i - s_i)^2}{r_i + s_i}$
归一化的相关系数	$r = \frac{\sum_{i=1}^{n} (r_i - \bar{r})(s_i - \bar{s})}{\sqrt{\sum_{i=1}^{n} (r_i - \bar{r})^2} \sqrt{\sum_{i=1}^{n} (s_i - \bar{s})}}$

histogram hyperbolization ⇔ **直方图双曲化**

直方图均衡化的一种变型。根据**韦伯定律**，人眼感受到的**亮度**和景物的亮度呈对数关系。直方图双曲化考虑到这点，将均衡化的目标定为把原始图的直方图变换为人眼感受到的亮度均匀分布的形式。

histogram hyperbolization with random additions ⇔ **结合随机加法的直方图双曲化**

一种可获得具有完全光滑双曲直方图(给低灰度值以更多的权重而给高灰度值以较少的权重)的直方图变换方法。这里要放弃对像素依灰度值排序必须严格遵守的一个约束，即对应每个直方条的像素在直方图变换后仍聚集在同一个直方条中。就是允许将像素移到直方图中相邻的直方条中，以使各个直方条具有双曲排列数量的像素。如果用 t 表示增强直方图的离散灰度值，所期望直方图的直方条 $H(t)$ 将包含 $V(t)$ 个像素，$t \in [0, G-1]$。所以，先计算每个直方条所需要的像素数。这可通过将像素总数与在直方条宽度上的期望概率密度函数相乘得到，即从 t 到 $t+1$ 的积分。对一幅 $N \times M$ 的图像，像素总数是 NM。这样就有

$$V(t) = NMA \int_t^{t+1} \mathrm{e}^{-\alpha t}\,\mathrm{d}t$$

$$\Rightarrow V(t) = NMA \left.\frac{\mathrm{e}^{-\alpha t}}{-\alpha}\right|_t^{t+1}$$

$$\Rightarrow V(t) = -NM\frac{A}{\alpha}[\mathrm{e}^{-\alpha(t+1)} - \mathrm{e}^{-\alpha t}]$$

$$\Rightarrow V(t) = NM\frac{A}{\alpha}[\mathrm{e}^{-\alpha t} - \mathrm{e}^{-\alpha(t+1)}]$$

用随机加法进行直方图双曲化的算法为：

(1) 对各个像素的灰度值，加一个从均匀分布[−0.5,0.5]中抽取的随机数；

(2) 对灰度值排序，并记住哪个灰度值对应哪个像素；

(3) 改变第1组$\lfloor V(0) \rfloor$个灰度值为0；

(4) 对 t 从1到 $G-1$，改变下一组$\lfloor V(t) + \{V(t-1) - \lfloor V(t-1) \rfloor\} \rfloor$个像素灰度值为 t。注意，加校正项 $V(t-1) - \lfloor V(t-1) \rfloor$ 是为了考虑 $V(t-1)$ 的剩余部分，在使用下取整算子时将该剩余部分加到 $V(t)$ 上可以得到增加了1的值。

histogram intersection ⇔ **直方图相交(法)**

一种**基于直方图的相似计算**方法。考虑**基于内容的图像检索**，令 $H_Q(k)$ 和 $H_D(k)$ 分别为查询图像 Q 和数据库图像 D 的特征统计**直方图**，L 为特征个数，则两图像之间的相似值为

$$P(Q,D) = \frac{\sum_{k=0}^{L-1} \min[H_Q(k), H_D(k)]}{\sum_{k=0}^{L-1} H_Q(k)}$$

histogram manipulation ⇔ **直方图操纵**

直方图处理中，改变一幅图像的灰度值而不影响其语义信息内容的运算。

histogram mapping law ⇔ **直方图映射律**

直方图变换增强方法中，将原始图像**直方图**映射为增强图像直方图的规律。将原始图像直方图中每个直方条所对应的像素灰度依次转换为增强图像直方图中每个直方条的灰度。典型例子包括**单映射律**和**组映射律**。

histogram matching ⇔ **直方图匹配（技术）**

同 **histogram specification**。

histogram modeling ⇔ **直方图建模（方法）**

通过改变图像的亮度直方图使之具有所需特性，来改变图像的动态范围和反差的技术。典型的例子有**直方图均衡化**、**直方图规定化**等。参阅 **histogram modification**。

histogram modification ⇔ **直方图修正**

1. 调整一幅图像中像素值的分布以产生一幅增强的图像的技术。也称**直方图变换**。其中某些灰度值的范围得到了突出。

一些典型的直方图变换函数如表 H2 所示。表中，$H(z)$代表修正前的直方图，g_z为修正后的直方图中对应 z 的值，$g_{\min}$和 $g_{\max}$分别为修正前的直方图的最小值和最大值。

表 H2 直方图修正的变换函数

修正名称	变换函数 $T(z)$
均匀修正	$g_z=(g_{\max}-g_{\min})H(z)+g_{\min}$
指数修正	$g_z=g_{\min}-\ln[1-H(z)]\ /\alpha$
瑞利修正	$g_z=g_{\min}+\left[2\alpha^2\ln\left(\frac{1}{1-H(z)}\right)\right]^{1/2}$
双曲立方根修正	$g_z=\left[(g_{\max}^{1/3}-g_{\min}^{1/3})H(z)+g_{\min}^{1/3}\right]^3$
双曲对数修正	$g_z=g_{\min}\left[\frac{g_{\max}}{g_{\min}}\right]^{H(z)}$

2. 利用图像中其他信息来修改图像灰度**直方图**的过程。例如在**阈值化**分割中，可利用图像中的梯度信息修正图像灰度直方图以得到新的直方图。新直方图与原直方图相比，峰间的谷更深，或者谷转变成峰更易检测。

histogram of edge direction ⇔ **边缘方向直方图**

对图像中的**边缘**方向进行统计得到的**直方图**。其形状在一定程度上反映了图像中目标的形状信息。如果图像中有比较规则的目标，则边缘方向直方图会有明显的周期性；如果图像中没有比较规则的目标，则其边缘方向直方图会显得较随意。根据边缘方向直方图可以对原始图像中目标的规则性做出一个判断。

histogram of oriented gradient [HOG] ⇔ **梯度方向直方图**

对梯度图像中**梯度**方向的统计**直方图**。先将一幅图像分成若干个图像块，再将每个块分成若干个更小的单元。接下来统计各块内和单元内各个方向的梯度值分布，即得到梯度方向直方图。

histogram processing for color image ⇔ **彩色图像直方图处理**

将直方图的概念扩展到**彩色图像**后进行的处理。对每幅彩色图像，其 3 个直方图各包括 N 个（一般 $4 \leqslant N \leqslant 256$）直方条。例如，设使用某个色模型来表达一幅图像，而该模型（如 **HSI 模型**）允许将亮度分量与色度分量分开，则直方图技术（如**直方图均衡化**）可用于该图像：对其亮度（强度 I）分量进行处理而保持色度分量（H 和 S）不变。这样得到的结果图像是原始图像的一个修改版本，其中背景细节变得更容易观察到了。注意，尽管彩色有些被冲淡了，但仍保持原始**色调**。

histogram shrinking ⇔ **直方图收缩（技术）**

一种简单的改变高**对比度**图像**直方图**的技术。也称**输出裁剪**。通过修改一个原始直方图以将其灰度级范围$[f_{min}, f_{max}]$压缩到一个更狭窄的灰度级范围$[g_{min}, g_{max}]$，减少了对比度而没有改变原始直方图的形状。设在将灰度值映射到新范围时用像素灰度值 g 来替换原像素灰度值 f，则有

$$g = \left\lfloor \frac{f - f_{min}}{f_{max} - f_{min}} (g_{max} - g_{min}) + 0.5 \right\rfloor$$

这里加了 0.5 一项并结合下取整函数⌊ ⌋，以使实际值$(f - f_{min})(g_{max} - g_{min}) / (f_{max} - f_{min})$取到最近的整数（类似于四舍五入）。

histogram sliding ⇔ **直方图滑动（技术）**

对图像中的所有像素，仅加或减一个常数亮度值的一种简单的**直方图**调整技术。总体效果是给出一幅具有可比**对比度**但有更高或更低平均亮度的图像。

histogram specification ⇔ **直方图规定化**

一种利用**直方图变换**进行的**图像增强**方法。也称**直方图匹配**。根据预先确定的**规定直方图**，有选择地增强原始图像某个灰度值范围内的**对比度**，或使图像灰度值的分布满足特定的要求。**直方图均衡化**可看作一种特殊的直方图规定化方法（此时的规定直方图需选择均匀的直方图）。

histogram stretching ⇔ **直方图拉伸（技术），直方图伸展（技术）**

一种简单的改变低对比度图像直方图的技术。也称为**输入裁剪**。增加了对比度而没有改变原始直方图的形状。更复杂的方法常统一称为**直方图操作**。令原始图像的直方图范围是 f_{min} 到 f_{max}。希望将这些值扩展到范围$[0, G-1]$，其中 $G-1>$

$f_{max}-f_{min}$。设在将灰度值映射到新范围时用像素灰度值 g 替换原像素灰度值 f，则有

$$g=\left\lfloor \frac{f-f_{min}}{f_{max}-f_{min}}G+0.5\right\rfloor$$

这里加了 0.5 一项并结合下取整函数⌊ ⌋，以使实际值 $(f-f_{min})(g_{max}-g_{min})/(f_{max}-f_{min})$ 取最近的整数（类似于四舍五入）。

histogram thinning ⇔ 直方图细化（技术）

一种利用**直方图变换**的**图像分割**方法。通过映射将原直方图中的峰和谷变得更加突出，以使利用直方图的**阈值化**分割更为方便。

实现方法是逐步细化直方图中的每个峰，使其接近脉冲状。在获得原始图的直方图后，具体细化步骤如下：

(1) 从直方图的最低值开始，向高值的方向逐步搜索直方条的局部峰；

(2) 当搜索到一个峰后，将其两边直方条的一部分像素移动到峰所在的直方条以细化峰；

(3) 当一个峰被细化后，继续搜索下一个局部峰并细化，直到细化完最后一个局部峰。

搜索局部峰时，设灰度为 f 的像素数为 $h(f)$，灰度为 $f+k(k=1,2,\cdots,m)$ 的像素的平均数为 $h^{+}(f+m)$，灰度为 $f-k(k=1,2,\cdots,m)$ 的像素的平均数为 $h^{-}(f-m)$。如果 $h(f)$ 同时大于 $h^{+}(f+m)$ 和 $h^{-}(f-m)$，$h(f)$ 就是局部峰。

细化峰时，先计算 $N=[2h(f)-h^{+}(f+m)-h^{-}(f-m)]/[2h(f)]$，再依次将 $N\times h(f+1)$ 个像素从直方条 $f+1$ 移动到直方条 f，将 $N\times h(f+2)$ 个像素从直方条 $f+2$ 移动到直方条 $f+1$，一直到将 $N\times h(f+m)$ 个像素从直方条 $f+m$ 移动到直方条 $f+m-1$；然后再依次将 $N\times h(f-1)$ 个像素从直方条 $f-1$ 移动到直方条 f，将 $N\times h(f-2)$ 个像素从直方条 $f-2$ 移动到直方条 $f-1$，一直到将 $N\times h(f-m)$ 个像素从直方条 $f-m$ 移动到直方条 $f-m+1$。

histogram transformation ⇔ 直方图变换

对**直方图**中各灰度值的分布（形状）进行的调整。目的是通过改变直方图的形状来改变图像的视觉效果。用直方图变换进行图像增强以概率论为基础，常用方法有**直方图均衡化**和**直方图规定化**。

hit-or-miss[HoM] operator ⇔ 击中-击不中算子

同 **hit-or-miss transform**。

hit-or-miss[HoM] transform ⇔ 击中-击不中变换

二值图像数学形态学基本运算之一。也称**击中-击不中算子**。是形状检测的一种基本工具。实际上对应两个操作，所以用到两个**结构元素**。设 A 为原始图像，E 和 F 为一对不相重合的集合（确定了一对结构元

素)。击中-击不中变换⇑表达式为

$$A \Uparrow (E,F) = (A \ominus E) \cap (A^c \ominus F) = (A \ominus E) \cap (A \oplus F)^c$$

其中,A^c代表 A 的补集,⊕代表**膨胀**算子,⊖代表**腐蚀**算子。

击中-击不中变换结果中的任一像素 z 都满足:$E+z$ 是A 的一个子集,$F+z$ 是 A^c 的一个子集。反过来,满足上述两个条件的像素 z 一定在击中-击不中变换的结果中。E 和F 分别称为击中结构元素和击不中结构元素。需要注意,两个结构元素要满足 $E \cap F = \varnothing$,否则击中-击不中变换将给出空集的结果。

图 H6 给出一个使用击中-击不中变换来确定给定尺寸方形区域位置的例子。图(a)给出原始图像,包括 4 个分别为 3×3,5×5,7×7 和 9×9 的实心正方形。图(b)的 3×3 实心正方形 E 和图(c)的 9×9 方框 F(边宽为 1 个像素)合起来构成结构元素 $B=(E,F)$。在这个例子中,击中-击不中变换设计成击中覆盖 E 的区域并"漏掉"区域 F。最终得到的结果见图(d)。

HMM⇔隐马尔可夫模型

hidden Markov model 的缩写

HOG⇔梯度方向直方图

histogram of oriented gradient 的缩写。

holistic recognition⇔整体识别

一类强调对整个人体目标或单个人体的各个部分进行识别的动作识别方法。例如,可基于整个身体的结构和整个身体的动态信息来识别人的行走、行走的步态等。这里绝大多数方法都基于人体的侧影或轮廓而不太区分身体的各个部分。又如,有一种基于人体的身份识别技术使用了人的侧影并对其轮廓进行均匀采样,然后对分解的轮廓用**主分量分析**处理。基于身体部件的识别则通过身体部件的位置和动态信息来对动作进行识别。

hologram⇔全息图

记录全息信息的图。记录的是**目标束**和**参照束**之间的**干涉波纹**的强度分布。

holography⇔全息术,全息摄影(术)

一种特殊的摄影和显示技术。通过记录由穿过衍射光栅的相干激光所产生的干涉模式而生成一幅 3-D 图像(**全息图**)。一般感光器、照片、人眼只能记录光的明暗信息,而不能记录相位信息。全息术却能将光度和相位信息都记录出来。记录下来的图称为**全息图**,特点是直接记

(a) (b) (c)

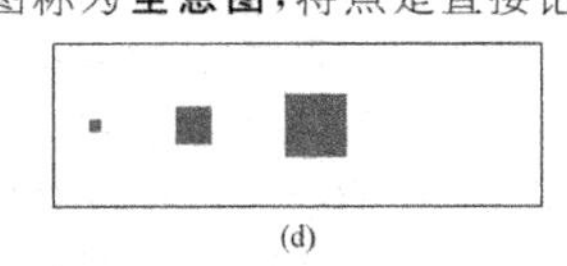

(d)

图 H6 用击中-击不中变换来确定方形区域

录了所传来的波而不是记录了所成的像。将全息图用与原来参考波(连同物波)有相同**波长**的光照射时,则可将原先的波前重建起来,称为波前重建。用人眼或其他方法去观察重建波前时,所得到的印象与直接观察原物完全相同(如纵深感)。换句话说,全息术将全部信息都记录下来了。

home video organization⇔家庭视频组织

对家庭录像视频建立内容索引的过程。目的是为更快、更有效地获取需要的**视频片段**。家庭录像主要记录人们的生活,所以各个镜头常常同等重要。家庭录像主要由没有编辑过的原始视频镜头组成,按时间标记的数据。若从内容上考虑,常需根据镜头的相似性进行**聚类**。

homogeneity assumption ⇔ 均匀性假设,同质性假设

由纹理恢复表面朝向的过程中,对**纹理**模式的一种典型假设。即无论在图像中的任何位置选取一个窗口的纹理,都与在其他位置所选取窗口的纹理一致。更严格地说,一个像素值的概率分布只取决于该像素邻域的性质,而与像素自身的空间坐标无关。

homogeneous coordinates⇔齐次坐标

笛卡儿坐标的一种变型。如果空间的点用矢量形式表示为

$$\boldsymbol{w} = [X \quad Y \quad Z]^{\mathrm{T}}$$

则对应的齐次坐标可表示为

$$\boldsymbol{w}_{\mathrm{h}} = [kX \quad kY \quad kZ \quad k]^{\mathrm{T}}$$

其中 k 是一个非零常数。如果要从齐次坐标变回到笛卡儿坐标,可用第 4 个坐标值去除前 3 个坐标值得到。

homogeneous emission surface ⇔ 均匀发射表面

参阅 **isotropic reflection surface**。

homogeneous noise⇔齐次噪声

噪声参数对所有像素都相同的噪声。例如,在高斯噪声的情况下,如果对所有像素,$\mu(i,j)$ 和 $\sigma(i,j)$ 都相同且分别等于 μ 和 σ,则这种噪声是齐次的。

homogeneous random field⇔齐次随机场

期望值不依赖于 $\boldsymbol{r}$,自相关函数对移不变的随机场。

一个移不变的自相关函数仅依赖于一个自变量,即用来计算随机场的相对位移

$$R_{ff}(\boldsymbol{r}_0) = E\{f(\boldsymbol{r};w_i)f(\boldsymbol{r}+\boldsymbol{r}_0;w_i)\}$$

homogeneous texture descriptor [HTD] ⇔均匀纹理描述符,同质纹理描述符

国际标准 **MPEG-7** 中推荐的一种**纹理描述符**。对每幅**纹理图像**或每个**纹理区域**都用 62 个数(量化成 8 比特)来表达。计算步骤如下:

(1) 用方向(分 6 个方向)和尺度(分 5 级)可调的**盖伯滤波器**组来过滤图像;

(2) 计算对应通道中**频域**能量的一阶矩和二阶矩,并作为纹理描述符的分量。

homogeneous vector ⇔ **齐次矢量**

利用**齐次坐标**，表示同一条直线、满足等价关系的矢量组。

homography ⇔ **单应性**

图像工程中的**共线性**或**投影变换**。平面的单应性是从一个平面到另一个平面的投影映射。一个平面场景通过针孔摄像机进行的投影与 2-D 单应性有关。用两个针孔摄像机对一个 3-D 场景所得到的共享单个投影中心的两幅图像（平面的或非平面的）也具有 2-D 单应性。这可用于将照片拼成一个全景图。

homography transformation ⇔ **单应性变换**

投影空间中进行的可逆线性变换。可借助 4 个非共线的点对来估计。常用于图像传输以及将一幅图像或区域映射为另一幅图像或区域。

homomorphic filter ⇔ **同态滤波器**

实现**同态滤波**的滤波器。可增强高频并消除低频，这样就能减少照明的变化，并锐化边缘（和细节）。

homomorphic filtering ⇔ **同态滤波（技术）**

一种在**频域**中将图像**灰度范围**压缩，同时将图像**对比度**增强的方法。通过在频域里用一个高通滤波器对**图像滤波**，从而减少亮度变化（缓慢变化的分量）并加强反射细节（快速变化的分量）。基于如下图像成像模型，即一幅图像 $f(x,y)$ 可以表示成其**照度函数** $i(x,y)$ 与**反射函数** $r(x,y)$ 的乘积：

$$f(x,y)=i(x,y)r(x,y)$$

滤波步骤如下：

(1) 先对上式的两边同时取对数，得

$$\ln f(x,y)=\ln i(x,y)+\ln r(x,y)$$

(2) 将上式两边取**傅里叶变换**，得

$$F(u,v)=I(u,v)+R(u,v)$$

(3) 设用一个**频域滤波器** $H(u,v)$ 处理 $F(u,v)$，可得

$$H(u,v)F(u,v)=H(u,v)I(u,v)+H(u,v)R(u,v)$$

这里，$H(u,v)$ 称作**同态滤波函数**，分别作用于**照度分量**和**反射分量**上；

(4) **逆变换**到**空域**，得

$$h_f(x,y)=h_i(x,y)+h_r(x,y)$$

可见增强后的图像是由分别对应照度分量与反射分量的两个分量叠加而成；

(5) 再将上式两边取指数，得到同态滤波结果

$$g(x,y)=\exp|h_f(x,y)|=\exp|h_i(x,y)|\cdot\exp|h_r(x,y)|$$

homomorphic filtering function ⇔ **同态滤波函数**

实现**同态滤波**的**频域滤波**函数。对图像**傅里叶变换**后得到的高频分量和低频分量的影响不同，在高频部分取值大于 1 而在低频部分取值小于 1。

HoM operator ⇔ **击中-击不中算子**

hit-or-miss operator 的缩写。

homotopic transformation ⇔ **同伦变换**

保持目标特征(如**骨架**)连通性的连续变形。如果两个不同的目标可通过一系列同伦变换成为相同的，则称两者同伦。

HoM transform ⇔ **击中-击不中变换**

hit-or-miss transform 的缩写。

Horn-Schunck algorithm ⇔ **霍恩-舒克算法**

同 **dense optical flow computation**。

Horn-Schunck constraint equation ⇔ **霍恩-舒克约束方程**

同 **optical flow constraint equation**。

Horn-Schunck constraint equation for color image ⇔ **彩色图像的霍恩-舒克约束方程**

将**霍恩-舒克约束方程**推广到**彩色图像**的结果。考虑彩色**图像序列**

$$\boldsymbol{C}_i(x,y,t) = [R_i(x,y,t), G_i(x,y,t), B_i(x,y,t)],\quad i = 0,1,2,\cdots$$

将霍恩-舒克约束方程分别用于一幅彩色图像的三个矢量分量，可得到具有两个未知数的三个方程(此时过定义)：

$$R_x \cdot u + R_y \cdot v = -R_t$$
$$G_x \cdot u + G_y \cdot v = -G_t$$
$$B_x \cdot u + B_y \cdot v = -B_t$$

指标 x 和 y 仍指示函数对应的偏微分。利用矩阵符号，上面的方程可写成 $\boldsymbol{J} \cdot \boldsymbol{w} = -\boldsymbol{C}_t$，其中

$$\boldsymbol{J} = \begin{bmatrix} R_x & R_y \\ G_x & G_y \\ B_x & B_y \end{bmatrix} \quad \boldsymbol{w} = \begin{bmatrix} u \\ v \end{bmatrix} \quad \boldsymbol{C}_t = \begin{bmatrix} R_t \\ G_t \\ B_t \end{bmatrix}$$

其解可求得如下：

$$\boldsymbol{J} \cdot \boldsymbol{w} = -\boldsymbol{C}_t$$
$$(\boldsymbol{J}^{\mathrm{T}} \cdot \boldsymbol{J}) \cdot \boldsymbol{w} = -\boldsymbol{J}^{\mathrm{T}} \cdot \boldsymbol{C}_t$$
$$(\boldsymbol{J}^{\mathrm{T}} \cdot \boldsymbol{J})^{-1} \cdot (\boldsymbol{J}^{\mathrm{T}} \cdot \boldsymbol{J}) \cdot \boldsymbol{w} = -(\boldsymbol{J}^{\mathrm{T}} \cdot \boldsymbol{J})^{-1} \cdot \boldsymbol{J}^{\mathrm{T}} \cdot \boldsymbol{C}_t$$
$$\boldsymbol{w} = -(\boldsymbol{J}^{\mathrm{T}} \cdot \boldsymbol{J})^{-1} \cdot \boldsymbol{J}^{\mathrm{T}} \cdot \boldsymbol{C}_t$$

对光流的全部解都由上几式确定，唯一解可用 uv 空间里三条线的交点来表示。

horoptera ⇔ **双眼单视**

人类视觉系统的功能之一。当人观察客观场景时，空间点集合在两眼**视网膜**相应部位(对应点)形成的像是不同的，但可以组成对应点对(对应空间中同一个点)，并在**大脑**的视觉中枢里融合为一。换句话说，两幅视网膜**图像**在传到大脑皮层后结合起来，产生一个单一的具有深度感的视像。

HOSVD ⇔ **高阶奇异值分解**

higher-order singular-value decomposition 的缩写。

Hotelling transform ⇔ **霍特林变换**

一种基于图像统计特性，可直接对**数字图像**进行的**图像变换**。在连续域的对应变换是**卡洛变换**。是**主元分析**的基础。

给定一组 M 个以如下形式表示的随机矢量：

$$\boldsymbol{x}^k = [x_1^k \quad x_2^k \quad \cdots \quad x_N^k]^{\mathrm{T}},\quad k = 1,2,\cdots,M$$

霍特林变换步骤如下：

(1) 计算随机矢量的均值矢量和协方差矩阵(covariance matrix)：

$$\boldsymbol{m}_x = \frac{1}{M}\sum_{k=1}^{M} \boldsymbol{x}_k$$

$$\boldsymbol{C}_x = \frac{1}{M}\sum_{k=1}^{M} \boldsymbol{x}_k \boldsymbol{x}_k^{\mathrm{T}} - \boldsymbol{m}_x \boldsymbol{m}_x^{\mathrm{T}}$$

(2) 计算随机矢量的协方差矩阵的**特征矢量**和特征值：

令 $\boldsymbol{e}$ 和 λ 分别为 $\boldsymbol{C}_x$ 的特征矢量和对应的特征值，则有

$$\boldsymbol{C}_x \boldsymbol{e} = \lambda \boldsymbol{e}$$

(3) 计算霍特林变换：

将上述获得的特征值从大到小单调排列。再令 $\boldsymbol{A}$ 为由 $\boldsymbol{C}_x$ 的特征矢量组成其各行的矩阵，计算

$$\boldsymbol{y} = \boldsymbol{A}(\boldsymbol{x} - \boldsymbol{m}_x)$$

由这个变换得到的 $\boldsymbol{y}$ 矢量的均值是 0，即 $\boldsymbol{m}_y = 0$；而 $\boldsymbol{y}$ 矢量的协方差矩阵可由 $\boldsymbol{A}$ 和 $\boldsymbol{C}_x$ 得到，即 $\boldsymbol{C}_y = \boldsymbol{A}\boldsymbol{C}_x\boldsymbol{A}^{\mathrm{T}}$。$\boldsymbol{C}_y$ 是一个对角矩阵，其主对角线上的元素正是 $\boldsymbol{C}_x$ 的特征值，即

$$\boldsymbol{C}_y = \begin{bmatrix} \lambda_1 & & & 0 \\ & \lambda_2 & & \\ & & \ddots & \\ 0 & & & \lambda_N \end{bmatrix}$$

这里主对角线以外的元素均为 0，即 $\boldsymbol{y}$ 矢量的各元素是不相关的。$\boldsymbol{C}_x$ 和 $\boldsymbol{C}_y$ 具有相同的特征值和相同的特征矢量。用霍特林变换将 $\boldsymbol{x}$ 映射到 $\boldsymbol{y}$ 实际上是建立了一个新的坐标系，其坐标轴在 $\boldsymbol{C}_x$ 的特征矢量方向上。

Hough transform [HT] ⇔ 哈夫变换

在不同空间之间进行的一种特殊变换。其中利用了空间曲线或曲面的解析表达中变量和参数间的对偶性。设在图像空间有一个目标，其轮廓可用代数方程表示，代数方程中既有图像空间坐标的变量也有属于参数空间的参数。哈夫变换就是图像空间和参数空间之间的一种变换，可将在一个空间的问题变换到在另一个空间求解。

基于哈夫变换进行**图像分割**时，可利用图像全局特性将目标的**边缘像素**连接起来组成目标区域的封闭边界，或直接对图像中已知形状的目标进行检测，并有可能确定边界精度到**亚像素**量级。哈夫变换的主要优点是利用了图像全局特性，所以受噪声和边界间断的影响较小，比较鲁棒。

HPF ⇔ 高通滤波器

high-pass filter 的缩写。

HRL face database ⇔ HRL 人脸数据库

一个包含 10 个人，每人至少 75 种光照变化，分辨率为 193×254 像素的图像数据库。是第一个系统性设置光照条件的数据库。

HSB model ⇔ HSB 模型，色调、饱和度、明度模型

hue, saturation, brightness model 的缩写。

HSI ⇔ 色调、饱和度、强度模型

hue, saturation, intensity 的缩写。

HSI-based colormap ⇔ 基于 HSI 的彩色映射

在 **HSI** 彩色空间进行的彩色映射。

HSI model⇔HSI 模型,色调、饱和度、强度模型

hue,saturation,intensity model 的缩写。

HSI space⇔HSI 空间

HSI 模型的空间。

HSI transform fusion⇔HSI 变换融合

一种**像素层融合**方法。先在两组参与融合的图像中选择分辨率较低的一组,将其中的三个波段图像分别当作 **RGB** 图像,并变换到 **HSI 空间**中去。再用另一组参与融合的分辨率较高的图像替代前面 HSI 空间中的 I 分量,最后对这样得到的 H,S,I 三个分量进行 HSI 逆变换,将获得的 RGB 图像作为**融合图像**。

HSI transformation fusion method⇔HSI 变换融合法

参阅 **HSI transform fusion**。

HSL model⇔HSL 模型,色调、饱和度、亮度模型

hue,saturation,lightness model 的缩写。

HSV model⇔HSV 模型,色调、饱和度、值模型

hue,saturation,value model 的缩写。

HSV space⇔HSV 空间

HSV 模型的空间。

HT⇔哈夫变换

Hough transform 的缩写。

HTD⇔均匀纹理描述符,同质纹理描述符

homogeneous texture descriptor 的缩写。

hue [H]⇔色彩;色调

1. 色彩:构成绘画、工艺美术的重要因素之一。各种物体因吸收与反射的光量程度不一而呈现出复杂颜色的现象。色彩在绘画与工艺美术作品上往往给人以不同的感受,如红、橙、黄具有温暖、热烈的感觉(暖色),而青、蓝、紫具有寒冷、沉静的感觉(冷色)。

2. 色调:描述彩色所具有**色度**种类的名称。**HCV 模型**、**HSB 模型**、**HSI 模型**和 **HSV 模型**共有的一个分量。是与混合光谱中主要光波长相联系的一种属性。表示红、黄、绿、蓝、紫等颜色特性。可用从红色到黄色,到绿色,到蓝色,到紫色,到紫红色再到红色这样一个封闭的**色环**序列来表示。色调描述了具有相同亮度(即相同的光或灰色调)的彩色和非彩色的不同。也是一个视感觉的属性,对应区域是否类似于一个感知的彩色,红、黄、绿和蓝,或其中两两组合。从频谱的角度看,色调可与**谱功率分布**的主波长相关联。

3. 色调:颜色的名称。一幅图画或照片往往由各种颜色组成,色与色之间的整体关系就构成色彩的格调。色调中主要的色相为主调。

hue angle⇔色调角

用来定义**色调**感知差别的量。对应 Luv 和 Lab 彩色空间,先可求出角度 ϕ 如下:

$\phi_{uv} \equiv \tan^{-1}\left|\frac{v}{u}\right|$ 或 $\phi_{ab} \equiv \tan^{-1}\left|\frac{b}{a}\right|$

然后，色调角 h_{uv} 或 h_{ab} 可如下得出：

$$h_{ij} = \begin{cases} \phi_{ij}, & \text{分子} > 0, \text{分母} > 0 \\ 360^\circ - \phi_{ij}, & \text{分子} < 0, \text{分母} > 0 \\ 180^\circ - \phi_{ij}, & \text{分子} > 0, \text{分母} < 0 \\ 180^\circ + \phi_{ij}, & \text{分子} < 0, \text{分母} < 0 \end{cases}$$

其中 ij 对应 uv 或 ab，分子指 v 或 b，而分母指 u 或 a。

hue, chroma, value [HCV] model ⇔ HCV 模型，色调、色纯度、亮度模型

彩色图像处理中一种**面向感知的色模型**。其中 H 表示**色调**，C 分量表示**色纯度**，V 表示**亮度**。HCV 模型与 **HSI 模型**概念上比较接近但定义不完全相同，也比较适合于借助人的视觉系统来感知彩色特性的图像处理算法。

Hueckel edge detector ⇔ 休克尔边缘检测器

使用圆形窗口中的参数化模型对边缘建模的参数**边缘检测器**。参数可以是边缘反差、边缘朝向和距离、背景平均亮度等。

hue enhancement ⇔ 色调增强

真彩色增强中一种仅对色调进行增强的方法。可先将图像变换到 **HSI 空间**，然后对其 H 分量用对**灰度图像**增强的方法进行增强，最终得到**彩色增强**的效果。

hue, saturation, brightness [HSB] model ⇔ HSB 模型，色调、饱和度、明度模型

一种**面向感知的彩色模型**。其中 H 表示**色调**，S 表示**饱和度**，B 表示**亮度**或明度。

hue, saturation, intensity [HSI] model ⇔ HSI 模型，色调、饱和度、强度模型

彩色处理中一种**面向感知的彩色模型**。其中 H 表示**色调**，S 表示**饱和度**，I 表示**密度**或**亮度**。人眼视觉系统区分或描述颜色常用三种基本特性量：亮度、色调和饱和度，可见这三个量与 HSI 模型的三个分量相对应。

HSI 模型中的颜色分量常可用如图 H7(a)所示的三角形来表示。对其中的任一个色点 P，其 H 的值对应从三角形中心指向该点的矢量与 R 轴的夹角。这个点的 S 与指向该点的矢量长度成正比，越长越饱和（在三角形边线上达到最大）。在这个模型中，I 的值是沿一根通过三角形中心并垂直于三角形平面的直线来测量的（该线上的点只有不同的灰度而没有彩色）。从纸面出来越多越白，进入纸面越多越黑。当仅使用平面坐标时，图 H7(a)中所示的 HSI 颜色三角形只表示了色度。

如果将 HSI 的 3 个分量全考虑上而构成 3-D 颜色空间，则得到如图 H7(b)中所示的双棱锥结构。该结构外表面上的色点具有纯的饱和色。在双棱锥中任一横截面都是一个色度平面，与图 H7(a)类似。在

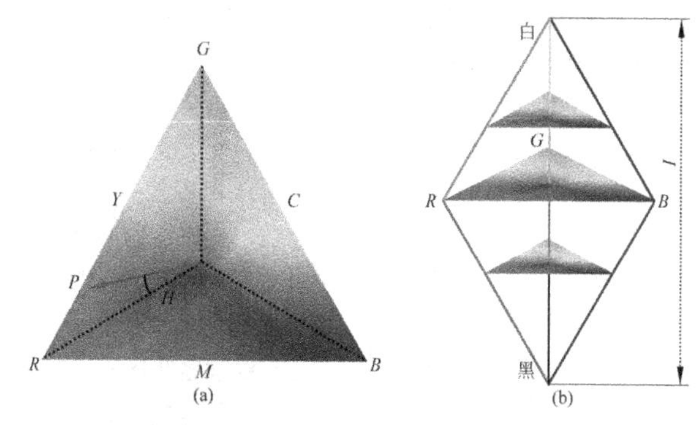

图 H7 HSI 颜色三角形和 HSI 颜色实体(见彩插)

图 H7(b)中,任一色点的 I 可用与最下黑点的高度差来表示(常取黑点处的 I 为 0 而白点处的 I 为 1)。需要指出,如果色点在 I 轴上,则其 S 值为 0 而 H 没有定义,这些点也称为奇异点。奇异点的存在是 HSI 模型的一个缺点,而且在奇异点附近,R、G、B 值的微小变化会引起 H、S、I 值的明显变化。

hue, saturation, lightness [HSL] model ⇔ HSL 模型,色调、饱和度、亮度模型

同 **hue, saturation, brightness model**。

hue, saturation, value [HSV] model ⇔ HSV 模型,色调、饱和度、值模型

一种**面向感知的彩色模型**。其中 H 表示**色调**,S 表示**饱和度**,V 表示**密度**或**亮度**的值(value)。

Huffman coding ⇔ 哈夫曼编码(方法)

自底向上生成码树的一种**无损编码**方法。是消除**编码冗余**最常用的技术之一。通过根据输入符号的出现概率将一组变长码赋予各个信源符号。当对信源符号逐个编码时,哈夫曼编码能给出最短的码字。根据**无失真编码定理**,哈夫曼编码方式对固定阶数的信源是最优的。如果符号概率是 2 的负幂,则哈夫曼编码可给出最佳的码字。

human biometrics ⇔ 人体生物特征测定

从人体的生理解剖(脸、指纹等)和行为(步态、谈吐等)出发,可测量出来的人体不同特征。可用于辨识不同的个体。

human-computer interaction [HCI] ⇔ 人机交互

一门研究(计算机)系统与用户之间互动关系的交叉学科。涉及计算机科学以及**人工智能**、心理学、**计算机图形学**,**计算机视觉**等领域。

human emotion ⇔ 人类情感,人类情绪

与人的许多感受、意念和行为相关,并可通过表情、行为以及生理指标等体现出来的心理和生理状态。

human-face identification⇔人脸辨识

人脸识别中，对被识别人身份进行的判断。属于无监督的识别。不要求测试图像源自已注册的用户。

human-face verification⇔人脸验证

人脸识别中，对被识别人是否属于特定集合所作的判断。是一种有监督的识别。假设测试图像源自已注册的用户。

human intelligence⇔人类智能

人类理解世界、判断事物、学习环境、规划行为、推理思维、解决问题等的能力。**人工智能**则是用计算机来实现相应能力。

human-machine interface⇔人机接口

参阅 **user interface**。

human vision⇔人类视觉

人类借助感官来认知世界的最主要方式。**视觉**是人类认知客观世界最主要的途径。过程可看作是一个复杂的从感觉(感受到的是对 3-D 世界之 **2-D 投影**得到的图像)到知觉(由 2-D 图像认知 3-D 世界内容和含义)的过程。**人类视觉系统**能将现象作理性的分析、联想、诠释和领悟，并在视觉过程中对信息轮廓进行辨析，判断。视觉不仅是心理与生理的知觉，更是创造力的根源，其经验来自对四周环境的领悟与辨析。

human visual properties⇔人类视觉性质，人眼视觉性质

人类视觉系统的各种特性和掩盖效应(即对不同亮度或亮度对比的不同敏感度)。常见的包括：

(1) 亮度掩蔽性质：人眼对于高亮度区域所附加的噪声的敏感性较小；

(2) 纹理掩蔽性质：若将图像分为平滑区和纹理密集区，那么人类视觉系统对于平滑区的敏感性要远高于纹理密集区；

(3) 频率性质：人眼对图像中不同空间频率成分具有不同的灵敏度。人眼对高频内容敏感性较低，相对而言对低频区域的分辨能力较高；

(4) 相位性质：人眼对相角的变化要比对模的变化敏感性低；

(5) 方向性质：人眼在观察景物时是有方向选择的，人类视觉系统对水平和垂直方向的光强变化的感知最敏感，而对斜方向光强变化的感知最不敏感。

human visual system [HVS]⇔人类视觉系统

人身上实现和完成**视觉过程**的器官以及功能的总和。原仅代表人类视觉器官，包括**眼睛**、**视网膜**、光神经(optic nerve)网络、**大脑**中的侧区域(side region of the brain)和大脑中的**纹状皮层**。现在一般还包括了各种视觉功能，如**亮度适应**、**色视觉**、**双眼单视**。

HVS⇔人类视觉系统

human visual system 的缩写。

HVT-HMM⇔层次可变过渡隐马尔可夫模型

hierarchical variable transition HMM 的缩写。

hybrid encoding⇔混合编码(方法)

一类将 1-D **变换编码**和**差值脉冲码调制法**结合起来的**图像编码**方法。性能接近 2-D 变换编码,但计算量要小。

hybrid optimal feature weighting⇔混合最优特征加权(方法)

对原始**最优特征加权**的一个改进。也是一种**特征选择**中的**封装方法**,其中使用了类似**遗传算法**的技术来修改特征集合并解决最小化问题。

hyper-centric imaging⇔超心成像(方法)

与**标准成像**不同的一种成像方式。其中将**光圈**放在比平行光的会聚点更接近图像平面处,这样主线成为目标空间的会聚线(如图 H8)。但与标准成像相反,此时较远的目标看起来更大!

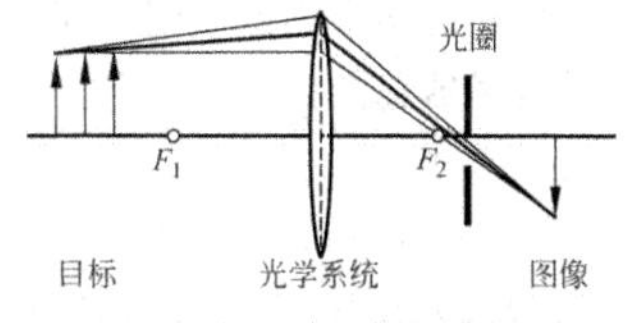

图 H8 超心成像示意

hyperfocal distance⇔超焦距

远于焦点的距离。现一般指当**镜头**对焦在无穷远处时,**景深**范围中距相机最近点的距离。按景深的概念,在成像最清晰的平面(亦即成像平面在物空间的共轭距离)两侧各有一定的范围,景物凡在此范围内所成的像都是清晰的。所以摄影中对焦目标为无穷远时,超焦距为景深前界限与相机镜头的距离。换句话说,如果将镜头对焦在空间中的一点,使得其景深的另一极端恰为"无限远(∞)",则由无限远点到景深范围内最近点的距离就是超焦距。可见,当镜头以这个距离对焦时所获得的景深会最大。例如,为使深度场(depth of field)为 $D/2$ 到无穷,需要把相机对焦到距离 D。等价地,如果将相机对焦到距离 D 时,则 $D/2$ 的点和无穷处的点将同样模糊。最清晰平面的位置有可能使其更远的远方物体直至无穷远的还能成像足够清晰,即在其模糊圈许可的范围内,此最清晰平面所确定的对应物空间距离,称为超焦距离,一般为 20 m。有时又称为(照相的)近限(距离),是指比其更近的最清晰平面不能同时使无穷远成像清晰。在照相物镜设计中,一般取物在无穷远,超焦距离等于焦距平方除以模糊圆允许直径与等值 f 数之积。大致可以认为超焦距离约为照相物镜所用孔径的 1000 倍。

hypergraph⇔超图

图的一种推广。仍由一个顶点集和一个边集构成,但其中的边可以是任意顶点子集。

hyperspectral image⇔超(光)谱图像

用**超谱传感器**采集得到的图像。

一般指超过 100 个带的**多光谱图像**。

hyperspectral sensor ⇔ **超谱传感器**

能同时采集很多(可达上百)谱段的传感器,可产生**超谱图像**。

hyperstereoscopy ⇔ **超体视**

立体摄影或观察中,观察基线小于拍摄基线的情况。在体视照相中应以同一基线长度进行观察和拍摄,否则将会出现形状和尺度的失真。应用中最好的情况也只能形似,即形状虽相似,但有放大或缩小。超体视时纵深感会得到加强。比较 **hypostereoscopy**。

hypostereoscopy ⇔ **亚体视**

立体摄影或观察中,观察基线大于拍照基线的情况。此时除出现形状和尺度的失真外,纵深感也会减弱。比较 **hyperstereoscopy**。

hypothesis testing ⇔ **假设检验**

一种知识驱动的优化过程。例如,在图像**分割专家系统**中使用了这种过程。首先,根据先验的图像特性估计或测量做出可以产生先验最佳算法的假设;接着,根据用所选出算法进行分割所得到的分割结果又可以计算后验的图像特性估计,并获得对应的后验最佳算法估计。若先验的假设是正确的,那么后验估计就应该与先验假设相吻合或一致。否则可用后验估计更新先验估计,以激发新一轮的假设检验过程,直到两者满足一定的一致性条件为止。可以看出,这种反馈过程是一种对信息逐渐提取与逼近的过程。算法选择在这个过程中逐步得到优化,最终趋向于最优,并将最优的算法选出来。由于这种反馈方式主要由数据驱动来对分割环节进行自身调整,所以是一种自底向上的处理过程,因而比较迅速和方便。比较 **try-feedback**。

hysteresis edge linking ⇔ **滞后边缘连接(技术)**

一种对一个**边缘检测器**里**非最大消除**步骤的输出结果的后处理方式。目的是提取更完整的边界。不是使用一个阈值而是使用两个阈值来**阈值化**梯度幅度值。具有梯度幅度小于较低阈值的边缘基元被认为是噪声而被消除。所有保留下来的边缘基元,如果它们的梯度幅度大于较低的阈值,就连接起来以构成连接像素的串。如果这样一个串中有至少一个像素的梯度幅度大于较高的阈值,则该串中的所有像素都将保留为边缘基元。

hysteresis thresholding ⇔ **滞后阈值化**

一种借助两个高低不同的阈值实现最终**阈值化**的技术。可以有不同的应用方式。

(1) 应用于灰度图。如果在一幅图像的直方图中没有很明显的峰,这表示在背景中有些像素具有与目标像素相同的灰度,反过来也成立。这些像素多在接近目标边界处遇到,这时边界可能是模糊的,没有明确定义。此时可在两峰之间的谷两边选择两个阈值。两个阈值中大的那个用来定义目标的“硬核”(这里设目标灰度大于背景灰度)。那个小的阈值结合像素的空间接近度使用:一个像素具有灰度值大于小的阈值但小于大的阈值时,仅在它与核目标像素相邻接时标记为目标像素。有时也使用不同的规则:对一个像素,如果它的大部分近邻像素已被标记为目标像素了,则它也可被标记为目标像素。

(2) 应用于梯度图。在对梯度图阈值化确定目标边缘点时,首先标记梯度值大于高阈值的**边缘像素**(认为它们都肯定是边缘像素),然后再对与这些像素相连的像素使用低阈值(认为梯度值大于低阈值、且与已定为边缘像素邻接的像素也是边缘像素)。该方法可减弱噪声在最终边缘图像中的影响,并可避免产生由于阈值过低导致的虚假边缘或由于阈值过高导致的边缘丢失。该过程可递归或迭代进行。

I

I **⇔ 光亮度;强度**

intensity 的缩写。

I_1, I_2, I_3 model ⇔ I_1, I_2, I_3 模型

一种面向硬件,借助经验确定的**颜色模型**。其中三个正交彩色特征/分量可用 R, G, B 的组合来表达:

$$I_1 = (R + G + B) / 3$$
$$I_2 = (R - B) / 2$$
$$I_3 = (2G - R - B) / 4$$

IA ⇔ 图像分析;照明调整

1. 图像分析:**image analysis** 的缩写。

2. 照明调整:**illumination adjustment** 的缩写。

IAPS ⇔ 国际情感图片系统

International Affective Picture System 的缩写。

IAU ⇔ 国际天文学联盟

International Astronomical Union 的缩写。

IBPF ⇔ 理想带通滤波器

ideal band-pass filter 的缩写。

IBR ⇔ 基于图像的绘制

image-based rendering 的缩写。

IBRF ⇔ 理想带阻滤波器

ideal band-reject filter 的缩写。

ICA ⇔ 独立分量分析

independent component analysis 的缩写。

ICC ⇔ 国际彩色联盟

International Color Consortium 的缩写。

ICC profiles ⇔ ICC 配置

用来定义装置源或目标色空间与**配置关联空间**(PCS)之间映射的文件。

iconic model ⇔ 图标模型,图符模型,像元模型

说明型表达(**说明表达型,说明性表达**)的两种模型之一。是保持特征的简化图。建立像元模型只需用到目标的图像,因为基本上只考虑目标的形态,而不考虑其灰度,所以可直接与输入图匹配,处理简单。当图像的数量比较少时像元模型很有效,但在通常的 3-D 场景中这并不易满足。比较 **graph model**。

iconoscope ⇔ 光电摄像管

将光影像转换为电信号的电子束管。也称光电显像管。由光电转换系统和扫描系统构成。光电转换系统将**摄像机**的**镜头**摄取的影像转换为靶上的相应电位分布。扫描系统使电子束在靶上扫描,将电位分布变为电信号。常用的有光导摄像管、超正析摄像管和分流管。

ICP ⇔ 迭代最近点

iterative closest point 的缩写。

ideal band-pass filter [IBPF] ⇔ **理想带通滤波器**

一种实现**带通滤波**的**理想滤波器**。一个用于通过以(u_0, v_0)为中心,以D_0为半径的区域内所有频率的理想带通滤波器的**传递函数**为

$$H(u,v)=\begin{cases}1 & D(u,v)\leqslant D_0\\0 & D(u,v)>D_0\end{cases}$$

其中

$$D(u,v)=[(u-u_0)^2+(v-v_0)^2]^{1/2}$$

考虑到**傅里叶变换**的对称性,为了通过不是以原点为中心的给定区域内的频率,带通滤波器必须两两对称地工作,即上两式需要改成

$$H(u,v)=\begin{cases}1 & D_1(u,v)\leqslant D_0 \text{ 或 } D_2(u,v)\leqslant D_0\\0 & \text{其他}\end{cases}$$

其中

$$D_1(u,v)=[(u-u_0)^2+(v-v_0)^2]^{1/2}$$
$$D_2(u,v)=[(u+u_0)^2+(v+v_0)^2]^{1/2}$$

图 I1 是一个典型的理想带通滤波器的透视示意图。比较 **ideal band-reject filter**。

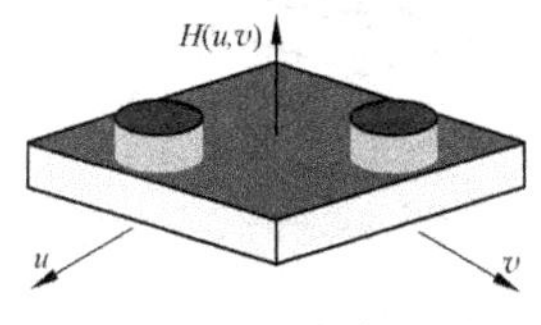

图 I1 理想带通滤波器透视图

ideal band-reject filter [IBRF] ⇔ **理想带阻滤波器**

一种实现**带阻滤波**的**理想滤波器**。一个用于消除以(u_0, v_0)为中心,以D_0为半径的区域内所有频率的理想带阻滤波器的**传递函数**为

$$H(u,v)=\begin{cases}0 & D(u,v)\leqslant D_0\\1 & D(u,v)>D_0\end{cases}$$

其中

$$D(u,v)=[(u-u_0)^2+(v-v_0)^2]^{1/2}$$

考虑到**傅里叶变换**的对称性,为了消除不是以原点为中心的给定区域内的频率,带阻滤波器必须两两对称地工作,即上两式需要改成:

$$H(u,v)=\begin{cases}0 & D_1(u,v)\leqslant D_0 \text{ 或 } D_2(u,v)\leqslant D_0\\1 & \text{其他}\end{cases}$$

其中,

$$D_1(u,v)=[(u-u_0)^2+(v-v_0)^2]^{1/2}$$
$$D_2(u,v)=[(u+u_0)^2+(v+v_0)^2]^{1/2}$$

图 I2 是一个典型的理想带阻滤波器的透视示意图。比较 **ideal band-pass filter**。

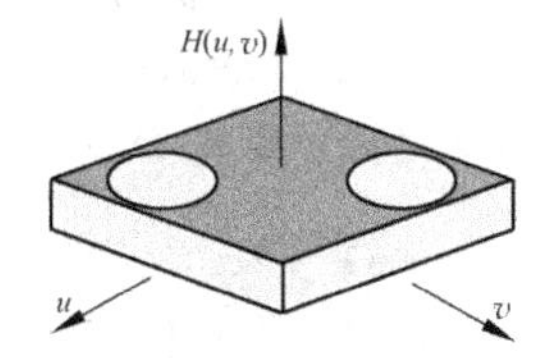

图 I2 理想带阻滤波器透视图

ideal edge ⇔ **理想边缘**

具有尖锐和突然过渡(斜率无穷大)的**边缘**。

ideal filter ⇔ **理想滤波器**

数学上能严格定义,但不能用电子器件实现的**频域滤波器**。可帮助阐述滤波器原理,在计算机可以模拟。

ideal high-pass filter [IHPF] ⇔ **理想高通滤波器**

一种实现**高通滤波**的**理想滤波**

器。其**传递函数**满足条件

$$H(u,v)=\begin{cases}0 & D(u,v)\leqslant D_0\\ 1 & D(u,v)>D_0\end{cases}$$

其中，D_0是**截止频率**；$D(u,v)$是从点(u,v)到频率平面原点的距离，$D(u,v)=(u^2+v^2)^{1/2}$。

图I3(a)和(b)分别给出$H(u,v)$的一个剖面图(设$D(u,v)$对原点对称)和一个透视图(相当于将图(a)剖面绕$H(u,v)$轴旋转的结果)。

由于理想高通滤波器在通带和阻带间有尖锐的过渡，所以滤波输出存在明显的振铃**伪像**。

ideal low-pass filter [ILPF] ⇔ **理想低通滤波器**

一种实现**低通滤波**的**理想滤波器**。**传递函数**满足条件

$$H(u,v)=\begin{cases}1 & D(u,v)\leqslant D_0\\ 0 & D(u,v)>D_0\end{cases}$$

其中，D_0是**截止频率**；$D(u,v)$是从点(u,v)到频率平面原点的距离，$D(u,v)=(u^2+v^2)^{1/2}$。

图I4(a)和(b)分别给出$H(u,v)$的一个剖面图(设$D(u,v)$对原点对称)和一个透视图(相当于将图(a)剖面绕$H(u,v)$轴旋转的结果)。

由于理想低通滤波器在通带和阻带间有尖锐的过渡，所以滤波输出存在明显的振铃**伪像**。

ideal point ⇔ **理想点**

在连续域中描述，与离散域中受光栅影响的点相对的点。有时也可指**消失点**。

ideal scattering surface ⇔ **理想散射表面**

一种理想化的表面**散射**模型。所有观察方向看各点都同样亮(与观察线和表面法线间的夹角无关)，并且完全无吸收地反射所有入射光。

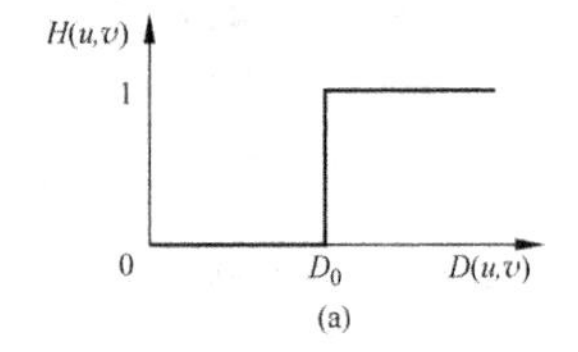

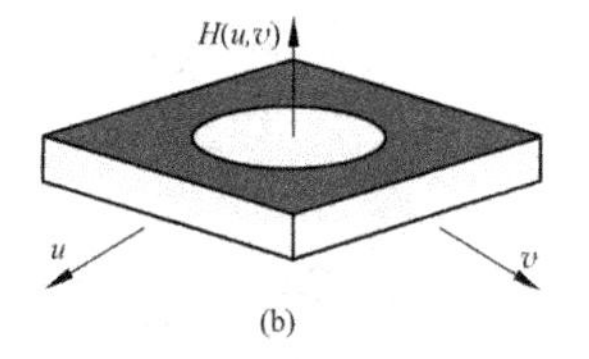

图I3 理想高通滤波器传递函数的剖面图和透视图

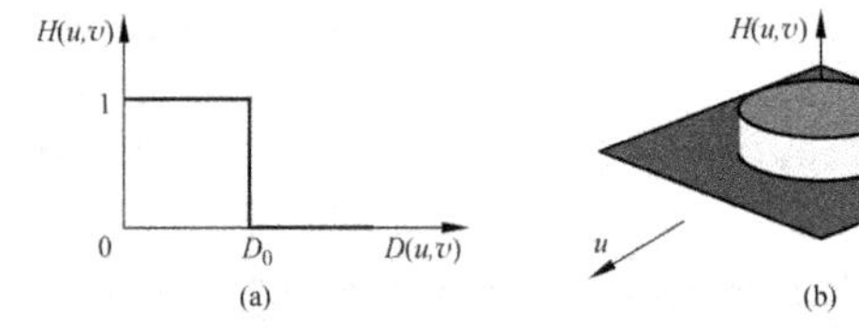

图I4 理想低通滤波器传递函数的剖面图和透视图

ideal specular reflecting surface ⇔ **理想镜面反射面**

一种理想化的表面**反射**模型。像镜面一样反射，所反射的光波长仅取决于光源，而与反射面的颜色无关。

ideal white ⇔ **理想白**

通过将 3 个光束（分别对应**三刺激值**）叠加产生，在所有**波长**上都有相等能量的光谱。或者说，光谱密度在所有波长上都相同。

idempotency ⇔ **同前性，幂等性**

一种**数学形态学性质**。以**二值图像数学形态学**为例，设 MO 为数学形态学算子。幂等性表示给定集合 A，则 $MO^n(A)=MO(A)$ 成立。换句话说，无论 MO 运算多少次，其结果与运算一次相同。

identical graphs ⇔ **恒等图**

满足恒等关系的两个**图**。对图 G 和图 H，当且仅当 $V(G)=V(H)$，$E(G)=E(H)$ 时，G 和图 H 恒等，此时两个图可用相同的**图的几何表达**来表示。不过两个图可用相同的几何表达来表示时，并不一定恒等。

identification ⇔ **验证，辨识**

目标识别中，对一个事先见过的目标进行的识别。其中假设目标的形状是固定的（刚体），这样可以期望在成功识别时得到精确的匹配。辨识工作的一个基本特点是假设系统对需要辨识的目标都见过。尽管这个假设在某些情况下（如计算机视觉的工业应用）成立，但在日常生活中一般并不是这种情况。对人类来说，对辨识的需求常仅限于一定的目标类型（如人脸）。更经常的情况是，观察者希望确定目标属于哪一类而不是去发现特定的目标以前是否见过。

identity axiom ⇔ **恒等公理**

测度应满足的条件之一。

IE ⇔ **图像工程**

image engineering 的缩写。

IEC ⇔ **国际电工技术委员会**

International Electrotechnical Commission 的缩写。

IEEE ⇔ **国际电气电子工程师学会**

Institute of Electrical and Electronics Engineers 的缩写。

IEEE 1394 ⇔ **高性能串行总线标准**

由国际**电气电子工程师学会**制定的一项规范。参阅 **FireWire**。

I-frame ⇔ **I-帧，独立帧**

MPEG 系列标准中采用特定方式进行编码的三种**帧图像**之一。因为对独立帧仅进行帧内编码，没有参照其他帧图像，所以独立帧也称**帧内帧**。独立帧在编解码中都不依赖于其他帧，也适合于作为进行预测编码的起始帧。独立帧在所有编码国际标准中都得到了应用。

IFS ⇔ **迭代函数系统**

iterated function system 的缩写。

IGS ⇔ **解释引导的分割**

interpretation-guided segmentation 的缩写。

IHPF ⇔ **理想高通滤波器**

ideal high-pass filter 的缩写。

IHT ⇔ **迭代哈夫变换**

iterative Hough transform 的缩写。

IIDC ⇔ **仪器和工业数字摄像机**

Instrumentation & Industrial Digital Camera 的缩写。

iid noise ⇔ **独立同分布噪声**

同 **independent identically distributed noise**。

IIR ⇔ **无限脉冲响应，无限冲激响应**

infinite impulse response 的缩写。

IIRfilter ⇔ **无限脉冲响应滤波器，无限冲激响应滤波器**

infinite impulse response filter 的缩写。

ill-posed problem ⇔ **病态问题，不适定问题**

其解不同时满足**适定问题**的三个条件（即解①存在；②唯一；③连续依赖于数据）的问题。或者说指至少违反或不满足适定问题的条件之一的数学问题。将视觉处理问题作为**光学成像**过程的逆问题就是一个不适定问题。**计算机视觉**中的不适定问题可根据正则化理论来解决。比较 **well-posed problem**。

illuminance ⇔ **（光）照度**

光源照射在一个景物表面上单位面积的光通量. 单位是 lx（勒[克斯]），1 lx＝1 lm/m^2。是从所有方向照（射）到表面上一个点的光的总量。所以，与用人眼响应曲线加权的**辐照度**（irradiance）相等。

illumination ⇔ **（光）照度；照明；光照**

同 **illuminance**。

illumination adjustment [IA] ⇔ **照明调整**

通过调整两个不同**光源**的光谱分布的比值，使在一种照明条件下采集的图像可以调整成看起来像在另一种照明条件下采集的图像的技术。

illumination component ⇔ **照度分量**

入射到可见场景上的**光通量**。是确定图像灰度的一个因素，一般在空间缓慢变化。理论上其值总是大于零（只考虑有入射的情况），但也不是无穷大（因为物理上应可以实现）。

illumination function ⇔ **照度函数**

照度分量的函数形式。

illumination model ⇔ **光照模型**

在已知景物的物理形态和光源性质条件下，用于计算场景光照效果的数学模型。描述了光线照射到景物表面，受光强、入射角、视线、**表面反射**系数等影响而具有不同照度的情况。

illumination variance ⇔ **照度变化**

人脸识别中，采集**人脸图像**时光源在相对于人脸方向上亮度的变化。

illusion ⇔ **错觉**

人们的感官对客观事物的不正确感觉。**几何图形视错觉**就是人类视觉系统所产生的错觉。

illusion boundary ⇔ **错觉轮廓**

参阅 **subjective boundary**。

illusion of geometric figure⇔几何图形视错觉

人在观察几何图形时所感知的结果与实际刺激模式不相对应的情况。这是在各种主客观因素的影响下人的注意力仅集中于图形某一特征时发生的。也称**视觉变形**。

常见的几何图形视错觉可根据所引起错误的倾向性分为以下两类：

(1) 数量或尺寸上的视错觉，包括在大小、长短方面引起的视错觉；

(2) 方向上的视错觉，直线或曲线在方向上的变化引起的视错觉。

ILPF⇔理想低通滤波器

ideal low-pass filter 的缩写。

image⇔图像；像；影像

1. 图像：一种直接或间接作用于人眼并进而产生**视知觉**的实体(entity，即客观存在的事物)。可以是用各种观测系统以不同形式和手段观测客观世界而获得的(一般图像是客观场景的投影)。人的视觉系统就是一个典型的观测系统，通过它得到的图像就是客观景物在人心目中形成的影像。

图像是对客观景物的表达，包含了景物的描述信息。科学研究和统计表明，人类从外界获得的信息约有75%来自视觉系统，也就是从图像中获得。这里图像的概念比较广，包括照片、绘图、动画、视像，甚至文档等。中国有句古话"百闻不如一见"，人们常说"一图值千字"，都说明图像中的信息内容非常丰富，而事实上图像也确实带有大量的信息，是人类最主要的信息源。

一幅图像可以用一个2-D数组$f(x,y)$来表示，这里x和y表示2-D空间XY中一个坐标点的位置，而f则代表图像在点(x,y)的某种性质的数值。例如，常用的图像一般是**灰度图像**，这时f表示灰度值，取值集合为F，常对应客观景物被观察到的亮度。图像在点(x,y)也可有多种性质，此时可用矢量$\boldsymbol{f}$来表示。更一般的图像表达方法可见**图像表达函数**。

图像工程中，一般用图像代表**数字图像**。

2. 像：根据**几何光学**，从一个物点发出的一束光，经过**镜头组**后可会聚于一点，同时表面上也可以看作是从另一物点发出的光。前者称为实像，后者称为虚像。如果考虑垂直于光轴的一个平面上的各个点，成像将给出**像场**和像面。

3. 影像：通过**透镜**或反射镜得到的物体的形象。以前也指感光材料经**曝光**、显影、定影等产生，与被摄物体基本相同的平面形象。

image acquisition⇔图像采集，图像获取

从客观场景获取**图像**的技术或过程。进行图像采集需要用到光学器件和**图像传感器**。前者将场景的一部分聚焦在传感器上，而后者将电磁辐射能量转换为可以处理、显示和解释成图像的电信号。

image addition ⇔ **图像加法**

一种对**图像**进行的算术运算。用来结合两幅图像的像素内容或对一幅图像的像素值加一个常数。

image algebra ⇔ **图像代数**

参阅 **mathematical morphology**。

image alignment ⇔ **图像对齐**

参阅 **image registration**。

image analysis [**IA**] ⇔ **图像分析**

图像工程的三大分支之一。是对**图像**中感兴趣的目标进行检测和测量，以获得其客观信息，从而建立起对图像和目标的技术描述。一般利用数学模型并结合**图像处理**的技术来分析底层特征和上层结构，从而提取具有一定**视觉感知**和语义性的信息。与图像处理相比，图像分析更侧重于研究图像的内容。如果说图像处理是一个从图像到图像的过程，则图像分析是一个从图像到数据的过程。这里数据可以是对目标的**特征测量**的结果，或是基于测量的某种符号表示，描述了图像中目标的特点和性质。

image analysis system ⇔ **图像分析系统**

利用各种设备和技术构建，完成图像分析工作的系统。由于对图像的各种分析一般可用算法来形式描述，而大多数的算法可用软件实现，所以现在有许多图像分析系统只需用到普通的通用计算机。为了提高运算速度或克服通用计算机的限制还可使用特制的硬件。

image annotation ⇔ **图像标注**

给图像加上(具有语义的)文字标签的技术。在此基础上可进而实现基于文本描述的**基于内容的图像检索**。这里需要针对每幅图像的内容，用多个文本关键词尽可能准确、全面地描述。参阅 **image classification**。

image-based rendering [**IBR**] ⇔ **基于图像的绘制**

一种利用一组真实图像来产生从任意视点都可看到的场景的技术。换句话说，这种方法需要存储从不同视点获得的大量图像，从而可重采样或**插值**出任意视点的组合图像。这里将**图像技术**和**图形技术**结合使用。

image blending ⇔ **图像混合(技术)**

对**图像加法加以**扩展的算术运算。图像加法中，两幅图像的对应像素值相加构成新图像的像素值。图像混合时，对每幅图像赋一定的权重，权重之和为 1。

可借助图像混合把一幅图像隐藏在另一幅或多幅图像中。前一幅图像称拟**隐藏图像** $s(x,y)$，后一幅或多幅图像称**载体图像** $f(x,y)$。如果 α 为满足 $0 \leqslant \alpha \leqslant 1$ 的任一实数，则图像

$$b(x,y) = \alpha f(x,y) + (1-\alpha)s(x,y)$$

就是图像 $f(x,y)$ 和 $s(x,y)$ 的 α 混合图像，当 α 为 0 或 1 时，此种混合可称为平凡混合。

image border ⇔ **图像边框**

整幅图像的方形或矩形轮廓。

image brightness ⇔ **图像亮度**

照射到景物表面的**光通量**。是射

到目标表面单位面积的功率，单位 Wm^{-2}。与辐照度(irradiance)有关。

image brightness constraint equation ⇔ **图像辉度约束方程，图像亮度约束方程，图像照度约束方程**

建立了图像中(x,y)处像素的亮度$E(x,y)$与该像素处反射特性$R(p,q)$间联系的方程。归一化后的方程可写成

$$E(x,y)=R(p,q)$$

利用**单目图像**求解图像亮度约束方程是一个**不适定问题**，需要考虑附加信息才会有唯一解。

image capture ⇔ **图像采集**

同 **image acquisition**。

image capturing equipment ⇔ **图像采集设备**

将客观场景转化为可用计算机加工的**图像**的设备。也称成像设备、成像装置。目前使用较多的包括：**电荷耦合器件**(CCD)，**互补金属氧化物半导体器件**(CMOS)，**电荷注入器件**(CID)等。

各种图像采集设备都需要两种装置或器件：**传感器**和**数字化器**。

image classification ⇔ **图像分类**

根据内容把图像划入不同类别(并加上类别标签)的过程。在**基于内容的图像检索**中可缩小搜索范围，或借助对类别的文字标签实现快速检索。每类图像通常只用一个文本关键词描述。参阅 **image annotation**。

image class segmentation ⇔ **图像类别分割**

一种强调按目标的类别进行的特殊**图像分割**。目标分类一般根据目标的特性、属性或更高层的概念。

image coder ⇔ **图像编码器**

实现**图像编码**的设备(硬件)或算法/程序(软件)。

image coding ⇔ **图像编码(方法)**

一大类基本的**图像处理**技术。其目的是通过对**图像**采用新的表达方法以(尽可能保留原有信息的基础上)减小表示原来图像所需的数据量，所以也常称**图像压缩**。图像编码的结果改变了图像的形式，使之进入**压缩域**。直接显示图像编码的结果常常没有意义或不能反映图像的全部性质和内容。所以，当需要使用图像时还需把压缩结果转换回原始图像或其近似图像，这称为**图像解码**或**图像解压缩**。广义上讲，图像编码既包括图像编码也包括图像解码。

image coding and decoding ⇔ **图像编解码(方法)**

图像编码和**图像解码**的合称。

image communication ⇔ **图像通信**

对各种**图像**的传送和接收。可称为可视信息的通信。

image composition ⇔ **图像合成**

通过将多幅**图像**叠加、组合、融合、拼接、组装等运算来创建新图像的技术。

image compression ⇔ **图像压缩**

参阅 **image coding**。

image construction by graphics ⇔ 作图求像

借助几何作图方式确定成像位置的方法。**几何光学**中有三条典型光线：过焦点光线的出射光线平行于光轴；平行于光轴光线的出射光线则过焦点；过曲率中心的光线不发生偏折。按这三条典型光线，就可用几何光学作图法来追踪光线，初步确定图像位置以至于校正像差等。在精度要求不高或进行初步设计时，这种方法使用直观、方便。

image content ⇔ 图像内容

图像的含义或语义内容。确定和提取图像内容是利用图像的重要基础和主要目的。

image conversion ⇔ 图像转换

1. 不同类型图像间的变换。如将**位面图像**转换**矢量图像**，或反过来。

2. 将一种**图像文件格式**（如BMP）转换成另一种图像文件格式（如TIFF）。

3. 将采用一种**彩色模型**（如RGB）的图像转换成另一种彩色模型（如HSI）的图像。

image converter ⇔ 变像管

一种可将不可见光（如红外线）的像所成像转换为可见光的像的图像转换器。先将不可见光的像成像在**半透明**的阴极上转换为光电子信号，数值与各像点的辐射强度相关。这些光电子由电子光学系统增强后在阳极**荧光屏**上再形成可见光的像供观察。变像管根据对光电子的聚焦形式分为三类：①近似聚焦变像管，光阴极与荧光屏平行靠近放置。光电子并不聚焦，但因其间有强电场，所以电子以平行于管轴的方向前进。结构轻巧，但分辨本领较小。②静电场聚焦变像管。③电磁聚焦变像管。

image coordinate system ⇔ 像平面坐标系，图像坐标系

摄像机成像平面所在的坐标系。常记为 $x'y'$。一般取像平面 $x'y'$ 与**摄像机坐标系**的 xy 平面平行，且 x 轴与 x' 轴，y 轴与 y' 轴分别重合，这样像平面原点就在**摄像机轴线**上。

image coordinate system in computer ⇔ 计算机图像坐标系

计算机内部**数字图像**所用的坐标系。常记为 MN。数字图像最终由计算机内的存储器存放，所以要将**像平面坐标系**转换到计算机图像坐标系。

image coordinate transformation ⇔ 图像坐标变换

同 **spatial coordinate transformation**。

image cropping ⇔ 图像裁剪（技术）

截取图像一部分的操作。一般沿水平或垂直方向进行裁剪。

image decipher ⇔ 图像判读

对所获目标的图像进行的分析研究和识别。也称影像判读。按判读方式分为照片判读、底片判读和屏幕影像判读。通常根据照片、底片或图像上物体所呈现的**形状**、大小/

尺寸、**色调**、**阴影**、位置、活动痕迹等基本特征进行分析，以判明目标的性质、属性、种类及其情报价值。

imagedecoder ⇔ 图像解码器

实现**图像解码**的设备(硬件)或算法/程序(软件)。

image decoding ⇔ 图像解码(方法)

参阅 **image coding**。

image decoding model ⇔ 图像解码模型

对图像编码结果进行解码的模型。参阅 **source decoder**。

image decompression ⇔ 图像解压缩

参阅 **image coding**。

image degradation ⇔ 图像退化

图像工程中**图像质量**下降的过程和因素。实例很多，如**图像扭曲**，**噪声**叠加造成的影响，**透镜**的**色差**或**像差**，大气扰动或由于**镜头**缺陷导致的几何失真，聚焦不准或相机运动导致的**模糊**等。

image degradation model ⇔ 图像退化模型

表示**图像退化**过程和主要因素的模型。图 I5 给出一个简单但常用的图像退化模型，其中，图像退化过程被模型化为一个作用在输入图像 $f(x,y)$ 上的系统 H，与一个**加性噪声** $n(x,y)$ 的联合作用导致产生**退化图像** $g(x,y)$。根据这个模型，图像恢复是在给定 $g(x,y)$ 和代表退化的 H 的基础上得到 $f(x,y)$ 的某个近似的过程。这里假设已知 $n(x,y)$ 的统计特性。

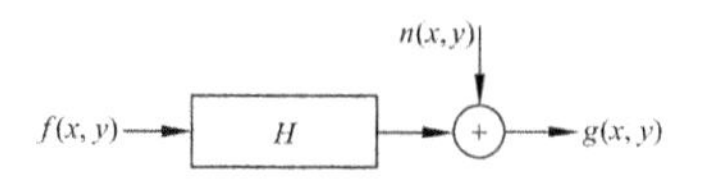

图 I5　一个简单常用的图像退化模型

image digitization ⇔ 图像数字化

将从场景获得、模拟自然世界的数据与负责图像处理、分析和理解的计算机算法所需的数字形式连接起来的过程。数字化包括两个过程：(时空上)采样和(幅度上)量化。可借助各种**数字化器**来实现。

image display ⇔ 图像显示

将**图像**以特定的形式展现出来的技术。不同图像采取不同的显示方式。例如，对**二值图像**，在每个空间位置的取值只有两个，可用黑、白来区别，也可用 0，1 来区别。对 2-D **灰度图像**显示的基本思路是将 2-D 图像看作在 2-D 空间不同位置上的一种灰度分布。

图 I6 显示了两幅典型的**灰度图像**，也是两幅**标准图像**。图 I3(a)所用的坐标系常在屏幕显示中采用(屏幕扫描是从左向右，从上向下进行的)，原点 O 在图像的左上角，纵轴标记图像的行，横轴标记图像的列。$I(r,c)$既可代表这幅图像，也可表示在 r 行 c 列交点处的图像属性值。图 I3(b)所用的坐标系常在图像计算中采用，原点在图像的左下角，横轴为 X 轴，纵轴为 Y 轴(与常用的笛卡儿坐标系相同)。$f(x,y)$既可代表这幅图像，也可表示在坐标(x,y)处的**像素**的值。

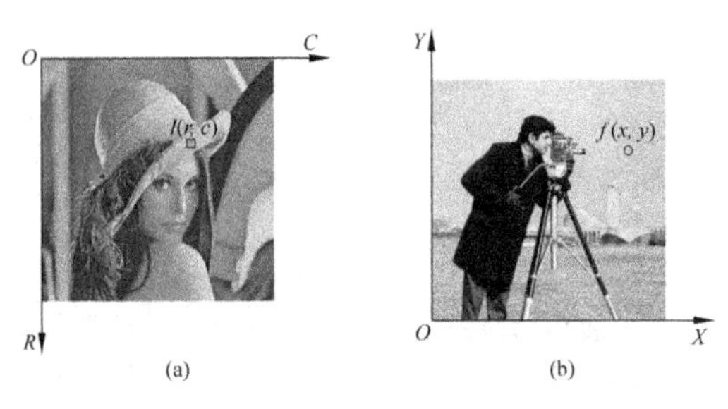

图 I6 图像显示示例

image display device ⇔ **图像显示器，图像显示设备**

将**图像**数据用空间亮度分布模式表现出来的设备。**图像处理**系统常用的主要显示设备包括可随机存取的**阴极射线管**、**液晶显示器**和**发光二极管**显示器，另外还可加上**打印机**。

image dissector ⇔ **析像管，析像器**

1. 一种用来将光学影像的空间变化通过高速扫描转化为按时间变化的电信号（从 2-D 到 1-D）发送出来的摄像管。

2. 一种传像光纤束。如光纤保密器。两端对应排列，但中间故意杂乱排列，然后从杂乱排列处切断，一分为二，用时再直接相合，或经通信线路传输后在**荧光屏**上再结合起来。

image distortion ⇔ **图像失真**

图像中的失真。见 **distortion**。

image division ⇔ **图像除法**

对图像进行的一种算术运算。将一幅图像的原始值除以一个标量系数，以使像素值更大（或更小）。标量系数大于 1 时，灰度值变小而图像更暗；标量系数大于 0 但小于 1 时，灰度值变大而图像更亮。

image domain ⇔ **图像域**

在**图像工程**中，同 **space domain**。

image editing program ⇔ **图像编辑程序**

用于扫描、编辑、加工、操纵、保存和输出图像的计算机软件。建立在对图像的像素表达（光栅表达）上，Photoshop 是典型的代表。

imageencoder ⇔ **图像编码器**

同 **image coder**。

image engineering[IE] ⇔ **图像工程（学）**

研究**图像**领域中的各种问题及开发应用图像技术的新学科。将数学、光学等基础科学的原理与图像应用结合，发展起来各种图像理论和**图像技术**整体框架。内容非常丰富，覆盖面很广，根据抽象程度和研究方法等可分为三层：①**图像处理**；②**图像分析**；③**图像理解**。换句话说，图像工程是既有联系又有区别的图像处理、图像分析及图像理解三者的有机结合，另外还包括工程应用。图 I7 给出三层的关系和主要特点。

image enhancement⇔图像增强

一大类基本的**图像处理**技术。通过对图像的加工，得到对应用来说视觉效果更“好”、更“有用”的图像。即要增强图像的主观质量。目前常用的技术根据其处理空间可分为基于**空域**的和基于**变换域**的两类。

image enhancement infrequency domain ⇔图像频域增强

一类通过改变图像中不同频率分量来实现的**图像增强**方法。在傅里叶空间借助**频率滤波器**进行。不同的滤波器滤除的频率和保留的频率不同，因而可获得不同的增强效果。

image enhancement in space domain⇔图像空域增强

直接作用于**像素**，在**空域**进行的增强方法。可用公式表示为

$$g(x,y) = E_{\mathrm{H}}[f(x,y)]$$

其中，$f(x,y)$和 $g(x,y)$分别为增强前后的图像，E_{H}代表**增强操作**。如果 E_{H}仅定义在每个(x,y)上，则 E_{H}是一种**点操作**；如果 E_{H}还定义在(x,y)的某个邻域上，则 E_{H}常称为**模板操作**。E_{H}既可以作用于一幅图像 $f(x,y)$，也可以作用于一系列图像 $f_1(x,y)$，$f_2(x,y)$，…，$f_n(x,y)$。

image feature⇔图像特征

同 **feature**。

image fidelity⇔图像保真度，图像逼真度

描述**解码图像**相对于原始图像偏离程度的量度。仅对**有损编码**的结果考虑图像的保真度。衡量保真度的主要准则可分为两大类：①**主观保真度准则**；②**客观保真度准则**。

image field⇔像场

垂直于光轴的物体或物点经**镜头组**成像的区域。理想镜头组对空间物体所成的像有一个空间区域，非理想镜头组对判明物体所成的像，因有像差的关系，也有一个空间区域。

image file format⇔图像文件格式

包含**图像**数据以及对图像的描述信息的计算机文件格式。图像文件内的图像描述信息给出图像文件的类型、大小、表达方式、压缩与否、数

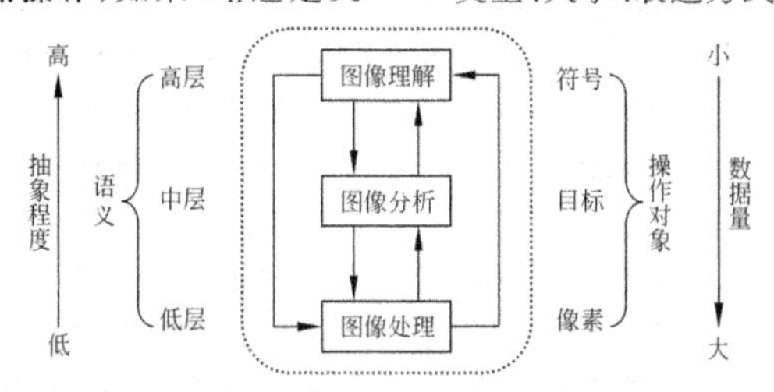

图 I7 图像工程整体框架

据存放顺序、数据起始位置、文件目录的字节偏移等信息,以便读取和显示图像。典型的图像文件格式包括 **BMP**、**GIF**、**TIFF** 和 **JPEG** 等**格式**。

image filtering ⇔ 图像滤波(技术)

一种采用滤波器对图像加工以获得需处理结果的**图像处理**技术。

image flipping ⇔ 图像翻转

将图像像素绕平面内一条线对调得到的镜像图像。该线一般是水平的或垂直的,图像会上下翻转或左右翻转。

image flow ⇔ 图像流

同 **optical flow**。

image-flow equation ⇔ 图像流方程

同 **optical-flow equation**。

image formation ⇔ 成像,图像形成

光或射线(如电子射线)经光电装置后会聚(或发散)到一点的成像过程。物体各点发出的光或射线,自然状态下总是发散的,只有采用适当的装置(光学中的**透镜**、球面镜,电子光学中的电极、电磁线圈等)才能使原来有某个会聚角或张角的光束(射线束)中的光线(射线)改变各自的方向。使得原来某点发出的光束以另一角度会聚(或发散)到另一点的过程(成像)。**波动光学**认为成像是一种干涉或衍射过程。在抽象的数学讨论中,不考虑具体装置,只要一点与另一点相对应,就称成像。

image fragmentation ⇔ 图像分块数

同 **fragmentation of image**。

image frame ⇔ 图像帧

视频图像中的每一幅图像。简称**帧**。

image fusion ⇔ 图像融合

将从不同来源,对同一场景获取的图像数据综合加工,以获得全面、准确、可靠的结果的图像技术。可在三个层上进行,包括**像素层融合**、**特征层融合**和**决策层融合**。

image generation ⇔ 图像生成

1. 根据设计的数据并按照特定应用的需求产生图像的技术。

2. 对**图像分割**算法进行实验评价的**通用评价框架**中的三个模块之一。为保证评价研究的客观性和通用性,可采用合成图像来测试分割算法并作为参考分割图。这样不仅客观性好,可重复性强,而且结果稳定。生成合成图像的重点是产生的图像应能尽量反映客观世界,这就需要把应用领域的知识结合进去。图像生成流程应可调整,以适应**图像内容**变化、图像获取不同条件等实际情况。

image geometry ⇔ 图像几何(学)

数字图像中的**离散几何**。

image gray-level mapping ⇔ 图像灰度映射(技术)

一种基于**图像**中**像素**的**点操作**。目的是通过对原始图像中每个像素都赋予一个新的灰度值来增强图像。要根据原始图像中每个像素的灰度值,按照某种映射规则(可用**映射函数**表示),将其转化成另一灰度值。原理可借助图 I8 来说明。考虑左边具有 4 种灰度(从低到高依次用 R,Y,G,B 来表示)的图像,所用映射规则如图中间的曲线 $E_H(s)$ 表示。根据这个曲线映射规则,原灰度值 G 映射为灰度值 R,而原灰度值 B 映射为灰度值 G。根据这个映射规则进行灰度变换,左边的图像将转换为右边的图像。该类方法的关键是设计映射规则或映射曲线,通过恰当设计的曲线形状就可以得到需要的增强效果。

image hashing⇔图像散列(法)

根据**图像内容**特征进行单向映射而提取出来的短小数字序列。可用来标识图像。与**图像水印**不同,由于提取散列不需要对图像数据进行修改,所以可完好地保持原图像的品质。

image hiding⇔图像隐藏(技术)

image information hiding 的简称。

image iconoscope⇔移像光电摄像管

一种特殊的**光电摄像管**。其光电阴极为一整片,可将光学像所发出的光子转换为光电子,再用电子光学的像转换器在透明镶嵌屏形成**电像**,而由另一方射来的电子束扫描,中和后所反射电子束的强弱即带有像的明暗和色度信息,然后经倍增装置放大,再送到阳极发出。

image information fusion⇔图像信息融合

一种特殊的**信息融合**或**多传感器信息融合**。以**图像**为加工和操作对象,将不同图像中的信息结合起来。

image information hiding⇔图像信息隐藏(技术)

为达到某种保密目的,将某些特定的信息有意地隐蔽嵌入图像中的过程或技术。是一个比较广泛的概念。根据是否对特定信息本身的存在性进行保密或不保密,图像信息隐藏可以是隐秘的或非隐秘的。另外,根据这些特定信息与图像相关或不相关,又可分为**水印**类型的或非水印类型的图像信息隐藏。

根据上面的讨论,从技术角度说可将图像信息隐藏技术分成 4 类,如表 I1 所列:

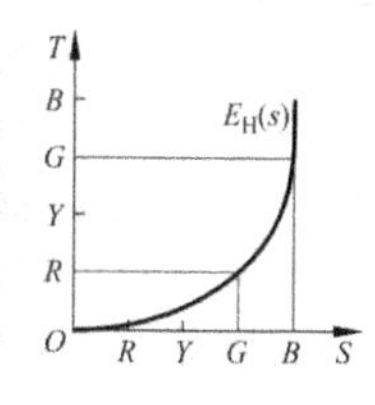

图 I8　灰度映像原理

表 I1 图像信息隐藏技术分类

	与图像相关	与图像不相关
隐藏信息存在	隐秘水印	秘密通信
已知信息存在	非隐秘水印	秘密嵌入通信

注:表中用黑体表示的术语表明在正文收录为词目,可参阅。

image information system⇔**图像信息系统**

用计算机来完成**视觉感知**和认知,集**图像的采集**、**处理**、**分析**和**理解**于一体的**信息系统**。广义上说,图像信息包括由**人类视觉系统**感知的信息,由各种视觉装置所获取的图像信息,由这些信息导出的其他表示形式,由上述这些信息中抽象出来的高级表达和行为规划,以及与这些信息密切相关的**知识**和处理这些信息所需的经验等。图像信息系统还能对这些信息进行存储、操作、加工和管理。

imageinpainting⇔**图像修复(技术)**

1. **图像修补**的一种类型。一般指对图像中尺度较小区域的修补。

2. 图像修复和图像**补全**(**区域填充**)的统称。

在以上两种情况下,都认为图像修复属于**图像恢复**或**图像复原**。

image interpretation⇔**图像解释,图像判读**

对从场景中获得的图像内容的描述和解读。本质上是要理解图像所反映场景的含义,并给出语义层的表述。

image interleaving⇔**图像交织(技术)**

描述图像中**像素**组织的方式。包括像素交织(将图像数据根据像素位置排序)和带(band)交织(将图像数据先根据带排序再在带内根据像素位置排序)。

image isocon⇔**分流正析像管**

移像光电摄像管的一种改型。也称分流直像管。只让返回电子的散射部分进入倍增器,只在强光部分靶才散射电子。

image knowledge⇔**图像知识**

图像理解中使用的知识。包括图像中特征类型以及其间的关系,如线、轮廓、区域。比较 **scene knowledge** 和 **mapping knowledge**。

image lattice⇔**图像网格,图像格点**

将图像平面分解成小单元的集合而得到的空间模式。也是由采样像素中央点在图像空间中组成的规则网格。与**采样模式**有互补关系,按三角形模式采样得到的图像格点是六边形的(**六边形格点**),按六边形模式采样得到的图像格点是三角形的(**三角形格点**),按正方形模式采样得到的图像格点仍是正方形的(**正方形格点**)。

image matching⇔**图像匹配(技术)**

一类重要的**图像理解**技术。常考虑图像的几何性质和灰度性质(近年考虑了更多的图像和目标性质),以建立不同图像之间的联系。

image memory ⇔ **图像存储器**

存储**图像**数据的装置。计算机中，图像数据以比特流形式存储，所以图像存储器与一般的数据存储器是相同的。因图像数据量很大，所以需要大量的空间。常用的图像存储器包括**磁带**、**磁盘**、**闪存**、**光盘**和**磁光盘**。

image mining ⇔ **图像挖掘(技术)**

对传统的**数据挖掘**的一种扩展。研究如何通过对**图像**(包括**视频**)中嵌入的**模式**和**知识**的提取来获得其中有用的信息。传统的数据挖掘主要处理结构数据，而图像并不属于结构数据。**图像内容**主要是可感知的，对图像所携带信息的解释常是主观的。

image model for thresholding ⇔ **阈值化图像模型**

为使用**阈值化**方法分割图像而建立的图像模型。假设**灰度图像**由具有单峰灰度分布的目标和背景组成，且在目标或背景内部的相邻像素的灰度值高度相关，但在目标和背景交界处两边的像素在灰度值上差别很大。如果一幅图像满足这些条件，其灰度**直方图**基本上可看作由分别对应目标和背景的两个单峰直方图混合而成(称为双峰直方图)。如果目标和背景这两个分布的样本数量接近且均值相距足够远，而且均方差也足够小，则该幅图像的灰度直方图应是双峰分离的。对这类图像常可用阈值化方法较好地分割。

image morphing ⇔ **图像变形(技术)**

一种通过逐步改变一幅图像中各部分的几何关系而转换为另一幅的**几何变换**技术。基本想法是通过显示中间的图像而产生一个可视的幻化效果。图像变形在电视、电影以及20世纪80和90年代的广告中很常用，但其后影响有所减少。

为实现变形常需要用户先在初始图像和最终图像中指定**控制点**。这些控制点然后用来生成两个网格(每幅图像一个)。最后用仿射变换将两个网格联系起来。

image multiplication ⇔ **图像乘法**

对图像进行的一种的**算术运算**。将一幅图像的原始值与一个标量系数相乘来使像素值更大(或更小)。如果标量系数大于1，结果将是灰度值更大的亮图像，如果标量系数大于0但小于1，则结果是灰度值更小的暗图像。

image negative ⇔ **图像求反，图像负片**

一种对原图灰度值进行翻转的**直接灰度映射**增强技术。计算的是一幅图像的负值(确切是求补)，直观说就是使黑变白，使白变黑。此时的**映射函数** $E_H(\cdot)$可用图I9(a)的曲线表示。图I9(b)和(c)给出一对示例图像。普通黑白底片与其照片的关系就是这样。

image observation model ⇔ **图像观测模型**

描述期望的理想图像与所获得或

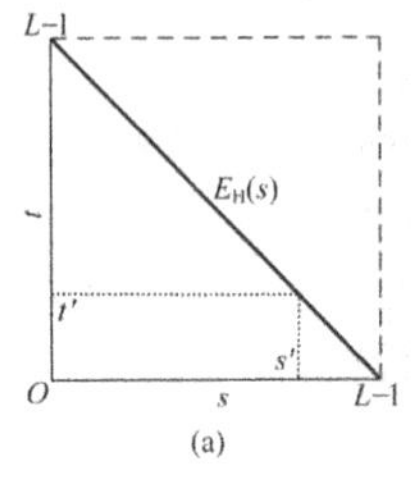

(a)

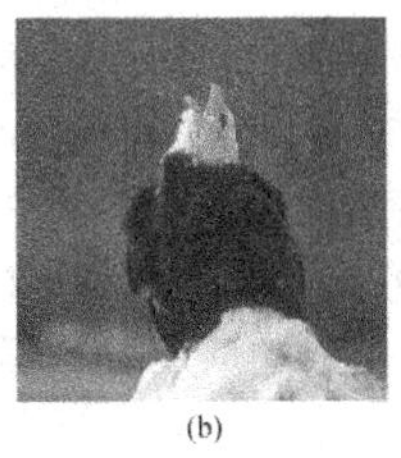
(b)

(c)

图 I9 图像求反

观测到的图像之间关系的成像模型。例如,在超分辨率图像重建中,观测图像可以是(一系列的)低分辨率图像,而理想图像即为所求的高分辨率图像。

image operation ⇔ 图像运算

以**图像**为单位进行的运算。主要包括**算术运算**和**逻辑运算**。运算逐像素进行,结果是一幅新的图像。

image pattern ⇔ 图像模式

由图像中像素性质的分布所构成的**模式**。常见的是由像素灰度分布所构成的亮度模式。图像模式也可定义为对图像中的目标或其他感兴趣部分定量或结构化的描述。可分成 3 类:(原始的)测量模式,(提取出来的)特征模式,关系模式(相依模式)。

image pattern recognition ⇔ 图像模式识别

对**图像模式**进行分析、描述、分类等的方法或技术。是一类特殊的**模式识别**。图像模式识别与**图像分析**比较接近,只是前者试图把图像分解成可用符号较抽象描述的类别。两者有相同的输入,且不同的输出结果可以比较方便地转换。

image plane ⇔ (图)像平面

2-D 图像的坐标(x,y)平面。参阅 **image coordinate system**。

image plane coordinate system [IPCS] ⇔ 像平面坐标系

同 **image coordinate system**。

image printing ⇔ 图像打印(技术)

将**图像**打印出来作为输出**图像处理**结果的过程。

image processing [IP] ⇔ 图像处理

图像工程的三大分支之一。着重强调在图像之间进行的变换。常泛指各种图像技术,但比较狭义的图像处理技术主要是对图像进行各种加工以改善图像的视觉效果,并为目标自动识别打下基础;或对图像进行压缩以减少图像存储空间或图像传输时间(从而降低对传输通路的要求)。

image processing hardware ⇔ 图像处理硬件

构建**图像处理系统**的硬件。主要包括:采集装置,处理装置,显示设备和存储设备。有时还包括通信设备。

image processing operations ⇔ **图像处理运算,图像处理操作**

对图像进行的具体加工。例如有**空域**运算和频域运算,前者还可分为全局运算(整图运算)、局部运算(邻域运算)、多图像运算。

image processing software ⇔ **图像处理软件**

构建**图像处理系统**的软件。常由执行特定工作的模块构成,并依赖于软件开发程序语言和开发环境(**MATLAB 编辑器**是一种常用工具)。

image processing system ⇔ **图像处理系统**

围绕计算机(大部分图像处理工作在其中进行)构建,还包括用于图像采集、存储、显示、输出和通信的硬件和软件的系统。基本构成可由图 I10 来表示。图中 7 个模块都有特定的功能,分别是**图像采集**、**图像合成**、(狭义)**图像处理**、**图像显示**、**图像打印**、**图像通信**和**图像存储**。其中采集和合成构成了系统的输入,而系统的输出包括显示和打印。需要指出,并不是每一图像处理系统都包括所有这些模块。另一方面,对一些特殊的图像处理系统,还可能包括其他模块。

image processing toolbox [IPT] ⇔ **图像处理工具箱**

MATLAB 软件中一个专门用于**图像处理**的函数集合。扩展了 MATLAB 环境的基础能力,以进行特殊的图像处理操作。

image pyramid ⇔ **图像金字塔**

一种对**图像**的**多尺度表达**结构。考虑一幅 $N \times N$ 的图像 I(其中 N 为 2 的整数次幂,即 $N=2^n$),如果将其在水平和垂直两个方向上各隔一个像素取一个像素(例如,每行连续两个像素中取第 2 个而每连续两行中取第 2 行),取出的像素就构成一幅 $N/2 \times N/2$ 的图像。换句话说,通过在两个方向上进行 2∶1 的亚抽样,可以得到原始图像的一个(较粗略的)缩略图。这个过程可重复进行,直到原始的 $N \times N$ 图像变为一幅 $N/N \times N/N$,即 1×1 的图像,如图 I11 所示。所得到的这一

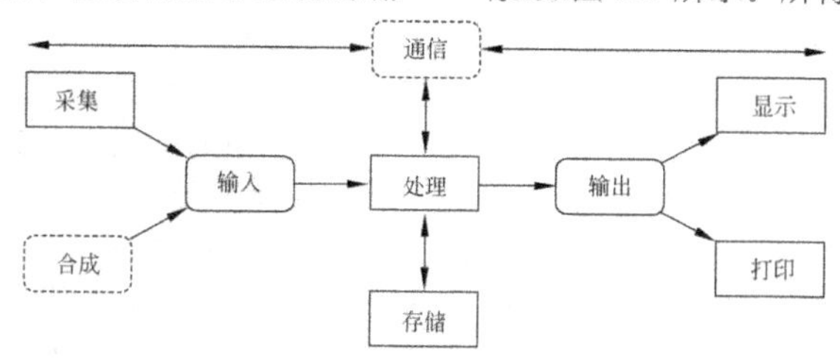

图 I10 图像处理系统的构成示意图

系列图像构成一个**金字塔**的结构，原始图像对应第 0 层，$N/2\times N/2$ 的图像对应第 1 层，直到 $N/2^n \times N/2^n$ 的图像对应第 n 层。

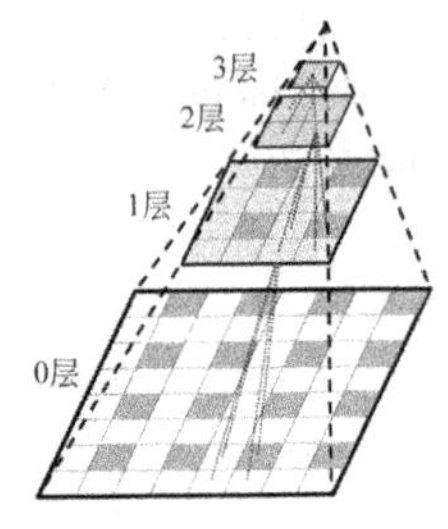

图 I11 图像金字塔的构成

image quality⇔**图像质量**

图像处理中对图像视觉效果的评价。不同的图像应用场合，对图像质量的要求常常不同，评价指标也不同。如**图像采集**时，采样率和量化级数是影响图像质量的重要因素。又如(有损)**图像压缩**中，采用不同的主、客观指标，所得到的图像质量评价也不同。

image quality measurement ⇔ **图像质量测量**

用一定的测度来对显示给观察者的图像进行的质量判定。对判定的需求源自许多方面，例如：

(1) 没有理由去设计一个其图像质量超出人眼感知能力的系统；

(2) 因为各种图像加工技术都有可能导致结果产生可观察到的变化，所以需要评价视觉质量方面损失的数量和影响。

根据质量评价的角度不同，可分为**主观质量测量**和**客观质量测量**。

image reconstruction⇔**投影重建，图像重构，图像重建**

自投影重建图像的简称。

image reconstruction from projection⇔**自投影重建图像，从投影重建图像**

一类特殊的图像处理技术。简称图像重建。这里输入是(一系列)投影图，而输出是重建图。又可看成是一类特殊的图像恢复技术。如果把投影看成是一个退化过程，则重建是一个复原过程。具体来说，投影时沿射线方向的分辨力丢失了(只剩 1-D 信息)，而重建则利用多个投影恢复了 2-D 的分辨力。图像重建的方法主要有三类：①傅里叶逆变换重建；②反投影重建；③级数展开重建。

image rectification⇔**图像矫正**

将由光轴会聚的摄像机获得的图像进行几何变换，以得到用光轴平行的摄像机获得的图像的技术或过程。这将一对**立体图像**变形以使共轭的**极线**共线。一般将线变换成与水平轴平行，以使对应的**图像特征**处在同一个扫描线上。这可以减少立体视觉匹配问题中的计算复杂度。考虑图 I12 中矫正前后的图像，从目标点 W 来的光线在矫正前后分别与左图像 L 交于(x, y)和(X,Y)。矫正前图像上的各个点都可连到镜头中心并扩展到与矫正后的图像 R 相交，所以对矫正前图像上的各个点，可以确定其在矫正后图像上的对应点。

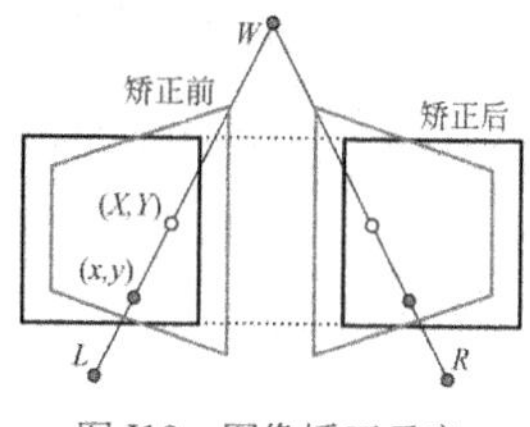

图 I12 图像矫正示意

这里矫正前后点的坐标由**投影变换**相联系(a_1 到 a_8 为投影变换矩阵的系数):

$$x = \frac{a_1 X + a_2 Y + a_3}{a_4 X + a_5 Y + 1}$$

$$y = \frac{a_6 X + a_7 Y + a_8}{a_4 X + a_5 Y + 1}$$

广义上图像矫正还可指对各种成像中的几何问题,包括视差、透视、物体形状弯曲(如行星表面)、照相时的不稳定(如航摄飞机的运动使像变形)等的修正。其中不稳定可借助专用仪器予以解决,其他问题多可用计算机通过软件解决。

image registration ⇔ 图像配准

一种用于对齐、重叠或匹配两个同类目标(如图像、曲线、模型)的技术。其中要建立两幅(或更多幅)描述相同场景的图像中像素间的对应关系,对应的像素应源于成像场景中的同一个物理单元。更具体地说,指计算出几何变换以便将一个目标叠到另一个之上。例如,图像配准确定对两幅图像共有的区域,然后确定平面变换(旋转和平移)以对齐它们。类似地,曲线配准确定两条曲线之间相似或相同部分的变换。变换并不需要是刚性的,在医学图像中(如数字减影血管造影术),非刚性的配准很普遍。注意在大多数情况下并没有准确的解决方案,因为两个物体并不完全一样,而且最好的近似解决方案也需要使用最小均方或其他复杂的方法。

图像配准是与**图像匹配**密切相关,但又有区别。一般来说,图像配准的含义比较窄,主要目标是建立在不同时空获得的图像间的**对应关系**,特别是几何方面的对应关系,最后获得的效果常常体现在像素层。从这点来说,配准可以看作是对较低层表达的匹配。

image repair ⇔ 图像修补

对图像中缺失的部分(原因可不同)进行的修补。基于对缺失部分的先验知识,通过采用相应的方法纠正或校正缺损问题,最后达到恢复整幅图像原貌的目的。所用技术根据其特点和目的可分成两类:**图像修复**和区域**补全**。前者常用于修补尺度较小的区域而后者常用于修补尺度较大的区域。

image representation ⇔ 图像表达

图像的表示形式。是所用数据结构、数据量、显示效果等的综合。典型的有**图像的矩阵表达**和**图像**的矢量表达。

image representation function ⇔ 图像表达函数

表示**图像**所反映的辐射能量在空

间分布情况的函数。最简单情况下，可用 $f(x,y)$ 来表示，其中亮度 f 表示在点 (x,y) 的**辐射强度**。3-D 图像可用 $f(x,y,z)$ 来表示。参阅 **general image representation function**。

image representation with matrix ⇔ **图像的矩阵表达**

用矩阵来表示**图像**的方式。一幅 $M \times N$ 的 2-D 图像（其中 M 和 N 分别为图像的总行数和总列数）可以用一个 2-D 的 $M \times N$ 矩阵来表示：

$$\boldsymbol{F} = \begin{bmatrix} f_{11} & f_{12} & \cdots & f_{1N} \\ f_{21} & f_{22} & \cdots & f_{2N} \\ \vdots & \vdots & \ddots & \vdots \\ f_{M1} & f_{M2} & \cdots & f_{MN} \end{bmatrix}$$

image representation with vector ⇔ **图像的矢量表达**

用矢量来表示**图像**的方式。一幅 $M \times N$ 的 2-D 图像（其中 M 和 N 分别为图像的总行数和总列数）可以用一个 N 维的矢量来表示：

$$\boldsymbol{F} = [\boldsymbol{f}_1 \quad \boldsymbol{f}_2 \quad \cdots \quad \boldsymbol{f}_N]$$

其中每个分量又是一个 M 维的矢量：

$$\boldsymbol{f}_i = [f_{1i} \quad f_{2i} \quad \cdots \quad f_{Mi}]^{\mathrm{T}}, \quad i = 1,2,\cdots,N$$

其中每个分量对应一个像素。

image resizing ⇔ **图像大小调整（技术）**

改变图像尺寸的**几何图像修正**操作。一般要接一个**灰度插值**步骤。

image restoration ⇔ **图像复原，图像恢复**

图像处理中，将退化图像尽可能恢复原状的过程。完美的图像恢复仅在退化函数从数学上可以求逆的情况下才有可能。典型的图像恢复技术包括**逆滤波**、**维纳滤波**和**有约束最小二乘恢复**。图像恢复与**图像增强**的相同之处是都要得到在某种意义上改进的图像，或者说都希望改进输入图像的视觉质量。图像恢复与图像增强的不同之处是前者一般要借助人的视觉系统的特性以取得看起来较好的视觉结果，而后者则认为图像（质量）在某种情况/条件下退化或恶化了（图像品质下降了、失真了），现在需要根据相应的退化模型和知识重建或恢复原始的图像。换句话说，图像恢复技术是要将**图像退化**的过程模型化，并据此采取相反的过程以得到原始的图像。由此可见，图像恢复要根据一定的**图像退化模型**来进行。

image retrieval ⇔ **图像检索**

从图像数据库中检索所需单幅**图像**或**图像序列**的过程或技术。

image rippling ⇔ **图像纹波（技术）**

一种可导致一幅图像沿 x 和 y 方向产生一个局部波状移动的非线性**图像变换**。所用映射函数的参数是（非零）周期长度 L_x，L_y（像素）以及相关联的振幅值 A_x，A_y。逆变换函数由下两式给出：

$$T_x^{-1}: x = x' + A_x \cdot \sin\left(\frac{2\pi \cdot y'}{L_x}\right)$$

$$T_y^{-1}: y = y' + A_y \cdot \sin\left(\frac{2\pi \cdot x'}{L_y}\right)$$

imagery ⇔ **成像**

同 **image formation**。

image segmentation ⇔ **图像分割**

将**图像**分成各具特性的区域并提取出**目标区域**的过程。这里特性可以是**灰度**、**颜色**、**纹理**等，也可以是其他性质或属性。目标可以对应单个区域，也可以对应多个区域。

图像分割是由**图像处理**转入**图像分析**的关键步骤，也是一种基本的**计算机视觉**技术。这是因为图像的分割、目标的分离、特征的提取和参数的测量将原始图像转化为更抽象、更紧凑的形式，使得更高层的分析和理解成为可能。

image segmentation evaluation ⇔ **图像分割评价**

对**图像分割**算法性能的研究。目的是改进和提高现有算法的性能、优化分割、改善分割质量和指导新算法的研究。

图像分割评价工作可以分成两种情况：①**性能刻画**；②**性能比较**。两者内容互相关联，性能刻画使对算法的性能比较全面，性能比较使对算法的性能刻画更有目的性。

图像分割评价的方法可以分成三类：①**分析法**；②**优度试验法**；③**差异试验法**。后两类都属于试验法。参阅 **general scheme for segmentation and its evaluation**。

image sensing ⇔ **图像采集，图像传感**

同 **image acquisition**。

image sensor ⇔ **图像传感器**

可以将光学信息转化为其等效电子信息的设备。主要目的是将**电磁辐射**的能量转换为可以处理、显示和解释成图像的电信号。完成此任务的方式随采用工艺而显著不同。目前主要是基于**电荷耦合器件**(CCD)和**互补金属氧化物半导体器件**(CMOS)工艺的固态装置。

image sequence ⇔ **图像序列，序列图像**

时间上有一定顺序和间隔，内容上相关的一组**图像**。**视频图像**是一种特殊的序列图像，其各帧图像在时间轴上等间隔排列。

image sequence understanding ⇔ **图像序列理解**

对**图像理解**以**图像序列**作为输入的推广。参阅 **video understanding**。

image shrinking ⇔ **图像缩小(技术)**

为便于观察而调小图像尺寸的操作。一般各部分等比例缩小。比较 **image zooming**。

image size ⇔ **图像大小，图像尺寸**

一幅图像中像素的总数。对一幅 M 行 N 列的图像，其大小为 MN。

image stitching ⇔ **图像拼接(技术)，图像缝接(技术)**

将对同一场景的不同部分所得到的一组(重合)图像结合起来，构成更大的无缝全景图的技术。涉及到构建摄像机运动模型，实现图像对齐(还场景以本来的空间分布和联系)，进行亮度调整(以消除不同图像间的**曝光**差异)等工作内容。

image storage ⇔ **图像存储**

使用**图像存储器**以一定的**图像文件格式**存储图像的技术。

image subtraction ⇔ **图像减法**

对图像进行的一种**算术运算**。常用来检测两幅图像间的差别。这种差别可源于不同因素，如人为地对图像加入或除去相关的内容，一个**视频序列**中两帧间的相对运动。

image technique ⇔ **图像技术**

与**图像**有关的任何一种技术。涉及利用计算机和其他电子设备进行和完成一系列工作的技术。包括：图像的采集、获取、编码、存储和传输，图像的合成和产生，图像的显示和输出，图像的变换、增强、恢复(复原)和重建，图像水印的嵌入和提取，图像的分割，目标的检测、跟踪、表达和描述，目标特征的提取和测量，图像和目标特性的分析，序列图像的校正配准，3-D景物的重建复原，图像数据库的建立、索引和检索，图像的分类、表示和识别，图像模型的建立和匹配，图像、场景的解释和理解，以及基于它们的判断决策和行为规划。另外，还可包括为完成上述功能而进行的硬件设计及制作等方面的技术。

image time sequence ⇔ **图像时间序列**

同 **multitemporal image**。

image tone ⇔ **图像色调，图像影调**

图像上的明暗层次。即由黑经灰至白的各种密度等级。如果图像的影调丰富，则影像柔和；影调贫乏，则影像显得生硬。参阅 **shade**。

image tone perspective ⇔ **影调透视**

摄影中表现空间深度的方法之一。光线透过大气层时，因空气介质对光线的扩散作用，近处景物的明暗反差、轮廓的清晰度、色彩的显著度看起来均比远处景物的都大。而且越近越强，越远越弱。此现象反映在照片上就产生影调透视效果，可以表现场景空间深度和物体所在的空间位置。

imagetopology ⇔ **图像拓扑**

图像技术中有关拓扑性质的一个领域。关注使用相邻和连接等概念来研究基本的图像特性(如**连通组元**的个数、**目标**中的**孔数**)，常基于**二值图像**并借助**形态学运算**。

image transform ⇔ **图像变换**

将图像以某种形式从一个表达空间转换到另一个表达空间的过程。是有效和快速地对图像进行处理的手段。具体是将图像转换到新的空间后，利用新空间的特有性质方便地对图像进行处理，再将处理结果转换回原空间以得到所需的效果。

image twirling ⇔ **图像捻转(技术)**

一种非线性**图像变换**。可导致一幅图像围绕一个坐标为(x_c, y_c)的定位点旋转一个随空间变化的角度：这个角度在定位点的值是α，然后随着与中心径向距离的增加而线性减少。这种效果局限于最大半径为r_{max}的区域。在这个区域外的所有像素都保持不变。

因为这个变换使用后向映射，所以逆映射函数方程是：

$$T_x^{-1}: x = \begin{cases} x_c + r\cos(\theta), & r \leqslant r_{\max} \\ x', & r > r_{\max} \end{cases}$$

$$T_y^{-1}: y = \begin{cases} y_c + r\sin(\theta), & r \leqslant r_{\max} \\ y', & r > r_{\max} \end{cases}$$

其中 $d_x = x' - x_c$，$d_y = y' - y_c$，$r \leqslant \sqrt{d_x^2 + d_y^2}$，$\theta = \arctan(d_x, d_y) + \alpha[(r_{\max} - r)/r_{\max}]$。

image understanding [**IU**] ⇔ **图像理解**

图像工程的三大分支之一。重点是在**图像分析**的基础上，进一步研究图像中各目标的性质和之间的相互联系，并通过对**图像内容**的理解得出对原来客观场景的解释，从而指导和规划行动。如果说**图像分析**主要是**以观察者为中心**来研究客观世界(主要研究可观察到的事物)，那么图像理解在一定程度上是**以客观世界为中心**，借助知识、经验等来把握整个客观世界(包括没有直接观察到的事物)。

image warping ⇔ **图像变形(技术)，图像扭曲(技术)，图像翘曲(技术)**

变换像素在图像中位置的任何一种处理操作。一般保持此时的图像拓扑，即原来相邻的像素在变形后的图像中仍相邻。图像变形产生具有新形状的图像。这可用来校正几何失真，对齐两幅图像(见**图像校正**)，或将目标形状变换成更容易处理的形式(如将圆变成直线)。

image watermarking ⇔ **图像水印(技术)**

对图像嵌入和检测**数字水印**的过程。数字水印是一种数字化的标记，将其秘密地内嵌到数字产品中可以帮助识别产品的所有者、内容、使用权、完整性等。图像水印嵌入在更广泛的意义上可看作一种**图像信息隐藏**的特殊方式。

image zooming ⇔ **图像放大(技术)**

为便于观察而调大图像尺寸的过程。一般各部分等比例扩大。比较 **image shrinking**。

imaginary primaries ⇔ **虚基色**

并不对应任何真实彩色的基色光。是数学计算的产物。使用 XYZ 彩色系统的三刺激值，可计算出色度值以画出这个彩色系统的**光谱轨迹**和**紫色线**。注意光谱轨迹和紫色线现在完全在**色度图**允许值的直角三角形中。不过，这样一个彩色系统的三刺激值并不是通过物理实验得出，而只是简单地将非虚的基色光彩色系统的三刺激值变换得到。

imaging element ⇔ **成像单元**

图像采集设备中对某个电磁能量谱波段敏感的物理器件的基本单元。其尺寸决定了所采集的图像的**空间分辨率**。

imaging radar ⇔ **成像雷达**

根据对从地面或水面返回天线的回波的综合处理来获得地面或水面图像的雷达。

imaging spectrometer ⇔ **成像光谱仪，成像分光计**

一种通过色散光学单元(棱镜或栅格)所产生的频谱，直接成像到一个线性的传感器阵列上的非扫描分光计。

imaging transform⇔**成像变换**

描述借助**摄像机**将3-D客观世界的场景**透视投影**到2-D图像平面上的变换。也称**几何透视变换**、**透视变换**。涉及不同空间坐标系之间的变换。考虑图像采集的最终结果是要得到可输入计算机里的数字图像，在对3-D空间景物成像时涉及到的坐标系主要有以下几种：**世界坐标系**，**摄像机坐标系**，**像平面坐标系**，**计算机图像坐标系**。

IMF⇔**本征模态函数**

intrinsic mode function的缩写。

imperceptible watermark⇔**不可感知水印**

嵌入数字媒体后不能被感知到的**水印**(隐形水印)。主要用于防止非法复制以及鉴别产品的真伪等。对图像来说，水印的不可感知能保证原图像的观赏价值和使用价值。

implicit registration⇔**隐式配准**

人脸识别中，将关键点位置边缘化，从而不需显式确定关键点位置的操作。

importance sampling⇔**重要性采样**

粒子滤波中，对最有可能的样本加最大的权重，以便在迭代中逼近特定分布的步骤。

improved NMF [INMF] model⇔**改进的非负矩阵分解模型**

在**非负矩阵分解**中，一种根据某种需要对 $\boldsymbol{W}$ 和 $\boldsymbol{H}$ 施加除非负性限制外的其他限制的模型。算法主要包括3类：①稀疏性增强的非负矩阵分解算法；②加权非负矩阵分解算法；③鉴别性嵌入非负矩阵分解算法。

improving accuracy⇔**精度改善**

提高**视差图**各点视差值精度的过程。视差计算和深度信息恢复是**立体视觉**各种后续工作的基础，因此高精度的视差计算很重要。为此，可在获得一般**立体匹配**通常给出的像素级视差后进一步改善精度，以获得**亚像素级视差**。

impulse noise⇔**脉冲噪声，冲激噪声**

一种由持续时间短但幅度比较大的不规则不连续脉冲尖峰组成的**噪声**。能随机地改变某些像素的值。也称**散粒噪声**、**规格噪声**。参阅**salt-and-pepper noise**。

impulse response⇔**冲激响应**

参阅**pulse response function**。

incandescent lamp⇔**白炽灯**

一种较早发明的照明光源。让电流通过细钨丝产生热辐射，在灯丝温度很高时辐射的电磁谱线在可见光范围内。主要优点是可在低电压下工作，并产生色温在3000～3400 K的连续光谱，但不能用作闪光灯。

incidence matrix⇔**关联矩阵**

图论中，根据讨论的对象可有不同的含义：

(1) 图中由0和1构成的矩阵。其中元素 (i,j) 当且仅当顶点 i 与边 j 关联时取1。

(2) **有向图**中由-1,0和1构成的矩阵。其中元素(i,j)当顶点i是边j的头部时取-1;当顶点i是边j的尾部时取1;其他情况取0。

(3) 一般情况下,表示隶属关系的矩阵。

incident⇔关联的

图论中一对顶点之间有连接边的;或两条边之间有共同顶点的。一般将由**图**中顶点A和B的无序对构成的边e记为$e \leftrightarrow AB$或$e \leftrightarrow BA$,并称A和B为e的端点(end),称边e连接(join)A和B。这种情况下,顶点A和B与边e是关联的,边e与顶点A和B也是关联对。两个与同一条边相关联的顶点是**相邻**的,同样两条有共同顶点的边也是相邻的。

incoherent⇔非相干的

波动光学中,两个波之间缺乏固定相位联系的。如果将两个不一致的波叠加,干涉效果的延续不会超过波的单个一致时间。

incorrect comparison theory⇔错误比较假说

混淆假说的又称。此又称比较直观地指出了误比较说的本质。

increasing⇔增长性

数学形态学中的一种运算。以**二值图像数学形态学**为例,设MO为数学形态学算子,集合A和结构元素B为运算对象,如果$A \subseteq B$时有$MO(A) \subseteq MO(B)$,即称MO具有增长性,也可称MO具有包含性或MO具有保序性质。可以证明**膨胀**和**腐蚀**以及**开启**和**闭合**都具有增长性。对**灰度图像数学形态学**,考虑输入图像$f(x,y)$和结构元素$b(x,y)$可得到相同性质。

independent component⇔独立分量

将原始图像集合用基函数展开时所用的系数。

independent component analysis [ICA]⇔独立分量分析

1. 一种非监督的**特征选择**方法。可在特征空间中选择特征间相互最独立的方向来表达数据,适合用于**盲源分离**。

2. 一种多变量数据分析方法。可寻找一个线性变换以使变换后数据矢量的各分量互相独立。与**主分量分析**(只考虑二阶性质,且变换依赖于互相正交的基函数)不同,独立分量分析考虑整个分布的性质,且变换依赖于并不需要正交的基函数。

independent-frame⇔独立帧

同**I-frame**。

independent identically distributed [iid] noise⇔独立同分布噪声

同时满足"独立"和"同分布"两个条件的**噪声**。"独立"指噪声值组合的**联合概率密度函数**可写成在不同像素处单个噪声分量的概率密度函数的乘积。"同分布"指在所有像素位置的噪声分量源自相同的概率密度函数。

如果在像素(i,j)处的噪声分量

n_{ij}源自一个均值为μ标准方差为σ的高斯概率密度函数，则所有噪声分量的联合概率密度函数$p(n_{11}, n_{12}, \cdots, n_{NM})$可写成

$$p(n_{11}, n_{12}, \cdots, n_{NM})$$
$$= \frac{1}{\sqrt{2\pi}\sigma} e^{-\frac{(n_{11}-\mu)^2}{2\sigma^2}}$$
$$\times \frac{1}{\sqrt{2\pi}\sigma} e^{-\frac{(n_{12}-\mu)^2}{2\sigma^2}} \times \cdots \times \frac{1}{\sqrt{2\pi}\sigma} e^{-\frac{(n_{NM}-\mu)^2}{2\sigma^2}}$$

其中图像的尺寸假设为$N \times M$。

independent noise⇔独立噪声

在各个像素位置的噪声值不受在其他像素位置的噪声值的影响的**噪声**。由于影响各个像素的噪声值是随机的，所以可将噪声过程看作一个随机场，与图像尺寸相同，逐点加到(或乘以)表达图像的场。可以说，噪声在各个像素位置的值是一个随机试验的输出。如果随机试验的结果(假设作用在一个像素位置)不受在其他像素位置的随机试验输出的影响，则该噪声是独立的。

independent random variables⇔独立随机变量

n个**随机变量**的**联合分布函数**等于各**随机变量**的**分布函数**的乘积的情形。即当

$$P_{f_1 f_2 \cdots f_n}(z_1, z_2, \cdots, z_n)$$
$$= P_{f_1}(z_1) P_{f_2}(z_2) \cdots P_{f_n}(z_n)$$

时，随机变量$z_1, z_2, \cdots, z_n$是独立的。

independent set⇔独立集

一个**图**中由两两不相邻的结点组成的集合。参阅 **complement graph**。比较 **clique**。

indexed color⇔索引彩色

放在**调色板**中帮助进行彩色量化并在显示器上表示彩色图像的彩色。在图形数据格式 **GIF** 和 **TIFF** 中，均包含相关联的调色板和**索引彩色图像**。一般来说，这类调色板包括适合于非线性显示器的 RGB 值，可以直接在显示器上显示**彩色图像**(不需再校准)。对**真彩色图像**使用索引的彩色将会减少图像的彩色信息并降低彩色图像的质量。

indexed color images⇔索引彩色图像

使用一个与图像尺寸相同的 2-D 数组，其中包含最大尺寸(一般为 256 种彩色)固定的调色板(或彩色图)的索引(指针)，并用该数组索引得到的彩色图像。调色板提供了图像中所使用颜色的一个列表。这样可解决与不能同时显示 16 M 种彩色的老硬件的向下兼容性问题。

index of refraction⇔折射率

入射角正弦与折射角正弦之比。也等于折射媒质的折射率与入射媒质的折射率之比。如第一种媒质是真空，则所得比值是**绝对折射率**。对一个给定**波长**的光，也就是该光在真空中的速度与其在折射材料中的速度的比。两种媒质间的折射率也是两种媒质中光速之比。

indices of depth⇔深度线索

空间知觉中可以帮助判断物体空间位置的经验知识。人类并没有直

接或专门用来感知距离的器官，对空间的感知不仅仅靠视力，还需要依靠深度线索，包括**非视觉性深度线索**、**双目深度线索**和**单目深度线索**。

indirect filtering ⇔ 间接滤波(技术)

一种借助对运动信息的检测来确定滤波器中参数，并借助静止**图像滤波**技术的扩展来对**视频**进行滤波的技术。

indirect imaging ⇔ 间接成像(方法)

不直接产生景物的图像而是给出一个可用来重建景物的空间信号或时间信号的成像技术。最常用的是**断层成像**和**全息成像**。比较 **direct imaging**。

indirect radiography ⇔ 间接射线照相(术)

将不可见光的像用**荧光屏**显示出来，然后再行拍照的技术。根据所选用的不可见光的种类，可分为荧光照相、X射线照相、射线照相等。

indirect vision ⇔ 间接视觉

一种更清晰地观察景物的方式。景物的像没有落在**视网膜**中央时，由于那里细胞密度较小，所成像可能不太清晰；为看得更清晰，可转动眼球让像落在中央凹上。

induced color ⇔ 被诱导色

视场中某一区域的色刺激影响对相邻区域的颜色感觉时的受影响色。比较 **inducing color**。

induced subgraph ⇔ 诱导子图

图论中一种特殊的子图。对图 G 的非空顶点子集 $V'(G) \subseteq V(G)$，如果有一个图 G 的子图以 $V'(G)$ 为顶点集，以图 G 里两个端点都在 $V'(G)$ 中的所有边为边集，该子图就是图 G 的诱导子图，记为 $G[V'(G)]$ 或 $G[V']$。

inducing color ⇔ 诱导色

视场中某一区域的色刺激影响其相邻区域的颜色感觉时的刺激色。比较 **induced color**。

inefficiency ⇔ 无效率

估计值收敛很慢且波动较大的估计器的性质。但这不影响估计是否有偏差(用准确性衡量)。比较 **efficiency**。

inertia equivalent ellipse ⇔ 惯量等效椭圆

同 **equivalent ellipse of inertia**。

inference ⇔ 推理，推断；推理性

1. 推理/断：由一个或几个已知的判断(前提)，推导出一个未知的结论的思维过程。主要有演绎推理和归纳推理。演绎推理是从一般规律出发，运用逻辑证明或数学运算，得出特殊事实应遵循的规律，即从一般到特殊。归纳推理就是从许多个别的事物中概括出一般性概念、原则或结论，即从特殊到一般。

2. 推理/断：**隐马尔可夫模型**的3个重点问题之一。

3. 推理性：命题表达的特点之一。**命题表达模型**可用比较统一的计算来操纵。可用这些计算开发推理规则，以便从老命题推出新命题。

infinite impulse response [IIR]⇔无限脉冲响应,无限冲激响应

对一个脉冲信号在时空上的无穷个响应之一无限脉冲响应滤波器设计和实现都比**有限脉冲响应**滤波器容易,但不易优化,也不一定稳定。

infinite impulse response [IIR] filter ⇔无限脉冲响应滤波器,无限冲激响应滤波器

一种用一个有限数组来与图像卷积的**滤波器**。各种**理想滤波器**(低通、带通或高通)均不满足这个条件。

inflection point⇔拐点

曲线**奇异点**的一种。如图 R6(c)所示。

influence of lens resolution⇔镜头分辨率影响

图像分析中由于**光学镜头分辨率**不足所带来的对目标测量的影响。此时仅增加镜头后所接的数字采集器的**空间分辨率**并不能获得高分辨率的图像和高精度的测量结果。

influence ofsampling density⇔采样密度影响

由于对场景**采样**的密度不同所带来的对目标测量的影响。由于**图像分析**中要对有限尺度的目标在有限的时间内用有限精度的计算机进行测量,所以并不能仅根据采样定理选择采样密度。

influence ofsegmentation algorithm ⇔分割算法影响

图像分析中由于对目标采用不同的分割算法或在同一算法中选取不同的参数所带来的对目标测量的影响。分割结果的变化会对特征量测量结果产生影响。另外,当需要对不同的特征量进行测量时,不同的分割结果也会产生不同的影响。

infophotonics⇔信息光子学

光子学与信息科学技术的交叉学科。研究以光子作为载体传播(包括调制、传输)、**反射**、**折射**、吸收(包括淹没)、**色散**、**偏振**、干涉、**衍射**、**散射**、损耗、简并、陷获,聚束、跃迁、压缩、结构、处理(控制、变换)、放大、耦合、存储、探测、记录、显示、报警各种信息的技术和方法及视觉和各种应用问题,并探讨光子的时域、空域和频域等体现质能运动状态的性能。

information entropy⇔信息熵

图像信息融合中,基于信息量的一种**客观评价**指标。简称**熵**。一幅图像的熵是衡量该图像中信息量丰富程度的指标,可利用该图像的**直方图**来计算。设图像的直方图为 $h(l), l=1,2,\cdots,L$(L 为直方条的个数),则熵可表示为

$$H=-\sum_{l=0}^{L} h(l)\log[h(l)]$$

如果**融合图像**的熵比原始图像的熵大,说明融合图像的信息量比原始图像的信息量大。

information fusion⇔信息融合

对从同一空间不同来源获取的信息数据进行综合加工的过程。目的

是获得全面、准确、可靠的结果。不同来源的数据常来源于不同的传感器，所以信息融合也称**多传感器信息融合**。通过融合可以扩展对空间和时间信息检测所覆盖的范围，提高和改善检测能力，减小信息的模糊性，增加决策的可信度和信息系统的**可靠性**。

information hiding⇔信息隐藏(技术)

有意地将某些特定信息隐蔽嵌入某种载体，以达到某种保密目的的过程。是一个比较广泛的概念，可包括许多不同的方式。有的保护信息的存在性，使信息不被检测到；有的仅保护信息的内容，即信息的确存在但不能被认出；还有的两种都保护。

Information-lossy coding⇔信息损失型编码(方法)

同 **lossy coding**。

information of embedded watermark⇔嵌入水印信息量

一个衡量嵌入的**图像水印**所携带信息量的指标。会直接影响**水印的稳健性**。

information optics⇔信息光学

将通信理论中常用的线性系统理论和傅里叶分析方法引入光学而形成的光学分支。即傅里叶光学。信息论关心的是信息在系统中的传递过程，而光学系统可看成一个通信信道，信息光学讨论光场中的传播问题。

Information-preserving coding⇔信息保存型编码(方法)

参阅 **lossless coding**。

information source⇔信源

信息产生处。输出一个离散随机变量，代表从一个有限或无穷可数的符号集合中产生的一个随机符号序列。符号序列可表示成 $A=\{a_1, a_2, \cdots, a_j, \cdots, a_J\}$，其中元素 a_j 称为**信源符号**。如果信源产生符号 a_j 这个事件的概率是 $P(a_j)$，则对应各个信源符号的产生概率可写成一个矢量 $\boldsymbol{u}=[P(a_1)P(a_2)\cdots P(a_J)]^{\mathrm{T}}$。用$(A, \boldsymbol{u})$可以完全描述信源。

information-source symbol⇔信源符号

信源的输出集合中的元素。

information system⇔信息系统

将计算机和数据库用通信手段连接起来的有机整体。用以对信息进行采集、存储、传输、分类、加工、检索等处理。

information theory⇔信息论

一门借助概率论与数理统计的方法来研究信息、信息熵、通信系统、数据传输、密码学、数据压缩等问题的应用数学分支。信息论研究的两大领域分别是信息传输和信息压缩，这两大领域又通过信息传输定理和信源-信道隔离定理相互联系。

infrared image⇔红外图像

利用红外光所获得的**图像**。红外光的**波长**约在 780～1500 nm。

infrared ray⇔红外线

波长大于红光波长的不可见**电磁辐射**。范围常定在 780 nm～1 mm。也称红外辐射、热射线。最初是因为在红光光谱之外还能使热电偶有所显示而被发现和命名的。

in general position ⇔ **处于常规位置**

线条图标记时,对特定目标在特定情况下观察得到的或给出的结果。假设目标的各表面均为平面,所有平面相交后的角点均由三个面形成(这样的 3-D 目标可称为**三面角点**目标)。在这种情况下,视点的小变化不会引起线条图的拓扑结构的变化,即不会导致面、边、连接的消失,目标在这种情况下是处于常规位置的。

inlier ⇔ **内点,合群值**

落在假设的概率限(如 95%)之内的样本。比较 **outlier**。

INMF model ⇔ **改进的非负矩阵分解模型**

improved NMF model 的缩写。

inner orientation ⇔ **内方位**

对 2-D 图像坐标和 3-D 相机坐标之间联系的一种描述。一般情况下是一个描述**摄像机**位姿的三元组。可写成(x, y, f),其中(x, y)指示**主点**(光轴)在图像投影平面坐标系中的位置,而 f 代表**主距离**。内方位在有些情况下也可能是一个四元组,增加一个描述镜头失真的参数。

input cropping ⇔ **输入裁剪**

同 **histogram stretching**。

instantaneous code ⇔ **即时码**

图像编码中,满足即时性解码特性的码。解码的即时性指对任意一个有限长的码符号串,可以对每个码字分别逐次解码,即读完一个码字就能将其对应的信源符号确定下来,不需要考虑其后的码字。解码的即时性也有称非续长性的,即符号集中的任意一个码字都不能用其他码字在后面添加符号来构成。

Institute of Electrical and Electronics Engineers [IEEE] ⇔ **电气和电子工程师协会,电气和电子工程师学会**

一个国际性的电子技术与信息科学工程师学会。正式成立于 1963 年(其前身之一创建于 1884 年)。已出版了许多相关领域的学报、杂志、期刊、论文集、图书和标准。

Instrumentation and Industrial Digital Camera [IIDC] ⇔ **仪器和工业数字摄像机**

参阅 **Instrumentation and Industrial Digital Camera [IIDC] standard**。

Instrumentation and Industrial Digital Camera [IIDC] standard ⇔ **仪器和工业数字摄像机标准**

对 **IEEE 1394** 标准根据工业摄像机进行修订后的标准。IIDC 定义了多种视频输出格式,包括分辨率、帧率以及传输的像素数据格式。其中分辨率从 160×120 像素到 1600×1200 像素;帧率从每秒 3.5 帧到 240 帧;像素数据格式包括黑白(每像素 8 位和 16 位)和 RGB(每像素 24 位和 48 位)。

integral curvature ⇔ **积分曲率**

对目标区域上的**高斯曲率**的积分。

integral image ⇔ 积分图(像)

保持图像全局信息的一种矩阵表达方法。可用于对图像中块区域像素值的快速求和。积分图中，在位置(x,y)的值$I(x,y)$表示原始图像$f(x,y)$中该位置左上方所有像素值的和：

$$f(x,y)=\sum_{p\leqslant x,q\leqslant y}f(p,q)$$

积分图的构建可借助循环仅对图像扫描一次来进行：

(1) 令$s(x,y)$代表对一行像素的累积和，$s(x,-1)=0$；

(2) 令$I(x,y)$是一幅积分图，$I(-1,y)=0$；

(3) 对整幅图**逐行扫描**，借助循环对每个像素(x,y)计算行的累积和$s(x,y)$以及积分图$I(x,y)$：

$$s(x,y)=s(x,y-1)+f(x,y)$$
$$I(x,y)=I(x-1,y)+s(x,y)$$

(4) 当经过对整幅图的一次逐行扫描而到达右下角的像素时，积分图$I(x,y)$就构建好了。

如图 I13 所示，图像中任何矩形区域的和都可借助 4 个参考数组来计算。对矩形D，有

$$D_{\text{sum}}=I(\delta)+I(\alpha)-[I(\beta)+I(\gamma)]$$

其中$I(\alpha)$是积分图在点α的值，即矩形A中像素值的和；$I(\beta)$是矩形A和B中像素值的和；$I(\gamma)$是矩形A和C中像素值的和；$I(\delta)$是矩形A、B、C、D中像素值的和。所以，反映两个矩形之间差的计算需要 8 个参考数组。实际中可建立查找表，借助查表完成计算。

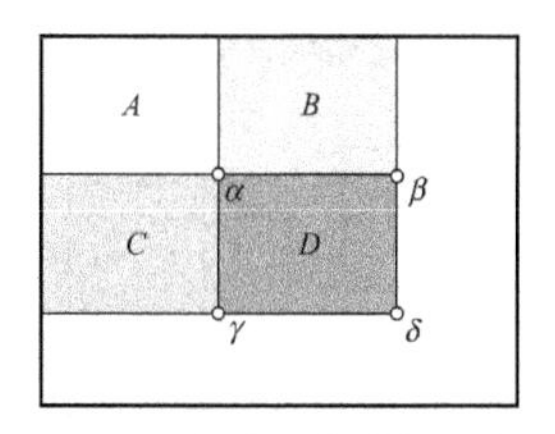

图 I13　积分图像计算示意

integral projection function ⇔ 积分投影函数

沿图像中接续行或列的像素值和的集合。参阅 **projection**。

integrated optical density[IOD] ⇔ 积分光密度

一个基于**区域密度**，给出所测图像区域中各个像素**光密度**值的和的**描述符**。对一幅$M\times N$的图像$f(x,y)$，其积分光密度为

$$\text{IOD}=\sum_{x=0}^{M-1}\sum_{y=0}^{N-1}f(x,y)$$

integrated orthogonal operator ⇔ 综合正交算子

由九个**正交模板**组成的既可以检测边缘，也可以检测直线的算子。也称**菲雷-陈正交基**。参见图 I14，第一组四个模板构成边缘子空间基(图中$d=\sqrt{2}$)，其中两个模板为各向同性的对称梯度模板，另两个模板为波纹模板。第二组四个模板构成直线子空间基，其中两个模板为直线检测模板，另两个为离散拉普拉斯模板。这里同类的模板两两之间只在方向上相差 45°。最后一个模板是平均模板，构成平均子空间，

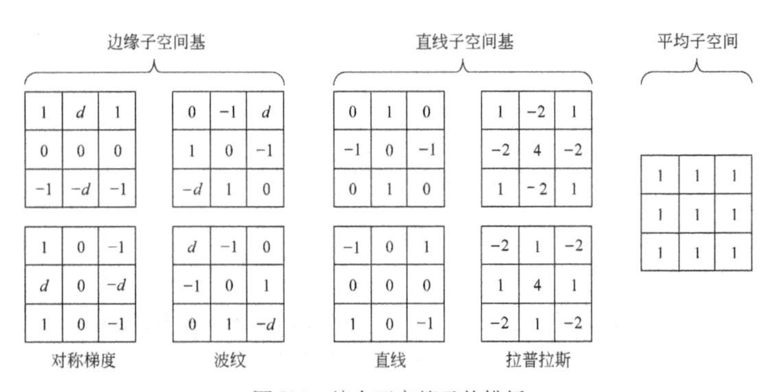

图 I14 综合正交算子的模板

加上它是为了空间的完整性。

intensity [I] ⇔ (光)亮度；强度

1. 光亮度：**HSI 模型**的一个分量。与物体表面的反射率成正比。如果物体表面无彩色那就只有亮度一维的变化。对彩色物体表面来说，颜色中掺入白色越多，物体表面就越明亮；掺入黑色越多，亮度就越小。

2. 强度：从光源辐射来的总能量。用瓦(特)(W)来测量。

intensity-based image segmentation ⇔ 基于强度的图像分割

一种基于像素分布(如**直方图**)的**图像分割**方法。也称非上下文方法。

intensity enhancement ⇔ (光)亮度增强

真彩色增强中仅对亮度进行增强的方法。可先将图像变换到 **HSI** 空间，对其 I 分量用对**灰度图像**增强的方法进行增强。尽管这里**色调**和**饱和度**没有变化，但亮度分量得到了增强会使得人对色调或饱和度的感受有所不同，所以得到的增强效果与对灰度图像的增强并不同。

intensity flicker ⇔ 强度闪烁

视频序列(特别是老影片)中的一种**伪像**。表现为不自然的随时间波动的帧强度，这些波动并不来源于原始场景。

intensity of embedded watermark ⇔ 嵌入水印强度

衡量嵌入的**水印**所携带数据量的指标。与**嵌入信息量**相关但不等同。

intensity slicing ⇔ (光)亮度切割(技术)，强度切割(技术)

一种**伪彩色增强**方法。将一幅**灰度图像**看作一个 2-D 的亮度函数，用一个平行于图像坐标平面的平面去切割图像亮度函数，把亮度函数分成两个灰度值区间。分别对属于这两个区间的像素赋予两种不同的颜色，就得到**图像增强**的效果(图像被分成用两种颜色表示的两部分)。

图 I15 给出一个**亮度切割**的剖面

示意图(横轴为坐标轴,纵轴为灰度值轴)。

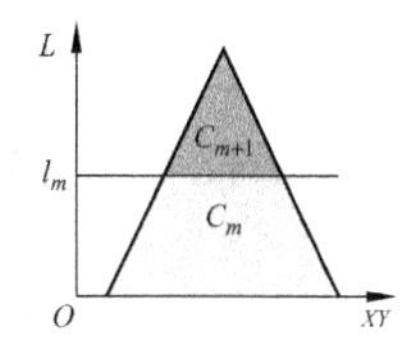

图 I15 光亮度切割示意图

根据图 I15,对每一个输入灰度值,如果在切割灰度值 l_m(对应切割平面的剖面线)之下就赋予某一种颜色 C_m,在 l_m 之上就被赋予另一种颜色 C_{m+1}。这相当于定义了一个从灰度到彩色的变换。通过这种变换,在特定灰度范围内的灰度转换成给定的彩色,原来的多灰度值图就变成了一幅有两种彩色的图,灰度值大于 l_m 和小于 l_m 的像素很容易被区分开。如果上下平移切割平面就可得到不同的区分结果。

上述方法还可推广到用多种颜色增强的情况。

interaction of light and matter ⇔ **光与物质的相互作用**

照射到物体上的光的多种作用方式。如图 I16 所示,包括三种**反射**,两种**透射**,一种**吸收**。

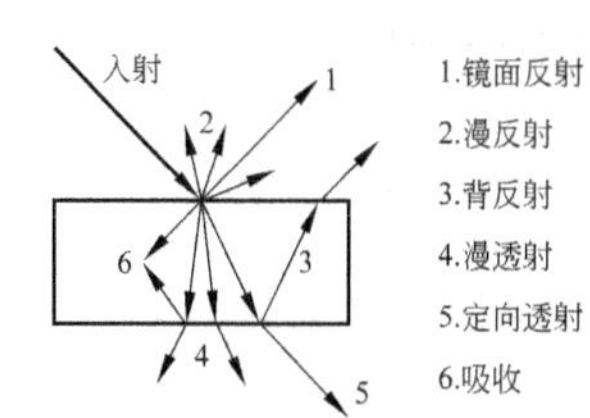

图 I16 光与物质的相互作用

interactive image processing ⇔ **交互图像处理**

借助人的知识和能力,通过人机交互来进行**图像处理**。操作者可以控制对原始图像和/或处理结果的访问、**预处理**、特征提取、**图像分割**、**目标分类**和辨识等,以主观地评价处理效果并决定下一步的交互。

interactive restoration ⇔ **交互(式)恢复**

人机结合交互进行**图像恢复**的方法。这里由人来控制恢复过程以获得一些特殊的效果。

interest operator ⇔ **感兴趣算子**

一个设计来以高空间准确度定位像素或亚像素位置的邻域算子。一般其中心邻域具有特殊的灰度值模式。对这样的邻域,其自相关函数常随半径增加而迅速下降。常用于在同一场景得到的一对图像(两者间稍微移动相机位置或目标位置)中标记**地标点**像素。这些像素接下来被用作在两图间建立联系所用算法的输入。

interest point ⇔ **感兴趣点**

1. **图像**中得到关注的任何一种特殊点。可以是**角点**、**特征点**、**显著点**、**地标点**等。

2. 在**加速鲁棒性特征**算法中,所计算的海森(Hessian)矩阵行列式在**尺度空间**和**图像空间**的最大值点。

interest point detector ⇔ **感兴趣点检测器**

一类对图像中的特殊点进行检测的技术或算法。这里特殊点可以是**角点**、拐点,或任何有特定意义的点(对这些点的确定常要依赖其**邻域**的性质)。

interface reflection ⇔ **界面反射**

同 **Fresnel reflection**。

interference color ⇔ **干涉色**

非单色光在干涉时出现的混合色。产生原因在于有些**波长**的光会相长干涉,有些会相消干涉,还有一些减弱较小。

interference fringe ⇔ **干涉条纹**

两相邻光束遵照光学干涉原理所产生的条纹。

interferometer-type filter ⇔ **干涉仪型滤光器**

一类利用光干涉(optic interference)原理工作的**电子可调滤光器**。基本构成单元是一个法布里-帕罗(Fabry-Perot)腔,包括两个平行的平面,其内部面涂了有高反射率的**半透明**胶片,包住了矩形容积的空气或某种绝缘物质。光通过半透明的镜子之一进入,在腔内被多次反射。多次传输的光线互相作用,将产生出光干涉的效果,这导致只有一种特定的**波长**和它的谐波可以穿透对面半透明的镜子。

inter-frame ⇔ **帧间(的)**

表示**视频**中不同时间**帧图像**之间联系的。比较 **intra-frame**。

inter-frame coding ⇔ **帧间编码(方法)**

视频编码中,借助**帧间**联系进行编码的过程或技术。见 **inter-frame predictive coding**。

inter-frame filtering ⇔ **帧间滤波(技术)**

对视频中的多个接续帧进行(**空域**和/或**频域**)的滤波。此时滤波的时空支撑区尺寸可写成 $m \times n \times k$,其中 m 和 n 对应在视频帧中一个邻域的尺寸而 k 表示所考虑的帧数目。在 $m=n=1$ 的特殊情况下,所得到的滤波器称为时间滤波器,而 $k=1$ 的情况对应帧内滤波。帧间滤波技术可以有**运动补偿**,有运动自适应,或两者都没有。

inter-frame predictive coding ⇔ **帧间预测编码(方法)**

利用预测方式进行的**帧间编码**。**单向预测**编码和**双向预测**编码都是典型的方法。前者得到的编码帧称为**预测帧**(P-frame),后者得到的编码帧称为**双向预测**帧。例如,在**运动图像**压缩国际标准中对 P 帧的编码,其中通过计算当前帧与下一帧间的相关性,预测估计帧内目标的运动情况,以确定如何借助**运动补偿**来压缩下一帧以减少帧间冗余度。

interior border point ⇔ **内部边框点**

目标区域的内部边界点中,既属于该区域又与该区域外的一个像素邻接的点。比较 **exterior border point**。

interior camera parameter ⇔ **摄像机内部参数**

1. **针孔摄像机模型**中，**焦距**、**径向畸变**参数、x 和 y 方向的缩放比例因子、图像主点(投影中心在像平面上的垂直投影，同时也是径向畸变的中心)坐标这 6 个参数之一。

2. **远心摄像机模型**中，**径向畸变**参数、x 和 y 方向的缩放比例因子、图像主点(只是径向畸变的中心)坐标这 5 个参数之一。

3. **线阵摄像机**中，**焦距**、**径向畸变**参数、x 和 y 方向的缩放比例因子、图像主点(投影中心在像平面上的垂直投影，同时也是径向畸变的中心)坐标、摄像机相对景物的 3-D 运动向量(3 个沿 x、y 和 z 方向的分量)这 9 个参数之一。

interior point ⇔ **内部点**

图像中**目标区域**里不与背景(和其他区域)相邻接的像素。比较 **boundary point**。

interlaced scanning ⇔ **隔行扫描(技术)**

图像显示中的一种**光栅扫描**方式。也称交错式扫描。以场为单位(一帧分为两场：顶场包含所有奇数行，底场包含所有偶数行)进行扫描。每个帧受到两次接续的垂直扫描。显示时顶场和底场交替，借助**人类视觉系统**的视觉暂留特性使人感知为一幅图。隔行扫描的垂直分辨率是帧图像的一半，其数据量也只有**逐行扫描**的一半。因为每个场包含一帧中的一半行，所以仅出现整个帧的一半时间。所以，场的闪烁率将是整个帧闪烁率的两倍，给出一个较好的运动感觉。各种标准电视制式，如 **NTSC**、**PAL**、**SECAM**，以及一些**高清电视**系统，都采用了隔行扫描。比较 **progressive scaning**。

interline transfer sensor ⇔ **隔行传送传感器，隔行传输传感器**

1. **面阵传感器**的一种。除有**光电探测器**外，还包括垂直传输寄存器，它们之间的传输速度很快，所以消除了拖影。但缺点是垂直传输寄存器需要在传感器上占用空间，所以传感器的填充因子可能低至 20%，导致图像失真。为增大填充因子，常在传感器上加微镜头以将光聚焦在二极管上，但这样仍不能使填充因子达到 100%。

2. 按列排列的对光敏感的传感器元件。每列都通过一个传输门与一列电荷耦合器件移位寄存器相连接。在每一个时钟周期中，选择一幅半图像，借此分别属于两幅不同半图像的两个传感器元件被赋予传输寄存器的单元。

internal coefficient ⇔ **内部参数**

表示**摄像机**自身特性的参数(在摄像机内部)。如摄像机焦距、镜头径向失真、**不确定性图像尺度因子**。进一步也指各种光学设备的自身特性参数。参阅 **interior camera parameter**。

internal energy function ⇔ **内部能量函数**

一种用于控制基于**主动轮廓模型**

的**图像分割**算法中轮廓曲线改变的动力学函数。主要用来推动主动轮廓形状的改变并保持轮廓上点间的距离。

internal feature ⇔ **内部特征**

一种对目标的**基于区域的表达**技术。可将**目标区域**用由目标区域内部像素获得的特殊点集合或特征集合来表达。

internal Gaussian normalization ⇔ **高斯内部归一化**

在计算同一特征向量物理意义和取值范围不同的各个分量间的相似距离时，采用的一种**归一化**方法。可使特征向量内部各分量在进行相似性度量时地位相同，从而减小少数超大或超小的分量值对整体**相似度**的影响。

M 维的特征向量可记为 $\boldsymbol{F}=[f_1\ \ f_2\ \ \cdots\ \ f_M]^{\mathrm{T}}$。如用 $I_1, I_2, \cdots, I_K$ 代表图像库中的图像，则对其中任一幅图像 I_i，其相应的特征向量为 $\boldsymbol{F}_i=[f_{i,1}\ \ f_{i,2}\ \ \cdots\ \ f_{i,M}]^{\mathrm{T}}$。假设特征分量值系列 $[f_{1,j}\ \ f_{2,j}\ \ \cdots\ \ f_{i,j}\ \ \cdots\ \ f_{K,j}]^{\mathrm{T}}$ 符合高斯分布，可计算出其均值 m_j 和标准差 σ_j，然后利用下式可将 $f_{i,j}$ 归一化至[－1,1]区间（上标 N 代表归一化结果）：

$$f_{i,j}^{(\mathrm{N})}=\frac{f_{i,j}-m_j}{\sigma_j}$$

根据上式归一化后，各个 $f_{i,j}$ 均转变成具有 $N(0,1)$ 分布的 $f_{i,j}^{(\mathrm{N})}$。如果利用 $3\sigma_j$ 进行归一化，则 $f_{i,j}^{(\mathrm{N})}$ 的值落在[－1,1]区间的概率可达 99%。

internal orientation ⇔ **内方位**

同 **inner orientation**。

internal pixel of a region ⇔ **区域的内部像素**

区域的像素中，除去**区域的边界像素**以外的其他像素。不仅本身属于该区域，而且其**邻域**中的所有像素也属于该区域。

internal representation ⇔ **内部表达**

一种使用了组成**目标区域**的像素集合的**目标表达**策略。可反映目标区域的反射性质等。

International Affective Picture System [IAPS] ⇔ **国际情感图片系统**

为研究和测试基于情感语义的**图像分类**问题而建立的一个数据库。共有 1182 张彩色图片，包含的物体类别很丰富，从情感的角度可分为 10 种类别，包含 5 种正面的（欢乐、敬畏、满意、兴奋和无倾向性正面）和 5 种负面的（生气、反感、惊恐、悲伤和无倾向性负面）。

International Astronomical Union [IAU] ⇔ **国际天文学联盟**

世界各国专业天文工作人员参与的国际非政府组织。成立于 1919 年。

International Color Consortium [ICC] ⇔ **国际彩色联盟**

为解决颜色不一致的问题而由多家公司发起成立的国际组织。已为色管理系统（CMS）制定了一项国际标准。借助配置关联空间（PCS）作为色空间转换的中间色空间，通过彩色设备的**色空间**(RGB 或 CMYK)和 PCS 空间之间的联系为该设备建立配置,从而实现了对色彩的开放性管理,使得色彩传递不依赖于彩色设备。

International Committee on Illumination ⇔ 国际照明委员会

国际照明工程领域的学术组织。缩写为 **CIE**,源于法语名称 Commission International de l'Eclairage 的词首字母。

International Electrotechnical Commission [IEC] ⇔ 国际电工技术委员会

一个主要从事电工、电子技术领域的国际标准化工作的组织。成立于 1906 年。参与了 **JPEG** 和 **MPEG** 系列国际标准的制定。IEC 与 **ISO** 两个组织法律上独立,IEC 负责电工、电子领域的国际标准化工作,其他领域则由 ISO 负责。

international standard for images ⇔ 图像国际标准

与**图像**和图像技术有关,由国际组织制定和建议的标准。

international standard for videos ⇔ 视频国际标准

与**视频**和视频技术有关,由国际组织制定和建议的标准。

International System of Units ⇔ 国际单位制

由国际计量委员会创立的一种简单而科学的实用单位制。其符号为"SI"。目前共有七个基本单位(**SI-unit**):米(m),千克(kg),秒(s),安培(A),开尔文(K),坎德拉(cd)和摩尔(mol)。

International Standardization Organization [ISO] ⇔ 国际标准化组织

一个负责制定国际标准的组织。**ISO** 与 **ITU** 一道负责制定 **JPEG** 和 **MPEG** 系列国际标准。

International Telecommunication Union [ITU] ⇔ 国际电信联盟

一个联合国下属机构。负责制定和推荐用于数据通信及**图像压缩**的国际标准。前身是**国际电话电报咨询委员会**。

International Telecommunication Union, Telecommunication standardization sector [ITU-T] ⇔ 国际电信联盟远程通信标准化部门

一个在**国际电信联盟**管理下专门制定远程通信相关国际标准的机构。具体负责制定和推荐用于数据通信及**图像压缩**的国际标准。

inter-pixel redundancy ⇔ 像素间冗余

一种基本的图像**数据冗余**。与像素间的相关性有密切联系。自然图像中的相邻像素之间都有一定的相关性(像素灰度的变化有一定的规律),这种相关性越强,像素间冗余就越大。像素间冗余也常称为空间冗余或几何冗余。在**视频图像**中的帧间冗余也属于它的一种特例。

interpolation ⇔ 插补;插值

1. 插补:**图像修补**中,对图像中有缺损的部分借助对原始图像的先验知识,恢复图像原貌的方法。原指在博物馆艺术品的修复中对油画剥落部分的一种修复方法。

2. 插值:**灰度插值**的简称。

3. 插值:参阅 **up-conversion**。

interpretation-guided segmentation [IGS] ⇔ 解释导向的分割

不仅利用原始图像(底层数据)还基于对图像的语义解释(高层知识),将图像元素组合成区域的**图像分割**技术。

interreflection ⇔ 相互反射

场景中有多个物体或物体不是凸体时,一个物体表面会接收到从其他表面反射过来的光的现象。为了使对图像的分析尽可能准确,也需要考虑场景中相互反射的影响。

interreflection analysis ⇔ 相互反射分析

对场景中的**相互反射**规律的分析。对在彩色图像中的相互反射的分析可服务于不同目的。其中之一是识别并至少部分地"消除"相互反射以简化或较好地实现对结果数据的处理。另一个目的是使用相互反射分析来确定表面几何或表面彩色。对**彩色图像分割**,识别图像中是否存在相互反射就常足够了。而对彩色目标识别,表面的"原始"彩色(没有由于相互反射的重叠)需要重建出来。

inter-region contrast ⇔ 区域间反差

图像分割评价中的一种**优度试验法**准则。也称**区域对比度**。对**灰度图像**,也称**灰度对比度**。给定灰度图像中相邻接的两个区域,如果它们各自的平均灰度为 f_1 和 f_2,则其间的灰度对比度可按下式计算:

$$GC = \frac{|f_1 - f_2|}{f_1 + f_2}$$

interrelating entropy ⇔ 联合熵,相关熵

图像信息融合中,一种基于信息量的**客观评价**指标。**融合图像**与原始图像之间的相关熵反映两幅图像之间的相关性。如果融合图像与原始图像的直方图分别为 $h_g(l)$ 和 $h_f(l)$,$l=1,2,\cdots,L$,则其间的相关熵为

$$C(f:g) = -\sum_{l_g=0}^{L}\sum_{l_f=0}^{L} P_{fg}(l_f,l_g)\log P_{fg}(l_f,l_g)$$

其中,$P_{fg}(l_f,l_g)$ 表示两幅图像同一位置的像素在原始图像中灰度值为 l_f,而在融合图像中灰度值为 l_g 的联合概率。一般来说,融合图像与原始图像的相关熵越大,融合效果越好。

intraframe ⇔ 帧内(的)

1. 处于**视频图像**每帧内部的。即在帧图像内的。

2. 表示视频某一帧图像中各个像素有联系的。比较 **inter-frame**。

intraframe coding ⇔ 帧内编码(方法)

仅考虑视频中一帧图像自身(没有考虑其前后帧联系)而进行的编码。可采用对静止图像的编码方法进行。这样得到的编码帧称为**独立帧**。

intraframe filtering ⇔ 帧内滤波（技术）

视频中供各个单独帧使用（**空域**或**频域**）的**图像滤波**技术。

intra-region uniformity ⇔ 区域内一致性

一种**优度试验法**准则。也称**区域内部均匀性**。基于这个准则可定义区域内部的**均匀性测度**。

intrinsic image ⇔ 本征图像

1. 表示场景的某种**本征特性**且没有掺杂其他特性影响的**图像**。获得本征图像对正确解释图像所代表的景物非常有用。比较 **non-intrinsic image**。

2. 与输入亮度图像配准，反映了场景中的本征特性而不是输入图像特性的一组图像之一。典型的包括与场景点距离的图像、场景表面**朝向图像**、表面反射率图像等。

intrinsic mode function [IMF] ⇔ 本征模态函数

表达信号模态的本征基元的函数。

intrinsic property ⇔ 本征特性，本征性质

场景和场景中的物体自身客观存在的特性。这些特性与观察者和**图像采集设备**本身性质无关。典型的本征特性包括场景中各物体间的相对距离，各物体在空间的方位、运动速度，以及各物体的表面反射率、透明度、指向等。

invariance ⇔ 不变性

一种区分不同图像处理算子和**目标特征**的重要性质。如果一个算子（的性能）或特征（的表达）在给定的（时空）变化下不发生改变，就称为不变的，常见如时不变、移不变、旋转不变等。对特征提取和表达技术的一个通用要求是用来表达一幅图像的特征对旋转、放缩和平移不变，结合起来成为 RST。RST 不变性保证一个**机器视觉系统**在目标以不同的尺寸、在图像中不同位置和角度（相对于水平的参考线）呈现时仍能识别出来。

invariance hypothesis ⇔ 不变假设

用分析的方法来研究视觉感受和认知时的一个基本假设。分析的方法从分析视觉刺激开始，并试图将孤立的科学元素与真实感知经验的各个环节联系起来。所有分析理论都建立在不变假设上。对一个给定的视网膜投影模式，可以认为有无穷个可能的场景会导致该模式的产生。不变假设认为，在这么多个可能的场景中，观察者总会选择一个且只选择一个。

invariant moments ⇔ 不变矩

七个可用作**区域描述符**，对平移、旋转和尺度变换不变的**区域矩**。是二阶和三阶**归一化的中心矩**的组合，即（N_{pq} 代表区域的 $p+q$ 阶归一化中心矩）：

$$T_1 = N_{20} + N_{02}$$
$$T_2 = (N_{20} - N_{02})^2 + 4N_{11}^2$$
$$T_3 = (N_{30} - 3N_{12})^2 + (3N_{21} - N_{03})^2$$
$$T_4 = (N_{30} + N_{12})^2 + (N_{21} + N_{03})^2$$
$$T_5 = (N_{30} - 3N_{12})(N_{30} + N_{12})[(N_{30} + N_{12})^2 - 3(N_{21} + N_{03})^2] + (3N_{21} - N_{03})(N_{21} + N_{03})[3(N_{30} + N_{12})^2 - (N_{21} + N_{03})^2]$$
$$T_6 = (N_{20} - N_{02})[(N_{30} + N_{12})^2 - (N_{21} + N_{03})^2] + 4N_{11}(N_{30} + N_{12})(N_{21} + N_{03})$$
$$T_7 = (3N_{21} - N_{03})(N_{30} + N_{12})[(N_{30} + N_{12})^2 - 3(N_{21} + N_{03})^2] + (3N_{12} - N_{30})(N_{21} + N_{03})[3(N_{30} + N_{12})^2 - (N_{21} + N_{03})^2]$$

inverse distance ⇔ 倒距离

摄像机和**目标**之间距离的倒数。在**多目立体成像**中将其与 **SSSD** 的计算结合使用可消除图像中因周期模式而导致的**不确定性问题**。

inverse fast wavelet transform ⇔ 快速小波反变换

小波变换的逆向变换。也有快速算法，从低尺度向高尺度迭代进行。

inverse filter ⇔ 逆滤波器

图像恢复中，实现**逆滤波**的**滤波器**。

inverse filtering ⇔ 逆滤波(技术)

一种**无约束恢复**方法。也是最简单的图像**去模糊**技术，一般在频域工作。考虑没有噪声的情况，逆滤波可用下式表示：

$$\hat{F}(u,v) = \frac{G(u,v)}{H(u,v)}$$

其中，$G(u,v)$是退化图像 $g(x,y)$的**傅里叶变换**，$H(u,v)$是退化系统 $h(x,y)$的傅里叶变换(退化函数)，$\hat{F}(u,v)$是对输入图像 $f(x,y)$估计的傅里叶变换。如果把 $H(u,v)$看作一个滤波函数，则与$\hat{F}(u,v)$的乘积是退化图像 $g(x,y)$的傅里叶变换。这样用 $H(u,v)$去除 $G(u,v)$就是一个逆滤波过程。

inverse Fourier transform [IFT] ⇔ 傅里叶反变换

傅里叶变换将**图像**从**频率域**变回到**图像域**的逆向变换。与傅里叶变换构成变换对。

inverse Hadamard transform ⇔ 哈达玛反变换

哈达玛变换的逆向变换。在 2-D 时，哈达玛反变换就是**对称变换**：

$$f(x,y) = \frac{1}{N}\sum_{u=0}^{N-1}\sum_{v=0}^{N-1} H(u,v)\,(-1)^{\sum_{i=0}^{n-1}[b_i(x)b_i(u)+b_i(y)b_i(v)]}$$

inverse Hadamard transform kernel ⇔ 哈达玛反变换核

实现**哈达玛反变换**的变换核。是对称的，可表示为

$$k(x,y,u,v) = \frac{1}{N}(-1)^{\sum_{i=0}^{n-1}[b_i(x)b_i(u)+b_i(y)b_i(v)]}$$

其中，指数上的求和是以 2 为模的

(值为 0 或 1)，$b_k(z)$是 z 的二进制表达中的第 k 位。这与**哈达玛正向变换核**完全相同。

inverse harmonic mean⇔逆调和平均

一种特殊的平均值。参阅 **inverse harmonic mean filter**。

inverse harmonic mean filter⇔逆调和平均滤波器

一种用于**图像恢复**的**空域滤波器**。借助计算**逆调和平均值**来进行**图像滤波**。设滤波器使用一个 $m \times n$ 的**模板**(窗口 W)，对**退化图像** $g(x,y)$ **滤波后得到的恢复图像** $\hat{f}(x,y)$ 为

$$\hat{f}(x,y) = \frac{\sum_{(p,q)\in W} g^{R+1}(p,q)}{\sum_{(p,q)\in W} g^{R}(p,q)}$$

其中，(p,q) 为 W 中像素的坐标，R 称为滤波器的秩(或阶)，滤除图像中的**盐噪声**可使用负的 R 值，滤除图像中的**椒噪声**可使用正的 R 值(即不能同时滤除盐噪声和椒噪声)。零秩的逆调和平均滤波器成为**算术平均滤波器**。秩为 -1 的逆调和平均滤波器退化为**调和平均滤波器**。

inverse operator⇔逆算子

能将算子作用后的图像恢复过来的算子。许多图像处理算子会减少信息内容，所以不存在完全对应的逆算子。

inverse perspective⇔逆透视

参阅 **inverse perspective transformation**。

inverse perspective transformation⇔逆透视变换

用 2-D **图像特征**来计算 3-D 景物特征的**透视变换**。参阅 **inverse projection** 和 **perspective projection**。

inverse problem⇔逆问题

正向问题的逆。图像工程中，正问题的输入和输出常常与其逆问题交换，此时正问题和逆问题构成一对。下列是一些示例：

(1) 各种变换(如**傅里叶变换**)的正变换和逆变换都构成一个变换对。

(2) 从 2-D 光强度阵列恢复 3-D 可见表面物理性质的初级视觉与**光学成像**互逆。但有些情况是不适定的。

(3) **计算机图形学**与**计算机视觉**互逆。因为视觉试图从 2-D 图像提取 3-D 信息，而图形学使用 3-D 模型来生成 2-D 场景。

(4) 计算机图形学与**图像分析**互逆。许多图形可借助图像分析的结果来生成。

inverse projection⇔逆投影

根据 2-D 图像坐标来确定 3-D 客观景物坐标的过程。对应从**像平面坐标系** $x'y'$ 经过**摄像机坐标系** xyz 到**世界坐标系** XYZ 的变换。可借助**逆投影矩阵**来完成。

inverse texture element difference moment⇔逆纹理元差分矩

一种基于**灰度共生矩阵**的**纹理描述符**。令 p_{ij} 为灰度共生矩阵中的

元素，则 k 阶的逆纹理元差分矩表达式为

$$W_{\mathrm{IM}}(k)=\sum_{i}\sum_{j}\frac{p_{ij}}{(i-j)^{k}},\quad i\neq j$$

为避免 $i=j$ 导致的分母为零的问题，取一阶的逆纹理元差分矩并引入正的常数 c，得到**纹理均匀度**：

$$W_{\mathrm{H}}(c)=\sum_{i}\sum_{j}\frac{p_{ij}}{c+(i-j)}$$

inverse transform ⇔ **反变换，逆变换**

图像工程中，由其他空间返回到图像空间的变换。

inverse transformation ⇔ **反变换，逆变换**

把**坐标变换**反过来进行的变换。原来变换的终点现在成了逆变换的起点。逆变换矩阵可借助对原变换矩阵求逆获得。

inverse transformation kernel ⇔ **反变换核，逆变换核**

与**逆变换**对应的变换核。

inverse Walsh transform ⇔ **沃尔什反变换，沃尔什逆变换**

沃尔什变换的逆向变换。

inverse Walsh transform kernel ⇔ **沃尔什反变换核，沃尔什逆变换核**

沃尔什逆变换所使用的变换核。

invert operator ⇔ **反转操作符**

一种把一幅图像通过反转像素值构成一幅新图像的低层图像处理操作。效果类似于照片和底片的关系。对二值图像将输入的 0 变为 1，1 变为 0。对**灰度图像**，这依赖于最大的亮度值范围。如果亮度值范围为[0,255]，则值为 f 的像素反转后的像素值为 $255-f$。

IOD ⇔ **积分光密度**

integrated optical density 的缩写。

IP ⇔ **图像处理**

image processing 的缩写。

IPCS ⇔ **像平面坐标系(统)**

image plane coordinate system 的缩写。

IPT ⇔ **图像处理工具箱**

image processing toolbox 的缩写。

iris ⇔ **虹膜**

人眼球壁上中层的血管膜最前端处，**瞳孔**与巩膜之间的环状区域。是目前借助图像技术研究较成熟，使用较广泛的**生物特征**之一。具有很高的唯一性，且终身不变。参阅 **cross section of human eye**。

iris detection ⇔ **虹膜检测**

对人眼**虹膜**的检测。对虹膜可见性的检测还可帮助判定眼睛的闭合状态。

iris recognition ⇔ **虹膜识别**

得到广泛重视和研究的一种**生物特征识别**技术。**虹膜**表面的纹理结构由人出生前的发育阶段所确定，可以用来唯一地验证人的身份。虹膜识别涉及的主要步骤包括：①用红外光照射采集虹膜图像；②对虹膜图像进行增强处理；③提取虹膜特征；④对虹膜进行**纹理分析**。

irradiance ⇔ **辐照度**

入射到一个表面上单位面积的**辐射通量**。也称**辐射通量密度**。

irregular sampling⇔非规则采样

非等间隔因而非周期的**采样**。

ISO⇔国际标准化组织

International Standardization Organization 的缩写。

ISODATA clustering⇔ISODATA 聚类（技术）

一种典型的**空间聚类**方法。ISODATA 是 Iterative Self-Organizating Data Analysis Technique A 的缩写(最后加上一个 A 是为了使缩写易发音)。是在 ***K*-均值聚类**算法基础上发展起来的一种**非分层聚类**方法,主要步骤如下:

(1) 设定 N 个**聚类**中心位置的初始值;

(2) 对每个**特征点**求取离其最近的聚类中心位置,通过赋值把特征空间分成 N 个区域;

(3) 分别计算属于各个聚类模式的平均值;

(4) 将最初的聚类中心位置与新的平均值比较,如果相同则停止计算,如果不同则将新的平均值作为新的聚类中心位置并返回步骤(2)继续进行。

isometric perspective⇔等边透视

在 2-D 平面上表示 3-D 景物的一种方法。由于不采用任何**线性透视**纠正技术,所以远物与近物大小一样,并不符合人眼感受现实世界的方式,但表现方式比较简单。例如一个正方体,在等边透视中各条边的长度完全相等。

isometric transformation⇔等距变换

一种特殊的简化**仿射变换**。将一个点 $\boldsymbol{p}(=(p_x, p_y))$等距变换到另一个点 $\boldsymbol{q}(=(q_x, q_y))$的矩阵表达为

$$\begin{bmatrix} q_x \\ q_y \\ 1 \end{bmatrix} = \begin{bmatrix} e\cos\theta & -\sin\theta & t_x \\ e\sin\theta & \cos\theta & t_y \\ 0 & 0 & 1 \end{bmatrix} \begin{bmatrix} p_x \\ p_y \\ 1 \end{bmatrix}$$

或用分块矩阵形式写为

$$\boldsymbol{q} = \begin{bmatrix} \boldsymbol{R} & \boldsymbol{t} \\ \boldsymbol{0}^{\mathrm{T}} & 1 \end{bmatrix} \boldsymbol{p}$$

其中,$e=\pm1$,$\boldsymbol{R}$ 一般是一个 2×2 的正交矩阵($\det(\boldsymbol{R})=\pm1$),$\boldsymbol{t}=[t_x \quad t_y]^{\mathrm{T}}$ 是一个 1×2 的平移矢量,$\boldsymbol{0}$ 是一个 2×1 的矢量。等距变换矩阵共有 3 个**自由度**。

等距变换还可进一步分为**刚体变换**和**欧氏变换**。

isometry⇔等距

图像变换中能保持距离的变换。变换 $T: x \rightarrow y$ 是等距的,对且仅对所有的值(x, y) 满足 $|x-y| = |T(x)-T(y)|$。

isomorphic graphs⇔同构图

满足同构关系的两个**图**。对具有相同的**图的几何表达**但不是**恒等图**的两个图来说,若把其中一个图的顶点和边的标号适当改名,就得到与另一个图恒等的图,则这样的两个图称为同构图。

isomorphic decomposition⇔同构分解

将一个**图**分解为若干个**同构子图**的过程。

isomorphics⇔同构的

两个**图**之间形成同构关系的。见 **isomorphic graphs**。

isophote curvature ⇔ **等照度线曲率**

处在等照度线上的像素点的**曲率**。在一个给定的像素处,等照度曲率表达式为$-L_{vv}/L_w$,其中L_w是与等照度曲线正交的梯度的幅度,L_{vv}是该点沿等照度曲线的亮度表面的曲率。

isotemperature line ⇔ **等温线**

在 CIE 1960 UCS 图和 CIE 1931 **色度图**的**黑体**轨迹上,按一定间隔伸出的,其上**相关色温**都相等的直线。也称相关色温线。

isotropic detector ⇔ **各向同性检测算子**

一种一阶**差分边缘检测算子**。所采用的两个 2-D **正交模板**见图 I17。模板中各个位置的系数取值与该位置与模板中心的距离成反比。

-1	$-\sqrt{2}$	-1
0	0	0
1	$\sqrt{2}$	1

-1	0	1
$-\sqrt{2}$	0	$\sqrt{2}$
-1	0	1

图 I17 各向同性检测算子的模板

isotropic reflecting surface ⇔ **各向同性反射(表)面**

接收到入射辐射后在各个方向向外均匀辐射的理想表面(物理上不可实现)。当把表面看作向外辐射的表面时也称**均匀发射表面**。倾斜地观测该类表面会觉得更亮一些,其亮度取决于辐射角余弦的倒数。该表面的**反射图**中的**等值线**是平行直线。

isotropy assumption ⇔ **各向同性假设**

由纹理恢复表面朝向的过程中对**纹理模式**的一个典型假设。即对各向同性的纹理,在纹理平面发现一个纹理基元的概率与该纹理基元的朝向无关。换句话说,对各向同性纹理的概率模型不需考虑纹理平面上坐标系的朝向。

isotropy radiation surface ⇔ **各向同性辐射(表)面**

可向各个方向均匀辐射的理想物体表面。与**朗伯表面**性质相对。物理上不可实现,所以是一种假设的或极端的情况。对这样的表面,倾斜地观察时会觉得更亮一些。这是因为倾斜减少了可见的表面积,而由假设可知,辐射本身并不变化,所以单位面积上的辐射量就会增大。比较 **isotropic reflection surface**。

iterated function system [**IFS**] ⇔ **迭代函数系统**

由重复的且与自身复合的函数所构成的系统。由完备度量空间与定义在其上的一组压缩映射集组成,可以有效地描述不规则的自然对象。通常借助**仿射变换**来构造,基本思路是利用几何对象在仿射变换意义下存在一定的自相似性。并用于分形自然景观模拟及对图像的**分形编码**。

iterative algorithm ⇔ **迭代算法**

在**自投影重建图像**中,同 **algebraic reconstruction technique**。

iterative blending ⇔ **迭代混合(技术)**

图像信息隐藏的一种方式。通过

迭代方式进行**图像混合**,以更好地隐藏图像信息。相关技术可分为**单幅图像迭代混合**和**多幅图像迭代混合**。

iterative closest point [ICP]⇔迭代最近点

1. 一种最小化两个点云间差别的算法。该算法迭代地修改最小化两个初始扫描间距离的(平移、旋转)变换。常用于从不同的扫描来重建3-D表面,机器人自身定位,以及获得最优路径规划。

2. 一种主要用于刚体对齐/配准的技术。其算法的基本思想是:根据选定的几何特性对刚体进行匹配,并设这些匹配点为假想的对应点,再根据这种对应关系求解配准参数。然后利用这些配准参数对数据进行变换。并利用同一几何特征,确定新的对应关系。具体要反复进行下列两个步骤直至到达终点:①给定对从第一个形状到第二个形状的估计变换时,对第一个形状中的各个特征在第二个形状中寻找最接近的特征;②给定新的最接近特征的集合,重新估计将第一个特征集合映射到第二个特征集合的变换。这种算法的许多变形都需要对初始形状对齐的良好估计。

iterative conditional mode⇔迭代条件众数/最频值

一种采用特殊策略的**模拟退火**方法。在从前一个解构建一个可能的新解时,先从所采用的正则化项中计算一个局部条件概率密度函数,然后选择一个像素并选一个最可能的新值赋给它。这就是迭代条件最频值方法,会趋向于陷入局部极小值。

iterative endpoint curve fitting⇔迭代端点曲线拟合(技术)

一种将一条曲线分割为逼近原始曲线的一组线性片段的迭代过程。首先构建一条连接曲线端点的直线,如果它与曲线间的最大距离小于一个特定的允许值,就说明用直线来逼近曲线是精确的,过程就可结束。但如果直线与曲线间的最大距离超过了特定的允许值,就说明用当前直线来逼近曲线不够精确,此时将曲线在最大距离处分成两段,对每一段继续进行上述逼近过程。直到用每段直线来逼近每段曲线都足够精确为止。参阅 **splitting technqiue**。

iterative erosion⇔迭代腐蚀

在**二值图像形态学**中,用同一个结构元素迭代地**腐蚀**一幅图像的操作。利用迭代腐蚀可获得区域的**种子**。例如,用单位圆形结构元素 b 迭代地腐蚀原始图像 f 可表示为

$$f_k = f \ominus kb, \quad k = 1, \cdots, m;$$

其中 $\{m: f_m \neq \varnothing\}$

这里 $f_1 = f \ominus b$, $f_2 = f \ominus 2b = f_1 \ominus b$,接下去直到 $f_m = f \ominus mb$ 和 $f_{m+1} = \varnothing$;m 是非空图的最大个数。

iterative Hough transform[IHT]⇔迭代哈夫变换

对**哈夫变换**的一种改进。为提高

哈夫变换效率而将哈夫变换的参数分离开，利用迭代逐次获得最佳参数，从而降低计算复杂度。

iterative reconstruction re-projection ⇔ 迭代重建重投影

一种**综合重建方法**。是**迭代变换方法**的一种具体实现和改进。

iterative transform method ⇔ 迭代变换方法

一种**综合重建方法**。从对离散数据重建公式的推导角度来看，类似于**傅里叶逆变换重建法**；但迭代本质和对图像的表达又与**级数展开重建法**有许多相似处。

ITU ⇔ 国际电信联盟

International Telecommunication Union 的缩写。

ITU-T ⇔ 国际电信联盟远程通信标准化部门

International Telecommunication Union, Telecommunication Ttandardization Sector 的缩写。

IU ⇔ 图像理解

image understanding 的缩写。

J

Jacobian matrix⇔**雅可比矩阵**

由彩色矢量各分量的一阶偏导数组成的矩阵。

jaggies⇔**锯齿**

图像的**分辨率**较低时，其中倾斜线段或曲线边上出现的不规则现象。本质上源于**混叠效应**。缓解和消除锯齿现象的方法包括增加图像分辨率、进行抗混叠处理(低通滤波)等。

JBIG⇔**二值图联合组；二值图像编码国际标准**

joint bi-level imaging group 的缩写。

JBIG-2⇔**二值图像编码国际标准-2**

JBIG 的改进版本。**二值图联合组** 2000 年制定的 ITU-T T. 88 (ISO/IEC 14492)。特点是对不同的**图像内容**采用不同的编码方法，对文本和半调区域使用**基于符号的编码**，而对其他内容区域使用**哈夫曼编码**或**算术编码**。支持有损、无损和渐进编码。

JFIF⇔**JPEG 文件交换格式**

JPEG file interchange format 的缩写。

JLS⇔**跳跃线性系统**

jump linear system 的缩写。

JND⇔**恰可察觉差，视觉阈值**

just noticeable difference 的缩写。

joint bi-level imaging group [JBIG]⇔**二值图联合组；二值图像编码国际标准**

1. 二值图联合组：制定**二值图像**压缩国际标准的机构。由 **ISO** 和 **CCITT** 两个组织联合组成。已制定了一系列**二值图像**压缩国际标准。

2. 二值图像编码国际标准：对静止**二值图像**进行**压缩**的国际标准 ITU-T T. 82(ISO/IEC11544)。由**二值图联合组**于 1993 年制定完成。JBIG 也称 JBIG-1，因为后来有了 **JBIG-2**。JBIG 采用了自适应技术，对**半调输出技术**给出的图像采用自适应模板和自适应算术编码来改善性能。JBIG 还通过金字塔式的分层编码(由高分辨率向低分辨率进行)和分层解码(由低分辨率向高分辨率进行)来实现渐进(累进)的传输与重建。

joint distribution function⇔**联合分布函数**

描述多个随机变量各自小于对应函数变量概率的联合函数。例如，对 n 个随机变量，联合分布函数为

$$P_{f_1 f_2 \cdots f_n}(z_1, z_2, \cdots, z_n) = P(f_1 < z_1, f_2 < z_2, \cdots, f_n < z_n)$$

joint entropy⇔**联合熵**

同 **interrelating entropy**。

Joint Phtographic Experts Group [JPEG]⇔**联合图像专家组**

制定静止(灰度或彩色)**图像压缩**

国际标准的机构。由 **ISO** 和 **CCITT** 两个组织联合组成。已制定了多个静止(灰度或彩色)图像压缩国际标准。

Joint Phtographic Experts Group [JPEG] format⇔JPEG 格式

由**联合图像专家组**建议的一种常用的**图像文件格式**。JPEG 是一种静止图像编码国际标准,在使用**有损压缩**方式时该标准可节省的空间是相当可观的。JPEG 标准只是定义了一个规范的编码数据流,并没有规定图像数据文件的格式。JPEG 格式可看作是与 JPEG 码流兼容的格式的统称。

joint probability density function⇔联合概率密度函数

多个随机变量的**联合分布函数**的微分。例如,对 n 个随机变量,联合概率密度函数为

$$p_{f_1 f_2 \cdots f_n}(z_1, z_2, \cdots, z_n) = \frac{\partial^n P_{f_1 f_2 \cdots f_n}(z_1, z_2, \cdots, z_n)}{\partial z_1 \partial z_2 \cdots \partial z_n}$$

Joint Video Team [JVT]⇔联合视频组

由 **ITU-T** 的视频编码专家组和 ISO/IEC 的**运动图像专家组**在 2001 年联合组成,制定**先进视频编码国际标准**的专家组。

Jordan parametric curve⇔约丹形参数曲线

没有自交叉的**参数曲线**。比较 **non-Jordan parametric curves**。

JPEG⇔联合图像专家组

Joint Photographic Experts Group 的缩写。

JPEG-2000⇔JPEG-2000 压缩编码标准

一项静止(灰度或彩色)**图像压缩**国际标准。由**联合图像专家组**于 2000 年制定。除提高了对图像的压缩质量,还增加了许多功能,包括根据图像质量、视觉感受和分辨率进行渐进压缩传输,对码流的随机存取和处理(可以便捷、快速地访问压缩码流中的不同位置),在解压缩的同时进行解码器缩放、旋转和裁剪图像。另外还具有结构开放,向下兼容等特点。

JPEG file interchange format [JFIF]⇔JPEG 文件交换格式

一种常用的**图像文件格式**。利用了 **JPEG** 标准所定义的编码数据流。JFIF 图像是一种使用灰度表示,或使用 Y, C_b, C_r 分量彩色表示的 JPEG 图像,并包含一个与 JPEG 兼容的文件头。

JPEG format⇔JPEG 格式

Joint Photographic Experts Group format 的缩写。

JPEG-LS⇔JPEG 无损近无损压缩标准

lossless and near-lossless compression standard of JPEG 的缩写。

JPEG-NLS⇔JPEG 近无损压缩标准

参阅 **lossless and near-lossless compression standard of JPEG**。

JPEG standard⇔JPEG 标准,静止图像编码国际标准

一项静止(灰度或彩色)**图像压缩**

国际标准。由**联合图像专家组**于1994年制定，编号ISO/IEC 10918。JPEG标准实际上定义了3种编码系统：

(1) 基于**DCT**的**有损编码**基本系统。用于绝大多数压缩应用场合；

(2) 基于分层递增模式的扩展或增强编码系统。用于高压缩比、高精确度或渐进重建应用的场合；

(3) 基于**预测编码**中**DPCM**方法的无损系统。用于无失真应用的场合。

JPEG XR⇔连续色调静止图像压缩算法和文件格式

由微软公司开发的连续色调静止图像压缩算法和文件格式。原称Windows Media Photo。可支持高动态范围图像编码，包括**无损压缩**和**有损压缩**，且只需要整数运算的**图像编解码**器。一个文件可包含多幅图像，后缀是.jxr。另外，对每幅图像可部分解码。

judder⇔画面抖动

电视电影/胶转磁中画面上常出现的一种现象。指一种运动**伪像**，特别容易在缓慢平稳的摄像机运动中出现，并导致在原始电影序列中平滑的运动在胶转磁后有些不平稳。

jump edge⇔跳跃边缘

轮廓标记**技术**中，两边深度不连续的边缘。典型的是**刃边**和**翼边**。

jump linear system [JLS]⇔跳跃线性系统

同**switching linear dynamical system**。

junction label⇔连接标签

对在交叉点相遇的边缘模式的符号标记。主要用于积木世界，其中所有目标都是多面体，所有线段都是直的且仅有有限的结构形态。

just noticeable difference [JND]⇔恰可察觉差，视觉阈值

人类视觉系统刚刚能区别的亮度变化。对**灰度图像**，指人眼刚能区别的两个相邻像素的灰度差。设一个像素的灰度值为g，另一个像素的灰度值为$g+\Delta g$，则Δg就是视觉阈值，而$\Delta g/g$基本上是个常数。参阅**contrast sensitivity**。

JVT⇔联合视频组

Joint Video Team的缩写。

K

Kalman filter ⇔ 卡尔曼滤波器

处理非稳态输入的一种**自适应滤波器**。其数学表达式可用**状态空间**概念来描述，并可递推求解。已在随机过程的参数估计、各种最优滤波和最优控制问题中得到广泛应用。在**图像工程**的研究中主要用于**目标跟踪**。这是因为对目标位置、速度和加速度的测量值往往伴有噪声，而卡尔曼滤波器可充分利用目标的动态信息，去掉**噪声**的影响，得到关于目标位置的更好估计。

Kalman filter equation ⇔ 卡尔曼滤波器方程

卡尔曼滤波器的数学表达式。**卡尔曼滤波**问题可写成一个线性随机微分方程

$$\boldsymbol{x}_k = \boldsymbol{A}\boldsymbol{x}_{k-1} + \boldsymbol{B}\boldsymbol{y}_k + \boldsymbol{u}_{k-1}$$

其中，k 代表当前时间，$\boldsymbol{x}(\in \mathbf{R}^n)$代表控制状态，$\boldsymbol{y}(\in \mathbf{R}^l)$代表系统状态，$\boldsymbol{u}$ 代表过程噪声。测量($\boldsymbol{z}\in \mathbf{R}^m$)可表示为

$$z_k = \boldsymbol{H}\boldsymbol{x}_k + \boldsymbol{v}_k$$

其中$\boldsymbol{v}$代表测量噪声。过程噪声和测量噪声一般均设为独立的零均值**高斯噪声**。上述矩阵 $\boldsymbol{A}$ 是一个联系前一时间 $k-1$ 与当前时间 k 的 $n\times n$ 的矩阵，矩阵 $\boldsymbol{B}$ 是一个联系控制状态与系统状态的 $n\times l$ 的矩阵，矩阵 $\boldsymbol{H}$ 是一个联系系统状态与测量的 $m\times n$ 的矩阵。

令 $\boldsymbol{x}'_k(=\boldsymbol{x}_k / \boldsymbol{z}_{k-1})$代表在 k 时的先验(*a priori*)状态估计，$\boldsymbol{x}''_k(=\boldsymbol{x}_k / \boldsymbol{z}_k)$代表在 k 时的后验(*a posteriori*)状态估计。先验和后验误差估计分别为

$$\boldsymbol{e}'_k = \boldsymbol{x}_k - \boldsymbol{x}_k / z_{k-1}$$

$$\boldsymbol{e}''_k = \boldsymbol{x}_k - \boldsymbol{x}_k / z_k$$

误差协方差的先验和后验估计分别为

$$\boldsymbol{C}'_k = \boldsymbol{x}'_k \boldsymbol{x}'^{\mathrm{T}}_k$$

$$\boldsymbol{C}''_k = \boldsymbol{e}''_k \boldsymbol{e}''^{\mathrm{T}}_k$$

通过将后验状态估计 $\boldsymbol{x}''_k$ 表示成先验状态估计 $\boldsymbol{x}'_k$ 的线性组合就可得到卡尔曼滤波器方程。一种形式是

$$\boldsymbol{x}''_k = \boldsymbol{x}_k / \boldsymbol{z}_{k-1} + \boldsymbol{G}[\boldsymbol{z}_k - \boldsymbol{H}\boldsymbol{x}_k / \boldsymbol{z}_{k-1}]$$

其中，方括号中的项称为**残差**；$m\times n$ 的矩阵 $\boldsymbol{G}$ 称为卡尔曼增益(Kalman gain)。常用的一种形式为

$$\boldsymbol{G}_k = \boldsymbol{C}'_k \boldsymbol{H}^{\mathrm{T}} (\boldsymbol{H}\boldsymbol{C}'_k \boldsymbol{H}^{\mathrm{T}} + \boldsymbol{R})^{-1}$$

其中 $\boldsymbol{R}$ 表示测量噪声的协方差。

Kalman filtering ⇔ 卡尔曼滤波(技术)

利用**卡尔曼滤波器**实现的**滤波**。当需要估计的状态的概率分布函数是线性的或高斯型的时，卡尔曼滤波可给出最优的滤波效果。

Karhunen-Loeve transform ⇔ K-L 变换，卡-洛变换

霍特林变换在连续域的对应变

换。将一幅图像转换为基元图像的基的变换，由将一个图像集合的自协方差矩阵对角化来定义。这个图像集合看作同一个随机场的范例，变换的图像也假设属于该集合。

KB Vision⇔KB 视觉系统

一种基于**知识**的**图像理解**环境。可帮助验证和评价图像理解的新概念和新方法。采用低层图像矩阵、中层符号描述和高层场景来解释三层模型结构。

kernel bandwidth⇔核带宽

基于核的方法中所用核的尺寸。

kernel discriminant analysis⇔核鉴别分析

一种基于如下三个关键观测的分类方法：①有些问题需要曲线分类边界；②分类边界需要根据类别在局部定义而不是全局定义；③通过使用核方法可避免高维的分类空间。该类方法借助核提供一个变换，从而可在输入空间而不是变换空间进行**线性鉴别分析**。

kernel function⇔核函数

1. 集成变换中的一个函数（如**傅里叶变换**中的指数项）。

2. 用于图像中的点的操作函数（参阅 **convolution**）。

3. 将高维空间的内积运算转化为在低维输入空间计算的函数。在均移方法中，核函数的作用是要使得随**特征点**与均值的距离 x 不同，对均值偏移的贡献也不同。

kernel-matching pursuit learning machine [KMPLM]⇔核匹配追踪学习机

一种基于核的**机器学习**方法。与 **SVM** 相比，分类性能相当，但具有更为稀疏的解。

kernel principal component analysis⇔核主分量分析

对**主分量分析**（PCA），使其可用于区域边界为曲线的一种扩展。核方法等价于将数据非线性地映射到高维空间，从中可提取全局变化最大的轴。该方法提供了一种借助核的变换，这样 PCA 可以在输入空间而不是在变换后的空间中进行。

kernel tracking⇔核跟踪（技术）

借助**均移**算法迭代实现的跟踪。又称均移跟踪。避免了穷尽搜索，运行效率高，实现比较简单，易于模块化，尤其对运动有规律且速度不高的目标，总可逐次获得新的目标中心位置，实现对目标的跟踪。

key frame⇔关键帧

镜头中有代表性、体现场景特点的一幅或几幅**帧图像**。

KFDB database⇔KFDB 数据库

一个包含 1000 名韩国人脸640×480 像素的彩色图像数据库。这些图像具有位姿、光照和表情 3 种变化。每人的位姿变化分为 3 类：①头发自然散于前额且不戴眼镜；②把头发从前额梳起；③戴了眼镜。每类图像包含人脸由左到右以−45°、−30°、−15°、0°、15°、30°和45°等 7 个方向的旋转变化。每人的光照变化分为 2 类：①用荧光灯作为光源；②用白炽灯作为光源。每类图像中包含8种光照变化，这8种光照变化由与人脸中心同平面的以人脸中心为圆心的圆上以45°等分放置的8个光源形成。每人的表情变化包含了自然表情、高兴、惊讶、生气和眨眼(惊愕)这5种变化。

kinescope ⇔ **显像管**

电视机中显示图像的**阴极射线管**。电子线路按扫描过程传来的信号使阴极发出电子束，其强度与摄像管中像点的强度相对应。此外，阴极射线管中的电极或磁极由同步装置控制，使扫描的顺序与摄像过程相同，于是**荧光屏**上出现发射台播放的图像。

kinescope recording ⇔ **屏幕录像(技术)**

用照相胶卷或磁带、磁盘、光盘将电视荧光屏图像记录下来，以备保存或重播的技术。用照相胶卷记录的方式称为屏幕录像或录影，后三种分别称为磁带、磁盘、光盘录像。一般所谓屏幕录像常指后三种，也称截屏录像。

kinetic depth ⇔ **运动深度**

一种借助对传感器有控制的运动，在图像**特征点**(常为边缘点)处估计深度的方法。这个方法一般并不对图像所有点进行(因为缺少足够的图像结构)，也不在传感器精度缓慢变化的区域(如墙)进行。一种典型的情况如图K1所示，相机沿圆形轨道盯住前面一个固定点旋转。

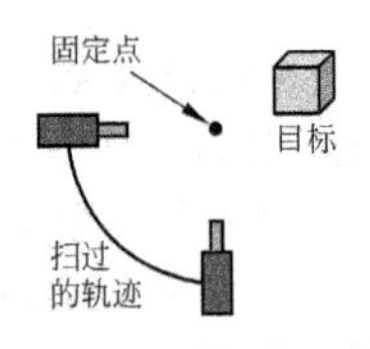

图K1　运动深度示意

Kirsch operator ⇔ **基尔希算子**

一种借助**边缘模板**响应的最大值(及其符号)来确定相应边缘方向的**方向差分算子**。所使用的8个3×3边缘模板的前4个如图K2所示，各方向间的夹角为45°，另4个模板可由对称性得到。

上述模板的一种变型见图K3。

***K*-means** ⇔ ***K*-均值法**

参阅 ***K*-means clustering**。

***K*-means clustering** ⇔ ***K*-均值聚类(技术)**

一种基于迭代平方误差的**空间聚类**方法。输入是一个点集$\{\boldsymbol{x}_i\}_{i=1}^n$和$k$个聚类中心的初始估计位置$c_1,\cdots,c$。算法交替执行两个步骤：①将点赋给与其距离最近的类；

-1	0	1
-1	0	1
-1	0	1

0	1	1
-1	0	1
-1	-1	0

1	1	1
0	0	0
-1	-1	-1

1	1	0
1	0	-1
0	-1	-1

图K2　基尔希算子的前4个3×3边缘模板

-5	3	3
-5		3
-5	3	3

3	3	3
-5	0	3
-5	-5	3

3	3	3
3	0	3
-5	-5	-5

3	3	3
3	0	-5
3	-5	-5

图 K3 变型的基尔希算子的前 4 个 3×3 边缘模板

②加入该点后重新计算均值。迭代产生对 k 个聚类中心的估计，希望它们能最小化$\sum_x \min_c |\boldsymbol{x}-\boldsymbol{c}|^2$。

令 $\boldsymbol{x}=(x_1, x_2)$代表一个特征空间位置的坐标，$g(\boldsymbol{x})$代表在这个位置的特征值，$K$-均值聚类法就是要最小化如下指标：

$$E=\sum_{i=1}^{K}\sum_{x\in Q_j^{(i)}}\|g(\boldsymbol{x})-\mu_j^{(i+1)}\|^2$$

其中，$Q_j^{(i)}$代表在第 i 次迭代后赋给类 j 的**特征点**集合；μ_j 表示第 j 类的均值。上式指标给出各个特征点与其对应类均值的距离之和。具体的 K-均值聚类法步骤如下：

(1) 任意选 K 个初始的类均值，$\mu_1^{(1)}, \mu_2^{(1)}, \cdots, \mu_K^{(1)}$；

(2) 在第 i 次迭代时，根据下述准则将每个特征点都赋给 K 个类别之一($j=1,2,\cdots,K$；$l=1,2,\cdots,K$，$j\neq l$)，即

$$\boldsymbol{x}\in Q_l^{(i)} \quad 如果 \quad \|g(\boldsymbol{x})-\mu_l^{(i)}\|<\|g(\boldsymbol{x})-\mu_j^{(i)}\|$$

即将每个特征点赋给均值离其距离最近的类；

(3) 对 $j=1,2,\cdots,K$，更新类均值 $\mu_j^{(i+1)}$

$$\mu_j^{(i+1)}=\frac{1}{N_j}\sum_{x\in Q_j^{(i)}} g(\boldsymbol{x})$$

其中 N_j 是 $Q_j^{(i)}$ 中的特征点个数；

(4) 如果对所有的 $j=1,2,\cdots,K$，有 $\mu_j^{(i+1)}=\mu_j^{(i)}$，则算法收敛，结束；否则退回步骤(2)继续下一次迭代。

***K*-medians ⇔ *K*-中值**

K 均值聚类中，计算多维中值以代替均值的一种变型。多维中值的定义可以变化，但对一个点集$\{\boldsymbol{x}^i\}_{i=1}^n$，即$\{x_1^i, \cdots, x_d^i\}_{i=1}^n$的中值计算包括逐分量的定义 $\boldsymbol{m}=(\mathrm{median}\{\boldsymbol{x}_1^i\}_{i=1}^n, \cdots, \{\boldsymbol{x}_d^i\}_{i=1}^n)$和一维的定义 $\boldsymbol{m}=\mathrm{argmin}_{\boldsymbol{m}\in \mathbf{R}^d}\sum_{i=1}^{n}|\boldsymbol{m}-\boldsymbol{x}^i|$。

***K*-medoids ⇔ *K* 中值**

同 ***K*-medians**。

KMPLM ⇔ 核匹配追踪学习机

kernel-matching pursuit learning machine 的缩写。

***K*-nearest-neighbor algorithm ⇔ *K*-最近邻算法**

决策时使用的一种对最近 K 个**邻域像素**进行分类的最近邻算法。

***K*-nearest-neighbor [KNN] classifier ⇔ *K*-最近邻分类器**

一种基本的统计**模式分类工具**。通过计算一个未知模式的特征矢量 $\boldsymbol{x}$ 和 k 个与它在特征空间里最接近

点间的距离以便将该未知模式赋予 K 个样本点的多数所属的类。这种方法的主要优点是简单(例如不需要对各个类的概率分布进行假设)和通用(可处理重叠的类或具有复杂结构的类)。主要缺点是在计算未知样本和很多(如果使用借助蛮力的方法则有可能是全部)特征空间中存储的点间距离时的计算成本很高。

knee algorithm ⇔ 拐点算法

直方图只有一个峰时,确定**图像分割**所用**阈值**的一种方法。适合用于目标和背景的分布重叠,其中一个对应峰有较长拖尾的情况。采用直线分别拟合峰的下降部分和长的拖尾,并取两条直线相交处的横坐标值为阈值。具体步骤如下:

(1) 记直方图的峰值横坐标为 b_{peak},从峰向右朝向长的拖尾取 n 个直方条。典型的值是 $n=5$。在直方条空间中根据最小二乘误差准则用直线拟合这些点。

(2) 记直方图的最后一个直方条的横坐标为 b_{last},从该直方条向左朝着峰的方向取 n 个直方条。在直方条空间中根据最小二乘误差准则用直线拟合这些点。

(3) 计算出两条线的交点。交点的横坐标是对阈值 t_1 的第 1 个估计。

(4) 考虑所有横坐标在范围 $[b_{\text{peak}}, t_1]$ 中的点,并根据最小二乘误差准则用直线拟合这些点。如果所有点的**残差**均小于一个可容忍的值,保留这条线。如果不满足,忽略误差大于可容忍值的点,对剩下的点根据最小二乘误差准则用直线进行拟合。

(5) 考虑所有横坐标在范围 $[t_1, b_{\text{last}}]$ 中的点,并根据最小二乘误差准则用直线拟合这些点。如果所有点的残差均小于一个可容忍的值,保留这条线。如果不满足,忽略误差大于可容忍值的点,对剩下的点根据最小二乘误差准则用直线进行拟合。

(6) 计算在第(4)步和第(5)步中构建的直线的交点。交点的横坐标是对阈值的新估计,t_2。

上述过程可重复多次。每次到了第(4)步和第(5)步,考虑用直线所代表的点对。

knight-distance ⇔ 马步距离

一种特殊的**距离函数**。像素点 $p(x,y)$ 和 $q(s,t)$ 之间在第一象限的马步距离为

$$D_{\mathrm{k}}(p,q)=\begin{cases}\max\left[\left\lceil\dfrac{u}{2}\right\rceil,\left\lceil\dfrac{u+v}{3}\right\rceil\right]+\left\{(u+v)-\max\left[\left\lceil\dfrac{u}{2}\right\rceil,\left\lceil\dfrac{u+v}{3}\right\rceil\right]\right\}\bmod 2, & \begin{cases}(u,v)\neq(1,0)\\(u,v)\neq(2,2)\end{cases}\\ 3, & (u,v)=(1,0)\\ 4, & (u,v)=(2,2)\end{cases}$$

其中，⌈·⌉为**上取整函数**；$u=\max[|x-s|,|y-t|]$；$v=\min[|x-s|,|y-t|]$。

knight-neighborhood⇔马步邻域

与一个**像素**的距离为一马步（国际象棋棋盘上马移动一步）的 8 个像素组成的区域。图 K4 中，像素 p 的马步-邻域包括标记为 r 的 8 个像素，记为 $N_k(p)$。

	r		r	
r				r
		p		
r				r
	r		r	

图 K4　一个像素的马步邻域

KNN algorithm⇔*K*-最近邻算法

***K*-nearest neighbors algorithm** 的缩写。

KNN classifier⇔*K*-最近邻分类器

***K*-nearest neighbors classifier** 的缩写。

knowledge⇔知识

人类对世界的认知与理解世界时积累的经验的总和。知识常被表示成规则或事实。要有效地利用知识，需要研究有哪些知识可以利用以及如何表达和管理它们。

knowledge base⇔知识库

对世界的抽象表达。知识库具有分层结构，其内容可分为**类比表达模型**和**命题表达模型**，这与人类对世界的表达类似。知识库应具有下列性质：

（1）可以表达类比、命题和过程结构；

（2）允许快速访问信息；

（3）可以方便地进行扩充；

（4）支持对类别结构的查询；

（5）允许不同结构间的联系和转换；

（6）支持信念维护、**推理**和规划。

knowledge-based⇔基于知识的，知识基的

模型基编码中处在中间层的。利用对景物的先验知识，识别出目标的类型，构建已知景物严格的 3-D 模型。

knowledge-based coding⇔基于知识的编码（方法），知识基编码（方法）

广义上，常等同于**模型基编码**的编码技术。狭义上是模型基编码中的一类。

knowledge-based computer vision⇔基于知识的计算机视觉

一种利用**知识库**存储有关场景环境的信息的**计算机视觉**过程。借助由规则构成的**推理**机制对假设进行检验来实现决策判断。

knowledge-based vision⇔基于知识的视觉

一种包含一个知识数据库和一个**推理**成分的**视觉**策略。典型的基于知识的视觉是基于规则的，并将通过加工图像而获取的信息和知识数据库中的信息结合起来，推断应产生和验证的假设，从已有的信息能推论出什么新信息，以及哪些新的基元需要进一步提取。

knowledge of cybernetics ⇔ 控制(机制)知识

有关信息加工流程的策略和决策的**知识**。

knowledge representation ⇔ 知识表达

用来表示**知识的**一定形式和方法。从形式看,对知识的表达可分为**过程表达型**和**说明表达型**。

knowledge representation scheme ⇔ 知识表达方案

表达知识的具体方法。例如,**守护程序**,**黑板系统**,**图像函数库**,**图像处理语言**,**图像理解代理**,**框架**,**单元**,**逻辑系统**,**语义网络**,**产生式系统**。

Koch's triadic curve ⇔ 科赫三段曲线

一种具有**分形维数**的典型曲线。参见图 K5,先将一条直线(图 K5(a))三等份,再将中间一份用两段同长的线段代替,从而得到四段等长线段的联接(图 K5(b)),如此继续对四段中的每一段都重复进行,就可依次得到图 K5(c)和图 K5(d)。这个过程可无限重复下去,所得到的结果就称为科赫三段曲线,其分形维数是 1.26。

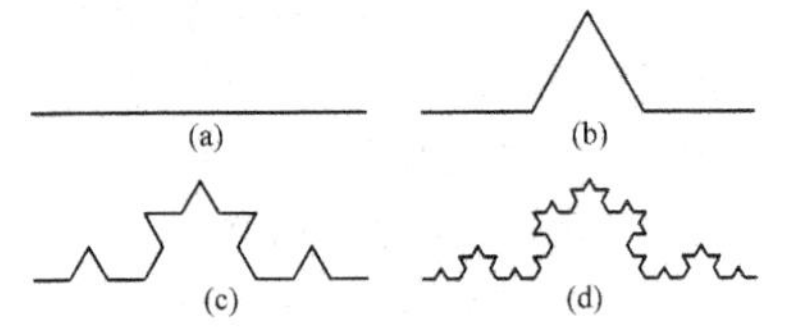

图 K5　构建科赫三段曲线的初始步骤

如果从一个六边形出发,则可得到科赫雪花曲线,其边线长度是无限的,但所围住的面积却是有限的。

Kodak-Wratten filter ⇔ 柯达-雷登滤光器

由柯达公司提供,使用黑白相机获得**彩色图像**的凝胶滤光器。将有机彩色材料加入凝胶,并将混合物放到玻璃基底上,干燥后将混合物从玻璃基底上移去,再将混合物切割成需要的尺寸制成。单个滤光器根据英国发明家弗雷德里克·雷登(Frederick Wratten)的方法命名,并用数字表示。常用的有柯达-雷登滤光器 #25(对应长波带,称为红色),# 47B(对应中波带,称为绿色),#58(对应短波带,称为蓝色)。

Koenderink's surface shape classification ⇔ Koenderink 表面形状分类

一种与常用的基于**平均曲率**和**高斯曲率**的 3-D 表面形状分类不同的分类方案。将两个本征形状参数重新结合成两个新参数:一个参数 S 表示表面局部形状(包括双曲圆柱、球和平面),另一个参数 C 表示形状弯曲程度。在 Koenderink 表面形状分类方案中的一些形状类别如图 K6 所示。

Kronecker order ⇔ 克罗内克序

一种借助**哈达玛矩阵**生成的**沃尔什函数**的序。

Kronecker product ⇔ 克罗内克积

两个任意大小矩阵间的数学运算。也是张量积的特殊形式。如果 $\boldsymbol{A}$ 是一个 $m \times n$ 的矩阵,而 $\boldsymbol{B}$ 是一个 $p \times q$ 的矩阵,则它们的克罗内

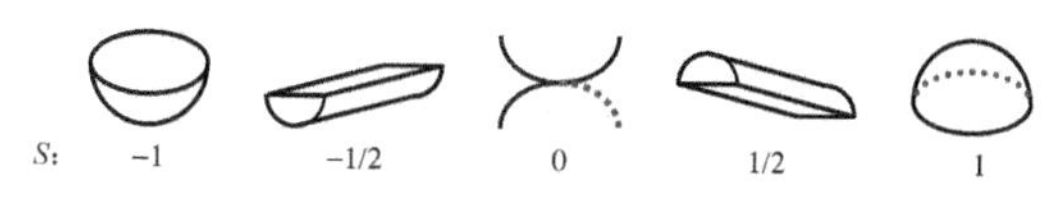

图 K6 Koenderink 表面形状分类示意

克积是一个 $mp \times nq$ 的分块矩阵。对可分离的 2-D 变换，其 2-D 变换核可写成两个 1-D 变换核的乘积，相应地，2-D 变换矩阵可写成两个 1-D 变换矩阵的克罗内克积。

KTC noise⇔KTC 噪声

一种与场效应晶体管(field-effect transistor，FET)**图像传感器**相关的噪声。词 KTC 源于噪声与 $\sqrt{kTC}$ 成正比，其中 T 代表温度，C 是图像传感器的电容，k 是玻尔兹曼(Boltzmann)常数。在图像采集时，这种噪声在每个像素处独立产生，且独立于累积时间。

Kullback-Leibler distance⇔库尔贝克-莱布勒距离

对两个概率密度 $p_1(\boldsymbol{x})$ 和 $p_2(\boldsymbol{x})$ 之间的相对熵(也称距离)的一种测度。可表示为

$$D(p_1 \parallel p_2) = \int p_1(\boldsymbol{x}) \log \frac{p_1(\boldsymbol{x})}{p_2(\boldsymbol{x})} \mathrm{d}\boldsymbol{x}$$

这种距离是有向的，即 $D(p_1 \parallel p_2)$ 与 $D(p_2 \parallel p_1)$ 不同。

kurtosis⇔峰度

1. **随机变量的矩**的一种函数。一个具有**概率密度函数** $p(x)$ 的随机变量的矩可表示为

$$\mu_i = \int_{-\infty}^{+\infty} (x-\mu)^i p(x) \mathrm{d}x$$

其中 μ 是 x 的均值，即 $\mu = \int_{-\infty}^{+\infty} xp(x)\mathrm{d}x$。在此基础上可定义**恰当峰度**或**剩余峰度**。

2. 统计学中描述一个分布函数中对称部分形状的 4 阶矩。可对灰度值分布的平坦度进行测量。如果 n_g 是具有灰度值 g 的像素的个数，那么 4 阶直方图矩为 $\mu_4 = \sum_g n_g (g-\mu_1)^4 / N$，其中 μ_1 是像素灰度值的均值。峰度是 $\mu_4 - 3$。

Kuwahara filter⇔桑原滤波器

一种边缘保持的噪声消减**滤波器**。借助围绕需平滑像素的四个方向的 3×3 区域进行。对像素的平滑值是具有最小方差的区域的均值。从这点来说，是一种自适应的**均值滤波器**。

L

Lab color space⇔_Lab_ 彩色空间

参阅 **CIE1976 L^* a^* b^* color space**。可表示如下：

$$L \equiv \begin{cases} 116\left(\dfrac{Y}{Y_n}\right)^{1/3} - 16, & \dfrac{Y}{Y_n} > 0.008\,856 \\ 903.3\,\dfrac{Y}{Y_n}, & \dfrac{Y}{Y_n} \leqslant 0.008\,856 \end{cases}$$

$$a \equiv 500\left[f\left(\frac{X}{X_n}\right) - f\left(\frac{Y}{Y_n}\right)\right]$$

$$b \equiv 200\left[f\left(\frac{Y}{Y_n}\right) - f\left(\frac{Z}{Z_n}\right)\right]$$

其中函数 f 的表达式为

$$f(x) = \begin{cases} x^{1/3}, & x > 0.008\,856 \\ 7.787x + \dfrac{4}{29}, & x \leqslant 0.008\,856 \end{cases}$$

其中(X_n, Y_n, Z_n)为**参考白色**的值，与**标准施照体**有关。如使用标准施照体 D65，则 $X_n = 95.015\,5$，$Y_n = 100.000\,0$，$Z_n = 108.825\,9$。

label⇔标记

一个仅具有符号化含义的名称。当“提取”一幅图像中的目标时，需要确定构成目标的像素。为表达这个信息，可生成与原始图像相同尺寸的一个数组并赋给每个像素一个标记。给所有构成该目标的像素相同的标记，给所有构成背景的像素一个不同的标记。标记一般是个数字(也可以是任意一个字母或颜色)，但标记不能看作数值。

label image⇔标记图像

将**图像**分成不同的区域后，对各个区域分别用不同符号或数字进行标记而得到的分区图像。不能用处理**灰度图像**的同样方式处理。常称为**分类的图像**，因为指出了各个像素所属的**类**。

labeling⇔标记化

从**图像分割**后得到的多个区域中，将各区域分别提取出来的技术。最简单而有效的标记方法是检查各像素与其相邻像素的连通性。具体实现有多种方法，如**像素标记**、**游程连通性分析**、基于矩阵的标记、通过收缩统计连通组元数等。

labeling of contours⇔轮廓标记技术

一种用 2-D 图像表示 3-D 景物的方法。将 3-D 景物投影到 2-D 图像，各部分表面会分别形成区域。各个表面的边界在 2-D 图像中会显示为**轮廓**，用这些轮廓表达目标就构成目标的**线条图**。对比较简单的景物，可以用线条图，即用带轮廓标记的 2-D 图像来表示 3-D 景物各个表面之间的相互关系。借助这种标记也可以对 3-D 景物和相应的模型进行匹配，以解释场景。

labeling with sequential backtracking ⇔顺序回溯标记化

自动标记**线条图**的一种方法。先将图中的边排成序列(尽可能将对标记约束最多的边排在前面)，以深度优先的方式生成通路，同时依次对每条边进行所有可能的标记，并检验新标记与其他边标记的一致性。如果这样依次赋给图中所有边的标记都满足一致性，则得到一种标记结果，即推断出一种可能的 3-D 目标结构。

$L^* a^* b^*$ model⇔$L^* a^* b^*$ 模型

一种面向彩色处理的**均匀彩色空间**模型。适用于接近自然光照明的应用场合。特点是覆盖了全部的可见光色谱，并可以准确地表达各种显示、打印和输入设备中的彩色。

lack unity and disjoint⇔不协调和离析

图像或**视频**画面所营造的一种**气氛语义**类型。画面特点主要是**照度**分布比较零乱。

Laguerre formula⇔拉盖尔公式

用来根据 4 个点的**交叉比**计算两条 3-D 直线间有向角度的公式。这 4 个点中两个点是两条图像直线与理想线(通过**消失点**的直线)的交点，另两个点是理想线的绝对点(理想线和绝对二次曲线的交点)。

Lambert cosine law⇔朗伯余弦定律

发光强度的余弦定律。若有一个完全漫射表面 dS，则在任意方向上的发光强度 I_a 正比于该方向与表面法线之间夹角的余弦，即 $I_a = I_0 \cos\theta$。I_0 为法向的发光强度。按定义，有 $I_0 = L\mathrm{d}S$，L 为光亮度，故 $I_\theta = L\mathrm{d}S\cos\theta$，其中 $\mathrm{d}S\cos\theta$ 为该表面在 θ 方向上的有效面积。

Lambertian surface⇔朗伯表面

一种典型的**理想散射表面**。也称**漫反射面**。向各个方向均匀发射光的表面为完全漫射面。具有朗伯表面的材料，表面所反射的光在所有方向都具有相同亮度。这样的表面相对于**摄像机**的朝向与成像过程无关：不管摄像机在哪个方向，它从表面接收到相同的光亮度。但这样的表面相对于照明光源的朝向仍是非常重要的：如果表面偏离光源方向，表面将接收不到光，呈现黑色。

Lambert law⇔朗伯(吸收)定律

反映**光辐射**穿过一定距离的媒介而被吸收情况的定律。若**波长**为 λ 的光辐射在媒质中某一处的强度为 I_0，当穿过距离 x 后，强度因吸收而变为 I_x(强度减少量 $\mathrm{d}I$ 有时称为吸收强度)，此时吸收常量(线性吸收系数) $k=(\ln I_0 - \ln I_x)/x$。实际应用中取以 10 为底的对数较方便，则有 $k=(\lg I_0 - \lg I_x)/x$，$m=k\lg \mathrm{e}=0.4343k$。

Lambert surface⇔朗伯面

同 **Lambertian surface**。

laminography⇔层析成像

同 **tomography**。

landmark point⇔标志点，地标点

一种将**目标区域**的**轮廓**用一组边界点近似表达的方法。这些点常有明显的特点，或者说这些点控制了轮廓的形状。这些点(的坐标)常用矢量、数组、集合、矩阵等表示。

Landolt broken ring⇔蓝道开口环

同 **Landolt ring**。

Landolt ring⇔蓝道环

同 **C-optotype**。

LANDSAT satellite⇔LANDSAT 卫星

美国发射的一组地球资源技术卫星之一。2013 年 2 月 11 日发射了第 8 号。

LANDSAT satellite image⇔LANDSAT 卫星图像

利用 **LANDSAT 卫星**获得的图像。第一个 LANDSAT 遥感卫星是美国于 1972 年发射的,携带了可采集三个可见光波段的图像的视像管或**光导摄像管**(vidicon)摄像机。卫星上的多谱扫描系统(multispectral scanning system, MSS)可提供四种**波长**的图像,其中三种波长在可见光范围,另一种在近红外范围。其后美国又陆续发射了 7 颗 LANDSAT 卫星(其中第 6 颗失败)。前五颗卫星上的 MSS 传感器可结合使用(不过目前均已失效),达到的空间分辨率是 56 m×79 m。LANDSAT-7 的地面分辨率(全色波段)最高可达到 15 m。

landscape image⇔风景图(像)

表现各种自然现象或山水、花草等景象的**图像**。

language of image processing⇔图像处理语言

一种**知识表达**方法。嵌入了需表达的**知识**。本质上是自动调用函数和选取函数的程序系统。

Lanser filter⇔兰泽滤波器

对 **Deriche 滤波器**的一种改进。可以消除**各向异性**问题(会导致计算出来的边缘响应幅度依赖于边缘的朝向),得到的各向同性滤波器。另外,比**坎尼滤波器**更精确。

Laplacian⇔拉普拉斯值

一个函数 $f(x,y)$ 的梯度矢量的散度值。可表示为

$$\begin{aligned}\Delta f(x,y) &= \operatorname{div}\{\operatorname{grad}[f(x,y)]\} \\ &= \nabla \cdot \nabla f(x,y) \\ &= \nabla^2 f(x,y) \\ &= \nabla \cdot \left[\frac{\partial f(x,y)}{\partial x}, \frac{\partial f(x,y)}{\partial y}\right]^{\mathrm{T}} \\ &= \frac{\partial^2 f(x,y)}{\partial x^2} + \frac{\partial^2 f(x,y)}{\partial y^2}\end{aligned}$$

如上,一个函数的拉普拉斯值等于它的二阶导数的和。所以,在每个像素处的拉普拉斯值等于图像沿各个轴的二阶导数之和。

Laplacian eigenmap⇔拉普拉斯本征图

一种典型的非线性无监督**特征降维**方法。利用谱技术来实现降维,是非参数**动作建模**中基于**流形**学习的方法。在某种意义上保持了图像中点与点之间的局部距离。

Laplacian face⇔Laplace 脸,拉普拉斯脸

一种使用局部残差投影将人脸投

影到**人脸子空间**的技术。试图通过保留局部信息来获得能最好地检测基本人脸**流形**结构的人脸子空间。

Laplacian image pyramid ⇔ 拉普拉斯图像金字塔

由一系列**带通滤波**的**图像**组成的多层结构。为构建拉普拉斯图像金字塔,可利用**高斯图像金字塔**中相邻两层图像的相减来获得各对应层的图像。

Laplacian mean squared error ⇔ 拉普拉斯均方误差

一种用于客观衡量**图像水印**的**差失真测度**。如果用 $f(x,y)$ 代表原始图像,用 $g(x,y)$ 代表嵌入水印的图像,图像尺寸均为 $N \times N$,拉普拉斯均方误差可表示为

$$D_{\text{lmse}} = \frac{\sum_{x=0}^{N-1}\sum_{y=0}^{N-1}[\nabla^2 g(x,y) - \nabla^2 f(x,y)]^2}{\sum_{x=0}^{N-1}\sum_{y=0}^{N-1}[\nabla^2 f(x,y)]^2}$$

Laplacian of Gaussian ⇔ 高斯-拉普拉斯变换

一种简单但有用的多尺度**图像变换**。变换后的数据包含基本但有用的**纹理特征**。具有零均值和标准方差 σ 的 2-D 高斯的拉普拉斯变换可表示为

$$\text{LoG}_\sigma(x,y) = -\frac{1}{\pi\sigma^4}\left[1 - \frac{x^2+y^2}{2\sigma^2}\right]\exp\left[-\frac{x^2+y^2}{2\sigma^2}\right]$$

拉普拉斯-高斯变换计算图像的二阶空间微分,且与高斯函数差密切相关。常用于底层的特征提取。

Laplacian-of-Gaussian[LOG] edge detector ⇔ 高斯-拉普拉斯边缘检测器

先用**高斯低通滤波器**平滑图像,再对结果使用**拉普拉斯算子**来检测边缘的**边缘检测器**。其工作原理能很好地解释**人类视觉系统**的底层举止。

Laplacian-of-Gaussian[LOG] operator ⇔ 高斯-拉普拉斯算子

同 **Marr operator**。

Laplacian operator ⇔ 拉普拉斯(检测)算子

计算一个像素的**拉普拉斯**值的算子。也是一种二阶**差分边缘检测算子**。在图像中,对拉普拉斯值的计算可借助各种**模板**以及**模板卷积**来实现。这里对模板的基本要求是对应中心像素的系数应是正的,而对应中心像素邻近像素的系数应是负的,且所有系数的和应等于零。图 L1 给出三种典型的拉普拉斯算子的模板(均满足上面的条件)。

0	−1	0
−1	4	−1
0	−1	0

−1	−1	−1
−1	8	−1
−1	−1	−1

−2	−3	−2
−3	20	−3
−2	−3	−2

图 L1 拉普拉斯算子的模板

灰度图像中，拉普拉斯算子是对亮度**二阶导数**的直接数字近似。由于采用了二阶差分，所以对图像中的**噪声**相当敏感。另外，常会产生双像素宽的边缘，且也不能提供边缘方向的信息。由于以上原因，拉普拉斯算子很少直接用于检测边缘，而主要用于已知**边缘像素**后确定该像素是在图像的暗区还是明区一边。

Laplacian pyramid⇔拉普拉斯金字塔

纹理分析中，常将图像分解以使冗余信息最小化并保留和增强特性的方式。可用于图像压缩以消除冗余。相比于高斯金字塔，拉普拉斯金字塔是更加紧凑的表达。每一层包含对粗糙层的低通滤波结果和上采样的"预测"之间的差，即

$$\boldsymbol{I}_L^{(n)} = \boldsymbol{I}_G^{(n)} - S\uparrow \boldsymbol{I}_G^{(n+1)}$$

其中 $\boldsymbol{I}_L{}^{(n)}$ 代表拉普拉斯金字塔的第 n 层，$\boldsymbol{I}_L{}^{(n)}$ 代表同一幅图像的高斯金字塔的第 n 层，$S\uparrow$ 代表借助最近邻实现的上采样。

laser computing tomography⇔激光计算层析成像

一种以超短脉冲技术为核心的时间分辨成像方法。通过提取高散射介质中带有时间信息的弹道光子和蛇行光子进行相干选通，实现对成像脉冲的测定，得到有效成像。如果对 360°范围内多个数据进行严格的数学物理分析，并运用计算机将不同层面的结构信息加以处理，则可获得物体多幅分层结构图像，从而以 2-D 的分层结构将 3-D 结构分布表现出来。时间分辨率约与入射脉宽同数量级。

latent Dirichlet allocation [LDA]⇔隐含狄利克雷分配，隐狄利克雷分配

一种可用于**图像理解**中的学习推理的集合概率模型。基本模型可用图 L2 来表示，其中方框表示重复/集合；大方框表示图像集合，M 表示其中的图像个数；小方框表示在图像中重复选取主题和单词，N 表示一幅图像中的单词个数，一般认为 N 与 q 和 z 都独立。最左隐结点 a 对应每幅图像中主题分布的狄利克雷先验参数；左边第 2 个隐结点 q 表示图像中的主题分布（q_i 为图像 i 中的主题分布），q 也称混合概率参数；左边第 3 个隐结点 z 为主题结点，z_{ij} 表示图像 i 中单词 j 的主题；左边第 4 个结点是唯一的观测结点（有阴影），s 为观察变量，s_{ij} 表示图像 i 中第 j 个单词。最右边结点 b 为主题-单词层的多项式分布参数，也即每个主题中单词分布的狄利克雷先验参数。

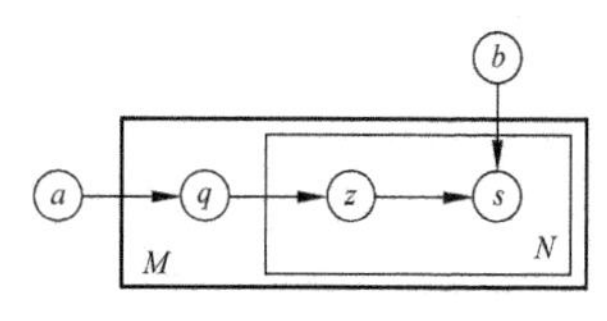

图 L2　基本 LDA 模型

基本模型是一个三层**贝叶斯模型**。其中，a 和 b 是属于图像集合

层的超参数，q 属于图像层，z 和 s 属于视觉词汇层。模型求解包括近似**变分推理**和**参数学习**两个过程。

latent identity variable [LIV]⇔隐身份变量

表示个体身份的基本多维变量。

latent semantic indexing [LSI]⇔隐含语义索引(技术)，隐性语义索引(技术)，隐语义索引(技术)

一种不同于关键词搜索的索引方法和机制。在对需要的内容进行搜索时试图绕过自然语言理解，而用统计的办法达到同样的目标。源于解决自然语言中的文本检索问题。自然语言文本中的词汇具有一词多义(polysemy)和一义多词(synonymy)的特点。由于一词多义，基于精确匹配的检索算法会抽取出许多用户不需要的词汇；由于一义多词，基于精确匹配的检索算法又会遗漏许多用户想要的词汇。隐语义索引借助大样本数量的统计分析找出不同的词汇间的相关性，以使搜索结果进一步接近于用户真正要查找的内容；同时，这也能够保证搜索的效率。

lateral aberration⇔横(向)像差

在横向上的像差。因为光学中的横向正好是直角坐标系的纵轴(垂直轴)方向，所以称垂轴像差更确切。当像差指**色差**时，就是**横向色(像)差**，即两种色光所成像的大小之差，如光学设计中的氢光谱的 C 线(红，656.2808 nm)和 F 线(蓝，486.1342 nm)之间的色差。当像差指**球(面像)差**时，就是**横向球(面像)差**，即**镜头组**某一轴外带区的光线和近轴焦面焦点之间的(垂轴)距离。

lateral chromatic aberration⇔横向色(像)差

一种会导致成像位置的移动和成像尺寸放缩的**横向像差**。本质上是由于不同波长光的成像放大率不同而产生的色差。厚透镜或复镜头组的主点对**波长**不同的光总有差异，所以即使消除了轴向色差，仍存在横向色差。也称垂轴色差，放大率色差或倍率色差。

lateral histogram⇔横向直方图，位置直方图

将图像向多个坐标轴投影，并对像素灰度求和得到的**直方图**。位置直方图技术将对目标的定位从 2-D 空间转化到 1-D 空间中，比较适合检测和定位对朝向不敏感的目标(如圆形盘或孔)。

lateral inhibition⇔侧抑制

1. 相近的神经元之间能够相互抑制的现象。刺激某一神经元时，该神经元产生神经兴奋；而在刺激它附近的另一个神经元时，后者的反应会对前者的反应有抑制作用。

2. 一个细胞对周围邻近细胞的抑制作用。这种作用与该细胞受到的光刺激强度成正比，即对一个细胞的刺激越强，它对邻近细胞的抑制作用也越大。观测**马赫带**图形所产生的视错觉就可借助视网膜上邻近神经细胞之间的侧抑制来解释。

3. 一个给定特征减弱或消除邻近特征的过程。一个例子出现在**坎尼边缘检测器**中，那里局部最大亮度的梯度幅度导致与边缘交叉(而不是顺着边缘)的邻近梯度值成为0。

lateral spherical aberration ⇔ 横向球(面像)差

横向像差的一种。光线从大孔径的面(一般为球面)上反射或折射后并不会聚于一点，该光线与近轴光线焦面的交点到光轴的距离即为横向球差，也称垂轴球差。

law of reflection ⇔ 反射定律

同 **reflection law**。

Laws operator ⇔ 劳斯算子

计算**纹理能量**的算子。由这些纹理能量算子获得的测度被看作用于**纹理分析**的最早的**滤波**方法之一。对劳斯纹理能量测度的计算包括先使用一组可分离的滤波器，再使用非线性的基于局部窗口的变换。最常用的5单元核如下：

$$L_5 = [1 \quad 4 \quad 6 \quad 4 \quad 1]$$

$$E_5 = [-1 \quad -2 \quad 0 \quad 2 \quad 1]$$

$$S_5 = [-1 \quad 0 \quad 2 \quad -1 \quad 1]$$

$$W_5 = [-1 \quad 2 \quad 0 \quad -2 \quad 1]$$

$$R_5 = [1 \quad -4 \quad 6 \quad -4 \quad 1]$$

其中 L 代表层，E 代表边缘，S 代表点，W 代表波，R 代表纹。从这些1-D的算子出发，通过将一个垂直的1-D核与一个水平的1-D核卷积可产生出25个2-D的劳斯算子。

layered clustering ⇔ 分层聚类(技术)

将图像分解为多个不同**分辨率**或不同**语义层次**的**聚类**方法。

layered cybernetics ⇔ 分层控制机制

各处理过程有固定次序的**控制机制**。

LBG algorithm ⇔ LBG 算法

Linde-Buzo-Gray algorithm 的缩写。

LBP ⇔ 局部二值模式

local binary pattern 的缩写。

LCD ⇔ 液晶(显示)器

liquid-crystal display 的缩写。

L cones ⇔ L 视锥细胞

人眼所包含的3种类型的传感器之一。其敏感范围对应长的光波长(负责称为“红”的感觉)。

LCTF ⇔ 液晶可调滤光器

liquid-crystal tunable filter 的缩写。

LDA ⇔ 线性鉴别分析；隐含狄利克雷分配，隐狄利克雷分配

1. 线性鉴别分析：**linear discriminant analysis** 的缩写。

2. 隐含/隐狄利克雷分配：**latent Dirichlet allocation** 的缩写。

LDS ⇔ 线性动态系统

linear dynamical systems 的缩写。

LDTV ⇔ 低清晰度电视

low-definition television 的缩写。

learning ⇔ 学习(方法)

1. **模式识别**中直接从**采样模式**

获得**模式间关系**的过程；或根据训练样本获取**决策函数**的过程。后一种情况也常称为**训练**。

2. **隐马尔可夫模型**的 3 个重点问题之一。

learning-based super-resolution ⇔ 基于学习的超分辨率

众多**超分辨率**技术之一。认为低分辨率的图像完全拥有用于推理预测其所对应的高分辨率部分的信息。所以，可采用对一个低分辨率图像集合进行训练的方法来产生一个学习模型，并从这个模型推算出图像高频细节信息，从而实现超分辨率。

learning classifier ⇔ 学习分类器

一种执行迭代训练过程的**分类器**。在每次迭代后其分类性能和准确度都得到增强。

least confusion circle ⇔ 最小模糊圈

成像平面上物点由于**镜头组**非理想而导致的结果。如果成像镜头组是非理想的，按几何光学理论，物空间一点不能在像空间成一点像。所以，光束在垂直于光轴的成像平面上会随其位置变动而有不同的明暗分布。因**镜头**组光圈（通常就是透镜边缘）是圆形的，点像将成为圆形的圈。圈的大小影响视觉分辨，最小的模糊圈指示了最好的分辨率。

least mean square filter ⇔ 最小均方误差滤波器

同 **Wiener filter**。

least square fitting ⇔ 最小二乘拟合

一种**梯度**计算方法。可以以此为基础构建**差分边缘检测算子**。这种拟合在处理图像前先对图像进行一次**平滑**，所以对**噪声**相对不敏感。考虑一幅图像 $f(x,y)$，选取其中的一个窗口，其中各像素的位置标号如图 L3 所示。

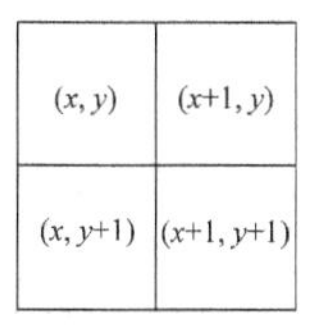

图 L3　用于最小方形拟合的窗口

现在用平面 $z=ax+by+c$ 在这 4 个点上拟合 $f(x,y)$，则拟合误差的平方为

$$E^2=[ax+by+c-f(x,y)]^2+[a(x+1)+by+c-f(x+1,y)]^2+[ax+b(y+1)+c-f(x,y+1)]^2+[a(x+1)+b(y+1)+c-f(x+1,y+1)]^2$$

为最小化拟合误差，计算 E^2 对 a 和 b 的偏导，并取偏导为零，解出 a 和 b（c 后面用不上，不必计算）：

$$a=\frac{f(x+1,y)+f(x+1,y+1)}{2}-\frac{f(x,y)+f(x,y+1)}{2}$$

$$b=\frac{f(x,y+1)+f(x+1,y+1)}{2}-\frac{f(x,y)+f(x+1,y)}{2}$$

可见，a 是相邻两行像素平均值的差，b 是相邻两列像素平均值的差。平面的梯度可由下式计算：

$$G = (a^2 + b^2)^{1/2}$$

如果以此梯度为基础构建差分边缘检测算子，则所需的两个 2-D **正交模板**如图 L4 所示。

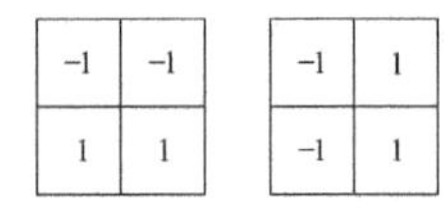

图 L4　最小方形拟合算子的模板

least squares⇔最小二乘(法)

通过最小化误差的平方和来找到一组数据的最佳函数匹配的一种数学优化技术。即使得模型能最好地拟合数据的参数估计量。可用于各种拟合问题。借助将最小化能量或最大化熵用最小二乘形式表达，还可用于许多其他优化问题。比较 **maximum likelihood**。

least square line fitting⇔最小二乘直线拟合

直线拟合中，一种需要计算所有边缘点与其距离的平方和达到最小的直线的常用方法。虽对小的离群值比较鲁棒，但对大的离群值不够鲁棒。这是因为采用了平方距离，所以大的离群值会在最优化中有很大的影响。解决的方法是设法给离群点以很小的权重来进行抑制。

leave-*K*-out⇔留 *K* 法

模式分类中，一种评估分类器性能的试验方法。先将**训练集**划分为 L 个互相不重合的子集，每个子集包含 K 个模式。用前 $L-1$ 个子集来对分类器进行训练，用第 L 个子集进行测试。接下来将第 1 个子集排到最后，再用前 $L-1$ 个子集来对分类器进行训练，用第 L 个子集进行测试。如此反复进行 L 次试验，每次都留了 K 个模式不用作训练而用作测试。用累积的试验结果作为最终性能来评估结果。这种方法对性能没有偏置作用，但当 K 较小时，评估的方差会较大。

leave-one-out test⇔留一测试

模式分类中，一种评估分类器性能的试验方法，将**训练集**中的样本留出一个来以用于测试(不进行训练)。每个样本都可以留下。

LED⇔发光二极管

light-emitting diode 的缩写。

LED panels or ring lights with a diffuser in front of the lights⇔在发光二极管平板或环形灯前加漫射板

一种实现**正面明场漫射照明**的方法。如图 L5 所示，仅在光源前加了漫射板，构造很简单，但要求发光二极管平板或环形灯需比被照射物体大很多，否则很难得到均匀的光照。另外，在**摄像机**轴向没有直接的光照。

length of boundary⇔边界长度

一种可用作**边界描述符**的简单边界参数。给出了**目标区域**边界的周长，反映了边界的全局特性。如

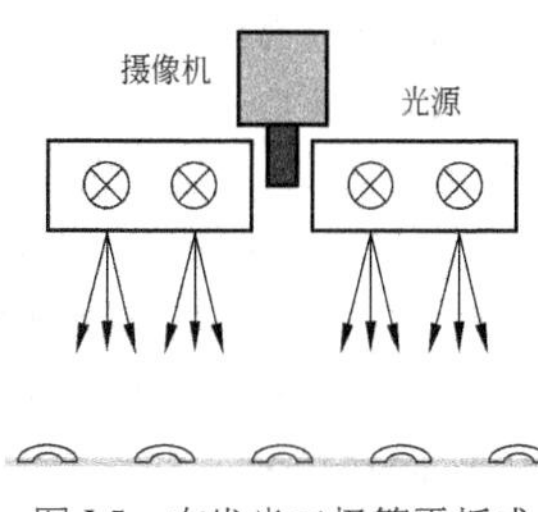

图 L5 在发光二极管平板或环形灯前加漫射板

果边界已用单位长**链码**表示，则边界长度可用水平码和垂直码的个数加上$\sqrt{2}$乘以对角码的个数来计算。将边界上的所有像素从 0 排到 $K-1$(设边界点共有 K 个)，则边界长度的计算公式为

$$\|B\| = \#\{k \mid (x_{k+1}, y_{k+1}) \in N_4(x_k, y_k)\} + \sqrt{2}\#\{k \mid (x_{k+1}, y_{k+1}) \in N_D(x_k, y_k)\}$$

式中，# 表示数量；$k+1$ 按模为 K 计算。上式右边第一项对应两个共边像素间的线段，第二项对应两个对角像素间的线段。

length of chain code⇔**链码长度**

将图像中的曲线或边界用链码表达后该链码的长度。除与链码中码的个数有关外，还与各个码的标号以及相邻码标号间的联系(即链码间方向的变化情况)有关。见 **distance measurement based on chain code**。

length of code word⇔**码长**

编码中的**码字**包含的符号个数。

length of contour⇔**轮廓长度**

同 **length of boundary**。

lens⇔**晶状体;镜头,透镜**

1. 晶状体:人眼球体前端的一块晶体。大体上呈双凸透镜状(前面的曲率半径约 10 mm，后面的曲率半径约 6 mm)，可提供屈光力及对不同距离的对焦作用。在成像中的作用对应于**摄像机**的镜头。参阅 **cross section of human eye**。

2. 镜头，透镜:**光学镜头**的简称。

lens group⇔**镜头组**

由多个**镜头**串联而成的镜头集合。用途很多，其中主要的包括消除**像差**和**色差**，改变**焦距**获得纵深感。

leptokurtic probability density function⇔**尖峰态概率密度函数**

同 **super-Gaussian probability density function**。

level-set methods⇔**水平集方法**

一种用于界面跟踪的数值技术。例如在 2-D **图像分割**中，将**目标轮廓**看作 3-D 空间中水平集函数的零水平集，解其演化方程，最终得到目标轮廓。一个优点是可以方便地追踪物体拓扑结构的改变，所以常用在变形物体的医学图像分割中。

lexicographic order⇔**字典序**

同 Kronecker order。

LIDAR⇔**激光雷达**

light detection and range 的简称。

lifting⇔**提升**

参阅 **lifting scheme**。

lifting scheme ⇔ **提升方案**

小波变换中，一种不依赖于傅里叶变换的小波构造方法。基于提升方案的**小波变换**可以在当前位置实现整数到整数的变换，这样就无需额外的存储器。如果对变换后的系数直接进行符号编码，就可以得到**无损编码**的效果。提升方案可以利用小波的快速算法，所以运算速度快且节约内存。

light ⇔ **光**

能产生光化效应或光电效应的 γ 射线、X 射线、紫外、可见光、红外线的统称。原指能刺激人眼视网膜使之产生视觉的电磁波波段，一般称为可见光。在真空中的传播速度为 $c=2.997\,924\,58\times10^{8}$ m/s。

光可用电磁波或粒子(称为光子)来描述(具有波粒二象性)。一个光子是一个微小的电磁振动能量包，可用其**波长**或频率来刻画。波长一般用米(m)(以及它的倍数和约数)为单位。频率用赫兹(Hz)和它的倍数为单位。波长(λ)和频率(f)由下面的表达式互相联系：

$$\lambda = \frac{v}{f}$$

其中 v 是波传播的速度，常用光速(c)来近似。

light adaptation ⇔ **亮适应**

人由暗环境转入亮环境后，视觉感受性迅速降低以适应光亮环境的过程。是在 3 sd/m^2(坎德拉每平方米)以上的亮度下，由**视网膜**的**锥细胞**起作用的亮度适应。比较 **dark adaptation**。

light detection and range [LIDAR] ⇔ **激光雷达**

一种可同时获取场景中的深度信息和亮度信息的系统。示意见图 L6。由安放在可以**仰俯**和**水平扫视**运动的平台上的装置来发射和接收调幅的激光波。对 3-D 物体表面上的每个点，比较发射到该点和从该点接收的波以获取信息。该点的空间坐标 X,Y 与平台的仰俯和水平运动有关，其深度 Z 则与相位差密切联系，而该点对给定**波长**激光的反射特性可借助波的幅度差来确定。这样 LIDAR 就可同时获得两幅配准了的图像，一幅是深度图像，一幅是亮度图像。

light-emitting diode [LED] ⇔ **发光二极管**

一种利用电致发光将电能转化为光能的半导体二极管。可产生类似单色光的窄光谱光。由磷砷化

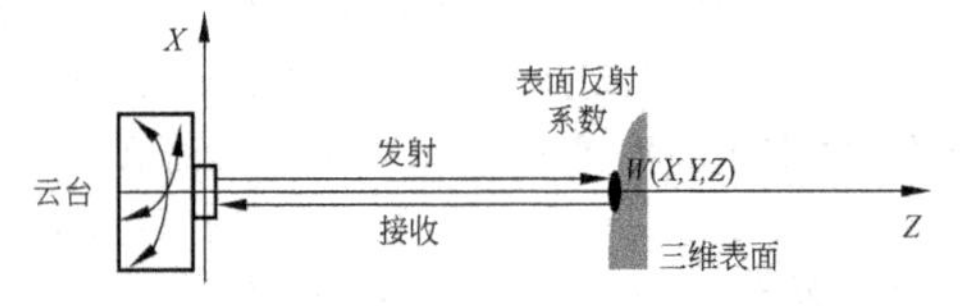

图 L6　利用激光雷达同时采集深度和亮度图像

镓(发红光)、磷化镓(发绿光)、碳化硅(发黄光)制成。发出的光与控制的直流电流也有关系,可用作闪光灯,响应速度很快。另外,也可用其矩阵构成**图像显示器**。

light field ⇔ **光场**

将在空间的点辐射编码为点位置和照明方向的函数而得到的场。允许从其中任何位置基于图像绘制新的(没有遮挡的)场景视。

light intensity ⇔ **光强**

同 **luminescence intensity**。

lightness ⇔ **亮度,明度**

从一个单色表面感受到的反射光强度。表明**人类视觉系统**试图根据场景中的亮度来提取反射率。

light source ⇔ **光源**

客观世界中发光的物体。更广泛地指可以辐射电磁波的物体。根据自身的物理特性,可分为天然光源和人造光源。根据自身的几何尺寸,可分为**点光源**和**扩展光源**。根据光的传播方向,可分为点光源和平行光源。

light source color ⇔ **光源色**

由光源本身直接发射出来的光的**颜色**。

light strip ⇔ **光带,光条**

成像中的条状**结构光**。

light vector ⇔ **光矢量**

与光行进方向垂直,表示光(作为一种横波)的周期性矢量。根据光的电磁说,电矢量和磁矢量均可取作光矢量,但考虑**偏振**和**散射**的机制,以电矢量作为光矢量更为合适。在各向同性媒质中,电矢量就是电场强度矢量,也就是电位移矢量。在晶体中,电矢量应为电位移矢量。

light wave ⇔ **光波**

靠视觉或光电效应转换才能感知的电磁波。包括紫外光波、可见光波和红外光波。

limb ⇔ **翼边**

轮廓标记技术中,3-D 景物中一个连续表面的法线与视线方向垂直,方向变化光滑连续时的轮廓线。一般常在从侧面观察光滑的 3-D 表面时形成。并不是 3-D 景物的真正边缘,其位置与视线方向有关。

limb extraction ⇔ **肢体提取**

图像解释中对人体部位的一种提取过程。包括:①提取人或动物的上肢或下肢,如用于跟踪;②提取曲面上离开观察者运动的几乎看不见的边缘(源于天文学的词)。还可参阅**遮挡轮廓**。

limiting resolution ⇔ **分辨率极限**

参阅 **resolution limit**。

Linde-Buzo-Gray [LBG] algorithm ⇔ **LBG 算法**

图像编码中的一种码本设计方法。常用在基于**矢量量化**的编码方法中。

算法中先构建一个初始码本;然后将 M 个典型的图像训练矢量分配到 N 个不同的子空间中($M \gg$

N，一般 M 为 N 的几十倍），一个子空间对应一个码矢量。接着，借助分到各子空间的训练矢量来确定一组新的码矢量。新估计出来的码矢量是所在子空间的质心。如此迭代，直到**训练集**中的平均失真减少率小于预先设定的阈值，就可得到最优设计的码本。

line and field averaging ⇔ 行-场平均（技术）

相邻的场中结合时间**插值**和垂直插值实现**去隔行**的方法。对缺少的行用相同场中的上一行和下一行以及前后场中的对应行的平均来估计。等价的滤波器频率响应接近理想响应，但该方法需要两帧的存储量。

linear classifier ⇔ 线性分类器

利用超曲面（最简单是平面）来分离不同类别的**分类器**。也可看作神经网络（可以是单层或多层**感知机**）。

linear composition ⇔ 线性组合

在纹理合成中，同 **transparent overlap**。

linear decision function ⇔ 线性决策函数

用以将两个线性可分**训练集**分开的**决策函数**。

linear degradation ⇔ 线性退化

退化效果与退化原因成线性关系的**图像退化**。例如，由于镜头孔径衍射产生的退化，由于场景中目标（快速）运动造成的模糊退化等。

linear discriminant analysis [LDA] ⇔ 线性鉴别分析

图像分类中基于类别标签信息的技术。是 Fisher 线性鉴别分析向多类情况的一种推广。使得在低维空间中类内样本的分布尽可能地紧凑（类内离散度最小），同时使得类间样本的距离尽可能地分开（类间离散度最大）。所需要最大化的目标函数为

$$J_F = \max\left\{\frac{W^T S_B W}{W^T S_W W}\right\}$$

其中，$\boldsymbol{S}_B$ 为样本类间的协方差矩阵，$\boldsymbol{S}_W$ 为样本类内的协方差矩阵，$\boldsymbol{W}$ 为加权矢量。

线性鉴别分析在分类中各类样本服从多元正态分布，且每类的正态分布具有相同的协方差（但可以具有不同的均值）的条件下可以最小化贝叶斯（Bayes）误差。

linear discriminant function ⇔ 线性鉴别函数

由线性函数 $l=\boldsymbol{a}\cdot\boldsymbol{x}=\Sigma a_i x_i$ 的符号来确定（其中 $\boldsymbol{a}$ 是给定的系数矢量）的鉴别函数。假设**特征矢量** $\boldsymbol{x}$ 基于对某些结构的观察（假设对特征矢量 $\boldsymbol{x}$ 还加了一个值为 1 的项）。线性鉴别函数对应一个基本的分类过程，其中对该结构属于两个类之一的判断。例如，要根据面积 A 来区分一个单位正方形和单位圆，特征矢量是 $\boldsymbol{x}=(A,1)^T$，系数矢量 $\boldsymbol{a}=(1,-0.89)^T$。如果 $l>0$，则更像个正方形；反之则更像个圆。

linear dynamical system [LDS] ⇔ 线性动态系统

一种比**隐马尔可夫模型**用得更普

遍的参数建模方法。其中并不限制状态空间是有限符号的集合，而可以是$\mathbb{R}^k$空间中的连续值，其中 k 是状态空间的维数。最简单的线性动态系统是一阶时不变高斯-马尔可夫过程，可表示为

$$x(t) = Ax(t-1) + w(t) \quad w \sim N(0,P)$$
$$y(t) = Cx(t) + v(t) \quad v \sim N(0,Q)$$

其中，$x \in \mathbb{R}^d$是 d-D 状态空间，$y \in \mathbb{R}^n$是 n-D 观察矢量，$d \ll n$，w 和 v 分别是过程和观察噪声，它们都是高斯分布的，均值为零，协方差矩阵分别为 P 和 Q。线性动态系统可看作对具有高斯观察模型的隐马尔可夫模型在连续状态空间的推广，更适合于处理高维时间序列数据。

linear filter ⇔ 线性滤波器

输出是输入的线性函数的**滤波器**。许多用于图像平滑的**低通滤波器**和图像锐化的**高通滤波器**都属于线性滤波器。

linear filtering ⇔ 线性滤波(技术)

一类**空域滤波技术**。借助一组观察结果来产生对未观察量的估计，并对观察结果进行线性组合。比较 **nonlinear filtering**。

linear gray-level scaling ⇔ 线性灰度缩放(技术)

一种简单的灰度值变换增强方法。对图像中的每个像素灰度值按线性公式变换：$f(g) = ag + b$。其中 g 为原始灰度，$f(g)$为变换后灰度。当$|a|>1$ 时对比度增加，当$|a|<1$ 时对比度降低，当 $a<0$ 时灰度值反转；当 $b>0$ 时灰度值增加，当 $b<0$ 时灰度值减少。为使$f(g)$能覆盖图像灰度的最大取值范围，可取 $a=(2^b-1)/(g_{max}-g_{min})$ 和 $b=-ag_{min}$，其中 g_{min}和 g_{max}分别为当前的最小灰度值和最大灰度值。

linearity of Fourier transform ⇔ 傅里叶变换的线性度

傅里叶变换的一种特性。设 $\mathcal{F}$ 代表傅里叶变换算子，则傅里叶变换是一个线性运算。即

$$\mathcal{F}\{a \cdot f_1(x,y) + b \cdot f_2(x,y)\}$$
$$= a \cdot F_1(u,v) + b \cdot F_2(u,v)$$
$$a \cdot f_1(u,v) + b \cdot f_2(u,v)$$
$$= \mathcal{F}^{-1}[a \cdot F_1(x,y) + b \cdot F_2(x,y)]$$

其中 a 和 b 都是常数。

linearly separable ⇔ 线性可分的

图像分类中，对每一个类所对应的(图像或特征)区域，都可以找到一个将其与其他类用超平面分离开的。

linear-median hybrid filter ⇔ 线性-中值混合滤波器

将**线性滤波器**和**中值滤波器**组合得到的**滤波器**。将线性滤波器和中值滤波器混合串联起来，其中将快速的线性滤波操作作用在大的模板上，而将性能较好的**中值滤波**用于**线性滤波**后得到的较少个结果上。这样可减少计算复杂度并基本满足滤波性能要求。

考虑对一个 1-D 信号 $f(i)$进行线性-中值混合滤波的结构。如图 L7

所示，滤波器 H_L、H_C 和 H_R（下标 L、C 和 R 代表左、中、右）都是线性滤波器，最后滤波结果可表示为

$$g(i)=\text{MED}[H_L(f(i)),H_C(f(i)),H_R(f(i))]$$

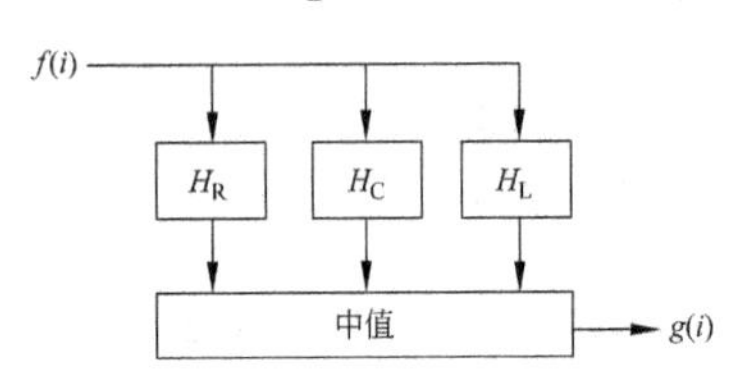

图 L7 利用子滤波模板实现基本的线性和中值混合滤波

linear operator ⇔ 线性操作符，线性算子

一种具有重要共性，与要完成的工作无关的算子。考虑 $\mathcal{O}$ 代表转换图像的算子，设 f 是一幅图像，$\mathcal{O}(f)$是对 f 使用 $\mathcal{O}$ 得到的结果；如果对所有的图像 f 和 g 以及对所有的标量 a 和 b，都有

$$\mathcal{O}[af+bg]=a\mathcal{O}[f]+b\mathcal{O}[g]$$

则 $\mathcal{O}$ 就是线性算子。可由其**点扩展函数**来完全定义。比较 **nonlinear operator**。

linear perspective ⇔ 线性透视

1. **单目深度线索**之一。根据**几何光学**的定律，通过**瞳孔**中心的光线一般给出中心投影的真实图像。粗略地说，这个投影变换可以描述成从一个点向一个平面的投影，称为**线性透视**。由于线性透视的存在，较近的物体占的视角大，看起来尺寸较大；较远的物体占的视角小，看起来尺寸较小。

2. 一种在 2-D 平面上表示 3-D 景物的方法。此时需要使远物比近物大一些，符合人眼感受现实世界的方式。比较 **isometric perspective**。

linear quantizing ⇔ 线性量化

同 **equal-interval quantizing**。

linear scale-space representation ⇔ 线性尺度空间表达

一种特殊的**尺度空间表达**。如果令 $f:\mathbb{R}^N\to\mathbb{R}$ 表示给定的 N-D 图像，则对尺度空间表达 $L:\mathbb{R}^N\times\mathbb{R}_+\to\mathbb{R}$，当将其尺度 $s=0(s\in\mathbb{R}_+)$ 定义为原始图像 $L(\cdot;0)=f$，尺度 $s>0$ 满足 $L(\cdot;s)=g(\cdot;s)\otimes f$ 时，就得到线性尺度空间表达，其中 $g:\mathbb{R}^N\times\mathbb{R}_+\backslash\{0\}\to\mathbb{R}$ 是**高斯核**。

linear sharpening filter ⇔ 线性锐化滤波器

图像增强中的一种**空域滤波器**。从运算特性看是线性的，从功能角度看可起到**锐化**作用。参阅 **classification of spatial filter**。比较 **non-linear sharpening filter**。

linear sharpening filtering ⇔ 线性锐化滤波（技术）

一种可增加图像反差，使边缘和细节更加明显的**线性滤波**方法。

linear smoothing filter ⇔ 线性平滑滤波器

图像增强中的一种**空域滤波器**。从运算特性看是线性的，从功能角度看可起到**平滑**的作用。参阅

classification of spatial filter。比较 **nonlinear smoothing filter**。

linear smoothing filtering ⇔ 线性平滑滤波(技术)

一种可减少局部灰度起伏,使图像变得比较平滑的**线性滤波**方法。

linear symmetry ⇔ 线性对称

目标灰度仅在某个方向上改变(从而指示出一个**局部朝向**)的一种邻域性质。可用类似 $g(\boldsymbol{xk})$ 的函数来描述,其中 $\boldsymbol{k}$ 是沿灰度变化方向上的单位矢量。

linear system of equations ⇔ 线性方程组

各方程关于未知量均为一次的方程组。许多图像处理算法最后可归结为解多元一次方程组的问题。

line averaging ⇔ 行平均(技术)

视频中**去隔行**时的一个简单的滤波方法。为了填充各个场中跳过的行,在相同的场中进行**垂直插值**。对缺少的行用其上和其下行的平均来估计。

line detection ⇔ 线检测

对图像中的(单像素宽)线段进行的检测。图 L8 的一组模板可用来对水平方向、垂直方向,以及相对水平方向正、负 45°角朝向的 4 种线段进行检测。

-1	-1	-1
2	2	2
-1	-1	-1

-1	2	-1
-1	2	-1
-1	2	-1

-1	-1	2
-1	2	-1
2	-1	-1

2	-1	-1
-1	2	-1
-1	-1	2

图 L8　用于线检测的 4 个模板

line detection operator ⇔ 线检测算子

实现**线检测**的特征检测器。根据原理的不同,可检测局部线性的线段或可全局性地检测直线。注意这里的线与边缘是对立的。

line drawing ⇔ 线画图,线条图

参阅 **labeling of contours**。

line graph ⇔ 线图

对**图** G,其顶点全部由图 G 的边所组成的图,记为 $L(G)$。如果图 G 中的两条边有公共顶点,则图 $L(G)$ 的两个顶点相连接。例见图 L9,左边为图 G,右边为图 $L(G)$。

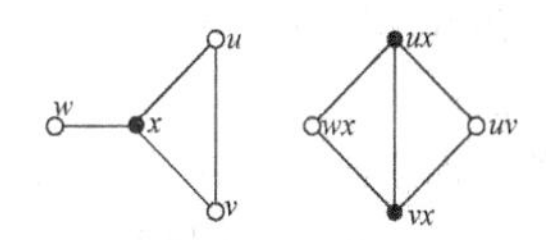

图 L9　线图示意

line-likeness ⇔ 线状性

纹理分析的**结构法**中,一种与视觉感受相关,主要考虑不同**纹理基元**排列朝向性的**纹理特征**。

line number ⇔ 行数

设计**视频**的参数之一。对应垂直采样率,单位是行/帧或行/图像高度。

line scan camera ⇔ 线阵摄像机,行扫摄像机

由行式**传感器**、**镜头**(一般是普通镜头)和图像采集卡(用来数字化)构成的**摄像机**。

line sensor ⇔ **线传感器,行式传感器**

由对光线敏感的**光电探测器**组成,可以采集一行图像的 1-D 阵列。为获得 2-D 图像,与被观察景物间要有相对运动。这可以将行式传感器安装在运动景物(如传送带)的上方,也可让这种传感器在景物下运动(如扫描仪)。线读出速度在 14～140 kHz,这限制了每行的**曝光**时间,因此需要较强的照明。另外,**镜头**的**光圈**也要对应较小的 *f* **数**,所以**景深**有限。

line-spread function ⇔ **线扩展函数**

描述理想的无穷长细直线在通过光学系统后如何失真的函数。该函数可通过对沿直线上无穷个点的**点扩展函数**的积分算得。

link ⇔ **棱**

线条图中两个端点不相同的边。

liquid-crystal display [LCD] ⇔ **液晶(显示)器**

一种采用液晶技术制成的计算机显示设备。与传统的阴极射线管相比,液晶显示具有厚度薄、体积小、重量轻、耗能少、无辐射等特点。

liquid-crystal-tunable filter [LCTF] ⇔ **液晶可调滤光器**

一种最常用的**电子可调滤光器**。使用电子控制的液晶单元来选择能通过滤光器的特定可见光波长而阻止其他波长。

Listing rule ⇔ **理斯廷法则**

眼睛改变视线时,眼球新位置相对于原位置简单转动一次,对应于在新、旧视线确定的平面内绕眼转动中心的简单转动。

LIV ⇔ **隐身份变量**

latent identity variable 的缩写。

LLE ⇔ **局部线性嵌入**

locally linear embedding 的缩写。

lm ⇔ **流(明)**

光通量的国际单位制单位。

local binary pattern [LBP] ⇔ **局部二值模式**

一种**纹理分析**算子。是一个借助局部邻域定义的纹理测度。基本的局部二值模式用一个滑动窗口的中心像素的灰度作为其周围**邻域像素**的阈值。其值是**阈值化**后**邻域像素**的加权和:

$$L_{P,R} = \sum_{p=0}^{P-1} \text{sign}(g_p - g_e) 2^p$$

其中 g_p 和 g_e 分别是中心像素和邻域像素的灰度,P 是邻域像素的总数,R 代表半径,sign(·)是符号函数

$$\text{sign}(x) = \begin{cases} 1, & x \geqslant 0 \\ 0, & \text{其他} \end{cases}$$

具体是对一个像素的 3×3 邻域里的像素按顺序阈值化(邻域像素值大于中心像素值为 1,邻域像素值小于中心像素值为 0),将结果看作一个二进制数,并作为中心像素的标号。属于点样本估计方式,具有尺度不变性、旋转不变性和计算复杂度低等优点。还可分为空间局部二值模式和时-空局部二值模式。

图 L10 给出对 8 个邻域像素的

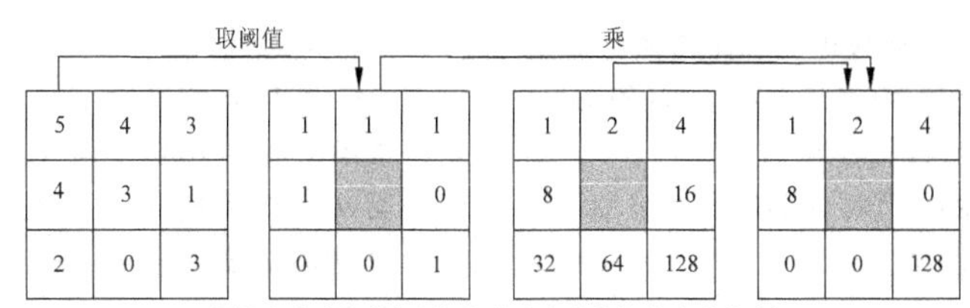

图 L10　计算 LBP 码和反差测度

LBP 计算示例。根据比中心像素亮的像素的平均灰度值与比中心像素暗的像素的平均灰度值之间的差，可得到一个简单的局部反差测度 $C_{P,R}$，即 $C_{P,R}=\sum_{p=0}^{P-1}[\operatorname{sign}(g_p-g_c)g_p/M-\operatorname{sign}(g_c-g_p)g_p/(P-M)]$，其中 M 代表比中心像素亮的像素的个数。由于是作为 LBP 值的补来计算的，目的是刻画局部空间联系，所以合称为 LBP/C。LBP 和局部反差测度的 2-D 分布可用作**纹理特征**

具有轴向对称邻域的 LBP 算子，相对于光照的变化和图像的旋转是不变的(例如，与共生矩阵对比)，且计算简便。

local component ⇔ **局部组件**

同 **detail component**。

local distance computation ⇔ **局部距离计算**

距离变换中，为减少计算量，仅使用局部邻域信息的计算方法。通过使用局部距离模板来计算**距离图像**。图 L11 给出一些用于局部距离计算的模板。中心像素 p 用阴影区域表示并代表模板的中心，模板的尺寸由所考虑的邻域种类确定。p 的邻域中的像素取移到 p 的距离值。中心像素的值为 0，而用无穷表示一个很大的数。

图 L11(a)中，模板基于 **4-邻域**定义且被用来计算 **4-连通距离**。类似地，图 L11(b)中的模板基于 **8-邻域**定义且被用来计算 **4-连通距离**或 $a=1,b=1$ 的**斜面距离**。图 L11(c)中的模板基于 **16-邻域**定义且被用来计算 16-邻域中的斜面距离。

∞	*a*	∞
a	0	*a*
∞	*a*	∞

(a)

b	*a*	*b*
a	0	*a*
b	*a*	*b*

(b)

∞	*c*	∞	*c*	∞
c	*b*	*a*	*b*	*c*
∞	*a*	0	*a*	∞
c	*b*	*a*	*b*	*c*
∞	*c*	∞	*c*	∞

(c)

图 L11　用于计算距离变换的模板

local enhancement⇔局部增强

对图像中某些局部区域(**子图像**)的细节进行的增强。一般情况下,这些局部区域内的像素数量相对于整幅图像的像素数量往往较小,它们的特性在计算整幅图像的特性时常被忽略掉,所以在对整幅图像的增强时并不能保证在这些所关心的局部区域都得到所需要的增强效果。为此,要在图像中先选出这些所关心的局部区域,并根据这些局部区域内的像素特性进行针对性的局部操作以获得需要的增强效果。

local-feature-focus algorithm⇔局部特征聚焦算法

一种利用目标自身的局部特征和目标之间空间关系进行**图像识别**的算法。对每个要识别的目标都建立一个模型,模型中包含对应目标上容易被检测到的主要特征。用这些特征表达目标后,在图像中抽取特征,以验证图像中是否存在对应的目标。在这个过程中,不仅要判断特征本身的匹配程度,还要判断特征周围的关系匹配程度以便最后验证。

local frequency⇔局部频率

周期信号的瞬时频率。可根据信号的相位计算。

local geometry of a space curve⇔空间曲线局部几何

描述空间曲线上各点的空间结构和性质的几何方法。参考图L12中的坐标系,其中 C 代表空间曲线,P 为所考虑的点(可设成坐标系的原点),C 在 P 点的曲率中心为 O;N 为**法平面**,T 为**密切平面**,R 为**矫正平面**;$\boldsymbol{t}$ 为切线矢量,$\boldsymbol{n}$ 为**主法线**矢量,$\boldsymbol{b}$ 为**副法线**矢量。

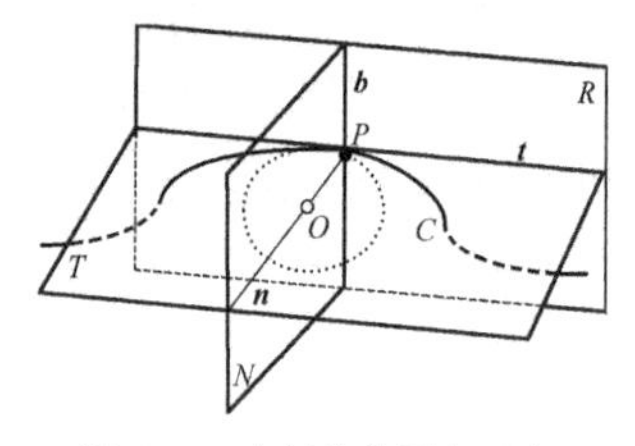

图 L12　空间曲线局部几何

locally linear embedding [LLE]⇔局部线性嵌入(方法)

一种依赖于局部线性特性进行非线性约简的典型无监督**特征降维**方法。允许根据数据点在非线性流形中的互相接近程度来进行表达,能使降维的数据保持原有的拓扑结构。

locally ordered texture⇔局部有序纹理

一种基本的**纹理类型**。也称**弱纹理**。主要特点是具有局部方向性但全图中方向是随机的,或者说是**各向异性**的。用**统计法**或**结构法**都不易建模。

local motion⇔局部运动

同 **foreground motion**。

local motion vector⇔局部运动矢量

描述**局部运动**的矢量。比较 **global motion vector**。

local operation⇔局部操作

同 **type 1 operation**。

local orientation ⇔ **局部朝向**

参阅 **linear symmetry**。

local roughness ⇔ **局部粗糙性**

对物体表面**纹理**或**轮廓**光滑程度，一种可借助**豪斯道夫维数**来描述的特性。

local shading analysis ⇔ **局部影调分析**

根据透视或平行投影中局部邻域里图像亮度的分析来推断和确定目标表面面元的形状和位姿的工作。

local ternary pattern [LTP] ⇔ **局部三值模式**

为克服**局部二值模式**对噪声干扰较敏感的问题并提高鲁棒性而将该模式扩展所得的一种**纹理分析**算子。相比局部二值模式引入了一个偏移量（本质上是个阈值），使阈值化的结果为三值，即邻域像素值大于中心像素值加偏移量则取 1，邻域像素值小于中心像素值减偏移量则取 −1，邻域像素值与中心像素值的差的绝对值小于偏移量则取 0。

local threshold ⇔ **局部阈值**

参阅 **region-dependent threshold** 和 **coordinate-dependent threshold**。

local wave number ⇔ **局部波数**

同 **local frequency**。

locking state ⇔ **锁定状态**

跟踪系统模型中的第一个状态。也是系统的初始状态，此时**摄像机**处在搜索目标模式。在这个状态下，系统从**帧图像**中检测运动目标，这些目标的历史情况通过对其运动轨迹的提取来获得。对运动目标的确认可自动完成。一旦目标得到了确认，系统就转入**跟踪状态**。

logarithmic filtering ⇔ **对数滤波（技术）**

当图像的信号与噪声是乘性关系时，可将图像表达式进行对数变换，将相乘关系转化为相加关系，借助**线性滤波**来滤去不需要的噪声的过程。对滤波结果需进行一次**指数变换**，还原到图像本来的表达形式。参阅 **homomorphic filtering**。

logarithmic Gabor wavelet ⇔ **对数盖伯小波**

盖伯小波的一个变型。提供不受任何直流分量影响的响应。

logarithmic transform ⇔ **对数变换**

1. 同 **single-scale retinex**。

2. **动态范围压缩**中常用的变换形式。

LOG edge detector ⇔ **高斯-拉普拉斯边缘检测器**

Laplacian-of-Gaussian edge detector 的缩写。

LoG-filter ⇔ **高斯-拉普拉斯滤波器**

同 **LOG operator**。

logical feature ⇔ **逻辑特征**

同 **semantic feature**。

logical story unit ⇔ **逻辑故事单元**

视频组织中的一种语义单元。包含时间上连续的一组**镜头**，其中具有类似视觉内容的元素会有重复的连接。也可看作是**情节**的一种特例。

logic operation ⇔ **逻辑操作，逻辑运算**

对**二值图像**的全局操作。输入和

输出都是**二值图像**。整个过程是逐像素进行的。可分为**基本逻辑运算**和**组合逻辑运算**。

logic predicate⇔逻辑谓词

参阅 **predicate logic**。一般看作是一种组织得很好，并得到广泛应用的**知识**类型。

logic system⇔逻辑系统

一种基于**谓词逻辑**的**知识表达**方法。

LOG operator⇔高斯-拉普拉斯算子

Laplacian-of-Gaussian operator 的缩写。

log-polar image⇔对数-极图像

像素不按直角坐标系排列，而有一个空间变化的布局的图像表达。在对数-极空间，图像由一个极坐标 θ 和一个放射坐标 r 来参数化。但与极坐标系不同，放射距离随 r 指数增加。从空间位置向直角坐标系的映射是 $[\beta^r\cos(\theta), \beta^r\sin(\theta)]$，其中 β 是设计参数。进一步，由各个像素在图像平面上表示的面积也随 r 指数增加。

longitudinal aberration⇔纵(向)像差

同 **axial aberration**。

longitudinal chromatic aberration⇔纵向色(像)差

同 **axial chromatic aberration**。

longitudinal magnification⇔轴向放大率

镜头成像时，物空间光轴上一点移动的一小段距离 Δx，与像空间光轴上的像点相应移动的一小段距离 $\Delta x'$ 之比的极限。即轴向放大率 $\alpha = \lim_{\Delta x \to \infty} |\Delta x / \Delta x'|$。

longitudinal spherical aberration⇔纵向球(面像)差

同 **axial spherical aberration**。

long-time analysis⇔长时分析

使用几十到上百帧图像完成的**运动分析**。重点在于得到运动的累积效果。

looking angle⇔视角

从物体两端发出的两条光线在眼的光心交叉形成的夹角。物体越小或距离越远，视角越小，在人的**视网膜**上所成的像也就越小，甚至不能看清。

loop⇔环

线条图中端点相同的两条边。也称圈。

lossless and near-lossless compression standard of JPEG [JPEG-LS]⇔JPEG 的无损或近无损压缩标准

由**联合图像专家组**于 2000 年制定的一项静止(灰度或彩色)**图像压缩**国际标准。编号 ISO/IEC 14495。此标准分两个部分，一部分对应无损压缩，另一部分对应近无损(也称准无损)压缩。这后一部分也称 **JPEG 的近无损压缩标准**。没有使用 **DCT**，也没有使用**算术编码**。只在近无损中有限地量化，借助当前像素的几个已出现的近邻作为上下文，用上下文预测和**游程编码**方式进行编码，在提高**压缩率**和保持图像质量间取得平衡。

lossless coding ⇔ **无损编码（方法）**

图像经编码解码过程后没有信息损失的**图像编码**方法。即图像按全部内容编码且原始图像在解码端可完全恢复，所以也称**信息保存型编码**。

lossless compression ⇔ **无损压缩**

同 **lossless coding**。

lossless compression technique ⇔ **无损压缩技术**

实现**无损编码**的技术。常用的有**变长码**、**游程编码**、差分编码、**预测编码**、**基于字典的编码**等技术。

lossless predictive coding ⇔ **无损预测编码（方法）**

对应的**无损预测编码系统**仅对输入进行预测的**预测编码**方法。在输出端保留了输入的全部信息。

lossless predictive coding system ⇔ **无损预测编码系统**

基于**无损预测编码**方法，解压输出图像与输入图像完全相同的编码系统。主要由一个编码器和一个解码器组成，示意图见图 L13。

图 L13 中，上半部是编码器，下半部是解码器，两者各有一个相同的**预测器**。当输入图像的像素序列 $f_n(n=1,2,\cdots)$逐个进入编码器时，预测器根据若干个过去的输入产生当前输入像素的预言（估计）值。预测器的输出舍入成整数 $\hat{f}_n$ 并被用来计算预测误差

$$e_n = f_n - \hat{f}_n$$

符号编码器借助**变长码**对这个误差进行编码以产生压缩数据流的下一个元素。然后，解码器根据接收到的变长**码字**重建 e_n，并执行下列操作以给出解压图像：

$$f_n = e_n + \hat{f}_n$$

在多数情况下，可将前先 m 个像素进行线性组合以得到预测值

$$\hat{f}_n = \text{round}\left[\sum_{i=1}^{m} a_i f_{n-i}\right]$$

其中，m 是线性预测器的阶，round 是**普通取整函数**，a_i 是预测系数。

lossy coding ⇔ **有损编码（方法）**

图像经编码后有信息损失的**编码**方法。所以也称**信息损失型编码**。图像在编码后并不能通过解码恢复原状。

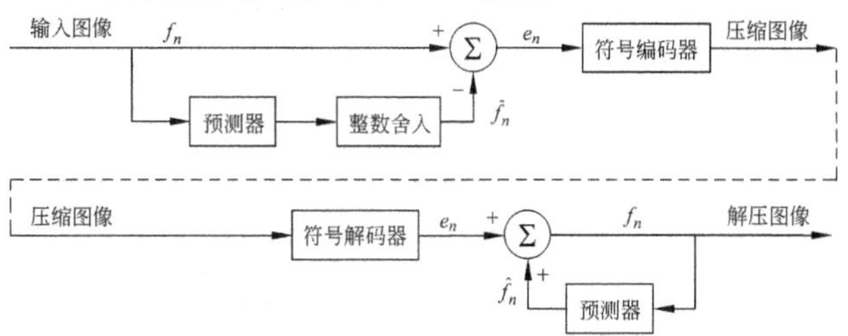

图 L13 无损预测编码系统

lossy compression ⇔ **有损压缩**

同 **lossy coding**。

lossy compression technique ⇔ **有损压缩技术**

实现**有损编码**的技术。常用的有：**量化**技术，正交**变换编码**技术，**小波变换**编码技术等。

lossy predictive coding ⇔ **有损预测编码（方法）**

对应**有损预测编码系统**的**预测编码**方法。不仅对输入进行预测，还引入了量化操作，所以在输出端不能保留输入的全部信息。

lossy predictive coding system ⇔ **有损预测编码系统**

基于**有损预测编码**方法的编码系统。其解压图像与输入图像不同。在**无损预测编码系统**的编码器中增加了一个量化器，如图 L14 所示，其中上半部是编码器，下半部是解码器。

由图 L14 可见，**量化器**插在符号编码器和预测误差产生处之间，把原来无损预测编码器中的整数舍入模块吸收进来。当输入图像的像素序列 $f_n(n=1,2,\cdots)$逐个进入编码器时，通过计算其与预测值$\hat{f}_n$ 的差来获得预测误差并映射进有限个输出$\dot{e}_n$ 中，$\dot{e}_n$ 确定了有损预测编码中的压缩量和失真量。为接纳**量化**步骤，需要使**编码器**和**解码器**所产生的预测相等，为此图中将有损编码器的预测器放在一个反馈环中。这个环的输入是对过去的预测和与该预测对应的**量化误差**的函数：

$$\dot{f}_n = \dot{e}_n + \hat{f}_n$$

这样一个闭环结构能防止在解码器的输出端产生误差。

low-angle illumination ⇔ **低角度照明**

光源（常为点光源）放置得使其到照明点的光线几乎与该点的表面法线垂直的**机器视觉**技术。常用于工业视觉。在自然界，黎明或黄昏时太阳位置就基本属于该情况。低角度照明的一个后果就是浅表面的形状缺陷和裂缝都会产生强烈的**阴影**，从而简化了检测过程。

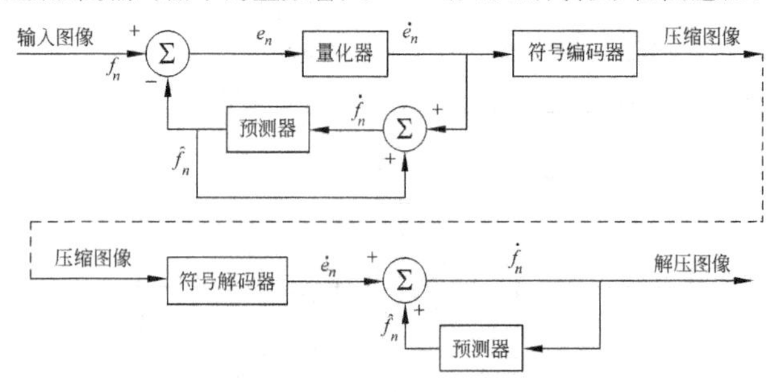

图 L14　有损预测编码系统

low-definition television [LDTV] ⇔ 低清晰度电视

分辨率 340×255 像素的**数字电视**。图像水平清晰度大于 250 线，帧率最高达 60 fps，屏幕宽高比 4∶3。

lower approximation set ⇔ 下近似集

一种用来描述**粗糙集**的**精确集**。也是粗糙集的下界。是对于知识 R，由感兴趣对象组成的有限集合(论域)L 中所有一定能归入 L 的任意子集 X 的元素的集合，可表示为

$$R_*(X) = \{X \in U : R(X) \subseteq X\}$$

其中 $R(X)$是包含 X 的等价类。

low-level vision ⇔ 低层视觉

视觉处理的第一个阶段。其中处理是局部的，且独立于内容或目的。输出是一组局部特征，可用于检测、刻画和区分目标。

low-pass filter [LPF] ⇔ 低通滤波器

实现**低通滤波**的**频域滤波器**。滤波特性由**传递函数**确定。对输出图像的效果等价于减弱高频分量(对应图像中的微小细节)并保留低频分量(对应图像中的粗糙细节和均匀区域)的**滤波器**。

low-pass filtering ⇔ 低通滤波(技术)

保留图像中的低频分量而除去或减弱高频分量的**频域滤波技术**。因为高频分量对应图像中区域边缘等灰度值有较大变化的部分，因而用**平滑滤波**将这些分量滤去可减少局部灰度起伏，使图像变得比较平滑。

Lows' curve segmentation method ⇔ 洛斯曲线分割方法

一种将一条曲线分成一系列直线段的算法。该算法有三个主要步骤：①将线段迭代分裂成两个短的线状段。这可构成一个线段的树；②根据直线性测度，自底向上将树中的线段合并；③从树中提取剩下的没有被合并的线段作为分割结果。

LPF ⇔ 低通滤波器

low-pass filter 的缩写。

L^p-norm ⇔ L^p 范数

一种用于衡量**图像水印**的**差失真测度**。如果用 $f(x, y)$代表原始图像，用 $g(x, y)$代表嵌入水印的图像，图像尺寸均为 $N \times N$，则 L^p 范数可表示为

$$D_{LP} = \left\{\frac{1}{N^2}\sum_{x=0}^{N-1}\sum_{y=0}^{N-1} | g(x,y) - f(x,y) |^p\right\}^{1/p}$$

当 $p=1$ 时，得到**平均绝对差**；而当 $p=2$ 时，得到**均方根误差**。

LSI ⇔ 隐含语义索引，隐性语义索引，隐语义索引

latent semantic indexing 的缩写。

LTP ⇔ 局部三值模式

local ternary pattern 的缩写。

luma ⇔ 亮度

光的分量之一。**彩色**可以分解为亮度和**色度**。

luminance ⇔ 亮度，光亮度

1. 从一个景物表面进入人眼的可见光的数量。换句话说，是由于反射、透射和/或发射而沿给定方

向离开表面上一点的可见光的数量。可用投影到与传播方向垂直的平面上的单位立体角单位面积的表面辐射的**光通量**来衡量。标准单位是**烛光每平方米**(candela per square meter, cd/m²),或 lm/(sr · m²),在美国也称 nit(1 nit=1 cd/m²)。

2. 描述一个颜色光源的 3 个基本量之一。一个观察者从光源接受到的信息量的测度,用流明(lm)来度量。对应光源的辐射功率,并用光谱敏感度函数(**HVS** 的特性)来加权。

luminance gradient-based dense optical flow algorithm ⇔ 基于亮度梯度的稠密光流算法

同 **dense optical flow computation**。

luminescence intensity ⇔ 发光强度

表示**光源**在一定方向范围内发出的可见光**辐射强度**的物理量。光源发出的**光通量**除以空间的总立体角 4π,得到该光源的平均发光强度。光源或光源的一部分发光面在某一方向立体角元 dω 内所发射的光通量除以该立体角元,所得到的就是在此方向的发光强度。单位为**坎(德拉)**(cd),或 lm/sr;符号 I_v。

luminosity coefficient ⇔ 发光度系数,亮度系数

三刺激值彩色理论的一个组成部分。是给定基色对总感受到的亮度的贡献量。

luminous efficacy ⇔ (发)光效率

1. 辐射光效率:总**光通量**除以总**辐射通量**的商。是对辐射导致人眼刺激感知的有效性的测度。

2. 照明系统光效率:总光通量除以灯泡输入功率的商。单位是 lm/W。

luminous efficiency ⇔ (发)光效率

同 **luminous efficacy**。

luminous emittance ⇔ 光发射度

光源单位面积辐射的**光通量**。单位 lm/m²;符号 M_v。

luminous energy ⇔ 光能(量)

对**光通量**的时间积分的测度。可用来描述眼睛从一个照相闪光灯获得的辐射能量。单位 lms;符号 Q_v。

luminous exitance ⇔ 光出射度

同 **luminous emittance**。

luminous flux ⇔ 光通量

按照**国际照明委员会**规定的人眼的视觉特性评价的**辐射通量**(由眼睛校正的可见光辐射能量);或光谱灵敏度为 $V(\lambda)$ 的物理接收器收到的辐射通量。是单位时间内通过某一截面的光能。又称光辐射功率、光辐射量。等于一个烛光的源辐射入一个**球面度**的**立体角**里的辐射通量。单位(流[明])(lm);符号 Φ_v。

luminous intensity ⇔ 发光强度

同 **luminescence intensity**。

luminous reflectance ⇔ 光反射比

物体表面反射的**光通量**与入射的光通量之比。

luminous transmittance ⇔ 光透射比,透光率

从物体透射出的**光通量**与入射到

物体的光通量之比。

***Luv* color space⇔*Luv* 彩色空间**

见 **CIE1976 $L^*u^*v^*$ color space**。可表示为

$$L \equiv \begin{cases} 116\left(\frac{Y}{Y_n}\right)^{1/3} - 16, & \frac{Y}{Y_n} > 0.008\,856 \\ 903.3\,\frac{Y}{Y_n}, & \frac{Y}{Y_n} \leqslant 0.008\,856 \end{cases}$$

$$u \equiv 13L(u' - u'_n)$$

$$v \equiv 13L(v' - v'_n)$$

其中辅助函数可表示为

$$u' \equiv \frac{4X}{X + 15Y + 3Z},$$

$$v' \equiv \frac{9Y}{X + 15Y + 3Z}$$

$$u'_n \equiv \frac{4X_n}{X_n + 15Y_n + 3Z_n},$$

$$v'_n \equiv \frac{9Y_n}{X_n + 15Y_n + 3Z_n}$$

其中(X_n, Y_n, Z_n)为**参考白色**的值，与标准施照体有关。如使用标准施照体 D65，则 $X_n = 95.0155$，$Y_n = 100.0000$，$Z_n = 108.8259$。

lx⇔勒(克斯)

照度的国际单位制单位。1 勒克斯表示照射在一个表面上单位面积(m^2)的光通量(lm)。

LZW coding⇔LZW 编码(方法)

一种**信息保存型编码**方式。也是一种**基于字典的编码**方式。以 3 个发明人的姓(Lempel-Ziv-Welch)的首字母命名。是对信源输出的不同长度的符号序列分配固定长度的**码字**，且不需要有关符号出现概率的知识。UNIX 操作系统中用于标准文件压缩，也用在**图形交换格式**(GIF)、**标签图像文件格式**(TIFF)和可移植文件格式(PDF)。

LZW decoding⇔LZW 解码(方法)

与**信息保存型编码**之一的 **LZW 编码**对应的解码技术。与 LZW 编码过程类似，也在进行过程中建立一个码本(字典)。这常称为编码器和解码器同步，即不需要将编码器建立的字典提供给解码器。

M

M ⇔ 品红

magenta 的缩写。

MacAdam ellipses ⇔ 麦克亚当椭圆

麦克亚当用来描述正常人眼在**色度图**上感知到的相等区域（看起来像椭圆）。对 25 个刺激给出的分布如图 M1 所示。其中最小椭圆和最大椭圆间的面积关系约为 0.94∶69.4。由图可见，人在绿色范围能比在蓝色范围发现更多小的彩色细微差别。

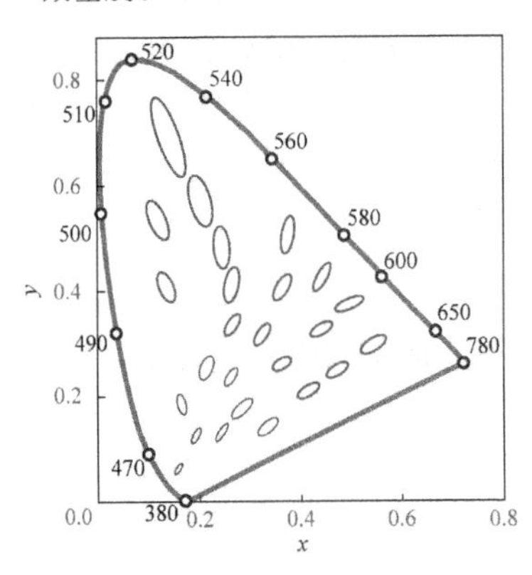

图 M1　麦克亚当椭圆示意图

Macbeth color chart ⇔ 麦克白彩色图谱

见 **Macbeth color checker**。

Macbeth color checker ⇔ 麦克白彩色检测器

一种用于对**彩色图像**处理系统进行校正的基准图。共包含 24 个无光泽彩色表面（构成**麦克白彩色图谱**），可用于评判彩色。这些彩色表面包括**加性彩色混色**和**减性彩色混色**的基色，以及 6 个非彩色（灰度阶）等，如图 M2 所示。对应的名称如表 M1 所示。

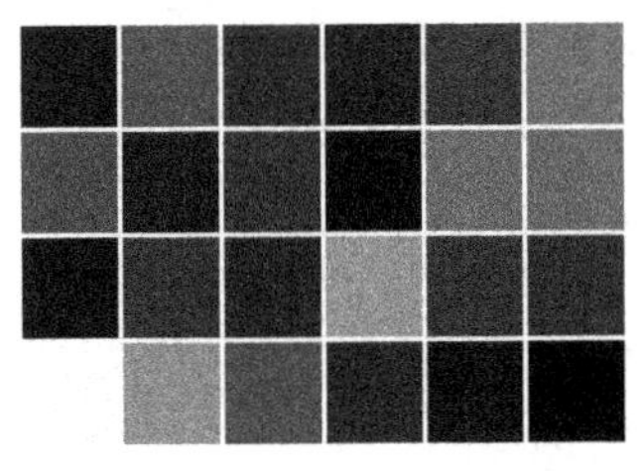

图 M2　麦克白彩色检测器示意图（见彩插）

表 M1　对应麦克白彩色检测器的彩色或灰度名称

暗肤色	亮肤色	蓝天色	叶色	蓝花色	带蓝的绿色
橙色	略带紫的蓝色	中等红色	紫色	黄绿色	橙黄色
蓝色	绿色	红色	黄色	品红色	蓝绿色
白色	灰色	灰色	灰色	灰色	黑色

Mach band ⇔ 马赫带

在视场亮照明区和暗照明区间的邻接处可以感觉到的亮带和暗带。是主观边缘对比效应的结果。对比效应最明显的是在边缘区，又称边缘对比，马赫带现象就是一种边缘对比现象。马赫带对应**马赫带效应**中不同灰度的**条带**，本身是均匀的，但由于人感受到的**主观亮度**与环境有关，即**人类视觉系统**趋向于在不同强度的区域边界处产生过冲或下冲，所以看作灰度变化的条带。

Mach band effect ⇔ 马赫带效应

人类视觉系统的一种效应。人在一个恒定亮度区域的边缘能感知到亮度的变化。这种变化使得靠近较亮区域的部分显得比较暗，而靠近较暗区域的部分显得比较亮。所以人类视觉系统会趋向于过高或过低估计不同亮度区域之间的边界值。1865年由奥地利物理学家马赫发现而得名。

可借助图M3来介绍马赫带及其产生的机制。图(a)是一个**马赫带**图形，这里包括三个部分：左侧是均匀的低亮度区，右侧是均匀的高亮度区，中间是从低亮度向高亮度逐渐过渡的区域。图(b)是对应的亮度分布。如果注视图(a)可看到，在左侧区和中间区的交界处有一条比左侧区更暗的暗带，在中间区和右侧区的交界处有一条比右侧区更亮的亮带。事实上，暗带和亮带在客观刺激上并不存在，只是主观亮度，如图(c)所示。

马赫带图形所导致产生的上述错觉可借助**视网膜**上邻近神经细胞之间的**侧抑制**来解释。侧抑制指一个细胞对周围邻近细胞的抑制作用，这种作用与该细胞受到的光刺激强度成正比，即对一个细胞的刺激越强，它对邻近细胞的抑制作用也越大。参见图M3(d)和(e)，细胞3受到细胞2和细胞4的抑制作用，因为细胞4受到的刺激比细胞3强，所以细胞3受到的抑制作用要大于细胞2受到的抑制作用，因而会比较暗。同理，细胞6受到的抑制作用要小于细胞7受到的抑制作用，因而会比较亮。

图形的亮度会影响马赫带的宽度，随着图形亮度的降低，暗带的宽度增加，但亮带的宽度受亮度变化的影响不大。在照度非常大或非常小时马赫带完全消失。当均匀暗区和均匀亮区之间的亮度差增大时，即中间区亮度分布的梯度增加时，马赫带会更明显。

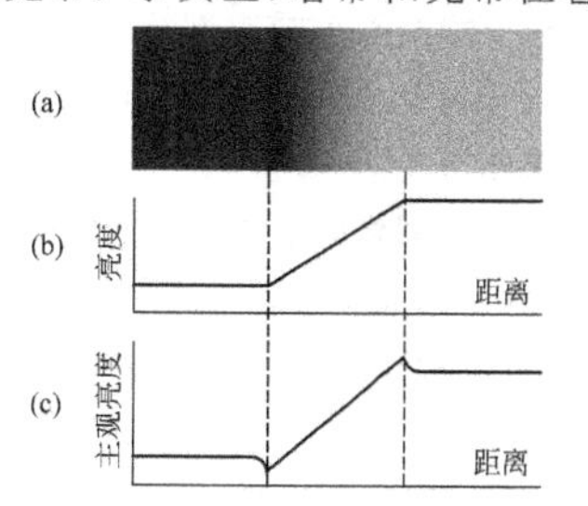

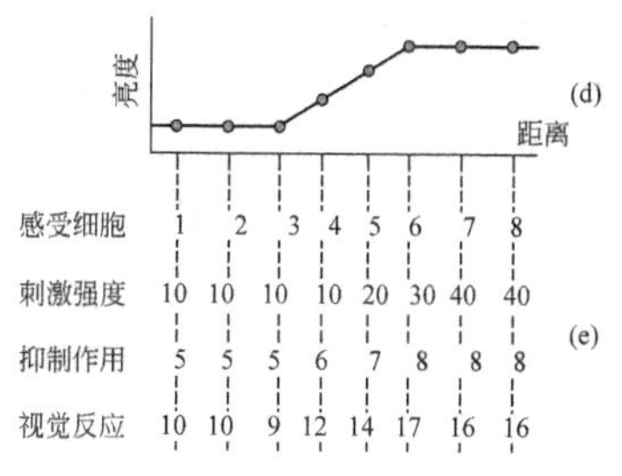

图M3 马赫带及其产生的机制

machine learning ⇔ **机器学习(方法)**

计算机系统通过自我**学习**达到自我改进的过程。主要强调研究计算机如何模拟或实现人类的学习行为以获取新的知识或技能,或重新组织已有的知识结构使之不断改善自身的性能。机器学习问题常可归结为搜索问题,不同的学习方法由不同的搜索策略和搜索空间结构所定义和区分。机器学习的一个主要研究方向就是自动学习以识别复杂模式并基于数据进行智能决策。

machine vision ⇔ **机器视觉**

计算机处理图像数据时,利用电子设备和光学感知技术自动获取和解释场景的图像以控制机器的过程。在很多情况下也看作**计算机视觉**的同义词。但计算机视觉更侧重对场景分析和对图像解释的理论和算法,而机器视觉或**机器人视觉**更关注图像获取、系统构造和算法实现。所以有一种趋势去用"机器视觉"表达实际的视觉系统,如工业视觉;而用"**计算机视觉**"表达探索性更强的视觉系统,或表示具有**人类视觉系统**能力的系统。

machine vision system [MVS] ⇔ **机器视觉系统**

能获取一个目标的单幅或多幅图像,处理、分析、测量图像的特性,并对测量结果进行解释以便对该目标作出决策的系统。功能包括定位、检查、测量、鉴别、识别、计数、估计运动等。

macro-block ⇔ **宏块**

视频编码中的特定**子图像**。例如,在国际标准 **H.264/AVC** 中,对**视频图像**进行**运动预测**时要将图像分成一组 16×16 的亮度**宏块**和两组 8×8 的色度宏块。对 16×16 的宏块还可以继续分解为 4 种子块,这称为宏块分解(macro-block partition),见图 M4(a);对 8×8 的宏块还可以继续分解为 4 种子块,这称为宏块子分解(macro-block sub-partition),见图 M4(b)。

macropixel ⇔ **宏像素**

彩色相机中由多个电荷耦合器件单元构成的集合体。每个单元只对亮度敏感,但对不同单元加上滤光器并结合起来就可获得**彩色图像**。常见的 2×2 宏像素包括两个绿色单元,一个红色单元和一个蓝色单元。采用这种安排,水平和垂直方向上的图像分辨率都减半。

macroscopic image analysis ⇔ **宏观图像分析**

医学图像研究中,对人的器官(如

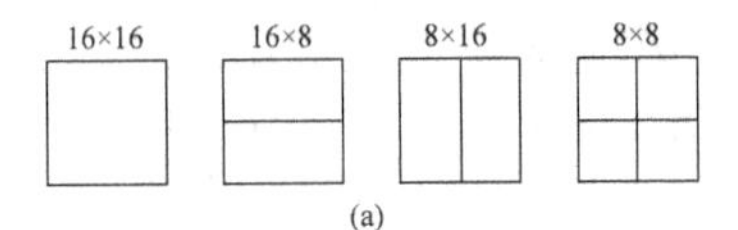

(a)

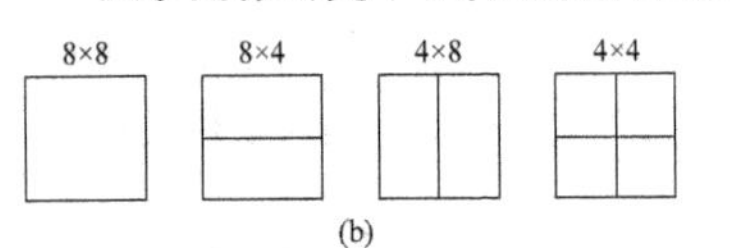

(b)

图 M4 宏块分解和子分解

脑、心)等的**图像**进行的**分析**。比较 **microscopic image analysis**。

macro-texture ⇔ **宏纹理**

一种根据尺度对**纹理**进行分类得到的结果。当一种纹理的**纹理基元**具有明显的形状(大于基元间的空间作用范围)和规则的组织时,即认为这种纹理是宏纹理。比较 **micro-texture**。

magenta [M] ⇔ **品红**

颜料的**三基色**之一。也是光的**三补色**之一(即光的**二次色**之一)。是红光加蓝光的结果。

magnetic disk ⇔ **磁盘**

一种用于记录各种信号,将圆形磁性盘片装在密封盒里的磁记录装置。主要用作计算机的外存储器。存储容量较大,使用方便。

magnetic resonance image ⇔ **磁共振图像**

利用**磁共振成像**技术获得的一种特殊**图像**。

magnetic resonance imaging [MRI] ⇔ **磁共振成像(方法)**

一种利用**自投影重建图像**原理,并结合质子在磁场中的进动来获得物体内部图像的方法。早期称为**核磁共振**。把具有奇数个质子或中子的核里有一定磁动量或旋量的质子放在磁场中会产生进动。一般情况下质子在磁场中是随意排列的,当一个适当强度和频率的共振场信号作用于物体时,其中的质子吸收能量并转向与磁场相交的朝向。如果此时将共振场信号除去,质子吸收的能量将释放并可被周围的接收器检测到。通过控制共振场信号和磁场强度,可每次检测到沿一条线的信号并确定质子的密度。借助从**投影重建图像**的方法由密度的空间分布图可获得**磁共振图像**。

magnetic tape ⇔ **磁带**

一种用于记录各种信号,敷有磁层的带状磁记录装置。主要用作计算机外存储器。存储容量很大。

magneto-optical disk ⇔ **磁光盘**

一种用于记录各种信号,结合了**磁盘**特点,以光信息作为存储物的记录装置。存储容量很大,保存寿命也较长(可达 50 年以上)。

magnitude ⇔ **幅度**

同 **amplitude**。

magnitude correlation ⇔ **幅度相关**

利用**频谱**的幅度信息来建立图像之间**匹配**对应关系的一种**频域相关**。

magnitude function ⇔ **幅度函数**

表示一个复函数(如**傅里叶变换**)的大小的函数。通用意义上的图像可以表示成一个复函数,其大小可以用其幅度来指示。实际**灰度图像**常可表示成一个实函数,其灰度值就指示了其幅度。

magnitude-modulated phase measurement ⇔ **幅度调制相位测量法,调幅相位测量法**

一种利用**飞行时间法**获得**深度图像**的方法。通过调幅发射光并测量

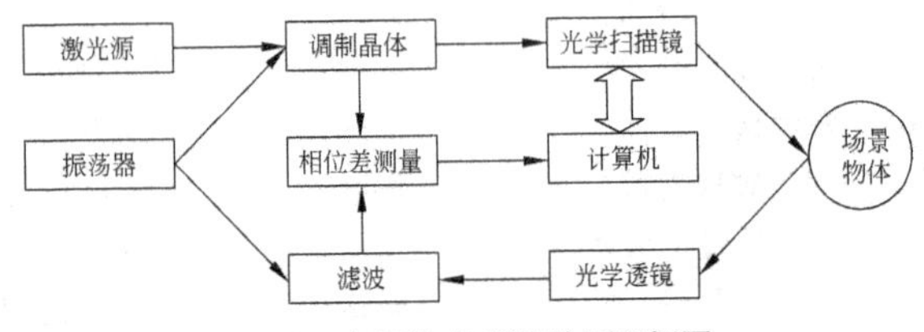

图 M5 调幅相位测量法原理框图

发射和接收光的相位差来测量时间差。基本框图见图 M5。

对连续激光光源发出的激光以一定频率的光强进行幅度调制,并将其分两路发出。一路经光学扫描系统射向前方,接触物体后反射,反射光经过滤波取出相位;另一路进入相位差测量模块与反射光比较相位,由相位差就可获得时间差。注意这里需考虑相位的周期性,以避免多义性。

magnitude quantization ⇔ 幅度量化

将**模拟图像幅度**(常为灰度)离散化的过程。确定了图像的**幅度分辨率**。

magnitude resolution ⇔ 幅度分辨率

对应**图像**性质的数值级数。对**灰度图像**,则是其每个像素的灰度级数,此时也称**灰度分辨率**。

magnitude response ⇔ 幅度响应

梯度算子的两类响应之一。可根据算子中的各模板的响应综合算得。一般算子的**幅度响应**是取所组成模板响应的 L_2 范数。考虑到计算量,也可以取各模板响应的 L_1 范数或 L_∞ 范数。

Mahalanobis distance ⇔ 马哈拉诺比斯距离,马氏距离

两个 N-D 点间,用各个维中的统计变化来测量的**距离函数**。例如,当 $\boldsymbol{x}$ 和 $\boldsymbol{y}$ 是源自同一个分布的两个点,且其协方差矩阵为 $\boldsymbol{C}$ 时,之间的马氏距离由 $[(\boldsymbol{x}-\boldsymbol{y})^{\mathrm{T}}\boldsymbol{C}^{-1}(\boldsymbol{x}-\boldsymbol{y})]^{1/2}$ 给出。协方差矩阵为单位阵时,马氏距离与欧氏距离相同。在计算机视觉系统中常用马氏距离来比较其元素具有不同变化量和变化范围的**特征矢量**(如记录面积和周长性质的双矢量)。

高维多变量的高斯分布的密度函数可写为

$$p(\boldsymbol{x}) = \frac{1}{(2\pi)^{n/2}\,|\boldsymbol{C}|^{1/2}}\exp\left\{-\frac{1}{2}(\boldsymbol{x}-\boldsymbol{m})^{\mathrm{T}}\boldsymbol{C}^{-1}(\boldsymbol{x}-\boldsymbol{m})\right\}$$

其中,$\boldsymbol{x}$ 代表一个 n-D 列向量,$\boldsymbol{m}$ 是 n-D 均值向量,$\boldsymbol{C}$ 是 $n\times n$ 的协方差矩阵,$|\boldsymbol{C}|$ 是 $\boldsymbol{C}$ 的行列式,$\boldsymbol{C}^{-1}$ 是 $\boldsymbol{C}$ 的逆矩阵,T 代表转置。下式即是从 $\boldsymbol{x}$ 到 $\boldsymbol{m}$ 的马氏距离:

$$r = \left\{-\frac{1}{2}(\boldsymbol{x}-\boldsymbol{m})^{\mathrm{T}}\boldsymbol{C}^{-1}(\boldsymbol{x}-\boldsymbol{m})\right\}^{1/2}$$

main speaker close-up [MSC] ⇔ 重要说话人镜头

新闻视频中单个人物出现时的头

像的近镜头。实例包括现场记者报道镜头、被采访者近镜头、演讲者镜头等。视频画面里主要对象为人物头像,而不是背景活动。与人脸检测不同,在检测说话人镜头时,主要关心的是视频中是否有一个占主导的人物头部而不是其他物体出现在画面的特定位置,人物面部的细节特征并非一定要提取。应用中可构建运动统计模型,利用人物头部运动模板匹配的办法来检测重要说话人镜头。

MAMS⇔镜头中平均运动图

map of average motion in shot 的缩写。

manifold⇔流形

多维空间中的超曲面。图 M6 给出对 3-D 空间中的点处在一个 2-D 流形上的解释。在这个 3-D 空间中的数据点正好落在一个 2-D 平面 Π 上。在这个平面上选择坐标轴矢量 p 和 q,并选择矢量 s 垂直于该平面。对坐标系 $Opqs$,一个点 A 可仅用两个数来表示,即长度 OA_p 和长度 OA_q。它的坐标相对于第 3 个轴(s)

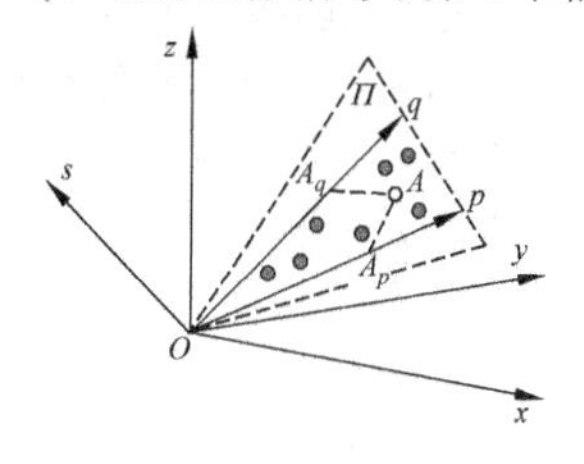

图 M6　3-D 空间中的点处在一个 2-D 流形上的示例

为 0。当然,新的基矢量 p 和 q 将是旧坐标(x,y,z)的函数,所以可写出$\overline{OA}(x,y,z)=A_p p(x,y,z)+A_q q(x,y,z)$。这里$(A_p,A_q)$是两个能完全刻画 $A(x,y,z)$的数而 $A(x,y,z)$是由点 A 所表达的函数,这里的条件是要知道基函数 $p(x,y,z)$ 和 $q(x,y,z)$,而它们对所有数据点都相同。如果恰当地选择坐标轴,则结果是这些点可完全用两个(而不是 3 个)坐标来定义。

MAP⇔最大后验概率

maximum a posteriori probability 的缩写。

map of average motion in shot [MAMS] ⇔镜头中平均运动图

镜头检测中,判断镜头中时空和运动情况的一种特征。是 2-D 分布的一种运动累计平均图,保留了运动的空间分布信息。对一个镜头,其中的平均运动图可表示为

$$M(x,y)=\frac{1}{L}\sum_{i=1}^{L-v}|f_i(x,y)-f_{i+v}(x,y)|,\quad L=\frac{N}{v}$$

其中,N 为该镜头的总帧数;i 为其中帧的序号;v 为度量帧间差异的间隔数。

mapping function⇔映射函数

图像工程中,用于将像素灰度进行映射以达到**图像增强**目的的函数。参阅 **image gray-level mapping**。

mapping knowledge⇔映射知识

图像理解中,可把**场景**和**图像**联系起来的知识。主要包括成像系

统的属性，如**焦距**、投影方向、光谱特性。

march cube[MC] algorithm⇔行/步进立方体算法

一种可用于确定 3-D 图像中目标的等值面的**表面拼接**算法。考虑一个由 8 个**体素**构成其顶点的立方体，见图 M3(a)，其中黑色体素代表前景体素，白色体素代表背景体素。该立方体有 6 个与之 **6-邻接**(上、下、左、右、前、后)的立方体。如果该立方体的 8 个顶点体素全部属于前景或背景，则该立方体是一个内部立方体。如果该立方体的 8 个顶点体素中有的属于前景有的属于背景，则该立方体是一个边界立方体。所需表达的**等值面**应在边界立方体中。对图 M7(a)的立方体，等值面可以是图 M7(b)中的阴影矩形。

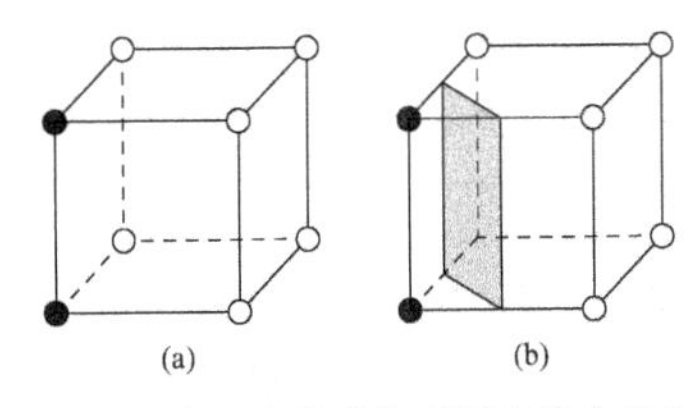

图 M7　由 8 个体素构成顶点的立方体

行进立方体算法在图像中从一个立方体行进到另一个相邻的立方体来检查每个立方体的每个体素，并确定与目标表面相交的边界立方体，同时也确定交面。根据目标表面与立方体相交的情况不同，处在立方体内部的目标表面部分在一般情况下是一个曲面，但可用**多边形片**来近似表示。每个这样的片很容易分解成一系列三角形，由这样得到的三角形很容易进一步组成目标表面的**三角形网格**，从而重建表面。

marching cube [MC]⇔行进立方体

参阅 **march cube algorithm**。

marching cubes⇔行进立方体法

一种用体素数据定位表面的方法。给定定义在体素上的一个函数 $f(\cdot)$，该算法对某个值 c 估计表面 $f(\boldsymbol{x})=c$ 的位置。这需要估计表面在什么地方与该体素的 12 条边相交。许多实现方法中，对表面的估计都是从一个体素向其相邻体素扩展推进，所以用了“行进”这个词。

marching tetrahedra⇔移动四面体

参阅 **marching tetrahedral algorithm**。

marching tetrahedral algorithm [MT algorithm]⇔移动四面体算法

同 **wrapper algorithm**。

marginal ordering⇔边缘排序(方法)

一种对矢量数据进行排序的方法。可在对**彩色图像**进行**中值滤波**时对矢量像素值排序。

边缘排序中，需对各分量独立排序，而最终的排序是根据所有分量的同序值构成的像素值来进行的。举例来说，给定一组 5 个彩色像素：$\boldsymbol{f}_1=[5,4,1]^{\mathrm{T}}$，$\boldsymbol{f}_2=[4,2,3]^{\mathrm{T}}$，$\boldsymbol{f}_3=[2,4,2]^{\mathrm{T}}$，$\boldsymbol{f}_4=[4,2,5]^{\mathrm{T}}$，$\boldsymbol{f}_5=[5,3,4]^{\mathrm{T}}$。根据边缘排序，得到(⇒指示排序结果)

$$\{5,4,2,4,5\}\Rightarrow\{2,4,4,5,5\}$$
$$\{4,2,4,2,3\}\Rightarrow\{2,2,3,4,4\}$$
$$\{1,3,2,5,4\}\Rightarrow\{1,2,3,4,5\}$$

即所得到的排序矢量为：$\boldsymbol{f}_1=[2,2,1]^{\mathrm{T}}$，$\boldsymbol{f}_2=[4,2,2]^{\mathrm{T}}$，$\boldsymbol{f}_3=[4,3,3]^{\mathrm{T}}$，$\boldsymbol{f}_4=[5,4,4]^{\mathrm{T}}$，$\boldsymbol{f}_5=[5,4,5]^{\mathrm{T}}$。这样中值矢量为$[4,3,3]^{\mathrm{T}}$。注意这并不是一个原始矢量，即边缘排序方法得到的中值有可能不是原始数据中的一个。

mark ⇔ **痕迹**

轮廓标记技术中，3-D 表面的局部有不同反射率时形成的明暗不同的分界。不是由于 3-D 表面各部分的形状造成，而是由于 3-D 表面各部分的反射率不同(因而亮度不同)而产生。

marker ⇔ **标号**

图像分割的**分水岭算法**中，代表图像中的一个连通组元，且与最终的分割区域一对一的符号。已用于受控分割方法，见 **marker-controlled segmentation**。

marker-controlled segmentation ⇔ **标号控制的分割**

一种利用**标号**克服过分割的技术。除了对输入图像中的轮廓进行增强以获得图像分割函数外，还用**强制最小值**技术先对输入图像进行滤波处理。是借助**特征提取**确定一个标号函数，来标示目标和对应的背景(也可看作标号图像)。将这些标号强制加到分割函数中作为极小值，然后计算分水岭以得到分割结果。

Markov random field [MRF] ⇔ **马尔可夫随机场**

像素的值可表示成有限邻域中原始像素值的线性加权和再加上加性随机噪声值的图像模型。参阅 **random field models**。

Marr operator ⇔ **马尔算子**

一种基于**拉普拉斯检测算子**的**边缘检测算子**。也称**高斯-拉普拉斯算子**。先(用高斯滤波器)对待测图像进行平滑然后再运用拉普拉斯算子，以此减少噪声对边缘检测的影响。使用时，需对不同分辨率的图像分别处理。在每个分辨率层上的计算包括：

(1) 用一个 2-D 的高斯平滑模板与原始图像**卷积**；

(2) 计算卷积后图像的拉普拉斯值；

(3) 检测拉普拉斯图像中的过零点并将其作为边缘点。

Marr's visual computational theory ⇔ **马尔视觉计算理论**

由英国神经生理学家和心理学家马尔 1982 年提出的**视觉信息**理解框架。也称**计算视觉理论**。勾画出一个理解视觉信息处理的框架，既全面又精练，使视觉信息理解的研究变得严密，把视觉研究从描述水平提高到数理水平，影响较大。要点包括：

(1) **视觉**是一种复杂的信息加工过程；

(2) 视觉信息加工有三个要素，即**计算理论**、**算法实现**和**硬件实现**；

(3) 视觉信息有三级内部表达，

即**基素表达**、**2.5-D 表达**和 **3-D 表达**；

(4) 视觉信息处理是按照功能模块组织起来的；

(5) 计算理论的形式化表示必须考虑一定的约束条件。

mask ⇔ **模板，样板，掩膜**

用于实现局部操作或限定操作范围的**子图像**。实现前一功能的子图像也常称算子，实现后一功能的子图像也常称窗口。如果图像是 2-D 的，所用的模板也是 2-D 的；如果图像是 3-D 的，则常用的模板是 3-D 的。模板子图像常对应一个规则区域。

mask convolution ⇔ **模板卷积**

一种借助特殊设计的**模板**进行的**空域滤波技术**。将要赋予某个像素的值作为该像素灰度值和其相邻像素灰度值的某种函数值。在**空域**实现的主要步骤为：

(1) 将模板在图像中漫游，并依次将模板中心与图像中某个像素位置重合；

(2) 将模板上的各个系数与模板下各对应像素的值逐对相乘；

(3) 将所有乘积相加。为保持动态范围，常将结果再除以模板的系数个数；

(4) 将上述运算结果（称为模板的输出响应）赋给输出图像中对应模板中心位置的像素。

masking ⇔ **掩蔽（化），掩膜（化）**

一个图像分量（目标）由于另一个分量（膜）的存在而可见性降低的现象。**人类视觉系统**受到若干种掩蔽的影响，如：

(1) 亮度掩蔽：视觉阈值随背景亮度的增加而增加，这是**亮度适应**的结果。另外，高亮度级会增加闪烁的效果。

(2) 对比度掩蔽：在亮区域中的误差（和噪声）常很难被发现，这源于人类视觉系统的特性，即一幅图像中细节的可见性会由于另一个细节的存在而减弱。

(3) 边缘掩蔽：接近边缘的误差常很难被发现。

(4) 纹理掩蔽：纹理区域的误差常很难被发现，而人类视觉系统对在均匀区域的误差很敏感。

masking attack ⇔ **掩蔽性攻击**

一种对水印进行的**删除性攻击**类型。试图阻止图像所有者对图像水印进行检测，或使水印检测不到，从而实现对嵌入水印的攻击。

mask operation ⇔ **模板操作，模板运算**

以**模板**（而不是以**像素**）为单位进行的图像运算。最典型的是**模板卷积**，涉及图像中的邻域运算。

mask ordering ⇔ **模板排序（方法）**

一种用模板来提取需处理图像中与模板同尺寸的图像子集，并将其中像素按幅度值排序的运算过程。主要步骤为：

(1) 将模板在输入图像中漫游，并将模板中心与图像中某个像素位置重合；

(2) 读取模板下输入图像中各对应像素的灰度值；

(3) 将这些灰度值进行排序，一般将它们从小到大排成一列（单增）；

(4) 根据运算目的从排序结果中选一个序，取出该序像素的灰度值；

(5) 将取出的灰度值赋给输出图像中对应模板中心位置的像素。

与**模板卷积**类似，模板排序过程也不能原地完成。但又与模板卷积不同，模板排序中的模板只起到划定参与图像处理的像素范围的作用，其系数在读取像素灰度值时可看作均为 1，且不影响赋值。模板排序后如何取其中一个灰度值是区分其功能的重要因素。

MAT ⇔ **中轴变换**

medial axis transform 的缩写。

matching ⇔ **匹配（技术）**

两个事物间的对应配合。参阅 **image matching** 和 **general image matching**。

matching based on inertia equivalent ellipses ⇔ **基于惯量等效椭圆的匹配（技术）**

一种借助由惯量导出的**惯量等效椭圆**进行**目标匹配**的方法。如图 M8 所示，将需匹配图像中的每个目标都用其等效椭圆来表示，则对目标的匹配问题就转化为对其等效椭圆的匹配。

matching based on raster ⇔ **基于光栅的匹配（技术）**

利用图像的光栅表达（逐像素）进行的匹配。

matching feature extraction ⇔ **匹配特征提取（技术）**

立体视觉中为进行多图像之间的**匹配**而提取特征的技术。为借助不同观察点对同一景物的不同观察结果间的**视差**来求取深度信息，需要判定同一景物在不同图像中的对应关系。为确立对应关系，需要选择合适的**图像特征**。这里特征是一个泛指的概念，可代表各类对像素或像素集合的具体表达和抽象描述。常用的匹配特征按尺寸从小到大可分为点状特征、线状特征、区域特征等。

matching metric ⇔ **匹配度量**

用于**匹配**的度量准则和度量函数。

matching pursuit [MP] ⇔ **匹配追踪**

一种通过对图像的最佳分解来实现**目标识别**的方法。

mathematical morphology ⇔ **数学形态学**

以形态为基础对图像进行分析的数学领域。也称**图像代数**。用具有

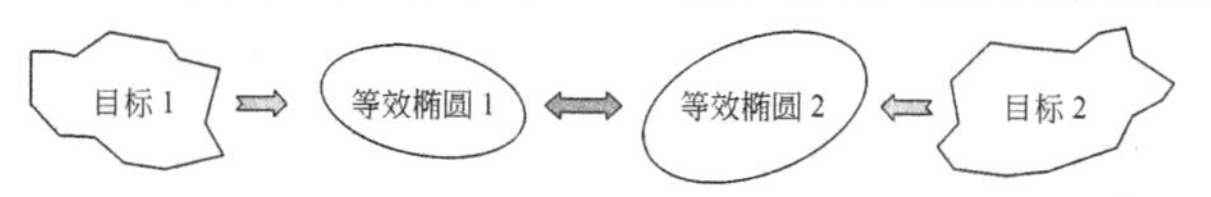

图 M8　惯量等效椭圆匹配

一定形态的**结构元素**，去量度和提取未知图像中的对应形状，以达到对图像分析和识别的目的。数学基础是集合论。算法具有并行实现的天然结构。

操作对象可以是**二值图像**，也可以是**灰度图像**或**彩色图像**。基本运算在二值图像和灰度(多值)图像中各有特点，其组合运算和实用算法也有许多类型。

mathematical morphology for binary images ⇔ **二值图像数学形态学**

关于**二值图像**运算的**数学形态学**。把运算对象看作像素的集合。运算中涉及的两个集合并不对等：一般用 A 表示(拟运算)图像的集合，B 表示**结构元素**的集合，运算是用 B 对 A 进行。

mathematical morphology for gray-level images ⇔ **灰度图像数学形态学**

关于**灰度图像**运算的**数学形态学**。把运算对象看作像素的集合，即**灰度图像**。运算中涉及的两个图像并不对等：一般设 $f(x,y)$ 是输入图像，$b(x,y)$ 是**结构元素**(本身是一幅**子图像**)，运算是用 $b(x,y)$ 对 $f(x,y)$ 进行。

MATLAB ⇔ **MATLAB，矩阵实验室**

MATrix LABoratory 的缩写。

MATLAB operators ⇔ **MATLAB 操作符**

执行 MATLAB 操作的运算符。可归成 3 类：

(1) 算术操作符：对矩阵执行数值计算；

(2) 关系操作符：比较操作数；

(3) 逻辑操作符：执行标准的逻辑函数，如：AND，NOT，以及 OR。

MATrix LABoratory [**MATLAB**] ⇔ **MATLAB，矩阵实验室**

一种用于数据分析、原型设计和可视化的工具。内置有：矩阵表示和运算，优秀的图像图形处理能力，高级编程语言和开发环境支持工具包。因为图像可用矩阵来表示，所以可方便地用 MATLAB 来实现处理。

matrix of inverse projection ⇔ **逆投影矩阵**

完成逆向投影所需的计算矩阵。例如，为实现**透视投影**的反投影，所用的反投影矩阵可用**齐次坐标**写为

$$\boldsymbol{P}^{-1}=\begin{bmatrix}1 & 0 & 0 & 0\\ 0 & 1 & 0 & 0\\ 0 & 0 & 1 & 0\\ 0 & 0 & 1/\lambda & 1\end{bmatrix}$$

其中 λ 为摄像机的焦距。比较 **matrix of perspective projection**。

matrix of orthogonal projection ⇔ **正交投影矩阵**

完成**正交投影**所需的计算矩阵。如果采用**齐次坐标**，正交投影矩阵即可写为

$$\boldsymbol{P}=\begin{bmatrix}1 & 0 & 0 & 0\\ 0 & 1 & 0 & 0\\ 0 & 0 & 1 & 0\\ 0 & 0 & 0 & 1\end{bmatrix}$$

matrix of perspective projection ⇔ 透视投影矩阵

完成**透视投影**所需的计算矩阵。如果采用**齐次坐标**，透视投影矩阵即可写为

$$\boldsymbol{P}=\begin{bmatrix}1 & 0 & 0 & 0\\0 & 1 & 0 & 0\\0 & 0 & 1 & 0\\0 & 0 & -1/\lambda & 1\end{bmatrix}$$

其中 λ 为摄像机的焦距。参阅 **model of image capturing**。

matrix of weak perspective projection ⇔ 弱透视投影矩阵

执行**弱透视投影**变换的矩阵。

matte ⇔ 糙化

视频镜头间一种典型的**渐变**方式。用暗的模板逐渐侵入屏幕而渐进地覆盖前一镜头的尾帧直至变为全黑屏幕。

MAVD ⇔ 偏差的平均绝对值

mean absolute value of the deviation 的缩写。

max filter ⇔ 最大值滤波器

一种特殊的**序统计滤波器**。对图像 $f(x,y)$，最大值滤波器的输出可写为

$$g_{\max}(x,y)=\max_{(s,t)\in N(x,y)}[f(s,t)]$$

其中 $N(x,y)$ 表示 (x,y) 的邻域，由滤波器模板所限定。

最大值滤波器可用来检测图像中最亮的点，并可减弱**椒盐噪声**中取低值的**椒噪声**。

max-flow min-cut theorem ⇔ 最大流最小割定理

图论中解决网络流问题的一个定理：在任意网络中，可行流的最大流值等于源点/汇点割的最小**容量**。简言之，最大流的值等于最小割的值。

maximal clique ⇔ 极大团集

一个**图**中不被其他任一团集所包含的团集。不是其他任一团集的真子集，即在图中不再存在与所有结点都相连的结点。可用于在**关联图匹配**算法中表示最大化的匹配结构。可以有不同的尺寸——这里关注的是最大化而不是尺寸。图 M9 中有两个极大团集：BCDE 和 ABE。

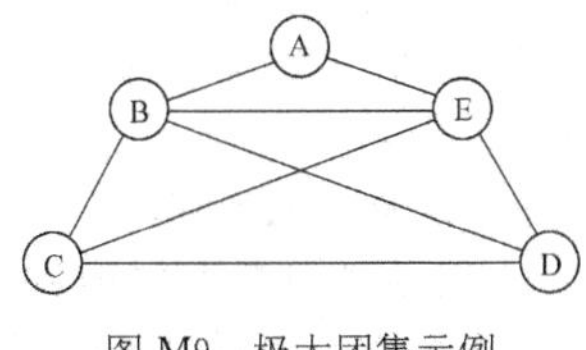

图 M9　极大团集示例

maximal component run-length ⇔ 最大组元游程

一种描述**基元空间关系**的**特征**。首先计算图像中最大的连通组元并将其看作 2-D 游程，然后用对该组元测量得到的尺寸、朝向、最大或最小直径等作为特征来描述基元。

maximum *a posteriori* probability [MAP] ⇔ 最大后验概率

在给定数据和模型的情况下，永远确定最可能解的概率。例如，在图像恢复中，赋给图像像素任何灰度值的组合都是一个可能的解。如

果给定数据和退化模型，现在需确定最有可能的特定组合。这是一个全局优化问题，因为它试图发现最好的灰度值组合，而不是试图通过执行基于局部操作的滤波去恢复图像。

对图像恢复问题的 MAP 解是

$$f = \arg\{\max_x\{p(x \mid g, \text{model})\}\}$$

其中 f 是恢复的图像，x 是像素值的组合，g 是退化的图像，而 model 综合了所有对退化过程的知识，包括任何涉及到的模糊算子的点扩展函数，任何非线性退化，噪声的本征和统计特性，等等。这里 $p(x \mid g, \text{model})$ 是给定退化模型下观察图像 g 源于图像 x 的后验概率密度函数。

maximum clique ⇔ **最大团集**

一个**图**中结点最多的**团集**。如图 M9中的极大团集 BCDE。最大团集问题就是要找到给定图最大的团集。

maximum entropy Markov model [MEMM] ⇔ **最大熵马尔可夫模型**

一种与**条件随机场**相关，对**隐马尔可夫模型**进行改型得到的结果。

maximum entropy method ⇔ **最大熵(方)法**

一种基于最大熵原理的估计方法。最大熵原理指出：在已知部分知识的前提下，关于未知分布最合理的推断就是要符合使已知知识最不确定或最随机的推断(使随机变量最随机)。这样就不会增加根据已掌握信息做不出的约束和假设。

maximum likelihood method ⇔ **最大似然法**

一种统计估计方法：从模型总体中随机抽取若干组样本观测值后，最合理的参数估计量应该使得从模型中抽取这些组样本观测值的概率最大。比较 **least squares**。

maximum operation ⇔ **最大操作，最大运算**

数学形态学中，计算**灰度最大值**的运算。对应**二值数学形态学**中的并运算。

maximum value ⇔ **最大值**

灰度数学形态学中，对两个信号 $f(x)$和 $g(x)$，逐点进行**最大操作**得到的结果。可表示为

$$(f \vee g)(x) = \max\{f(x), g(x)\}$$

其中对任意的数值 a，有 $\max\{a, -\infty\} = a$。如果 $x \in D[f] \cap D[g]$，那么$(f \vee g)(x)$是两个有限值$f(x)$和 $g(x)$的最大值，否则$(f \vee g)(x) = -\infty$；如果 $x \in D[f] - D[g]$，那么$(f \vee g)(x) = f(x)$；如果 $x \in D[g] - D[f]$，那么$(f \vee g)(x) = g(x)$；最后如果 x 不在任何一个**支撑区**中，即 $x \notin D[f] \cup D[g]$，那么$(f \vee g)(x) = -\infty$。

max-min sharpening transform ⇔ **最大-最小锐化变换**

一种通过将**最大值滤波器**和**最小值滤波器**结合使用的**图像增强**技术。可以**锐化**图像中模糊的边缘并让模糊的目标清晰起来。是将一个

模板覆盖区域里的中心像素值与该区域里的最大值和最小值进行比较，然后将中心像素值用与其较接近的极值（最大值或最小值）所替换。

最大-最小锐化变换 S 可表示为

$$S[f(x,y)] = \begin{cases} g_{\max}(x,y), & \text{如果 } g_{\max}(x,y) - f(x,y) \leqslant f(x,y) - g_{\min}(x,y) \\ g_{\min}(x,y), & \text{其他} \end{cases}$$

这个过程可迭代实现：

$$S^{n+1}[f(x,y)] = S\{S^n[f(x,y)]\}$$

Maxwell color triangle ⇔ 麦克斯韦彩色三角形

3-D **彩色空间**中，由 3 个正半轴单位点为顶点的三角形。在 3-D 彩色空间中表示彩色的所有点都可放射性地投影到这个三角形上。这个三角形平面在第 1 卦限中。在这个平面上选择一个坐标系，其上的任何点都由两个数字定义。图 M10 给出一个示例。

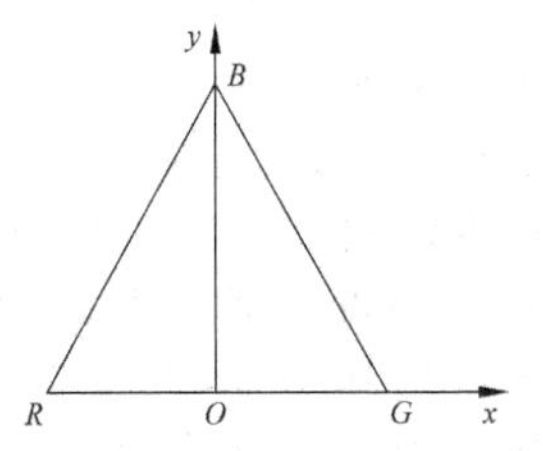

图 M10 麦克斯韦彩色三角形及坐标系统

在 **RGB 模型**（立方体）中用于构建**色度图**的交面。是一个单位平面 $R+G+B=1$，即一个等边三角形（例见图 M11）。一种彩色 C 是观察到的彩色位置矢量和单位平面的交：

$$r_C = \frac{R}{R+G+B}, \quad g_C = \frac{G}{R+G+B},$$

$$b_C = \frac{B}{R+G+B}$$

其中 $r_C + g_C + b_C = 1$。

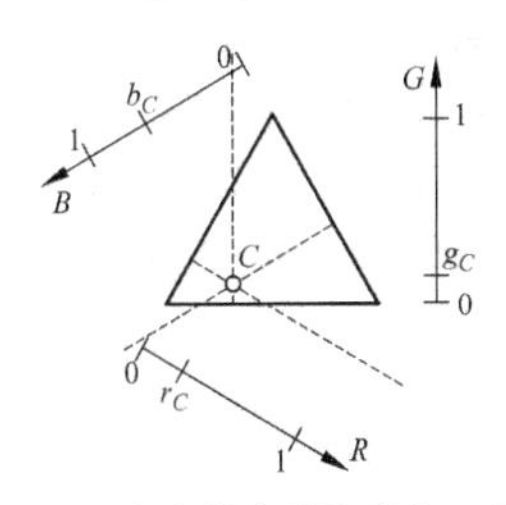

图 M11 麦克斯韦等边彩色三角形

MC ⇔ 行进立方体

marchimg cube 的缩写。

MC algorithm ⇔ 行进立方体算法

march cube algorithm 的缩写。

MCMC ⇔ 蒙特卡罗马尔可夫链

Monte Carlo Markov chain 的缩写。

M cones ⇔ M 视锥细胞

人眼所包含的 3 种类型的**传感器**之一。敏感范围对应中等光**波长**（负责称为“绿”的感觉）。

m-connected ⇔ m-连通的

采用 **m-连接**而**连通**的。

m-connected component ⇔ m-连通组元

采用 **m-连接**的定义得到的**连通组元**。

m-connected region ⇔ m-连通区域

采用 **m-连接**的定义得到的**连通区域**。

m-connectivity ⇔ **m-连接**

像素间的一种**连接**情况。如果两个像素 p 和 r 在 V 中取值(V 表示用来定义连接的灰度值集合)且满足如下条件之一:①r 在 p 的 **4-邻域**中;②r 在 p 的**对角-邻域**中且 p 的 **4-邻域**和 r 的 **4-邻域**的交集中不包含在 V 中取值的像素;则这两个像素 m-连接。比较 **M**-connectivity。

M-connectivity ⇔ **M-连接**

N_{16} **空间**中**像素**间的一种**连接**情况。如果两个像素 p 和 r 在 V 中取值(V 表示定义连接的灰度值集合)且满足如下条件之一:①r 在 p 的 **4-邻域**中;②r 在 p 的**对角-邻域**中且 p 的 **4-邻域**和 r 的 **4-邻域**的交集中不包含在 V 中取值的像素;③r 在 p 的**马步-邻域**中且 p 的 **8-邻域**和 r 的 **8-邻域**的交集中不包含在 V 中取值的像素;则这两个像素 M-连接。比较 **m**-connectivity。

mean absolute value of the deviation [MAVD] ⇔ **偏差的平均绝对值**

基于**像素距离误差**准则的一种**距离测度**。设 N 代表错误分类像素的个数,$d^2(i)$代表第 i 个错误分类像素与其正确位置的距离,则偏差的平均绝对值可表示为

$$\mathrm{MAVD} = \frac{1}{N}\sum_{i=1}^{N} |\, d(i) \,|$$

mean curvature ⇔ **平均曲率**

3-D 曲面上两个**主方向**上的**曲率**的幅度的平均值。参阅 **surfaces curvatures**。

mean distance to boundary ⇔ **到边界的平均距离**

一种描述目标**形状复杂性**的简单**描述符**。可表示为 $A/\mu_R{}^2$,其中 A 为目标的面积,μ_R 为从目标**重心**到边界上各点的平均距离。

mean filter ⇔ **均值滤波器**

输出依赖于对滤波像素均值计算结果的**空域噪声滤波器**。由于均值有许多不同定义,所以均值滤波器也有不同类型。

meaningful region layer ⇔ **有意义区域层**

多层图像描述模型中的一层。所谓有意义区域是一幅图像中相对于**人类视觉**有一定意义的区域。为获得有意义区域层的表述,需要对原始图像进行预分割。这与通常意义下的**图像分割**不同,这里无须对图像进行像素级的精细分割,只需提取出相对完整的不同区域就可以。

meaningful watermark ⇔ **有意义水印**

嵌入数据本身有确切含义的**数字水印**。图像的有意义水印是可视的。有意义水印可提供的信息比无意义水印多得多,但对嵌入和检测的要求也要高许多。比较 **meaningless watermark**。

meaningless watermark ⇔ **无意义水印**

本身没有具体含义,只反映存在与否的**数字水印**。对其嵌入和检测的要求较低。典型的例子是使用伪随机序列作为水印。比较 **meaningful watermark**。

mean shift ⇔ **均移，均值漂移，均值平移**

一种基于密度梯度上升的非参数技术。也可指偏移的均值向量。基于均移的算法主要是一个迭代步骤，即先算出当前点的偏移均值，移动该点到其偏移均值，然后以此为新的起始点，根据概率密度梯度继续移动，直到满足一定的条件而结束。由于概率密度梯度总指向概率密度增加最大的方向，所以均移算法在满足一定的条件下可以收敛到一个最近的概率密度函数的稳态点，因而可用来检测概率密度函数中存在的模态。可用于分析复杂的多模特征空间并确定特征聚类。这里假设聚类在其中心部分的分布要密，通过迭代计算密度核的均值（对应聚类重心，也是给定窗口时的众数）来达到目的。均移算法除可用于**图像分割**外，还在**聚类**、实时**目标跟踪**等方面得到应用。

mean-shift smoothing ⇔ **均移平滑（技术）**

一种在**平滑**图像时避免**模糊**图像的方法。将一个像素用一个 3-D 空间的三元组来表示。该 3-D 空间的前两维代表像素在图像中的位置，第三维用来测量它的亮度。一个像素(i,j)在这个空间用点(x_{ij}, y_{ij}, g_{ij})来表示，其中在开始时$x_{ij}=i$，$y_{ij}=j$，且g_{ij}是它的灰度。在这个 3-D 空间中的像素允许移动并组成集团。像素的运动是迭代进行的，其中在每个迭代步骤，对每个像素(i,j)计算一个新矢量(x_{ij}, y_{ij}, g_{ij})。在第$m+1$次迭代时，这个新矢量的各个分量是

$$x_{ij}^{m+1}=\frac{\sum_{(k,l)\in N_{ij}} x_{kl}^m g\left(\frac{(x_{ij}^m-x_{kl}^m)^2}{h_x^2}\right) g\left(\frac{(y_{ij}^m-y_{kl}^m)^2}{h_y^2}\right) g\left(\frac{(g_{ij}^m-g_{kl}^m)^2}{h_g^2}\right)}{\sum_{(k,l)\in N_{ij}} g\left(\frac{(x_{ij}^m-x_{kl}^m)^2}{h_x^2}\right) g\left(\frac{(y_{ij}^m-y_{kl}^m)^2}{h_y^2}\right) g\left(\frac{(g_{ij}^m-g_{kl}^m)^2}{h_g^2}\right)}$$

$$y_{ij}^{m+1}=\frac{\sum_{(k,l)\in N_{ij}} y_{kl}^m g\left(\frac{(x_{ij}^m-x_{kl}^m)^2}{h_x^2}\right) g\left(\frac{(y_{ij}^m-y_{kl}^m)^2}{h_y^2}\right) g\left(\frac{(g_{ij}^m-g_{kl}^m)^2}{h_g^2}\right)}{\sum_{(k,l)\in N_{ij}} g\left(\frac{(x_{ij}^m-x_{kl}^m)^2}{h_x^2}\right) g\left(\frac{(y_{ij}^m-y_{kl}^m)^2}{h_y^2}\right) g\left(\frac{(g_{ij}^m-g_{kl}^m)^2}{h_g^2}\right)}$$

$$g_{ij}^{m+1}=\frac{\sum_{(k,l)\in N_{ij}} g_{kl}^m g\left(\frac{(x_{ij}^m-x_{kl}^m)^2}{h_x^2}\right) g\left(\frac{(y_{ij}^m-y_{kl}^m)^2}{h_y^2}\right) g\left(\frac{(g_{ij}^m-g_{kl}^m)^2}{h_g^2}\right)}{\sum_{(k,l)\in N_{ij}} g\left(\frac{(x_{ij}^m-x_{kl}^m)^2}{h_x^2}\right) g\left(\frac{(y_{ij}^m-y_{kl}^m)^2}{h_y^2}\right) g\left(\frac{(g_{ij}^m-g_{kl}^m)^2}{h_g^2}\right)}$$

其中h_x，h_y和h_g是恰当选择的放缩常数，N_{ij}是像素(i,j)借助欧氏距离定义的 3-D 球邻域，且有

$$g(x)\equiv \mathrm{e}^{-x} \text{ 或 } g(x)\equiv \begin{cases} 1, & |x|\leqslant w \\ 0, & \text{其他} \end{cases}$$

其中w是指示平坦核尺寸的系数。迭代可以按一个预先确定的次数重复进行。在最后一次迭代结束后，像素(i,j)的灰度值为$g_{ij}^{m_{\text{final}}}$，可将其四舍五入到最近的整数。

mean square error⇔ **均方误差**

一种用于衡量**图像水印**的**差失真测度**。如果用 $f(x,y)$代表原始图像，用 $g(x,y)$代表嵌入水印的图像，图像尺寸均为 $N\times N$，均方误差即可表示为

$$D_{\text{mse}}=\frac{1}{N^2}\sum_{x=0}^{N-1}\sum_{y=0}^{N-1}[g(x,y)-f(x,y)]^2$$

mean square difference[MSD]⇔ **平均平方差**

一种**基于区域灰度相关的**经典**立体匹配**方法。通过计算要匹配的两组像素间的灰度差，建立满足最小二乘误差的两组像素间的对应关系。

mean-squaresignal-to-noise ratio ⇔ **均方信噪比**

用来表示压缩解压缩图像之间区别的一种**保真度准则**。如果将 $\hat{f}(x,y)$看作原始图像 $f(x,y)$和噪声信号 $e(x,y)$的和，即 $\hat{f}(x,y)=f(x,y)+e(x,y)$，那么输出图像(尺寸为 $M\times N$)的均方信噪比 SNR_{ms}可表示为

$$\text{SNR}_{\text{ms}}=\sum_{x=0}^{M-1}\sum_{y=0}^{N-1}\hat{f}(x,y)^2\Bigg/\sum_{x=0}^{M-1}\sum_{y=0}^{N-1}[\hat{f}(x,y)-f(x,y)]^2$$

如果对上式求平方根，就得到**均方根信噪比** SNR_{rms}。参阅 **signal-to-noise ratio**。

mean value⇔ **均值**

随机变量的一种统计值。给定一个随机变量 f，其**概率密度函数**为 p_f，其均值可表示为

$$\mu_f\equiv E\{f\}\equiv\int_{-\infty}^{+\infty}zp_f(z)\mathrm{d}z$$

mean variance⇔ **均方差**

图像信息融合中，一种基于统计特性的**客观评价**指标。在理想融合图像(即融合的最好结果)已知的情况下，可以利用理想图像和**融合图像**之间的均方差来对融合结果进行评价。设 $g(x,y)$表示融合后的 $N\times N$ 图像，如果 $i(x,y)$表示 $N\times N$的理想图像，则之间的均方差可表示为

$$E_{\text{rms}}=\left\{\frac{1}{N\times N}\sum_{x=0}^{N-1}\sum_{y=0}^{N-1}[g(x,y)-i(x,y)]^2\right\}^{1/2}$$

measurement accuracy⇔ **测量准确度，测量准确性**

实际测量值和作为(参考)真值的客观标准值的接近程度。也称**测量无偏性**。是在给定置信度下对最大可能误差的一种描述。

measurement error⇔ **测量误差**

特征测量过程中，测量数据和真实数据之间的差异。可写成：测量误差=|测量数据－真实数据|。因为特征测量是一个估计过程，所以误差是不可避免的。误差可分为**系统误差**和**统计误差**。

measurement precision⇔ **测量精确度，测量精确性，测量效能**

测量过程重复进行并得到相同测量结果的能力。

measurement unbiasedness ⇔ **测量无偏性**

同 **measurement accuracy**。

medial axis transform[MAT] ⇔ **中轴变换**

一种获得区域**骨架**的方法。具有边界 B 的区域 R 的中轴变换可如下确定。参见图 M12，对每个 R 中的点 p，可在 B 中搜寻与它**距离**最小的点。如果对 p 能找到多于一个这样的点（即有两个或两个以上的 B 中的点与 p 同时距离最小），就可认为 p 属于 R 的中线或骨架，或者说 p 是一个骨架点。

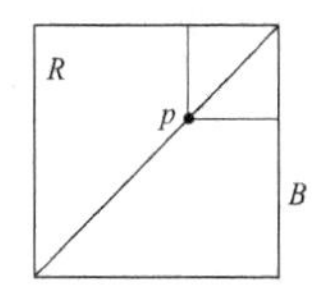

图 M12　区域 R、边界 B 和骨架点 p

median filter ⇔ **中值滤波器**

一种特殊的**序统计滤波器**。也是最常用的**排序滤波器**。中值是将一个分布分成两个相同数量的样本集合的值。对图像 $f(x,y)$，中值滤波器的输出可写为

$$g_{\text{median}}(x,y) = \underset{(s,t)\in N(x,y)}{\text{median}}\left[f(s,t)\right]$$

其中 $N(x,y)$ 表示 (x,y) 的邻域，由滤波器模板所限定。

中值滤波器既能消除噪声又能保持图像的细节。中值滤波的主要步骤为：

(1) 将模板在图像中漫游，并将模板中心与图像中某个像素位置重合；

(2) 读取模板下各对应像素的灰度值；

(3) 将这些灰度值从小到大排成一列；

(4) 找出这些值里排在中间的一个（中值）；

(5) 将这个中值赋给对应模板中心位置的像素。

中值滤波的效果是强制与其**邻域像素**具有明显不同密度的像素更接近其邻域像素，这样来消除孤立出现的密度突变所对应的噪声点。

median filtering ⇔ **中值滤波（技术）**

参阅 **median filter**。

median flow filtering ⇔ **中值流滤波（技术）**

对矢量数据进行**噪声消除**的操作。推广了用于图像数据的**中值滤波器**。这里假设空间邻域中的矢量具有相似性。不相似的矢量已被丢弃。

medical image ⇔ **医学图像**

对医学场景和环境采集获取的**图像**。内容常比较复杂。

MEI ⇔ **运动能量图**

motion energy image 的缩写。

membership function ⇔ **隶属度函数**

模糊数学中，为表示研究对象的不确定性而引入的函数。如果用 0 表示完全不属于，1 表示完全属于，则 0 与 1 之间的数值表示不同的确定性。表示这种不确定性的函数叫做隶属度函数，可以描述一个元素

属于一个集合的程度。

membrance model⇔**(薄)膜模型**

一种能最小化拟合表面的光滑性和拟合表面与原始数据的接近性的表面拟合模型。表面类别必须具有C^0连续性,所以与具有C^1连续性的平滑的**薄板模型**不同。

在**图像恢复**中,最小化**代价函数**中的正则化项就可使用这种模型。具体是考虑最小化相邻像素间的一阶差分。如图M13所示,对任何两个固定的点,薄膜模型的作用就像在两个钉子间拉了一根松紧带(对应薄膜)。比较 **thin-plate model**。

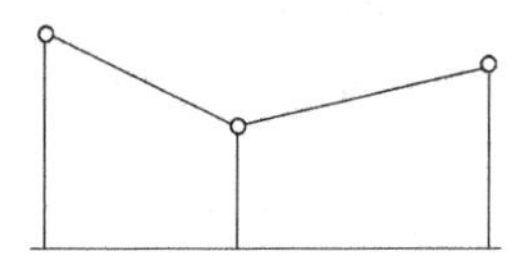

图M13 薄膜模型示意

MEMM⇔**最大熵马尔可夫模型**

maximum entropy Markov model 的缩写。

MER⇔**围盒,最小包围长方形**

minimum enclosing rectangle 的缩写。

merging technqiue⇔**聚合技术,合并技术**

一种沿**目标区域**边界依次连接像素的**多边形逼近**技术。先选一个边界点为起点,用直线将该点与相邻的边界点依次连接。分别计算各直线与边界的(逼近)拟合误差,把误差超过某个限度前的线段确定为多边形的一条边并将误差置零。然后以线段另一端点为起点继续连接边界点,直至绕边界一周。这样就得到一个边界的近似多边形。

一个基于聚合技术的**多边形逼近**示例见图M14。原边界由点a,b,c,d,e,f,g,h等表示。现在先从点a出发,依次作直线ab,ac,ad,ae等。对从ac开始的每条线段计算前一边界点与线段的距离作为拟合误差。图中设bi和cj没超过预定的误差限度,而dk超过该限度,所以选d为紧接点a的下一个多边形顶点。再从点d出发继续如上进行,最终得到的近似多边形的顶点为$adgh$。比较 **splitting technqiue**。

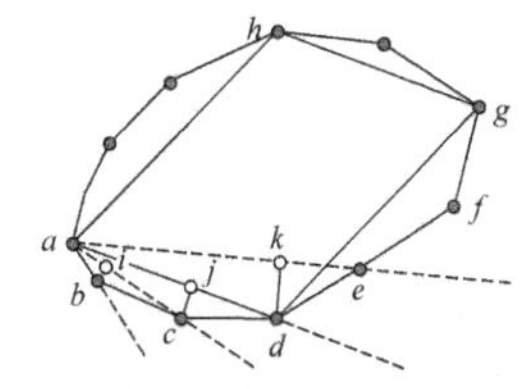

图M14 聚合逼近多边形

mesopic vision⇔**过渡视觉,中间视觉**

介于**昼视觉**和**夜视觉**之间的若干种视觉状态之中,由**视网膜**的**锥细胞**和**柱细胞**同时起作用(或者说都不占优势)的视觉。此时视场的**亮度**约在10^{-2}~10 cd/m^2。国际照明委员会推荐以0.05 cd/m^2、视场20°作为研究这一范围的标准状态。

meta-knowledge⇔**元知识**

知识分类中,一种关于知识的知识。

metameric⇔同色异谱的，异谱同色的

两个彩色样本在频率上不同，但在某组条件下至少使人有相同或相似彩色感受(即看起来一样)的。意味着两个看起来具有相同彩色的物体有可能在不同的条件下呈现完全不同的彩色。

metameric colors⇔同色异谱色，异谱同色(彩)色

三刺激值相同，但**辐射通量**光谱分布不同的两个色刺激有可能呈现相同的色视觉效应的现象。也称同色异谱彩色。这里彩色由有限数量的通道所定义，其中每一个都包含一定的频谱范围。所以，相同的异谱同色彩色可由多种频谱分布产生。

metameric matching⇔异谱同色匹配(技术)

对**异谱同色**的配色。两种光谱分布不同的光却有着相同的色视觉效应，亦具有相等的**三刺激值**，称为**异谱同色刺激**或异谱同色光。如此的配色就是异谱同色匹配。

metameric stimulus⇔异谱同色刺激

能产生**异谱同色**的刺激。如果考虑的是自发光体，则刺激取决于其光谱分布的差异程度，观察者色视觉是否正常，以及是否为标准观察者。如果考虑的是受照体，则刺激取决于光源的光谱分布。

metamerism⇔异谱同色性

两种光的**光谱**分布不同，但有相等的色视觉效应，即有相等的**三刺激值**的性质。也代表在相同观察条件下，具有同样的颜色但具有不同光谱分布的色刺激。

metamers⇔条件等色

传感器产生相同记录但不同反射函数的等色。这种现象之所以产生，是因为一个传感器会集成所接收到的光。对光子能量的不同组合可导致产生相同的记录值。在相同的照明情况下，由不同反射函数刻画的材料有可能使一个传感器产生相同的记录。

method of histogram distance⇔直方图距离法

一种**基于直方图**的均值来粗略地表达颜色信息**的相似计算**方法。由图像的 R, G, B 三个分量构成的**特征矢量**为

$$\boldsymbol{f} = [\mu_R \quad \mu_G \quad \mu_B]^{\mathrm{T}}$$

此时查询图像 Q 和数据库图像 D 之间的**直方图距离**的值为

$$P(Q,D) = \| \boldsymbol{f}_Q - \boldsymbol{f}_D \| = \sqrt{\sum_{R,G,B} (\mu_Q - \mu_D)^2}$$

methods based on change of spatial relation among texels⇔基于纹理元之间空间关系变化的方法

一种**自纹理变化恢复朝向**的方法。如果纹理由有规律的**纹理元栅格**组成，则可先计算其**消失点**，再确定**消失线**。消失线的方向指示**纹理元**相对于**摄像机轴线**旋转的角度，而消失线与 $x=0$ 的交点指示了纹理元相对于视线倾斜的角度。

methods based on change of texel shape ⇔ 基于纹理元形状变化的方法

一种**自纹理变化恢复朝向**的方法。纹理平面的朝向是由两个角度所决定的，即相对于**摄像机轴线**旋转的角度和相对于视线倾斜的角度。对给定的原始**纹理元**，根据其成像后的变化情况可确定出这两个角度。

methods based on change of texel size ⇔ 基于纹理元尺寸变化的方法

一种**自纹理变化恢复朝向**的方法。根据**纹理元**投影尺寸变化率的极大值方向可以把纹理元所在平面的取向确定下来。此时，**纹理梯度**的方向取决于纹理元绕**摄像机轴线**旋转的角度，而纹理梯度的数值给出纹理元相对视线倾斜的角度。

method for decision layer fusion ⇔ 决策层融合方法

一种实现**决策层融合**的方法。操作对象是从图像中提取出来的等价关系或独立决策。

典型的方法包括：基于知识的融合，**贝叶斯融合**，**证据推理融合**，神经网络融合，**模糊集理论**融合，可靠性理论融合，逻辑模块融合，**产生式规则**融合，**粗糙集理论融合**等。

method for feature layer fusion ⇔ 特征层融合方法

一种实现**特征层融合**的方法。操作对象是从图像中提取出来的特征。

典型的方法包括：**加权平均融合**，**贝叶斯融合**，**证据推理融合**，神经网络融合，聚类分析融合，熵融合，表决融合等。

method for pixel layer fusion ⇔ 像素层融合方法

一种实现**像素层融合**的方法。操作对象是原始图像中的像素。由于所要融合的原始图像常有一些不同但互补的特性，所以对它们进行融合所采取的方法也要考虑到它们的这些不同特性。

典型的方法包括：**加权平均融合**，**金字塔融合**，**HSI 变换融合**，**主分量变换融合**，**小波变换融合**，高通滤波融合，**卡尔曼滤波**融合，回归模型融合，参数估计融合等。

method for texture analysis ⇔ 纹理分析方法

一种对**纹理**表达和描述的方法。常用的 3 大类方法是：①**统计法**；②**结构法**；③**频谱法**。

metric ⇔ 度量，测度

一种定义在集合 S 上，对任意 $x, y, z \in S$，满足下列条件的非负实值函数 f：

(1) $f(x,y)=0$，当且仅当 $x=y$，这称为**恒等公理**；

(2) $f(x,y)+f(y,z) \geqslant f(x,z)$，这称为**三角形公理**；

(3) $f(x,y)=f(y,x)$，这称为**对称公理**。

metric combination ⇔ 测度组合，度量组合

将多个**测度**结合起来构成一个新

的测度的过程。结合方法有多种,如:

(1) 相加:两个测度 d_1 和 d_2 之和

$$d = d_1 + d_2$$

也是一个测度;

(2) 乘正实数:一个测度 d_1 和一个常数 $\beta \in \mathbf{R}^+$ 的乘积

$$d = \beta d_1$$

也是一个测度;

(3) 组合:一个测度 d_1 和一个实数 $\gamma \in \mathbf{R}^+$ 的组合

$$d = \frac{d_1}{\gamma + d_1}$$

也是一个测度。

上述三种方法可以用一个通式表达,设 $\{d_n : n = 1, \cdots, N\}$ 是一组测度,对于 $\forall \beta_n, \gamma_n \in \mathbf{R}^+$,

$$d = \sum_{n=1}^{N} \frac{\beta_n d_n}{\gamma_n + d_n}$$

也是一个测度。

metric property⇔测度性质,度量性质

3-D景物结构中,与距离有关并可用数值度量(如距离或面积)的性质。与逻辑特性(如图像连通)相对。对测度性质的测量常仅对整体中的一部分进行,并表示为单位体积的量度。

metric reconstruction⇔度量重建

对**场景**中的3-D结构,借助正确的空间维数和角度进行的重建。与**投影重建**相对。

metrics for evaluating retrieval performance⇔检索性能评价指标

为判定检索系统的性能和由不同技术所得到的检索结果而定义的计量准则。对**图像匹配**程度的判定是评判检索性能的重要环节,匹配程度常借助描述相似性的测度来衡量。常用的相似性测度包括三类:①基于直方图统计的测度;②基于像素统计的测度;③基于像素差的测度。

因为**图像检索**的目的是发现和提取所需要的图像或视频,所以更多的情况下要考虑所检索出来的相似图像的数量和排序等级。

Mexican hat operator⇔墨西哥草帽算子

同 **LOG operator**。因其形状而得名。

M-files⇔M-文件

用 **MATLAB** 的编辑器生成和编辑的文件。可以是解释和执行一系列 MATLAB 命令(或声明)的脚本,也可以是接收变量(参数)并产生一个或多个输出值的函数,包含一系列用来存储、观看、调试 M-文件的函数。

MFOM⇔改进的品质因数,改进的质量因数

modified figure of merit 的缩写。

MHD⇔改进的豪斯道夫距离

modified Hausdorff distance 的缩写。

MHI⇔运动历史图(像)

motion history image 的缩写。

microscope⇔显微镜

将微小物体或物体细节放大成像

以便观察的仪器。显微镜视觉放大率为通过显微镜观察物体时，物像对眼睛张角的正切值与眼睛直接观察物体时物体张角的正切值之比。显微镜的物镜焦距很短，由其形成一个放大的实像(过渡像)，然后经目镜(放大镜)再次放大。总放大率为物镜与目镜的放大率之积。

microscopic image analysis⇔微观图像分析

医学显微**图像**研究中，对细胞组成的小尺寸活体(living organisms)进行的**图像分析**。比较 **macroscopic image analysis**。

micro-texture⇔微纹理

根据尺度对**纹理**进行分类得到的结果。当一种纹理的**纹理基元**的尺度相对于纹理基元间的空间作用范围较小时，就认是微纹理。比较 **macro-texture**。

microwave image⇔微波图像

利用微波获得的**图像**。微波的**波长**约在 1 mm～1 m 之间。

mid-crack code⇔中点缝隙码

考虑两个相邻轮廓像素间的缝隙(边缘)，并连接这些缝隙的中点而得到的**链码**。标准链码对应的直线段连接两个相邻像素的中心。当目标较小或比较细长时，**目标轮廓**像素个数占区域总像素个数的比例比较大，此时由链码得到的轮廓和真实轮廓会有较大的差别。中点缝隙码围成的封闭轮廓与实际目标轮廓比较一致，但常需要更多个数的码。例如，图 M15 中有个"T"字形的目标(阴影)。两个虚线箭头围成的封闭轮廓分别对应(开集)外链码和(闭集)内链码，它们与实际目标轮廓都有一定的差距。如果根据链码轮廓来计算目标的面积和周长，则利用外链码轮廓会给出偏高的估计，而利用内链码轮廓会给出偏低的估计。而实线箭头围成的封闭轮廓(中点缝隙码)与实际目标轮廓比较一致。

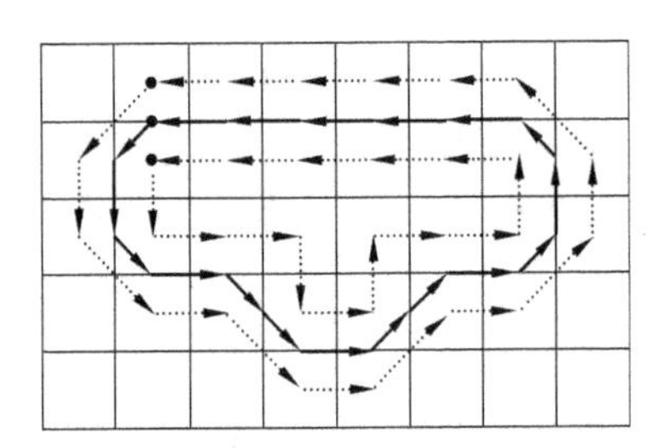

图 M15　轮廓的链码和中点缝隙码

middle-level vision⇔中层视觉

计算机视觉中，介于低层和高层之间的视觉(数据处理阶段)。有多种定义，一般认为是从对**图像内容**的描述开始，直到获得对场景特征的描述。这样，双目立体视觉是一种中层视觉过程，因为它作用于图像边缘片段以产生 3-D 场景片段。

mid-point filter⇔中点滤波器

输出是**最大值滤波器**和**最小值滤波器两个**输出的平均值(中点)的**非线性滤波器**。对图像 $f(x,y)$，这可以表示为

$$g_{\text{mid}}(x,y)=\frac{1}{2}\left\{\max_{(s,t)\in N(x,y)}[f(s,t)]+\min_{(s,t)\in N(x,y)}[f(s,t)]\right\}$$
$$=\frac{1}{2}\{g_{\max}(x,y)+g_{\min}(x,y)\}$$

其中 $N(x,y)$表示(x,y)的邻域，由滤波器模板所限定。该滤波器将**序统计滤波器**和**平均滤波器**结合起来。

mid-point filtering⇔中点滤波(技术)

参阅 **midpoint filter**。

min filter⇔最小值滤波器

一种特殊的**序统计滤波器**。对图像 $f(x,y)$，一个最小值滤波器的输出可写为

$$g_{\min}(x,y)=\min_{(s,t)\in N(x,y)}[f(s,t)]$$

其中 $N(x,y)$表示(x,y)的邻域，由滤波器模板所限定。

最小值滤波器可用来检测图像中最暗的点，并可减弱**椒盐噪声**中取高值的**盐噪声**。

min-max rule⇔最小-最大规则

模糊推理中，一种制订决策的模糊规则。使用了一系列的最小和最大化过程以结合与制订决策过程相关的各种知识。

minima imposition⇔强制最小值

一种基于**测绘算子**，在使用**标号**控制分割的方法中确定出目标和对应背景的标号的技术。

minimal⇔极小(的)，迷向(的)

对 3-D 表面进行**曲面分类**时，表面类型对应**高斯曲率**小于 0、**平均曲率**等于 0 的。见图 M16。

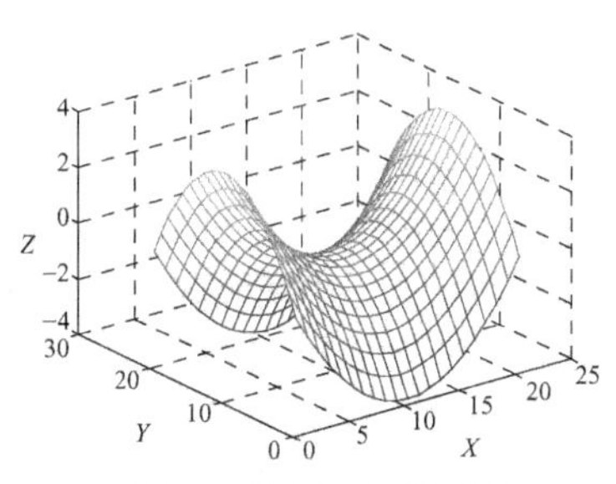

图 M16　极小的表面示意图

minimum average difference function ⇔最小平均差函数

模板匹配的一种度量函数。设需要匹配的是一个尺寸为 $J\times K$ 的模板图像 $w(x,y)$与一个尺寸为 $M\times N$ 的大图像 $f(x,y)$，$J\leqslant M, K\leqslant N$；$f(x,y)$和 $w(x,y)$之间的最小平均差函数可写为

$$M_{\text{ad}}(s,t)=\frac{1}{MN}\sum_{x}\sum_{y}|f(x,y)w(x-s,y-t)|$$

其中，$s=0,1,2,\cdots,M-1$；$t=0,1,2,\cdots,N-1$。

minimum distance classifier⇔最小距离分类器

一种简单的**模式分类器**。本质上基于对模式的采样来估计各类模式的统计参数，并完全由各类模式的均值和方差确定。假设每类模式用一个均值矢量表示为

$$m_j = \frac{1}{N_j}\sum_{x \in s_j} x, \quad j = 1,2,\cdots,M$$

其中 N_j 代表类 s_j 中的模式 $\boldsymbol{x}$ 的个数，则**决策函数**为

$$d_j(\boldsymbol{x}) = \boldsymbol{x}^{\mathrm{T}} \boldsymbol{m}_j - \frac{1}{2} \boldsymbol{m}_j^{\mathrm{T}} \boldsymbol{m}_j, \quad j = 1,2,\cdots,M$$

最小距离分类器在 $d_j(\boldsymbol{x})$ 给出最大值时将 $\boldsymbol{x}$ 赋给类 s_j。可见最小距离分类器在对一个未知模式矢量进行分类时将这个模式赋给与它最接近的类。如果利用欧氏距离来确定接近程度，则问题转化为对距离的测量。当两类均值间的距离比类中对应均值的分布要大时，最小距离分类器工作得很好。

minimum enclosing rectangle [MER] ⇔ 围盒，最小包围长方形

围绕区域表达技术中，给出包含**目标区域**的(可朝向任何方向的)最小长方形的一种几何基元。比较 **Feret box**。

minimum invariant core ⇔ 最小不变核

粗糙集理论融合中的一种核。令 $\boldsymbol{R}$ 为一个等价关系集合，且 $R \in \boldsymbol{R}$，如果 $I(\boldsymbol{R}) = I(\boldsymbol{R} - \{R\})$，$I(\cdot)$ 表示不能确定的关系，则称 R 为 $\boldsymbol{R}$ 中可省略的(不必要的)，否则为 $\boldsymbol{R}$ 中不可省略的(必要的)。当对任一个 $R \in \boldsymbol{R}$，都有 R 不可省略，则集合 $\boldsymbol{R}$ 为独立的。如果 $\boldsymbol{R}$ 是独立的，且 $\boldsymbol{P} \in \boldsymbol{R}$，则 $\boldsymbol{P}$ 也是独立的。$\boldsymbol{P}$ 中所有不可省略的关系的集合称为 $\boldsymbol{P}$ 的核。核是不能省略的知识特征的集合。

minimum mean square error function ⇔ 最小均方误差函数

模板匹配的一种度量函数。设要匹配的是一个尺寸为 $J \times K$ 的模板图像 $w(x,y)$ 与一个尺寸为 $M \times N$ 的大图像 $f(x,y)$，$J \leqslant M, K \leqslant N$。$f(x,y)$ 和 $w(x,y)$ 之间的最小均方误差函数可写为

$$M_{\mathrm{me}}(s,t) = \frac{1}{MN}\sum_x \sum_y [f(x,y)w(x-s,y-t)]^2$$

其中，$s=0,1,2,\cdots,M-1$；$t=0,1,2,\cdots,N-1$。

minimum operation ⇔ 最小操作，最小运算

灰度数学形态学中，计算**最小值**的运算。对应**二值数学形态学**中的交运算。

minimum-perimeter polygon ⇔ 最小周长多边形

对一条**数字曲线**，经数字化后得到的边长最短的多边形。形状常与数字曲线的感知形状相似。参阅 **polygonal approximation**。

minimum value ⇔ 最小值

灰度数学形态学中，对两个信号 $f(x)$ 和 $g(x)$ 逐点进行**最小运算**得到的结果：

$$(f \wedge g)(x) = \min\{f(x), g(x)\}$$

其中对任意值 a，有 $\min\{a, -\infty\} = -\infty$。如果 $x \in D[f] \cap D[g]$，那么 $(f \vee g)(x)$ 是两个有限值 $f(x)$ 和 $g(x)$ 的最小值，否则 $(f \wedge g)(x) = -\infty$。

minimum-variance quantizing ⇔ **最小方差量化**

一种常用的**量化**策略或技术。将图像中从最大值到最小值的范围划分为若干个连续的间隔,使得量化间隔的方差的加权和最小。通常选择的权重是量化级概率,根据图像量化间隔中有值的成比例区域算出。

minimum vector dispersion [MVD] ⇔ **最小矢量色散**

参阅 **minimum vector dispersion edge detector**。

minimum vector dispersion edge detector ⇔ **最小矢量色散边缘检测器**

为使**矢量色散边缘检测器**对高斯噪声不敏感,而用矢量值"α-整理的"均值替换矢量中值得到基于**最小矢量色散**(MVD)的边缘检测器。其中

$$\mathrm{MVD}=\min_j\left[\left\|x_{n-j+1}-\sum_{i=1}^{l}\frac{x_l}{l}\right\|\right],\quad j=1,2,\cdots,k;l<n$$

在上式中,对参数 l 和 k 的值的选择是主观的和启发式的。

Minkowski distance ⇔ **闵可夫斯基距离**

像素之间的一种**距离测度**。像素点 $p(x,y)$和 $q(s,t)$之间的闵可夫斯基距离可表示为

$$D_w(p,q)=\left[\,|x-s|^w+|y-t|^w\,\right]^{1/w}$$

其中指数 w 取决于所用**范数**。**图像工程**中,常用到一些特例。例如,$w=1$ 时得到**城区距离**;$w=2$ 时得到**欧氏距离**;$w=\infty$ 时得到**棋盘距离**。

minus lens ⇔ **负透镜**

同 **negative lens**。

mirror image ⇔ **镜像**

与原物大小相等且对称,但如何转动或移动都不能使两者重合的像。如原物为右手直角坐标系,则镜像为左手直角坐标系。

mis-applied constancy theory ⇔ **(恒)常性误用假说**

参阅 **perspective theory**。更强调和暗示主观误读的结果。

mis-identification ⇔ **误检(测)**

将一个真实类以外的模式判定给其真实类的错误情况。比较 **false alarm**。

mis-matching error ⇔ **失配误差**

由于没能准确**匹配**而产生的误差。

MIT database ⇔ **MIT 数据库**

一个包含 16 个人的 433 幅 120×128 像素的**灰度图像**的数据库。这些图包含 3 种光照条件变化、3 种尺度变化和 3 种头部旋转变化。3 种光照条件分别是正面光照、与人脸成 45°方向光照和与人脸成 90°方向光照。3 种头部旋转分别是向上抬头、向左转头和向右转头。

mixed-connected ⇔ **混合-连通的**

同 **m-connected**。

mixed-connected component ⇔ **混合-连通组元**

同 **m-connected component**。

mixed-connected region ⇔ 混合-连通区域

同 **m-connected region**。

mixed connectivity ⇔ 混合连接

同 **m-connectivity**。

mixed path ⇔ 混合通路

同 **m-path**。

mode ⇔ 众数，最频值

直方图中最高直方条所在位置，或统计值最大的灰度值。

mode filter ⇔ 最频值滤波器，众数滤波器

一种将以一个像素为中心的局部窗口中出现次数最多的值（局部值的直方图的众数）赋给中心像素，可消除**散粒噪声**的**滤波器**。即对每个像素的滤波输出是该像素局部邻域中的众数。

model ⇔ 模型

知识表达中代表**场景知识**的一种模式。即有关客观世界中景物的事实特性。模型这个词反映了任何自然现象都只能在一定程度（精确度或正确度）上进行描述这样一个事实。

model acquisition ⇔ 模型获取

对**模型**进行学习构建的过程。一般基于对需建模结构的观察示例。这可以是简单地对分布系数的学习。例如，可以学习在图像中将肿瘤细胞与正常细胞区分开的纹理特性。另一方面，也可以学习目标的结构，如用从各个视点采集的**视频序列**构建一个建筑物的模型。另一种模型获取方式是学习一个目标的特性，如哪些性质和联系可把正方形与其他几何形状区分开。

model assumption ⇔ 模型假设

为有效地描述客观场景而在实际观察基础上建立**模型**而做出的假设。可把问题简化并除去一些次要干扰，但建立的模型仅在一定的准确性和正确程度上描述了客观场景。实际中有可能观察到的结果与模型假设完全一致，但这并不能保证模型假设的正确性。例如，用光线照射颜色深浅不同的目标，成像灰度在空间上变化的位置指示了目标的边界。但如果目标厚度不同，且光线不是垂直照射，成像灰度值变化处并不一定是目标的边界。

model-based coding ⇔ 模型基编码（方法），基于模型的编码（方法）

建立相应**模型**，根据模型进行**图像编码**的方法。要先对成像**场景**进行分析，获得有关景物的先验知识。

model-based computer vision ⇔ 基于模型的计算机视觉

一种要对拟研究的对象建立模型的**计算机视觉**技术。一般使用**自顶向下控制**的策略，将图像获得的目标数据结构与模型数据结构进行**广义图像匹配**。

model-based texture features ⇔ 基于模型的纹理特征

使用随机模型和**产生式模型**等来表示图像后，以估计得到的模型参数作替代的**纹理特征**。利用纹理特征可以进行纹理分析。典型的方法包括**自回归模型**、**随机场模型**、**缩影模型**、**分形模型**等。

model comparison ⇔ **模型比较**

人脸识别中，通过比较一组**模型**来进行的方式。这些模型中的每一个都对数据（将测试图像与原型图像匹配）用不同的方法来解释，要求从中选择能最好地（具有最高的似然性）解释数据的模型。

model for image understanding system ⇔ **图像理解系统模型**

确定**图像理解**的系统、系统模块、系统功能以及系统工作流程的模型。一种典型的模型如图 M17 所示。对**视觉信息**的理解任务由从客观世界获取图像而开始，系统根据采集的图像进行工作，并对系统内部的表达形式进行操作。系统的内部表达是对客观世界的一种抽象表示，而图像理解就是要把输入及其隐含结构同内部表达中已存在的显式结构联系起来。对视觉信息的加工需要在**知识**的导引下进行。**知识库**应能代表类比的、命题的和过程化的结构，允许快速存取信息，支持对类比结构的查询，便于在不同结构之间转化并支持信念维护、**推理**和规划。

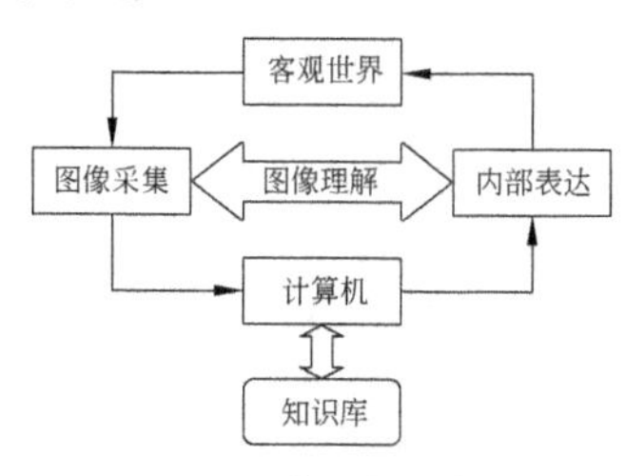

图 M17　图像理解系统模型

model of image capturing ⇔ **图像采集模型**

3-D 客观场景投影到 2-D 图像平面的成像过程中所用的几何模型。其中涉及到从**世界坐标系** XYZ 经过**摄像机坐标系** xyz 到**像平面坐标系** $x'y'$ 的变换。图 M18 给出一个简单的图像采集模型示意图，其中摄像机坐标系 xyz 与世界坐标系 XYZ 重合，摄像机坐标系 xyz 中的图像平面与 xy 平面重合且**摄像机轴线**沿 z 轴。此时图像平面的中心处于原点，镜头中心的坐标是$(0,0,\lambda)$，λ 是镜头的焦距。这里的投影

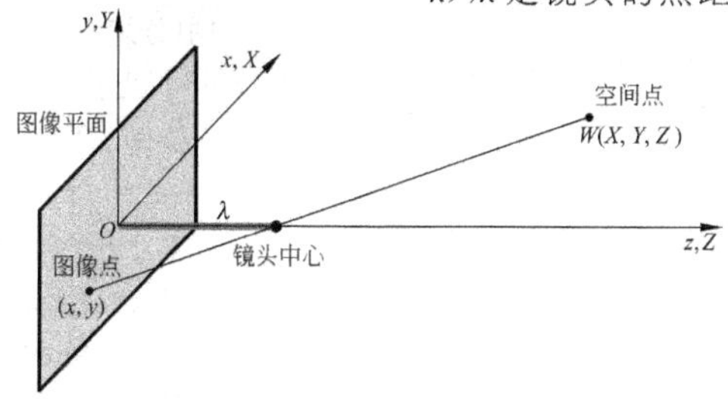

图 M18　一个简单的图像采集模型示意图

模式是**透视投影**。

当**摄像机坐标系** xyz 与**世界坐标系** XYZ 不重合，或摄像机坐标系 xyz 中的图像平面与 xy 平面不重合时，可通过**平移变换**和**旋转变换**使它们重合。

model of reconstruction from projection ⇔ 自投影重建模型

描述目标的投影与其重建图像关系的模型。图 M19 中用图像 $f(x,y)$ 代表某种物理量在 2-D 平面上的分布，它在以原点为圆心的单位圆 Q 外为 0。有一条由发射源到接收器的直线在平面上与 $f(x,y)$ 在 Q 内相交。这条直线可用两个参数来确定：①直线与原点的距离 s；②直线与 Y 轴的夹角 θ。

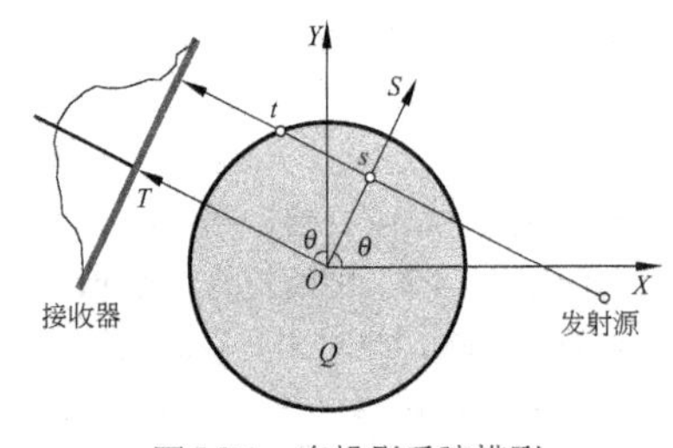

图 M19　自投影重建模型

如果用 $g(s,\theta)$ 表示沿直线 (s,θ) 对 $f(x,y)$ 的积分，借助坐标变换可得

$$g(s,\theta)=\int_{(s,\theta)} f(x,y)\mathrm{d}t$$
$$=\int_{(s,\theta)} f(s\times\cos\theta-t\times\sin\theta,\ s\times\sin\theta+t\times\cos\theta)\mathrm{d}t$$

这个积分就是 $f(x,y)$ 沿 t 方向的投影，其中积分限取决于 s,θ 和 Q。当 Q 是单位圆时，设积分上、下限分别为 t 和 $-t$，则

$$t(s)=\sqrt{1-s^2},\quad |s|\leqslant 1$$

如果直线 (s,θ) 落在 Q 外（与 Q 不相交），则

$$g(s,\theta)=0,\quad |s|>1$$

利用 $g(s,\theta)$ 来恢复 $f(x,y)$ 称为**投影重建**。

model of tracking system ⇔ 跟踪系统模型

描述**目标跟踪**系统工作步骤的模型。典型的包括三个接续的状态：①**锁定状态**；②**跟踪状态**；③**恢复状态**。

models of stereo imaging ⇔ 立体成像方式

获得包含立体信息的图像的成像方式。主要由**光源**、**采集器**和**景物**三者之间的相互位置和运动情况所决定。常用立体成像方式的特点概括在表 M2 中。

moderate resolution imaging spectroradiometer image ⇔ 中分辨率成像光谱辐射图像

利用装在 Terra 和 Aqua 两颗卫星上的中分辨率成像光谱辐射图像(MODIS)设备获得的图像。由 MODIS 获得的数据覆盖从 0.4 μm 到 14.4 μm 的 36 个谱段，辐射分辨率可达 12 个比特。当卫星在最低点时，有 2 个谱段的空间分辨率为 250 m，5 个谱段的空间分辨率为 500 m，剩下 29 个谱段的空间分辨率为 1000 m。

表 M2 常用立体成像方式的特点概述

成像方式	光源	采集器	景物
双目成像	固定	两个位置	固定
多目成像	固定	多个位置	固定
光度立体成像	移动	固定	固定
主动视觉成像	固定	运动	固定
自运动主动视觉成像	固定	运动	运动
结构光成像	固定或转动	固定或转动	转动或固定
视频成像	固定或运动	固定或运动	运动或固定

注：表中用黑体表示的术语表明其在正文收录为词目，可参阅。

modified figure of merit [MFOM] ⇔ 改进的品质因数，改进的质量因数

图像分割评价中，一种属于**像素距离误差**类的评价准则。是对**质量因数**的一种改进，以使其可用于评价接近完美的分割结果。设 N 代表被错误划分像素的个数，$d^2(i)$代表第 i 个被错误划分像素与其正确位置的距离，则修正的质量因数可表示为

$$\mathrm{FOM_m}=\begin{cases}\dfrac{1}{N}\sum\limits_{i=1}^{N}\dfrac{1}{1+p\times d^2(i)}, & \text{如果} \quad N>0\\ 1, & \text{如果} \quad N=0\end{cases}$$

其中 p 是一个比例系数。

modified Hausdorff distance [MHD] ⇔ 改进的豪斯道夫距离

对**豪斯道夫距离**的一种改进。其中借助统计平均的概念以克服豪斯道夫距离对噪声点或点集合的少数**外野点**的敏感性。给定两个有限点集合 $A=\{a_1,a_2,\cdots,a_m\}$ 和 $B=\{b_1,b_2,\cdots,b_n\}$，改进的豪斯道夫距离为

$$H_{\mathrm{MHD}}(A,B)=\max[h_{\mathrm{MHD}}(A,B),h_{\mathrm{MHD}}(B,A)]$$

其中，

$$h_{\mathrm{MHD}}(A,B)=\frac{1}{N_A}\sum_{a\in A}\min_{b\in B}\|a-b\|$$

$$h_{\mathrm{MHD}}(B,A)=\frac{1}{N_B}\sum_{b\in B}\min_{a\in A}\|b-a\|$$

其中，N_A 表示点集合 A 中点的数目，N_B 表示点集合 B 中点的数目。

modulation transfer function [MTF] ⇔ 调制传递/转移函数

传递函数的**幅度**函数。

Moiré contour pattern ⇔ 莫尔等高模式

利用**莫尔条纹**的相位变化直接采集**深度图像**的方式。当两个光栅成一定的倾角且有重叠时可以形成莫尔条纹。若投影光将光栅投影到景物的表面上，表面的起伏会改变投影像的分布。如果这种变形的投影

像由景物表面反射后再经过另一个光栅，则所获得的莫尔等高条纹的分布中包含景物表面与光栅的距离信息。

Moiré pattern ⇔ **莫尔模式，莫尔条纹图**

两条光线以恒定的角度和频率发生干涉而产生的一种光学视觉效果。当人眼无法分辨这两条光线时只能看到干涉的花纹，这就是莫尔条纹。在空间采样率不够而导致**混叠效应**时也会产生。

moment of boundary ⇔ **边界矩**

一种将目标边界看作由一系列曲线段组成的**边界描述符**。对任意一个给定的曲线段都可把它表示成一个 1-D 函数 $f(r)$，这里 r 是任意变量，可取遍各曲线段上的所有点。进一步可把 $f(r)$ 的线下面积归一化成单位面积并把它看成是一个直方图，则 r 成为一个随机变量，$f(r)$ 是 r 的出现概率。例如可将图 M20(a)所示的包含 L 个点的边界段表达成图 M20(b)所示的一个 1-D 函数 $f(r)$。

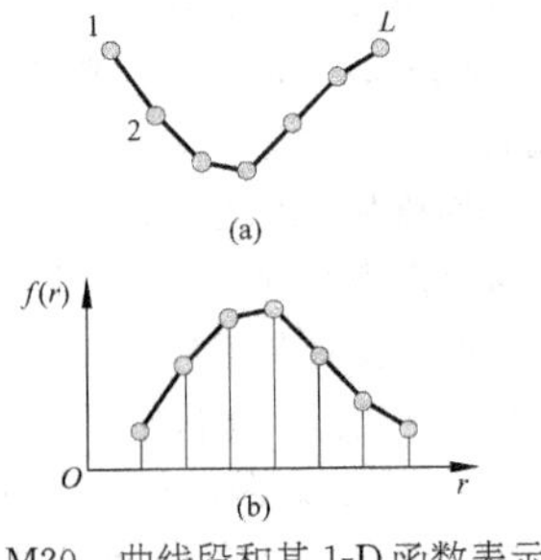

图 M20　曲线段和其 1-D 函数表示

如果用 m 表示 $f(r)$ 的均值

$$m = \sum_{i=1}^{L} r_i f(r_i)$$

则 $f(r)$ 对均值 m 的 n 阶边界矩为：

$$\mu_n(r) = \sum_{i=1}^{L} (r_i - m)^n f(r_i)$$

这些矩反映了曲线形状，与曲线在空间的绝对位置无关，且对边界的旋转也不敏感。

moment of the gray-level distribution ⇔ **灰度分布矩**

一种由**贝塞尔-傅里叶频谱**得到的**纹理描述符**。也称**灰度直方图矩**。参阅 **invariant moments**。

moment preserving ⇔ **矩保持(技术)**

一种将边缘位置确定到亚像素级别的方法。考虑 1-D 情况，设边缘数据如图 M21 中的黑点所示，希望检测到的理想边缘如图中的点划线所示。矩保持方法要求两个(边缘的)像素序列的前 3 阶矩相等。

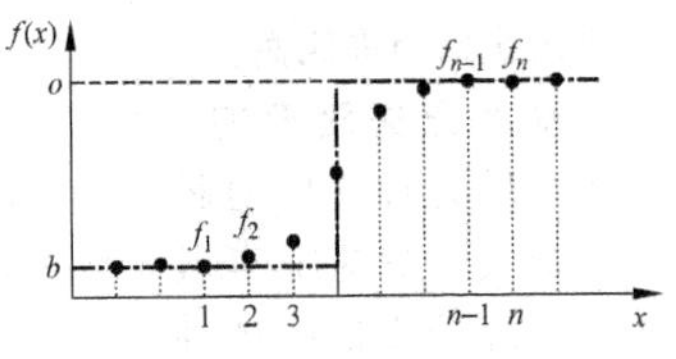

图 M21　实际边缘和理想边缘

如果把一个理想边缘看作由一系列具有灰度 b 的像素与一系列具有灰度 o 的像素相接而构成，则 $f(x)$ 的 p 阶矩($p=1,2,3$)可表示为

$$m_p = \frac{1}{n}\sum_{i=1}^{n} [f_i(x)]^p$$

而如果用 t 表示理想边缘中灰度为 b 的像素的个数，则保持两个边缘的前 3 阶矩相等等价于求解方程

$$m_p = \frac{t}{n}b^p + \frac{n-t}{n}o^p, \quad p = 1,2,3$$

解得的结果是（不为整数的 t 给出对边缘进行检测所得到的亚像素位置）

$$t = \frac{n}{2}\left[1 + s\sqrt{\frac{1}{4+s^2}}\right]$$

其中

$$s = \frac{m_3 + 2m_1^3 - 3m_1 m_2}{\sigma^3},$$

$$\sigma^2 = m_2 - m_1^2$$

moments of random variables⇔随机变量的矩

一个具有**概率密度函数** $p(x)$ 的随机变量的如下表达式：

$$\mu_i \equiv \int_{-\infty}^{+\infty} (x-\mu)^i p(x)\mathrm{d}x$$

其中 μ 是 x 的均值，即 $\mu \equiv \int_{-\infty}^{+\infty} xp(x)\mathrm{d}x$。

Mondrian⇔蒙德里安

一个著名的荷兰视觉艺术家。其后期油画均由相邻的均匀彩色（即没有阴影）矩形构成。这种风格的图像已被用于许多**色视觉**研究中，特别是在**颜色恒常性**的研究中，原因就是它具有简单的图像结构，没有遮挡、**高光**、**阴影**或**光源**。

Mondrian image⇔蒙德里安图像

根据荷兰画家蒙德里安的风格制作的图像。包括部分重叠的不同单色矩形（后更推广为一般形状，几个例子见图 M22）。常用于研究这些图像被用不同的光谱组合照明时观察者的**颜色恒常性**。

monochromat⇔单色觉者，单色视者，全色盲者

眼睛里**视网膜**中只有一种光感受器（锥细胞），只能感受到灰度层次的人。据统计这样的人只占总人口的不到 0.005%。

monochrome image⇔单色图像

同 **gray-level image**。

monocular image⇔单目图像

用单个摄像机获得的（一幅或多幅）**图像**。参阅 **3-D reconstruction using one camera**。

monocular vision⇔单目视觉，单眼视觉

仅使用单目注视和观察的**视觉**。在一定条件下，人仅依靠单目视觉也可实现对空间场景的深度感知，

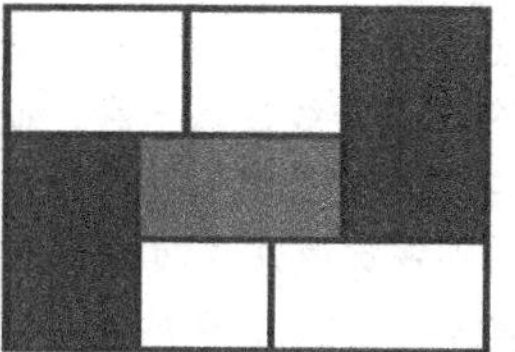
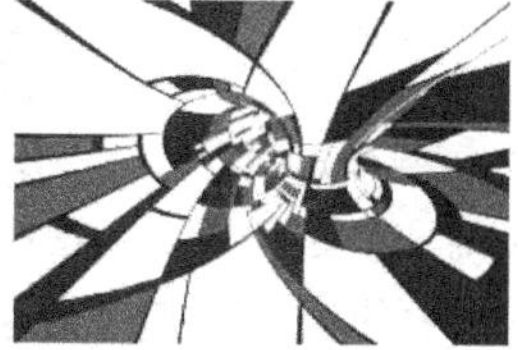
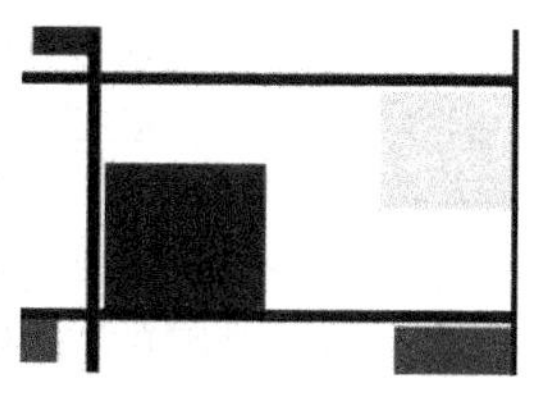

图 M22　蒙德里安图像示例

这是因为在单目视觉中刺激物本身的一些物理条件，通过观察者的经验和学习也可以成为知觉深度和距离的线索。

monocular vision indices of depth⇔单目(视觉)深度线索

单目观察场景时从刺激物本身的一些物理条件获得的**深度线索**。主要包括：大小和距离，照明的变化，**线性透视**，**纹理梯度**，物体的遮挡，**自遮挡**，**运动视差**等。为获得深度线索，需要借助观察者的经验和学习能力。

monogenic signal⇔单基因信号

将**里斯变换**用于2-D信号时产生的信号。对应1-D中的**解析信号**。

monotonic fuzzy reasoning⇔单调模糊推理

可以直接得到解而不使用**模糊结合**和**去模糊**的最简单的**模糊推理**。

Monte Carlo Markov chain [MCMC] ⇔蒙特卡罗马尔可夫链

应用最小化**代价函数**时所用的多种方法之一。名称源于在解空间生成了一个连续组态的链，其中每个解一般都与前一个解仅有单个像素的值不同。连续可能解的链的构建方式可将不同方法区分开。这里使用词“蒙特卡罗”以指示方法的统计本质。而这里使用词“马尔可夫”以明确指示各个新解是借助前一个解得到的，而对所有其他先前解的依赖性是隐式的。

Monte Carlo method⇔蒙特卡罗方法

一种以概率统计理论为指导的数值计算方法。也称统计模拟方法、随机抽样技术、随机模拟方法。为象征性地表明这一方法的随机模拟特征，借用了赌城蒙特卡罗来命名。

Moravec interest point operator⇔莫拉维克兴趣点算子

在至少一个方向上其邻域亮度具有较大变化的像素处定位兴趣点的算子。这些点可用于**立体视觉**匹配或**特征点**跟踪。该算子在以当前像素为中心的5×5窗口中计算沿垂直、水平和两个对角方向上像素**差的平方和**。选取上述四个值中的最小值，将不是局部极值以及小于给定阈值的值除去。

morphic transformation⇔形态变换

将平面区域映射到平面区域的**坐标变换**。可将一个组合区域映射为另一个组合区域，将单个区域映射为一个组合区域，或将一个组合区域映射为单个区域。

morphological edge detector⇔形态边缘检测器

借助**数学形态学运算**对图像中边缘进行检测的算子。这里主要用到**形态学梯度**的概念。

morphological filter⇔形态滤波器

一种通过**形态变换**来局部地修改图像几何特征的**非线性滤波器**。如果将**欧氏空间**中的每幅图像都看成一个集合，则**形态滤波**是改变图像形状的集合运算。给定滤波运算和滤波输出就可以得到对输入图像几何结构的定量描述。形态滤波器的一种实现方案是将**开启**和**闭合**结合起来。

morphological filtering⇔形态滤波(技术)

利用**数学形态学**运算对图像进行的**滤波**技术。其中在输入图像 $f(x,y)$ 中的一个窗口 W 里使用一个多对一的二值(或布尔)函数 h 以输出一幅图像 $g(x,y)$:

$$g(x,y) = h[Wf(x,y)]$$

所采用的布尔运算示例如下:

(1) OR:这等价于采用与 W 相同尺寸的正方形**结构元素**的形态**膨胀**。

(2) AND:这等价于采用与 W 相同尺寸的正方形结构元素的形态**腐蚀**。

(3) MAJ(多数):这是用于**二值图像**的**中值滤波器**的形态等价滤波器。

morphologic algorithm⇔形态学算法

采用**数学形态学**的基本运算和**组合运算**完成的一种形态分析算法。不仅可以提取图像组元,还用于对包含兴趣形状的目标的**预处理**和后处理。

morphological image pramid⇔形态图像金字塔

一种特殊的**金字塔**。金字塔的每层都通过对前一层进行**开启**和**闭合**操作,然后再采样而得到。

morphologic factor⇔形态学要素,形态学因子

不带单位的数量或特性。一般是物体不同几何因子或几何参数之间的比值。

morphologic gradient⇔形态学梯度

一种利用**灰度图像数学形态学**运算实现梯度计算的方法。一幅图像的形态学梯度可记为 g:

$$g = (f \oplus b) - (f \ominus b)$$

其中,f 代表输入图像,b 代表**结构元素**,$f \oplus b$ 表示用结构元素 b **灰度膨胀**输入图像 f,$f \ominus b$ 表示用结构元素 b **灰度腐蚀**输入图像 f。

morphologic image reconstruction⇔形态学图像重建

图像分割中,**分水岭算法**里确定种子的方法。可分别借助**灰度图像数学形态学**中的**膨胀**或**腐蚀**操作来进行。设所考虑的图像为 $f(x,y)$。下面分别介绍。

考虑另一幅图像 $g(x,y)$,对任何像素 (i,j),有 $g(i,j) \leqslant f(i,j)$。定义用**结构元素** b 对图像 $g(i,j)$ 的**灰度膨胀**如下:考虑围绕 $g(i,j)$ 的每个像素与 b 有相同形状和尺寸的邻域,选择该邻域中的最大值并将它赋给输出图像的中心像素。该操作记为 $g(i,j) \oplus b$。用 g 重建图像 f 可通过如下公式迭代进行:

$$g^{k+1}(i,j) = \max\{f(i,j), g^k(i,j) \oplus b\}$$

直到图像 $g^k(i,j)$ 不再变化。

考虑另一幅图像 $h(x,y)$,对任何像素 (i,j),有 $h(i,j) \geqslant f(i,j)$。定义用**结构元素** b 对图像 $g(i,j)$ 的**灰度腐蚀**如下:考虑围绕 $h(i,j)$ 的每

个像素与 b 有相同形状和尺寸的邻域，选择该邻域中的最小值并将它赋给输出图像的中心像素。该操作记为 $h(i,j)\ominus b$。用 h 重建图像 f 可通过如下公式迭代进行：

$$h^{k+1}(i,j)=\min\{f(i,j),h^{k}(i,j)\ominus b\}$$

直到图像 $h^{k}(i,j)$ 不再变化。

morphologic smoothing ⇔ 形态学平滑（技术）

一种利用**灰度图像数学形态学**运算实现对图像**平滑**的方法。一幅图像的形态学平滑结果记为 g：

$$g=(f\circ b)\bullet b$$

其中，$f\circ b$ 表示用**结构元素** b **灰度开启**图像 f，$f\bullet b$ 表示用结构元素 b **灰度闭合**图像 f。

morphology ⇔ 形态；形态学

1. 形态：地球表面起伏所呈现的状态。这是借助**合成孔径雷达图像**的像素值可以获得的地面物理性质之一。

2. 形态学：生物学中研究动物和植物结构的一个分支。在**图像工程**中，使用了**数学形态学**。

mosaic filter ⇔ 镶嵌滤光器

将红色、绿色、蓝色滤光器用于电荷耦合器件芯片，并排列而构成的滤光器。

motion ⇔ 运动

视频序列中各帧顺序显示出来的过程。**视频图像**中的运动信息可有多个来源。对运动仅能在相对意义上讨论，即只能测量摄像机（或观察者）、感兴趣目标、背景互相之间的相对运动。一般有 6 种不同的情况：

（1）摄像机静止，单个运动目标，简单（恒定）背景；

（2）摄像机静止，多个运动目标，简单（恒定）背景；

（3）摄像机静止，单个运动目标，复杂（杂乱）背景；

（4）摄像机静止，多个运动目标，复杂（杂乱）背景；

（5）摄像机运动，（单个或多个）固定目标，简单（恒定）背景；

（6）摄像机运动，多个运动目标，复杂（杂乱）背景。

motion activity ⇔ 运动活力

一个描述**视频**或其片段中的活跃程度或动作步调的高层量度。根据时间分辨率或时间间隔尺寸的不同，可用不同的方式刻画运动活力。例如，在整个视频节目这样一个比较粗糙的层次，可以说体育比赛有比较高的活力而视频电话序列的活力比较低。在较细的时间间隔层次，利用运动活力可将视频中有事件发生和没有事件发生的片段区别开。运动活力在视频索引（如监控应用）、浏览（根据活力程度或层次排列**视频片段**）中也很有用。对运动活力的描述可利用在 **MPEG** 码流中各宏块里的**运动矢量**的幅度来衡量。

motion activity descriptor ⇔ 运动活力描述符

国际标准 **MPEG-7** 中推荐的一种

运动描述符。通过对**运动活力**的空间分布的描述，可用于表示运动密度、运动节奏等。

motion-adaptive ⇔ 运动适应的

借助对静止**图像滤波**技术的扩展来对**视频**进行滤波的。将运动适应性隐含在滤波器设计中的技术称为**直接滤波**。而借助对运动信息的检测来确定滤波器中参数的运动适应方法可看作**间接滤波**技术。

motion afterimage ⇔ 运动余像

长时间静止地观察运动物体或在运动中观察静止物体后，移开视线后仍觉有运动影像存在，但方向有正有负的现象。参阅 **afterimage**。

motion analysis ⇔ 运动分析

图像分析的一个重要分支。重点是刻画**序列图像**中目标运动和场景变化的情况和特性。

motion-compensated prediction ⇔ 运动补偿的预测

参阅 **motion compensation**。

motion compensation ⇔ 运动补偿

视频编码中，为有效进行**预测编码**而采取的一种手段。需要使用**运动估计**算法的结果（常编码为**运动矢量**的形式）去改进视频编码算法的性能。在最简单的情况（如扫视这样的线性相机运动中），运动补偿计算一个感兴趣的目标将出现在一个中间场或帧的什么位置，并移动目标到每个源场或帧的相应位置。

motion-compensation filter ⇔ 运动补偿滤波器

为实现**运动补偿**而使用的**滤波器**。主要为沿每个像素的**运动轨迹**所使用的低通滤波器，此时假设像素灰度级沿运动轨迹的变化主要源于噪声。因此，可以仅**低通滤波**每个像素对应的运动轨迹来减少**噪声**。

motion constancy ⇔ 运动恒定

人类视觉系统对应运动物体在**视网膜**上所成像的运动速度，实际上变化却感知为等速的规律。

motion contrast ⇔ 运动衬比

运动感觉中的一种幻运动。例如，交替地看两个对称图形，会感觉到两个图形在来回摆动。

motion deblurring ⇔ 运动去模糊化

使用逆滤波技术消除由于运动所造成的图像**模糊**问题的技术。**逆滤波**的一个特例。

motion descriptor ⇔ 运动描述符

对于目标运动情况或场景运动变化的**描述符**。

motion detection ⇔ 运动检测

运动分析的一项重要内容。其重点是从**序列图像**中判断场景中是否有运动发生，或者场景整体有无变化。

motion-detection-based filtering ⇔ 基于运动检测的滤波（技术）

一种对**视频**进行**滤波**的技术。在对静止**图像滤波**的基础上考虑运动带来的问题，即在**运动检测**的基础上采用**运动适应**的技术来对视频进行滤波。一种方法将运动适应性隐含在滤波器设计中,这称为**直接滤波**。最简单的直接滤波方法是使用**帧平均**技术,通过将不同帧中同一位置的多个样本进行平均以在不影响帧图像**空间分辨率**的情况下消除噪声。另外,也可借助对运动的检测来确定滤波器中的参数,从而使设计的滤波器适应运动的具体情况。

motion discontinuity ⇔ 运动不连续性

场景中物体或相机的平滑运动(如运动速率或方向)发生突变的情况。另一种运动不连续性形式出现在两组相邻的具有不同运动的像素间。

motion energy image [MEI] ⇔ 运动能量图

将从一个**视频序列**中提取的背景块结合进一幅**静止图像**中构建时域模板时得到的一种表达。是对序列中不同帧以不同权重(一般对新的帧较大权重,对老的帧较小权重)相结合的结果。

motion estimation ⇔ 运动估计

分析**视频**中接续的帧以辨识正在运动的目标的过程。一个目标的运动常用一个 2-D **运动矢量**来描述,运动矢量记录了运动的大小和方向。运动估计的方法主要可分为两类。

(1) **基于特征的方法**:建立在两帧中所选择**特征点**之间的对应关系,并试图使用如最小二乘拟合的方法将它们拟合到一个运动模型中。基于特征的方法更多用在如**目标跟踪**和从 2-D 视频重建 3-D 的应用中。

(2) 基于强度的方法:基于**光流**中的强度恒常性假设,并从优化的角度来解运动估计问题,其中要回答 3 个关键问题:①如何表达运动场?②使用哪个准则来估计运动参数?③如何搜索最优的运动参数?

motion factorization ⇔ 运动分解

将一个复杂运动分为若干基本运动的过程。例如,给定一组在**视频序列**中跟踪的**特征点**,可以构建一个测量矩阵。这个矩阵可以在 3-D **仿射变换**下分解成表达**目标形状**和 3-D 运动的分量矩阵,该仿射变换可借助本征相机参数的知识获得。

motion history image [MHI] ⇔ 运动历史图(像)

将从一个**视频序列**中提取的背景块结合进一幅**静止图像**中构建时域模板时得到的一种表达。是对序列中所有帧以相同权重相结合的结果。

motion image ⇔ 运动图像

含有运动信息的图像集合。典型的例子是连续的**视频图像**(NTSC 制每秒 30 帧,PAL 制每秒 25 帧),但也可是以其他速率(甚至不等间隔)变化的序列图像。

motion JPEG ⇔ 运动 JPEG

一种利用 **JPEG** 技术对运动视频或电视信号进行编码的方法。其中对每一帧独立操作,仅进行**帧内编**

码。运动 JPEG 提供了一个快速访问视频中任意帧的方法。

motion object tracking ⇔ **运动目标跟踪(技术)**

同 **moving object tracking**。

motion parallax ⇔ **运动视差**

1. 当观察者与景物间有相对运动时，对应所产生视觉差异的一种知觉。由于运动使得景物的尺寸和位置在**视网膜**上的投射发生变化，所以会产生深度感。这里观察者与景物之间的不同距离导致了视角变化快慢的不同，其特点是较近的物体视角变化较大，而较远的物体视角变化较小。运动视差对应将景物运动投影到**图像**上得到的位移矢量(包括大小和方向)，所以还可进一步分为**距离运动视差**和方向运动视差，它们都可通过**大脑**皮层感知而导致产生**深度线索**。

2. 一种与运动有关的信息。例如，当人向两边横向运动时，由于所形成的图像与视网膜有相对运动所产生的信息。

motion pattern ⇔ **运动模式**

具有相同或相似性的运动类别。为确定某些特定的运动模式，可结合使用基于图像的信息和基于运动的信息。为描述运动模式，可使用各种参数模型。

motion perception ⇔ **运动感觉；运动知觉**

1. 运动感觉：物体在一定时间内有一定位移时，人们才能感觉到物体的运动。当然，对运动的感知还与周围环境在光度、色度、形状特征及**影像**在**视网膜**上的位置等有关。有参照物时，物体运动阈值为每秒 1 角分～2 角分，若无参照物，则运动阈值为每秒 15 角分～30 角分。在相同条件下，视网膜边缘的阈值要比中央凹高一些。运动的最高速度(与物体的光亮度有很大关系)约为 0.01 s 中有 1.5°～3.5°的角移动，否则不能觉察到。有参照物且在合适速度下，角移动阈值约为 20 s，无参照物时，约为 80 s。由此可见，运动感觉的阈值(敏锐度)比对静止物体的分辨阈值(视觉敏锐度)要高。

2. 运动知觉：**人类视觉系统**对运动的**视觉感知**。目前的理论认为**人类视觉系统**中存在运动检测器，它们能记录下影响视网膜中相邻点的信号。另一方面，人类视觉系统能获取人类自身运动的知识，以避免将人体或人眼的自身运动归于景物的运动。

motion prediction ⇔ **运动预测**

图像编码中，预测有运动信息像素的像素值。最简单的方法是将当前帧内的一个像素值由它所对应的前一帧的像素来预测。如果前后相邻帧中具有相同空间位置的像素灰度/颜色发生了变化，则有可能是场景和景物以及摄像机之一或都发生了运动，这时就需要进行**运动补偿**，并确定如何可压缩下一帧以减少帧间冗余度。这种编码方式也称**帧间编码**。

motion region type histogram[MRTH] ⇔ 运动区域类型直方图

一种描述图像中运动信息的**描述符**。通过统计图像中各个运动区域用以表达运动特征的仿射参数的分布情况，达到既反映符合人们主观上所理解的**局部运动**，又能够减少描述运动信息所需要的数据量的目的。

motion representation ⇔ 运动表达

对**视频图像**中运动信息的表示。根据运动支撑区的尺寸(和形状)不同，可采取多种思路和方法(参见图 M23)：

(1) 全局方法：在这种情况下，支撑区是整个帧，将一个单独的运动模型用于这个帧中所有的点。这是约束最紧的模型，但也是需要最少参数来估计的模型。全局运动表达常用于估计由相机造成的全局运动，即由诸如**扫视**、**变焦**或倾斜等相机操作导致的**表观运动**。示例如图 M23(a)所示。

(2) 基于像素方法：这种模型产生最密的运动场，对每个像素都有一个表示该点跨越接续帧的 2-D 位移的**运动矢量**。基于像素方法的计算复杂度很大，由于需要估计非常大数量的值(是帧内像素数的两倍)。示例如图 M23(b)所示。

(3) 基于块方法：在这种情况，整个帧被划分为不相重合的块区域，问题简化为确定最好地表达与各个块相关运动的运动矢量。这个模型广泛用于视频压缩国际标准，如 H. 261，H. 263，**MPEG-1** 和 **MPEG-2**。示例如图 M23(c)所示。

(4) 基于目标方法：在这种情况下，整个帧被划分为不规则形状的区域，每个区域对应一个具有一致运动的目标或子目标，可用较少的参数来表达。已被用于视频压缩国际标准 **MPEG-4**。示例如图 M23(d)所示。

motion trajectory ⇔ 运动轨迹

运动目标点在**视频序列**中各帧图像里位置的集合。运动轨迹可用一个矢量函数 $\boldsymbol{M}(t; x, y, t_0)$ 来描述，它表示了 t_0 时刻的参考点 (x, y) 在 t 时刻的水平和垂直坐标。图 M24 给出一个示意图，其中在 t' 时刻，

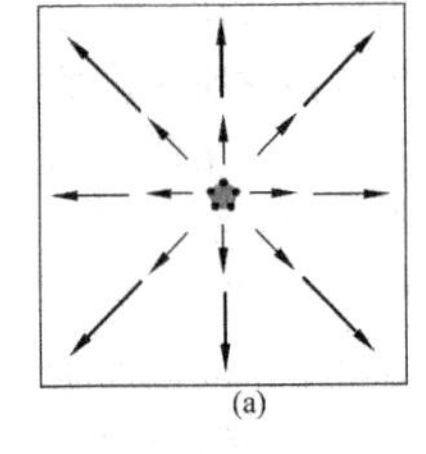
(a)

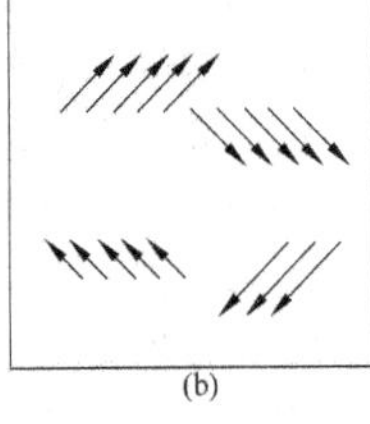
(b)

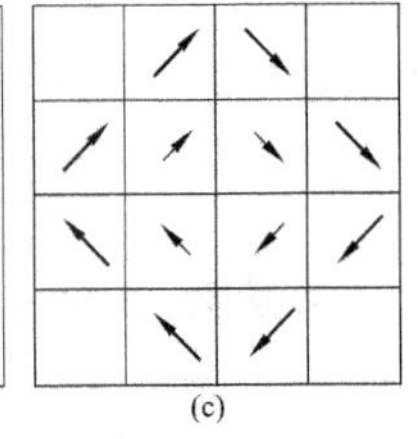
(c)

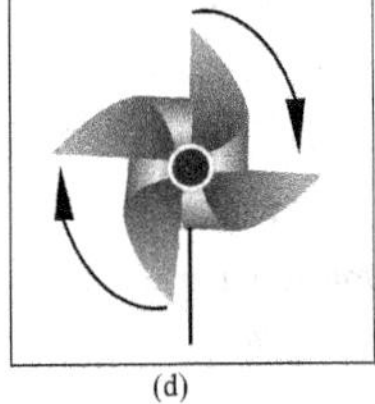
(d)

图 M23 不同的运动表达方法

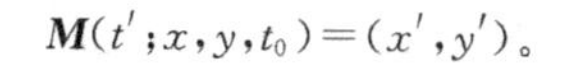

$M(t';x,y,t_0)=(x',y')$。

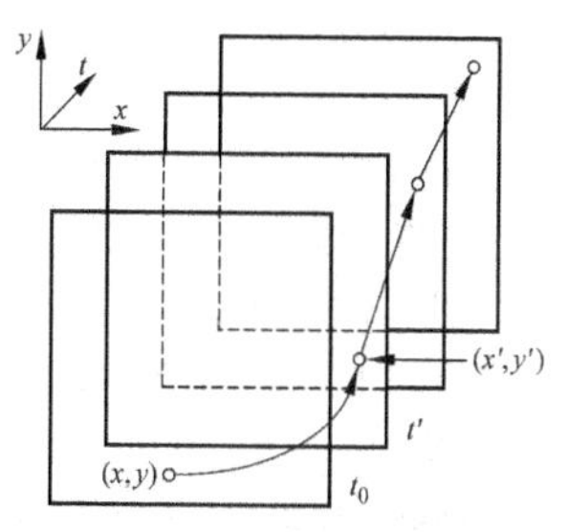

图 M24 运动轨迹示意图

motion vector [**MV**] ⇔ **运动矢量**

描述一个像素的位置在时间上相邻的两幅图像间变化的矢量。反映运动的大小和方向。可用于对**图像序列**的编码，这里可仅存储长度大于零的运动矢量，即仅考虑那些在两幅相邻图像间不同的像素。

motion vector directional histogram [**MVDH**] ⇔ **运动矢量方向直方图**

一种描述图像中运动信息的**描述符**。通过统计**运动矢量**的方向分布情况，达到既反映基本的运动信息又减少数据量的目的。这里的依据是人们分辨不同运动首先是根据运动方向，而运动幅度的大小则需要较多的注意力才能够区分。

mounting a ring light into a diffusely reflecting dome ⇔ **漫反射半球中安装发光二极管环形灯**

一种实现**正面明场漫射照明**的方法。如图 M25 所示，光线在半球内部会发生多次漫反射，所以并没有固定的方向。另外，在摄像机轴向没有直接的光照。

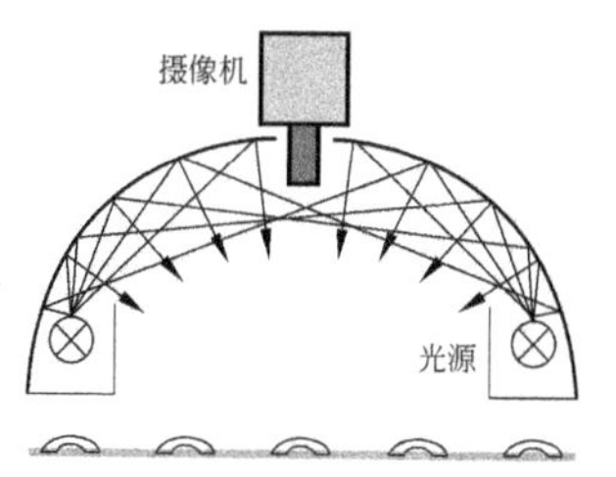

图 M25 漫反射半球中安装发光二极管环形灯

mouse bites ⇔ **鼠咬**

在印制电路板(PCB)图像中金属线上，对应金属线上的凹槽或缺失，使线宽变化的一种缺陷。可以使用**数学形态学**中的**闭合**操作来消除“鼠咬”，考虑到金属线的布局有水平、垂直和对角线三个方向，常使用八边形的**结构元素**。

moving image ⇔ **运动图像**

同 **motion image**。

moving-light imaging ⇔ **光移成像(方法)**

同 **photometric stereo imaging**。

moving object analysis ⇔ **运动目标分析**

运动分析的一个重要领域。需要检测目标(分割目标)和目标运动的情况，跟踪目标，并获得目标的各种特征，包括：提取其运动参数，确定其运动类型，分析其运动规律等。在此基础上，可进一步识别运动目标并进行分类。

moving object detection and localization ⇔ **运动目标检测和定位**

运动分析的一个重要内容。其首

要目的是从**序列图像**中检测场景中是否有运动目标，它当前在什么位置。进一步，还需要确定运动目标的当前运动情况和过去一段时间的**运动轨迹**，并预测它下一步的运动方向和趋势以及将来的运动情况。

moving object segmentation ⇔ 运动目标分割

运动分析的一个重要内容。目的是从**序列图像**中提取出运动目标。这里既可以利用序列图像中与时间相关的信息（如帧间灰度的变化），也可以利用序列图像中与空间相关的信息（如帧内灰度的变化）。

moving object tracking ⇔ 运动目标跟踪（技术）

运动目标分析的一个步骤。先对序列图像中出现的目标进行检测，并在此基础上连续确定目标的位置、朝向、位姿等。与在序列图像中对每帧分别进行检测不同，运动目标跟踪是一系列顺序连贯的操作，后续操作依赖先前的结果。这里需要在每帧视频图像中都检测和定位出同一个目标。实际中常将对目标的定位和表达（这主要是一个自底向上的过程，需要克服目标表观、朝向、照明和尺度变化的影响）与轨迹滤波和数据融合（这是一个自顶向下的过程，需要考虑目标的运动特性、使用各种先验知识和运动模型，以及对运动假设的推广和评价）相结合。运动目标跟踪可以使用多种不同的方法，主要包括基于轮廓的跟踪、基于区域的跟踪、基于模板的跟踪、基于特征的跟踪、基于运动信息的跟踪等。基于运动信息的跟踪还分为利用运动信息的连续性进行跟踪以及利用预测下一帧中目标位置的方法来减小搜索范围的跟踪两种。常用的技术包括**卡尔曼滤波**和**粒子滤波**。

Moving Pictures Experts Group [MPEG] ⇔ 运动图像专家组

由 ISO 和 CCITT 组建的制定运动图像国际标准（**视频国际标准**）的专家组。目前已经制定了 **MPEG-1**、**MPEG-2**、**MPEG-4**、**MPEG-7** 和 **MPEG-21**。

MP ⇔ 匹配追踪

matching pursuit 的缩写。

m-path ⇔ m-通路

采用 **m-连接**的**从一个像素到另一个像素的通路**。

MPEG ⇔ 运动图像专家组

Moving Pictures Experts Group 的缩写。

MPEG-1 ⇔ MPEG-1，1.5 Mbps 以下视频音频编码国际标准

运动图像专家组于 1993 年制定的一项运动（灰度或彩色）**图像压缩**国际标准。编号 ISO/IEC 11172。是第一个针对“高质量”视频和音频进行混合编码的标准。本质上是一种娱乐质量的视频压缩标准，主要用于数字媒体上压缩视频数据的存储和提取，在 CD-ROM、视频光盘（VCD）中得到广泛应用。

MPEG-2 ⇔ **MPEG-2，通用视频音频编码国际标准**

运动图像专家组于1994年制定一项运动(灰度或彩色)**图像压缩**国际标准。编号ISO/IEC 13818。是一种用于压缩视频传输的标准，适用于从普通电视(码率5～10 Mbps)直到高清晰度电视(码率30～40 Mbps，原MPEG-3的内容)的范围(后经扩展，码率最高已可达100 Mbps)。一个典型应用是**数字视频光盘**(DCD)。

MPEG-21 ⇔ **MPEG-21，多媒体框架**

运动图像专家组于2005年制定完成的一项多媒体应用国际标准。编号ISO/IEC 18034。试图用一个统一的框架将各种多媒体服务综合在一起并进行标准化，最终目标是协调不同层次间的多媒体技术标准，从而建立一个交互式的多媒体框架。此框架能够支持各种不同的应用领域，允许不同用户使用和传递不同类型的数据，并实现对知识产权的管理和对数字媒体内容的保护。

MPEG-4 ⇔ **MPEG-4，音视频目标编码国际标准**

一项运动(灰度或彩色)**图像压缩**国际标准。由**运动图像专家组**于1999年制定完成第1版，于2000年制定完成第2版，编号ISO/IEC 14496。主要用于压缩视频传输，适应在窄带宽(一般码率<64 Kbps)通信线路上对动态图像(帧率可低于每秒25帧或30帧)进行传输的要求，并主要面向低码率图像压缩的应用。其总目标是对各种音频视频(AV)，主要包括静止图像、序列图像、计算机图形、3D模型、动画、语言、声音等进行统一有效的编码。由于处理对象比较广，所以MPEG-4也称低速率音频视频和多媒体通信国际标准。

MPEG-4 coding model ⇔ **MPEG-4编码模型**

基于目标的多媒体压缩标准中的编码模型。所用的一个测量单位是**面部定义参数**。

MPEG-7 ⇔ **MPEG-7，多媒体内容描述界面**

一项面向**基于内容的检索**的国际标准。一般称为多媒体内容描述接口国际标准，由**运动图像专家组**于2001年制定完成，编号ISO/IEC 15938。工作目标是指定一组描述不同多媒体信息的标准**描述符**。这些描述要与信息内容相关以便能快速和有效地查询各种多媒体信息。

MQ-coder ⇔ **MQ编码器**

一种基于上下文的自适应二进制算术编码器。用于国际标准**JPEG2000**和国际标准**JBIG-2**。

MRF ⇔ **马尔可夫随机场**

Markov random field的缩写。

MRI ⇔ **磁共振成像**

magnetic resonance imaging的缩写。

MRTH ⇔ **运动区域类型直方图**

motion region type histogram的缩写。

MSC⇔重要说话人镜头

main speaker close-up 的缩写。

MSD⇔平均平方差

mean square difference 的缩写。

MT algorithm⇔移动四面体算法

marching tetrahedral algorithm 的缩写。

MTF⇔调制传递函数

modulation transfer function 的缩写。

multiband images⇔多频段图像,多带图像

同 **multi-spectral images**。

multichannel images⇔多通道图像

一种包含多个**通道**的**彩色图像**或**遥感图像**。例如一般的彩色图像就至少有三个通道(R,G,B),但还可以有其他通道(如蒙版)。

multi-grid method⇔多格方法

一种解离散微分(或其他)方程组的有效算法。使用限定语“多格”是因为先在一个粗采样层次解方程组,然后将结果用于初始化更高分辨率的求解。

multilayer image description model⇔多层图像描述模型

一种通过在不同层次上对**图像内容**进行分析和提取,以实现对图像语义渐进式理解的模型。图 M26 给出示意流程图。该模型包含 5 层:①**原始图像层**;②**有意义区域层**;③**视觉感知层**;④**目标层**;⑤**场景层**。在下一层描述的基础上,通过一定的操作来获得对上一层的描述。所采用的是一种基于先验知识的上下文驱动的算法。

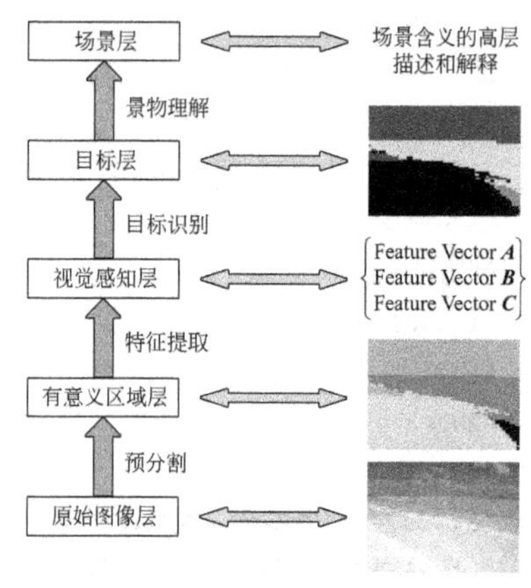

图 M26　多层图像描述模型

multilayer sequential structure⇔多层次串行结构

图像理解系统模型中,一种将**图像理解**过程看作信息加工过程的结构。具有确定的输入和输出。首先将图像理解系统组织成一系列分别处于不同层次的模块,并以串行方式结合起来,每个模块(在其他模块的协同配合下)按顺序执行一些特定的工作,逐步完成预定的视觉任务。

multimedia content description interface⇔多媒体内容描述界面

同 **MPEG-7**。

multimedia framework⇔多媒体框架

同 **MPEG-21**。

multimodal biometric approaches⇔多模生物识别方法

采用不止一种解剖、生理或行为

特征进行记录、验证或辨识的生物识别方法。通过用多个合作的生物识别来补偿单个生物特征的缺陷。进一步还可分为真实多模系统(通过不同的输入模式处理相同的生物特征),多生物识别系统(联合使用多个生物特征),多专家系统(对相同的生物特征使用不同分类器的融合)。

multimodal interaction⇔**多模式交互,多模态交互**

将多种模式结合使用的新型**人机交互**方式。一种模式的不足常由其他模式来弥补,从而提高可用性。例如,视觉有障碍的用户可借助语音交互;在嘈杂的环境中,用户可戴上触觉手套进行交互。

multimodal user interface⇔**多模态用户界面,多模式用户界面**

综合利用多种模态中的交互技术构建的用户界面。目前主要是采用和结合手势输入、视线跟踪、表情分类等新技术,以使用户可在多个通道中以自然、并行和协作的方式与计算机系统进行交互,而系统通过整合多种精确和非精确的信息,快速捕捉用户的意向,有效地提高人机交互的自然性和效率。

multi-module-cooperated structure⇔**多模块配合结构**

图像理解系统模型中,将整个**图像信息系统**分成多个模块,各有确定的输入和输出,互相配合,交叉协作的结构。

multi-order transforms⇔**多阶变换**

同 **compound transforms**。

multiple edge⇔**重边**

线条图中两个端点相同的两条边。也称**平行边**。更一般的指**图**中具有同一对顶点的多条边。

multiple-image iterative blending⇔**多幅图像迭代混合(技术)**

单幅图像迭代混合到多幅的一种推广。设 $f_i(x,y)(i=1,2,\cdots,N)$ 为一组**载体图像**,$s(x,y)$ 为一幅拟**隐藏图像**,$\{\alpha_i \mid 0 \leqslant \alpha_i \leqslant 1, i=1,2,\cdots,N\}$ 为给定的 N 个实数。对图像 $f_1(x,y)$ 和 $s(x,y)$ 进行 α_1 混合得 $b_1(x,y)=\alpha_1 f_1(x,y)+(1-\alpha_1)\times s(x,y)$,对图像 $f_2(x,y)$ 和 $b_1(x,y)$ 进行 α_2 混合得 $b_2(x,y)=\alpha_2 f_2(x,y)+(1-\alpha_2)b_1(x,y)$,依次混合 N 次可得 $b_N(x,y)=\alpha_N f_N(x,y)+(1-\alpha_N)b_{N-1}(x,y)$,则图像 $b_N(x,y)$ 称为拟隐藏图像 $s(x,y)$ 关于 α_i 和多幅载体图像 $f_i(x,y)$,$(i=1,2,\cdots,N)$ 的 N 重迭代混合图像。

multiple-nocular image⇔**多目图像**

单个摄像机在多个位置和/或朝向采集的**图像**;或多个摄像机各在一个(或几个)位置和/或朝向采集的**图像**。参阅 **multiple-nocular imaging** 和 **orthogonal multiple-nocular stereo imaging**。

multiple-nocular imaging⇔**多目成像(方法)**

用至少两个采集器在不同位置和/或朝向对同一场景成像的方

式；或用一个采集器在几个位置和/或朝向先后对同一场景成像的**立体成像方式**。也称**多目立体成像**。**双目成像**是其特例。

multiple-nocular stereo imaging⇔多目立体成像(方法)

同 **multiple-nocular imaging**。

multiple-nocular stereo vision⇔多目立体视觉

参阅 **multiple-nocular imaging**。

multiplication color mixing⇔乘法混色

对**减色混色**实际效果的一种解释。在减色混色中，用滤色片获得减原色：**品红**(减绿)、**黄**(减蓝)、**蓝绿**(减红)。因为实际滤色片并不能有截然分清的光谱分布，因而对于很多**波长**来说，所透过的光是由各滤色片的透射因数的乘积所决定的，其中有复杂的联系。为此有人称其为乘法混色。

multiplicative image scaling⇔乘性图像放缩(技术)

使用标量借助**图像乘法**和**图像除法**对一幅图像进行的亮度调整。常产生比**加性图像放缩**更好的主观效果。

multiplicative noise⇔乘性噪声

与输入信号的强度、相位等有关(成比例)的**噪声**。对典型的乘性噪声，其噪声场的随机数是与像素的真实值相乘的。

multi-resolution⇔多分辨率

对一幅**图像**采用多种**分辨率**所作的表达。

multi-resolution refinement equation⇔多分辨率细化方程

一种将图像相邻**分辨率**层次和空间之间建立联系的方程。表明任何一个子空间的展开函数都可用其下一个分辨率(1/2分辨率)的子空间的展开函数来构建。小波变换中，对缩放函数和小波函数都可以建立多分辨率细化方程。

multi-resolution theory⇔多分辨率理论

在不止一个分辨率上表达**图像**，并进行处理和分析的有关理论。结合了多方面的技术和方法，包括**小波变换**的理论。因多个**分辨率**对应多个**尺度**，也称**多尺度理论**。

multi-resolution threshold⇔多分辨率阈值

利用**多分辨率理论**，在多个**尺度**上选取的用于**图像分割**的**阈值**。

multi-resolution wavelet transform⇔多分辨率小波变换

同 **multi-scale wavelet transform**。

multi-scale⇔多尺度(的)

一幅**图像**采用多种**尺度**表达的。

multi-scale entropy⇔多尺度熵

一个**形状复杂性描述符**。先将原始图像与一组**多尺度**的**高斯核**进行**卷积**，这里高斯核 $g(x,y,s)=\exp[-(x^2+y^2)/(2s^2)]$，其中 s 代表**尺度**。令 $f(x,y,s)=f(x,y)\otimes g(x,y,s)$ 代表多尺度(模糊的)图像，则**多尺度熵**可表示为

$$E(s) = \sum_i p_i(s) \ln p_i(s)$$

其中 $p_i(s)$是模糊图像 $f(x,y,s)$中第 i 个灰度级对应尺度 s 的相对频率。

multi-scale representation ⇔ 多尺度表达

对同一幅图像采用不同尺度作出的表达。对同一幅图像采用不同的尺度表达后，相当于给图像数据的表达增加了一个新的坐标。即除了一般使用的空间分辨率（像素数）外，现在又多了一个刻画当前表达层次的新参数。如果用 s 来标记这个新的尺度参数，则包含一系列有不同分辨率图像的数据结构可被称为**尺度空间**。可用 $f(x,y,s)$来表示图像 $f(x,y)$的尺度空间。

对图像进行多尺度表达实际上给图像增加了一个新的维数，从中可以检测和提取图像中的尺度信息，但同时也导致对图像数据存储需求以及图像处理所需计算量的增加。

multi-scale standard deviation ⇔ 多尺度标准（偏）差

一种**形状复杂性描述符**。先将原始图像与一组**多尺度**的**高斯核**进行**卷积**，这里高斯核 $g(x,y,s)=\exp[-(x^2+y^2)/(2s^2)]$，其中 s 代表**尺度**。令 $f(x,y,s)=f(x,y)\otimes g(x,y,s)$代表多尺度（模糊的）图像，则**多尺度**标准方差表示为对应尺度 s 的模糊图像 $f(x,y,s)$的方差的平方根。

multi-scale theory ⇔ 多尺度理论

参阅 **multi-resolution theory**。

multi-scale transform ⇔ 多尺度变换

信号处理中，指对 1-D 信号 $u(t)$用 2-D 变换 $U(b,s)$来展开的运算。$U(b,s)$有两个参数，位置参数 b 与 $u(t)$的时间变量 t 相关，尺度参数 s 则与信号的尺度相关。在图像处理中，指对 2-D 信号 $f(x,y)$用 3-D 变换 $F(p,q,s)$来展开。$F(p,q,s)$有三个参数，位置参数 p 和 q 与 $f(x,y)$的坐标变量 p 和 q 相关，尺度参数 s 则与图像的尺度相关。

多尺度变换技术可分成 3 大类：**尺度-空间**技术，**时间-尺度**技术（**小波变换**是一个典型代表），**时间-频率**技术（**盖伯变换**是一个典型代表）。

multi-scale wavelet transform ⇔ 多尺度小波变换

在不同**尺度**进行的**小波变换**。也称**多分辨率小波变换**。多尺度小波的尺度变化使得对图像的小波分析可以聚焦到间断点、**奇点**和**边缘**。例如，通过对多尺度小波变换结果的**非规则采样**可获得**小波模极大值**，该值能表达图像中的边缘位置。

multi-sensor information fusion ⇔ 多传感器信息融合

参阅 **information fusion**。

multispectral image ⇔ 多（光）谱图像

包含多个**频谱**段的一组**图像**。一般指同一个场景的若干幅单色图像的集合，其中的每一幅都是借助不同频率的辐射所获得的，或者说每幅图像对应一个频谱段。这样的每幅图像称为一个带(band)或一个**通道**。一组多光谱图像可以表示成(n为带的个数):

$$C(x,y)=[f_1(x,y),f_2(x,y),\cdots,f_n(x,y)]^T=[f_1,f_2,\cdots,f_n]^T$$

遥感图像一般均为多谱图像。

multitemporal images⇔多时相图像

通过对相同场景连续成像得到的相接续的多幅图像。在相接续的采集间隔,场景中的目标可以移动或变化,采集器可以移动。

multi-thresholds⇔多阈值

图像分割中采用取**阈值**分割时而使用的多个阈值。将图像分割为阈值个数加一的多个区域类。比较 **single threshold**。

multi-thresholding⇔多阈值化

在**阈值化**中,使用**多阈值**将**图像分割**为多个区域类的过程。

multivariate density kernel estimator⇔多变量密度核估计器

均移方法中需要确定的一种多维的密度核函数。这里核函数的作用是要使得随**特征点**与**均值**的距离不同,其对均值偏移的贡献也不同,从而能正确地确定聚类的均值。实际中常使用的是放射对称的核。

Munsell chroma⇔孟塞尔彩度

孟塞尔颜色系统中表示颜色之**饱和度**的数值。

Munsell color model⇔孟塞尔彩色模型

艺术和印刷领域中,一种常用的面向**视觉感知**的**色模型**。其中不同颜色用多个具有唯一**色调**、**色纯度**及**值**的颜色片来表示,这三者合起来也构成一个 3-D 实体或一个 3-D 空间。不过 Munsell 空间在感知上并不是均匀的,也不能直接根据加色原理进行组合。

Munsell color system⇔孟塞尔表色系统;孟塞尔色系

1. 孟塞尔表色系统:用孟塞尔色立体模型所规定的色相(**色调**)、**明度**和彩度来表示**物体色**的表色系统。

2. 孟塞尔色系:一种颜色分类表示方法。也称色立体法。纵坐标表示明度,黑在下,白在上,分 0～10 共 11 个级,实际只用 1～9 级。通过垂轴的平面上以黑白轴为起点向两方各表示一种**色调**,而两者为互补色。每一水平面都表示一种明度,但其中包括 40 种色调,各色调从黑白轴到最饱和处的颜色数目不一。此立体的外形很不规则,共包含 960 种颜色。观察各种颜色应在代表白昼光施照体 C(6770 K)下进行。图 M27 给出一个示意图。

Munsell remotation system⇔孟塞尔新表色系统

1943 年美国光学学会测色委员会修改**孟塞尔表色系统**的分度后的表色系统。

Munsell value⇔孟塞尔明度

孟塞尔颜色系统中表示**明度**的数值。

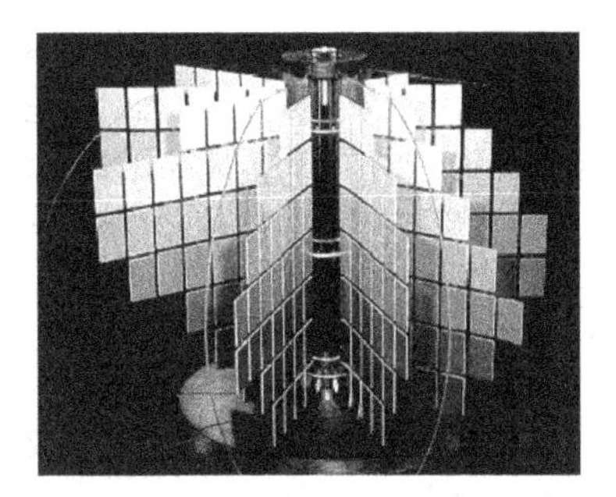

图 M27 孟塞尔色系示意图

mutation⇔变异

遗传算法的基本运算之一。通过频繁地随机改变某些码串的某个码(如从一代到下一代的进化中,每一千个码改变一个),以保持各种局部结构并避免丢失一些优化解的特性。

mutual illumination⇔互照明

用从一个表面反射出来的光去照亮另一个表面或反过来的照明方式。结果是从一个表面观察到的光不仅是**光源**频谱和目标表面反射系数的函数,而且也是相近表面的反射系数的函数(通过从相近表面到第一个表面的光反射的频谱)。示例见图 M28。

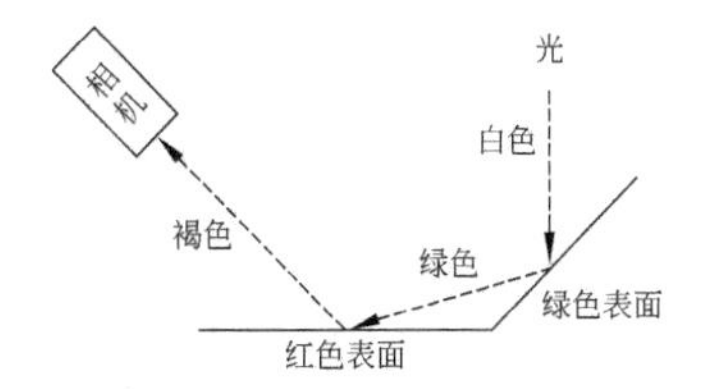

图 M28 互照明示意

mutual information⇔互信息

1. **信息论**中,反映了两个事件之间相关性的一种信息度量。给定两个事件 X 和 Y,二者之间的互信息可表示为

$$I(X,Y)=H(X)+H(Y)-H(X,Y)$$

其中,$H(X)$和 $H(Y)$分别是 X 和 Y 的**自信息**,$H(X,Y)$是**联合熵**。

2. **图像信息融合**中,一种基于信息量的**客观评价**指标。两幅图像间的互信息反映了其间的信息联系,可利用图像**直方图**的概率含义来计算。如果**融合图像**与原始图像的直方图分别为 $h_g(l)$和 $h_f(l)$,$(l=1,2,\cdots,L)$,$P_{fg}(l_f,l_g)$表示两幅图像同一位置像素在原始图像中灰度值为 l_f,而在融合图像中灰度值为 l_g 的联合概率,则两幅图像间的互信息为

$$H(f,g)=\sum_{l_2=0}^{L}\sum_{l_1=0}^{L}P_{fg}(l_f,l_g)\log\frac{P_{fg}(l_f,l_g)}{h_f(l_f)h_g(l_g)}$$

如果融合图像 $g(x,y)$是由两幅原始图像 $f_1(x,y)$和 $f_2(x,y)$得到的,则 $g(x,y)$与 $f_1(x,y)$和 $f_2(x,y)$的互信息(如果 f_1和 g 的互信息与 f_2和 g 的互信息有关,则需减去相关部分 $H(f_1,f_2)$)为

$$H(f_1,f_2,g)=H(f_1,g)+H(f_2,g)-H(f_1,f_2)$$

这反映了最终融合图像中所包含的原始图像信息量。

MV⇔运动矢量

motion vector 的缩写。

MVD⇔最小矢量色散

minimum vector dispersion 的缩写。

MVDH⇔运动矢量方向直方图

motion vector directional histogram 的缩写。

MVS⇔机器视觉系统

machine vision system 的缩写。

myopia⇔近视

眼睛处于静止状态(即不调视)时,远方物体的像成在**视网膜**前面的情况。此时看近清楚,看远模糊。这可以是眼球太长而折射正常的缘故,也可以是折射部分不正常(**曲率**太大或**折射率**太高)的缘故,还可能是眼球长短正常而**晶状体**屈光力过强的缘故。可戴凹镜(即普通的近视眼镜)矫正。

mystery or ghastfulness⇔神秘或恐怖

图像或**视频**画面所营造的一种**气氛语义**类型。画面特点多为**对比度**大、但**色调**黯淡或幽深。

N

N_{16} space ⇔ N_{16} 空间

由一个**像素**与其**16-邻域**像素组成的空间。其中从一个像素到其近邻像素的**基本移动**可分为 3 种(见图 N1)：

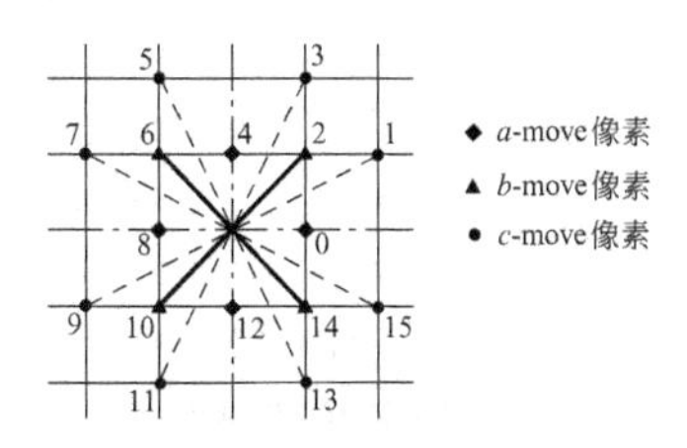

图 N1　N_{16}空间中的基本移动

(1) **水平移动**和**垂直移动**：移动的长度为 a，称为 a-move，对应的**链码**为 0,4,8,12；

(2) **对角线移动**：移动的长度为 b，称为 b-move，对应的链码为 2,6,10,14；

(3) **马步移动**：移动的长度为 c，称为 c-move，对应的链码为 1,3,5,7,9,11,13,15。

NA ⇔ 数值孔径

numerical aperture 的缩写。

NAND operator ⇔ NAND 算符，NAND 算子

一个"逻辑与"后接一个"逻辑补"的算术运算。运算在两幅图像的每个像素的对应比特间进行。对**二值图像**最合适，但也可以用于**灰度图像**。

narrowband integrated services digital network [N-ISDN] ⇔ 窄带综合业务数字网

传输速率在 2 Mbps 以下的综合业务数字网。比较 **broadband integrated services digital network**。

National Institute of Standards and Technology [NIST] ⇔ 美国国家标准与技术研究院

一个直属于美国商务部，从事物理、生物和工程的基础和应用研究，以及测量技术和方法研究，提供标准、标准参考数据及有关服务的机构。**人脸识别计划(FERET program)**和 **FERET 数据库**均源自该研究院。

National Television System Committee [NTSC] ⇔ 美国国家电视系统委员会

负责美国电视管理和标准化管理的一个机构。

National Television System Committee [NTSC] format ⇔ NTSC 制

三种广泛应用的**彩色电视制式**之一。使用的**色模型**是 **YIQ 模型**。

natural light ⇔ 自然光

理想光和符合一定要求的单色光、平行光、线偏光、椭圆偏光等的合称。特征是：①包含多种频率(**波长**)的波，且它们的比例受各种因素作用或影响也有变化；②光束不是平行光束，但有平行光成分；③含有各种振动方向(就其时间平均而言，各个方向都有)的**偏振光**，仅有部分规则或全无规则。

natural order⇔自然序

参阅 **natural order of Walsh functions**。

natural order of Walsh functions⇔沃尔什函数的自然序

一种使用**拉德马赫函数**定义的**沃尔什函数**的序。

NCC⇔归一化互相关

normalized cross-correlation 的缩写。

NDM⇔归一化距离测度

normalized distance measure 的缩写。

nearest-class mean classifier⇔最近类均值分类器

同 **minimum distance classifier**。

nearest-neighbor interpolation⇔最近邻插值

同 **zero-order interpolation**。

near infrared⇔近红外

日光光谱中**波长** 700～830 nm 的部分。

near-lossless coding⇔准无损编码(方法)

一种对**无损编码**和**有损编码**折中的编码方案。在提高**压缩率**和保持**图像质量**之间取得一定的平衡。一般期望是能在信息损失相对有损编码不太大的情况下能达到比无损编码更高的压缩性能，实际中的主要目标是在对信息损失有一定限制的条件(多以 L_∞ 范数来限定)下尽可能提高压缩率(常可达到信息保存型压缩率的好几倍)。

near-lossless compression⇔准无损压缩

同 **near-lossless coding**。

near-photoquality printer⇔近相片质量打印机

有能力打印**连续色调图像**的输出设备。肉眼观察有很好的质量，但如果借助放大镜或其他工具观察细节，还会发现可辨认的颜料点。比较 **dye-sublimation printer**。

nearsightedness⇔近视

同 myopia。

Necker cube illusion⇔内克尔立方体错视

一种**几何图形视错觉**。这是表明只用**基素表达**并不能保证得到对场景的唯一解释的一个典型示例。见图 N2，如果观察者将注意力集中于图 N2(a)中心小正方形的右上方三线相交处，则会将其解释为图 N2(b)，即认为成像的立方体如图 N2(c)；而如果将注意力集中于图 N2(a)中心小正方形的左下方三线相交处，则会将其解释为图 N2(d)，即认为成像的立方体如图 N2(e)。这是因为图 N2(a)给人以(一部分)3-D 物体(立方体)的线索，当人借助经验知识试图从中恢复 3-D 深度时，由于所采用的综合方法的不同，因而得出两种不

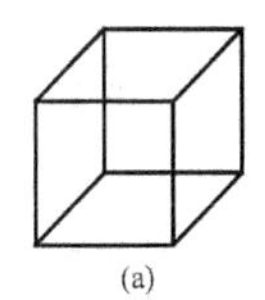
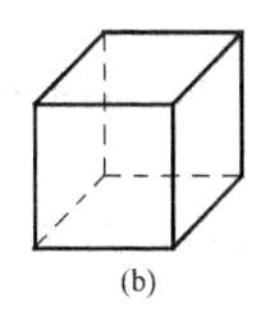
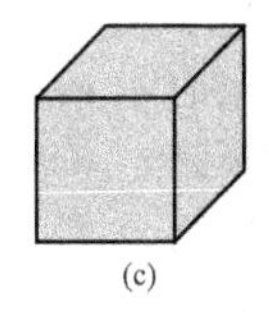
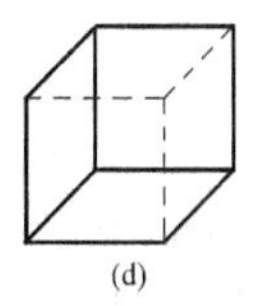
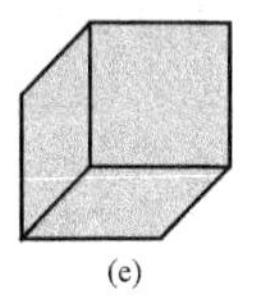

(a) (b) (c) (d) (e)

图 N2 内克尔立方体错视

同的解释。可见,内克尔立方体错视表明**大脑**会对场景做出不同的假设,甚至基于不完全的证据做出决策。

Necker illusion ⇔ 内克尔错视

Necker cube illusion 的简称。

Necker reversal ⇔ 内克尔逆转

在从多幅图像恢复 3-D 结构时出现的一种歧义。在仿射观察条件下,一组旋转 3-D 点的 2-D **图像序列**与另一组以相反方向旋转的 3-D 点所产生的 2-D 图像序列相同,这样对结构和运动问题就有可能出现两组解。不同的点集合可以是第一组点关于任意与相机光轴垂直的平面的镜像。

NEE ⇔ 噪声等效曝光量

noise equivalent exposure 的缩写。

negative afterimage ⇔ 负余像

一种与原物原像在**颜色**和**衍射**方面有互补性的**余像**。对有颜色物体,余像颜色与原来颜色互为补色,对无颜色物体,余像明暗与原来明暗相反。

negative lens ⇔ 负透镜

发散**透镜**或薄的凹透镜。会使光线在光行反向出现一个虚的会聚点。

negentropy ⇔ 负熵

一种对随机变量非高斯性的测度。一个随机变量 y 的负熵可表示为

$$J(y) \equiv H(\nu) - H(y)$$

其中 $H(y)$是**随机变量的熵**,ν 是一个与 y 有相同协方差矩阵的高斯分布的随机变量。

neighborhood ⇔ 邻域

由一个**像素**的**邻接像素**组成的区域。可解释成包含一个参考像素(常在中心)的小矩阵。根据邻接关系,在正方形网格的 **2-D 图像**中常用的有 **4-邻域**、**对角-邻域**和 **8-邻域**,在正方形网格的 **3-D 图像**中常用的有 **6 邻域**、**18-邻域**和 **26-邻域**,而在**六边形网格**的 **2-D 图像**中还有 **3-邻域**和有 **12-邻域**。

neighborhood averaging ⇔ 邻域平均(技术)

一种利用一个像素邻域的平均值来进行**平滑滤波**的方法。在这种滤波所用的模板中,所有系数都可取为 1。应用中,为保证输出结果仍在原来图像的灰度值范围里,要将滤波结果除以系数总个数后再赋值。

neighborhood operator ⇔ 邻域算子

赋给每个输出像素的灰度除依赖

于对应的输入像素的灰度外，还依赖于对应的输入像素邻域里像素的灰度的一种图像局部算子。如果赋值还依赖于在图像中的位置，则该邻域算子是非均匀的，否则是均匀的。比较 **point operator**。

neighborhood-oriented operations ⇔ 面向邻域的操作

图像工程中的一种**空域**操作。也称局部/区域操作。将输入图像逐像素处理，一个像素处理后的值是其原始值及其邻域值的函数。

neighborhood pixels ⇔ 邻域像素

一个**像素**的**邻域**中的像素集。随邻域定义的不同，该集合中像素个数也不同。

neighborhood processing ⇔ 邻域处理

面向**邻域**的操作。泛指一类图像处理技术，其中对图像中每个像素都进行相同的操作，即对任一个像素(称为参考像素)，其处理后的结果值是在该点的值与其邻域像素原始值的函数。该函数的形式，即将相邻像素值与参考像素值结合以得到结果的方式在不同算法中有很大变化。许多算法以线性方式工作，并使用 2-D 卷积，而另外一些算法以一种非线性的方式处理输入值。

netted surface ⇔ 网状曲面

3-D 空间中，由一组多面体组成的**目标**的外曲面。设网状曲面由一组顶点(V)、边线(B)和体素面(F)组成，则网状曲面的**类** G 可由下式算得：

$$2-2G=V-B+F$$

neural-displacement theory ⇔ 神经位移假说

一种关于**几何图形视错觉**的观点。基于生理学，强调视错觉是由于生理机制受到扰乱或由于视觉感受区域之间的相互作用而产生的。对某个区域的强烈刺激会使其周围区域的感受性降低，从而导致对物体各部分的感知和解释不同。基础是认为神经中一定位置的活动能够抑制其邻近区域的活动。一个典型的例子就是**同时对比度**现象。当将同一块灰色纸片放在黑白两种不同背景中，人看起来其亮度具有明显差别：背景亮产生强抑制时，纸片较黑；背景暗产生弱抑制时，纸片较白。

neural-network classifier ⇔ 神经网络分类器

受**大脑**神经结构的启发而用电子网络实现的**分类器**。每次处理一个事项，并通过与已知真实事项分类的比较进行**学习**，多次迭代来完成任务。

neuron process procedure ⇔ 神经处理过程

视觉过程的第三步。在**大脑**神经系统里进行，对光刺激产生的响应经过一系列处理最终形成关于场景的表象，从而将对光的感觉转化为对景物的**知觉**。

neutral color ⇔ 无彩色

仅有亮度而无**色调**的色。也称中

性色，即常说的灰色。能降低各色光强的中性**滤光片**或滤光器就是无彩色的。

Nevatia and Binford system ⇔ **内瓦蒂阿-宾福德系统**

一种利用**广义圆柱体**技术来描述和识别曲面形物体的典型**机器视觉系统**。

Nevitia operator ⇔ **内瓦蒂阿算子**

一种由对应不同朝向的多个**模板**组成的**方向差分算子**。考虑到对称性，借助用最大值符号的方法来确定相应的边缘方向，则所使用的 12 个 5×5 模板的前 6 个如图 N3 所示（6 个模板可根据对称性得出），各方向间的夹角为 30°。

news abstraction ⇔ **新闻摘要**

从**新闻视频结构化**中提取的代表原始**视频序列**的一种较紧凑的表达。为提取摘要，可借助各种**视觉特征**，也可综合利用对音频、视频和文字内容的分析结果。

news item ⇔ **新闻条目**

新闻视频物理结构中，对应一个**新闻故事**的一层。

news program structuring ⇔ **新闻视频结构化**

基于内容的视频检索的技术之一。**视频节目分析**中，自动提取新闻视频内在的层次化结构，从而可根据需要进行组织和检索。新闻视频的结构特征比较明显，而且各种类型的新闻节目结构具有较好的一致性，其主体内容均由一系列**新闻故事**单元组成，并各自对应一个**新闻条目**。新闻视频所具有的这种比较固定的层次化结构提供了多种有助于理解视频内容、建立索引结构和进行基于内容查询的信息线索。

news story ⇔ **新闻故事**

新闻视频内容结构中的一层。表示一个视频单元，讲述一个在内容

-100	-100	0	100	100
-100	-100	0	100	100
-100	-100	0	100	100
-100	-100	0	100	100
-100	-100	0	100	100

-100	32	100	100	100
-100	-78	92	100	100
-100	-100	0	100	100
-100	-100	-92	78	100
-100	-100	-100	-32	100

100	100	100	100	100
-32	78	100	100	100
-100	-92	0	92	100
-100	-100	-100	-78	32
-100	-100	-100	-100	-100

100	100	100	100	100
100	100	100	100	100
0	0	0	0	0
-100	-100	-100	-100	-100
-100	-100	-100	-100	-100

100	100	100	100	100
100	100	100	78	32
100	92	0	-92	-100
-32	-78	-100	-100	-100
-100	-100	-100	-100	-100

100	100	100	32	-100
100	100	92	-78	-100
100	100	0	-100	-100
100	78	-92	-100	-100
100	-32	-100	-100	-100

图 N3　内瓦蒂阿算子的前 6 个 5×5 模板

上相对独立的事件，具有明确的语义。

night-light vision ⇔ 夜视觉

同 **scotopic vision**。

night sky light ⇔ 夜天光

在无云无月的夜晚，观察不包含星体的部分天空而接收到的光。基本上就是宇宙的背景光。其中约30%来自恒星(一切可见与不可见的恒星、星云等)，10%来自太阳系(行星、彗星、月亮等)，还有60%来自地球大气层，是太阳光使大气分子电离而发的光。

N-ISDN ⇔ 窄带综合业务数字网

narrowband integrated services digital network 的缩写。

NIST ⇔ 美国国家标准与技术研究院

National Institute of Standards and Technology 的缩写。

NMF ⇔ 非负矩阵分解

nonnegative matrix factorization 的缩写。

NMR ⇔ 核磁共振

nuclear magnetic resonance 的缩写。

NMSF ⇔ 非负矩阵集分解

nonnegative matrix-set factorization 的缩写。

nod ⇔ 仰俯

摄像机运动中，同 **tilting**。

noise ⇔ 噪声

一种常见的**图像退化**过程。也可定义为受污染图像中不希望有的一种**伪像**。图像中的噪声有不同的来源，因而有不同的类型。噪声是一个统计过程，所以噪声对一个特定图像的影响是不确定的。在很多情况下，人们最多只可对这个过程的统计特性有一定的认识。噪声可影响图像的质量和观察效果；也会影响图像技术的性能，如噪声有可能使**直方图**失去双峰形状从而对**阈值化**产生明显影响。

噪声常在图像记录过程中产生。可来源于导电载流子的热扰动、电流运动、电流非均匀流动、测量误差、记数误差等。

noise equivalent exposure [NEE] ⇔ 噪声等效曝光量

用以产生与**传感器**输出噪声水平相当的输出信号的单位面积辐射能量。描述了可检测到的亮度的下限。

noise estimation ⇔ 噪声估计

估计噪声的种类及其概率密度函数的主要参数。例如，在采集装置(**传感器**)是主要噪声源的情况下，一般生成包含具有大片均匀灰度值的图像并观察得到的**直方图**。如果生成这样的测试图像不可能，一种常用的替换方法是从一幅图像中裁剪一块相对较大的均匀区域并检查它的直方图；甚至在整幅图像的直方图不能提供对图像中噪声种类一个合适提示的情况下，裁剪部分的直方图都有可能做到这点。

noiseless coding theorem ⇔ 无失真编码定理，无噪声编码定理

图像编码的基本定理之一。在信

道和传输系统都没有误差的情况下,确定了每个**信源符号**可达到的最小**平均码长**,给出了对无损信源进行压缩的极限。也称(对**零记忆信源**的)香农第一定理。

noise model ⇔ 噪声模型

对**噪声**建立的模型。一般将噪声看作一个随机变量,其**概率密度函数**(PDF)或**直方图**描述了整个灰度级范围内的分布。除了在**空域**表示外,有时也可(通过它们的频谱)在频域表示。

noise removal ⇔ 消噪,噪声消除

一种旨在减少或除去混入图像的**噪声**,提高图像的质量的典型**图像处理**技术。常用作许多图像技术的**预处理**手段,即在进一步加工一幅图像前使用**图像滤波器**来减少其中的噪声数量和强度。依赖于噪声的种类,可使用不同的噪声消除技术。

noise-to-signal ratio [NSR] ⇔ 噪信比

图像分割评价中,一种属于**像素数量误差**类的评价准则。在**边缘检测**中,定义为检测到的与理想边界不符的边界点数与检测到的与理想边界相符的边界点数之比。

non-accidentalness ⇔ 非偶然性

一种可用来改进**图像解释**的通用原理。基于下列概念,即当图像中呈现出一些规律性时,它们最有可能源于场景中的规律性。例如,如果两条直线的端点互相接近,这可能是直线端点与观察者偶然对齐的结果。但更可能是两个端点处在观察场景中的同一个点。图 N4 给出不太可能碰巧出现的线终止和线朝向的情况。

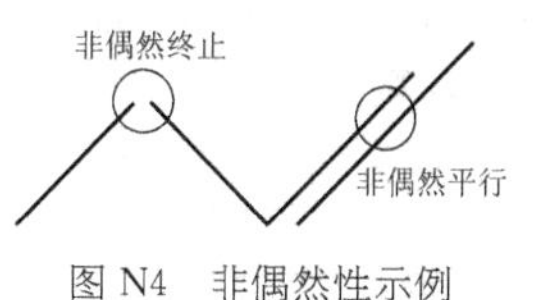

图 N4 非偶然性示例

non-blackbody ⇔ 非黑体

能将外来电磁辐射大部分吸收而只有小部分反射或透射的物体。一般指更接近**黑体**而远离**绝对白体**的物体。

non-clausal form syntax ⇔ 非子句形式句法

逻辑表达式所遵循的一种句法。遵循这种句法的逻辑表达式包括原子、逻辑连词、**存在量词**和**全称量词**。

non-complete tree-structured wavelet decomposition ⇔ 不完全树结构小波分解

参阅 **wavelet decomposition**。

nondeterministic polynomial complete [NPC] problem ⇔ NP 完全问题,非确定性多项式完全问题

一种特殊的 **NP 问题**。属于一个 NP 完全问题类的所有问题都可用多项式时间转化为其中的任意一个。这样,只要找到一个 NP 完全问题的解,所有其他问题都可以用多项式时间获得解。

考虑 **NP 问题**的第二个定义,如果一个 NP 问题的所有可能解都可以在多项式时间内判断出其正确性，那就可以叫非确定多项式完全问题(NPC 问题)。

nondeterministic polynomial problem ⇔ NP 问题

至今没有找到多项式时间(或复杂度)算法解的问题。也称非确定性多项式问题、多项式复杂程度的非确定性问题。那些在多项式时间内可被计算机(只能算，不能猜)解决的问题可称为多项式问题(P 问题)。P 问题应是 NP 问题的一个子集。NP 问题只有通过间接猜测来解，所以是非确定性问题。

有很多问题很难找到多项式时间的解算法(也许不存在)，但如果给它一个解则可以在多项式时间内判断该解的正确性。由此也引出 NP 问题的第二个定义，即 NP 问题为可在多项式时间内验证一个解的正确性的问题。

non-intrinsic image ⇔ 非本征图像

一种特定的**图像**。所表示的物理量不仅与场景有关，而且与观察者或**图像采集设备**的性质或与**图像采集**的条件和周围环境等有关。换句话说，非本征图像的性质常是多个场景自身外的因素(如辐射源的强度、辐射方式或方位、场景中物体表面的反射性质、图像采集设备的位置性能等)综合作用的结果。比较 **intrinsic image**。

non-Jordan parametric curve ⇔ 非约丹形参数曲线

可以自交叉的**参数曲线**。比较 **Jordan parametric curves**。

non-layered classification ⇔ 非分层聚类

将图像**像素**不分层进行**聚类**的方法。

non-layered cybernetics ⇔ 无分层控制

各处理过程没有事先确定的次序的控制。**异层控制**是一种典型的无分层控制。

nonlinear degradation ⇔ 非线性退化

退化效果与退化原因不满足线性关系的**图像退化**。例如：由于随机噪声叠加所产生的退化，由于摄影胶片的非线性光敏特性造成的亮度失真。

nonlinear filter ⇔ 非线性滤波器

非线性滤波的物理实现和功能实现。

nonlinear filtering ⇔ 非线性滤波(技术)

一种**空域滤波技术**。该类**滤波**借助一组观察结果来产生对未观察量的估计，并对观察结果进行逻辑组合。比较 **linear filtering**。

nonlinear mapping ⇔ 非线性映射(技术)

人脸识别中，输入空间和特征空间之间的变换联系。

nonlinear mean filter ⇔ 非线性均值滤波器

一种用于**图像恢复**的**空域滤波器**。给定 N 个数 $x_i(i=1,2,\cdots,N)$，它们的非线性均值(nonlinear mean)可表示为

$$g = f(x_1, x_2, \cdots, x_N) = h^{-1}\left(\frac{\sum_{i=1}^{N} w_i h(x_i)}{\sum_{i=1}^{N} w_i}\right)$$

其中，$h(x)$一般是非线性单值解析函数，w_i是权。非线性均值滤波器的性质取决于函数$h(x)$和权w_i。如果$h(x)=x$，得到**算术平均滤波器**；如果$h(x)=1/x$，得到**调和平均滤波器**；如果$h(x)=\ln(x)$，得到**几何均值滤波器**。

nonlinear operator⇔非线性操作符

常是对特定问题和特定应用而提出来的一种操作符。种类繁多，分别具有不同的性质，不能集中在一起描述，对特殊的任务要看作单独的过程来研究。比较 **linear operator**。

nonlinear sharpening filter⇔非线性锐化滤波器

一种**空域滤波器**。从运算特性看是非线性的，从功能角度看可起到**锐化**作用。参阅 **classification of spatial filter**。比较 **linear sharpening filter**。

nonlinear sharpening filtering⇔非线性锐化滤波(技术)

一种用于增加图像**反差**，使边缘更加明显的**非线性滤波**方法。

nonlinear smoothing filter⇔非线性平滑滤波器

一种**空域滤波器**。从运算特性看是非线性的，从功能角度看可起到**平滑**作用。参阅 **classification of spatial filter**。比较 **linear smoothing filter**。

nonlinear smoothing filtering⇔非线性平滑滤波(技术)

一种用于减少局部灰度起伏，使图像变得比较平滑的**非线性滤波**方法。

non-luminous object color⇔物体色

光从物体反射或投射出来的颜色。

non-maximum suppression⇔非最大消除，非最大抑制

一种确定局部最大值的技术过程。通过迭代逐步消除非最大的值。例如，有一种典型的**边界细化**方法是对每个图像像素考虑其在梯度幅度图中的小邻域，并在其中比较中心像素与其梯度方向上的相邻像素，如果中心像素值不大于沿梯度方向的相邻像素值，就将其置为零。否则就是一个局部最大，将其保留下来。

non-maximum suppression using interpolation⇔用插值的非最大消除，用插值的非最大抑制

一种通过**插值**消除非最大梯度的像素以实现**边界细化**的方法。通过对某个像素相邻单元的**梯度**幅度的插值来估计该像素当前位置的周围梯度的幅度，以此来消除梯度不为极大值的像素。

参见图 N5，当前像素用 P 表示。一条沿在 P 处计算得到的梯度方

向通过 P 的实线与 P 的 **8-邻域**像素交于两个点，设为 S_1 和 S_2。

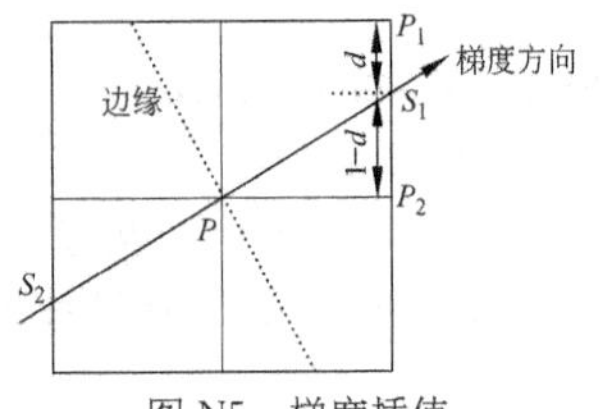

图 N5　梯度插值

现在要估计在 S_1 点和 S_2 点的梯度幅度。先考虑与 S_1 相近的两个像素，设为 P_1 和 P_2，并用 d 代表 P_1 和 S_1 之间的距离。通过将在 P_1 和 P_2 的梯度幅度值进行下面的平均来估计在 S_1 的梯度幅度值：

$$G_{S_1} \approx (1-d)G_1 + dG_2$$

其中，G_1 代表在 P_1 的梯度幅度值，G_2 代表在 P_2 的梯度幅度值。用类似方法可得出在 S_2 的梯度幅度值。如果在 P 点的梯度幅度比在 S_1 点和 S_2 点的梯度幅度都小，那么就去除 P 点，否则保留它的值。

non-maximum suppression using masks
⇔ **用模板的非最大消除，用模板的非最大抑制**

一种利用特殊**模板**消除非最大**梯度**像素以实现**边界细化**的方法。对 **2-D 图像**使用的 4 个模板如图 N6 所示。

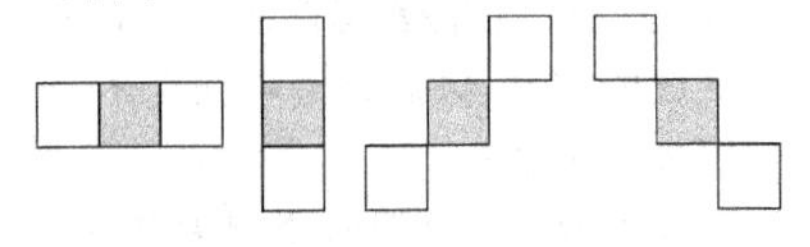

图 N6　用于非最大消除的掩模

用模板进行非最大消除的步骤为：

(1) 计算当前像素（用阴影表示）的梯度方向；

(2) 从模板列表中选一个模板，使模板的覆盖角度包含梯度方向角；

(3) 观察所选模板覆盖的两个像素（用白色表示）的梯度方向，如果这两个方向与当前像素的梯度方向差太多，则它们可能不在同一个边缘上，此时不能用它们来细化当前像素所在的边缘；

(4) 在其他情况下，这两个相邻像素与当前像素在同一个边缘上。如果当前像素的梯度值大于其两个相邻像素梯度值，则不改变当前像素，否则将其值设为零。

对 **3-D 图像**，步骤类似，但需使用 13 个模板，如表 N1 所示。其中的三个模板见图 N7。

nonnegative matrix factorization [NMF]
⇔ **非负矩阵分解**

一种有效的非负特征提取方法。也是一种**特征降维**方法。心理学和生理学构造依据是：对整体的感知由组成整体的各部分的感知共同构成（纯加性）。这也符合直观的理解：整体是由部分组成的。

非负矩阵分解的模型可表述如下：对一个 M 维的正随机向量 $\boldsymbol{v}$ 进行 N 次观测，记这些观测为 $\boldsymbol{v}_j$，$j=1,2,\cdots,N$，记 $\boldsymbol{V}=[\boldsymbol{V}_{\cdot 1},\boldsymbol{V}_{\cdot 2},\cdots,\boldsymbol{V}_{\cdot N}]$，其中 $\boldsymbol{V}_{\cdot j}=\boldsymbol{v}_j$，$j=1,2,\cdots,N$。非负矩阵分解是通过解

表 N1　13 个 3-D 模板

掩模	第一个相邻**体素**的坐标	第二个相邻体素的坐标
1	$(z, y, x-1)$	$(z, y, x+1)$
2	$(z-1, y, x)$	$(z+1, y, x)$
3	$(z+1, y, x+1)$	$(z-1, y, x-1)$
4	$(z-1, y, x+1)$	$(z+1, y, x-1)$
5	$(z, y+1, x)$	$(z, y-1, x)$
6	$(z-1, y+1, x)$	$(z+1, y-1, x)$
7	$(z-1, y-1, x)$	$(z+1, y+1, x)$
8	$(z, y-1, x-1)$	$(z, y+1, x+1)$
9	$(z, y+1, x-1)$	$(z, y-1, x-1)$
10	$(z-1, y-1, x+1)$	$(z+1, y+1, x-1)$
11	$(z+1, y+1, x+1)$	$(z-1, y-1, x-1)$
12	$(z+1, y-1, x-1)$	$(z-1, y+1, x+1)$
13	$(z+1, y-1, x+1)$	$(z-1, y+1, x-1)$

注：表中用黑体表示的术语表明其在正文收录的词目中，可参阅。

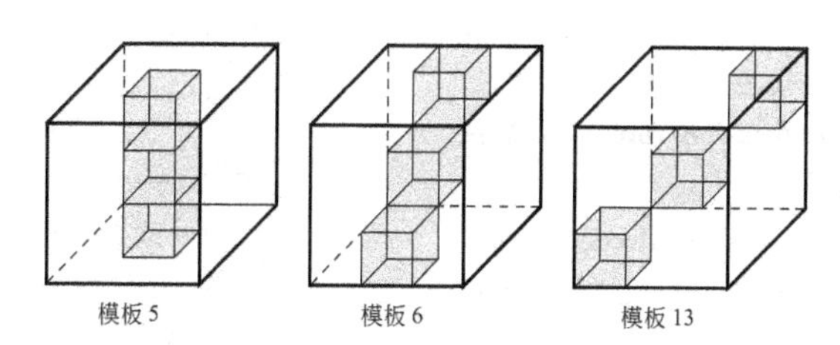

图 N7　3 个 3-D 模板

$$\min_{0 \leqslant \boldsymbol{W}, \boldsymbol{H}} f_{\boldsymbol{V}}(\boldsymbol{W}, \boldsymbol{H})$$

($f_{\boldsymbol{V}}(\boldsymbol{W}, \boldsymbol{H})$刻画了 $\boldsymbol{V}$ 与 $\boldsymbol{WH}$ 间的差异性)来发现非负的 $M \times L$(L 是降维后数据的维数)基矩阵 $\boldsymbol{W}$ 和非负的 $L \times N$ 的系数矩阵 $\boldsymbol{H}$，使

$$\boldsymbol{V} \approx \boldsymbol{WH}$$

由于通常设定 $L \ll \min(M, N)$，即只用很少的基去描述大量的数据，所以只有在 $\boldsymbol{W}$ 包含了随机向量 $\boldsymbol{v}$ 的本质特征时，才可能使 $\boldsymbol{V} \approx \boldsymbol{WH}$。

nonnegative matrix-set factorization [NMSF] ⇔ 非负矩阵集分解

避免向量化操作，直接处理数据矩阵集中的矩阵的**非负矩阵分解**。继承了非负矩阵分解的主要特性，是与非负矩阵分解相并列的一种方法。非负矩阵分解适合处理非负向量集，而 NMSF 善于处理非负矩阵集。

非负矩阵集分解模型可分成两类：基于基本模型的 NMSF（basic NMSF，BNMSF）和基于改进模型的 NMSF（improved NMSF，INMSF）。INMSF 还可细分为鉴别性 NMSF（discriminant NMSF，DNMSF）、稀疏性增强的 NMSF 和加权 NMSF 共 3 种。稀疏性增强的 NMSF 还可再细分为特征稀疏性增强的 NMSF、系数稀疏性增强的 NMSF，以及特征和系数稀疏性均增强的 NMSF 共 3 种。这些分类情况总结在图 N8中。

non-object perceived color ⇔ **非物体色**

红、黄、绿、蓝 4 种色之一。人眼需一定时间才能产生色觉，而在开始阶段只能辨认红、黄、绿、蓝 4 种色。它们是独立的、抽象的、称为非物体色或光孔色。参阅 **free color**。

nonparametric decision rule ⇔ **无参数决策规则**

同 **distribution-free decision rule**。

nonparametric modeling ⇔ **非参数建模（方法）**

一类对**动作建模**的主要方法。先从**视频**的每帧中提取一组**特征**，再这些特征与存储的模板**匹配**。典型的方法包括使用 2-D 模板、3-D 目标模型和**流形**学习方法。

nonpolarized light ⇔ **非偏振光**

自然光或未对光源发出的光经过起偏处理的光。这些光的电矢量振动方向虽然与光的行进方向垂直，即与光能量的传播方向垂直，但没有任何振动方向居主导地位。

nonrecursive filter ⇔ **非递归滤波器**

在实空间有限延伸的**滤波器**。

non-regular parametric curve ⇔ **非规则参数曲线**

速度（导数）可为零的**参数曲线**。比较 **regular parametric curves**。

non-relaxation algebraic reconstruction technique ⇔ **无松弛的代数重建技术**

图像投影重建中的一种**代数重建技术**。首先初始化一个图像矢量 $\boldsymbol{x}^{(0)}$ 作为迭代起点，然后如下迭代：

$$\boldsymbol{x}^{(k+1)} = \boldsymbol{x}^{(k)} + \frac{y_i - \boldsymbol{a}^i \cdot \boldsymbol{x}^{(k)}}{\| \boldsymbol{a}^i \|^2} \boldsymbol{a}^i$$

式中 $\boldsymbol{a}^i = [a_{i1}, a_{i2}, \cdots, a_{iN}]^{\mathrm{T}}$ 是一个矢量；“•”表示内积。这个方法的思路是这样的：每次取一条射线，改变图像中与该线相交的像素的值，从而把当前的图像矢量 $\boldsymbol{x}^{(k)}$ 更新为 $\boldsymbol{x}^{(k+1)}$。具体运算中就是将测量值与由当前算得的投影数据的差正比于 a_{ij} 重新分配到各个像素上去，以逐步减小差并最后收敛。

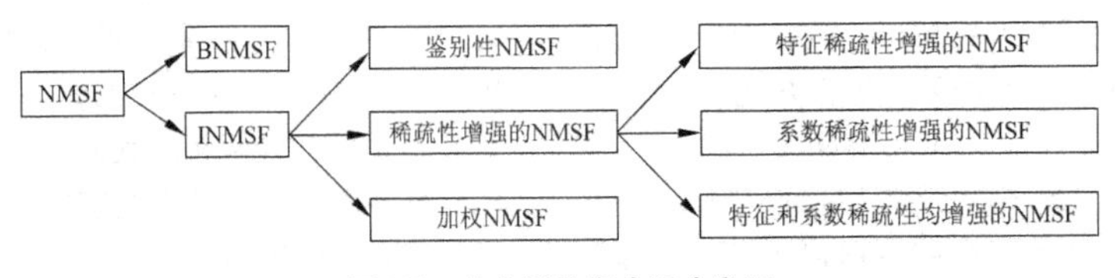

图 N8 非负矩阵集分解分类图

non-separating cut ⇔ **不能分离切割，非分离切割**

对**目标**进行切割时，完全通过目标但并不产生新**连通组元**的切割。如图 N9 所示，垂直虚线代表一个能分离的切割(它将一个目标分成两个连通组元)，而两个点线的切割各自都是不能分离的切割。不过，一旦进行了一次不能分离的切割以后，在该图中再进行不能分离的切割就不可能了，因为任何新的切割都会将目标分成两块。可以用不能分离的切割的最大的数目来定义一个目标的**类**，图 N9 中目标的类是 1。

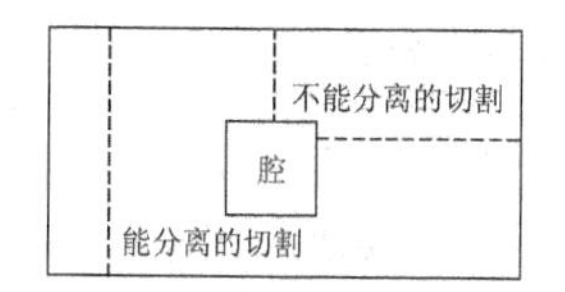

图 N9 不能分离的切割和能分离的切割

non-simply connected polyhedral object ⇔ **非简单连通多面体**

一种内部有孔的**连通多面体**。

non-simply connected region ⇔ **非简单连通区域**

与**连通组元**类似，但内部可以有孔的**连通区域**。

nonsingular linear transform ⇔ **非奇异线性变换**

用来进行变换的矩阵的行列式不为零的线性变换。

non-smooth parametric curve ⇔ **不光滑参数曲线**

不保证各阶导数均存在的**参数曲线**。比较 **smooth parametric curves**。

non-visual indices of depth ⇔ **非视觉性深度线索**

人类视觉系统中，借助生理或解剖信息获得的**深度线索**。常见的有以下两种：

(1) **眼睛**聚焦调节。在观看远近不同的物体时，眼睛通过眼肌调节其**晶状体**以在**视网膜**上获得清晰的视像。这种调节活动为传递给**大脑**的信号提供了有关物体距离的信息，大脑据此可以给出对物体距离的一个估计。

(2) 双眼视轴的辐合。在观看远近不同的物体时，两眼会自行调节，以将各自的**中央凹**对准物体，使得物体映射到视网膜感受性最高的区域。为将两眼对准物体，两眼视轴必须完成一定的辐合运动，即看近处要趋于集中，看远处要趋于分散。控制视轴辐合的眼肌运动也能给大脑提供关于物体距离的信息。

norm ⇔ **范数**

测度空间的一个基本概念。函数 $f(x)$ 的范数可表示为

$$\|f\|_w = \left[\int |f(x)|^w \mathrm{d}x\right]^{1/w}$$

上式中 w 称为指数或指标，取 1，2 和∞是几种常用的典型情况，参阅 **Minkowski distance**。

normal focal length ⇔ **正常焦距**

对正常物镜，约等于图像幅面的对角线之长度。

normalization⇔归一化

为规范计算和便于比较，将变量的数值范围进行变换的技术和过程。在归一化时，一般指将数值变换到[0,1]之中。实际中，也常将数值变换到变量所可以允许的范围中。例如，当相加两幅图像时，为解决亮度溢出问题，可进行如下归一化计算（将中间结果保存在一个临时变量 W 中）：

$$g=\frac{L_{\max}}{f_{\max}-f_{\min}}(f-f_{\min})$$

其中 f 是当前的像素的亮度值，$L_{\max}$ 是最大可能的亮度值（对 8 比特图像是 255），g 是在输出变量中的对应像素，$f_{\max}$ 是在 W 中最大的像素值，$f_{\min}$ 是在 W 中最小的像素值。

normalized central moment⇔归一化的中心矩

相对于**区域重心**，对幅度归一化的**区域矩**。如果图像 $f(x,y)$ 的 $p+q$ 阶**中心矩**用 M_{pq} 表示，则归一化的中心矩可表示为

$$N_{pq}=\frac{M_{pq}}{M_{00}^{\gamma}}$$

其中，$\gamma=\frac{p+q}{2}+1$，$p+q=2,3,\cdots$。

normalized cross-correlation [NCC]⇔归一化互相关

1. 同 **correlation coefficient**。

2. 评估水印的一种典型的**相关失真测度**。如果用 $f(x,y)$ 代表原始图像，用 $g(x,y)$ 代表嵌入水印的图像，图像尺寸均为 $N\times N$，则它们的归一化互相关可表示为

$$C_{\mathrm{ncc}}=\frac{\sum_{x=0}^{N-1}\sum_{y=0}^{N-1}g(x,y)f(x,y)}{\sum_{x=0}^{N-1}\sum_{y=0}^{N-1}f^2(x,y)}$$

normalized cuts⇔归一化割

图割中，一种以系统的和无偏的方式来实现消除图中弱联系（即切断最不相似像素间的联系以构建不连接的像素集合）的方法。

假设一个图的顶点集合 V 被分成了两个子集，A 和 B。其割为

$$\mathrm{cut}(A,B)\equiv\sum_{u\in A,v\in A}w(u,v)$$

其中 $w(u,v)$ 是连接结点 u 和 v 的边的权重。集合 A 和 B 之间的**归一化割**可表示为

$$\mathrm{ncut}(A,B)\equiv\frac{\mathrm{cut}(A,B)}{\mathrm{cut}(A,V)}+\frac{\mathrm{cut}(A,B)}{\mathrm{cut}(B,V)}$$

归一化割算法将图像中的像素分为最小化 $\mathrm{ncut}(A,B)$ 的两个子集 A 和 B。

normalized distance measure [NDM]⇔归一化距离测度

图像分割评价中，基于**像素距离误差**准则的一种**距离测度**。设 N 代表错分像素的个数，$d^2(i)$ 代表第 i 个错分像素与其正确位置之间的距离，A 代表图像的面积，则利用面积来归一化得到的距离测度可表示为

$$\mathrm{NDM}=\frac{\sqrt{\sum_{i=1}^{N}d^2(i)}}{A}\times100\%$$

normalized spectrum⇔归一化光谱

将一个像素的**光谱**消除去对成像

几何的依赖性后得到的结果。

对朗伯表面，可以对成像过程建模如下：

$$Q = \boldsymbol{m} \cdot \boldsymbol{n} \int_0^{+\infty} S(\lambda) I(\lambda) R(\lambda) \mathrm{d}\lambda$$

其中 Q 是一个具有敏感函数 $S(\lambda)$ 的传感器的记录，此时它根据法线矢量 $\boldsymbol{n}$ 和反射函数 $R(\lambda)$ 观察表面，而表面被一个在方向 $\boldsymbol{m}$ 的具有光谱 $I(\lambda)$ 的光源所照明。可见，一个像素的光谱由对应不同**摄像机**传感器的不同 Q 值所构成，且通过一个简单的尺度因子 $\boldsymbol{m} \cdot \boldsymbol{n}$ 依赖于成像几何。成像几何和照明光谱的影响是互相干扰的。

对一个具有 L 个带的多光谱摄像机，上式可推广为

$$Q_l(i,j) = \boldsymbol{m} \cdot \boldsymbol{n}_{ij} \int_0^{+\infty} S_l(\lambda) I_0(\lambda) R_{ij}(\lambda) \mathrm{d}\lambda, \quad l = 1,2,\cdots,L$$

为消除对成像几何的依赖性，可算出

$$q_l(i,j) \equiv \frac{Q_l(i,j)}{\sum_{k=1}^{L} Q_k(i,j)}, \quad l = 1,2,\cdots,L$$

这些 $q_l(i,j)$ 值构成像素 (i,j) 的**归一化光谱**，并与成像几何独立。

normalized squared error ⇔ 归一化平方误差

比较边缘保持平滑技术时所用的一种测度。先假设无噪声的图像(可以用合成方法获得)为 I_1，对它使用 8 个 3×3 的**罗盘梯度算子**进行卷积，将卷积结果取阈值变成二值图像，其中低值像素对应原图中均匀区域而高值像素对应原图中目标和背景间的边界区域。设给**二值图像**加上**噪声**得到的图像为 I_2，对它平滑滤波(可使用**平均滤波器**、**中值滤波器**等希望比较的滤波器)得到的图像为 I_3。归一化平方误差由下式计算：

$$e_i = \frac{\sum_{S_i} [I_3 - I_1]^2}{\sum_{S_i} [I_2 - I_1]^2}, \quad i \in \{l,h\}$$

其中 S_l 代表低值像素区域而 S_h 代表高值像素区域。该准则的优点之一是与图像具体灰度无关。如果滤波将噪声全消除，e_i 的值为 0；如果滤波完全没有效果，e_i 的值为 1；如果滤波给出更差的结果，e_i 的值将会大于 1。

如要将其用于**图像分割评价**，可用不同分割算法分割图像 I_2，得到的结果作为图像 I_3，而算得的归一化平方误差 e_i 就反映了分割结果的好坏。可见，这是一种属于**像素数量误差**类的评价准则。

normal order of Walsh functions ⇔ 沃尔什函数的正常序

一种使用**拉德马赫函数**定义的**沃尔什函数**的序。

normal plane ⇔ 法平面

在**空间曲线局部几何**坐标系中，与原点的切线垂直的无穷多直线的集合 N。参见图 L12。

normal-rounding function ⇔ **普通取整函数**

一种按四舍五入来取整的**取整函数**。一般将该函数写成 round(·)，如果 x 是个实数，则 round(x)是整数，且 $x-1/2<$ round(x) $\leqslant x+1/2$。

normal trichromat ⇔ **正常三色觉者，正常三色视者**

参阅 **trichromat**。

normal vision ⇔ **正常视觉**

眼睛观察时的理想状态。在眼睛未作任何**调视**(眼肌松弛)时，远方物体所发出的平行光刚好聚焦在**视网膜**上(远点在无穷远)。

notability ⇔ **显著性**

图像中某些特定部分(**边缘**、**角点**、**团点**等)的易见性和与周围环境的区别性。是一个相对概念，与特定部分自身以及特定部分与原始图像的对比性有关。

notability of watermark ⇔ **水印显著性**

一种重要的**水印特性**。衡量水印的**感知性**或不易察觉性(in-perceptible)。对**图像水印**，希望有较低的**感知性**，也就是希望有较好的不可见性。这里包括两个含义：一是水印不易被接收者或使用者察觉；二是水印的加入不影响原产品的视觉质量。考虑到不可见性，图像水印应是隐形水印，即水印对版权所有者是确定的，而对一般的使用者是隐蔽的。

notch filter ⇔ **陷波滤波器**

针对**频域**上某点周围预先确定的邻域中的频率进行滤波的**滤波器**。如果允许该邻域中的频率通过，就是**带通陷波滤波器**；如果阻止该邻域中的频率通过，就是**带阻陷波滤波器**。零相移的滤波器相对于原点是对称的，中心在(u_0, v_0)的陷波有一个对应的中心在($-u_0$, $-v_0$)的陷波，所以陷波滤波器必须两两对称地工作。

图 N10 分别给出典型的理想带阻陷波滤波器和理想带通陷波滤波器的透视示意图。

NP-complete ⇔ **NP 完全的**

复杂性计算中的一组特殊问题，目前都是可解决的。在最坏的情况下，如果输入数据的数量为 N，计算的时间为其指数数量级 $O(e^N)$。对可称为 NP 完全的指数问题子集，如果能找到一个算法在多项式时间 $O(N^p)$ 内执行(对某些 p)，则对任何其他 NP 完全的算法都可找到一个相关的算法。

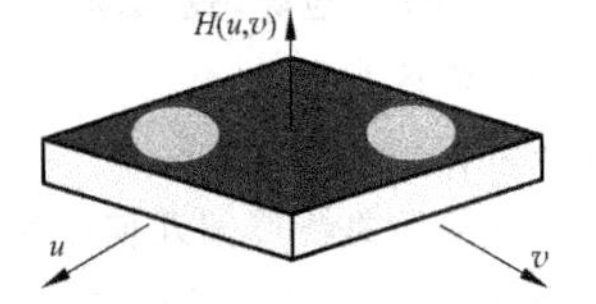

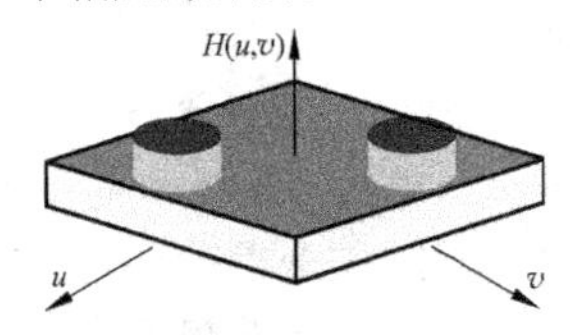

图 N10　理想带阻陷波滤波器和理想带通陷波滤波器透视图

NPC problem ⇔ **NP 完全问题，非确定性多项式完全问题**

non-deterministic polynomial complete problem 的缩写。

NTSC ⇔ **(美国)国家电视制式委员会**

National Television System Committee 的缩写。

nuclear magnetic resonance [NMR] ⇔ **核磁共振**

外加射频场的频率与磁矩进动频率相同时，磁矩受射频场的共振激励而吸收其能量后发生的磁能间共振。是**磁共振成像**的早期称谓，源于一种物理现象：磁矩不为 0，并具有自旋的原子核受恒磁场作用会产生力矩，该力矩使磁矩绕恒磁场方向进动，其进动频率(亦称拉莫尔频率)与恒磁场的磁通密度成正比。

nuclear magnetic resonance imaging ⇔ **核磁共振成像(方法)**

借助**核磁共振**来获得影像的技术。有一些原子核带有磁性并有自旋，在外加恒磁场中可选择性地吸收射频电磁辐射并产生共振，而在释放能量时有信号放出，根据信号强度或其衰减时间，使用与 **X 射线断层成像**类似的方法，经计算机处理可得到被检测物体一个层面内各部分所含某种原子的密度，或与磁性对应的疏密不同的影像。根据各点核磁共振频率不同所呈现的共振吸收谱线强度的频率分布可获得所对应原子核的空间分布，从而获得被检测物体各处的物理性质。

number of pixels mis-classified ⇔ **误分像素个数**

参阅 **pixel number error**。

numerical aperture [NA] ⇔ **数值孔径**

1. 对**相机**的镜头组，物空间的**折射率** n 与孔径半角 θ 正弦的乘积($n\sin\theta$)。此数值与**分辨率**成正比，即数值孔径越大，所能分辨的细节越小。

2. **显微镜**的**镜头**的一个**内部参数**。显微镜头使用时，像距常远大于物距，此时数值孔径可定义为镜头**光圈**直径 D 与**焦距** λ 的比值的一半。

O

object⇔ **目标**

图像中感兴趣的区域。目标的确定随着应用的不同而不同，也有一定的主观色彩。一般图像中的目标都是**连通组元**。

object-based⇔ **基于目标的，物体基的**

目标基编码中，对从图像中提取出来的目标进行编码的。

object-based coding⇔ **基于目标的编码（方法）**

一种较高层的**图像编码**方法。先将**图像**中的**目标**提取出来，再对目标用**特征**参数进行表达，最后对表达参数进行编码，以实现对图像的压缩。

object beam⇔ **目标束**

全息术中，经受调幅和调相的波。

object-boundary⇔ **目标轮廓**

图像中**目标区域**的边界。一般是封闭的。

object-boundary quantization [OBQ]⇔ **目标轮廓量化**

一种**数字化方案**。给定一个包含在线 $L: y=\sigma x+\mu, 0\leqslant\sigma\leqslant1$ 中的连续直线段，它的目标轮廓量化结果是一个连续直线段$[\alpha,\beta]$，$[\alpha,\beta]$由像素 $p_i=(x_i, y_i)$，其中 $y_i=\lfloor\sigma x_i+\mu\rfloor$，组成。直线段的斜率为其他值时的情况可由对称或旋转 $\pi/2$ 角度得到。在目标轮廓量化中，每个垂直网格线$(x=x_i)$与直线段$[\alpha,\beta]$的交点 $g=(x_g, y_g)$都映射到最近的、坐标值较小的像素 $p_i=(x_g, \lfloor\sigma x_g+\mu\rfloor)$，其中$\lfloor\cdot\rfloor$代表**下取整函数**。

object-centered⇔ **以物体为中心的**

参阅 **scene-centered**。

object count agreement [OCA]⇔ **目标计数一致性**

图像分割评价中，一种**差异试验法**准则。设 S_i 为对一幅图像进行分割所得到的第 i 类目标个数，T_i 为图中实际存在的第 i 类目标个数，N 是目标总类别数，则目标计数一致性可表示为

$$\mathrm{OCA}=\int_L^{\infty}\frac{1}{2^{M/2}\Gamma(M/2)}t^{(M-2)/2}\exp(-t/2)\mathrm{d}t$$

其中，$M=N-1$，$\Gamma(\cdot)$为伽马函数；L 由下式计算：

$$L=\sum_{i=1}^{N}\frac{S_i-T_i}{cT_i}$$

其中 c 是校正系数。

object description⇔ **目标描述**

在**目标表达**的基础上较抽象地表示目标特性。可分为：①**基于边界的描述**；②**基于区域的描述**；③**对目标关系的描述**。

object detection⇔ **目标检测**

图像分析中，判断场景中有无感兴趣目标并确定其位置的工作。比较 **object extraction**。

object extraction⇔**目标提取**

图像分析的重要工作之一。在**目标检测**基础上强调将需提取的目标与图像中其他目标和背景区别开来，以便接下来可以单独进行分析。参阅 **image segmentation**。

object identification⇔**目标辨识**

机器视觉系统中，用来甄别场景中被观察、检测和测量的不同物体的功能。为此，常使用一些特殊的特征和手段，如条形码、物体形状。

object interaction characterization⇔**目标交互刻画**

一种典型的**自动活动分析**任务。属于高层分析。不同的环境下，不同的目标间可有不同类型的交互。严格地定义目标交互目前还比较困难。

objective criteria⇔**客观准则**

图像分割评价中，可通过分析计算获得，结果不因评价人的主观认识而异的**评价准则**。

objective evaluation⇔**客观评价**

图像信息融合中，依靠某些可计算的指标来进行的**图像融合效果评价**。结果与主观视觉效果常有一定的相关性，但又不完全吻合。

objective feature⇔**客观特征**

主要与**图像**中目标的辨识及**视频**中目标的运动有关的一种**语义特征**。

objective fidelity⇔**客观保真度**

参阅 **objective fidelity criterion**。

objective fidelity criterion⇔**客观保真度准则**

用编码输入图像与解码输出图像的函数来表示损失信息量的**测度**。常用的有**均方信噪比**、**峰值信噪比**等，均可定量计算。

objective quality measurement⇔**客观质量测量**

排除主观因素，直接对**图像质量**进行客观计算。也指客观计算的依据或准则。易于计算，且提供了对主观测量和其局限的一个替换。缺点包括常与人类主观评价的质量不相关，需要一幅并不一定总可得到的、质量假设为完美的“原始”图像。参阅 **objective fidelity criteria**。比较 **subjective quality measurement**。

object knowledge⇔**目标知识**

知识分类中，反映客观世界中有关各目标特性的知识。

object labeling⇔**目标标记(方法)**

对从图像中分割出来的目标区域进行标号或命名，即赋予目标以唯一的语义符号的过程。最终目的是获得对场景图像的恰当解释。

object layer⇔**目标层**

多层图像描述模型中，将整幅图像分成若干个表达一定语义且存在一定关系的一层。使用户可根据自身需求和应用要求向系统提出希望图像中包含什么样的语义区域（也就是**目标**），同时还可进一步要求这些目标之间应满足什么关系。

object layer semantic⇔**目标层语义**

图像或视频中**目标区域**所具有的

语义。属于**语义层**语义，具有一定的局部特性。

object matching⇔**目标匹配（技术）**

一种以图像中的**目标**为匹配基本单元的**广义图像匹配**。

object-oriented⇔**面向目标的，物体基的**

同 **object-based**。

object-perceived color⇔**物体色**

对物体要借助于某些实际经验或事物才能联想到的颜色。比较 **non-object perceived color**。

object recognition⇔**目标识别**

对**图像**中感兴趣部分的**识别**。是**模式识别**中的特定类别，也是主要类别。

object region⇔**目标区域**

图像中**目标**占据的空间部分。与**目标**基本相同，这里更强调其在 2-D 平面上有一定尺寸。

object representation⇔**目标表达**

选择一定的数据结构来表示**图像中目标**的方式。一般常用不同于原始图像的合适表达形式来表示目标。好的表达方法应具有节省储存空间、易于特征计算等优点。根据目标表达的策略，目标表达可分**内部表达**与**外部表达**。根据对目标表达采用的技术，可分为三类：①**基于边界的表达**；②**基于区域的表达**；③**基于变换的表达**。

object segmentation⇔**目标分割**

图像分割的别称。这样称呼更强调**目标提取**的含义。

object shape⇔**目标形状**

由图像中目标边界上的全部点所组成的**模式**。简称**形状**。事实上，因为形状很难表达成一个数学公式，或使用精确的数学定义，所以很多关于形状的讨论常使用比较的方法，如该目标像某个已知目标，而很少直接用定量的描述符。换句话说，讨论形状时常使用相对的概念，而不是绝对的度量。

object-specific metric⇔**特定目标的度量**

对给定视场中**目标**的一种**直接测度**。基本测度包括：目标的**面积**，边界直径（包括最大、最小直径），**边界长度**，内切位置，切线数量，交线数量及孔数量等。

object tracking⇔**目标跟踪（技术）**

运动目标跟踪的简称。

OBQ⇔**目标轮廓量化**

object-boundary quantization 的缩写。

observation model⇔**观察模型**

传感器分量模型中的组成之一。描述当一个传感器的位置和状态已知，而且其他传感器的决策也已知时，该传感器的模型。

observed unit⇔**观察单元**

模式分类中，观察到且测量得到的性质构成测量模式的单元。对图像数据，最简单实用的观察单元就是像素。实际中也可是任何窗口或区域或子图像。

observer-centered ⇔ 以观察者为中心的

马尔视觉计算理论中 **2.5-D 表达**的本质，即物体表面（可见）信息从观察者视角来表达的。

obtaining original feature ⇔ 获取原始特征

表情特征提取的三项工作任务之一。主要是从**人脸图像**中抽取几何特征、外貌特征和序列特征等。有些是永久特征（眼睛、嘴唇等），有些是瞬时特征（某些表情所导致的鱼尾纹等）。

OCA ⇔ 目标计数一致性

object count agreement 的缩写。

occipital lobe ⇔ 枕叶

人脑的组成部分之一。来自外侧膝状核的纤维终止在这个部分。因为是来自**眼睛**的神经冲动的初级**感受域**，所以也称皮层视觉区。

occluding contour ⇔ 遮挡轮廓

光滑曲面远离观察者时的可见**边缘**。规定了表面上的一个 3-D 空间曲线，从观察者到空间曲线上一点的视线垂直于该点的表面法线。这条曲线的 2-D 图像也可称为遮挡轮廓。可借助**边缘检测**过程来找出轮廓。从侧面观察一个竖直的圆柱体时，其左边和右边都是**遮挡边缘**。

occluding edge ⇔ 遮挡边缘

场景中深度不连续的目标在图像中出现的边界。当将一个目标表面投影到边缘一边的一个像素上，而将另一个在上述表面后边一定距离的另一个目标表面投影到边缘的另一边时就会出现遮挡边缘。深度图中的**阶跃边缘**总是遮挡边缘。

occupancy grid ⇔ 占有网格

一种主要用于自主车辆导航的**图**构建技术。网格是一组表示场景的正方形或立方体，可根据观察者是否认为对应的场景区域是空的（可以航行）或满的（已有车辆）来标记。还可以使用概率测度。常使用从**深度图像**、**双目立体**或声呐传感器得到的信息以在观察者运动时更新网格。

OCR ⇔ 光学字符识别

optical character recognition 的缩写。

octree [OT] ⇔ 八叉树

一种基本的**立体表达**技术。是 2-D 空间中的**四叉树**表达在 3-D 空间中的推广。用**图**表示时，每个非叶结点最多可有 8 个孩子。

OD ⇔ 光（学）密度

optical density 的缩写。

ODCT ⇔ 奇对称离散余弦变换

odd-symmetric discrete cosine transform 的缩写。

odd-antisymmetric discrete sine transform [ODST] ⇔ 奇反对称离散正弦变换

一种特殊的正弦变换。假设有一幅 $M \times N$ 的图像 f，改变其符号并将其关于其最左列和最上行翻转，还沿翻转轴插入一行 0 和一列 0 以得到一幅 $(2M+1) \times (2N+1)$ 图像。这幅 $(2M+1) \times (2N+1)$ 图像的**离散傅里叶变换**是实的，且为

$$-\frac{4}{(2M+1)(2N+1)}\sum_{k'=1}^{M}\sum_{l'=1}^{N}f(k',l')\sin\frac{2\pi mk'}{2M+1}\sin\frac{2\pi nl'}{2N+1}$$

注意这里的指标 k' 和 l' 不是原始图像的指标，原指标分别取 0 到 $M-1$ 和 0 到 $N-1$。因为插入了全为 0 的行和列，指标需要偏移 1。为得到原始的指标，可定义原始图像的奇反对称离散正弦变换为

$$F_{os}(m,n)\equiv-\frac{4}{(2M+1)(2N+1)}\sum_{k=0}^{M-1}\sum_{l=0}^{N-1}f(k,l)\sin\frac{2\pi m(k+1)}{2M+1}\sin\frac{2\pi n(l+1)}{2N+1}$$

odd chain code ⇔ 奇数链码

4-方向链码中垂直方向上的**链码**和 **8-方向链码**中对角方向上的链码。

odd-symmetric discrete cosine transform [ODCT] ⇔ 奇对称离散余弦变换

一种特殊的余弦变换。假设有一幅 $M\times N$ 的图像 f，将它关于其最左列和最上行翻转以得到一幅 $(2M-1)\times(2N-1)$ 的图像。这幅 $(2M-1)\times(2N-1)$ 图像的**离散傅里叶变换**是实的，且有

$$F_{oc}(m,n)\equiv\frac{1}{(2M-1)(2N-1)}\left[f(0,0)+4\sum_{k=0}^{M-1}\sum_{l=1}^{N-1}f(k,l)\cos\frac{2\pi mk}{2N-1}\cos\frac{2\pi nl}{2N-1}+2\sum_{k=1}^{M-1}f(k,0)\cos\frac{2\pi mk}{2M-1}+2\sum_{l=1}^{N-1}f(0,l)\cos\frac{2\pi nl}{2N-1}\right]$$

可把上式写成更紧凑的形式

$$F_{oc}(m,n)\equiv\frac{1}{(2M-1)(2N-1)}\sum_{k=0}^{M-1}\sum_{l=1}^{N-1}C(k)C(l)f(k,l)\cos\frac{2\pi mk}{2M-1}\cos\frac{2\pi ml}{2N-1}$$

其中 $C(0)=1, C(k)=C(l)=2$，对 $k,l\neq0$。这就是原始图像的奇对称离散余弦变换。

ODST ⇔ 奇反对称离散正弦变换

odd-antisymmetric discrete sine transform 的缩写。

OFF-center neurons ⇔ 闭中心神经元

眼睛视网膜里神经中枢的一种细胞感受单元。其中包含中心**感受域**和周边感受域。中心感受域的暴露引起闭中心神经元的节制(即作用电压的脉冲频率下降)。另一方面，周边感受域的暴露引起刺激(即作用电压的脉冲频率上升)。如果中心感受域和周边感受域同时暴露，那么来自于周边感受域的反应总占主导地位。如果光刺激消失，在中心感受域产生刺激而在周边感受域产生节制。

offline handwriting recognition ⇔ 脱机手写体识别

对已记录完成的手写文本进行离线识别的应用技术。比较 **online handwriting recognition**。

OFW ⇔ 最优特征加权

optimal feature weighting 的缩写。

O'Gorman edge detector ⇔ 奥戈曼边缘检测器

一种用正交**沃尔什函数**模板将图

像和模型分解，以计算阶跃边缘的参数（反差和朝向）的参数**边缘检测器**。参数模型的优点包括良好的模型拟合和边缘反差都能增加所检测到边缘的**可靠性**。

omnicamera⇔全景摄像机

具有广角（最高可达 360°）**镜头**（常为鱼眼镜头）的**摄像机**。

omnidirectional image⇔全向图像，全方位图像，全景图像

采用**全景摄像机**所获得的反映周围大视角（最高达 360°）场景的图像。全景摄像机的效果也可通过把用普通摄像机获得的图像投影到对称轴垂直向上的双曲面上来实现。另外，借助多摄像机（如网络摄像机）和**图像拼接**技术，也可获得全景图像。

ON-center neuron⇔开中心神经元

眼睛中**视网膜**里神经中枢细胞的一种感受单元。其中包含中心**感受域**和周边感受域。中心感受域的暴露引起开中心神经元的刺激（即作用电压的脉冲频率上升）。另一方面，周边感受域的暴露引起节制（即作用电压的脉冲频率下降）。如果中心感受域和周边感受域同时暴露，那么来自于中心感受域的反应总占主导地位。如果光刺激消失，在中心感受域产生节制而在周边感受域产生刺激。

one-bounce model⇔单反弹模型

一种描述两个表面间相互反射的模型。考虑两个具有不同**彩色**的半无穷平面 A 和 B，在 A 上一点的彩色信号 C 包括没有相互反射影响时从表面 A 反射来的光、无反弹(no-bounce model)的彩色信号、加上先从表面 B 反射过来然后从表面 A 反射过来的光。后一个光再次从表面 B 反射过来，如此继续。为了模型的简化，这个无穷序列的反射在第一次后就中断了，只有单反弹(one-bounce)。

online activity analysis⇔在线活动分析

一种典型的**自动活动分析**任务。系统根据尚不完整的数据快速地对正在发生的行为进行**推理**（包括在线地分析、识别、评价活动）。

online handwriting recognition⇔联机手写体识别

可以边写边识别正在输入板上书写的文本的**手写体识别**方式。识别中可利用书写的笔画顺序、方位等信息。

opaque overlap⇔不透明重叠

一种将不同纹理结合在一起的**纹理构成**方法。两类纹理不透明重叠的基本想法是将一类纹理叠加到另一类纹理之上，后来叠加上去的纹理覆盖了原先的纹理。如果将纹理图像划分成多个区域，在不同区域进行不同的不透明重叠，就可能构建多种纹理的结合图像。

opening⇔开启

一种对图像进行的**数学形态学**基本运算。根据图像的不同，如**二值**

图像、**灰度图像**和**彩色图像**，可分为**二值开启**、**灰度开启**和彩色开启。

opening characterization theorem ⇔ 开启特性定理

表达**二值开启**运算从图像中提取与所用**结构元素**相匹配形状能力的定理。如果用∘代表**开启**算子，⊖代表**腐蚀**算子，A 代表图像，B 代表结构元素，$(B)_t$代表将 B 平移 t，则开启特性定理可表示为

$$A \circ B = \{x \in A \mid \text{对某些 } t \in A \ominus B, x \in (B)_t \text{ 和 } (B)_t \subseteq A\}$$

上式表明，用 B 开启 A 就是选出了 A 中某些与 B 相匹配的点，这些点可由完全包含在 A 中的结构元素 B 的平移得到。

open parametric curve ⇔ 开参数曲线

不封闭的**参数曲线**。比较 **close parametric curves**。

open-set evaluation ⇔ 开集评估

人脸识别中，同 **human face identification**。

open-set object ⇔ 开集目标

将**目标区域**的边界点算作背景点时得到的区域。仅考虑**区域的内部像素**。比较 **close-set object**。

operations of camera ⇔ 摄像机操作

摄像者对摄像机的控制过程。可分 3 类：①平移操作；②旋转操作；③缩放操作。这 3 类操作由 6 种情况结合而成：①**扫视**；②**倾斜**；③**变焦**；④**跟踪**；⑤**升降**；⑥**推拉**。参阅 **types of camera motion**。

operator ⇔ 操作符，算子

图像工程中，用来进行图像变换的运算符。可用来通过执行一定的计算把一幅图像变换成另一幅图像。一个操作符用一幅图像（或区域）作为输入并产生另一幅图像（或区域）。根据其所执行的运算不同，可分为**线性操作符**和**非线性操作符**。算子多指实现图像局部操作的运算及其模板，如**正交梯度算子**、**罗盘梯度算子**等。三种基本的算子类型为点算子、邻域算子和全局变换（如傅里叶变换）。

opponent-color model ⇔ 对立色模型

参阅 **opponent model**。

opponent colors ⇔ 对立（彩）色

对立色空间中的红-绿色对和蓝-黄色对。

opponent-color space ⇔ 对立色空间

对立色理论中，对立的神经过程（包括观察对立的彩色红-绿和蓝-黄，以及对立组织的亮-暗系统）所在的空间。是人类**色视觉**的基础。图 O1 给出对立色空间的一个表达。对立色空间已用于彩色立体分析，**彩色图像分割**，以及**颜色恒常性**的近似中。

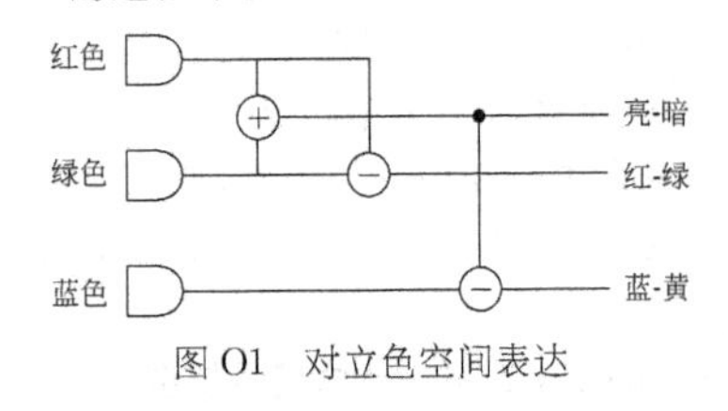

图 O1　对立色空间表达

opponent-color theory ⇔ 对立色理论

一种**彩色视觉**理论。把对立的神

经过程，包括对立色红-绿和黄-蓝以及类似的明-暗系统看作是彩色视觉的原因。认为有三种对立色，即红和绿，黄和蓝，黑和白。对立包括分解作用和促成作用。分解作用区分亮感觉（白、红、黄）和暗感觉（黑、绿、蓝）。促成作用导致**视网膜**上物质的变化。黑和白仅可分解（单向进行），而其他颜色则看既有分解又有促成作用（双向进行）。这一理论的缺点是不能解释**色盲**。

opponent model⇔对立模型

一种基于感知实验的**彩色模型**。典型的如 **HSB 模型**。

optical character recognition [OCR]⇔光学字符识别

对印刷和书写的字符利用计算机自动进行的识别。光学字符识别的概念提出已有约 80 年，作为一种高速、自动的信息录入手段，光学字符识别已在办公自动化、新闻出版、机器翻译等领域得到了广泛的应用。按照识别对象的特征分类，可分为**印刷体识别**和**手写体识别**。它们的基本识别过程都包括字符图像输入、图像预处理、**字符分割**和特征提取，以及字符分类识别等几步。

optical computing tomography⇔光学计算层析成像

以超短脉冲技术为核心的时间分辨方法。通过提取高散射介质中带有时间信息的弹道（直射）光子和蛇行光子进行相干选通，实现成像脉冲的测定，并分离出散射光噪声，得到有效的所成像。需要对 360°范围多个数据进行严格的数学物理分析，运用计算机将不同层面的结构信息加以处理，得出物体多幅分层结构图像，以 2-D 的分层结构将 3-D 结构分布表现出来，得到受检测对象的定量立体信息。成像结果的时间分辨率约与入射脉宽同数量级。

optical cut⇔光学切割

同 **gradual change**。

optical density [OD]⇔光（学）密度

对沿一条路径通过光学媒介的光通量的对数测度。光学密度等于**透光率**的倒数的以 10 为底的对数。在均匀的媒介中，光学密度直接与通路长度和出射度系数成正比。

也可用作基于**区域密度**的**描述符**。表达式如下：

$$\mathrm{OD} = \lg(1/T) = -\lg T$$

其中 T 代表**透射率**。

optical depth⇔光学深度

同 optical density。

optical disk⇔光盘

一种用于记录各种信号，以光信息作为存储物的记录装置。种类很多，常用的包括：CD，VCD，DVD，BD 等。

optical flow⇔光流

图像采集时因景物与图像采集设备间有相对运动而造成的**光模式**移动。即视觉场景中**目标**、表面和**边缘**等的可见运动模式。也称**图像流**。光流表达了图像中的变化，其中包含了目标运动的信息，可用来确定观察者相对目标的运动情况。光流有三个要素：①运动(速度场)，这是光流形成的必要条件；②光模式(如有灰度的像素点)，所以能携带信息；③成像投影(从景物到图像平面)，所以能被观察到。

如果假设图像值的变化是由相对或绝对的物体运动所导致的，则光流是局部**运动矢量**场的近似，代表了利用**摄像机**测得的图像值(图像辐射)在**图像序列**中从前一帧图像到后一帧图像间的变化。光流(及可见运动)可通过测量随时间的强度值变化(梯度等)来计算。计算中常用的两个假设是：

(1) 对一个目标观察到的辉度随时间变化是常数。这称为强度恒常性假设。

(2) 在图像平面空间上互相接近的点趋向于以相似的方式移动(速度平滑约束)。

optical-flow constraint equation⇔光流约束方程

同 **optical flow equation**。

optical-flow equation⇔光流方程

运动图像中，关于某一点的空间运动速度与该点的灰度空间变化率和灰度时间变化率之间关系的方程。也称**光流约束方程**。设 u 和 v 分别为图像点沿 X 和 Y 方向的移动速度，f_x和 f_y分别为图像点沿 X 和 Y 方向的灰度变化率，f_t为图像点随时间的灰度变化率，则光流方程为

$$(f_x, f_y) \cdot (u, v) = -f_t$$

optical-flow field⇔光流场

光模式运动所形成的空间。即一幅帧图像中所有与**光流**对应的**速度矢量**的总和，一个包含每个支撑区(如像素、块、区域)**运动矢量**的矢量场。表达了 3-D 运动目标点跨越 2-D 帧图像的最好近似。

optical illusion⇔视错觉

由于生理光学和心理光学的原因，对**眼睛**所观察到的现象产生的不正确**知觉**。如黑框中的白块和白框中的黑块，即使框、块大小完全相同，但总觉得白块要大些。这是由于亮点在**视网膜**上成的像总是小圆斑而非一点，故白块的像侵入到黑框上，而白框的像却侵入到黑块上。此现象称为光渗。

图 O2 所给出的扇形幻视(或称 Hering 幻视)是光幻视的一种，左图中间两条平行线向内弯，而右图中间两条平行线向外弯。对这种幻视的一种解释可见**神经位移假说**。

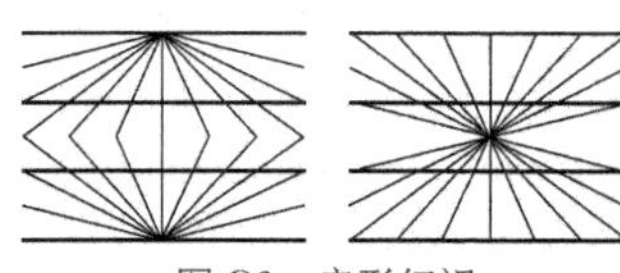

图 O2 扇形幻视

optical image⇔光学图像

借助光学原理和**光源**获得的**模拟图像**。除可见光光源外，也常用红外光源。

optical image processing⇔光学图像处理

利用光学设备直接对**模拟图像**进行的处理。处理速度比较快,但需要专用设备,因而灵活性较差。

optical imaging⇔光学成像(方法)

利用可见光波段的电磁波(并借助光学镜头等器件)来成像的过程。是一种**电磁光学成像**。

optical interference computer tomography⇔光学干涉计算机层析成像

对激光通过透明物质的多方向干涉图数据进行严格的数学物理分析,运用计算机将垂直于光线方向的不同层面的结构干涉信息加以处理,得出物体多幅分层结构**图像**的方式。这种方式以 2-D 的分层结构将 3-D 结构分布表现出来,给出受检测对象的定量立体信息。干涉图与投影图不同,不仅带有透明物体结构和物理参量的信息,且检测精度很高。所以是一种较医用**层析成像**精度更高的定量 3-D 层析检测技术。

optical lens⇔光学镜头

用透明物质(玻璃、塑料、石英、荧石、晶体等)制成,有两个整齐光滑曲面作为边界的光学器件。也称**透镜**、**镜头**。根据折射定律,镜头成像是一个非线性过程。同心光束通过镜头后不能完全会聚到一点。透镜的作用是收集光线并改变光线的**聚散度**或波前曲率以使光聚焦于某一位置,分为会聚透镜(正透镜)和发散透镜(**负透镜**)两种。柱面和复曲面透镜在两个垂直的方向上有不同的聚散作用,但都具有两条焦线,统称为像散透镜。抛物面等透镜统称非球面透镜,用以校正像差。球面透镜具有相同的聚散度(屈光本领),但可有不同的曲面组合,这种组合的选择称为配曲或换形,可校正像差或简化制造工艺。透镜还可按厚薄分类,薄透镜的厚度与焦距相比可忽略不计,否则称为厚透镜。薄透镜的好处在于公式中无厚度参量,简单明了,其总屈光本领为两个曲面的屈光本领之和。

optical part of the electromagnetic spectrum⇔电磁波谱的光学部分

波长在 400～700 nm 的**电磁辐射**。能使人眼接收到彩色的主观感觉。

optical pattern⇔光模式

景物表面带光学特征的部位所形成的图案。

optical procedure⇔光学过程

视觉过程的第一步。光学过程的物理基础是人的**眼睛**。当眼睛聚焦在前方物体上时,从外部射入眼睛内的光就在**视网膜**上成像。光学过程基本确定了成像的尺寸。

optical transfer function [OTF]⇔光学传递函数,光学转移函数

调制传递函数和相位传递函数的合称。表达了不同物体表面对不同频率光谱的转移能力。高频对应细节,低频对应轮廓。给出了判断一个光学系统测量空间变化模式能力的一种方式，即一种评估退化程度的方式。

optic axis ⇔ **光轴**

对**镜头组**，通过各镜头表面的曲率中心的直线。

optimal color ⇔ **最优色**

理想物体表面所呈现的颜色。物体对各波段的反射因数或为 0 或为 1，且在全波段中最多仅有两处不连续的跳跃。按其分布分为短波色(360～470 nm)、中波色(470～620 nm)、长波色(620～770 nm)。最佳色在各种同亮度的色中是显著度最高的，而在同**色调**中是最亮的。

optimal feature weighting [OFW] ⇔ **最优特征加权**

特征选择中的一种**封装方法**。使用一个随机近似算法来解决与分类相关的最小化问题。

optimal path search ⇔ **最优路径搜索**

一种优化方法。将需要解决的问题分解成一系列到达某个目标的步骤，通过对实现这些步骤的不同路径的搜索来取得最优的解决方法。

optimal predictor ⇔ **最优预测器**

有损预测编码中，假设没有**量化误差**时希望实现的**预测器**。绝大多数情况下最优预测器采用的最优准则是最小化均方预测误差。如果用 $f_n(n=1,2,\cdots)$ 表示输入图像的像素序列，用 $\hat{f}_n$ 表示预测得到的序列，用 e_n 表示预测误差序列，则最优预测器所能最小化的编码器均方预测误差：

$$E\{e_n^2\}=E\{[f_n-\hat{f}_n]^2\}$$

optimal quantizer ⇔ **最优量化器**

有损预测编码中，假设不考虑**预测器**时希望实现的**量化器**。量化器设计的关键是确定量化函数。如果设量化器的输入为 s(称为判别电平)，输出为 t(称为重建电平)，$t=q(s)$，则**最优量化器**的设计就是要在给定优化准则和输入概率密度函数 $p(s)$ 的条件下选择一组最优的 s_i 和 t_i。如果用最小均方量化误差(即 $E\{(s-t_i)^2\}$)作为准则，且 $p(s)$ 是偶函数，那么最小误差条件为

$$\int_{s_{i-1}}^{s_i}(s-t_i)p(s)\mathrm{d}s=0,\quad i=1,2,\cdots,L/2$$

其中，

$$s_i=\begin{cases}0, & i=0\\ (t_i+t_{i+1})/2, & i=1,2,\cdots,L/2-1\\ \infty, & i=L/2\end{cases}$$

$$s_i=-s_{-i},\qquad t_i=-t_{-i}$$

上面第一个式子表明重建电平是所给定判别区间的 $p(s)$ 曲线下面积的重心，第二个式子指出判别值正好为两个重建值的中值，第三个式子可由 $q(s)$ 是奇函数而得到。对任意 L，满足上述三式的 s_i 和 t_i 在均方误差意义下最优。与此对应的量化器称为 L 级(level) Lloyd-Max 量化器。

参阅 **quantization function in predictive coding**。

optimal thresholding ⇔ **最优阈值化**

一种基于优化技术选取**阈值**进行

图像分割的算法。典型的阈值选取方法是选取能将图像分割开并使分割误差达到最小的**依赖像素的阈值**。

optimal uniform quantizer⇔**最优均匀量化器**

有损预测编码器中，一种在符号编码器里使用**变长码**且具有特定步长的**量化器**。可在具有相同输出可靠性的条件下提供比固定长度编码的 Lloyd-Max 量化器更低的码率。

optimization method⇔**优化方法**

运动估计中，最小化基于位移帧差(DFD)的运动估计准则的方法。为此，可使用基于梯度的搜索技术或多分辨率搜索技术。

optimization technique⇔**优化技术**

在**自投影重建图像**中，同 **algebraic reconstruction technique**。

optimum statistical classifier⇔**最优统计分类器**

满足某种最优化统计准则的**模式分类器**。常使用在平均意义上产生最小可能分类误差的最优分类方法。能最小化总平均损失的**最优统计分类器**称为**贝叶斯分类器**。

ordered landmark⇔**排序地标点，有序地标点**

一种将**地标点**排列或组合的表达方式。需要对各个地标点的坐标进行选择，从某个固定的参考地标点开始将地标点组成一个矢量。对一个有 n 个坐标点的目标 S，其排序地标点用一个 $2n$-矢量来表示：

$$S_o = [S_{x,1}, S_{y,1}, S_{x,2}, S_{y,2}, \cdots, S_{x,n}, S_{y,n}]^T$$

比较 **free landmark**。

ordering constraint⇔**顺序约束，排序约束**

1. **基于特征的立体匹配**中，被观察物体可见表面上**特征点**的排列顺序与它们在成像后得到的图像上的投影顺序(沿**极线**)的关系。因为此时物体和它们的投影在光心两边，所以这两个顺序正好相反。

2. **视差误差检测与校正**中，两个物体在空间的排列顺序与它们在立体图像对上的投影顺序的关系。因为此时物体和它们的投影在光心的同一边，所以这两个顺序是一致的。

ordering filter⇔**排序滤波器**

一种**非线性空域噪声滤波器**。典型的如**中值滤波器**、**最大值滤波器**、**最小值滤波器**和**中点滤波器**，另外还有剪切**均值滤波器**、**自适应中值滤波器**等。

order-statistics filter⇔**序统计滤波器**

实现**非线性滤波**的**空域滤波器**。常简称序滤波器。需要基于对模板所覆盖像素的灰度值进行排序而工作。最常见的是**百分比滤波器**。

order-statistics filtering⇔**序统计滤波(技术)**

参阅 **order-statistics filter**。

ordinary Voronoi diagram⇔**普通沃罗诺伊图**

图像中满足特定条件的所有像素的沃罗诺伊邻域的集合。与**德劳奈三角剖分**的结果互为对偶。一个给定像素的沃罗诺伊邻域对应一个与该像素最接近的欧氏平面区域，即是一个有限独立点的集合 $P=\{p_1, p_2, \cdots, p_n\}$，其中 $n \geqslant 2$。一个像素的沃罗诺伊邻域提供了该像素的一个直观的近似定义。参阅 **Voronoi polygon**。

organ of vision ⇔ **视觉器官**

由**眼睛**、视神经和脑的皮层视觉区组成的结构总体。

orientation from change of texture ⇔ **由纹理变化恢复朝向，自纹理变化恢复朝向**

自纹理重建的主要技术。这里对**纹理**的描述主要根据**结构法**的思想，即复杂的纹理是由基本的**纹理元**以一定的有规律的形式重复排列组合而成。利用物体表面的纹理确定表面朝向要考虑成像过程的影响，具体与景物纹理和图像纹理间的联系有关。在获取图像的过程中，原始景物上的纹理结构有可能在投影到图像上时发生变化，这种变化随纹理所在表面朝向的不同而有可能不同，因而图像带有物体表面取向的 3-D 信息。纹理的变化主要可分三类，常用的恢复朝向方法也可对应分成三类：①**基于纹理元尺寸变化的方法**；②**基于纹理元形状变化的方法**；③**基于纹理元之间空间关系变化的方法**。图 O3 依次给出三类纹理变化与表面朝向关系的各一个示例。

图 O3(a)表明由于在透视投影中存在着近大远小的规律，所以位置不同的纹理元在投影后尺寸会产生不同的变化。图 O3(b)表明物体表面纹理元的形状在透视投影成像后有可能发生一定的变化。图 O3(c)表明平行栅格线段集合在透视投影成像后的变化也会指示出线段集合所在平面的朝向。

orientation map ⇔ **朝向图(像)**

每个像素的性质值都指示对应该处的 3-D 景物表面的面元法线朝向的**图像**。

orientation of graph ⇔ **图的定向**

为(无向)**图**中的每条边指定头部和尾部得到的**有向图**。

orientation of object surface ⇔ **目标表面朝向**

目标表面的一个重要描述特性。对一个光滑的表面，其上每个点都有一个对应切面，这个切面的朝向

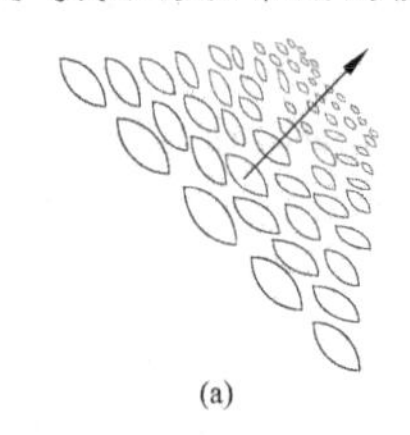
(a)

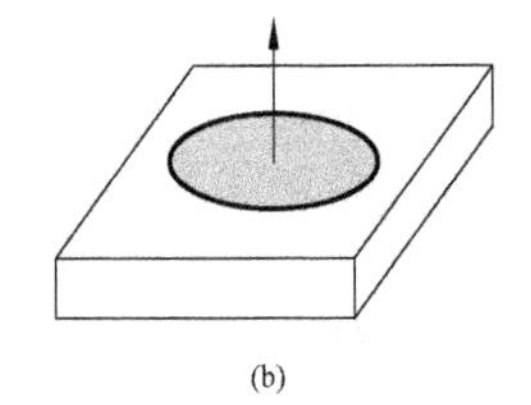
(b)

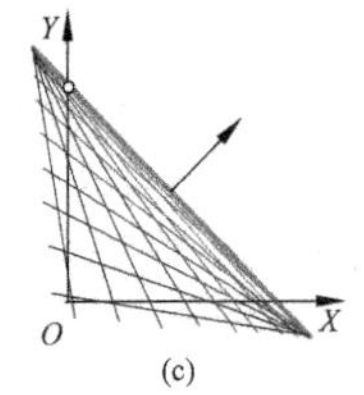

(c)

图 O3 纹理变化与表面朝向

就表示了表面在该点的朝向。

oriented Gabor filter bank⇔朝向盖伯滤波器组

一种用以描述**视觉皮层**中的细胞时空结构性质的**时空滤波器**。在对**视频**进行分析时,可将**视频片段**考虑成一个定义在 XYT 空间中的时空体,对每个体素(x,y,t)用**盖伯滤波器**组计算不同朝向和空间尺度以及单个时间尺度的局部表观模型。这样就可对视频体数据进行滤波,并根据滤波器组的响应进一步推出特定的特征。

oriented Gaussian kernels and their derivatives⇔朝向高斯核及其微分

一种用以描述**视觉皮层**中细胞时空结构性质的**时空滤波器**。用高斯核在**空域**进行滤波,用高斯微分在时域进行滤波,对响应取阈值后可结合进**直方图**。这种方法能对远场(非近景镜头)视频提供简单有效的特征。

oriented pyramid⇔有朝向金字塔

将一幅图像分解成若干个尺度和不同朝向的有向**金字塔**。与在每个尺度均没有朝向信息的**拉普拉斯金字塔**不同,在有朝向金字塔中各个尺度代表在特定方向的**纹理能量**。产生有朝向金字塔的一种方法是对**高斯金字塔**使用导数滤波器或对拉普拉斯金字塔使用**方向滤波器**,即要将它们进一步分解到各个尺度。

original image layer⇔原始图像层

多层图像描述模型中的一层。对应原始图像。

ORL database⇔ORL 数据库

一个包含 40 个人的 400 幅 92×112 像素的灰度图像的数据库。每个人都被收集了 10 幅不同的图像。所有的图像都有着相似的暗背景,同一人的不同图像是在不同时间、不同光照、不同头部位姿(上倾、下倾、左偏和右偏)、不同面部表情(睁/闭眼、笑/严肃)和不同人脸细节(有/无眼镜)下拍摄而得的,但通常上述几种变化并不会同时出现在同一个人的 10 幅图像中。

orthogonal gradient operator⇔正交梯度算子

一种由两个正交的模板组成的计算梯度算子。包含多种常用的一阶**差分边缘检测算子**,如**罗伯特交叉检测算子**、**蒲瑞维特检测算子**、**索贝尔检测算子**和**各向同性检测算子**。

orthogonal masks⇔正交模板

两两之间内积均为零的一组**模板**。

orthogonal multiple-nocular stereo imaging⇔正交多目立体成像(方法)

结合单方向**多目成像**和**正交三目成像**的技术。正交多目**图像序列**的拍摄位置示意图见图 O4。让摄像机沿着水平线上各点 L,R_1,R_2,…以及垂直线上各点 L,T_1,T_2,…拍摄,就可以获得基线正交的**立体图像**系列。

理论上说,不仅在水平和垂直方向,甚至在深度方向(沿 Z 轴方向)

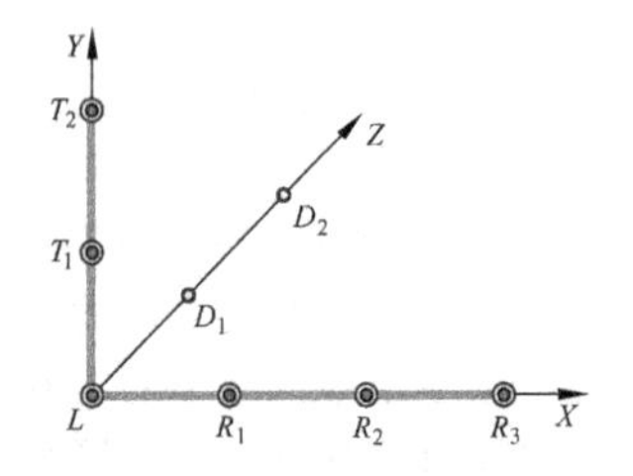

图 O4　正交多目立体成像示意图

也可采集多幅图像(如在图 O4 中沿 Z 轴的 D_1 和 D_2 两个位置采集)。但实践表明,深度方向图像对恢复场景 3-D 信息的贡献效果不明显。

orthogonal projection ⇔ **正交投影**

一种简化的**投影成像模式**。不考虑**世界坐标系**中的点的 Z 坐标,也即相当于沿**摄像机轴线**的方向直接将世界点投影到图像平面,所以投影结果表示了景物截面的真正尺度。

正交投影可看作摄像机焦距 λ 为无穷时的**透视投影**。

orthogonal random variables ⇔ **正交随机变量**

两者的**期望值**满足

$$E\{f_i f_j\} = 0$$

的两个随机变量。

orthogonal regression ⇔ **正交回归**

线性回归在 x 和 y 都是测量的数据且受**噪声**影响时的一般形式。也称总最小均方。给定采样 $\tilde{x}_i$ 和 $\tilde{y}_i$,目标是估计真实的点 $(\tilde{x}_i, \tilde{y}_i)$ 和线参数 (a,b,c) 使得对 $\forall_i$ 有 $a\tilde{x}_i + b\tilde{y}_i + c = 0$,且能最小化误差 $\sum (x_i - \tilde{x}_i)^2 + (y_i - \tilde{y}_i)^2$。当线或面(在高维空间)沿具有最小特征值的数据散布矩阵中特征矢量方向通过数据重心时,很容易进行估计。

orthogonal transform ⇔ **正交变换**

一种同时满足下列三个条件的特殊**图像变换**:

(1) 变换矩阵与其逆变换矩阵的逆相等;

(2) 变换矩阵的共轭与其逆变换矩阵的逆相等;

(3) 变换矩阵的转置与其逆变换矩阵的逆相等。

满足上述条件的**正向变换和逆变换**构成正交**变换对**。

orthogonal transform codec system ⇔ **正交变换编解码系统**

借助**正交变换**(傅里叶变换、离散余弦变换等)来实现对图像编解码的系统。通过对图像进行变换来减小像素间的相关性,从而获得压缩图像数据的效果。具体步骤和模块见**变换编码系统**。

orthogonal tri-nocular stereo imaging ⇔ **正交三目立体成像(方法)**

一种特殊的**多目立体成像**模式。图 O5 给出一个示意图,其中三个摄像机的位置处在一个直角三角形的三个顶点上。一般取直角顶点为原点,其两条边分别与 X 轴和 Y 轴重合。三个摄像机的位置分别标为 L, R, T。从 L 和 R 可获得水平立体图像对,其**基线**为 B_h;从 L 和 T 可获得垂直立体图像对,其**基线**为 B_v。

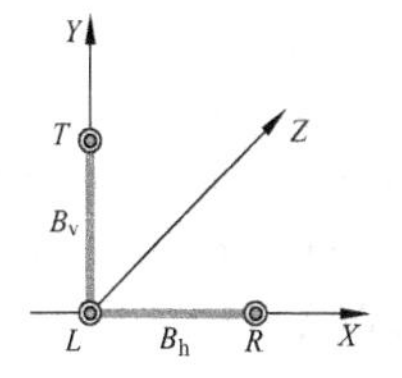

图 O5 正交三目立体成像中的摄像机位置

orthonormal vectors ⇔ 正交归一化矢量

其中每一矢量的幅度均为 1，且都与其他矢量的复共轭的点积均为零的一组矢量。

osculating plane ⇔ 密切平面

空间曲线局部几何坐标系中，通过原点并与其邻域点最贴近的平面。是唯一的。参见图 L12。

OT ⇔ 八叉树

octree 的缩写。

OTF ⇔ 光学转移函数，光学传递函数

optical transfer function 的缩写。

Otsu method ⇔ 大津方法

一种不依赖于对**概率密度函数**，直接确定能最大化两个群体区分性的阈值，并用于**图像分割**的建模方法。令 $h(x)$为图像的直方图，这种区分性可用如下的类间方差来描述：

$$\sigma_{\mathrm{B}}^2(t)=\frac{[\mu(t)-\mu\theta(t)]^2}{\theta(t)[1-\theta(t)]}$$

其中 μ 是图像的平均灰度值，t 是假设的阈值，$\theta(t)$是此时图像中像素被分割为背景的比例，且有

$$\mu(t)=\sum_{x=1}^{t}xh(x) \text{ 和 } \theta(t)=\sum_{x=1}^{t}h(x)$$

这里的思路是从直方图的低端开始，对每个灰度值 t，通过计算 $\mu(t)$ 和 $\theta(t)$的值并将它们代入类间方差式来检查其为最大化 $\sigma_{\mathrm{B}}^2(t)$的阈值的可能性。一旦 σ_{B}^2 开始减少，则停止检查。以这样的方式所确定的 t 可使$\sigma_{\mathrm{B}}^2(t)$成为最大。该方法默认函数 $\sigma_{\mathrm{B}}^2(t)$是良好的，即它只有一个最大值。

outer orientation ⇔ 外方位

同 **exterior orientation**。

outer product of vectors ⇔ 矢量外积

构成一幅基本图像的两个矢量间的一种运算。一幅图像表示成某些基本图像的线性叠加。给定两个 $N\times1$的矢量：

$$\boldsymbol{u}_i^{\mathrm{T}}=[u_{i1},u_{i2},\cdots,u_{iN}]$$

$$\boldsymbol{v}_i^{\mathrm{T}}=[v_{i1},v_{i2},\cdots,v_{iN}]$$

它们的外积可表示为

$$\boldsymbol{u}_i\boldsymbol{v}_j^{\mathrm{T}}=\begin{bmatrix}u_{i1}\\u_{i2}\\\vdots\\u_{iN}\end{bmatrix}\begin{bmatrix}v_{j1} & v_{j2} & \cdots & v_{jN}\end{bmatrix}=\begin{bmatrix}u_{i1}v_{j1} & u_{i1}v_{j2} & \cdots & u_{i1}v_{jN}\\u_{i2}v_{j1} & u_{i2}v_{j2} & \cdots & u_{i2}v_{jN}\\\vdots & \vdots & & \vdots\\u_{iN}v_{j1} & u_{iN}v_{j2} & \cdots & u_{iN}v_{jN}\end{bmatrix}$$

所以，两个矢量的外积是一个 $N\times N$ 的矩阵，可看作一幅图像。另一方面，一幅图像也可展开成矢量的外积。

outlier ⇔ 外(野)点，离群值

统计上与其他数据差别明显的特殊数据。在点集分布中，指那些与点聚类相差较远的点。如果一

个数据集合除去个别的点外都满足某种规则或可用某个模型很好地表达，那么这些个别点就是离群点。将点分类为离群点既要考虑所用模型，也要考虑数据的统计特性。

output cropping⇔输出裁剪(技术)

同 **histogram shrinking**。

over-determined inverse problem ⇔ 超定(逆)问题

构建模型时，模型仅由很少的参数来描述，却有很多数据来验证的问题。常见的例子如通过大量的数据点来拟合一条直线。在这种情况下，可能无法确定通过所有数据点直线的精确解，仅可以确定能最小化与所有数据点间总距离的直线。比较 **under-determined problem**。

overlapped binocular field of view⇔重叠双目视场

两只**眼睛**同时注视一物体时，各自**相对视场**部分互相重叠的视场。也称全等视场。

over proportion⇔覆盖比例

遥感图像光谱分解中，确定像素对应地面区域中不同物质的混合比例的问题。

over-segmentation⇔过分割

图像分割中，将图像划分得过细，产生数量过多的分割区域的情况。

P

P3P ⇔ **三点透视**

perspective 3 points 的缩写。

PACS ⇔ **图像存档和通信系统**

picture archiving and communication system 的缩写。

paired contours ⇔ **成对轮廓**

同时出现在图像中，其间具有特殊空间关系的一对轮廓。例如，航拍图像中由河床产生的轮廓、人肢体（臂、腿）的轮廓。可使用共生性以使对它们的检测更鲁棒。

pair-wise geometric histogram [PGH] ⇔ **成对几何直方图，按对几何直方图**

用于**目标匹配**的基于线或边缘的形状表示。特别适用于 2-D。可通过对每个线段计算相对角度和与其他所有线段的垂直距离来获得直方图。这种表达对旋转和平移不变。可使用**巴氏距离**来比较成对几何直方图。

Paley order of Walsh functions ⇔ **沃尔什函数的佩利序**

一种使用**拉德马赫函数**定义的**沃尔什函数**的序。

PAL format ⇔ **PAL 制，相位交替行制**

phase alteration line format 的缩写。

palm-geometry recognition ⇔ **掌形识别**

掌纹识别和**手形识别**的合称。

palmprint recognition ⇔ **掌纹识别**

一种**生物特征识别**技术。掌纹指手掌上的**纹理**和曲线**特征**。这些特征虽然不太规则但与个体一一对应，不随人的发育成长而改变，所以可用于辨识和区分不同的人。

pan ⇔ **扫视**

摄像机绕着中心且与图像垂直高度（接近）平行的轴线进行转动的运动方式。

pan angle ⇔ **扫视角**

一般**摄像机模型**中，对应**摄像机**在**世界坐标系**中水平偏转的角度。是**摄像机坐标系**的 x 轴和世界坐标系的 X 轴之间的夹角。

panchromatic image ⇔ **全色图像**

2-D 光密度函数 $f(x,y)$ 在平面坐标点 (x,y) 的值正比于场景中对应点的亮度的图像。这里英语限定词的前缀 pan-表示“泛”，并不明确指定某种（单）色。

panning ⇔ **（水平）扫视（操作）**

摄像机绕**世界坐标系**的 Y 轴运动（即在水平面内旋转）的**摄像机运动类型**。也是一种典型的**摄像机操作**形式。如果取 XY 平面为地球的赤道面，Z 轴指向地球北极，则水平扫视会导致经度的变化。参阅 **types of camera motion**。

panoramic image stereo ⇔ **全景图像立体视觉**

一种具有非常大的视场（如方位

角 360°和仰角 120°)的**立体视觉系统**。可以对整个视场同时恢复视差图和深度。而一般的立体视觉系统需要靠移动和对齐结果来取得相同的效果。

pan/tilt/zoom [PTZ] camera ⇔ 全景摄像机,云台摄像机

装在电动云台上,可以全方位(上下、左右)移动并控制朝向方位,具有水平扫描、垂直倾斜、镜头缩放和变焦控制等功能的**摄像机**。常用于安防监控中。

Panum vision ⇔ 帕纳姆视觉

关于**双目视觉**的一个定律:要使双目视觉获得单一图像,并不要求两个**视网膜**上的所有像元都对应重合,只要各相应点都落在视网膜上同一个微小范围内就可。在体视中这种帕纳姆视觉经常起作用。实际落在视网膜严格相应点的只有一个外界物像,它的前后物体均不可能在相应点成像,但人们却有体视感就是因为它们的像是在帕纳姆定律指出的范围内。而前后距离较远的物体虽会在此范围外形成双像,但人们并无双像的感觉,这是因一个像被遏制了。这样一个范围称为帕纳姆区,帕纳姆区内的神经末梢能够与另一眼的相应点有选择地对应而产生单一视觉。此区是椭圆形的,越接近中央凹越小,越到视网膜边缘越大。如果视角达 3°以上时,其水平方向的直径约为视角的 3%,这称为费希尔(Fischer)定律。帕纳姆视觉中,两眼的客观视线方向与因帕纳姆区所造成的主观上物体方向之间一般有差别。

parallactic angle ⇔ 视差角

从**双目视觉**基线两端看同一物体时,这两个端点分别与物体连线之间的夹角。

parallax ⇔ 视差

有几种相关但不全同的定义和解释:

1. 将一个 3-D 点投影到一对 2-D 透视图像上后所观察到的位置差别。这种差别是由透视中心的位置偏移和光学轴朝向区别所造成的,可用来估计 3-D 点的深度。

2. 若从一基线两端看一个物体时,这两个端点引向物体的两条连线之间的夹角。

3. 从一个点(可以是运动点)到两个视点的连线间的夹角。**运动分析**中,当先前从一个视点看到的两个投影到同一个图像点的场景点后,随着相机的运动而投影到不同的点时,这两个新点间的矢量。

4. 在判别两个较远物体的相对远近,而只眼处在同一条直线时,沿直线移动眼睛时会感觉到较远物体似乎与眼睛作同方向移动的错觉。例如,仪器读数指针与刻度间常呈现这类视觉。又如,成像系统未曾消除色差,则各色各有其焦面,于是出现色视差。消除的方法是在刻尺后面加一反射镜,读数时令指针与其镜像重合。对光学仪器则用带有焦阑的**镜头组**消除色差。

5. 恒星的位置因地球运动而呈

现的周年视差或太阳视差。是计算恒星距离的基础。天文中也用此作为距离单位,1″差距就是年视差(最大值)为 1″的恒星间的距离,约等于 3.2633 光年=3.0857×10^{13} km。

6. **摄影测量**中,立体像上同名像点间的坐标差。平行于摄影基线方向的,称作左右视差;垂直于基线方向的,称作上下视差;任两点的左右视差之差,称作左右差异化量。在立体观察条件下,左右视差的差异化量可反映人眼的生理视差,因而能观察到立体模型。

7. 摄影术中,相机取景器中看到的物体位置与镜头摄入的物体位置不一致的现象。也称平行差。相机离物体越远,视差越小;距离越近,视差越大。

parallel-boundary technique ⇔ 并行边界技术

参阅 **boundary-based parallel algorithms**。

parallel edge ⇔ 平行边

同 **multiple edge**。

parellel edge detection ⇔ 并行边缘检测

利用**并行技术**来实现**边缘检测**的技术。比较 **sequential edge detection**。

parallel-region technique ⇔ 并行区域技术

参阅 **region-based parallel algorithms**。

parallel technique ⇔ 并行技术

采用并行计算的**图像技术**。并行技术中,所有判断和决定都可独立地同时作出。比较 **sequential techniques**。

parameter learning ⇔ 参数学习(方法)

对 **LDA 模型**求解的两个步骤之一。指在给定观测变量集合 $S=\{s_1, s_2, \cdots, s_M\}$ 的条件下确定超参数 a 和 b 的过程。

parameter of a digital video sequence ⇔ 数字视频序列参数

用于刻画数字**视频序列的**下列参数之一:

(1) 帧率($f_{s,t}$),即时间采样间隔或帧间隔;

(2) 行数($f_{s,y}$),等于帧图像高度除以垂直采样间隔;

(3) 每行的采样数($f_{s,x}$),等于帧图像宽度除以水平采样间隔。

parametric boundary ⇔ 参数边界

将目标的边界线表示为一条**参数曲线**的**目标表达**技术。参数曲线上的点有一定顺序。

parametric curve ⇔ 参数曲线

单参数曲线的简称。也是**单参数曲线**和**多参数曲线**的合称。

parametric time-series modeling ⇔ 参数时序建模(方法)

一种针对**动作-时间的动态建模**。通过运动建模,从**训练集**中估计出对一组动作的特定参数,从而以此刻画动作。这种方法比较适合跨越时域的复杂动作。典型的方法包括**隐马尔可夫模型**、**线性动态系统**和**非线性动态系统**。

parametric Wiener filter ⇔ 参数维纳滤波器

参数 s 是可调变量时的**维纳滤波器**。

para-perspective ⇔ **类透视**

对**透视投影**的一种近似。其中一个场景被分为多个部分，每个部分都由不同参数的平行投影来成像。也称侧透视。

para-perspective projection ⇔ **类透视投影，平行透视投影**

一种简化了的**投影成像模式**。介于**正交投影**和**透视投影**之间。见图P1，图中**世界坐标系**与**摄像机坐标系**重合，世界坐标系的 Z 轴与摄像机光轴平行。设焦距为 λ，像平面与 Z 轴垂直相交，点 C 为平面景物 S 的重心。

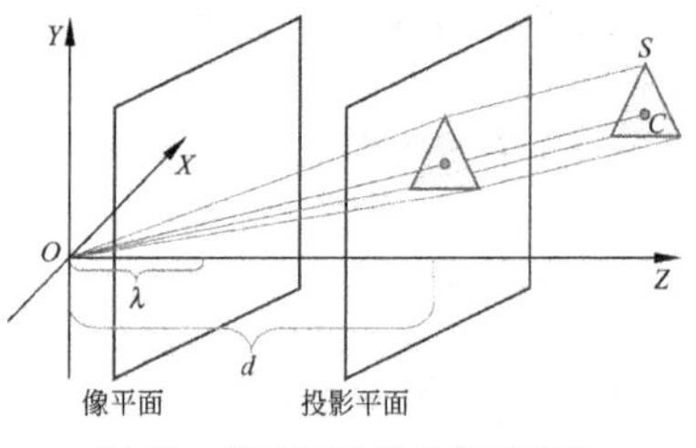

图P1　类透视投影成像示意图

给定一个投影平面 $Z=d$，类透视投影的过程分两步：

(1) 将 S 正交投影到投影平面上，此时各投影线平行于直线 OC；

(2) 将投影平面上的投影再次透视投影到像平面上，由于投影平面和像平面是平行的，所以在像平面上的投影缩小为投影平面上的投影的 λ/d。

上述第一步考虑了远景和位置的影响，而第二步考虑了距离和其他位置的影响。无论景物的尺度是否远远小于它到原点的距离，类透视投影都很接近透视投影。

paraxial ⇔ **近轴的**

光学系统具有无穷小孔径的。指距光轴距离很近的。也称傍轴。**几何光学**中，常限定光线离光轴距离很近。实用中，一般指光线和光轴间的夹角 α 足够小，满足 $\alpha=\tan\alpha=\sin\alpha$。

paraxial optics ⇔ **近轴光学**

研究光学系统近轴区的几何成像规律的光学分支。其成像公式为 $l'^{-1}-l^{-1}=f'^{-1}$，此式一般称为高斯公式；另一公式为 $x'x=-f'^2$，此式一般称为牛顿公式。式中 l' 为像距，l 为物距，f' 为像方焦距，f 为物方焦距，x' 为焦像距，x 为焦物距，y' 为像高，y 为物高。由此可知，垂直放大率 $\beta=l'/l=f'/x=x'/f=y'/y$，轴向放大率 $\alpha=x'/x$。各量的正负号按光学符号规约。近轴**几何光学**成像公式就是理想光学系统的成像公式，光学设计中的像差均是与之进行比较所得的差值。近轴光学也称一阶光学或**高斯光学**。

partially constrained pose ⇔ **部分约束位姿，部分约束姿态**

一种特殊的位姿约束情形。其中一个目标受到一组限制，它们约束目标可允许的朝向或位置，但并没有将任一个朝向或位置完全固定。例如公路上的汽车只能绕与路面垂直的轴旋转。

partial rotational symmetry index ⇔ **部分旋转对称系数**

一种由**贝塞尔-傅里叶频谱**得到

的**纹理描述符**。表达式为

$$C_R = \frac{\sum_{m=0}^{\infty}\sum_{n=0}^{\infty}(H_{m,n}R^2\cos m(2\pi/R))J_m^2(Z_{m,n})}{\sum_{m=0}^{\infty}\sum_{n=0}^{\infty}(H_{m,n}R^2)J_m^2(Z_{m,n})}$$

其中，$R=1,2,\cdots$；$H_{m,n}=A_{m,n}+B_{m,n}$，$A_{m,n}$，$B_{m,n}$是**贝塞尔-傅里叶系数**；J_m是第一种第 m 阶**贝塞尔函数**；$Z_{m,n}$是贝塞尔函数的零根(zero root)。

partial translational symmetry index ⇔ 部分平移对称系数

一种由**贝塞尔-傅里叶频谱**得到的**纹理描述符**。表达式为

$$C_T = \frac{\sum_{m=0}^{\infty}\sum_{n=0}^{\infty}H_{m,n}^2J_m^2(Z_{m,n}) - [A_{m,n}A_{m-1,n}+B_{m,n}B_{m-1,n}]J_m^2(Z_{m-1,n})\frac{\Delta R}{2R_v}}{2\sum_{m=0}^{\infty}\sum_{n=0}^{\infty}H_{m,n}^2J_m^2(Z_{m,n})}$$

其中，$R=1,2,\cdots$；ΔR 为沿半径的平移量；$H_{m,n}=A_{m,n}+B_{m,n}$，$A_{m,n}$，$B_{m,n}$是**贝塞尔-傅里叶系数**；J_m是第一种第 m 阶**贝塞尔函数**；$Z_{m,n}$是贝塞尔函数的零根(zero root)；R_v对应图像的尺寸。这样得到的 $C_T \in (0,1)$。

particle filter ⇔ 粒子滤波器

视频中一种基于运动信息进行**目标跟踪**的技术。使用在状态空间传播的随机样本(这些样本被称为“粒子”)来逼近系统状态的后验概率分布，从而利用对下一帧中目标位置的预测来减小搜索范围。**粒子滤波**本身代表一种采样方法，借助它可通过时间结构来逼近特定的分布。在图像研究中，也称**条件密度扩散**。

particle filtering ⇔ 粒子滤波(技术)

1. 模型参数的概率密度表示为粒子集合的**目标跟踪**策略。一个粒子是模型参数的单个样本，且与一个权重关联。典型的由粒子表示的概率密度是德尔塔函数集合或均值在粒子中心的高斯函数集合。在每个跟踪迭代过程中，当前的粒子集合对参数建模，并通过一个动态模型和一个观察模型产生表达后验分布的新集合。参阅 **condensation tracking**。

2. 一种非线性动态系统分析工具。基于非参数**蒙特卡罗方法**的近似贝叶斯滤波。利用蒙特卡罗方法模拟实现递归贝叶斯滤波，也称**序贯蒙特卡罗方法**。基本思路是用一组带有相关权值的随机样本的加权和来表示后验概率。当样本数目很大时，这种概率估计将等同于后验概率密度。在**图像工程**的研究中，通过在状态空间的模型中不断演化的具有权值的粒子来估计目标运动状态以实现对目标的跟踪目的。主要特点是算法简捷，使用灵活，容易实现，同时具有较好的并行结构。也被称为**条件密度扩散算法**。

partitioned iterated function system [PIFS] ⇔ 分区迭代函数系统

一种基于**分形**的**图像编码**方法。

利用图像中局部的相似性来实现图像压缩。一方面把图像划分成一组互不重叠的方形区域，称为区块(range block)；另一方面把图像划分成一组可以重叠且较大的方形区域，称为域块(domain block)。编码过程就是对每个区块寻找可以匹配的域块，并使域块通过收缩的**仿射变换**来近似该区块。用这样的方式所找到的一组收缩仿射变换的组合就是分割迭代函数系统。只要存储该分割迭代函数系统所需的空间比直接存储图像信息所需空间要少，就可以说实现了对图像的压缩。

partition Fourier space into bins ⇔ 傅里叶空间分块

确定**纹理**的空间周期性或**方向性**时采用的空间分解。将傅里叶变换域的空间分块后，分别计算各块的能量，就能确定纹理的空间周期性或方向性。常用的有两种分块形式，即夹角型和放射型。前者对应**楔状滤波器**或**扇形滤波器**，后者对应**环状滤波器**或**环形滤波器**，如图 P2 所示。

partition function ⇔ 分区函数

图像恢复问题中，**最大后验概率**估计解中的归一化常数。一般考虑给定退化模型下观察图像 g 源于图像 x 的后验概率密度函数具有如下形式：

$$p(x \mid g, \text{model}) = \frac{1}{C} e^{-H(x;g)}$$

其中 $H(x;g)$ 是一个组合 x 的非负函数，常称组合的**代价函数**，也称**能量函数**，而 C 就是分区函数。

passive attack ⇔ 被动攻击

图像水印产品的使用者未经授权即检测了本应由其所有者才可检测的水印攻击类型。即对水印的非法探测。见 **detection attack**。

passive navigation ⇔ 被动导航，无源导航

图像工程中，从一个**时变图像**序列中确定一个**相机**的运动。

past-now-future [PNF] ⇔ 过去-现在-未来

一种可以对复杂时间联系(序列性、时段、并行性、同步等)建模的**图模型**。如果在**动态信念网络**的框架下进行扩展，可用来对复杂的时间排序情况建模。

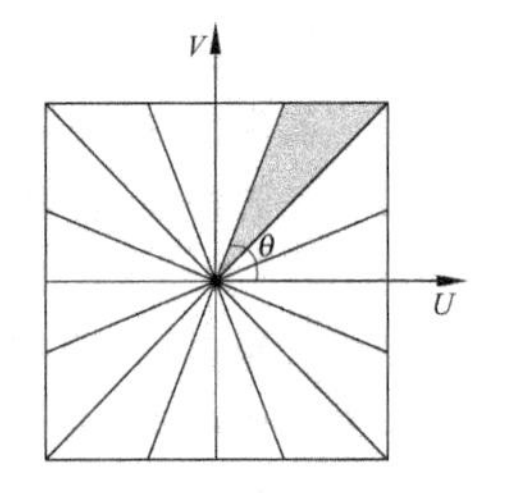

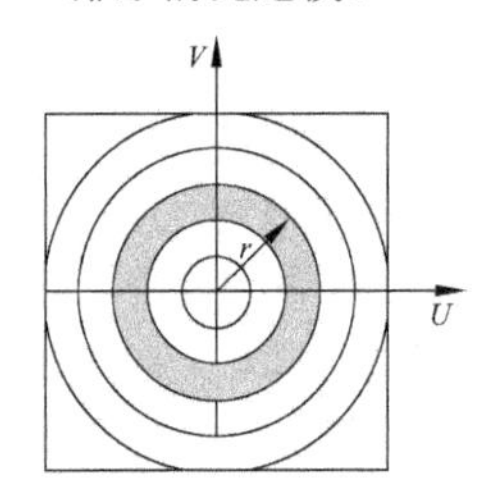

图 P2 对傅里叶空间的分块

patch ⇔ **多边形片,曲(面)片**

图像工程中,图像中的特定小区域(形状常不规则)。

path ⇔ **通路**

1. 一种**简单图**。可将其顶点排序,使得两个顶点是邻接的当且仅当它们在顶点序列中是前后相继的。

2. **图像**中两个**像素**之间依次连接的路径。

path classification ⇔ **路径分类**

一项典型的**自动活动分析**任务。在自动活动分析中,利用由历史运动模式获得的信息确定哪个**活动路径**能最好地解释新的数据,从而对活动路径进行分类。

path from a pixel to another pixel ⇔ **像素间通路**

由一个**像素**通过逐步连接到达另一个像素的路径。简称**通路**。具体说来从具有坐标(x,y)的像素 p 到具有坐标(s,t)的像素 q 的一条通路由一系列具有坐标(x_0,y_0),(x_1,y_1),…,(x_n,y_n)的独立像素组成。这里$(x_0,y_0)=(x,y)$,$(x_n,y_n)=(s,t)$,(x_i,y_i)与(x_{i-1},y_{i-1})邻接,且对应(x_i,y_i)和(x_{i-1},y_{i-1})的两个像素连接,其中$1 \leqslant i \leqslant n$,$n$ 为通路长度。根据所采用的像素间的连接定义的不同,可定义或得到不同的通路,如**4-通路**、**8-通路**、**m-通路**。

path learning ⇔ **路径学习(方法)**

同 **trajectory learning**。

path modeling ⇔ **路径建模(方法)**

同 **trajectory modeling**。

pattern ⇔ **模式**

具有相似性但又不完全相同的客观事物或现象所构成的类别。也有人将类别中的某个客观事物或现象称为模式。前者可看作抽象的模式,后者可看作具体的模式。

pattern class ⇔ **模式类**

具有一些共同性质的**模式**集合。理想的模式类是成员之间非常相似(即有很高的类内相似性),而且与属于其他类的成员有明显区别(即类间差别明显)的类。

pattern classification ⇔ **模式分类**

对**模式**进行分类的过程或技术。要将不同的模式样本分入不同的类别,同类别的模式具有某些相似性,但同类别的模式在某些特性上有区别。有时也称**模式识别**。

pattern classification technique ⇔ **模式分类技术**

实现模式分类的技术。一般分成两类:①统计的技术;②结构的(句法的)技术。

pattern classifier ⇔ **模式分类器**

对**模式**进行分类的物理实现或技术实现。

pattern recognition [PR] ⇔ **模式识别**

利用计算机技术就人类对客观世界某个环境中的客体、过程及现象的识别技术。图像工程中,主要研究**图像模式识别**,目前所采用的多为**图像分析**技术。模式识别的主要方法分三类:①**统计模式识别**;②结构模式识别；③模糊模式识别。

payload⇔净荷，有效载荷

载荷中记录全部相关信息的原始数据。例如，**图像水印**技术中，嵌入水印后的图像中既包含原始图像数据也包含嵌入水印数据，其中所嵌入的水印数据为有效载荷。

PCA⇔主分量分析，主元分析

principal component analysis 的缩写。

PCA algorithm⇔主分量分析算法，主元分析算法

基于**主分量分析**技术，用较少个数的参数对目标建模的算法。设在**训练集**中有 m 个目标，用 $\boldsymbol{x}_i$ 代表，其中 $i=1,\cdots,m$。算法包括下列4步。

(1) 计算训练集中 m 个样本目标的均值：

$$\bar{\boldsymbol{x}}=\frac{1}{m}\sum_{i=1}^{m}\boldsymbol{x}_i$$

(2) 计算训练集的协方差矩阵：

$$\boldsymbol{S}=\frac{1}{m}\sum_{i=1}^{m}(\boldsymbol{x}_i-\bar{\boldsymbol{x}})(\boldsymbol{x}_i-\bar{\boldsymbol{x}})^{\mathrm{T}}$$

(3) 构建矩阵：

$$\boldsymbol{\Phi}=[\phi_1\mid\phi_2\mid\cdots\mid\phi_q]$$

其中 $\phi_j, j=1,\cdots,q$ 代表 $\boldsymbol{S}$ 的本征矢量，对应 q 个最大的本征值；

(4) 给定 $\boldsymbol{\Phi}$ 和 $\bar{\boldsymbol{x}}$，每个目标可近似表示为

$$\boldsymbol{x}_i\approx\bar{\boldsymbol{x}}+\boldsymbol{\Phi}\boldsymbol{b}_i$$

其中

$$\boldsymbol{b}_i=\boldsymbol{\Phi}^{\mathrm{T}}(\boldsymbol{x}_i-\bar{\boldsymbol{x}})$$

在主分量分析算法的第3步，根据 q 个最大本征值的和大于所有本征值的和的98%来确定 q。

PCA transformation fusion method⇔PCA变换融合法

一种基于**主分量分析**(PCA)的基本**像素级融合**方法。具体步骤如下(设要融合的两幅图像为 $f(x,y)$ 和 $g(x,y)$，$f(x,y)$ 的光谱覆盖范围要比 $g(x,y)$ 的大，而 $g(x,y)$ 的**空间分辨率**要比 $f(x,y)$ 的高)：

(1) 选择 $f(x,y)$ 中的三个或更多个波段的图像进行PCA变换；

(2) 将 $g(x,y)$ 与上述PCA变换后得到的第一主分量图像进行直方图匹配，使它们的灰度均值和方差达到一致；

(3) 用如上匹配后的 $g(x,y)$ 替代对 $f(x,y)$ 进行PCA变换后得到的第一主分量图像，然后进行PCA逆变换得到**融合图像**。

PCM⇔脉冲编码调制；相位关联方法

1. 脉冲编码调制：**pulse-coding modulation** 的缩写。

2. 相位关联方法：**phase correlation method** 的缩写。

PCS⇔配置关联空间

profile connection space 的缩写。

PDF⇔概率密度函数

probability density function 的缩写。

PE⇔误差概率；证据片段

1. 误差概率：**probability of error** 的缩写。

2. 证据片段：**piece of evidence** 的缩写。

peace or desolation ⇔ **平静或凄惨**

图像或**视频**画面所营造的一种**气氛语义**类型。画面特点多为**对比度**较小，**色调**偏冷。

peak ⇔ **顶面，峰**

1. 通过**曲面分类**得到的一种表面类型。对应**高斯曲率**大于0和**平均曲率**小于0的情况。一个示意图见图P3。

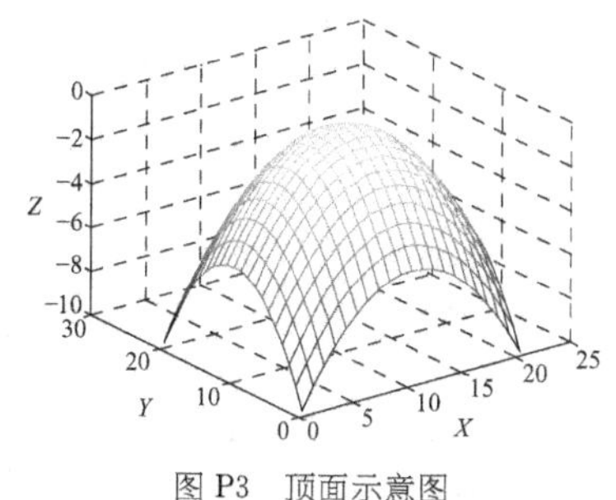

图P3　顶面示意图

2. 见 **top surface**。

peak SNR [PSNR] ⇔ **峰值信噪比**

参阅 **signal-to-noise ratio [SNR]**。

Pearson kurtosis ⇔ **皮尔逊峰度**

同 **proper kurtosis**。

pencil of lines ⇔ **线束**

共点的一束直线。例如，设 $\boldsymbol{p}$ 是一个通用束点，$\boldsymbol{p}_0$ 是所有线都通过的点，线束可用 $\boldsymbol{p}=\boldsymbol{p}_0+\lambda\boldsymbol{v}$ 表示，其中 λ 是个实数而 $\boldsymbol{v}$ 是单根线的方向（两个都是参数）。

pepper-and-salt noise ⇔ **椒盐噪声**

同 **salt-and-pepper noise**。

pepper noise ⇔ **椒噪声**

椒盐噪声中灰度值偏低的部分。会使图像中受影响的像素值达到低极限灰度（黑色）。

percentage area mis-classified ⇔ **面积错分率**

图像分割评价中，一种属于**像素数目误差**类的评价准则。也指错误分割所占的面积，同 **number of pixel mis-classified**，见 **pixel number error**。

percentile filter ⇔ **百分比滤波器**

常用的**序统计滤波器**。输出是根据某一确定的百分比选取输入数据排序后序列中相应百分比位置的像素的值。如果选取50%、100%与0位置的像素，则该百分比滤波器分别是**中值滤波器**、**最大值滤波器**与**最小值滤波器**。

percentile method ⇔ **百分点方法**

阈值化技术中一种用来选择阈值的特殊方法。假设场景中属于感兴趣目标（相对亮背景的暗目标或相对暗背景的亮目标）的像素百分比已知。所以可通过选择像素百分点来确定阈值。参阅 **percentile method**。

perceptibility ⇔ **感知性**

1. 心理生理上，对外界刺激的感觉能力。

2. **图像水印**中，观察嵌入水印时的感觉能力。参阅 **notability of watermark**。

perceptible watermark ⇔ **可感知水印**

嵌入数字媒体后可被感知到的**水印**。对**图像水印**，就是具有可见性的水印。典型的例子为电视台的标识。

perception⇔**感知,知觉**

在感觉的基础上组织结合所形成的整体认识。知觉的特性包括相对性、整体性、恒常性、组织性、意义性(理解性)、选择性。

perception constancy⇔**感知恒定**

人类视觉系统中某些景物发生变化后,主观上对其感知效果(大小、形状、颜色、亮度等)仍保持不变的现象。这是知觉恒常性的体现。

perception of luminosity contrast⇔**亮度对比的感知**

对**亮度**在空间中变化的感知。对一个表面心理感受到的亮度基本上是由它与周围环境(特别是背景)的亮度的关系所决定的。两个物体如果与它们各自的背景有类似的亮度比例,那么它们看起来会有相同的亮度,这和它们自身的绝对亮度没有关系。反过来,当两个物体与它们各自的背景有不同的亮度比例时,同一个物体如果放在较暗的背景上将会比放在较亮的背景上显得更亮。

perception of motion⇔**运动感知**

同 **motion perception**。

perception of movement⇔**运动感觉**

参阅 **motion perception**。

perception of visual edge⇔**视觉边缘的感知**

对同一个视点观察到的两个不同亮度的表面间的边界的感知。这里亮度的不同可以有许多原因,如光照不同、反射性质不同等。

perception-oriented color model⇔**面向感知的彩色模型**

一种符合人类**视觉感知**特征的**颜色模型**。独立于**图像显示设备**,适用于**彩色图像处理**的特点。典型的模型包括:**HSI 模型**,**HSV 模型**,$L^*a^*b^*$ **模型**等。

perceptron⇔**感知机**

利用**人工神经网络**设计出的**学习**算法或学习机器。可用作**模式分类器**。数学上已证明,如果用线性可分的**训练集**训练感知机,那么在有限个迭代步骤后会收敛到一个解,而这个解具有超平面系数的形式,可以正确地区分由训练集模式所表达的类。

perceptual feature⇔**感知特征**

同 **visual feature**。

perceptual feature grouping⇔**感知特征群集**

一种基于**知识**的**图像理解理论**的框架。该理论框架与**马尔视觉计算理论**不同,认为**人类视觉**过程只是一个识别过程,与重建无关。为对 **3-D 目标**进行识别,可以用人类的感知去描述目标,在知识引导下通过 **2-D 图像**直接完成,而不需要通过视觉输入自底向上进行 **3-D 重建**。

perceptual image⇔**感觉像**

由**眼**形成的像传入**脑**中后,在脑中产生的相应像。**视网膜**上的光化作用要经视网膜神经一系列复杂的生化过程才能传导入脑部。视网膜所形成的外物像本来就可能有些失真，而失真在后一部分传导过程中又加重了并添上心理学上的作用（如**光幻视**）。例如，客观世界在视网膜上形成的是倒像，而人感觉到的是正立的像，这说明视网膜上的像与感觉上的像是不同的。眼中视网膜上的像到脑中像的产生有些像电视拍摄、传输以及显示的过程，反而不像照相过程。

perceptually based colormap ⇔ 基于感知的彩色映射

根据用户对彩色的喜好按视觉设计的序列进行的彩**色映射**。

perceptually uniform color space ⇔ 感知均匀的彩色空间

可采用欧氏测度来测量感知彩色之间差别的彩色空间。*Luv* 和 *Lab* 都是常用的感知均匀的彩色空间。它们可用 **XYZ 色度系统**和**参考白色**的坐标来定义。

perceptual organization ⇔ 知觉组织

一个基于**格式塔理论**的心理学结论。中心原则是**人类视觉系统**对视觉刺激的某些组织（或解释）会比对其他组织（或解释）更喜欢。一个著名的例子是画成线格状的一个立方体会立即解释为一个 3-D 物体而不是 2-D 线的组合。这个概念已被用于一些**低层视觉**系统中以确定最有可能由感兴趣目标而产生的低层特征组。另外，对许多**几何图形视错觉**的解释假说也基于对知觉的组织。

perceptual reversal ⇔ 感知逆转

心理学中的**视点反转**。

perform ⇔ 执行，实施

知识分类中反映如何操作的知识。

performance characterization ⇔ 性能刻画

一种**图像分割评价**工作。目的是掌握被评价算法在不同分割情况中的表现，通过选择算法参数来适应分割具有不同内容的图像和分割在不同条件下采集到的图像的需要。这个概念和思路也可推广到对其他图像技术的评价。

performance comparison ⇔ 性能比较

一种**图像分割评价**工作。目的是比较不同算法在分割给定图像时的性能，以帮助在具体分割应用中选取合适的算法或改进已有的算法。这个概念和思路也可推广到对其他图像技术的评价。

performance judgement ⇔ 性能评判

利用**图像分割**算法进行实验评价的**通用评价框架**中的三个模块之一。可根据分割目的选取相应的目标特征并指导**图像生成**，并计算从原始图和分割图中分别得到的原始和实测特征值间的差异以给出评价结果。

perifovea ⇔ 远凹区

视网膜上距**中央凹**较远的区域。解剖学上按光行进方向将视网膜分为十个纵向断层，而在横的方向，全部视网膜又分为中部和外部，中部有：①中央凹，直径 1.5 mm。②近凹区，宽 0.5 mm 的环，区内细胞集中。③远凹区，宽 1.5 mm 的环。

periodical pattern ⇔ **周期性模式**

图像中显现的重复有规律灰度分布。在**立体匹配**时，当物体表面具有重复纹理时，就会使基于区域的匹配方法出现一对多的歧义问题而导致匹配误差。

periodic noise ⇔ **周期性噪声**

在**图像采集**过程中，由电气或机电干扰产生的**噪声**类型。常可使用**频域滤波技术**（如**带阻滤波器**）来消除。

periodicity of Fourier transform ⇔ **傅里叶变换的周期性**

傅里叶变换的一种特性。对 $N \times N$ 的图像 $f(x,y)$，其傅里叶变换 $F(u,v)$ 在 X 和 Y 两个方向上均以 N 为周期。即：

$$F(u,v) = F(u+N,v) = F(u,v+N) = F(u+N,v+N)$$

peripheral rod vision ⇔ **外围柱细胞视觉**

同 **scotopic vision**。

perspective 3 points [P3P] ⇔ **三点透视**

在 3-D 景物模型和**摄像机**的**焦距**已知的条件下，利用三个图像点的坐标来计算 3-D 景物的几何形状和**位姿**的方法。此时三个点的两两间距离是已知的。

perspective distorsion ⇔ **透视失真**

在成像时由于**摄像机**没有安置得与被观察物体垂直而导致的图像失真。

perspective inversion ⇔ **视点反转**

人类视觉中的一种错视现象。当人观察 **Necker 立方体错视**中的立方体时会间断地把中间两个顶点分别看作距离自己最近的点，从而导致视觉关注点的交换。

perspective projection ⇔ **透视投影**

一种精确的**投影成像模式**。由投影平面和透视中心所确定，可借助**透视投影矩阵**来实现。理想的传感器模型是针孔模型。

perspective scaling ⇔ **透视缩放（技术）**

物体在**视网膜**上的成像尺寸与物体和视网膜之间的距离成反比的现象。这可以用欧几里得定律来表示：

$$s = S/D$$

其中，S 为物体实际大小；D 为物距；s 为视网膜上的视像大小（眼球大小为常数，这里取为 1）。据此可知，当物体的实际大小已知时，通过视觉观察就可以推算物距。当观察两个尺寸相近的物体时，哪一个在视网膜上产生的视像大，哪一个的距离就显得近些。

perspective scaling factor ⇔ **透视缩放系数，透视缩放因子**

摄像机成像时，摄像机**焦距**与物距之比。

perspective theory ⇔ **透视假说**

关于**几何图形视错觉**的一种观点。也称**常性误用假说**。透视假说的核心概念是：引起视错觉的图形通过透视暗示了深度，而这种深度暗示会导致对图形大小知觉的变化。变化的一般规则是：图形中表现较远事物的那些部分尺寸被扩大，而表现较近事物的那些部分尺寸被缩小。

perspective transformation ⇔ **透视变换**

图像采集中将 3-D 客观场景投影到 2-D 图像平面的**投影变换**。

PET ⇔ **正电子发射层析成像**

positron emission tomography 的缩写。

Petri net ⇔ **佩特里网**

一种描述条件和事件之间联系的数学工具。特别适合模型化和可视化如**排序**，**并发**，**同步**和**资源共享**等行为。佩特里网是包含两种结点——位置和过渡——的双边图，其中位置指实体的状态而过渡指实体状态的改变。佩特里网曾被用于开发对**图像序列**进行高层解释的系统。

P-frame ⇔ **P 帧**

predicted-frame 的简写。

PGH ⇔ **成对几何直方图，按对几何直方图**

pair-wise geometric histogram 的缩写。

phantom ⇔ **幻影，体模**

图像重建中的各种模型图像。是为检验重建公式的正确性和把握重建算法中各个参数对重建效果的影响而设计并合成出来的。

phantom model ⇔ **幻影模型**

基于幻影的模型。参阅 **phantom**。

phase alteration line [PAL] format ⇔ **PAL 制，相位交替行制**

广泛应用的三种**彩色电视制式**之一。也是一个模拟**复合视频**标准。在 PAL 制系统中使用的色模型是 **YUV 模型**。其中使用两个**色差信号**（U 和 V），并在进行低通滤波后将结果组合成一个单独的彩色信号；而亮度分量 Y 在交替的行间切换相位，这是 PAL 缩写的来源也是其最明显的特征。

phase congruency ⇔ **相位一致性**

一幅图像的傅里叶变换分量在**特征点**（如阶跃边缘或线）具有最大相位的特性。也是当一个周期信号的傅里叶序列展开的所有谐波具有相同相位时的状况。相位一致性不随图像亮度和反差变化，因而可用作特征点**显著性**的绝对测度。

考虑一个 1-D 的连续信号 $f(t)$，定义在区间 $-T \leqslant t \leqslant T$，表达成傅里叶序列为

$$
\begin{aligned}
f(t) &= \frac{a_0}{2} + \sum_{n=1}^{+\infty} a_n \cos\frac{\pi n t}{T} + \sum_{n=1}^{+\infty} b_n \sin\frac{\pi n t}{T} \\
&= \frac{a_0}{2} + \sum_{n=1}^{+\infty} \sqrt{a_n^2 + b_n^2}\left[\frac{a_n}{\sqrt{a_n^2 + b_n^2}}\cos\frac{\pi n t}{T} + \frac{b_n}{\sqrt{a_n^2 + b_n^2}}\sin\frac{\pi n t}{T}\right] \\
&= \frac{a_0}{2} + \sum_{n=1}^{+\infty} A_n \cos\left(\frac{\pi n t}{T} - \phi_n\right)
\end{aligned}
$$

序列展开的系数可表示为

$$a_n = \frac{1}{T}\int_{-T}^{T} f(t)\cos\frac{\pi nt}{T}\mathrm{d}t$$

$$b_n = \frac{1}{T}\int_{-T}^{T} f(t)\sin\frac{\pi nt}{T}\mathrm{d}t$$

展开的振幅 A_n 可表示为

$$A_n = \sqrt{a_n^2 + b_n^2}$$

而相位 ϕ_n 可表示为

$$\cos\phi_n = \frac{a_n}{\sqrt{a_n^2 + b_n^2}} \text{和}$$

$$\sin\phi_n = \frac{b_n}{\sqrt{a_n^2 + b_n^2}}$$

这里使用了 $\cos\alpha\cos\beta + \sin\alpha\sin\beta = \cos(\alpha - \beta)$。

当模为 2π 的 $(\pi nt)/T - \phi_n$ 对所有指标 n 都有相同值时，在点 t 就有相位一致性。

phase correlation ⇔ 相位相关

利用**频谱**相位信息建立两幅图像之间匹配对应关系的一种**频域相关方法**。参阅 **phase correlation method**。

phase correlation method [PCM] ⇔ 相位相关方法

一种使用一个在频域计算的归一化互相关函数来估计两个块（一个在**锚帧**中，另一个在**目标帧**中）之间相对偏移的频域**运动估计**技术。基本的思路是对两个接续的场执行频谱分析并计算相位差。这些偏移经历一个逆变换，该变换可揭示其位置对应场间运动的峰。主要步骤如下：

(1) 计算在目标帧和锚帧（分别记为帧 k 和帧 $k+1$）中各个块的**离散傅里叶变换**；

(2) 根据下式计算所得到的 **DFT** 之间归一化的互功率谱：

$$C_{k,k+1} = \frac{\mathcal{F}_k^* \mathcal{F}_{k+1}}{|\mathcal{F}_k^* \mathcal{F}_{k+1}|}$$

其中 $\mathcal{F}_k$ 和 $\mathcal{F}_{k+1}$ 是帧 k 和帧 $k+1$ 中具有相同空间位置的两个块的 DFT，而 * 代表复共轭；

(3) 计算相位相关函数 $\mathrm{PCF}(\boldsymbol{x})$：

$$\mathrm{PCF}(\boldsymbol{x}) = \mathcal{F}^{-1}(C_{k,k+1}) = \delta(\boldsymbol{x} + \boldsymbol{d})$$

其中 $C_{k,k+1}$ 是逆 DFT，$\boldsymbol{d}$ 是位移矢量；

(4) 确定 PCF 的峰。

phase unwrapping technique ⇔ 相位解缠技术

根据从变换到 $[-\pi, \pi]$ 中的相位来估计重建真实相位偏移的过程。真实相位偏移值有可能并不落入这个间隔，但可通过加减若干个 2π 而映射到这个间隔。这种技术通过在不同的位置加减若干个 2π 而最大化相位图像的光滑性。

***Phi*-effect ⇔ 菲效果，ϕ 效果**

一种代表完全不同但相关的现象的**表观运动**。

Phong illumination model ⇔ 冯光照模型

一种适合于描述不完全平坦的反射面的**光照模型**。其中假设当反射线和视线间的夹角 θ 为 0 时**镜面反射**最强，随着 θ 的增加镜面反射按 $\cos^n\theta$ 减弱。其中 n 为**镜面反射系数**。

phosphorescence ⇔ 磷光

一种缓慢发光的光致冷发光现

象。特点是余辉(激发停止后晶体发光消失的时间)较长。比较**fluorescence**。

photoconductive camera tube⇔光导摄像管

利用光电导性制成的摄像管。也称视像管(vidicon,源自商标名)。是以光导薄层代替光反射的镶嵌阴极,电子束扫描到其上时有无光照处的导电性能不同,故流向对面信号板的电流大小随其照度而变,形成所需的电信号。

photoconductive cell⇔光电导单元

具有属于内光电效应的光电导性的器件。在受光照射之后,其自由载流子增多,电导变大,电阻变小。也称光敏电阻、光电导体。

photodetector⇔光电探测器

可将光子转为电子并将电子转为电流的装置。一般为光栅晶体管或光电二极管。将在**曝光**时累积电荷,通过转移门电路将电荷移到串行读出寄存器而读出。读出的过程是将电荷转移到电荷转换单元并转换为电压,再将电压放大得到视频信号。

photogrammetry⇔摄影测量,照相测量,照相测量法

有关从非接触成像(如由一对重叠的卫星图像得到的数字高程图)获取可靠和准确的测量的研究领域。这里,准确的相机校准是首先要关注的,其中用到许多典型的**图像处理**和**模式识别**技术。

photomap⇔影像地图

航摄相片或卫星遥感影像与常规的制图符号相结合的一种新型地图。也称摄影地图。对相片或影像上一些不易直接判读或抽象的地、物以符号表示,如等高线、境界线、交替道路,并对河流、行政区、交通网、专有高程点加上标记,其余仍保持原有的影像特征。

photometric brightness⇔光度(学)明度

亮度的不再使用的旧称。

photometric compatibility constraint⇔光度兼容性约束

对**立体图像**的对应性分析中,认为需要匹配的两幅图像中的对应像素具有相似的亮度或彩色值的假设。

photometric normalization technique⇔光度归一化技术

在**预处理**阶段解决光照不变问题的归一化技术。典型技术包括:**单尺度视网膜皮层**算法,**同态滤波**算法,**非各向同性扩散**算法等。

photometric stereo⇔光度立体视觉,光度学体视

一种**单目景物恢复**方法。也称**自光移重建**。需要利用一系列有相同观察视角但在不同光照条件下采集的图像(例如采用一个固定的相机但使用不同位置的光源来获得两幅图像,从中可提取恢复深度的足够信息)来恢复景物的表面朝向(更准确地说是在每个表面点处的表面法线)。由这样的多幅图像可获得不同的反射图，它们共同约束了在各个点的表面法线。光度立体学消除了使用相对于场景固定放置相机所产生的匹配问题。

photometric stereo analysis ⇔ 光度立体分析

摄像机处于不同光照布局（或更准确地说，光源辐射值）时，借助测得的图像灰度值或彩色矢量值来鉴别2-D物体表面朝向的技术。在光度立体分析中，使用矢量值的**彩色图像**相比使用**灰度图像**有两个明显的优点：①通过使用彩色信息，光度立体分析也可对包含运动物体的非固定场景进行；②借助对物理现象，如彩色图像中**高光**的处理，光度立体分析（在一定的条件下）也可对场景中的非朗伯表面进行。

photometric stereo imaging ⇔ 光度立体成像（方法）

采集器相对于景物固定而**光源**绕景物移动以采集多幅图像的**立体成像方式**。也称**光移成像**。由于同一景物表面在不同光照情况下亮度不同，所以利用由此种方式获得的图像仅可求得物体的表面朝向，但并不能得到采集器与景物间绝对距离的深度信息。

photometry ⇔ 光度学，光度测量

光学中有关光强度测量的领域。**辐射度学**的一个分支（考虑与人眼响应的联系）。研究光在发射、传播、吸收和散射等过程中光量问题的学科。是在可见光波段内，考虑到人眼的主观因素后的相应的计量学科。在**图像工程**中，可见光是最常见的电磁辐射，从景物采集可见光图像需涉及与光度学相关的知识。光度学中常用以下物理量来描述发射、传递或接收的光能量：①**光通量**；②**发光强度**；③**亮度/明度**；④**照度**。

测光法研究光的强弱及其测量，还根据**人类视觉**器官的生理特性和某些约定的规范来评价辐射所产生的视觉效应。其测量方法分目视测量（主观光度学）与仪器和物理测量（客观光度学）两类。主观光度学直接比较视场两半的光亮度，然后转换为目标检测量，如发光强度、光通量。客观光度学则利用物理器件代替人眼来进行光度比较。

photonics ⇔ 光子学

产生和检测光及其他辐射的技术和学科。包括辐射的发射、传输、偏转、放大和检测。涉及激光和其他光源、纤维光学和电-光仪器。

photon noise ⇔ 光子噪声

由与光子计数相关的统计波动而产生的**噪声**。该计数是在有限时间间隔对数字**相机**中的电荷耦合器件或其他固态传感器进行的。由于光子并不是等时间间隔到达传感器的，而是按**泊松分布**模型随机到达的，这就导致了光子随时间的不一致性。光子噪声与信号不独立，也不是加性的。

photopical zone ⇔ 适亮视觉区

适亮视觉所对应的**视觉亮度**范

围。**亮度**在 $10^2 \sim 10^6$ cd/m^2。

photopic standard spectral luminous efficiency⇔明视标准光谱发光效率

1924年由CIE推荐和1931年由国际计量局采用的**明视觉**光谱光效率函数。

photopic vision⇔明视觉,适亮视觉

在较强的光(约几个cd/m^{2}以上)照射下的**视觉**。适应于这种情况的眼为适光眼,此时**视网膜**上起主要作用的是锥体细胞,所以又称锥体视觉。此时人除了能区别亮度外还能有彩色的感知。比较 **scotopic vision**。

photoreceptor⇔光感受体

人眼视网膜上布满的对光敏感的接收细胞。分为**锥细胞**和**柱细胞**。参阅 **chemical procedure**。

phototelegraphy⇔传真电报术

同 **facsimile telegraphy**。

physical optics⇔物理光学

同 **wave optics**。

physics-based vision⇔基于物理学的视觉

计算机视觉中,试图用物理定律或方法(如光学、照明)去分析图像和视频的领域。例如,在基于**偏振/极化**的方法中,场景表面的物理性质可借助对入射光的偏振性质以及使用成像的详细放射模型来估计。

physiological model⇔生理学模型

基于人眼**视网膜**中存在3种基本颜色感知**锥细胞**来定义的一种**色模型**。常用的 **RGB** 模型就是一个典型示例。

PICT⇔照片数据格式

picture data format 的缩写。

picture⇔影像

由**透镜**或反射镜形成的物体形象。也指感光材料经**曝光**、显影、定影等产生的与被摄物体基本相同的平面形象。影像有"实"、"虚"之分:实像是在承影屏(磨砂玻璃)或感光片上所会聚而成的;虚影像虽为人眼所能看见,却不能直接在承影屏或感光片上呈现。一般光学直看式取景器中或反射镜中所看到的影像都是虚像(反射镜中的虚像可转成实像)。摄影的实像在承影屏上是与原物上下、左右相反的倒像(经印放后由底片上反转才成为正像)。

picture archiving and communication system [PACS]⇔图像存档和通信系统

一种对**图像**的获取、显示、存储和传输进行统一管理的综合系统。主要用于医学影像领域。

picture brightness⇔图像亮度

图像画面的光亮度。电影院有13 cd/m^{2}已可,电视机却需要95 cd/m^2。

picture data format [PICT]⇔照片数据格式

苹果公司计算机上,一种用于2-D图形和2-D栅格图像的数据格式。

picturephone⇔可视电话

通话时能在显示屏上看到对方动

态形象的电话。图像信号占用的通频带有窄带和宽带两种：窄带约 1 MHz，在长话线路上用均衡放大等措施即可传输；宽带约 4 MHz，要用光缆才能传送。

picture telegraphy ⇔ 传真电报术

同 **facsimile telegraphy**。

piece of evidence [PE] ⇔ 证据片段

命题的每个证据片段都对应命题的信念。

piecewise linear transformation ⇔ 分段线性变换

点变换技术中采用的一种变换。采用若干个线性方程来描述变换函数，每个用于输入图像中灰度值的一个区间。分段线性变换的主要优点是它们可有任意的复杂度；主要缺点是需要更多的用户输入。**灰度切割**是一种典型的情况。

PIE database ⇔ PIE 数据库

一个包含 68 人的 41 368 幅640×486 像素的图像的数据库。这些图包含了丰富的**位姿**、光照和**表情**变化。就位姿变化而言，在同一光照条件下，每人被拍摄了 13 幅图，这其中包括了头在 −90°到 90°之间左右旋转下拍摄的 9 幅图，以及头下倾、头上倾、头向左上倾和头向右上倾 4 幅图。就光照变化而言，背景光照分为两种：一种为开背景灯，一种是不开背景灯。在每一种背景光照和位姿下，每人被拍摄 21 幅图，这其中包括闪光灯与人脸中心同平面且与人脸成 −90°～90°方位角之间放置时拍摄的 8 幅图，以及闪光灯在人脸上方(或斜上方)且与人脸成 −67.5°～67.5°仰角之间放置时拍摄的 13 幅图。每个人的图像中蕴涵的表情变化为正常表情、微笑和眨眼(惊愕)3 种。

PIFS ⇔ 分区迭代函数系统

partitioned iterated function system 的缩写。

pincushion distortion ⇔ 枕形畸变，枕形失真

一种放射型镜头**失真**。使用长焦镜头有可能导致枕形失真。其中图像点根据其与图像中心的距离而从中心向外移动。与**桶形失真**相对。

pinhole camera model ⇔ 针孔摄像机模型

最简单的**摄像机**成像模型。针孔对应投影的中心，所成像为物体的倒像。在这个模型中，忽略了光的波动特性，而将光仅看作在同类媒质中直线传播的光线。

pink noise ⇔ 粉红噪声，粉色噪声

对数频率间隔内有相同能量的**噪声**。**闪烁噪声**是粉红噪声的一种特例。

pit ⇔ 凹坑

通过**曲面分类**得到的一种表面类型。对应**高斯曲率**和**平均曲率**均大于 0 的情况。见图 P4。

pitch angle ⇔ 俯仰角

描述刚体转动的 3 个欧拉角之一。参见图 Y1，指**世界坐标系**中的 Z 轴和**摄像机坐标系**中的 z 轴之间

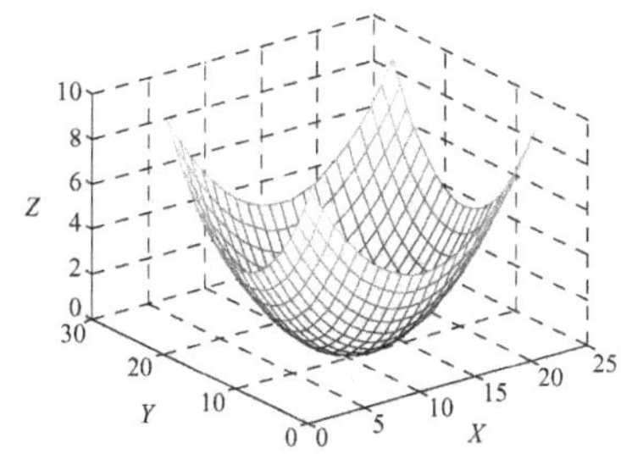

图 P4 凹坑示意图

的夹角。也称章动角，这是绕节线旋转的角。

pixel ⇔ 像素

2-D **图像**的基本单元。除用两个坐标表示其位置外，还用一个或几个数值表示其性质：对单色（灰度）图像，使用单个数值表示像素的亮度就足够（一般在[0,255]范围中）；对彩色图像，常需要使用 3 个数值（分别代表红（R）、绿（G）、蓝（B）的量）。pixel 源于 picture element，也有用 pel 表示的。

pixel-class-partition error ⇔ 像素分类误差

图像分割评价中，一种属于**像素数目误差**类的评价准则。考虑了各类像素误分的个数。

pixel coordinates ⇔ 像素坐标

图像中像素的位置值。对图像 $f(x,y)$ 在点 (x,y) 处的像素坐标为 (x,y)。

pixel-dependent threshold ⇔ 依赖像素的阈值

一种用于图像**阈值化**的**阈值**。在选取时仅考虑各个像素的本身性质。也称**全局阈值**，因为此时确定的阈值利用了图像中的全局性质并应用于整幅图像。该类阈值是固定的，在分割每一像素时都使用。比较 **region-dependent threshold** 和 **coordinate-dependent threshold**。

pixel distance error ⇔ 像素距离误差

图像分割评价中的一种**差异试验法**准则。考虑了每个被错误分割的像素与它们本应该属于的正确区域之间的距离。基于这个准则可定义多个**距离测度**，常用的包括：①**质量因数**或**品质因数**；②**偏差的平均绝对值**；③**归一化距离测度**。

pixel exponential operator ⇔ 像素指数算子

一种低层图像处理算子。其输入为一幅灰度图像 f，输出为另一幅灰度图像 g，算子计算 $g=cb^f$。其中，基 b 的值依赖于所期望的对图像动态范围的压缩程度，c 是一个尺度因子。这个算子用来改变图像灰度值的动态范围。比较 **pixel logarithm operator**。

pixel labeling ⇔ 像素标记（方法）

一种对分割后图像中像素逐次进行判断以确定其所属区域的方法。假设对一幅**二值图像**从左向右、从上向下进行扫描。要标记当前正被扫描的像素需要检查它与在它之前扫描到的若干个近邻像素的连通性。例如当前正被扫描像素的灰度值为 1，则将它标记为与之相连通的目标像素；如果它与两个或多个目标相连通，则可以认为这些目标实际上是同一个(等价)，所以要把它们结合起来；如果发现了从0像素到一个孤立的1像素的过渡，就赋一个新的**目标标记**。然后第二次扫描图像，将每个标记用它所在等价组的标记代替。

pixel layer fusion⇔像素层融合，像素级融合

图像融合的三层之一，是在底层(数据层)进行的融合。通过对**图像传感器**采集来的物理信号数据(两幅或多幅图像)进行处理和分析，生成目标特征而获得单一**融合图像**。像素层融合的优点是可以保留尽可能多的原始信息，所以像素层融合比**特征层融合**或**决策层融合**的精度要高。像素层融合的主要缺点是处理信息的数量大、实时性差、计算成本高(对数据传输带宽以及配准精度要求也很高)，并且要求融合数据是由同类或差异不大的传感器所获取的。

pixel logarithm operator⇔像素对数算子

一种低层图像处理算子。其输入为一幅灰度图像 f，输出为另一幅灰度图像 g，算子计算 $g=c\log_b(|f+1|)$。这个算子用来改变图像的动态范围，如用来增强傅里叶变换的幅度。其中，c 是一个尺度因子，对数函数的基 b 常是 e，但实际上并不重要，因为任何两个基的对数间只差一个尺度因子。比较 **pixel exponential operator**。

pixel number error⇔像素数目误差

图像分割评价中，一种**差异试验法**准则。考虑了被错误分割的像素的数目。如果把图像分割看作一个分类问题，则这个准则也可称为**误分像素个数**。基于这个准则可定义多个**定量测度**，常用的包括：①**分类误差**；②**误差概率**。

pixel spatial distribution⇔像素空间分布

图像分割评价中，一种属于**像素距离误差**类的评价准则。考虑了各个误分像素到其所属正确类别最近像素的距离信息。

pixel value⇔像素值

图像中像素的性质值。对**灰度图像**，是像素的灰度值。对**彩色图像**，是每个像素的3个矢量灰度值(分别对应3个通道)。对图像 $f(x,y)$，f 代表在点(x,y)处像素的性质值。

planar⇔平面

同 **flat**。

planar-by-complex⇔复数平面

地标点的排列或组合表达方式之一。其中用一组复数值来表示平面目标，其中每个复数值代表一个地标点的坐标，这样就将所有地标点(设共有 n 个)集合顺序放入了一个 $n\times 1$ 的矢量。

planar-by-vector⇔矢量平面

地标点的排列或组合表达方式之一。其中用一组2-D矢量来表示平面目标，其中每个矢量代表一个地标点的坐标。进一步可将各个矢量(设共有 n 个)顺序放入一个 $n\times 2$ 的矩阵。

planar calibration target⇔**平面标定板**

最常用的一类**摄像机**标定板。板上一般有平面上按行列排布的 $M\times N$个圆形**标志点**，在它们的周边有一个黑色矩形边框。边框可以使要标定部分很容易提取出来，圆形标志点可很精确地提取其中心的坐标。平面标定板的优点包括：①非常容易制作；②尺寸可以非常精确；③可以方便地用于背光照明的应用中，只需要使用透明材料制作承载标志点的底盘。

planar scene⇔**平面场景**

1. **场景**的深度相对于与相机的距离很小时的情况。此时场景可看作是平面的，并可使用一些有用的近似方法，如用一个透视相机获得的两个视场间的变换是单应的。

2. 场景中的所有表面都是平面时的情况。如在积木世界场景中。

platykurtic probability density function ⇔**低峰态概率密度函数**

同 **sub-Gaussian probability density function**。

PLDA⇔**概率线性鉴别分析**

probabilistic linear discriminant analysis 的缩写。

Plessey corner finder⇔**普莱塞角点检测器**

一种基于图像一阶微分的局部自相关的常用**角点检测器**，也称**哈里斯角点检测器**。

pLSA⇔**概率隐含语义分析，概率隐性语义分析，概率隐语义分析**

probabilistic latent semantic analysis 的缩写。

pLSI⇔**概率隐含语义索引，概率隐性语义索引，概率隐语义索引**

probabilistic latent semantic indexing 的缩写。

PNF⇔**过去-现在-未来**

past-now-future 的缩写。

POI/AP model⇔**POI/AP 模型**

point of interest/activity path model 的缩写。

point detection⇔**点检测**

对图像中的孤立点(孤立像素)所作的检测。孤立点的灰度如果与背景有明显区别并处在比较一致的区域中，则该点的灰度与其邻域点的灰度有显著不同，此时可用**拉普拉斯检测算子**来检测孤立点。

point object⇔**点目标**

对**目标**的一种抽象称呼。此时图像中有许多个同类的目标且研究的重点是它们之间的**空间关系**。对图像中的点目标集合，各个目标间的相互关系常比单个目标在图像中的位置或单个目标自身的性质更重要，此时常用**点目标的分布**来描述点目标集合。

point of interest/activity path [POI/AP] model⇔**兴趣点活动路径模型**

场景建模中，结合**兴趣点**和活动路径而构建的模型。在对兴趣点活动路径模型的学习中，主要工作包括：① **活动学习**；② **适应**；③ **特征选择**。

point operations⇔点操作

一种图像**空域**操作。也称全局操作。将整幅图像用同样的方法来对待，一个像素处理后的灰度值仅是它原始值的函数，而且与该像素在图像中的位置无关。见 **type 0 operations**。

point operator⇔点算子

一种赋给输出像素的灰度依赖于对应的输入像素的灰度的图像算子。如果赋值还依赖于像素在图像中的位置，则该点算子是非均匀的，否则是均匀的。比较 **neighborhood operator**。

point of interest⇔兴趣点

图像中被关注的特殊点。可以是**特征点**、**显著点**、**地标点**等。

point source⇔点(光)源

自身物理大小与所考虑的有关距离相比很小，对其视角大小可忽略不计的光源。**尺度**足够小的光源，或当一个光源距离观察者足够远以至于眼睛无法分辨其形状时，都可称为点光源。此时照度与距离平方成反比。虽然在**几何光学**中点光源可形成点像，但**物理光学**却认为是不可能的。物不可能是一个几何点，但像却总是一衍射光斑。

point-spread function [PSF]⇔点扩散函数，点扩展函数

点光源所成的像。点光源发出的光对应一个脉冲，经过一个光学系统后的输出会由于扩散而模糊。这里点扩展函数就起到这样一个光学系统的作用。也称**脉冲响应函数**。

一个操作符的点扩展函数是将该操作符作用到点源后得到的结果。如果令 $\mathcal{O}$ 代表一个操作符，则可写出

$$\mathcal{O}[\text{点源}] \equiv \text{点扩散函数}$$

或

$$\mathcal{O}[\delta(\alpha - x, \beta - y)] \equiv h(x, \alpha, y, \beta)$$

其中 $\delta(\alpha - x, \beta - y)$ 是以点 (x, y) 为中心的亮度为 1 的点源。

point transformation⇔点变换

实现**点操作**的**灰度变换**。变换函数可以是线性的(如**图像求反**)，分段线性的(如**灰度切割**)，或非线性的(如**伽马校正**)。

Poisson distribution⇔泊松分布

随机变量取非负整数值的一种概率分布。图像目标研究中，如果各目标的位置独立(随机)，则做出各目标最近邻目标距离的直方图时，该直方图就呈现泊松分布形式。

polarization⇔极化，偏振

将**电磁辐射**的电磁场的振动限制在单个平面上，且与传播方向不一致的状态。在电磁辐射的射线中，极化的方向是电场矢量的方向。极化矢量总在与射线垂直的平面上。射线中的极化方向可以是随机的(非极化的)、保持常数的(线性极化)或有两个连在一起互相垂直的极化平面元素。在后面这种情况

下，依赖于两个波的幅度和它们的相对相位，所组合的电矢量轨迹是一个椭圆（椭圆极化）。椭圆极化和平面元素可以通过双折射的光学系统互相转换。

polarized light ⇔ **偏振光**

振动方向相对于传播方向不对称的光。光波是一种电磁波，电磁波是横波。横波的振动矢量（对电磁波包括电振动矢量和磁振动矢量）垂直于其传播方向。光波前进方向与振动方向构成的平面叫做振动面，光的振动面只限于某一固定方向的，叫做平面偏振光或线偏振光。

polygon ⇔ **多边形**

由一组线段组成，可用来逼近大多数实用曲线（如目标轮廓）到任意精度的封闭图形。**数字图像**中，如果多边形的线段数与目标边界上的点数相等，则多边形可以完全准确地表达边界。

polygonal approximation ⇔ **多边形逼近**

一种将**目标区域**用多边形近似表达的**方法**。即将**目标轮廓**用多边形来近似，再通过表达多边形各边来表达目标区域的边界。理论上讲，由于借助了一系列线段的封闭集合，可以逼近大多数实用的曲线到任意的精度。优点是具有较好的抗干扰性能，且可以节省数据量。基于对轮廓的多边形表达，还可以获得许多不同的**形状描述符**。常用的多边形获取方法有：

（1）基于收缩的**最小周长多边形**法；

（2）基于**聚合技术**的最小均方误差线段逼近法；

（3）基于**分裂技术**的最小均方误差线段逼近法。

polygonal network ⇔ **多边形网**

全部由直线段围成的区域的集合。对一个多边形网，假如用 V 表示其顶点数，B 表示其边线数，F 表示其面数，则其**欧拉数** E_n 为

$$E_n = V - B + F$$

polyhedral object ⇔ **多面体**

以平面为表面构成的立体图形。可看作**多边形网**的 3-D 推广。

pop-off ⇔ **弹出式的**

视频镜头间前一镜头的尾帧从屏幕中甩离出去并消失的。一种典型的**渐变**方式。

pop-on ⇔ **弹进式的**

视频镜头间后一镜头的首帧从屏幕中显露出来并占据整个画面的。一种典型的**渐变**方式。

portable bitmap ⇔ **可移植位图**

一种**可移植图像文件格式**。也称可移植二进制图。仅支持单色位图（1 位/像素），其文件后缀是 .pbm。

portable floatmap ⇔ **可移植浮点图**

一种**可移植图像文件格式**。可以存储浮点图像（32 位/像素），其文件后缀是 .pfm。

portable graymap ⇔ **可移植灰度图**

一种**可移植图像文件格式**。可以存储 256 级灰度图像（8 位/像素），

其文件后缀是.pgm。

portable image file format⇔**可移植图像文件格式**

一组具有可移植性质的常用**图像文件格式**。包括:**可移植位图**,**可移植灰度图**,**可移植像素图**,**可移植浮点图**和**可移植网络图**。

portable network graphics format ⇔ **PNG格式,可移植式网络图形格式**

一种常用的**图像文件格式**。提供对**光栅图**的无损压缩文件格式。支持灰度图像、彩色调色板和**彩色图像**。支持 GIF 格式,**JPEG 格式**和**标签图像文件格式**的所有功能(除了 GIF 格式的动画功能)。总是使用**无损压缩**方案。

portable networkmap⇔**可移植网络图**

参阅 **portable network graphics format**。

portable pixmap⇔**可移植像素图**

一种**可移植图像文件格式**。可以存储彩色图像(24 位/像素),其文件后缀是.ppm。

pose⇔**位姿,姿态**

景物在空间的位置和朝向的综合状态。虽与景物尺寸独立,但取决于景物相对于坐标系的关系。一般要从景物的图像来恢复景物的位姿是一个不适定问题,需要附加约束条件来求解。摄像机位姿由摄像机的外参数确定,人的位姿反映了人的动作状态和行为。

pose consistency ⇔ **位姿一致性,姿态一致性**

一种用于判断两个形状是否等价的算法。也称视点一致性。例如,给定两个点集合 G_1 和 G_2,算法要找到足够数量的对应点以确定两个集合间的变换 T,然后对 G_1 中的所有其他点使用 T。如果变换后的点接近 G_2 中的点,则一致性满足。

pose variance⇔**位姿变化,姿态变化**

人脸识别中,人脸朝向相对于摄像机的变化。主要考虑的是人脸的左右转动和上下俯仰。

position descriptor⇔**位置描述符**

用于描述**目标**在图像中空间位置的**描述符**。

position detection⇔**位置检测**

机器视觉系统的功能之一。用来控制机器人在组装线上将产品部件放到正确的位置上。

positive afterimage⇔**正余像**

一种与原物原像在颜色和衍射方面比较一致的**余像**。

positron emission tomography [**PET**] ⇔**正电子发射层析成像**

一种**发射计算机层析成像**方式。图 P5 给出 PET 成像系统的构成原理示意图。PET 采用在衰减时放出正电子的放射性离子,放出的正电子很快与负电子相撞湮灭而产生一对光子并以相反方向射出。所有检测器围绕物体呈环形分布,相对放置的两个检测器构成一组检测器以检测由一对正负电子产生的两个光子,并确定一条射线。

如果两个光子被一对检测器同时记录下来,那么产生这两个光子的

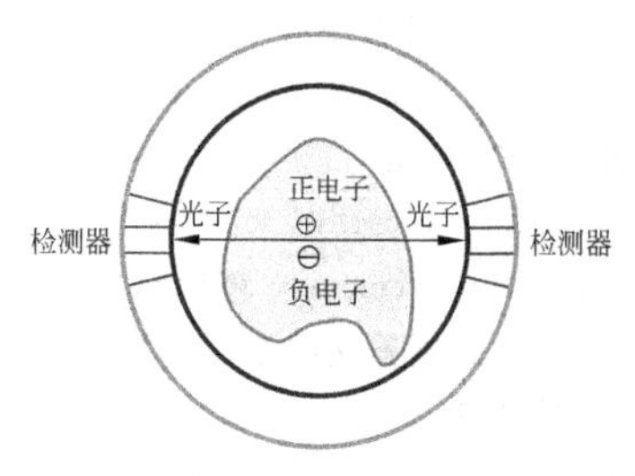

图 P5 PET 成像系统构成示意图

湮灭现象肯定发生在连接这两个检测器的直线上。通过记录湮灭事件的数量可获得 1-D 投影数据，采用**从投影重建图像**的技术就可重建 **2-D 图像**。利用不同角度的 **2-D 投影**还可重建 **3-D 图像**。

posterize ⇔ 色调分离

转换**图像**中的**颜色**。使不同颜色间的过渡更加剧烈，相邻**色调**间的差别更加明显，最终减少图像中所用颜色数量的过程或技术。可将一幅自然光滑的图像转化为类似海报或广告上的效果。

post-processing for stereo vision ⇔ 立体视觉后处理

对**立体匹配**后算出的 3-D 信息进行加工以获得完整的 3-D 信息并消除误差的过程。常用的后处理主要有以下三类：①**深度图插值**；②**误差校正**；③**精度改善**。

PostScript format ⇔ PS 格式，张贴脚本格式

一种常用的**图像文件格式**。主要用于将图像插入书籍等印刷物。PostScript 是一种编程语言，更确切地说，是一种页面描述语言。在 PS 格式中，**灰度图像**被表示成 ASCII 编码的十进制数或十六进制数。这种格式所对应的文件的后缀是. ps。

power-law transformation ⇔ 幂律变换

同 **exponential transformation**。

power method ⇔ (乘)幂法

一种用于估计矩阵最大本征值的方法。可以允许仅计算一个矩阵最显著的本征值。但是，这仅在协方差矩阵 $\boldsymbol{C}$ 具有单个主导本征值的情况下才可能(与具有两个或多个相同绝对值的本征值的情况相对立)。

如果矩阵 $\boldsymbol{A}$ 是可对角化的，并具有单个主导本征值，即单个具有最大绝对值的本征值，那么这个本征值和对应的本征矢量可以用下面的算法估计出来：

(1) 选择一个单位长度的矢量，它与主导本征值不平行。将它称为 $\boldsymbol{x}'_0$。这是一个随机选择的矢量，最有可能不与矩阵的主导本征矢量重合。置 $k=0$；

(2) 计算 $\boldsymbol{x}_{k+1}=\boldsymbol{A}\boldsymbol{x}'_k$；

(3) 对 $\boldsymbol{x}_{k+1}$ 进行归一化，以使其具有单位长度：

$$\boldsymbol{x}'_{k+1}=\frac{\boldsymbol{x}_{k+1}}{\sqrt{\boldsymbol{x}_{k+1,1}^2+\boldsymbol{x}_{k+1,2}^2+\cdots+\boldsymbol{x}_{k+1,N}^2}}$$

其中 $x_{k+1,i}$ 是具有 N 个元素的 $\boldsymbol{x}_{k+1}$ 的第 i 个元素；

(4) 如果 $\boldsymbol{x}'_{k+1}$ 与 $\boldsymbol{x}'_k$ 不同，但在一定容许范围内，则置 $k=k+1$，并转去步骤(2)。

这个矩阵的本征值越不相似，算

法就收敛得越快。

一旦达到收敛，主导本征值可用所估计的本征矢量 $\boldsymbol{x}$ 的**瑞利商**来计算：

$$\lambda_{\text{dominant}} = \frac{\boldsymbol{x}^{\mathrm{T}}\boldsymbol{A}\boldsymbol{x}}{\boldsymbol{x}^{\mathrm{T}}\boldsymbol{x}}$$

这个方法也可用于计算一个矩阵的最小非零本征值。

power spectrum ⇔ **功率谱**

描述**频率域**中能量分布的物理量。考虑 $W \times H$ 的一幅图像 $f(x, y)$，一般可通过计算如下**傅里叶变换**离散形式的复数模获得：

$$F(u,v) = \sum_{x=0}^{W-1}\sum_{y=0}^{H-1} f(x,y)\exp\left[-2\pi\mathrm{i}\left(\frac{ux}{w}+\frac{vy}{h}\right)\right]$$

即 $P(u,v) = |F(u,v)|^2$。在功率谱中放射(radial)的能量分布反映了纹理的粗糙性而绕角(angular)的分布与纹理的方向性有关。例如在图 P6 中，**纹理特征**的水平朝向反映在频谱图像的垂直能量分布上。这样，可以使用这些能量分布来刻画纹理。常用的技术包括使用**环状滤波器**或**环形滤波器**，**楔状滤波器**或**扇形滤波器**，并使用峰检测算法。参阅 **partition Fourier space into bins**。

图 P6　左为原始图像，右为其傅里叶频谱

PPN ⇔ **概率佩特里网**

probabilistic Petri net 的缩写。

PR ⇔ **模式识别**

pattern recognition 的缩写。

precise measurement ⇔ **精确测量**

达到高**测量精确度**的测量。对应**一致估计**。

precision ⇔ **查准率；精(确)度，精(确)性**

1. 查准率：一个**检索性能评价指标**。是一个精确性的测度，是系统提取的相关图像数量除以提取的全部图像数量(即正确肯定加**虚警**)。可表示为

$$\text{精确率} = \frac{\text{有关联的正确检索结果}}{\text{所有检索到的结果}}$$

也可用于分类任务，此时查准率 P 类似于正确预测值，可表示为

$$R = \frac{T_{\mathrm{p}}}{T_{\mathrm{p}} + F_{\mathrm{p}}}$$

其中 T_{p} 为正确肯定，而 F_{p} 为错误肯定。一个得分为 1.0 的完美查准率表示每个提取的图像都是相关的，但完全没有提供是否所有相关图像都提取出来的信息。所以，仅使用查准率一个指标是不够的，例如需要通过计算**查全率**以考虑所有相关图像的数量。

对查准率，也可以用得到的前 n 个结果来评估，这个测度称为在 n 时的查准率，记为 $P@n$。

2. 精确度/性：见 **measurement precision**。

precision rate ⇔ **查准率**

同 **precision**。

predicate calculus⇔谓词演算

一种符号形式语言。是**谓词逻辑**中的重要元素。也称数理演算。在大多数情况下，**逻辑系统**是基于一阶谓词演算的，几乎可以表达任何事情。

predicate logic⇔谓词逻辑

一种刻画具体事物或抽象概念之间关系的知识类型。也称一阶逻辑。

predicted-frame⇔预测帧

同 **P-frame**。

prediction equation⇔预测方程

卡尔曼滤波的两个步骤之一使用的方程。可以给出了对被跟踪目标点在观测前对应模型参数的位置和噪声方差变量的最优估计值(速度为常数且噪声为高斯噪声时)。

prediction-frame⇔预测帧

MPEG 系列标准中，采用特定方式进行编码的三种**帧图像**之一。也称 **P 帧**。对预测帧的编码要参照前一幅初始帧或预测帧，并借助对运动的估计来进行**帧间编码**。

prediction sequence⇔预测序列

同 **test sequence**。

predictive coding⇔预测编码(方法)

空域中的一种**图像编码**方法。可以是**无损编码**也可以是**有损编码**。基本思想是在顺序扫描像素时，通过仅提取每个像素中(相对先前像素)的新信息并对它们进行编码来消除**像素间冗余**。这里一个像素的新信息定义为该像素的当前或现实值与预测值的差。注意这里正是由于像素间有相关性，所以才使预测成为可能。

predictive error⇔预测误差

预测编码中，预测的输入与真实输入之差。

predictor⇔预测器

预测编码系统的重要组成模块之一。用于对编码输入进行估计，以减小**码率**。

prefix compression⇔前缀压缩

一种满足前缀性质，适合对正方形图像进行压缩的**变长码**。对一幅 $2^n \times 2^n$ 的图像，利用四叉树结构为每个像素赋一个 $2n$ 位的数。然后选择一个前缀值 P，把所有 $2n$ 位数中最左边 P 位相同(即前缀相同)的像素找出来。对这些像素的压缩就是只把该前缀写进压缩流，后面跟着所有的后缀。

prefix property⇔前缀性(质)

变长码的主要特性之一。规定：一旦把某个位图案赋给了某个符号作为码字，则其他码字就不能用该位图案来打头(即该位图案不能用做任何其他码字的前缀)。例如，一旦把串 1 赋给 a_1 作为码字，则其他码字就不能用 1 来打头(即它们都只能用 0 来起始)。同样，一旦把 01 赋给 a_2 作为码字，其他码字就不能用 01 来打头(它们都只能用 00 来起始)。

preimage⇔预图像，原像

数字化模型中，数字化为离散点

集的连续点集。给定一个离散点集合 P，如果一个连续点集合 S 数字化后为 P，那么 S 就是 P 的预图像。注意，因为数字化(量化)是多对一的映射，所以不同的预图像有可能映射为相同的离散点集。

preprocessing⇔预处理

对图像进行正式处理、分析和理解前先执行的操作。这是一个相对的概念，一般在串行的多个步骤中，位于前端的操作相对于其后的操作都可看做预处理。典型的预处理包括：**噪声消除**，**特征提取**，**图像配准**，提取、校正、归一化感兴趣目标等。

Prewitt detector⇔蒲瑞维特(检测)算子

一种一阶**差分边缘检测算子**。所采用的两个 2-D **正交模板**见图 P7。

-1		1
-1		1
-1		1

1	1	1
-1	-1	-1

图 P7 蒲瑞维特检测算子的模板

primal sketch⇔基素表达

1. **马尔视觉计算理论**中视觉信息的三级内部表达中的一级。是一种 2-D 表达，对应**图像特征**的集合，描述了物体表面属性发生变化的轮廓部分。基素表达试图提取图像中独特的基元并描述它们的空间联系，提供了图像中各物体轮廓的信息，是对 3-D 目标一种素描形式的表达。

2. 图像基元或纹理元的一种表达。如条(bars)、边缘、连通区域及结束符(terminators)。在纹理分析中，一般在对图像基元的提取过程后还要接一个追踪基元的过程。接下来，不同基元的种类、基元朝向、尺寸参数分布、基元反差分布和基元空间密度等统计都可从基素表达中获得。近代的基素表达常比较复杂，例如，可将稀疏编码理论和**马尔可夫随机场**概念结合作为一种基素。此时图像被分解为可素描的区域(用稀疏编码建模)和不可素描的区域(采用基于**马尔可夫随机场**的模型)。纹理元从图像的可素描区域中抽取。

primary color⇔原色，基色

1. 对于光，红(R)、绿(G)、蓝(B)三种颜色之一。合称**三基色**、**三原色**。

2. 对颜料，**品红**(M)、**蓝绿**(C)、**黄**(Y)三种颜色之一。合称颜料的**三基色**、**三原色**。

primitive event⇔基元事件

用以组成复杂事件的基本单元。例如在乒乓球比赛的事件中，运动员进场、练习、发球、得分等都可看作基元事件。

primitive pattern element⇔模式基元

用以构成**模式**的元素。

primitive texture element⇔原始纹理基元

结构法中组成**纹理**的基本单元。

principal axis⇔主轴

同 **optic axis**。

principal component ⇔ 主分量

多通道图像中，通过近似整幅图像或图像中选出的区域为一个多维椭球获得的朝向或轴。第一个主分量平行于上述椭球的最长轴，所有其他主分量都与它垂直。主分量可基于数据的协方差矩阵用主轴变换来计算。主分量是多通道数据的最优表达，因为它们是不相关的，具有低方差的主分量可以忽略而不影响数据的质量，从而可减少表达多通道图像所需的通道数量。参阅 **Hotelling transform**。

principal component analysis [PCA] ⇔ 主分量分析，主元分析

基于**霍特林变换**或**卡洛变换**，确定一个数据系综的不相关分量的分析方法。系综里的每幅图像都看作一个随机场的一个版本，而图像里的每个像素都看作一个随机矢量的一个版本。主分量分析是将表达景物特征的空间分解为在最小方差准则下能最优表达数据的高维线性子空间。

为进行主分量分析，需要对角化数据的协方差矩阵。考虑所设定的随机试验的输出的自协方差函数是

$$C(i,j) \equiv E\{[x_i(m,n) - x_{i0}][x_j(m,n) - x_{j0}]\}$$

其中 $x_i(m,n)$ 是第 i 个带的像素 (m,n) 的值，x_{i0} 是第 i 个带的均值，$x_j(m,n)$ 是第 j 个带的同一个像素 (m,n) 的值，x_{j0} 是第 j 个带的均值，且**期望值**是对随机试验的所有输出，即对图像中的所有像素来计算的。对一幅 $M \times N$ 图像：

$$C(i,j) = \frac{1}{MN}\sum_{m=1}^{M}\sum_{n=1}^{N}[x_i(m,n) - x_{i0}][x_j(m,n) - x_{j0}]$$

例如，对一幅有 3 个带的图像，变量 i 和 j 仅取 3 个值，所以协方差矩阵是一个 3×3 矩阵。如果数据是不相关的，则 $\boldsymbol{C}$ 是一个对角矩阵，即 $C(i,j)=0$，如果 $i \neq j$。为此，需要用变换矩阵 $\boldsymbol{A}$ 对数据进行变换，其中 $\boldsymbol{A}$ 由未变换数据的协方差矩阵的本征矢量构成。

principal component transform ⇔ 主分量变换

同 **Hotelling transform** 或 **KL transform**。

principal direction ⇔ 主方向

法线曲率取得极值的方向。即主曲率的方向。3-D 曲面上每点可有多个**表面曲率**值，对应最大曲率的方向和最小曲率的方向均称为主方向，它们是互相正交的。两个主曲率和两个主方向一起可完全确定表面的局部形状。图 P8 给出一个示例，T_1 和 T_2 代表两个主方向。对任何曲面，总可以至少确定一个具有最大曲率的方向，还可以至少确定一个具有最小曲率的方向（对比较平坦的曲面，某些点上可能有多个最大曲率和最小曲率方向，此时可任选）。

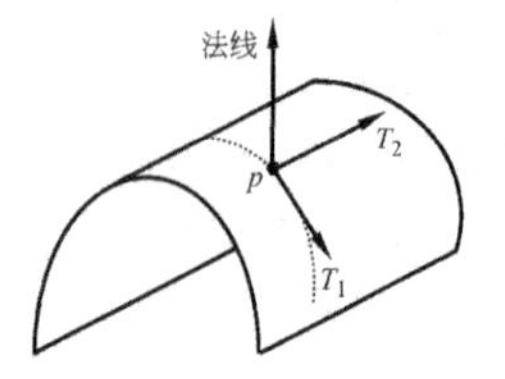

图 P8 表面曲率的主方向

将两个主方向上的曲率幅度分别记为 K_1 和 K_2，则可获得如下**高斯曲率**：

$$G = K_1 K_2$$

如果曲面局部上是椭圆形的，则高斯曲率为正；如果曲面局部上是双曲线形的，则高斯曲率为负。由 K_1 和 K_2 还可计算**平均曲率**：

$$H = (K_1 + K_2)/2$$

H 决定了曲面是否局部凸(平均曲率为负)或凹(平均曲率为正)。

principal distance ⇔ 主距离

透视投影中，透视中心和图像投影平面之间的距离。

principal normal ⇔ 主法线

空间曲线局部几何坐标系中，**法平面**和**密切平面**的交线。常用矢量 $\boldsymbol{n}$ 表示，参见图 L12。

principal point ⇔ 主点

图像平面与**光轴**的交点。

principles of stereology ⇔ 体视学原理

体视学中对感兴趣目标内部几何单元的总数进行定量估计所依据的基本规则。在体视学方法中，3-D 空间中单元的几何性质可借助**探针**或**探测器**来获得或测量。对不同的 3-D 空间的景物需分别采用不同的探针以产生**事件**并获得计数。探针与景物的不同组合示例可见表 P1。

表 P1 探针与景物的不同组合

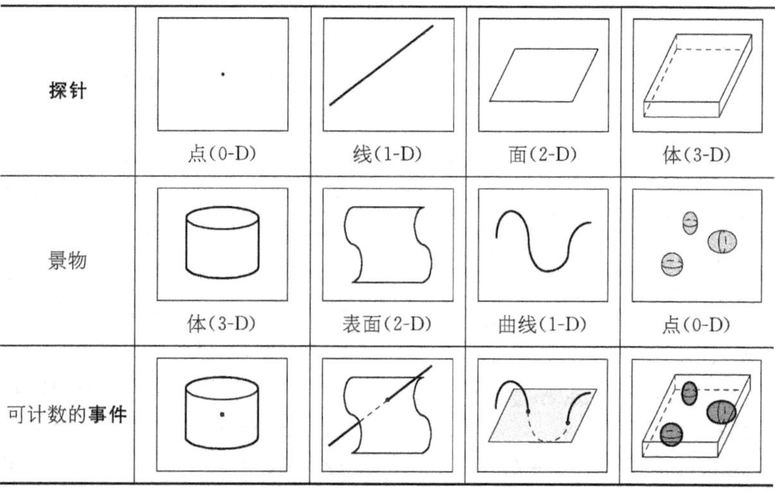

探针	点(0-D)	线(1-D)	面(2-D)	体(3-D)
景物	体(3-D)	表面(2-D)	曲线(1-D)	点(0-D)
可计数的**事件**				

注：表中用黑体表示的术语表明正文中收录为词目，可参阅。

printer⇔**打印机,印刷机**

一种将计算结果印制在特定介质(如纸张、胶片)上的计算机输出设备。也可看作一种**图像**输出和显示设备。

printing character recognition⇔**印刷字符识别**

光学字符识别中的一个重要领域。识别对象是印刷字符。由于识别对象比较规范,此类识别目前已完全达到实用的程度。

privileged viewpoint⇔**特权视点**

观察对象的小运动就会导致**图像特征**出现或消失的视点。比较**generic viewpoint**。

probabilistic latent semantic analysis [pLSA]⇔**概率隐语义分析,概率隐含语义分析,概率隐性语义分析**

一种为解决目标和场景分类而建立的概率图模型。基于**概率隐语义索引**。源于对自然语言和文本的学习,其原始名词定义均用了文本中的概念,但也很易推广到图像领域(特别是借助**特征包模型**的框架)。

probabilistic latent semantic indexing [pLSI]⇔**概率隐语义索引(技术),概率隐含语义索引(技术),概率隐性语义索引(技术)**

借助概率统计方法建立的**隐语义索引**。

probabilistic linear discriminant analysis [PLDA]⇔**概率线性鉴别分析**

线性鉴别分析的概率版本。将一幅**图像**分解为两个部分的和:一个确定性分量(依赖于对基本身份的表达)和一个随机分量(表明从同一个人获得的两幅人脸图像不同)。

probabilistic Petri net [PPN]⇔**概率佩特里网**

佩特里网的一种推广。在概率佩特里网中,过渡与权重相关联,而权重记录了过渡启动的概率。通过利用跳跃式过渡并给它们低概率作为惩罚,就可取得对在输入流中漏掉观察时的鲁棒性。这是因为真实的人类活动与严格的模型并不完全一致,模型需要允许与期望的序列有差别并对显著的差别给予惩罚。

probability density function [PDF]⇔**概率密度函数**

随机变量**分布函数**的微分。**图像工程**中用来刻画**噪声**特性的一种方式。噪声本身的灰度可看作随机变量,所以其分布可用概率密度函数来刻画。

probability of error [PE]⇔**误差概率**

基于**像素数目误差**的一种**测度**。假设用 $P(b|o)$ 表示将目标错分为背景的概率,$P(o|b)$ 表示将背景错分为目标的概率,$P(o)$ 和 $P(b)$ 分别表示图像中目标和背景所占比例的**先验概率**,则总的误差概率为

$$P_E = P(o) \times P(b|o) + P(b) \times P(o|b)$$

probability-weighted figure of merit⇔**概率加权的品质因数,概率加权的质量因数**

图像分割评价差异试验法中所使用的差异评价准则。衡量的是如果

分割结果不完善时被错误地划分到并不应属于区域的像素与它们本应该属于的正确区域之间的距离。具体是对**质量因数**用像素类别的概率再加权。

probe⇔探测器,探针,探头

体视学中,用来插入空间并记录下与兴趣结构的相交情况,以便测量或获得空间单元几何性质的几何基元。最常用的体视学探针包括点、线、面和体(也包括两个相距很近的平行平面)。

probe set⇔测试集

用于测试算法的数据集合。在**人脸识别**中,测试集中的图像常有不同的照明、表情等变化。测试集与**原型集**应不重合,测试集与**训练集**也应不重合。

procedural knowledge⇔程序(性)知识

图像理解中,与选择算法、设置算法参数等操作有关的知识。

知识可分成程序知识、视觉知识和世界知识三类。程序知识与诸如选择算法、设置算法参数等操作有关。**视觉知识**与图像形成模型有关,如当一个 3-D 物体受到倾斜照明就会产生影子。**世界知识**指关于问题领域的整体知识,例如图像中目标间的联系以及景物与环境间的联系(例如晚上下雨将增加所使用的路面反射)。一般认为,视觉知识要比世界知识的层次低,反映了场景中的中低层内容,又比世界知识更具体、更特殊,主要用于对场景的**预处理**,对世界知识提供支持;世界知识的层次要比视觉知识高,反映了场景中的高层内容,又比视觉知识更抽象、更全面,主要用于对场景的高层解释,是图像理解的基础。

procedural representation ⇔ 过程表达型

一类**知识表达**形式。将一组知识表示为如何应用这些知识的过程(**控制知识**)。这类形式的优点是很容易表达关于如何去做某件事的知识和关于如何有效地做某件事的启发式知识。

procedure knowledge⇔过程知识

运用**知识**的知识。

processing strategy⇔处理策略

图像分割评价中,一种**分析法**准则。**图像分割**的过程可以串行、并行、迭代或将三者混合来实现。图像分割算法的性能与这些处理策略紧密联系,所以根据算法的处理策略也可在一定程度上把握算法的特性。

production rule⇔产生式规则

产生式系统中表达**知识**的规则。每个产生式规则都有一个**条件-动作对**的形式。

production system⇔产生式系统

一种**知识表达**方法。也是一种模块化的知识表示的形式系统。也称基于规则的系统或专家系统。把知识表达成称为**产生式规则**的**守护程序**的集合。产生式系统适合管理符号,但对信号处理不太有效。

随着分布计算的发展，产生式系统逐渐模块化而演变成**黑板系统**。

profile connection space [PCS]⇔配置关联空间

一种与设备无关的虚拟**彩色空间**。PCS空间是通过XYZ或**Lab彩色空间**来定义的。

program stream⇔节目流

国际标准**MPEG-2**中规定的一组具有共同时间联系的音频、视频和数据元素。一般用于发送、存储和播放。

progressive compression⇔渐进压缩

图像编码中的一种顺序技术。也称渐进编码、可扩展编码。有几种不同类型的可扩展性：①质量渐进：采用码流的逐渐增加以更新重建的图像；②分辨率渐进：在编码时，先考虑低分辨率图像，然后编码其与高分辨率之间的差别；③成分渐进：先考虑编码灰度数据，然后编码彩色数据。

在**无损编码**中也可以采用渐进方式，即使用由粗糙到精细的像素扫描格式。例如，常用在下载预览图像时或者提供不同**图像质量**的访问时。

progressive fast and efficient lossless image compression system [FELICS]⇔渐进FELICS，渐进快速高效无损图像压缩系统

FELICS中的一种可分层对**图像编码**的渐进版本。每一层的编码像素数都加倍。为了确定某一层包括哪些像素，在概念上可把前一层旋转45°并在每一维上乘以$\sqrt{2}$。

progressive [FELICS]⇔渐进FELICS，渐进快速高效无损图像压缩系统

progressive fast and efficient lossless image compression system的缩写。

progressive image coding⇔渐进图像编码(方法)

一类将图像分层(各层带有不同的图像细节)并按层进行**图像编码**的方法。在解码端，解码器可以快速地用低分辨率显示整幅图像，并随着解压越来越多的层而不断增加图像细节达到逐步改善**图像质量**的效果。

progressive image compression⇔渐进图像压缩

一种按层来组织压缩流的**图像压缩**方法。每一层都比上一层包含更多的图像细节。解码器能非常快速地用低质量格式显示整幅图像，然后随着读入和解压越来越多的层，显示质量不断改善。用户如在屏幕上观看解压图像，则常在图像被解压缩5%～10%后即可识别出大多数的**图像特征**。随着时间而改善**图像质量**可有不同的方法，如：①进行图像锐化；②添加色彩；③增加分辨率。

progressive scanning⇔渐进扫描，逐行扫描

图像显示中的一种**光栅扫描**方式。以帧为单位，显示时从左上角逐行进行到右下角。特点是清晰度高，但数据量大。比较 **interlaced scanning**。

projection ⇔ **投影**

1. 光线照射物体时在某个**投影面**上得到的影子。也可指这个过程。比较 **projection of a vector in subspace**。

2. 一种紧凑的**形状描述符**。一个二值目标 $O(x,y)$，$x \in [0, M-1]$，$y \in [0, N-1]$ 的水平投影和垂直投影可分别使用下两式得到：

$$h(x) = \sum_{x=0}^{M-1} O(x,y)$$

$$v(y) = \sum_{y=0}^{N-1} O(x,y)$$

projection background process ⇔ **背景放映合成摄影，背景投射过程**

获得与实地拍摄有类似效果的摄影：将预先拍摄的背景画面用强光源的特殊放映机放映到**半透明**或定向反射的银幕上，演员在银幕前表演，摄像机将演员动作和银幕上放映的景物画面同时摄入。

projection histogram ⇔ **投影直方图**

参阅 **lateral histogram**。

projection imaging ⇔ **投射成像**

将拍摄到的负像直接投射成正像以供人观看的方法。

projection matrix in subspace ⇔ **子空间投影矩阵**

用于描述**子空间**中矢量投影的矩阵。一个矢量 $\boldsymbol{x}$ 在子空间 U（由矢量组$\{\boldsymbol{u}_1, \boldsymbol{u}_2, \cdots, \boldsymbol{u}_m\}$构成）上的**正交投影**结果为矢量：

$$\boldsymbol{x}^* = \sum_{i=1}^{m} (\boldsymbol{x}^{\mathrm{T}} \boldsymbol{u}_i) \boldsymbol{u}_i$$

可以将其写成

$$\boldsymbol{x}^* = \sum_{i=1}^{m} \boldsymbol{u}_i \boldsymbol{u}_i^{\mathrm{T}} \boldsymbol{x} = \boldsymbol{P}\boldsymbol{x}$$

其中

$$\boldsymbol{P} = \sum_{i=1}^{m} \boldsymbol{u}_i \boldsymbol{u}_i^{\mathrm{T}}$$

就是子空间投影矩阵，可将任意矢量映射为子空间 U 上的投影矢量。利用矢量组$\{\boldsymbol{u}_1, \boldsymbol{u}_2, \cdots, \boldsymbol{u}_m\}$的正交归一化性质可以证明 $\boldsymbol{P}^{\mathrm{T}} = \boldsymbol{P}$。参阅 **projection of a vector in subspace**。

projection of a vector in subspace ⇔ **矢量在子空间的投影**

子空间中的一个基本概念。设构成子空间 U 的正交归一化矢量组为$\{\boldsymbol{u}_1, \boldsymbol{u}_2, \cdots, \boldsymbol{u}_m\}$，若它们满足 $\boldsymbol{u}_i^T \boldsymbol{u}_j = \delta_{ij}$，则一个矢量 $\boldsymbol{x}$ 在 U 上的（正交）投影结果为

$$\boldsymbol{x}^* = \sum_{i=1}^{m} (\boldsymbol{x}^{\mathrm{T}} \boldsymbol{u}_i) \boldsymbol{u}_i$$

另外，矢量 $\boldsymbol{x}'$（$= \boldsymbol{x} - \boldsymbol{x}^*$）称为垂直残差（vertical residual），它垂直于子空间 U。矢量 $\boldsymbol{x}$、$\boldsymbol{x}^*$ 和 $\boldsymbol{x}'$ 及它们之间的关系可见图 P9。

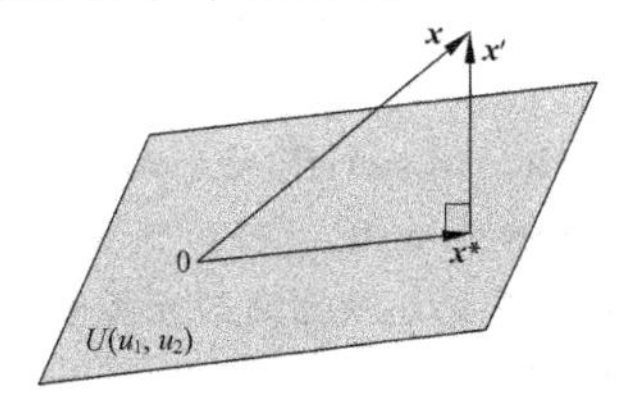

图 P9　矢量在子空间的投影

projection plane ⇔ **投影面**

物体**投影**所在的假想面。通常是

平面，但在地球投影等方面也用圆柱面、圆锥面、球面等曲面作为投影面。

projection printing ⇔ **投射印制**

同 **projection imaging**。

projection theorem for Fourier transform ⇔ **傅里叶变换的投影定理**

傅里叶变换的定理之一。是**傅里叶逆变换重建法**的基础。如果用 $g(s,\theta)$ 表示沿直线 (s,θ) 对 $f(x,y)$ 的积分，设 $G(R,\theta)$ 是 $g(s,\theta)$ 对应第一个变量 s 的(1-D)傅里叶变换，即

$$G(R,\theta)=\int_{(s,\theta)} g(s,\theta)\exp[-\mathrm{j}2\pi Rs]\mathrm{d}s$$

$F(X,Y)$ 是 $f(x,y)$ 的 2-D 傅里叶变换(Q 为 $f(x,y)$ 的投影区域)：

$$F(X,Y)=\iint_{Q} f(x,y)\exp[-\mathrm{j}2\pi(xX+yY)]\mathrm{d}x\mathrm{d}y$$

那么投影定理可表示为

$$G(R,\theta)=F(R\cos\theta,R\sin\theta)$$

即对 $f(x,y)$ 以 θ 角进行投影的傅里叶变换等于 $f(x,y)$ 的傅里叶变换在傅里叶空间 (R,θ) 处的值。换句话说，$f(x,y)$ 在与 X 轴成 θ 角的直线上投影结果的傅里叶变换是 $f(x,y)$ 的傅里叶变换在朝向角 θ 上的一个截面。

projective imaging mode ⇔ **投影成像模式**

借助投影采集客观景物图像的方式。对应从**世界坐标系** XYZ 经过**摄像机坐标系** xyz 到**像平面坐标系** $x'y'$ 的变换。这些变换可用数学公式精确地描述，但实际中为简化计算，常对公式进行一些近似。

projective stratum ⇔ **投影层**

3-D 几何学分层中的一层。这里分层从最复杂到最简单，依次是投影、仿射、测度和欧氏层。参阅 **projective transformation**。

projective transformation ⇔ **投影变换**

3-D 投影中的**坐标变换**。投影变换矩阵共有 8 个**自由度**，可由 4 对参考点确定，所以也称 **4 点映射**。将投影变换中的自由度逐步减少，可依次得到平面上的**仿射变换**、**相似变换**、**等距变换**。

proper kurtosis ⇔ **恰当峰度**

一种由下式表示的**峰度**：

$$\beta_2=\frac{\mu_4}{\mu_2^2}$$

proper subgraph ⇔ **真子图**

两个**图**之间的一种关系。如果图 H 为图 G 的**子图**，但 $H\neq G$，则称图 H 为图 G 的真子图。比较 **proper supergraph**。

proper supergraph ⇔ **真母图**

两个**图**之间的一种关系。如果图 G 为图 H 的**母图**，但 $G\neq H$，则称图 G 为图 H 的真母图。比较 **proper subgraph**。

properties of biometrics ⇔ **生物特征特性，生物特征性质**

生物特征用于**识别**时应具有或期望具有的特点。例如，要对人的身份进行辨识或确认时，所用的生物特征主要应满足普遍性(人人拥

有)，唯一性(人与人不同)，稳定性(不因人年龄、时间、环境的变化而变化)和采集方便性(即采集容易、设备简单、对人影响程度小)等。

properties of mathematical morphology ⇔ **数学形态学性质**

数学形态学运算的性质。仅取决于运算本身，不因运算对象而异。常用的数学形态学性质包括：**位移不变性**，**互换性**，**组合性**，**增长性**，**同前性**，**外延性**和**反外延性**。对**二值膨胀**，**二值腐蚀**，**二值开启**和**二值闭合** 4 种二值数学形态学基本运算来说，它们具有或不具有上述性质的情况可归纳成表 P2(设 A 为运算对象，B 为结构元素)。

表 P2　4 种二值数学形态学基本运算的性质

性质＼运算	膨胀	腐蚀	开启	闭合
位移不变性	$(A)_x \oplus B=(A \oplus B)_x$	$(A)_x \ominus B=(A \ominus B)_x$	$A \circ (B)_x = A \circ B$	$A \bullet (B)_x = A \bullet B$
互换性	$A \oplus B = B \oplus A$			
组合性	$(A \oplus B) \oplus C = A \oplus (B \oplus C)$	$(A \ominus B) \ominus C = A \ominus (B \oplus C)$		
增长性	$A \subseteq B \Rightarrow A \oplus C \subseteq B \oplus C$	$A \subseteq B \Rightarrow A \ominus C \subseteq B \ominus C$	$A \subseteq B \Rightarrow A \circ C \subseteq B \circ C$	$A \subseteq B \Rightarrow A \bullet C \subseteq B \bullet C$
同前性			$(A \circ B) \circ B = A \circ B$	$(A \bullet B) \bullet B = A \bullet B$
外延性	$A \subseteq A \oplus B$			$A \subseteq A \bullet B$
反外延性		$A \ominus B \subseteq A$	$A \circ B \subseteq A$	

property learning ⇔ **特性学习(方法)**

时空行为理解中，一种用来学习和刻画时-空模式的属性的算法。

property of watermark ⇔ **水印性质**

图像水印自身及其嵌入和检测的特点。图像水印根据不同的使用目的应具有一定的特性。

propositional representation model ⇔ **命题表达模型**

一类**知识库**表达模型。命题表达的性质包括：① **分散性**；② **离散性**；③ **抽象性**；④ **推理性**。

protanomalous vision ⇔ **红色弱**

色视觉的一种非正常情况。也称甲型色弱。患者有三色视觉，但在将红色与绿色配成黄色时所用的红色要比常人多一些，其光谱光视曲线向短波段偏移了一些，是介乎正常人与红色盲之间的一种情况。

protanopia ⇔ **甲型色盲，红色盲**

二色视觉患者中的一种子类。这类人所见红色光谱部分比正常人窄，容易将淡红与深红、青蓝与绀紫看成一样的颜色。其光谱中最灵敏的区域更偏向紫色一边，中性点在 490 nm 附近。也称第一种色盲。

prototype matching⇔**原型匹配(技术)**

格式塔理论的心理学家提出的一种匹配理论。认为：对当前观察到的一个字母“A”图像，不管它是什么形状，也不管把它放到什么地方，它都和过去已知觉过的“A”有相似之处。人类在长时记忆中并不是存储无数个不同形状的模板，而是将从各类图像中抽象出来的相似性作为原型，并以此去检验所要认知的图像。如果能从所要认知的图像中找到一个原型的相似物，那么就实现了对这幅图像的认知。

pruning⇔**剪切，修剪**

利用**二值图像数学形态学**运算对**细化**和**骨架提取**操作结果的一种操作。是对细化和骨架提取操作的重要补充，常用作细化和骨架提取的后处理手段，以去除多余的寄生组元(“毛刺”，即与总体结构不符的微小变形)。这里需要使用一组**结构元素**，包括循环地使用一组用来消除噪声像素的结构元素进行迭代。

pseudo-color⇔**伪彩色**

对**灰度图像**中的灰度像素人工赋予的**颜色**。

pseudo-color enhancement⇔**伪彩色增强**

把原来**灰度图像**中不同灰度值的区域赋予不同的颜色，以便更明显地区分开来的彩色**增强**方法。从图像处理的角度看，输入是**灰度图像**，输出是**彩色图像**。

pseudo-color image⇔**伪彩色图像**

将所选灰度图像的像素编码或彩色化的结果图像。对所选的像素，其灰度值被给定的彩色矢量的红、绿、蓝分量所替换。彩色矢量的选择常是随意的，其目标仅是使不同的图像区域更好区别一些和更好看一些。

pseudo-color image processing⇔**伪彩色图像处理**

为更好地观察而增强一幅单色图像的过程。这里的原理是微小的灰度级变化常掩盖和隐藏一幅图像中的感兴趣区域。而因为**人类视觉系统**能区分上千种彩色**色调**和强度(只能区分不到 100 种灰度层次)，所以如果将灰度用彩色替换将得到更好的可视化效果，并增强在图像中检测相关细节的能力。典型的技术包括**伪彩色变换**，**灰度切割**，**频域伪彩色化**等。

pseudo-coloring⇔**伪彩色化**

实现**伪彩色**的过程。

pseudocoloring in the frequency domain⇔**频域伪彩色化**

在**频域**借助滤波器实现的一种**伪彩色化**方法。其基本思想是根据图像中各区域的不同频率含量给区域赋予不同的颜色。一种基本框图如图 F10 所示。输入图像经傅里叶变换后分别通过三个不同的**滤波器**

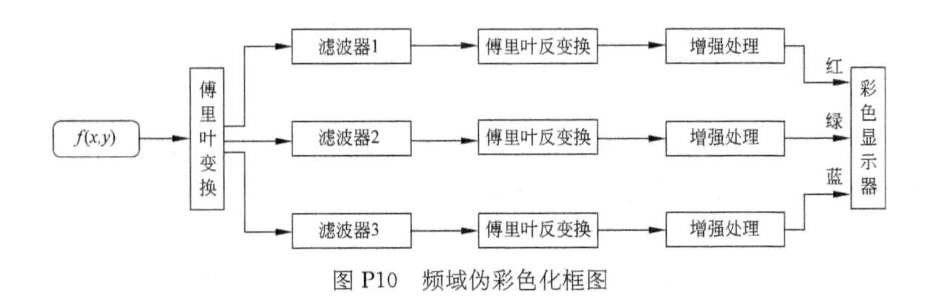

图 P10 频域伪彩色化框图

(可分别使用低通、带通和高通滤波器)被分成不同的频率分量。对每个范围内的频率分量先进行傅里叶逆变换,然后对其结果采用对**灰度图像**的增强方法进行处理。将各通路的图像分别输进彩色显示器的红、绿、蓝输入口就能得到增强后的图像。

pseudo-color transform⇔伪彩色变换

一种**伪彩色增强**方法。把原始图像中每个像素的灰度值分别用三个独立的变换来处理并将结果当作彩色分量,从而将不同的灰度映射为不同的彩色。参阅 **gray level to color transformation**。

pseudo-color transform function ⇔ 伪彩色变换函数

伪彩色变换中一种用于将灰度映射为彩色的函数。例如,采用图 P11 的三个变换函数,则原来灰度值偏小的像素在变换后将主要呈现蓝色,灰度值偏大的像素将主要呈现红色,而中间灰度值的像素将主要呈现绿色。

pseudo-color transform mapping ⇔ 伪彩色变换映射(技术)

参阅 **pseudo-color transform**。

pseudo-convolution⇔伪卷积

将一个信号**投影**到另一个信号上的操作。将信号在两个单位信号(基信号)上投影包括取信号的每个样本和它的局部近邻(与单位信号有相同的尺寸),并对它们点点相乘再将乘积加起来。如果忽略对卷积信号的翻转(这是执行实卷积所必须的),这实际上就是一个卷积。所以可将这样一个卷积称为伪-卷积。在下列情况下处理图像时常使用伪-卷积:如果单位信号(或基,或滤波器)为对称的,进行翻转与否没有影响;而如果单位信号(或基,或滤

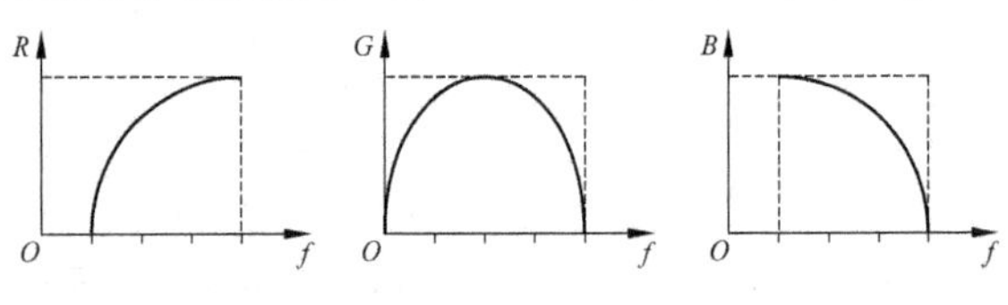

图 P11 伪彩色变换函数示例

波器)是反对称的,需将符号翻转。不过,由于最后计算结果值的平方,所以也不需要改变符号。

pseudo-isochromatic diagram ⇔ 伪等色图

用来检查色觉是否正常的图片。也称色盲图片、色盲表、迷惑图。例如,色盲能辨认和不能辨认的字迹图片,正常和非正常视觉可从同一图片中认出不同的字的图片。

pseudorandom ⇔ 伪随机的

具有计算机产生的"随机变量"的随机性的。因为这些"随机变量"是根据一系列设计来产生不同数值系列的公式而生成的,并不是真正随机的。

PSF ⇔ 点扩散函数,点扩展函数

point-spread function 的缩写。

PSNR ⇔ 峰值信噪比

peak SNR 的缩写。

psychophysical model ⇔ 精神物理学模型,心理物理学模型

基于人对色感知特性的**色模型**。如 **HSI 模型**。

psycho-visual redundancy ⇔ 心理视觉冗余

一类基本的(图像)**数据冗余**。带有一定的主观性并因人而异。**眼睛**并不是对所有视觉信息有相同的敏感度,有些信息在通常的**视感觉**过程中与另外一些信息相比来说不那么重要,这些信息就可认为是心理视觉冗余的。

p-tile method ⇔ 百分比方法

一种借助图像中构成目标和背景的灰度值分布的先验知识,最小化误分像素数的**阈值**选取方法。例如,如果知道目标应该占据图像面积的一定比例 p,那么这个 p 是一个像素为目标像素的**先验概率**。很明显,背景像素将占据面积的 $1-p$,一个像素是背景像素的先验概率将是 $1-p$。所以,可选阈值使得分为目标的像素数占总像素数的比为 p。这个方法称为百分比法,于 1962 年被提出,是最早的阈值选取方法。

PTZ camera ⇔ 全景摄像机

pan/tilt/zoom camera 的缩写。

pull down ⇔ 下拉

1. **视频镜头**间一种典型的**渐变**方式。后一镜头的首帧由上向下拉出,逐步遮挡住前一镜头的尾帧。

2. 从电影到**视频**的采样率(从高向低)转换。

pull up ⇔ 上拉

视频镜头间一种典型的**渐变**方式。后一镜头的首帧由下向上拉出,逐步遮挡住前一镜头的尾帧。

pulse-coding modulation [PCM] ⇔ 脉冲编码调制

最简单的**波形编码**技术。其中假设各像素在统计上是独立的。

pulse response function ⇔ 脉冲响应函数

信号系统在输入为单位冲激函数时的输出响应(**单位采样响应**)。也就是成像系统在接收到点光源照射时的输出。是系统**传递函数**的傅里叶逆变换。

pulse time duration measurement ⇔ 脉冲时间间隔测量

一种利用**飞行时间法**获得**深度图像**的方法。其中通过测量发射和接收脉冲波的时间差来测量时间间隔。基本原理框图可见图 P12。特定频率的激光由脉冲激光源发出后，经光学透镜和光束扫描系统射向前方，接触物体后反射，反射光被另一光学透镜接收，并经光电转换后进入时差测量模块。该模块同时接收脉冲激光源直接发来的激光，并测量出发射脉冲和接收脉冲的时间差。该时间差与物体的距离成正比。

pure light ⇔ 纯光

纯光谱与**纯绀**的统称。

pure purple ⇔ 纯绀

光谱两个极端的单色光相混合的彩色。纯指这样得出的彩色最鲜艳。纯绀因红与紫的分量不同而有一个系列，并与**纯光谱**色共同组成**色调**的闭合圈(即**色度图**上的舌形轮廓)。

pure spectrum ⇔ 纯光谱，离散谱

单色光(单频光)的整个系列。

pupil ⇔ 瞳孔

眼球**晶状体**前**虹膜**中心的小圆开口。由虹膜中的肌肉纤维控制其大小，与**调视**和**视网膜照度**有关，外界光亮时缩小，外界光按时张大。正常光照下直径为 3～4 mm，在强光下可缩至 1.5 mm 左右，而昏暗时可扩大到约 8 mm。平常所见的是**瞳孔**的像，即眼的入射光瞳，它约比瞳孔本身大 0.12 倍。在成像中的作用对应于**摄像机**的**光圈**。参阅 **cross section of human eye**。

purity ⇔ 纯度

无彩刺激和单色光刺激的混合比。以纯度表示的点离无彩刺激(日光)点的距离越远，则纯度越高，反之，则越低。

Purkinje effect ⇔ 浦肯野效应

基于浦肯野**现象**的一种主观效应。表明不同颜色(尤其是红与蓝)的光在白天(**昼视觉**)与昏晚(**夜视觉**)时对人眼所表现出的**主观亮度**是不同的，假设在白天(红与蓝)两物体显得一样亮，则在昏晚时蓝的物体显得更亮些。

Purkinje phenomenon ⇔ 浦肯野现象

在不同照明水平，人眼对各色光的感受性发生变化或偏移的现象。在**明视觉**条件下，主要由于**锥细胞**的作用，人眼对黄绿色光最敏感；而在**暗视觉**条件下，主要由于**柱细胞**的作用，人眼对蓝绿光最敏感。扑

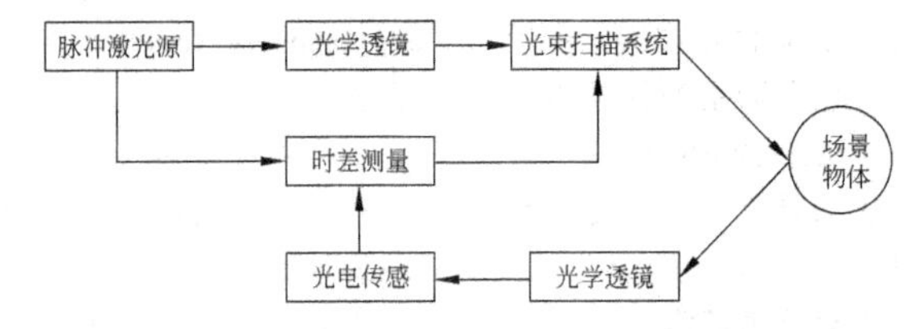

图 P12　脉冲时间间隔测量法原理框图

金耶现象也可称为由**明视觉**经**中间视觉**到**暗视觉**时，光谱光效率值和最大值往短波方向移动的现象。参阅 **Purkinje effect**。

purple⇔**绀**

红与紫混合成的**彩色**。

purple boundary⇔**绀色边界，紫色边界**

色度图上红色和蓝色两个端点间的连线。**纯光谱**色在色度图（或色空间）中连成一条曲线，此曲线轨迹两端的连线（面）称为绀色边界。

purple line⇔**紫色线**

色度图中，连接对应两个极端**波长**（400 nm 和 700 nm）的直线。

purposive-directed⇔**目的导向的，目的导引的**

属于**视觉系统**采用的一种导引方式的。例如，**主动视觉**系统可以根据视觉目的的要求，通过主动控制**摄像机**参数，调整工作模块的功能来改善系统完成特定工作的性能。

purposive vision⇔**有目的视觉**

计算机视觉中，将感知和有目的的行动联系在一起的研究领域。即有目的地改变成像系统的位置或参数以方便视觉任务或使之的完成成为可能。例如，在**由散焦恢复深度**中改变镜头参数以获得关于深度的信息，或让相机绕目标回转以获得全面的形状信息。

一种特殊的**视觉**观念。强调根据视觉目的来选择技术以完成视觉任务。视觉系统根据视觉目的进行决策，确定进行定性分析或定量分析（实际中，有相当多的场合只需定性结果就够用，并不需要复杂性高的定量结果），例如确定是去完整地全面恢复场景中物体的位置和形状等信息还是仅仅检测场景中是否有某物体存在。基本动机是仅将需要的部分信息明确化，并有可能对视觉问题给出较简单的解。

puzzle⇔**拼图游戏**

一类益智游戏。基本的拼图游戏需要将给定的小单元根据一定的次序或逻辑按照其图案、**纹理**、**形状**等结合成大的画面。在这个过程中，拼图人常需要对模式进行识别和**推理**。这与基于视觉特征的图像检索很类似。

pyramid⇔**金字塔**

一种**多分辨率目标表达**方法。本质上是一种**区域分解**方法。将图像分解成层次，上下层之间有“父子”关系，同层之间有“兄弟”关系。描述金字塔主要用两个概念：**缩减率**和**缩减窗口**。

pyramid fusion⇔**金字塔融合**

一种**像素层融合**方法。将两幅参与**融合**的图像中分辨率较低的图像通过重采样扩展成与另一幅参与融合的图像有相同分辨率的图像，然后把两幅图像都进行**金字塔**分解，在分解的各层分别进行融合，最后从融合的金字塔重构出**融合图像**。

pyramid fusion method⇔**金字塔融合法**

同 **pyramid fusion**。

pyramid-structured wavelet decomposition⇔**金字塔结构小波分解**

参阅 **wavelet decomposition**。

Q

QCIF⇔四分之一公共中间格式

quarter common intermediate format 的缩写。

QM-coder⇔QM 编码器

JBIG 二值图像编码和**静止图像编码两项国际标准**中规定的**自适应**二值算术编码器。所用原理与**算术编码**相同,但适用于输入符号是单独的位,且其中只用到固定精度的整数算术操作(加法、减法和位移),而没有乘法(用近似来取代)。

QT⇔四叉树

quadtree 的缩写。

quadratic discriminant function⇔二次鉴别函数

具有如下形式的鉴别函数:

$$f(d)=\sum_{i=1}^{n}\sum_{j=1}^{n}a_{ij}\delta_i\delta_j+\sum_{j=1}^{n}a_j\delta_j+a_0$$

其中 $d=(d_1,d_2,\cdots,d_n)$ 表示测量模式。

quadrature filters⇔正交滤波器

传递函数具有相同幅度的一对**滤波器**。其中,一个滤波器是偶对称的,且具有实的传递函数;另一个滤波器是奇对称的,且具有纯虚的传递函数。这两个滤波器的响应差一个 90°的相位。

quadri-focal tensor⇔四焦张量

描述 4 个光心联系的张量。在使用不共线的 4 个**摄像机**成像时,可获得 4 幅视图,根据四焦张量可借助 4 幅视图进行景物的 3-D 重建。参阅 **four-nocular stereo matching**。

quadtree [QT]⇔四叉树

一种**区域分解**方法。也是一种数据结构。先将**二值图像**一分为四,再将每部分一分为四,如此一直细分下去,直到每部分的像素属性都一致(都是目标像素或都是背景像素)。用**图**表示时,每个非叶结点最多可有 4 个孩子。该数据结构也可用于**灰度图像**。

qualitative metric⇔定性度量

仅能定性描述被测**目标**特性的**测度**。

qualitative vision⇔定性视觉

一类视觉范例。其基本思路是许多视觉任务可以通过仅从图像中计算出对目标和场景的定性描述来较好地完成,而不用像定量视觉那样需要准确的测量。这是在**人类视觉**的计算理论框架下提出来的,寻求对目标或场景定性描述的**视觉**,以在定量描述很难得到的情况下仍可以解决一定的问题。基本动机是不去计算、表达对定性(非几何)任务或决策所不需要的几何信息。定性信息的优点是对各种不需要的变换(如稍微变化一点视角)或噪声比定量信息更不敏感。定性或不变性可以允许在不同的复杂层次方便地解释所观察到的事件。

quantization ⇔ **量化**

1. **图像采集**中**幅度量化**的简称。即将图像灰度色调表示为有限个灰度值的过程。

2. **有损预测编码**中将预测误差映射成有限个输出值的步骤。

3. **变换编码**中有选择地消除携带信息最少的变换系数的步骤。

quantization error ⇔ **量化误差**

将模拟量量化(离散化)为相近的数字量时所产生的量化前后数值的改变量。量化误差与量化级数有关，一般量化级数越多，量化时的改变量就越小，量化的绝对误差和相对误差就越小。

quantitative criteria ⇔ **定量准则**

可定量计算和比较的**评价准则**。

quantitative metric ⇔ **定量度量**

能够定量地描述被测**目标**特性的**测度**。

quantization function in predictive coding ⇔ **预测编码中的量化函数**

用于将**预测误差**进行**量化**的函数。典型的量化函数是阶梯状的奇函数，如图 Q1 给出的函数 $t=q(s)$。这个函数可完全由在第一象限的 $L/2$ 个 s_i 和 t_i 所描述。图中曲线的转折点确定了函数的不连续性，因而这些转折点被称为**量化器**的判别和重建电平。按照惯例，将在半开区间$(s_i, s_{i+1}]$的 s 映射给 t_{i+1}。

quantizer ⇔ **量化器**

有损预测编码系统的重要组成模块之一。将预测误差映射为有限个输出，以减小**码率**。

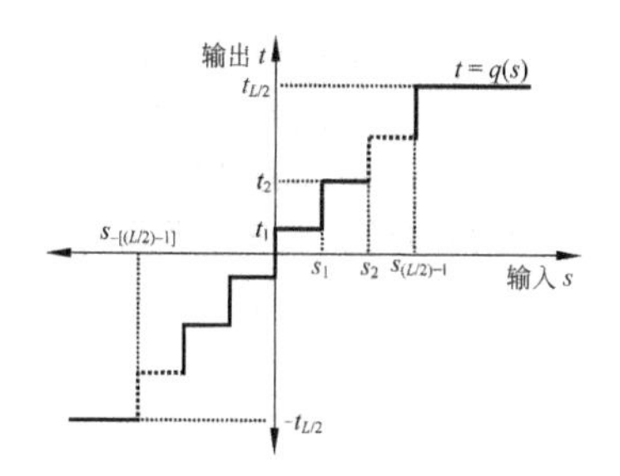

图 Q1　一个典型的量化函数

quantum noise ⇔ **量子噪声**

由**电磁辐射**的离散性引起的随机**噪声**。典型的如**散粒噪声**、**光子噪声**与复合噪声。散粒噪声是量子噪声中来源于电子粒子性的噪声，与光电流的直流分量、电子电荷及滤波器的频率有关。散粒噪声随光频的增大而线性增大。光子噪声则起源于光源和调制器的光子涨落以及媒质的不当反射、色散和干涉。复合噪声来自于光源和探测器的半导体材料中称为载流子复合的电子与空穴的重新复合。

quarter common intermediate format [QCIF] ⇔ **四分之一公共中间格式**

一种标准化的**视频格式**。用于国际标准 H. 263，分辨率 176×144 像素，是 **CIF** 格式的 1/4(因而得名)。码率为 20～64 kbps，Y 分量尺寸为 176×144 像素，采样格式为 4∶2∶0，帧率为 30 P，原始码率为 9.1 Mbps。

quasi-disjoint ⇔ **准不相容的**

单元分解所得到单元可以有不同的复杂形状但不共享体积的。

quasi-monochromatic light ⇔ **准单色光**

极窄频段的多频单色光。理想单色光应是单频光，为无始无终的正弦波，但实际能得到的只能称为准单色光，是正弦波的混合物。也称复合光、杂合光、多色辐射。

query by example⇔(按)范例查询

一种典型的**图像库查询**方式。用户给出一幅示例图像，要求系统去检索和提取图像库中(所有)相似的图像。这种方式的一种变型是允许用户结合多幅图像或**画草图**以得到示例图像。示例图像应与要检索的图像在需要的内容方面有一致性或相似性。

query by sketch⇔按草图查询

一种典型的**图像库查询**方式。用户根据需要**画草图**作为示例图像，要求系统去检索和提取图像库中(所有)相似的图像。

query in image database⇔图像库查询

基于内容的图像检索中的基本步骤和工作之一。

R

R ⇔ **红**

red 的缩写。

RAC ⇔ **相对地址编码(方法)**

relative address coding 的缩写。

radar image ⇔ **雷达图像**

雷达发出的**电磁辐射**到达物体后产生的回波**图像**。采用的电磁波频率主要在微波段。

Rademacher function ⇔ **拉德马赫函数**

由表达式

$$R_n(t) \equiv \mathrm{sign}[\sin(2^n \pi t)], \quad 0 \leqslant t \leqslant 1$$

定义的 $n(n \neq 0)$ 阶函数。对 $n=0$,有

$$R_n(t) \equiv 1, \quad 0 \leqslant t \leqslant 1$$

如果用拉德马赫函数来定义**沃尔什函数**,可以得到二进序、二值序、佩利序和自然序的沃尔什函数。

radial distortion ⇔ **径向畸变**

镜头沿中心向外辐射的畸变的主要成分。在像平面上镜头畸变导致的坐标 $(x,y)^{\mathrm{T}}$ 变化可表示为

$$\begin{bmatrix} x' \\ y' \end{bmatrix} = \frac{2}{1+\sqrt{1-4k(u^2+v^2)}} \begin{bmatrix} x \\ y \end{bmatrix}$$

其中参数 k 表示径向畸变的量级。如果 k 值为负,畸变为**桶形畸变**;如果 k 值为正,畸变为**枕形畸变**。对畸变的校正可借助下式进行:

$$\begin{bmatrix} x \\ y \end{bmatrix} = \frac{1}{1+k(u'^2+v'^2)} \begin{bmatrix} x' \\ y' \end{bmatrix}$$

radial feature ⇔ **辐射特征,径向特征**

由辐射型**傅里叶空间分块**得到的纹理空间周期性。辐射特征可表示为

$$R(r_1, r_2) = \sum\sum |F|^2(u,v)$$

其中,$|F|^2$ 是**傅里叶功率谱**,求和限为

$$r_1^2 \leqslant u^2 + v^2 < r_2^2, \quad 0 \leqslant u,v < N-1$$

其中,N 为周期,辐射特征与纹理的粗糙度有关。光滑的纹理在小半径时有较大的 $R(r_1,r_2)$ 值,而粗糙颗粒的纹理在大半径时有较大的 $R(r_1,r_2)$ 值。

radially symmetric Butterworth band-reject filter ⇔ **辐射对称巴特沃斯带阻滤波器**

一种物理上可以实现,提供**带阻滤波**功能的**频域滤波器**。一个阶为 n 的辐射对称巴特沃斯带阻滤波器的**传递函数**是

$$H(u,v) = \frac{1}{1+\left[\dfrac{D(u,v)W}{D^2(u,v)-D_0^2}\right]^{2n}}$$

其中,W 为带的宽度,D_0 为放射中心,$D(u,v)$ 是从点 (u,v) 到频率平面原点的距离。

radially symmetric Gaussian band-reject filter ⇔ **辐射对称高斯带阻滤波器**

一种物理上可以实现,提供**带阻滤波**功能的**频域滤波器**。一个辐射对称高斯带阻滤波器的**传递函数**是

$$H(u,v)=1-\exp\left\{-\frac{1}{2}\left[\frac{D^2(u,v)-D_0^2}{D(u,v)W}\right]^2\right\}$$

其中，W 为带的宽度，D_0 为放射中心，$D(u,v)$ 是从点 (u,v) 到频率平面原点的距离。

radially symmetric ideal band-pass filter ⇔ 辐射对称理想带通滤波器

能使以频率空间原点为中心的一定范围内的频率分量通过的**理想带通滤波器**。其**传递函数**是

$$H(u,v)=\begin{cases}0, & D(u,v)<D_0-W/2\\ 1, & D_0-W/2\leqslant D(u,v)\leqslant D_0+W/2\\ 0, & D(u,v)>D_0+W/2\end{cases}$$

其中，W 为带的宽度，D_0 为放射中心，$D(u,v)$ 是从点 (u,v) 到频率平面原点的距离。

辐射对称带通滤波器的透视图如图 R1 所示。

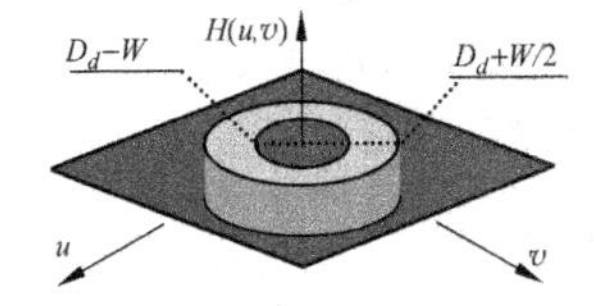

图 R1 辐射对称的带通滤波器透视图

radially symmetric ideal band-reject filter ⇔ 辐射对称理想带阻滤波器

能除去以频率空间以原点为中心的一定范围内的频率分量的**理想带阻滤波器**。其**传递函数**是

$$H(u,v)=\begin{cases}1, & D(u,v)<D_0-W/2\\ 0, & D_0-W/2\leqslant D(u,v)\leqslant D_0+W/2\\ 1, & D(u,v)>D_0+W/2\end{cases}$$

其中，W 为带的宽度，D_0 为放射中心，$D(u,v)$ 是从点 (u,v) 到频率平面原点的距离。

辐射对称带阻滤波器的透视图如图 R2 所示。

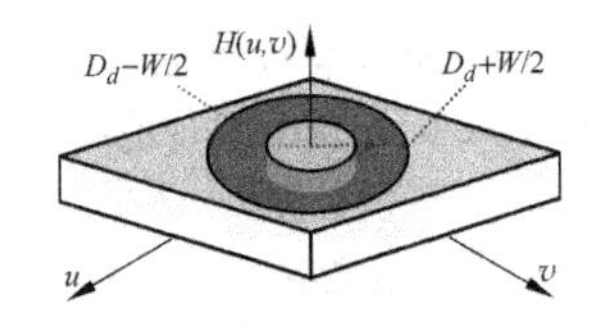

图 R2 辐射对称的带阻滤波器透视图

radiance ⇔ 发光强度；辐射强度；辐射(亮)度；辉度

1. 发光强度：对**点光源**，在某方向的单位立体角内传送的光通量，单位：坎(德拉)(cd)，1 cd=1 lm/sr。

2. 辐射强度：对点辐射源，在某方向上单位立体角内传送的**辐射通量**，单位：瓦(特)每球面度(W/sr)。

3. 辐射度：也称辐射亮度、辐射率。单位：W/(sr · m^2)；符号：L。表面一点处的小面元 dA 在给定方向的辐射强度为 dΦ，该方向以一小锥元表示，其立体角为 dΩ，则 dΦ 所产生的辐亮度 $L=(\mathrm{d}\Omega\mathrm{d}A\cos\theta)^{-1}$。d$A\cos\theta$ 表示小面元 dA 在垂直于所考虑方向上的投影。

4. 辉度：同 **radiation intensity** 和 **radiation luminance**。

radiance exposure ⇔ 辐射曝光照度

单位受照射面积在**曝光**或受照射视觉内所接收的总辐射能。单位：焦耳每平方米(J/m^2)。

radiance factor⇔辐(射)亮度因数

当入射光对某个小面元的照度为 E 时,小面元的辐射亮度 L 与该照度之比。即辐射亮度因数 $\mu=L/E$。

radiance structure surrounding knowledge database⇔以知识库为中心的辐射结构

图像理解系统模型中的一种结构。采用一种类比于**人类视觉系统**的结构,其特点是以**知识库**为中心,系统整体不分层,信号在系统各个模块及知识库中多次进行交换处理。

radiant efficiency⇔辐射效率

由一个源所发射的**辐射通量**与为源所提供的功率之比。无量纲;符号 η。

radiant energy⇔辐射能(量)

电磁辐射发出的能量。单位:焦耳(J);符号:Q。

radiant energy fluence⇔辐射能流

入射到空间一给定圆球上的辐射能与该球横截面积之比。单位:焦耳每平方米(J/m²),符号 Ψ。

radiant energy flux⇔辐射(能)通量

以辐射形式发射、传播或接收的功率(符号 P)。单位:瓦(特)(W)。也称辐射功率。

radiant exitance⇔辐射出射度

由一个表面发射出的单位面积**辐射通量**。即离开表面一点处的面元 dA 的辐射能通量(即辐射功率)$d\Phi$ 除以该面元的面积所得的商。实际上就是单位面积内向半个空间发出的辐射总功率。也称出辐度。单位为瓦(特)每平方米(W/m²),符号 M。

radiant exposure⇔辐射曝光量

单位面积所接收的辐射能 Q_e。曝辐射量按 **CIE** 规定以 H_e 表示,$H_e=dQ_e/dA$,A 表示面积。也称辐射曝光量,单位为焦耳每平方米(J/m²)。

radiant flux⇔辐射通量

以电磁辐射形式射入或射离一个物体的功率(符号 Φ)。单位:瓦(特)(W)。

radiant flux density⇔辐射通量密度

以电磁辐射形式射入或离开一个物体的单位面积的功率。单位:Wm^{-2};符号:E 或 M。

radiant intensity⇔辐射亮度

同 **radiance**。

radiant power⇔辐射功率

CIE-RGB 彩色系统的 3 个基色光的强度。

radiation flux⇔辐射通量

单位时间内通过空间某一截面的辐射能。又称辐射功率、辐射量。单位:瓦(特)(W)。

radiation intensity⇔辐射亮度

同 **radiance**。

radiation luminance⇔辐射亮度

面辐射源上某点在一定方向上的辐射强度。单位:瓦(特)每球面度平方米(W/(sr·m²))。

radiation spectrum⇔辐射谱

即电磁波谱。将一切以光速在真

空中传播的电磁波按其**波长**递增顺序排列，波长最短的是 γ 射线，最长的是无线电波。

radio band image ⇔ 无线电波图像

利用无线电波获得的**图像**。无线电波**波长**在 1 m 以上。

radio frequency identification [RFID] ⇔ 射频识别

利用射频通信方式实现的非接触式自动识别技术。具体利用无线射频信号，通过阅读器、天线和安装在载体（车辆或设备或人员）上的电子标签来构成 RFID 系统，以实现对载体的非接触识别和数据交换。具有体积小、容量大、寿命长、可重复使用等特点。

radiography ⇔ 放射照相（术）

有些不能用可见光直接观察的现象可借助射线（如 γ 射线）先将其用胶片拍照下来或投影到荧光屏上再拍摄出来的技术。也称射线照相、间接射线照相、荧光照相、X 射线照相。

radiometric calibration ⇔ 辐射标定，辐射定标

辐射能量与图像灰度值间存在非线性关系时，确定非线性响应并求出其逆响应函数的过程。如果对非线性响应的图像使用逆响应函数，就可得到线性响应的图像。

在实验室条件下对辐射进行标定常采用经过标定的灰阶卡，通过测量不同梯度条的灰度值并将这些灰度值与各梯度条已知的反射系数进行比较以获得一系列独立的测量。

radiometric correction ⇔ 辐射校正

为消除**遥感图像**的辐射误差、**失真**或**畸变**（如由于外界因素，数据获取和传输系统产生的系统的、随机的问题）而进行的校正。例如，用地球观测卫星获得的光谱有可能需要考虑如大气和其他效果而进行校正。

radiometric distortion ⇔ 辐射失真

遥感成像中，**图像**在**幅度**上的一种**失真**。这是由于大气中的氧、二氧化碳、臭氧和水分子颗粒对某些**波长**的辐射有很强的消弱作用而导致的。对辐射失真的校正方法包括**复制校正**、**去条纹校正**和**几何校正**。

radiometric quantity ⇔ 辐射度量

辐射度学中，从**辐射通量**或辐射强度的概念出发而导出的一系列辐射物理量（或基本概念），如出辐度、辐亮度、辐照度等。与光度学仅涉及可见光波段不同，这里所考虑的是辐射的全波段，而且是客观测量，不考虑眼睛对不同**波长**有不同的响应。采用的单位是 W（光度学中是 lm）。

radiometry ⇔ 辐射度测量；辐射（度量）学

1. 辐射度测量：测量电磁辐射（**波长**在 1 nm～1 mm）的辐射通量的技术。采用的基本方法是以表面吸收辐射，然后检测所产生的效应。

2. 辐射度量学，辐射学：对电磁

辐射能量进行客观计量的领域。研究内容包括对辐射能量的检测和测量(既可以对分开的波长进行也可以对一个范围内的波长段进行),辐射与材料的相互作用(吸收、反射、散射和发射)等。在**图像工程**中,从景物采集到的图像亮度就涉及与辐射度学相关的知识。在辐射度学中,为描述发射、传递或接收的辐射能量使用:①**辐射通量**;②**辐射强度**;③**辐射亮度**。

radiosity⇔辐射度

一个表面的总辐射。即离开表面的总辐射(发射和反射的辐射)。

Radon inverse transform⇔拉东逆/反变换

拉东变换的逆向变换。可把沿直线的投影变换为平面图像。

Radon transform⇔拉东变换

一种用线积分来定义的**图像变换**。可把平面图像变换为沿直线的**投影**。见图 R3,给定图像函数 $f(x,y)$,其拉东变换 $R_f(p,\theta)$ 为沿由 p 和 θ 定义的直线 l(点 (x,y) 在该直线上)的线积分:

$$R_f(p,\theta) = \int_{-\infty}^{\infty} f(x,y)\mathrm{d}l = \int_{-\infty}^{\infty}\int_{-\infty}^{\infty} f(x,y)\delta(p - x\cos\theta - y\sin\theta)\mathrm{d}x\mathrm{d}y$$

拉东变换 $R_f(p,\theta)$ 定义在一个半圆柱的表面。**拉东逆变换**给出直线上各点的 $f(x,y)$ 值。

拉东变换可看做是对一个函数沿一组直线的积分,且与**傅里叶变换**、

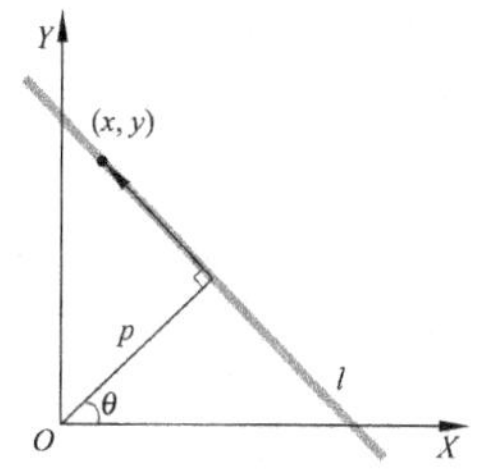

图 R3 用于定义拉东变换的坐标系

哈夫变换和**迹变换**密切相关。可用来指示图像中的线性趋势(linear trends)。这样,方向性的纹理将在拉东变换空间显现"热点(hot spots)"。

RAG⇔区域邻接图

region adjacency graph 的缩写。

Ramer algorithm⇔拉默算法

对平面曲线进行递归划分并用线段进行逼近的算法。已证明是所有**多边形逼近**方法中最好的方法。如果曲线不封闭,先在起点和终点间连第一条线段。曲线封闭情形,参阅 **splitting technqiue**。

ramp edge⇔斜坡边缘

图像中暗区域和亮区域之间渐进过渡(斜率有限)的**边缘**。

random crossover⇔随机交叉

参阅 **crossover**。

random error⇔随机误差

同 **statistic error**。

random feature sampling⇔随机特征采样

对一组**概率线性鉴别分析**模型进行的训练。其中每个模型都使用输入数据中的随机子集来工作。

random field⇔随机场

一种对每个空间位置赋一个随机变量的空间函数。如果在2-D空间中的任何位置都定义一个随机变量,则称有一个2-D随机场。用来定义随机变量的空间位置像一个随机场的参数:$f(\boldsymbol{r};w_i)$。这个函数对固定的$\boldsymbol{r}$是一个随机变量,但对固定的w_i(固定的输出)是图像平面上的一个2-D函数。随着w_i取所考虑的统计试验的所有可能的输出,随机场代表一系列图像。另一方面,对一个给定的输出(固定的w_i),随机场给出一幅图像在不同位置的灰度值。

random field model⇔随机场模型

对应随机场的概率模型。典型的有**马尔可夫随机场**(MRF)模型、吉伯斯随机场(GRF)模型、**高斯马尔可夫随机场**(GMRF)模型等。

马尔可夫随机场是一个典型的条件概率模型,提供了模型化局部空间中如像素等实体交互的方便方法。**马尔可夫随机场**和吉伯斯分布间的等价性的建立提供了统计分析的方便线索,因为吉伯斯分布具有很简单的形式。所以,**马尔可夫随机场**可被用于包括纹理合成和纹理分类的很多工作。

在**马尔可夫随机场**模型中,一幅图像被表示成一个有限的规则网格,其中每个像素被看做一个格(site),相邻的格组成小集团,而它们之间的联系在邻域系统中得到模型化。令图像$f(x,y)$用一组有限的$M\times N$矩形网格$\boldsymbol{S}=\{s=(i,j)|1\leqslant i\leqslant M,1\leqslant j\leqslant N\}$来表示,其中$s$是$S$中的一个格。吉伯斯分布可写成如下形式:

$$P(\boldsymbol{x})=\frac{1}{Z}\exp\left[-\frac{1}{T}U(\boldsymbol{x})\right]$$

其中,T是类似于温度的常量,$U(\boldsymbol{x})$是**能函数**,Z是规格化常数或系统的分割函数。能量定义为所有可能的小集团C中的小集团势函数$V_c(\boldsymbol{x})$之和:

$$U(\boldsymbol{x})=\sum_{c\in C}V_c(\boldsymbol{x})$$

如果$V_c(\boldsymbol{x})$与小集团C的相对位置独立,则称吉伯斯随机场(GRF)是均匀的。GRF由它的全局特性(吉伯斯分布)来刻画,而**马尔可夫随机场**由它的局部特性(Markovianity)来刻画。通过指定势函数可以获得不同的分布,如高斯**马尔可夫随机场**(GMRF)和FRAME模型。

random field model for texture⇔纹理的随机场模型

一种用于**纹理**描述的模型。假设仅使用局部信息就足够获得较好的全局图像表达。其中的关键是要有效地估计模型参数。典型的模型是马尔可夫随机场模型,进行统计分析时很容易处理。

random variable⇔随机变量

赋给一个随机试验的输出值。

random walk⇔随机游走

在四个给定的方向上进行的随机

单位移动。对一个随机的游走者，在一个给定像素向其 4-连通性**邻域像素**的移动概率定义为该像素的函数。例如在基于随机游走的**图像分割**中，将图像看做一个具有固定数量的顶点和边缘的**图**。对各个边缘赋一个对应随机游走者穿过边缘的似然率的权重。用户需要根据要分割区域的数量选择一定数量的种子。对各个未选为种子的像素赋一个随机游走者。随机游走者到种子点的概率可用来进行像素聚类和图像分割。

range element [rangel]⇔深度基元，深度元素

由可以获得深度的**传感器**产生的深度数据的单元。在图像中，可用一个二元组来表示，其第 1 部分是空间位置(行和列)，其第 2 部分是深度值或一个矢量(该矢量的第 1 个分量是深度值而第 2 个分量是灰度值)。

range image⇔距离图像

同 **depth map**。

rangel⇔深度基元，深度元素

range element 的简写。

range of visibility⇔视距

物体与背景的对比度在光的亮度差阈值界限以上时，观察者可从背景上觉察出的物体的距离。空气中的雨尘雾雪等的大小与含量，观察的方向(如对天空方向或水平方向)、用**望远镜**与否、物体的颜色等均对视距远近有影响。按视距远近可分成若干个视见等级，简单的分 10 级。

rank filter⇔排序滤波器

输出值依赖于滤波器窗口内像素按其灰度值排序的**滤波器**。最常用的排序滤波器是**中值滤波器**，其他还有**最大值滤波器**和**最小值滤波器**。

ranking sport match video⇔体育比赛视频排序

视频节目分析中，对不同的**镜头**根据重要性和精彩程度等进行的排序。这样可根据需要进行索引和检索。体育比赛总有一些高潮事件，比赛中还有许多不定因素，这些都使得对应特殊事件的**精彩镜头**是体育比赛节目的一大看点(所以体育比赛视频也被称为**事件视频**)。将节目片段根据重要性和精彩程度排序后，就可根据时间、带宽等进行相应的选择来接收观看。

rank order filter⇔排序滤波器

同 **order statistic filter**。

rank transform⇔排序变换

从灰度值到排序的变换。可将一幅(可以是 N-D 的)图像中的各个像素值替换为把所有像素灰度值升序排列后该像素所对应的指针(或序)。例如，最小灰度值赋予序 1，而最大灰度值赋予序 N。经过这样一个过程，所处理图像的直方图将得到均衡化。

rank value filter⇔排序滤波器

一种基于对邻域中的像素排序，并选择其一作为输出的移不变非线性滤波算子。

raster ⇔ **光栅；栅格**

1. 光栅：**视频显示**中扫描和照亮的区域。可由一个调制的射线以一个规则的重复速率从上向下逐行扫过发出**磷光**的屏幕而得到。

2. 栅格：对 2-D **图像内容**用数字形式编码的最基本方法之一。使用一个或多个像素数组来表达图像，质量和显示速度都较好，但需要大量的存储空间并具有尺寸依赖性（即放大一幅栅格表示的图像有可能产生明显的**伪像**）。

raster image ⇔ **光栅图像**

最小单位由像素构成的图像。也称像素图、点阵图、**位图**（像素值只有两个取值时）。适合存储其中目标不规则，颜色丰富且没有规律的自然场景的图像，其中每个像素有自己的灰度或颜色。因为总有一定的分辨率，所以在缩放时会失真。存储所使用的文件格式包括等 **BMP**，**GIF**，**JPEG**，**TIF** 等。比较 **vector map**。

rasterizing ⇔ **光栅化**

将用数学方式定义的矢量图形转化为具有对应像素点的图像的过程。当用一台桌面打印机输出时，要把矢量数据重新解释到一个光栅文件中，打印机才知道该在哪些位置逐行打印点。

raster scanning ⇔ **光栅扫描（技术）**

图像显示系统中，对屏幕显示区域逐行横向扫描以产生或记录显示元素、显示图像的技术。“光栅”指**阴极射线管**（CRT）或**液晶显示器**（LCD）上可显示图像的区域。在 CRT 中，光栅指一系列可用电子束从左到右从上向下快速扫描的水平线，与电视显像管扫描的方式类似。在 LCD 中，光栅（一般称为“栅格”）覆盖整个装置区域，且以不同的方式扫描。在光栅扫描，图像单元是单个记录或显示的。

rate-distortion coding theorem ⇔ **率失真编码定理**

同 **rate distortion theorem**。

rate distortion theorem ⇔ **率失真定理**

参阅 **source coding theorem**。

ray ⇔ **光线**

几何光学中，沿着直线传播的光流。几何光学也称光线光学。

ray aberration ⇔ **光线像差**

运用**光线追踪**法时，近轴区光线与非近轴区光线或光轴垂直面交点的间隔。分别称为**纵向像差**与**横向像差**，合称光线像差。

Rayleigh criterion ⇔ **瑞利准则**

一种根据**电磁辐射**的**波长** λ 来量化表面粗糙性的方法。借此可以确定表面会更像一个高光反射体或扩散反射体。如果一个表面的不规则度的均方根大于 $\lambda/(8\cos\theta)$，那这个表面就可被认为是粗糙的，其中 θ 是入射角。

Rayleigh criterion of resolution ⇔ **瑞利分辨率准则**

判定由两个**点光源**得到的图像可

否区分开来的准则。考虑有两个利用无像差的**光学镜头**获得的亮度相等的点像，其剖面图见图 R4，点线代表两个点像亮度的叠加结果。

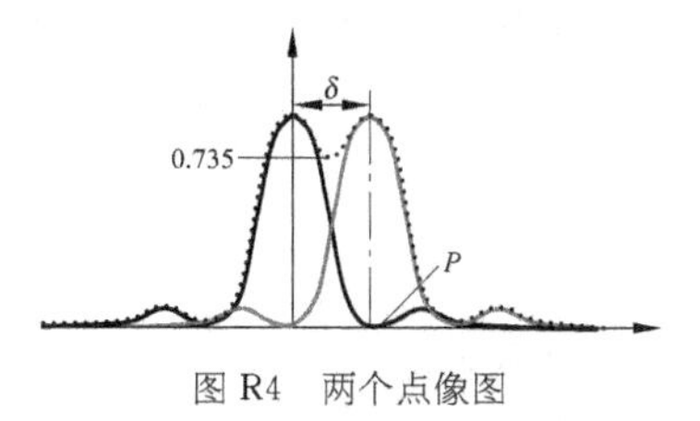

图 R4 两个点像图

每个点像的亮度分布可借助一阶**贝塞尔函数**表示为

$$L(r) = \left[2\frac{J\left(\frac{2\pi Dr}{d\lambda}\right)}{\frac{\pi Dr}{d\lambda}} \right]^2$$

其中，r 是亮度分布曲线上一点与点像中心的距离，λ 是光的**波长**(对自然光常取 $\lambda=0.55\ \mu\text{m}$)，$d$ 是镜头到成像平面的距离，D 是镜头的直径。

在图 R4 中，将左边的点像中心固定在原点，移动右边点像，使右边点像的贝塞尔函数的第一个零点与左边点像的中心重合，也使右边点像的中心与左边点像的贝塞尔函数的第一个零点重合(图中 P 点)，此时两个点像中心间的距离即为两个点像刚可区分开的距离 δ：

$$\delta = \frac{1.22d\lambda}{D}$$

两个点像之间的最小亮度约为点像中心亮度的 73.5%。

Rayleigh noise⇔瑞利噪声

空间幅度符合瑞利分布的**噪声**。其**概率密度函数**可写为

$$p(z) = \begin{cases} \frac{2(z-a)}{b}\exp\left[\frac{-(z-a)^2}{b}\right], & z \geqslant a \\ 0, & z < a \end{cases}$$

其中，z 代表幅度，a 和 b 均为正常数。瑞利噪声的均值和方差分别是

$$\mu = a + \sqrt{\pi b/4}$$
$$\sigma^2 = b(4-\pi)/4$$

Rayleigh resolving limit⇔瑞利分辨极限

同 **Rayleigh criterion of resolution**。

Rayleigh scattering⇔瑞利散射

光线通过由远小于**波长**的微粒构成的物质时所受到的散射。也称分子散射。散射光的频率与入射光相同，散射光强度与波长的四次方成反比，与入射光线和散射光线夹角余弦的平方成正比。所以蓝光会比其他更长波长的光被空气中的分子所散射，使得天空出现蓝色。

ray tracking⇔光线追踪(技术)

运用**几何光学**设计**镜头组**时，选取若干条有代表性的光线，用一组公式按镜头组中**镜头**顺序逐步追踪光线行踪的过程。例如，以近轴与边缘光线来研究球差及对光谱线 C、D、F 等的色差。

RBC⇔基于部件的识别

recognition by components 的缩写。

RCT⇔反射计算机层析成像

reflection CT 的缩写。

reaction time⇔反应时间

从**眼睛**收到光刺激直至**大脑**意识

到有光作用的时间间隔。反应时间 $t_r=(a/L^n)+t_i$，式中 t_i 为不可见部分，约为 0.15 s。第一项称为可见界，随光亮度 L 而变，L 很大时此值为 0，而 L 接近视觉阈值时也大约为 0.15 s。

real-aperture radar ⇔ 真实孔径雷达

方位角分辨率由天线的物理长度、发射的**波长**和射程所确定的一种成像雷达系统。

recall ⇔ 查全率

一个**检索性能评价指标**。是一个完全性的测度，可用系统提取的相关图像数除以数据库中相关图像的总数（即应该被提取的总数）来计算。可表示为

$$\text{查全率}=\frac{\text{有关联的正确检索结果}}{\text{所有有关联的结果}}$$

也可用于分类任务，此时**查全率** R 可表示为

$$R=\frac{T_p}{T_p+F_n}$$

其中 T_p 为正确肯定，而 F_n 为错误否定。一个得分为 1.0 的完美查全率表示所有相关图像都提取出来了但完全没有提供有多少幅不相关图像也被提取出来的信息。所以，仅使用查全率一个指标是不够的，例如需要通过计算**查准率**以考虑不相关图像的数量。

recall rate ⇔ 查全率

同 **recall**。

receding color ⇔ 似远色

看起来比实际距离显得更远的颜色。源于**人类视觉系统**的一种主观特性。

receiver operating characteristic [ROC] curve ⇔ 接收器操作特性曲线

一条表示正确检测（正确肯定）率（也称击中率）和**虚警**（错误肯定）率关系的曲线。在信号检测理论中，是一个二分类系统里敏感度相对于**特异性**随鉴别阈值变化的曲线。如果用**虚警率**为横轴，击中率为纵轴，理想的 ROC 曲线应尽可能接近左上角。

receptive field [RF] ⇔ 感受域

眼睛视网膜里神经中枢细胞的感受单元所对应的区域。在这样的区域中，合适的光刺激能激发模拟和/或调制。在视网膜中，相邻的神经中枢细胞的感受域有相当的重叠。

receptive field of a neuron ⇔ 神经元的感受域

感觉器官中，受到刺激时引起神经元活动的部分（例如视网膜的某一区域）。该部分总与感觉传导系统或皮层感觉区里的一个神经元相对应。

recognition by alignment ⇔ 按配准识别

一类通过一些**坐标变换**（如平移、旋转和缩放）改变模板在图像中的位置、朝向、尺度等以进行配准从而识别目标的方法。

recognition by components [RBC] ⇔ 按部件识别

1. 比德曼（Biederman）提出的人类图像理解理论。其基础是称为

"几何子"或"形状子"(geons,心理学术语,表示 2-D 和 3-D 圆、圆柱、圆锥、矩形、楔形等形状基元)的集合。对几何子的不同组合可构成很多不同的 3-D 形状变形,包括铰接的物体。参阅 **generalized cylinder representation**。

2. 识别复杂物体时。先识别子部件再将其结合起来识别整体的方式。

reconstruction based on inverse Fourier transform ⇔ 傅里叶反变换重建法

一种基于**傅里叶变换的投影定理**的**自投影重建图像**方法。主要包括以下 3 步:

(1) 建立数学模型,其中已知量和未知量都是连续实数的函数;

(2) 利用傅里叶逆变换公式解未知量;

(3) 调节傅里叶逆变换公式以适应离散、有**噪声**应用的需求。

reconstruction based on series expansion ⇔ 级数展开重建法

一种从一开始就在离散域中进行的**自投影重建图像**方法。比较 **reconstruction by inverse Fourier transform**。

reconstruction-based super-resolution ⇔ 基于重建的超分辨率

一种利用**图像配准**和**图像重建**实现的**超分辨率**技术。在配准时,利用多帧低分辨率的图像作为数据一致性的约束,从而获得其他低分辨率的图像和参考低分辨率图像之间的亚像素精度的相对运动。而在重建时,利用图像的先验知识对目标图像进行优化,从而实现超分辨率。

reconstruction by polynomial fit to projection ⇔ 多项式拟合重建方法

一种用多项式的级数和来表达投影的**综合重建方法**。级数的系数可用投影数据算出。

reconstruction of vectorial wavefront ⇔ 矢量波前重建

用矢量波前记录**偏振**状态信息时的重建技术。一般照相以成像的方式记录明暗和颜色。全息术则记录物体的明暗、颜色和相位,但并不是以成像方式。需观察时,用原先记录时同样的光照射记录的全息图即可再现。矢量波前记录除记录物体的明暗、颜色和相位外,还记录偏振状态信息,但并不是用照相方式记录。重建时用具有记录时偏振状态的光照射记录图,即可实现矢量波前再现。因为表征偏振状态的电矢量是有方向性的,所以这种再现称为矢量波前重建。

reconstruction using angular harmonics ⇔ 角谐函数重建方法

一种基于**傅里叶变换的投影定理**,将投影分解为以角度为自变量的傅里叶级数的**综合重建方法**。

recovery state ⇔ 恢复状态

跟踪系统模型的第三个状态。是系统恢复所丢失目标的状态。如果原先检测到的目标丢失了,则系统试图从较低分辨率(较大视场)的图像中恢复目标。如果在若干幅帧图像中能恢复出目标,则系统转到**跟踪状态**;否则就保持在恢复状态直到超过预定的时间。在预定的时间过去后,系统转到**锁定状态**。

rectangularity⇔矩形度

一种**形状复杂性描述符**。定义为 A/A_{MER},其中,A 代表目标的**区域面积**,A_{MER} 代表目标**围盒**的面积。矩形目标的矩形度为 1。

rectification⇔矫正;纠正,修正

1. 矫正:一种将两幅图像变形成某种对齐的几何形式(如使对应点的竖像素坐标相等)的技术。参阅 **stereo image rectification**。

2. 纠正,修正:在测量中,对照片图像的一种处理过程。平常照相中,物平面常与像平面不平行,像在投影上有所扭曲,修正的方法是在复照时对原先的倾斜予以补偿而得到正确的像。推广到图像修正,则采用图像处理方法通过计算机进行修正。

rectifying plane⇔矫正平面

空间曲线局部几何坐标系中,通过原点并与**法平面**和**密切平面**都垂直的平面 R。参见图 L12。

recursive filter⇔递归滤波器

一种用递归方式实现,在实空间无穷延伸的**滤波器**。

recursive-running sums⇔迭代游程求和

一种快速计算连续**游程和**的方法。在从左向右连续计算同样长度的多个游程时,每次从上一个游程和中减去最左一个元素,再加上右边的新元素。如此顺序进行,每次计算一个新游程和的计算量都是两次加法,与游程长度无关。在用正方形 2-D 模板计算图像中的游程和时,可取游程高度或元素高度等于模板宽度。

red [*R*]⇔红

CIE 规定的**波长** 700 nm 的光。**三基色**之一。

red blindness⇔甲型色盲,红色盲

同 **protanopia**。

reduced ordering⇔简化排序(方法),合计排序(方法)

一种对矢量数据进行排序的方法。可在对**彩色图像中值滤波**时对矢量像素值排序。

在简化/合计排序中,将所有像素值(矢量值)用给定的简化函数组合转化为标量再进行排序。不过要注意,简化/合计的排序结果不能与标量排序结果相同地解释,因为对矢量并没有绝对的最大或最小。如果采用相似函数或**距离函数**作为简化函数并将结果按上升序排序,则排序结果里排在最前面的与参加排序的数据集合的"中心"最近,而排在最后的则是"外野点"。举例来说,给定一组 5 个彩色像素:$\boldsymbol{f}_1=[5,4,1]^T$,$\boldsymbol{f}_2=[4,2,3]^T$,$\boldsymbol{f}_3=[2,4,2]^T$,$\boldsymbol{f}_4=[4,2,5]^T$,$\boldsymbol{f}_5=[5,3,4]^T$。根据简化/合计排序,如果用距离函数作为简化函数,即 $r_i=\{[\boldsymbol{f}-\boldsymbol{f}_m]^T\cdot[\boldsymbol{f}-\boldsymbol{f}_m]\}^{1/2}$,其中 $\boldsymbol{f}_m=\{\boldsymbol{f}_1+\boldsymbol{f}_2+$

$f_3+f_4+f_5\}/5=[4,3,3]^T$,可得到 $r_1=2.45$,$r_2=1$,$r_3=2.24$,$r_4=2.24$,$r_5=2.45$,所得到的排序矢量为:$f_1=[4,2,3]^T$,$f_2=[5,3,4]^T$,$f_3=[4,2,5]^T$,$f_4=[5,4,1]^T$,$f_5=[2,4,2]^T$。这样得到的中值矢量为 $[4,2,3]^T$。注意这并不是一个原始矢量,即中值并不是原始数据中的一个。

reducing feature dimension and extracting feature⇔特征降维和抽取

表情特征提取的三项工作任务之一。要在**获取原始特征**的基础上,通过降低特征的维数,克服原始特征数据所存在的信息冗余、维数过高和区分性不够等问题,以更有效地表征面部表情。

reduction factor⇔缩减率,缩减因数

1. **多分辨率**图像中,表示图像面积在各层之间减少速率的参数。在**缩减窗口**不互相重叠的情况下,就等于缩减窗口中的像素个数。

2. 一种描述**金字塔**结构的参数。确定了从金字塔结构的某一层到另一层单元数的减少速度。

reduction window⇔缩减窗(口)

一种描述**金字塔**结构的参数。确定了从金字塔结构某一层的单元到下一层的一组相关单元的联系。缩减窗口就是这组相关单元。

redundant data⇔冗余数据

用数据来表示信息时,代表无用信息或重复表示其他数据已表示信息的数据。换句话说,冗余数据所表达的信息或者无用或者已被其他数据所表达。正是由于冗余的存在,才使得数据压缩成为可能。

reference beam⇔参照束

全息术中,未受调制的波。

reference color table⇔参考颜色表

一种**基于直方图的相似计算**方法。将图像颜色用一组参考色表示,这组参考色能覆盖视觉上可感受到的各种颜色,同时其数量要比原图所用的少。这样可获得简化的直方图,由此得到的用以相似计算(匹配)的**特征矢量**为

$$f=[r_1\ \ r_2\ \ \cdots\ \ r_i\ \ \cdots\ \ r_N]^T$$

其中,r_i 为第 i 种颜色出现的频率,N 为参考颜色表的尺寸。利用上述特征矢量并加权后的查询图像 Q 和数据库图像 D 之间的相似值为

$$P(Q,D)=\|W^T(f_Q-f_D)\|=\sqrt{\sum_{i=1}^{N}W_i\ (r_{iQ}-r_{iD})^2}$$

其中,权由下式计算:

$$W_i=\begin{cases}r_{iQ}, & r_{iQ}>0\ \ 且\ \ r_{iD}>0\\1, & r_{iQ}=0\ \ 或\ \ r_{iD}=0\end{cases}$$

reference white⇔参考白色

想象的特定观察者看到的白色。为避免主观性,常相对于这样的白色来描述彩色,即需要修正彩色以使它们都可用特定观察者的对应白色来衡量。接下来,为用客观的方式来比较彩色,需要相对于参考白色进行校正。

reflectance⇔反射率

参阅 **reflectance factor**。

reflectance factor ⇔ **反射因子**

在特定的照明条件下和规定的立体角内，从物体表面反射的**辐射通量**(或**光通量**)与从完全漫反射面发射的辐通量(或光通量)之比。也是从一个表面反射的辐射通量与入射到该表面的辐射通量的比。后缀-ance 暗指材料上特定区域的性质，并且可以包括多重反射，如一个薄板的前后两面的反射，或在两个反射面之间的来回反射(增加了被反射的辐射通量)。单位：1；符号：R。比较 **reflectivity**。

reflectance function ⇔ **反射函数**

描述入射光线被表面反射(与吸收相对)的比例的函数。是一个入射光**波长**的函数，可以表示表面材料的性质。

reflectance image ⇔ **反射图(像)**

同 **reflectance map**。

reflectance map ⇔ **反射图**

描述景物亮度与其表面朝向之间关系的图。表面朝向用梯度(p,q)表示，景物亮度与其表面朝向之间的关系函数为 $R(p,q)$，将 $R(p,q)$ 以**等值线**形式画出而得到的图称为反射图。反射图的形式取决于目标表面材料的性质和**光源**的位置，或者说反射图里综合了表面反射特性和光源分布的信息。

reflectance ratio ⇔ **反射率**

一种用于分割和识别的**光度学**不变量。源于如下观察，即在一个反射边缘或**色边缘**两边的照明是几乎相同的。所以，尽管并不能仅从所获得的光亮度中将反射和照明分解开，在边缘两边的光亮度比值等于反射的比值而与照明独立。这样，这个比值对相当数量的反射图来说，是不随照明和局部表面几何而变化的。

reflection ⇔ **镜像，映射**

灰度图像形态学中，与二值集合中相对原点在平面上映射对应的灰度操作。对一幅图像 $f(x,y)$，它通过原点的镜像可表示为

$$\hat{f}(x,y) = f(-x,-y)$$

上述操作可通过先将图像对竖轴反转，再对横轴反转得到。这也等价于将图像围绕原点转 180°。

reflection component ⇔ **反射分量**

场景亮度中物体对入射光反射所占的部分，是确定图像灰度的一个因素。其数值在不同物体的交界处会急剧变化。实际中把入射光看作单位值，从物体得到的反射分量由反射比率(从全吸收无反射时的 0 到无吸收全反射时的 1)所确定。

reflection CT [**RCT**] ⇔ **反射计算机层析成像**

一种**计算机层析成像**方式。常见的一个例子是雷达系统，其中的雷达图是由物体反射的回波所产生的。例如，在前视雷达(forward-looking radar，FLR)中，雷达发射器从空中向地面发射无线电波。雷达接收器在特定角度所接收到的回波强度是地面上的反射量在一个扫描

阶段中的积分,由回波强度的积分可重建图像。

reflection function ⇔ 反射函数

反射分量的函数形式。

reflection image ⇔ 反射图像

根据辐射源之间的相互作用类型、目标性质和**图像传感器**的相对位置而划分的三类图像之一。反射图像是从目标表面反射回来的辐射的结果。辐射可以是环境的或人工的。在人们日常生活中接触的大部分图像是反射图像。能从反射图像中提取的信息主要关于目标表面,如它们的形状、颜色和纹理。比较 **absorption image** 和 **emission image**。

reflection law ⇔ 反射定律

包括两点:①入射线和垂直于反射面并通过入射点的法线以及反射光线都在同一平面内。②从法线起算的入射角和反射角的绝对值相等而方向相反。

reflection tomography ⇔ 反射断层成像

反射计算机层析成像的别称。

reflectivity ⇔ 反射率

从一个表面反射的**辐射能量**与入射到该表面的辐射能量之比。与**反射系数**不同,反射率只包括从表面的单个反射,所以是表面两边媒介的光学性质的**本征特性**。单位:1;符号:ρ。比较 **reflectance**。

refraction ⇔ 折射

光线通过不同光学介质(如从空气到水)时会发生偏离的光学现象。偏离量由两种介质折射系数的差别所决定,满足斯奈尔(Snell)定律:

$$\frac{n_1}{\sin(\alpha_1)} = \frac{n_2}{\sin(\alpha_2)}$$

其中 n_1 和 n_2 是两种介质的折射系数,而 α_1 和 α_2 是对应的折射角。

refraction law ⇔ 折射定律

包括两点:①在同一温度、同一**波长**条件下,光线从一种均匀媒质通过界面射入另一种均匀媒质时,入射线、法线(界面上入射点的垂线)和折射线在同一平面内。②在同一温度、同一波长条件下,光线从一种均匀媒质通过界面射入另一种均匀媒质时,入射角 i 的正弦与折射角 i' 的正弦之比在任何入射角和对应的折射角下,均为一常量,即 $\sin i/\sin i' = n'/n$,其中 n',n 分别为两种媒质的**折射率**。

refractive index ⇔ 折射指数

同 **index of refraction**。

refresh rate ⇔ 刷新率

对**运动图像**的刷新速率。大多数对运动图像的显示中都包括一个所产生的图像没有被显示的期间,即在一帧时间的一部分里显示为黑色。为避免这种令人反感的闪烁,需要以一个高于描绘运动的速率来刷新图像。

典型的刷新率是 48 Hz(电影)、60 Hz(传统电视)和 75 Hz(计算机显示器)。刷新率非常依赖于周围的照明:环境越亮,刷新率应该越高以避免闪烁。刷新率也依赖于显示工艺。在传统的电影放映投影系统中，48 Hz 的刷新率是通过将一个每秒 24 帧的负片显示两次得到的。对逐行扫描系统，刷新率与帧率相同，而在隔行扫描系统中，刷新率等价于**场率**（两倍于帧率）。

region ⇔ **区域**

图像中的一种点集。满足下面两个条件：

（1）由内点（非边界点）和边界点（邻域中有不属于区域的外点）组成；

（2）具有连通性，即点集中的任意两点都可以经由内点连接上。参阅 **connected component**。

区域的尺寸和形状没有限定，有时小的区域也有用**窗口**、**模板**、**片**、**块**、**斑块**、**团块**、**团点**、**斑点**等来指示的。

region adjacency graph [**RAG**] ⇔ **区域邻接图**

一种表示**图像**中区域**邻接关系**的表达形式，是**区域邻域图**的一种特定情况，即其中区域互相接触的情况。在区域邻接图中，一组区域 $\{R_1, R_2, \cdots\}$ 用一组顶点 $\{V_1, V_2, \cdots\}$ 来表示，而两个区域如 R_1 和 R_2 间的邻接关系用边 E_{12} 来表示。邻接可以是 **4-邻接的**或 **8-邻接的**。邻接关系具有自反性（reflexivity）和对称性（symmetry），但不一定有传递性（transitivity）。自反性关系包括相等关系、等价关系等。邻接关系可用**邻接矩阵**表达。

图 R5 给出一组示例，其中从左到右分别为一幅有 5 个区域的图像，以及它的区域邻接图和邻接矩阵。

region aggregation ⇔ **区域聚合**

参阅 **region growing**。

region-based image segmentation ⇔ **基于区域的图像分割**

一种基于像素与其相邻像素之间的邻接和连接准则的**图像分割**方法。

region-based method ⇔ **基于区域的方法**

图像分割中，一种利用**灰度相似性**，从检测目标区域入手进行分割的方法。比较 **boundary-based method**。

region-based parallel algorithm ⇔ **基于区域的并行算法**

一种**图像分割**算法。该类算法基于图像区域内像素的**灰度相似性**以检测区域内的像素，且该过程对不同

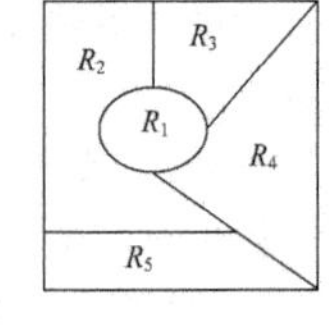

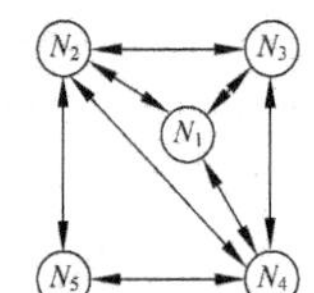

$$\begin{array}{c} \\ V_1 \\ V_2 \\ V_3 \\ V_4 \\ V_5 \end{array} \begin{array}{c} \begin{array}{ccccc} V_1 & V_2 & V_3 & V_4 & V_5 \end{array} \\ \begin{bmatrix} 1 & 1 & 1 & 1 & 0 \\ 1 & 1 & 1 & 1 & 1 \\ 1 & 1 & 1 & 1 & 0 \\ 1 & 1 & 1 & 1 & 1 \\ 0 & 1 & 0 & 1 & 1 \end{bmatrix} \end{array}$$

图 R5　区域邻接图示例

像素的判断和决定是独立和并行地作出的。比较 **region-based sequential algorithms**。

region-based representation ⇔ 基于区域的表达

一种直接对**区域**进行表达的**目标表达**方法。所用方法可分成三类：①**区域分解**；②**围绕区域**方法；③**内部特征**。

region-based sequential algorithm ⇔ 基于区域的串行算法

一种**图像分割**算法。基于图像区域内像素的**灰度相似性**以检测区域内的像素，且该过程对不同像素的判断和决定是串行进行的，由早期处理的像素所获得的结果可被其后的处理过程所利用。比较 **region-based parallel algorithms**。

region-based shape descriptor ⇔ 基于区域的形状描述符

国际标准 **MPEG-7** 中推荐的一种**形状描述符**。使用了一组角放射变换系数，可用于描述单个**连通**的区域或多个不连通的区域。

region-based signature ⇔ 基于区域的标记

将**目标区域**中所有**像素**进行某种投影得到的结果。与**边界标记**一样，也把 2-D 形状描述问题转换为 1-D 标记比较问题。

region consistency ⇔ 区域一致性

一种描述**目标区域**自身性质的特性。指出原始图像中**纹理**特性相对一致的区域在分割结果中是否呈现为统一的区域。

region decomposition ⇔ 区域分解

对**目标**的一种**基于区域的表达**技术。先将目标区域分解为一些简单的单元形式（如多边形等），再用这些简单形式的某种集合来表达目标区域。

region density feature ⇔ 区域密度特征

描述**目标区域**灰度或颜色特性的特征。如果目标区域是借助**图像分割**得到的，要获取目标区域的密度特征需要结合原始图像和分割图像才能得到。常用的区域密度特征包括目标灰度（或各种颜色分量）的最大值、最小值、中值、平均值、方差以及高阶矩等统计量，它们多可借助图像的**直方图**得到。

region-dependent threshold ⇔ 依赖区域的阈值

一种用于图像**阈值化**的**阈值**。该类阈值在选取时不仅考虑各个像素本身的性质，而且要考虑各个像素局部区域（**邻域**）的性质。该类阈值也称**局部阈值**，因为此时所确定的阈值利用了图像中的局部性质。该类阈值是固定的，在分割每个像素时都使用。比较 **pixel-dependent threshold** 和 **coordinate-dependent threshold**。

region filling ⇔ 区域填充（技术）

参阅 **region filling algorithm**。

region filling algorithm ⇔ 区域填充算法

利用**二值图像数学形态学**运算获取给定**轮廓**所包围区域的一种方法。设给定图像中一个区域，其 **8-**

连通边界点集合为 A，**结构元素** B 为一个像素的 **4-邻域**。首先给区域内一个点赋为 1，然后根据下列迭代公式进行填充(把其他区域内的点也赋为 1)：

$$X_k = (X_{k-1} \oplus B) \cap A^c, \quad k = 1,2,3,\cdots$$

其中，A^c 代表 A 的补集，$\oplus$ 代表**膨胀**算子。当 $X_k = X_{k-1}$ 时停止迭代，这时 X_k 和 A 的交集就包括已被填充的区域内部和它的轮廓。

region growing ⇔ **区域生长(技术)**

一种用于**图像分割**的**基于区域的串行算法**。是一种自下而上的方法，基本思想是将具有相似性质的像素逐步结合汇集起来构成需要的区域。具体先对每个需要分割出来的区域找一个**种子像素**作为生长的起点，然后将种子像素周围**邻域**中与种子像素有相同或相似性质的像素(根据某种事先确定的相似准则或**生长准则**来判定)合并到种子像素所在的区域中。将这些新像素当作新的种子像素继续进行上面的过程，直到再没有满足条件的像素可被包括进来，这样一个区域就生长成了。区域生长的关键因素有 3 个：①种子像素的选取；②相似准则的选择；③结束规则的定义。

在广义上，也可指各种考虑像素空间接近度的分割方法，如**分裂合并算法**和**分水岭**分割方法等。

region invariant moment ⇔ **区域不变矩**

参阅 **invariant moments**。

region locator descriptor ⇔ **区域位置描述符**

国际标准 **MPEG-7** 推荐的一种**位置描述符**。采用了类似 ***R*-树**的结构，用包围或包含目标的可放缩的矩形或多边形来描述目标的位置。

region moment ⇔ **区域矩**

图像工程中，一种基于区域的目标**描述符**。通过使用所有属于区域的像素来计算，反映了整个区域的性质。见 **invariant moments**。

region neighborhood graph ⇔ **区域邻域图**

一种以区域为单位的**图**。其中将图像中每个区域表达成一个结点，而将对应在其邻域中的各个区域的结点用边相连接。这里结点包含区域的属性，而边指示区域间的关系(如一个在另一个之上方)。

region of interest [**ROI**] ⇔ **感兴趣区域**

特定**图像分析**应用中需要考虑和关心的部分区域。可通过定义一个模板(常为二值的)来确定其范围。

region of support ⇔ **支撑区**

图像中用于特定运算的子区域。也可看做某种运算的定义域。例如，一个**边缘检测器**常仅使用需考虑其是否为边缘的像素的邻近像素的子区域。

region signature ⇔ **区域标记，区域标志**

一种**区域表达**方法。基本思想是沿不同方向进行投影，把 2-D 问题转换为 1-D 问题。需要利用区域中的所有像素，即使用到全部区域的形状信息。计算机层析成像(CT)应用中所使用的技术就是一个典型的例子。比较 **boundary signature**。

region tracking⇔区域跟踪(技术)

序列图像或**视频**中，确定相似像素区域(像素值及分布都接近的区域)的过程。也是**目标跟踪**的一般情况。参阅 **template matching**。

registration⇔配准

参阅 **image alignment** 和 **image registration**。

regression⇔回归

1. 统计学中，两个变量间的联系。如线性回归。是曲线和编码拟合的一种特殊情况。

2. 回归检验中，在对一个系统实现改变或调整后，验证这并没有导致其功能的减退或回归到功能不存在的状态。

regular grammar⇔规则文法

结构模式识别中常使用的一种文法。如果令非终结符号 A 和 B 在非终结符号集 N 中，终结符号 a 在终结符号集 T 中，规则文法只包含**产生式规则** $A \rightarrow aB$ 或 $A \rightarrow a$。比较 **context-free grammar**。

regular grid of texel⇔规则纹理元栅格

规则排列的**纹理元**；或由**纹理基元**规则排列构成的网格。

regularity⇔规则性

纹理分析的**结构法**中，一种与视觉感受相关的**纹理特征**。主要与纹理基元的有规律的排列分布情况相关。

regularization⇔正则化

一种解决不适定问题的数学方法。本质上，要确定一个问题的唯一解，可以引入解必须平滑的约束，因为直观的想法是相似的输入应该对应相似的输出。这样，问题转化为一个变分问题，其中变分积分同时依赖于数据和平滑约束。例如，对从一组利用在点 $\boldsymbol{x}_1, \boldsymbol{x}_2, \cdots, \boldsymbol{x}$ 的值 $y_1, y_2, \cdots, y_n$ 来估计函数 f 的问题，其正则化方法是去最小化泛函

$$H(f) = \sum_{i=1}^{N} [f(\boldsymbol{x}_i) - y_i]^2 + \lambda \Phi(f)$$

其中，$\Phi(f)$是平滑泛函，λ 是一个正的参数，称为正则化数(regularization number)。

regularization term⇔正则化项

为获得最优解而引入的描述对解应具有某些特征而可接受的期望的加权项。在许多优化问题中，需要最小化**代价函数**或**能量函数**。代价函数常包括忠实于数据的项和有关解的所有先验知识的项，其中第 2 项就是正则化项，常可以使解更平滑。

regular parametric curve⇔规则参数曲线

速度(导数)永远不为零的**参数曲线**。规则参数曲线的速度的一个重要性质是曲线上各点的速度矢量都与曲线在该点相切。比较 **non-regular parametric curves**。

regular point⇔规则点

2-D曲线局部特征不属于奇点的点。参见图R6，考虑一个在第一象限中的点Q沿曲线C向P点移动，当它到达P点后继续运动，那它的下一个位置会有四种情况，分别在一、二、三、四象限，如图R6(a)、(b)、(c)、(d)所示。如果曲线上的点Q在通过P点后到达第二象限，如图(b)所示点P是一个规则点，而在其他三种情况下，点P都是**奇点**。

regular shape⇔规则曲线

速度永远不为零的曲线。规则曲线的速度有一个重要的性质，就是曲线上各点的速度矢量都与曲线在该点相切。一条曲线的所有可能的切向矢量的集合称为切向场。只要曲线是规则的，那就可能进行归一化以使沿曲线的切向矢量为单位大小。在形状表达和描述中，常将**目标轮廓**用参数曲线来表示，上述规则曲线的性质有助于对形状的分析。

regular tessellation⇔规则镶嵌

纹理镶嵌中用同种正多边形进行镶嵌的方法。图R7给出分别用三种正多边形镶嵌而得到的模式，其中图(a)表示由正三角形构成的模式；图(b)表示由正方形构成的模式；图(c)表示由正六边形构成的模式。

relational descriptor⇔关系描述符

用于描述图像中多个**目标**间相对**空间关系**的**描述符**。

relational graph⇔相关图，关系图

1. 对图像的一种**图**表示方法。考虑每个像素为一个结点。将每个像素都与其他各个像素相连接，并对每个连接赋予与两个相连接像素的灰度值之差的绝对值反比的权重。这些权重能量度两个像素之间的相似性。用这样的方法，一幅图像就可表示成一个无向的相关图。

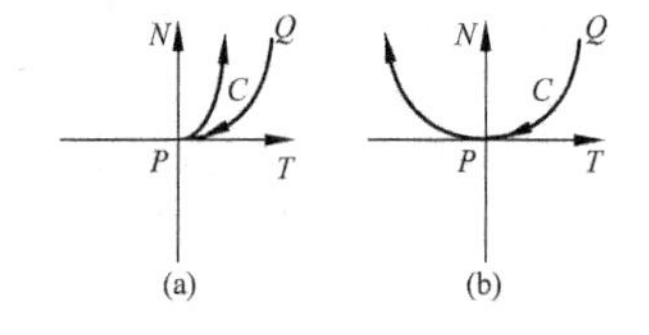

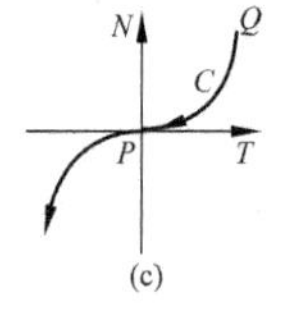

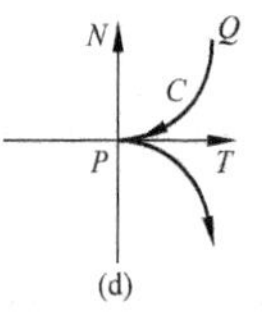

图R6　四种曲线情况

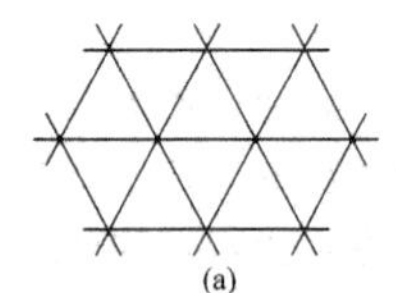

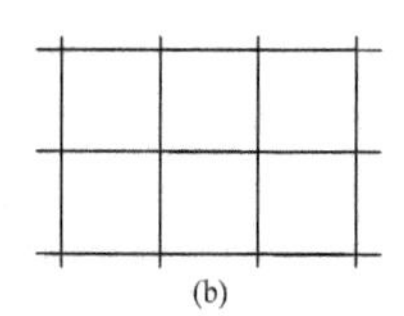

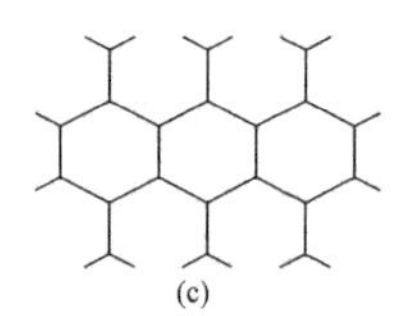

图R7　三种正多边形镶嵌

2. 用弧表达图像实体(如区域或其他特征)性质间联系的图。实体对应图的结点。例如,对区域常用的性质是邻接、包含、连通和相对区域尺寸。

relation-based method ⇔ 基于关系的方法

一种将复杂形状目标分解成简单基元的**形状描述**方法。通过描述基元性质和基元之间关系来描述目标形状特性。与**纹理分析**中的**结构法**类似。

relation matching ⇔ 关系匹配(技术)

广义图像匹配的一种。将客观景物分解成组件并考虑物体各组件间的相互关系,利用相互关系的集合来实现匹配。关系匹配中待匹配的两个表达都是关系,一般常将其中之一称为待匹配对象,而另一个称为模型。

设有两个关系集:X_l和 X_r,其中X_l属于待匹配对象,X_r属于模型,分别表示为

$$X_l = \{R_{l1}, R_{l2}, \cdots, R_{lm}\}$$
$$X_r = \{R_{r1}, R_{r2}, \cdots, R_{rn}\}$$

其中,$R_{l1}, R_{l2}, \cdots, R_{lm}$ 和 $R_{r1}, R_{r2}, \cdots, R_{rn}$分别代表待匹配对象和模型中各组件间的各种不同关系。要匹配两个关系集 X_l和 X_r,实现从 X_l的关系映射到 X_r的关系,则需找到一系列对应映像 p_j以满足

$$\mathrm{dis}^C(X_l, X_r) = \inf_p\left\{\sum_j^m V_j \sum_i W_{ij} C[E_{ij}(p_j)]\right\}$$

其中,$\mathrm{dis}^C(X_l, X_r)$表示误差 E 中以项计的由 X_l和 X_r中各对相应关系表达的对应项之间的距离,p 为对应表达之间的变换,V 和 W 为权重,$C(E)$表示 E 中以项计的误差。

relative address coding [RAC] ⇔ 相对地址编码(方法)

一种 **2-D 位面编码**方法。是对 **1-D 游程编码**方法的推广。首先跟踪相邻两行中各个黑色和白色游程的起始和终结过渡点,并确定较短的游程距离,最后用合适的**变长码**对游程距离进行编码。

relative aperture ⇔ 相对孔径

入瞳直径与像方**焦距**之比,也称**孔径比**。其倒数为**焦距比**,或光圈数,或 f 数。通常用于照相时的物方**镜头**,表征光轴上的像点所受**照度**的强弱,是物镜入射光瞳直径 D 与焦距 f 之比,D/f。一般照相物镜在可变光阑的位置读数轮上标注的是光圈数,f/D,而其最小数值(即孔径比的最大值)表示拍摄时的最短**曝光**时间。

relative brightness ⇔ 相对亮度

物体的光亮度值 A 与对应这一**色品**的最佳色的光亮度值 A_0之比,即 A/A_0。

relative brightness contrast ⇔ 相对亮度对比度

描述图像或图像中区域的亮度值之间联系的一种测度。为了测量对比度的大小,可以使用迈克尔逊(Michelson)对比度:$[(I_{max} - I_{min})/$

$(I_{max}+I_{min})$],其中 I_{max} 代表最大的亮度值而 I_{min} 代表最小的亮度值。

relative data redundancy⇔相对数据冗余

一种从数学上定量描述**数据冗余**的度量。假如用 n_1 和 n_2 分别代表用来表达相同信息的两个数据集合中的信息载体单位的个数,那么第1个数据集合相对于第2个数据集合的相对数据冗余 R_D 可表示为

$$R_D = 1 - 1/C_R$$

其中 C_R 称为**压缩率**(相对数据率):

$$C_R = n_1 / n_2$$

C_R 和 R_D 分别在开区间 $(0,\infty)$ 和 $(-\infty,1)$ 中取值。

relative encoding⇔相对编码(方法)

游程编码的一种变型。也称差分编码。适用于待压缩数据是一串接近的数或相似符号构成的情况。其原理是先发送第一个数据项 a_1,然后发送差值 $a_{i+1}-a_i$。

relative extrema⇔相对极值

相对极值测量在局部邻域中的最小值和最大值。可以利用局部灰度极值的相对频率来进行**纹理分析**。借助每条扫描线提取的极值数量以及相关的阈值用来刻画纹理。这个简单的方法在实时应用中很有效果。

relative extrema density⇔相对极值密度

一种描述**基元空间关系**的**特征**。极值可通过对图像进行水平扫描来获得。极值包括**相对极小值**和**相对极大值**。

相对极值密度可通过统计所获得的极值并取平均值而得到。

relative field⇔相对视场

单眼注视某物体时所见的全部范围。包括成像不太清楚的地方。此范围由鼻、颊、眉、框、眼角等所限制,大约向上60°,向下75°,向内60°,向外100°。也称单目视场。

relative maximum⇔相对极大值

图像工程中,像素属性值的极大值。如果一个像素 $f(x,y)$ 满足 $f(x,y)\geqslant f(x+1,y)$,$f(x,y)\geqslant f(x-1,y)$,$f(x,y)\geqslant f(x,y+1)$,$f(x,y)\geqslant f(x,y-1)$,则该像素取得相对极大值。

relative minimum⇔相对极小值

图像工程中,像素属性值的极小值。如果一个像素 $f(x,y)$ 满足 $f(x,y)\leqslant f(x+1,y)$,$f(x,y)\leqslant f(x-1,y)$,$f(x,y)\leqslant f(x,y+1)$,$f(x,y)\leqslant f(x,y-1)$,则该像素取得相对极小值。

relative operating characteristic [ROC] curve⇔相对操作特性曲线

同 **receiver operating characteristic curve**。名称源自它是随准则变化时两个操作特性(正确肯定和错误肯定)的比较。

relative orientation⇔相对方位

解析摄影测量中,一个公共参考帧相对于其他帧的相对位置和朝向。当两个公共参考帧处于已知相对朝向时,从两幅摄像机图像中的

同一个目标点射出的光线将准确地交会在一个3-D空间点上。

relative pattern⇔相对模式

动态模式匹配中所构建的不带绝对坐标的模式。具备平移不变性。比较**absolute pattern**。

relative saturation contrast⇔相对饱和度对比度

彩色图像中各区域的饱和度值之间联系的测度。在具有低亮度反差的彩色图像中，基于对彩色饱和度的区别可以从背景中辨别出细节来。

relative spectral radient power distribution ⇔相对光谱发射功率分布

模型化日光变化的归一化光谱。首先在大范围变化的位置、一天中的各个时间以及不同季节里记录日光中**波长**从300 nm到830 nm的光谱。用这种方式生成了一个系综版本的日光光谱。然后对每个测量的光谱，记录日光在每个单位间隔(m)的发射功率谱(W/m^2)。最后，将这些绝对的测量值规格化，使所有光谱对波长$\lambda = 560$ nm都取值100。

relative UMA [RUMA]⇔相对最终测量精度

一种对**最终测量精度**的计算方法。如果用R_f代表从作为参考的图像中获得的原始特征量值，而S_f代表从分割后的图像中获得的实际特征量值，则它们的相对差给出相对最终测量精度：

$$\text{RUMA}_f = \frac{|R_f - S_f|}{R_f} \times 100\%$$

relaxation⇔松弛

一种通过扩散局部约束的效果来将一个连续或离散集合的值赋予网(或**图**)的结点的技术。网可以是图像网格，此时结点对应像素或特征(如边缘或区域)。在各次迭代中，每个结点都与它的邻近点相互作用，并根据局部约束改变其数值。随着迭代次数的增加，局部约束的影响扩散到网中越来越远的部分。当不再有变化或变化变得不明显时，就算收敛了。

relaxation algebraic reconstruction technique⇔松弛的代数重建技术

图像投影重建中的一种**代数重建技术**。可看作是**无松弛的代数重建技术**的推广(增加了一个松弛系数以控制收敛速度)。

reliability⇔可靠性

图像匹配常用评价准则之一。指算法在总共进行的测试中有多少次取得了满意的结果。如果测试了N对图像，其中M次测试给出了满意的结果，当N足够大时且这N对图像有代表性，那么M/N就表示了可靠性。M/N越接近1就越可靠。算法的可靠性是可以预测的。

remote sensing⇔遥感

不与被观测景物接触而获取其电磁特性的任何一种检测技术。是使用电磁辐射或其他辐射，在**传感器**与**目标**不接触的情况下检测和量化目标的物理、化学和生物特性等的技术。目前主要指从地表上空利用卫星或飞机上的传感器来观察地面和大气，搜集和记录地球环境中物体和现象的有关信息，并以形、像、谱、色等展现出来。并不直接接触目标(物体或现象)而综合探测其性质、形态与变化规律。

remote sensing image ⇔ **遥感图像**

利用遥感技术获得的**图像**。**遥感**成像所使用的电磁波段包括紫外线、可见光、红外线和微波等频段。这么宽的频带常被分成几百个子波段，所以对同一个场景可采集到几十甚至几百幅不同的遥感图像。

remote sensing system ⇔ **遥感系统**

实现**遥感**的摄取系统。可分五种类型：①照相系统：紫外照相、全色照相(黑白)、彩色照相、彩色红外照相(假色)、红外照相、多谱照相等。②电子光学系统：电视系统、多谱带扫描器、(近、中、远)红外扫描器。③微波与雷达系统。④电磁波非成像系统：γ射线、辐射度量与光谱度量、激光。⑤重力系统和磁性系统等。另外还包括传递、传输或通信系统。

remove attack ⇔ **消除攻击**

同 **elimination attack**。

renormalization group transform ⇔ **重整化群变换**

一种可同时粗化数据和模型(因为组态空间依赖于数据和模型)的粗化组态空间的方法。使用重整化群变换可以保证期望的全局解是处在利用粗化数据和模型的表达推导出来的粗解之中。也允许对粗数据定义一个模型，该模型与对整幅图像原始采用的模型是兼容的。

repetitiveness ⇔ **重复性**

从心理学观点观察到的一种**纹理特征**。可借助周期来定量描述重复性。

representation ⇔ **表达，表示**

一种能把某些实体或某几类信息表示清楚的形式化系统(例如阿拉伯数制、二进制数制)以及说明该系统如何工作的若干规则。根据**马尔视觉计算理论**，表达是视觉信息加工的关键，一个进行**计算机视觉**信息理解研究的基本理论框架主要由视觉加工所建立、维持并予以解释的可见世界的三级表达结构组成。

representation by reconstruction ⇔ **基于重建的表达**

马尔视觉计算理论中，认为要对场景进行解释就要先对场景进行 3-D 重建的观点。

representation of motion vector field ⇔ **运动矢量场表达**

一种对图像中运动信息的直观表达方法。为表示瞬时的运动矢量场，实际中常将每个**运动矢量**用(有起点)无箭头的线段来表示(线段长度与矢量大小亦即运动速度成正比)，并叠加在原始图像上。这里不使用箭头是为了使表达简洁，减小箭头叠加到图像上对**图像显示**的影响。由于起点确定，所以方向是明确的。在有些表达中，表达运动矢量的起点没有标出，但方向一般也没有歧义。

representative frame of an episode ⇔ **情节代表帧**

情节中有代表性、能概括情节内容的一幅或几幅**帧图像**。

reproduction ⇔ **复制**

遗传算法中的基本运算之一。复制算子负责根据概率使好的码串存活而让其他码串死亡。复制机制将有高适应度的码串复制到下一代，其中的选择过程是概率化的，一个码串复制到新样本的概率由它在当前群体中的相对适应度所确定。一个码串的适应度越高，其存活的概率越大；一个码串的适应度越低，其存活的概率越小。这个过程的结果就是具有高适应度的码串将比具有低适应度的码串有更高的概率被复制到下一代群体中。由于一般控制群体中的码串个数保持稳定，所以新群体的平均适应度将会高于原来的群体。

requirement for reference image ⇔ **对参考图像的需求**

图像分割评价中，进行**系统比较和刻画**的一种准则。对有些评价方法，评价结论取决于对分割图像和参考图像的比较。但是，参考图像的获取增加了分割评价的工作量，也给评价方法的实用性带来了一些特定的问题。例如，采用实际图像作为参考图像时需要由领域专家手工进行分割，有一定的主观性等。

re-sampling ⇔ **重采样**

对图像进行非整数倍**插值**时，由于新增点不在原像素集合中而需重新选择插值点位置的过程。

resection ⇔ **后方交会**

给定某些已知 3-D 点的图像后，计算相机位置的过程。也称**相机校准**、**3-D 位姿估计**。

residual ⇔ **残差**

预期值与实际测量值之间的偏差。如预测编码中的偏差。

residual graph ⇔ **残留图**

图割的**增加通路算法**中，保存从源到汇的流分布当前状态的图。在分割的各个迭代步骤中，可借助残留图中未饱和的弧来确定最短的从源到汇的通路。

residual image ⇔ **余像，留像**

同 **afterimage**。

resolution ⇔ **分辨率；析解，消解**

1. 分辨率：**图像工程**中反映图像精细程度并对应图像数据量多少的参数。一幅 **2-D 图像**可用一个 2-D 数组 $f(x,y)$ 来表示，所以在 X 和 Y 方向上要考虑**空间分辨率**，而在性质 F 中要考虑**幅度分辨率**。

2. 分辨率：不同情况下，区分或辨认的能力。如：

(1) **眼**的分辨率。人眼的辨认能力。与物体的形状和照明情况有关。通常物体对眼的张角在 $1'$ 之内就不能分辨了。

(2) **望远镜**的分辨率。以可分辨的两点对仪器入射光瞳的夹角。望远镜中**点光源**的像是一衍射光斑，中央是一亮斑，而周围是明暗交替的圆环。两邻近点像的衍射斑有部分交叠。当两斑交叠的凹谷深度为峰顶的19%时可分辨，这就是**瑞利分辨率准则**(瑞利判据)：如 D 为入射光瞳直径(物镜直径)，则**分辨率极限**为 $1.22D^{-1}\lambda$，λ 为光**波长**。此时相当于凹谷深度与峰顶之比为0.19。

(3) **显微镜**的分辨率。以物体中刚可以分辨开来的两点距离。根据瑞利判据得出的最小分辨距离为 $0.61\lambda(n\sin\phi)^{-1}$，$\lambda$ 为波长，n 是物空间媒质的**折射率**，ϕ 是物镜边缘对物体张角之半(孔径角)。

(4) 色分辨率。仪器将两条相邻谱线分开的本领。以波长 λ 与刚可分辨的波长之差 $\Delta\lambda$ 之比 $\lambda/\Delta\lambda$ 表示分辨率。对于棱镜，根据瑞利判据，其分辨率为 $\lambda/\Delta\lambda=b\mathrm{d}\delta/\mathrm{d}\lambda$，$b$ 是照射到棱镜上的光束宽度，$\mathrm{d}\delta/\mathrm{d}\lambda$ 是角色散(δ 为偏向角)。当棱镜在最小偏向位置时，判据变为 $t\mathrm{d}\delta/\mathrm{d}\lambda$，$t$ 为棱镜最厚处的长度。

3. 析解，消解：**谓词演算**中用于证明定理的**推理**规则。基本步骤是先将问题的基本元素表达成子句形式，然后寻求可以匹配的隐含表达式的**前提**和**结果**，再通过替换变量以使原子相等来进行匹配，匹配后所得到的**解决方案**子句包括不匹配的左右两边。这样，就将定理证明转化成要解出子句以产生空子句，而空子句给出矛盾的结果。从所有正确定理都可以证明的角度看，这个析解规则是完备的；从所有错误定理都不可能证明的角度看，这个析解规则是正确的。

resolution-independent compression ⇔ **分辨率无关压缩**

一种与所压缩图像的分辨率无关的**图像压缩**方法。图像能以任何分辨率来解码。

resolution limit ⇔ **分辨率极限**

能区分开或观察到的最小**目标**的尺寸，是个有限值。

resolution of optical lens ⇔ **光学镜头分辨率**

反映**光学镜头**自身解像能力的一种指标。也称分辨力、鉴别率、鉴别力，是镜头清晰地再现被摄景物细节的能力。镜头分辨率可使用其**调制传递函数**(MTF)来表示，单位为lp/mm，指每毫米中可分辨出的线对个数(line pairs)。镜头分辨率也可使用清晰度来表示，单位为LW/PH(line width per height)，指每像高中可以分辨出的线条数。两个单位间的关系是LW/PH=2×lp/mm×图像高度(mm)。

resolution of segmented image ⇔ **分割图像分辨率**

一种**分析法**准则。不同**图像分割**算法得到的**分割图像**有多种**分辨率**，如可以是像素级、若干个像素级或一个像素的若干分之一(即**亚像素**或**子像素**)级。所以分辨率也可作为衡量算法性能的一个有效指标。

resolvent⇔解决方案,预解

谓词演算中,利用**析解**推理规则进行匹配后所得到的一类子句。包括不匹配的左右两边。对定理的证明可借助解决方案转化成要解出子句以产生空子句,而空子句给出矛盾的结果。

resolving power⇔分辨力

摄像机的分辨能力。对应**图像**的**空间分辨率**。如果摄像机**成像单元**的间距为 Δ,单位是 mm,则摄像机的分辨力为 $0.5/\Delta$,单位是 line/mm。例如,一个电荷耦合器件摄像机的成像单元阵列的边长为 8 mm,共有 512×512 个成像单元,则其分辨力为 $0.5\times512/8=32$ line/mm。

resource sharing⇔资源共享

时空行为理解中的一种行为方式。多个动作人的活动满足同一个规律,可用相同的模型描述。

response time⇔响应时间

同 **reaction time**。

responsivity⇔响应度,响应率

由**磷光**产生的电信号与所发光之比。符号:R。单位:A/W 或 V/W。在传感器的线性区间,响应度是常数。

restoration transfer function⇔恢复传递函数

作用在**退化图像**上以得到原始图像 f 的估计 f_e 的函数。

restored image⇔恢复图像

图像恢复的输出结果,是对原始图像的一个估计。

resubstitution method⇔重新替换方法

模式分类中,使用相同的训练和测试集合来评估分类器性能的方法。得到的性能总偏高。

retina⇔视网膜

眼球壁上三层薄膜(纤维膜、血管膜、视网膜)中最后面的一层。其上有光的接收器和神经纤维,主要由能感受光刺激的视觉细胞和作为联络与传导脉冲的多种神经元组成。神经纤维将光的刺激所产生的脉冲传入脑中,它们在视神经出眼球处无神经细胞,即在集中进入脑内的地方没有视觉,称为盲斑,这在眼的后部靠近鼻的一侧。在另一侧(靠耳)约等距离处有一小凹窝,正对**瞳孔**,称为**中央凹**,此处视觉最敏锐。参阅 **cross section of human eye**。

retina illuminance⇔视网膜照度

视网膜上对外物成像的照度。根据**照度**的定义和**朗伯定律**,可证明视网膜照度∝(物体光亮度×瞳孔面积)×(眼的后节点到视网膜的距离)$^{-2}$。**瞳孔**面积和眼的后节点到视网膜的距离均可以认为是常量,故视网膜照度只与物体的光亮度成正比,而与其他平常以为有关的量,如物体大小、物体对观察者的方向、距离等都无关系。

retinal cortex⇔视网膜皮层

参阅 **retinex theory**。

retinal disparity ⇔ **视网膜像差**

观看有深度的物体时，两眼**视网膜**映像间的差别。由每只眼睛观看物体时的角度略有不同而产生。

retinal illumination ⇔ **视网膜照度**

刺激作用在**视网膜**上时的照度。

retina recognition ⇔ **视网膜识别**

得到广泛重视和研究的一种**生物特征识别**技术。**视网膜**是人类**视觉过程**中起重要作用的器官之一。视网膜识别利用视网膜周围血管分布图案的唯一性来验证人的身份。视网膜识别涉及的主要步骤包括：①用旋转扫描器采集视网膜图像；②将**特征点**数据数字化；③通过**模板匹配**进行识别。

retinex ⇔ **视网膜皮层**

retinal cortex 的缩写。

retinex algorithm ⇔ **视网膜皮层算法**

一种基于**视网膜皮层理论**的**图像增强**算法，目的是在各个图像像素处计算一个与光源无关的量——亮度(lightness)。这里关键的观察是在景物表面的光照变化缓慢，导致所观察到的表面亮度也变化缓慢。这与在景物反射边缘或**折叠边缘**处的强烈变化对立。视网膜皮层算法根据观察到的亮度 $B=L\times I$ 来工作，其中 L 为表面亮度(或反射)，而 I 为照明。在每个像素处取 B 的对数，L 和 I 的乘积变成对数之和。表面亮度的缓慢变化可通过求差来检测并在其后通过**阈值化**来消除。将结果再结合起来就可获得亮度图(可能差一个任意的标量比例因子)。

retinex theory ⇔ **视网膜皮层理论**

描述**人类视觉系统颜色恒常性**的色彩理论。retinex 源于两个词 retina(视网膜)和 cortex(皮层)的缩合。可以解释在人类视觉系统中场景感知和/或图像形成的原理。因为假设对彩色信号(在 RGB 空间)的各个分量都进行分别的单色处理，所以组合的结果应该只依赖于表面的反射特性而与光照条件无关。根据此理论，分别将不同表面的反射特性与短的、中等的和长的光谱范围进行比较。在彩色通道的比较结果给出亮度记录(lightness record)。假设大脑分别比较同一个场景中各个彩色通道的光亮度记录值。这与光线的光谱构成无关(因而与光的相对强度独立)。在大脑中对表面彩色的构建根据此理论是“比较的比较”的结果。与其他色感知理论根本不同，其中只包括比较而没有混合或叠加。此理论并没有对人类的颜色恒常性能力提供完全的描述。

是一个解释**人类视觉系统**在不同亮度环境光下感知情况的理论。指出此时的亮度感觉主要与景物的反射光相关，而与照射光无关，且具有颜色恒常性。对图像 $f(x,y)$，根据理论，有

$$f(x,y)=E(x,y)\times R(x,y)$$

其中 $E(x,y)$ 表示周围环境的亮度

分量，与景物无关；$R(x,y)$表示景物的反射能力，与照明无关。这样，该理论就给出了一个图像的数学模型，如果能正确地估计出反射，对任何给定图像都能提供一个不随照度变化的表达。参阅 **retinex algorithm**。

retrieving ratio⇔检索率

一种**检索性能评价指标**。对给定的查询图像、检索算法及参数，检索率可表示为

$$\eta_{ij}(N,T)=\frac{n_{ij}}{N},$$
$$i=1,2,\cdots,M;j=1,2,\cdots,K$$

其中，M 是查询图像的总数，K 是算法设置的参数集合的总数，N 是图像库中相似图像的总数，T 是系统提取出的总图像数，n_{ij} 是使用第 i 幅查询图像和第 j 组参数而提取出的相似图像数。这样定义的检索率与所提取的图像总数 T 是有关的。

对用 K 个设置查询一幅图像的情况，其平均检索率可由下式计算：

$$\eta_i(N,T)=\frac{1}{K}\sum_{j=1}^{K}\frac{n_{ij}}{N}=\frac{1}{KN}\sum_{j=1}^{K}n_{ij},$$
$$i=1,2,\cdots,M$$

对用 K 个设置查询 M 幅图像的情况，其平均检索率可由下式计算：

$$\eta(N,T)=\frac{1}{M}\sum_{i=1}^{M}\eta_i=\frac{1}{KMN}\sum_{i=1}^{M}\sum_{j=1}^{K}n_{ij}$$

reverse engineering⇔逆向工程

视觉中，从一组视来产生一个 3-D 物体的过程和模型。如一个 VRML 或一个三角测量模型。模型可以是纯几何的，即仅描述目标的形状；也可以结合形状和纹理的性质来描述目标的外观。对**深度图像**和**灰度图像**都有许多逆工程化的技术。

rewriting rule⇔重写规则

形式语法中的一条规则。可用来构建**字符串描述符**。

***R* exact set⇔*R* 精确集**

粗糙集理论中一种特殊的集合。对感兴趣对象组成的论域 U，考虑其中的任意子集 X(U 中的一个概念)，可用等价关系 R 表示时，就是 R 精确集。参阅 **fusion based on rough set theory**。比较 ***R* rough set**。

RF⇔感受域

receptive field 的缩写。

RFID⇔射频识别

radio-frequency identification 的缩写。

RGB⇔红绿蓝

光的**三基色**。

RGB-based colormap⇔基于 RGB 的彩色映射

在 **RGB 色空间**进行的色映射。可进一步分成两类：基于感知的方法和基于数学的方法。

RGB model⇔RGB 模型

一种面向硬设备的最典型最常用的**色模型**，是一种与人的视觉系统结构密切相连的模型。根据**人眼**结构，所有颜色都可看作是三个基本颜色——**红**，**绿**，**蓝**——的不同组合。

RGB模型可以建立在直角坐标系中,其中三个轴分别为 R、G、B,见图R8。RGB模型的空间是个正方体,原点对应黑色,离原点最远的顶点对应白色。在这个模型中,从黑到白的灰度值分布在从原点到离原点最远顶点间的连线上,而立方体内其余各点对应不同的彩色,可用从原点到该点的矢量表示。一般为方便起见,总将立方体归一化为单位立方体,这样所有的 R、G、B 的值都在区间[0,1]之中。

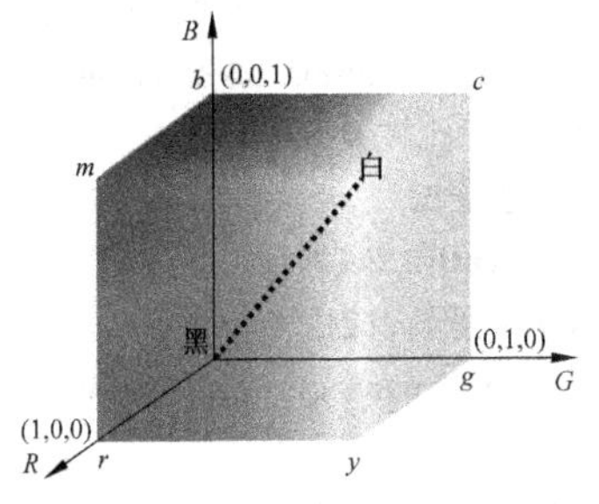

图R8 RGB模型彩色立方体(见彩插)

rhodopsin⇔视紫红质

眼内由视黄醛与蛋白质相结合形成的一种感光色素。主要存在于**柱细胞**中。特点是对弱光敏感,在暗处会逐渐合成(一般在暗处约30分钟可全部生成,视觉光敏度达到最高值)。

ribbon⇔条带

1. 将基本的**广义圆柱体**从3-D投影到2-D的结果。

2. 图像中尺寸不一、**伸长度**较大的区域。

ridge⇔脊;脊面,山脊,岭

1. 脊:一种亮度函数的特殊不连续性导致图像中产生的细**边缘**或线。

2. 脊面,山脊,岭:通过**曲面分类**得到的一种表面类型。对应**高斯曲率**等于0、**平均曲率**小于0的情况。示意见图R9。

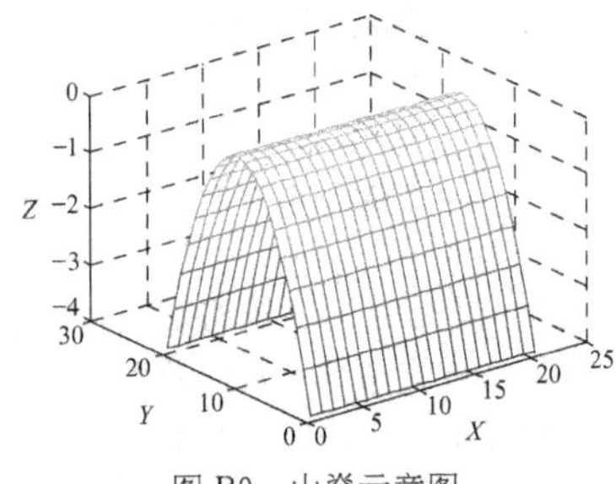

图R9 山脊示意图

Riesz transform⇔里斯变换

希尔伯特变换推广到2-D后的称谓。

rigid body⇔刚体

在任何外力作用下,形状和大小始终不变的物体。也可描述成质点间距离保持不变的质点系。许多图像中的目标可被看作刚体。

rigid body transformation⇔刚体变换

一种对区域中所有点都保距的**等距变换**。将一个点 $\boldsymbol{p}(=(p_x,p_y))$ 刚体变换到另一个点 $\boldsymbol{q}(=(q_x,q_y))$ 的矩阵表达用分块矩阵形式表示为

$$\boldsymbol{q}=\boldsymbol{H}_{\mathrm{I}}\boldsymbol{p}=\begin{bmatrix}\boldsymbol{R} & \boldsymbol{t}\\ \boldsymbol{0}^{\mathrm{T}} & 1\end{bmatrix}\boldsymbol{p}$$

其中,$\boldsymbol{R}$ 是一个通用的**正交矩阵**,$\det(\boldsymbol{R})=\pm1$;$\boldsymbol{t}$ 是一个 2×1 的平移

矢量,**0** 是一个 2×1 矢量。

图 R10 分别给出用 $e=1,\theta=-90°$ 和 $\boldsymbol{t}=[2,0]^{\mathrm{T}}$;$e=-1,\theta=180°$ 和 $\boldsymbol{t}=[4,8]^{\mathrm{T}}$;$e=1,\theta=180°$ 和 $\boldsymbol{t}=[5,6]^{\mathrm{T}}$ 定义的刚体变换对最左的多边形目标变换得到的结果。

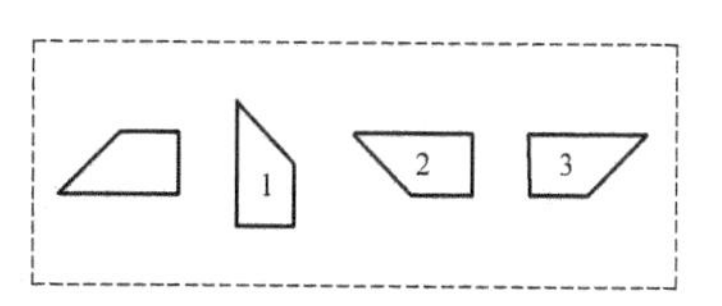

图 R10 对多边形目标进行刚体变换得到的结果

ring filter ⇔ **环滤波器,环形滤波器,环状滤波器**

作用范围(作用区域)为环形的**滤波器**。可用来分析图像**功率谱**(傅里叶变换的平方)中的**纹理能量**分布。在极坐标中可表示为

$$P(r)=2\sum_{\theta=0}^{\pi}P(r,\theta)$$

其中 r 表示半径,θ 表示角度。图 R11给出一个环滤波器的示例。$P(r)$的分布指示纹理的粗糙程度。还可见**楔状滤波器**。

Roberts cross detector ⇔ **罗伯茨交叉检测算子**

一种一阶**差分边缘检测算子**。采

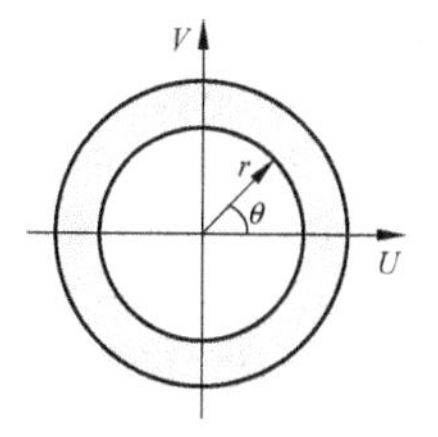

图 R11 环滤波器示意

用两个 2-D **正交模板**来估计在一个像素位置的灰度梯度(梯度可用一阶导数的数字等价来近似),见图 R12。

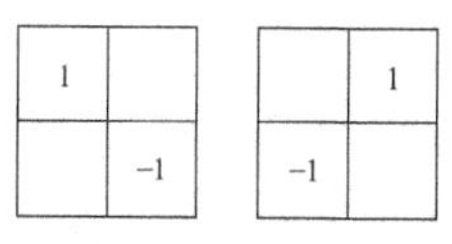

1	
	−1

	1
−1	

图 R12 罗伯茨交叉检测算子的模板

Roberts cross operator ⇔ **罗伯茨交叉算子**

参阅 **Roberts cross detector**。

Robinson operators ⇔ **罗宾森算子**

一组计算图像不同方向(0°,45°,90°和 135°)偏导数的算子。这些算子的模板如图 R13 所示。

robot vision ⇔ **机器人视觉**

机器人的**机器视觉**。研究目标是构建使机器人具有**视觉感知**功能的系统,该系统通过视觉传感器获取

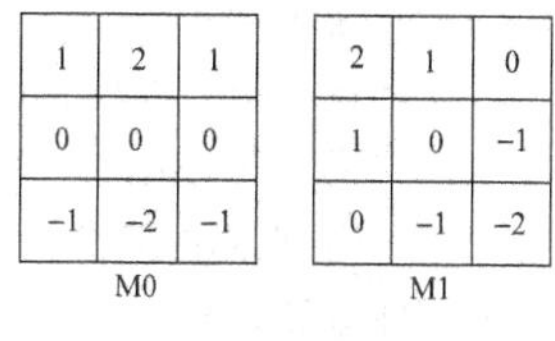

M0

1	2	1
0	0	0
−1	−2	−1

M1

2	1	0
1	0	−1
0	−1	−2

M2

1	0	−1
2	0	−2
1	0	−1

M3

0	−1	−2
1	0	−1
2	1	0

图 R13 罗宾森算子的模板

环境的图像，并通过视觉处理器进行分析和解释，从而让机器人能够检测和辨识物体，完成特定的工作。

robustness⇔**鲁棒性；稳健性**

1. 鲁棒性：常用的技术评价准则之一。指准确性的稳定程度或算法在其参数不同变化条件下性能的**可靠性**和一致性。鲁棒性可以相对于图像中的噪声、密度、几何差别或不相似区域的百分比等来测量。一个算法的鲁棒性可通过确定算法准确性的稳定程度或输入参数变化时的可靠性来得到(如利用它们的方差，方差越小越鲁棒)。如果有很多输入参数，每个都影响算法的准确性或可靠性，那么算法的鲁棒性可相对于各个参数分别来定义。例如，一个算法可能对噪声鲁棒但对几何失真不鲁棒。说一个算法鲁棒一般指该算法的性能不会随其环境或参数的变动而产生明显变化，是常用的**图像匹配**评价准则之一。

2. 稳健性：反映图像设备工作稳定性和可靠性的指标。很多**机器视觉系统**的目的是在尽可能的程度上模仿人类视觉系统在各种情况下识别目标和场景的能力。为取得这样的能力，一个机器视觉系统的特征提取和表达步骤应该对各种工作条件和环境因素(如空间分辨率差、照明不均匀、由不同的观察角度导致的几何失真和噪声)有稳健性。

robustness of watermark⇔**水印鲁棒性，水印稳健性**

一种重要的**水印特性**。也称**可靠性**。反映**图像水印**抵御外界干扰，在图像产生失真的情形下仍能保证其自身完整性和可对其准确检测的能力。对图像的外界干扰可以有很多种，从讨论水印稳健性的角度常分成两类，第一类是常规的图像处理手段(并非专门针对水印)，第二类指恶意的操作模式(专门**对水印的攻击**)。图像水印抵御这些外界干扰的能力也常用抗攻击性来衡量。水印的稳健性与嵌入信息量和嵌入强度(对应嵌入数据量)都有关系。

robust watermark⇔**鲁棒水印**

稳健性很强的**水印**。鲁棒水印尽力保证水印信息的完整性，可以在图像有一定程度的外界干扰而产生失真的情形下仍能保证其自身完整性和对其检测的准确性。

ROC curve⇔**接收器操作特性曲线；相对操作特性曲线**

1. 接收器操作特性曲线：**receiver operating characteristic** 的缩写。

2. 相对操作特性曲线：**relative operating characteristic** 的缩写。

rod⇔**柱细胞**

视杆细胞的简称。

rod cell⇔**视杆细胞**

视网膜中的一种柱状感光细胞。眼球的视网膜内负责感受光辐射的一类细胞，也称柱细胞，因其树突为杆或柱体形而得名。每个眼内在视网膜表面上有 75～150 M 视杆细胞。它们分布面大但分辨率比较低，这是因为几个视杆细胞都联到同一个神经末梢。视杆细胞仅在非常暗的光线下工作，在**暗视觉**条件下对明暗感觉起决定作用，并对低照度较敏感。视杆细胞主要是提供视野的整体视像，因为只有一种视杆细胞，所以不产生颜色感受。比较 **cone cell**。

ROI ⇔ 感兴趣区域

region of interest 的缩写。

roll ⇔ 滚转(角)

摄像机绕 Z 轴(绕光轴)转动的**运动类型**之一。

root-mean-square error ⇔ 均方根误差

一种用于衡量图像水印**差失真**的**测度**。是 L^p 范数中的参数 $p=2$ 时算出的结果。

root-mean-square signal-to-noise ratio ⇔ 均方根信噪比

均方信噪比的平方根。

rotating mask ⇔ 旋转模板

考虑了相对于某些像素的多个方向的模板。例如，在**罗盘梯度算子**等边缘检测器中使用的模板。常用于平均平滑，其中最均匀的模板被用来计算每个像素的平滑值。

rotation matrix ⇔ 旋转矩阵

一种用于**旋转变换**的矩阵。考虑在 3-D 空间中关于一个点绕坐标轴的旋转，设旋转角是从旋转轴正向看原点而按顺时针方向定义的。将一个点绕 X 坐标轴转 θ_x 角度可用下列旋转矩阵实现：

$$\boldsymbol{R}_{\theta_x}=\begin{bmatrix}1 & 0 & 0 & 0\\ 0 & \cos\theta_x & \sin\theta_x & 0\\ 0 & -\sin\theta_x & \cos\theta_x & 0\\ 0 & 0 & 0 & 1\end{bmatrix}$$

将一个点绕 Y 坐标轴转 θ_y 角度可用下列旋转矩阵实现：

$$\boldsymbol{R}_{\theta_y}=\begin{bmatrix}\cos\theta_y & 0 & -\sin\theta_y & 0\\ 0 & 1 & 0 & 0\\ \sin\theta_y & 0 & \cos\theta_y & 0\\ 0 & 0 & 0 & 1\end{bmatrix}$$

将一个点绕 Z 坐标轴转 θ_z 角度可用下列旋转矩阵实现：

$$\boldsymbol{R}_{\theta_z}=\begin{bmatrix}\cos\theta_z & \sin\theta_z & 0 & 0\\ -\sin\theta_z & \cos\theta_z & 0 & 0\\ 0 & 0 & 1 & 0\\ 0 & 0 & 0 & 1\end{bmatrix}$$

rotation theorem ⇔ 旋转定理

参阅 **Fourier rotation theorem**。

rotation transformation ⇔ 旋转变换

一种常见的**空间坐标变换**。可以改变点相对于某个参考点或线的相对朝向，借助**旋转矩阵**将具有坐标(X,Y,Z)的点用旋转角度$(\theta_x,\theta_y,\theta_z)$旋转到新的位置$(X',Y',Z')$。

roughness ⇔ 凸凹；粗糙度

1. 凸凹：地球表面的高低起伏。也是借助**合成孔径雷达图像**的像素值可以获得的地面物理性质之一。

2. 粗糙度：基于**结构法**的**纹理分析**中一种与视觉感受相关的**纹理特征**。主要与像素和纹理基元的灰度值及变化相关。

rough set theory ⇔ 粗糙集理论

一种适用于**特征级融合**和**决策级**

融合的理论。与能表达模糊概念但不能具体计算模糊元素数目的**模糊集理论**不同,根据粗糙集理论可以用确切的数学公式计算模糊元素的数目。

对粗糙集的描述,使用如下基本约定。设 $L \neq \varnothing$ 是由所感兴趣对象组成的有限集合,称为论域。对 L 中的任意子集 X,称它为 L 中的一个概念。L 中的概念集合称为关于 L 的知识(常表示成属性的形式)。设 R 为定义在 L 上的一个等价关系(可代表事物的属性),则一个知识库就是一个关系系统 $K=\{L,\{R\}\}$,其中 $\{R\}$ 是 L 上的等价关系集合。根据子集 X 是否可用 R 定义,就可区分 ***R* 粗糙集**和 ***R* 精确集**。

rounding function ⇔ **取整函数**

将实数值转为整数值的任何一种函数。**图像工程**中常用的包括:①**上取整函数**;②**下取整函数**;③**普通取整函数**。

***R* rough set** ⇔ ***R* 粗糙集**

粗糙集理论中的一种特殊集合。设 $L \neq \varnothing$ 是由所感兴趣对象组成的有限集合,称为论域。对 L 中的任意子集 X,称它为 L 中的一个概念。L 中的概念集合称为关于 L 的知识(常表示成属性的形式)。设 R 为定义在 L 上的一个等价关系(可代表事物的属性),则一个知识库就是一个关系系统 $K=\{L,\{R\}\}$,其中 $\{R\}$ 是 L 上的等价关系集合。

对 L 中的任意子集 X,如果它不可用 R 定义,则是 R 粗糙集;如果可用 R 定义,则是 ***R* 精确集**。参阅 **fusion based on rough set theory**。

RS-170 vieo signal ⇔ **RS-170 视频信号**

美国等地区采用的黑白视频制式标准。标准制定者是电子工业协会(Electronic Industry Association, EIA),曾为北美、日本和世界上若干其他国家制订过 525 线、每秒 30 帧的 TV 标准。EIA 标准也定义在美国标准 RS-170A 之下,仅确定了单色图像分量,但主要用于 NTSC 彩色编码标准。对 PAL 相机,也有一个相应的译本。

***R*-table** ⇔ ***R* 表**

广义哈夫变换中,为检测没有或不易用解析式表达的曲线或**目标轮廓**而构建的联系曲线或轮廓点与参考点的表格。借助 R 表,可利用哈夫变换的原理解决对任意形状曲线的检测问题。

***R*-tree** ⇔ ***R* 树**

一种动态数据结构。将特征空间划分为多维的矩形,且这些矩形可以部分重叠或全部重合。*R*-树在搜索点或区域时非常有效。

RUMA ⇔ **相对最终测量精度**

relative UMA 的缩写。

run-length coding ⇔ **游程编码(方法)**

一种**位面编码**方法。多种多样,常用的有 1-D 游程编码和 2-D 游程编码。前者对**位面图**的每一行,将其中连续的 0 或 1 游程用它们的长度来编码。后者是前者的推广,可以对 2-D 图像块进行编码。

run length feature ⇔ 游程长度特征

基于灰度游程长度算出的特征。一个游程定义为具有相同灰度的相连像素，这些像素在相同的方向上共线。在一个游程中的像素数量就称为游程长度，这样的游程出现的频率称为游程长度值。令 $\boldsymbol{P}_\theta(i,j)$ 是游程长度矩阵，其中的各个元素记录了 j 个具有相同灰度 i 的像素沿 θ 方向出现的频率。一些常用的从游程长度矩阵提取出来进行**纹理分析**的统计量见表 R1。

表 R1　一些游程长度特征

测度	公式
短游程趋势	$\dfrac{\sum_i \sum_j \boldsymbol{P}_\theta(i,j)/j^2}{\sum_i \sum_j \boldsymbol{P}_\theta(i,j)}$
长游程趋势	$\dfrac{\sum_i \sum_j j^2 \boldsymbol{P}_\theta(i,j)}{\sum_i \sum_j \boldsymbol{P}_\theta(i,j)}$
灰度不均匀性	$\dfrac{\sum_i \left[\sum_j \boldsymbol{P}_\theta(i,j)\right]^2}{\sum_i \sum_j \boldsymbol{P}_\theta(i,j)}$
游程长度不均匀性	$\dfrac{\sum_j \left[\sum_i \boldsymbol{P}_\theta(i,j)\right]^2}{\sum_i \sum_j \boldsymbol{P}_\theta(i,j)}$
游程百分比	$\dfrac{\sum_i \sum_j \boldsymbol{P}_\theta(i,j)}{wh}$

running total ⇔ 游程和

从游程中各输出值求出的和。例如在用 **SUSAN 算子**进行**角点检测**时，对图像中每个点的位置都要将模板所覆盖的每个像素的灰度值与核的灰度值进行比较：

$$C(x_0,y_0;x,y)=\begin{cases}1, & \text{当} \left| f(x_0,y_0)-f(x,y) \right| \leqslant T \\ 0, & \text{当} \left| f(x_0,y_0)-f(x,y) \right| > T\end{cases}$$

其中，(x_0,y_0)是核在图像中的位置坐标；(x,y)是模板 $N(x,y)$中其他位置；$f(x_0,y_0)$和 $f(x,y)$分别是在(x_0,y_0)和(x,y)处像素的灰度；T 是一个灰度差的阈值；函数 $C(\cdot;\cdot)$代表输出的比较结果。将这些结果加起来，就得到模板输出的游程和：

$$S(x_0,y_0)=\sum_{(x,y)\in N(x_0,y_0)} C(x_0,y_0;x,y)$$

这个总和其实就是 USAN 区域中的像素个数，或者说给出了 USAN 区域的面积。这个面积在角点处会达到最小，所以角点就可借此检测出来。阈值 T 既可用来帮助检测 USAN 区域面积的最小值，也可以确定可消除的噪声的最大值。

S

***S*⇔饱和度**

saturation 的缩写。

saccade⇔扫视

眼球或**相机**快速地变换关注方向的运动形式。

SAD⇔绝对差的和

sum of absolute differences 的缩写。

saddle ridge⇔鞍脊，岭

通过**曲面分类**得到的一种表面类型。对应**高斯曲率**和**平均曲率**均小于0的情况。见图S1。

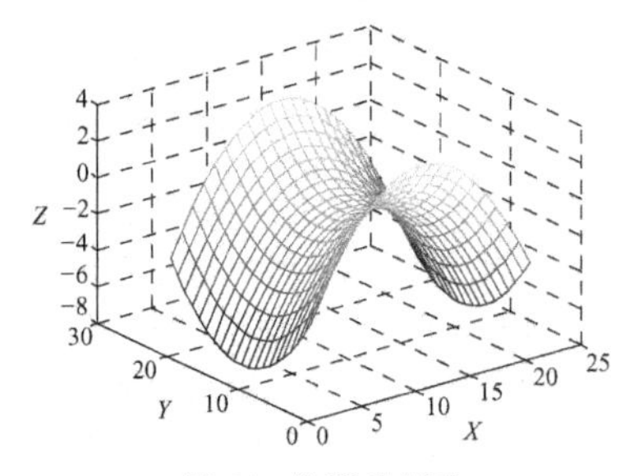

图S1 鞍脊示意图

saddle valley⇔鞍谷

通过**曲面分类**得到的一种表面类型。对应**高斯曲率**小于0和**平均曲率**大于0的情况。见图S2。

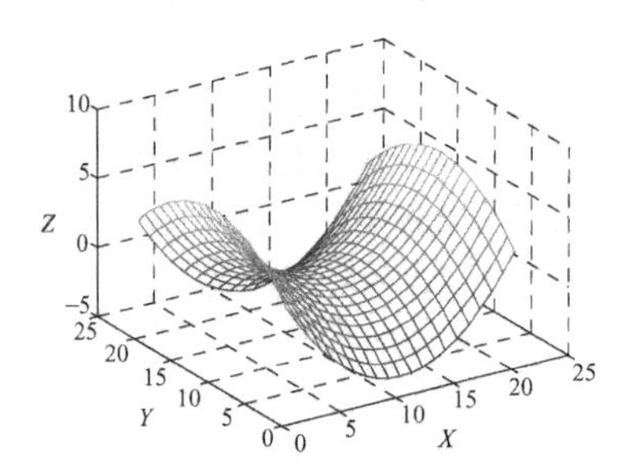

图S2 鞍谷示意图

safe RGB colors⇔安全RGB彩色，可靠RGB彩色

真彩色的一种子集。可在不同显示系统上都可靠地显示，所以也称所有系统可靠的彩色。这个子集共有216种彩色，是将R、G、B的值都各取6个值(即0,51,102,153,204,255)组合而得到的，效果如图S3所示。

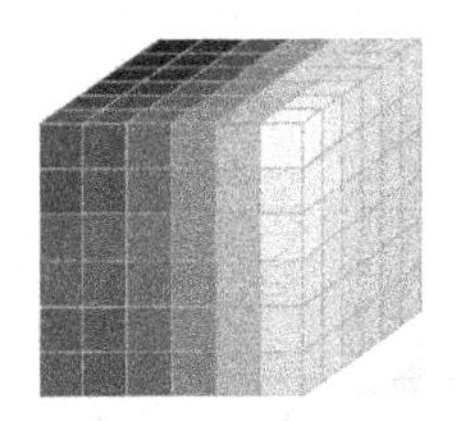

图S3 安全RGB彩色(见彩插)

salient feature⇔显著特征

图像中有特点、易辨认的特征。与**显著性**测量的高数值相关的特征(salient源于拉丁语salir，即跳跃)，提示了感知关注的特性。例如，在表达轮廓时，拐点可作为显著特征。近年常用**尺度不变特征变换**(SIFT)或**加速鲁棒性特征**(SURF)方法来获得显著特征。**显著性**还是一个源于**格式塔理论**的概念。

salient feature point ⇔ **显著特征点**

具有**显著特征**的空间点或区域的中心点。

salient patch ⇔ **显著片**

图像中具有**显著特性**或表观的局部区域。目前常用的一个很典型的显著片就是围绕利用**尺度不变特征变换**(SIFT)所得到的特征点的变换模板所覆盖的区域。

salient point ⇔ **显著点**

salient feature point 的简称。

salt-and-pepper noise ⇔ **椒盐噪声**

一种仅取两个值的特殊**噪声**。幅度值可正可负,其绝对值常远大于图像中信号的强度值。一般将其截取为灰度值动态范围的两个极端值,从而在图像中产生白或黑的极限灰度,就像椒盐粒随机撒在图像上,因而得名。其**概率密度函数**为两个分开的单峰,也称**双极性脉冲噪声**或**散粒尖峰噪声**。其中灰度值偏高的峰对应**盐噪声**,灰度值偏低的峰对应**椒噪声**。其幅度的 PDF 如下式所示,示意图见图 S4。

$$p(z) = \begin{cases} P_a, & z = a \\ P_b, & z = b \\ 0, & \text{其他} \end{cases}$$

在二值图像中会使一些黑像素变成白像素而使另一些白像素变成黑像素。在空间中常被假设服从**泊松分布**:

$$p(k) = \frac{e^{-\lambda}\lambda^k}{k!}$$

其中 $p(k)$ 是在一个给定尺寸的窗口中有 k 个像素受到噪声影响的概率,λ 是在尺寸相同的窗口中受影响像素的平均个数。泊松分布的方差也是 λ。

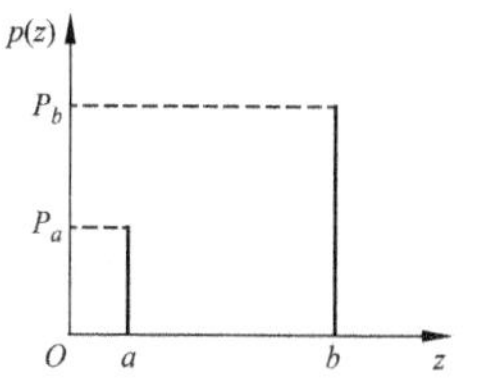

图 S4 椒盐噪声的概率密度函数

salt noise ⇔ **盐噪声**

椒盐噪声中灰度值偏高的部分。会使图像中受影响的像素取到高极限灰度(白色)。

sample-based image completion ⇔ **基于样本的图像补全**

图像修复中一种对缺损区域进行填充的方法。使用保持原状的空间区域(作为样本)去估计和填充待修补部分中缺失的信息。其填充过程是迭代进行的,主要步骤包括:①计算图像块的优先权;②传播纹理和结构信息;③更新置信度值。

sampling ⇔ **采样**

图像采集中**空间采样**的简称。

sampling density ⇔ **采样密度**

单位时间或单位空间内的采样个数。要综合考虑要观察景物的尺寸、细节、样本的代表性等来进行选择。参阅 **influence of sampling density**。

sampling pattern ⇔ **采样模式**

对**采样**样本的几何或物理排列。最通用的采样模式是一个矩形模式，其中像素水平成行垂直成列。其他可能的采样模式包括六边形等。

sampling rate⇔采样(频)率，采样(速)率

沿各个维度单位测度中的采样数量。在周期性采样中，是每秒钟里从连续信号中提取并组成离散信号的采样个数，单位是赫兹(Hz)，也称采样速度。它的倒数称为采样时间，表示采样之间的时间间隔。对2-D图像，要考虑沿水平方向和垂直方向上单位长度(间隔)中的采样数量。对**视频图像**，要考虑沿行(水平轴)，列(垂直轴)和帧(时间轴)的采样数量。对**人类视觉系统**(HVS)的研究已表明人类视觉系统并不能分辨超出一定高频率的空间和时间变化。因此，视觉上的**截止频率**(即由HVS可以感知到的最高空间频率和**时间频率**)应该是确定视频采样率的驱动因素。

sampling rate conversion⇔采样率转换

将一个具有一定时空分辨率的**视频序列**，转换为参数(一个或几个)发生了变化的另一序列的过程。也称**标准转换**。采样率转换一般涉及下面两种情况之一：

(1) 原始序列比希望的结果包含较少的采样点时，这个问题称为**上转换**(或**插值**)；

(2) 原始序列比希望的结果包含较多的采样点时，这个问题称为**下转换**(或**抽样**)。

sampling scheme⇔采样格式

连续图像采样中使用的一种离散化格式。这样一个格式应有固定的规格并可以无缝地覆盖2-D平面。可以证明，当均匀地进行采样时只有三种规则的形式作为采样格式可以满足上述条件。这三种规则的形式都是多边形，其边数分别为3，4和6，依次对应三角形、正方形和六边形，如图S5所示。

sampling theorem⇔采样定理

信号和信息处理中的一个基本定理。也称**香农采样定理**。可描述为：对一个有限带宽的信号，如利用2倍于其最高频率的间隔对其采样，就有可能从采样中完全恢复出原信号。表明了**采样频率**与信号频谱之间的关系，是对连续信号进行离散化的基本依据。进一步可分别表述成**时域采样定理**和**频域采样定理**。

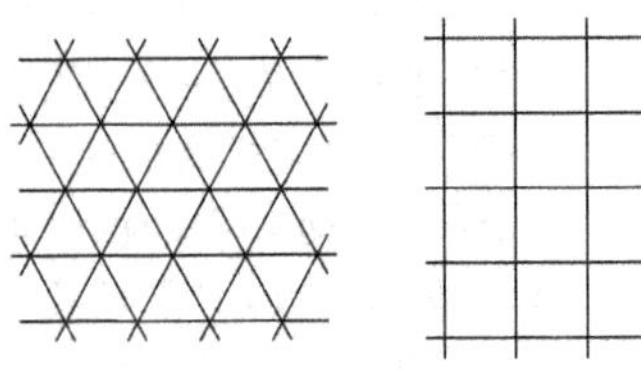

图S5　三种不同的采样格式

需要注意这只适合于图像处理，如果要通过图像分析从图像中获取客观的数据信息，仅仅采用满足采样定理的图像**采样率**常是不够的(事实上采样定理的条件常没有满足)。

Sampson approximation ⇔ 辛普森近似

参数曲线或曲面拟合时一种对几何距离的近似。参数曲线或曲面由如 $f(\boldsymbol{a},\boldsymbol{x})=0$ 形式的参数函数定义，其中 $f(\boldsymbol{a},\boldsymbol{x})=0$ 处在由参数矢量 $\boldsymbol{a}$ 定义的曲线或曲面 $S(\boldsymbol{a})$ 上。将曲线或曲面用点集合 $\{\boldsymbol{x},\cdots,\boldsymbol{x}_n\}$ 拟合需要最小化函数 $e(\boldsymbol{a})=\sum_{i=1}^{n}d[\boldsymbol{x}_i,S(\boldsymbol{a})]$。如果**距离函数** $d[\boldsymbol{x},S(\boldsymbol{a})]$ 是**代数距离** $d[\boldsymbol{x},S(\boldsymbol{a})]=f(\boldsymbol{a},\boldsymbol{x})^2$，则最小化函数有简单的解。但在一定的常用假设下，当 d 是更复杂的几何距离时，即 $d[\boldsymbol{x},S(\boldsymbol{a})]=\min_{y\in S}\|\boldsymbol{x}-\boldsymbol{y}\|^2$，还可以得到优化的解。辛普森近似可表示为

$$d[\boldsymbol{x},S(\boldsymbol{a})]=\frac{f(\boldsymbol{a},\boldsymbol{x})^2}{\|\nabla f(\boldsymbol{a},\boldsymbol{x})\|^2}$$

这是对几何距离的一阶近似。如果有对加权代数距离最小化的有效算法，那么辛普森近似的 k 次迭代 $\boldsymbol{a}_k$ 为

$$\boldsymbol{a}_k=\arg\min_{\boldsymbol{a}}\sum_{i=1}^{n}w_i f^2(\boldsymbol{a},\boldsymbol{x})$$

权可用先前的估计来计算，即 $w_i=1/\|\nabla f(\boldsymbol{a}_{k-1};\boldsymbol{x}_i)\|^2$。

SAR ⇔ 合成孔径雷达

synthetic aperture radar 的缩写。

SAR image ⇔ 合成孔径雷达图像

synthetic aperture radar image 的缩写。

saturability ⇔ 饱和度

同 **saturation**。

saturated color ⇔ 彰色

光谱色或饱和色。有时也称色彰度(因其与光度明暗有关)。色圆上的色是彰色，如红黄绿蓝色。非彰色是色圆上的某种色与“白色”的混合。白色与光谱色(如红黄绿蓝)的混合不改变其**色调**，却表现出该色与白色的相对多寡，称为色彰度或色**饱和度**。彰度越高表示某种光谱色越多。从白色方面来说，就是白度越低。彰度和白度都是主观感受的词，客观的**色度学**则有“纯度”一词。

saturation [S] ⇔ 饱和度

1. **HSI** 模型的一个分量。对应一定**色调**的纯度，纯色是完全饱和的，随着白光的加入饱和度逐渐减少。饱和度描述彩色的纯度，或一种纯色被白光稀释的程度。当饱和度减少时，彩色显得更加褪色。

2. 与**色调**和明度/亮度同为色视觉的基本特征，也称彰度，是人对颜色感觉的一种特征，即各种色觉的浓度。也是某种彩色与同样亮度的灰色之间的差别程度，一定亮度的颜色，如果距离同样亮度的灰色越远，就越饱和，即在某种彩色中能看见的色调的鲜明程度就越大。例如，柑橘和沙粒可能都是相同的橙

色,但柑橘的彰度大,也就是其橙色较多。彰度可专用于色度,"彰"也作"章"。"饱和"二字易与其他问题相混。色觉的饱和主要取决于光的纯度,单色光的饱和度最高,复色光的饱和度较小。

3. 日常语言中描述彩色常使用的如"深浅"一类词的正式名称。例如,从浅粉到深红的红色彩被认为是饱和度不同的红色:粉色具有较低的饱和度,而深红具有较高的饱和度。

4. **目标形状**描述中,一种既可描述目标的紧凑度(紧致度),也可描述目标的复杂性的**形状描述符**。所考虑的是目标在其**围盒**中的充满程度。具体可用属于目标的像素数与整个围盒所包含的像素数之比来计算。因为比较紧凑分布的目标常有比较简单的形状,所以饱和度在一定程度上反映了目标的复杂性。

5. "对一个区域用与其亮度成比例来判断的彩色性"。一般常翻译成对光源白色性的描述。从频谱的角度看,一个光源的辐射**谱功率分布**越集中于一个**波长**,它相关的彩色就越饱和。增加白色光(即包含所有波长能量的光)会导致彩色不饱和。

saturation enhancement ⇔ 饱和度增强

真彩色增强中一种仅对**饱和度**进行增强的方法。具体可先将图像变换到 **HSI 空间**中,对其 S 分量用对**灰度图像**增强的方法进行增强,从而最终得到**彩色增强**的效果。

saturation exposure ⇔ 饱和曝光

导致光电**传感器**的像素电荷达到饱和水平的**曝光**(辐照度×积分时间)。对给定的曝光时间,饱和曝光给出可以测量的**辐照度**的上限。

SBQ ⇔ 方盒量化

square-box quantization 的缩写。

SBVIR ⇔ 基于语义的视觉信息检索

semantic-based visual information retrieval 的缩写。

scalable color descriptor ⇔ 可伸缩颜色描述符

国际标准 **MPEG-7** 中推荐的一种**颜色描述符**。利用了 **HSV 空间**的颜色**直方图**,其直方条的数量和在表达的精度上都是可伸缩的,这样可根据检索精度的要求选取直方条数量或表达精度。

scale ⇔ 尺度

1. 目标、图像或帧与其参考或模型间的尺寸比例。原指尺寸或尺码。

2. 某些**图像特征**仅当在一定尺寸观察时才显现出来的性质。例如一个线段要被放大到一定程度才能被看作一对平行的边缘特征。

3. 表示将图像中的细微特征除去或减弱程度的测度。可以在不同的空间尺度来分析图像,而在给定的尺度,只有一定尺寸范围的特性才能显现出来。

4. **图像工程**中,用来刻画当前图像**分辨率**的层次。参阅 **multi-scale representation**。

scale function ⇔ 尺度函数，缩放函数

表示**小波变换**结果中的近似分量的函数。可取**序列展开**中的展开函数作为缩放函数，则对缩放函数进行平移和二进制缩放得到的集合就构成缩放函数集合。考虑 1-D 情况，如果用 $u(x)$ 表示缩放函数，则缩放函数集合为 $\{u_{j,k}(x)\}$，其中

$$u_{j,k}(x) = 2^{j/2}u(2^j x - k)$$

可见，k 确定了 $u_{j,k}(x)$ 沿 X-轴的位置，j 确定了 $u_{j,k}(x)$ 沿 X-轴的宽度，系数 $2^{j/2}$ 控制 $u_{j,k}(x)$ 的幅度。给定一个初始 j（常取为 0），就可确定一个缩放函数空间 U_j，U_j 的尺寸是随 j 的增减而增减的。另外，各个缩放函数空间 U_j ($j = -\infty, \cdots, 0, 1, \cdots, \infty$) 是嵌套的，即 $U_j \subset U_{j+1}$。

scale-invariant feature transform [SIFT] ⇔ 尺度不变特征变换

一种基于局部不变量的有效**描述符**（原意应是获得这种描述符的方法）。反映了图像中一些关键点的特性，具有较高的辨别能力。不会随图像的尺度变化和旋转变化而变化，而且对光照的变化和图像的变形具有较强的适应性。在对一个关键点构造其尺度不变特征变换描述符时，将以该关键点为中心的邻域划分成若干子区域，对每个子区域计算**梯度方向直方图**，并以此构成描述向量以作为描述符。

scale space ⇔ 尺度空间

1. **低层视觉**中，考虑图像多尺度本质的一种理论。其基本思路是在缺少对一个特定问题/操作（如边缘检测）所需最优空间尺度的先验知识时，应该在所有可能的尺度上对图像进行分析，其中粗的尺度表示细尺度的简化情况。最细的尺度就是输入图像本身。参阅 **image pyramid**。

2. 包含一系列不同**分辨率**的**图像**的数据结构。对一幅图像用不同的**尺度**表达后，相当于给图像数据的表达增加了一个新的维数。即除了一般使用的**空间分辨率**外，现在又多了一个刻画当前分辨率层次的新参数。如果用 s 来标记这个新的尺度参数，则可用 $g(\boldsymbol{x}, s)$ 来表示图像 $g(\boldsymbol{x})$ 的尺度空间（$\boldsymbol{x}$ 代表图像的空间坐标）。在 $s \to \infty$ 的极限情况下，尺度空间会收敛到一个具有其平均灰度的常数图像。例如，用标准方差 σ 逐渐增加的**高斯低通滤波器**去**平滑**一幅图像。如此可获得一组细节逐渐减少的图像。可以将这组图像看作在 3-D 空间中，其中两个轴是图像的 (x, y) 轴而第 3 个轴是标准方差 σ（这里可称为“尺度”）。这个 3-D 空间就称为尺度空间。

scale-space image ⇔ 尺度空间图像

借助**尺度空间**定义的图像。其中每个像素值是用来对该像素位置进行**卷积**的**高斯核**的标准差的函数。

scale-space primal sketch ⇔ 尺度空间基素

一种用于**尺度空间**分析，处在各层空间中的基元。一般常用**高斯核**

对图像进行连续**平滑**以将原始图像表达成多个尺度。然后对在不同尺度的图像基元分层进行分析。有研究表明尺度空间基素可以显式地提取图像中的显著结构(如块状的特征),其后可用于刻画它们的空间移动规则。

scale-space representation ⇔ 尺度空间表达

一种特殊的**多尺度**表达。包括一个连续的尺度参数,并在所有尺度上都使用相同的空间采样。

scale-space technique ⇔ 尺度-空间技术

一种**多尺度变换**技术。种类繁多,例如,一个信号 $u(t)$ 的局部极大点对应其导数 $u'(t)$ 的**零交叉点**,如果将 $u'(t)$ 与高斯函数 $g(t)$ 卷积,得到

$$\begin{aligned} u'(t) \otimes g(t) &= [u(t) \otimes g(t)]' \\ &= u(t) \otimes g'(t) \end{aligned}$$

即将 $u'(t)$ 与高斯函数 $g(t)$ 卷积等于将信号 $u(t)$ 与高斯函数的一阶微分 $g'(t)$ 卷积,这样对 $u(t)$ 极值点的检测就成为对卷积结果的零交叉点的检测。高斯函数的宽度是用标准方差这个参数来控制的,如果将其定义为尺度参数,则对每个尺度,都可确定一组平滑后的 $u(t)$ 的极值点。这样,$u(t)$ 的尺度-空间技术就是要检测这么一组随尺度参数变化的极值点。

scale theorem ⇔ 尺度定理

给出**傅里叶变换**在尺度(放缩)变化时的性质的定理。也称**相似定理**。

scaling function ⇔ 尺度函数

小波变换中得到的平均图像。

scaling matrix ⇔ 尺度矩阵,放缩矩阵

一种用于**放缩变换**的矩阵。设沿 X,Y 和 Z 轴方向的放缩量为(S_x,S_y,S_z),则放缩矩阵可写为

$$\boldsymbol{S} = \begin{bmatrix} S_x & 0 & 0 & 0 \\ 0 & S_y & 0 & 0 \\ 0 & 0 & S_z & 0 \\ 0 & 0 & 0 & 1 \end{bmatrix}$$

scaling transformation ⇔ 尺度变换,放缩变换

一种常见的**空间坐标变换**。可以改变点间的距离,对物体来说则改变了物体的尺度。放缩变换一般是沿坐标轴方向进行的,或可分解为沿坐标轴方向进行的变换。放缩变换借助**放缩矩阵**将具有坐标为(X,Y,Z)的点用放缩量(S_x,S_y,S_z)放缩到新的位置(X',Y',Z')。

scanning ⇔ 扫描

视频系统中一种用来将光学图像转换为电子信号的技术。在扫描的过程中,一个电子传感点按照光栅模式移过图像。传感点将亮度的差别转换为瞬时电压的差别。该点从图像的左上角开始,沿水平方向穿过帧以产生一个扫描行。它接下来很快地返回到帧的左边缘(这个过程称为水平回扫)并开始扫描另一行。回扫行稍微向下倾斜,所以在回扫后传感点正好在先前扫描行的下面并准备好扫描一个新行。在最后一行被扫描后(即,当传感点到达图像的底

部时)，同时进行水平和垂直回扫，将传感点带回到图像的左上角。对图像的一个完整扫描称为一个**帧**。

scanning electron microscope [SEM]⇔扫描电子显微镜

于1942年发明的一种**电子显微镜**。使用高能量的电子束在很精细的尺度检查物体。扫描电子波并随时记录下在每个位置电子波和物体的交互作用，这样在荧光屏的每个位置都形成与作用成比例的亮点，通过逐点扫描就可获得完整**图像**。该成像过程除了所使用的辐射不同外本质上与光学显微镜相同，但**电子显微镜**的放大率远远高于用光辐射所能得到的。所获得的图像仍用灰度来显示。这种技术在研究表面的微观结构时特别有用。

scanning raster⇔扫描光栅

按光栅模式从左到右沿水平行进行的扫描。所有的行合起来构成扫描光栅或**电视光栅**。

scattering⇔散射

由于大气中气体分子和浮质的作用，**电磁辐射**(主要指短的可见**波长**)向各个方向传播时产生的大气效果。参阅 **Rayleigh scattering**。

scattering coefficient⇔散射系数

光学媒介的一部分辐射由于折射指数不一致而指向其他方向的一种测度。相等厚度散射相等部分的辐射通量：$\mathrm{d}\Phi/\Phi=-\beta(\lambda)\mathrm{d}x$。单位：1/m。参阅 **absorption coefficient**，**extinction coefficient**。

scattering model image storage device⇔散射式图像存储器

以空间调制方式调制钛酸锆酸镧铅光散射中心，提高图像衬比并存储图像的**存储器**。分辨率与利用钛酸锆酸镧铅的双折射性制作的铁电光电导(FEPC)图像存储器件相等，也称陶瓷光电图像存储器(CERAMPIC)。另一种散射式像存储方式是对钛酸锆酸镧铅晶体的某种相进行电场调制，称为铁电晶片散射图像存储器(FEWSIC)。其中，钛酸锆酸镧铅(PLZT)是一种陶瓷光电磁材料，或称光铁电材料，其细颗粒薄片是透明的，施以电压则呈现双折射，可作光开关、显示器、关系存储器的元件。

scatter matrix⇔散射矩阵

给定表示成列向量$\{\boldsymbol{x}_1,\cdots,\boldsymbol{x}_n\}$的一组$d$-D点时的如下$d\times d$矩阵

$$\boldsymbol{S}=\sum_{i=1}^{n}(\boldsymbol{x}_i-\boldsymbol{\mu})(\boldsymbol{x}_i-\boldsymbol{\mu})^{\mathrm{T}}$$

其中$\boldsymbol{\mu}=\sum_{i=1}^{n}\boldsymbol{x}_i/n$为均值。也等于$(n-1)$乘以采样的协方差矩阵。

scene⇔场景，景物

图像工程中，观察者观察到或摄像机拍摄到的周围客观世界。各种类型的图像都是它们的客观反映。

Scene-15 dataset⇔15种场景数据库

一种用于研究场景图像分类的数据库。包括15类室内外的场景，4485幅图片。其中，郊区241幅，市区308幅，海岸360幅，山脉374

幅,森林 328 幅,高速路 260 幅,街道 292 幅,大厦 356 幅,商店 315 幅,工厂 311 幅,户外 410 幅,办公室 215 幅,客厅 289 幅,卧室 216 幅,厨房 210 幅。各类图像分辨率多在 300×300 像素左右。

scene brightness ⇔ **场景亮度,景物亮度**

景物表面辐射出的**光通量**,是光源表面单位面积在单位立体角内发出的功率,单位是 $W \cdot m^{-2} \cdot sr^{-1}$(瓦特每球面度平方米)。景物亮度与**辐射亮度**有关。

scene-centered ⇔ **以景物为中心的**

马尔视觉计算理论中,表达客观景物全部(甚至不可见部分)的 3-D 空间信息的。

scene interpretation ⇔ **场景解释**

借助**图像**来解释**场景**的工作。更强调考虑整幅图像的含义而不一定显式地验证特定的目标或人。也可看作动作识别的一个后续应用领域。实际使用的有些方法仅考虑摄像机拍到的结果,从中通过观察目标运动而不一定确定目标的身份来学习和识别场景中的活动和态势。这种策略在目标足够小可表示成 2-D 空间中一个点时是比较有效的。

scene knowledge ⇔ **场景知识**

客观世界中,有关目标本身及其相互联系的事实特性以及根据经验归纳总结出的规律。表示一类图像理解中使用的知识,涉及景物的几何模型及它们之间的空间关系和相互作用等。这类知识一般局限于某些确定的场景中,也称**场景的先验知识**。**知识**常用**模型**表示,因而也常被直接称为模型。

scene layer ⇔ **场景层**

多层图像描述模型中的最高层。考虑的主要是一幅图像作为一个整体所体现出的语义概念。

scene-layer semantic ⇔ **场景层语义**

一种**语义层次**的语义。代表原始客观景物所包含或具有的语义,具有总体综合特性。

scene modeling ⇔ **场景建模(方法)**

对**场景**主要特性模型化的过程。常见的方法是先直接对景物的低层属性(颜色、纹理等)进行提取、表达和描述,在此基础上再借助分类识别对场景的高层信息进行学习推理。

scene recovering ⇔ **场景恢复**

参阅 **3-D reconstruction**。

SCFG ⇔ **随机上下文自由文法,随机上下文无关文法,随机上下文自由语法,随机上下文无关语法**

stochastic context-free grammar 的缩写。

S cones ⇔ **S 视锥细胞**

人眼包含的 3 种**传感器**类型之一。敏感范围对应短的光波长(负责称为"蓝"的感觉)。

scotoma ⇔ **视觉迟钝区,暗点**

视场中(由于各种原因)感受性降低的区域。如果仅是轻微的,称为相对视觉迟钝区;如果完全丧失了视觉,则称为绝对视觉迟钝区。如果主观上并不能觉察(如盲斑的存在),则称为负视觉迟钝区;而如果看见了一个灰色的或黑色的斑块,则称为正视觉迟钝区。

scotopia vision⇔(适)暗视觉,夜视觉

同 **scotopic vision**。

scotopical zone⇔适暗视觉区

适暗视觉对应的**视觉亮度**范围。**亮度**在 $10^{-2} \sim 10^{-6}$ cd/m^2。

scotopic standard spectral luminous efficiency⇔暗视标准光谱发光效率

亮度水平低于 10^{-3} cd/m^2 的情况下,主要由视觉系统的**柱细胞**起作用的**光谱光效率**。

scotopic vision⇔(适)暗视觉,夜视觉

在微光下(观察对象的光亮度在 10^{-2} cd/m^2 以下)的视觉。主要由**视网膜**的**柱细胞**起作用的视觉。实际中常需要先使眼睛在黑暗中作暗适应。因为柱细胞起作用时只有明暗感,没有彩色感,所以人在暗光线下看到的景物全是灰黑色的。比较 **photopic vision**。

screen capture⇔屏幕截图

将**显示器**显示内容直接复制下来并保存为一个**图像文件**的过程。

screening⇔筛选

从一组照片(或图像)中选出具有潜在兴趣区域照片的操作。照片中的大部分可能并不包含感兴趣区域。

screw motion⇔螺旋运动

一种包括绕某个坐标轴旋转和沿该轴平移的 3-D 运动。欧氏变换 $\boldsymbol{x} \to \boldsymbol{R}\boldsymbol{x} + \boldsymbol{t}$ 中,$\boldsymbol{R}\boldsymbol{t} = \boldsymbol{t}$ 时就是螺旋变换,可用来描述螺旋运动。

SD⇔对称散度

symmetric divergence 的缩写。

SDMHD⇔用标准(偏)差改进的豪斯道夫距离

standard deviation modified Hausdorff distance 的缩写。

SDTV⇔标准清晰度电视

standard definition television 的缩写。

seam carving⇔接缝焊接(技术)

一种根据内容感知来调整图像尺寸的图像运算或算法。是在原始图像中寻找接缝(从上到下或从左到右的一条最优 8-连通性像素通路)并使用该信息完成:①通过消除("划去")对**图像内容**贡献最少的接缝来减少图像尺寸;②通过插入更多的接缝来扩大图像。通过在两个方向都使用这些操作符,可将图像转换为新的尺寸而丢失很少的有意义内容。

SECAM⇔存储顺序彩色

séquentiel couleur à mémoire【法】的缩写。

SECAM format⇔SECAM 制

séquentiel couleur à mémoire format【法】的缩写。

secondary colors⇔二次色

由光的**三基色**红、绿、蓝两两相加(加性混合)得到的三种颜色光。即:①**蓝绿**(绿加蓝);②**品红**(红加蓝);③**黄**(红加绿)。

second-moment matrix ⇔ 二阶矩矩阵

对一个区域 R，由其二阶矩构成的矩阵。可写为

$$M_{sm} = \begin{bmatrix} m_{rr} & m_{rc} \\ m_{rc} & m_{cc} \end{bmatrix}$$

其中各二阶矩可计算如下：

$$m_{rr} = \frac{S_r^2}{A} \sum_{(r,c) \in R} (r - \bar{r})^2$$

$$m_{rc} = \frac{S_r S_c}{A} \sum_{(r,c) \in R} (r - \bar{r})(c - \bar{c})$$

$$m_{cc} = \frac{S_c^2}{A} \sum_{(r,c) \in R} (c - \bar{c})^2$$

式中，A 是区域的面积，S_r 和 S_c 分别是行和列的放缩因子，$(\bar{r}, \bar{c})$ 是区域的重心坐标。

second-order-derivative edge detection ⇔ 二阶导数边缘检测

借助对像素灰度的二阶导数来检测**边缘的过程**。虽然具有用作一个各向同性边缘检测器的潜力，但很少被单独使用，主要原因是：①产生"双边缘"，即对每个边缘有正值和负值；②对噪声非常敏感。**拉普拉斯算子**就是一种典型的二阶导数边缘检测算子。

security of watermark ⇔ 水印安全(性)

一种重要的**水印特性**。主要代表**数字水印**不易被复制、篡改和伪造，以及不易被非法检测和解码消除的能力。

seed ⇔ 种子

参阅 **seed pixel**。

seed pixel ⇔ 种子像素

图像分割的**区域生长**方法中，需要分割出来的区域里作为生长起点的像素。

segment adjacency graph ⇔ 线段邻接图

结点代表边缘线段，结点间的弧联系邻接边缘线段的**图**。对每个边缘线段，可用它的长度和方向、中点位置等局部几何特征进行表达。借助线段邻接图可利用图像中已检测出的边缘线段进行**图像匹配**。

segmentation algorithm ⇔ 分割算法

对**图像**进行分割的算法。现已针对各种不同应用中的图像开发了成千上万种算法。

segmented image ⇔ 分割图像

图像分割中，分割后的结果图像。

sel ⇔ 传感器单元

sensor element 的简写。

selective attention ⇔ 选择(性)注意

主动视觉框架所考虑的**人类视觉**的一种特殊机制。研究表明，人类视觉并不是对场景中所有部分一视同仁，而是根据需要有选择地对其中的一部分加以特别的注意，对其他部分只是一般的观察甚至视而不见。

selective filter ⇔ 选择性滤波器

一种可同时消除不同类型噪声的**滤波器**。如果图像同时受到不同噪声影响，采用**选择性滤波**的方式，在受到不同噪声影响的位置有针对性地选择恰当的滤波器，就可以发挥不同滤波器的各自特点，取得较好的综合滤除噪声的效果。

selective filtering ⇔ 选择性滤波(技术)

参阅 **selective filter**。

selectively replacing gray level by gradient ⇔ 选择性梯度替换灰度

一种**边缘锐化**算法。对图像 $f(x,y)$，首先计算其梯度绝对值 $|G[f(x,y)]|$。对给定的**阈值** T，如果对于图像中的某个像素，其 $|G[f(x,y)]|$ 大于 T，则将该像素的灰度值用梯度值或图像中的最大灰度值替换；如果 $|G[f(x,y)]|$ 小于 T，则将该像素的灰度值保留或用图像中的最小灰度值替换。边缘锐化的结果图像可由下式计算：

$$g(x,y)=\begin{cases}|G[f(x,y)]|, & |G[f(x,y)]|\geqslant T\\ f(x,y), & \text{其他}\end{cases}$$

selective vision ⇔ 选择性视觉

机器视觉系统根据已有分析结果和视觉任务当前要求，决定**摄像机**的注意点和视场以获取相应图像的过程。原指人类视觉系统可根据观察情况和主观意愿，确定眼睛关注点进行观看的过程。

self-calibration ⇔ 自校准

仅使用从一系列**图像**（典型的是一系列连续帧图像或多个同时得到的视场图像）中提取的信息来估计相机校准系数的方法。与传统的**照相测量法**中使用特殊构建的校准目标进行校准不同，自校准与多视几何中的基本概念密切相关。

self information ⇔ 自信息

对单个事件自身的信息度量。

self-information amount ⇔ 自信息量

一个事件（或一个符号）自身出现时所携带的信息量。自信息量越小，事件体系的不确定度越大，熵也越大。自信息量越大，事件体系的结构越有规则、功能越完善，熵就越小。熵的数学特性有连续性、对称性、相加性且存在最大值。

self-information quantity ⇔ 自信息量

同 **self-information amount**。

self-localization ⇔ 自定位

由图像或视频数据构建的环境中一种估计**传感器**位置的问题。该问题可看作一个几何模型匹配问题，条件是具有足够复杂的物理模型，即它包含足够多的点以对 **3-D 位姿估计**问题有一个全面的解。在有些情形中，有可能辨识出足够数量的标识点。如果完全没有对**场景**的**知识**，仍可以使用**跟踪**技术或**光流**技术以逐步获得对应的点，或在多个同时得到的帧中获得立体对应性。

self-motion active vision imaging ⇔ 自运动主动视觉成像（方法）

保持**光源**固定而让**采集器**和景物同时运动的**立体成像方式**。比较 **active vision imaging**。

self-occluding ⇔ 自遮挡

场景中 3-D 景物的一个连续表面不仅遮挡住另一个表面的一部分，而且也遮挡住自身的其他部分的现象。

self-shadow ⇔ 自遮挡阴影

场景中一个景物的一部分遮挡该景物的其他部分而造成的**阴影**。

SEM⇔扫描电子显微镜

scanning electron microscope 的缩写。

semantic-based⇔基于语义的，语义基的

模型基编码中处在最高层的。实际中，需要借助复杂的学习推理，获取目标空间分布和行为的知识，进而获取场景的语义，并根据语义进行编码。

semantic-based coding⇔基于语义的编码(方法)

一种先将图像语义(包括**图像**所描述景物的动机、意图等)提取出来，获得语义解释模型，然后对模型进行**图像编码**的方法。参阅 **model-based coding**。

semantic-based visual information retrieval [SBVIR]⇔基于语义的视觉信息检索

高层次上的一种**基于内容的检索**。在**语义层次**上进行**视觉信息检索**可避免或绕过**语义鸿沟**的问题，也更符合人对信息内容的理解。参阅 **semantic feature**。

semantic event⇔语义事件

视频组织中有语义含义或内涵的**视频片段**。需要注意，**视频**的时域分割将视频分解为**镜头**，但每个这样的镜头并不一定对应一个语义事件。

semantic feature⇔语义特征

基于内容的检索中的一种高层特征。也称**逻辑特征**。从人的认知角度看，人对图像的描述和理解主要是在各**语义层次**进行的。语义除可以描述客观事物外，还可以描述主观感受以及更抽象的概念。语义特征可进一步分为**客观特征**和**主观特征**。

semantic gap⇔语义鸿沟

基于内容的检索中，低层特征与高层语义之间的差距。这是由于检索系统常使用低层特征进行检索，而人类认知客观世界常使用高层的**语义层次**的知识所产生的差距。这也是目前计算机与人的差别所在。现已提出的解决方法主要侧重将低层的图像**视觉特征**映射到高层语义，以填补语义鸿沟。

semantic layer⇔语义层

强调对**图像内容**的含义进行表达、描述和解释的研究层次。图像语义具有模糊性、复杂性和抽象性，一般分成多层。广义的语义层包括：

(1) **特征层语义**(如颜色、纹理、结构、形状、运动)。与**视觉感知**直接相关连；

(2) **目标层语义**(如人、物)和**空间关系**语义(如人在楼房前、球在草地上)。这需要进行一定的逻辑推理并识别出图像中**目标**的类别；

(3) **场景层语义**(如海滨、旷野、室内)；

(4) **行为层语义**(如进行图像检索、表演节目)；

(5) **情感层语义**(如赏心悦目的图像、使人振奋的视频)。

狭义的语义层次主要涉及**认知水平语义**和**抽象属性语义**。

semantic network ⇔ 语义网络

一种**知识表达**方法。语义网络是编了号的**有向图**,其中目标被表达成图中的结点,而目标间的联系被表达成连接不同结点的标号弧。语义网络给出图像中各元素间联系的直观表示,在视觉上可有效地表达知识。

semantics of mental representations ⇔ 精神表达语义

场景解释中,一种不需重建的表达方式。特点是试图采用自然的和可预测的方式来进行表达。根据这个观点,一个足够可靠的特征检测器就构成了视觉世界中某种特征存在性的基元表达。对整个目标和场景的表达可以随后根据这些基元(如果基元足够多)来构建。

semi-adaptive compression ⇔ 半自适应压缩

一种利用对图像扫描两次来进行**图像压缩**的方法。这里第一次扫描是读入数据流以收集其统计数据,而第二次扫描才进行实际的压缩。所以把统计量(模型)包含在压缩流中了。

semiangular field ⇔ 半角视场

人眼入射光瞳中心所见入射窗口的角度的一半所对应的视场。有时也称视场半角。

semi-fragile watermark ⇔ 半脆弱水印

介于**鲁棒水印**和**脆弱水印**间的一类**水印**。虽然对一些操作具有**鲁棒性**,但对重要数据特征的修改操作是脆弱的。

semi-hidden Markov model ⇔ 半隐马尔可夫模型

将对状态延续时间的先验知识结合进**隐马尔可夫模型**框架得到的模型。

semi-open tile quantization ⇔ 半开片量化

一种**数字化方案**。其所用的**数字化盒** B_i,$B_i=[x_i-1/2, x_i+1/2)\times[y_i-1/2, y_i+1/2)$在 X 和 Y 两个方向上均是半开的。此时从一个连续点集合 S 得到的数字化集合 P 是像素集合$\{p_i \mid B_i \cap S \neq \varnothing\}$。$S$ 中的每个点 $t(=(x_t, y_t)\in S)$都映射到 $p_i(=(x_i, y_i))$,其中,$x_i=\mathrm{round}(x_t)$,$y_i=\mathrm{round}(y_t)$,这里 $\mathrm{round}(\cdot)$代表**普通取整函数**。

semi-regular tessellation ⇔ 半规则镶嵌

纹理镶嵌中同时使用两种边数不同的正多边形进行镶嵌的方法。这里重要的是正多边形的排列,而不是正多边形本身。图 S6 分别给出几个半规则镶嵌的结果。为描述某种镶嵌模式,可以依次列出绕某个顶点的多边形的边数(标在各图下面)。例如,对图 S6(c)的模式,对各个顶点都有 4 个三角形和 1 个六边形围绕它,所以表示为(3,3,3,3,6)。

sensation ⇔ 感觉

客观事物作用于感觉器官而引

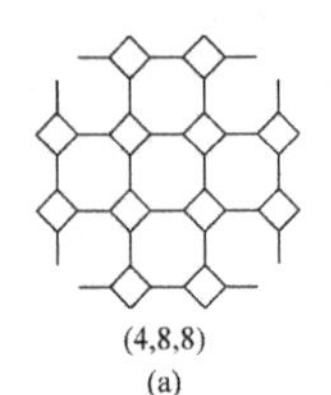

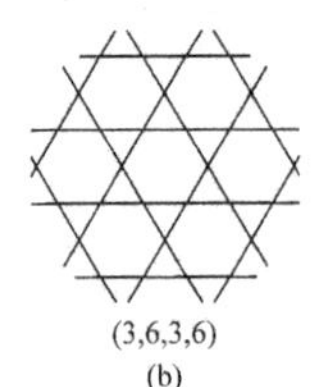

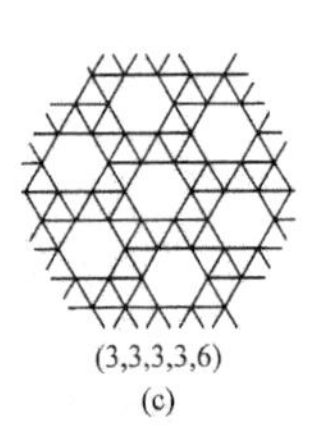

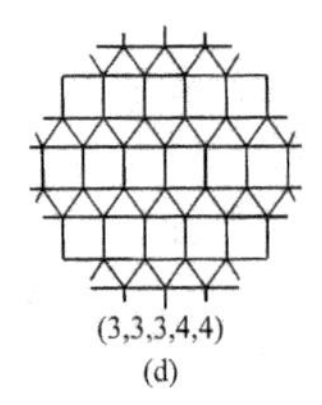

图 S6 半规则镶嵌

起的对事物个别属性的直接反映。感觉属于认识的感性阶段，是一切知识的源泉。如果与**知觉**密切配合，可为思维活动提供材料。在光学上讲，光感是感觉，这种感觉是**视觉器官**获得的原始印象，可以因环境变化和知识积累而改变，但不能臆造。在感觉的基础上（经过**大脑**处理）得到的色觉则是知觉。

sensation constancy⇔感觉恒定

人类视觉系统中，外在景物特性（大小、形状、颜色、亮度等）发生了变化，主观感觉仍保持不变的性质。

sensation rate⇔感觉速率

从刺激作用开始到激起感觉所需时间的倒数。对光刺激，感觉速率是从光刺激作用到**人眼**开始到激起视觉感觉所需时间的倒数。

sensitivity⇔敏感度

在二分类中，同 **recall**。

sensor⇔传感器

任何学科（包括一切数学、物理、化学、天文、地学、生物学）中的任何一种测量器。英文有“传感器”含义的词多达十几个，其中 sensor 多指敏感元件，即对物理量、化学量、几何量的检测、传递、记录和显示（包括报警）装置、设备或系统。但总的来说，主要是“感”和“传”两部分作用。

图像工程中，主要指对特定**电磁辐射**能量谱敏感的物理器件，能产生与所接收到的电磁能量成正比的（模拟）电信号。

sensor component model⇔传感器分量模型

一种特定的**传感器模型**。将三个分量模型结合起来表示。设传感器的观察值为 y_i，基于观察值的决策函数为 T_i。将多传感器融合系统看成一系列传感器的集合，每个传感器用描述传感器的观察值 y_i 与该传感器的物理状态 x_i、该传感器的**先验概率**分布函数 p_i 以及其他传感器的行为动作 $a_i(j \neq i)$ 之间关系的信息结构 S_i 来表示。如果分别考虑各参数对 y_i 的作用，即考虑条件概率密度函数，就可得到传感器的三个分量模型，即**状态模型** S_i^x、**观察模型** S_i^p 和**相关模型** S_i^T，因而有

$$S_i = f(y_i | x_i, p_i, T_i) = f(y_i | x_i) f(y_i | p_i) f(y_i | T_i) = S_i^x S_i^p S_i^T$$

sensor element⇔**传感器单元**

传感器阵列的组成单元。

sensor fusion⇔**传感器融合**

参阅 **information fusion**。

sensor model⇔**传感器模型**

对物理**传感器**及其信息加工过程的抽象表达。应具有既能描述自身特征，又能描述各种外界条件对传感器的影响以及传感器之间相互作用的能力。

sensor size⇔**传感器尺寸**

图像传感器（如电荷耦合器件、互补金属氧化物半导体）的产品尺寸。一些典型的传感器尺寸如表 S1 所示，其中最后一列还给出了分辨率为 640×480 像素时的像素间距。

表 S1　一些典型传感器的尺寸

尺寸(英寸)	宽度(mm)	高度(mm)	对角线(mm)	间距(μm)
1	12.8	9.6	16	20
2/3	8.8	6.6	11	13.8
1/2	6.4	4.8	8	10
1/3	4.8	3.6	6	7.5
1/4	3.2	2.4	4	5

表中对尺寸的描述方法延续了对电视机摄像管的描述方法，对角线相对于摄像管的外接圆直径。摄像管的有效像平面大约是该尺寸的 2/3，所以传感器对角线尺寸大约是传感器标称尺寸的 2/3。为传感器选择**镜头**时必须使镜头大于传感器尺寸，否则传感器外周就接收不到光线。另外，表中给出的是分辨率为 640×480 像素时的像素间距，当传感器分辨率提高时，像素间距就会相应减少。例如，图像尺寸为 1280×960 像素时的像素间距就减少一半。

sensory adaptation⇔**感觉适应**

人类感觉器官的感觉随着接收的刺激而变化的过程或状态。可看作一种时间上的相互作用方式，表现为感受器先受到的刺激会改变其后紧接着的刺激的效果。

separability⇔**可分离性**

许多**图像变换**都有的一种重要共性。**图像工程**中，如果一个图像变换的 2-D **变换核**可以分解为两个 1-D 因子的乘积，且这两个因子分别对应沿不同坐标轴的 1-D 变换核，则称该图像变换的 2-D 变换核为可分离的。具有可分离变换核的 2-D 变换一般称为可分离变换，对它的计算可分成两个步进行，一步做一个 1-D 变换。

separable class⇔**可分离类**

图像分类中，对应图像或目标区

域在图像空间或特征空间完全不相重合的类。

separable filter⇔**可分离滤波器**

图像处理中，可表示成两个 1-D 滤波器的乘积的 2-D 滤波器。其中每个**滤波器**分别独立地作用于图像的行和列。更一般地，指一种多维滤波器，其中的**卷积**操作可被分解为在所有坐标方向上接续的 1-D 卷积。这样，一个高维卷积就可用多个 1-D 卷积来实现。所以，可分离滤波器能比不可分离滤波器快得多地计算。一个传统的例子是线性高斯滤波器。可分离性隐含了一个在计算复杂度方面重要的简化，典型的情况是将处理代价从 $O(N^2)$降到 $O(2N)$，其中 N 是滤波器的尺寸。

separable point spread function⇔**可分离点扩展函数**

一种特殊的**点扩展函数**。如果点扩展函数对图像列(column)的影响与对图像行(row)的影响独立，则是可分离点扩展函数：

$$h(x,\alpha,y,\beta) \equiv h_c(x,\alpha)h_r(y,\beta)$$

separable transform⇔**可分离变换**

一种**图像变换**。**变换核**满足如下条件(即变换核在 X 和 Y 两个方向上可分开表示)：

$$h(x,y,u,v) = h_1(x,u)h_2(y,v)$$

sequence camera⇔**序列照相机**

可按预定时间自动系列拍照的摄影装置。有些类似于电影**摄影机**。如果每隔一小时拍一次，但仍按常速放映，可观察缓慢进行的活动过程。

sequencing⇔**排序(方法)**

时空行为理解中的一种行为方式。要构成一个行为需将一个或多个动作人的多个动作以一定顺序排列起来。

sequency order of Walsh functions⇔**沃尔什函数的序数序**

一种利用递归方程定义的**沃尔什函数**的序。

sequential-boundary technique⇔**串行边界技术**

参阅 **boundary-based sequential algorithms**。

sequential edge detection⇔**串行边缘检测**

利用**串行技术**实现**边缘检测**的过程。比较 **parallel edge detection**。

sequential edge detection procedure⇔**串行边缘检测流程**

一种以串行方式来检测**边缘**的流程。主要步骤包括：

(1) 选取起始边缘点；

(2) 建立上一个获取的边缘点和其后边缘点间的依赖结构关系；

(3) 设定结束准则，用以确定检测流程是否应结束。

sequential Monte Carlo method⇔**序贯蒙特卡罗方法**

一种结构简单，可序贯实时处理的**蒙特卡罗方法**。

sequential-region technique⇔**串行区域技术**

参阅 **region-based sequential algorithms**。

sequential technique⇔**串行技术**

采用串行策略的**图像技术**。在串行技术中，处理是分步骤依次进行的，早期获得的结果可被其后的过程所利用。一般串行技术常较复杂，所需计算时间通常比**并行技术**要长，但抗噪声和整体决策能力通常也较强。比较 **parallel techniques**。

series-coupled perceptron⇔**串联耦合感知机**

一种特殊的**前向耦合感知机**。对第 n 层处理中心的输入源自第 $n-1$ 层处理中心的输出。

series expansion⇔**级数展开**

将一个函数用另外一组函数的线性组合来表示的结果。以 1-D 函数 $f(x)$ 为例，如果可将它表示成

$$f(x)=\sum_k a_k u_k(x)$$

等号右边即为 $f(x)$ 的级数展开。上式中 k 是整数，求和可为有限项或无限项，a_k 是实数，$u_k(x)$ 是实数。一般称 a_k 为**展开系数**，$u_k(x)$ 为**展开函数**。如果对任意 $f(x)$，均有一组 a_k 使上式成立，则称 $u_k(x)$ 是基本函数，而 $u_k(x)$ 的集合 $\{u_k(x)\}$ 称为**基**。所有可用上式表达的函数 $f(x)$ 构成函数空间 U，它与 $\{u_k(x)\}$ 是密切相关的。如果 $f(x)\in U$，则 $f(x)$ 可用上式表达。

set⇔**集(合)**

具有某种性质，互相区别的确定事物的全体(本身也是一个事物)。

shade⇔**阴影**

1. **轮廓标记技术**中的一个术语。如果 3-D 景物中一个连续的表面从视点角度看没有将另一个表面的一部分遮挡住，但遮挡了光源对这一部分的光照，则会在第 2 个表面的该部分造成阴影。表面上的阴影并不是表面自身形状造成的，而是其他部分对光照影响的结果。

2. 见 **umbra of a surface**。

shading⇔**明暗化，阴影化；浓淡；影调**

1. 明暗化，阴影化：使 3-D 景物产生不同**影调**的步骤和技术。参阅 **shade**。

2. 浓淡：改变屏幕显示区的显示元素或显示图像的特定面积或特定部分的**色调**、颜色浓淡、强度、成分或其他属性。

3. 影调：由一幅亮度图像的亮暗分级区域所共同构成的**亮度**模式。表面上光亮度的变化可归于照明的变化、不同的表面朝向和表面**反射率**。

shading from shape⇔**自形状确定影调**

给定一幅图像和一个几何模型，用来恢复孤立目标表面反射率的技术。但并不正好是**自阴影重建形状**问题的逆。

shading in image⇔**图像中的影调**

物体成像表面的亮度变化在成像后所产生的**像平面**的明暗变化。物体的影调表达了场景中物体受到光线照射后由于表面各部分的朝向等不同而导致的亮度空间变化，借此可以估计物体表面各部分的朝向，从而实现**自影调重建**。

shadow ⇔ **(阴)影;影子**

1. 阴影:由于场景中景物遮挡而造成的图像上的明暗变化结果。可以分成两种:**自遮挡阴影**和**投影阴影**。

2. 影子:场景的一部分由于**自遮挡阴影**(由于依附影子或称自身影子)或由其他目标遮挡(由于**投射影子**)而导致**光源**的照明不能直接到达的结果。因此,该部分要比周围暗。不同影子的示例见图 S7。

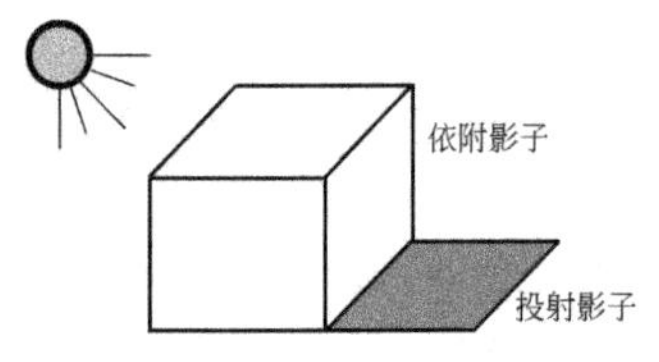

图 S7　不同影子示例

3. 影:影子的形状和相应光强度的相对分布。当一个不透明物体的边缘挡住了点光源的光时,投射出的影子中完全无光,称其为**本影**。若光源较大,光源中一部分点的光可到达视场区域,而另一部分点的光不能到达,将得到半影。

shadow analysis ⇔ **阴影分析**

对相互反射的所有表面区域进行分析以发现**阴影的过程**。在阴影区域的边界,对像素值的平滑处理作用于受相互反射影响的区域。为进行阴影分析,需要计算待检查区域像素的亮度值**直方图**。如果区域中没有阴影边界,直方图是平衡的/均衡的。否则,如果区域中包括一个亮的部分和一个暗的部分。这将在直方图中反映为两个分开的峰。在这种情况下,确定峰值的差别,对在阴影中的所有像素都将其亮度值加上这个差别。接下来,如果光源和/或表面是彩色的,可将其 HSI 值转换进 RGB 空间。

shadow factor ⇔ **(阴)影因数**

直接**照度**与总照度之比。当一个景物受到外界照明时,其总照度 E 中既有直接照明的贡献,也有间接照明的贡献。如果用 E' 表示无法直接到达景物的照度,即被遮挡住的照度,则影因数为 $(E-E')/E$。也称阴影率。

Shannon-Fano coding ⇔ **香农-法诺编码(方法)**

一种基于块(组)码的**无损编码**方法。将每个信源符号映射成一组固定次序的码符号,这样在编码时可以一次编一个符号。要自上而下地构造码字,其**码字**中的 0 和 1 是独立的,并且基本上等概率出现。该方法需要知道各个信源符号产生的概率,步骤为:

(1) 将**信源符号**依其出现概率从大到小排列;

(2) 将当前尚未确定其码字的信源符号分成两部分,使两部分信源符号的概率和尽可能接近;

(3) 分别给两部分的信源符号组合赋值(可分别赋 0 和 1,也可分别赋 1 和 0);

(4) 如果两部分均只有一个信源

符号,则编码结束;否则返回(2)继续进行。

Shannon sampling theorem ⇔ 香农采样定理

简称**采样定理**。也称奈奎斯特采样定理。

shape ⇔ 形状

目标形状的简称。也常指目标本身。

shape analysis ⇔ 形状分析

图像分析中的一个重要分支。对**目标形状**的提取、表达、描述、分类、比较等的综合,其重点是刻画图像中目标的各种形状特性。

shape-based image retrieval ⇔ 基于形状的图像检索

基于特征的图像检索的领域之一。**形状**不仅是描述**图像内容**的一个重要特征,更是描述图像中目标的一个重要特征。形状常与目标联系在一起,有一定的语义含义,因而形状特征可以看作是比**颜色**或**纹理**要高层一些的特征。不过至今还没有找到形状的确切数学定义,包括几何的、统计的或形态学的测度,使之能与人的感觉相一致。

shape classification ⇔ 形状分类

对**形状**进行分类的过程。对形状的分类包括两方面的工作:一方面是对给定形状的目标确定它是否属于某个预先定义的类别;另一方面是对预先没有分类的形状如何定义用于分类的类别并辨识其中的类别。前者可看作是一个形状识别的问题,常用的解决方法是**有监督分类**;后者一般更困难,常需要获取并利用专门的知识,解决的方法是**无监督分类**或**聚类**。

shape compactness ⇔ 形状紧凑度,形状紧凑性

一种重要的**形状**性质。反映目标像素分布的范围和集中程度。比较 **shape elongation**。

shape complexity ⇔ 形状复杂度,形状复杂性

一个重要的**形状**性质。反映了形状的构成情况和目标边界的规则性、光滑性。

shape complexity descriptor ⇔ 形状复杂性描述符

描述**形状复杂性**的**描述符**。

shape description ⇔ 形状描述

对**形状**进行描述的过程。对形状的描述是**形状分类**的基础。对形状的描述常采用三类方法:①**基于特征的方法**;②**形状变换的方法**;③**基于关系的方法**。

shape descriptor ⇔ 形状描述符

描述**目标形状**的**描述符**。对形状的描述需基于形状的性质、可用的理论或技术。从一方面来说,形状可用基于不同理论技术的不同描述符来描述;从另一方面来说,借助同一理论技术也可以获得不同的描述符以刻画形状的不同性质。

shape descriptor based on curvature ⇔ 基于曲率的形状描述符

借助对**目标轮廓**上各点的曲率计

算得到的各种刻画**目标形状**性质的**形状描述符**。曲率值本身就可用来描述形状,曲率值的函数也可用来描述形状。参阅 **curvature of boundary**。

shape descriptor based on polygonal representation ⇔ 基于多边形表达的形状描述符

借助对目标的多边形表达得到的刻画目标不同性质的**形状描述符**。对目标的多边形表达可通过**多边形逼近**来获得。

shape descriptor based on the statistics of curvature ⇔ 基于曲率统计值的形状描述符

借助对**目标轮廓**上各点的曲率统计值得到的各种刻画**目标形状**性质的**形状描述符**。最常用的曲率统计值包括平均值、中值、方差、**熵**、矩、**直方图**等。

shape elongation ⇔ 形状伸长度,形状伸长率

一种重要的**形状**性质。反映了目标像素分布的分散程度。有许多技术可以测量一个目标的形状伸长度。例如:①目标中最长弦的长度除以与该弦垂直的最长弦的长度;②目标的二阶中心矩矩阵中的最大本征值与最小本征值的比的平方根;③两个相对的距离最远的极值像素间的距离除以两个相对的距离次远的极值像素间的距离。比较 **shape compactness**。

shape from contours ⇔ 自/由轮廓重建形状,自/由轮廓恢复形状

一种**单目景物恢复**方法。根据 3-D 景物投影到图像平面上的轮廓信息来重构景物表面的形状。其中,有一种常用的技术称为自侧影恢复形状。自侧影恢复形状包括从一些视觉观察中提取目标的侧影,并将自目标侧影轮廓而产生的 3-D 圆锥与投影中心相交。相交的体积称为视觉外壳。另外,还有些工作是基于**表观轮廓**的微分特性来理解形状的。

shape from defocus ⇔ 自/由散焦恢复形状,自/由散焦重建形状

在各像素处估计出一组场景深度,从在不同受控聚焦设置下获得的多幅图像中估计景物表面形状的方法。假设深度和图像聚焦之间的联系是一个闭式模型,其中包含一定量的需要校准的参数(如光学参数)。一旦获得了图像中像素的值就可以估计深度。注意**相机**要使用大的光圈,这样场景中的点在最小可能的深度间隔中就称为聚焦的了。

shape from focus ⇔ 自/由聚焦恢复形状,自/由聚焦重建形状

在各像素处估计出一组场景深度,通过改变相机的聚焦设置在所考查像素邻域获得最优聚焦(最小模糊)的算法。当然,对应不同深度的像素将在不同的设置下获得最优聚焦。这里假设有一个深度和图像聚集间联系的模型,该模型有一系列需校准的参数(如光学参数)。注意**相机**要使用大的光圈，这样能用最小可能的深度间隔生成聚焦的图像点。

shape from light moving ⇔ 自/由光移恢复形状，自/由光移重建形状

同 **photometric stereo**。

shape from line drawing ⇔ 自/由线条图恢复形状，自/由线条图重建形状

借助**线条图**推断场景目标的 3-D 性质的符号算法（与其他“自 X 恢复/重建形状”中进行准确的形状测量不同）。首先，对允许的线条类型做一定的假设，如仅多面体目标、没有表面记号或**阴影**、交点处最多有三条线等。其次，构建一个线交点的字典，在给定假设下对每个可能出现的线交点赋一个符号标号。

shape from monocular depth cues ⇔ 自/由单目深度线索恢复形状，自/由单目深度线索重建形状

利用从单幅图像中检测出来的**单目深度线索**进行景物形状估计的算法。

shape from motion ⇔ 自/由运动恢复形状，自/由运动重建形状

从**图像序列**中所含的运动信息估计景物 3-D 形状（结构）和深度的算法。有些方法基于对**图像特征**的稀疏集合的跟踪，如**托马西-武雄奏分解**（Tomasi-Kanade factorization）；也有些方法基于稠密的运动场（即**光流**），以重建稠密的表面。

shape from multiple sensors ⇔ 自/由多个传感器恢复形状，自/由多个传感器重建形状

一种利用一组同类或异类的**传感器**收集的信息来恢复**目标形状**的算法。对前一种情况，还可参见**立体视觉**。对后一种情况，还可参见**传感器融合**。

shape from optical flow ⇔ 自/由光流恢复形状，自/由光流重建形状

参阅 **optical flow**。

shape from orthogonal views ⇔ 自/由正交视恢复形状，自/由正交视重建形状

参阅 **shape from contours**。

shape from perspective ⇔ 自/由透视恢复形状，自/由透视重建形状

利用**透视投影**提供的线索中的不同特征估计深度的技术。例如透视相机沿光轴的移动会改变成像目标的尺寸。

shape from photo consistency ⇔ 自/由照片一致性恢复形状，自/由照片一致性重建形状

一种基于**空间划分**的自多视图（照片）重建的技术。这里基本的约束是所考虑的形状需要对所有输入照片都保持“照片一致”，即在所有相机里有一致的亮度。

shape from photometric stereo ⇔ 自/由光度立体视觉恢复形状，自/由光度立体视觉重建形状

参阅 **photometric stereo**。

shape from polarization ⇔ 自/由偏振恢复形状，自/由偏振重建形状

一种根据所观察表面的**偏振**性质恢复局部形状的技术。基本的思路是用已知的偏振光对表面进行照明，估计反射光的偏振状态，然后使用这个估计在一个闭式模型中将表面法线与测得的偏振参数联系起来。实际中，偏振估计可以是有噪的。当亮度图像不能够提供信息(如没有特征的**高光**表面)时，该方法有可能有效果。

shape from shading ⇔ **从/由明暗恢复形状，从/由明暗重建形状**

一类**单目景物恢复**方法。根据景物表面亮度的空间变化所产生的图像的明暗**影调**来重构景物表面的形状。换句话说，需要考虑从一幅图像阴影化的模式(光亮和阴影)来恢复表面法线场(与表面形状可差一个尺度因子)。这里的关键思路是，假定有一个场景(典型的为朗伯型)的反射图，可以写出一个**图像辉度方程**将表面法线与照明强度和**图像亮度**联系起来。可以利用这个约束通过假设局部表面的平滑性来恢复法线。

shape from shadows ⇔ **自/由阴影恢复形状，自/由阴影重建形状**

利用在不同时间获得的一组室外场景(对应太阳的不同角度)图像来恢复几何关系的技术。可以利用各种关于太阳位置的假设和知识来恢复几何信息。也可称为“自黑暗恢复/重建”。

shape from silhouette ⇔ **自侧影恢复形状，自侧影重建形状**

参阅 **shape from contours**。

shape from specularity ⇔ **自/由镜面性恢复形状，自/由镜面性重建形状**

从表面的镜面性估计局部形状的算法。镜面性根据入射角等于反射角来约束表面法线。不过在图像中检测镜面性本身也不是一个容易的问题。

shape from structured light ⇔ **自/由结构光恢复形状，自/由结构光重建形状**

参阅 **structured light triangulation**。

shape from texture ⇔ **自/由纹理恢复形状，自/由纹理重建形状**

一种**单目景物恢复**方法。根据景物表面**纹理**的空间变化信息来重构景物表面形状，或者说要恢复表面法线场(与表面形状可差一个尺度因子)。因为景物的表面朝向可以反映物体的形状，故自纹理重建也称**自纹理恢复表面朝向**。记录在图像中的平面纹理的变形(**纹理梯度**)情况依赖于含纹理表面的形状。对形状估计的技术包括使用**统计纹理特征**和规则纹理模式的技术。

shape from X ⇔ **自/由 X 恢复形状，自/由 X 重建形状**

从众多特性(**立体视觉**、**阴影**、**运动**、镜面性、**自聚焦**等)之一来估计 3-D 表面形状或位置的方法。参阅 **3-D reconstruction using one camera**。

shape from zoom ⇔ **自/由变焦恢复形状，自/由变焦重建形状**

一种利用不同变焦设置下获取的至少两幅图像计算形状的问题。这里考虑的是从**传感器**到各个场景点的距离。基本的思路是将**透视投影**的方程对焦距求导，获得联系焦距的变化与像素沿深度移动的表达从而计算距离。

shape grammar ⇔ 形状语法

规定一类形状特性的语法。其中的规则确定如何结合更基本的形状。规则包括两个组成部分：(1) 描述特定的形状；(2) 如何放置或变换该形状。在设计、计算机辅助设计和建筑学中已得到使用。

shape index ⇔ 形状指数

一种根据表面片的主曲率区分表面形状类型的**形状描述符**，常用 S 表示。其公式为

$$S = \frac{2}{\pi}\arctan\frac{k_M + k_m}{k_M - k_m}$$

其中 k_M 和 k_m 分别代表最大和最小两个主曲率。对平面片，S 没有定义。

一个与形状因子相关的参数 R 被称为弯曲度，可测量表面片的弯曲度或弯曲量：

$$R = \sqrt{(k_m^2 + k_M^2)/2}$$

可以将所有基于曲率的形状类都映射到 R-S 平面的一个单位圆上，平面片将处在原点。

shape matrix ⇔ 形状矩阵

对**目标形状**用极坐标量化的一种表示形式。如图 S8(a)所示，将坐标原点放在目标重心处，重新对目标沿径向和圆周采样，这些采样数据与目标的位置和朝向都是独立的。令径向增量是最大半径的函数，即总将最大半径量化为相同数量的间隔，这样得到的表达将与尺度无关。如此得到的数组就称为形状矩阵，如图 S8(b)所示。

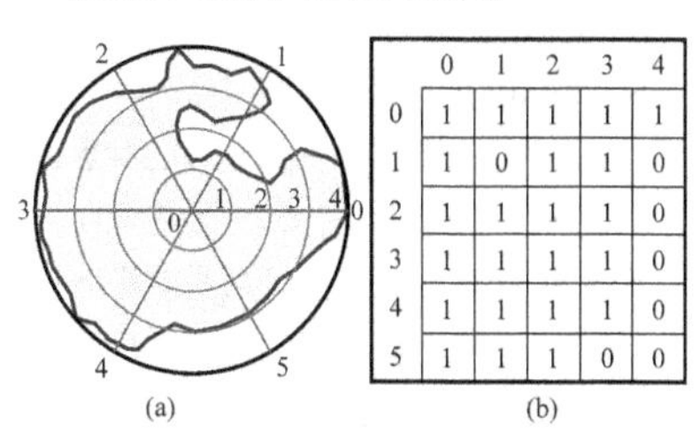

图 S8　目标和其形状矩阵

形状矩阵同时包含了目标边界和内部的信息，所以也可表达含有孔洞的目标。形状矩阵对目标的投影、朝向和尺度都可标准化地表达。给定两个尺寸为 $m \times n$ 的形状矩阵 M_1 和 M_2，它们之间的相似性为(注意矩阵为二值矩阵)

$$S = \sum_{i=0}^{m-1}\sum_{j=0}^{n-1}\frac{1}{mn}\{[M_1(i,j) \wedge M_2(i,j)] \vee [\overline{M}_1(i,j) \wedge \overline{M}_2(i,j)]\}$$

其中上横线代表逻辑 NOT 操作。当 $S=1$ 时表示两个目标完全相同，随着 S 逐渐减少并趋于 0，两个目标越来越不相似。如果在构建形状矩阵时采样足够密，则可以从形状矩阵重建原目标区域。

shape measure [SM] ⇔ 形状测度

图像分割评价中，一种**优度试验法**准则。若用 $f_N(x,y)$ 表示像素 (x,y) 的邻域 $N(x,y)$ 中的平均灰度，$g(x,y)$ 表示像素 (x,y) 处的梯度，则对图像以 T 为**阈值**进行**阈值化**分割后所得形状测度可用下式计算：

$$\mathrm{SM}=\frac{1}{C}\left\{\sum_{x,y}u[f(x,y)-f_N(x,y)]g(x,y)u[f(x,y)-T]\right\}$$

其中，C 是一个归一化系数，$u(\cdot)$ 代表单位阶跃函数。

shape number ⇔ **形状数**

一种基于**链码**表达的**边界描述符**。根据链码的起点位置不同，一个用链码表达的边界可以有多个一阶差分序列(将链码元素两两相减的结果)。一个边界的形状数是这些差分序列中其值最小的一个序列。换句话说，形状数是值最小的(链码的)差分码。根据以上定义可知，形状数是旋转不变的，且对用来计算原始序列的起点不敏感。

shape perception ⇔ **形状知觉**

人类视觉系统对物体**形状**和结构的**视觉感知**。

shape texture ⇔ **形状纹理**

从形状变化的角度来看的表面纹理。与表面反射模式的变化相对。

shape-transformation-based method ⇔ **基于形状变换的方法**

一种**形状描述**方法。借助从一种**形状**转换为另一种形状的参数模型来描述形状。

sharpening ⇔ **锐化**

将一幅图像的**边缘**和细节增强，帮们更好观察的技术。这可以在**空域**借助不同方向的差分进行，也可以在频域借助**高通滤波器**进行。参阅 **edge sharpening**。

sharpening filter ⇔ **锐化滤波器**

一种**图像空域增强**滤波器。借助**模板卷积**实现相邻像素的(加权)差分，以达到增加图像**反差**，加强图像边缘的效果。

sharp filtering ⇔ **锐化滤波(技术)**

一类**空域滤波技术**。与**频域**里的**高通滤波**有相似的效果，可使图像**反差**增加，边缘更加明显，细节更加清晰。比较 **smooth filtering**。

sharp-unsharp masking ⇔ **锐化-非锐化掩膜**

一种可将图像结构中的边缘变得更明显的**图像增强**方式。操作者可对图像加上有一定权重的梯度量或**高通滤波**结果，也可从图像中减去有一定权重的平滑量或**低通滤波**结果。

shearing theorem ⇔ **剪切定理**

描述傅里叶变换在图像中发生剪切变化时的性质的定理。对图像 $f(x,y)$ 的纯剪切会导致其对应的傅里叶变换 $F(u,v)$ 在正交方向上的纯剪切，所以对水平剪切和垂直剪切分别有

$$f(x+by,y)\leftrightarrow F(u,v-bu)$$

$$f(x,y+dx)\leftrightarrow F(u-dv,v)$$

图 S9 给出两种剪切的示例。图(a)和图(b)分别给出一幅 2-D 图像和它的傅里叶频谱幅度图；图(c)和图(d)分别给出将图(a)进行水平剪切后的图像和它的傅里叶频谱幅度图；图(e)和图(f)分别给出将图(a)进行垂直剪切后的图像和它的傅里叶频谱幅度图。

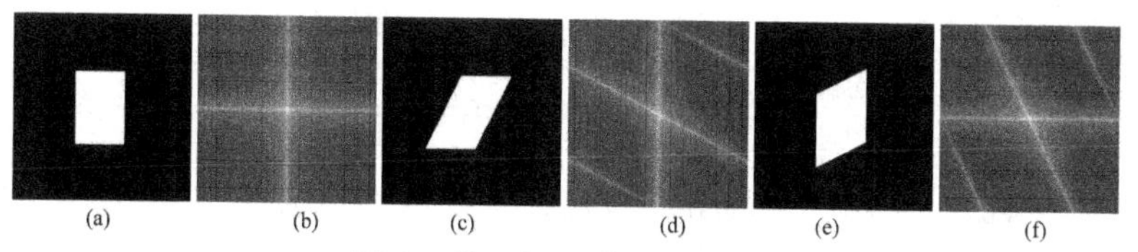

图 S9 傅里叶变换剪切定理示例

shearing transformation ⇔ **剪切变换**

一种基本的**图像坐标变换**。对应仅像素的水平坐标或垂直坐标之一发生平移变化的变换，其中对应的变换矩阵与单位阵只差一项。剪切变换可分为水平剪切变换和垂直剪切变换。在水平剪切后，像素的水平坐标发生(与像素的垂直坐标值相关的)变化，但其垂直坐标本身不变。水平剪切变换矩阵可写为

$$\boldsymbol{J}_{\mathrm{h}} = \begin{bmatrix} 1 & J_x & 0 \\ 0 & 1 & 0 \\ 0 & 0 & 1 \end{bmatrix}$$

式中 J_x 代表水平剪切系数。在垂直剪切后，像素的垂直坐标发生(与像素的水平坐标值相关的)变化，但其水平坐标本身不变。垂直剪切变换矩阵可写为

$$\boldsymbol{J}_{\mathrm{v}} = \begin{bmatrix} 1 & 0 & 0 \\ J_y & 1 & 0 \\ 0 & 0 & 1 \end{bmatrix}$$

式中 J_y 代表垂直剪切系数。

图 S10 为一个水平剪切变换的示例，实线正方形为剪切前的原目标，而虚线平行四边形为剪切后的结果，箭头指示平移变化的方向。

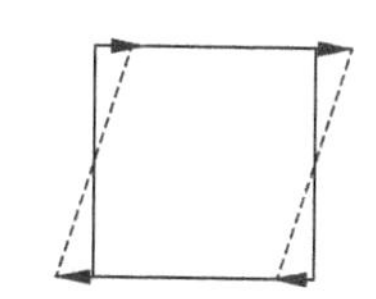
图 S10 水平剪切变换示意图

Shepp-Logan head model ⇔ **谢普-洛根头部模型**

自投影重建图像中的一种典型的和常用的**幻影**图像。图 S11 给出一幅其改进结果图(尺寸 115×115，256 级灰度)，其中各部分的参数见表 S2。

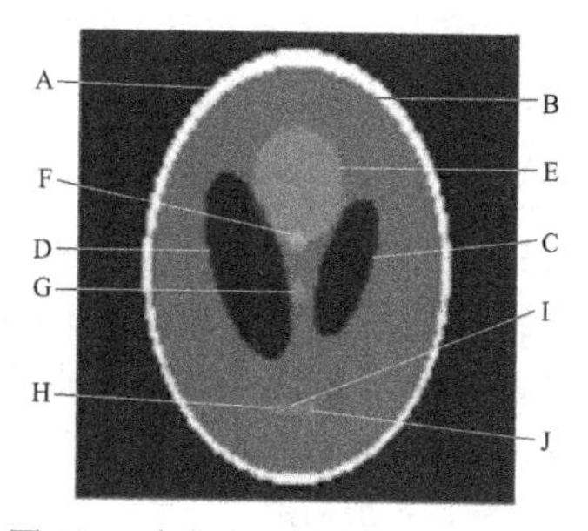

图 S11 改进的谢普-洛根头部模型图

shift Huffman coding ⇔ **平移哈夫曼编码(方法)**

哈夫曼编码的一种改型。属于**亚最优变长编码**。此类编码通过牺牲一些编码效率来减少编码计算量。此类编码将**信源**符号总数分成相同大小的符号块，对第一块进行哈夫曼编码，而对其他块都用第一块得到的相同的哈夫曼编码，但在前面分别加上专门的平移符号加以区别。

表 S2 改进的谢普-洛根头部模型图参数

椭圆序号	中心 X 轴坐标	中心 Y 轴坐标	短轴半径	长轴半径	长轴相对 Y 轴倾角	相对密度
A(外大椭圆)	0.0000	0.0000	0.6900	0.9200	0.00	1.0000
B(内大椭圆)	0.0000	−0.0184	0.6624	0.8740	0.00	−0.9800
C(右斜椭圆)	0.2200	0.0000	0.1100	0.3100	−18.00	−0.2000
D(左斜椭圆)	−0.2200	0.0000	0.1600	0.4100	18.00	−0.2000
E(上大椭圆)	0.0000	0.3500	0.2100	0.2500	0.00	0.1000
F(中上小圆)	0.0000	0.1000	0.0460	0.0460	0.00	0.1000
G(中下小圆)	0.0000	−0.1000	0.0460	0.0460	0.00	0.1000
H(下左小椭圆)	−0.0800	−0.6050	0.0460	0.0230	0.00	0.1000
I(下中小椭圆)	0.0000	−0.6060	0.0230	0.0230	0.00	0.1000
J(下右小椭圆)	0.0600	−0.6050	0.0230	0.0460	0.00	0.1000

shifting property of delta function⇔德尔塔函数的位移性质

任何图像 $f(a,b)$ 都可表示成一系列点源(一个点源对应一个像素)的叠加。可写成

$$\int_{-\infty}^{+\infty}\int_{-\infty}^{+\infty} f(x,y)\delta_n(x-a,y-b)\mathrm{d}x\mathrm{d}y = f(a,b)$$

上式右边给出图像 f 在 $x=a,y=b$ 的值,对应连续空间中的一个点源。

shift invariant point spread function⇔移不变点扩展函数

一种特殊的**点扩展函数**。点扩展函数 $h(x,\alpha,y,\beta)$ 描述在位置 (x,y) 的输入值如何影响在位置 (α,β) 的输出值。如果由点扩展函数描述的影响独立于实际的位置而只与影响像素和被影响像素间的相对位置有关,则这个点扩展函数就是移不变点扩展函数:

$$h(x,\alpha,y,\beta) = h(\alpha-x,\beta-y)$$

short-time analysis⇔短时分析

仅使用若干相邻的**帧图像**实现的**运动分析**。目的是获得瞬时运动场以得到对当前运动较为精确的估计。

short-time Fourier transform [STFT]⇔短时傅里叶变换

一种特殊的**傅里叶变换**。短时这里代表有限时间,对时间的限定是靠对傅里叶变换增加**窗口函数**来实现的,所以也称**加窗傅里叶变换**。函数 $f(t)$ 相对于窗口函数 $r(t)$ 在时-空平面上的位置 (b,v) 的短时傅里叶变换为:

$$G_r[f(b,v)] = \int_{-\infty}^{\infty} f(t)r_{b,v}^*(t)\mathrm{d}t$$

其中:

$$v = -2\pi f$$

$$r_{b,v}(t) = r(t-b)\mathrm{e}^{\mathrm{j}vt}$$

窗口函数 $r(t)$ 可以是复函数,且满足 $R(0)=\int_{-\infty}^{\infty} r(t)\mathrm{d}t \neq 0$。换句话说,$r(t)$ 的傅里叶变换 $R(w)$ 像一个**低通滤波器**,即**频谱**在 $w=0$ 处不为 0。

一般的傅里叶变换要求知道在整个时间轴上的 $f(t)$ 才能计算单个频率上的频谱分量，但短时傅里叶变换只需知道 $r(t-b)$ 取值不为 0 的区间就可计算单个频率上的频谱分量。换句话说，$G_r[f(b,v)]$ 给出了 $f(t)$ 在 $t=b$ 附近处的近似频谱。

shot ⇔ 镜头

视频镜头的简称。

shot and spike noise ⇔ 散粒尖峰噪声

同 **salt-and-pepper noise**。

shot detection ⇔ 镜头检测

对**视频**中的**镜头**沿时间轴进行的分割。也称时域分割。考虑到视频的大数据量特点，实际中分割主要采用**基于边界的方法**，即主要通过检测镜头间的分界来确定镜头的转换位置。

镜头之间的转换方式主要有两大类：**切变**和**渐变**。参阅 **image segmentation**。

shot noise ⇔ 发射噪声，散粒噪声

一种由电子运动的随机性导致的**噪声**。典型的情况如电子从一个真空管的热阴极或从一个半导体三极管的发射极发射出来时会根据自身的随机运动而变化。另外，在**合成孔径雷达图像**中，由于特殊成像条件也会产生散粒噪声。

shot organization strategy ⇔ 镜头组织策略

将多个**镜头**结合起来构成更高层物理或语义单元的原则和方法。典型的例子是将**镜头**组织成**情节**。所用的典型技术有镜头**聚类**、借助先验知识分析等。

shutter ⇔ 快门

光学装置中用来控制**曝光**时间的部件。最典型的例子是**照相机**的快门。位置在物镜处的称为中心（中央、镜间）快门，在像面处的称为像面（焦面、帘幕式、卷帘式）快门。

side-looking radar ⇔ 侧视雷达

投射扇形束以便照亮位于设备旁边场景中一个**条带**的雷达。一般用于绘制面积较大的区域。整个区域的绘制可通过将设备装在向着侧边扫过区域的车辆上来得到。

sieve filter ⇔ 筛滤波器

一种只允许在某个窄范围内的尺寸结构通过的**形态滤波器**。例如，要提取尺寸为 $n\times n$ 个像素（n 为奇数）的亮点状缺陷，可用下列筛滤波器提取（其中 $\circ$ 代表**开启**算子，上标表示**结构元素**的尺寸）：

$$(f\circ b^{(n\times n)})-(f\circ b^{(n-2)\times(n-2)})$$

筛滤波器与频域**带通滤波器**类似，上式中的第一项将尺寸小于 $n\times n$ 的所有亮点结构除去，第二项将尺寸小于 $(n-2)\times(n-2)$ 的所有亮点结构除去。将这两项相减就留下尺寸在 $n\times n$ 和 $(n-2)\times(n-2)$ 之间的结构。一般当滤除结构的尺寸为若干个像素时筛滤波器的效果最好。

SIF ⇔ 源输入格式；源中间格式

1. 源输入格式：**source input format** 的缩写。

2. 源中间格式：**source intermediate format** 的缩写。

SIFT⇔尺度不变特征变换

scale-invariant feature transform 的缩写。

similarity measure⇔相似性测度

至少两个实体(如图像或目标)或变量(如特征矢量)间的相似程度。常用**距离测度**，如**豪斯道夫距离**、**马氏距离**、**闵可夫斯基距离**等来衡量。

singal-processing-based texture feature ⇔基于信号处理的纹理特征

对图像使用滤波器组并计算**滤波器**响应能量的特征。在**空域**，常用梯度滤波器对图像进行滤波以提取**边缘**、线、点等。在频域，最常用的滤波器包括**环状滤波器**和**楔状滤波器**。

signal-to-noise ratio [SNR]⇔信噪比

一种反映信号和**噪声**相对强度的物理量。在不同的应用中，信噪比常有不同的用途和表达式。**图像工程**中，常用的有下面三种。

1. **图像显示**(如电视应用)中，信噪比可借助能量比(或电压平方比)来表达：

$$\mathrm{SNR}=10\lg\left(\frac{V_s^2}{V_n^2}\right)$$

其中，V_s为信号电压，取峰-峰值；V_n为噪声电压，取其均方根(RMS)。

2. **图像合成**中，信噪比可表示为

$$\mathrm{SNR}=\left(\frac{C_{\mathrm{ob}}}{\sigma}\right)^2$$

其中，C_{ob}为目标与背景间的**灰度对比度**，σ为噪声均方差。

3. **图像压缩**中，信噪比常被归一化并用分贝(dB)表示。令图像$f(x,y)$的尺寸为$M\times N$，图像灰度的均值$\bar{f}$为

$$\bar{f}=\frac{1}{MN}\sum_{x=0}^{M-1}\sum_{y=0}^{N-1}f(x,y)$$

则信噪比可表示为

$$\mathrm{SNR}=10\lg\left[\frac{\sum_{x=0}^{M-1}\sum_{y=0}^{N-1}[f(x,y)-\bar{f}]^2}{\sum_{x=0}^{M-1}\sum_{y=0}^{N-1}[\hat{f}(x,y)-f(x,y)]^2}\right]$$

其中$\hat{f}(x,y)$代表对$f(x,y)$先压缩又解压缩得到的$f(x,y)$的近似。

如果令$f_{\max}=\max\{f(x,y),x=0,1,\cdots,M-1;y=0,1,\cdots,N-1\}$，则可得到**峰值信噪比**(PSNR)：

$$\mathrm{PSNR}=10\lg\left[\frac{f_{\max}^2}{\frac{1}{MN}\sum_{x=0}^{M-1}\sum_{y=0}^{N-1}[\hat{f}(x,y)-f(x,y)]^2}\right]$$

signature⇔标志

人或物的识别特征。在**边界表达**的方法中，指一类对边界用1-D泛函来表达的方法，也称**边界标志**或**边界标记**。从更广泛的意义上说，标志可由广义的投影产生。这里**投影**可以是水平的、垂直的、对角线的或甚至是放射的、旋转的等。

signature verification⇔签名验证

图像工程中，对真实签名图像与伪造签名图像进行鉴别的技术。一种简单的含4步方法如下：

(1) 将签名图像**二值化**；

(2) 提取签名模式的中轴(可利用**中轴变换**)；

(3) 利用**水线算法**提取签名的结构特征；

(4) 借助**结构匹配**算法确定与签名库中最接近的签名。

silhouette⇔侧影，外形

由物体外轮廓围起的区域。一般是 3-D 物体向 2-D 平面上投影得到的结果，主要对应**粗形状**(但实际应用中常关注其轮廓，此时也可看作**细形状**)。在很多情况下，仅 2-D 目标的外形就包含了足够识别原始目标的信息，所以可借助 2-D **形状分析**方法来分析 3-D 形状。

similarity computation based on histogram ⇔基于直方图的相似计算

为实现图像检索而借助图像的统计**直方图**进行的匹配计算。目的是获得图像间的相似距离。已在**基于颜色的图像检索**中得到广泛应用，此时的相似计算有多种方法，可利用不同的距离测度。

similarity theorem⇔相似定理

同 **scale theorem**。

similarity transformation⇔相似变换

一种特殊的**仿射变换**。将一个点 $\boldsymbol{p}=(p_x,p_y)$ 相似变换到另一个点 $\boldsymbol{q}=(q_x,q_y)$ 的矩阵可表达为

$$\begin{bmatrix} q_x \\ q_y \\ 1 \end{bmatrix} = \begin{bmatrix} s\cos\theta & -s\sin\theta & t_x \\ s\sin\theta & s\cos\theta & t_y \\ 0 & 0 & 1 \end{bmatrix} \begin{bmatrix} p_x \\ p_y \\ 1 \end{bmatrix}$$

或用分块矩阵形式写为

$$\boldsymbol{q} = \begin{bmatrix} s\boldsymbol{R} & \boldsymbol{t} \\ \boldsymbol{0}^{\mathrm{T}} & 1 \end{bmatrix} \boldsymbol{p}$$

其中，$s(>0)$为一系数，表示各向同性放缩；$\boldsymbol{R}$ 是一个特殊的对应旋转操作的 2×2 正交矩阵($\boldsymbol{R}^{\mathrm{T}}\boldsymbol{R}=\boldsymbol{R}\boldsymbol{R}^{\mathrm{T}}=\boldsymbol{I}$，且 $\det(\boldsymbol{R})=1$)；$\boldsymbol{t}=[t_x \quad t_y]^{\mathrm{T}}$ 是一个 1×2 平移矢量；$\boldsymbol{0}$ 是一个 2×1 矢量。相似变换矩阵共有 4 个**自由度**。

图 S12 分别给出用 $s=1.5,\theta=-90°$ 和 $\boldsymbol{t}=[1,0]^{\mathrm{T}}$；$s=1,\theta=180°$ 和 $\boldsymbol{t}=[4,8]^{\mathrm{T}}$；$s=0.5,\theta=0°$ 和 $\boldsymbol{t}=[5,7]^{\mathrm{T}}$ 定义的相似变换对左边的多边形目标变换得到的 3 个结果。

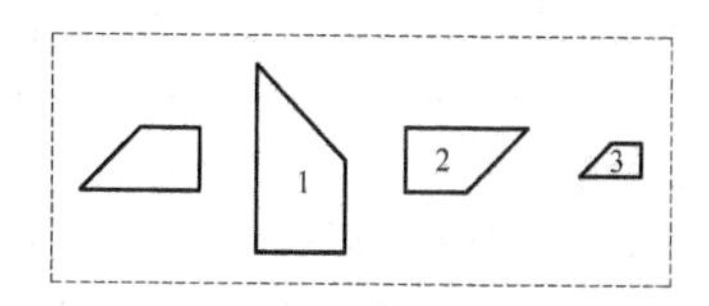

图 S12 对区域进行相似变换得到的结果

simple boundary⇔简单边界

围绕一个目标区域，自身既不相交也不相切的封闭曲线。在简单边界内的像素构成一个没有孔的连通区域(**连通组元**)。

simple decision rule⇔简单决策规则

仅根据数据序列中的测量模式或对应的特征模式对每个观察单位赋予一个(类别)标号的**决策规则**。这里，各个观察单位都可以分别或独立的对待。此时一个决策规则可看成一个函数，对在测量空间的每个模式或在特征空间的每个特征仅且仅赋予一个(类别)标号。

simple graph ⇔ **简单图**

不包含**重边**和**环**的**图**。

simple neighborhood ⇔ **简单邻域**

灰度仅在一个方向变化的多维图像中的**邻域**。参阅 **linear symmetry**。

simply connected polyhedral object ⇔ **简单连通多面体**

内部没有孔的**连通多面体**。

simply connected region ⇔ **简单连通区域**

与**连通组元**相同，内部没有孔的**连通区域**。

simulated annealing ⇔ **模拟退火(技术)**

一种典型的属于**蒙特卡罗马尔可夫链**的最小化**代价函数**方法。在概率密度函数中使用**温度参数**以逐渐锐化解空间并使组态的链增长。其中温度参数值的逐步减小模仿了如晶体或铁磁材料的聚焦等物理现象，即通过逐步降低物理系统的温度以允许它们达到其最小能量状态。

也是一个由粗到细迭代优化的算法。在每次迭代中，搜索一个平滑的能量版本并通过统计方法定位一个全局最小值。然后，将搜索在一个更细更平滑的层次进行，依次类推。基本思路是在粗尺度上确定绝对最小值的盆区，最后在细尺度上的搜索可从足够接近绝对最小值的近似解出发以避免陷入周围的局部极小值。这个名称来源于对金属回火的相关过程，其中温度逐步降低，每次都允许金属达到热力的平衡。

simulated annealing with Gibbs sampler ⇔ **具有吉伯斯采样器的模拟退火**

一种采用特殊策略的**模拟退火**方法。在从前一个解构建一个可能的新解时，先从所采用的正则化项中，计算一个局部条件概率密度函数(这里条件概率是指对一个像素，当知道其**邻域像素**的值后其取值为 s 的概率：$p(x_{ij}=s \mid \text{邻域像素值})$)。在这个函数的指数项中使用一个**温度参数** T，以控制组态空间的尖锐程度。对像素(i,j)根据这个概率选个新值。

simulated annealing with Metropolis sampler ⇔ **具有重要中心采样器的模拟退火**

一种采用特殊策略的**模拟退火**方法。在从前一个解构建一个可能的新解时，先选择一个像素，对它选一个可能的新值(该值在其可能的值中是均匀分布的)，如果新值减小了**代价函数**，接受变化。如果新值增大了代价函数，以某个概率 q 接受变化(概率 q 在下一次迭代中减少)。这种策略的更新往往非常慢，但能躲开局部极小值。

simulation ⇔ **仿真，模拟**

类比表达模型的特点之一。即类比模型可用任意复杂的计算过程加以查询和操纵，这些过程在物理上和几何上均仿真被表达的情况。

simultaneous brightness contrast ⇔ **同时亮度对比(度)**

对表面**亮度**的**感知**依赖于对背景

亮度的感知的现象。为介绍这个现象,可考虑一个灰色表面分别被白色表面所包围和被黑色表面所包围的情况。此时,放在白色表面中的灰色表面看起来比放在黑色表面中的灰色表面要暗一些。这种现象就是同时亮度对比度,也常称**同时对比度**。

simultaneous color contrast ⇔ **同时彩色对比(度)**

对立色模型中的对比度。对一个彩色表面的检测依赖于围绕该表面的彩色。例如,由红色区域环绕的灰色表面看起来是带蓝色的绿色。为描述**诱导色**和**被诱导色**可使用对立色模型。这种彩色对比度的效果可看做以一种系统的方式改变了**颜色恒常性**。

simultaneous contrast ⇔ **同时对比(度)**

人类视觉系统从物体表面感受到的**主观亮度**,受到该表面与周围环境亮度之间相对关系影响的现象。具体说来,同时对比度表明将同样的物体(反射相同亮度)放在较暗的背景里会显得比较亮,而放在较亮的背景里则会显得比较暗(此时并不能感知到一个灰度级而是感知到它与周围区域间的差)。另外,当同时呈现两种对比颜色时,某个区域的颜色会加强相邻区域的补色的倾向也是同时对比度的一种表现。

single-chip camera ⇔ **单(芯)片摄像机**

只使用单芯片**传感器**构成的彩色**摄像机**。由于电荷耦合器件或互补金属氧化物半导体传感器对整个可见光波段都有响应,所以需要在传感器前面加上**滤色器阵**以使特定波段范围的光能到达各个光电探测单元。单芯片摄像机对每种颜色都是亚采样(绿色为 1/2,红色和蓝色各为 1/4),所以会产生一定的**图像失真**。比较 **three chip camera**。

single Gaussian model ⇔ **单高斯模型**

一种基本的**背景建模**方法。将运动前景提取工作分为模型训练和实际检测两步,通过训练对背景建立数学模型,而在检测中利用所建模型消除背景获得前景。单高斯模型方法认为像素点的值在**视频序列**中服从高斯分布。具体就是针对每个固定的像素位置,计算 N 帧训练图像序列中该位置像素值的均值 μ 和方差 σ,并从而唯一地确定出一个单高斯背景模型。

single-image iterative blending ⇔ **单幅图像迭代混合(技术)**

一种**图像混合**方法。先将一幅拟**隐藏图像**与一幅**载体图像**进行混合,再将混合图像与同一幅载体图像进行混合,如此迭代进行 n 次,就得到拟隐藏图像与单幅载体图像的 n 重迭代混合图像。

single-mapping law [SML] ⇔ **单映射律,单映射规则**

直方图规定化中一种将原始**直方图**对应映射到**规定直方图**的规则。设 $p_s(s_i)$ 代表原始直方图的任一**直方条**(共有 M 条),$p_u(u_j)$ 代表规定

直方图的任一直方条(共有 N 条),该规则要求先从小到大按灰度搜索,依次找到能使下式最小的 k 和 l:

$$\left|\sum_{i=0}^{k} p_s(s_i) - \sum_{j=0}^{l} p_u(u_j)\right|,\quad k = 0,1,\cdots,M-1 \quad l = 0,1,\cdots,N-1$$

然后将 $p_s(s_i)$ 对应映射到 $p_u(u_j)$ 去。比较 **group-mapping law**。

single-parametric curve⇔单参数曲线

用单个参数表达的曲线。曲线可看作点在 2-D 空间移动得到的轨迹。从数学上讲,点在 2-D 空间的位置可用位置矢量 $\boldsymbol{P}(t)=[x(t)\ \ y(t)]$表示,其中 t 是曲线的参数,可表示沿曲线从某点开始的归一化长度。位置矢量的集合表达了一条曲线。

曲线上的任一点都由两个以 t 为参数的函数来描述,曲线从 $t=0$ 开始而在 $t=1$ 结束。为了表示通用的曲线,使参数曲线的一阶和二阶导数连续,$\boldsymbol{P}(t)$的阶数至少为 3。三次多项式曲线可写为

$$\boldsymbol{P}(t) = \boldsymbol{a}t^3 + \boldsymbol{b}t^2 + \boldsymbol{c}t + \boldsymbol{d}$$

其中,$\boldsymbol{a}$,$\boldsymbol{b}$,$\boldsymbol{c}$,$\boldsymbol{d}$ 均为系数矢量。

single-photon emission CT [SPECT]⇔单光子发射计算机层析成像

一种**发射计算机层析成像**方式。图 S13 给出这种成像的构成示意图。利用的是在衰减时能产生 γ 射线的放射性离子。将放射性物质注入物体内,不同的材料(如组织或器官)吸收后会发射 γ 射线光子。一定方向的光子可穿过准直器到达晶体,在那里 γ 射线光子转化为能量较低的光子并由光电倍增器转化为电信号。这些电信号提供了光子与晶体作用的位置,从而放射性物质的 3-D 分布就转化为 2-D 的投影图像。

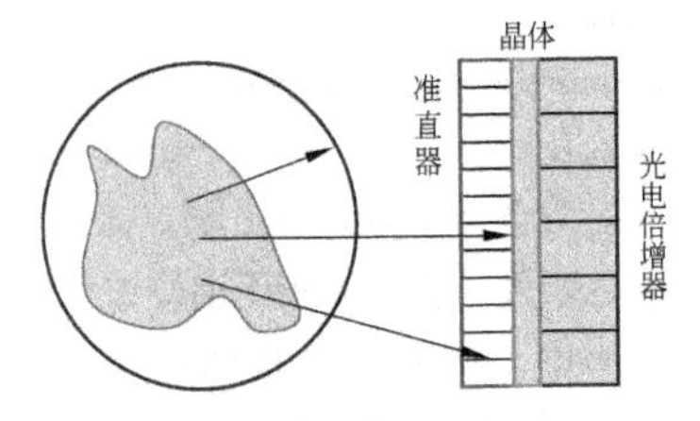

图 S13 单光子发射计算机层析成像构成示意图

single-scale retinex⇔单尺度视网膜皮层

一种简单的基于**视网膜皮层**理论的算法。也称**对数变换**。该算法包含两个基本步骤:①通过用局部均值相除来进行局部灰度归一化;②转换成对数尺度以较大地扩展暗灰度值而较小地扩展亮灰度值。

single threshold⇔单阈值

图像分割中采用**阈值**分割(**阈值化**)时使用的单个阈值。可将图像中不同灰度的像素分为两个部分。比较 **multi-threshold**。

single thresholding⇔单阈值化

阈值化中,仅使用一个**阈值**将图像中不同灰度的像素分为两部分的技术。

singular point⇔奇异点

一种代表 2-D 曲线局部特征的

点。共有三种，分别对应图 R6(a)、(c)、(d)。比较 **regular point**。

singular-value decomposition [SVD] ⇔ **奇异值分解**

一种对矩阵进行分解的方法。还可用来介绍**主分量分析**的原理。

将任何 $m\times n$ 矩阵 $\boldsymbol{A}$ 分解为 $\boldsymbol{A}=\boldsymbol{UDV}^{\mathrm{T}}$。$m\times m$ 矩阵 $\boldsymbol{U}$ 的列是互相正交的单位矢量，$n\times n$ 矩阵 $\boldsymbol{V}$ 的行也是互相正交的单位矢量。$m\times n$ 矩阵 $\boldsymbol{D}$ 是对角矩阵，它的非零元素称为奇异值 σ_i，满足 $\sigma_1\geqslant\sigma_2\geqslant\cdots\geqslant\sigma_n\geqslant 0$。SVD 具有非常有用的性质，如：

(1) 当且仅当 $\boldsymbol{A}$ 的所有奇异值非零，$\boldsymbol{A}$ 才是非奇异的。非零奇异值给出 $\boldsymbol{A}$ 的秩。

(2) $\boldsymbol{U}$ 的列对应覆盖 $\boldsymbol{A}$ 的行和列的非零奇异值；$\boldsymbol{V}$ 的列对应覆盖 $\boldsymbol{A}$ 的零空间的非零奇异值。

(3) 非零奇异值的平方是 $\boldsymbol{AA}^{\mathrm{T}}$ 和 $\boldsymbol{A}^{\mathrm{T}}\boldsymbol{A}$ 的非零本征值，$\boldsymbol{U}$ 的列是 $\boldsymbol{AA}^{\mathrm{T}}$ 的本征矢量，$\boldsymbol{V}$ 的列是 $\boldsymbol{A}^{\mathrm{T}}\boldsymbol{A}$ 的本征矢量。

(4) 在矩形线性系统的解中，一个矩阵的伪逆可以很容易地由 SVD 定义计算出来。

sinusoidal interference pattern ⇔ **正弦干扰模式**

一种导致**图像退化**的**相关噪声**。一个幅度为 A，频率分量为 (u_0, v_0) 的正弦干扰模式 $\eta(x,y)$ 为

$$\eta(x,y)=A\sin(u_0x+v_0y)$$

可见其幅度值呈现正弦分布。对应的**傅里叶变换**是

$$N(u,v)=\frac{-\mathrm{j}A}{2}\left[\delta\left(u-\frac{u_0}{2\pi},v-\frac{v_0}{2\pi}\right)-\delta\left(u+\frac{u_0}{2\pi},v+\frac{v_0}{2\pi}\right)\right]$$

上式只有虚分量，代表一对位于频率平面上的脉冲，坐标分别为 $(u_0/2\pi, v_0/2\pi)$ 和 $(-u_0/2\pi, -v_0/2\pi)$，强度分别为 $-A/2$ 和 $A/2$。

SI-unit ⇔ **SI 单位，国际单位制单位**

国际计量大会通过的计量单位。名称源自 **Le Système International d' Unités【法】**。

size constancy ⇔ **大小恒常性**

不管观察者与景物之间的距离有多大变化，某一特定物体总被感知为同样大小的倾向。大小恒常性有赖于物体的表观距离和**视网膜**像大小之间的相互关系。

skeleton ⇔ **骨架**

由**目标区域**内一些称为**骨架点**的特殊点组成的点集合。紧凑地反映了区域的一些基本特性。

skeleton by influence zones [SKIZ] ⇔ **按影响区域构建骨架**

常称为**沃罗诺伊图**。

skeletonization ⇔ **骨架化**

获取**目标区域骨架**的过程。可看作一种利用**内部特征**的**基于区域的表达**方法。这种表达可通过把一个平面区域简化而得到，且这个简化是可逆的。

skeleton point ⇔ **骨架点**

骨架的基元。给定具有边界 B 的区域 R，令 p 为 R 中的点，如果 p

满足下列条件,则骨架点是

$$d_s(p,B)=\inf\{d(p,z)\mid z\subset B\}$$

其中,d 为距离量度,可以是**欧氏距离**、**城区距离**或**棋盘距离**。

skeleton transform ⇔ **骨架变换**

同 **skeletonization**。

skew ⇔ **扭曲,偏斜**

一种由非正交像素网格(其中像素的行和列没有形成严格的 90°)引入成像的几何误差。一般仅在高精度的**照相测量**应用中才得到考虑。

skewness ⇔ **偏度**

对统计数据分布的偏斜方向和程度的度量。反映了分布密度相对于均值的不对称程度,也就是密度函数曲线尾部的相对长度。在对**纹理描述**的**统计法**中,当借助灰度**直方图**的矩来描述纹理时,三阶矩就表示了**直方图**的偏度。

skewness of probability density function ⇔ **概率密度函数的偏度**

概率密度函数的三阶矩。

skew symmetry ⇔ **斜对称,扭曲对称性**

平面上**目标轮廓**的一种特性。一个斜对称的**轮廓**是一个平面轮廓,其中每条相对于特定轴的朝向角为 ϕ 的直线与轮廓在两个点相交,这两个点到轴的距离相等。上述特定轴称为轮廓的斜对称轴,如图 S14 所示。

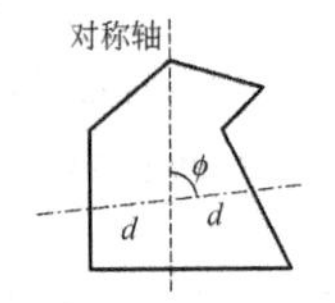

图 S14 斜对称示例

SKIZ ⇔ **由影响区域构建骨架**

skeleton by influence zones 的缩写。

slant angle ⇔ **俯仰角**

同 **pitch angle**。

SLDA ⇔ **有监督隐狄利克雷分配**

supervised latent Dirichlet allocation 的缩写。

SLDS ⇔ **切换线性动态系统**

switching linear dynamical system 的缩写。

slice ⇔ **薄片**

计算机层析成像中,被成像物体中的一层。

slide ⇔ **滑动**

视频镜头间一种典型的**渐变**方式。后一镜头的首帧从屏幕一边/角拉入,同时前一镜头的尾帧从屏幕另一边/角拉出。

slope density function ⇔ **斜率密度函数**

一种**边界标记**。先获取沿边界各点的切线与某一个参考方向(如坐标横轴)的夹角,然后作出切线角的直方图即为标记。其中切线角对应斜率,而直方图给出了密度分布。

slope overload ⇔ **斜率过载**

德尔塔调制中由于灰度量化值远小于输入中的最大变化而产生的一种失真。此时量化值的递增或递减速度赶不上输入值的变化,导致两者间有较大的差距。

SM ⇔ **形状测度**

shape measure 的缩写。

smallest univalue segment assimilating nucleus operator⇔最小核同值区域算子，SUSAN算子

一种**边缘检测**和**角点**检测算子。使用一个圆形的模板，其中心称为“核”。将模板放在图像中各个位置，并将模板所覆盖的各个像素的灰度与模板中心核所覆盖的像素的灰度进行比较，统计其灰度与核所覆盖的像素的灰度相同或相似的像素的个数（它们组成**核同值区**），据此判断核所覆盖的像素是否为边界点或角点。可见本质上借助了积分运算来工作。

SMG⇔分裂、合并和组合

split，merge and group的缩写。

SML⇔单映射规则，单映射规则律

single-mapping law的缩写。

smooth constraint⇔光滑约束

1. 利用**单目图像**求解**图像亮度约束方程**时使用的约束。光滑约束中认为物体表面是光滑的，或者说在深度上是连续的（更一般的情况是目标可以具有分片连续的表面，只在边界处不光滑）。这样，表面上相邻两块面元的朝向不是任意的，它们合起来应能给出一个连续平滑的表面。

2. 对景物表面RGB值的较小改变只会引起光谱反射系数的较小变化的假设条件。

smooth filtering⇔平滑滤波（技术）

一种**空域滤波技术**。与在**频域中**的**低通滤波**有相似的效果，可减少局部灰度起伏，使图像变得比较平滑。比较**sharp filtering**。

smoothing⇔平滑（化）

一种对**图像增强**的**空域**操作。使用平滑滤波器的效果对应于**频域**中的**低通滤波**。对消除**高斯噪声**比较有效。

smoothing filter⇔平滑滤波器

一种**图像空域增强**滤波器。借助**模板卷积**实现像素邻域的（加权）平均以达到**平滑**图像中的区域边缘等部分（这些部分灰度值具有较大较快的变化），从而减少图像局部灰度起伏的效果。**平均滤波器**是一个特例。

smooth parametric curve⇔光滑参数曲线

具有各阶导数的**参数曲线**。比较**non-smooth parametric curves**。

smooth pursuit eye movement⇔平滑追踪的眼动

眼睛对运动目标的跟踪移动。这导致了感知到为零的**时间频率**，从而避免了运动模糊，并改善了区分空间细节的能力。这种情况称为动态分辨率，被人类用来在真实运动图像中评价重新构建细节的能力。

smooth region⇔光滑区域

1. 灰度图像中，既没有**边缘**也没有**纹理**的均匀区域。

2. **立体视觉**中，灰度比较均匀，没有明显特征的区域。在这种区域里，不同位置匹配窗口中的灰度值会比较接近或甚至相同，从而无法确定匹配位置。这种由于灰度光滑区域造成的误匹配问题在利用双目的立体匹配中不可避免。

SMPTE⇔电影电视工程师协会

Society of Motion Picture and Television Engineers 的缩写。

snakes⇔蛇模型

同 **snake model**。

snake model⇔蛇模型

参阅 **active contour model**。

SNR⇔信噪比

signal-to-noise ratio 的缩写。

Sobel detector⇔索贝尔检测算子

一种典型的**一阶差分边缘检测算子**。采用的两个 2-D **正交模板**见图 S15，其中对近模板轴的像素给予了较大的权重。

-1		1
-2		2
-1		1

1	2	1
-1	-2	-1

图 S15　索贝尔检测算子的模板

Sobel operator⇔索贝尔算子

同 **Sobel detector**。

SOC⇔片上系统

system on chip 的缩写。

Society of Motion Picture and Television Engineers [SMPTE]⇔电影电视工程师协会

成立于 1916 年，成员国超过 85 个，涉及电影、电视、视频和多媒体等领域的行业协会。

soft computing⇔软计算（技术）

与传统计算（硬计算）相对立的计算方法。传统计算的主要特征是严格、确定和精确。软计算则模拟自然界中生物智能系统的生化过程（人的感知、脑结构、进化和免疫等），通过对不确定、不精确及不完全真值的容错以取得低代价的计算方案和鲁棒性。传统**人工智能**可进行符号操作。这基于一种假设：人的智能存储在符号化的**知识库**中。但是符号化知识的获得和表达限制了人工智能的应用。一般软计算不进行太多的符号操作，因此从某种意义上说，软计算是传统人工智能的一种补充。

目前软计算主要包括四种计算模式：①**模糊逻辑**；②**人工神经网络**；③**遗传算法**；④**混沌理论**。这些模式是互相补充和相互配合的。

soft dilation⇔软膨胀

软形态滤波器中的一种基本操作。对图像 f 用**平坦结构系统**$[B,C,r]$进行软膨胀记为 $f\oplus[B,C,r](x)$，表达式为

$$f \oplus [B,C,r](x) = \text{复合集}\{r \diamond f(c): c \in C_x\} \cup \{f(b): b \in (B-C)_x\} \text{的第 } r \text{ 个最大值}$$

其中，$\diamond$ 表示重复操作；复合集（multiset）是一系列目标的集合，在其上可进行重复操作。

上式表明，对图像 f 用结构系统$[B,C,r]$在任何位置 x 进行软膨胀是通过移动集合 B 和 C 到位置 x，并用移动后的集合中的 f 值构成复合集来完成的。其中，在

硬中心 C 的 f 值要重复使用 r 遍，然后取复合集中第 r 个最大值。

soft erosion⇔软腐蚀

软形态滤波器中的一种基本操作。对图像 f 用平坦结构系统 $[B,C,r]$ 进行软腐蚀记为 $f\ominus[B,C,r](x)$，表达式为

$$f\ominus[B,C,r](x)=\text{复合集}\{r\diamond f(c):c\in C_x\}\cup\{f(b):b\in(B-C)_x\}\text{的第 }r\text{ 个最小值}$$

其中，$\diamond$ 表示重复操作；复合集(multiset)是一系列目标的集合，在其上可进行重复操作。

上式表明，对图像 f 用结构系统 $[B,C,r]$ 在任何位置 x 进行软腐蚀是通过移动集合 B 和 C 到位置 x，并用移动后的集合中的 f 值构成复合集来完成的。其中，在硬中心 C 的 f 值要重复使用 r 遍，然后取复合集中第 r 个最小值。

soft focus⇔柔焦

摄影中，有意让成像不太清晰以取得某种艺术效果的技术。如此获得的图像称为柔焦图像或弱对比图像。经验表明，悦目的柔焦最好是在清晰的图像上叠加一阶的模糊像，也就是在像点周围增加一圈光晕。

soft morphologic filter⇔软形态滤波器

在加权排序统计基础上定义的一种**形态滤波器**。将**平坦结构元素**用**平坦结构系统**替换以提高对**噪声**容忍度的灵活性。两种基本操作为**软膨胀**和**软腐蚀**。

soft segmentation⇔软分割

对**图像分割**结果的要求有所放松的情况。不再严格要求分割结果中各个子区域互不重叠，或者说不再规定一个像素不能同时属于两个区域，而是可以按不同的似然度或概率分别属于两个区域。比较 **hard segmentation**。

soft vertex⇔软顶点

多条几乎重叠的直线的交点。在分割光滑的曲线成为线段时就可能产生软顶点。它们之所以称为“软的”是因为可以用曲线段替换直线段而将它们除去。

soft X-ray⇔软 X 射线

波长较长(一般 0.25～50 nm)的 **X 射线**。穿透物质的本领较低。

solid angle⇔立体角

从一点出发通过一条闭合曲线上所有点的射线围成的空间部分，即一个锥面所围成的空间部分。出发点称为立体角的顶点，立体角表示由顶点看闭合曲线时的视角。实际中可以取一立体角在以其顶点为球心所作的球面上截出的部分面积与球面半径的平方之比作为对该立体角的度量。立体角的单位是球面度，记为 sr。立体角的量度是将这块面积投影到单位半径的球上，或以这块面积与以 r 为半径的圆球所截出的球面上的面积 S 除以 r^2。单位立体角称为**球面度**或**方角度**，无量纲。对于一个点来说，其周围的整个立体角是 4π 球面度。一个

球面度对应在球面上所截取的面积等于以球半径为边长的正方形面积时的立体角。在计算**双向反射分布函数**、**亮度/明度**、**发光强度**、**辐射强度**、**景物亮度**等特征时都要用到立体角。

solid model ⇔ 实体模型

同 **geometric model**。

solid-state imager ⇔ 固态摄像器

利用半导体表面少数载流子的注入、传输和搜集等物理过程来完成电路功能的电荷耦合器件。将光电转换、信号存储与读取集成在一块晶片上。特点是结构简单、集成度高、功耗小、功能多。

solid-state sensor ⇔ 固态传感器

参阅 **solid-state imager**。

solution by Gauss-Seidel method ⇔ 高斯-赛德尔解法

一种用于对大**线性方程组**近似迭代求逆的算法，是比**雅可比法**更精巧的版本。

solution by Jacobi's method ⇔ 雅可比解法

一种用于对大**线性方程组**近似迭代求逆的算法。比较 **solution by Gauss-Seidel method**。

solving optical flow equation ⇔ 光流方程求解

根据给定图像点**亮度**的空间变化率和时间变化率求解**光流方程**的过程。由此可获得图像点沿 X 和 Y 方向的运动速度并进而恢复出运动物体的形状。在一般情况下，仅一个光流方程并不足以唯一地确定沿两个方向的运动速度，必须附加其他约束条件才能求解。

solving photometric stereo ⇔ 光度立体学求解

根据给定的**图像亮度**求解**图像亮度约束方程**的过程。由此可获得由表面梯度 p 和 q 所确定的表面朝向并进而恢复出原来成像物体的形状。在一般情况下，从图像亮度到表面朝向的对应并不是唯一的，这是因为在每个空间位置亮度只有一个**自由度**（亮度值），而朝向有两个自由度（两个梯度值）。实际应用中，常需要联立求解两个或两个以上的图像亮度约束方程以实现光度立体学求解。

source ⇔ 信源

同 **information source**。

source coding theorem ⇔ 信源编码定理

图像编码的基本定理。该定理确定了在信道没有误差但传输过程有失真的情况下，如果由于压缩而产生的平均误差被限制在某个最大允许的水平下，则在给定**客观保真度准则**的前提下，确定编码所用的数据率 R 的方法。因为将固定字长编码方案的失真（重建误差）D 与编码所用的数据率（如每像素比特数）R 联系在一起，所以也叫**率失真定理**。

source decoder ⇔ 信源解码器

对**信源编码器**的输出进行解码的装置。见图 S16，作用是将编码后的结果恢复成原来的图像以正常使用。一般情况下包括与对应的**信源编码器**反序的两个独立操作(因为信源编码器中的量化操作是不可反转的,所以信源解码器中没有对量化的逆操作)。

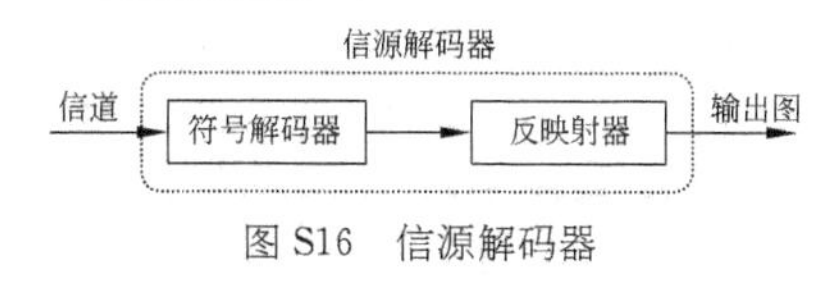

图 S16 信源解码器

source encoder ⇔ 信源编码器

对信源进行编码的装置。见图 S17,作用是减少或消除输入图像中的**编码冗余**、**像素间冗余**及**心理视觉冗余**。一般情况下包括顺序的 3 个独立操作:映射、量化和符号编码。

source input format [SIF] ⇔ 源输入格式

国际标准 **MPEG-1** 中规定的一种**视频格式**。码率 1.5 Mbps,Y 分量尺寸 352×240/288 像素,采样格式 4∶2∶0,帧率 30 P/25 P,原始码率 30 Mbps。

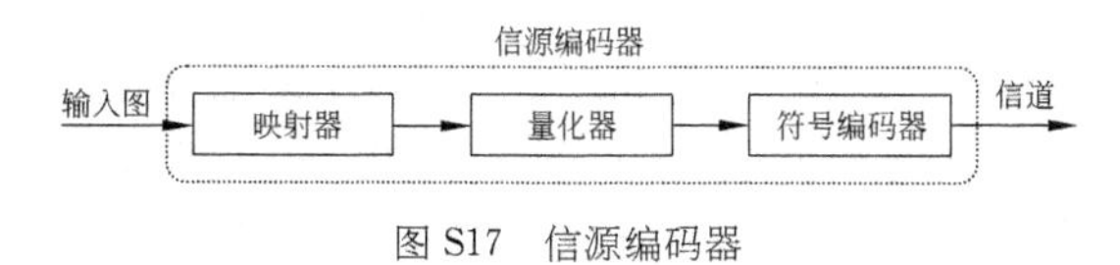

图 S17 信源编码器

source intermediate format [SIF] ⇔ 源中间格式

一种与 **CIF** 特性基本相同的 ISO-MPEG 格式。适用于具有中等质量的视频应用,如视频 CD(VCD)和视频游戏。SIF 有两种变型:一个具有 30 fps 的帧率和 240 行,另一个具有 25 fps 的帧率和 288 行。它们每行都有 352 个像素。还有一个对应的 SIF-I(2∶1 隔行)格式集合。

source/sink cut ⇔ 源(点)/汇(点)割

图论中,由源点集合 S 到汇点集合 T 的所有边构成的集合$[S,T]$。其中 S 和 T 是对结点集合的划分,且 $s \in S, t \in T$。割的**容量**是$[S,T]$中所有边的总容量,记为 $\text{cap}(S, T)$。因为给定一个割$[S,T]$,图中每一条 s-t 通路至少要用到$[S,T]$中的一条边,所以可行流的最大值就是 $\text{cap}(S,T)$。参见图 S18,在**有向图**中,$[S,T]$表示头部在 S 中而尾部在 T 中的边构成的集合。所以割$[S,T]$的容量不受从 T 到 S 的边的影响。

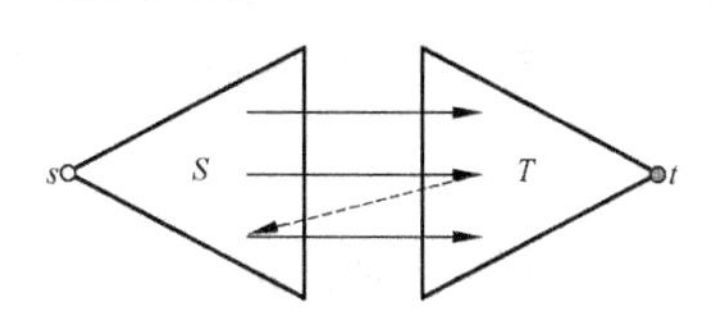

图 S18 有向图中的边和容量

space carving ⇔ 空间划分(方法)

一种从 2-D 图像构建 3-D 立体模型的方法。首先从 3-D **空间占有数**

组中的体素表达出发，如果一个体素在2-D图像集合中不能保持“照片一致”，那么它们就将被除去。体素消除的次序是空间划分的关键，可以避免进行难以处理的可见性计算。参阅 **shape from photo consistency**。

space domain ⇔ 空域

图像工程中由**像素**组成的原始图像空间。也称**图像域**。

space-filling capability ⇔ 空间填充能力

生物体填满周围空间的能力。在**形状描述**中，表示将**空间覆盖度**与目标几何形状结合而得到的一个**描述符**，定义了目标与周围背景的交面。参阅 **spatial coverage**。

space-time image ⇔ 时空图像

同时具有空间和时间坐标的图像。可以是2-D,3-D或4-D图像。

spanning subgraph ⇔ 生成子图

两个**图**之间的一种关系。对图 H 和图G，如果 $H \subseteq G$ 且 $V(H)=V(G)$，则图 H 为图 G 的生成子图。比较 **spanning supergraph**。

spanning supergraph ⇔ 生成母图

两个**图**之间的一种关系。对图 G 和图 H，如果 $H \subseteq G$ 且 $V(H)=V(G)$，则图 G 为图 H 的生成母图。比较 **spanning subgraph**。

sparse matching point ⇔ 稀疏匹配点

由**基于特征的立体匹配**方法直接得到的匹配点。由于特征点只是物体上的一些特定点，互相之间有一定间隔，所以由基于特征的立体匹配方法得到的匹配点在空间中是稀疏分布的。其余的点可通过**插值**取得。

sparse representation ⇔ 稀疏表达

将一幅图像在一组线性无关的过完备冗余基上展开得到的结果。如果用 $\boldsymbol{x}$ 表示像素 $f(x,y)$ 的坐标，则由一幅图像的所有像素组成的矢量 $\boldsymbol{f} \in \mathbf{R}^N$ 的超完备表达可写成

$$\boldsymbol{f} = \boldsymbol{Z}\boldsymbol{x}$$

其中，$\boldsymbol{Z}$ 是一个 $N \times K$ 维的矩阵，其中 $K \gg N$。$\boldsymbol{x} \in \mathbf{R}^K$ 是图像 $\boldsymbol{f}$ 在过完备字典 $\boldsymbol{Z}$ 上线性展开的系数。当 $\|\boldsymbol{x}\|_0 \ll N$，也就是 $\boldsymbol{x}$ 集合中非零元个数远小于 N 时，则可以称上述表达是稀疏表达。

spatial aliasing ⇔ 空间混叠(效应)

图像数字化中，使用相对较低采样率的后果之一。空间混叠对图像和视频都很常见，**莫尔模式**的出现就是一个典型的例子

spatial angle ⇔ 空间角，立体角

单位球面上由一个锥限定的区域。该锥的顶点在球的中心，如图 S19所示。其单位是**球面度**。在分析亮度时常用到。

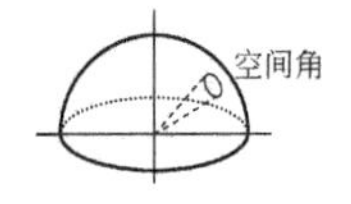

图 S19　空间角示意图

spatial characteristic of vision ⇔ 视觉的空间特性

空间因素对**视觉感知**的影响。事

实上，**视觉**首先并主要是一个空间的感受。

spatial clustering⇔ **空间聚类(技术)**

图像分割中一种**基于区域的并行算法**。可看作是对**阈值化**分割概念的推广。将图像空间中的元素按照它们的特征值用对应的特征空间点表示，先将特征空间点聚集成对应不同区域的类团，再将它们划分开，最终映射回原图像空间以得到分割的结果。

spatial coordinate transformation ⇔ **空间坐标变换**

图像空间各坐标位置间的转换方法及转换方式。可建立像素坐标间的联系。

spatial coverage⇔ **空间覆盖度**

对**形状复杂性**进行描述的一个常用概念。一般一个目标的形状越复杂，则其空间覆盖度越高。参阅 **space-filling capability**。

spatial domain⇔ **空域**

图像工程中，像素位置所在的空间。也称图像空间，一般看作图像的原始空间。

spatial filter⇔ **空域滤波器**

实现**空域滤波**的**卷积模板**及运算规则。模板的尺寸可为 3×3，5×5，7×7，9×9 像素等。

spatial filtering⇔ **空域滤波(技术)**

一种在**图像域**借助**模板卷积**进行的**图像增强**技术。也是最广泛使用的噪声消除技术。实现空域滤波的典型滤波器包括**均值滤波器**，**排序滤波器**，**自适应滤波器**等。

spatial frequency⇔ **空间频率**

空间结构重复的频率。视觉感知物体的存在时，既要确定物体的空间位置，也要提取物体的空间结构。空间位置可由物体影像在视网膜上的位置来确定，而空间结构则由空间频率来表征。空间频率以每单位长度内有多少条线来表示，表征物体结构的粗细或疏密程度。对给定的测试**光栅**，其图像强度变化数量的测量值就给出空间频率。考虑静止的一组正弦光栅，设沿 x 方向排列，则其光强度分布函数为

$$C(x) = C_0[1 + m\cos(2\pi Ux)]$$

其中 C_0 代表光栅平均光强度；m 为光栅光强度变化因子；U 是光栅的空间频率，它是相邻两个峰值之间距离即空间周期的倒数。对沿 y 方向分布的正弦光栅，空间频率 V 同样可由空间周期的倒数给出。任意取向光栅的空间频率，都可分解成沿 x 方向与沿 y 方向的两个空间频率，或者说等同于后两者的叠加。空间频率可完全由在两个正交方向(如，水平和垂直)的频率变化所刻画。如果称 f_x 为水平频率(单位为周期/水平单位距离)，f_y 为垂直频率，则频率对(f_x, f_y)刻画了一幅 2-D 图像的空间频率。

显然，空间频率越低光栅条纹越疏，空间频率越高光栅条纹越密。在视觉上可以粗略认为，任何一个物体或一幅光学图像，都是由许多

正弦光栅叠加而成的，这些光栅具有不同的空间频率和空间取向。其中均匀的背景为零频成分，光分布缓慢变化的成分称为低频成分，而光强度急剧变化的细节为高频成分。从光学衍射原理可知，所有的光学系统都能较容易地检测零频和低频成分，对高频成分则由于孔径受限而截止。为此，光学系统都具有低通滤波器性质，对空间细节的分辨率都是有限的。眼球光学系统也不例外。

spatial masking model ⇔ 空间掩模模型

衡量水印性能**稳健性**的**基准测量**方法中，检测视觉质量所使用的模型。该模型基于**人类视觉系统**特性，精确描述了在边缘和平滑区域产生视觉失真/退化/**伪像**等的情况。

spatial noise descriptor ⇔ 空间噪声描述符

描述**图像退化**模型中噪声幅值统计特性的一种**描述符**。典型的如**概率密度函数**。

spatial noise filter ⇔ 空域噪声滤波器

在**空域**中消除**噪声**的**滤波器**。

spatial occupancy array ⇔ 空间占有数组

1. 对 **2-D** 图像，一类基本的**区域分解**方法。此时每个数组单元与**像素**相对应，如果一个像素在给定的区域内，就令单元值为 1；如果一个像素在给定的区域外，就令单元值为 0。这样，所有值为 1 的点组成的集合就代表了所要表示的区域。

2. 对 **3-D** 图像，一种基本的**立体表达**技术。此时每个数组单元与**体素**相对应，如果一个体素在给定的立体内，就令单元值为 1；如果一个体素在给定的立体外，就令单元值为 0。这样，所有值为 1 的点组成的集合就代表了所要表示的立体。

spatial perception ⇔ 空间知觉

人类视觉系统对空间**深度**的**视觉感知**。人可以从**视网膜**曲面形成的**视像**感知到一个 3-D 视觉空间，即还可以获得深度距离信息。

spatial relation ⇔ 空间关系

图像工程中，不同**目标**之间的相互位置和朝向关系。它们也反映了场景中景物之间的相互位置和朝向关系。

spatial-relation-based image retrieval ⇔ 基于空间关系的图像检索

基于特征的图像检索的领域之一。当图像中含有较多独立的目标，同时检索结果强调它们之间的位置关系时，尤其是当目标数目不止一个(实际中也不能太多)且目标的形状和大小相对于目标之间的距离而言可以忽略不计时，使用**空间关系**进行图像检索是比较适合的。

spatial relationship among pixels ⇔ 像素间空间关系

图像中**像素**之间的朝向、位置等关系。这些关系可通过**坐标变换**来调整。

spatial relationship of primitives ⇔ **基元空间关系**

纹理分析的**结构法**中对基元间的空间距离、基元的位置和朝向等的描述。是一类全局性的特征，典型的特征包括**单位面积中的边缘**、**灰度游程**、**最大组元游程**、**相对极值密度**等。

spatial resolution ⇔ **空间分辨率**

1. **图像**中可单独表达、加工的最小单元的尺度。一般用**图像**的尺寸(长×宽)来指示。

2. 描述一幅图像中像素密度的一种方式。空间分辨率越高，将有越多的像素用来显示一幅具有固定物理尺寸的图像。常用如每英寸点数(dpi)来定量表示。

spatial sampling ⇔ **空间采样**

对**模拟图像**在空间上离散化的过程。通过在沿水平和垂直方向上的离散间隔中测量 2-D 函数的值，从而确定了图像的**空间分辨率**。**香农采样定理**为实际**图像处理**中选择**空间采样率**提供了参考。

spatial sampling rate ⇔ **空间采样率**

在**图像**水平和垂直两个方向上单位距离内离散采样点的个数。对**视频**的空间采样率指的是对亮度分量 Y 的空间采样率，一般对色度分量(也称色差分量)C_B 和 C_R 的空间采样率常只有亮度分量的二分之一。这样可使每行的像素数减半，但每帧的行数不变。这种格式被称为 4∶2∶2，即每 4 个 Y 采样点对应 2 个 C_B 采样点和 2 个 C_R 采样点。比这种格式数据量更低的是 4∶1∶1 格式，即每 4 个 Y 采样点对应 1 个 C_B 采样点和 1 个 C_R 采样点。不过在这种格式中水平方向和垂直方向的分辨率很不对称。另一种数据量相同的格式是 4∶2∶0 格式，仍然是每 4 个 Y 采样点对应 1 个 C_B 采样点和 1 个 C_R 采样点，但对 C_B 和 C_R 均在水平方向和垂直方向取二分之一的采样率。最后，对需要高分辨率的应用，还定义了 4∶4∶4 格式，即对亮度分量 Y 的采样率与对色度分量 C_B 和 C_R 的采样率相同。上述 4 种格式中亮度和色度采样点的对应关系如图 S20 所示。

spatial summation ⇔ **空间累积效应**

视觉的空间特性之一。遍布空间的各个不同刺激的积累效果。由于有空间累积效应，当落在一个小面积的**视网膜**区域上的光刺激由于强度不够而看不见的话，那么，当落在

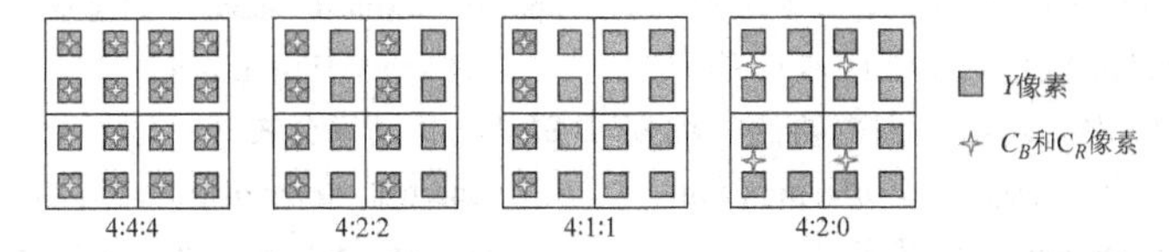

图 S20 4 种采样格式(两个相邻行属于两个不同的场)示例

一个较大面积的视网膜区域上时就可能被看见。

spatial-temporal behavior understanding ⇔ 时空行为理解

借助时空技术解释场景中特定景物行为的**图像理解**过程。时空行为理解需要借助采集的图像来判断场景中有哪些景物、它们随时间如何改变其在空间的位置、位姿、速度、关系等。这包括获取客观的信息(采集**图像序列**),对相关的视觉信息进行加工,分析(表达和描述)信息内容,以及在此基础上对图像/视频的信息进行解释以实现学习和识别行为。换句话说,要在时空中把握景物的动作、确定活动的目的,并进而理解它们所传递的语义信息。

spatial transformation ⇔ 空间变换

图像恢复的**几何变换**中,为恢复像素间的**空间关系**而进行的**坐标变换**。

设原始图像为 $f(x,y)$,受到几何形变的影响变成 $g(x',y')$,这里 (x',y') 表示失真图像的坐标。上述变化在一般情况下可(模型化)表示为

$$x' = s(x,y)$$
$$y' = t(x,y)$$

其中 $s(x,y)$ 和 $t(x,y)$ 代表产生几何失真图像的两个空间变换函数。如果知道 $s(x,y)$ 和 $t(x,y)$ 的解析表达,那就可以得到需要的坐标变换。参阅 **gray-level interpolation**。

spatial window ⇔ 空间窗(口)

空间域中定义**窗函数**的窗口。

spatio-temporal filter ⇔ 时空滤波器

在时空中进行**图像滤波**的滤波器。

spatio-temporal filtering ⇔ 时空滤波(技术)

在时空中对图像的**滤波**。

spatio-temporal Fourier spectrum ⇔ 时空傅里叶频谱

时空函数(随时间和空间变化)的**傅里叶变换**结果。

spatiotemporal frequency response ⇔ 时空频率响应

时间频率响应和空间频率响应的结合。从中可得到给定时间频率(单位是每秒周期)的空间频率响应(**对比敏感度**)和给定空间频率(单位是每度周期)的时间频率响应(对比敏感度)。实验表明:在较高的时间频率,峰频率和**截止频率**在空间频率响应中都下移。它们也帮助验证了一个直观期望:对应**眼睛**在观察静止图像时的**空间分辨率**能力,当目标运动非常快时眼睛不能区分过高空间频率的细节。这个发现对电视和视频系统设计的关键意义是有可能用空间分辨率来补偿时间分辨率,或者反过来。在电视系统设计中使用**隔行扫描**就是利用了这个事实。

spatio-temporal image ⇔ 时空图像

同 **space-time image**。

SPD ⇔ 谱功率分布

spectral power distribution 的缩写。

special case motion ⇔ 特殊情况运动

自运动重建形状中,对**相机**的运

动事先有一定约束的子问题。例如,平面运动、转盘运动或单轴运动,以及纯平移运动。在各个情况下,约束的运动简化了一般性的问题,导致可获得一个或多个闭式解,且有高的效率并增加了准确性。类似的优点也可从诸如**仿射相机**和**弱透视**等近似中获得。

specificity ⇔ 特异性

在二分类中,同 **precision**。

specified histogram ⇔ 规定直方图

直方图规定化中用户期望获得的**直方图**。需在规定化操作前确定。

speckle noise ⇔ 斑点噪声,散斑噪声

合成孔径雷达图像中的特有**噪声**。各种物体表面具有不同的散射特性,合成孔径雷达每次观测一个物体表面的**分辨率**成像单元时,其输出强度会在每个成像单元中随机起伏,造成散斑。

spec noise ⇔ 规格噪声

同 **impulse noise**。

SPECT ⇔ 单光子发射计算机层析成像

single-photon emission CT 的缩写。

spectral absorption curve ⇔ 谱吸收曲线

反映**光谱**中不同**波长**的辐射对应的吸收情况的曲线。**视网膜**中的 3 种**锥细胞**(L 锥细胞、M 锥细胞和 S 锥细胞)和**柱细胞**都各自有不同的谱吸收曲线。

spectral angular distance ⇔ 光谱角距离

对两个**光谱**之间差别的一种度量。将每个光谱都看作空间中的一条直线(一个矢量),两条直线间的夹角反映了两种光谱的差别。

spectral constancy ⇔ 光谱恒常性

消除像素**光谱标记**对图像采集所用光谱依赖性的性质。这样,就可使用一个像素的光谱标记来识别该像素所表示的目标种类。

spectral differencing ⇔ 光谱差分化

1. 一种利用同一场景的三幅图像对高光进行检测的算法。光谱差分化在这里并不是指彩色图像函数的偏微分,而是指对**彩色图像**中像素间光谱差别的计算。这种技术使用三幅彩色图像以检测高光(类似于三目立体视觉分析),这三幅图像是在相同照明条件下从三个不同的观察方向采集到的。

2. 对相同照明条件下从不同观察方向采集的两幅彩色图像,从图像中辨识彩色像素的一种算法。这些像素在 3-D 彩色空间(如 RGB 空间)中与其他图像的任何其他像素都不重合。为了发现视线不一致的彩色像素,光谱差分算法计算最小谱距离(minimum spectral distances, MSD)图像。这里预先假设光照的彩色和目标的彩色在场景中是不一样的。于是,对白色光,场景中没有白色的物体。这是因为当高光彩色与物体彩色相同时,无法将高光分离出来。

spectral histogram ⇔ 光谱直方图,频谱直方图

1. 对一幅 L 带**多光谱图像**的 L-D 空间,沿每轴测量该像素在一个带中的值得到的直方图。可看作是普通图像灰度**直方图**和**彩色图像**颜色直方图的推广。

2. 包含滤波响应的边缘分布的矢量。其中隐含地结合了图像的局部结构(通过检查空间像素联系)和全局统计(通过计算边缘分布)。在使用足够多数量的**滤波器**时,频谱直方图可以唯一地表达任何图像(最多差一个平移)。设$\{F^{(a)}, a=1,2,\cdots,K\}$代表一组滤波器。将图像与这些滤波器卷积,每个滤波响应生成一个直方图:

$$\boldsymbol{H}_{I^{(a)}}(z) = \frac{1}{|\boldsymbol{I}|}\sum_{(x,y)}\delta[z-\boldsymbol{I}^{(a)}(x,y)]$$

其中z代表直方图的一个直方条,$\boldsymbol{I}^{(a)}$是滤波的图像,$\delta(\cdot)$是δ函数。这样,对选定的滤波器组,频谱直方图可表示为

$$\boldsymbol{H}_I = [\boldsymbol{H}_I^{(1)}, \boldsymbol{H}_I^{(2)}, \cdots, \boldsymbol{H}_I^{(K)}]$$

频谱直方图对平移不变(这在**纹理分析**中常是一个希望的特性)。

spectral luminous efficiency curve ⇔ 光谱光效率曲线

把光谱光效率最大值作为1时,得到的各**波长**的光谱光效率与波长之间的关系曲线。

spectral power distribution [SPD] ⇔ 谱功率分布

一种描述**光源辐射**(物理能量)情况的参量。给出了对应不同**波长**的辐射的相对强度。

spectral radiance ⇔ 光谱辐射

单位面积的黑体在单位立体角内、单位**波长**辐射出的能量。单位为瓦特每球面平方米每纳米($W \cdot sr^{-1} \cdot m^{-2} \cdot nm^{-1}$)。

spectral signature ⇔ 光谱标记

多光谱图像中与像素关联的不同光谱带里的数值串。多光谱图像包括一组灰度图像,其中每一幅对应一个带,表示由对应该带的**传感器**敏感度的场景亮度。一个像素的性质值是一个矢量,每个分量表示在一个带中的灰度值。

spectral unmixing ⇔ 光谱分解(技术)

将**遥感图像**中像素所对应区域中的物质区分开来的过程。考虑到遥感图像(相对较粗)的分辨率,其中一个像素所对应的地面区域会包含多种物质,它们的**光谱标记**是混合的。将它们分离开,获得对应不同物质的区域就称为光谱分解。

spectroradiometer ⇔ 光谱辐射计,光谱辐射仪

1. 获得**场景**的**彩色图像**的一种装置。光通过快门后,射向凹的衍射光栅,光栅将信号分解到光敏单元并将干涉信号聚焦到光敏单元。这些装置具有很高的光谱分辨率、精确度和稳定性。然而,光谱辐射计的一个缺点是它们只能测量单个点。所以,几乎不能用它们来对整个场景进行采集。

2. 测量由目标反射、传输或发射随**电磁辐射**的**波长**变化的辐射的装置。

spectrum ⇔ **光谱,(频)谱**

1. 光谱:白光(属复色光)经色散系统(如棱镜和光栅)分光后形成的按**波长**或频率大小依次排列的彩色**条带**。如太阳光经过三棱镜分光后,形成按红橙黄绿青蓝紫次序连续分布的彩色光谱。不可见的紫外和红外光在分光后可用检测器测出或用**变像管**变成可见图像再显示出来。光谱也称波谱。按波段不同,可分为红外光谱、可见光谱、紫外光谱、X射线谱等。

2. (频)谱:**傅里叶频谱**的简称。

spectrum approach ⇔ **频谱法**

一种用于**纹理分析**的**方法**。频谱法常利用**傅里叶变换**后得到的**频谱**分布,特别是频谱中的峰(具有高能量窄脉冲)来描述纹理中的全局周期性质。

spectrum color ⇔ **光谱色**

单色光的颜色。但还不是严格理论上的单色。理论上所说的单色在现实中是不存在的。光谱色是最接近单色的光颜色,有时为明确起见也称为**纯光谱色**,它们在色度图中组成**光谱轨迹**,而其他的色称为谱外色。

spectrum function ⇔ **频谱函数**

纹理分析的**频谱法**中,将频谱转到极坐标系后所得到的函数。频谱作为极坐标变量(r,θ)的函数用$S(r,\theta)$表示。对每个确定的方向θ,$S(r,\theta)$是一个1-D函数$S_\theta(r)$;对每个确定的频率r,$S(r,\theta)$是一个1-D函数$S_r(\theta)$。对给定的θ,分析$S_\theta(r)$得到频谱沿原点射出方向的行为特性;对给定的r,分析$S_r(\theta)$得到频谱在以原点为中心的圆上的行为特性。如果把这些函数对下标求和可得到更为全局性的描述:

$$S(r) = \sum_{\theta=0}^{\pi} S_\theta(r)$$

$$S(\theta) = \sum_{r=1}^{R} S_r(\theta)$$

其中R是以原点为中心的圆的半径。$S(r)$和$S(\theta)$构成整个**纹理图像**或图像区域频谱能量的描述,其中$S(r)$也称为环特征(对θ的求和路线是环状的),$S(\theta)$也称为楔特征(对r的求和范围是楔状的)。

spectrum locus ⇔ **光谱轨迹**

色度图上,以**波长**(每个波长对应一种光谱)作为参数的弧线,是把各**单色光**刺激色坐标的点连接而成的轨迹。

spectrum quantity ⇔ **光谱密度**

光谱随**波长**的变化率。即单位波长间隔内谱线的多少。也称光谱量。

specular reflection ⇔ **镜面反射**

光与物质的相互作用方式之一。由一个行为像镜面的光滑表面对**电磁辐射**的反射。在镜面反射中,入射光与反射光在同一个平面,而且它们与反射面法线的夹角是相等的。镜面反射的表面在电磁辐射的**波长**尺度上是光滑的。其方向取决于表面形状的宏观结构。

specular reflection coefficient ⇔ 镜面反射系数

一种反映镜面表面反射性质的参数。与表面材料有关。

speeded-up robust feature [SURF] ⇔ 加速鲁棒特征

一种检测图像中**显著特征点**的方法。提出它的基本思路是对 **SIFT** 计算加速，所以除具有 SIFT 方法稳定的特点外，还减少了计算复杂度，具有很好的检测和匹配实时性。

speed profiling ⇔ 速度剖析

一种典型的**自动活动分析**工作。一种典型的情况是借助跟踪技术以获得景物的动态信息，并实现对其运动速度变化的分析。

spherical aberration ⇔ 球(面像)差

通过厚透镜后，因近轴光线和远轴光线不能交于一点而产生的**像差**。如图 S21 所示，靠近镜头边缘的光线折射更强一些，导致无论将像平面放在距镜头远或近的位置都会得到一个弥散的圆。减少球差的一个方法是使用较大的 ***f* 数**，即使用较小的光圈挡住一部分远轴光线。

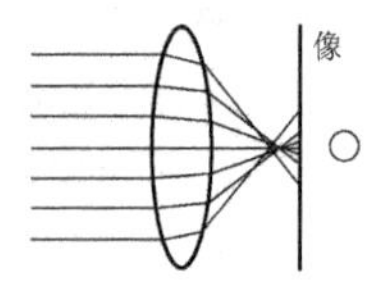

图 S21　球差示意图

sphericity ⇔ 球状性，球状度

一种**紧凑度描述符**。描述 2-D 目标时是一个区域参数，表达式为

$$S = \frac{r_i}{r_c}$$

其中，r_c 代表目标外接圆(circumscribed circle)的半径，r_i 代表目标内切圆(inscribed circle)的半径。可将两个圆的圆心都取在目标的**区域重心**上。

描述 3-D 目标时是一个体参数，等于 3-D 目标的表面积和体积之比。

spin ⇔ 旋转

视频镜头间一种典型的**渐变**方式。后一镜头的首帧从屏幕中旋转出来并覆盖前一镜头的尾帧。

split and merge algorithm ⇔ 分裂合并算法

一种用于**图像分割**的**基于区域的串行算法**。分裂的基本思想与**区域生长**相反，即从整幅图像开始通过不断分裂得到各个区域。是一种自上而下的图像分割方法。实际中，常先把图像分成任意大小且不重叠的区域，然后再合并或分裂这些区域以满足分割的要求。最常采用的数据结构是**四叉树**。在四叉树中的每个叶节点对应**分割图像**中的一个区域。

分裂合并分割算法可写成如下的算法形式：

(1) 定义一个均匀逻辑谓词 $P(R_i)$；

(2) 对每个区域计算 $P(R_i)$；

(3) 对每个 $P(R_i)=\text{FALSE}$ 的区

域 R_i 将其分裂成 4 个不相交的象限；

(4) 重复步骤(2)和步骤(3)直到所有的结果区域都满足均匀性准则，即(R_i)=TRUE；

(5) 如果任意两个区域 R_j 和 R_k 满足 $P(R_j \cup R_k)$=TRUE，将它们合并起来；

(6) 重复步骤(5)直到没有合并可以进行。

split, merge and group [SMG]⇔分裂、合并和组合

一种用于**图像分割**的典型**分裂合并**算法。包括 5 步：

(1) 初始化：将图像按**四叉树**结构分解成**子图像**，一直分解到对应像素的叶结点；

(2) 合并：对某层的结点考虑其四个子结点，如果它们都满足一个一致性条件(如灰度相同)，则从四叉树表达中将这四个子结点切去，该结点成为叶结点；

(3) 分裂：对某层的不一致结点，将其分解为四个**子图像**，即下加四个子结点。对每个如此产生的子结点继续检查其一致性，如果不一致就继续分裂，直到四叉树中所有新得到的结点都是叶结点(不可再分)；

(4) 从四叉树向**区域邻接图**转换：对分属于不同父结点的子结点(也可以是叶结点)，通过把四叉树结构转换为区域邻接图来对这些子结点按**空间关系**建立邻接联系；

(5) 组合：将空间上邻接且满足一致性条件的子结点组合起来构成新的一致性区域，从而得到最终分割结果。

splitting technqiue⇔分裂技术

一种**多边形逼近**技术。先连接**目标区域**边界上相距最远的两个像素(即把边界分成两部分)，然后根据一定的准则进一步分解边界，构成多边形逼近边界，直到拟合误差满足一定限度。

图 S22 给出一个以边界点与现有多边形的最大距离为准则分裂边界的例子。原边界由点 a,b,c,d,e,f,g,h 等表示。现第一步从点 a 出发，先做直线 ag，然后分别计算 di 和 hj(点 d 和点 h 分别在直线 ag 两边且距直线 ag 最远)两个距离。图中设这两个距离均超过误差限度，所以分解边界为 4 段：ad,dg,gh,ha。进一步计算 b,c,e,f 等各边界点与当前多边形各相应直线的距离，图中设它们均未超过误差限度(例如 fk)，则多边形 $adgh$ 为所求。比较 **merging technqiue**。参阅 **iterative endpoint curve fitting**。

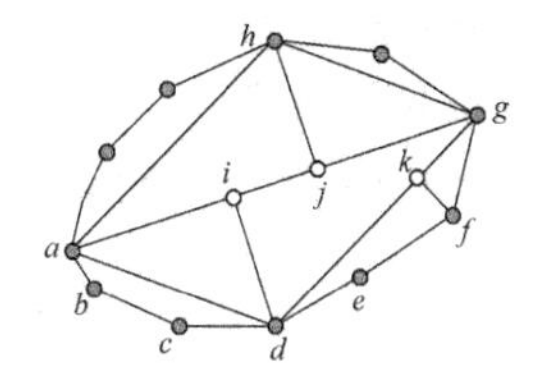

图 S22 分裂逼近多边形

sport match video⇔体育比赛视频

有关体育比赛节目的**视频**。一般

有较强的结构性,并有一些高潮事件,这对体育视频分析提供了时间线索和限制。另外,体育比赛的环境常是特定的,但比赛中有许多不定因素,事件的发生时间位置不能事先确定,所以比赛中无法控制视频生成过程。体育比赛的拍摄手法也有许多特点,如对篮球比赛的扣篮不仅有空中拍摄的,也有从篮下向上拍摄的。

参阅 **ranking sport match video**。

SPOT⇔地球观测试用卫星;地球观测试用系统

1. 地球观测试用卫星:**satellite probatoire d'observation de la terra**【法】的缩写。

2. 地球观测试用系统:**systeme probatoire d'observation de la terra**【法】的缩写。

spurs⇔马刺

印制电路板(PCB)图像中金属线上的一种缺陷。对应金属线上的多余凸起,使得线宽变化。可以使用**数学形态学**中的**开启**操作来消除“马刺”,考虑到金属线的布局有水平、垂直和对角线三个方向,常使用八边形的**结构元素**。

square-box quantization [SBQ]⇔方盒量化

一种**数字化方案**。令**数字化盒** $B_i=[x_i-1/2, x_i+1/2)\times[y_i-1/2, y_i+1/2)$,$B_i$的闭包$[B_i]=[x_i-1/2, x_i+1/2]\times[y_i-1/2, y_i+1/2]$。给定**预图像** S,一个像素 p_i 当且仅当 $B_i\cap S\neq\varnothing$时才处在 S 的数字化集合 P 中。进一步,给定连续曲线 C,对每个处在水平或垂直网格线上的实点 $t\in C$,若存在两个数字化盒 B_i 和 B_j,满足 $t\in[B_i]\cap[B_j]$,像素 p_i 和 p_j 中落在左边数字化盒中的那一个被认为在 C 的数字化结果中。

square degree⇔方角度

等于$(\pi/180)^2$**球面度**的一种**立体角**单位。来历是作一个正方形,每边之长在球心的夹角为1°。

square lattice⇔正方形网格(点)

一种目前广泛使用的**图像网格**。由正方形**采样模式**而得到。对应的**像素**是正方形的。

SR⇔超分辨率

super-resolution 的缩写。

sRGB⇔标准 RGB,标准化红绿蓝彩色空间

sRGB (standard red-green-blue) color space 的简称

sRGB color space⇔标准化红绿蓝彩色空间

国际彩色联盟(ICC)于1996年建议的一种用于因特网的标准**彩色空间**。是为CRT显示器在日光观察条件下制订的,但这个标准考虑了**阴极射线管**(CRT)显示器和 D_{65} 日光。sRGB的**三刺激值**是CIE的XYZ值的简单线性组合。它们也被称为Rec. 709RGB值,可用下面公式计算:

$$\begin{bmatrix} R_{sRGB} \\ G_{sRGB} \\ B_{sRGB} \end{bmatrix} = \begin{bmatrix} 3.2410 & -1.5374 & -0.4986 \\ -0.9692 & 1.8760 & 0.0416 \\ 0.05556 & -0.2040 & 1.0570 \end{bmatrix} \begin{bmatrix} X \\ Y \\ Z \end{bmatrix}$$

SRL ⇔ 统计关系学习

statistical relational learning 的缩写。

SSD ⇔ 差的平方和

sum of squared difference 的缩写。

SSSD ⇔ SSD 的和

sum of SSD 的缩写。

stack filter ⇔ 层叠滤波器

一种基于**平坦结构元素**的非线性形态学滤波器。是对**中值滤波器**的一种推广(在更广的意义上,可看作对各种**排序滤波器**的推广),可以有效地保持图像中的常数区域和单调变化区域,抑制脉冲干扰并保持边缘。从滤波器实现的角度来看,堆栈滤波器可看作是在二进制域实现某些非线性滤波器的一种方式。

standard CIE colorimetric system ⇔ 标准 CIE 色度系统

根据三原色理论建立,用**三刺激值**可表示任何一种颜色的国际公认的系统。也称 **CIE** 系统,即标准 XYZ 系统。原先在求三刺激值时所用的是 RGB(红绿蓝)系统,对于参考刺激(原色)的选择是漫无标准的,且对纯**光谱色**经常有一负刺激值出现,在运算中不方便。标准 CIE 色度系统中为避免此缺点,所选的参考刺激都是虚刺激(实际并不存在的色,但在色度图上有明确的位置),用正体或粗体字母 XYZ 表示,且 X、Z 只有色而无光,故标准三刺激值 XYZ 中的 Y 表示光亮度值。

standard color values ⇔ 标准彩色值

一组归一化的彩色值。方程(λ 代表**波长**)是

$$X = k\int \varphi(\lambda) \cdot \bar{x}(\lambda) \mathrm{d}\lambda$$

$$Y = k\int \varphi(\lambda) \cdot \bar{y}(\lambda) \mathrm{d}\lambda$$

$$Z = k\int \varphi(\lambda) \cdot \bar{z}(\lambda) \mathrm{d}\lambda$$

其中

$$k = \frac{100}{\int S(\lambda)\bar{y}(\lambda)\mathrm{d}\lambda}$$

$\varphi(\lambda)$为在眼睛中引起彩色刺激辐射的**彩色刺激函数**,$S(\lambda)$为光谱功率。

对**体色**使用归一化因子 k 来使纯苍白的白体在任何类型的光照下的标准彩色值 $Y_{\text{white body}}$ 为 100。在实际中,积分换成一个对有限测量的求和。对非发光物体,需要考虑彩色测量依赖于测量几何。因此,对每个光谱信号要赋三个正的标准彩色值 X、Y 和 Z。

standard definition television [SDTV] ⇔ 标准清晰度电视

数字电视的一种,其图像水平清晰度 480～600 线,分辨率为 720×576 像素,帧率最高达 60 fps,屏幕宽高比为 4∶3。

standard deviation ⇔ **标准（偏）差，标准方差**

1. **方差**的正平方根。

2. **图像信息融合**中一种基于统计特性的**客观评价**指标。一幅图像的灰度标准差反映了各灰度相对于灰度均值的离散情况，可用来评价图像反差的大小。设 $g(x,y)$ 表示 $N\times N$ 的**融合图像**，μ 表示它的灰度均值，则标准差为

$$\sigma=\frac{1}{N\times N}\sqrt{\sum_{x=0}^{N-1}\sum_{y=0}^{N-1}[g(x,y)-\mu]^2}$$

如果一幅图像的标准差较小，则表明图像的反差较小（相邻像素间的对比度较小），图像整体色调比较单一，可观察到的信息较少。如果标准差较大，则情况相反。

standard deviation modified Hausdorff distance [SDMHD] ⇔ **用标准方差改进的豪斯道夫距离**

对**豪斯道夫距离**的一种改进。借助二阶统计量进行以克服豪斯道夫距离对点集合内部点分布的不敏感性。给定两个有限点集合 $A=\{a_1, a_2,\cdots,a_m\}$ 和 $B=\{b_1,b_2,\cdots,b_n\}$，用标准方差改进的豪斯道夫距离为

$$H_{\mathrm{STMHD}}(A,B)=\max[h_{\mathrm{STMHD}}(A,B),h_{\mathrm{STMHD}}(B,A)]$$

其中，

$$h_{\mathrm{STMHD}}(A,B)=\frac{1}{m}\sum_{a\in A}\min_{b\in B}\|a-b\|+k\times S(A,B)$$

$$h_{\mathrm{STMHD}}(B,A)=\frac{1}{n}\sum_{b\in B}\min_{a\in A}\|b-a\|+k\times S(B,A)$$

上两式中，参数 k 为加权系数，$S(A,B)$ 表示点集合 A 中一点到点集合 B 中最远点的距离的标准方差：

$$S(A,B)=\sqrt{\sum_{a\in A}\left[\min_{b\in B}\|a-b\|-\frac{1}{m}\sum_{a\in A}\min_{b\in B}\|a-b\|\right]^2}$$

$S(B,A)$ 表示点集合 B 中一点到点集合 A 中最远点的距离的标准方差：

$$S(B,A)=\sqrt{\sum_{b\in B}\left[\min_{a\in A}\|b-a\|-\frac{1}{n}\sum_{b\in B}\min_{a\in A}\|b-a\|\right]^2}$$

上述用标准方差改进的豪斯道夫距离不仅考虑了两个点集合之间所有点的平均距离，而且通过引入点集合间距离的标准方差加入了点集合间点的分布信息（两个点集合间点分布的一致性），所以对点集合的刻画更为细致。

standard deviation of noise ⇔ **噪声标准方差**

将**噪声**看作信号而对其幅度算出的标准差。

standard illuminants ⇔ **标准施照体**

由 **CIE** 制定，光谱分布标准化了的范例。为比较彩色和测量彩色，对每种彩色必须要根据照明的光谱分布（或辐射）给出一组彩色测量数。为减少这种变化，有些光谱分布已在国际上标准化。注意，并没有“标准光源”（物理光源），在对应的标准中，对不同的光谱分布进行了列表而不考

虑是否有对应分布的光源(灯)。

CIE 推荐了 4 种施照体。标准施照体 A 是用钨光人工照明的一个代表,对应普朗克全辐射体在彩色温度为 2856 K 时的施照体。施照体 B 代表色温为绝对温度 4874 K 的直射日光。标准施照体 C 代表色温为绝对温度 6774 K 的平均昼光,被用以代表"日光"。但是,考虑到它缺少长波 UV 辐射,所以被标准施照体 D65 所代替。标准施照体 D65 代表色温为绝对温度 6504 K 的平均昼光,是 400～25 000 K 的平均昼光中的一种,被作为对平均日光的代表。标准施照体 D65 的缺点是不能用任何技术上的光源重现。各种标准施照体的光谱分布有表、库可查。

standard image ⇔ 标准图(像)

研究人员均可用作各种研究的基础和测试标准的公开**图像**。

standard imaging ⇔ 标准成像(方法)

正常的**光学成像**形式。如图 S23 所示,光圈与镜头在同一个平面上,远处的大目标有可能与近处的小目标的所成像同样大小。

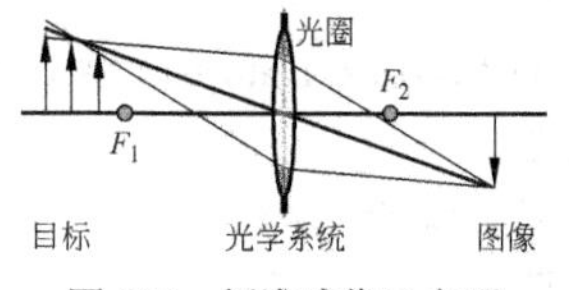

图 S23 标准成像示意图

standard lens ⇔ 标准镜头

照相机上焦距长度和所用感光片的对角线长度大致相等的镜头。如 6 cm×6 cm 感光片相机上安装的标准镜头的焦距是 75～80 mm,而 24 cm×36 cm 感光片相机上的标准镜头的焦距是 35～50 mm。各类相机标准镜头的视角一般为 50°左右。

standard observer ⇔ 标准观察者

用很多具有正常**彩色视觉**者的彩色匹配函数求平均得到的**三刺激值**来描述的理想人。

standards conversion ⇔ 标准(间)转换

视频图像处理中,各种**视频格式**之间的转换。有时也称采样率转换。一个标准可以定义为一种用 4 个主要参数的组合来指定的视频格式:彩色编码(复合/分量),每场/帧的行数,帧/场率,扫描方法(隔行/逐行)。典型的标准转换例子包括:①帧和行转换;②彩色标准转换;③行和场加倍;④电影到视频转换。

standard stereo geometry ⇔ 标准立体几何

一种特殊的**双目立体成像**几何配置。两个具有相同**焦距** f 的相机并列在一起,它们的光学中心 $\boldsymbol{O}_L$ 和 $\boldsymbol{O}_R$ 之间的距离为 b,两个光轴间的夹角为 0。对在左图像中和右图像中的两个对应点 (x_L, y_L) 和 (x_R, y_R),深度值 Z 为

$$Z = \frac{f \cdot b}{x_L - x_R}$$

在这种相机位置下计算很简单,立体分析可简化为在左图像和右图像中对应像素的检测,所以许多立体

视觉系统都采用这种位置。

state model⇔**状态模型**

传感器分量模型中的一个分量。可以描述传感器观察值对传感器位置状态的依赖关系。

state space⇔**状态空间**

描述系统随时间变化的各种状态的集合。这些状态可用系统的输入、输出以及描述各个状态特性的状态变量来表示。**图搜索**是状态空间搜索的一种典型方法。

static knowledge⇔**静态知识**

说明表达型方式中，描述有关目标及其间固定联系的非动态知识。

static recognition⇔**静态识别**

单幅**静止图像**中识别目标和活动的过程。

stationary random field⇔**平稳的随机场**

同 **homogeneous random field**。

statistical approach⇔**统计法**

一种**纹理分析方法**。统计法中，**纹理**被看作是一种对区域中密度分布的定量测量结果，故也称**纹理统计模型**。统计法利用描述图像灰度的分布和关系的统计规则来描述纹理。

statistical differencing⇔**统计微分法**

一种**边缘锐化**算法。对图像 $f(x,y)$，首先确定一个以 (x,y) 为中心的 $n \times n$ 的窗口 W，然后计算窗口中像素的方差：

$$\sigma^2(x,y) = \frac{1}{n \times n} \sum_{x \in W}^{n} \sum_{y \in W}^{n} [f(x,y) - \bar{f}(x,y)]^2$$

最后将**退化图像** $g(x,y)$ 的像素值用 $f(x,y)/\sigma(x,y)$ 替换，这样得到的锐化结果 $g(x,y)$ 的像素值在边缘处将增加而在其他地方将减小。

statistical feature⇔**统计特征**

利用描述图像灰度分布和关系的统计规则来描述纹理的**统计法**中所用的特征。最简单的统计特征集合包括下列基于直方图的图像(或区域)**描述符**：**均值**、**方差**(或其平方根，即**标准方差**)、**偏度**、能量(作为一个均匀性测度)、**熵**等。

statistical pattern recognition⇔**统计模式识别**

模式识别的三个主要领域之一。建立在经典的决策理论之上。统计模式识别根据模式统计特性用一系列自动技术确定**决策函数**，并将给定模式赋值和分类，其主要工作是选取样本特征表达模式和设计**模式分类器**以对样本进行分类。

statistical relational learning [SRL]⇔**统计关系学习(方法)**

一种将关系/逻辑表示、概率推理以及数据挖掘等技术进行综合，以获取关系数据似然模型的**机器学习**方法。

statistical texture feature⇔**统计纹理特征**

测量像素值空间分布的**纹理特征**。

statistic error⇔**统计误差**

测量误差的一种。也称**随机误差**。是一种引起实验结果发散的**误**

差，描述了重复测量所得到的测量数据(相对于重心值或**期望值**)的散射程度(即各个测量值的相对分布情况)。

statistic uncertainty ⇔ 统计不确定性，统计不确定度

测量不确定度的一种。是对随机误差限度的估计，一般取值范围为均值加减均方差。

steerable filters ⇔ 可(操)控滤波器

一组具有随意朝向的滤波器，每个均通过对一组基本函数(也称基本滤波器)进行线性组合而生成。用于 2-D 图像时，通过在基本滤波器间进行恰当的**插值**可以连续地操控其特性。一个简单的例子是一个**平滑滤波器**，通过操控可在任意方向进行平滑。其响应依赖于一个标量的"朝向"参数 θ，但在任何方向的响应都可用一小组基响应来计算，从而节省了计算量。例如，在朝向 θ 的方向导数可用在 x 和 y 方向的导数 I_x 和 I_y 来计算：

$$\frac{\mathrm{d}I}{\mathrm{d}\,\boldsymbol{n}_\theta}=\begin{bmatrix}I_x\cos\theta\\I_y\sin\theta\end{bmatrix}$$

再如，可以使用高斯微分滤波器来生成可操控滤波器。令 G_x 和 G_y 代表高斯函数沿 x 和 y 的一阶微分(G_y 基本上是 G_x 旋转的版本)。对任意方向 θ 的一阶微分滤波器可以通过对 G_x 和 G_y 的线性组合得到：

$$D_\theta = G_x\cos\theta + G_y\sin\theta$$

其中 $\cos\theta$ 和 $\sin\theta$ 是基函数 G_x 和 G_y 的插值函数。这些具有朝向的滤波器对边缘具有选择的响应，这对纹理分析很重要。

对不可操控的滤波器，如**盖伯滤波器**，需要在每次迭代中都重新计算响应，所以计算复杂度会比较高。

steerable pyramid ⇔ 可(操)控金字塔

多尺度分解和鉴别测量相结合的表达。提供了在多尺度和不同朝向下分析纹理的一种方式。鉴别常基于有朝向地测量可操纵基函数。基函数互相之间是旋转复制关系，任意方向复制的基函数都可用这些基函数的线性组合来生成。金字塔可含有任意数量的朝向带，结果就是不受混叠效应的影响，但金字塔是过完备的，从而降低了其计算效能。

steganography ⇔ 信息伪装

信息隐藏的一种方式。在没有受到怀疑的"载体"数据中隐藏信息，或者说将需隐藏的信息伪装成与公开的内容无关的信息，从而保护需隐藏信息的存在性，使其不被注意到和检测到，达到保护需隐藏信息内容的目的。一种简单的方法是将信息编入一幅数字图像的低位上。

steradian ⇔ 球面度

立体角的单位。

stereographic projection ⇔ 立体图投影，球极投影

一种将**高斯球**投影到平面上的方法。将表面朝向转换为**梯度空间表达**。在立体图投影中，投影的目的地是与北极相切的平面，而投影的中心是南极。这样除南极点外，所有高斯球上的点都可以唯一地映像到平面上。

stereo image ⇔ **立体图像**

用**立体成像**方式获得，包含立体信息的图像。很多情况下指一对图像，也可指多幅相关联的、对景物提供多方向观察角度的图像组。

stereo image rectification ⇔ **立体图像矫正**

从用针孔相机获得的一对图像中，使对应点处在对应的极线上的过程。立体图像矫正对 2-D 图像进行重采样以生成两幅有相同数量的行的新图像，并使在对应极线上的点处在对应的行上。对某些**立体视觉**算法，这可以减少计算量。不过，在某些相对的朝向(如沿光轴的平移)，矫正比较难实现。

stereo imaging ⇔ **立体成像(方法)**

用各种方式获取含有立体信息的图像的过程。原指用立体镜获取图像对的过程。对借助立体成像获得的图像利用**立体视觉**技术进行计算，就可得到含有**深度**信息的图像，从而恢复 3-D 场景。

stereology ⇔ **体视学**

研究 3-D **实体**的结构(structure)和其 **2-D 图像**间几何关系的科学。在典型的体视学应用中，用以研究结构的信息是由一组从该结构获得的 2-D 图像来提供的。这些图像可以来自结构反射的表面、透射的实体薄片或者来自对实体外形进行的**投影**。

stereo matching ⇔ **立体匹配(技术)**

立体视觉中的一个关键步骤。目的是建立同一个空间点在不同图像中其像点之间的关系，从而可以得到**视差**数值并进而获得**深度图像**。常用的方法包括**基于区域灰度相关的立体匹配**方法和**基于特征的立体匹配**方法。

stereo matching based on features ⇔ **基于特征的立体匹配(技术)**

利用拟匹配图像中的**特征点**或特征点集合进行的**立体匹配**。常采用的特征主要是图像中的拐点和**角点**、边缘线段、**目标轮廓**等。这些特征在图像中应具有唯一性。

stereo matching based on region gray-level correlation ⇔ **基于区域灰度相关的立体匹配(技术)**

利用不同区域内像素灰度值集合的相关性进行的**立体匹配**。需要考虑不同图像中每个需要匹配的点的**邻域**性质，以此构建**模式**进行匹配。

stereophotogrammetry ⇔ **立体摄影测量，立体照相测量**

照相测量的一个重要领域。从基线两端的两点对要测量的物体拍摄两幅照片，这里可考虑分两种情况：

(1) 地面照相测量：(a)正常情况，从两点对物体照相时的方向平行且与基线垂直；(b)摆动情况(左摆，右摆)：两个照相机的朝向平行，但对基线的法线向左或向右偏某一相等角度；(c)会聚(或发散)情况：两个照相机的朝向保持在同一平面内,但对基线法线可有任意夹角。

(2) 航空照相测量:尽量使照相时的光轴与地面垂直。

stereophotography ⇔ **立体摄影,体视照相术**

表现景物 3-D 空间的摄影方式之一。借助所摄影像能再现双眼所见景物的立体效果。

stereoscope ⇔ **立体镜,体视镜**

一种通过观察**体视图**来获得立体效果的光学装置。包括三棱镜式立体镜、反射式立体镜和栅栏式立体镜等类别。

stereoscopic acuity ⇔ **体视锐度**

体视观察时的体视视差。令基线(即瞳距)对远方物体的张角是对物体的视差角 Δ,对同一条基线 b,观察远方不同距离 R 的物体可有不同的视差角。观察者尚能区别开的两视差角之差 $\delta\Delta$ 称为体视锐度。一般取体视锐度为 $10''$,经验丰富的观察者可达 $5''$。已知体视锐度,可转换为距离(深度)的差别,$R = R^2 b^{-1} \delta\Delta$。

stereoscopic imaging ⇔ **立体镜成像(方法)**

一种使用**角度扫描摄像机**,采用**双目角度扫描模式**成像的方式。

stereoscopic imaging with angle-scanning camera ⇔ **用角度扫描摄像机进行立体镜成像**

同 **binocular angular scanning model**。

stereoscopic phenomenon ⇔ **体视现象,体视效应**

两眼**视网膜**上对不同远近物体的成像不完全对应而产生的纵深感。但这里不包括由单眼或双眼会聚等作用所获得的深度感觉。体视效应只能感觉两较近物体间的深度差异,却不能估计其绝对距离,另外尚须再满足 5 个条件才会有正确的体视效应:①两物体不能互相遮蔽或被其他物遮去某一个;②两物体在水平方向不能相去太远;③两物体在垂直方向不能相去太远;④两物体若连成一线,左右眼不应从直线两边去观察;⑤物体若呈直线状,且平行于两眼连线时,将不产生体视效应。

stereoscopic photography ⇔ **体视照相(术)**

同 **stereophotography**。

stereoscopic radius ⇔ **体视半径**

以观察者为中心所作的一个能产生体视效应的圆的半径。在此圆以外,不产生体视效应。因为在其外的物体对两眼形成的体视视差太小,小到**体视锐度**之下。例如,体视锐度为 $10''$,而瞳距为 65 mm,则体视半径为:$(0.065 / 10) \times 206\ 000 = 1339$ m。

stereoscopy ⇔ **体视术**

人为造成有空间感觉(**体视效应**)的方法。主要方法是制成两张图片,分别与左眼和右眼所看到的实际物体的透视图相对应。

stereo vision ⇔ **立体视觉**

一种借助双目或多目的方式来获

取图像并进一步计算场景中深度信息的方法。是根据人的空间视觉，将一对图像转换到 3-D 表达形式的可见物体表面的技术和过程。立体视觉的基本思路是从两个或多个视点去观察同一场景，获得在不同视角下的一组图像，然后通过三角测量原理获得不同图像中对应像素间的**视差**，从中获得深度信息，并进而计算场景中目标的位置和形状以及它们之间的**空间关系**等。

stereo-vision system⇔立体视觉系统

能实现**立体视觉**功能的实用系统。**人类视觉系统**是一个天然的立体视觉系统。利用计算机技术和电子器件也可构成立体视觉系统，其主体包括六个模块：①**摄像机标定**；②**立体成像**；③**匹配特征提取**；④**立体匹配**；⑤**3-D 信息恢复**；⑥**立体视觉后处理**。

STFT⇔短时傅里叶变换

short-time Fourier transform 的缩写。

still image⇔静止图像

一种相对独立的单幅图像。比较强调图像获取的瞬间，此时其中的**目标**相当于固定不动的。与**运动图像**对立。

still video camera⇔静像摄像机

一种无胶片**照相机**。可将摄取的照片以模拟数据的形式保存下来（可以直接送入电视机显示），而不是以数字形式保存下来。如果要将照片送入计算机，还要使用"模-数"装置进行转换。

stimulus⇔刺激

使感受器兴奋并对机体产生效应的物质能量。

stochastic algorithm⇔随机算法

与随机优化相关的数值概率算法。典型的算法包括：**遗传算法**，**模拟退火**算法等。

stochastic context-free grammar [SCFG] ⇔随机上下文自由文法，随机上下文无关文法，随机上下文自由语法，随机上下文无关语法

对**上下文无关语法**的概率扩展。可用于对**活动**（其结构假设已知）的语义进行建模，更适合用于将实际的视觉模型结合起来。另外还被用来对多任务的活动（包含多个独立执行线程，断断续续相关交互的活动）建模。

stochastic sampling technique⇔统计采样技术

一种具备特殊条件的采样技术。需要同时满足两个特征：①随机选取样本，②运用概率论评价样本结果。不同时具备上述两个特征的采样方法称为非统计采样技术。

stop⇔光圈

参阅 **stop number**。

stop-number⇔光圈（号）数

同 F 数或 f 数。主要是为了表征照相物镜，当物体在无穷远时，将其定为焦距与入射光瞳直径之比（**孔径比**的倒数，也称相对孔径），也称**焦距比**。若物体不在无穷远，则

称其为有效 f 数或**等效 f 数**。有效 f 数的表示式为：$(2n' \sin\phi')^{-1}$，其中 n' 是像空间的**折射率**（一般为1），ϕ' 是出射光瞳半径在轴上像点处的张角。有效 f 数也包括物体在无穷远的情况。而等效 f 数则定义为有效 f 数/$(1+m)$，这里 m 为成像放大率。实用中常将具体的 f 数写在焦距 f 之下或之右，如 $f/8$ 表示物镜焦距为入射光瞳直径的8倍。

storage camera tube ⇔ 储像管，存储摄像管

将光学像变成储藏的**电像**的装置。具体是在一薄云母片上做成许多互相绝缘的微元阴极（整体称为嵌镶阴极），云母背面做成与微元阴极相对应的互相绝缘的嵌镶阳极。在嵌镶阴极前面有辅助阳极以吸引嵌镶阴极受光照射后所发出的电子。嵌镶阳极上正电的多寡与从景物射来的光的多寡成正比。用电子扫描装置可将储藏的电像中的电信号取出。

straight cut ⇔ 直接切割

同 **abrupt change**。

stratification ⇔ 分层化

对3-D几何学层次的划分。转指一组对**自校准**的解，其中透视重建先转化成仿射重建（通过计算在无穷远的平面）再转成欧氏重建。参阅 **projective stratum**。

streaming video ⇔ 流视频

视频形成的一系列**帧图像**。处理这样视频的算法不能很容易地选择特定的帧。

stretch transformation ⇔ 拉伸变换

一种在一个方向上放大而在其正交方向上缩小的**坐标变换**。也是一种典型的**3点映射变换**。拉伸变换可看作**放缩变换**的一种特例，设拉伸系数为 L，则水平方向放大垂直方向缩小时 L 大于1，而水平方向缩小垂直方向放大时 L 小于1。拉伸变换矩阵可表示为

$$\boldsymbol{L}=\begin{bmatrix} L & 0 & 0 \\ 0 & 1/L & 0 \\ 0 & 0 & 1 \end{bmatrix}$$

图S24为一个水平拉伸变换的示例，实线正方形为拉伸前的原目标，而虚线矩形为拉伸后的结果。箭头指示了角点的移动方向。

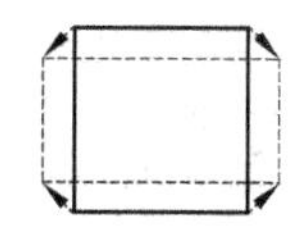

图S24　水平拉伸变换示意图

striated cortex ⇔ 纹状皮层

视觉皮层的初级视皮层。可将信息输出到**纹外皮层**。

strict digraph ⇔ 严格有向图

一种没有环且每个有序顶点对中只有一条对应边的**有向图**。

string ⇔ （字符）串

一种数据表达形式，是由若干字符、字母、数字等接续而成的有限序列。

string description ⇔ （字符）串描述

参阅 **string descriptor**。

string descriptor ⇔ **(字符)串描述符**

一种**关系描述符**。适合于描述基本元素重复出现的关系结构。先将基本元素用字符表示,然后借助**形式语法**和**重写规则**来构建字符串。

string grammar ⇔ **(字符)串句法,(字符)串文法**

一组用于对**字符串结构**进行**结构模式识别**的**句法**规则。能控制字符集中符号产生句子的过程。由一个句法 G 所产生的一组句子称为语言(language),记为 $L(G)$。句子是符号连起来的串,这些串代表了某种模式,而语言对应**模式类**。

string matching ⇔ **(字符)串匹配(技术)**

广义图像匹配的一种。通常用于**目标匹配**。**字符串**可以表达目标区域的轮廓或**特征点**序列。考虑两个串 $a_1a_2\cdots a_n$ 和 $b_1b_2\cdots b_m$,如果从 a_1 和 b_1 开始匹配,在第 k 个位置有 $a_k=b_k$,则两个串有一次**匹配**。如果用 M 表示两串间已匹配的总次数,则未匹配符号的个数为

$$Q=\max(\|A\|,\|B\|)-M$$

其中,$\|A\|$、$\|B\|$ 分别代表字符串 A、B 的长度(符号个数)。可以证明当且仅当 A 和 B 完全相同时,$Q=0$。A 和 B 之间一个简单的相似性量度为

$$R=\frac{M}{Q}=\frac{M}{\max(\|A\|,\|B\|)-M}$$

可见,较大的 R 值表示有较好的匹配。当 A 和 B 完全匹配时,R 值为无穷大;而当 A 和 B 中没有符号匹配时($M=0$),R 值为零。

string structure ⇔ **(字符)串结构**

图像模式识别中的一种**结构模式描述符**。比较适合表达基本元素重复出现的结构。

stripe noise ⇔ **条带噪声,条纹噪声**

一种特殊的**噪声**。当采用多个采集器并行采集大尺寸图像时,由于各个采集器的灵敏度不同而导致采集到的图像上有条状纹路(各**条带**亮度不同)。消除该种噪声的方法之一是分别调整各个条带的亮度,亦称去条纹处理。

strip tree ⇔ **条带树**

一种分层表达平面弧片段的二值树数据结构。树结构的根结点表示包围弧的最小尺寸的矩形。树中的每个非叶结点将弧片段断开,其**外接盒**(或**围盒**)逼近两个连续的弧片段。而两个子结点包含了能包围属于它的两个弧片段的最小尺寸矩形。如此,树的叶结点将具有足够接近其包含弧片段的外接盒(或围盒)。

strong texture ⇔ **强纹理**

同 **globally ordered texture**。

structural approach ⇔ **结构法**

一种**纹理分析方法**。在结构法中,**纹理**被看作是一组**纹理基元**以某种规则的或重复的关系相结合的结果,故也称为**纹理结构模型**。类似于用**字符串描述符**描述基本元素重复出现的关系结构,用结构法分

析纹理有两个关键，一是确定纹理基元；二是建立**排列规则**。设纹理基元为 $h(x,y)$，排列规则为 $r(x,y)$，则纹理 $t(x,y)$ 可表示为

$$t(x,y) = h(x,y) \otimes r(x,y)$$

structural description ⇔ 结构描述

对 2-D 或 3-D 实体，一种可用于**结构匹配**的关系表达。其中包含一组基元，每个都有自己的属性描述；还包括一组命名的关系，可用一个多元组来表示，其中每个分量都对应命名关系的基元。

给定一个函数 h：A→B，如果满足下式：

$$S \circ h \subseteq T$$

就是一个从 N-元关系 $S \subseteq A^N$ 到 N-元关系 $T \subseteq B^N$ 的关联同构，其中 $S \circ h = \{(b_1, \cdots, b_N) \in B^N \mid$ 对某些 $(a_1, \cdots, a_N) \in S, b_n = h(a_n), n = 1, \cdots, N\}$。

进一步，如果存在一个关系同构满足：

$$S \circ h = T \quad 且 \quad T \circ h^{-1} = S$$

则关系 S 和关系 T **匹配**。

structural element ⇔ 结构元素

数学形态学运算中的一个特殊对象。本身也是一个明确定义的图像集合（在**二值数学形态学**中）或函数（在**灰度数学形态学**中）。对每个结构元素，先要指定一个坐标原点，它是结构元素参与形态学运算的参考点。注意结构元素的原点可以包含在结构元素中，也可以不包含在结构元素中（即原点本身并不一定要属于结构元素），但两种情况下的运算结果常不相同。

structural matching ⇔ 结构匹配（技术）

具有相同部件的参考结构和待匹配结构之间的匹配的一种**广义图像匹配**。

structural pattern descriptor ⇔ 结构模式描述符

一种描述模式结构关系的**描述符**。在**结构模式识别**过程中，把一个模式看作由一个或多个模式符（也可叫**特征**）组合而成（或排列而成）。除了对一些特征本身的定量测量外，各特征间的**空间关系**对确定模式也很重要，这就要靠结构模式描述符来描述这些空间关系。

structural pattern recognition ⇔ 结构模式识别

模式识别的三个主要领域之一。着重于描述模式的结构。技术上基于**形式语言理论**，将模式结构与语言句法间的相似性加以引申，所以也称**句法模式识别**。实现结构模式识别需要定义一组**模式基元**、一组确定这些基元相互作用的规则和一个识别器（称为**自动机**）。

structural texture feature ⇔ 结构纹理特征

借助结构信息描述的**纹理特征**。

structure-based image retrieval ⇔ 基于结构的图像检索

基于特征的图像检索的领域之一。这里结构的概念更侧重于描述

图像中同一目标内各部分间的相互位置和朝向关系。

structured light ⇔ **结构光**

受控或有约束(构型)的**光源**发出的光。一般指从激光器发出并经过柱面透镜后汇聚成窄宽度的光带。结构光的种类很多,包括**光条**、圆形光条、厚光条、交叉线、栅格、空间编码模板、彩色编码条等。

structured-light imaging ⇔ **结构光成像(方法)**

一种直接采集**深度图像**的方法。利用照明中的几何信息(**光源**的大小、朝向等)来帮助提取景物的几何信息。要用**结构光**照射景物,利用采集到的**投影**效果**模式**来解释景物的表面形状。在结构光成像中,可以将光源和采集器固定而将景物转动,也可以将景物固定而将光源和采集器一起绕景物运动。参阅 **models of stereo imaging**。

structured-light triangulation ⇔ **结构光三角化**

通过计算光线(或平面等)的交点来恢复 3-D 结构的方法。其中的光线由场景中被照亮的景物表面所确定。

structure elements of stereology ⇔ **体视学结构元素**

体视学中组成 3-D 空间景物的类型单元。包括 3-D 景物、2-D 表面、1-D 线段、0-D 点。

structure feature ⇔ **结构特征**

基于结构的图像检索中所涉及的**特征**。在一定程度上可看作介于**纹理**和**形状**之间的特征,可以表达非重复的亮度模式。

structure from motion ⇔ **由运动恢复结构,从运动求取结构**

一类**单目景物恢复**方法。利用**光流方程求解**来恢复场景中物体的相互关系和景物的结构。可以分为两种情况:

(1) 从一个固定的相机获得的**图像序列**来确定一个运动物体的形状特性以及其位置和速度;

(2) 从一个运动的相机获得的图像序列来确定一个物体的形状特性及其位置和相机的速度。

structure reasoning ⇔ **结构推理**

借助 **2-D 图像**中的**轮廓标记技术**来对 3-D 目标结构进行的推理分析。

structuring system ⇔ **结构系统**

灰度数学形态学中**软形态滤波器**所用的**结构元素**。可记为$[B, C, r]$,包括 3 个参数:有限平面集合 C 和 B,$C \subset B$,一个满足 $1 \leqslant r \leqslant |B|$ 的自然数 r。集合 B 称为结构集合,C 是它的硬中心,$B-C$ 给出它的软轮廓,而 r 是其中心的阶数。

subband ⇔ **子带**

频域编码中,利用**带通滤波**将一幅图像分解而得到的一系列带宽有限的分量或其集合。

subband coding ⇔ **子带编码(方法)**

在**频域**进行的一种**图像编码**方法。先对图像的每个**子带**分别进行编码,再将结果重新组合起来以无失真地重建原始图像。因为每个子带的带宽比原始图像小,所以可对子带进行**亚抽样**而不丢失信息。要重建原始图像,可以对各个子带进行**内插**、滤波,然后叠加求和。

将图像分解为子带后进行编码的主要好处是:

(1) 不同子带内的图像能量和统计特性不同,可以采取不同的**变长码**甚至不同的编码方法分别进行编码,提高编码效率;

(2) 通过频率分解,减少或消除了不同频率之间的相关性,有利于减少**像素间冗余**;

(3) 将图像分解为子带后,**量化**等操作可在各子带内分别进行,避免了互相干扰和噪声扩散。

sub-Gaussian probability density function ⇔ 亚高斯概率密度函数

比高斯函数更平坦且峰度为负的概率密度函数。也称**低峰态概率密度函数**。比较 **super-Gaussian probability density function**。

subgraph ⇔ 子图

两**图**之间的一种被包含关系。对图 H 和图 G,如果 $V(H)\subseteq V(G)$,$E(H)\subseteq E(G)$,则图 H 为图 G 的子图,记为 $H\subseteq G$。比较 **supergraph**。

subgraph isomorphism ⇔ 子图同构

一个图的一部分(**子图**)与另一个图的全图之间的**图同构**。

sub-image ⇔ 子图像

一幅大图像的一部分或分解后的每一部分。常代表由大图像分离出的有特定含义的区域。

sub-image decomposition ⇔ 子图像分解

变换编码中将输入图像分解为**子图像**集合的过程。子图像尺寸是影响变换编码误差和计算复杂度的一个重要因素。

subjective black ⇔ 主观黑

人眼在暗背景上能感受到的一块发光面积的最低光亮度。这个数值不是绝对的,与**暗适应**完全与否有关,与光的光谱成分有关,还和发光面积的大小(**视网膜**上像的大小)及位置有关。此外,光出现的时间长短也有影响。对应**白昼视觉**区(中央凹阈)的主观黑约为 10^{-3} cd/m^2,而对应**夜视觉**区(凹外阈)的主观黑约为 10^{-6} cd/m^2。在夜视觉阈以 lm 表示时,这个数值约为 10^{-12} lm(**视差** 10°,**瞳孔** 8 mm)。

subjective boundary ⇔ 主观轮廓

同 **subjective contour**。

subjective brightness ⇔ 主观亮度

人类视觉系统主观上感知到的**亮度**。即由人依据**视网膜**感受光刺激的强弱所判断出的被观察物体的明亮程度,也常称**表观亮度**,是一个与(客观的)亮度密切相关的心理学名词。对有一定发光面积的光源(**扩展光源**),规定眼睛的主观亮度就是视网膜上的**图像亮度**。与**视网膜照度**和孔径因数的乘积成正比,即与物体的光亮度、**瞳孔**大小及孔径因数成正比。参阅 **apparent luminance**。

subjective color⇔**主观色**

人类视觉系统主观上感觉到的颜色，与客观的光波长并不一定一一对应。给定一定**波长**的光，其颜色可以确定。但有些颜色可通过将另两种颜色（波长）截然不同的光混合而成，如用红和绿的适当配合可获得与纳黄光基本相同的颜色感觉，这种混合颜色称为主观色。

subjective contour⇔**主观轮廓**

人类视觉系统在没有亮度差别的情况下也可看到的**轮廓**或**形状**。这种在没有直接刺激作用下而产生的轮廓知觉也称为**错觉轮廓**。源于根据**格式塔理论**的完整性而导致人在图像中感知到的边缘，特别是当没有图像证据显现时。

subjective evaluation⇔**主观评价**

图像信息融合中依靠观察者的主观感觉进行的**图像融合效果评价**。不仅随观察者本身的不同而不同，也会随观察者的兴趣以及融合应用领域和场合的要求不同而不同。

subjective feature⇔**主观特征**

一种**语义特征**。主要与**目标**及**场景**的属性有关，表达了目标或场景的含义和用途。主观特征与主观感知和情感的关系密切。

subjective fidelity⇔**主观保真度**

参阅 **subjective fidelity criteria**。

subjective fidelity criteria⇔**主观保真度准则**

用主观方法测量**图像质量**时所用的评测标准或规范。

主观保真度可分3种。第1种称为损伤检验（impairment test），其中观察者对图像根据其损伤（降质）程度打分。第2种称为质量检验（quality test），其中观察者对图像根据其质量优劣排序。第3种称为对比测试（comparison test），其中对图像进行两两比较。前两种准则是绝对的，常很难做到完全无偏向（无偏置）地确定。第3种准则提供一种相对的结果，这对大部分人不仅更容易，也常更为有用。表S3所示为分别对上述3种主观保真度的一种评价尺度。

表 S3 主观保真度的评价尺度

损伤检验	质量检验	对比测试
5-感知不到	A-优秀	+2 很好
4-能感知但不讨厌	B-良好	+1 好
3-有点讨厌	C-可用	0 同样
2-严重烦人	D-差	−1 差
1-不可用	E-糟糕	−2 很差

subjective magnification⇔**主观放大率**

同 **apparent magnification**。

subjective quality measurement⇔**主观质量测量**

通过询问观察者获得的一幅图像或视频的质量。这要让他们在一个控制条件下对视觉体验进行报告、选择或排序。主观质量测度可以是绝对的或相对的。绝对的技术指那些将图像基于一个孤立的基础进行分类而不考虑其他图像的方法。相对测量要观察者将一幅图像与另一幅图像进行比较，并确定哪幅更好。参阅 **subjective fidelity criteria**。比较 **objective quality measurement**。

subjectivity and objectivity of evaluation ⇔ 评价的主客观性

图像分割评价的**系统比较和刻画**中适用的准则。对每种评价方法来说，其背后常有某些主观或客观的考虑，或者说所采用的**评价准则**是根据特定的主观或客观因素而确定的。

suboptimal variable-length coding ⇔ 亚最优变长编码（方法）

变长编码的一种改型。此类编码通过牺牲一些编码效率来换取编码计算的简便性。

subordering ⇔ 亚排序（方法），次排序（方法）

一种对像素矢量值（如**彩色图像**中）的实用排序方法。因为矢量既有大小又有方向，所以现在还没有无歧义的、通用的和广泛接受的矢量像素排序方法。常用的亚/次排序方法包括**边缘排序**、**条件排序**、**简化/合计排序**等。

sub-pixel ⇔ 亚像素，子像素

将 **2-D 图像**的基本单元（即**像素**）继续分解而得到的细分单元（元素）。也常用来表示比像素**尺度**更小的单位。

sub-pixel edge detection ⇔ 亚像素边缘检测

一种特殊的**边缘检测**。要求将边缘的检测精度达到**亚像素**级，即将边缘的定位定到像素内部。在亚像素边缘检测中，一般需要根据实际边缘像素附近多个像素的综合信息来准确地确定亚像素级的边缘所在。典型的方法包括**基于矩保持的亚像素边缘检测**、**基于一阶导数期望的亚像素边缘检测**以及**借助切线信息的亚像素边缘检测**等。

sub-pixel edge detection based on expectation of first-order derivatives ⇔ 基于一阶导数期望亚像素边缘检测

一种**亚像素边缘检测**方法。考虑 1-D 情况，主要步骤为

(1) 对图像函数 $f(x)$，计算它的一阶微分 $g(x)=|f'(x)|$；

(2) 对一个给定的阈值 T，确定满足 $g(x)>T$ 的 x 的取值区间 $[x_i, x_j](1 \leqslant i, j \leqslant n)$，$n$ 为对 $f(x)$ 离散采样的个数；

(3) 计算 $g(x)$ 的概率函数 $p(x)$ 的**期望值** E，以作为边缘位置（其精度可到小数）：

$$E=\sum_{k=1}^{n} k p_k=\sum_{k=1}^{n}\left(k g_k \Big/ \sum_{i=1}^{n} g_i\right)$$

sub-pixel edge detection based on moment preserving ⇔ 基于矩保持的亚像素边缘检测

一种**亚像素边缘检测**方法。考虑 1-D 情况，将一个理想的边缘看作是由一系列具有灰度 b 的像素与一系列具有灰度 o 的像素相接而构成的。对一个实际边缘 $f(x)$，其前 3

阶矩的表达式为(设 n 为属于边缘部分的像素个数)

$$m_p = \frac{1}{n}\sum_{i=1}^{n}[f_i(x)]^p, \quad p = 1,2,3$$

如果用 t 表示理想边缘中灰度为 b 的像素的个数,矩保持方法通过使实际边缘和理想边缘的前 3 阶矩相等来确定边缘位置,这样可以解出

$$t = \frac{n}{2}\left[1 + s\sqrt{\frac{1}{4+s^2}}\right]$$

其中,

$$s = \frac{m_3 + 2m_1^3 - 3m_1 m_2}{\sigma^3}$$

$$\sigma^2 = m_2 - m_1^2$$

如果认为边缘的第一个像素处于 $i=1/2$处,并设各相邻像素间的距离为 1,则由上面算出的不为整数的 t 就给出对边缘进行检测所得到的亚像素位置。

sub-pixel edge detection based on tangent information ⇔ **基于切线信息的亚像素边缘检测**

一种**亚像素边缘检测**方法。主要步骤为:①检测出目标精确到像素级的边界;②借助像素级边界沿切线方向的信息将边界修正到亚像素级。

subpixel interpolation ⇔ **亚像素插值**

本质上将图像中局部最大值的位置插到比整数像素坐标分辨率更小的位置的技术。示例包括亚像素边缘检测和感兴趣点检测。经验表明亚像素插值常可达到 0.1 个像素的精度。如果输入是图像 $z(x,y)$,其中包含对源图像的某些核的响应,典型的插值方法有:

(1) 辨识局部最大值 $z(x,y) \geq z(a,b)$,其中$(a,b) \in (x,y)$的邻域。

(2) 用二次表面 $z = ai^2 + bij + cj^2 + di + ej + f$ 来拟合(x,y)邻域中的采样集合$[i, j, z(x+i, y+j)]$。

(3) 计算如下二次表面的局部最大值的位置:

$$\begin{bmatrix} i \\ j \end{bmatrix} = -\begin{bmatrix} 2a & b \\ b & 2c \end{bmatrix}^{-1}\begin{bmatrix} d \\ e \end{bmatrix}$$

(4) 如果$-1/2 < \{i,j\} < 1/2$,那么在亚像素位置$(x+i, y+j)$确定一个最大值。

subpixel-level disparity ⇔ **亚像素级视差**

数值精度达到**亚像素**级(即达到一个像素内部)的**视差**。

subpixel-precise contour ⇔ **亚像素精度轮廓**

利用**亚像素**级的**图像分割**方法(如**亚像素边缘检测**或**亚像素阈值化**)获得的**目标轮廓**。可用多边形来表达,即可用一组排序后的**控制点**集合来表达。

subpixel-precise thresholding ⇔ **亚像素精度阈值化**

借助阈值化技术获得**亚像素**级的**图像分割**精度的方法。在像素精度的图像中,这种方法的结果不能用一个区域来表示,因为区域是像素精度的。用**亚像素精度轮廓**来表示结果比较合适。该轮廓表示图像中

两个区域之间的边界，这两个区域中一个区域的灰度值大于灰度阈值而另一个区域的灰度值小于灰度阈值。为获得这个边界，需要将图像的离散表达转化为一个连续函数（这可通过各种插值来实现）。一旦获得了这样一个连续函数，则亚像素精度阈值化的结果就可用常量函数 $T(x,y)=T_{\mathrm{sub}}$ 与图像函数 $f(x,y)$ 的相交来获得。

图 S25 所示为经过双线性插值后的图像 $f(x,y)$ 的一个 2×2 局部区域。该区域由四个相邻像素构成，它们的中心在四个角上。图中的（双曲）曲线为用常量灰度值 T_{sub} 与图像 $f(x,y)$ 的交线段，构成了亚像素精度轮廓的一部分。一般情况下，图像中每个 2×2 局部区域包含零个、一个或两个这样的线段。将所有局部区域的这些线段连接起来就得到目标的亚像素精度轮廓。

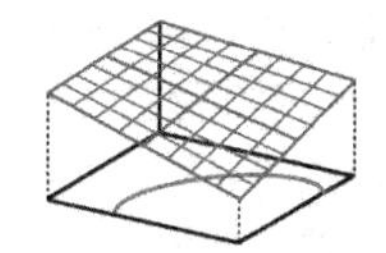

图 S25 由亚像素精度阈值化得到目标轮廓段的示意图

subsequence-wise decision ⇔ **子序列决策**

一种将整个序列划分为若干个子序列，根据子序列提供的信息做出全局最优决策的策略。在**目标跟踪**中，可先将输入**视频**分成若干个子序列，然后在每个子序列中分别进行跟踪，最后将结果结合起来。子序列决策也可看作对逐帧决策的推广，如果划分的每个子序列都是一帧，则子序列决策退化成为逐帧决策。

subset ⇔ **子集**

集合的一部分。图像中的**子集**仍是像素的集合，是图像的一部分，也可称为**子图像**。

subspace ⇔ **子空间**

数学上维度小于全空间的部分空间（这里空间指带有一些特定性质的集合）。或者说是高维空间的一个子集，可由一组正交归一化的基本矢量所构成。例如，图 S26 给出 3-D 空间 $\mathbb{R}^3$ 中的一个 2-D 子空间 $L(\boldsymbol{u},\boldsymbol{v})$ 的示意，其中两个矢量 $\boldsymbol{u}$ 和 $\boldsymbol{v}$ 可看作唯一一对确定子空间 L 的**正交归一化矢量**，这个子空间的维数是 2。

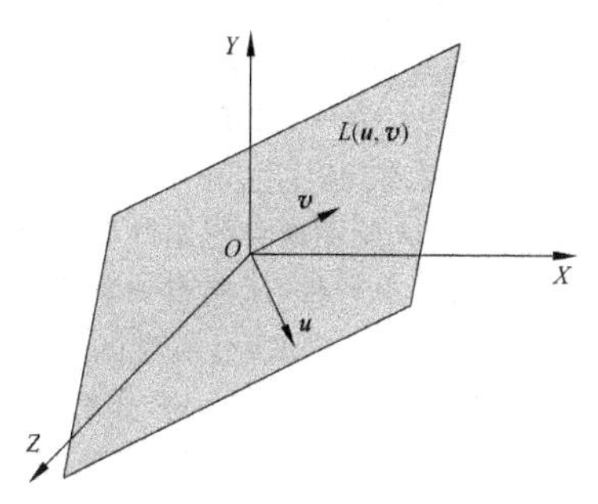

图 S26 3-D 空间 $\mathbb{R}^3$ 中的一个 2-D 子空间 $L(u,v)$

subspace classification ⇔ **子空间分类**

借助**子空间**的主要本征矢量进行

分类的方法。其主要步骤包括：首先从**特征矢量**中将整个**训练集**的样本均值减去；然后对每个类别 C_i 都估计其相关矩阵并计算主要的若干个本征矢量(对应最大的若干个本征值)，并取本征矢量为列矢量构成一个矩阵 $\boldsymbol{M}_i$。给定一个拟分类的矢量 $\boldsymbol{x}$，如果下式满足，就将 $\boldsymbol{x}$ 分到类别 C_i 中：

$$\| \boldsymbol{M}_i^{\mathrm{T}} \boldsymbol{x} \| < \| \boldsymbol{M}_j^{\mathrm{T}} \boldsymbol{x} \| \quad \forall i \neq j$$

此时类别 C_i 对应 $\boldsymbol{x}$ 的最大模子空间投影。由此可见，子空间分类将特征选取或提取与**分类器**设计结合了起来。

subspace classifier ⇔ 子空间分类器

对模式矢量实现**子空间分类**的**分类器**。

subspace method ⇔ 子空间(方)法

1. 描述将一个矢量空间转化为较低维子空间的方法。例如，将一个 N 维矢量投影到它的前两个主分量上以生成一个 2-D 子空间。

2. **人脸识别**的主流方法之一。将高维的**人脸图像**特征通过空间变换(线性或非线性)压缩到一个低维的子空间中进行识别，典型的方法包括**主分量分析**、**独立分量分析**、**线性鉴别分析**和基于核的分析等以及鉴别投影嵌入，类依赖特性分析等。

substitution attack ⇔ 替代性攻击

将对水印的**删除性攻击**和**伪造性攻击**结合使用的一种对水印的攻击手段。通过先删除水印产品中已有的且本应由所有者才有权删除的水印，然后再嵌入攻击者想要的水印，这样就改变了原有的水印，使之为攻击者服务。

subtle facial expression ⇔ 精细面部表情，微妙面部表情

幅度较小的面部表情；或达不到完全或顶峰的面部表情。

subtractive color ⇔ 减色

白光中消除某种颜色后剩余的颜色。如经过滤色片后的颜色。

subtractive color mixing ⇔ 减色混合(方法)，减性(彩色)混色

1. 与**加色混合**密切相关的相对词。**减色**是从白光中减去某种颜色，剩下的就是被减去颜色的互补色。减色混合可不止一次地减去各种颜色，这时所剩下的颜色并不再是减去某种色的互补色，而是每减去一种色的互补色的加色混合的互补色。减色混合比加色混合难控制，因为滤色片不能有互相截然分清的光谱分布(截止**滤光片**)，因而所透过的光由各滤色片的透射因数的乘积所决定，这会对整个光谱造成复杂的关系。因此，有人将其称为**乘积混色**。

2. 颜料及染料所呈现的色彩变化规律。颜料和染料所以显色是由于它们能反射或透射一定的色光。将它们按不同的比例混合就可呈现各种色彩，但同时亮度递减，故称减色混合。

3. 打印机上为打印**彩色图像**所用的技术。

subtractive image offset ⇔ 减性图像偏移

利用**图像减法**从一幅图像中减去一个常数(标量)以减少其总体亮度的过程。此时,需要注意获得负值结果的可能性。有两种方法来解决这个下溢出问题:将减法看作绝对差(这将总能得到一个正比于两幅原始图像间差别的正值,但没有指出哪个像素更亮或更暗)和**截断**结果使负的中间值变成0。

subtractive primary color ⇔ 减原色

通过**减色混合**得到的原色。对白光用滤色片可获得三个减原色:**品红**(减绿)、**黄**(减蓝)、青或**蓝绿**(减红)。

sub-volume matching ⇔ 子体匹配(技术)

视频和**模板**中的子体间的**匹配**。例如,可借助从时空运动相关的角度将动作与模板匹配。这种方法与基于部件方法的主要区别是并不需要从**尺度空间**的极值点提取动作描述符而是检查两个局部时空块(patch)间的**相似度**(通过比较两个块间的运动)。子体匹配的优点是对噪声和遮挡比较鲁棒,如果结合光流特征,则也对表观变化比较鲁棒。子体匹配的缺点是易受背景改变的影响。

successive color contrast ⇔ 连续彩色对比

长时间观察彩色区域后转到黑白区域时发生的现象。先前观察区域的**残留影像**或者显示为对立色(负的残留影像)或接近原来的彩色(正的残留影像)。

successive doubling ⇔ 逐次加倍(方法)

一种实用的**快速傅里叶变换**算法。将1-D **离散傅里叶变换**写为

$$F(u)=\frac{1}{N}\sum_{x=0}^{N-1}f(x)w_N^{ux}$$

其中 $w_N\equiv\exp(-\mathrm{j}2\pi/N)$。现在假设 $N=2^n$。可将 N 写成 $2M$ 并代入上式得

$$F(u)=\frac{1}{2M}\sum_{x=0}^{2M-1}f(x)w_{2M}^{ux}$$

可将 f 变量中的奇数项和偶数项分开,这可写成

$$x\equiv\begin{cases}2y, & \text{当 } x \text{ 是偶数}\\ 2y+1, & \text{当 } x \text{ 是奇数}\end{cases}$$

如此有

$$F(u)=\frac{1}{2}\left\{\frac{1}{M}\sum_{y=0}^{M-1}f(2y)w_{2M}^{u(2y)}+\frac{1}{M}\sum_{y=0}^{M-1}f(2y+1)w_{2M}^{u(2y+1)}\right\}$$

可证明:$w_{2M}^{2uy}=w_M^{uy}$ 和 $w_{2M}^{2uy+u}=w_M^{uy}w_{2M}^{u}$。所以,

$$F(u)=\frac{1}{2}\left\{\frac{1}{M}\sum_{y=0}^{M-1}f(2y)w_M^{uy}+\frac{1}{M}\sum_{y=0}^{M-1}f(2y+1)w_M^{uy}w_{2M}^{u}\right\} \quad (1)$$

这可写成

$$F(u)\equiv\frac{1}{2}\{F_{\text{even}}(u)+F_{\text{odd}}(u)w_{2M}^{u}\} \quad (2)$$

其中定义 $F_{\text{even}}(u)$ 是函数 f 偶数采样的**DFT**,$F_{\text{odd}}(u)$ 是函数 f 奇数采样的DFT:

$$F_{\text{even}}(u) \equiv \frac{1}{M}\sum_{y=0}^{M-1} f(2y) w_M^{uy}$$

$$F_{\text{odd}}(u) \equiv \frac{1}{M}\sum_{y=0}^{M-1} f(2y+1) w_M^{uy} \quad (3)$$

式(2)作为 M 个样本长的函数仅对 $u<M$ 定义 $F(u)$，因为定义式(3)仅对 $0 \leqslant u<M$ 成立。需要对 $u=0,1,\cdots,N-1$ 定义 $F(u)$，即 u 直到 $2M-1$。为此，在式(1)中使用 $u+M$ 作为 F 的变量：

$$F(u+M) = \frac{1}{2}\left\{\frac{1}{M}\sum_{y=0}^{M-1} f(2y) w_M^{uy+My} + \frac{1}{M}\sum_{y=0}^{M-1} f(2y+1) w_M^{uy+My} w_{2M}^{u+M}\right\}$$

可证明：$w_M^{u+M} = w_M^u$ 和 $w_{2M}^{u+M} = -w_{2M}^u$。所以，

$$F(u+M) \equiv \frac{1}{2}\{F_{\text{even}}(u) - F_{\text{odd}}(u) w_{2M}^u\} \quad (4)$$

注意到式(2)和式(4)与定义(3)完全定义了 $F(u)$。这样，一个 N 点变换可用两个 $N/2$ 点变换计算，如式(3)。然后使用式(2)和式(4)计算完整的变换。

sum of absolute differences [SAD] ⇔ 绝对差的和

一种关于相似度量的准则。一般是将图像中各像素间灰度差的绝对值求和的结果。

sum of squared differences [SSD] ⇔ 差的平方和

一种关于相似度量的准则。一般是将图像中各像素间灰度差的平方求和的结果。

sum of SSD [SSSD] ⇔ SSD 的和

一种关于相似度量的准则。将对应**倒距离**的**差的平方和**再求和。即先计算对应每个倒距离的**差的平方和**(即 SSD)，再对多个这样得到的和再求和。

super-Gaussian probability density function ⇔ 超高斯概率密度函数

比高斯函数的峰更高且峰度为正的概率密度函数。也称尖峰概率密度函数。比较 **sub-Gaussian probability density function**。

supergraph ⇔ 母图

两**图**之间的一种关系。对图 G 和图 H，如果 $V(H) \subseteq V(G)$，$E(H) \subseteq E(G)$，则图 G 为图 H 的母图，记为 $G \supseteq H$。比较 **subgraph**。

superquadric ⇔ 超二次曲面

一种由坐标矢量跨越的封闭曲面。该矢量的 x，y 和 z 分量由角度 ϕ 和 θ 的函数借助两个 2-D 参数曲线(可根据基本的三角公式得到)：

$$h = \begin{bmatrix} h_1(\phi) \\ h_2(\phi) \end{bmatrix} \text{ 和 } m = \begin{bmatrix} m_1(\theta) \\ m_2(\theta) \end{bmatrix}$$

的球面乘积算出。h 和 m 的球面乘积公式如下：

$$h \otimes m = \begin{bmatrix} a h_1(\phi) m_1(\theta) \\ b h_1(\phi) m_2(\theta) \\ c h_2(\theta) \end{bmatrix}$$

其中 $(a,b,c)^{\mathrm{T}}$ 为放缩矢量。

super-resolution [SR] ⇔ 超分辨率

1. 一种提高光学系统分辨率的方法或技术。一般光学系统分辨率受到衍射极限的限制，衍射光斑有

一个自然的极限。缩小衍射光斑的主要途径是减少**波长**。现在超分辨率一般代表一类放大(较小的)图像或视频尺度并增加其分辨能力的方法。参阅 **super-resolution technqiue**。

2. **照相机**物镜对某个空间频率已不能分辨,但频率更高时却又能分辨的现象。用通常的分辨率检验图来检验物镜时,实际看到的是像的衬比。当物镜有不对称像差时,亮点的像移离原有位置,需将焦点进行一定的位移后才能到最佳焦点,这种移位对不同空间频率的检验图是不同的。

3. 利用从不同视点所获得的对同一个目标的低分辨率图像生成一幅高分辨率图像的技术和过程。例如,运动的摄像机连续拍摄同一场景的情况。成功获得高分辨率图像的关键是准确地估计视点间的配准关系。

super-resolution reconstruction ⇔ 超分辨率重建

一种基于多幅图像的**超分辨率**技术。通过将多幅低分辨率图像中不重合的信息结合起来,以构建出较高分辨率(大尺寸)的图像。如果多幅低分辨率图像是从**图像序列**中获得的,则可以借助**运动检测**来实现**超分辨率**的重建结果。

super-resolution restoration ⇔ 超分辨率复原

一种**超分辨率**技术。利用图像退化的点扩展函数和对图像中目标的先验知识,在图像系统的衍射极限之外复原单幅图像中由于超出光学系统传递函数的极限而丢失的信息。

super-resolution technqiue ⇔ 超分辨率技术

从带宽有限的成像数据恢复原始场景图像的技术。物理上可以实现的成像系统都有一个频率上限,高于上限的高频部分不能够被成像,典型的例子就是实际采集的图像都有一定的**空间分辨率**。要进一步提高空间分辨率,在成像系统给定的情况下,可以利用超分辨率技术通过采集一系列较低分辨率的图像以构建一幅高分辨率的图像。目前使用较多的超分辨率技术主要包括**超分辨率重建**技术和**超分辨率复原**技术。

supervised classification ⇔ (有)监督分类

根据事先确定的类别编号来**训练**和**学习**并在此基础上进行的**模式分类**。在这种分类技术中,由操作员来确定每类中有代表性的图像中的训练区域。比较 **unsupervised classification**。

supervised color constancy ⇔ 有监督的颜色恒常性

一种用谱参考值把未知光照下的彩色值转换成已知光照下的彩色值的技术。首先,采集一幅未知光照条件下的参考图。接着,根据已知的谱值确定照明的彩色。根据光照不改变的假设,就可生成需要的图像。不过，照明的**谱功率分布**不改变的假设对室外图像一般不成立。

supervised latent Dirichlet allocation [SLDA] ⇔ 有监督隐狄利克雷分配

隐狄利克雷分配模型中引入类别信息后得到的模型。比隐狄利克雷分配模型的分类性能高，其图模型见图 S27，其上部各个结点的含义与图 L2 相同，下部增加了一个与主题 z 相关的类别标记结点 l。可以通过对 Softmax 分类器中的参数 h 来预测主题 $z \in Z=\{z_k\}, k=1, \cdots, K$ 所对应的标记 l。SLDA 模型中对主题 z 的推理受类别标记 l 的影响，从而使得学习到的单词－主题分布超参数 d 更适合于分类任务（也可用于标注）。

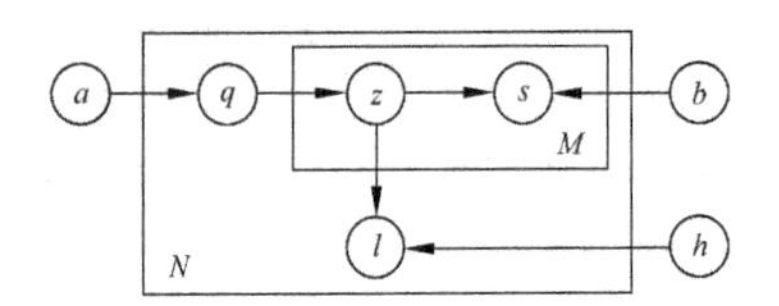

图 S27　基本 SLDA 模型

supervised texture image segmentation ⇔ 有监督纹理图像分割

在已知原始图像中纹理类别数的情况下对图像进行的分割。其中有些方法也借助对**纹理图像**中提取的特征进行聚类来获得分割结果。比较 **un-supervised texture image segmentation**。

supervised texture segmentation ⇔ 有监督纹理分割

一种**纹理分割**方法。其中认为已知图中纹理类别的数目，通过对从**纹理图像**中提取的特征进行分类来获得分割结果。

super-voxel ⇔ 超体素，超体元

对体素向更高维数推广的结果。典型的是在时空技术中，超体素是由 3-D 空间和 1-D 时间（共 4 维）构成的超立方体中的基本单元。

support region ⇔ 支撑区

图像工程中一幅**图像**的定义域。

support vector ⇔ 支持向量

支持向量机中构成最优解的特征向量。支持向量机是最优的超平面分类器，而支持向量总与两个超平面之一重合，即支持向量给出与**线性分类器**最接近的训练向量。由支持向量得到的最优超平面分类器是唯一的。

support-vector machine [SVM] ⇔ 支持向量机

1. 一种对线性**模式分类器**的最优设计方法论。被认为是基于先进的统计学习理论的新一代通用的学习机器。SVM 的核心理念是基于核函数的**学习**。

2. 一种将特定标识赋给 N 维空间点 $\boldsymbol{x}$ 的统计**分类器**。支持矢量机有两个确定的特性。首先，分类器将能区分点 $\boldsymbol{x}_i$ 和点 $\boldsymbol{x}_j$ $(i \neq j)$ 的决策面放在能最大化它们之间距离的位置。粗略地说，决策面与任何一个点 $\boldsymbol{x}$ 都尽量远。其次，分类器并不直接区分原始特征矢量 $\boldsymbol{x}$，而是区分高维的投影 $f(\boldsymbol{x})$: $\mathbb{R}^n \to \mathbb{R}^N, N>n$。

不过，由于分类器只需要点乘$f(\boldsymbol{x})\cdot f(\boldsymbol{y})$，所以并不需要显式地构建$f$，而只需要指定核函数$K(\boldsymbol{x},\boldsymbol{y})=f(\boldsymbol{x})\cdot f(\boldsymbol{y})$。哪里需要高维矢量间的点乘，就用核函数来代替。

SURF⇔**加速鲁棒特征**

speeded-up robust feature 的缩写。

surface average value⇔**面平均值**

一种求解**行进立方体**布局歧义问题的统计量。先计算歧义面上4个顶点值的平均值，通过比较该平均值与一个事先确定的阈值的大小来选择与布局可能对应的一种拓扑流形。

surface classification⇔**曲面分类**

结合**高斯曲率**和**平均曲率**的符号分析的对曲面的分类描述。令高斯曲率用G表示，平均曲率用H表示，则根据它们的符号可得到八种表面类型。见表S4。

表S4　由高斯曲率G和平均曲率H确定的八种表面类型

	$H<0$	$H=0$	$H>0$
$G<0$	**鞍脊**	**极小**	**鞍谷**
$G=0$	**山脊**	**平面**	**山谷**
$G>0$	**峰**		**凹坑**

注：表中用黑体表示的术语表明其在正文中收录为词目，可参阅。

surface color⇔**表面色**

1. 强吸收物体对某色光束来不及吸收却选择反射而呈现的颜色。具有强烈吸收本领的物体所呈现的颜色与其表面状况有很大关系。若其表面抛光很好，则呈白色。但此类物体有时呈现另一种情况，即本来应吸收的颜色因来不及吸收却予以反射，这时呈现的颜色称为表面色。此时透射光和反射光呈互补色。比较 **body color**。

2. 不透明物体表面漫反射的颜色。

surface curvature⇔**表面曲率**

3-D曲面上各点的最大或最小**曲率**。

surface inspection⇔**表面检测**

机器视觉系统的功能之一。用来检查已完成的产品是否存在缺陷(如划痕、凹凸不平等)。

surface orientation from texture⇔**自纹理恢复表面朝向**

参阅 **shape from texture**。

surface reflection⇔**表面反射**

同 **Fresnel reflection**。

surfaces of constant value⇔**等值面**

由数值相等的点组成的曲面。在**图像工程**中，指具有的相等的某个图像性质值的**像素**或**体素**所组成的曲面。

surface tiling⇔**表面拼接(技术)**

从立体数据中获得目标表面的多边形(包括顶点、边和面)集合表达的过程和方法。这里常使用**等值面**的构造和表达技术，即将具有某个确定灰度值的所有**目标轮廓**上的**体素**结合起来，构成该目标与其他目标或背景的交界面。

surface tiling from parallel planar contour ⇔ **平行剖面轮廓表面拼接**

对 **3-D 目标**的平行剖面轮廓**插值**以获取目标表面的方法。可看作从矢量表达的平面轮廓中提取一个**表面拼接**的网格。实际中,平行剖面轮廓常是从逐层获得的 2-D 图像中检测出来的**目标轮廓**。平行轮廓拼接常借助用(三角形)面元进行的轮廓间内插来实现。该问题可以描述成要用一系列的三角形平面拼接成相邻两平行多边形之间的外表面。这里有两步主要工作:第 1 步是如何从相邻的两个多边形上确定一对初始顶点,这两个顶点构成三角形的一条边;第 2 步是如何在已知一对顶点的基础上选取下一个相邻的顶点,以构成完整的三角形。不断重复第 2 步,就可将构造三角形的工作继续下去而组成封闭的轮廓间表面。图 S28 给出对两个平行剖面轮廓进行表面拼接而得到的一圈表面。

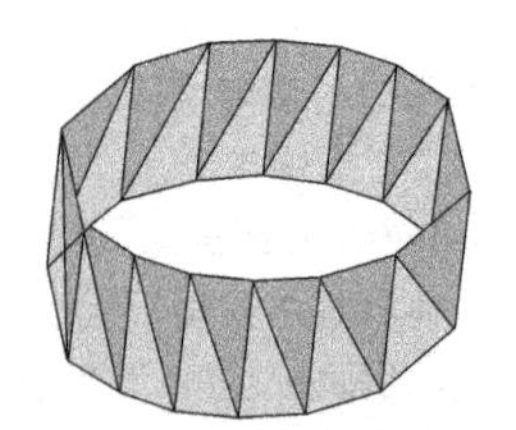

图 S28　由两个平行剖面轮廓获得的一圈表面

surrounding region ⇔ **环绕区域,围绕区域**

对图像中目标表达时使用的**基于区域的表达**方法之一。使用一个将目标包含在内的(较大)区域来近似表达目标。常见的主要方法使用:**外接盒**,**最小包围长方形**,**凸包**等。

SUSAN corner finder ⇔ **SUSAN 角点检测器**

一种常用的**兴趣点检测器**。将基于导数的平滑性和中心差的计算步骤结合进一个中心-周围之间的比较。参阅 **smallest univalue segment assimilating nucleus operator**。

SUSAN operator ⇔ **SUSAN 算子,最小核同值区域算子**

smallest univalue segment assimilating nucleus operator 的缩写。

SVD ⇔ **奇异值分解**

singular-value decomposition 的缩写。

SVM ⇔ **支持向量机**

support-vector machine 的缩写。

swept object representation ⇔ **掠过目标表达**

一种 **3-D 目标**表达方案。其中,一个 3-D 目标由将一个 2-D 横截面沿一个中心轴或轨迹掠过而构成。例如,一块砖可通过将一个长方形沿直线段掠过而构成。**广义圆柱体表达**是一种典型的方案,允许改变横截面的尺寸和中心轴或轨迹的曲度。例如,一个圆锥体就可由将一个圆周沿直的轴掠过且同时线性地减少半径而构成。

switching linear dynamical system [SLDS] ⇔ **切换线性动态系统**

一种可求解非线性动态系统问题

的线性动态系统。主要包括一组线性动态系统和一个切换函数，切换函数通过在模型间的切换来改变模型参数。切换线性动态系统比**隐马尔可夫模型**和线性动态系统的建模和描述能力更强。

symbol-based coding ⇔ 基于符号的编码(方法)

一种适合于对**文本图像**编码的方法。其中将文本图像中每个文字位图看作一个基本符号或**子图像**，而将文本图像看作这些子图像的集合。在编码前，先建立一个符号字典，存储所有可能出现的符号。如果对每个符号赋一个码，则对图像的编码就成为确定每个符号的码字以及确定符号在图像中的空间位置。这样，一幅图像可用一系列三元组来表示，即$\{(x_1, y_1, l_1), (x_2, y_2, l_2), \cdots\}$，其中，$(x_i, y_i)$表示符号在图像中的坐标位置，$l_i$代表该符号在符号字典中的位置标号。

symbol coding ⇔ 符号编码(方法)

对**信源**符号进行的**编码**。

symbolic image ⇔ 符号图像

与每一像素对应的值都是符号而不是灰度的图像。

symbolic matching ⇔ 符号匹配(技术)

利用高层单元的较抽象**匹配**。与**模板匹配**不同，不是直接利用像素性质，而是利用感兴趣目标的特性或特征，如目标尺寸、朝向、空间关系等来计算**相似度**。

symbolic registration ⇔ 符号配准

同 **symbolic matching**。

symmetric component ⇔ 对称分量

由对称的(symmetric)**盖伯滤波器**获得的结果。参阅 **Gabor spectrum**。比较 **anti-symmetric component**。

symmetric cross entropy ⇔ 对称交叉熵，对称互熵

对称形式的**交叉熵**。如果**融合图像**与原始图像的**直方图**分别为$h_g(l)$和$h_f(l)$，$l=1,2,\cdots,L$，则其间的对称交叉熵为

$$K(f:g) = -\sum_{l=0}^{L} h_g(l)\log\left[\frac{h_g(l)}{h_f(l)}\right] - \sum_{l=0}^{L} h_f(l)\log\left[\frac{h_f(l)}{h_g(l)}\right]$$

对称交叉熵越小说明融合图像从原始图像中得到的信息量越多。

symmetric divergence [SD] ⇔ 对称散度

图像分割评价中，一种属于**像素数目误差**类的评价准则。设分割后的图像有 N 个区域，用 p'_i代表一个像素在其第 i 个区域中的后验概率，用 p''_i代表一个像素在参考图像中第 i 个区域中的后验概率，则该评价准则可表示为

$$SD = \sum_{i=1}^{N} (p'_i - p''_i)\ln\frac{p'_i}{p''_i}$$

symmetric transform ⇔ 对称变换

一种**图像变换**。若**变换核**可分离且满足如下条件：

$$h(x,y,u,v) = h_1(x,u)h_1(y,v)$$

即两个函数的形式一样，变换核是互相对称的。

symmetry axiom ⇔ **对称公理**

测度应满足的条件之一。

symmetry measure ⇔ **对称测度**

一个**基于曲率统计值的形状描述符**。对一条曲线线段，设其长度为 L，在其上一点 t 的曲率为 $k(t)$，则对称测度可表示为

$$S=\int_0^L\left(\int_0^t k(l)\,\mathrm{d}l-\frac{A}{2}\right)\mathrm{d}t$$

其中，内部的积分是从起点到当前位置 t 沿曲线的角度改变量，A 是整个曲线的角度改变量。

synchronization ⇔ **同步**

1. **时空行为理解**中一种行为形式。两个或两个以上的动作人的动作随时间在变化过程中保持一定的相对联系/关系。如大家一起做操、舞剑。

2. 模拟电视和**视频**系统中，显示设备的扫描过程与成像器（**摄像机**）的扫描过程的同步化。

sync separation ⇔ **同步分离**

将**复合视频**信号中的同步化脉冲与视频中的其他部分分开的过程。

synthetic aperture radar [SAR] image ⇔ **合成孔径雷达图像**

一种特殊的**雷达图像**。**合成孔径雷达**是利用相干微波成像的设备。在合成孔径雷达成像中，雷达是运动的而目标是不动的（利用它们之间的相对运动产生大的**相对孔径**以提高横向分辨率）。卫星上的合成孔径雷达系统工作在微波谱段且有自己的辐射源，因此几乎不受气象条件和太阳照射的影响。合成孔径雷达图像的像素值反映了地面的物理性质，包括**地貌**、**形态**、**凸凹**等。在遥感、水文、地矿、测绘、军事等领域均有着广泛用途。

synthetic aperture radar [SAR] ⇔ **合成孔径雷达**

1. 天线孔径小但分辨率高的雷达。其中使用小孔径天线探测目标的相对运动，通过对信号的存储、处理及合成，得到大孔径天线的效果。靠利用脉冲压缩技术来获取高的距离分辨率并获得高分辨率的相干雷达图像。合成孔径雷达分聚焦型和非聚焦型两类。前者对回波信号直接相加合成；而后者对回波信号进行匹配滤波或以相关技术进行相位校正和同相相加，其方位分辨率较前者高，且不受**波长**和目标距离的影响。参阅 **synthetic aperture radar image**。

2. 一种从飞机或空间平台发射相对于可见光较长的无线电波（厘米波）并构建反射返回的 2-D 密度图像的成像装置。在这些厘米波上，云彩是透明的。由于使用了主动发射，在夜间也能获得**合成孔径雷达图像**。图像获取是先得到一系列低分辨率（“小孔径”）的 1-D 片段（当平台平移越过目标区域），而最后的高分辨率（“合成的大孔径”）图像是在所有片段都获取后利用**傅里叶变换**得到的。返回信号的飞行时间确定了与发射器的距离，因而在假设平面（或已知几何）表面的情况

下，就可以确定在交叉路线方向上的像素位置。

synthetic image⇔**合成图像，人造图像**

同 **computer-generated map**。

syntactic pattern recognition⇔**句法模式识别**

参阅 **structural pattern recognition**。

systematic comparison and characterization⇔**系统比较和刻画**

对**图像分割评价**的各种方法的研究。即对分割评价的评价。

systematic error⇔**系统误差**

一种特定的**测量误差**。是实验或测量过程中保持恒定的误差。反映了真实数据和测量数据的平均值之间的差别。

systematic uncertainty⇔**系统不确定性，系统不确定度**

测量不确定性的一种表现。是对系统误差限度的一种估计，一般对给定的随机误差分布，常取置信度为 95%。

system model for image coding⇔**图像编码系统模型**

描述**图像编码**系统和**图像解码**系统结构的模型。一个通用的图像编码系统模型见图 S29。这个模型主要包括两个通过信道级连的结构模块：编码器和解码器。

system on chip [SOC]⇔**片上系统**

集成在单个芯片上的完整系统(包括中央处理器，存储器，外围电路等)。片上系统是随着高效集成性能发展而替代集成电路的主要解决方案。可减少图像处理硬件的尺寸和功耗，还促进了图像处理专用软件的发展。

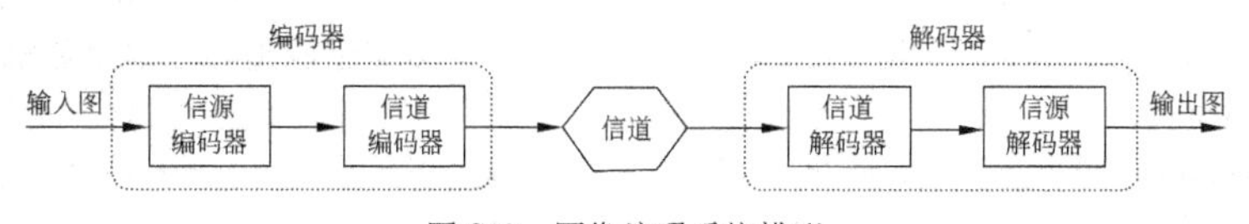

图 S29　图像编码系统模型

T

tagged image file format [TIFF] ⇔ TIFF 格式；标签图像文件格式

一种常用的**图像文件格式**。是一种独立于操作系统和文件系统的格式(如在 Windows 环境下和 Macintosh 机上都可使用)，很便于在软件之间进行图像数据交换。

tangent method ⇔ 切线法

基于切线方向信息进行的**亚像素边缘检测**算法。其中将边缘检测分为两步：①检测出目标精确到像素级的边界；②借助像素级边界沿切线方向的信息将其修正到亚像素量级。

target frame ⇔ 目标帧

2-D **运动估计**技术中需要估计其中运动情况的帧图像。比较 **anchor frame**。

task-directed ⇔ 任务导向的，任务导引的

属于**机器视觉系统**可采用的一种工作方式的。例如，随任务的变化，系统应可以调整各工作模块自身的参数以及互相之间的协调性以更好地完成赋给它的任务。

TBD ⇔ 纹理浏览描述符

texture browsing descriptor 的缩写。

TBM ⇔ 可转移的信念模型

transferable belief model 的缩写。

TCT ⇔ 透射计算机层析成像

transmission CT 的缩写。

tee junction ⇔ T 形交点，T 形结点

一种特定线段(可能代表**边缘**)的交点。其中一个直线段接触并终结在另一个直线段的某处。T 形交点可以给出有用的深度顺序线索。例如在图 T1 中，根据在点 P 的 T 形交点，可以判断表面 C 在表面 A 和 B 的前面。

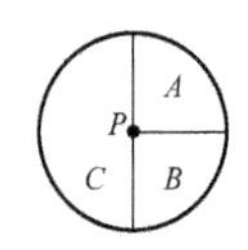

图 T1　T 形交点示例

telecentric camera ⇔ 远心摄像机

使用**远心镜头**，可将世界坐标系平行投影到图像坐标系的**摄像机**。因为没有焦距参数，所以目标与摄像机间的距离不影响其在**像平面坐标系**中的坐标。

telecentric imaging ⇔ 远心成像(方法)

与**标准成像**不同的一种成像方式。特点是将光圈放在入射平行光的会聚点(F_2)处，这样主射线(通过光圈中心的光线)在目标空间与光轴平行(见图 T2)，所以目标位置的微小变化并不改变目标图像的尺寸。当然，目标离聚焦位置越远，则被模糊得越厉害。但是，模糊圆盘的中心并不改变位置。远心成像的缺点是**远心镜头**的直径至少要达到待成像目标的尺寸。这样，对大目标的远心成像就会很昂贵。

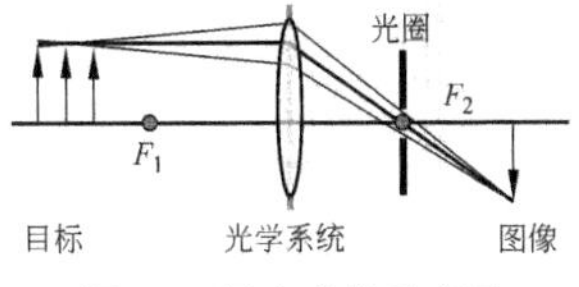

图 T2 远心成像示意图

telecentric lens⇔远心镜头

远心成像中可以产生平行投影的镜头。

telecine⇔电视电影，胶转磁

从运动图片电影格式到标准视频设备格式的转换。

telescope⇔望远镜

一种可将远方物体更清晰地成像于眼前的光学仪器。其性能指标有几个要点：

(1) 结构：一般目视望远镜均有两个以上的光学部件，即望远物镜与望远目镜，物镜的像空间焦点与目镜的物空间焦点相重合。物镜不论是透镜或反射镜总是会聚**镜头组**，而目镜则既可以是会聚镜头组也可以是发散镜头组。

(2) 放大率：若远方景物对**眼睛**所成的角度为 α，而使用望远镜后所呈现的角度为 α'，则望远镜的放大率为：$\Gamma = \tan\alpha / \tan\alpha'$。这等于物镜焦距除以目镜焦距，也等于入射光瞳的直径除以出射光瞳的直径。

(3) 视场：真实视场是物体在望远镜所见处呈现的角度大小(有时也用在一定距离的线长短表示)，即仪器中所见物体的大小。视场的度量是由入射光瞳中心所见的入射窗口的角度大小，称为**视场角**或**角视场**。而在目镜这一方，眼睛所看到的视场是真实视场乘以放大率，称为表观视场。

(4) 聚光本领：像的光亮度取决于物镜的大小(一般物镜的直径就是入瞳直径)、放大率、镜头组的光耗、观察者**瞳孔**大小。望远镜所捕集的光与入瞳面积成正比，而**视网膜**上的照度与放大率平方成反比，与出瞳直径平方成正比。

(5) 分辨本领：在理想情况下，望远镜的分辨本领与眼睛的分辨本领之比应等于放大率。实际情况下应选择合适的放大率，以配合物镜的分辨本领。如果眼睛的分辨角为 $1'$，则合理的放大率在数值上应是以 mm 计的物镜直径的 1/2，而工作放大率即为物镜直径的数值。

television camera⇔电视摄像机

将活动图像或静止景物的**影像**转换为**视频**信号的装置。一般由**光学镜头**、摄像管(如**光电摄像管**、**光导摄像管**)、放大器和扫描电路等组成。

television microscope⇔电视显微镜

应用电视原理研制成的**显微镜**。也称飞点显微镜。物体由细小的光点扫描，因各点反射光不同，对光电管或光电倍增管或摄像管的作用也不同。这些光电转换器件的电信号使显像管显像。也有的干脆将电视摄像头架在显微镜目镜上，由电视机来显像。

television raster ⇔ **电视光栅**

参阅 **scanning raster**。

television scanning ⇔ **电视扫描（技术）**

将图像中的像素按光亮度与色度转换为视频电压-时间响应的过程。接收机通过同步控制信号与发射的扫描顺序完全同步。可以用一行接一行的顺序扫描（**逐行扫描**），也可用先扫描完奇数行再扫描偶数行的**隔行扫描**。后者的长处是将一幅图分为两幅，频率增加一倍，即 25 f/s 变成了 50 f/s，消除了频闪。

TEM ⇔ **透射电子显微镜**

transmission electron microscope 的缩写。

temperature parameter ⇔ **温度参数**

图像恢复中，对**先验概率** $p(x)$及导出后验概率 $p(x|g,\text{model})$的退化过程进行归一化时使用的尺度参数。

template ⇔ **模板，样板**

同 **mask**。

template matching ⇔ **模板匹配（技术）**

一种最基本的**图像匹配**方法。用一个小图像（**模板**）去与一幅较大图像中的一部分（**子图像**）进行匹配。匹配的目的是确定在大图像中是否存在小图像，若存在，则进一步确定小图像在大图像中的位置。

图 T3 中给出尺寸为 $J\times K$ 的模板图像 $w(x,y)$与尺寸为 $M\times N$ 的大图像 $f(x,y)$（$J\leqslant M,K\leqslant N$）进行模板匹配的一个示例。

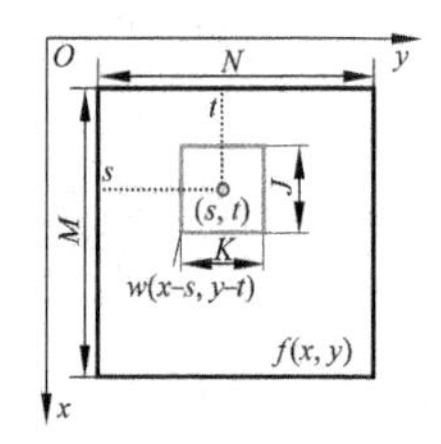

图 T3 模板匹配示意图

template-matching-based approach ⇔ **基于模板匹配的方法**

一种**人脸检测定位**方法。先对人脸建模，构建相应的模板，再通过**模板匹配**来检测和定位人脸。

templates and springs model ⇔ **“模板和弹簧”模型**

一种用于人脸**结构匹配**的物理类比模型。见图 T4，这里对应器官的模板是用弹簧连接的，弹簧函数描述了各模板间的关系，可以取很大的值（甚至无限大）。模板之间的关系一般有一定的约束限制，如在面部图像上，两眼一般在同一条水平

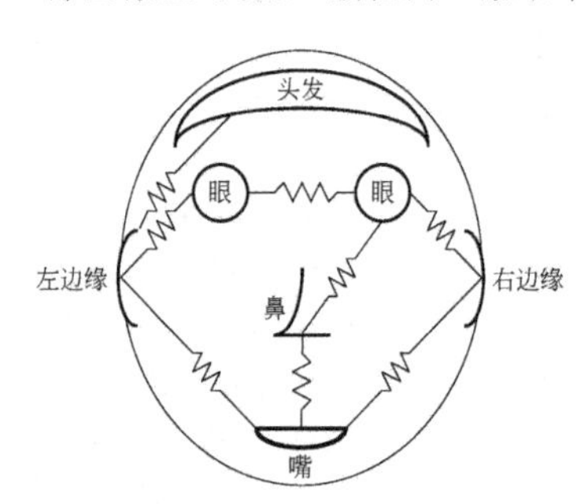

图 T4 人脸的模板和弹簧模型

线上，而且间距总在一定的范围内。匹配的质量是用模板进行局部拟合得到的优度与使待匹配结构去拟合参考结构而拉长弹簧所需能量的函数。

模板和弹簧的匹配量度的一般形式如下：

$$C = \sum_{d \in Y} C_{\mathrm{T}}[d, F(d)] + \sum_{(d,e) \in (Y \times E)} C_{\mathrm{S}}[F(d), F(e)] + \sum_{c \in (N \cup M)} C_{\mathrm{M}}(c)$$

其中，C_{T} 表示模板和待匹配结构之间的不相似性，C_{S} 表示待匹配结构和组成目标的部件之间的不相似性，C_{M} 表示对未匹配部件的惩罚，$F(\cdot)$是将参考结构模板变换为待匹配结构部件的映射。F 将参考结构划分为两类：在待匹配结构中可找到的结构（属于集合 Y），在待匹配结构中找不到的结构（属于集合 N）。类似地，部件也可分为在待匹配结构中存在的部件（属于集合 E）和在待匹配结构中不存在的部件（属于集合 M）两类。

temporal aliasing⇔时间混叠（效应）

使用相对较低**采样率**的后果之一。时间混叠是一个相对的现象，特别在**视频序列**中可观察到，其中旋转的轮子有时会反转或减速，这称为火车轮效应（也称为反转效应）。

temporal and vertical interpolation⇔时间插值和垂直插值

对**视频**进行**去隔行**时，结合使用上下行插值和前后场插值的技术。

temporal characteristics of vision⇔视觉的时间特性

时间因素对**视觉感知**的影响。时间影响的存在性可从三方面解释：

（1）大多数视觉刺激是随时间变化的，或者是随时间顺序产生的；

（2）**眼睛**一般在不停运动，使**大脑**获取的信息不断变化；

（3）**感知**本身并不是一个瞬间过程，因为信息处理总是需要时间的。

temporal face recognition⇔时态人脸识别

基于视频流而不是静止图像进行**人脸识别**的过程或技术。其中结合了时态的信息。

temporal frequency⇔时间频率

物理过程运动变化的快慢程度。视野中目标的运动必将引起**视网膜**接收到的光信息的不断变化，变化的快慢程度可由时间频率来表征。沿 x 方向分布的一维正弦光栅以速度 R 在 x 正方向上运动，其光分布可表示成

$$C(x,t) = C_0[1 + m\cos(2\pi U(x - Rt))]$$

或写作

$$C(x,t) = C_0[1 + m\cos(2\pi(Ux - Wt))]$$

上两式的时间项分别与运动速度 R 及由运动造成的光分布变化的时间频率 W 有关。以速度 R 进行运动的正弦光栅，与在原地以时间频率 W 变化的正弦光栅完全等同。可见时间频率与运动速度有着直接

联系。物体的空间结构给定时，时间频率越高，说明其运动速度越快，反之亦然。日常的视觉经验表明，人眼只能对以大小适当的速度而运动的物体产生**运动知觉**，速度太大和太小都不能引起运动感。与此相关，运动变化的时间频率太快或太慢的物理过程在视觉上也均不能引起运动知觉。这说明，视觉系统在时间频率上也应具有低通与带通滤波的选择特性。

temporal frequency response ⇔ 时间频率响应

人类视觉系统的**对比敏感度**随时间重复模式变化的曲线。主要依赖于若干个因素，如**观察距离**、显示亮度和环境照明。实验表明：

(1) 对比敏感度的峰频率随着图像平均亮度的增加而增加；

(2) **眼睛**在高**时间频率**具有较低敏感度的一个原因是因为可在一幅图像移走后的一个短间隔内仍保留对图像的感受，这个现象称为视觉暂留；

(3) **临界闪烁频率**(低于这个频率将可以感知到闪烁光的单个闪亮，而高于这个频率时那些闪亮将合并为一个连续的、平滑运动的**图像序列**)直接正比于显示的平均亮度。

temporal interpolation ⇔ 时间插值

对**视频**进行**去隔行**中利用前后场插值的技术。

temporal template ⇔ 时域模板

非参数**动作建模**中的一种典型方法。首先提取背景，再将从一个序列中提取的背景块结合进一幅静止图像中。这里有两种结合的方式：一种称为**运动能量图**；另一种称为**运动历史图**。

tensor face ⇔ 张量脸

使用高阶张量，表示成像中不同因素的**人脸图像**的简约表达。这些因素可借助张量分解而分别凸显出来，从而可在不同应用环境中有效地进行**人脸识别**。

tensor representation ⇔ 张量表达，张量表示

用多维矩阵或数组实现或进行的**表达**。例如，盖伯小波响应给出从不同频率和朝向的**滤波器**获得的结果，对所有情况下的所有滤波器得到的结果进行表达就可使用张量表达。

test procedure ⇔ 测试步骤，测试规程

对**图像分割**算法进行实验评价的**通用评价框架**中的三个模块之一。是一个典型的**图像分析**模块，包括前后两个连接的步骤：分割图像和测量特征值。

test sequence ⇔ 测试序列

用于测试的序列集合。可分为两部分，一部分是数据序列(其对应的正确类别标识序列对决策规则是未知的)，另一部分是对应的由决策规则确定的**类别标识序列**。通过比较由决策规则确定的类别标识序列与由**参考标准**确定的类别标识序列，就可对每个类别的**误分率**和**虚警率**做出估计。

test set ⇔ **测试集**

对模式分类算法开发和测试过程中用到的一种数据子集。用于评估算法性能。

texel ⇔ **纹理元**

texture element 的缩写。

texem ⇔ **纹理范例**

texture exemplar 的简写。

texton ⇔ **纹(理基)元**

由 Julesz 于 1981 年引入作为基本的图像结构,并将其考虑成人类视觉预关注感知(pre-attentive human visual perception)的单元(即人在感知到纹理存在前先关注到的单元)。在基于纹元的视场中,纹理可看作纹元的有规律的组合。

为描述纹理基元,可采用鉴别模型。例如,可用一组包含 48 个具有不同朝向、尺度和相位的**高斯滤波器**对每幅图像进行分析。这样,在每个像素位置提取出一个高维的**特征矢量**。用 **K-均值法**将这些滤波器的输出响应聚类成较少数量的均值矢量作为纹理基元。另外,也可以在图像生成模型的前后文中定义纹理基元。在一个三层图像生成模型中,一幅图像 $\boldsymbol{I}$ 被看作一定数量的基函数的叠加,而这些基函数从一个过完备的字典 $\boldsymbol{\Psi}$ 中选取。这些图像基,如具有不同尺度、朝向和位置的盖伯函数或高斯-拉普拉斯函数,可用较少个纹理基元生成出来,而这些纹理基元可从一个纹理基元字典 $\boldsymbol{\Pi}$ 中选出。即一幅图像 $\boldsymbol{I}$ 由一个基图 $\boldsymbol{B}$ 生成,而基图 $\boldsymbol{B}$ 又由纹理基元图 $\boldsymbol{T}$ 生成:

$$\boldsymbol{T} \xrightarrow{\boldsymbol{\Pi}} \boldsymbol{B} \xrightarrow{\boldsymbol{\Psi}} \boldsymbol{I}$$

其中 $\boldsymbol{\Pi}=\{\pi_i, i=1,2,\cdots\}$, $\boldsymbol{\Psi}=\{\psi_i, i=1,2,\cdots\}$。每个纹理基元(是纹理基元图 $\boldsymbol{T}$ 中的一个样本)被看作是一定数量的具有可变形几何结构(如星形、鸟形、雪花)的基函数的组合。通过用这种生成模型来拟合观察到的图像,纹理基元字典可作为生成模型的参数来学习。

textual image compression ⇔ **文本图像压缩**

一种用于压缩含有印刷或打印(也可有部分手写)文本图像的方法。文本可使用几种字体,还可包含符号、象形文字等。将字符识别出来,采用一种压缩方法;而对其余部分采用另外的压缩方法(如果其余部分可以忽略,则可采用有损压缩的选项)。

texture ⇔ **纹理**

对图像灰度的空间分布性质(如平滑、稀疏、规则性)的一种常用描述。纹理是物体表面的固有特征之一。任何物体表面,如果一直放大下去进行观察一定会显现出某种图案,通常称为**纹理图**。纹理是描述**图像内容**的一个重要特征,常被看作是图像的某种局部性质,或是对局部区域中像素之间关系的一种度量。

texture analysis ⇔ **纹理分析**

图像分析的重要领域之一。是对**纹理**的分割、表达、描述、分类等的综合研究。

texture-based image retrieval ⇔ **基于纹理的图像检索**

基于特征的图像检索的领域之一。基于**纹理**的图像检索用各种**纹理描述符**来描述图像中的纹理信息，同时对图像中的空间信息也可以进行一定程度的定量描述。

texture browsing descriptor [TBD] ⇔ **纹理浏览描述符**

国际标准 **MPEG-7** 中推荐的一种**纹理描述符**。其中每种纹理最多需要 12 个比特来表示。纹理浏览描述符的计算步骤如下：

(1) 用**盖伯滤波器**组过滤图像；

(2) 从过滤后的图像中确定两个纹理方向(一个称为主要纹理方向，另一个称为次主要纹理方向)，并对每个纹理方向用 3 个比特来表示；

(3) 将过滤后的图像沿其中主要纹理方向投影，对主要纹理方向确定其规则程度(量化成 2 个比特)和粗细程度(量化成 2 个比特)，对次主要纹理方向仅确定其粗细程度(量化成 2 个比特)。

texture categorization ⇔ **纹理类型范畴划分**

根据纹理特点将**纹理**进行分类得到的结果。例如，有一种分类结果包括**全局有序纹理**、**局部有序纹理**和**无序纹理**。

texture composition ⇔ **纹理组合**

结合各种基本**纹理类型**获得的复杂纹理类型或结构。

texture contrast ⇔ **纹理对比(度)**

参阅 **texture element difference moment**。

texture description ⇔ **纹理描述**

用**纹理描述符**对图像区域中纹理性质所作的描述。

texture descriptor ⇔ **纹理描述符**

描述**纹理**性质的**描述符**。

texture element [texel] ⇔ **纹理(基)元**

基本的和简单的纹理单元(一般是小的几何基元)。会在某些表面重复出现并导致出现纹理。是构成复杂**纹理区域**的基础。见 **primitive texture element**。

texture element difference moment ⇔ **纹理元差分矩**

一种基于**灰度共生矩阵**的**纹理描述符**。令 p_{ij} 为灰度共生矩阵中的元素，则 k 阶的纹理元差分矩来表示为

$$W_M(k) = \sum_i \sum_j (i-j)^k p_{ij}$$

一阶的纹理元差分矩也称**纹理对比度**。

texture energy ⇔ **纹理能量**

参阅 **texture energy map**。

texture energy map ⇔ **纹理能量图**

利用特定**模板**(也称核)与图像**卷积**获得的表示局部**纹理能量**(纹理模式所具有的能量)的图。如果用 $f(x, y)$表示一幅图像，用 M_1, M_2，

…, M_N代表一组模板，则卷积 $g_n = f * M_n (n=1,2,\cdots,N)$给出各个像素邻域中表达纹理特性的纹理能量分量。如果采用尺寸为 $k \times k$ 的模板，则对应第 n 个模板的**纹理图像**的元素为

$$T_n(x,y) = \frac{1}{k \times k} \sum_{i=-(k-1)/2}^{(k-1)/2} \sum_{j=-(k-1)/2}^{(k-1)/2} |g_n(x+i, y+j)|$$

这样对应每个像素位置(x,y)，都可得到一个**纹理特征**矢量$[T_1(x,y) \quad T_2(x,y) \quad \cdots \quad T_N(x,y)]^{\mathrm{T}}$。

texture entropy ⇔ 纹理熵

一种基于**灰度共生矩阵**的**纹理描述符**。可给出对纹理随机性的一个测度。令 p_{ij} 为灰度共生矩阵中的元素，则纹理熵可表示为

$$W_{\mathrm{E}} = -\sum_i \sum_j p_{ij} \log_2 p_{ij}$$

texture exemplar [texem] ⇔ 纹理范例

一组从原始图像中提取出来，由均值和方差矩阵来刻画的图像片。可把原始图像用一族纹理基元的隐式表达来描述。纹理范例与纹理基元的区别是纹理范例模型直接依赖于原始像素值而不是对基函数的组合，且纹理范例模型不像纹理基元模型那样显式表达纹理基元。所以，多个或部分纹理基元都可包含在各个纹理范例中。

texture feature ⇔ 纹理特征

目标表面以及成像后的图像区域上反映**纹理**特性的特征。

texture gradient ⇔ 纹理梯度

1. **人类视觉**中，观察到的景物在**视网膜**上投影尺寸和密度的层次变化。

2. **图像工程**中，景物表面模式成像后图像上出现的特定模式的尺度和密度等的变化。

texture homogeneity ⇔ 纹理均匀性，纹理一致性

参阅 **inverse texture element difference moment**。

texture image ⇔ 纹理图(像)

纹理特性明显的图像。图 T5 给出几幅不同的纹理图。在纹理图中，相对于图像的其他性质，人们更关心其纹理性质。

texture mapping ⇔ 纹理贴图(技术)，纹理映射(技术)

将一个 2-D 纹理片贴到一个 3-D 目标的表面，使其更加真实的技术。常用来产生特殊的表面效果。

texture pattern ⇔ 纹理模式

由**纹理元**构成的**模式**。

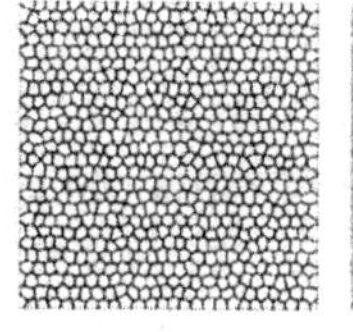
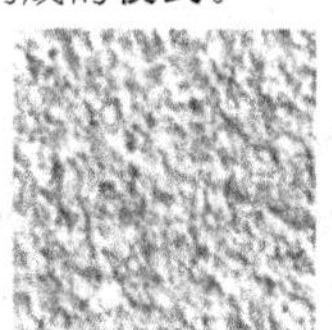

图 T5　纹理图

texture region ⇔ **纹理区域**

图像中**纹理**特性明显的**区域**。也指**纹理图像**中像素灰度值不均匀但感觉均匀的不同部分。

texture second-order moment ⇔ **纹理二阶矩**

同 **texture uniformity**。

texture segmentation ⇔ **纹理分割**

对**纹理图像**的分割或利用纹理特性进行的**图像分割**。纹理分割可以采用有监督的方式(**有监督纹理分割**)和无监督的方式(**无监督纹理分割**)。

texture spectrum ⇔ **纹理频谱**

一种类似于**纹理基元**的方法。将纹理图像看作纹理基元的组合,并利用这些基元的总体分布来刻画纹理。每个纹理基元都包含一个局部小邻域,如 3×3,其中的像素根据中心像素的灰度进行阈值化(非常类似 **LBP** 方法)。比中心像素亮或暗的像素分别赋值 0 或 2,其他像素则赋值 1。然后用这些值构成一个对应中心像素的**特征矢量**,对整幅图像计算它们的频率以构成纹理基元频谱。从这个频谱中可提取出不同的特性,如对称性和朝向,来进行**纹理分析**。

texture statistical model ⇔ **纹理统计模型**

参阅 **statistical approach**。

texture stereo technique ⇔ **纹理立体技术**

自**纹理重建**方法和**立体视觉**方法相结合的技术。通过同时获取场景的两幅图像并借助其中的纹理信息来估计其中景物表面的方向,避免了复杂的对应点匹配问题。在这种方法中,所用的两个成像系统是靠**旋转变换**相联系的。

texture structural model ⇔ **纹理结构模型**

参阅 **structural approaches**。

texture tessellation ⇔ **纹理镶嵌**

纹理分析方法中的一种**结构法**。将比较规则的**纹理**看作是在空间中对**纹理基元**进行有次序镶嵌而构成的。最典型的方式包括**规则镶嵌**和**半规则镶嵌**。

texture uniformity ⇔ **纹理均匀性,纹理一致性**

一种基于**灰度共生矩阵**的**纹理描述符**。也称**纹理二阶矩**。令 p_{ij} 为灰度共生矩阵中的元素,则纹理一致性可表示为

$$W_{\mathrm{U}} = \sum_i \sum_j p_{ij}^2$$

thematic mapper [**TM**] ⇔ **专题测绘仪,专题制图传感器**

一种地球观测传感器。装在 **LANDSAT** 卫星上。共有 7 个图像波段(其中 3 个在可见光波段,4 个在红外波段),大部分波段的空间分辨率为 30 m。

theorem of the three perpendiculars ⇔ **三垂线定理**

3-D 几何中的一个定理,可用于在 3-D **彩色空间**中进行的推导。参

见图 T6，考虑一条属于平面 Π 的直线 l 和一个不属于平面 Π 的点 P，通过点 P 且垂直于平面 Π 的直线与平面的交点为 P'，从 P 到直线 l 且与直线 l 垂直的线与直线 l 交于点 P''。三垂线定理指出线段 $P'P''$ 垂直于直线 l。

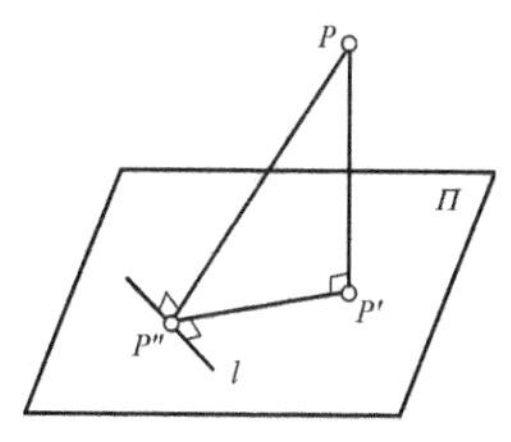

图 T6　三垂线定理示意图

theory of color vision⇔**色觉理论**

根据现有的生理学知识或若干假设的性能来说明色觉产生过程的理论。这个理论面对的问题很复杂。客观上，从光的物理性能看，作用于**眼睛**的只有**波长**（频率）的不同，但主观上，人类视觉系统在对这些波长响应并输送到大脑中后，可以产生错综复杂而数以万计的各种色彩感觉。

目前色觉理论虽然很多，但尚无一个能说明所有色觉现象的普适理论。比较重要的有三个理论：①**三原色**理论：在彩色照相、彩色印刷的选色、配色、混色及其他应用中能说明和处理许多问题。而且现已找到三种**锥细胞**及其三种色素。②**对立色**理论：侧重于色觉的心理问题研究。三种锥细胞接收了三原色的信号后，将其组成红绿和黄（红＋绿）蓝两组对立色，三者相加合成光度信号，而此光度信号又与其邻近的光度信号相比照而产生黑与白的对立印象。③视觉的带理论：将**视网膜**到脑神经之间分成若干带区，各带起着不同的信息加工和传递作用。

theory of image understanding⇔**图像理解理论**

采集、表达、处理、分析直至理解图像信息的理论框架。目前还在深入研究中。

thicking⇔**粗化（技术）**

与利用**二值图像数学形态学**运算实现**细化**的效果相反的操作。用**结构元素** B 粗化集合 A 记作 $A \circledast B$，可借助**击中-击不中变换**⇑表示为

$$A \circledast B = A \cup (A \Uparrow B)$$

如果定义一个结构元素系列 $\{B\} = \{B_1, B_2, \cdots, B_i, B_{i+1}, \cdots, B_n\}$，其中 B_{i+1} 代表 B_i 旋转的结果，则粗化也可定义为一系列操作：

$$A \circledast \{B\} = ((\cdots((A \circledast B_1) \circledast B_2)\cdots) \circledast B_n)$$

实际中可先**细化**背景，然后对细化后的背景求补以得到粗化的结果。换句话说，如果要粗化集合 A，可先构造它的补集 $C(=A^c)$，然后细化 C，最后求 C^c。

thick shape⇔**粗形状**

2-D 形状的一种表达类型。指包括了形状内部的区域，所以与边界或**边界表达**不等价。对应**基于区域的表达**。

thinness ratio⇔细度比

一个**形状复杂性描述符**。是**形状因子**的倒数，即 $4\pi(A/B^2)$，其中，A 为目标的**区域面积**，B 为目标的**边界长度**。细度比例常用作圆形性的量度。最大值是 1(这对应一个完美的圆)。对一个一般的目标，其细度比例越高就越圆。细度比例还可用作规则性的测度。

thinning⇔细化(技术)

利用**二值图像数学形态学**运算**腐蚀**目标区域但不将其裂开成多个子区域的一种技术。用**结构元素** B 细化集合 A 记作 $A \otimes B$，可借助**击中-击不中变换**⇑表示为

$$A \otimes B = A - (A \Uparrow B) = A \cap (A \Uparrow B)^c$$

其中上标 c 表示补集运算。

如果定义一个结构元素系列 $\{B\} = \{B_1, B_2, \cdots, B_n\}$，其中 B_{i+1} 代表 B_i 旋转的结果，则细化也可定义为一系列操作：

$$A \otimes \{B\} = A - ((\cdots((A \otimes B_1) \otimes B_2)\cdots) \otimes B_n)$$

这个过程是先用 B_1 细化一遍需细化的**目标区域**，然后再用 B_2 对前面结果细化一遍，如此继续直到用 B_n 细化一遍。整个过程可再重复进行直到连续两次细化的结果没有变化产生为止。比较 **thicking**。

thinning algorithm⇔细化算法

实现**中轴变换**以获得区域**骨架**的方法。通过迭代的消除区域的边界点来获得骨架。消除这些边界点的条件是这些点不是端点，被去除后不影响连接性，也不会过多地**腐蚀**区域。

thin-plate model⇔薄板模型

图像恢复最小化**代价函数**中正则化项的一种先验模型。其中考虑最小化相邻像素间的二阶差分。如图 T7 所示，对任何三个固定的点，薄板模型的作用就像去弯曲一个僵硬的金属棒(对应薄板)以尽可能地穿越它们。比较 **membrance model**。

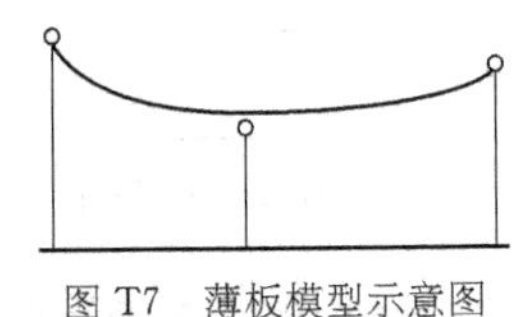

图 T7　薄板模型示意图

thin shape⇔细形状

2-D 形状的一种表达类型。是没有包括形状内部的区域，是与边界等价的连通点集合。对应**基于边界的表达**，其宽度为无穷小。

three-chip camera⇔三芯片摄像机

使用三个芯片的**传感器**的彩色**摄像机**。如图 T8 所示，将通过镜头的光线用分光器或棱镜分成三束，并让它们分别到达其前面有一个**滤光片**的三个传感器。这种结构可以

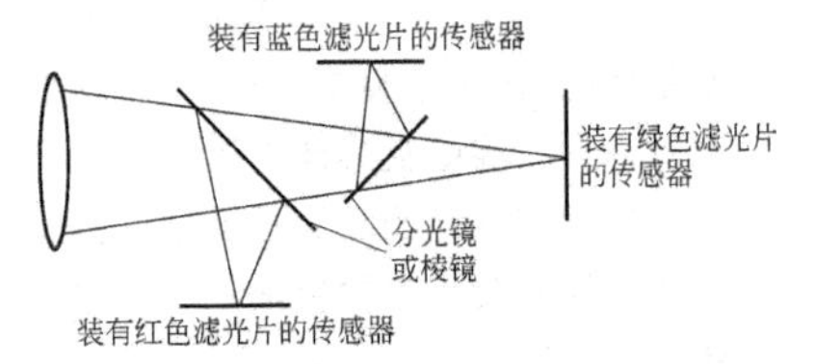

图 T8　三芯片摄像机的光路

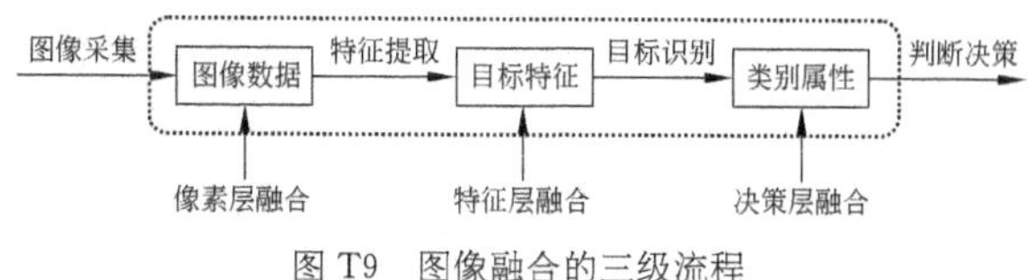

图 T9　图像融合的三级流程

克服**单芯片摄像机**的图像失真问题。

three-color theory⇔三色理论

同 **Young trichromacy theory**。

three layers of image fusion⇔图像融合的三个层次

图像信息融合的方式由低到高可划分成的三个层次。这三层分别为：**像素层融合**、**特征层融合**和**决策层融合**。这种划分与要借助**图像融合**完成整体工作的步骤有关。如图 T9 所示的图像融合三级流程图中，从采集场景图像到做出判断决策共有四个步骤，即**图像采集**、**特征提取**、**目标识别**和判断决策。图像融合的三个层次正好分别在这四个步骤间进行。像素层融合是在特征提取之前进行的，特征层融合是在目标识别（属性说明）之前进行的，而决策层融合是在判断决策之前进行的。

three-point gradient⇔三点梯度

图像中利用三个像素点算出的**梯度**。其计算可用如图 T10 所示的两个 2-D **模板**通过**模板卷积**来实现。这实际上就是罗伯特检测算子。

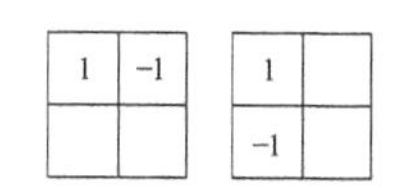

图 T10　计算三点梯度的两个 2-D 模板

three-point mapping⇔三点映射（变换）

将一个三角形映射为另一个三角形的**坐标变换**。主要包括**平移变换**、**放缩变换**、**旋转变换**以及**拉伸变换**和**剪切变换**。

three primary colors⇔三原色，三基色

参阅 **primary color**。

three-step search method⇔三步搜索方法

视频编码的**运动补偿**中，一种用于块匹配的快速搜索算法。参见图 T11，图中数字 n 表示第 n 步搜索点，虚线箭头表示各步搜索方向，而实线箭头指示最终搜索结果。从对应零位移的位置（0）开始并测试前后上下及对角方向的 8 个搜索点（1），这 8 个点排列成正方形。需要选择给出最小误差（常选 MAD 为质量因素）的点并以其为中心构建一个围绕的新搜索区域。如果最优匹配点是中心的点，则移动上次偏移量的一半并进入一个新搜索区域继续进行搜索，否则保持相同的偏移量。这个过程对逐渐缩小的范围持续进行，直到偏移量等于 1。

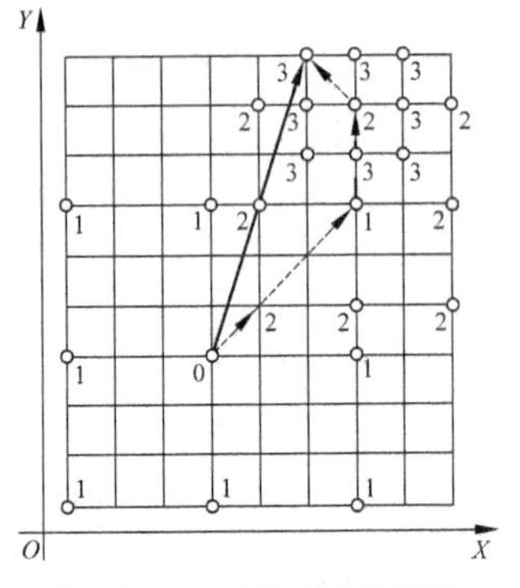

图 T11 三步搜索方法示例

threshold ⇔ **阈值**

图像**阈值化**中，用以将图像中不同灰度的像素区分开的灰度值。

threshold based on transition region ⇔ **基于过渡区的阈值**

利用**过渡区**确定的分割**阈值**。由于过渡区处于目标和背景之间，而目标和背景之间的边界又在过渡区之中，所以可借助过渡区来帮助选取**图像分割**的阈值。首先，因为过渡区所包含像素的灰度值一般在目标和背景区域内部像素的灰度值之间，所以可根据过渡区内的像素确定一个阈值以进行分割。例如，可取过渡区内像素的平均灰度值或过渡区内像素的**直方图**的极值作为图像分割的阈值。其次，由于过渡区内的最大灰度值和最小灰度值限定了边界线灰度值的上下界，阈值也可直接借助它们来计算。

threshold coding ⇔ **阈值编码（方法）**

采用最大幅度准则，利用阈值来选择**变换编码**中保留变换系数的方法。对任意**子图像**，值最大的变换系数对重建子图像的质量贡献最大。因为最大系数的位置随子图像的不同而不同，所以保留系数的位置也随子图像的不同而不同。阈值编码在本质上是**自适应**的，根据自适应程度，取阈值的方法可分三种：

(1) 对所有子图像用一个**全局阈值**；

(2) 对各个子图像分别用不同的阈值（子图像阈值）；

(3) 根据子图像中各系数的位置选取阈值（系数阈值）。

thresholding ⇔ **阈值化**

图像分割中一种**基于区域的并行算法**。该类算法是最常见的并行的直接检测区域的分割方法，也称**并行区域技术**，其他同类方法如在像素的特征空间进行分类可看作是其推广。取阈值分割方法的关键问题是选取合适的**阈值**，阈值选定后，不论对 2-D 图像还是 3-D 图像，分割的方法是一致的，均是将像素或体素的值与阈值相比而确定其归属。

最简单的利用取**阈值**方法来分割灰度图像的步骤如下。首先对一幅灰度取值在 g_{min} 和 g_{max} 之间的图像确定一个灰度阈值 T（$g_{min}<T<g_{max}$），然后将图像中每个像素的灰度值与阈值 T 相比较，并将对应的像素根据比较结果分为两类：像素的灰度值大于阈值的为一类，像素的灰度值小于阈值的为另一类（灰

度值等于阈值的像素可归入这两类之一)。这两类像素一般对应图像中的两类区域,所以通过阈值化就可达到分割图像的目的。上述只用一个阈值的分割方法称为**单阈值化**方法,如果用多个阈值分割则称为**多阈值化**方法。

thresholding based on concavity-convexity of histogram ⇔ 基于直方图凹凸性的阈值化

通过对**直方图**的**凹凸性**分析来确定图像分割阈值的方法。具体可将图像的直方图(包括部分坐标轴)看作平面上的一个**区域**,对该区域计算其**凸包**并用对应最大**凸残差**的灰度值作为阈值来分割图像。

参见图 T12,直方图的包络(粗曲线)及相应的左边缘(粗直线)、右边缘(已退化为点)和底边(粗直线)一起围出了一个 2-D 平面区域。计算这个区域的凸包(见图中前后相连的细直线段)并检测凸残差的最大处就可得到一个分割阈值 T。

thresholding with hysteresis ⇔ 滞后阈值化

输出是先前信号和阈值的函数时,对随时间变化的标量信号进行的阈值化。例如,一个根据温度控制的自动调温器接收到信号 $q(t)$ 并产生输出信号 $p(t)$:

$$p(t)=\begin{cases} s(t)>T_{\text{cold}}, & q(t-1)=0 \\ s(t)<T_{\text{hot}}, & q(t-1)=1 \end{cases}$$

其中在时刻 t 的值依赖于先前的决策 $q(t-1)$,两个阈值 T_{cold} 和 T_{hot} 将 $s(t)$ 分成三部分。

图像分割中,常与**坎尼边缘检测器**的边缘跟踪连接步骤相关联。

thumbnail ⇔ 缩略图

一幅图像的缩小表现形式。应可提供足够的信息,以使观察者看出原始图像的大致情况。对一个图像数据库,常使用缩小图给出其主要包括了哪些内容的图像,这样在打开它们之前就可以方便地判断出是否为需要的图像。

tie points ⇔ 配合点,匹配点

几何失真校正中,失真和未失真图像中相互对应的已知位置点。根据它们可确定空间变换模型的参数值,进行**图像坐标变换**。

TIFF ⇔ TIFF 格式,标签图像文件格式

tagged image file format 的缩写。

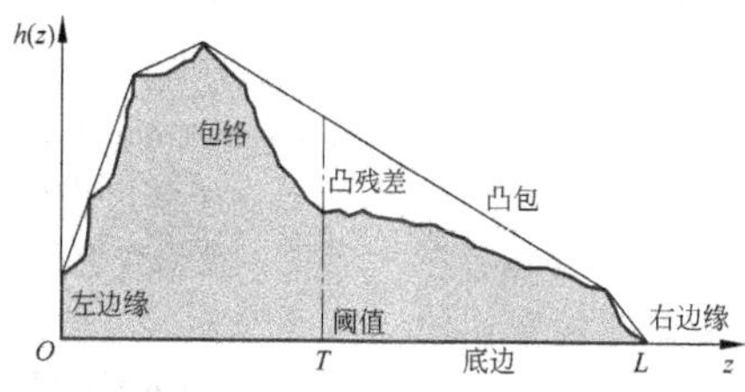

图 T12 利用直方图的凹凸性确定阈值

tightness and separation criterion [TSC] ⇔ **紧密-分离准则**

聚类算法中确定聚类数的准则。多数聚类算法需要对期望的类别数 K 有个初始的选择,但这常不正确。为此,可将聚类过程对不同的 K 分别进行,取最好结果所对应的 K 作为真正的聚类数。作为判断准则,紧密和分离准则比较在聚类中同类事物间的距离与不同聚类中不同事物间的距离。如果给定训练集 $D_T=\{G_1,\cdots,G_M\}$,则

$$TSC(K)=\frac{1}{M}\frac{\sum_{j=1}^{K}\sum_{i=1}^{M}f_{ij}^2 d_{\mathrm{E}}^2(G_i,c_j)}{\min_{ij}d_{\mathrm{E}}^2(c_i,c_j)}$$

其中,f_{ij} 是事物 G_i 对聚类 C_j(其中的样本用 c_j 表示)的模糊隶属度,$d_{\mathrm{E}}(\cdot,\cdot)$ 代表欧氏**距离函数**。

tiling ⇔ **拼接(技术)**

轮廓内插和拼接中的一种操作。常使用三角形网格建立覆盖相邻平面的两个对应轮廓间的表面,其基本思路是根据某种准则产生一组优化的三角面片,以将目标表面近似地表达出来。在更一般的意义上讲,还可以用任意曲面来拟合对应轮廓间的表面,此时常使用参数曲面的表达方式,可以获得较高阶的连续性。

tilt angle ⇔ **进动角,倾斜角**

1. 一般**摄像机模型**中,**摄像机**在**世界坐标系**中对**垂直轴倾斜**的角度。即**摄像机坐标系**的 z 轴和世界坐标系的 Z 轴之间的夹角。如果取 XY 平面为地球的赤道面,Z 轴指向地球北极,则倾斜角对应纬度。

2. 描述 3-D 刚体转动的 3 个欧拉角之一。参见图 Y1,指 AB 和 X 轴间的夹角,这是绕 Z 轴旋转的角。

tilting ⇔ **倾斜(化)**

摄像机运动类型之一。也是典型的**摄像机操作**形式或运动方式。对应摄像机绕**世界坐标系**的 X 轴,即在 YZ 平面内垂直旋转的运动。如果取 XY 平面为地球的赤道面,Z 轴指向地球北极,则垂直倾斜会导致纬度的变化。参阅 **types of camera motion**。

time code ⇔ **时间码**

赋给**视频**(电影)中,用准确进行视频编辑而赋予各帧图像的唯一性数字。

time convolution theorem ⇔ **时域卷积定理**

同 **convolution theorem**。

time-domain sampling theorem ⇔ **时域采样定理**

在时域中对**采样定理**的描述。如果时间信号 $f(t)$ 的最高频率分量为 f_{M},则 $f(t)$ 的值可由一系列采样间隔小于或等于 $1/2f_{\mathrm{M}}$ 的采样值来确定,即采样率 $f_{\mathrm{S}}\geqslant 2f_{\mathrm{M}}$。

time-frequency ⇔ **时间-频率,时频**

一种**多尺度变换**技术或相应空间。**盖伯变换**是该类技术的一个典型代表。

time-frequency grid ⇔ **时频网格**

反映**图像变换**中时间和频率的定

义域尺寸和采样分布的图。一般情况下，图的横坐标对应时间，纵坐标对应频率。图 T13(a)给出的是**傅里叶变换**所对应的网格，水平的平行实线表示变换后只有频率上的区别。图 T13(b)给出的是**盖伯变换**所对应的网格，在时间上和频率上都具有局部化的特点，只是局部化网格的尺寸是不随时间或频率变化的。图 T13(c)给出的是**小波变换**所对应的网格，其特点是频率比较低时其时间窗口比较大，而频率比较高时其时间窗口比较小，时间窗口的长度与频率窗口的长度的乘积是常数。

time-frequency window ⇔ 时频窗(口)

多尺度分析中定义**窗函数**的窗口。该窗口的两个方向分别对应时间和频率，如图 T13 所示。

time of flight ⇔ 飞行时间法

通过测量光波传播时间获得有关深度的信息以采集深度图像的方法。先测量光波从光源发出经被测物体反射后回到传感器的所需时间 t，再根据 $d=ct/2$ 来计算被测距离 d，其中 c 为光速(3×10^8 m/s)。因为一般使用点源，所以也称飞点测距法。要获得 **2-D 图像**，需要将光束进行 2-D 扫描或使被测物体进行 2-D 运动。参阅 **magnitude modulated phase measurement**。

time-scale ⇔ 时间-尺度

一种**多尺度变换**技术或相应空间。**小波变换**是该类技术的一个典型代表。

time-varying image ⇔ 时变图像

同 **multitemporal image**。

time window ⇔ 时间窗(口)

时域中定义**窗函数**的窗口。

TM ⇔ 专题测绘仪，专题制图传感器

thematic mapper 的缩写。

***T* number ⇔ *T* 数**

表示透镜"速度"的参数。在透镜的轴向透射率 τ 比 1 小很多或孔径不是圆形的时候使用。当孔径为圆形且无杂光时，T 数 $=\tau^{-1/2}$(**等效 f 数**)。当物体位于无穷远且无杂光，而孔径不是圆形时，T 数 $=2^{-1}$(焦距)$\pi^{1/2}(\tau A)^{-1/2}$，其中 A 为入射光瞳面积。

toboggan contrast enhancement ⇔ 滑降对比度增强

一种自适应**图像增强**方法。主要步骤如下：

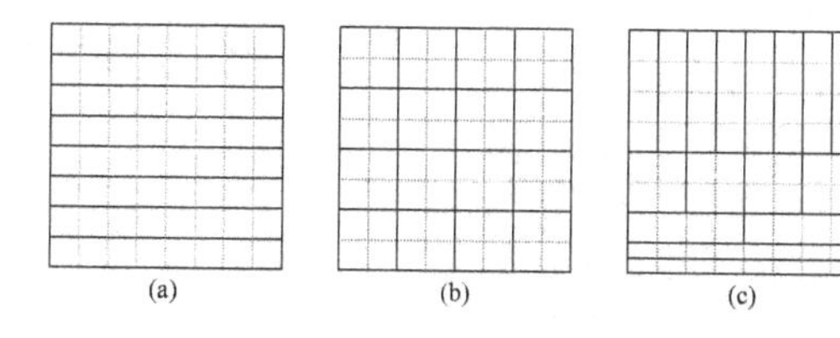

图 T13　3 种时频网格的比较

(1) 计算各个像素的梯度矢量的幅度;

(2) 在围绕每个像素的局部窗口中,确定具有局部梯度幅度极小值的像素;

(3) 将具有局部梯度幅度极小值的像素的灰度值赋给中心像素。

Toeplitz matrix⇔特普利茨矩阵

沿每个主对角方向的所有值都相同的矩阵。是对一个遍历集合的图像通过使用其 1-D 表达(假设其无穷重复)从单幅图像推导出来的自相关矩阵。

tolerance band algorithm⇔宽容带算法

一种将曲线增量分割成直线段基元的算法。假设当前的直线段定义了宽容带的两个平行边界,两个边界位于与直线段预先选定的距离处。当一个新的曲线点离开宽容带时,当前的直线段结束而一个新的直线段开始,如图 T14 所示。

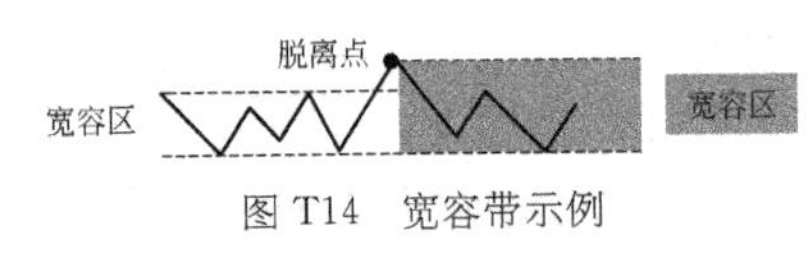

图 T14 宽容带示例

Tomasi-Kanade factorization ⇔ 托马西-武雄奏分解

一种对结构和运动恢复问题的最大似然解。这里设用**仿射相机**观察静态场景,其中观察点(x,y)的位置受到**高斯噪声**干扰。如果在 n 个视中观察到 m 个点,则包含所有观察点的 $2n\times m$ 观察矩阵的秩为 3。对该矩阵的秩为 3 的最优逼近可以可靠地通过**奇异值分解**得到,其后,3-D 点和相机的位置可以容易地提取出来(不过仍可能有仿射歧义)。

tomography⇔层析成像,断层成像

一种使用穿透辐射的**间接成像**技术。一个目标的 3-D 形状可通过在不同的方向上进行多个投影来重建。参阅 **X-ray tomography**。

top-down cybernetics⇔自顶向下控制机制

一种**分层控制**框架和过程。特点是整个过程都由**模型**(基于**知识**)控制(所以也称模型驱动控制),见图 T15。一般来说,这种控制用于检验结果,即对目标预测并验证假设。因为有关场景的知识被用在多个处理步骤中,并且这些步骤只处理对它们来说是必要的工作,所以这种控制的整体效率较高。大部分实用的系统都采用这种控制。需要注意的是,这种控制不适合于假设太多的场合,否则验证工作会变得太耗时而不能忍受。

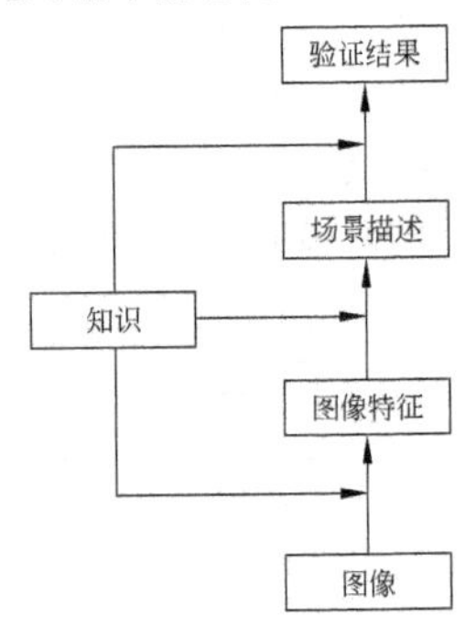

图 T15 自顶向下控制机制

top-hat transformation ⇔ **高帽变换**

灰度图像数学形态学中，结合了**开启**、**闭合**和**图像减法**三种运算的操作。使用了上部平坦的柱体或平行六面体(像一顶高帽)作为结构元素。对一幅图像 f 的高帽变换是从 f 中减去用**结构元素** b 对 f 的开启，可记为 T_{h}：

$$T_{\text{h}} = f - (f \circ b)$$

其中∘代表**开启**算子。这个变换适用于图像中有亮目标在暗背景上的情况，能加强图像中亮区的细节，也常用在对场景的非均匀照明进行补偿的阴影校正过程中。比较 **bottom-hat transformation**。

top surface ⇔ **顶面**

利用最大最小值运算以把**数学形态学**的运算规则从**二值图像**推广到**灰度图像**而引入的特定曲面。为解释方便，考虑 1-D 信号时的情况。在空间平面 XY 上的一个区域 A，如图 E15 所示。

把 A 向 X 轴投影，可确定 $x_{\min}$ 和 $x_{\max}$。对属于 A 的每个点(x,y)来说，都有 $y=f(x)$成立。对 A 来说它在平面 XY 上有一条顶线 $T(A)$，也就是 A 的上边缘 $T(A)$，可表示为：

$$T(A) = \{(x_t, y_t) \mid x_{\min} \leqslant x_t \leqslant x_{\max}, y_t = \max_{(x_t, y_t) \in A} f(x_t)\}$$

如果将上述讨论推广到 2-D 图像，得到的就是顶面。

topic ⇔ **主题**

概率隐语义分析中，被分析对象的语义内容和核心概念。

topography ⇔ **地貌，地形(学)**

地球表面各种形态的总称。是借助**合成孔径雷达图像**的像素值可以获得的地面物理性质之一。典型的地形包括高原、平原、盆地、山地等。

topological descriptor ⇔ **拓扑描述符**

一种描述区域**拓扑性质**的**描述符**。典型的如**欧拉数**。

topological dimension ⇔ **拓扑维数**

一个点在不同点集合中位置的**自由度**的数目。也指相应集合的自由度数目。总取整数。例如，点的拓扑维数是 0，曲线的拓扑维数是 1，平面的拓扑维数是 2，依次类推。

topological property ⇔ **拓扑性质**

2-D 区域或 3-D 景物结构中与距离无关的性质。这类性质也不依赖基于距离测量的其他性质。在**图像工程**中，获得区域的拓扑性质有助于对区域的全局描述。主要反映结构信息。区域的**欧拉数**、景物的个数和景物的连通性都反映了典型的拓扑性质。

topological representation ⇔ **拓扑表达**

记录元素连通性的表达方式。例如，在包含面、边和顶点的表面边界表达中，表达的拓扑是面-边和边-顶点连接表，与表达的几何(或空间位置和尺寸)独立。在这种情况下，基本的联系是“由……所限定”，即一个面由一个或多个边所限定，一条边由零个或多个顶点所限定。

topology⇔**拓扑(学)**

研究图形不受畸变变形(不包括撕裂或粘贴)影响的拓扑性质的数学分支。

torsion⇔**挠率**

空间曲线局部几何中的一种极限。参见图 L12,考虑**密切平面**上沿空间曲线变化的速率(这可看作对曲率的推广)。设曲线 C 上有两个相邻的点 P 和 P',计算与它们对应的两个密切平面之间的夹角(或对应的两个副法线之间的夹角),并除以它们之间的距离。当 P' 趋向于 P 时,上述夹角和距离都趋向于 0,而它们的比值有个极限,该极限就称为曲线 C 在点 P 的挠率。

total cross number⇔**总交叉数**

视差误差检测与校正的算法中,交叉区域内所有像素点对的误匹配总数。参阅 **zero-cross correction algorithm**。

total variation⇔**全变分模型**

一种基本和典型的**图像修补**模型。通过对靶区域进行逐个像素的扩散来达到**图像修复**的目的,其中采用沿着等光强线(相等灰度值的线)由源区域向靶区域延伸扩散的方法,而具体扩散时采用了全变分算法。全变分算法是一种非各向同性的扩散算法,可用于在去噪的同时保持边缘的连续性和尖锐性。

trace transform⇔**迹变换**

对一幅图像在极坐标中的一种 2-D 表达(原点在图像中心)。类似于拉东变换,也追踪从原点出发的所有可能方向的直线。但与计算沿直线积分的拉东变换不同,还沿各追踪线计算其他函数。所以可被看作是对拉东变换的推广。实际中,对相同的图像可使用不同的函数来获得不同的迹变换。从变换的图像中,可使用沿直径或沿环的函数来提取特征。

tracking⇔**跟踪(技术);平移(操作)**

1. 跟踪:对动态系统的参数进行估计的方法。一个动态系统由一组按时间展开的参数(如**特征点**位置、对象目标的位置、人的关节角度)所刻画,这些参数可在连续的时间间隔进行测量。跟踪的工作是在给定这些测量结果的条件下保持对模型参数的概率分布的估计(需要有对参数如何随时间变化的先验模型)。可把跟踪看作一组作用在序列输入上的算法,并根据连续输入间的一致性来改善算法的性能。算法的任务可被描述成对状态矢量——一组参数——在连续时刻 t 的估计。需要用一组产生观察 $\boldsymbol{z}(t)$ 的传感器来估计状态矢量 $\boldsymbol{x}(t)$。在缺乏时间一致性假设时,$\boldsymbol{x}(t)$ 需要在每个时刻仅用 $\boldsymbol{z}(t)$ 的信息来估计。在有一致性假设时,系统使用所有观察的集合 $\{\boldsymbol{z}(\tau), \tau<t\}$ 来计算时刻 t 的估计。实际中,对状态的估计被表示成一个对所有可能值的概率密度,对当前 $\boldsymbol{x}(t)$ 的估计仅使用前一个状态估计 $\boldsymbol{x}(t-1)$ 和当前的测量 $\boldsymbol{z}(t)$。

2. 平移：**摄像机运动类型**之一。对应摄像机沿**世界坐标系**的 X 轴，即水平(横向)的移动。也是一种典型的**摄像机操作**形式。参阅 **types of camera motion**。

tracking state ⇔ 跟踪状态

跟踪系统模型的第二种状态。是系统的运行状态。此时先利用由**锁定状态**提取的目标位置，再从下一幅帧图像中的预测窗口里确定目标的下一个位置，并将位置信息存入历史数据库。如果在预测的窗口中没有发现目标，则系统转入**恢复状态**。

training ⇔ 训练(方法)

参阅 **learning**。

training procedure ⇔ 训练过程

运用**训练序列**构建决策规则的过程。这个过程可按两种方式进行：并行和迭代串行。在并行的训练过程中，整个训练序列一次一块儿使用，构建决策规则的过程与训练数据在训练序列中的次序无关。在迭代串行的训练过程中，整个训练序列多次使用，根据每个数据调整或更新决策规则。这个过程与训练数据在训练序列中的次序有关。

training sequence ⇔ 训练序列

用于**训练**的序列集合。可分为两部分，一部分是数据序列，另一部分是对应的类别鉴别序列。每个训练数据都包括数据序列中的模式和类别鉴别序列中对应的类别信息。训练序列可被用于估计构建决策规则的条件概率分布或用于构建决策规则本身。

training set ⇔ 训练集

开发和测试模式分类算法过程中用到的一种数据子集。由各类样本组成，用于估计分类参数的集合，开发和微调算法。训练集包含数据集中一小部分(典型的为 20%或以下)有代表性的样本，这可手工或自动地(即随机地)选出来。训练集的尺寸和用来构建它的方法常依赖于所选的**模式分类**技术。

trajectory ⇔ 轨迹

时空行为理解中，物体运动所遵循的路径。

trajectory clustering ⇔ 轨迹聚类(技术)

路径学习的第二步。任务是在观察场景时，收集运动轨迹并将其结合进相似的类别中。为了产生有意义的聚类，轨迹聚类过程要考虑 3 个问题：①定义一个距离(对应相似性)测度，如**欧氏距离**、**豪斯道夫距离**等；②确定聚类更新的策略；③执行聚类验证，因为真实的类别数常并不知道，所以学到的路径需要进一步验证。

trajectory learning ⇔ 轨迹学习(方法)

时空行为理解中，利用机器学习方法确定运动目标运动轨迹的过程。主要步骤和模块如图 T16 所示，包括**轨迹预处理**、**轨迹聚类**和**轨迹建模**。

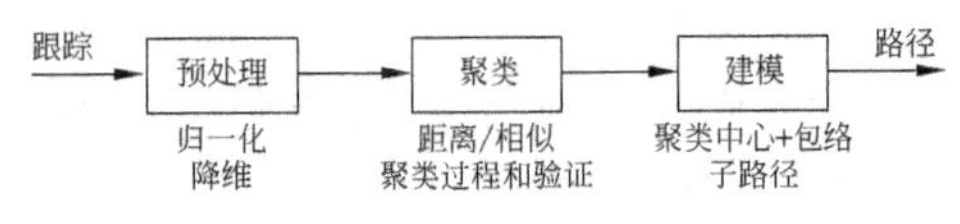

图 T16 轨迹学习步骤

trajectory modeling⇔轨迹建模(方法)

路径学习的第三步。目的是帮助在**轨迹聚类**后根据所得到的路径建立(**图**)模型(对聚类的紧凑表达)以进行有效的**推理**。可以用两种方式对路径进行建模。第1种方式考虑完整的路径,第2种方式将路径分解为一些子路径,或者说将路径表示成子路径的树。

trajectory preprocessing⇔轨迹预处理

路径学习的第一步。目的是建立用于聚类的轨迹。主要包括两方面的工作:归一化以保证所有轨迹有相同的长度;降维以将轨迹映射到新的低维空间,从而可以更鲁棒的聚类。

transferable belief model [TBM]⇔可传递的信念模型

可看做概率模型的一种推广。是一个部分知识的表达模型,允许显式地对若干个假设之间的疑问进行建模。可以处理不精确和不确定的信息,并提供一些将这些信息结合起来的工具。

transfer function ⇔传递函数,转移函数

点扩展函数的**傅里叶变换**。设图像 $g(x,y)$ 是图像 $f(x,y)$ 与一个线性、位置不变算子 $h(x,y)$ 的**卷积**结果,即

$$g(x,y)=f(x,y)\otimes h(x,y)$$

则根据**卷积定理**,在**频域**有

$$G(u,v)=F(u,v)H(u,v)$$

其中,G,H,F 分别为 g,h,f 的傅里叶变换,H 为传递函数。

频域滤波器中,传递函数是**滤波器**输出和输入之比。也指其滤波函数。

transform⇔变换

允许将一个值的集合与另一个值的集合卷积的数学工具。变换后会生成一个表达相同信息的新方式。

transformation function⇔变换函数

实现**变换**的数学函数。可以是线性的,分段线性的或非线性的。

transformation kernel⇔变换核

图像变换中,仅由变换类别所决定,与被变换图像无关的变换函数。

transformation matrix⇔变换矩阵

图像变换中用于实现变换的矩阵。此时图像变换的**变换核**是可分离和对称的函数(参见**可分离变换**和**对称变换**)。如果 $\boldsymbol{F}$ 是 $N\times N$ 图像矩阵,$\boldsymbol{T}$ 是输出的 $N\times N$ 变换结果,则有

$$\boldsymbol{T}=\boldsymbol{AFA}$$

其中 $\boldsymbol{A}$ 是 $N\times N$ 对称变换矩阵。为了得到逆变换,将上式的两边前

后分别乘一个逆变换矩阵 $\boldsymbol{B}$,得:

$$\boldsymbol{BTB} = \boldsymbol{BAFAB}$$

如果 $\boldsymbol{B}=\boldsymbol{A}^{-1}$,则

$$\boldsymbol{F} = \boldsymbol{BTB}$$

也即得出了变换前的图像矩阵。

transform-based representation ⇔ 基于变换的表达

一种**目标表达**方法。利用一定的变换(如**傅里叶变换**或**小波变换**)将**目标**从**图像域**变换到**变换域**,并用变换参数来表达目标。

transform coding ⇔ 变换编码(方法)

在**变换域**进行的一种**有损编码**方法。一般使用可逆的线性变换(正交变换为典型的情况)。变换编码将图像映射成一组变换系数,然后对这些系数**量化**和编码。

transform coding system ⇔ 变换编码系统

实现**变换编码**和变换解码的系统。一个典型的变换编码系统框图见图 T17,其中上半部是编码器,下半部是解码器。编码器常由 4 个操作模块构成:①**子图像分解**;②**图像正变换**;③**量化**;④**符号编码**。首先,一幅 $N \times N$ 的图像先被分解成 $(N/n)^2$ 个尺寸为 $n \times n$ 的子图像。然后通过变换这些子图像得到 $(N/n)^2$ 个 $n \times n$ 的子图像变换数组,这里变换的目的是解除每个子图像内部像素之间的相关性或将尽可能多的信息集中到尽可能少的变换系数上。接下来的量化步骤有选择性地消除或较粗地量化携带信息最少的系数,因为它们对重建子图像的质量影响最小。最后的步骤是符号编码,即(常利用**变长码**)对量化了的系数进行**变长编码**。解码部分由与编码部分相反顺序排列的一系列逆操作模块构成。由于量化是不可逆的,所以解码部分没有对应的模块。

transform domain ⇔ 变换域

图像工程中,通过变换得到的非原始图像空间。采用的变换不同,得到的变换域也不同。例如:用**傅里叶变换**得到常用的**频率域**,用**小波变换**得到小波域。

transform pair ⇔ 变换对

由**正变换**和**逆变换**构成的对。

transition region ⇔ 过渡区

介于**图像**中**目标**和背景间的一种特殊区域。本身是图像中的一个区域,面积不为零;同时又具有边界的特点,可将不同的区域分隔开来。见图 T18,目标区域为白色,背景区域为深色,过渡区为浅色。过渡区

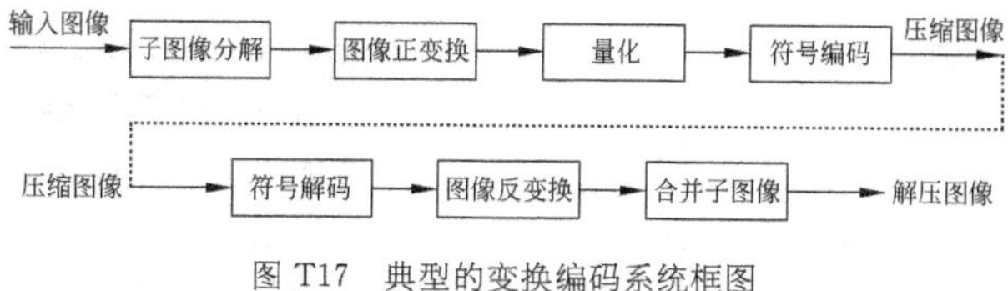

图 T17 典型的变换编码系统框图

处在目标区域和背景区域之间，将它们分开来。

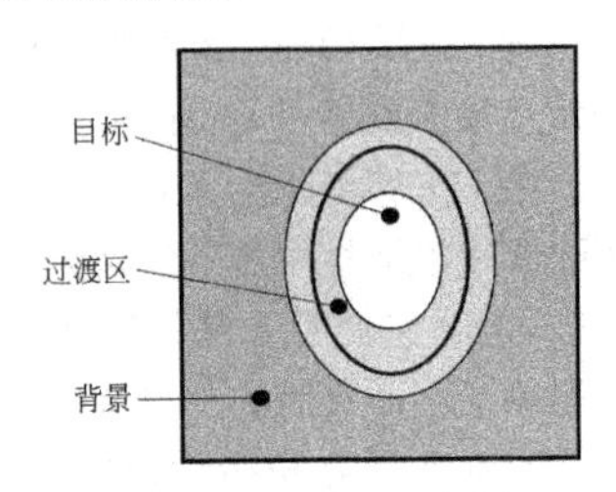

图 T18 过渡区示意图

transitive closure⇔传递闭包

包含传递关系的集合。对**有向图** D，如果 D 中存在从节点 x 到节点 y 和从节点 y 到节点 z 的通路，则在该图中就有 $x \rightarrow z$，$\rightarrow$ 代表传递关系。

translate⇔翻页

视频镜头间一种典型的**渐变**方式。前一镜头的尾帧逐渐从屏幕一边拉出，显露出后一镜头的首帧。

translation invariance⇔位移不变性

一种**数学形态学性质**。表示位移操作的结果不因位移操作和其他运算的先后次序而异，或者说运算的结果与运算对象的位移无关。

translation matrix⇔平移矩阵

用于**平移变换**的矩阵。设沿 X，Y 和 Z 轴方向的平移量为(X_0, Y_0, Z_0)，则平移矩阵可写为

$$\boldsymbol{T} = \begin{bmatrix} 1 & 0 & 0 & X_0 \\ 0 & 1 & 0 & Y_0 \\ 0 & 0 & 1 & Z_0 \\ 0 & 0 & 0 & 1 \end{bmatrix}$$

translation of Fourier transform⇔傅里叶变换的平移(性)

傅里叶变换的一种特性。设用 $\mathcal{F}$ 代表傅里叶变换算子，$f(x,y)$的傅里叶变换结果用 $F(u,v)$表示，一幅图像被移动(平移)后，所得到的频域频谱将有相位的移动但振幅保持不变。即

$$\mathcal{F}[f(x-x_0, y-y_0)] = F(u,v) \cdot \exp[-\mathrm{j}2\pi(ux_0/M + vy_0/N)]$$

$$f(x-x_0, y-y_0) = \mathcal{F}^{-1}F(u,v) \cdot \exp[\mathrm{j}2\pi(ux_0/M + vy_0/N)]$$

translation theorem⇔平移定理

反映傅里叶变换平移性质的一个基本定理。如果设 $f(x,y)$和 $F(u,v)$构成一对变换，即

$$f(x,y) \leftrightarrow F(u,v)$$

则平移定理可用下两式表示(a、b、c 和 d 均为标量)：

$$f(x-a, y-b) \leftrightarrow \exp[-\mathrm{j}2\pi(au+bv)]F(u,v)$$

$$F(u-c, v-d) \leftrightarrow \exp[\mathrm{j}2\pi(cx+dy)]f(x,y)$$

第 1 式表明将 $f(x,y)$在空间平移相当于把其变换在频域与一个指数项相乘，而第 2 式表明将 $f(x,y)$在空间与一个指数项相乘相当于把其变换在频域平移。

translation transformation⇔平移变换

一种常见的**空间坐标变换**。可借助**平移矩阵**将具有坐标(X,Y,Z)的点用平移量(X_0, Y_0, Z_0)平移到新的位置(X', Y', Z')。

translucency⇔半透明

光通过扩散界面(如毛玻璃)的传输。进入半透明材料的光有多个可能的射出方向。

transmission CT [TCT]⇔透射计算机层析成像

一种从发射源射出的射线穿透物体到达接收器的**计算机层析成像**方式。常简称为CT。在TCT系统中,可进一步用于**图像重建**。射线在通过物体时被物体吸收一部分,余下部分被接收器接收。由于物体各部分对射线的吸收不同,所以接收器获得的射线强度实际上反映了物体各部分对射线的吸收情况,也就是反映了构成物体的物质的特性。

transmission electron microscope [TEM]⇔透射电子显微镜

一种典型的**电子显微镜**。先向物体发射一束电子波,其中一部分穿过物体被透射到荧光屏上,荧光物质和电子波的交互作用产生光并进而在荧光屏上形成**可见光图像**。

transmission tomography⇔透射层析成像

透射计算机层析成像的别称。

transmissivity⇔透射率

1. 一个基于**区域密度**的**描述符**。给出了穿透目标的光与入射光的光通量的比值。

2. 穿过光学媒介表面的**辐射通量**与入射该表面的辐射通量之比。是材料的特性,仅对单个表面考虑。参阅 **reflectivity,transmittance**。

transmittance⇔透光率

在特定条件下辐射**光通量**与入射光通量之比。不是材料的特性而是依赖于对透光率的测量设置。例如,对薄板的透光率,必需要考虑在前面和背面的辐射光通量的发射。单位:1。参阅 **reflectivity, transmissivity**。

transmitted light⇔透射光

在光照射的物体为透明物体时的**背光**。

transparent overlap⇔透明重叠

一种**纹理组合**方法。也称**线性组合**。令 T_1 和 T_2 为任意两幅**纹理图像**,两者线性叠加(两透明体互相覆盖)的结果是第3幅纹理图像 T_3,可表示为

$$T_3 = c_1 T_1 + c_2 T_2$$

其中 c_1 和 c_2 都是实数。

transport streams⇔传输流,传送流

国际标准 **MPEG-2** 中,一组节目(音频、视频和数据)流或元素流。

trapezoid high-pass filter⇔梯形高通滤波器

一种物理上可以实现,完成**高通滤波**功能的**频域滤波器**。其**传递函数**可表示为

$$H(u,v) = \begin{cases} 0, & D(u,v) \leqslant D_0 \\ \dfrac{D(u,v) - D_0}{D' - D_0}, & D_0 < D(u,v) < D' \\ 1, & D(u,v) > D' \end{cases}$$

其中,D_0 是一个非负整数,可定为

截止频率；D'是对应分段线性函数的分段点；$D(u,v)$为从点(u,v)到频率平面原点的距离。

梯形高通滤波器的传递函数剖面见图 T19。相比**理想高通滤波器**的传递函数，梯形高通滤波器的传递函数在高、低频率间有个过渡，可减弱一些振铃现象。但由于过渡不够光滑，导致振铃现象一般比**巴特沃斯高通滤波器**的传递函数所产生的振铃现象要强一些。

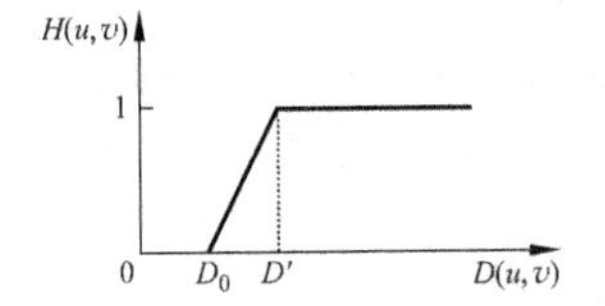

图 T19 梯形高通滤波器传递函数的剖面示意图

trapezoid low-pass filter ⇔ 梯形低通滤波器

一种物理上可以实现，完成**低通滤波**功能的**频域滤波器**。其**传递函数**可表示为

$$H(u,v)=\begin{cases}1, & D(u,v)\leqslant D' \\ \dfrac{D(u,v)-D_0}{D'-D_0}, & D'<D(u,v)<D_0 \\ 0, & D(u,v)>D_0\end{cases}$$

其中，D_0是一个非负整数，可定为**截止频率**；D'是对应分段线性函数的分段点；$D(u,v)$是从点(u,v)到频率平面原点的距离。

梯形低通滤波器的传递函数剖面见图 T20。相比**理想低通滤波器**的传递函数，梯形低通滤波器的传递函数在高、低频率间有个过渡，可减弱一些振铃现象。但由于过渡不够光滑，导致振铃现象一般比**巴特沃斯低通滤波器**的传递函数所产生的振铃现象要强一些。

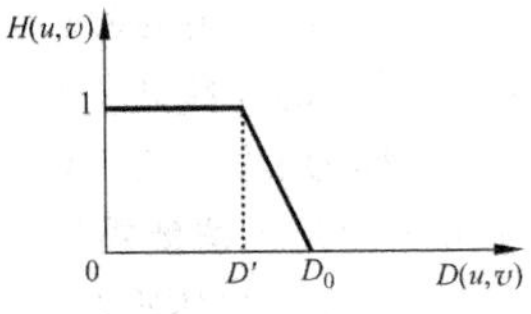

图 T20 梯形低通滤波器传递函数的剖面示意图

treating of border pixels ⇔ 边框像素处理

对位于**图像边界**处**像素**的处理策略。根据**邻域**的定义，当使用**模板操作**对图像边界处的像素进行处理时，某些模板位置会对应到图像轮廓之外，而那里原本并没有定义像素。解决这个问题的思路有两种。一种是忽略这些边界上的像素，仅考虑图像内部与边界距离大于等于模板半径的像素（此时可保持那些没有被模板覆盖的像素值或将那些没有被模板覆盖的像素值用一个固定的常数值（常为 0）代替）。当图像尺寸比较大且感兴趣目标在图像内部时这种方法的效果常可以接受。另一种是将输入图像进行扩展，即如果用半径为 r 的模板进行模板运算，则在图像的四条边界外各增加/扩展一个 r 行或 r 列的带（先在图像的第一行之前（上）和最

后一行之后(下)各增加 r 行,再在图像的第一列左边和最后一列右边各增加 r 列,这里操作可按行或按列迭代进行以达到增加数行和数列的目的),从而可以正常地实现对边界上像素的运算。这些新增行或列中像素的幅度值可用不同的方法来确定,例如:

(1) 最简单的是将新增像素的幅度值取为 0,缺点是有可能导致图像边界处有明显的不连贯;

(2) 将这些新增像素的幅度值取为其在原图像中 4-邻接像素的值(4 个角上新增像素的幅度值取为其在原图像中 8-邻接像素的值);

(3) 将图像在水平和垂直方向上均看作是周期循环的,即认为图像最后一行之后是图像的第一行,图像最后一列之后是图像的第一列,从而将相应的行或列移过来;

(4) 利用外插技术,根据接近边界处一行或多行(一列或多列)像素的幅度值以一定的规则进行外推以得到图像边界外像素的幅度值。

tree ⇔ 树

一种连通的无环图。即不包含**圆环**的**图**。其中**度**为 1 的顶点称为叶。一棵树也是一个连通的森林,而森林的每个分量也是一棵树。树的每条边都是**割边**。在树中添加一条边就构成一个**圆环**。

tree automaton ⇔ 树自动机

结构模式识别中,一种具有采样**树结构**的**自动机**。

tree description ⇔ 树描述

参阅 **tree descriptor**。

tree descriptor ⇔ 树描述符

一种**关系描述符**。适合于描述基本元素分层关系结构。可将图像描述中的基本元素用结点表示,而将各基本元素之间的物理连接关系用指针来记录。

tree grammar ⇔ 树句法,树语法,树文法

一组用于对**树结构**进行**结构模式识别**的**句法**规则。由五元组规定:

$$G=(N,T,P,r,S)$$

其中,N 和 T 分别为非终结符号集和终结符号集;S 为一个包含在 N 中的起始符号,一般是一棵树;P 为一组**产生式规则**,其一般形式为 $T_i \rightarrow T_j$,其中 T_i 和 T_j 为树;r 为排序函数,记录了其标号是句法中终结符号的结点的直接后裔数目。

tree structure ⇔ 树结构

图像模式识别中的一种**结构模式描述符**。适合于表达元素间联系相对复杂的层次结构。

tree structure rooting on knowledge database ⇔ 以知识库为根的树结构

图像理解系统模型的一种结构。主要代表一种**树结构**下的模块分类方式,其中知识库处于树根的位置。

triangle axiom ⇔ 三角形公理

测度应满足的条件之一。

triangular lattice ⇔ 三角形网格(点)

一种特殊的**图像网格**。其中一个像素 p 的 6 个直接相邻像素构成该像素的**邻域**。根据对偶性，这也等价于考虑每个像素所表示的六边形区域，与该像素所表示的六边形区域有共同边的六个区域对应的像素就是该像素的相邻像素。这样构成的邻域称为三角形网格的**6-邻域**，记为 $N_6(p)$。见图 T21，像素 p 与它的**邻域像素**用粗实线相连，而三角形网格用细线表示，虚线表示与三角形网格对偶的像素区域（对应六边形采样模式）。

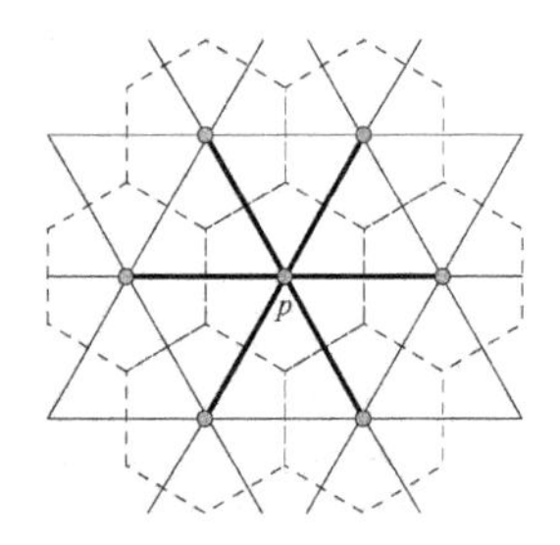

图 T21　三角形网格点的邻域

triangulation ⇔ 三角化

根据对一个 3-D 点在两个**透视投影**中所观察到的位置来决定其在原来 3-D 空间中坐标 (x, y, z) 的过程或技术。这里假设透视中心和透视投影平面都是已知的。

trichromat ⇔ 三色觉者，三色视者

根据**三色理论**，依靠**视网膜**中 3 种**锥细胞**来感知彩色的人。每种由基色光源产生的彩色 $\boldsymbol{C}_x$ 都可通过加色混合三种合适的彩色 $\boldsymbol{C}_1, \boldsymbol{C}_2, \boldsymbol{C}_3$ 来获得。感知等式为（α、β、γ、δ 均为权系数）：

$$\alpha \boldsymbol{C}_1 + \beta \boldsymbol{C}_2 + \gamma \boldsymbol{C}_3 \cong + \delta \boldsymbol{C}_x$$

基色 $\boldsymbol{C}_1, \boldsymbol{C}_2, \boldsymbol{C}_3$ 的**波长**在国际上已标准化。对大多数人来说，产生一种**色调**所用的常数 α, β, γ 和 δ 实际中是相同的，他们被称为**正常三色觉者**。剩下很小比例的人会偏离常数，他们被称为**异常三色觉者**。

trichromatic theory ⇔ 三基色理论

同 **Young trichromacy theory**。

trichromatic theory of color vision ⇔ 彩色视觉的三基色理论

同 **Young trichromacy theory**。

trifocal plane ⇔ 三焦平面

三目**立体成像**系统中，由三个**摄像机**的光心或三个像平面的光心所确定的平面。

trifocal tensor ⇔ 三焦距张量

表达从 3 个透视投影获得的 2-D 视场中观察到的 3-D 点的图像的张量。用代数可表示为一个 3×3×3 的数组，其中每个元素的值为 T_i^{jk}。如果单个 3-D 点在第 1、第 2 和第 3 个视场中的投影分别是 x、x' 和 x''，则下面 9 个方程将得到满足：

$$x^i (x'^j \varepsilon_{j\alpha r})(x''k \varepsilon_{k\beta s}) T_i^{\alpha\beta} = 0_{rs}$$

其中 r 和 s 都在 1 到 3 间变化。上式中，$\boldsymbol{\varepsilon}$ 是 $\boldsymbol{\varepsilon}$(epsilon)张量，取值为

$$\varepsilon_{ijk} = \begin{cases} 1, & i,j,k \text{ 是 } 1,2,3 \text{ 的偶置换} \\ 0, & i,j,k \text{ 中两两相同} \\ -1, & i,j,k \text{ 是 } 1,2,3 \text{ 的奇置换} \end{cases}$$

该式对 $\boldsymbol{T}$ 的元素是线性的，所以给定足够的对应 2-D 点 $\boldsymbol{x}$、$\boldsymbol{x}'$ 和 $\boldsymbol{x}''$，可进一步来估计各个元素。因为并不是所有的 3×3×3 数组都表示可实现的相机结构，所以还必须结合

对张量元素的若干个非线性约束来进行估计。

trihedral corner⇔**三面角点**

场景中表面均为平面的 3-D 目标上由三个面相交形成的角点。

trilinear constraint⇔**三线性约束**

对**场景**中一个景物点的三个视场之间的几何约束(即三条极线的交点)。这与在两个视的场合中的极约束对应类似。

trilinear interpolation ⇔ **三(次)线性插值**

一种能获得比**双线性插值**更高精度的**灰度插值**方法。其中在计算要赋给原图一个像素点的灰度值时使用了该点 16 个最近邻像素的灰度值。如图 T22 所示,需插值点(x', y')的 16 个最近邻像素排成 4×4 的网格,横竖均有三个间隔,每个间隔中灰度按线性变化计算。各近邻像素对需插值点的贡献与它们与需插值点的距离成反比。设点(x', y')的 16 个最近邻像素为 A、B、C、D、E、F、G、H、I、J、K、L、M、N、O、P,则计算点(x', y')的插值公式为

$$g(x', y') = \sum W_x W_y g(\cdot)$$

其中 W_x 为横坐标插值的加权值,W_y 为纵坐标插值的加权值,对它们的计算分别如下:

(1) 如果 $g(\cdot)$的横坐标值与 x' 的差值 d_x 小于 1(即 B、C、F、G、J、K、N、O),则

$$W_x = 1 - 2d_x^2 + d_x^3$$

(2) 如果 $g(\cdot)$的横坐标值与 x' 的差值 d_x 大于等于 1(即 A、D、E、H、I、L、M、P),则

$$W_x = 4 - 8d_x + 5d_x^2 - d_x^3$$

(3) 如果 $g(\cdot)$的纵横坐标值与 y' 的差值 d_y 小于 1(即 E、F、G、H、I、J、K、L),则

$$W_y = 1 - 2d_y^2 + d_y^3$$

(4) 如果 $g(\cdot)$的纵坐标值与 y' 的差值 d_y 大于等于 1(即 A、B、C、D、M、N、O、P),则

$$W_y = 4 - 8d_y + 5d_y^2 - d_y^3$$

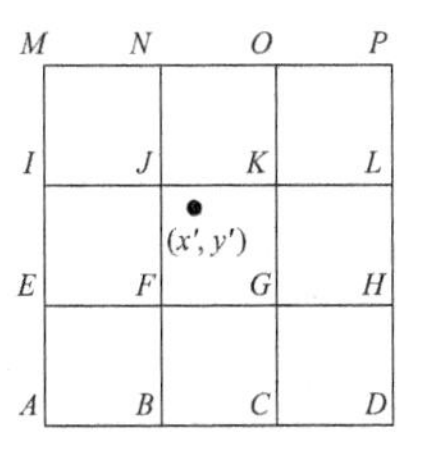

图 T22 三线性插值示意图

trilinear tensor⇔**三线性张量**

同 **trifocal tensor**。

trinocular image⇔**三目图像**

用单个摄像机在三个位置或用三个摄像机各在一个位置获得的三幅**图像**。参阅 **orthogonal tri-nocular stereo imaging**。

tristimulus values⇔**三刺激值**

根据**三色理论**,获得不同彩色所需的三个光谱强度。按照**异谱同色匹配**的原理,为在大脑中生成一个任意彩色 $C(\lambda)$的感觉,需要同时向同一个点**投影**具有强度 $A_1(C)$的光谱 $P_1(\lambda)$,具有强度 $A_2(C)$的光谱 $P_2(\lambda)$和具有强度 $A_3(C)$的光谱

$P_3(\lambda)$。这可写成

$$C(\lambda) \cong A_1(C)P_1(\lambda) + A_2(C)P_2(\lambda) + A_3(C)P_3(\lambda)$$

如果令为在大脑中产生白色的感觉所需要投影光谱的强度为 $A_1(W), A_2(W), A_3(W)$，则归一化的量 $A_j(C)/A_j(W)$ 是与观察者无关的，可作为彩色 $C(\lambda)$ 的三刺激值：

$$T_j(C) = \frac{A_j(C)}{A_j(W)}, \quad j = 1,2,3$$

注意这样定义的三刺激值对应彩色系统的客观三刺激值。进一步可写出：

$$C(\lambda) \cong \sum_{j=1}^{3} T_j(C)A_j(W)P_j(\lambda)$$

在这个表达式中，$T_j(C)$ 是客观三刺激值，可以完全地和客观地相对于一个给定的彩色系统刻画一个彩色。式中的因子 $A_j(W)$ 是仅有的主观量，可使对特定观察者的方程有特殊性。如果将其忽略掉，只要所使用的三刺激值是很多具有正常视觉的人的平均颜色匹配函数，那就将得到一个对应**标准观察者**的方程。使用标准观察者的三刺激值将对不同的观察者生成不同的彩色感觉，这里依据的是观察者内部的硬件，即他们个性化的观察彩色的方式。

Troland ⇔ **楚兰德，特罗兰德**

CIE 建议的**视网膜照度**单位。符号 Td。1 Td 是光亮度为 1 cd/m² 的物体通过 1 mm² 的**瞳孔**面积时在视网膜上的照度，即光亮度为 1 lx 物体的光通过半径为 1 mm 的瞳孔时在视网膜上的照度。

true-color image ⇔ **真彩色图像**

矢量分量代表可见光的光谱传输的数字化**彩色图像**。真彩色图像可由彩色**摄像机**获得。商用的彩色**电荷耦合器件**摄像机一般量化为每个彩色通道或矢量分量有 8 个比特，三个彩色通道结合可表示 16 万多种彩色。比较 **false-color image**。

truncated Huffman coding ⇔ **截断哈夫曼编码(方法)**

一种**哈夫曼编码**的改型。属于**亚最优变长编码**。此类编码通过牺牲一些编码效率来减少编码计算量。具体是只对最可能出现的符号进行哈夫曼编码，而对其他符号都用在一个合适的定长码前面加一个前缀码来表示。

truncated median filter ⇔ **截断中值滤波器**

图像邻域较小时对**众数滤波器**的一种近似。滤波器能锐化模糊的图像边缘并减少噪声。实现截断中值滤波的算法截去中值在平均值一方的局部分布并重新计算新的分布的中值。算法可以迭代进行，并在一般情况下近似收敛于众数(甚至在观察到的分布只包含很少的样本且没有明显的峰的情况下)。

truncation ⇔ **截断**

加性图像偏移中，出现溢出问题时简单地将结果限制在不超过所用数据类型所能表示的最大正数的运算。

try-feedback ⇔ 尝试-反馈

通过实验、获取结果，再实验、再获取结果，……，直到实验完毕，做出判断的整个流程。比较 **hypothesis-testing**。

TSC ⇔ 紧密-分离准则

tightness and separation criterion 的缩写。

***T* stop ⇔ *T* 光阑**

考虑了透射问题所起作用和影响的光阑。光阑的作用之一是决定进入**镜头组**的光通量，所以仅以几何尺度来衡量是不够的，因镜头组材料和片数不同会有不同的透射因数。

***T* unit ⇔ *T* 单位**

三原色的单位。任一颜色均可用其**色度**坐标与三原色各色的光色单位相乘并相加来表示，这三个乘积之和就是该颜色的 *T* 单位。

tunnel ⇔ 通道

3-D 空间中，物体表面有两个出口的洞。参见**不能分离的切割**。通道的数目在对**连通组元**和**欧拉数**的计算时都需要特别考虑。

two-stage shot organization ⇔ 两级镜头组织

家庭视频组织中的一种分级组织策略。第一级镜头聚类的层次检测出场景的变换，即运动区域和环境特征同时发生较大变化的位置，它代表情节和地点的转移。第二级镜头聚类的层次在一个场景内部进一步检测运动区域或环境特征中某一方面发生变化（不包括同时变化）的情况，它代表了同一镜头内的关注焦点的变化（对应不同的运动目标，相同的环境）或者关注的目标的位置转移（对应相同的运动目标，不同的环境）。这个聚类层次中的变化可称为亚场景的变换。换句话说，第一级镜头聚类的层次区分出高层的场景语义，第二级镜头聚类的层次检测同一场景内部较弱的语义边界（语义内容不同的两部分之间的边界）。这样一种两级的**镜头组织策略**可使对**视频镜头**的内容组织更加灵活精确，并且更加接近对视频内容的高层语义理解。

type 0 operations ⇔ 0 类操作

对一个**像素**的处理输出仅依赖于单个对应输入像素的**图像处理**操作。也称**点操作**。

type 1 operations ⇔ 1 类操作

对一个**像素**的处理输出不仅依赖于单个对应输入像素，也依赖于其周围**邻域**（中多个）像素的**图像处理**操作。也称**局部操作**。

type 2 operations ⇔ 2 类操作

对一个**像素**的处理输出依赖于整幅图像的所有像素的**图像处理**操作（如**空间坐标变换**）。也称**全局操作**。

type Ⅰ error ⇔ 一类错误

误检，同 **mis-identification**。

type Ⅱ error ⇔ 二类错误

虚警，同 **false identification**。

types of camera motion ⇔ **摄像机运动类型**

相对于**世界坐标系**来考虑的**摄像机**运动情况。如图 T23 所示,假设将摄像机安放在 3-D 空间坐标系的原点,镜头光轴沿 Z 轴,空间点 $P(X,Y,Z)$成像在图像平面点 $p(x,y)$处。摄像机的运动包括**平移**或**跟踪**,**升降**,**进退**或**推拉**,**倾斜**,**扫视**,**滚转**。另外,摄像机镜头焦距的变化称为**变焦**,又可分两种:**放大镜头**和**缩小镜头**。

参阅 **operations of camera**。

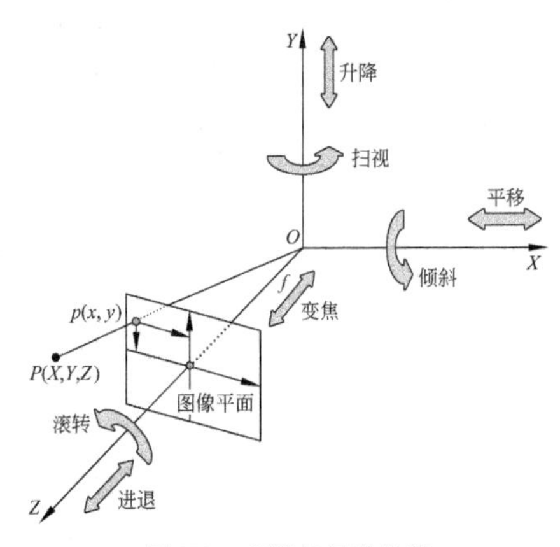

图 T23 摄像机运动类型

U

UHDTV⇔超高清晰度电视

ultrahigh-definition television 的缩写。

UI⇔用户界面

user interface 的缩写。

UIUC-Sports dataset ⇔ UIUC 体育数据库

一种用于研究场景**图像分类**的数据库。共包括 8 类体育活动场景，1579 幅图片。其中，赛艇 250 幅，羽毛球 200 幅，马球 182 幅，地掷球 137 幅，滑板滑雪 190 幅，槌球 236 幅，帆船 190 幅，攀岩 194 幅。各类图像分辨率从 800×600 像素到 2400×3600 像素不等。

ultimate erosion ⇔ 终极腐蚀，最终腐蚀

一种**灰度形态学**操作。可获取对目标区域反复腐蚀直到它消失之前最后一步的结果。这个结果也称为目标的种子。设 $f(x,y)$ 是输入图像，$b(x,y)$ 是**结构元素**。令 $f_k = f \ominus kb$，其中 b 是单位圆，kb 是半径为 k 的圆。最终腐蚀集合 g_k 可定义为 f_k 中的元素，如果 $l > k$，则 g_k 在 f_l 中消失。最终腐蚀的第一步是条件膨胀：

$$U_k = (f_{k+1} \oplus \{b\}); f_k$$

最终腐蚀的第二步是从 f 的腐蚀中减去上述膨胀结果，即

$$g_k = f_k - U_k$$

如果图像中有多个目标，可求它们各自 g_k 的并集就得到最终腐蚀了的目标集合 g。换句话说，最终腐蚀图像是

$$g = \bigcup_{k=1,m} g_k$$

式中 m 是腐蚀的次数。

ultimate measurement accuracy [UMA] ⇔ 最终测量精度

图像分割评价中一种**差异试验法**准则。考虑了**图像分割**操作的最终目标，也依赖于**图像分析**所测量的目标的特征。如果使用一组目标特征，则可定义一组最终测量精度。根据计算方法的不同，可分别计算**绝对最终测量精度**和**相对最终测量精度**。

ultrahigh-definition television [UHDTV] ⇔ 超高清晰度电视

数字电视的，图像水平清晰度超过 4000 线，分辨率 7680×4320 像素的电视机。帧率最高可达 60 fps，屏幕宽高比 16∶9。

ultrasonic imaging⇔超声成像(方法)

利用超声作为(发射)源的成像方式。是通过接收脉冲反射的回波，获取回波距离和亮度而形成**图像**的过程和技术。这里一般利用频率为 1～5 MHz 的超声脉冲，故称

为超声成像。

使用的主要方法有两种：①穿透法，即直接影像法，将超声投向薄的物体，随后在另一侧用检测器接收显示，或者在物与探测器间加超声透镜。②反射法，超声源和探测器在物体的同一侧。

ultrasound image ⇔ **超声图像**

利用**超声成像**技术获得的**图像**。

ultraviolet ⇔ **紫外**

电磁辐射波中，**波长**约在 10～380 nm 的部分。有时也指日光光谱中 300～400 nm 的一段区域。

ultraviolet image ⇔ **紫外图像**

利用**紫外**光/线获得的**图像**。

UM ⇔ **均匀性测度**

uniformity measure 的缩写。

UMA ⇔ **最终测量精度**

ultimate measurement accuracy 的缩写。

umbilical point ⇔ **脐点**

目标表面上，曲率在各个方向都相同的点。也称球面点。球面上的所有点都是脐点。

umbra ⇔ **本影**

点光源发出的光遇到不透明物体时受遮挡形成的一种与该物体轮廓相似的暗区。也指**阴影**中完全黑暗的区域或部分，见图 U1。可看做由特殊的光源（即一个没有能射到的光源）产生。

umbra of a surface ⇔ **表面本影**

一种利用最大最小值运算以把**数学形态学**的运算规则从**二值图像**推广到**灰度图像**而引入的本影。参见图 E15，如果把 $T(A)$ 向 X 轴投影得到 F。在 $T(A)$ 与 F 之间的区域就是阴影 $U(A)$，表面本影 $U(A)$ 也包括区域 A。如果推广到 2-D 图像，得到的表面本影实际上是个 3-D 体。

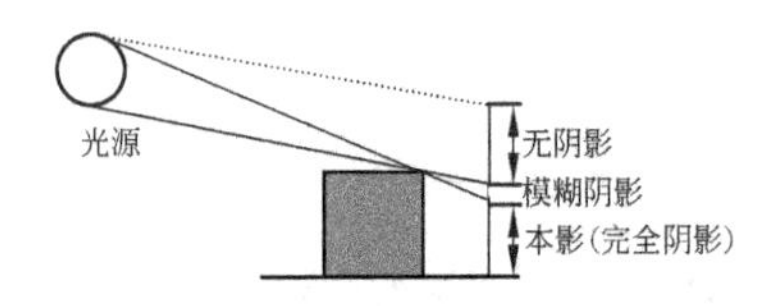

图 U1　不同阴影示例

UMIST database ⇔ **UMIST 数据库**

一种包含 20 个人的 564 幅 220×220 像素的灰度图像数据库。对每个人都被收集了数量不等的几十幅图像。这个数据库的主要特点是：每个人的图像都覆盖了头从一侧到正面的连续位姿变化，使用者可以用这些图像的镜像图像合成人头从另一侧到正面的连续位姿变化图。

unary code ⇔ **一元码**

一步就生成**变长码**的编码方法。对一个非负整数 N，其一元码为 $N-1$个 1 后面跟一个 0，或者是 $N-1$个 0 后面跟一个 1。所以，整数 N 的一元码的长度为 N。

unbiasedness ⇔ **无偏性**

对**图像**的**特征测量**中，实际测量值和（作为参考真值的）客观标准值之间的接近程度。也称**准确性**。

unbiased noise ⇔ **无偏噪声**

同 **zero-mean noise**。

uncalibrated stereo ⇔ 未校准的立体视觉

在不对相机进行预校准的情况下进行的立体视觉重建。给定一对用未校准相机拍摄的图像,根据点对应关系计算**基本矩阵**,其后可校正图像并进行传统的立体视觉校准。未校准立体视觉的结果是在投影坐标系中的 3-D 点,而不是校准后的设置所允许的欧氏坐标系。

uncertainty and imprecision data ⇔ 不确定不精确数据

不完整、有干扰的数据。由此获得的信息带有不确定性和不精确性。不确定数据的典型情况是只包含部分信息的数据,而有噪声的数据是典型的不精确数据。

uncertainty image scale factor ⇔ 不确定性图像尺度因子

摄像机的一种**内部参数**。描述摄像机沿水平方向的相邻像素间的距离与相邻感光点间的距离不一致的情况:这是由于**图像采集**硬件和摄像机扫描硬件之间的时间差,或由于摄像机本身扫描时间的不精确性而导致的。

uncertainty of measurements ⇔ 测量不确定性,测量不确定度

进行**特征测量**时由于存在各种**误差**而导致的测量结果的不稳定度。与**测量误差**可分为**系统误差**和**统计误差**相对,测量的不确定性也可分为**系统不确定度**和**统计不确定度**。

uncertainty problem ⇔ 不确定性问题,不确定度问题

立体匹配中,图像中有周期性重复特征时引起的误匹配现象。因为周期性重复特征会导致立体匹配的结果不唯一,所以该问题也是一个歧义问题。

unconstrained restoration ⇔ 无约束恢复

一种**图像恢复**技术。根据**图像退化模型**,输入图像 $f(x,y)$、退化图像 $g(x,y)$、退化系统 H 和**加性噪声** $n(x,y)$ 间的关系可用矩阵表示为

$$\boldsymbol{n} = \boldsymbol{g} - \boldsymbol{H}\boldsymbol{f}$$

在对 $\boldsymbol{n}$ 没有先验知识的情况下,无约束恢复就是寻找 $\boldsymbol{f}$ 的一个估计 $\hat{\boldsymbol{f}}$,并使 $\boldsymbol{H}\hat{\boldsymbol{f}}$ 在最小均方误差的意义下最接近 $\boldsymbol{g}$,即要使 $\boldsymbol{n}$ 的**范数**最小:

$$\|\boldsymbol{n}\|^2 = \boldsymbol{n}^{\mathrm{T}}\boldsymbol{n} = \|\boldsymbol{g} - \boldsymbol{H}\hat{\boldsymbol{f}}\|^2 = (\boldsymbol{g} - \boldsymbol{H}\hat{\boldsymbol{f}})^{\mathrm{T}}(\boldsymbol{g} - \boldsymbol{H}\hat{\boldsymbol{f}})$$

根据上式,可把恢复问题看作对 $\hat{\boldsymbol{f}}$ 求下式的最小值:

$$L(\hat{\boldsymbol{f}}) = \|\boldsymbol{g} - \boldsymbol{H}\hat{\boldsymbol{f}}\|^2$$

上式中将 L 对 $\hat{\boldsymbol{f}}$ 求微分并将结果设为 0,再设 $\boldsymbol{H}^{-1}$ 存在,就可得到无约束恢复公式:

$$\hat{\boldsymbol{f}} = (\boldsymbol{H}^{\mathrm{T}}\boldsymbol{H})^{-1}\boldsymbol{H}^{\mathrm{T}}\boldsymbol{g} = \boldsymbol{H}^{-1}(\boldsymbol{H}^{\mathrm{T}})^{-1}\boldsymbol{H}^{\mathrm{T}}\boldsymbol{g} = \boldsymbol{H}^{-1}\boldsymbol{g}$$

uncorrelated noise ⇔ 不相关噪声

在任意 n 个像素的组合处的噪声

值，其乘积的平均值（图像中 n 元组的平均）等于在对应位置的平均噪声值的乘积的不相关情形。即{乘积}的平均＝{平均}的乘积。

uncorrelated random fields⇔不相关随机场

给定两个**随机场**（即由两个不同随机试验生成的两个系列图像）f 和 g，当对所有 $\boldsymbol{r}_1$ 和 $\boldsymbol{r}_2$ 都有

$$C_{fg}(\boldsymbol{r}_1, \boldsymbol{r}_2) = 0$$

时，即这两个随机场**不相关时的情况**。这也等价于

$$E\{f(\boldsymbol{r}_1 : w_i)g(\boldsymbol{r}_2 : w_j)\} = E\{f(\boldsymbol{r}_1 : w_i)\}E\{g(\boldsymbol{r}_2 : w_j)\}$$

uncorrelated random variable⇔不相关随机变量

两个**随机变量**的**期望值**满足

$$E\{f_i f_j\} = E\{f_i\}E\{f_j\}, \quad \forall i,j,i \neq j$$

时即不相关时的情况。

underdetermined problem⇔欠定问题

构建模型时，可以得到和使用的数据太少所导致的问题。一个典型的例子是计算**图像序列**的密集**运动矢量**，另一个例子是从一对立体图中计算**深度图**。为解决这样的问题，需要增加限定条件。比较 **over-determined inverse problem**。

underlying simple graph⇔基础简单图

将一个**图**中所有的**重边**和**环**都去掉后得到的简单**生成子图**。参阅 **simple graph**。

undirected graph⇔无向图

其中边代表对称的联系（即与结点连接的顺序无关）的**图**。可看作一种特殊的**有向图**——对称有向图。

unidirectional prediction⇔单向预测

视频编码中，对当前帧图像内的一个像素值，借助其前一帧的对应像素进行预测的方法。这里预测是从前一帧向当前帧进行的。预测帧可以表示成

$$f_p(x,y,t) = f(x,y,t-1)$$

这是线性预测，仅当相邻帧间没有运动变化时才成立。

真实世界中，**场景**和景物以及**摄像机**都可能有运动，这会使得相邻帧里相同空间位置的像素灰度/颜色发生变化，此时需要使用**运动补偿预测**（MCP），预测帧可表示成

$$f_p(x,y,t) = f(x+\mathrm{d}x, y+\mathrm{d}y, t-1)$$

式中，$(\mathrm{d}x,\mathrm{d}y)$ 表示从 $t-1$ 到 t 的**运动矢量**，$f(x,y,t-1)$ 称为参考帧，$f(x,y,t)$ 称为编码帧，$f_p(x,y,t)$ 称为**预测帧**。参考帧必须在编码帧之前被编码并重建，而编码帧要借助预测帧进行编码。

例如，在国际标准 **H.261** 中，一定数量的连续帧构成一组，并分别采用两种不同的方式对组内下列两种类型的帧图像进行编码：

（1）I 帧：每组的第一帧。作为初始帧按独立帧进行编码以减少帧内冗余度。这种编码方式称为**帧内编码**；

（2）P 帧：同组的剩余帧。对它们进行预测编码，即通过计算当前帧与下一帧间的相关，预测估计帧

内目标的运动情况，以确定如何借助运动补偿来压缩下一帧以减少帧间冗余度。这种编码方式称为**帧间编码**。

根据上面的编码方式，编(解)码序列的结构如图 U2 所示。在每个 I 帧后面接续若干个 P 帧，I 帧独立编码，而 P 帧则参照上一帧编码。

unidirectional prediction frame ⇔ 单向预测帧

视频编码中，利用**单向预测**进行编码的帧。国际标准 **MPEG-1** 和国际标准 **H. 261** 中的 P 帧都是单向预测帧。

uniform chromaticity chart ⇔ 均匀色度图

以**均匀色度坐标**表示**均匀色度标**的图。

uniform chromaticity coordinates ⇔ 均匀色度坐标

均匀色度标里的 3 个坐标。

uniform chromaticity scale ⇔ 均匀色度标

匹配某种颜色时能使所产生的误差在各处均衡的彩色系统。目前这个目标尚未完全达到。CIE 1960 年确定了一个暗周场中 2°视场的均匀色度标，其横坐标 u、纵坐标 v 及第 3 坐标 w 与 CIE 1931 年的**三刺激值** X、Y、Z(1°～4°)和 CIE 色度坐标 x、y、z 具有如下变换关系：

$$u = 4X(X+15Y+3Z)^{-1} = 6y(-2x+12y+z)^{-1}$$

$$v = 6Y(X+15Y+3Z)^{-1} = 4x(-2x+12y+z)^{-1}$$

$$w = 1-(u+v)$$

均匀色度坐标 u、v、w 对应一组均匀色度标的三刺激值 U、V、W，它们与 X、Y、Z 三刺激值的关系为 $U=2X/3$，$V=Y$，$W=(3Y-X+Z)/2$。

uniform color model ⇔ 均匀彩色模型

一种特殊的**颜色空间模型**。其中两点间的**欧氏距离**与人观察这两点所对应的两种彩色之间的差别成正比。换句话说，在该空间中，颜色间的度量距离和观察距离相等或成正比。

uniform color space ⇔ 均匀彩色空间

能以相同距离表示相同知觉色差的**彩色空间**。也是具有**均匀色度标**的空间。

uniform diffuse reflection ⇔ 均匀漫反射

完全不依赖入射方向而向各方向均匀反射的现象。这是一种对表

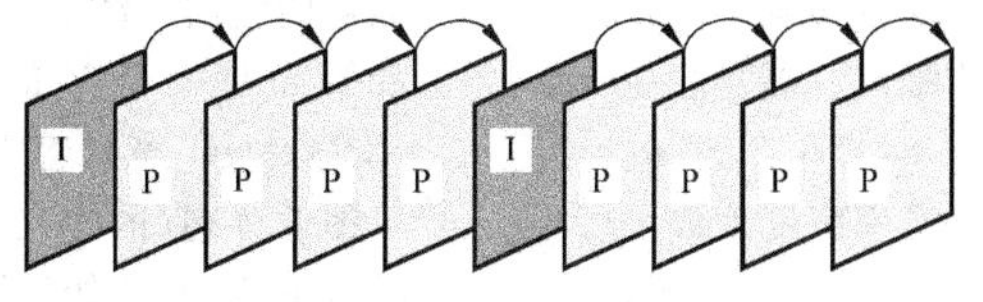

图 U2　单向时间预测序列示意图

面特性描述的理想情况。

uniform diffuse transmission⇔均匀漫透射

完全不依赖入射方向而向各方向均匀透射的现象。这是一种对表面特性描述的理想情况。

uniform distribution⇔均匀分布

目标点在空间的一种分布形式。点的分布比较规则，各点间距离比较一致。所以，相比于随机的**泊松分布**，最近邻点间的平均距离有所增加。同时，作为点间距离均匀性测度的方差也会比较小。

uniformity measure [UM]⇔均匀性测度

图像分割评价中，基于**区域内一致性**准则的一种**测度**。如果以 R_i 表示分割图 $f(x,y)$ 的第 i 个区域，A_i 表示其面积，则区域内部的均匀性测度可表示为

$$U_M = 1 - \frac{1}{C}\sum_i \left\{ \sum_{(x,y)\in R_i} \left[f(x,y) - \frac{1}{A_i} \sum_{(x,y)\in R_i} f(x,y) \right]^2 \right\}$$

其中 C 为归一化系数。

uniformity within region⇔区域内部均匀性

同 **intra-region uniformity**。

uniform linear motion blurring⇔匀速直线运动模糊化

由于**图像采集设备**和被观察物体在成像时有相对匀速直线运动而导致的图像模糊。这是一种简单的**图像退化**情况。对这种模糊，由于运动在 X 和 Y 轴方向都是匀速的，可以解析地得到能消除模糊的滤波函数，或者说表达模糊的积分方程可解析计算，因而对这种退化情况可解析地获得恢复解，从而可以消除由这样的运动所造成的**模糊**。

uniform noise⇔均匀噪声

一种特殊的**噪声**。幅度值在一定范围内均衡分布，分布在区间[a,b]的均匀噪声的**概率密度函数**可写为

$$p(z) = \begin{cases} 1/(b-a), & a \leqslant z \leqslant b \\ 0, & \text{其他} \end{cases}$$

均匀噪声的均值和方差分别是

$$\mu = (a+b)/2$$

$$\sigma^2 = (b-a)^2/12$$

uniform pattern⇔均匀模式

对基本**局部二值模式**的一种扩展模式。更恰当地说是一种特殊情况。对一个像素，将其邻域中的像素按顺序循环考虑，如果它包含最多两个从 0 到 1 或从 1 到 0 的过渡，则这个二值模式就是均匀的。此时图像一般具有比较明显（周期性比较突出）的纹理结构。

uniform predicate⇔一致谓词

一种特殊的单变量逻辑函数。设一致谓词用 $P(Y)$ 表示，则其中 Y 被赋予真值或伪值仅取决于属于 Y 的点的性质。$P(Y)$ 还有如下性质：如果 Z 是一个 Y 的非空子集，则 $P(Y)=\text{true}$ 意味着 $P(Z)=\text{true}$。

图像分割（的定义）中，一致谓词函数 $P(Y)$ 具有如下特性：

(1) Y 被赋予真值或伪值仅取决

于属于 Y 的像素的性质值;

(2) 若集合 Z 包含在集合 Y 中，且集合 Z 非空，则 $P(Y)=\text{true}$ 意味着 $P(Z)=\text{true}$;

(3) 如果 Y 仅包含一个元素，则 $P(Y)=\text{true}$。

uniquely decodable code ⇔ 唯一可解码

图像编码中，**解码**满足唯一性要求的码。即对任意一个有限长的码符号串，只有一种分解成其各个码符号的方法，或者说只能以一种方式解码。

uniqueness of watermark ⇔ 水印唯一性

一种重要的**水印特性**。主要表示是否可对**数字水印**做出所有权具有唯一性的判断。

unit ⇔ 单元

一种**知识表达**方法。可看作是一种试图用**谓词逻辑**来解释**框架**表达的方法。

unitary matrix ⇔ 酉矩阵

逆是其转置的复共轭的矩阵 $\boldsymbol{U}$。即满足

$$\boldsymbol{U}\boldsymbol{U}^{\mathrm{T}*}=\boldsymbol{I}$$

的矩阵 $\boldsymbol{U}$，其中 $\boldsymbol{U}^{*}$ 是伴随矩阵，$\boldsymbol{I}$ 是单位矩阵。有时用上标“H”代替“T*”，并称 $\boldsymbol{U}^{\mathrm{T}*}\equiv\boldsymbol{U}^{\mathrm{H}}$ 为矩阵 $\boldsymbol{U}$ 的**埃尔米特转置**或**共轭转置**。

如果这种矩阵的元素是实数，则称为**正交矩阵**。

unitary transform ⇔ 酉变换

一种可逆变换(如**离散傅里叶变换**)。一幅图像矩阵 $\boldsymbol{f}$ 的可分离线性变换可写成

$$\boldsymbol{g}=\boldsymbol{h}_{\mathrm{c}}^{\mathrm{T}}\boldsymbol{f}\boldsymbol{h}_{\mathrm{r}}$$

其中 $\boldsymbol{g}$ 是输出图像，$\boldsymbol{h}_{\mathrm{c}}$ 和 $\boldsymbol{h}_{\mathrm{r}}$ 是变换矩阵。

根据需要，有不同的方式选择矩阵 $\boldsymbol{h}_{\mathrm{c}}$ 和 $\boldsymbol{h}_{\mathrm{r}}$。例如，可以选择它们使得变换的图像使用比较少的比特来表示原始图像，或可以选择它们使得对原始图像展开的截断能消除一些高频分量而得到平滑，或根据某些预先确定的准则能最优地近似原始图像。常选择矩阵 $\boldsymbol{h}_{\mathrm{c}}$ 和 $\boldsymbol{h}_{\mathrm{r}}$ 为**酉矩阵**以使变换可逆。如果选择矩阵 $\boldsymbol{h}_{\mathrm{c}}$ 和 $\boldsymbol{h}_{\mathrm{r}}$ 为酉矩阵，则上式表示一个对 $\boldsymbol{f}$ 的**酉变换**。

unitary transform domain ⇔ 酉变换域

酉变换 $\boldsymbol{g}=\boldsymbol{h}_{\mathrm{c}}^{\mathrm{T}}\boldsymbol{f}\boldsymbol{h}_{\mathrm{r}}$ 中的输出图像 $\boldsymbol{g}$ 所在的域。

unit sample response ⇔ 单位采样响应

参阅 **pulse response function**。

univalue segment assimilating nuclear [USAN] ⇔ 核同值区

SUSAN 算子中，与所用模板中心核像素的灰度一致的周围模板像素所占的区域。其中包含很多与图像结构有关的信息。

universal quantifier ⇔ 全称量词

谓词演算中一种表示全体的量词。可用“∀”表示，$\forall x$ 就代表对所有的 x。

unrelated perceived color ⇔ 孤立色

在暗背景中感觉到的**颜色**。在背景比较暗时，人在主观上要感觉到物体的颜色需要物体的光亮度超过

一定阈值、观察时间超过一定阈值、**视网膜**受刺激区域的面积超过一定阈值。在背景比较亮时，人眼还会观察到黑色。如果周围环境越亮，视场中部注视的对象显得含有越多的黑色。最显著的例子是亮背景中的灰色，在暗背景中它原是白色的（再如暗背景中的橙色在亮背景中就变成棕色）。所以称在暗背景中的色是孤立色，而在亮背景中的色为非孤立色（受背景色影响）。

unsharp masking ⇔ 非锐化掩模（化）

一种利用**非线性滤波**来增强图像中微小细节的方法，即一种**图像增强**技术。因为从原始图像中减去图像的一个模糊版本（对应低频），所以仅留下高频细节，它们被用来构建增强的图像。模糊版本一般通过将原始图像与一个高斯平滑模板卷积而得到。

也是一种印刷业常使用的**图像锐化**方法。通过从一幅图像 $f(x,y)$ 中减去该图像的一个模糊了的版本 $f_b(x,y)$ 以减小图像间的对比差异：

$$f_{um}(x,y)=f(x,y)-f_b(x,y)$$

unsharp operator ⇔ 非锐化算子

一种**图像增强**算子。通过将一幅图像的高通滤波结果加到原始图像上来锐化**边缘**。高通滤波器由从图像中减去一个平滑结果而得到（α 是一个权重系数）：

$$I_{unsharp}=I+\alpha(I-I_{smooth})$$

up-conversion ⇔ 上转换

采样率转换中的一种转换：先以 0 填充不在原始序列中但在所希望的**视频序列**中的所有点（该过程称为以零填充），然后用插值**滤波器**来估计这些点的值。

up-rounding function ⇔ 上取整函数

一种**取整函数**。也称**取顶函数**。记为$\lceil\cdot\rceil$。如果 x 是个实数，则$\lceil x\rceil$是整数且 $x\leqslant\lceil x\rceil<x+1$。

up-sampling ⇔ 内插（技术）

对原始图像在各方向等间隔地插入部分样本的过程。原始图像可看做是内插结果图像的子集。

unsupervised classification ⇔ 无监督分类

根据未事先确定的类别编号的训练和学习进行的**模式分类**。作为一种分类技术，其中类别由计算机对多谱数据空间中聚类的搜索来确定，而不需要使用训练集合来对类别进行预先赋值。比较 **supervised classification**。

unsupervised texture image segmentation ⇔ 无监督纹理图像分割

原始图像中的纹理类别数目事先不知情况下对图像的分割。实现无监督分割的方法数量相对较少，其中确定纹理类别数目是一个难点。比较 **supervised texture image segmentation**。

unsupervised texture segmentation ⇔ 无监督纹理分割

纹理分割中，一种事先并不知道原始图像中的纹理类别数目的方法。

upper approximation set ⇔ **上近似集**

一种用来描述**粗糙集**的精确集。是**粗糙集**的上界。也是对于知识 R，由所感兴趣对象组成的有限集合(论域)L 中可能归入 L 中的任意子集 X 的元素的集合(至少不能排除它们属于 X 的可能性)。可表示为

$$R^*(X)=\{X\in U:R(X)\cap X\neq\varnothing\}$$

其中 $R(X)$是包含 X 的等价类。

USAN ⇔ **核同值区**

univalue segment assimilating nuclear 的缩写。

user interface [UI] ⇔ **用户界面**

用户和计算机系统之间进行交互和信息交换的媒介。也称用户接口。在很多情况下也称**人机接口**。可实现信息的内部存储形式与人类可以接受的操作形式之间的转换，使用户可以方便有效率地去控制系统以使系统完成用户希望系统完成的工作。例如，在**基于内容的图像检索**和**基于内容的视频检索**中，用户界面在进行查询和进行验证中都起重要的作用。

V

valley ⇔ **谷面,(山)谷**

曲面分类中的的一种表面类型。对应**高斯曲率**等于 0 和**平均曲率**大于 0 的情况。见图 V1。

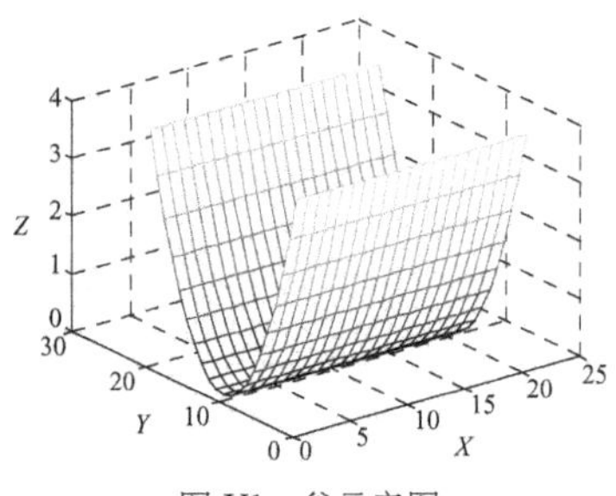

图 V1　谷示意图

value in color representation ⇔ **彩色表达中的值**

HCV 模型中表示**亮度**的基本量(即“值”)。与其他一些**面向感知的彩色模型**中表达色度的两个基本量之外的那个基本量对应。

vanishing line ⇔ **灭线,消失线,消隐线**

3-D 平面与无穷远平面相交产生的 2-D 线图像。也是从同一表面的**纹理元栅格**得到的由两个**消失点**所确定的直线。在图像中的水平线是地平面与无穷远平面相交的图像,如同一对铁路线相遇在**消失点**(两条平行线与无穷远平面的交点)。图 V2 给出地面与公路和铁路交出的消失线。

vanishing point ⇔ **灭点,消失点,消隐点,虚点**

纹理元栅格中相交线段集合中各

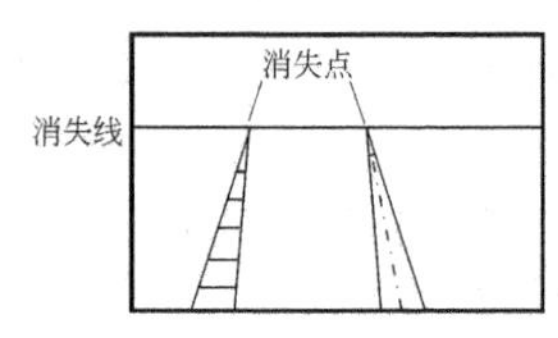

图 V2　消失线和消失点示例

线段的交点。对一个透射图,平面上的消失点是无穷远处(平行线组成的)**纹理元**以一定方向投影到图像平面形成的,或者说是平行线在无穷远处的汇聚点。

也指无穷远处两条平行 3-D 线相遇点的图像。一对平行 3-D 线可表示成 $\boldsymbol{a}+s\boldsymbol{n}$ 和 $\boldsymbol{b}+s\boldsymbol{n}$,其中 $\boldsymbol{a}$ 和 $\boldsymbol{b}$ 为系数矢量,s 为系数。消失点是 3-D 方向 $[\boldsymbol{n}\quad 0]^{\mathrm{T}}$ 的图像。

variable-length code ⇔ **变长码**

由**变长编码**方法得到的**码本**或**码字**。典型的如用**哈夫曼编码**方法得到的哈夫曼码。

variable-length coding ⇔ **变长编码(方法)**

熵编码的一种。采用了统计编码压缩方式,即用较少的比特数表示出现概率较大的灰度级,而用较多的比特数表示出现概率较小的灰度级。

variable-speed photography ⇔ **变速摄影**

电影摄影中,以不同于正常拍摄

频率(24 f/s)进行的摄影。低于 24 f/s 的称作低速摄影,以很低的拍摄频率摄影的,称作延时摄影。高于 24 f/s 的称作快速摄影。高于 128 f/s 的称作高速摄影。

variance ⇔ **方差**

对**随机变量** f,当其**概率密度函数**为 p_f,均值为 μ_f 时由下式算出的值:

$$\sigma_f^2 \equiv E\{(f-\mu_f)^2\} \equiv \int_{-\infty}^{+\infty}(z-\mu_f)^2 p_f(z)\mathrm{d}z$$

variational method ⇔ **变分(方)法**

将一个信号处理问题表示成一个变分计算问题的方法。输入信号是在间隔 $t\in[-1,1]$ 上的函数 $I(t)$。处理的信号是定义在系统间隔上的函数 P,要最小化如下形式的能量泛函 $E(P)$:

$$E(P)=\int_{-1}^{1} f[P(t),\dot{P}(t),I(t)]\mathrm{d}t$$

对变分的计算表明最小化 P 是对欧拉-拉格朗日(Euler-Lagrange)方程的解:

$$\frac{\partial f}{\partial P}=\frac{\mathrm{d}}{\mathrm{d}t}\frac{\partial f}{\partial \dot{P}}$$

计算机视觉中,泛函的形式常表示为

$$E=\int \mathrm{truth}(P,I)+\lambda \mathrm{beauty}(P)$$

其中"truth"项测量数据的保真度而"beauty"项是一个正则项。这些可从一个特别的例子,即**图像平滑**中看出。在传统的方法中,平滑可看作一个算法的结果,即用一个**高斯核**与图像卷积。在变分方法中,平滑的信号 P 是在用二阶导数 $\int(\dot{P}(t))^2\mathrm{d}t$ 的平方表示的平滑与用输入和输出差的平方表示的数据保真度间的最好妥协。两者之间的平衡由参数 λ 决定:

$$E(P)=\int(P(t)-I(t))^2+\lambda(\dot{P}(t))^2\mathrm{d}t$$

variational inference ⇔ **变分推理**

对 **LDA 模型**求解的两个步骤之一。指在给定超参数 a 和 b 及观测变量 s 时,确定图像的主题混合概率 q 及每个单词由主题 z 生成的概率。

VDED ⇔ **矢量色散缘检测器**

vector dispersion edge detector 的缩写。

vector *Alpha*-trimmed median filter ⇔ **矢量 α 修剪中值滤波器**

可以消除**高斯噪声**和**脉冲噪声**对**多光谱图像**影响的**滤波器**。在对平滑窗口中的矢量排序后,可以仅保留具有与其他矢量最小距离的 $N(1-\alpha)$ 个矢量。接下来仅用它们计算均值光谱,并将结果赋给窗口口的中心像素。例如,取 $\alpha=0.2$ 来计算下面矢量集合的 α-修剪中值矢量:$\boldsymbol{x}_1=(1,2,3)$,$\boldsymbol{x}_2=(0,1,3)$,$\boldsymbol{x}_3=(2,2,1)$,$\boldsymbol{x}_4=(3,1,2)$,$\boldsymbol{x}_5=(2,3,3)$,$\boldsymbol{x}_6=(1,1,0)$,$\boldsymbol{x}_7=(3,3,1)$,$\boldsymbol{x}_8=(1,0,0)$,$\boldsymbol{x}_9=(2,2,2)$。这里因为有 $N=9$ 个矢量,仅需要使用排序的矢量序列里的前 $9\times(1-0.2)=7.2\approx7$ 个矢量。这表示需要忽略

具有最大距离的矢量 $\boldsymbol{x}_2$ 和 $\boldsymbol{x}_8$。剩下矢量的均值是：$\bar{x}=(2.0000, 2.0000, 1.7143)$。

vector dispersion edge detector [VDED] ⇔ 矢量色散边缘检测器

为了消除**矢量排序算子**计算中对**噪声**敏感的问题，利用排序矢量的组合和色散测度（dispersion measures）定义的一组通用的检测器。可表示为

$$\mathrm{VDED}=\mathrm{OSO}\left[\left\|\sum_{i=1}^{n}a_{i1}\boldsymbol{x}_i\right\|,\left\|\sum_{i=1}^{n}a_{i2}\boldsymbol{x}_i\right\|,\cdots,\left\|\sum_{i=1}^{n}a_{ik}\boldsymbol{x}_i\right\|\right]=\mathrm{OSO}_j\left[\left\|\sum_{i=1}^{n}a_{ij}\boldsymbol{x}_i\right\|\right],\quad j=1,2,\cdots,k$$

其中 OSO 表示基于序统计的算子。原则上说，边缘算子可通过合适地选择一个 OSO 和一组系数 a_{ij} 而从上式中推导出来。为限定这个困难的工作，对边缘算子有一些要求。首先，边缘算子应该对脉冲噪声和高斯噪声不敏感；其次边缘算子应该对斜面边缘（ramp edges）提供可靠的响应。

vector image ⇔ 矢量图像

图像的性质值为矢量的图像。**彩色图像**就是一种最常见的矢量图像。**多光谱图像**也是矢量图像。

vector map ⇔ 矢量图

由直线或曲线所构成，适合于表示图形的图。在矢量图中，每个目标都对应一个数学方程。矢量图可以不产生**伪像**地改变尺寸和进行几何操作。用它表示图像需要的存储器较少，但对绝大多数显示装置都需要再光栅化。

vector median filter ⇔ 矢量中值滤波器

中值滤波器从标量向矢量中值的一种推广。参阅 **vector ordering, conditional ordering, marginal ordering, reduced ordering**。

vector ordering ⇔ 矢量排序（方法）

1. 广义上讲，对矢量进行排序的方法和过程。目前常用的方法有**条件排序**法，**边缘排序**法，**简化/合计排序**法。但它们都是**亚/次排序**法。

2. 狭义上讲，在**简化/合计排序**的基础上，利用相似测度得到的一种对矢量排序的方法。首先要计算矢量的序值：

$$R(\boldsymbol{f}_i)=\sum_{j=1}^{N}s(\boldsymbol{f}_i,\boldsymbol{f}_j)$$

式中，N 为矢量个数，s 为相似函数（也可借助距离定义）。根据 $R_i=R(\boldsymbol{f}_i)$ 的值就可将对应矢量排序。该方法主要考虑了各矢量间的内部联系。根据矢量排序而获得的**矢量中值滤波器**的输出是一组矢量中与其他矢量的距离和为最小的矢量，也即在升序排列中排在最前面的矢量。

vector quantization [VQ] ⇔ 矢量量化

将有多个分量的矢量映射为只有较少分量的矢量的过程。**图像编码**中，矢量量化既可以用作一种独立的图像编码方法，也可以用于一个编码系统里的量化模块中。矢量量化的理论基础是**率失真定理**，其基本思路是把信源符号序列分组作为

矢量看待进行编码，当组内符号较多或矢量维数较高时，其率失真函数将逼近于信源的率失真函数。

vector rank operator⇔矢量排序算子，矢量秩算子

一种简单的针对**彩色边缘**的**边缘检测算子**。一幅**彩色图像**被看作一个矢量，可用距离矢量值函数 $\boldsymbol{C}: Z^2 \rightarrow Z^m$ 来表示，其中对三通道彩色图像 $m=3$。设用 $\boldsymbol{W}$ 代表图像函数上包含 n 个像素(彩色矢量)的窗口。如果对窗口中所有的彩色矢量使用**简化排序**，那么 $\boldsymbol{x}_i$ 指示这个序列中的第 i 个矢量。矢量排序可表示为

$$\mathrm{VR} = \| \boldsymbol{x}_n - \boldsymbol{x}_l \|$$

矢量排序以定量的方式描述了"矢量野点"偏离窗口中矢量中值里最高序的情况。所以，会在均匀图像区域取小的值，因为矢量间的差距很小。与此相反，算子对边缘有大的响应值，因为 $\boldsymbol{x}_n$ 将会从沿着边缘(较小的域)的矢量中选取而 $\boldsymbol{x}_l$ 将会从边缘的另一边(较大的域)的矢量中选取。通过对矢量排序结果给出一个阈值，就可以用这样的方式来确定彩色图像中的**边缘**。

velocity vector⇔速度矢量

运动分析中用**视差**除以时差得到的商。

VEML⇔视频事件标记语言

video event markup language 的缩写。

vergence⇔聚散度

反映光束中不同光线会聚或发散程度的量。在一个点的聚散度在数值上等于该点波阵面/波前(wavefront，同相位波点组成的几何面)的曲率。其符号在发散时为负，会聚时为正，平行时为零。

VERL⇔视频事件表达语言

video event representation language 的缩写。

vertex set⇔顶点集(合)

1. **图论**中，组成**图**的两个集合之一。一个**图** G 定义为由有限非空顶点集合 $V(G)$ 及有限**边线集合** $E(G)$ 组成，$V(G)$ 的每个元素称为 G 的顶点。一对顶点对应边线集合中的一个元素。

2. **线条图**中由有限个顶点构成的非空**集合**。

vertical interpolation⇔垂直插值

对**视频**进行**去隔行**中利用上下行插值的技术。

victory and brightness⇔兴奋和明亮

图像或视频画面所营造的一种**气氛语义**类型。画面特点多为**对比度**较小(柔和)、**色调**偏暖。

video⇔视频

一种特殊的彩色序列图像。常用作**视频图像**的简称。从学习图像技术的角度，视频可看作是对(静止)图像的扩展，描述了在一段时间内 3-D 景物投影到 2-D 图像平面且由 3 个分离的**传感器**(常用 RGB 传感器)获得的**场景**的**辐射强度**。

video accelerator⇔视频加速卡

用来加快对图像和图形在计算机

屏幕上显示速度的扩展卡。通过利用快速的协处理器,大容量显示内存和更宽的数据通道,可大幅度降低 CPU 的负担,提高显示速度和整体性能。

video analysis⇔视频分析

图像分析在输入是**视频**(或**序列图像**)时的一种扩展。

video browsing⇔视频浏览

基于内容的视频检索中,对组织好的视频数据根据组织结构进行的非线性浏览。

video camera⇔电视摄像机

同 **television camera**。

video capture⇔视频捕获

将影像从视频设备(如摄像机、电视机)上截取下来并转换成数字式计算机图像的过程。常借助**帧捕捉器**来完成。转换后的图像便于观看、编辑、处理、保存和输出。

video clip⇔视频片段

一段**视频**或一组**帧图像**。

video codec⇔视频编解码器

视频编码器和**视频解码器**的合称。既可以是设备(硬件),也可看作一个或多个官方标准的软件实现。其中包括开源编解码器和专利编解码器。

video coder⇔视频编码器

实现**视频编码**的设备(硬件)或算法程序(软件)。一般也常将**视频解码器**包含在一起。

video coding⇔视频编码(方法)

图像编码向**视频**的一种推广。也常称**视频压缩**。这是一大类基本的视频加工技术。其目的是通过对**视频图像**采用新的表达方法来降低视频本身的码率以减少存储量和加快其在信道中的传输,这与对图像的编码类似/并行。许多**图像编码**的方法可以直接用于视频帧编码(对帧图像编码),或者推广到 3-D 而用于**视频序列**(此时将视频帧叠加构成**立体图像**)。

video compression⇔视频压缩

参阅 **video coding**。

video compression standard⇔视频压缩标准

由国际组织制定的面向视频压缩的规范。比较常用的包括用于消费应用**视频编码**的 MPEG 标准,如 **MPEG-1**, **MPEG-2**, **MPEG-4**;以及用于电信应用的视频格式标准化的 ITU-T 标准,如 H. 261, H. 263, H. 264, H. 265。

video compression technique⇔视频压缩技术

完成各种视频压缩工作的编码技术。视频压缩技术不仅要消除图像压缩技术消除的**编码冗余**、**像素间冗余**及**心理视觉冗余**外,还要消除帧间(或时间)冗余。时间冗余对**视频序列**很直观,即时间上接续的帧一般很相似。

video computing⇔视频计算(技术)

视频领域中的**图像分析**。其研究的重点是如何利用运动信息来对景物的运动和场景中发生的事件进行分析以解决实际问题(如判断人的行动举止、识别面部表情等)。为此常需要借助比定量信息更多的定性信息,并且需要运用**知识**和前后文(环境信息)。

video conferencing⇔视频会议

借助数字设备和网络连接在地理位置不同的人之间召开的会议。需要的设备主要包括**摄像机**、**视频捕获**装置,网络连接装置。常要求视频帧率到达 10～15 帧/秒。

video container⇔视频容器

将编码的音视频数据、附加信息(如副标题)、相关联的元数据包装起来的视频文件格式。当前流行使用的视频容器包括微软的 AVI, DivX 媒体格式, Adobe 系统的 Flash Video,苹果的 Quicktime 等。

video data rate⇔视频码率,视频数据率

存储一秒钟**视频图像**所需的数据位数 b。单位是 b/s(bps)。由视频的时间分辨率、空间分辨率和幅度分辨率共同决定。设视频的帧率为 L,即时间采样间隔为 $1/L$,空间分辨率为 $M\times N$,幅度分辨率为 G($G=2^k$,对黑白视频 $k=8$ 而对彩色视频 $k=24$),则视频码率为

$$b = L\times M\times N\times k$$

视频码率也可由行数 f_y、每行样本数 f_x 和帧频数 f_t 来定义。设水平采样间隔为 $\Delta_x=$像素宽$/f_x$,垂直采样间隔为 $\Delta_y=$像素高$/f_y$,时间采样间隔为 $\Delta_t=1/f_t$。如果用 K 表示视频中一个像素值的比特数,它对单色视频为 8 而对彩色视频为 24,这样视频码率也可表示成

$$b = f_x f_y f_t K$$

video decoder⇔视频解码器

实现**视频解码**的设备(硬件)或算法程序(软件)。

video decoding⇔视频解码(方法)

图像解码向**视频**的一种推广。也常称**视频解压缩**。

video decompression⇔视频解压缩

参阅 **video coding**。

video enhancement⇔视频增强

对**视频图像**的质量改善。除对各个单独的帧使用**帧内滤波**(借助空域或频域图像处理算法)外,还可对前后的帧使用**帧间滤波**(在时空支撑区上进行)。

video event challenge workshop⇔视频事件竞赛研讨会

国际上从 2003 年开始举办,以整合各种能力构建一种基于通用知识的领域本体的会议。会议已定义了 6 个视频监控的领域:①周边和内部的安全;②铁路交叉的监控;③可视银行监控;④可视地铁监控;⑤仓库安全;⑥机场停机坪安全。

video event markup language [VEML]⇔视频事件标记语言

视频事件竞赛工作会议指导制定的一种形式语言。用来对视频中的 VERL 事件进行标注。

video event representation language [VERL]⇔视频事件表达语言

视频事件竞赛工作会议指导制定

的一种形式语言。可以帮助完成基于简单的子事件实现复杂事件的本体表达。

video format⇔视频格式

表达**视频**数据的格式。有一种方法根据对3个彩色信号分别表示或结合表示将视频格式分为**分量视频**格式和**复合视频**格式两类；还有一种方法将视频根据应用的不同分为**SIF**,**CIF**,**QCIF**等具有不同分辨率的格式。

video frequency⇔视频

电视或雷达使用的频带范围(包括扫描中的低频)。一般认为范围从0 Hz/s到几个MHz/s(常用几十Hz/s)。这种信号称为**视频信号**。

video image⇔视频图像

一类广泛使用,有一定规格的特殊(等时间间隔采集,速率可产生连续动感)**序列图像**。一般简称**视频**。可记为$f(x,y,t)$,其中x,y是空间变量,t是时间变量。参阅**digital image**。

video image acquisition⇔视频图像采集

从客观场景获取**视频图像**的技术和过程。

video imaging⇔视频成像(方法)

1. 同**video image acquisition**。

2. 视频摄像机的**立体成像方式**。在这种方式中,要获得立体信息,一般要求**摄像机**和景物间要有相对运动。

video mail [V-mail]⇔视频邮件

将**影像**文件附加到电子邮件(E-mail)中的结果。

video organization⇔视频组织

基于内容的视频检索中的重要工作内容之一。将原始的视频码流按照特定应用的要求结合成新的结构关系并建立索引,从而使用户能更有效地利用视频数据库。这基本上是一个对视频码流不断进行抽象,逐步获得高层表达的过程。

video organization framework⇔视频组织框架

对**视频**内容进行组织的结构模

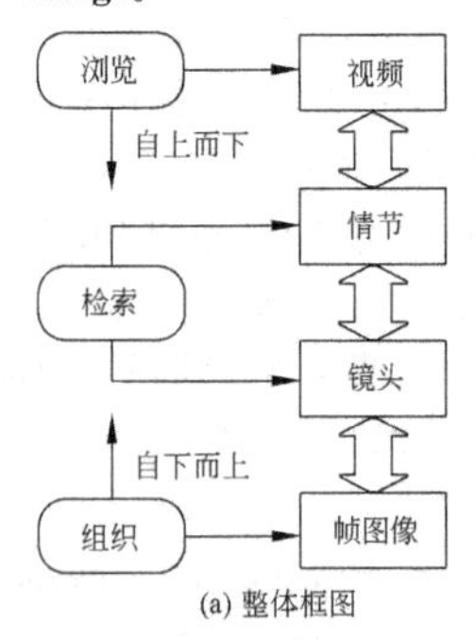

(a) 整体框图

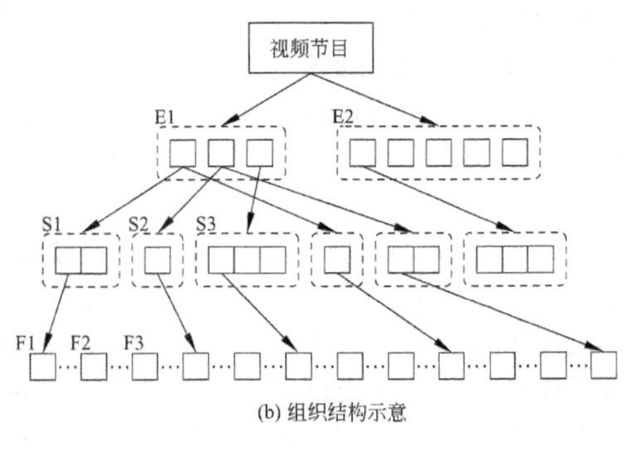

(b) 组织结构示意

图V3 视频组织框架

型。一种典型的组织框架见图 V3，其中图(a)给出整体框图，而图(b)给出一个具体的组织结构示意图。

根据图 V3(a)，可对视频进行 3 类操作：**视频组织**、**视频浏览**和**视频检索**。对照图 V3(a)和图 V3(b)，视频由下到上被逐步组织成 4 层(**视频组织**)，即**帧图像**层 F、**镜头**层 S，**情节**层 E 和**视频**节目层 P。如果从上而下，则可进行非线性浏览(**视频浏览**)，从视频到情节，从情节到镜头，最后从镜头到帧图像。在各层都可进行视频检索(也可建立视频索引)，这尤其在镜头层和情节层都会非常有效。

videophone⇔**电视电话**

通话时能在显示屏上看到对方动态形象的电话。也称可视电话、伴像电话。

video presentation unit [VPUs]⇔**视频表达单元**

国际标准 **MPEG-1** 中规定的**视频编码器**接收的尚未编码的数字图像。

video processing⇔**视频处理**

一种把视频看作特殊图像的任何**图像处理**技术。其输入是**视频图像**；狭义地输出仍是视频图像，而广义地输出可以是其他形式(参阅 **image engineering**)。由于视频是序列的图像，对其中的每幅图像仍可采用图像处理中的技术。但也可利用序列图像间的相关特性进行直接整体的处理。

video program analysis⇔**视频节目分析**

基于内容的视频检索中的重要内容之一。目的是建立或恢复视频节目中的(语义)结构，并根据这个结构进行查询、建立索引或提取关键内容。

video quantization⇔**视频量化**

模拟视频数字化中的一个步骤，对每个采样用一个有限数量的比特来量化采样。大多数视频量化系统基于 8 比特的字节，即每个采样可有 256 个可能的离散值。在摄像机中有时对伽马校正前的信号使用 1024 级。并不是所有的级都用于视频范围，因为数据信号或控制信号还需要使用一些值。在**复合视频**系统中，包括同步脉冲在内的整个复合信号都在量化范围中的 4～200 级传输。在**分量视频**系统中，亮度占据 16～235 级；因为**色差信号**可以是正的或负的，所以 0 级被放在量化范围的中心。在两种情况下，值 0 和 255 都为同步码所保留。

video retrieval⇔**视频检索**

基于内容的视频检索的简称。

video retrieval based on motion feature⇔**基于运动特征的视频检索**

基于内容的视频检索中的重要内容之一。运动是用于**视频分析**的一种基本元素，也是视频数据所独有的。运动直接与空间实体的相对位置变化或**摄像机运动**相联系。运动信息表示了视频**图像内容**在时间轴上的发展变化，对于描述和理解视频内容具有相当重要的作用。通过基于运动特征的检索也可以获得基于特定内容的检索效果。

video sampling⇔**视频采样**

对**视频信号进行**的采样。一个**数字视频**可以通过对一个**光栅扫描**进行采样得到。在模拟视频系统中，时间轴被采样为帧而垂直轴被采样为行。数字视频简单地沿行(水平轴)加了第3个采样过程。

video sequence⇔**视频序列**

一系列的**视频图像**。主要强调有许多连续的帧图像。

video shot⇔**视频镜头**

视频的一种基本物理单元。简称镜头(与光学镜头无关)。包括由一个**摄像机**连续拍摄得到的按时序连接的一组**帧图像**。一个视频镜头一般在相同的**场景**拍摄，通常包含空间中某个位置的一组连续动作。视频节目总包含一系列不同的镜头。

video signal⇔**视频信号**

随时间变化的1-D模拟或数字信号。其时空内容代表一系列根据预先确定的扫描约定而得到的图像(或帧)。从数学上讲，一个连续(模拟)视频信号可被记为$f(x,y,t)$，其中x,y是空间变量，t是时间变量。数字化后，仍可以使用相同的记号，只是变量全取整数。参阅**digital image**。

video standards⇔**视频标准**

数字视频格式标准(如ITU-R的BT.601-5建议)和**视频压缩标准**(如MPEG标准和ITU-T标准)等的统称。

video terminology⇔**视频术语**

讨论**视频**时所用的有严格定义的用语。例如：**扫描**，**刷新率**，**宽高比**，**分量视频**和**复合视频**。

video understanding⇔**视频理解**

对**图像理解**的一种推广。以视频作为输入。视频理解可在**视频计算**的基础上，借助**学习**能力来实现。

video volume⇔**视频体**

由一系列**视频图像**帧构成的3-D立体。如果在某个时刻的视频图像帧(相当于一幅静止图像)用$f(x,y)$表示，则一个视频体可用$f(x,y,t)$来表示，其中x和y是空间变量，t是时间变量。

viewing angle⇔**观察角**

人眼观察**场景**时**视场**的宽度或高度对应的张角。

viewing distance⇔**观察距离**

观察者或**摄像机**与被观察景物之间的距离。

viewing field⇔**视场，视野**

同**field of view**。

vigor and strength⇔**活力和强劲**

图像或**视频**画面所营造的一种**气氛语义**类型。画面**照度**较大，**对比度**较大，**色调**鲜艳。

violet⇔**紫**

1. **波长**约在360～440 nm的**光谱色**。

2. 红和蓝的混合色。也称绀。

virtual color ⇔ **虚色**

色度图中，由**纯光谱**与**纯紺**范围之外的色。也称虚刺激。只在色度图中或数字上存在，不能由眼睛感受。

virtual fencing ⇔ **虚拟篱笆（技术），虚拟围栏（技术）**

一种典型的**自动活动分析**任务。不用实体而限定的活动范围。在监控系统中确定边界，对内部发生的事件进行预警，一旦有入侵就触发分析模块，进而控制高分辨率的**云台摄像机**（PTZ）获取入侵处的细节，如开始对入侵数量的统计。

visible light ⇔ **可见光**

通常所说的赤橙黄绿青蓝紫光。在 10^{15} Hz 左右一个非常狭小的频率范围内。

visible-light image ⇔ **可见光图像**

由**人类视觉**可感知到的**光辐射**（其**波长**约在 380～780 nm）作为辐射能源所产生的图像。

vision ⇔ **视觉**

场景中景物的**影像**刺激**视网膜**产生的**视感觉**和在**大脑**皮层得到的**视知觉**。人类了解世界的一种重要功能。视觉包括“视”和“觉”两个步骤，前者对应视感觉而后者对应视知觉。

vision computing ⇔ **视觉计算（技术）**

视觉信息加工技术。现主要指由计算机完成、为获得和利用视觉信息的各项工作，其中用到各种**图像技术**。

vision procedure ⇔ **视觉过程**

人类视觉系统中由**光学过程**、**化学过程**和**神经处理过程**依序完成人类视觉功能的复杂步骤。

VISIONS system ⇔ **VISIONS 系统**

一种基于**图像**中**区域**的 2-D 图像信息系统。任务是在一定先验知识的指导下，对图像中的区域并进而对自然场景中的景物给予正确解释。英语全称为 visual integration by semantic interpretation of natural scenes。

visual acuity ⇔ **视力，视敏度，视锐度**

视觉系统鉴别互相接近的视觉刺激的能力。这可用具有宽度相同黑白相间的并行条纹的光栅来测量。一旦条纹过于接近，条纹就不能被区别。在最优的光照条件下，人所能区别的最小条纹间距离对应 0.5 弧分（min of arc）的视角。视敏度为 1 表示当视角为 1°时人在标准距离（5 m）的分辨能力。

指示了在良好光照条件下**人眼**所能看到的景物细节的精确性。表示人眼**视觉**的一种空间分辨能力，即视力，代表分辨轮廓、字体、栅形、体视、游标等对象形状和尺寸的微小细节的能力。视敏度具体对应观察者所能看见的最小测试物体的尺寸。人眼的视敏度与**视网膜**上感受细胞的排列、**瞳孔**的大小、场景中景物的**亮度**、观察时间等都有关。

可以用眼图（eye chart）来检测视敏度，这实际上是一个希望确定感知阈值的心理物理学测量。

visual afterimage ⇔ **视觉后像**

光刺激停止作用后，即刺激光消

失之后，依然残留的视觉映像。也称视觉暂留像。可分为正后像和负后像。正后像与原来知觉的颜色一样，负后像是和原来知觉的颜色相反的颜色。

visual angle⇔视角

所观察目标的大小（目标两端）对眼睛形成的张角。

visual brightness⇔视觉亮度

同 **subjective brightness**。

visual computational theory⇔视觉计算理论

同 **computational vision theory**。

visual cortex⇔视觉皮层

大脑后部皮层中，主要负责视觉信息处理的部分。人的视觉皮层包括初级视皮层（**纹状皮层**）和高级视皮层（**纹外皮层**）。大脑的两个半球各有一部分视觉皮层。左半球的视觉皮层从右视野接收信息，而右半球的视觉皮层从左视野接收信息。

visual deformation⇔视觉变形，视觉形变

图形通过视觉产生感觉上的形变导致的**几何图形视错觉**。这些变形发生于正常人的视觉，而且是即时发生的，常没有外来因素的影响。

visual edge⇔视觉边缘

参阅 **perception of visual edge**。

visual feature⇔视觉特征

直接作用于**人类视觉系统**并产生**视感觉**的特征。也称**感知特征**。常用的包括**颜色**、**纹理**、**形状**、结构、**运动**、**空间关系**等。

visual feeling⇔视感觉

视觉中主要接收外部刺激，从外界获得信息的低层。主要是从分子微观层次来理解人们对光（可见辐射）反应的基本性质（如亮度、颜色）。对视感觉的主要研究内容有：①光的物理特性，如光量子、光波、**光谱**；②光刺激视觉感受器官的程度，如**光度学**、眼睛构造、视觉适应、视觉的强度和灵敏度、**视觉的时间特性**以及**视觉的空间特性**；③光作用于**视网膜**后经视觉系统加工而产生的感觉，如明亮程度、**色调**。

visual field⇔视场，视野

人在头部和**眼睛**不移动时所能观察到的空间范围。也指**图像采集**时相机的可视范围。

visual gauging⇔视觉计量（技术）

为确定人造目标的维数或特定的位置以进行质量检测和分级决策，通过使用非接触式光敏感传感器来进行测量，并比较这些测量与预先确定的允许范围的活动。

visual information⇔视觉信息

通过**视觉**和**视觉计算**获得的信息。提供视觉信息的媒体主要有图像、图形、视频等。

visual information retrieval⇔视觉信息检索

信息技术的一个重要的新研究领域。主要目的是从视觉数据库（可以是孤立的或在网上）中快速提取出与一个查询需求相关的**图像**或**视频片段**。实际上是传统信息检索的扩展，将视觉媒体也包含到信息检索中。

visualization computation⇔可视化计算

将计算与可视化相结合的技术。是**科学计算可视化**的重要内容。

visualization in scientific computing⇔科学计算可视化

将**图像技术**和**图形技术**结合应用于科学计算的领域。包括相关理论、方法、技术和过程，涉及将科学计算过程中所产生的数据及计算结果转换为图像或图形显示出来，并进行交互处理。科学计算可视化不仅可以用来帮助分析由计算机计算出的最终数据，而且可以用来随时直观地了解在计算过程中数据的变化情况，并帮助人们据此做出相应的控制和决策。

visual knowledge⇔视觉知识

图像理解中使用的知识。与图像形成模型有关，如当一个 3-D 物体受到倾斜照明就会产生影子。一般认为，视觉知识反映了场景中的中低层内容，比较具体和特殊，主要用于对场景的**预处理**，对**世界知识**提供支持。

visual masking effect⇔视觉掩盖效应

人类视觉系统中，视觉刺激导致另一种视觉刺激不可见或减弱的现象。例如在图像中，平坦区域的噪声比纹理区域的噪声更明显就是由于有视觉掩盖效应的结果，纹理区域的灰度变化起伏削弱了人眼对其中噪声的感知。

visual pathway⇔视觉路径

从**视网膜**上的光子接收器构成图像，接着转换成传到视神经的电信号，再到大脑中负责**视觉感知**的**视觉皮层**的完整路线。

visual perception⇔视觉感知，视知觉

视觉的高层或高级阶段。将外部刺激转化为有意义的内容。例如，人对所观察的物体产生存在、形状、大小、颜色、位置、高低、亮度强弱等概念。视知觉主要论述人们从客观世界接受视觉刺激后如何反应及反应所采用的方式，研究如何通过视觉形成人们关于外在世界空间的表象，所以兼有心理因素，有时还要运用记忆（借助先验）帮助判断。视知觉是在神经中枢进行的一组活动，可把视野中一些分散的刺激加以组织，构成具有一定形状的整体以表达和认识世界。视知觉又可分成**亮度知觉**、**颜色知觉**、**形状知觉**、**空间知觉**、**运动知觉**等。

visual perception layer⇔视觉感知层

多层图像描述模型中的一层。在获得**有意义区域层**的描述之后，需要进行特征提取以获得视觉感知层的描述，并以此解释**图像内容**。这里需根据具体应用，选择能充分描述图像内容的特征。

visual performance⇔视觉功能

借助视觉器官完成一定视觉任务的能力。常以区分目标细节的能力和辨认**对比度**的能力为视觉功能指标。

visual pose determination ⇔ **视觉位姿确定**

使用一个合适的目标模型和一个或几个**摄像机**、深度传感器或基于**三角化**的视觉传感器来确定已知目标在空间的位置和朝向的过程。

visual sensation ⇔ **视觉感觉，视感觉**

视觉的低级阶段。对于正常的眼睛来讲，只要睁着，在视力所及范围内的一切景物均会刺激**视网膜**而引起感觉（被动感觉）；但人只有对感兴趣的景物才会加以注意，或者说着意去感觉（主动感觉）。

visual vocabulary ⇔ **视觉词汇，视觉词表**

用**特征包模型**（源自对自然语言处理的**词袋模型**引入图像领域后的名称）表达和描述**场景**时，所需的从场景中抽取局部区域描述特征的词汇。这里套用了文档中的概念，即一本书是由许多单字或单词组成的。在图像中，视觉词汇对应将图像或场景分解后得到的一些基本组成部分。从认知的角度，每个视觉单词对应图像中的一个特征（更确切地说，常是描述景物局部特性的特征），是反映**图像内容**或场景含义的基本单元。

VLBP ⇔ **体局部二值模式**

volume local binary pattern 的缩写。

V-mail ⇔ **视频邮件**

video mail 的简称。

volume local binary pattern [VLBP] ⇔ **体局部二值模式**

局部二值模式的时空扩展，可用于在 3-D 的(X,Y,T)空间（如视频图像）中分析纹理的动态情况，既包括变化也包括外观。

volume local binary pattern [VLBP] operator ⇔ **体局部二值模式算子**

计算**体局部二值模式**的算子。共考虑了三组平面：XY，XT，YT。所获得的三类 **LBP** 标号分别是 XY-LBP，XT-LBP 和 YT-LBP。第一类包含了空间信息，后两类均包含了时-空信息。由三类 LBP 标号可得到三个 LBP 直方图，还可以把它们拼成一个统一的直方图。图 V4 给出一个示意图，其中图(a)显示了动态纹理的 3 个平面；图(b)给出各个平面的 LBP 直方图；图(c)是拼合后的特征直方图。

volumetric modeling ⇔ **立体建模（方法）**

对**动作建模**的一种主要方法。并

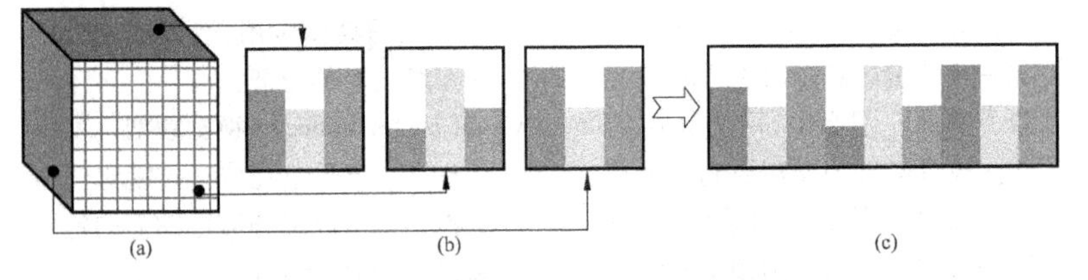

图 V4　体局部二值模式的直方图表示

不逐帧提取特征，而是将视频看作具有元素强度的 3-D 立体并将标准的图像特征（如尺度空间极值、空域滤波器响应）扩展到 3-D 来进行。典型的方法包括**时空滤波**，基于部件的方法，**子体匹配**和基于张量的方法。

volumetric primitive ⇔ 体基元

构建 3-D 物体的基本元素。例如在**广义圆柱体模型**中，各种穿轴线与各种移动截面都是组建广义圆柱体的体基元。理论上说，它们的组合可构建各种 3-D 目标，而且组合的方式也非常多。

volumetric representation ⇔ 3-D 实体表达，立体表达

对立体目标用 3-D 实体的集合来表达（而不是仅用可见的表面来表达）的方法。换句话说，对真实世界中的绝大部分物体来说，尽管通常只能看到它们的表面，但实际上都是 3-D 实体，对它们的完整表达需要使用实体。

Voronoi diagram ⇔ 沃罗诺伊图

也称泰森多边形、狄利克雷图。参阅 **ordinary Voronoi diagram** 和 **area Voronoi diagram**。

Voronoi polygon ⇔ 沃罗诺伊多边形

几何上严格定义，由一组连接两个邻点直线的垂直平分线组成的多边形。用于**纹理分析**时也称**沃罗诺伊镶嵌**。给定平面上的一些点，从中任意取一对点 p 和点 q，则总可以在它们之间画一条垂直二分线（perpendicular bisector）。这条二分线将平面分成两半，其中一半包含与点 p 比较近的点，而另一半包含与点 q 比较近的点。如果对每个点 p 都画出与其周围点 q 之间的垂直二分线，就可得到包围点 p 的多边形，即沃罗诺伊多边形。图 V5(a) 给出用上述过程构建的沃罗诺伊多边形，图 V5(b) 给出**德劳奈三角剖分**的结果，从图 V5(c) 可看出它们的**对偶性**。

Voronoi tesselation ⇔ 沃罗诺伊镶嵌

将图像基于给定的一组点分成一定数量的多边形区域的镶嵌。每个多边形包含一个给定点以及与该点比与其他给定点更近的点。**沃罗诺伊多边形**的形状反映了空间点的局部分布。

如果提取了如局部极值、线分割点和终点等纹理符记（token），并用

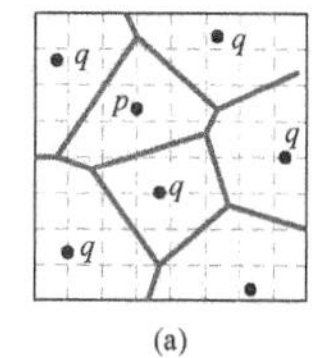

(a)

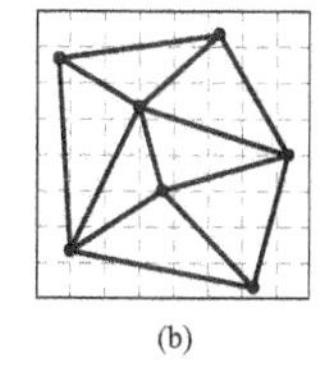
(b)

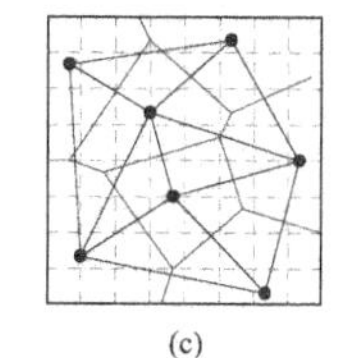
(c)

图 V5 沃罗诺伊多边形、德劳奈三角剖分及它们的对偶性示意图

沃罗诺伊镶嵌分割了图像平面，则从这个镶嵌得到的各种特征，如多边形区域面积、形状和朝向，以及相对符记的位置等都可用于**纹理分割**。

voxel⇔**体素**

3-D **图像**的基本单元。voxel 的拼写源于 volume element（体积元素）。

voxmap⇔**体素图**

一种将空间分解为体素的规则网格（排成一个 3-D 数组 $v(i,j,k)$）的体积表达。对一个布尔体素图，单元(i,j,k)仅且仅在 $v(i,j,k)=1$ 时与体积相交。这种表达的优点是可以表达任意复杂的拓扑结构，且能快速查询。主要的缺点是需要大量的存储器（可用 8-叉树表达寻址）。

VPUs⇔**视频表达单元**

video presentation unit 的缩写。

VQ⇔**矢量量化**

vector quantization 的缩写。

W

Wallis edge detector⇔瓦利斯边缘检测算子

一种取对数的**拉普拉斯检测算子**。基本假设是：如果一个**像素**灰度值的对数与该像素的4-**邻域**像素的平均灰度值的对数之差大于一个**阈值**，那么该像素应该是一个**边缘像素**。设一个像素$f(x,y)$及其邻域如图W1所示，上述的差可表示为

$$D(x,y) = \log[f(x,y)] - \frac{1}{4}\log[f_1 f_3 f_5 f_7] = \frac{1}{4}\log\frac{[f(x,y)]^4}{f_1 f_3 f_5 f_7}$$

f_4	f_3	f_2
f_5	(x,y)	f_1
f_6	f_7	f_8

图W1　像素$f(x,y)$及其邻域

实际应用中，为与阈值进行比较，并不需要对每个像素都进行对数计算，而只需将阈值取指数一次即可，所以计算量并不大。瓦利斯边缘检测算子对**乘性噪声**不太敏感，因为$f(x,y)$与f_1，f_3，f_5和f_7以相同的比例变化。

Walsh functions⇔沃尔什函数

一种经正交归一化的离散值函数。取值集合为{+1,−1}，是一个完备集合。可由许多不同的方式定义，且这些定义都被证明是等价的。

Walsh-Kaczmarz order⇔沃尔什-喀茨马茨序

一种使用递归方程定义的**沃尔什函数**的序。

Walsh order⇔沃尔什序

一种使用递归方程定义的**沃尔什函数**的序。

Walsh transform⇔沃尔什变换

一种**变换核**的值为+1或−1（归一化后）的**可分离变换**和**正交变换**。在2-D时，与**沃尔什反变换**有相同形式，而且都是**对称变换**，可以构成一个变换对，分别表示为

$$W(u,v) = \frac{1}{N}\sum_{x=0}^{N-1}\sum_{y=0}^{N-1} f(x,y)\prod_{i=0}^{n-1}(-1)^{[b_i(x)b_{n-1-i}(u)+b_i(y)b_{n-1-i}(v)]}$$

$$f(x,y) = \frac{1}{N}\sum_{u=0}^{N-1}\sum_{v=0}^{N-1} W(u,v)\prod_{i=0}^{n-1}(-1)^{[b_i(x)b_{n-1-i}(u)+b_i(y)b_{n-1-i}(v)]}$$

当$N=2^n$时，2-D沃尔什正变换核$h(x,y,u,v)$和沃尔什反变换核$k(x,y,u,v)$完全相同，而且都是对称的：

$$h(x,y,u,v) = k(x,y,u,v) = \frac{1}{N}\prod_{i=0}^{n-1}(-1)^{[b_i(x)b_{n-1-i}(u)+b_i(y)b_{n-1-i}(v)]}$$

其中 $b_k(z)$是 z 的二进制表达中的第 k 位。

Walsh transform kernel ⇔ 沃尔什变换核

沃尔什变换中使用的变换核。

warm color ⇔ 暖色

观察后能给出温暖感觉的颜色。与人对某些颜色的主观感觉有关。这主要来源于对一些能产生热量的**物体色**的体验而推及与之相似或相近的颜色，如红、橙、黄、酒红、铁红、枣红、紫红。均是可见光中**波长**偏长的光的颜色。比较 **cool color**。

warping ⇔ 扭曲

通过将 2-D 平面重新参数化来对**图像**进行的变换。有时称为橡胶片变换，因为很像将一幅图像附在一片橡胶上并根据事先确定的规则进行拉伸。给定一幅图像 $I(\boldsymbol{x})$和一个 2-D 到 2-D 的映射 $w: \boldsymbol{x} \to \boldsymbol{x}'$，则扭曲的图像 $W(\boldsymbol{x})$可表示为 $I[w(\boldsymbol{x})]$。扭曲函数在设计时要将在源图像中的某些**控制点** $\boldsymbol{p}_{1 \cdots n}$ 映射到目标图像的特殊位置 $\boldsymbol{p}'_{1 \cdots n}$。

典型的二阶扭曲是多项式扭曲的一个特例，对一个像素的原始坐标(x, y)，其变换坐标(x', y')由下列方程给出：

$$x' = a_0 x^2 + a_1 y^2 + a_2 xy + a_3 x + a_4 y + a_5$$

$$y' = b_0 x^2 + b_1 y^2 + b_2 xy + b_3 x + b_4 y + b_5$$

其中系数 $a_0, \cdots, a_5, b_0, \cdots, b_5$ 用来将更复杂的失真引入图像，例如将直线转成曲线。二阶扭曲方法的一个特殊应用是补偿镜头失真，特别是**桶形失真**和**枕形失真**。另外还有立方扭曲，需使用 3 阶多项式和 20 个系数。

water color ⇔ 水色

对水面反射光与水底反射光的混合感觉。水本无色，这与比较观察所获得的色度印象有差别。纯净的水呈蓝色。水的最大光谱透过**波长**是 470.0 nm（透明区在 420.0～470.0 nm 波段），属短波长光，而散射和透射的正是短波长光，长波可见光被吸收。所以浅的水呈亮蓝色，其中白光成分较多；深的水呈暗蓝色，因为那些到达水底的蓝光要被漫反射再经散射才映入人眼，能映入人眼的光随着水深越来越弱。

waterhole for the watershed algorithm ⇔ 分水岭算法中的水坑

分水岭算法中，由对应具有不升路径像素串且一直通到该极小值（与**邻域像素**相比不升）的所有像素。

waterline for the watershed algorithm ⇔ 分水岭算法中的水线

从图像中的所有像素开始，构建所有非下降路径，在此路径上且使该路径结束在不只一个局部极小值的所有像素。

watermark ⇔ 水印

图像工程中，嵌入图像的数字标记或**图像水印**。原指纸张内所嵌入的证明其拥有者身份的特定图案。

watermark detection ⇔ 水印检测

将嵌入到**图像**中的**数字水印**检测

出来并验证其真实性的过程。参阅 **watermark embedding**。

watermark embedding ⇔ 水印嵌入(技术)

将**数字水印**通过内嵌而加入到原始图像中去的过程。图 W2 给出水印嵌入和检测过程的示意图。将水印通过内嵌而加入到原始图像中去,就可得到**水印图像**。要将水印嵌入图像有很多方法,目前常用的方法主要借助**变换域**进行,如 **DCT 域水印技术**和 **DWT 域水印技术**。

对嵌入水印的需检测图像进行相关检验,可判断图像中是否嵌入了水印,并确定所得到的判断结果的置信度。

watermark image ⇔ 水印图像

嵌入了**数字水印**的**图像**。

watermarking in DCT domain ⇔ DCT 域水印技术

对**水印**的嵌入和检测都在 **DCT** 域中进行的**变换域水印**技术。一般将水印同时嵌入到 AC 分量和 DC 分量中,利用 AC 分量可加强嵌入的秘密性,而利用 DC 分量可提高**水印嵌入强度**。另外,在 DCT 域的嵌入规则常在使用 DCT 的 **JPEG** 和 **MPEG** 压缩方法时比较鲁棒,这样 DCT 域水印就可以较好地避免受到 JPEG 或 MPEG 压缩的影响。

watermarking in DWT domain ⇔ DWT 域水印技术

对**水印**的嵌入和检测都在 **DWT** 域中进行的**变换域水印**技术。直接在 DWT 域嵌入水印的优点是可重复利用压缩中已获得的信息从而无须解码直接在压缩域中嵌入水印,这可在一定程度上解决在 DWT 域嵌入水印时运算量比较大的问题。

DWT 域图像水印技术的优越之处来自**小波变换**的一系列特性:

(1) 小波变换具有空间-频率的多尺度特性,对图像的分解可以连续地从低分辨率到高分辨率进行。这有利于帮助确定水印的位置和分布以提高**水印的稳健性**并保证不可见性;

(2) 小波变换有快速算法,可对图像整体进行变换,且对**图像压缩**和**滤波**等外界干扰也有较好的抵御能力;

(3) 小波变换的多分辨率特性可以较好地与**人眼视觉特性**相匹配,因而易于调整**水印嵌入强度**以适应人眼视觉特性,从而更好地平衡**水印的稳健性**和不可见性之间的矛

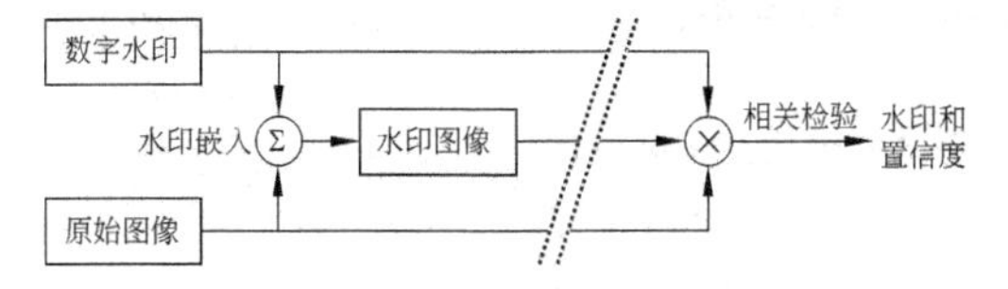

图 W2 水印嵌入和检测示意图

盾。所以 DWT 域算法常结合利用**人类视觉系统**的一些特性和**视觉掩盖效应**。

watermarking in transform domain ⇔ 变换域水印技术

在**变换域**内进行嵌入和检测的**数字水印**。也指进行嵌入和检测的技术。由于许多**图像国际标准**采用**离散余弦变换**(DCT)和**离散小波变换**(DWT)对图像进行表达和压缩,所以许多**图像水印**技术也是在 DCT 域和 DWT 域中工作的。

watershed ⇔ 分水岭,流域

图像中两个区域可比作地形学上的两个山峰,下雨时雨从两个山顶上流下来的汇聚地方。这个位置也是将两个区域分开的边界。一幅**图像**可看成是 3-D 地形的表示,即 2-D 的地基(对应图像坐标空间)加上第 3 维的高度(对应图像灰度)。也常考虑将水从底部注入,当水位达到一定高度时,两个区域的水就会汇合。为防止一个区域在相邻区域的范围中扩展,必须在要汇合的位置"竖立"障碍,这就是分水岭。水线和分水岭是对应等价的。**分水岭算法**就是要确定分水岭,实现图像的分割。

watershed algorithm ⇔ 分水岭算法,流域算法

一种用于**图像分割**的**基于区域的串行算法**。该算法借助**地形学**中**分水岭**的概念进行图像分割。该算法的计算过程是串行的,得到的是目标的边界,但在计算过程中考虑了**区域内一致性**,所以是**基于区域的串行算法**。

watershed segmentation ⇔ 分水岭分割

参阅 **watershed algorithm**。

waveform coding ⇔ 波形编码(方法)

对**图像编码**时主要考虑的各个像素的灰度值或颜色值,依次连接看作一个波形而进行的编码。在波形编码中没有利用一组像素对应场景中一个物理实体的高层概念,所以相对效率较低。在波形编码最简单的情况下,假设各像素在统计上是独立的,此时常用的编码技术称为**脉冲编码调制**(PCM)。

wavelength ⇔ 波长

对周期性的波(如光波),沿传播方向上具有相同相位的相邻两点之间的距离(符号 λ)。单位:m。

wavelet ⇔ 小波

具有衰减性和波动性的波。直观上指小区域、长度有限、均值为 0 的波形。

基于小波的**纹理分析**使用一组同时位于**空域**和**频域**的函数来分解纹理图像。属于同一族的小波函数可用称为"母小波"或"基小波"的基函数推广膨胀和平移来构建。输入图像可看作重叠的小波函数经过放缩和平移的加权和。为简单考虑 1-D 情况,令 $g(x)$ 是一个小波,则信号 $f(x)$ 的小波变换可表示为

$$W_f(a,t) = \int_{-\infty}^{\infty} f(x) g^* [a(x-t)] \mathrm{d}x$$

其中 $g[a(x-t)]$是从母小波 $g(x)$ 计算来的,a 和 t 分别代表尺度和平移。它们的离散形式可通过对参数 a 和 t 的采样得到。

随着小波得到广泛应用,也把小波看成一个数学函数,可用于一幅图像以从中获得不同频率和朝向的相关信息。

wavelet boundary descriptor ⇔ **小波轮廓描述符**

基于对**目标轮廓**进行**小波变换**得到的系数所构成的目标**形状描述符**。相比**傅里叶轮廓描述符**,小波轮廓描述符有一系列优越性。

wavelet decomposition ⇔ **小波分解**

对**图像**进行**小波变换**的过程。这种分解是从高尺度向低尺度进行的。以对 2-D 图像的二级小波分解为例,令 H 代表水平方向,V 代表垂直方向,D 代表对角方向。第一步的小波分解先将图像分解为 4 个**子图像**,如图 W3(a)所示,其中左上方对应水平和垂直方向上的低频分量(即 LL),右上方对应水平方向上高频和垂直方向上低频的分量(即中频分量 HL),左下方对应水平方向上低频和垂直方向上高频的分量(即中频分量 LH),右下方对应水平和垂直方向上的高频分量(即 HH)。接下来的第二步分解可有如下 3 种方式:

(1) 仅对低频分量(即 LL)继续分解,如图 W3(b)所示,这也称为**金字塔结构小波分解**;

(2) 除执行(1)外,对中频分量(即 HL 和 LH)也继续分解,如图 W3(c)所示,这也称**不完全树结构小波分解**;

(3) 除执行(1)和(2)外,对高频分量(即 HH)也继续分解,如图 W3(d)所示,这也称**完全树结构小波分解**、**小波包分解**。

wavelet function ⇔ **小波函数**

表示**小波变换**结果中的细节分量的函数。与取**序列展开**中的展开函数得到的**缩放函数**有密切联系。考虑 1-D 情况,如果用 $v(x)$ 表示小波函数,对其进行平移和二进制缩放,得到小波函数集合$\{v_{j,k}(x)\}$,其中

$$v_{j,k}(x) = 2^{j/2} v(2^j x - k)$$

可见,k 确定了 $v_{j,k}(x)$沿 X 轴的位置,j 确定了 $v_{j,k}(x)$沿 X 轴的宽

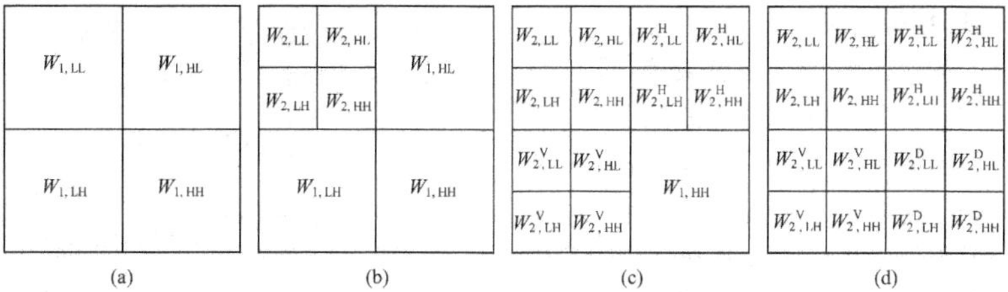

(a) (b) (c) (d)

图 W3 2-D 图像的 3 种二级小波分解示意图

度，系数 $2^{j/2}$ 控制 $v_{j,k}(x)$ 的幅度。

与小波函数 $v_{j,k}(x)$ 对应的空间用 V_j 表示。如果 $f(x) \in V_j$，则参照序列展开方式，$f(x)$ 可用下式表达：

$$f(x) = \sum_k a_k v_{j,k}(x)$$

缩放函数空间 U_j，U_{j+1} 和小波函数空间 V_j 有如下关系（图 W4 给出 $j=0,1$ 的示例）：

$$U_{j+1} = U_j \oplus V_j$$

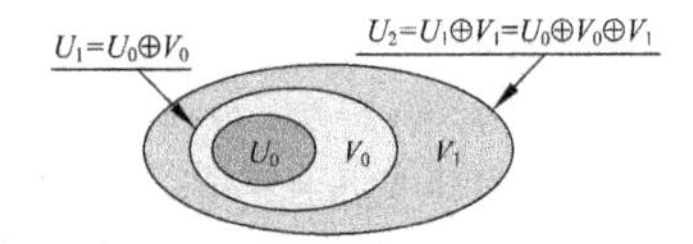

图 W4　与缩放函数和小波函数相关的函数空间之间的关系

其中，⊕表示空间的并（类似于集合的并）。由此可见，在 U_{j+1} 中，U_j 的补是 V_j。

缩放函数空间 U_j 中的所有缩放函数 $u_{j,k}(x)$ 与小波函数空间 V_j 中的所有小波函数 $v_{j,k}(x)$ 是正交的，可表示为

$$\langle u_{j,k}(x), v_{j,k}(x) \rangle = 0$$

wavelet modulus maxima ⇔ 小波（变换）模极大值

先对**图像**进行**小波变换**，再对所得到系数的模取极大值的结果。即是沿梯度方向上梯度模的局部极大值。可以描述信号的奇异性。对图像具体计算时，先对图像进行**多尺度变换**，在各个尺度上分别计算变换结果的梯度，再取其模的极大值。小波模极大值描述了图像中目标的多尺度（多层）边界（轮廓）信息，在一定程度上描述了目标的形状特性。

wavelet packet decomposition ⇔ 小波包分解

参阅 **wavelet decomposition**。

wavelet scale quantization [WSQ] ⇔ 小波标量量化

一种专为压缩指纹图像开发的高效有损压缩方法。被美国联邦调查局 FBI 用做指纹压缩标准。其典型压缩率约为 20。主要有三步：

(1) 对图像进行**离散小波变换**；

(2) 对小波变换系数进行自适应标量量化；

(3) 对量化指数进行两步**哈夫曼编码**。

小波标量量化的解码是编码的反运算，所以是一种对称的编码方法。

wavelet series expansion ⇔ 小波级数展开

将连续变量函数映像为一系列展开系数的**小波变换的过程**。设 U 代表缩放函数空间，$u(x)$ 代表**缩放函数**，V 代表小波函数空间，$v(x)$ 代表**小波函数**。若起始尺度 j 取为 0，初始缩放函数空间为 U_0，则对 $f(x)$ 的小波序列展开可以表示为

$$f(x) = \sum_k a_0(k) u_{0,k}(x) + \sum_{j=0}^{\infty} \sum_k d_j(k) v_{j,k}(x)$$

其中，$a_0(k)$ 为缩放系数（也称近似系数），$d_j(k)$ 为小波系数（也称细节

系数)；前一求和式是对 $f(x)$ 的近似(如果 $f(x)\in U_0$，则表达是准确的)，后一求和式则表达了 $f(x)$ 的细节。$a_0(k)$ 和 $d_j(k)$ 可分别按下两式计算：

$$a_0(k) = \langle f(x), u_{0,k}(x)\rangle = \int f(x)u_{0,k}(x)\mathrm{d}x$$

$$d_j(k) = \langle f(x), v_{j,k}(x)\rangle = \int f(x)v_{j,k}(x)\mathrm{d}x$$

如果展开函数仅构成 U 和 V 的双正交基，则 $u(x)$ 和 $v(x)$ 要用它们的对偶函数 $u'(x)$ 和 $v'(x)$ 来替换。

wavelet transform [WT]⇔小波变换

一种在时空和频率上的局部变换。包括**小波分解**、**小波序列展开**、**离散小波变换**等。

wavelet transform codec system⇔小波变换编解码系统

借助**小波变换**来实现对**图像编解码**的系统。小波变换编码的基本思路是通过变换来减小像素间的相关性以获得压缩数据的效果。所以，小波变换编解码系统的流程框图与**正交变换编解码系统**的流程框图类似，只是这里要用小波变换和小波反变换模块替换那里的正交变换和正交反变换模块。另一方面，由于小波变换的计算效率很高，且本质上具有局部性(小波变换的基函数在时-空上都是有限的)，所以在小波变换编解码系统中就不需要图像分块的模块了。

典型的小波变换编码系统框图见图 W5。与一般的**变换编码系统**相比，编码器部分没有“**子图像分解**”的模块，解码器部分也没有“合并子图像”的模块。

wavelet transform coding system⇔小波变换编码系统

1. 利用**小波变换**实现**变换编码**的系统；

2. 常代表**小波变换的编解码系统**。

wavelet transform fusion⇔小波变换融合

一种**像素层融合**方法。先分别对两幅参与融合的图像进行**小波变换**，获取各自的低频**子图像**和高频细节子图像，再将光谱覆盖范围较大的图像的低频子图像与光谱覆盖范围较小的图像的高频细节子图像结合进行小波逆变换，从而得到**融合图像**。

wavelet transform fusion method⇔小波变换融合法

参阅 **wavelet transform fusion**。

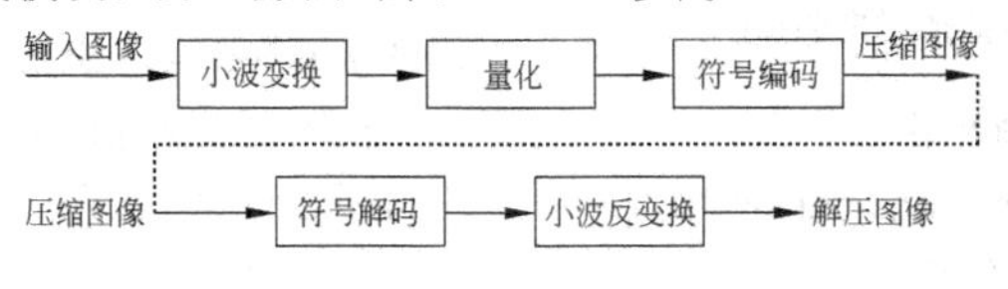

图 W5 典型的小波变换编码系统框图

wavelet transform representation ⇔ 小波变换表达

一种**基于变换的表达**方法。先将边界点序列进行**小波变换**，然后用小波变换系数来表达边界。

wave number ⇔ 波数

单位长度中的**波长** λ 的数目。常在使用中加一个 2π 的因子，如在圆频率(circular frequency)中。

wave optics ⇔ 波动光学

从光是一种横波出发，研究光在传播过程上发生的现象及原理的物理学分支。也称**物理光学**。

wave propagation ⇔ 波传播

用来形象地描述**中轴变换**原理和过程的概念：如果在目标边界上各点同时发射前进速度相同的波，则两个波的锋面相遇的地方就属于目标的骨架集合。如图 W6 所示，最外周的细实线表示目标原来的边界，各个箭头表示波沿着与边界垂直的方向传播，虚线表示不同时刻波的前锋，中心的粗实线代表最后得到的骨架。由图可见，中轴变换所获得的中轴距各处边界都有最大距离。

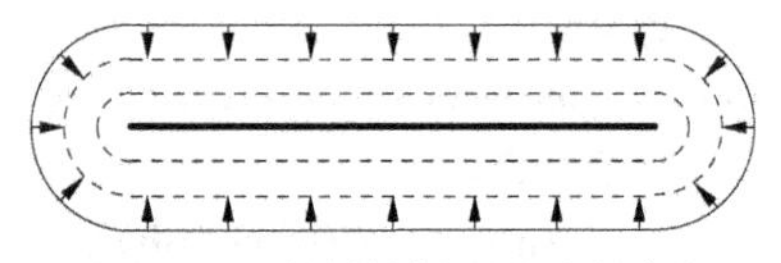

图 W6　用波的传播来解释中轴变换

WBS ⇔ 跳跃白色块

white block skipping 的缩写。

WD ⇔ 维格纳分布

Wigner distribution 的缩写。

WDT ⇔ 加权距离变换

weighted distance transform 的缩写。

weak classifier ⇔ 弱分类器

参阅 **boosting**。

weakly calibrated stereo ⇔ 弱校准的立体视觉

所需的校准信息仅是**相机**间**基本矩阵**的双目立体视觉算法。在一般的多视(多目视觉)情况，对相机的校准都可确定到仅差一个透视歧义。弱校准的系统不能确定诸如绝对尺度这样的欧氏性质，但可返回与欧氏重建透视等价的结果。

weaknesses of exhaustive search block matching algorithm ⇔ 穷举搜索块匹配算法的缺点

穷举搜索块匹配算法中存在的问题。包括：

(1) 在**预测帧**中会产生块**伪像**(在跨越块边界处可看到不连续)。

(2) 所得到的运动场可能有些杂乱，因为在不同块中的**运动矢量**是独立估计的。

(3) 在图像中的平坦区域里更有可能出现错误的运动矢量，因为当空间梯度接近 0 时运动无法定义(这也是一个所有基于光流方法的共同问题)。

weak perspective ⇔ 弱透视

在针孔或全透视**相机**和正交成像模型之间观察几何的一种近似。对齐次坐标为 $\boldsymbol{X}=(X,Y,Z,1)^{\mathrm{T}}$ 的 3-D 点用**仿射相机**得到的投影为

$$\begin{bmatrix} x \\ y \end{bmatrix} = \begin{bmatrix} p_{11} & p_{12} & p_{13} & p_{14} \\ p_{21} & p_{22} & p_{23} & p_{24} \end{bmatrix} \boldsymbol{X}$$

还可以增加的一个约束是矢量和等于一个旋转矩阵的放缩行，即

$$p_{11}p_{21} + p_{12}p_{22} + p_{13}p_{23} = 0$$

weak perspective projection ⇔ **弱透视投影**

一种简化的**投影成像模式**。对应从**世界坐标系** XYZ 经过**摄像机坐标系** xyz 到**像平面坐标系** $x'y'$ 的变换。弱透视投影除了不考虑世界坐标系中点的 Z 坐标外，还采用**投影**和图像平面内的等比例缩放，这里比例缩放系数 s 为焦距 λ 和物距 d 之比。**弱透视投影矩阵**可写成

$$\boldsymbol{P} = \begin{bmatrix} s & 0 & 0 & 0 \\ 0 & s & 0 & 0 \\ 0 & 0 & 1 & 0 \\ 0 & 0 & 0 & 1 \end{bmatrix}$$

weak texture ⇔ **弱纹理**

同 **locally ordered texture**。

Weber-Fechner law ⇔ **韦伯-费希纳定律**

同 **Weber's law**。

Weber's law ⇔ **韦伯定律**

指明心理量和物理量之间关系的心理物理学定律。反映了两个刺激强度间的**最小可觉差**与刺激的绝对强度之间的关系，指出感觉到的差别阈限随原来刺激量的变化而变化，而且表现出一定的规律性。例如在**视觉感知**中，如果用 I 表示目标的**亮度**(反映刺激强度的物理量)，用 ΔI 表示感知到的亮度变化量(最小可觉差)，则韦伯定律可用公式表示为 $\Delta I/I = W$，其中 W 就是韦伯率，可随刺激的不同而不同，在中等刺激时是个常数(即这个定律只适用于刺激强度在中等的范围)。对大部分正常人，该定律可表示为

$$\frac{\Delta I}{I} \approx 0.02$$

其中 ΔI 是当亮度为 I 时人眼所能分辨的最小灰度值的差。因为比率 $\Delta I/I$ 是常数，在 I 的值较小时(较暗的灰度时)，可以分辨 I 中较小的差。

wedge filter ⇔ **扇形滤波器，楔(状)滤波器**

可用来分析频域能量分布的滤波器。将图像转换成**功率谱**，可用楔滤波器来检查纹理的方向性。楔滤波器在极坐标系中表示为

$$P(\theta) = \sum_{r=0}^{\infty} P(r, \theta)$$

其中 r 表示半径，θ 表示角度。图 W7 给出在极坐标系中一个楔滤波器的示例。

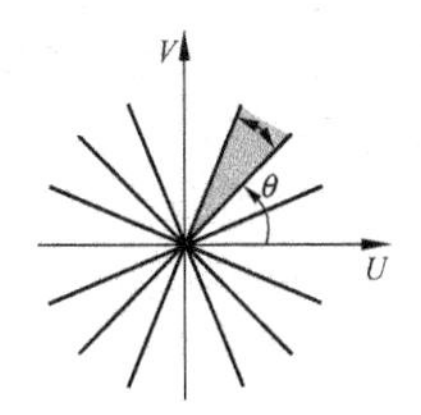

图 W7　楔滤波器示意图

weighted 3-D distance metric ⇔ **加权 3-D 距离度量**

根据不同**邻接**情况对 **3-D 距离**进

行加权的**测度**。该测度可记为{a, b,c},其中**6-邻接**的**体素**(面相邻)之间的距离是 a,**18-邻接**的体素中不为 6-邻接的**体素**(边相邻)之间的距离是 b,**26-邻接**的体素中不为 18-邻接的体素(点相邻)之间的距离是 c。上述三种距离如图 W8 所示。

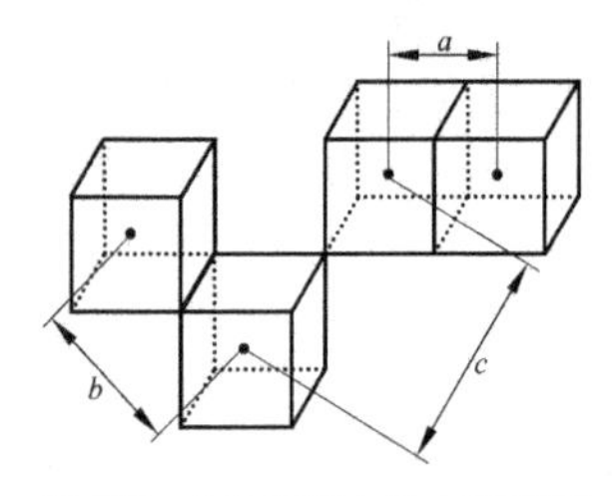

图 W8 3-D空间中的 3 种距离

weighted average fusion ⇔ 加权平均融合

一种**像素层融合**的方法。也可用于**特征层融合**。先将两幅参与融合的图像中空间分辨率较低的图像通过重采样扩展成与另一幅参与融合的图像具有相同分辨率的图像,然后对这两幅图像在灰度上以加权平均的方式获得**融合图像**。

weighted averaging ⇔ 加权平均(技术)

一种基于模板卷积进行线性**平滑滤波**的方法。相比于一般的**邻域平均**,加权平均借助对模板系数的不同取值对邻域平均进行了加权,是邻域平均的推广形式。

weighted distance transform [WDT] ⇔ 加权距离变换

对**距离变换**的一种推广。以用灰度进行加权为例,运算的结果是将一幅**灰度图像**变换为另一幅灰度图像。加权距离变换赋给变换结果图中一个像素的值不是如距离变换中该像素到背景的最小距离值,而是该像素到背景的各通路中像素灰度值总和为最小的值。

weighted finite automaton [WFA] ⇔ 加权有限自动机

广义/泛化有限自动机的一种改型。对压缩**灰度图像**和**彩色图像**都很有效。

weighted median filter ⇔ 加权中值滤波器

利用像素空间位置或像素结构信息进行**滤波**的**中值滤波器**。一个 2-D 加权中值滤波器的输出可写为

$$g_{\text{weight-median}}(x,y) = \underset{(s,t)\in N(x,y)}{\text{median}}\left[w(s,t)f(s,t)\right]$$

其中,$N(x,y)$为(x,y)的邻域,对应模板尺寸;$w(x,y)$为权函数,这里就是模板函数。对模板函数各处位置可取不同的值来加权。

weighted-order statistic ⇔ 加权排序统计

对参与排序的元素值进行加权得到的统计值。

weight of attention region ⇔ 关注区域权重

对**视频**进行分析和组织时,描述观众对视频印象的两个权重之一。运动区域权重 W_{AR} 可分两种情况计算:

$$W_{AR} = \begin{cases} S, & L < L_0 \\ S(1 + L/R_L), & L \geq L_0 \end{cases}$$

其中，W_{AR}与镜头缩放参数 S 成正比，并且被水平摇镜头的速度所加强；L_0为能产生影响的摇镜头速度最小值，小于 L_0 的摇镜头运动被认为是随机抖动；R_L为用于控制摇镜头速度对权重影响程度的因子。在这个时间加权模型中，大于 1 的权值表示强调，而小于 1 的值表示忽略。因此，可将运动区域权重和**环境权重**两个权值的乘积规定为 1。

weight of background ⇔ 背景权重，环境权重

在对视频进行分析和组织时，描述观众对视频印象的两个权重之一。与**关注区域权重**成反比。

well-formed formula [WFF] ⇔ 合适公式

合法的**谓词演算**表达式。

well-posed problem ⇔ 适定问题

满足三个条件的求解问题。这三个条件是：①存在；②唯一；③连续地依赖于初始数据。比较 **ill-posed problem**。

WFA ⇔ 加权有限自动机

weighted finite automaton 的缩写。

WFF ⇔ 合适公式

well-formed formula 的缩写。

white balance ⇔ 白平衡

描述用红(R)、绿(G)、蓝(B)三基色混合生成白色的一种精确度指标。也指(借助校正)正确显示白色的一种手段。在使用一个结合彩色滤光器的黑白**相机**来采集**彩色图像**时，各个彩色通道的绝对亮度值在很大程度上依赖于有滤光器涂层的电荷耦合器件单元的光谱敏感度。一方面，电荷耦合器件芯片的敏感度在感兴趣的光谱间隔中很不相同；另一方面，滤光器的最大传输因子也不一样。这就会导致出现**彩色失衡**。白平衡的基本概念是“不管在任何光源和环境下，都能将场景中白色物体采集为白色图像”。在此基础上，就能正确地以“白”为基色来还原其他颜色。

white block skipping [WBS] ⇔ 白块跳过(方法)

图像压缩中，一种特殊的**常数区编码**方法。当需压缩的图像主要由白色部分组成时(如文档)，可将白色块区域编为 0，而将所有其他块(包括实心黑色块)区域都用 1 接上该块区域的**位平面**的模式来编码。

white level ⇔ 白电平

电视中对应于最大图像亮度的信号。与此相应的有最小图像亮度信号的黑色电平，以及介于两者之间的灰色电平。黑色电平到白色电平约占电波振幅 15%～75%的部分，其余部分留给消隐信号用。白色电平可以对应于 75%处，这是正极性，也可以对应于 15%处，这是负极性。中国采用后者，这样如有干扰电波，则其表现为黑点，较之其为白点不那么显眼。

whiteness ⇔ 白度

视觉主观感受白色的深浅程度。对**光谱色**而言，**饱和度**或纯度越高，白度越低;反之则越高。

whitening⇔白化

为从数据中确定独立分量而对矩阵数据进行的一种操作。为白化数据,使用矩阵 $\boldsymbol{C}$ 的本征矢量作为坐标系的单位矢量,并除以对应本征值的平方根。白化数据后,再从中选择最独立的分量就可确定独立分量。

white noise⇔白噪声

同 **Gaussian noise**。

white point⇔白点

色度图中各种彩色的**饱和度**均为零的点。

Wiener filter⇔维纳滤波器

一种**有约束恢复**滤波器。也是一种**最小均方误差滤波器**。可用于恢复受到退化函数影响且包含噪声的图像。如果用 $H(u,v)$ 代表退化系统 $h(x,y)$ 的**傅里叶变换**(退化函数),用 $S_f(u,v)$ 代表输入图像 $f(x,y)$ 的相关矩阵的傅里叶变换,用 $S_n(u,v)$ 代表噪声图像 $n(x,y)$ 的相关矩阵的傅里叶变换,则维纳滤波器可表示为

$$W(u,v)=\frac{1}{H(u,v)}\times\frac{|H(u,v)|^2}{|H(u,v)|^2+s[S_n(u,v)/S_f(u,v)]}$$

其中,对标准的维纳滤波器,参数 $s=1$。如果 $s=0$,则维纳滤波器退化为**逆滤波器**。

维纳滤波器还有一种简化的形式:

$$W(u,v)=\left[\frac{1}{H(u,v)}\frac{|H(u,v)|^2}{|H(u,v)|^2+K}\right]$$

其中 K 是一个用来逼近噪声数量的常数。当 $K=0$,维纳滤波器退化为**逆滤波器**。

Wiener filtering⇔维纳滤波(技术)

把**图像恢复**问题看做一个估计问题,并在最小均方误差的意义上来解决的方法。参阅 **Wiener filter**。

Wiener index⇔维纳指数

一个**图**中所有顶点两两之间距离的总和。可以证明:在具有 n 个顶点的所有图中,维纳指数 $D(T)=\sum d(u,v)$ 在星形上取得最小值而在通路上取得最大值,而且仅在这两种情况下才能取得极值。

Wiener-Khinchine theorem⇔维纳-辛钦定理

随机过程理论中的一个定理。指出:一个实值随机场 $f(x,y)$ 的空间自相关函数的**傅里叶变换**等于该随机场的谱功率密度 $|\hat{F}(u,v)|^2$。

Wigner distribution [WD]⇔维格纳分布

给出一个空间和空间-频率的联合表达。有时也描述成一个局部空间频率表达。考虑 1-D 的情况,令 $f(x)$ 代表一个连续可积的复函数,维格纳分布可表示为

$$\mathrm{WD}(x,w)=\int_{-\infty}^{\infty}f\left(x+\frac{x'}{2}\right)f^*\left(x-\frac{x'}{2}\right)\mathrm{e}^{-\mathrm{i}wx'}\mathrm{d}x'$$

其中 w 是空间频率,$f^*(\cdot)$ 是 $f(\cdot)$

的复共轭。维格纳分布直接对相位信息编码，且与短时傅里叶变换不同，是一个实值函数。基于维格纳分布可在随机纹理中检测裂缝。

window ⇔ 窗(口)

滤波器的局部模板。

windowed Fourier transform ⇔ 加窗傅里叶变换

参阅 **short-time Fourier transform**。

window function ⇔ 窗(口)函数

通过与一个函数相乘来限定这个函数取值区间的函数。根据取值区间的空间不同，常用的窗口函数包括**时间窗口**、**空间窗口**、**频率窗口**以及**时-频窗口**等。

window-taining procedure ⇔ 窗口训练过程

一种迭代**训练过程**。这里，窗口是模式测量空间的一个子集。只有当训练数据落到给定的窗口中(一般包含决策边界)，才对决策规则进行调整。

wipe ⇔ 擦除

视频镜头间一种典型的**渐变**方式。后一镜头的首帧逐渐穿过并覆盖前一镜头的尾帧。

wire frame ⇔ 线框

物体或区域的封闭轮廓。也指对实体的一种表达形式，其中**目标**被显示成多层，每层都仅用线段显示其边缘点的集合。**线框表达**法是借助一组外轮廓线来表达 3-D 物体的一种近似方法。这种表达常用于存储需要视觉系统匹配或识别的目标模型。

wire-frame representation ⇔ 线框表达

一种用表达顶点和连接顶点的边缘来进行的 3-D 几何表达。其中不包括边缘之间表面的描述，特别是不包括移去隐藏线的信息。

world coordinate system ⇔ 世界坐标系(统)

以地球中心为原点的客观世界的坐标系。也称真实世界坐标系或现实世界坐标系，还有称客观坐标系的，记为 XYZ。一般的 3-D 场景都用这个坐标系来表示。

world knowledge ⇔ 世界知识

图像理解中使用的一类知识。世界知识指关于问题领域的整体知识，例如图像中目标间的联系以及景物与环境间的联系等。因为层次比较高，反映了场景中的高层内容，所以比视觉知识更抽象、更全面，主要用于对场景的高层解释，是图像理解的基础。

wrapper algorithm ⇔ 封装算法

一种**表面拼接**方法。也称**移动四面体算法**。目的是获得 3-D 目标的外表面。在这个算法中，先将每个立方体分解成 5 个四面体，如图 W9 所示。其中 4 个四面体分别有相同长度的边缘，而第 5 个四面体具有相同尺寸的面(图中最右边那个)。可以将属于四面体的体素看作在目标的内部，而不属于四面体的体素看作在目标的外部。

将立方体分解为四面体有两种方案，见图 W10。这两种方案可分别称为奇方案和偶方案。对体素网格的分解是按奇偶相间来进行的，这样

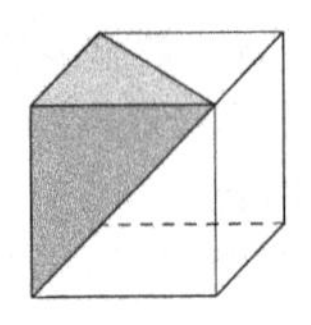
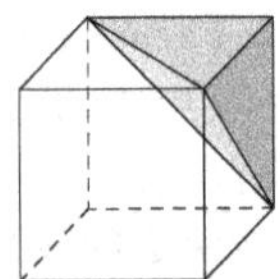
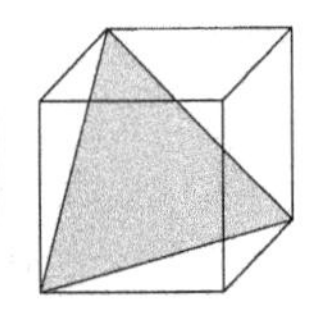
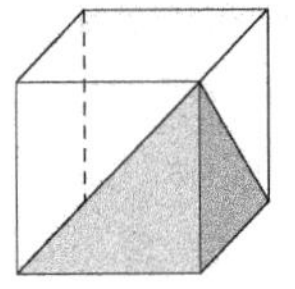
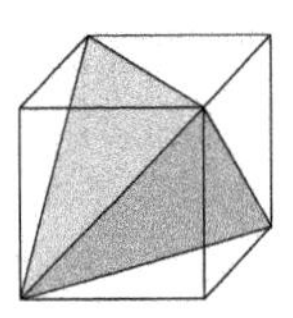

图 W9　每个立方体分解为 5 个四面体

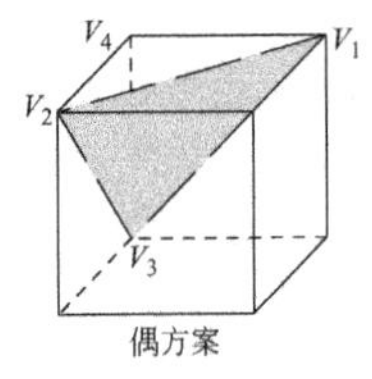

偶方案

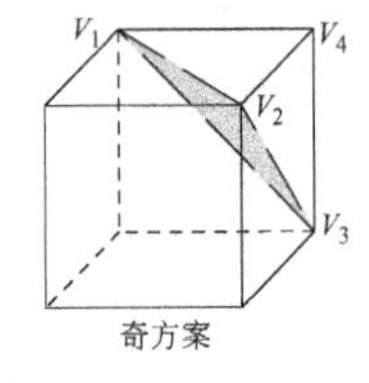

奇方案

图 W10　两种将立方体分解为四面体的方案

可以保证在相邻立方体中的四面体可以互相匹配，以最后得到协调一致的表面。这样可避免**行进立方体算法**所容易产生的歧义布局问题。

算法接着确定目标表面是否与四面体相交。注意每个四面体都包含 4 个体素。如果对一个四面体来说，它的所有 4 个体素都在目标内部或任 1 个体素都不在目标内部，那么可以说目标表面与该四面体不相交，可在后续处理中不考虑该四面体。

算法最后估计在与目标表面相交的四面体中，目标表面与四面体各面（均为多边形）相交的边界。对边界两端的顶点可进行线性**插值**，通过逼近的方法获得在连接每对顶点的边上的交点，根据交点可以确定表面拼接后的顶点，如图 W11 中的黑圆点所示。其中拼接表面为有**阴影**的平面，该表面的朝向用箭头表示。朝向可以帮助区分每个拼接表面的内部和外部。这里约定，当从外面观察时，朝向是逆时针的。为了使目标的拓扑结构稳定，在整个表面网格中都要采用此约定。

wrapper methods ⇔ 封装方法

特征选择中一类较复杂、计算量较大的方法。通过与**分类器**训练方法的交互来选择特征，所以搜索空间会随着特征的数量指数增长。实际中，测试所有特征子集是不可能的，为此常使用一些启发式搜索策略以获得局部最优解。

WSQ ⇔ 小波标量量化

wavelet scale quantization 的缩写。

WT ⇔ 小波变换

wavelet transform 的缩写。

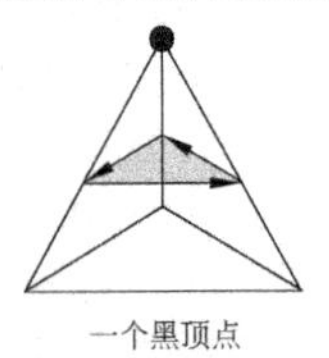

一个黑顶点

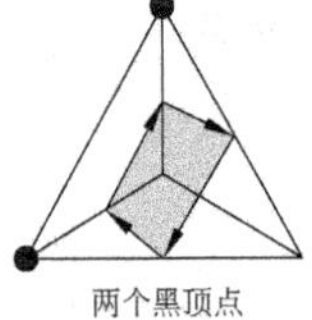

两个黑顶点

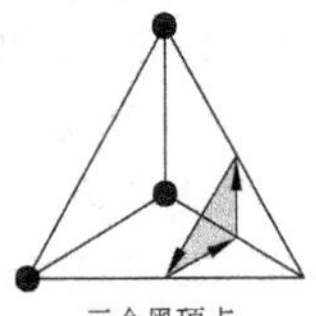

三个黑顶点

图 W11　表面相交的三种情况

X

Xenon lamp ⇔ **氙灯**

通过电离在密闭玻璃灯泡中的氙气发光的照明**光源**。可产生色温在5500～12 000 K的亮白光。还可分为连续发光的短弧灯(每次亮的时间可以短至1～10 μs)，长弧灯和闪光灯(可每秒发光200多次)。

XNOR operator ⇔ **异或非算子**

一种用来将两幅**二值图像** A 和 B 组合的逻辑算子。A 异或非 B 的结果中，如果只有 $A(i,j)$ 和 $B(i,j)$ 中之一为1，则位置 (i,j) 的像素值为0。所输出的是**异或算子**的补。

XOR operator ⇔ **异或算子**

一种用来将两幅**二值图像** A 和 B 组合的逻辑算子。A 异或 B 的结果中，如果只有 $A(i,j)$ 和 $B(i,j)$ 中之一为1，则位置 (i,j) 的像素值为1。所输出的是**异或非算子**的补。

X radiation ⇔ **X射线**

同 **X ray**。

X ray ⇔ **X射线**

高速电子撞击物质时产生的**电磁辐射**。**波长**为 10^{-12}～10^{-9} m，比紫外线波长短，比 γ 射线的波长长。量子理论认为X射线是由量子组成的，量子的能量 E 与其频率 ν 的关系为 $E=h\nu$，h 为普朗克常量。X射线穿透物质的本领与波长有关，短波的穿透能力强，称为硬X射线；较长波长的则较弱，称为软X射线。

X-ray image ⇔ **X射线图像**

利用X射线获得的**图像**。X射线的**波长**约为1～10 nm。

X-ray tomography ⇔ **X射线层析成像，X射线断层成像**

一种特殊的 **X射线**成像方法。也称X射线层析照相法、X射线层析摄影法。X射线源与胶片相联并可绕转轴转动。当源移动一个距离时，胶片也相应移动一个距离。在转轴平面内物体的影像相对于胶片在转动前后不发生改变，但不在该平面内物体的影像相对于胶片有移动变化，且移动越多影像越模糊。射线源、观测对象、胶片三者中任何一项不动而另两项运动均可获得相同的结果。此法与计算机技术相结合，就得到**计算机层析成像**(CT)。

第1代到第4代的CT系统的扫描成像结构示意图分别如图X1(a)～(d)所示。图中的圆代表拟成像的区域，经过发射源(X射线管)的虚线直线箭头表示发射源可沿箭头方向移动，而从一个发射源到另一个发射源的虚线曲线箭头表示发射源可沿曲线转动。第1代系统的发射源和接收器是一对一的，同时对向移动以覆盖整个拟成像的区域。第

2 代系统中对应每个发射源的是若干个接收器，也同时对向移动以覆盖整个拟成像的区域。第 3 代系统中对应每个发射源的是一个接收器阵(可分布在直线上，也可分布在圆弧上)，由于每次发射都可覆盖整个拟成像的区域，所以发射源不需移动，只需转动。第 4 代系统中的接收器构成完整的圆环，工作时没有运动，只有发射源转动(第 5 代系统结构相似，仅采用电子束旋转实现发射源转动，在电子射线系统中，运动的是聚焦点)。第 3 代和第 4 代系统中采用的投影方式称为**扇束投影**方式，这样可以尽量缩短投影的时间，减少由于物体在投影期间的运动而造成的图像失真以及对患者的伤害。

XYZ colormetric system ⇔ **XYZ 色度系统**

同 **CIE colormetric system**。

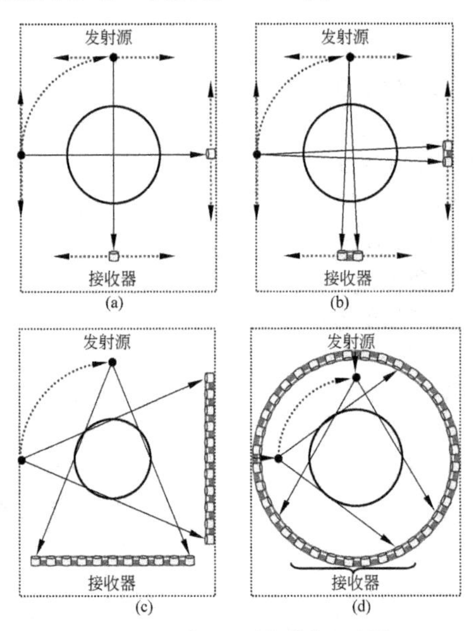

图 X1 四代 CT 系统结构示意图

Y

Y ⇔ 黄

yellow 的缩写。

YALE database ⇔ YALE 数据库

一个包含 15 个人的 165 幅 100×100 像素的灰度图像数据库。每个人都被收集了 11 幅不同的图像，这 11 幅图像显现的特点依次为：①正面光照射；②戴了眼镜；③表情是高兴；④左侧光照射；⑤没戴眼镜；⑥中性表情；⑦右侧光照射；⑧表情是悲伤；⑨表情是困乏；⑩表情是惊讶；⑪在眨眼。

YALE database B ⇔ YALE B 数据库，YALE 数据库 B

一种包含了 10 个人的 5760 幅 640×480 像素的灰度图像数据库。每人基本在保持自然表情、无遮挡和恒定背景光照的情况下，被拍摄了 9 种位姿和 65 种光照条件下的 585 幅图像。这 9 种位姿变化图包含了向一侧的 9 种不同角度的头部转动变化，其中 1 幅图为正面像；5 幅图为分别绕摄像机光轴向上、下、左、左上和左下旋转 12°的图像；3 幅图为分别绕摄像机光轴向左上、左和左下旋转 24°的图像。使用者可以用这 9 幅图的镜像图像作为头向另一侧转动的 9 种位姿图。65 种光照条件由拍摄时闪光灯在 65 个不同位置单独闪光构成。

yaw ⇔ 偏转角，自转角

描述 3-D 刚体转动的 3 个欧拉角之一（另两个是**俯仰角**（pitch）和**滚转角**（roll））。常用于相机或运动的观察者。参见图 Y1，其中 XY 平面和 xy 平面的交线 AB 称为节线。偏转角是 AB 和 x 轴间的夹角，这是绕垂直轴 z 轴旋转的角，给出朝向的各方面变化。

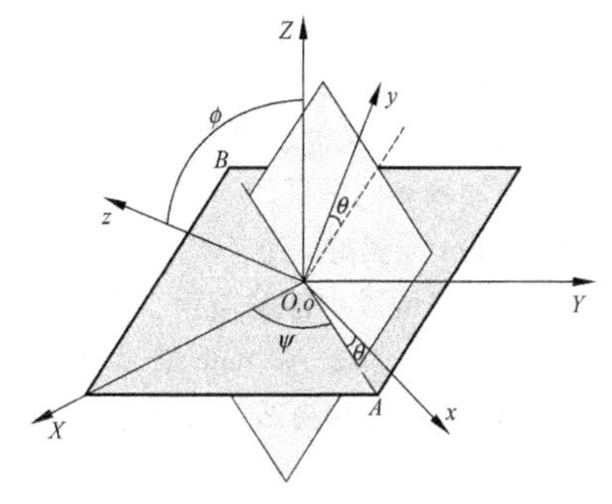

图 Y1　欧拉角示意图

YC ⇔ 亮度色度

双通道彩色视频信号。一个通道携带高带宽的**亮度**信号；另一个通道携带**色度**信号，其中彩色的**色调**和**饱和度**被编码成信号的相位和幅度。

YC_1C_2 color space ⇔ YC_1C_2 彩色空间

柯达公司为 PhotoCD 系统研发的一种**彩色空间**。该空间的色阶希望尽可能接近胶片的色阶。

YC_bC_r color model⇔YC_bC_r 彩色模型

数字视频中最流行的**彩色模型**。其中，一个分量代表**亮度**(Y)，而另两个分量是**色差信号**：C_b(蓝色分量和一个参考值之间的差)和 C_r(红色分量和一个参考值之间的差)。

YC_bC_r color space⇔YC_bC_r 彩色空间

在**数字视频**领域，为表示彩色矢量而使用的一种国际标准化的**彩色空间**。这个彩色空间与用在模拟视频记录中的彩色空间不同。YC_bC_r 彩色空间原是为普通电视而发展的，并没有用于**高清电视**的格式。

yellow [$\boldsymbol{Y}$]⇔黄

颜料的**三基色**之一。也是光的**三补色**之一(即光的**二次色**之一)。是红光加绿光的结果。

yellow spot⇔黄斑

处于**视网膜**中部的黄色小斑。扁圆形，直径约 2～3 mm，最大可达 5 mm。中心是**中央凹**，此处**锥体细胞**最多，**明视觉**和色觉最灵敏。黄斑色素使黄斑处对短波长的光不太灵敏。

YIQ model⇔YIQ 模型

一种在**彩色电视制式 —— NTSC 制**中使用的**彩色模型**。其中将亮度信号(Y)和两个彩色信号分开：同相(In-phase)信号(约为橙/蓝)和正交(Quadrature)信号(约为紫/绿)。其中 I 和 Q 也分别是将 **YUV 模型**中的 U 和 V 分量旋转 33°后得到的结果。经旋转后，I 对应在橙色和青色间的彩色而 Q 对应在绿色和紫色间的彩色。因为人眼对在绿色和紫色间的彩色变化不如在橙色和青色间的彩色敏感，所以在量化时 Q 分量所需比特数可比 I 分量的比特数少，而在传输时 Q 分量所需的带宽可比 I 分量的窄。从 RGB 到 YIQ 的转换可表示成$[YIQ]^T=\boldsymbol{M}[RGB]^T$，其中

$$\boldsymbol{M}=\begin{bmatrix}0.299 & 0.596 & 0.212\\0.587 & -0.275 & -0.523\\0.114 & -0.321 & 0.311\end{bmatrix}$$

另外，YIQ 也可由 NTSC 制系统中(经过**伽马校正**的)归一化 R'、G'、B'经过下面计算得到($R'=G'=B'=1$ 对应基准白色)：

$$\begin{bmatrix}Y\\I\\Q\end{bmatrix}=\begin{bmatrix}0.299 & 0.587 & 0.114\\0.596 & -0.275 & -0.321\\0.212 & -0.523 & 0.311\end{bmatrix}\begin{bmatrix}R'\\G'\\B'\end{bmatrix}$$

由 Y、I、Q 计算得到 R'、G'、B'的逆变换为

$$\begin{bmatrix}R'\\G'\\B'\end{bmatrix}=\begin{bmatrix}1.000 & 0.956 & 0.620\\1.000 & -0.272 & -0.647\\1.000 & -1.108 & 1.700\end{bmatrix}\begin{bmatrix}Y\\I\\Q\end{bmatrix}$$

Young-Helmholtz theory⇔扬-亥姆霍兹理论

解释**彩色视觉**的一种理论。也称**三基色理论**。认为任何彩色感觉都可借助将 3 个基本光谱混合而产生。具体来说，彩色视觉基于三种

不同的**锥细胞**，它们分别对长的，中等的和短的**波长**的光特别敏感。这三种对长的，中等的和短的波长的光比较敏感的锥细胞也分别称为红色锥细胞、绿色锥细胞和蓝色锥细胞。1965年，人们在人眼的**视网膜**中发现了三种对彩色敏感的具有不同色素的锥细胞，基本对应对红色、绿色、蓝色敏感的检测器。这一般被认为是该理论的证明。该理论认为一切颜色皆可由三种原色调配而成（**加色混合**的原色为红、绿、蓝；减色混合的原色为**品红**、**黄**、**蓝绿**），并借此而确立了混色理论。

Young trichromacy theory⇔**扬氏三色理论**

同 **Young-Helmholtz theory**。

YUV model⇔**YUV 模型**

彩色电视制式——**PAL 制**和 **SECAM 制**中采用的**彩色模型**，其中 Y 代表**亮度**分量，U 和 V 分别正比于色差 $B-Y$ 和 $R-Y$，代表**色度**分量。YUV 的值可由 PAL 制系统中（经过**伽马校正**的）归一化 R'、G'、B' 经过下面计算得到（$R'=G'=B'=1$ 对应基准白色）：

$$\begin{bmatrix} Y \\ U \\ V \end{bmatrix} = \begin{bmatrix} 0.299 & 0.587 & 0.114 \\ -0.147 & -0.289 & 0.436 \\ 0.615 & -0.515 & -0.100 \end{bmatrix} \begin{bmatrix} R' \\ G' \\ B' \end{bmatrix}$$

由 Y、U、V 计算得到 R'、G'、B' 的逆变换为

$$\begin{bmatrix} R' \\ G' \\ B' \end{bmatrix} = \begin{bmatrix} 1.000 & 0.000 & 1.140 \\ 1.000 & -0.395 & -0.581 \\ 1.000 & 2.032 & 0.001 \end{bmatrix} \begin{bmatrix} Y \\ U \\ V \end{bmatrix}$$

Z

Zernike moment ⇔ Zernike 矩，泽尔尼克矩

一幅图像与泽尔尼克多项式之一的点积。泽尔尼克多项式 $U_n^m(\rho,\phi)=R_n^m(\rho)\exp(im\phi)$ 定义在单位圆中的 2-D 极坐标 (ρ,ϕ) 上。当对一幅图像进行投影时，处在单位圆外的数据一般不考虑。实部和虚部分别称为偶和奇多项式。放射函数 $R_n^m(t)$ 为

$$R_n^m(t)=\sum_{l=0}^{(n-m)/2}(-1)^l\frac{t^{n-2l}(n-l)!}{l!\left(\frac{n+m}{2}-l\right)!\left(\frac{n-m}{2}-l\right)!}$$

也可用来称一种基于泽尔尼克多项式的可用作**区域描述符**的连续正交**区域矩**。泽尔尼克矩不受区域旋转影响，对**噪声**鲁棒，对**形状**的变化敏感，且描述区域时信息冗余少。

zero-cross correction algorithm ⇔ 零交叉校正算法

一种比较通用快速的**视差误差检测与校正**算法。借助对应**特征点**间的顺序性约束关系，消除**视差图**之间的误差，建立符合顺序匹配约束的视差图。该算法的特点首先是能直接对视差图进行处理，而与产生该视差图的具体**立体匹配**算法独立。这样就可以作为一个通用的视差图后处理方法附加在各种立体匹配算法之后，而无须对原有的立体匹配算法进行修改。其次，这种方法的计算量仅仅与误匹配像素点的数量成正比，因此计算量较小。

zero-crossing operator ⇔ 零交叉算子

不是检测一阶导数的最大值，而是检测二阶导数的零交叉的**特征**检测器。确定零交叉相对于确定最大值的优点是边缘总构成封闭的曲线，所以能很清晰地区分区域。而缺点是噪声被加强的更多，所以在计算二阶导数前需要小心地平滑图像。将**平滑**和二阶导数的计算相结合的常用核是高斯的拉普拉斯核。

zero-crossing point ⇔ 零交叉点

利用**拉普拉斯检测算子**得到的数值为零的点。拉普拉斯算子为二阶差分算子，二阶差分为零的点对应灰度梯度为极值的点，也就是对应边缘点。通过检测零交叉点可以检测边缘点。

zero-cross pattern ⇔ 零交叉模式

由**零交叉点**组成的空间模式。常用的 16 种零交叉模式如图 Z1 中阴影所示，它们具有不同的连通性。以它们为基元可帮助进行立体匹配。

zero-mean homogeneous noise ⇔ 零均值均匀噪声，零均值齐次噪声

传感器矩阵中的理想类型**噪声**。

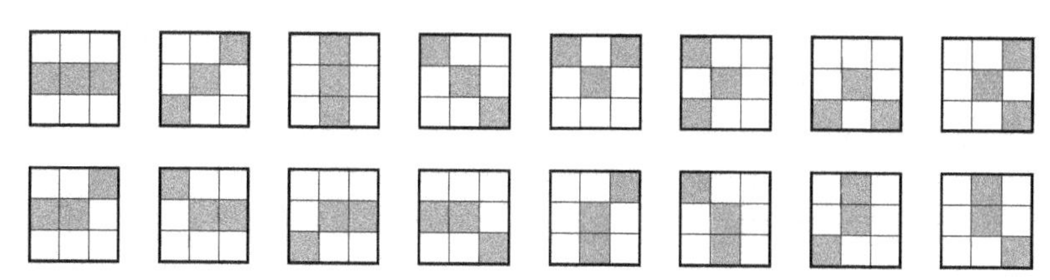

图 Z1　16 种零交叉模式图示

对各个传感器都没有偏移的相等。

zero-mean noise⇔**零均值噪声**

均值为 0($\mu=0$)的**噪声**。也称**无偏噪声**。对零均值噪声,**不相关噪声**也就是**白噪声**。

zero-memory source⇔**零记忆信源**

信源符号统计独立的信源。

zero-order interpolation⇔**零阶插值**

一种**灰度插值**方法。也称**最近邻插值**。将离插值点(x',y')最近的像素的灰度值作为(x',y')点的灰度值,并赋给原图(x,y)处的像素。这种方法简单并计算快,但给出低质量的结果,包括有如块效应(在大尺度时更明显),锯齿状直线(特别在旋转不是 90°整数倍的角度时)这样的**伪像**。

zonal coding⇔**分区编码(方法)**

采用最大方差准则来选择**变换编码**系统中需保留的变换系数的方法。这里将**子图像**分区,分区模板中对应最大方差位置的系数取为 1,其他位置的系数取为 0。根据**信息论**中的不确定性原理,具有最大方差的变换系数应带有最多的图像信息,所以应当保留。通过将分区模板与**子图像**相乘,就可将具有最大方差的变换系数保留下来。

zoom⇔**变焦**

1. 改变相机的有效聚焦长度以增加视场中心的放大倍数。

2. 用来代表对**变焦镜头**聚焦长度的设置。

zoom in⇔**放大(镜头)**

摄像机运动类型之一。对应摄像机为对准或聚焦感兴趣的目标而控制**镜头**焦距的变化运动。实用中,通过改变**摄像机**镜头的**焦距**可以将感兴趣目标在视场中放大以突出或提取出来。

zooming⇔**变焦(技术)**

摄像机运动类型之一。对应摄像机**镜头**焦距的变化运动。也是一种典型的**摄像机操作**形式,指**摄像机**改变**焦距**。参阅 **types of camera motion**。

zooming property of wavelet transform⇔**小波变换的变焦性质**

由于**小波变换**具有**时间-频率**都局部化的特点而导致的一种特性。在小波变换中,时间**窗口函数**的宽度与频率(**变换域**)窗口函数的宽度的乘积是一个常数。所以在用小波变换对图像低频分量分析时可加宽时间窗口,减小频率窗口;而在用小波变换对图像高频分量分析时可加宽频率窗口,减小时间窗口。这种根据图像频率高、低而改变窗口宽、窄的能力与照相时根据需要的场景大小而调节焦距的能力类似,所以称为变焦特性。这种特性是小波变换能够提供多**分辨率**分析的基础。

zoom lens⇔变焦镜头

制成后还可以改变有效聚焦长度(**变焦**)的**镜头组**。是在不移动自身整体位置的情况下通过改变放大率以摄取远近不同的大小场面并可获得纵深感的镜头组。利用变焦镜头所获得的物像的共轭位置不变,多用于电影和电视。其中可以使用不同个数的透镜。如果使用一个正透镜,虽然物像共轭位置固定,但仅能部分改变场面远近大小和纵深。如果使用两个透镜,第一个透镜改变物距以改变放大率,称为变焦部件,此时过渡像的位置也改变,第二个透镜将过渡像再成像于固定平面,这次放大率变化不大,称此部件为补偿部件。如果使用三个透镜,可将第 1 个和第 3 个透镜连成一体相对于第 2 个透镜作线性运动;也可让第 1 个透镜不动,而让第 2 个和第 3 个透镜作方向相反的运动。在使用四个部件的变焦系统中,一般前端为调焦组,中间为互相配合可供移动的变焦组与补偿组,其后是光圈,最后是固定组。

zoom out⇔缩小(镜头)

摄像机运动类型之一。对应摄像机为给出一个场景逐步由细到粗的全景展开过程而控制镜头**焦距**的变化运动。

Zucker-Hummel operator⇔朱克-赫梅尔算子

立体图像中检测表面的卷积核。对 3 个方向的导数各有一个 3×3×3 的核。例如,用 $v(x,y,z)$表示立体图像,对核 $c=[-S,0,S]$的卷积用$\partial v/\partial z$ 表示,其中 S 是 2-D 平滑核:

$$S=\begin{bmatrix} a & b & a \\ b & 1 & b \\ a & b & a \end{bmatrix}$$

其中 $a=1/\sqrt{3}, b=1/\sqrt{2}$。这样核 $Dz(i,j,k)=S(i,j)c(k)$。用于$\partial v/\partial x$ 和$\partial v/\partial y$ 的核可通过置换 Dz 得到,分别是 $Dx(i,j,k)=Dz(j,k,i)$ 和 $Dy(i,j,k)=Dz(k,i,j)$。

Zuniga-Haralick operator⇔苏尼加-哈拉利克算子

一种**角点**检测算子,其中的元素为基于 3 次多项式对局部**邻域**进行近似的系数。

其他西文

Commission International de l' Éclairage [CIE]【法】⇔**国际照明委员会**

同 **International Committee on Illumination**。该学术组织的法语原始名称。

déjà vu [DjVu]【法】⇔**曾见过**

一种用于保存图书文档的文件格式。也指对这类文档进行高效压缩和快速解压缩的方法。主要技术是将图像分为背景层(纸的纹理和图片)和前景层(文本和线条)。为保证文字和线条的清晰度采用 300 dpi 的较高分辨率,而对连续色彩的图片和纸张的背景则采用 100 dpi 的较低分辨率。这样一来,DjVu 用高分辨率来还原文字(由于是二值的,所以压缩效率仍较高),使锐利边缘得以保留,并最大限度地提高可辨性;同时用较低的分辨率来压缩背景图片,从而在保证图像质量的前提下尽量减少数据量。

Le Système International d'Unitès【法】⇔**国际单位制**

同 **International System of Units**。

naïve Bayesian classifier【法】⇔**朴素贝叶斯分类器**

一种基于独立假设的**贝叶斯定理**的简单概率**分类器**。其中假设样本的每个特征与其他特征都不相关。其优势在于只需根据少量的训练数据即可估计出必要的参数(变量的均值和方差)。由于变量独立假设,所以只需分别估计各个变量,而不需确定整个协方差矩阵。在许多实际应用中,朴素贝叶斯模型参数估计采用最大似然估计方法并得到了相当准确的结果。换句话说,朴素贝叶斯模型在工作中并没有用到贝叶斯概率或者任何**贝叶斯模型**。

satellite probatoire d' observation de la terra [SPOT]【法】⇔**地球观测试用卫星**

法国于 1986 年发射,带有两个成像系统的卫星。一个成像系统用于三个可见波段,分辨率 20 m;另一成像系统产生全色图像,分辨率 10 m。每个系统都包括两套装置,所以可获得立体图像对。

SCART【法】⇔**无线电接收器和电视装置**

syndicat des constructeurs d' appareils radio récepteurs et téléviseur 的缩写。

Séquentiel Couleur À Mémoire [SECAM]【法】⇔**存储顺序彩色**

广泛应用的三种**彩色电视制式**之一。主要在法国及东欧诸国使用。在 SECAM 制系统中的色模型采用 **YUV 模型**。

syndicat des constructeurs d' appareils radio récepteurs et téléviseur [SCART]【法】⇔**无线电接收器和电视装置**

电视机和视频设备中使用的一种

标准化 21 针多功能连接器。

systeme probatoire d' observation de la terra［SPOT］【法】⇔ 地球观测试用系统

法国空间研究中心研制的星载对地观测系统。也指由法国发射的一系列卫星，向公众提供地球卫星图像。例如于 2002 年 5 月发射的 SPOT-5，每 26 天就能提供一次更新的全球图像。SPOT 成像的谱段包括 500～590 nm、610～680 nm 和 790～890 nm。全色波段的空间分辨率 10 m，幅度分辨率 6 比特；多光谱的空间分辨率 20 m，幅度分辨率 8 比特。

α-radiation【希词头】⇔ 阿尔法辐射，阿尔法射线

同 ***Alpha*-radiation**。

α-trimmed mean filter【希词头】⇔ 阿尔法剪切均值滤波器

同 ***Alpha*-rimmed mean filter**。

β-radiation【希词头】⇔ 贝塔辐射

同 ***Beta*-radiation**。

γ correction【希词头】⇔ 伽马校正

同 ***Gamma* correction**。

Γ noise【希词头】⇔ 伽马噪声

同 ***Gamma* noise**。

γ-ray【希词头】⇔ 伽马射线

同 ***Gamma*-ray**。

γ-ray image【希词头】⇔ 伽马射线图像

同 ***Gamma*-ray image**。

γ-transformation【希词头】⇔ 伽马变换

伽马校正中所用的变换函数。

ϕ-effect【希词头】⇔ 非效果

同 ***Phi* effect**。

ψ-s curve【希词头】⇔ 普西-s 曲线

切线角为弧长的函数的一种边界标记。获得过程：先沿边界围绕目标一周，在每个位置做出该点切线，然后取该切线与一个参考方向（如坐标横轴）之间的角度值 ψ 为所绕过边界长度（弧长 s）的函数。图 FG1(a)和(b)分别给出对圆和正方形目标得到的标记，其中 A 为圆半径或正方形半边长。

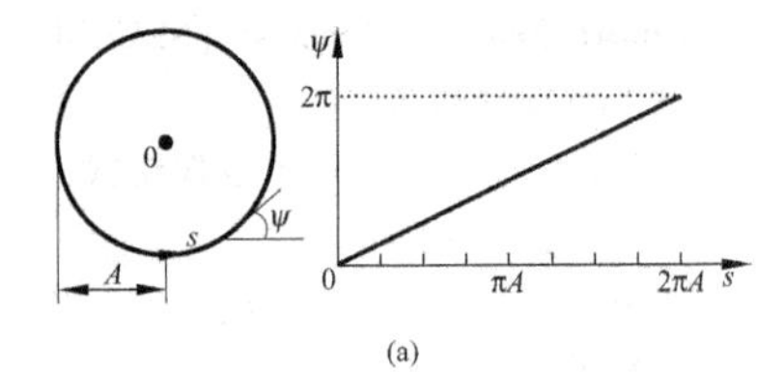

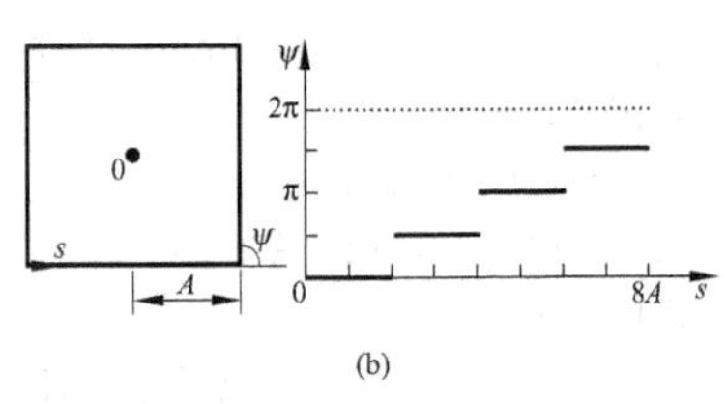

图 FG1　两个切线为弧长函数的标记

汉英索引

数字和字母

A

B

C

D

G

H

J

K

L

M

O

P

Q

R

S

T

Y

Z

图 C10　色卡图示意图

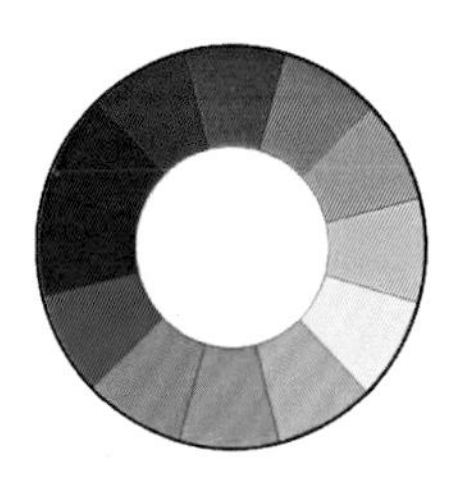

图 C11　色环示意图

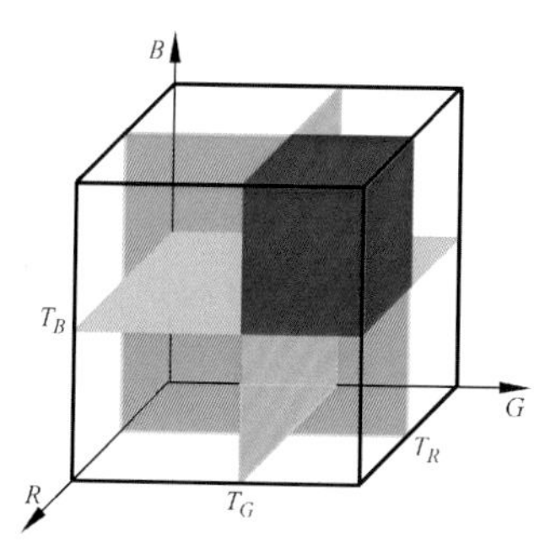

图 C12　彩色图像阈值化

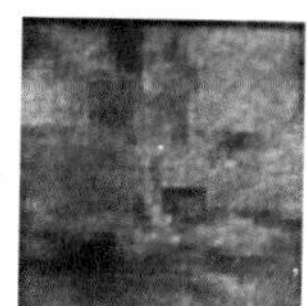

图 E8　左:原始彩色图像;中:其 32×32 的缩影;右:其 16×16 的缩影

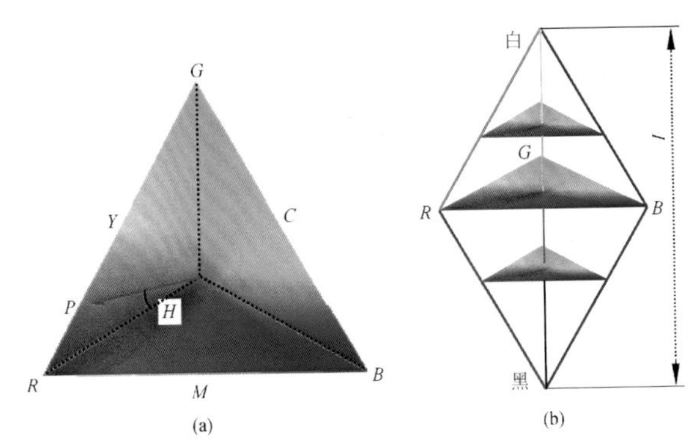

图 H7 HSI 颜色三角形和 HSI 颜色实体

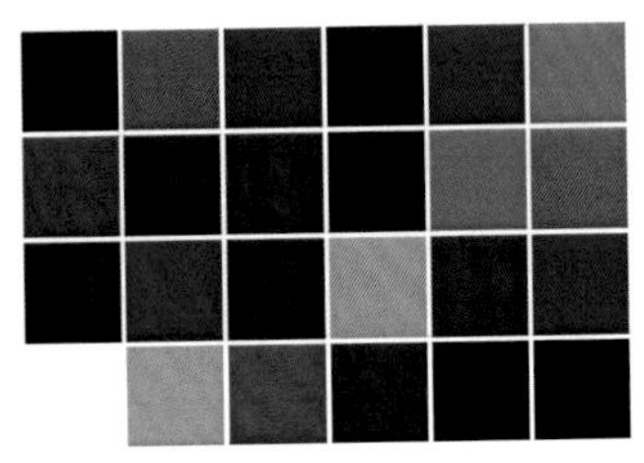
图 M2 麦克白彩色检测器示意图

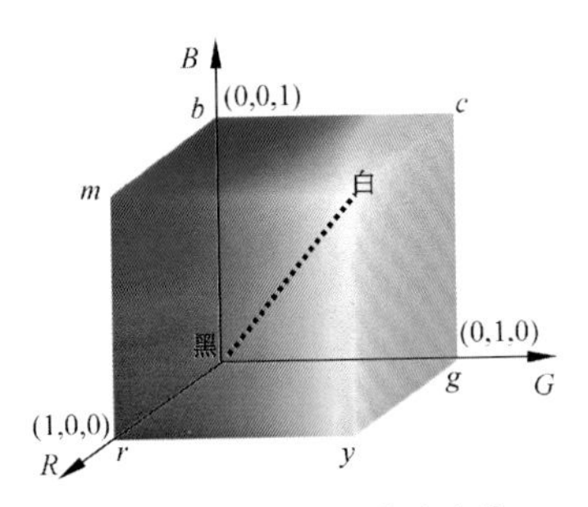

图 R8 RGB 模型彩色立方体

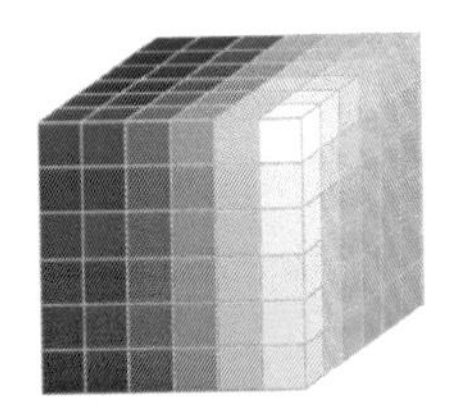
图 S3 安全 RGB 彩色